数学教育研究手册

上 册

〔美〕蔡金法 主编

人民教育出版社

PEOPLE'S EDUCATION PRESS

·北京·

主编：蔡金法

策划：蔡金法　徐斌艳

译者：江春莲　谢圣英　李旭辉　黎文娟　金海月　鲁小莉　李小保　朱　雁　徐斌艳
　　　彭爱辉　王瑞霖　张景斌　纪雪颖　姜　辉　梅松竹　程　靖　杨新荣　綦春霞
　　　李　俊　陈雪梅　陈算荣

审稿：蔡金法

校对：李　俊　蔡金法　姚一玲　聂必凯　李旭辉　吴颖康

《数学教育研究手册》（*Compendium for Research in Mathematics Education*）一书的中文版，经全美数学教师理事会（National Council of Teachers of Mathematics）授权，由人民教育出版社出版，在全世界范围内发行

Copyright©2017 by The National Council of Teachers of Mathematics, Inc

图书在版编目（CIP）数据

数学教育研究手册. 上册/（美）蔡金法主编.—北京：人民教育出版社，2020.10
ISBN 978-7-107-34691-0

Ⅰ.①数… Ⅱ.①蔡… Ⅲ.①数学教学—手册 Ⅳ.①O1-62

中国版本图书馆 CIP 数据核字（2020）第 204097 号

数学教育研究手册　上册

出版发行　人民教育出版社
　　　　　（北京市海淀区中关村南大街 17 号院 1 号楼　邮编：100081）
网　　址　http://www.pep.com.cn
经　　销　全国新华书店
印　　刷　保定市中画美凯印刷有限公司
版　　次　2020 年 5 月第 1 版
印　　次　2021 年 2 月第 1 次印刷
开　　本　787 毫米 × 1092 毫米　1/16
印　　张　38.5
字　　数　1154 千字
定　　价　115.00 元

谨将此丛书

献给

张奠宙先生

（1933—2018）

及其他

所有数学教育的前辈们

中文版序言

蔡金法

从正式接受全美数学教师理事会（NCTM）的邀请，策划并主编《数学教育研究手册》到英文版正式出版，历时五年六个月。然而，从策划翻译到交稿又花费了整整三年六个月，而且从目前的交稿到出版，又需要一些时日。这样从主编英文版到中文版的出版一共花了将近十年的时间。非常荣幸能够主持这么大的一个项目，也许这是一个人一辈子难得能花如此长时间完成的一件事了，所以我非常欣慰能在人民教育出版社出版《数学教育研究手册》的中文版。在手册即将付梓之际，有很多的感慨、很多的感恩，也有很多的期待，在这里写上几句，也希望读者在阅读的时候，能够明白翻译此著作的重要性。

翻译的初衷

翻译工作实际上是一个非常繁重的工作，这不仅涉及知识、内容，还需要背景。所以，准备这样一本《数学教育研究手册》需要很大的决心。那为什么还要做此事呢？具体来说，翻译这本手册主要有以下两方面的考虑。

第一，这本手册代表了目前最新的、最具综合性和前沿性的有关数学教育研究的过去、现在和将来。与以往的手册不同之处在于，这本手册中，我不仅要求每一章的作者们要把最前沿的研究发现总结出来，更重要的是要求每一章作者能够从历史的角度看待自己所写作的这一领域的有关内容，尤其是研究方法的使用是如何促使该领域得到突破性进展的。也就是说，要特别注意某一研究领域的历史进程，同时把应用于该领域中的研究方法变迁的历史进程详细地描述出来。同时在每一章中，我要求作者对今后五年，甚至十年的研究方向有清晰的阐述。毕竟阅读中文更为容易，所以翻译此著作就是为了把最前沿的思想介绍给读者。

第二，在过去几年中，我受邀指导了几位中国高校的博士生的论文写作，也参与了一些博士生的开题报告，发现他们大都会引用许多国外的文献，指出某某这么说，某某那么说。但基于我所了解的内容，我很快会发现，他们的不少引用都不那么精确。后来我才了解到，他们很多引用的都是二手资料。本来就存在一个翻译的问题，而翻译如果不准确的话，像这样传来传去，就会越传越不准确了。因此，这套中文版手册一方面是希望把就目前来说这样一个相对最为前沿的内容给翻译出来，来帮助我们的学者了解数学教育研究方面的最新动态。另一方面，我也希望他们能够了解和引用到最准确的内容。

几点说明

我要就此中文版本做几点说明，以协助读者更好地阅读。

首先，考虑到阅读的舒适性，将英文版的五部分内容划分为两册：第一、二、三部分为上册；第四、五部分为下册。同时，在单位的使用、引文的规范，以及格式上都尽量保持原貌，而没有改成国际单位或者完全遵循中文习惯。例如，英文用"mile"，在中文版中就保持了"英里"。为了便于阅读，我们把名字都统一翻译成了中文，但为了便于读者查找原文文献，在行文中的引文出处以及每章后面的参考文献都是按照原文列出的。

其次，建议读者在阅读每一章时，要有耐心，不仅了解研究的结论、研究方法、研究方向，而且要思考每一章都是用怎样一个构架写作的，这个构架的建立是非常值得学习的。

最后，由于语言等各方面的原因，原文作者很少引用中文发表的文章，建议读者在阅读每一章时可以有意识地做一些梳理，有哪些中文发表的研究可以纳入该章节中。若是有类似的研究，看其在方法上和结论上是否与该章节一致。这样的反思与挖掘会有助于我们的研究与世界接轨，也有助于我们的研究在英文数学教育研究的主流杂志上发表。

致 谢

出版这样的书籍，需要投入的心力以及各方面的支持都多到难以用语言形容，在此我想对大家的支持献上我深深的谢意和真诚的祝福。

感谢全美数学教师理事会（NCTM）愿意出版这样大型的专业性极强的著作，并给我们版权由人民教育出版社出版中文版。

由衷感谢人民教育出版社愿意出版这一著作，特别要感谢李海东先生和王嵘女士非常快速地促成出版事宜。这其中也得到了杨刚、章建跃、王永春及周小川等人教社朋友的大力支持。他们在教材编写方面已经非常繁忙了，出版此书无疑会增加他们的负担。为此，我也要为人教社中学数学室在推进数学教育发展上的使命感深表敬意。特别感谢四位师妹，王嵘、张艳娇、王翠巧和宋莉莉担任责任编辑，她们一如既往地保持着人教社高质量出版的传统。在这长达近四年的工作中，王嵘师妹是我的联络人，我们彼此理解、支持，时不时给一句暖心的话，例如，"这类书籍的出版真的是靠对专业的一腔热情，很令人钦佩"。她的这句话也道出了我们合作出版此书的初衷和坚持的动力。

就翻译工作本身而言，我觉得它也是一个人才培养的过程。我也很希望能通过这样的工作，让我们参与翻译的学者有所收获。尽管如此，他们的贡献也同样是非常重要和伟大的，他们愿意参与到这个翻译工作中，是辛苦的，是不易的，所以要特别感谢所有参与翻译的学者及朋友。你们辛苦了！在这里要特别提到徐斌艳教授在前期所做的协调工作，如果没有她，我们也无法很快地组建这个翻译团队，谢谢徐老师！

为了确保翻译的质量，我们不仅协调了译者之间的互相校对，而且又花了大力气进行校对。老实说，校对工作比我原先想象的要挑战得多很多，有些章节甚至校对过7遍。在因为校对而担心不能按时交稿之际，我还得到了"天使"和"天兵天将"的协助。李俊教授就是我的天使，她协助我校对了近一半的译稿，她的帮助用雪中送炭来形容一点都不过分。李俊，一切的感谢都在不言中。"天兵天将"还包括聂必凯、李旭辉和吴颖康，他们每人协助我至少校对了三章。另一位"天使"是姚一玲，她当时在特拉华大学做博士后研究，不仅协助我在最后校对工作中的所有中文录入，还协助我一起商讨决定一些疑难词句的翻译，有时候一句话的精确翻译可能要花上几个小时。需要指出的是，以下老师们也协助我对个别章节做了前期的校对，在此一并致谢。他们是莫雅慈、张侨平、梁淑坤、丁美霞、贾随军、黄荣金、李业平、李小保、陈算荣、王闯及张玲。

为了确保中文版的质量，我还邀请以下老师对中文版进行了通读，他们是鲍建生、曹广福、曹一鸣、陈婷、代钦、董连春、顾泠沅、何小亚、胡典顺、金美月、孔企平、李建华、李士锜、刘坚、吕传汉、吕世虎、马云鹏、孙晓天、涂荣豹、汪晓勤、王光明、王尚志、夏小刚、叶立军、喻平、张红、张辉蓉、张维忠、张蜀青、章建跃、郑毓信、朱文芳。他们无须阅读英文版，只需从头至尾通读中文版的某一章，将那些拗口、表达不当处用批注的形式加以修改、重述，再将看不明白的标记出来，最后再由我来定稿。他们中的所有人都爽快地答应并认真地阅读给自己的章节。如此一来，本书质量得以进一步的提升。非常感谢他们能助力本书成为经典。也非常感谢他们对此著作给予的高度正面的评价，下面这样的反馈是很典型的："想不到你在做这么辛苦的工作，但是很值得做""内容很丰富，阅读的过程也学到许多东西，有些观点很有启发。可以为以后的研究参考。期待这本书的出版，将会对数学教育提供很有价值的参考。谢谢！"。

在2019年岁末完成简短的序言，也是为2019年画上一个圆满且感恩的句号。期盼2020年中国数学教育再添辉煌，希望此著作可以为此做出点滴贡献。

前　言

为了知识积累与人才培养的研究手册

全美数学教师理事会（NCTM）将在2020年举办100周年庆祝大会。同时，《数学教育研究杂志》（JRME）也将庆祝其办刊50周年以来一直致力于发表高质量的研究以解决数学教育中的重大问题。此研究手册的出版则是另一个重要的里程碑时刻。多年来，NCTM出版了许多书籍和杂志，以数学教育实践者为目标读者居多。而且，NCTM非常强调知识的积累和人才的培养，它一直并将继续是数学教育每一领域的原创性研究的积极倡导者。事实上，包括JRME期刊在内，NCTM还出版了JRME的专刊系列以及这本《数学教育研究手册》。

根据字典的释义，"手册（compendium）"一词指的是"关于某一特定领域的简洁但详尽的内容的汇总集中"，这种汇总集中通常是一种"系统性汇集"（Hobson，2004，第84页）。该定义中有三个特别值得注意的关键词：系统性汇集、简洁、详尽。此研究手册就是对数学教育研究内容系统、简明而详尽的汇总。近100位作者利用自己的专业知识努力将该领域的知识提炼成可用的资源，为培养学生的数学学习提供了最佳、最关键性的证据。该研究手册代表了NCTM的另一目标，即努力给所有人提供最好的内容。

请读者注意，手册名称用"for"而非"of"是因为，该手册不仅仅是对已有研究文献的静态收集，而是将这些研究作为资源应用"于（for）"更高层次的数学教育。它是关于数学教育研究的汇总，更是用于研究数学教育的重要资源。这也反映了NCTM对数学教育领域促进学生数学学习的前沿研究的支持。

研究手册的结构

该研究手册包括五个主要部分。第一部分是基础，由六章组成，作者们主要考察了数学教育研究中的各种基础性内容，如研究的本质、研究与实践的结合，以及研究资金与政策的作用。此外，还有一些章节主要关注学习（如学习进程）、教学，以及运用不同的理论视角推动前沿性的研究等方面。

第二部分是方法，包括三章，主要关注定性与定量研究方法，以及设计研究方法。因为不同的研究问题会涉及选用不同的研究方法，因此这部分的几个章节主要用于帮助读者理解什么样的研究方法适用于什么样的研究问题。

第三部分是数学过程和内容。这部分包括了与数学有关的过程，如推理、数学建模，以及学生的理解。另外，这部分的研究还考察了数学教育研究的最新进展，涵盖了从早期的数到微积分及微积分后继内容领域。有两章讨论了代数的相关内容，涉及从小学到高中的相关代数概念和思维内容。除此之外，还有章节讨论了有关测量、几何、概率与统计，以及微积分的教与学。

第四部分是关于学生、教师和学习环境的。前六章涉及与多语言、种族、身份认同、性别、数学参与，以及具身认知等有关的研究。接下来三章考察了课堂对话、数学教学中的核心实践，以及教师专业学习的研究。最后两章讨论了能够潜在支持学生学习和教师教学的相关领域的研究：课程与技术。

最后一部分讨论了未来需要进一步研究的主题。这部分并不是对某个领域文献的系统性的回顾，而是讨论了某些研究领域所面临的挑战并提供了一些前瞻性的观点。有些章节讨论了与数学教育交叉的正在快速发展中的研究领域，如教育神经科学、天才生以及特殊学生的教育。鉴于对未来研究者能力发展的重要性，我们也纳入了一些数学教育领域博士生学习的研究。其他章节则讨论了日渐引起公众注意的领域，包括评估、社区大学的数学教育，以及非正式环境下的数学教育。

↘ 研究手册的特点

该研究手册提供了最全面和最新的调查研究，这些研究是数学教育中最优秀的、最新的，以及对关键性内容分析的研究。除了这些共有的特点之外，该研究手册还有三个独有的特点。

第一个特点是从**历史**发展的视角来看待数学教育的研究问题，尤其是文章中包含了关键性的里程碑式的研究主题。大部分章节都是基于过去已有的研究来追踪考察现在我们所知道的内容，并根据已有知识来展望未来（如下一步我们应该做什么）。

第二个特点是该研究手册非常强调**方法论**的重要性。尽管有三章对数学教育中一些关键的研究方法进行了详细的讨论，但几乎每一章都涉及了方法论问题及其在特定研究领域中的内涵，其中包括我们常用的方法、方法对知识产生的贡献，以及这些方法是如何发展的。

第三个特点是与NCTM出版刊物一致的理念，即努力为数学教育提供**国际化**的研究视角。尽管NCTM位于美国，但我一直努力纳入更多具有国际性视角的研究。首先，我邀请了很多国际上的作者来一起合作完成本手册。其次，尽管每一章的内容都主要关注的是美国的数学教育，但作者们都尽最大努力将国际范围上的研究发现、问题、视角，以及未来研究方向纳入自己的文章当中。

↘ 如何阅读手册的各章

在本书的每一章中，读者可以发现，作者们着重介绍了相应领域中最新且最为主要的研究发现。特别地，作者们对于数学教育每个领域中的研究现状及未来走向都给出了他们的见解。

当然，阅读本书也是极富挑战性的。它们讨论的是领域内长期以来较有难度的一些主题，综合分析的是庞大而复杂的研究体，并且为这些研究领域提出了较为深刻的见解。在审核和编撰本书的每一章时，我的头脑中始终萦绕着这样五组问题：

本章是如何组织起来的，为何以这种方式来组织，以及所选择的这种组织结构是否有助于读者领会作者关于这章的观点和内容？

概念框架是什么，本章是如何选择这一框架的，以及这个概念框架是否能让相关的研究主题或领域产生出新的见解？

作者是如何确定哪些研究需要包含在内（进行综合分析）的，以及哪些研究可以作为边缘内容（在本章中不直接提及）？

本章所述领域使用的研究方法这些年来是如何演变的？

本章所关注的特定研究领域中未来的研究方向可能有哪些，以及作者们是如何诠释这些未来方向的？

我发现这五组问题是相当有用的，不仅仅是对于这本研究手册的主编，对每一位读者来说亦是如此。因此，我分享这些问题，希望读者可以通过它们对作者所要阐述的内容进行深层次的挖掘。

↘ 对未来的展望

现在，我终于可以将这本研究手册呈现给读者和教育研究者了，尤其是数学教育研究者。我非常荣幸能够被邀请主编如此重要的一本手册。我对这本高质量研究手册的问世感到非常满意。我希望，这不只是NCTM出版的第一本研究手册，可能在未来的10至15年还会有更成功的第二版、第三版……研究手册得以出版。这些手册将会指导未来的数学教育研究学者，并赋予他们更艰巨的使命。因此，我觉得通过对编撰本研究手册的过程的思考来结束前言部分，将会对读者更有帮助。

过去5年中，我参与写作了三本研究手册或章节，包括本套研究手册中的一章

（Lloyd, Cai, & Tarr, 2017）、《国际数学教育研究手册（第三版）》的一章（Cai & Howson, 2013），以及《数学教育心理学研究手册（第二版）》的一章（Santos & Cai, 2016）。作为这本手册的主编和其中一章的作者，我也反思了如何编撰一本研究手册或写作手册中的一章。从编撰这本手册的经历来看，我发现其实可以有不同的方式。一种是自下而上的方式，即系统地检索期刊或书籍，然后利用概念框架来分析这些文献。其中，关于手册中课堂话语那一章（Herbel-Eisenmann, Meaney, Bishop, & Heyd-Metzuyanim, 2017, 本套书）就做了这样的尝试。许多这一类型的章节更多都是基于数据来展开的。事实上，课堂话语这一章呈现了作者选择和编码相关文献的方法。另一种则是自上而下的方式，即在初始建立的概念框架基础上，有组织性地综合这些相关的研究发现。手册中关于课程研究那一章（Lloyd等, 2017, 本套书）的写作方式便是如此。当然，也有很多研究使用的方式是处于二者之间的。

那么，编撰一本手册的最佳方式是什么呢？尽管我并不想说每一章的写作只有唯一最佳的方式，但很明显的是，无论作者选择哪一种方式，他们的工作都不仅仅只是对已有文献的综述和总结。相反地，作者们必须要努力找到一种新的方式来建构这些文献（及整章）并给出这一领域的一个轮廓，以帮助读者理解该领域中有哪些内容，以及我们仍然不了解的内容有哪些。这些新的文章结构能够给予我们启发，去理解什么是研究的本质、方法论的发展，以及未来的研究方向。当然，这些新的结构也必须要基于合理的概念框架。

编撰这本研究手册是重要且关键的一步，它能够让我们总结数学教育到目前为止所取得的进展和积累的知识。这本手册不仅仅呈现了对目前数学教育研究领域关键问题的最佳理解，更是为了启发研究者如何才能更有效推进这些领域取得发展而作。在这个过程中，研究者可以对知识领域的状态进行反思，并阐释这些状态是如何建构自己的反思的，这些都将有助于发展自己推进该领域知识取得进展的能力。因此，我真诚地希望并相信，作为NCTM出版的第一本《数学教育研究手册》，它将能够很好地服务于每一位参与数学教育的人。

蔡金法
美国特拉华大学

（姚一玲译，杭州师范大学）

目　录

第1部分 基础

研究：揭示现状，努力求变，倡导改革？*

杰儿·康弗里
美国北卡罗来纳州立大学
译者：江春莲
澳门大学教育学院

任何把自己当作真理与知识的判官之人，将遭众神嘲弄而毁灭。

——爱因斯坦

什么是研究？

这本全美数学教师理事会（NCTM）首部研究手册的主编，邀请我写一篇关于"什么是研究"的文章。在本章中，我不打算详细地引用和回顾各种研究，而是希望多一些反思与说明，同时也希望能引发讨论。我愿意把邀请当作反思如下问题的机会："让某人成为一个成功的或一般的研究者的因素是什么？让一项研究得到认可、引用或应用的东西是什么？"在研究者的职业生涯中，从博士生学习开始直至退休，这些问题会反复浮现。如果运气好，这些思考会带来许多著作和发明。对该问题的一个容易的、尽管是循环论证的或自我参照的回答是，研究就是那些得到资助的、报告过的、发表过的和被人引用过的东西。我认为如此简单的回答并不令人满意。它也许对人们获得终身的教职是足够了，但对于评价研究工作本身的重要性及对将来的决策来说，却是不够的。

在作为应用学科的教育领域中，"什么是研究"的问题本质上需要从实践者的角度来审视；也就是说，我们必须常常问自己，研究对教育实践有什么启示意义？研究能直接转化为具体的教学行为和决策吗？它告诉你该做什么了吗？如果你是一名教师，它会让你做些改变吗？它能指导教学实践吗？如果有，那么哪些是教师或管理者需要知道的，以便于他们基于这些研究决定实施什么？此外，对于政策制定者而言，研究将如何促进教育法律、决策的改革，特别是针对高质量的教育和教育公平的法律和决策？"基于研究"的决策意味着什么？

令人惊讶的是，在研究者的研究生涯中，可能很少有人花时间去反思研究是什么的问题。大多数研究者在开始从事其专业工作时，希望能应用"科学的方法"形成假设，开展调研，然后得到结果。研究者通过不同的路径形成对研究的成熟看法，主要会受到指导教师、同事和同伴的影响，或者受所选研究领域的主流研究方法的影响。影响因素还包括：可以申请的基金、研究的主题，与繁忙的教学工作的结合，还包括教学负担、申请研究奖项，做报告和满足学校服务方面的要求等。有些人会频繁地改变研究焦点，而不是自始至终投入一个研究课题（Boerst等，2010）。前者令人扬眉瞪目，依我所见，会对其终身教职投反对票。另一方面，一位太长时间只坚持研究一个狭窄课题的研究人员可能会跟不上该

* 我要感谢艾伦·马洛尼和米韬·沙阿在起草和编辑本手稿方面给予我的宝贵帮助。

领域的发展。花些时间反思研究的特点，可以显露出一些想当然的假设、愿望和遗憾，才有机会做出关键性的选择和重新定位，简而言之，它可以重振理智。

从根本上说，研究可以定义为"严谨的探讨"（Cronbach & Suppes, 1969; Kilpatrick, 1992）。简单来讲，"研究"（Re-search）的意思是"再观察一次"，但需要用不同的方式。为达到一定的清晰程度，要求研究者必须要仔细观察若干现象，可以通过探究来确认研究问题；找到自己的研究嵌入其他相关研究中的定位；在一个大的理论框架下（diSessa & Cobb, 2004）和一个更具体的局部教学情境下（Gravemeijer & Cobb, 2006），或一个毫不起眼的理论（Cobb, Confrey, diSessa, Lehrer, & Schauble, 2003）之下形成自己的视角；收集数据或其他形式的论据，然后开展分析、论证，并得出结论，达成上述的清晰度。此外，它要求研究者展示研究成果，接受同行评审、分析和公众监督。研究者不一定总是要进行实证研究，但正如威廉·詹姆斯（1981）所说："如果一项研究对别的地方没有影响，那么无论放到哪里都没有区别。"（第27页，原文对此做了强调）在教育研究领域，我这样来解释詹姆斯的陈述：即便最抽象的理论工作，也应该对教育实践有明显的（即便是滞后的而非即刻的）启示，否则研究就可能是似是而非、强词夺理或者颇有争议的。

数学教育面临的挑战是大量学生数学学习的失败、不感兴趣或干脆放弃。结果，很多像我们这样从教学进入数学教育研究的人，都有一个明确的目标，就是想在实践中理解、改变和改革学生的学习。我们中的大多数人带着这样的使命进入这个领域，与其他践行者一起努力，让更多学生在数学学习上取得成功。也有一些研究者是从纯心理学进入到数学教育领域的，他们选择研究学生的数学学习，因为他们认为数学学习是"客观的"，数学问题解决的常规程序常与记忆联系起来，也有人认为数学学习不会受课堂以外的因素影响。大多数的数学教育研究者则把数学内容作为自己的研究重心。然而这并不意味着数学内容是神圣的，数学教育研究者可能需要重新认识数学，比如，将数学与其他行业联系起来（如数学在其他学科或工作实践中的使用，如 Hall, Stevens, & Torralba, 2002; Hoyles, Noss, Kent, & Bakker,

2010; Hoyles, Noss, & Pozzi, 2001），甚至可以挑战数学的特征（Lakoff & Nunez, 2001）。

反思自己的经历，确有许多优秀的研究吸引并深深地影响了我。为了本章的目的，我把研究分成三个"桶"（bucket），以反映数学教育研究下属的更广的目的：揭示现状、努力求变和倡导改革。这些"桶"描述了研究者如何"形成"数学学习和教学的研究实践。这些"桶"的结构也暗示了概括化分类的视野，即一种"关注的方式"。

这些"桶"的内容并不是要涵盖此领域研究的所有种类（见表1.1），而是用来描述一些较广的研究类型，有助于解释该领域。[1]本章各部分长短不等，第一部分（揭示现状）比其他两部分更长一些。我感觉，在过去十年中大部分数学教育研究定向于第一个"桶"，即揭示现状。然而在过去几年中，第二、第三个"桶"的研究有所增长。我注意到，随着数学教育研究领域的日渐成熟，这三个"桶"研究的发展逐步趋于平衡。

表 1.1　本章所讨论的三个"桶"的研究类型的例子

研究目的	研究子类的例子
揭示现状	发展趋势的描述 实验和准实验的研究 设计研究 民族志研究 案例研究
努力求变	批判性理论 案例研究 民族志
倡导改革	关于实施的研究 系统性的改革 合作改进共同体 案例研究 设计研究

注：这些"桶"的研究类型并不互相排斥。[2]

因此，作为导言章，我的目标不是说明我"偏好"哪类研究，而是想引发读者思考，鼓励各方面研究者沿着专业经验的轨迹"再搜寻"（re-search），再看看自己和他人的工作，花一些时间反思"为什么我要做我正在做的东西"，或是"我应该或可以做点别的"。

揭示现状的研究

研究的目的之一，是向读者揭示所调查的现象。揭示现状的研究可以是库恩（1970）在《科学革命的结构》所描述的"常规的科学"，以区别于在科学中不常发生的范式转变和研究视角大规模变化的状况。

那么，构成教育中的"常规科学"是什么呢？我对这个问题的回答源于我所参与的国家研究委员会（NRC）的工作。该委员会要求定义科学的教育研究（Scientific Educational Research），提交了题为《教育的科学研究》的报告（Shavelson & Towne, 2002）。NRC 研究是由教育研究和改进办公室经授权法案而催生的（H. R. 4875, Shavelson & Towne, 2002，第28页）。该办公室给出了一些规定，以定义研究的优先权，并根据科学的研究标准来确定，哪些成果和工作有资格获得联邦基金资助。该委员会的研究章程称（从而也要求），专业研究人员也是界定"科学研究"这个术语的群体。委员会对科学提出了一个相当宽泛的视角，科学可以包括许多学科：物理、生物、化学、医学、人类学，当然还有教育。首先我们认为，任何科学研究都需满足六个指导原则，这些指导原则同样适用于教育领域的科学研究：（1）提出问题；（2）结合理论；（3）寻找适当的方法；（4）创建推理链；（5）复制和推广；（6）发表研究成果（Shavelson & Towne, 2002，第52页）。随后，我们概括了与教育科学研究相关的三类研究问题：（1）正在发生什么？（2）是否有系统性的影响？（3）如何或为何发生？我就从这三个方面对揭示现状的研究展开讨论。我的选择说明，揭示现状的研究也可以归为科学的研究。但我也认为，在教育研究者之间可以就科学研究的确切定义进行适当的辩论。我们用这三个问题组织下面的三个小节（虽然特定的研究可能涉及几种类型）。

正在发生什么？

第一个问题"正在发生什么"，大都涉及跨时间、地点或群体趋势的研究。数学教育趋势研究的主要范例有：由国家评估管理委员会（NAGB）所进行的美国国家教育进展评估（NAEP）或国家评估报告单，以及经济合作与发展组织（OECD）的国际学生评估项目（PISA）。这一类还包括对相关数据的研究，从而形成美国各州的年度评估报告。

这种研究深刻地影响着数学教育的教学和研究。第二次国际数学教育研究（SIMS，20世纪80年代初进行）、国际数学和科学教育趋势研究（TIMSS，该研究自1995年开始）的研究使人们意识到，在国际比较中美国正在下滑，这导致了标准化运动和问责制运动的产生。PISA研究每三年一次，也很强调国际排名，由此引发了一场关于所教的最重要的数学是什么的辩论。PISA和TIMSS的不同之处在于，TIMSS测量更抽象的数学主题，记录不同国家学生学到多少东西，而PISA主要关注学生在多大程度上可以将数学知识应用于个人、职业、社会和科学情境中。关于趋势的报告经常按国家内不同的族群来分化，如按种族和民族、社会经济地位和性别，提供与成绩、参与及学习机会相关联的公平性等关键性数据来源。这样的细化，让研究者能评估出成绩差异是全球性的还是全国性的。例如，在20世纪70年代和80年代，美国高年级的女生数学成绩落后于男生；然而在波兰，所有公民在高中毕业后都工作，研究人员发现男女生的数学表现很快就相差不大了。我所提及的这些结果提供了清晰的证据表明，男生和女生表现差异的问题的确是可以解决的。

对大型研究数据的解释乍看之下似乎是没有偏见的、无可争议的，但围绕它们的一些评论提醒我们，研究从来就不是不容置疑的，相反地，随着时间的推移和环境的变化，研究也会发生改变。例如，随着时间的推移，NAEP的框架最终分成了两支：一支是对学生阅读和数学的长期趋势评估（自20世纪70年代初）；另一支是定期更新NAEP框架以跟上相关领域的变化，如重点、词句、考试方法和教育需求背景的进化（包括增加以前没有涵盖的领域的评估，如计算机科学或专门针对城市地区设定的评估；NAGB, 2013）。NAGB对这两支都投入了经费。趋势研究需要使用相同类型的语言和问题，以支持跨年度比较的一致性。然而，由于学校环境和使用的材料已经发生变化，表面上的一致性可能使其失去了当前的适用性。

通过趋势性研究来回答"正在发生什么",还需要研究者了解数学和教育背景的变化,这就像就业市场对劳动力需求的起伏和变化。又如,PISA对数学素养的定义的修订,反映了每个制定评估的机构如何面对"固有的挑战,既能提供一个更新、更先进的数学框架,又能保留某些心理测试的连贯性,以便与以往的数学评估相比较"(OECD, 2013,第24页)。2006年PISA的内容重点包括变化和关系模式、空间和形状、数量和不确定性,其对数学素养的定义如下:

> 数学素养是人们识别和理解数学在世界中扮演角色的能力,做出有根据的判断的能力,以及作为建设性的、关心社会的和具有反思精神的公民,为满足个人生活而需要使用和参与数学的能力。(OECD, 2006,第24页)

2012年,该定义被修订为:

> 数学素养是由个人在多种情境下形成、应用和解释数学的能力。它包括数学推理和应用数学概念、程序、事实和工具来描述、解释和预测现象。它帮助个人认识数学在世界中的角色,有根据地判断和决策,以满足作为建设性的、积极参与的和具有反思精神的公民的需求。(OECD, 2013,第25页)

2012年修订后的定义,反映了PISA测试重点的改变,即从测试学生知道什么到检测可以做什么(形成、应用、解释、说明和预测),而这种改变立足于更为宽广的视野,例如公式化、工具使用、统计推断和数学建模等。

顺便说一下,统计学是否应看作数学的一个部分,数学家和数学教育家一直在争论。有些数学家由于更倾向于强调定理和证明,而因统计学缺少演绎推理的基础而拒绝它(如Schoenfeld所报告的,2004)。另有一些人认为,统计体现了数值思维和概率的广泛应用,与公民的生活息息相关,所以将统计放在数学课程中是合理的(Madison & Steen, 2009; Steen, 2007)。就像数学建模在数学教育中得到了广泛的认可一样,统计教育也是如此(州共同核心数学标准[CCSSM]的作者认为,低年级的重点应放在数的教学,因而决定推迟在小学阶段引入统计教育。遗憾的是,这个决定表明了作者对统计应该成为数学的一部分这一趋势缺乏认识,也忽视了数据思维可能引起学生的内在学习动机和价值[3];National Governors Association Center for Best Practice and Council of Chief State School Officers, 2010)。此外,在统计学习研究和数学学习研究之间存在着有趣的反差。譬如,一些"纯"数学团体(尤其是在美国)与数学教育工作者之间不是很合拍,但统计学家与统计教育工作者之间却没有任何隔阂(Franklin等,2007; Moore, 1997; Moore & Cobb, 2000)。他们在共同关心的认识论、教学法和将统计教育纳入课程的必要性等方面保持着稳定的合作(Bakker, 2004; Batanero, 2004; Franklin等,2007[the GAISE report]; Garfield & Ben-Zvi, 2007),因此,统计教育得以成为数学教育研究中最活跃的分支之一。

做国际研究的读者往往很快得出结论认为,表现较差的国家应该简单地复制表现较好的国家的做法,但这是一种过于简单的立场。别的国家的教育制度的某些特点是可以模仿的,但有些却不行。作为国际研究者,施蒂格勒、加里摩尔和希伯特(2000)以一种更微妙的方式解释了跨时空的趋势研究的价值:

> 研究不同文化中的教学还有一个更敏感的原因。教学是一种文化活动。同一个社会内的文化活动差异很小,其特点往往是一目了然却又容易被忽视。因此,我们可能对自己文化中教学的一些最重要的特征视而不见,因为我们理所当然地认为应该如此。跨文化的比较之所以强大,是因为可以帮助我们揭示那些被忽视的、但却无处不在的惯例。(Stigler, Gallimore, and Hiebert, 2000,第86~87页)

趋势研究的意义超越了国际视野下的研究所能产生的重要影响。那些针对长期趋势的研究经常最直接地影响着政策的制定,激发广泛的政治行为,带来实践的具体变化。然而,许多数学教育研究者对政策导向的工作望而却步，错误地将其与政治混为一谈，并试图躲避可能的冲突。研究者可能更喜欢"学术"型话语，或是可能怀疑自己在政治领域的能力。如果能明确区分政治和政策，这种混淆则可以在一定程度上得以解决。政治是指整体的管理组织过程。人们在这里争夺权力、权威以及决策和管理的控制权。相反地，政策则指"为实现长期目标而组织制定或通过的原则、规则和指南"（Business Dictionary.com, n.d.）。

在我看来，研究人员至少有义务努力解释他们工作的政策性意义。这就需要对研究进行综合分析，仔细考虑其对不同人群的影响，并努力让专家和可能受影响的人群达成共识。因此，注意沟通、尽可能地让研究对决策者具有参考价值，是所有学者必备的技能。要想了解杰出的政策性研究的例子，可以读一读费里尼-芒迪和弗洛登（2007）对标准、课程、评估和教师专业证书等领域的众多政策性研究所做的综述。他们也概述了政策性研究的四个关键方面：（1）构想；（2）现状；（3）实施；（4）影响。这些方面的每一点都可能对学生的日常数学经验产生重大影响。科恩和波尔（1999, 2000）、波特（2002）、韦伯、赫尔曼和韦伯（2007）、达林-哈蒙德（2014）、弗里德伦德、伯恩斯、弗里德兰德和斯纳德（2014）等人的政策研究都是很好的典范。

有系统性的影响吗？

第二种科学研究提及了"有系统性的影响吗"的问题，经常描述为寻求因果关系。特别在过去15年左右的政策和研究氛围下，相当大的投资旨在提升弱势群体的教育成就。这个问题的"为什么"部分，强调了与教育干预有关的因果推断。人们普遍认为，随机实验方法是明确的，可以从特定的干预措施、课程或政策中得出直接的因果关系（Raudenbush, 2005; Slavin, 2002; Sloane, 2008），认定是"研究的黄金标准"且具有统计解释。讨论最多的例子是随机抽样的试验研究（Randomized Field Trials，简写为RFTs）（Towne & Hilton, 2004）。然而，就像农产品和医疗产品往往用随机试验研究来获得资格证书一样，决策者的一些政治倾向，也要求在教育中进行随机实验研究。

在数学教育方面这样的研究相对较少，可能的原因有：研究的成本很高，需要大量的人员，招募参与者并进行随机分派有难度（包括建立可忽略的处理分派），在研究中可靠地实施实验方案也存在一定的困难。研究完成后，还面临质疑者对外在效度或结果相关性，设定相关结果和测量的必要性，确认可行的干预措施以及相关总体等方面的挑战。然而，也有人认为这种研究很少能得到超出研究自身、用于指导实践的因果性研究成果（例如，见Bhatt & Koedel, 2012）。

为了说明RFTs的可能性和局限性，我介绍一个大规模研究"四种小学数学课程对低年级学生成绩的影响：对一、二年级学生的研究成果"（Agodini, Harris, Thomas, Murphy, & Gallagher, 2010）。由美国教育部教育科学研究所赞助的、报告有效性严格论据的网站——有效教育策略信息中心（WWC）将该研究描述为"无保留地满足WWC群体设计的全部标准"（What Works Clearinghouse, 2011），然而许多数学教育家质疑该研究的有效性和意义。该研究的作者将参与学区的109所小学中的一年级的所有学生和二年级的70名学生随机分配到不同的课程，以研究"在四种小学数学课程（《数、数据和空间的探索》；《数学表达》；撒克逊的《数学》；斯科特福尔斯曼-阿狄森韦斯利的《数学》[SFAW]）中，在提高弱势学校学生的数学成绩方面，哪种更加有效"（Agodini 等，2009, 2010）。为研究这四种课程对弱势学校一、二年级学生数学成绩的相对影响，它提出了三个较宽泛的问题，在干预前后对学生进行了ECLS-K（Early Childhood Longitudinal Study-Kindergarten）评估，该评估是由国家教育统计中心为早期儿童纵向研究1998-1999级幼儿园班级设计的适应性而测试的。

该研究结果表明，使用《数学表达》的学生的平均数学成绩，与使用《数、数据和空间的探索》和SFAW的学生的数学成绩相比，有显著性差异。在二年级，使用《数学表达》和撒克逊《数学》课程的学生的平均数学成绩，均略高于使用SFAW课程的学生。

康弗里和马罗尼（2015b）批评了该研究，并指出其与RFTs研究所具有的共同性的问题。他们确定了关于该研究有效性的四个显著的质疑，其中有些已被该研究作者所承认。首先，参与率非常低（只有2.5%的学生参与，在美国的473个学区中，只有12个参与；Agodini 等，2010，第10页）。在美国，要说服一个学区参与关于课程的随机实验并非易事，因此样本可能不具代表性。第二，只使用了一个学业成就测试（ECLS-K），也没有报告该测量工具与课程的一致性（Agodini, Deke, Atkins-Burnett, Harris, & Murphy, 2008）。第三，该研究对实施保真度（implementation fidelity）的考察仅限于一次观察和调查结果，而实际的考察则发现，课程的实施过程中，在教学时间的多少、提供的教师专业发展数量或课程经验多少等方面存在巨大差异。比如，使用撒克逊课程的学校每周比使用别的课程的学校多上1.5小时的数学，使用撒克逊《数学》和SFAW课程的教师中，分别有16%和21%的教师在实验前一年使用过同样的课程（而使用其他课程的教师则是首次使用）。第四，作者继续报告了关于教学关系的结果，即相关性，都是合理的，但却经常被实践者和政策制定者理解成具有权威的因果关联。关于RFTs的最终观察中归于"客观性"的有效性假设，是基于它们是可复制的。然而，由于该研究的高成本（该项研究花费了2100万美元，接近后面将讨论的一项研究的十倍），它重复的可能性极小。而只有在复制性验证之后，随机性才能确保样本的代表性。

2004年，NRC发布了一个题为《评价课程的有效性》[4]的研究报告，为课程有效性的评估工作提供了指引。该报告强调，为了确定课程的有效性，需要开展多重研究，应该包括内容分析、比较研究和案例研究。NRC的研究强调，需要多次测量学习结果，仔细分析系统因素（比如所选标准）和课程一致性相关的信息，这也正是艾勾德尼等人的研究所缺乏的。NRC的研究还强调对课程的实施做出仔细且强有力的理论分析（Huntley, 2009），以及将这些分析与该课程建立理论联系的手段。

近年来，被称为实施研究（Confrey, Castro-Filho, & Wilhelm, 2000; NRC, 2004; Penuel, Fishman, Cheng, & Sabelli, 2011）和以设计为基础的实施研究（Fishman, Penuel, Allen, & Cheng, 2013）经历了快速和有益的增长。过去，只需要简单报告作为二分变量的实施可信度，也

就是研究中的干预是否得以充分实施。做研究和评估的团体逐渐认识到有众多的因素影响着课程的实施，于是他们对这些因素的多样性和相互作用展开研究。这些因素也就成为了解释课程对学生学习"影响"的要素。对课程实施的复杂性的更深入的认识，刺激了准实验研究的发展。准实验研究凸显了对课程影响和加强研究方法的严谨性。

例如，一项名为"中学数学优化的比较研究：课程调查"（COSMIC；见 Lloyd, Cai, & Tarr, 2017）的研究（经费220万美元）比较了两种高中课程对学生学习的影响，一个为分科课程，另一个为整合课程（Chavez, Papick, Ross, & Grouws, 2010; McNaught, Tarr, & Sears, 2010; Tarr等，2010）。该研究涉及5个地区6个学区的11所学校，在这些学校里，两种课程平行使用，未按"能力"水平将学生划分到不同的课程。在这些学校里，符合免费或减免午餐费用的学生所占的比例从19%到53%不等。研究的目的在于提升我们对课程组织、课程实施要素和学生学习成绩之间关系的理解。在这项准实验设计中，作者将学生之前的成绩标准化，而不是使用NAEP的成绩，以实现跨州的比较，他们也利用分层线性模型（HLM）来分析数据。该研究整合了多种经过改进的研究方法，包括使用各种问题类型建立适当可比的成绩测量方法，检查实施可信度的方法，以及通过复杂的、多种的方法考察学生的学习机会（OTL）。在OTL方面，他们通过分析每种课程实际教学的内容数量发现，使用整合课程的学校，实际只教授了60.81%（SD=19.98）的内容，而使用分科教学的学校，实际教授了76.63%（SD=17.02）。他们也报告了每位教师所教学生的分数增量的平均残差，因为他们认识到分析的单位不应该只是个别学生（NRC, 2004）。这些分数增量（根据之前的成绩作了调整）只在推理能力测试上与整合课程的教师正相关，使用整合课程的教师好于使用分科课程的教师（而在两种课程的相同内容的测试上则没有差异）；分数增量也体现出课程的显著影响。在全部的三个因变量上，整合课程的结果都好于分科课程。

COSMIC研究告诉我们课程实施的复杂性，因为它涉及课堂学习环境、实施可信度、技术及合作学习。其中课堂学习环境包括课堂上的理解（sense making）、数

学推理、学生的思考和教学展示的可信度。实施的可信度包括教科书实施的程度（ETI）、教授的课程内容（TCT）和学生的学习机会（OTL）。该项研究结果表明，除了要关注学生的学习机会外，学校领导还需要帮助教师理解课程标准，注重学生的推理和理解，学会教学的善始善终（Confrey & Maloney, 2015b）。

也有其他的研究报告了分科课程和整合课程对学生学习的影响，他们的结果也让证实了COSMIC的研究成果（Krupa, 2011; Post, Monson, Andersen, & Harwell, 2012）。正如《评估课程的有效性》（NRC, 2004）报告所指出的，这些研究证实了整合课程（美国科学基金赞助的改革课程项目之一）比分科课程好，或至少一样好，对那些有困难的人群其有效性更佳。

采用准实验的设计并仔细关注各种表现的评价，形成的研究更加符合学校和学区的课堂就是复杂的自适应系统的思想。其目的是了解各主要组成部分之间的联系如何互动，进而引起学生的学习成绩或教师的教学实践的变化。在"正在发生什么"和"有系统性的影响吗"的研究类型中，也许最大的挑战是如何在实验设计中成功地组合足够多的方法，以保证研究的严谨性，使用更好的和更敏感的学习结果的测量工具，并充分考虑课堂实施的复杂性。劳埃德等人（2016）也对许多其他的研究进行了述评。

如何或为何发生？

第三种科学研究的类型是"如何或为何会发生"。科学的传统是，在很难说明潜在机制的情况下，可能需要较多的描述性和解释性的成分。多了解相关研究可以增加研究的深度，因为"深入的研究可以让我们看到难以预见的联系，产生新的见解"（Shavelson & Towne, 2002, 第120页）。典型的方法包括案例研究、民族志和设计研究。从实验科学的视角来看，一些研究者难以接受这类研究活动也是科学研究的观点，而其他人则承认它们的作用，但仅认为它是用来支持实验研究解释的一种说明；但对教育研究中的其他人来说，特别对学习研究来说，这类研究发挥着关键且独立的作用。

NRC相对宽松地将民族志研究（例如，Holland & Eisenhart, 1990）纳入科学研究之列。民族志研究涉及解释性的方法，它可以帮助读者从参与者的角度理解情境（Boaler, 2011; Boaler & Staples, 2008）。

然而，2001年夏天在马萨诸塞州伍兹霍尔的国家科学院的J.Erik Jonsson中心，NRC对是否包括设计研究进行了很严肃的辩论。设计研究可以归为工程的传统。因为心理实验研究成果经常无法运用到实际的课堂教学之中，所以设计研究就成了一个很好的替代品（Brown, 1992; Cobb, Jackson, & Dunlap, 2016; Collins, 1992）。出于这样那样的原因，一些委员会成员极力主张将其纳入科学研究类别。然而其他成员，特别是那些研究因果关系或者接受过更多经典科学训练的成员，却反对将设计研究包括在内，因为设计研究没有预定的、要检验的、较稳固的假设，所以他们就设计研究方法的严谨性提出了质疑。然而最终，委员会决定将设计研究界定到教育科学研究的行列之中。

在数学教育中有大量设计研究的例子（Cobb, Jackson, & Munoz, 2015; Kelly, Lesh, & Baek, 2014; Lehrer, Kim, Ayers, & Wilson, 2014; Prediger, Gravemeijer, & Confrey, 2015），它们提供了一种在课堂生态环境中研究学习的方式。在此之前，它们被称为"教学实验"，语言上的差异部分反映了研究是从临床访谈（那些基于一系列任务的一对一访谈［Ginsburg, 1997; Hunting, 1997; Piaget, 1976］、教学实验［Cobb等, 2003; Confrey & Lachance, 2000; Steffe & Thompson, 2000］），还有认知科学和实验心理学（Confrey, 2006）演变而来的。正如科布等人（2003）所描述的，设计调查或设计研究有如下五个关键的特征：（1）关注学习及其支持手段；（2）干预主义；（3）涉及前瞻性和回顾性分析；（4）重复性；（5）为了测试设计猜想而设计的。这种研究的目的，通常产生或修改自如何用特定的方法学习某个内容的本土教学理论，同时调研什么样的材料、工具、话语类型和课堂规范是支持学习发展所必需的（Cobb, 2007）。

由于设计研究的工程性取向，它特别适合涉及技术创新的研究（如，详见Hoyles & Lagrange, 2010）。在最近的一项研究中，康弗里和马罗尼（2015a）对二到四年级的城市学生进行了为期两周的设计研究，了解他们在学习"等分"这一内容方面的进程（Confrey, Maloney, Nguyen, Mojica, & Myers, 2009; Confrey, Maloney, Nguyen, & Rupp, 2014）。学生定期地接受诊断性评估（在iPad上），设计了可以捕捉学生推理和策略的诊断方法并进行分类。在大多数情况下，这种诊断是以学生的行动为基础自动进行的。该研究的假设是，给学生和教师提供更精准的、有用的诊断信息，可以帮助学生沿着学习路径取得进步，而学习路径的设计，是以对学生思考的研究为基础的。使用设计研究特别有用，是因为它允许我们的团队根据学习轨迹所描述的熟练水平设计材料，然后详细研究学生是如何回答这些问题的，包括观察来自形成性和诊断性评估的信息是如何与学生的课堂行为相对应的，教师如何使用这些信息来调整教学，以及学生对这些基于自己行为的有针对性的、精确的反馈是如何回应的。设计研究的重复性特点支持我们同时在许多前沿问题上快速地取得进展，例如，认识到课程的不足，修改学习轨迹，改进技术，使用触屏工具（包括虚拟工具），进行数据收集、展示和分析，了解系统设置对教师的信息要求。年龄较小的学生一开始对接受实时反馈不习惯，却被根据反馈理论设计的改进学习期望的技术所激发，这也显示了设计研究在改变课堂互动方法方面的潜力。围绕使用技术过程中同伴互动的程度和类型，这些研究提供了关于突现的、意外现象的详细记录。技术创新后，细致地研究所揭示的快速的、不断的进展，提供了不可低估的帮助。

设计研究、教学实验和准实验设计，在迅速发展的教学和教师专业发展研究领域也被证明是有用的，这两个领域也同样强调理解机制。随着这两条研究路线的汇合，数学教育在如下两个方面的进展非常迅速：（1）教学所需的数学知识的研究（MKT; Ball, Thames, & Phelps, 2008; Hill 等，2008）[5]；（2）教学实践的研究（Stein, Engle, Smith, & Hughes, 2008）[6]。该子领域的例子是一项关注机制的准实验设计研究，该研究表明，研究人员如何利用先前的工作，更好地理解并建模究竟有哪些因素可以帮助教师在全班讨论高水平、高认知的问题时，更好地分析和管控学生的回答。谢瑞和斯坦（2013）调查

了九位教师的注意（noticing）的变化，这些变化源自他们参与的逐字记录文本编码方案的讨论，该编码考察教师如何发起问题讨论、分析学生的回答，并将其与控制组进行对比。他们猜想，教师将更多地关注学生和教师的回应，并使用编码系统的语言。为了探究这些猜想，他们还假设这些变化取决于这个干预话语系统本身是如何实施的。

关于教学和教师教育的研究被批评为缺乏理论和框架（da Ponte, 1993，第319页）；谢瑞和斯坦（2013）的研究表明，数学教育正在该领域突飞猛进。他们使用了教师行动分析指南（ATM），该指南可以用来对课堂互动的记录文本进行编码，他们开发的这个指南也可"提升教师的注意特定（互动）行为，了解这些行为如何为学生学习创造机会的能力"（第108页），特别是促进教师了解，对学生问题的回应是如何支持或削弱启发和参与的。谢瑞和斯坦的干预由促进者的主导环节组成，在这些环节里，教师学会使用ATM对解决高水平认知任务所进行的课堂数学讨论记录文本进行编码；文本分划成教师-学生讨论片段。首席研究员扮演干预促进者的角色，干预的过程也被录像并转成文本。

该研究使用了前测和后测，以确定参与的教师对教学互动的"注意"是如何随着干预的进行而改变的。测试使用了一段长2.5分钟的课堂讨论视频，讨论的文本，关于视频的一些开放性问题。测试的最后一个问题是"如果你是这位教师，接下来你会问什么问题"（第112页）。研究人员从三个方面对教师在测试中的反应进行编码：（1）"注意"的单元；（2）语言的使用；（3）学生学习的机会。

研究人员还分析了干预过程录像的记录文本，以评估干预期间所进行的讨论是如何帮助教师注意到什么的以及如何学习注意的。研究人员将干预过程的记录文本分成一些"决定点"，每一点包含了干预过程中参与者如何决定对各位特定教师的变化进行编码的完整讨论。研究人员使用了从图尔敏的第一层次推理分析的观点、证据、推断理由和支持性表述四类来分析这些决定点（Toulmin, Rieke, & Janik, 1984）。

他们的研究结果表明，8小时的培训就足以使教师注意到课堂的互动，而不是仅注意教师或者学生各自的表

现。然而作者观察到，教师对于学生的学习机会如何与学生-教师互动相关联的推理能力却改变很小，这也进一步说明了完整的"注意"现象的复杂性。通过检查干预本身的互动模式，并将ATM编码应用到干预的记录稿本身，作者指出，只有12%的决定点包括了支持性表述环节。在所有这种情况下，都是促进者而不是参与者提供了支持性表述，并且只要是促进者提供了信息，就会剥夺参与者摄取到编码的重点的机会。作者也注意到，教师未能将学生的学习机会与关注师生互动联系起来，研究中的促进者-教师之间的干预与教师的学习似乎也很难关联起来，它们都说明：（a）教学研究深远而又反复的特性；（b）如果我们希望教师给学生提供建构性的学习机会，我们必须向教师提供同样的学习机会。

该项研究还说明，"如何或为何会发生"这一类型的研究是怎样缓慢而又稳定地推进的。为了描述其中的机制，我们还需要做大量的工作来定义和选取感兴趣的现象（在上述例子中是"注意"），进而创建测评相关事件的方法，而相关事件甚至可以是在特定设计的、结构化情境下发生的（在上述例子中，是对课堂互动的记录文本的编码）。研究者须清楚地阐明他们的问题和假设或猜想。关键是测试（例如，前测和后测的视频分析）和分析调查活动的方法（例如，决定点和图尔敏等人［1984］的推理结构）。谢瑞和斯坦（2013）的研究在所有这些方面都很富有成果。

在上述例子和其他对教学和教师专业发展的大部分研究中，研究者越来越多地关注教师作为专业学习共同体成员的角色。近年来，正如研究者从关注个别学生的学习转向关注学生之间的互动，对教师的研究也从关注个别教师的知识和相关行为转向关注教师专业共同体（Sztajn, Wilson, Edgington, Meyers, & Dick, 2013）。许多研究者扩展了这种方法，直接研究如何加强教师共同体，使其与研究者联手，并检验研究者在这些专业共同体中的作用（Chapman, 2013）。那些在经典研究中通常被称为"参与者"或"研究对象"的人，在新的关系结构中成了潜在的合作伙伴。

揭示现状的研究也包含对研究工作的一系列假设。在大多数情况下，研究者会将他们的工作描述为"科学"，这里的"科学"是《教育科学研究》中"科学"的

广义定义（Shavelson & Towne, 2002）。然而，其他人可能会建议，这项工作也可看成是"常规科学"的一部分，即便它试图改变一些研究规范，因为它们存在于同一个信念系统中，即认为，研究就是要稳定地修改正在进行的实践以识别其潜能，或洞察到正在发生的事情并解释为何发生。当然，这些类型的研究人员中也有的想改变范式，尝试新的教学模式，但这更像是例外而非常规的。

努力求变的研究

并不是所有的研究都是为了从信息、趋势、因果解释或机制的探寻等方面来回答"事情是怎样的"问题的。事实上，数学教育研究界的一个健康的、充满活力的和有价值的部分，是拒绝任何以非情境化的方式描述事情的。[7]这些研究人员相信，作为起点，情境总是重要的，问题被赋予的特征总是伴随着许多经常默认的关于权利、公平、机会和获取的假设。从事这类研究的部分动机，是为了寻找潜在的原因和可能的解决方案，以缩小我们社会中不同族群之间持续的成绩差异，例如，出自较高和较低社会、经济地位家庭的学生之间的表现差异。这些研究者有一个共同的使命，即，无论是有色人种、劳动阶层的青年、残疾学生、英语非母语的学生或其他人，都需要使用主流的和批判性观察世界的方式（如数学和数学推理），成为有用的公民和尽职的劳动者。他们的研究往往试图质疑和挑战其他人的关于事情是怎样的研究。为反映出挑战假设的研究，本文将讨论以下三个子问题。首先，我们将讨论教育研究的不同概念，这涉及亚里士多德谈到的三种智慧的应用。亚里士多德谈到人类有三种智慧：实践智慧、知识（科学知识）和技术（技术性知识和技能）。运用这个概念，我接着将概述"求变"一词的两个涵义，并说明每一个涵义对获得平等的不同作用。最后，我将根据求变的第二个涵义讨论一些研究者提出的关于数学教育研究方法的基本问题。

技术和知识是教育研究的唯一追求吗？

作为NRC委员会的成员，为定义教育中的科学研

究，我读了弗吕夫布耶格（2001）写的《让社会科学更重要》。[8]弗吕夫布耶格认为，教育不应去争取科学的地位，而应努力理解社会科学的本质。威廉（2003）采纳了弗吕夫布耶格的观点。弗吕夫布耶格的标准，就是知识、技术和实践智慧。虽然弗吕夫布耶格认为，科学是建立在认识论（即对知识的研究）的基础上的，而工程学是建立在技术（做或应用的研究）的基础上的，但他指出，社会科学为社会做出巨大贡献，应该建立在亚里士多德的第三个智慧的基础之上，即实践智慧。他通过研究人们在复杂环境中的决策发现，做出这些决定不仅需要基于"科学"及"技术"知识的专长，而且也需要在复杂环境（包括政治环境）中发展起来的智慧和能力，他称后者为"实践性的社会科学"（第140页）。他建议不要将研究看作确定相关的、正确的和有效的信息，而是根据情境更准确地提出和回答以下四个问题：

1. 我们要去哪里？
2. 这是可取的吗？
3. 应该要做什么？
4. 从干预中谁将有所收获，谁将遭受损失？
（Flyvbjerg，2001，第60，145页）

最后一个问题表明，在开展所有研究时都需要考虑公平性。

这种专注于明智的决策，其取向的理念是仔细考察行动计划对其参与者的广泛影响，主张需要一种不同类型的研究。根据弗吕夫布耶格的观点，社会科学研究的目标不是拓展我们对日常实践本身的理解，而是开始"搅乱"它们，所以应该尽快关注运用和参与之间的差异来源并进行解释（Foucault，1984）。这样的研究始于大规模的解构，重点是分析不平等的来源和原因，并揭示它们是怎样以及有多深入地在文化体验中得到巩固的。

"求变"的两个定义是什么？

我选择用"求变"一词作为这个"桶"研究的标签。"求变"一词有两个互相重叠但相反的涵义。第一个涵义是损坏或损毁。第二个涵义来自物理和材料科学工程，

意思是重塑（改变物体的形状或大小）或扰动，像一个物体的暂时性的（弹性）或永久性的改变（塑性变革）。求变可能由外力（通过拉、推或扭曲来变形）抑或通过温度的变化（通过热变形，引起结构性的改变）而产生。这两个涵义及其相关的解释可以有效地体现数学教育研究中关于公平性的特征。

第一个涵义将变动作为一种破坏力，或者更准确地说，是教育环境中的一个解构力，旨在拆解或阻断事物的当前状态。沿袭这个传统的研究者试图解释为什么不平等是有害的、普遍的，并要求必须进行深入调查，而不仅仅只是记录它的发生。例如，在数学教育界，关于如何处理不同学生群体之间的成绩差异，研究者存在不同的看法。鲁宾斯基（2008）认为，我们有必要关注学生的成绩差异，但我们不能仅仅大量记录某个教育系统在追求公平过程中的失败。她主张考察随着时间的推移这种差距的演变，探寻在哪些地方，通过怎样的方式缩小了差距。在同类型的研究中，古铁雷斯（2008）对数学教育领域的研究进行了严厉的批评，她批评这些研究只专注于通过测量成绩的差值来记录成绩差异，而没有提供补救方案。她把这种习惯称为数学教育中的"差异专注"之谜（第357页）。与鲁宾斯基相比，古铁雷斯认为，过多的"差异专注"可能会强化我们对贫困学生或有色人种学生的负面期望，传达负面的描述，也暗示问题的解决仅仅是技术性的，而不是结构性的或文化层面的，或两者皆有的。她认为，成绩差距的视角只能提供校和学生身份不平等的静态画面，无法捕获学生的进步和动态变化，忽略了组内变异和组与组之间成绩分布的大量重叠部分。古铁雷斯提出新的研究计划以支持那些被冠以受不公平对待的人群。这两个学者都试图解构学生之间的成绩差异，讨论这些差异对研究者的重要意义。

以求变为导向的研究人员，还记录了许多实践者对有色人种或非母语学生的消极看法，他们认为学生缺乏智能或学好数学的动机，并将其描述为欠缺思考（deficit thinking）（Valencia，1997）。[9]数学教育研究者还记录了非关键、非反思性的各种方法对少数族群、非母语学生、残疾学生和不同性别学生的负面影响，并强调认识和利用儿童已有经验的重要意义（Civil，2002；González，

Andrade, Civil, & Moll, 2001; Gutstein, 2003; Lubienski & Gutiérrez, 2008）。

有一些研究者先是记录不平等的存在，紧接着就陈述如何通过改良教育系统中那些不能很好地服务于弱势群体的具体方面来"修复"系统。这就是想要通过改变来修复，而不是先弄清楚它为什么会发生。考虑到不公平的紧迫性和普遍的社会成本，有这种迫切的行动要求可以理解。例如，有研究者提到那些学业准备不足的学生经常会遇到不太合格或经验缺乏的教师，或者经常被分配到要求不高的班级（Darling-Hammond, 2003; Oakes, 2005; Oakes, Ormseth, Bell, & Camp, 1990）。为了公平的资源分配，他们甚至向法院起诉（Darling-Hammond & Post, 2000; Stainburn, 2014）。其他人认为，解决公平性问题最根本的是要提供更好的教学（Nasir & Cobb, 2002）。还有一些人认为，除了更好的教学，一种解决方法是用熟悉的和有意义的情境来加强文化背景和数学之间的联系，以吸引更多的弱势群体（Skovsmose & Valero, 2008）。鲍威尔和弗兰肯斯坦（1997）试图从数学的中立形象、普适性、不可辩驳性和独立性等方面解构数学本身，通过改变和解读环境的方式来重新建构数学。这些研究者成功地证明了成绩的不平等是可改变的，而不是预先确定的，因此是可以修复的。但令人不安的是，这些干预措施很少能规模化，尽管努力，不平等依然存在。

关于数学教育公平性的哪些基本假设需要改变？

与"求变"的第二种涵义更类似，其他一些研究[10]考察了有关不平等的证据如何引发关于数学教育研究怎样被概念化和实施的基本问题。继承这个传统的研究者探究了各种族的特征是如何描述的（Martin, Anderson, & Shah, 2016），公平是如何界定的（Gutiérrez, 2008），以及公平、身份和权利之间的关系是如何更加全面地影响研究的（Stinson & Walshaw, 2016）。这些研究旨在通过批判地考察与变革相关的教育、教育研究和数学教育研究中的结构性的缺陷，通过解释这些缺陷来告诉我们现实的性质，引起人们从该角度重新审视数学教育。这种类型的公平性的研究者是在更广泛的法律传统、社会

分层和选择性上看待数学教育，根据日常实践特有的结构来考察它的现状，如果不做认真反思，那么在帮助边缘化人群的同时又将特权给了其他一些人群。这种边缘化和赋予特权，是社会再生产的特征（Bowles & Gintis, 1977），仅从数学教育研究内部（从狭义的定义来讲）解决公平性问题，可能无法充分认识到问题的本质是社会、经济和政治问题。这个论点是由许多研究者提出来，派斯（2012）总结如下：

> 数学教育研究解决公平性问题的方法大多是技术性的，而未考虑它的社会和政治层面的含义，这就产生了不一致。因为一方面大家公认公平性问题是一个政治和经济的问题，其超越了数学和数学教育，但"解决"的策略却先假设了它可以在数学教育内部解决。（第51~52页）

派斯认为，数学教育的主要问题是学校对其确认或"信任"角色的长久依赖；也就是说，如果学生在各年级不能达到某些要求，那么学生就必须留级。他认为，将学习与某个时间点上学生特定的熟练水平联系起来，数学就不可避免地承担了社会过滤器的作用，因而大比率的学生在数学上的失败也就不可避免，甚至是强制性的，这是由教育系统结构（和整个社会结构）决定的。他借鉴了齐泽克的观点。齐泽克认为，当一个历史偶然事件被视为一种必要时，意识形态就出现了（Žižek, 1994, 第10页）。派斯假定数学教育系统中有一个内在矛盾，将上面提到的确认看成是必要的，而不是历史偶然事件。他认为，结果是关于成败的主流意识形态隐藏在课堂中，甚至也存在于更大的公平性的话语系统中，因此，公平就变得不可能实现。最近出现的关于学生身份的研究可以帮助我们弄清楚，学生是如何经历数学课的，以及如何在这种互相矛盾的信息中生活的。

拉内尔（2013）认为，数学身份"在数学学习和教学情境的发展中扮演着中心的、深入的作用"（第146页）。拉内尔借鉴了斯法德和普鲁萨克（2005）的研究工作，后者给出了身份的描述性定义。他们认为，身份具有如下三个关键特征：（1）具体的；（2）可以转化的；

（3）重要的。拉内尔将"重要性"与"可以举起的重量"的想法联系了起来（per Lindemann Nelson, 2001，第96页），他从操作性的角度提出，身份叙事研究有必要包括学生的：（a）"在数学语境中的执行能力"；（b）对"数学知识的工具性作用"的认识；（c）"数学情境中的约束条件和机会"；（d）"长期形成的可用于习得数学知识的动机和策略"（第149页，这些引用文字来自Martin, 2000，第19页）。

拉内尔进一步指出，数学教育研究者必须认识到（per Steele, 2010）我们将要为由刻板印象形成的学生身份认同付出代价。他指出，在数学教育中大量的"缺陷论主导的虚幻假设"，削弱了注重学生能动性和毅力的自我认同的研究。他的研究表明，那些参加不计学分的基础补习课程的大一学生，同时具备缺陷论主导的虚幻假设的威胁性和发展数学主观意识的能动性。他记录了萨德里克的故事。萨德里克在高中时学业表现出色（高三那年他还学了微积分），他被要求学习补习课程，因为他有一年没有学数学且仓促参加分班考试。通过一系列的访谈，拉内尔展示了萨德里克如何与缺陷论主导的虚幻威胁的斗争。在他的大学里，多重情境线索暗示了人们对非裔美国人的刻板印象，他们的数学很差，很可能不及格或退选某些导论或补习课程。拉内尔还说明了萨德里克的经历，部分原因是他先前在高中时的叙事：如何获得父母和亲属的支持，遭遇过数学的挑战但决定要学好，结果成功地应对了；而今增长了才干，决心抵制那些缺陷论的主流叙事。他的行动采取了不同叙事的形式——一种执行导向的、积极的、逆叙事的形式。

对我来说，这种研究的力量在于，它把求变的两个涵义结合起来了：一方面识别和揭露阻碍学生成功的制度性的、历史性的和文化性的源头；另一方面确认可以帮助学生取得成功的必要因素和可能性。这一类型的研究以这种方式完整地走了一程，先审查和揭示导致不公平的、使学生自信心降低的做法和结构上的缺陷，由此来理解怎样支持学生建构一个叙事，以抵制失败，并成功地认识已经取得的成就。同时，数学教育工作者需要改变前半程的那些条件，以创建一条公平和公正的道路来帮助学生在科学、技术、数学和工程（STEM）领域取得成功。

倡导改革的研究

第三个"桶"研究的重点是改革学校数学教学的努力以及这种改革可以实现的方式。但需要说明的是，数学教育领域的学者经常进行伪改革研究，这是一个容易犯的错误。伪改革研究指的是研究人员尝试一种新的方法，想看看会发生什么情况，尽管这种研究从方法上来说是不严谨的，但仍然以研究的形式报告出来。研究人员进入该领域，常想以基于研究的角色改善教育，但他们可能未注意研究和提倡之间的区别，逐步用提倡取代了研究。通常的过程是这样的：我有了或者了解了一个好的主意，它可能帮助学校解决某些问题（一个新课程，一项新技术，一个可以促进教师专业发展的方法等）；我找到学校，聘请教师或由我自己来实施这些思想；我要研究那个想法能否真的有用，可以带来什么变化，然后我研究干预，当该想法没有用时，我就报告失败的原因（我无法控制的外部因素），描述该想法需要如何改进，或解释我为什么认为它是有效的。这种研究轨迹缺少的是研究的分离方法和对方法论的充分重视。当然，研究者可以是一个倡导者，尽管如此，研究仍然需要认真的和足够的关注，以揭示、避免或至少考虑到偏差和先入为主的误判。

在NRC的《评估课程有效性》（NRC, 2004）报告中，委员会确认的或向委员会申请的评估课程有效性的研究有近700项。但其中只有171项符合委员会的入选标准，值得进一步审查和研究。有些研究被排除在外，是因为它们将教育研究与市场研究混为一谈（市场想要什么？你怎样使其成功？）；其他报告的内容则只能称为预研究或现场试验。当然，这种伪研究形式的做法不仅仅发生在课程有效性研究领域，许多专注于形成性评估、职前教师的课程、实践和教学的落实，以及其他课题中都存在伪研究。

不少研究者由于时机的限制，对某个想法的过度热情，或是有研究环境中不可预见的条件等原因，所做的研究都不符合期望的学术标准。经常发生的情况是，一项研究需要研究者建立或设计某些东西，但在实际研究全部展开前，时间或能量已耗尽，或者被太多的工作占据了时间，于是就用初步研究替代了真的研究。这样做的一个严重的后果是，当研究者不能满足研究的严谨性标准，不顾研究的方法或错把提倡当研究时，就逐渐使该领域失去了可信度。

为了描述一些原则性的研究改革的方法，"倡导改革"的"桶"将从三方面进行讨论：案例研究、系统性改革研究和称为合作改进共同体的方法。

案例研究的作用是什么？

严格的、高质量的改革性研究包括少量的高质量案例研究，从斯塔克和和伊斯力（1978）的有重大影响的案例研究，到最近的诸如费里尼-芒迪和施拉姆（1997）及希伯特等人（2005）的研究。严格的案例研究需要有自己的方法论（Yin，2008）。

德雷福斯（2013）最近的一个综述，报告了一组案例研究，该组案例一共有6个，这些案例研究阐明了课堂里的技术应用。与任何高质量的案例使用一样，他概述了选择这六个案例的原则。选择它们是因为这些案例在如下三个方面的达成度较高：它们是典型案例；对推进理论方面的进展有贡献；随着时间推移，作者有意尝试不同的方法。

德雷福斯分析了如下6项研究：（1）使用计算机代数系统探索改进微积分教学方面的早期的努力。该研究调整了微积分课程的顺序，把概念放在首位（Heid，1988）。（2）对使用图形计算器学习微积分初步课程学生的研究。该研究确定了教师对如何使用技术进行计算的推导变换、数据收集和分析、可视化和检验等重要性的理解（Doerr & Zangor，2000）。（3）一项使用手持计算机代数系统形成参数概念的研究（Drijvers，2003）。用"工具性起源框架"或"工具使用的工具性方法"（Artigue，2002），以探索工具使用与心理图式之间的联系。（4）通过使用在线互动小程序研究早期统计推理的概念发展（Bakker，2004；Bakker & Gravemeijer，2006）。但该项研究所使用的框架更多地来自数学教学论，而不是来自数学教育中关于技术使用的研究。（5）移动数学（Wijers, Jonker, & Drijvers, 2010）。它结合了游戏的特点（Prensky，2001）与现实

数学教育框架。（6）使用技术促进教师专业发展。产生"纪实起源"的概念（Sabra，2011）。

这些系列案例作为一个整体，其价值在于选择和分析它们的方式，演示了技术使用的历史演变，以及示例说明了一系列不同的使用技术的方式，同时让人看到整体的发展规律。德雷福斯（2003）从他考察过的形形色色的案例研究中提炼出以下三个因素：（1）设计（技术设计、课例设计或是一般的教学设计）的作用，从"促进技术掌握，到使用数字技术完成数学任务，以及包括重要数学的概念性理解的心理图式起源"；（2）在教师专业发展与技术环境中的学习经验、纸笔运算和其他数学活动融合的过程中，教师自身所起的作用；（3）教育环境本身的作用，以便技术能和谐地嵌入其中，以支持学生的参与和动机，并用于评估。

案例研究是有益的，因为它们提供丰富的情境性的例子，并且可以支持更大的模式识别。然而，它们绝不是研究改革的唯一方式。改革作为一个整体，对其研究需要确定改变和分析的单元，这些单元可以是某些特定的类别，如课程、教学、学习、评估或教师教育等。我们可以考察这些成分是如何与别的成分相关联的，也可以从历史和理论的角度进行考察。对改革的研究也必须考虑到整个教育系统是如何运作和变化的。虽然改革方案可能有其主要的目标，例如，它可能会将学习机会不平等作为其主要目标，但必须注意到改革的其他方面，例如，改革方案的经济影响及其对系统地培养高素质公民能力的影响，或满足社会对相关专长或能力的需求，以及它是否增强了系统对问题和变化的回应能力。

理解改革的设计、发展和实施，要有如何改变系统和组织的相关理论。对改革的研究需要使用与这些理论一致的方法论。将改革的理论和方法论结合的新的方式正在出现，值得数学教育研究者更多地关注。

为了研究学校数学教学的改革，考察关于改革特点的假设是很重要的。许多人将一系列的改革努力形容成钟摆运动，他们认为钟摆的每一个摆动就像可看作"进"或"出"的一次改革。古班（1990）提醒说，将改革比作钟摆的摆动，说明了研究者对自己所研究的大量的、微妙的变化缺乏敏感，所以古班呼吁将学校教育置于组织

行为和历史先例中，对其进行不同的和更为细致的分析。他指出，关于学校教育的决策不可避免地揭示了社会中不断发展的价值冲突，而且他提醒说，"价值冲突不是通过学校教育的科学奇迹就能解决的问题。它是一个困境，需要政策制定者和利益集团之间的政治谈判和妥协，就像那些在更大社会范围内发生的事件一样，它没有解决方案，只有政治博弈"（第8页）。他的观点是，研究者预先设定的解决方案经常会失败，特别是当研究者没有认识或没有承认，这些解决方案只在适当的社会情境中发挥作用。这给改革型研究提出了一个有趣的挑战，即，如果研究旨在帮助解决问题，它必须是置于特定情境之中的。这类似于我早先提出的一个主张，即数学教育是一门应用学科，但它又超越了这个说法，强调需要深入了解所处的情境，甚至确定情境的属性。[11]更一般地说，如果研究是解决问题所必需的，我们需要做很详细的考虑以适应特定的环境，而又可以推广以满足方法论方面的标准，并能在更广泛的条件下发挥作用。

古班（1990）假设在学校里存在三个松散联系的系统，它们并行运作，也经常造成关于学校教育的政治性变化。它们是：（1）由非专业人士组成的"对外的"委员会的治理；（2）"对内的"学校管理层所做的承诺和日常管理；（3）在课堂教学活动中，教师可以看作"个体的实践者"，他们同时经历了有限的自由，但也有权利忽略或修改各种指示。古班呼吁"对理性和非理性的组织行为进行严肃的思考"（第13页）。古班希望研究人员了解这些系统如何相互协作，以界定他们对改革的需求、设计和实施。所以，对于该建议的一个解读是，对数学教育研究者而言，需要认真考虑研究的主体和读者，旨在成功地考虑目标读者的想法。柯乐特（2004）在讨论教育领域对改变的抗拒时指出，许多改革没有考虑到教师和课堂本身的惯性，以及他们对改革的反应和看法。她建议，与其"研究改革是如何改变学校的，不如研究学校是如何改变改革的"（由Pais解释，2012，第62页）。

系统性改革如何有助于改进数学教育？

在20世纪80年代末和90年代初，许多学者、政策制定者和学校系统的官员承认，教育是一个复杂的系统，且有多方面的观众和演员，整个教育系统的多个方面必须通力协作，以期在学生学习和成功方面实现持久的改善。他们进行的系统性的改革运动（McLaughlin & Talbert, 1993; O'Day & Smith, 1993）涉及教育的各个系统层面，如州级系统性计划（SSI）、城区系统性计划（USI）、乡村系统性计划（RSI）等，其资金来源包括国家科学基金（NSF）、州和地方机构。少数数学教育研究者参与了这些复杂和长期的工作，特别是创建州级的课程标准，但大多数人以怀疑的眼光冷眼旁观。[12]（NSF资助的以改革为导向的新课程相关的一些研究人员和学者更紧密地参与其中）系统层面的举措，包括基于标准的实践（标准、课程、评估和专业发展）、支持政策、资源的融合、伙伴关系、学习结果的记录和数据分析等在内的各种要素结合在一起。一系列的案例记录了系统性改革研究的诸多教训（如，Clune, 1998; Williams, 2015; Zucker & Shields, 1998）。

从20世纪90年代和21世纪初系统性改革的努力得出的体会是，需要认真研究实施过程。这方面的例子是对一项创新的、以科技为基础的科学课程改革实施的研究（Blumenfeld, Fishman, Krajcik, Marx, & Soloway, 2000）。该项研究记录表明，只是将实验室或其他领域的创新成批地照搬到学校，在没有仔细考虑系统性因素的情况下是很难实现的。布鲁门费德等人写道：

> 这种动力（创新者推动创新的忠诚度和学校推动确保创新符合学校规范）与斯托克斯、萨托、麦克劳林和塔尔伯特（1997）提醒我们要注意的是一致的。斯托克斯等人认为，将一项改革推广到一定的规模所面临的挑战，不只是增加课堂的数量，而是要将外部的构想和获得支持的项目转化成学校可以内化的项目，使其观念被学校所接受，在管理和实践层面得到落实。通过这种方式，完成所有权的转移，根本的规范和实践发生改变，以维护改革的原则（第159页）。

在寻求大规模改革问题的解决方案中，科恩和波尔（2001）讲到了规范和发展之间的差距，而后是实施、支持和保持之间的差距。寻求新方法的研究者专注于明确提出和开发解决方案，但要想使这些解决方案在学校取得成功，持续下去且茁壮成长，必须有足够的支持和资源来维护，而这些又常常供不应求。这表明，我们不仅需要对这些因素及其相互作用进行更多的研究，还需要更多的资金使改革可以保持下去。从这点来讲，数学教育研究者与科技改革者的经验是一致的，这些改革者确认并指出，创新的实施如何，取决于如下三个主要因素：（1）政策和管理的全面配合，确保教师、家长和管理人员充分接受；（2）更好地理解教师正经历的大量专业发展需要，更好地理解将要实施的创新所需的人力资本需求；（3）更多地关注所在学区的实际技术能力（Blumenfeld 等，2000）。

在系统层面研究改革，意味着要在研究如何实施方面做显著的改变。单个研究者和一组研究生都很难承受这样的挑战。此外，在系统层面的改革研究中，与实践者需要保持持久的、常规的联系，而不是零星的或不持续的（所以需要一个又一个的研究基金支持），研究者必须将实践者群体作为有自己风格的专业人士来对待。

合作改进共同体是什么？

倡导改革研究的另一个进展的领域是布莱克、戈麦斯和格鲁诺及其合作者——合作改进共同体（NIC）的工作，由卡内基基金支持（Bryk, Gomez, & Grunow, 2011）。NIC基于如下原则：

- 在重要的、具体的和可测量的改进问题上锚定研究，展开工作。
- 要认识到，复杂教育问题的大规模改革，必须要有多种专业资源持续和协调的努力。
- 确认实际的设计、教育工程和开发活动（DEED）在促进可持续发展上的力量。
- 意识到组建这种特定设计的多种专业的合作团队，不仅需要新的工作方式，而且需要新的实践规范。
- 认可实施改进的伦理规范，由此在共同的分析框架指引下做出调整。而此框架，要依照所显现的、能够反映出对谁，在哪些情境下，什么是有效的或无效的等的证据，经常做出检测和修正。
- 充分利用开放性资源，以扩大合作成员参与规模，加速创新的发展，迅速传播有效的实践经验。

柯布及其同事（Cobb, Jackson, & Dunlap, 2016; Cobb, Jackson, Smith, Sorum, & Henrick, 2013）的近期工作，代表了一个长期解决这个问题的办法。他们与四个城市的学区建立了广泛的合作伙伴关系，开发了一种改革数学教学的行动理论和解释框架。他们开展了基于设计的实施研究（DBIR），团队与学区的领导者合作，研究课程、专业发展、领导能力培训和评估等方面的决策对教学改革的影响。

这类工作可能从根本上改变我们做这种研究的方式。它还可以为教育研究和教学实践之间的脱节提供解决方案，也需要改变大学研究人员与学区和学校的联系。更好地理解研究——揭示现状、努力求变、倡导改革——的作用，我们才可以找到满足学生需求的新方式。

最后的反思

在本章中，我想对数学教育研究中有价值的和引人注目的学术广度进行反思，并认识到研究的多样性正是出于研究特征的多种合理假设。我选择从揭示现状、努力求变和倡导改革三个主题对数学教育研究进行反思，也正是出于对这三种类型研究活动的发自内心的尊重。每一类活动都丰富了研究者的生活，使其成为科学家，或是有责任感和道德感的社会调研员和评论家，甚至成为创新者和设计师，致力于建设一个有利于学习的未来。

“桶”之间是互补还是冲突的？

我这里给出的关于研究的“桶”可能带来一个问题：它们是以揭示现状、努力求变和倡导改革为目的的研究，还是关于揭示现状、努力求变和倡导改革的研究？乍一看，答案似乎是，第一个桶的研究是为了揭示现状，而第二个和第三个桶的研究则更侧重于关于求变和改革的意义，这种不对称会让人感到不快。而进一步反思时发现，问题本身也会产生麻烦：为了（to）和关于（on）的区别意味着什么？再探寻一次，也许因为研究本身就包含检验行为本身这一个重要承诺；做研究就是致力于检查积攒的各种论据类型和所得结果。因此研究活动本身总是附带着一项义务，那就是对作为一种专业活动的研究加以反思。这让我们想起先前引用的图尔敏的证据和推断理由之间的区分（Toulmin等，1984），单有论据是不够的，除非对推断的理由有一些了解和认同。对于揭示现状，从认识论的角度来说，提供证据是科学研究广泛的要求；对求变，它是社会科学；而最后的改革类研究，它为我们提供对复杂教育系统的理解。所以研究在本质上既是一种活动，也是对活动的反思。

三个研究"桶"之间的关系是什么？背后是否有一个连续统？如果有，任何特定的研究可否从多个不同的视角来看？我必须承认，我希望大多数读者在开始读本章时，能感受到这三"桶"研究之间的不同，至少在一定程度上能感觉到，它们是相互对立的，它们的研究视角之间有较明显的差异。也就是说，如果一个人在做常规的科学，以揭示现状为目的，他就接受了学习展开的一般条件，且旨在对现有系统产生系统性的改革。此外，对于这类研究者，进展不一定意味着提高，而可能只是知识的增加，或对某方面理解的提升。"揭示现状"的目的是提供监测、描述和解释，因此在这个传统中，如何处理信息就是研究本身之外的问题。它是外部效度问题，尽管这类研究含有设计和工程的成分（例如，设计研究），所得到的成果也可能更直接地融入和改变实践（至少在本地范围内）。相比之下，求变起始于疑问，从一开始就倾向于排斥以任何客观的方式，甚至在某种程度上的以任何主观的方式解释现状的看法，除非考虑了权力和机会等因素。最后，改革型的研究始于假设，这些假设都假定改变和改革正在进行，并且在更大范围的推广和保持改革顺利进行，需要与实践者维持长期的合作伙伴关系。显然这些区别在这里似乎太明显，但视角的不同就会引发有用的探索实践。

然而，或许在第二次阅读时，三个研究"桶"的

排序可以用黑格尔的论点-对立面-综合框架来解释（见Lester和Wiliam［2002］对丘奇曼的探究系统分类的分析）。使用这个框架，揭示现状类的研究代表了论点的发展，作为对当前情况或现象的最初描述和解释方式。求变可以被视为揭示现状的对立面，因为它显示了揭示现状背后的先决条件或假设，并对产生不公平结果的结构性条件提出了挑战。但是如果没有改革，求变就无法给不平等提供解决方案，所以改革提供了论点与其对立面之间的调解手段，即综合。例如，揭示现状的研究可以记录学习数学机会的不平等，并且确定哪些条件下可以获得更公平的结果。但如果结构性的因素妨碍大规模解决方案的实施，那么改变这些障碍的努力将需要协调性、合作性的伙伴关系，以实现系统性和持续性的改革。

下面的例子可能有助于读者理解上述说法。趋势的研究揭示，在北卡罗来纳州，处于不利经济地位的学生在代数2课程结业（EOC）考试中成绩存在显著差异，而非裔和西班牙裔的比率更高（Krupa，2011）。克鲁帕的研究分析了在高中使用整合课程的结果，"揭示"数学教育界使用这样的课程材料有利于风险群体（以学完代数1的成绩为基础），并在代数2的结业考试上取得了同样的成绩，尽管代数2考试与课程目标乏一致性（Krupa，2011）。然而，其他人记录了结构性的"求变"因素，如教师流动、缺乏经验的师资力量的调配，尤其是涉及相关的入门课程（Lankford, Loeb, & Wyckoff, 2002; Peske & Haycock, 2006），这与教师较为薄弱的内容知识（Krupa，2011）结合在了一起，使得整合的课程不太可能在经济较贫困的社区（乡村和城市）中大规模地成功实施。正如克鲁帕的数据所显示的，教师需要高度忠实地实施课程，他们也需要大量的支持和专业发展机会，以确保教师自身得到充分的准备。因此，为了成功地使用整合数学课程去解决大规模的不平等问题，需要做出一项改革，以聘任和培养高素质的合格教师，让其在较长时间段内坚持使用该课程。该解决方案需要在实施团队内发挥作用，使用诸如合作改进共同体，或基于设计的实施研究的方法。有经验的教师要指导新教师，也需要颁布减少教师流动的法规。这个例子和讨论展示了三种方法（揭示现状、努力求变和倡导改革）如何相辅相成以促成

系统性的改革。

强大的文献综述的价值是什么？

在本章中，我引用了不少思考缜密的研究。我想提醒读者，其是建立在基本文献基础之上的，这些基本文献包括吉恩·皮亚杰、利维·维果斯基、戴维·霍金斯、埃莉诺·达科沃斯、约翰·杜威、安·布朗、西摩·帕尔特等。我相信这些学者的文献真正经受住了时间的考验：只读一次是不够的，因为其强大在于它们可以是一种提示，也可以是一种课程。我的许多学生回来后告诉我，当他们在我的课堂上第一次遇到这些思想家的深奥理论时，深感迷惘或倍受冲击。这并不奇怪，因为伟大思想家的成果只有与他们的毕生工作辩证地关联起来，才能得到理解。学生常常说，到后来才弄明白，只有在研究、服务或教学遇到困难和挑战时，他们从研究文献中学到的东西才变得最有用，变得与他们更为密切。随着时间的推移，通过反复地回味，学识才能完全掌握。当我重读一篇伟大的作品时就常常有一种感觉，不知为什么，有些东西我以往没有读懂，我并未理解它。虽然文字以前也在那里，但不知何故我却错过了。我得出的结论是，我自己发生了改变，我是带着新的经历和新的问题来重读的。观点很简单：研究是深奥的，准确地说，研究就是重新搜索、恢复搜索、体会到新的东西。研究可以提供解决方案，但事实上这些解决方案取决于作为研究者的我们自己经历的背景，而这又会随着我们的成长而改变。

除了仔细研究现有文献并将其整理成论据（不是简单地忠于这些研究或生成冗长的参考文献列表），研究者还需要更积极地做好综合工作，尽管这样做会很难。我的关于错误理解的文献综述（Confrey, 1990）和课程评估的综述（NRC, 2004），是我所做的最具挑战性的工作，但这样的工作开启了以往未发现但通常又是深刻领悟的大门。例如，费里曼等人（2014）在美国国家科学院的会议论文集中报告说，通过对本科阶段STEM课程的225项研究的元分析，"主动学习"（定义为小组问题解决，使用个人反应系统，视频设计课程等）的学生在考试、综合测评或其他评估中，比接受传统讲授的学生成绩多了半个标准差。他们进一步发现，接受传统讲授教学的学生退学的可能性，是参与主动学习课程学生的1.5倍。他们在讨论中揭示，由于更多的学生坚持主动学习的课程，在研究中发现的学业进步，可能低估了实际所学的差异，特别是主动学习方法对学生在坚持STEM领域的后续上有所帮助，而这可以满足美国STEM专业的已为大家所知的需求。这个结果所描绘的正是我们中的许多人多年来争论的。综合性研究（包括元分析）有助于我们看到研究的累积性特质，深刻地显示一个领域的成熟（或欠成熟）的程度（Cooper, 1998）。

未来的方向

展望未来，我认为，在多个领域中我们数学教育研究者将需作更充分的准备，以应对新的挑战，利用新的机会，满足学生数学学习的要求。我选择其中两个做更详细的讨论，以提醒研究者继续学习新技能的必要性：（1）数字学习系统；（2）大数据的应用。虽然有许多其他的技能可以选择，但我最近在一家公司里领导一个中学数学的数字设计团队的经历影响了我的选择。可数字化地传递材料、媒体与数据的使用和传递方式的改变，正在越来越多地影响着数学教学的变化。虽然技术转换的可能性在过去曾被多次夸大（Cuban, 2003），值得一定程度的怀疑，但目前的变化，还是被我们数学教育研究领域的太多成员所低估或忽视。

州共同核心数学标准（CCSSM; National Governors Association Center for Best Practices and Council of Chief State School Offercers, 2010）的引入以及相关的大学和就业准备标准（许多州正在修订）引起了教科书和教学材料使用的转变。由于标准的使用与相配的教材出版之间有时间差，再加上近年来经济衰退带来的预算缩减，许多学区正在使用网络资源编制自己的课程。创新者正在从多个方向（例如游戏、编程、设计）进入数学教育，他们向教师提供了大量的资源，这些资源的类型、大小和品种多种多样，质量也有高有低。雷斯（2014）报告说，最近的网络搜索发现，关于州共同核心标准（不单指数学）有300万次的引用。韦贝尔、克鲁帕和麦克马纳斯（2015）研究了教师如何在丰富的资源中进行寻找、选择和审核，教师提出了一个令他们感到烦恼的问题，那就是在这个随意选择的资源泛滥的时代，如何以及是否可能实现课程的连贯性。同时，数字材料的再次涌现，不仅为资源如何引起不均衡和不连贯的经验提供了批评机会，而且也为设计更连贯的课程创造了时机。我们团队目前的基于学生学习的研究设计和实施"学习地图"的工作，就是这种方法的一个代表（Confrey, 2015）。

其他数字项目涉及到整个数字系统的设计和实施，如可汗学院、卡内基学习、皮尔森和推理思维。这些是"数字学习系统"（DLS）的代表（Confrey, 2015），它们不单提供教学材料，而且提供一个集成系统，包括练习题、评估和分析等。数字学习系统的强大在于它是由集成、反馈和分析组成的连续循环系统。数学教育研究者太多地遇到低水平的习题、单调的讲解视频，或是个性化过度的东西，因而拒绝数字化的题材。但这样做，就有可能错失这些技术所具有的功能的意义，如为系统研究本身提供有价值的目标和环境，以及基于对结果和使用模式的反馈改进研究。

同样，教育类游戏的类型会继续发展，因此也值得我们密切审视。虽然在游戏中，大多是提供相对少的或简单化的数学体验，但其余的却可以明显提供数学教学材料的信息，且渐趋成熟。例如，格勒丝奥菲（2015）报告了一个关于浸入式多用户环境的研究，该环境关注由统计推理和论证的难点驱动的问题解决和多种参与性的建构（概念的、过程的、伴随的和关键性的）。游戏设计师创造了吸引玩家注意力的科学，开发了以机器为基础的保持学习者参与的方法（Jaffe 等, 2012）。此外，在游戏和数字学习系统中，复杂的分析引擎的开发也需要监测（Conde & Hernández-Garcia, 2015; Macfadyen, Dawson, Pardo, & Gašević, 2014）。

这些发展需要放到更大的教育文化框架里接受研判。有时候数字环境看上去好像是为实现个性化的教与学而设计的，个性化很难在纸本环境中成功实现（Erlwanger, 1973; Bangert, Kulik, & Kulik, 1983）。因受计算机科学家的强烈影响，他们经常认为人脑易受编程方法的影响，

这些系统就可能缺乏支持协作和交谈的方式，不利于发挥教学的积极作用，也很难保证线上和线下活动之间的平衡。数学教育界可以采取的两个战略举措是：（1）严格批评个性化的膨胀，并密切关注它的发展趋势，以便将其应用于最需要的学生；（2）努力定义"个性化"这一术语，使其可以表示学生体验个性化方式的创造性，学生的个性化体验是在以班级（现实的和虚拟的）为基础的活动中进行的，包括教师指导下的非数字化的活动和丰富的对话机会（Confrey, 2016）。

与数字学习主题相关的，是研究"大数据"的使用在数字化支持的教育环境中的进展。这也是其他学科（天文学、健康服务、生物学等）中的一个很活跃的领域，它会成为数学教育中更大的力量。到目前为止，大数据工作的重点集中在如何收集和整理嵌入式评估，如何将其与新兴的基于素养的学习模式相结合，以及如何记录和分析大规模在线开放课程（MOOC）和基于游戏的学习环境。这种使用数据的关键，是对引导进展的方式的反馈。然而，该领域作了准备进入的、与数学教育特别相关的两个领域是：（1）使用数据挖掘学生从大学到就业流动方面的信息；（2）确定如何及时向数字学习者提供战略性的教学脚手架。大数据的威力在于其在各种规模层次的建模潜力，不仅揭示DLS内部的微观决策，以及宏观决策的现状，诸如怎样将资格证书与工作成功和满意度相关联；而且也揭示在教学和学校改进方面的中观层面决策的现状，这也是在本章前面提到的持续改进之处（Gummer, 2015）。

处理这些未来的主题，以及其他的主题，将需要对揭示现状、努力求变和倡导改革等类型的研究进行仔细的考虑，使用新的媒体形式开展认真、深入、热烈、公开的辩论，以便在这些不同研究团队的成员、决策者和更广泛的教育界人士中传播和参与（例如，Nielsen, 2011）。数学教育研究领域已变得过于庞大，以至于任何一个研究者都不可能精通所有的专业领域。最后，数学教育研究领域有必要通过吸引更多样化的学者来发展和成长。这包括吸收更多不同民族、种族和不同社会经济地位教养的人，同时也要从与我们合作的相关领域吸引更多学者，以确保我们向新领域的扩展和前进，为至今

所积累的智慧而揭示现状、努力求变和倡导改革。

作为最后的反思，我以一个请求来结束本文。我请求更多的研究者挑战棘手的问题。我们必须以更大的勇气来表达，怎样做才能满足所有学习者和教师的需求。在华盛顿国家科学院的凯克中心，他们引用了爱因斯坦的一段话，其全文如下：

> 我所理解的学术自由是，一个人有探求真理，发表和传授他认为正确东西的权利。这种权利也包含着一种义务。一个人不应当隐瞒他已认识到的正确东西的任何部分。显然，任何对学术自由的限制都会阻碍知识在人间的传播，从而也妨碍了理性的判断和行为。

这话提醒我们，特别是已经取得终身教职或身处研究组织的人，我们有幸做研究，就有义务发挥学术自由的作用，保护学术自由，向掌权者讲实话，并全面研究我们工作的影响，即便可能使我们个人面临风险。例如，对其他人的认可表示怀疑，会危及获得课题资助或研究成果的出版。在今天的社会里，随着不平等的加剧，受政治上的权力所限，教育常常显得很无望（Bromberg & Theokas, 2013）。这样，想行使"学术自由"赋予我们的特权，就要求我们达到更高的标准，即使需要牺牲我们自己的安逸、内心的平安或受欢迎的程度。这是研究的代价，更是研究的特权和荣耀。

注释

1. 我使用"桶"这个词来表示一种较随意的分类方法。它是一种粗略的和非正式的划分，缺乏正式分类方法的精确性。仔细审视会发现，许多研究涵盖多个类别，并且也可以归入不止一个"桶"内。

2. 研究类型的另一种分类是由美国教育部和国家科学基金会提供的（U.S. Department of Education & National Science Foundation, 2013）。他们在"教育研究与发展公共指南"中提出了如下六类研究：（1）基础研究；（2）早期或探索性研究；（3）设计与发展研究；（4）效能研究；（5）有效性研究；（6）大规模研究。这种分类意味着从思想到实验室、设计、实场测试和推广等一系列研究。它的使用可能更有利于机构所做的研究项目，而独立的研究者更可能成为使用特定方法论的专家。

3. 作为CCSSM国家验证委员会成员，我可以说，该决定受到许多来自该领域学者的挑战，并得到其他希望有一个压缩的小学课程人士的大力支持。

4. 我是进行该项研究的NRC委员会的主席。

5. "用于教学的数学知识"指的是从事数学教学工作中所使用的数学知识。这里的"教学工作"包括向学生解释术语和概念，解读学生的陈述和解答，判断和校正特定主题的教科书处理方式，在课堂上准确地使用表征，给学生提供数学概念、算法或证明的例子（Hill等，2008，第4、5页）。

6. 斯泰因等人（2008）介绍了五种实践，即期望、监测、选择、排序和联系，以支持教师在课堂讨论中使用学生的反馈。

7. 这并不是说其他的研究者不认为环境很重要，但是科学结果应该具有能"推广"和"复制"的特征，使得现象与环境之间的关系更具挑战性。

8. 弗吕夫布耶格表达的目的，就是要在定义"教育科学研究"委员会的同时阅读弗吕夫布耶格的书。这是令人困惑的。最后，我得出两个结论：第一，如果我们的研究尽可能多地被包括在科学研究的描述之中，数学教育界将在竞争中失败（在弗吕夫布耶格的意义上的孰胜孰败），虽然我也发现，科学研究关于方法论的清晰的标准要求是吸引人的。第二，我对平等、社会和权力问题的终生兴趣，迫使我将工作置于弗吕夫布耶格所呼吁的社会科学范式之中。我原来没有想到将问题当作选择的必要，而更多的是一种能意识到的压力。

9. 瓦伦西亚确定了欠缺思考的六个特征：（1）责备受害者；（2）压迫；（3）伪科学；（4）世俗的变化；（5）可教育性；（6）旁门左道。

10. 关注平等的研究者（如Gutierrez, 2008）进行的研究常常涵盖"求变"的两层含义。

11. 这说明，在数学教育领域，我们需要一个更加多样化的学者团体，因为研究者通常都需要与他们所在的教育共同体的观点一致起来。

  12. 我以许多审查委员会的成员、会议发言人或作为

现场技术援助小组的成员身份参与了一些倡议。

References

Agodini, R., Deke, J., Atkins-Burnett, S., Harris, B., & Murphy, R. (2008). *Design for the evaluation of early elementary school mathematics curricula.* Princeton, NJ: Mathematica Policy Research.

Agodini, R., Harris, B., Atkins-Burnett, S., Heaviside, S., Novak, T., & Murphy, R. (2009). *Achievement effects of four early elementary school math curricula: Findings from first graders in 39 schools.* NCEE 2009-4052. Washington, DC: U.S. Department of Education, IES National Center for Education Evaluation and Regional Assistance. http://ies.ed.gov/pubsearch/pubsinfo.asp?pubid=NCEE20094053

Agodini, R., Harris, B., Thomas, M., Murphy, R., & Gallagher, L.(2010). *Achievement effects of four early elementary school math curricula: Findings for first and second graders* NCEE 2011–4001. Washington, DC: U.S. Department of Education, National Center for Education Evaluation and Regional Assistance, Institute of Education Sciences. http://ies.ed.gov/pubsearch/pubsinfo.asp?pubid=NCEE20114001

Artigue, M. (2002). Learning mathematics in a CAS environment: The genesis of a reflection about instrumentation and the dialectics between technical and conceptual work. *International Journal of Computers for Mathematical Learning, 7*(3), 245–274.

Bakker, A. (2004). *Design research in statistics education: On symbolizing and computer tools.* Utrecht, The Netherlands: CD Bèta Press.

Bakker, A., & Gravemeijer, K. P. E. (2006). An historical phenomenology of mean and median. *Educational Studies in Mathematics, 62*(2), 149–168.

Ball, D. L., Thames, M. H., & Phelps, G. (2008). Content knowledge for teaching: What makes it special? *Journal of Teacher Education, 59*(5), 389–407.

Bangert, R. L., Kulik, J. A., & Kulik, C. L. C. (1983). Individualized systems of instruction in secondary schools. *Review of Educational Research, 53*(2), 143–158.

Batanero, C. (2004, July). Statistics education as a field for research and practice. *Paper presented at the Tenth International Congress on Mathematical Education,* Copenhagen, Denmark.

Bellack, A. A., Kliebard, H. M., Hyman, R. T., & Smith, F. L. (1966). *The language of the classroom.* New York, NY: Teachers College Press.

Bhatt, R., & Koedel, C. (2012). Large-scale evaluations of curricular effectiveness: The case of elementary mathematics in Indiana. *Educational Evaluation and Policy Analysis, 34*(4), 391–412.

Blumenfeld, P., Fishman, B. J., Krajcik, J., Marx, R. W., & Soloway, E. (2000). Creating usable innovations in systemic reform: Scaling up technology-embedded project-based science in urban schools. *Educational Psychologist, 35*(3), 149–164.

Boaler, J. (2011). Stories of success: Changing students' lives through sense making and reasoning. In M. E. Strutchens & J. R. Quander (Eds.), *Focus in high school mathematics: Fostering reasoning and sense making for all students* (pp. 1–16). Reston, VA: National Council of Teachers of Mathematics.

Boaler, J., & Staples, M. (2008). Creating mathematical futures through an equitable teaching approach: The case of Railside School. *The Teachers College Record, 110*(3), 608–645.

Boerst, T., Confrey, J., Heck, D., Knuth, E., Lambdin, D. V., White, D., . . . Quander, J. R. (2010). Strengthening research by designing for coherence and connections to practice. *Journal for Research in Mathematics Education, 41*(3), 216–235.

Bowles, S., & Gintis, H. (1977). *Schooling in capitalist America: Educational reform and the contradictions of economic life.* Chicago, IL: Haymarket Press.

Bromberg, M., & Theokas, C. (2013). *Breaking the glass ceiling of achievement for low-income students and students of color.*

Shattering Expectations Series. Washington, DC: Education Trust.

Brown, A. L. (1992). Design experiments: Theoretical and methodological challenges in creating complex interventions in classroom settings. *The Journal of the Learning Sciences, 2*(2), 141–178.

Bryk, A. S., Gomez, L. M., & Grunow, A. (2011). Getting ideas into action: Building networked improvement communities in education. In M. Hallinan (Ed.), *Frontiers in sociology of education* (pp. 127–162). New York, NY: Springer.

BusinessDictionary.com. (n.d.). Policies and procedures. Retrieved from http://www.businessdictionary.com/definition/policies-and-procedures.html

Chapman, O. (2013). Investigating teachers' knowledge for teaching mathematics. *Journal of Mathematics Teacher Education, 16*(4), 237–243.

Chavez, O., Papick, I., Ross, D., & Grouws, D. A. (2010, April– May). *The essential role of curricular analyses in comparative studies of mathematics achievement: Developing "fair" tests.* Paper presented at the Annual Meeting of the American Educational Research Association, Denver, CO.

Civil, M. (2002). Everyday mathematics, mathematicians' mathematics, and school mathematics: Can we bring them together? In M. E. Brenner & J. N. Moschkovich (Eds.), Everyday and academic mathematics in the classroom (pp. 40–62). *Journal for Research in Mathematics Education* monograph series (Vol. 11). Reston, VA: National Council of Teachers of Mathematics.

Clune, W. (1998) *Toward a theory of systemic reform: The case of nine NSF statewide systemic initiatives* (Research Monograph No. 16). Madison, WI: University of Wisconsin-Madison, National Institute for Science Education Research.

Cobb, P. (2007). Putting philosophy to work: Coping with multiple theoretical perspectives. In F. K. Lester Jr. (Ed.), *Second handbook of research on mathematics teaching and learning* (pp. 3–34). Charlotte, NC: Information Age; Reston, VA: National Council of Teachers of Mathematics.

Cobb, P., Confrey, J., diSessa, A. A., Lehrer, R., & Schauble, L. (2003). Design experiments in educational research. *Educational Researcher, 32*(1), 9–13.

Cobb, P., Jackson, K., & Dunlap, C. (2017). Conducting design studies to investigate and support mathematics students' and teachers' learning. In J. Cai (Ed.), *Compendium for research*

in mathematics education (pp. 208–233). Reston, VA: National Council of Teachers of Mathematics.

Cobb,P.,Jackson,K.,&Munoz,C.(2015).Designresearch: Acritical analysis. In *Handbook of international research in mathematics education* (3rd ed.). New York, NY: Routledge.

Cobb, P., Jackson, K., Smith, T., Sorum, M., & Henrick, E. (2013). Design research with educational systems: Investigating and supporting improvements in the quality of mathematics teaching and learning at scale. *National Society for the Study of Education Yearbook, 112*(2), 320–349.

Cohen, D. K., & Ball, D. L. (1999). *Instruction, capacity, and improvement.* Philadelphia, PA: Consortium for Policy Research in Education.

Cohen, D. K., & Ball, D. L. (2000). *Instructional innovation: Reconsidering the story.* Ann Arbor: University of Michigan.

Cohen and Ball (2001). Making change: Instruction and its improvement. *Phi Delta Kappan, Spring,* 73–77.

Collins, A. (1992). Toward a design science of education. In E. Scanlon & T. O'Shea (Eds.), *New directions in educational technology* (pp. 15–22). Berlin, Germany: Springer-Verlag.

Conde, M. Á., & Hernández-Garcia, Á. (Eds.). (2015). Learning analytics, educational data mining and data-driven educational decision making. *Computers in human education 47* [special volume], June.

Confrey, J. (1990). A review of the research on student conceptions in mathematics, science, and programming. In C. Cazden (Ed.), *Review of research in education* (Vol. 16, pp. 3–56). Washington, DC: American Educational Research Association.

Confrey, J. (2006). The evolution of design studies as methodology. In K. R. Sawyer (Ed.), *The Cambridge handbook of the learning sciences* (pp. 135–152). New York, NY: Cambridge University Press.

Confrey, J. (2015). Some possible implications of data-intensive research in education—The value of learning maps and evidence-centered design of assessment to educational data mining. In C. Dede (Ed.). *Data-intensive research in education: Current work and next steps* (pp. 79–87). Washington, DC: Computing Research Association.

Confrey, J. (2016). Designing curriculum for digital middle grades mathematics: Personalized learning ecologies. In M. Bates & Z. Usiskin (Eds.), *Mathematics curriculum in a digital world* (pp. 7–34). Charlotte, NC: Information Age.

Confrey, J., Castro-Filho, J., & Wilhelm, J. (2000). Implementation research as a means to link systemic reform and applied psychology in mathematics education. *Educational Psychologist, 35*(3), 179–191.

Confrey, J., & Lachance, A. (2000). Transformative teaching experiments through conjecture-driven research design. In A. E. Kelly & R. A. Lesh (Eds.), *Handbook of research design in mathematics and science education* (pp. 231–265). Mahwah, NJ: Lawrence Erlbaum Associates.

Confrey, J., & Maloney, A. P. (2015a). A design research study of a curriculum and diagnostic assessment system for a learning trajectory on equipartitioning. *ZDM—The International Journal on Mathematics Education, 47*(6), 919–932.

Confrey, J., & Maloney, A. P. (2015b). Engineering [for] effectiveness in mathematics education: Intervention at the instructional core in an era of common core standards. In J. A. Middleton, J. Cai & S. Hwang (Eds.), *Large-scale studies in mathematics education* (pp. 373–404). Cham, Switzerland: Springer International.

Confrey, J., Maloney, A. P., Nguyen, K. H., Mojica, G., & Myers, M. (2009, July). *Equipartitioning/splitting as a foundation of rational number reasoning using learning trajectories.* Paper presented at the 33rd Conference of the International Group for the Psychology of Mathematics Education, Thessaloniki, Greece.

Confrey, J., Maloney, A. P., Nguyen, K. H., & Rupp, A. A. (2014). Equipartitioning, a foundation for rational number reasoning: Elucidation of a learning trajectory. In A. P. Maloney, J. Confrey, & K. H. Nguyen. (Eds.), *Learning over time: Learning trajectories in mathematics education* (pp. 61–96). Charlotte, NC: Information Age.

Cooper, H. (1998). *Synthesizing research.* Thousand Oaks, CA: Sage.

Cronbach, L. J., & Suppes, P. (1969). *Research for tomorrow's schools: Disciplined inquiry for education* (C.o.E. Research, Trans.). New York, NY: National Academy of Education.

Cuban, L. (1990). Reforming again, again, and again. *Educational Researcher, 19*(1), 3–13.

Cuban, L. (2003). *Oversold and underused: Computers in the classroom.* Cambridge, MA: Harvard University Press.

da Ponte, J. P. (1993). Necessary research in mathematical modelling and applications. In T. Breiteig, I. Huntley & G. Kaiser-Messmer (Eds.), *Teaching and learning mathematics*

in context (pp. 219–227). New York, NY: Ellis Horwood.

Darling-Hammond, L. (2003). Keeping good teachers: Why it matters, what leaders can do. *Educational leadership, 60*(8), 6–13.

Darling-Hammond, L. (2014). *Next generation assessment: Moving beyond the bubble test to support 21st century learning.* San Francisco, CA: Jossey-Bass.

Darling-Hammond, L., & Post, L. (2000). Inequality in teaching and schooling: Supporting high-quality teaching and leadership in low-income schools. In R. D. Kahlenberg (Ed.), *A notion at risk: Preserving public education as an engine for social mobility* (pp. 127–167). New York, NY: The Century Foundation.

Deformation. (n.d.). In *Wikipedia.* Retrieved June 30, 2010, from, en.wikipedia.org/wiki/Deformation

diSessa, A. A., & Cobb, P. (2004). Ontological innovation and the role of theory in design experiments. *The Journal of the Learning Sciences, 13*(1), 77–103.

Doerr, H. M., & Zangor, R. (2000). Creating meaning for and with the graphing calculator. *Educational Studies in Mathematics, 41*(2), 143–163.

Drijvers, P. (2003). Learning algebra in a computer algebra environment: Design research on the understanding of the concept of parameter (Doctoral dissertation). University of Utrecht, The Netherlands. Retrieved from http://www.fi.uu.nl/~pauld/dissertation

Drijvers, P. (2013). Digital technology in mathematics education: Why it works (or doesn't). *PNA, 8*(1), 1–20.

Eisenhart, M., & Towne, L. (2003). Contestation and change in national policy on "scientifically based" education research. *Educational Researcher, 32*(7), 31–38.

Elmore, R. F. (2002). *Bridging the gap between standards and achievement: The imperative for professional development in education.* Washington, DC: Albert Shanker Institute.

Erickson, F., & Gutierrez, K. (2002). Culture, rigor, and science in educational research. *Educational Researcher, 31*(8), 21–24.

Erlwanger, S. H. (1973). Benny's conception of rules and answers in IPI mathematics. *Journal of Children's Mathematical Behavior, 1*(2), 7–26.

Ferrini-Mundy, J., & Floden, R. (2007). Educational policy research and mathematics education. In F. K. Lester Jr. (Ed.), *Second handbook of research on mathematics teaching and* learning (pp. 1247–1276). Charlotte, NC: Information Age; Reston, VA: National Council of Teachers of Mathematics.

Ferrini-Mundy, J., & Schram, T. (1997). The Recognizing and Recording Reform in Mathematics Education project: Insights, issues, and implications. *Journal for Research in Mathematics Education* monograph series (Vol. 8). Reston, VA: National Council of Teachers of Mathematics.

Feuer, M. J., Towne, L., & Shavelson, R. J. (2002). Scientific culture and educational research. *Educational Researcher, 31*(8), 4–14.

Fishman, B. J., Penuel, W. R., Allen, A.-R., & Cheng, B. H. (Eds.). (2013). *Design-based implementation research: Theories, methods, and exemplars* (Vol. 112). New York, NY: Teachers College.

Flyvbjerg, B. (2001). *Making social science matter: Why social inquiry fails and how it can succeed again* (S. Sampson, Trans.). Cambridge, United Kingdom: Cambridge University Press.

Foucault, M. (1984). Space, knowledge, and power. In P. Rabinow (Ed.), *The Foucault Reader* (pp. 239–256). New York, NY: Pantheon.

Franklin, C., Kader, G., Mewborn, D., Moreno, J., Peck, R., Perry, M., & Scheaffer, R. L. (2007). *Guidelines for assessment and instruction in statistics education (GAISE) report: A Pre-K–12 curriculum framework*. Alexandria, VA: American Statistical Association.

Freeman, S., Eddy, S. L., McDonough, M., Smith, M. K., Okoroafor, N., Jordt, H., & Wenderoth, M. P. (2014). Active learning increases student performance in science, engineering, and mathematics. *Proceedings of the National Academy of Sciences, 111*(23), 8410–8415.

Friedlaender, D., Burns, D.-H., L., Friedlaender, D., & Snyder, J. (2014). *Student-centered schools: Closing the opportunity gap*. Stanford, CA: Stanford Center for Opportunity Policy in Education.

Garfield, J., & Ben-Zvi, D. (2007). How students learn statistics revisited: A current review of research on teaching and learning statistics. *International Statistical Review, 75*(3), 372–396.

Ginsburg, H. P. (1997). *Entering the child's mind: The clinical interview in psychological research and practice*. New York, NY: Cambridge University Press.

González, N., Andrade, R., Civil, M., & Moll, L. (2001).

Bridging funds of distributed knowledge: Creating zones of practices in mathematics. *Journal of Education for Students Placed at Risk, 6*(1), 115–132.

Gravemeijer, K. P. E., & Cobb, P. (2006). Design research from a learning design perspective. In J. Akker, K. Gravemeijer, S. McKenney, & N. Nieveen (Eds.), *Educational design research* (pp. 45–85). London, United Kingdom: Taylor Francis Group.

Gresalfi, M. (2015). Designing to support critical engagement with statistics. *ZDM—The International Journal on Mathematics Education, 47*(6), 933–946.

Gummer, E. (2015, May–June). *Integrating data: Imagining the possibilities*. Paper presented at the Workshop on Data-Intensive Research in Education, Washington, DC.

Gutiérrez, R. (2008). A "gap-gazing" fetish in mathematics education? Problematizing research on the achievement gap. *Journal for Research in Mathematics Education, 39*(6), 357–364.

Gutstein, E. (2003). Teaching and learning mathematics for social justice in an urban Latino school. *Journal for Research in Mathematics Education, 34*(1), 37–73.

Hall, R., Stevens, R., & Torralba, T. (2002). Disrupting representational infrastructure in conversations across disciplines. *Mind, Culture, and Activity, 9*(3), 179–210.

Heid, K. M. (1988). Resequencing skills and concepts in applied calculus using the computer as a tool. *Journal for Research in Mathematics Education, 19*(1), 3–25.

Hiebert, J., Stigler, J. W., Jacobs, J. K., Givvin, K. B., Garnier, H., Smith, M., ... Gallimore, R. (2005). Mathematics teaching in the United States today (and tomorrow): Results from the TIMSS 1999 video study. *Educational Evaluation and Policy Analysis, 27*(2), 111–132.

Hill, H. C., Blunk, M., Charalambous, C., Lewis, J., Phelps, G., Sleep, L., & Ball, D. L. (2008). Mathematical knowledge for teaching and the mathematical quality of instruction: An exploratory study. *Cognition and Instruction, 26*(4), 430–511.

Holland, D. C., & Eisenhart, M. A. (1990). *Educated in romance: Women, achievement, and college culture*. Chicago, IL: University of Chicago Press.

Hoyles, C., & Lagrange, J.-B. (Eds.). (2010). *Mathematics education and technology: Rethinking the terrain: The 17th ICMI Study*. New York, NY: Springer-Verlag US.

Hoyles, C., Noss, R., Kent, P., & Bakker, A. (2010). *Improving mathematics at work: The need for techno-mathematical literacies. New York, NY: Routledge.

Hoyles, C., Noss, R., & Pozzi, S. (2001). Proportional reasoning in nursing practice. *Journal for Research in Mathematics Education, 32*(1), 4–27.

Hunting, R. P. (1997). Clinical interview methods in mathematics education research and practice. *The Journal of Mathematical Behavior, 16*(2), 145–165.

Huntley, M. A. (2009). Measuring curricular implementation. *Journal for Research in Mathematics Education, 40*(4), 355–362.

Jaffe, A., Miller, A., Andersen, E., Liu, Y. E., Karlin, A., & Popovic, Z. (2012, October). *Evaluating competitive game balance with restricted play.* Paper presented at the Eighth AAAI Conference on Artificial Intelligence and Interactive Digital Entertainment, Palo Alto, CA.

James, W. (1981). *Pragmatism.* Indianapolis, IN: Hackett.

Kelly, A. E., Lesh, R. A., & Baek, J. Y. (Eds.). (2014). *Handbook of design research methods in education: Innovations in science, technology, engineering, and mathematics learning and teaching.* New York, NY: Routledge.

Kilpatrick, J. (1992). A history of research in mathematics education. In D. A. Grouws (Ed.), *Handbook of research on mathematics teaching and learning* (pp. 3–38). New York, NY: Macmillan.

Klette, K. (2004). Classroom business as usual?(What) do policymakers and researchers learn from classroom research. In *Proceedings of the 28th conference of the International Group for the Psychology of Mathematics Education* (Vol. 1, pp. 3–16).

Krupa, E. E. (2011). Evaluating the impact of professional development and curricular implementation on student mathematics achievement: A mixed methods study (Doctoral dissertation, North Carolina State University, Raleigh). Retrieved from http://repository.lib.ncsu.edu/ir/handle/1840.16/7007

Kuhn, T. S. (1970). *The structure of scientific revolutions* (2nd ed.). Chicago, IL: University of Chicago Press.

Lakoff, G., & Nuñez, R. (2001). *Where mathematics comes from.* New York, NY: Basic Books.

Lankford, H., Loeb, S., & Wyckoff, J. (2002). Teacher sorting and the plight of urban schools: A descriptive analysis. *Educational Evaluation and Policy Analysis, 24*(1), 37–62.

Larnell, G. V. (2013). On "new waves" in mathematics education research: Identity, power, and the mathematics learning experiences of all children. *New Waves—Educational Research & Development, 16*(1), 146–156.

Lehrer, R., Kim, M. J., Ayers, E., & Wilson, M. (2014). Toward establishing a learning progression to support the development of statistical reasoning. In A. P. Maloney, J. Confrey, & K. H. Nguyen (Eds.), *Learning over time: Learning trajectories in mathematics education* (pp. 31–59). Charlotte, NC: Information Age.

Lester, F. K., Jr., & Wiliam, D. (2002). On the purpose of mathematics education research: Making productive contributions to policy and practice. In L. D. English (Ed.), *Handbook of international research in mathematics education* (pp. 32–49). Mahwah, NJ: Lawrence Erlbaum Associates.

Lindemann Nelson, H. (2001). *Damaged identities, narrative repair.* Ithaca, NY: Cornell University Press.

Lloyd, G. M., Cai, J., & Tarr, J. E. (2017). Issues in curriculum studies: Evidence-based insights and future directions. In J. Cai (Ed.), *Compendium for research in mathematics education* (pp. 824–852). Reston, VA: National Council of Teachers of Mathematics.

Lubienski, S. (2008). On "gap gazing" in mathematics education: The need for gap analyses. *Journal for Research in Mathematics Education, 39*(4), 350–356.

Lubienski, S., & Gutiérrez, R. (2008). Bridging the gaps in perspectives on equity in mathematics education. *Journal for Research in Mathematics Education, 39*(4), 365–371.

Macfadyen, L. P., Dawson, S., Pardo, A., & Gašević, D. (2014). Embracing big data in complex educational systems: The learning analytics imperative and the policy challenge. *Research & Practice in Assessment, 9*(winter), 17–28.

Madison, B. L., & Steen, L. A. (2009). Confronting challenges, overcoming obstacles: A conversation about quantitative literacy. *Numeracy, 2*(1), 2–25.

Martin, D. B. (2000). *Mathematics success and failure among African American youth: The roles of sociohistorical context, community forces, school influences, and individual agency.* Mahwah, NJ: Lawrence Erlbaum Associates.

Martin, D. B., Anderson, C. R., & Shah, N. (2017). Race and mathematics education. In J. Cai (Ed.), *Compendium for research in mathematics education* (pp. 607–636). Reston, VA: National Council of Teachers of Mathematics.

McLaughlin, M., & Talbert, J. (1993). How the world of students and teachers challenges policy coherence. In S. Fuhrman (Ed.), *Designing coherent education policy: Improving the system.* San Francisco, CA: Jossey-Bass.

McNaught, M., Tarr, J. E., & Sears, R. (2010, April–May). *Conceptualizing and measuring fidelity of implementation of secondary mathematics textbooks: Results of a three-year study.* Paper presented at the Annual Meeting of the American Educational Research Association, Denver, CO.

Moore, D. S. (1997). New pedagogy and new content: The case of statistics. *International Statistical Review, 65*(2), 123–137.

Moore, D. S., & Cobb, G. W. (2000). Statistics and mathematics: Tension and cooperation. *American Mathematical Monthly, 107*(7), 615–630.

Nasir, N. J., & Cobb, P. (2002). Diversity, equity, and mathematical learning. *Mathematical Thinking and Learning, 4*(2 & 3), 91–102.

National Assessment Governing Board. (2013). General policy: Conducting and reporting the National Assessment of Educational Progress. Retrieved from https://www.nagb.org/content/nagb/assets/documents/policies/

National Governors Association Center for Best Practices and Council of Chief State School Officers. (2010). *Common Core State Standards for Mathematics.* Washington, DC: Author. Retrieved from http://www.corestandards.org

National Research Council. (2004). *On evaluating curricular effectiveness: Judging the quality of K-12 mathematics evaluations.* Washington, DC: The National Academies Press.

Nielsen, M. (2011). Open science now!, *TEDx Waterloo.* Retrieved from http://www.ted.com/talks/michael_nielsen_open_science_now.

Oakes, J. (2005). *Keeping track: How schools structure inequality* (2nd ed.). New Haven, CT: Yale University Press.

Oakes, J., Ormseth, T., Bell, R. M., & Camp, P. (1990). *Multiplying inequalities: The effects of race, social class, and tracking on opportunities to learn mathematics and science.* Santa Monica, CA: Rand Corporation.

O'Day, J. A., & Smith, M. S. (1993). Systemic reform and educational opportunity. In S. H. Fuhrman (Ed.), *Designing coherent educational policy.* San Francisco, CA: Jossey-Bass.

Organisation for Economic Co-Operation and Development. (2006). *Assessing scientific, reading and mathematical literacy: A framework for PISA 2006.* Paris, France: PISA, OECD Publishing.

Organisation for Economic Co-Operation and Development. (2013). *PISA 2012 assessment and analytical framework: Mathematics, reading, science, problem solving and financial literacy.* Paris, France: PISA, OECD Publishing.

Pais, A. (2012). A critical approach to equity. In O. Skovsmose & B. Greer (Eds.), *Opening the cage: Critique and politics of mathematics education* (pp. 49–91). Rotterdam, The Netherlands: Sense.

Penuel, W. R., Fishman, B. J., Cheng, B. H., & Sabelli, N. (2011). Organizing research and development at the intersection of learning, implementation, and design. *Educational Researcher, 40*(7), 331–337.

Peske, H. G., & Haycock, K. (2006). *Teaching inequality: How poor and minority students are shortchanged on teacher quality.* Washington, DC: Education Trust.

Piaget, J. (1976). *The child's conception of the world.* Totowa, NJ: Littlefield, Adams.

Popkewitz, T. S. (2004). Is the National Research Council committee's report on scientific research in education scientific? On trusting the manifesto. *Qualitative Inquiry, 10*(1), 62–78.

Porter, A. C. (1995). The uses and misuses of opportunity-to-learn standards. *Educational Researcher, 24*(1), 21–27.

Post, T. R., Monson, D. S., Andersen, E., & Harwell, M. R. (2012). Integrated curricula and preparation for college mathematics. *The Mathematics Teacher, 16*(2), 138–143.

Powell, A., & Frankenstein, M. (1997). *Ethnomathematics: Challenging Eurocentrism in mathematics education.* Albany, NY: State University of New York Press.

Prediger, S., Gravemeijer, K., & Confrey, J. (Eds.). (2015). Special issue on design research in mathematics education. *ZDM—The International Journal on Mathematics Education, 47*(6).

Prensky, M. (2001). *Digital game-based learning.* New York, NY: McGraw-Hill.

Raudenbush, S. W. (2005). Learning from attempts to improve schooling: The contribution of methodological diversity. *Educational Researcher, 34*(5), 25–31.

Reys, B. (2014, February). *Curriculum matters! For students, for teachers, and for teacher educators.* Paper presented at the Annual Conference of the Association of Mathematics Teacher Educators, Irvine, CA.

Sabra, H. (2011). *Contribution à l'étude du travail documentaire* des enseignants de mathématiques: Les incidents comme révélateurs des rapports entre documentations individuelle et communautaire. [Contribution to the study of documentary work of mathematics teachers: Incidents as indicators of relations between individual and collective documentation.] (Doctoral dissertation Université Claude Bernard–Lyon I, France). Retrieved from https://halshs.archives-ouvertes.fr/tel-00768508/

Scherrer, J., & Stein, M. K. (2013). Effects of a coding intervention on what teachers learn to notice during whole-group discussion. *Journal of Mathematics Teacher Education, 16*(2), 105–124.

Schoenfeld, A. H. (2004). The math wars. *Educational Policy, 18*(1), 253–286.

Sfard, A., & Prusak, A. (2005). Telling identities: In search of an analytic tool for investigating learning as a culturally shaped activity. *Educational Researcher, 34*(4), 14–22.

Shavelson, R. J., & Towne, L. (Eds.). (2002). *Scientific research in education.* Washington, DC: National Academy Press.

Skovsmose, O., & Valero, P. (2008). Democratic access to powerful mathematical ideas. In L. D. English (Ed.), *Handbook of international research in mathematics education: Directions for the 21st century* (2nd ed., pp. 383–408). Mahwah, NJ: Lawrence Erlbaum Associates.

Slavin, R. E. (2002). Evidence-based education policies: Transforming educational practice and research. *Educational Researcher, 31*(7), 15–21.

Sloane, F. C. (2008). Randomized trials in mathematics education: Recalibrating the proposed high watermark. *Educational Researcher, 37*(9), 624–630.

Stainburn, S. (2014, June 2). Students at seven schools sue California to get more instructional time [Web log post]. Retrieved from http://blogs.edweek.org/edweek/time_and_learning/2014/06/students_at_seven_schools_sue_california.html?

Stake, R. E., & Easley, J. (Eds.). (1978). *Case studies in science education, volume 1: The case reports.* Champaign-Urbana, IL: Center for Instructional Research and Curriculum Evaluation.

Steele, C. M. (2010). *Whistling Vivaldi: And other clues to how stereotypes affect us.* New York, NY: W. W. Norton.

Steen, L. A. (2007). Facing facts: Achieving balance in high school mathematics. *Mathematics Teacher, 100,* 86–95.

Steffe, L. P., & Thompson, P. W. (2000). Teaching experiment methodology: Underlying principles and essential elements. In R. A. Lesh & A. E. Kelly (Eds.), *Research design in mathematics and science education* (pp. 267–307). Hillsdale, NJ: Lawrence Erlbaum.

Stein, M. K., Engle, R. A., Smith, M. S., & Hughes, E. K. (2008). Orchestrating productive mathematical discussions: Five practices for helping teachers move beyond show and tell. *Mathematical Thinking and Learning, 10,* 313–340.

Stigler, J., Gallimore, R., & Hiebert, J. (2000). Using video surveys to compare classrooms and teaching across cultures: Examples and lessons from the TIMSS video studies. *Educational Psychologist, 35*(2), 87–100.

Stinson, D. W., & Walshaw, M. (2017). Exploring different theoretical frontiers for different (and uncertain) possibilities in mathematics education research. In J. Cai (Ed.), *Compendium for research in mathematics education* (pp. 128–155). Reston, VA: National Council of Teachers of Mathematics.

Sztajn, P., Wilson, P. H., Edgington, C., Meyers, M., & Dick, L. A. (2013). Using design experiments to conduct research on mathematics professional development. *Revista Alexandria, Journal of Science and Technology Education, 6*(1), 9–34.

Tarr, J. E., Ross, D. J., McNaught, M. D., Chávez, O., Grouws, D. A., Reys, R. E., & Sears, R. (2010, April–May). *Identification of student- and teacher-level variables in modeling variation of mathematics achievement data.* Paper presented at the Annual Meeting of the American Educational Research Association, Denver, CO.

Toulmin, S., Rieke, R., & Janik, A. (1984). *An introduction to reasoning.* New York, NY: Macmillan.

Towne, L., & Hilton, M. (Eds.). (2004). *Implementing randomized field trials in education: Report of a workshop.* Washington, DC: National Academies Press.

U.S. Department of Education & National Science Foundation. (2013). Common guidelines for education research and development. Retrieved from http://www.nsf.gov/pubs/2013/nsf13126/nsf13126.pdf

Valencia, R. (1997). Conceptualizing the notion of deficit thinking. In R. Valencia (Ed.), *The evolution of deficit thinking: Educational thought and practice* (pp. 1–12). Abingdon, United Kingdom: Routledge.

Webb, N. M., Herman, J. L., & Webb, N. L. (2007). Alignment of mathematics state-level standards and assessments: The role of reviewer agreement. *Educational Measurement: Issues and Practice, 26*(2), 17–29.

Webel, C., Krupa, E. E., & McManus, J. (2015). Teachers' evaluations and use of Web-based curriculum resources to support their teaching of the Common Core State Standards for Mathematics. *Middle Grades Research Journal, 10*(2), 49–64.

What Works Clearinghouse. (2011, April). WWC quick review of the report "Achievement Effects of Four Early Elementary School Math Curricula: Findings for First and Second Graders." Retrieved from http://ies.ed.gov/ncee/wwc/pdf/quick_reviews/emc2_041211.pdf

Wijers, M., Jonker, V., & Drijvers, P. (2010). MobileMath: Exploring mathematics outside the classroom. *ZDM—The International Journal on Mathematics Education, 42*(7), 789–799.

Wiliam, D. (2003). The impact of educational research on mathematics education. In A. J. Bishop, M. A. Clements, C. Keitel, J. Kilpatrick, & F. K. S. Leung (Eds.), *Second international handbook of mathematics education* (pp. 471–490). Dordrecht, The Netherlands: Kluwer.

Williams, L. (Ed.). (2015). *Projecting forward: Learning from education systemic reform.*

Yin, R. K. (2008). *Case study research: Design and methods.* Thousand Oaks, CA: Sage.

Žižek, S. (1994). The spectre of ideology. In S. Žižek (Ed.), *Mapping ideology.* London, United Kingdom: Verso.

Zucker, A. A., & Shields, P. M. (Eds.). (1998). *Evaluation of the National Science Foundation's Statewide Systemic Initiatives (SSI) Program: SSI case studies, cohort 1: Connecticut, Delaware, Louisiana, and Montana.* Menlo Park, CA: SRI International.

2 数学教育研究与教学实践的相互影响：观点和路径*

爱德华 A. 西尔弗
克里斯特尔·伦斯福德
美国密歇根大学
译者：谢圣英
　　　湖南师范大学数学与统计学院

教师应该有"针对他们需求的科学训练"……但没有普遍适用的、可以直接应用于每一个学生和教师的教学法。（Josiah Royce, 1891，第23~24页）

研究如何影响教育实践？我知道目前并没有令人满意的基于实证研究的答案……研究和教育实践之间几乎没有直接的联系。（Fred Kerlinger, American Educational Research Association presidential address, 1977，第5页）

自从受到大学资助伊始，教育研究一直……被实践者所忽略，并且受到政治家、决策者和一般民众不断的嘲讽和批评。（Ellen Lagemann, 2000, *An Elusive Science*，第232页）

如上面的引文所示，许多人认为今天教育领域所面临的巨大挑战之一是两个方面的脱节——一方面是教育政策和教学实践之间，另一方面是教育研究和学术水准之间，这是一个长期困扰教育界的问题。这种明显的脱节长期存在，原因众多，不一而足，包括教育研究质量低下、缺乏将教育研究与教育实践者工作中所面临的挑战联系起来的基础架构，以及研究人员与实践者在诸如目标、价值观和期望之间的明显不匹配。这些问题在一般教育领域以及数学教育等具体学科领域均有诸多讨论。

在本章中，我们首先简要概述在教育学界和政策界有关教育研究与实践相脱离的评论和对话中的一些主要论点。之后我们将讨论该主题如何开始聚焦数学教育领域所关注的焦点。随后，我们会说明一些迄今为止仍未解决但在发展过程中需要面对的关键问题，从而更全面地了解和改善未来数学教育研究与实践之间的联系。最后，我们将就这些问题对当前数学教育研究重要性的原因进行讨论。

教育研究与实践之间的鸿沟：是什么和为什么？

一个多世纪以来，美国教育评论家们注意到了教育实践与相关学术领域学者的想法和工作之间的明显脱节（Lagemann, 2000）。许多人认为这是一个严重的问题，因为在很大程度上，他们相信如果可以借鉴教育研究的现有成果，那么教育政策和实践可以更有效地实施（例

---

* 本文的准备工作得到了密西根大学 USE 项目的部分支持。我们感谢阿曼达·米莱斯基、葆拉·西塔恩、迪伦·威廉、本书编辑以及编辑邀请的三位匿名审稿人，他们就本文初稿给出了有益的、中肯的、富有建设性的意见。我们还要感谢伊丽莎白·庞蒂夫所做的一些重要的文字编辑工作。尽管他们提供了建议和帮助，但这里所表达的意见、结论和建议仅为本文作者的意见，不代表上述人员的观点。

如，Burns & Schuller, 2007）。因此，让决策者和教育从业人员容易获得教育研究成果，被许多人视为提高教育质量的一个重要策略。然而，大多数人意识到，研究的传播对大多数决策者和教育实践者可能没有多大帮助，除非那些研究结果与这些专业人员的角色和责任相吻合，并且是针对相应的教育实践问题的。

在不同时期，研究与实践的脱节问题一直是政策制定者讨论和关注的对象，例如，20世纪60年代，美国联邦政府大幅增加了教育研究投资。最近，2002年的"不让一个孩子掉队"（NCLB）法案是政策制定者长期针对教育研究与实践脱节问题提出的另一个重要的里程碑式的法案。NCLB（2002）众多目标之一是企图通过使教育研究更像医学领域的研究那样来加强研究与实践之间的联系。NCLB还希望通过建立类似于国家级健康研究资源库的"有效用的资源库"（What Works Clearinghouse）来更好地让实践者了解研究。随后，美国教育部创建了一个"做什么有效"（Doing What Works）的网站，该网站的使命是"将基于研究的实践转化为实用工具以改善课堂教学"。该网站上的许多指南和实用建议就来自于"有效用的资源库"选中的研究。

虽然有人批评这种强调实用的做法可能会限制研究的视角，但它们确实代表了美国解决教育研究与教育实践之间脱节问题的一种政策导向反应。伯恩斯和舒勒（2007）给出了在世界其他国家，通过基于政策的工作以将研究与教育实践联系起来的一些实例。虽然研究与教育政策之间的相互作用很重要，但是限于本章篇幅，我们不再赘述，在接下来的部分，我们将重点关注研究与教育实践者（如教师、教师教育者和课程开发人员）工作之间的相互作用，而不涉及决策者。

解释教育研究-实践之间的鸿沟

在过去一个多世纪，教育评论家们，特别是美国教育的评论家们，注意到了研究与实践之间的脱节，他们对其提出了几种不同的解释。在本节中，我们简要回顾三个最突出和经常被引用的解释。

教育研究的低质量和弱相关性。 肯尼迪（1999）发

现许多教育研究质量不高，与教育实务不相关，这是对研究与实践之间鸿沟的一种主导解释。这个说法在拉格曼（2000）对教育研究发展史作为一个学术领域的描述中也很突出。

长期以来，教育研究技术层面的质量和严谨性备受质疑。根据拉格曼的说法，在学术界内，教育研究已经被认为在诸多种类的社会科学研究中属于薄弱的，而当与所谓的硬科学研究相比时，社会科学研究本身又被视为相对较弱。在NCLB时代，这种观点促使联邦教育科学研究所（IES）致力于将实验研究设计和方法（例如，随机临床试验）引入教育研究。尽管有很多关于教育研究质量低下的指责，但一些学者认为，在教育环境中进行研究有着诸多挑战，加上教育环境带来的变异性，使得教育研究比科学中的实验室研究困难得多（例如，Berliner, 2002）。

此外，教育研究与实践的相关性也受到教育实践者等群体的严厉批评，在实践者看来，教育研究的结果要么是显然的，要么没多大关系。一些学者建议，如果教师更多地作为研究成员（也许与学者合作）参与研究过程，而不是作为研究的对象，那么研究与实践的相关性可以得到改善。与批评研究太理论化以至于无法与实践相关这种观点所针锋相对的是，有些人强调好的理论不仅对于研究过程，而且对于恰当解读研究的发现结果也是绝对必要的（例如，diSessa, 1991; Sfard, 2005; Silver & Herbst, 2007）。

虽然人们常常对教育研究技术层面的质量和相关性分别予以关注，但是有些人指出两者的互相影响进一步使问题复杂化。讽刺的是，有时提高教育研究科学质量的努力可能与争取和教育实践更大相关性的目标相冲突。例如，教育实验中的随机取样、对照试验所产生的情境，可能与典型教育环境中自然发生的变异有着显著差别。比德尔（1996）认为，教育研究者对于哪些要素可以构成高质量的教育研究依然缺乏共识——反映在技术严谨性和与教育实践实际相关性价值之间的矛盾上，这至少部分地与实践者和决策者没有更积极地看待研究有关。

马拉拉和赞（2002）从国际视角讨论了高质量研究的三个标准：（1）可重复性；（2）相关性；（3）传播性。

关于相关性，他们指出，它可以存在于研究过程的各个不同方面，包括问题、方法和结果。他们的论点印证了西尔弗（1990）的一些观点，即研究的这些方面都有可能成为辅助实践者、提高相关性的动力。然而，尽管研究出版物的作者频繁地证明他们的工作与教育政策或实践有关系，但是研究被实践界所采纳的证据却稀少。

资金和基础架构不足。 教育研究与教育实践之间脱节的第二个原因是那些能够为教育从业人员带来重要经验的研究项目缺乏扶持资金。肯尼迪（1997，1999）认为，用于支持教育研究的资金总体不足，这阻碍了研究人员在进行研究时，既能够采用严格的方法又能产生实际应用的成果，从而影响了教育学术。比德尔（1996）也认为，教育研究的质量及其对实践的可应用性与现有资金资助直接相关。因此，他断言，能够解决实践者面临的许多问题所需的研究并不存在。

这些意见与克拉斯沃尔（1977）早期的论点相吻合并有拓展，即认为资助过程助长了研究与实践之间的脱节，因为获得资助的研究类型没有反映教育实践内的深层次的问题。相反地，他认为大多数资助者和决策者不切实际地期望研究能产生立竿见影的影响，所以也就不愿长期投资那些能产生适合实践的累积性知识的研究。不过，汉密尔顿、凯利和斯隆（2002）就数学和科学教育研究的资助发表了一些与上述观点相反的个人意见。

克拉斯沃尔（1977）就我们应该如何期望研究影响实践的问题提出了一个众所周知的论点，即研究的影响通常不是直接的和立刻的：

> 事实是，研究确实极大地改变了实践，但通常它是如此缓慢和不引人注目的。一个非常重要的改变实践的方式是帮助我们从不同的角度理解教育现象，即通过提供不同的概念情境和一个新的理论框架，让我们从新视角看待事物。这种变化不那么明显也不那么迷人，但却是真实的。（第9页）

尽管我们对教育研究影响实践有着以上的期望，但还将面临另一个基础架构的障碍——有效传播的机制。正如比德尔（Biddle，1996）和其他人所说，教育缺乏有

效的传播渠道。那些能够直接从研究中收益的实践者和决策者们，却不能容易地接触到研究结果。最近，伯克哈特和舍恩菲尔德（2003）借应用工程隐喻，主张在教育领域内建立能有效联系研究和实践的基础架构。

不匹配的目标、价值观和需求。 许多教育学者认为研究和教育实践之间的鸿沟是研究人员和实践者的信念、价值观和经验的根本差异所致（例如Biesta，2007；Bracey，2009；Labaree，2003；McIntyre，2005）。根据这一观点，这里存在着研究者和实践者之间的文化鸿沟。例如，拉巴里（2003）认为，研究人员和实践者的"世界观"有根本上的不同。教师的专业工作强调规范、个人、特殊和经验，而研究人员的工作侧重于分析、理智、普世和理论。不仅工作的性质不同，而且实践者和研究人员的"机构设置、职业约束、日常工作需求和每个实践领域的专业激励"也是非常不同的（Labaree，2003，第421页）。

对于教育研究与实践之间存在鸿沟原因的解释也可能存在其他原因，例如缺乏相关性或低质量。一些人认为，根本的文化差异或许可以解释为什么从业人员认为研究不适用于教学或对教学没有帮助，即使研究人员认为他们正在研究的问题及发现与实践相关（Heid等，2006），但实践者还是经常抱怨研究太抽象，远离他们的现实和具体情境，而且过于理论化。此外，由教师和其他实践者的基于课堂的经验而产生的这类实际问题通常被研究人员认为是"无法基于数据而研究的问题"（Heid等，2006，第83页），因为这些问题经常以规范、个人或具体的方式呈现。至于研究质量方面，研究人员和实践者使用不同的标准，研究人员通常以研究的设计和方法的严谨性来确定其价值，而教师则认为可以帮助他们解决实际问题的或所关心的研究才有价值（Davis，2007；Miller，Drill，& Behrstock，2010）。

两种文化论似乎将研究人员和实践者刻画成阵营分明的两个同质"部落"，但是部落内部当然存在差异性（Ginsburg & Gorostiaga，2003）。例如，有证据表明，有的教育研究人员非常看重实践以及实践者的需要和兴趣，而有的则没有很大兴趣将自己的研究与实践建立联系。类似地，一些证据表明，教师们对研究的价值有不同的信念，他们对研究的使用方法也是不同的（Kennedy，

1999; D.Williams & Coles, 2003; Zeuli, 1994）。如此一来，双方都会有部分成员对彼此的交流和文化感兴趣。

然而并不是每个人都认为这种交流是可能的，甚至是可取的。一些反对者认为，研究和实践之间的根本区别导致了研究无法直接影响或作用于教育实践。例如，菲利普斯（1980）声称，人类行为太复杂，不能用社会科学研究方法去捕捉，因此，研究的局限性，包括不能将研究结果推广到整个人群，有助于解释为什么研究不会经常对实践产生有利作用。克林格（1977）对服务于实践的教育研究的价值提出了类似的观点，他认为研究的根本目的是理解现象，而不是发起或倡导行动。克林格不否认研究可以作用于实践，但是他坚持认为研究不应仅仅为了实用目的而设计，从而唤起人们对基础研究与应用研究之间经典区别的注意。他认为，实用的路径来研究教育还不可行，因为研究和实践是两个分开的范畴。同样，确定和定义相关研究的尝试也是如此，因为相关性的定义对站在不同个体利益立场上的两方是不同的。此外，他还认为，如果教育研究确实影响到了实践，这种影响作用是需要经过一段时间发生的，并不是直接的和即时的。

约翰·杜威（1904）提出了一个对立的观点，他认为教师的实际培养有必要对理论和研究予以相当的重视。他认为构建教学实践细节离不开研究和理论。近100年后，这一现象已经反过来了，因为教师教育理论和研究与教师教育项目实践之间的鸿沟现在被许多人认为是教育的一个主要挑战（例如，Kessels & Korthagen, 1996; Korthagen & Kessels, 1999; Rhine, 1998）。

由于这些问题已经在教育领域得到广泛的思考，所以研究和实践之间的关系问题或者说研究和实践之间缺乏联系的问题一直在数学教育这个教育的子领域中以有趣的方式呈现。在下一节中，我们将快速回顾数学教育领域处理这一问题的一些关键特征。

数学教育领域中研究与实践之间的鸿沟

虽然研究和实践之间的关系问题近年来变得更加突出，但实际上，自从研究成为数学教育领域的一个主要内容以来，这个问题就一直是讨论的主题。随着研究在数学教育领域变得越来越普遍，数学教育的相关研究就一直深深植根于对课程和教师教育的关注中，研究与实践之间关系的性质和强度也一直是人们关心的问题。为了支持和说明这些说法，我们将对其进行回溯梳理。

2014年，全美数学教师理事会（NCTM）研究会议的主题是"联系研究与实践"，表明这一主题在数学教育研究界已成为一个关注的焦点。这只是美国乃至世界各地的数学教育工作者对此主题越来越关注和感兴趣的诸多信号（例如，Langrall, 2014）中最近的一个。

早期的证据包括将从不同角度探讨研究与实践之间关系的几章收入《数学教育国际研究手册》（English, 2002），作者包括克莱门茨（2002）、莱斯特和威廉（2002）、马拉拉和赞（2002）及鲁思文（2002）。这些章节联系数学教育中具体的实践领域，如课程设计、教师培养和教师专业发展等，考察了研究与实践之间的关系。许多其他学者在考虑数学教育的研究-实践相互作用时也使用了这些视角。例如，卢西安娜·巴齐尼及其同事关于理论与实践关系问题所发表的文章（例如，Bazzini, 1991, 1994; Bartolini Bussi & Bazzini, 2003）或康拉德·克苏纳等其他人的工作，他们强烈表达了教师是研究事业一份子的观点（如，Beswick, 2014; Jarry-Shore & Mcneil, 2014; Kieran, Krainer & Shaughnessy, 2012; Krainer, 2014）。

对研究与实践之间关系感兴趣的另一个标志是《学校数学的原则和标准研究指南》（Kilpatrick, Martin, & Schifter, 2003）的出版，它是NCTM带有里程碑式的课程和教育学建议的研究基础。这项努力是与《学校数学原则和标准》（NCTM, 2000）联合进行的，但不是为更早出版的《学校数学课程和评价标准》（NCTM, 1989）而写的，表明这个问题在这改革的十年间已经凸显。

在美国越来越关注这个问题的其他表现还包括出版了《从研究中学习》（Sowder & Schappelle, 2002），这本书收录了刊载在《数学教育研究学报》（JRME）上的报告，这些报告经重新撰写，使得教师更容易接受。针对这个主题，还出版了一系列由NCTM研究委员会撰写的文章，并发表在JRME上（例如，NCTM Research

Committee, 2006, 2007, 2010）。

很明显，研究与实践之间的关系已经成为数学教育领域近几十年来相当关注的一个问题。然而，美国数学教育的历史显示，这一领域的发展源自一种对课程和有效教学方法实际事务的关注，即使数学教育日益成熟和日趋注重理论与研究。

数学教育历史学家艾琳·多诺霍（2003）认为美国数学教育作为一个被单独关注的实践领域可以追溯到19世纪90年代。她指出国家教育协会的两个委员会的报告催生了数学教育并发展为一个有专门活动的独立领域，这两个委员会一个是十人委员会（1893年的《中学教育研究报告》），另一个是大学入学要求委员会（1899年委员会关于大学入学要求的报告）。根据多诺霍（2003）的研究，这两个具有开创性的报告提出了一个有更高要求的高中数学课程，指出了提高数学教师教育的需要，使教师们能够给学生教授高级课程，这些都促使了哥伦比亚大学教师学院和芝加哥大学在20世纪早期就成立了美国第一个数学教育研究生项目。

一方面，多诺霍的历史研究表明，数学教育有着悠久的历史并深深植根于美国的教育实践，关注学校数学课程和数学教师的教育；另一方面，由于数学教育研究的起步相对较晚，所以相关的学术和研究就显得更为复杂。

基尔帕特里克（1992）提供了或许是最为全面的数学教育研究起源的论述。他注意到数学家对中学生的课程以及后来也对小学课程的相关问题，心理学家对学习算术技能和概念的相关问题都抱有很大兴趣。尤其是心理学研究成了在研究的基础上指导课程开发和教学培训的主要信息来源，在某种程度上，人们可能希望用研究来指导课程发展或教师培养。爱德华·桑代克（1922）将学习刻画成是通过反复尝试和奖励的方式系统地形成刺激-反应联结，像他这样的心理学家的工作在美国有很大影响力，桑代克的联结主义理论（后来被称为行为主义）在20世纪早期的几十年对美国的许多教育实践者和课程开发人员影响很大。基尔帕特里克指出，数学家和数学教育工作者反过来却更容易支持查尔斯·贾德和他的学生威廉·布劳内尔的观点（如，Brownell, 1935,

1947, 1948; Brownell & Sims, 1946; Judd, 1927, 1928），他们倡导一种基于儿童活动而产生概念意义和熟练解决问题的学习观，这类似于杜威先前的构想（如，Dewey, 1898）和随后皮亚杰的工作（如，Piaget, 1941, 1952）。

关于数学教与学的心理学研究主导了20世纪上半叶的大部分研究，但是可能更明确地被认为属于数学教育领域的大量研究的出现是从20世纪50年代开始的，这一趋势在整个下半叶得到了加速发展。有点令人惊讶，偶尔也可能令人无奈的是，全美数学教师理事会（NCTM）在数学教育研究的形成中发挥了重要作用。这些做法都使得数学教育研究与实践之间的关系问题引起了人们的兴趣并得到关注。

据盖茨（2003）所述，NCTM成立于1920年，以响应建立一个服务于美国数学教师并代表他们特殊利益的组织的需要。NCTM采用《数学教师》作为其首份期刊，这是一本面向中学数学教师的刊物，此前曾由一个地区性组织出版。1954年，NCTM推出了一本面向小学数学教师的刊物《算术教师》。1965年，NCTM成立了数学教育研究委员会，并于1970年决定创办《数学教育研究学报》，由大卫·约翰担任主编。在NCTM内创办一份研究性期刊的决定显然并非被所有人视为明智之举。盖茨（2003）报告说，NCTM董事会对建立该杂志的投票表决结果是一半对一半，最终由当时的主席多诺万·约翰逊（他与大卫没有关系）投了决定性的赞成票。

正如约翰逊、龙伯格和斯坎杜拉（1994）指出的，这是在一条崎岖道路上的一个艰难的起步，但NCTM以研究为鲜明特色的活动系列存在了近半个世纪。例如，NCTM出版的所谓的实践者期刊（《数学教师》《教儿童数学》和《中学数学教学》，《算术教师》在1994年拆分为后面两本）在不同时期以不同方式为教师提供了基于研究和与研究相关的论文。例如，1950年，《数学教师》开辟了"数学教育研究"新专栏，自此它作为常规栏目存在了很多年。研究也成了NCTM年会的一个特色，在不同的时期设置了研究报告单元、与研究相关或基于研究单元。1968年，NCTM设置了一个会前研究会议（现称为NCTM研究会议）作为每年年会之前的一项持续多日的活动。

NCTM还支持了一些与研究相关的项目，包括两个研究议程项目，一个是20世纪80年代的一系列会议（见Sowder, 1989），另一个是2008年的会议（见Arbaugh等，2010）；还有一些基于研究的出版物，包括三卷本的《课堂研究思路》（Jensen, 1993; Owens, 1993; Wilson, 1993）、首部《数学教与学研究手册》（Grouws, 1992）、《来自研究的经验教训》（Sowder & Schappelle, 2002）、《学校数学的原则和标准研究指南》（Kilpatrick等，2003）、《打破传统：数学教育中的研究与实践路径》（Tate, King, & Anderson, 2011）、《用研究改进教学》（Karp & McDuffie, 2014），以及一个两卷本的《来自研究的更多经验教训》（Silver & Kenney, 2015, 2016）。

20世纪下半叶，数学教育的研究在数量上不断增长，并且作为NCTM活动的一个组成部分开始确立其地位，但这个过程并非一帆风顺。怀疑论者质疑理论研究对构成NCTM组织核心成员基础的中小学教师的价值，之后又针对使用该组织资源去支持与大多数会员无关的深奥的活动是否有用进行了辩论。在NCTM内部，多年来研究时而受重视，时而被冷落，但研究始终是组织活动的一个方面。在这一曲折的旅程中，研究与实践之间的关系也一直是一个令人感兴趣和关注的话题。

虽然我们这里谈的绝大部分都发生在美国，但有充分的证据表明，全球都对数学教育研究与实践之间相互作用的关系有兴趣。斯坦布林（1994）、莱斯特和威廉（2002）、威廉（2003）、博勒（2008）以及基兰、克赖纳和肖尼西（2012）等从很多不同国家和研究传统中提取了相关例子和观点，从学术上探讨了数学教育研究与实践之间的关系。此外，与这一主题密切相关的国际讨论已经从理论-实践合作和关系的层面开始建构（例如，Bazzini, 1994; Breiteig & Brekke, 1998）。正如这些以及本文所援引的文献所佐证的，在全球数学教育共同体中，出于学术追求和数学教育者对改进数学教学质量的兴趣，人们对做好这两者的衔接已有了很强的兴趣。研究与实践之间（有时也被说成是理论与实践之间或研究问题与实际问题之间）的矛盾已经被承认，并引发了许多讨论。即使我们缺乏相关证据来说明随着时间的推移研究与实际的关系已经得到改善，但是，对这一主题的持续关注

表明在数学教育学者中有一个根深蒂固、坚不可摧的信念和希望，即在本领域的研究和实践之间创建富有成效的联系不仅可行而且很有价值。

让我们以美国数学教育领域的两位巨人——埃德·贝格和格兰戴恩·吉布——在自己文章中说过的一段话来结束本节，因为这段话体现了本领域领导者的希望之要旨，即在数学教育中，研究应如何与实践者的关切交织在一起，以产生对教师、教师教育者和课程开发人员所面临的实际问题的科学理解和解决办法：

> 数学教育的研究人员和数学教师有一个共同的目标——改进数学的教与学……正如在工业、商业、医学、政府、农业……开展的研究那样，要积极回应理论和实际需要，数学教育的研究也必须覆盖广泛的范围……对理论和实际需求的这种反应并不意味着非此即彼，而是数学教育研究在履行其对数学教育职责时具有的持续性。（Begle & Gibb, 1980，第3页）

贝格和吉布（1980）在关于数学教育中的研究这一章的后面使用了一个隐喻，如同"制砖"是建筑大厦过程的一个组成部分一样，研究人员及其研究可能有助于建立知识大厦和理解教学。他们援引福尔切（1963）的文章"砖厂的混乱"，这是写给《科学》编辑的一封信，警告研究人员不仅要关注砖的生产，而且要关注大厦的建设。最近威廉姆斯（2005）和NCTM研究委员会也使用了相同的"制砖"隐喻，提出了类似的警告（Boerst等，2010）。

有趣的是，据奥特曼（2012）称，制砖隐喻已被广泛使用。先对歌手平克·弗洛伊德说声抱歉，将每个研究视为"墙上的另一块砖"（平克·弗洛伊德演唱的一首歌的名字，译者加），在生物医学领域讨论知识积累源自个人研究的说法显然也是极常见的。在下一节中，我们再讨论一些其他用于刻画或描述教育研究与实践之间关系的比喻。因为我们在试图理解和加强数学教育研究与实践之间的关系，所以仔细、审慎地考察每个隐喻的含义有助于我们阐明这个问题的重要特征。

弄清研究与实践之间鸿沟的概念：
检查我们使用的隐喻

正如乔治·莱考夫和马克·约翰逊在他们的开创性著作《我们赖以生存的隐喻》（1980）中所说，隐喻（连同它们的语言学同类手法，即类比和借喻）不仅使我们的想法更加生动有趣，而且也构成我们的感知和理解。本着这种精神，我们认为仔细检查我们在谈论感受到的研究和实践之间的鸿沟以及如何消除或减少它的方法时所使用的隐喻，可以揭示该问题的许多重要特征，而这些特征很可能阻碍我们迄今为止在解决这一问题方面取得的进展。这些特征可能有效地指导我们尝试重塑数学教育研究与实践之间的关系。下面，我们考虑专业论述中使用的几个最流行、最强大的隐喻，即管道、转译、渗透、跨界和巴斯德象限（或杰斐逊科学）。

管道

将教育研究与实践之间的关系看成将研究直接通向实践的管道，这已成为数学教育研究专业话语中使用了很久的一个主要比喻。虽然近几十年来它的重要地位有所削弱，但它让人们对研究与实践关系主流认识的关键特征予以关注，即这是从研究到实践的单向流动，也就是说，研究人员专注于将研究应用于教育实践，而不是将此关系视为研究与实践之间交互式的双向交换。

虽然随着时间的推移，明确将管道作为隐喻的可能已经减少了，但是，人们对试图找到有效的方法将基于研究的知识融入教育实践的兴趣却没有减少。因此，管道仍然是一种主要的表象认识，继续影响着我们对这个关系问题的思考（如，"有效用的资源库"）。

如果我们用一个可以将原油转化为可用产品的炼油厂的概念来改进原油管道的比喻，就好像这个炼油厂把加热的燃料或汽车的汽油送达我们家中一样，那么我们就可以联想到教师带头人（或其他代理人或实践方）可以如何在从研究到实践的过程中发挥桥梁作用了。这基本上就是NCTM的"联系研究和实践任务组"（2005）在他们所建议的概念模型中提出的观点，也就是说，期望

教师带头人（以及可以起类似桥梁作用的其他人）来加工、塑造，然后以可应用的形式与数学教师分享他们从研究中得到的重要信息。

转译

转译的隐喻通常用于讨论研究人员与实践者之间的交流。作为一个隐喻，它抓住的是这样一种观点，即从研究群体向实践者群体传送思想时，可能需要改变所用的语言以增进沟通。在人们对那些看来更容易为实践者所接受的理论努力进行特殊加工时，我们就可以看到这个隐喻在起作用，比如《课堂研究思路》系列（Jensen, 1993; Owens, 1993; Wilson, 1993）、《来自研究的经验教训》（Sowder & Schappelle, 2002）、《数学的教与学：为小学/初中/高中的管理员/教师解说研究》（Lester & Lobato, 2010）、《用研究改进教学》（Karp & McDuffie, 2014），以及《来自研究的更多经验教训》（Silver & Kenney, 2015, 2016）在这些NCTM的系列出版物所做的加工，其他例子还包括发表在主要读者群是实践者的那些期刊（如《教儿童数学》或《数学教师》）上与研究相关的文章。

医学和其他与健康相关的学科早已广泛地使用转译研究这个隐喻了，例如，格林、奥托森、加西亚和西亚特（2009）讨论过转译和其他旨在在更广泛的公共卫生领域传播和使用知识的活动形式的理论基础和实践含义是什么。在健康领域，转译通常有两种含义（National Institutes of Health, 2006），第一个含义也被称为"从板凳到床边"的转译形式，指的是将基础研究向临床和研究的更多应用形式转化，以产生新的器械或治疗方法；第二个含义包括向医疗保健从业人员传播研究结果，"确保新的治疗和研究知识确实到达他们的目标患者或人群，并得以正确实施"（Woolf, 2008）。

教育中的转译工作包括上面提到的那些数学教育实例，这更多地是反映第二种转译，而不是"从板凳到床边"的方法。然而，总的来说，我们对到底有多少研究转化给了教育领域实践者并不清楚，至少部分原因在于这是一个缺乏研究与理论的领域。此外，一些工作可能并未公开发表，如在教师培养课程和教师专业发展的环境

中所发生着的研究。关于转译过程必须涉及什么，在实践中普及程度如何，产生了什么样的效果，诸如此类还有很多东西需要了解。

还值得注意的是，语言转译的概念通常还需要一个回译过程，以确保翻译反映了原意，而这一步骤很少被记录在关于将研究转译成实践的话语中。从转译这一隐喻角度来深入检视研究与实践之间关系的话，需要探究教育实践者从旨在将研究转化为实践的努力中获得了什么——他们从转译中得到了什么？这对他们的信念或实践有什么影响？

渗透

与管道和转译隐喻相反，西尔弗（1990）提出可以使用渗透作为隐喻来考虑教育研究浸入教育实践的过程：

> 教育受到一种相当普遍的信念的困扰，这个信念就是终有一天研究将为教育实践中的每一个最紧迫的问题提供最终的答案。我们相信总可以确定教育上重要的目标、针对这些目标开展研究、为我们的问题提供明确的答案或解决教育问题，这可能与我们在医学等其他研究领域获得的经验有关，也许我们将教育研究看成在寻找一种神奇疗效……考虑教育研究影响的一个更好的隐喻可能是"渗透"——来自教育研究领域的观念和构想普遍渗透到教育实践领域，反之亦然。在这种观点下，从研究和实践中产生的想法和观点被视为互相融合的，在任何时候，协同形成数学教育界的时代精神。（第1页）

渗透这个隐喻来自化学，是指流体通过半透膜形成的扩散。它至少有两个值得注意的地方。首先，渗透让我们想到部分渗透膜的概念，思想可通过它扩散。这并不排除像"管道"和"转译"隐喻所含有的人为努力，但它承认，即使没有人为介入，思想也可能流动。西尔弗指出至少有研究的三个不同方面会渗透到教育实践：（1）研究结果，特别是来自研究计划的累积结果；（2）研究方法，作为如何对感兴趣的教育现象进行调查的例子；

（3）用于研究中帮助解释所观察到的现象的理论构想。

第二，思想渗透可以是双向的，或从研究到实践或从实践到研究。这表明研究人员也可能受到实践者群体所持有想法的影响，例如，不断演变的教学实践可能会形成新的研究课题。

渗透作为一个连接研究和实践关系的隐喻，它也为研究结果在实践中的应用状况提供了一个可能的解释，让研究人员可能会发现这种应用是不充分的，甚至是不合适的。例如，研究人员可能反对一些教育者对皮亚杰的发展阶段理论、大脑半球专门化的脑研究或关于"多元智能"等理论所做的解释和应用，然而，这些基于研究的思想至少在一段时间内会清晰地渗透到教育实践中。

虽然渗透这一隐喻引起大家对研究者和实践者之间可以有的双向作用的重视，但是它的一个主要缺陷是渗透过程隐含的被动性，也就是说，渗透这一隐喻没有表明人类如何去影响渗透以增加获得有益结果的机会。

跨界

类似于渗透隐喻，"跨界"让人联想到跨越边界的双向通行的景象。此外，边界跨越的概念也让人联想到人类变迁的可能影响。

考虑到前面讨论的研究者和实践者之间的文化差异，跨界的比喻有助于把研究者和实践者越过文化障碍这一行动概念化（Silver，2003）。坚定地致力于实践的研究人员，或其研究问题和数据来自基于实践的背景，都或许能够跨越研究和实践之间的边界。同样，具有基于研究的知识和经验的实践者也许也能越过研究与实践的边界。与此类似，研究与政策的边界也可能由选择做出努力的双方跨越。

值得注意的是，数学教育研究者和实践者之间的边界并不总是那么清晰。例如，人们可能期望专业的工作环境可以构成明确的界限，如在学院和大学环境中工作的数学教育者与在K-12学校环境中工作的数学教育者之间存在界限，然而，大学或研究机构的许多数学教育者可能认为自己是实践者（例如，教师教育者）而不是研究者，从而使一些看似明显的文化差异显得模糊不清。

这些大学教师受许多大学文化规范的束缚，被认为是研究人员（例如，要在同行评审的期刊上发表文章以符合工作要求），但他们同时也具有K-12实践者的许多文化特征（例如，明确关注基于实践的问题）。

处于边界或边界附近的研究人员和实践者可以依靠特定的成果和资料来参与彼此之间的一些活动。施塔尔（2010）创造了边界对象这一术语，称边界对象具有三个特征。首先，它们允许在与彼此交互的多个组之间创建"共享空间"，通常，这些对象是通过组间的信息和交流的需求发展而来。第二，边界对象服务于多个群体的需要，并且需要考虑各方不同的利益，它们的特点是"解释更有灵活性"。第三，边界对象"结构不良"，这意味着它们的含义没有被任何一方明确定义或确定。

跨界的隐喻与上面讨论的一些其他隐喻有关。例如渗透，跨界的概念也认为教育研究和实践之间的关系是双向的而不是单向的，也就是说，研究不仅可以/应当影响/知会实践，而且实践也可以/应当影响/知会研究。此外，跨界隐喻也暗含转译隐喻，在跨越文化界限时，人们当然需要考虑到边界两方使用的语言差异。至于跨界的价值，还有一个内在隐喻可以被用来描述，即货币兑换。

说到货币兑换，就凸显出那些寻求跨越数学教育研究和实践之间边界的人所面临的一个挑战。在研究领域，有价值的货币是理论，理论观点是核心，那些有助于理论的发展或提高的工作都是备受推崇的。相比之下，在教育实践领域，有价值的货币是实际应用，工作的价值在于它可以直接应用于改进一些重要的实践领域工作，如课程设计、评估开发或课堂教学。

虽然研究和实践两边的人有着不同的货币价值观，但是他们可以进行有效交换。研究人员可以提供很多，包括可用于架构和描述实际困难和问题的理论观点、具有实用价值可以阐明数据收集实践的研究方法，以及具有足够的普适性，在应用环境下可以被正确使用的研究结果。实践者也能提供很多，包括一系列可以或应该研究的重要问题和关注点，通过实践获得的许多见解以及对于改善教育的热情。这两个群体在研究和实践的边界开展合作将会有很多收获。

在数学教育中，通过工作会议和会面，研究者和实践者聚集在一起，为进行富有成效的探究和交流确定他们的共同领域和可能的方向，这是有意支持他们跨界的有趣方式。《NCTM研究议程会议报告》（Arbaugh 等，2010）描述了一个发生在美国的典型案例的细节。其他例证还包括一系列关于数学教育理论与实践之间系统合作的国际会议（SCTP；例如，见Bazzini, 1994，关于其中一次会议的报告）、侧重于北欧国家的一个类似的工作会议（Breitig & Brekke, 1998），以及在加拿大举办的由班夫国际研究站（BIRS）赞助的一个名为"教师是数学教育研究的利益相关者"的研讨会，它鼓励数学的创新和发现（见 The Mathematics Enthusiast, Vol.11, no.1）。

跨界的隐喻也提醒我们，尊重边界两端的工作是明智的。如果跨越研究与实践之间边界的努力不能真正欣赏和理解对方的文化和习俗，那么这样的努力可能注定要失败。读者可以读一读安妮·法迪曼（1997）所记录的一个反例，该案例描述了在加利福尼亚州的西方文化和美国医学与一群亚洲移民的价值观和做法产生冲突时，所导致的一个年轻女孩及其家庭的悲剧性后果。

巴斯德象限

在唐纳德·斯托克斯（1997）的一本书中，给出了描述研究与实践之间关系的又一个隐喻框架，叫作巴斯德象限，它检视了科学发现与实际效用两种欲望之间的矛盾。这个隐喻突出了研究人员对他们所关注问题的意图、动机和选择的思考。这一做法着眼于关注人类在研究和实践之间相互作用（或缺乏相互作用）方面所产生的影响。

1945年，美国科学研究和发展办公室主任万尼瓦尔·布什发表了他极具影响力的报告《科学，无尽的前沿》，它主张将科学分为两类，即基本的、由好奇心驱动的科学和应用的、由任务驱动的科学。第一类研究由人们渴望获得更好和更全面的科学知识驱动，并由产出的改进的理论和增进的理解来衡量；第二类研究由人们对实用、更快以及利益的追求驱动，并由产出的有效应用来衡量。这种观点主导了国家政策制定者的思维，也支持政府、大学科学家和工业之间的共生关系，使得科学研究在第二次世界大战后至少五十年得以繁荣（Nelson & Wright, 1992; Rosenberg & Nelson, 1994）。但是这种观点在最近受到了严格的审视和批评，因为经济和政治关注已经导致一些决策者对基础研究的价值持怀疑态度，并且喜欢更多具有短期回报前景的研究。

在他的开创性著作《巴斯德象限：基础科学与技术创新》中，密歇根大学拉克姆研究生院的政治理论家和前院长唐纳德·斯托克斯提出了一个引人注目的替代布什二分法的观点。简而言之，他认为研究人员有可能选择那些同时能推进科学进步和解决实际问题的问题。

斯托克斯首先分析了科学研究的知识与应用目标，通过举例说明科学家如何参与寻求知识或应用，或者知识和应用，他撼动了人们普遍接受的基础研究与应用研究互相对立的观点。他不同意将知识与应用视为一条线段上对立的两极，而是提出了一个二乘二的矩阵，两个维度分别是对基础知识的探索和应用的考虑。在重基础知识探索而轻应用考虑的象限中，他放置了丹麦物理学家尼尔斯·玻尔的工作，玻尔在理解原子结构和量子理论方面做出了巨大贡献。在轻基础知识探索而重应用考虑的象限，他安放的是伟大的美国发明家托马斯·爱迪生的工作。斯托克斯最感兴趣的象限是他所谓的基础但"对应用有启发的研究"，在这个象限，他放置了法国化学家路易斯·巴斯德的工作，在一个世纪前，巴斯德通过给尚未感染的人接种疫苗以及处理奶制品以避免感染，解决了当时主要的实际问题即阻止疾病的传播，这个工作奠定了微生物学的基础。因此，斯托克斯给的巴斯德象限指的就是那些对应用有启发的基础研究，这表明有助于科学知识的增长同时也有助于解决实践问题的研究是可以存在的。

霍尔顿（1993）提出过一个相关的论点，他使用艾萨克·牛顿和弗朗西斯·培根分别作为基础研究和应用研究的典型案例，提出了第三种做科学的方法，即把我们对基础研究和应用研究的动力和产出有机结合起来，他称此法为"杰斐逊科学"。他认为这类研究因为"将其置于一个基础科学空白但似乎又处于社会问题核心领域"，所以能够满足基础研究和应用研究两者的需要和愿望（第115页）。他以18世纪初托马斯·杰斐逊决定资助刘易斯和克拉克探索北美西部地区作为这种科学的一个范例。这次探险的目标有两个：（1）对美国最近通过购买从法国获得的路易斯安那这块领土进行考察、绘图；（2）研究该地区的植物、动物和地理。第一个目标是与应用研究相关的类型，第二个目标是与基础研究相关的类型。霍尔顿提出的论点不仅表明研究人员可以选择工作的重点来整合基础研究和应用研究的目标，而且，如斯托克斯所指出的，研究的赞助者可以引导注意力，资助具有实际意义并提供机会增进和扩展基本科学知识的大规模问题的研究。

摘要

上面讨论的每一种隐喻都引起了我们对研究与实践之间关系的一些重要方面的关注，每一种都提供了至少一些需要注意的关系方面的见解。例如，管道隐喻侧重于将研究成果转化为教育实践这一大挑战，并且它指出建立"炼油厂"对帮助该过程的完成有潜在价值。砖墙隐喻提醒我们，单凭一项研究往往是不够的，相反地，可能需要在大量调查中仔细积累证据，才能产生有用和可操作的知识。渗透提醒我们，研究和实践可以双向互动，这可以在没有明确的活动和意图的情况下发生。跨界让我们注意到研究和实践的相互作用涉及行动人和行动代理人。巴斯德的象限和杰斐逊科学提醒我们，问题的选择可以发挥关键作用，影响科学研究是否可以产生有用的、可用的、具有直接实际适用性的知识。

没有一个隐喻体现了我们想要的所有特征，每个还都具有不相关的特征，但每个隐喻在一定程度上有助于将我们的注意力引导到研究与实践关系的重要方面。在研究了讨论这一问题经常使用的修辞手法之后，现在我们将注意力转向对成功的理解、表征和弄清数学教育研究与实践之间关系中至关重要的一些其他问题。

在理解研究与实践鸿沟方面取得进展：解决一些尚未解决的问题

我们在这一章开始时就注意到教育领域长期存在的

说法和广泛的共识，即教育研究和教育实践是脱节的，这不利于教育者和教育。虽然这种说法已经持续了一个多世纪，但在许多方面的情形是完全不同的，反对这一主流说法的典型例子就是教育研究与教育实践相互作用，教育研究影响着教育实践。例如，在20世纪60年代，克伦巴赫和苏佩斯（1969）报告了美国国家教育研究院教育研究委员会所做的分析，明确了几个显著影响学校实践的教育研究案例，它们包括皮尔斯和杜威的研究影响了学校领导和教师所制定的教育目标、作为智力测验和学生分类基础的理论在美国学校的广泛使用，而且桑代克的学习理论广泛应用于算术教学。大约十年后，国家教育研究院另一个小组的后续报告扩充了作者认为对美国教育产生重大影响的研究实例的列表（1978），把皮亚杰和斯金纳的工作也包括在其中。最近以来，又出现了其他一些例子来说明研究和实践如何在某些情况下，可以产生有效的互动和积极的影响（例如，Coburn & Stein, 2010; McGilly, 1994; Tate等，2011）。

在数学教育中，许多关注研究与实践之间存在可能让人心存疑虑的关系的评论家，也提出了一些反例来驳斥那些认为研究和实践不可避免要脱节的观点，例如，博勒（2008）给出了来自不同国家数学教育研究与实践之间积极相互作用的几个例子，这些国家有着不同的传统和实践，如澳大利亚（数学复兴）、英国（全国数学素养战略）、法国（教学协议）、荷兰（现实数学教育）和美国（认知指导教学）。马拉拉和赞（2002）描述了一个发生在意大利（教学研究中心）的有趣例子。这些论文中提供的以及其他论文中引用的每一个例子，如"定量理解：提升学生成就和推理（QUASAR）项目"（见Wiliam, 2003）、日本课例研究（见Coburn & Stein, 2010）或专家直接指导（见Ruthven, 2002）均表明，研究和实践不仅可以有效地相互作用，而且至少在某些情况下可以相互支持。

人们可能认为关于研究与实践脱节的争论是不可避免的，有些反对观点和反例表明，研究和实践可以并且往往以有效的方式交织在一起。许多复杂的问题在公众和专业话语中也是类似这样呈现的，每个立场的倡导者选择案例来支持自己的观点。但我们认为这更多地是一

种缺乏清晰思想的表现，而不是复杂论证的必要条件，我们认为，该领域目前对一些核心的、尚未解决的问题还缺乏清晰的认识。在本节中，我们简要地确定了一些尚未解决又在本领域内需要关注的关键问题，这对我们想在教育领域，特别是在数学教育领域建立健康的教育研究与实践关系方面取得进展是至关重要的。

虽然文献中就研究和实践之间脱节的主流说法给出了许多不同的反例，但缺乏清晰的标准，用于判断这些反例能否充分论证研究和实践之间的确存在非常有效的关系。虽然，这些作者能够提供支持自己观点的相关案例，但评价这些案例的标准仍然在很大程度上是隐性的，因此不同作者就很可能采用不同的标准。作为一个科学领域，我们需要提出一套明确的标准，一方面用于判断所给出的例子是否真的说明了研究和实践之间的相互作用，另一方面对说明性例子所解释的实质性的相互作用可以进行分类。

对示例类型进行分类有助于我们区分不同的影响类型。例如，将例子归为以下类别之一：（1）对学生课程材料的影响；（2）对教师专业学习的影响；（3）对支持有效教学的影响；（4）对创造基础架构以支持研究和实践之间相互作用的影响。第一类的例子包括"数学途径与陷阱材料"（例如，Barnett-Clark, Ramirez和Coggins, 2010）、与荷兰现实数学教育相关的学生材料（Treffers, 1991）以及威廉·布劳内尔在美国20世纪50年代教科书中处理多位数减法的研究（例如，Brownell, 1947; Brownell & Moser, 1949）。第二类的例子包括认知指导教学（Carpenter, Fennema, & Franke, 1996; Carpenter, Fennema, Franke, Levi, Empson, 1999）和日本课例研究（Fernandez & Yoshida, 2004; Lewis, 2002）。第三类可以是基于案例的，在QUASAR项目中已经出现的教师专业学习材料（例如，Smith, Silver, & Stein, 2005; Stein, Smith, Henningsen & Silver, 2000）以及OGAP项目编写的材料（OGAP；例如，Petit, 2011; Petit, Laird, & Marsden, 2010）。第四类的例子包括意大利教师研究组（Malara & Zan, 2002）和荷兰弗赖登塔尔研究所的工作。

当然，这只是一个可能的结构框架，我们也可以提出其他的框架对数学教育研究与实践之间相互作用的例

子进行分类组织。例如，研究人员可以像在设计研究范式中所做的那样（Barab & Squire, 2004; Cobb, Confrey, diSessa, Lehrer, & Schauble, 2003; Design-Based Research Collective, 2003; Fishman, Penuel, Allen, & Cheng, 2013）将已有研究应用于当前实践的实例与那些研究和实践共同发展的实例加以区分。通过体现自我风格的设计实验，这种新兴范式为融合研究者和实践者兴趣提供了一种可能途径，"以实用主义和理论为导向的研究兼具设计和由此产生学习生态的功能，是该方法论的核心"（Cobb 等，2003，第9页）。这种对研究采取的互动和包容方法与美国战略教育研究伙伴关系（SERP）所采取的"嵌入实践的教育研究"方法很类似。还可以提出其他类别来涵盖那些不属于这两种类型的例子。

无论采用什么案例，研究人员如果可以更加明确例子的独特特征，那将有助于使这些案例变得有趣。如果他们能够将案例放入某个分类框架中，这将不仅迫使他们更清楚地区分不同类型的案例，而且还会帮助他们发现这些完全来自不同背景和时间点的案例之间具有的更多联系。这反过来也有助于从事该领域工作的人去理解产生一些特殊类型的案例可能需要什么特征。

如果不能进行某种归类，那么研究人员就不太可能发现不同案例之间的重要关系。到目前为止，我们已经看到想要超越国家之间的界限来完善和调整案例是困难的，因为它们都反映了深深嵌入在产生它们的文化和传统的观点和实践之中。例如，日本的课例研究，它从视教学为一件公共而不是私人的事这样长期的传统观念衍生而来，而意大利教学研究的核心例子则来自新手教师需要接受理论培训，之后和他们在大学学习时的教师继续保持联系这样的传统。在这两种情况下，深层文化的嵌入似乎给那些希望将研究与实践之间的相互作用移植到一个新环境中的人设置了一道障碍。然而，在观察同一类别的相关案例时，就有可能辨别出案例中的哪些特征更容易超越国界。

除了对实际案例进行分类以外，研究人员还需要一些评价标准来判断案例对其观点的说明是否有效。我们在本章前面部分已经给出了几个例子，其他作者也给出了许多我们前面引用过的例子。然而，我们都没有提出

明确的标准来判断实例的适当性或者一个项目、产品、新方案是否能够有效地说明研究和实践之间存在有效的相互作用。没有确定的标准，论证无非就是说说轶事、谈谈观点而已。因为教育研究学者有可能在发表的文章结论和讨论部分宣称他们的研究与教育实践相关，而无须承担为这种说法提供证据或论证支持的责任，所以，给出明确标准似乎对推进教育研究与教育实践之间关系的讨论至关重要。

至此所确定的两个问题都与我们所建议的在本领域取得更大进展的第三个问题有关，就是理解数学教育中研究与实践之间的关系，即需要有实证和分析来支持我们关于研究和实践相互作用的论断。在关于这一主题100多年的写作以及数以百计出版的书籍、章节和文章中，在论述教育，特别是数学教育研究与实践之间的关系时，都很少有论文从实证数据角度呈现和分析（Levin, 2004）。有一些值得注意的特例，如戈尔和吉特林（2004），他们探讨了澳大利亚和美国的职前教师和在职教师对研究与实践之间鸿沟的看法，范德林德和凡·布拉克（2010）报告了他们在与教育团体（教师、学校管理者、研究人员和中间人士）进行有针对性的小组访谈时就教育研究与实践之间的鸿沟问题收集的数据。尽管有这些和一些基于实证数据的其他报告（例如，Ratcliffe等，2004），但关于教育研究和实践关系的文献主要还是基于描述性的证据。鉴于研究学者关于这一主题论述了如此之多，但是缺乏实证证据和严格的分析不免令人惊讶和失望。

许多可能的目标很容易从目前提出的分析中实现。例如，一个较为成熟的实证调查领域是检视研究与实践的沟通渠道。克莱门茨（2002）建议，课程材料可以是研究影响实践者工作的一个重要渠道，这似乎也是一个有前景的研究领域。类似地，西塔恩、威尔逊、埃金顿和迈尔斯（2014）最近使用边界对象和边界碰撞的概念，认为教师专业发展可以是考察研究人员和教师之间知识交流的战略场所。考察研究者和实践者之间沟通渠道的另一个途径是探索那些实践者所阅读的书籍或期刊中传递研究的方式和程度。叶提科（2009, 2013）的工作充分证明了学习沟通渠道的可行性。在维斯和辛格（1988）早期实证工作以及哈斯（2007）工作的基础上，

叶提科就新闻媒体对教育研究的态度进行了有趣的分析。

通过对隐喻的分析,特别是对跨界和巴斯德象限的分析,我们发现了另一个有价值的领域,即对研究人员选择研究重点的动机、作出关于是否和如何吸引实践者的决定、形成研究问题或事后考虑其研究结果、方法和概念化的含义和潜在效用等进行实证研究。这个角度的另一方面可能是审查教师教育者、教师专业发展专家和课程开发者在决定是否、何时以及如何将研究明确纳入其工作中的动机和实践。

对数学教育研究与实践的接口进行基于证据的分析这件事本身不会缩小鸿沟,但它能使人们更好地了解研究-实践的轮廓,并确定可能利用的教育研究者和实践者之间开展有效交流的那些方面。在下一节,也就是本章的结论中,我们会就为什么解决研究-实践鸿沟问题应该是数学教育领域优先考虑的事项提出一些想法。

缩小研究与实践的鸿沟: 迈向数学教育专业的关键一步

虽然教育研究和教育实践之间的脱节已经被考察和评论了一个多世纪,并且在近几十年,数学教育界也已对这个问题给予了很多关注,但是,作为一个科学领域,它依然缺乏令人信服的理由来解决这一显著存在的鸿沟问题。如上所述,有些人认为这看得见的脱节问题是妨碍教育进步的一个主要问题,但另一些人认为,这是不可避免的,也许是研究人员和实践者在目标、工作条件和价值观方面的差异所导致的不幸结果。还有一些人可能会认为,在我们的研究具备足够的质量以应用于教育实践之前,研究和实践之间的鸿沟都应该保持。对于这些对立和相互矛盾的观点,我们给出自己的观点,即这个问题应该被看作努力使数学教育专业化的一个至关重要的方面。

虽然关于教学到底是一种专业还是一种交易已经有很多文章和辩论了(如,Leigh, 1979; Palmer, 1953; Strike, 1990)。有些人考虑过数学研究者作为一个团体是否可能是一个专业(如,Lester & Lambdin, 2003),但是,我们关注的是数学教育作为一个整体,也就是说,我们希望

在可能的数学教育专业中包括所有自认为在工作中特别注重数学教学的人,如评估专家、课程开发者、教育领导者、专业发展专家、研究人员、教师或教师教育者。

数学教育是一个专业化的工作吗?宣称它是一个专业化工作有何含义?专业化的工作这个词在英语中有很多含义,根据韦氏词典,专业化工作是"需要专门知识以及通常需要长期和深入的学术准备的工作"(词条"专业",n.d.)。根据同一词典,专业人员是指"具有或符合某一专业的技术或道德标准"的人(词条"专业的",n.d.)。因此,称某人为专业人员就是同时声明该人和该人定期从事的实践是专业的。

数学教育专业化了吗? 在我们的领域至少杰里米·基尔帕特里克发出过一个响亮的声音,认为数学教育还不是一个专业(Kilpatrick, 2008, 2013)。例如,在他最近的一篇论文中,当讨论数学和数学教育之间的关系时,他断言:"我们可以把数学和数学教育视为合作伙伴和补充。数学既是一门专业,也是一门学科,而数学教育两者均不是。它是一个实践领域和研究领域。"(Kilpatrick, 2013,第10页)

数学教育不仅是一个研究和实践的领域,而且是一个专业,这意味着什么?利伯曼(1956)指出"还没有一套权威的标准让我们可以将专业与其他职业区分开来"(第1页),然而还是可以确定一些公认的特性。有很多这样的列表,舒尔曼(第516页)提供了一个我们认为有用的专业属性的简短列表:

- 像一种"职业"那样,有服务于他人的义务。
- 对学术或理论的理解。
- 具有熟练技能表现或实践的领域。
- 在不可避免的不确定性条件下行使判断。
- 需要从经验中学习,因为理论和实践是相互作用的。
- 由专业共同体来监督质量和聚集知识。

在舒尔曼的专业化属性列表中,我们发现一个深刻的、令人信服的数学教育工作者需要重视研究与实践之间关系的理由。舒尔曼的列表清楚地表明,专业知识和行动需要基于理论的学术性知识和以实践为基础的技艺

知识和技能。因此，在这个观点下，研究人员和实践者必须是数学教育专业共同体的同事。此外，舒尔曼的列表提醒我们，研究人员和实践者不能像幼小的孩子那样采取一起玩但没有交流的"平行游戏"方式，相反地，至关重要的是，包括学术知识和基于实践的知识的专业知识必须在共同体内共享。对如何在这样的共同体内发挥研究者和实践者的各种作用的有趣的考察，参见鲍尔和费雪（2007）。

在2004年NCTM研究会议的开幕全体讲演中，西尔弗将舒尔曼的专业特征列表与研究和实践之间关系的另一个比喻，即Car Talk，关联起来，对于那些不熟悉Car Talk的人来说，它是（美国）国家公共广播电台的一个深受欢迎的获奖节目，做了大约35年。该节目的焦点是汽车和汽车修理，主持人是两兄弟，汤姆·马廖齐和雷·马廖齐，他们现场回答听众在电话中提出的问题，通常是关于他们遇到的汽车问题。

Car Talk的幽默和其提供的建议一样有名和受欢迎，但西尔弗认为它体现了许多特色，这些特色在我们建立数学教育研究和实践之间联系的机制中是可借鉴的。例如，他指出，这个节目的主持人通常采取的方法不是将问题从打电话的听众那里接过来，而是让呼叫者参与更深入和完整地弄清她或他的问题的过程，并通常通过问问题来帮助区分那些需要紧急关注的问题和不紧急的问题。在弄清了呼叫者所提出的问题之后，汤姆和雷通常会提出建议，往往既有理论知识（两个兄弟都有来自麻省理工学院的本科学位），又有实践智慧（两个兄弟都是老资格的汽车修理工，并在马萨诸塞州拥有一家维修店）。西尔弗还指出，用于回答问题的理论知识由某些以前在大学工作过的听众（例如，哈佛大学物理科学讲座演示服务和教学实验室经理沃尔夫冈·吕克纳）来检查和更正，实践知识则偶尔由经历和解决过与呼叫者提出的问题类似问题的听众来补充。该节目还有一个值得注意的特色环节——"Stump the Chumps"，在此环节，呼叫者将反馈从汤姆和雷那里接收的建议是否准确和有助于解决她或他的问题。

西尔弗认为Car Talk对我们处理数学教育研究与实践之间关系的方式是一个强有力的借鉴，因为它说明了理论和实践知识在解决真实问题的服务中如何协调的方式，又提供了适当的尝试性的解决方案、对建议的有用性的反馈以及幽默和谦逊。在这个例子中，我们还看到了舒尔曼所提出的专业特征，因为理论和实践知识被混合在对他人的服务中，可以在不可避免和不确定性的条件下得出试验性解决方案，并且通过反馈循环确保从经验中学习和控制质量。

重要的是要注意，理论和专业知识的成功融合依赖于双方都有坚实的基础，也就是说，基于理论的研究和教育实践活动的双方都具有独立的价值。不论彼此如何，每一个都是重要的，但当他们不仅被承认为独立实体，而且作为相互作用、相互沟通和相互支持的知识形式时，他们又成为专业标识和知识的一部分。

我们认为Car Talk为数学教育研究和实践之间有成效的相互作用所具有的关键特征提供了一个强大的隐喻形象，但它并没有指导我们如何达到这个终极状态，为此，我们都要为数学教育的研究者和实践者双方做出的承诺而付出努力。因为我们预期研究人员将是本章的主要读者，所以我们特别对这个群体说说我们的最终想法来结束本章。

在1994年《教育心理学家》杂志有一期专刊是关于教育心理学学科性质及其与教育实践的脆弱关系，加里·芬斯特马赫和弗吉尼亚·理查德森对这一领域的学者提出了一个根本问题：我们是否"安排好了研究工具/技术，在道德之上寻找更好的教育方式"？或者我们是否"冲动地主张教育应当符合我们所偏爱的概念、理论和发现"？我们现在对数学教育研究人员也提出同样的质询以响应前面提到的贝格和吉布（1980）对数学教育研究所表达的希望，现在是建立一个真正的数学教育专业的时候了，要包括舒尔曼所确定的所有特征，要包括研究人员和实践者，要包括理论和实践，并且能够为面向所有学生的数学教学和学习作出认真的实质性改进。

References

Altman, D. G. (2012). Building a metaphor: Another brick for the wall? *BMJ,* 345.

Arbaugh, F., Herbel-Eisenmann, B., Ramirez, N., Knuth, E., Kranendonk, H., & Reed Quander, J. (2010). *Linking research and practice: The NCTM Research Agenda Conference report.* Reston, VA: National Council of Teachers of Mathematics.

Barab, S., & Squire, K. (2004). Design-based research: Putting a stake in the ground. *The Journal of the Learning Sciences, 13*(1), 1–14.

Barnett-Clark, C., Ramirez, A., & Coggins, D. (2010). *Math pathways & pitfalls: Fractions and decimals with algebra readiness, lessons and teaching manual, grades 4–6.* San Francisco, CA: WestEd.

Bartolini Bussi, M. G., & Bazzini, L. (2003). Research, practice and theory in didactics of mathematics: Towards dialogue between different fields. *Educational Studies in Mathematics, 54,* 203–223.

Bauer, K., & Fisher, F. (2007). The educational research-practice interface revisited: A scripting perspective. *Education Research and Evaluation, 13*(3), 221–236.

Bazzini, L. (1991). Curriculum development as a meeting point for research and practice. *Zentralblatt für Didaktik der Mathematik, 4,* 128–131.

Bazzini, L. (Ed.). (1994). *Theory and practice in mathematics education.* Pavia, Italy: ISDAF.

Begle, E. G., & Gibb, E. G. (1980). Why do research? In R. J. Shumway (Ed.), *Research in mathematics education* (pp. 3–19). Reston, VA: National Council of Teachers of Mathematics.

Berliner, D. C. (2002). Educational research: The hardest science of all. *Educational Researcher, 31*(8), 16–20.

Beswick, K. (2014). What teachers want: Identifying mathematics teachers' professional learning needs. *The Mathematics Enthusiast, 11*(1), Article 6. Retrieved from http://scholarworks.umt.edu/tme/v0111/iss1/6

Biddle, B. (1996). Better ideas: Expanded funding for educational research. *Educational Researcher, 25*(9), 12–14.

Biesta, G. (2007). Bridging the gap between educational research and practice: The need for critical distance. *Educational Research and Evaluation, 13*(3), 295–301.

Boaler, J. (2008). Bridging the gap between research and practice: International examples of success. In M. Menghini, F. Furinghetti, L. Giacardi, & F. Arzarello (Eds.), *The first century of the International Commission on Mathematical Instruction (1908–2008): Reflecting and shaping the world of mathematics education.* Rome, Italy: Istituto della Enciclopedia Italiana.

Boerst, T., Confrey, J., Heck, D., Knuth, E., Lambdin, D. V., White, D., . . . Quander, J. R. (2010). Strengthening research by designing for coherence and connections to practice. *Journal for Research in Mathematics Education, 41,* 216–235.

Bracey, G. W. (2009). Some thoughts as "research" turns 25. *Phi Delta Kappan, 90*(7), 530–531.

Breiteig, T., & Brekke, G. (Eds.). (1998). Theory into practice in mathematics education. *Proceedings of Norma 98 the second Nordic conference on mathematics education.* Kristiansand, Norway: Agder College Research Series No. 13.

Brownell, W. A. (1935). Psychological considerations in the learning and teaching of arithmetic. In W. D. Reeve (Ed.), *The teaching of arithmetic. Tenth yearbook of the National Council of Teachers of Mathematics* (pp. 1–31). New York, NY: Teachers College, Columbia University.

Brownell, W. A. (1947). An experiment on "borrowing" in third-grade arithmetic. *Journal of Educational Research, 41*(3), 161–171.

Brownell, W. A. (1948). Criteria of learning in educational research. *Journal of Educational Psychology, 39,* 170–182.

Brownell, W. A., & Moser, H. E. (1949). Meaningful vs. mechanical learning: A study in grade III subtraction. *Duke University Research Studies in Education* (No. 8). Durham, NC: Duke University Press.

Brownell, W. A., & Sims, V. M. (1946). The nature of understanding. In N. B. Henry (Ed.), *Forty-fifth yearbook of the National Society for the Study of Education: Part I. The measurement of understanding* (pp. 27–43). Chicago, IL: University of Chicago Press.

Burkhardt, H., & Schoenfeld, A. H. (2003). Improving educational research: Toward a more useful, more influential, and better-funded enterprise. *Educational Researcher, 32*(9), 3–14.

Burns, T., & Schuller, T. (2007). *Evidence in education: Linking research and policy.* Paris, France: OECD Publishing.

Bush, V. (1945). *Science, the endless frontier.* Washington, DC: Office of Scientific Research and Development.

Carpenter, T. P., Fennema, E., & Franke, M. L. (1996). Cognitively guided instruction: A knowledge base for reform in primary mathematics instruction. *The Elementary School Journal, 97,* 3–20.

Carpenter, T. P., Fennema, E., Franke, M. L., Levi, L., & Empson, S. B. (1999). *Children's mathematics: Cognitively guided instruction.* Portsmouth, NH: Heinemann.

Clements, D. H. (2002). Linking research and curriculum development. In L. D. English (Ed.), *Handbook of international research in mathematics education* (pp. 599–630). Mahwah, NJ: Lawrence Erlbaum Associates.

Cobb, P., Confrey, J., diSessa, A., Lehrer, R., & Schauble, L. (2003). Design experiments in educational research. *Educational Researcher, 32*(1), 9–13.

Coburn, C. E., & Stein, M. K. (Eds.). (2010). *Research and practice in education: Building alliances, bridging the divide.* Lanham, MD: Rowman & Littlefield.

Cronbach, L. J., & Suppes, P. (Eds.). (1969). *Research for tomorrow's schools: Disciplined inquiry in education.* New York, NY: National Academy of Education and Macmillan.

Davis, S. H. (2007). Bridging the gap between research and practice: What's good, what's bad, and how can one be sure? *Phi Delta Kappan, 88*(8), 569–578.

Design-Based Research Collective. (2003). Design-based research: An emerging paradigm for educational inquiry. *Educational Researcher, 32*(1), 5–8.

Dewey, J. (1898). Some remarks on the psychology of number. *Pedagogical Seminary, 5,* 426–434.

Dewey, J. (1904). The relation of theory to practice in education. In C. A. McMurry (Ed.), *Third yearbook of the National Society for the Scientific Study of Education: Part I: The relation of theory to practice in the education of teachers* (pp. 9–30). Chicago, IL: University of Chicago Press.

diSessa, A. A. (1991). If we want to get ahead, we should get some theories. In R. Underhill & C. Brown (Eds.), *Proceedings of the annual meeting of the North American chapter of the International Group for the Psychology of Mathematics Education, Vol. 1* (pp. 220–239). Blacksburg, VA: Virginia Tech.

Donoghue, E. F. (2003). The emergence of a profession of mathematics education in the United States, 1890–1920. In G. M. A. Stanic & J. Kilpatrick (Eds.), *A history of school mathematics* (Vol. 1, pp. 159–193). Reston, VA: National Council of Teachers of Mathematics.

English, L. D. (Ed.). (2002). *Handbook of international research in mathematics education.* Mahwah, NJ: Lawrence Erlbaum.

Fadiman, A. (1997). *The spirit catches you and you fall down: A Hmong child, her American doctors, and the collision of two cultures.* New York, NY: Farrar, Straus and Giroux.

Fenstermacher, G. D., & Richardson, V. (1994). Promoting confusion in educational psychology: How is it done? *Educational Psychologist, 29,* 49–55.

Fernandez, C., & Yoshida, M. (2004). *Lesson study: A Japanese approach to improving mathematics teaching and learning.* Mahwah, NJ: Erlbaum.

Fishman, B., Penuel, W., Allen, A., & Cheng, B. (Eds.). (2013). *Design-based implementation research: Theories, methods, and exemplars* (Vol. 112). Chicago, IL: National Society of the Study of Education.

Forscher, B. K. (1963). Chaos in the brickyard. *Science, 142*(3590), 339.

Gates, J. D. (2003). Perspective on the recent history of the National Council of Teachers of Mathematics. In G. M. A. Stanic & J. Kilpatrick (Eds.), *A history of school mathematics* (Vol. 1, pp. 737–752). Reston, VA: National Council of Teachers of Mathematics.

Ginsburg, M. B., & Gorostiaga, J.M. (2003). Relationships between theorists/researchers and policy makers/practitioners: Rethinking the two-culture thesis and the possibility of dialogue. *Comparative Education Review, 45*(2), 173–196.

Gore, J. M., & Gitlan, A. D. (2004). [Re]Visioning the academic-teacher divide: Power and knowledge in the educational community. *Teachers & Teaching: Theory and Practice, 10*(1), 35–58.

Green, L. W., Ottoson, J. M., Garcia, C., & Hiatt, R. A. (2009). Diffusion theory and knowledge dissemination, utilization, and integration in public health. *Annual Review of Public Health, 30,* 151–174.

Grouws, D. A. (Ed.). (1992). *Handbook of research on mathematics teaching and learning.* Reston, VA: National Council of Teachers of Mathematics.

Haas, E. (2007). False equivalency: Think tank references on education in the news media. *Peabody Journal of Education, 82*(1), pp. 63–102.

Hamilton, E., Kelly, A. E., & Sloane, F. (2002). Funding mathematics education research: Three challenges, one continuum, and a metaphor. In L. D. English (Ed.), *Handbook of international research in mathematics education* (pp. 507–523). Mahwah, NJ: Lawrence Erlbaum Associates.

Heid, M. K., Larson, M., Fey, J. T., Strutchens, M. E., Middleton, J. A., Gutstein, E., . . . Tunis, H. (2006). The challenge of linking research and practice. *Journal for Research in Mathematics Education, 37*(2), 76–86.

Holton, G. (1993). *Science and anti-science.* Cambridge, MA: Harvard University Press.

Jarry-Shore, M., & Mcneil, S. (2014). Teachers as stakeholders in mathematics education research. *The Mathematics Enthusiast, 11* (1), Article 9. Retrieved from http://scholarworks. umt.edu/tme/v0111/iss1/9

Jensen, R. J. (Ed.). (1993). *Research ideas for the classroom: Early childhood mathematics.* Reston, VA: National Council of Teachers of Mathematics.

Johnson, D. C., Romberg, T. A., & Scandura, J. M. (1994). The origins of the *JRME*: A retrospective account. *Journal for Research in Mathematics Education, 25,* 561–582.

Judd, W. (1927). *Psychological analysis of the fundamentals of arithmetic.* (Supplementary Educational Monographs No. 32). Chicago, IL: University of Chicago.

Judd, W. (1928). The fallacy of treating school subjects as "tool subjects." In J. R. Clark & W. D. Reeve (Eds.), *Selected topics in the teaching of mathematics.* Third Yearbook of the National Council of Teachers of Mathematics (pp. 1–10). New York, NY: Teachers College, Columbia University, Bureau of Publications.

Karp, K., & McDuffie, A. R. (2014). *Using research to improve instruction.* Annual Perspectives on Mathematics Education, 2014. Reston, VA: National Council of Teachers of Mathematics.

Kennedy, M. (1997). The connection between research and practice. *Educational Researcher, 26*(4), 4–12.

Kennedy, M. (1999). A test of some common contentions about educational research. *American Educational Research Journal, 36*(3), 511–541.

Kerlinger, F. N. (1977). The influence of research on education practice. *Educational Researcher, 6*(8), 5–12.

Kessels, J. P. A. M., & Korthagen, F. A. J. (1996). The relationship between theory and practice: Back to the classics. *Educational Researcher, 25,* 17–22.

Kieran, C., Krainer, K., & Shaughnessy, J. M. (2012). Linking research to practice: Teachers as key stakeholders in mathematics education research. In M. Clements et al. (Eds.), *Third international handbook of mathematics education* (pp. 361–392). New York, NY: Springer.

Kilpatrick, J. (1992). A history of research in mathematics education. In D. A. Grouws (Ed.), *Handbook of research on mathematics teaching and learning* (pp. 3–38). New York, NY: Macmillan.

Kilpatrick, J. (2008). The development of mathematics education as an academic field. In M. Menghini, F. Furinghetti, L. Giacardi, & F. Arzarello (Eds.), *The first century of the International Commission on Mathematical Instruction (1908–2008): Reflecting and shaping the world of mathematics education* (pp. 25–39). Rome, Italy: Istituto della Enciclopedia Italiana.

Kilpatrick, J. (2013). Leading people: Leadership in mathematics education. *Journal of Mathematics Education at Teachers College, 4*(Spring–Summer), 7–14.

Kilpatrick, J., Martin, W. G., & Schifter, D. (Eds.). (2003). *A research companion to Principles and Standards for School Mathematics.* Reston, VA: National Council of Teachers of Mathematics.

Korthagen, F. A. J., & Kessels, J. P. A. M. (1999). Linking theory and practice: Changing the pedagogy of teacher education. *Educational Researcher, 28,* 4–17.

Krainer, K. (2014). Teachers as stakeholders in mathematics education research. *The Mathematics Enthusiast, 11* (1), Article 4. Retrieved from http://scholarworks.umt.edu/tme/v0111/iss1/4

Krathwohl, D. (1977). Improving educational research and development. *Educational Researcher, 6,* 8–14.

Labaree, D. F. (2003). The peculiar problems of preparing educational researchers. *Educational Researcher, 32*(4), 13–22.

Lagemann, E. C. (2000). *An elusive science: The troubling history of education research.* Chicago, IL: The University of Chicago Press.

Lakoff, G., & Johnson, M. (1980). *Metaphors we live by.* Chicago, IL: University of Chicago Press.

Langrall, C. W. (2014). Linking research and practice: Another call to action? *Journal for Research in Mathematics Education, 45,* 154–156.

Leigh, P. M. (1979). Ambiguous professionalism: A study of teachers' status perceptions. *Educational Review, 31*(1), 27–44.

Lester, F. K., Jr., & Lambdin, D. (2003). From amateur to professional: The emergence and maturation of the mathematics education research community. In G. M. A. Stanic & J. Kilpatrick (Eds.), *A history of school mathematics* (Vol. 2, pp. 1629–1700). Reston, VA: National Council of Teachers of Mathematics.

Lester, F. K., Jr., & Lobato, J. (2010). *Teaching and learning mathematics: Translating research for elementary/middle/secondary teachers/administrators.* Reston, VA: National Council of Teachers of Mathematics.

Lester, F. K., Jr., & Wiliam, D. (2002). On the purpose of mathematics education research: Making productive contributions to policy and practice. In L. D. English (Ed.), *Handbook of international research in mathematics education* (pp. 489–506). Mahwah, NJ: Lawrence Erlbaum Associates.

Levin, B. (2004) Making research matter more, Education Policy Analysis Archives 12(56). Retrieved from http://epaa.asu.edu/ojs/article/view/211

Lewis, C. (2002). *Lesson study: A handbook of teacher-led instructional change.* Philadelphia, PA: Research for Better Schools.

Lieberman, M. B. (1956). *Education as a profession.* Englewood Cliffs, NJ: Prentice-Hall.

Linking Research and Practice Task Force. (2005). *Harnessing the power of research for practice.* Report presented to the National Council of Teachers of Mathematics Board of Directors. Reston, VA: National Council of Teachers of Mathematics.

Malara, N. A., & Zan, R. (2002). The problematic relationship between theory and practice. In L. D. English (Ed.), *Handbook of international research in mathematics education* (pp. 553–580). Mahwah, NJ: Lawrence Erlbaum.

McGilly, K. (Ed.). (1994). *Classroom lessons: Integrating cognitive theory and classroom practice.* Cambridge, MA: MIT Press.

McIntyre, D. (2005). Bridging the gap between research and practice. *Cambridge Journal of Education, 35*(3), 357–382.

Miller, S. R., Drill, K., & Behrstock, E. (2010). Making educational research relevant to teachers: Teachers will use more research when researchers fine-tune how they present their discoveries to teachers. *Phi Delta Kappan, 91*(7), 31–34.

National Council of Teachers of Mathematics. (1989). *Curriculum and evaluation standards for school mathematics.* Reston, VA: National Council of Teachers of Mathematics.

National Council of Teachers of Mathematics. (2000). *Principles and standards for school mathematics.* Reston, VA: National Council of Teachers of Mathematics.

National Institutes of Health. (2006). *Re-engineering the clinical research enterprise: Translational research.* Retrieved from http://nihroadmap.nih.gov/clinicalresearch/overview-translational.asp

NCTM Research Committee. (2006). The challenge of linking research and practice. *Journal for Research in Mathematics Education, 37,* 76–86.

NCTM Research Committee. (2007). Connecting research and practice at NCTM. *Journal for Research in Mathematics Education, 38,* 108–114.

NCTM Research Committee. (2010). Strengthening research by designing for coherence and connections to practice. *Journal for Research in Mathematics Education, 41,* 216–235.

Nelson, R. R., & Wright, G. (1992). The rise and fall of American technological leadership: The postwar era in historical perspective. *Journal of Economic Literature, 30,* 1931–1964.

No Child Left Behind Act of 2001, Pub. L. No. 107–110, § 115, Stat. 1425 (2002).

Owens, D. T. (Ed.). (1993). *Research ideas for the classroom: Middle grades mathematics.* Reston, VA: National Council of Teachers of Mathematics.

Palmer, R. R. (1953). Is teaching a profession? *The Phi Delta Kappan, 34*(4), 139–140, 142.

Petit, M. (2011). Learning trajectories and adaptive instruction meet the realities of practice. In P. Daro, F. Mosher, & T. Corcoran (Eds.), *Learning trajectories in mathematics: A foundation for standards, curriculum, assessment, and instruction* (Research Report #68). Philadelphia, PA: Consortium for Policy Research in Education.

Petit, M., Laird, R., & Marsden, E. (2010). *A focus on fractions: Bringing research to the classroom.* New York, NY: Routledge.

Phillips, D. C. (1980). What do the researcher and the practitioner have to offer each other? *Educational Researcher, 9,* 17–20, 24.

Piaget, J. (1952). The child's conception of number (C. Gategno & F. M. Hodgson, Trans.). London, England: Routledge & Kegan Paul. (Original work published 1941)

Profession. (n.d.). In Merriam-Webster's online dictionary. Retrieved from http://www.merriam-webster.com/dictionary/profession

Professional. (n.d.). Merriam-Webster's online dictionary. Retrieved from http://www.merriam-webster.com/dictionary/professional

Ratcliffe, M., Bartholomew, H., Hames, V., Hind, A., Leach, J., Millar, R., & Osborne, J. (2004). *Science educators' views of research and its influence on practice.* York, United Kingdom: University of York, Department of Educational Studies. Retrieved from www.york.ac.uk/depts/educ/research/PastProjects/EPSE2003/P4Report2004.pdf

Report of the Committee on College Entrance Requirements (Part 1). (1899). In *the Journal of Proceedings and Addresses of the Thirty-Eighth Annual Meeting Held at Los Angeles, California, July 11–14, 1899* (pp. 632–677). Chicago, IL: National Educational Association.

Report of the Committee on Secondary School Studies [of the National Educational Association]. (1893). Washington, DC: U.S. Bureau of Education, Government Printing Office.

Rhine, S. (1998). The role of research and teachers' knowledge base in professional development. *Educational Researcher, 27,* 27–31.

Rosenberg, N., & Nelson, R. R. (1994). American universities and technical advance in industry. *Research Policy, 23,* 323–348.

Royce, J. (1891). Is there a science of education? *Educational Review, 1,* 15–25.

Ruthven, K. (2002). Linking researching with teaching: Towards a synergy of scholarly and craft knowledge. In L. D. English (Ed.), *Handbook of international research in mathematics education* (pp. 581–598). Mahwah, NJ: Lawrence Erlbaum Associates.

Sfard, A. (2005). What could be more practical than good research? *Educational Studies in Mathematics, 58*(3), 393–413.

Shulman, L. S. (1998). Theory, practice, and the education of professionals. *Elementary School Journal, 98,* 511–526.

Silver, E. A. (1990). Contributions of research to practice: Applying findings, methods, and perspectives. In T. J. Cooney (Ed.), *Mathematics teaching and learning in the 1990s* (pp. 1–11). Reston, VA: National Council of Teachers of Mathematics.

Silver, E. A. (2003). Border crossing: Relating research and practice in mathematics education. *Journal for Research in Mathematics Education, 34*(3), 182–184.

Silver, E. A. (2004, April). My unfinished editorial: Reflections in and on research in mathematics education. Invited plenary session at NCTM Research Presession, Philadelphia, PA.

Silver, E., & Herbst, P. (2007). Theory in mathematics education scholarship. In F. K. Lester Jr. (Ed.), *Second handbook of research on mathematics teaching and learning* (pp. 39–67). Charlotte, NC: Information Age; Reston, VA: National Council of Teachers of Mathematics.

Silver, E. A., & Kenney, P. A. (2015). *More lessons learned from research, Volume 1: Useful and usable research related to core mathematical practices.* Reston, VA: National Council of Teachers of Mathematics.

Silver, E. A., & Kenney, P. A. (2016). *More lessons learned from research, Volume 2: Useful research on teaching important mathematics to all students.* Reston, VA: National Council of Teachers of Mathematics.

Smith, M. S., Silver, E. A., & Stein, M. K. (2005). *Improving instruction in algebra: Using cases to transform mathematics teaching and learning, Volume 2.* [Vol. 1 proportionality; Vol. 3 geometry]. New York, NY: Teachers College Press.

Sowder, J. T. (1989). *Setting a research agenda.* Reston, VA: National Council of Teachers of Mathematics.

Sowder, J. T., & Schappelle, B. (Eds.). (2002). *Lessons learned from research.* Reston, VA: National Council of Teachers of Mathematics.

Star, S. L. (2010). This is not a boundary object: Reflections on the origin of a concept. *Science, Technology & Human Values, 35*(5), 601–617.

Stein, M. K., Smith, M. S., Henningsen, M. A., & Silver, E. A. (2000). *Implementing standards-based mathematics instruction: A casebook for professional development.* New York, NY: Teachers College Press.

Steinbring, H. (1994). Dialogue between theory and practice in mathematics education. In R. Biehler, R. W. Scholz, R. Sträßer, & B. Winkelmann (Eds.), *Didactics of mathematics* as a scientific discipline (pp. 89–102). Dordrecht, The Nether- lands: Kluwer Academic.

Stokes, D. E. (1997). *Pasteur's quadrant: Basic science and technological innovation.* Washington, DC: Brookings Institution Press.

Strike, K. A. (1990). Is teaching a profession: How would we know? *Journal of Personnel Evaluation in Education, 4,* 91–117.

Suppes, P. (Ed.). (1978). *Impact of research on education: Some case studies.* Englewood Cliffs, NJ: Prentice Hall.

Sztajn, P., Wilson, P. H., Edgington, C., & Myers, M. (2014). Mathematics professional development as design for boundary encounters. *ZDM—The International Journal on Mathematics Education, 46*(2), 201–212.

Tate, W., King, K., & Anderson, C. R. (2011). *Disrupting tradition: Research and practice pathways in mathematics education.* Reston, VA: National Council of Teachers of Mathematics.

Thorndike, E. L. (1922). *The psychology of arithmetic.* New York, NY: Macmillan.

Treffers, A. (1991). Realistic mathematics education in the Netherlands 1980–1990. In L. Streefland (Ed.), *Realistic mathematics education in primary school.* Utrecht, The Netherlands: CD-b Press/Freudenthal Institute, Utrecht University.

U.S. Department of Education. (n.d.). *Doing what works.* Retrieved from http://dww.ed.gov/site/

Vanderlinde, R., & van Braak, J. (2010). The gap between educational research and practice: Views of teachers, school leaders, intermediaries and researchers. *British Educational Research Journal, 36*(2), 299–316.

Weiss, C., & Singer, E. (1988). *Reporting of social science in the national news media.* New York, NY: Russell Sage Foundation.

Wiliam, D. (2003). The impact of educational research on mathematics education. In A. Bishop, M. A. Clements, C. Keitel, J. Kilpatrick, & F. K. S. Leung (Eds.), *Second international handbook of mathematics education* (pp. 469–488). Dordrecht, The Netherlands: Kluwer Academic.

Williams, D., & Coles, L. (2003). *The use of research by teachers: Information literacy, access, and attitudes.* (Report 14). Retrieved from http://www4.rgu.ac.uk/files/ACF2B02.pdf

Williams, S. (2005). Masonry metaphors and brickyard blues. *Journal for Research in Mathematics Education, 36*(2), 90–91.

Wilson, P. S. (Ed.). (1993). *Research ideas for the classroom: High school mathematics.* Reston, VA: National Council of Teachers of Mathematics.

Woolf, S. H. (2008). The meaning of translational research and why it matters. *The Journal of the American Medical Association, 299*(2), 211–213.

Yettik, H. (2009). *The research that reaches the public: Who produces the educational research mentioned in the news media?* Boulder and Tempe: Education and Public Interest Center & Education Policy Research Unit. Retrieved from http://epicpolicy.org/publications/research-that-reaches

Yettik, H. (2013). *The educational research that reaches the public via the news media: Who produces it and how it gets there* (Unpublished doctoral dissertation). University of Colorado at Boulder.

Zeuli, J. S. (1994). How do teachers understand research when they read it? *Teaching & Teacher Education, 10*(1), 39–55.

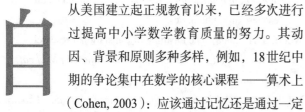

3 教育改革、研究和政策对美国数学教育的综合影响*

琼·弗里尼-芒迪
美国国家科学基金会
译者：李旭辉
美国加州州立大学长滩分校数学系

自从美国建立起正规教育以来，已经多次进行过提高中小学数学教育质量的努力。其动因、背景和原则多种多样，例如，18世纪中期的争论集中在数学的核心课程——算术上（Cohen, 2003）：应该通过记忆还是通过一定的推理来进行算术教学？时至今日，美国数学教育不断得益于数学教育研究并且受到超越数学教育本身的政策的影响，而这一争论则一直持续到当下，成为美国数学教育发展的背景因素之一。在本章，我主要讨论起始于20世纪80年代的最近一次中小学数学教育的全国性改革中，国家教育政策的各种背景因素之间的关系，以及数学教育领袖、改革者、研究者、政策制定者和政府机构的活动。

研究和实践应该如何互动？这一问题在教育领域，尤其是数学教育领域里已经存在了几十年（Shavelson, 1988; Silver & Lunsford, 2017，本套书）。一方面，改进教育的各种努力都应该建立在已有的研究成果之上，实践中遇到的挑战和问题应该对研究内容起指导作用，联邦政策和资助则应该与两者保持一致并支持两者的发展。这种观念听起来非常合乎逻辑。另一方面，政策和实践的改变往往在相关的研究提供翔实的新发现之前就发生

了。事实上，实践如何惠及和推动研究这样的问题得到了越来越多的关注，而研究成果对政策和实践产生影响的道路并不总是明朗的。

在本章，我把近期的数学教育改革划分成三个阶段：

1. 第一阶段是从1980年到1994年，开始于20世纪80年代初，兴起于由数学教育界所领导的当代数学教育改革和标准化运动，中间经历了1989年全美数学教师理事会（NCTM）发表的《学校数学课程和评价标准》（NCTM, 1989）（以下简称《课程和评价标准》，译者加）以及施行这些标准的最初尝试。

2. 第二阶段是从1994年到2008年，包括《课程和评价标准》（NCTM, 1989）的继续实施、1994年发布的《目标2000：美国教育行动纲领》和各州课程标准的制定。在这一时期，改革活动主要在学校、学区和各州进行，得益于国际研究带来的信息，也伴随着20世纪90年代中后期所发生的对下一个十年有重大影响的一些政治和政策事件。

3. 第三阶段是从2009年到2016年，以及之后的几年。其特点是问责制和测试的分量日益增加，教育中

* 本材料是基于我在美国国家科学基金会工作时所做的工作。这里代表的观点是我个人的，并不代表国家科学基金会的观点。我感谢三位匿名评论者的真知灼见。请注意，这里引用的许多参考文献都是国家科学基金会资助的项目。

的不平等性所带来的挑战愈发得到重视，各州开始制定和实施为上大学和就业作准备的教育标准，尤其是州共同核心标准（CCSS）。

对上述每一时期，我将重点揭示其教育和社会背景中，对教育政策，尤其是对数学教育改革有重大影响的因素；描述致力于数学教育改革和提高的努力的主要特征；指出数学教育研究领域的关键课题；总结国家科学基金会（NSF）和教育部等联邦机构在相关领域的投入；描述以立法形式出现的各项政策。在每一小节结尾，我将总结在这一时期主要的教育背景下，改革、研究、投入和政策之间的相互影响，以及它们与数学教育质量提高之间的关系。

当代数学教育改革的基础（1980—1994）

对美国教育的普遍不满和对高标准的呼唤

20世纪80年代初期，美国社会对教育现状有一种普遍的不满。这种情绪在《一个处在危险中的国家》（National Center for Education and the Economy, 1983b）这份划时代的报告中可以看到。报告指出了教育水准的不断下滑（当然这一论断是有争议性的，见Stedman & Smith, 1983），声称由于教育缺乏革新，美国经济陷入了危机。作者们将中学课程描述为一个"课程大杂烩"，其后果是新近从高中毕业的学生里只有31%学过中等代数（National Center for Education and the Economy, 1983a，见关于内容的结论一节的第二小点）。报告建议强化学校课程的内容，制定"严格且可以评估的课程标准，以及更高的期望"（National Center for Education and the Economy, 1983c，建议B这一节的第1段）。

就当时的数学教育而言，美国学生在1980年至1982年间进行的第二次国际数学研究中的表现很差（Crosswhite, Dossey, Swafford, McKnight, & Cooney, 1985; McKnight等，1987），这尤其令人担忧。美国八年级学生在非计算性算术（即问题解决）方面的成绩远低于国际平均水准，在几何方面的表现属于所有参与国里最低的四分之一。麦

克奈特等人（1987）指出："美国学校数学课程在形式上和内容上都需要一次根本性的变革。"（第xii页）这一建议与《一个处在危险中的国家》（National Center for Education and the Economy, 1983b）所提出的更具广泛性的指导方向是一致的。

在数学教育领域之外，教育政策专家们提出的一些新的思维框架有可能对政策和改革起到指导作用，以消除对课程改革和提高期望的担忧。当时最重要的贡献可能要数史密斯和奥戴就系统性的改革和标准所提出的一套想法（O'Day & Smith, 1993; M.S.Smith & O'Day, 1990）。这些作者指出了改革成功的几个关键因素：建立课程框架、各州内政策保持一致、重新构建学校管理机制。这样一种思路建立在如此的考量基础之上：用统一的方式进行改革需要协调教育系统的各个方面。

数学教育改革：由专业人士领导

美国教育从整体上需要做的一些改进，比如提高目标期望、更加重视思考和推理、增加课程和教学内容的明晰度等，也是数学教育界领袖人物们的共识。1980年，NCTM发表了《行动纲领：关于20世纪80年代学校数学的建议》（NCTM, 1980）（以下简称《行动纲领》，译者加）。这份报告被视为对20世纪70年代以考试为重心的"回到基础"运动所做的部分回应。报告提出了以下建议：

1. 将问题解决作为20世纪80年代学校数学教育的核心。
2. 基本的数学技能不应仅仅局限于计算技巧。
3. 各个年级的数学课程都应充分利用计算器和计算机的功能。
4. 在数学教学的效果和效率方面施行严格的标准。
5. 超越传统考试，用更广泛多样的手段来衡量数学课程和学生学习成绩。
6. 所有学生都应学习更多的数学内容，提供更具灵活性和多样性的课程以满足学生们的不同需求。
7. 数学教师以更高的职业标准要求自己及其同事们。

8. 公众对数学教学的支持应当提高到与数学对个人和社会的重要性相应的高度。（第1页）

《行动纲领》重视问题解决、教育技术、测量和学生们不同的需求，这些在美国数学教育领域里是一种新思维。该报告发表后，NCTM的领导者们开始筹划由专业人士来制定首份内容标准。经过几年的公开编写过程（McLeod, Stake, Schappelle, Mellissinos, and Gierl［1996］对此做了介绍），NCTM出版了最终成果《学校数学课程和评价标准》（NCTM, 1989）。《课程和评价标准》由一批大学数学教育工作者、中小学领导者和教师组成的庞大队伍共同撰写，它建立在《行动纲领》基础之上，并进一步为教师们理解数学教学和课程内容方面的新理念提供了详尽的指导。NCTM的领导者们还采取措施，与其他组织联合协调行动以期对教育政策产生影响。一个例子是国家研究委员会出版的《人人算数》（NRC, 1989）。此外，NCTM还为编写后续的教学和测量标准做好了计划。这大概是与当时盛行的系统性改革措施相一致的做法。NCTM还编写了与实践新标准相配套的教学资料，并与各州教育领导者们合作，为教师们提供了专业培训的机会。

《课程和评价标准》的编写初衷是对教师们的日常工作有所帮助，因此书中包括了很多例题，用来说明某个特定的标准的含义。此外，《课程和评价标准》用图表来总结每个学段（包含三个学段）里内容和重点上的变化。这些图表中包括了需要更多关注的各个方面，例如，在关于5至8年级部分，需要引起更多关注的是"讨论、写作、阅读和聆听数学思想方法"（NCTM, 1989，第70页），同时减少"填空题、对错题和只需要填答数的题目"（第71页）。这些图表在部分读者中引起了争议，他们认为，一些要降低关注的方面其实对学生们的数学教育很重要。

数学教育研究：与《课程和评价标准》相互关联

20世纪80年代的数学教育研究重点之一是K-8（K指Kindergarten，幼儿园，译者加）年级里特定数学课题的学习，包括儿童早期对数字和算术、比例推理和不太

深的几何与代数的学习（Grouws, 1992，介绍了最具代表性的课题）。这个时期的研究多数建立在认知学派和建构主义原则的基础上，以学习者的思维和策略为核心（例如，Behr, Harel, Post, & Lesh, 1992; Greer, 1992; Sowder, 1992）。在那个年代，研究者们对教学的关注相对减少，直到80年代末才逐渐有所增多。

这个时期对教育平等的研究兴趣也很浓厚，尤其是数学学习的性别差异。性别平等、妇女和女孩参与数学活动成为20世纪80年代的主题，这反映了一些数学教育领导者们将研究和实践结合在一起这个有趣的现象。例如，"增加选择、减少偏见"（详见Fennema, Wolleat, Pedro, and Becker, 1981）是把研究和实践结合起来的一个项目，它使与妇女和数学相关的议题得到了全国范围的关注。项目组还编写了一套基于录像的教学辅助材料。

通过数学教育研究所形成的一些知识为《课程和评价标准》所做的很多建议奠定了基础，这是依靠证据来为政策和实践提供建议的早期例子之一。但是《课程和评价标准》并未明确指出其论述与研究证据之间的关联，另外，那时的数学教育研究对考试、大范围内实践新思想，或是教育政策等课题的关注较少，研究这些课题可能会对实施改革有所帮助。

联邦政策和投入：
教师专业培训和国家科学基金会的改变

整个20世纪70年代以及20世纪80年代的早期，美国社会弥漫着对教育的失望，各州和全国范围内新的改革刚刚开始。维诺夫斯基（1999）写道："人们对正在衰退的美国经济和教育系统之间的关系忧心忡忡，这种担忧导致了20世纪70年代和20世纪80年代早期的学校改革。"（第5~6页）如何平衡州和联邦政府在教育中所起的作用？政治家们对此问题的意见迥异，这也增加了这个时期教育和社会问题的复杂度。

NSF自20世纪50年代成立以来，一直是对数学和科学教育研究和发展进行资助的主要机构之一。实际上，NSF的组织法案（NSF Act, 2012）把科学教育作为教育改革和发展的一个重点，这与NSF将基础科学研究作为资助

重点是一致的:

> 基金会被授权和指导从事以下活动:(1)开创和支持基础科学研究和项目,以加强数学、物理、医学、生物、社会和其他科学领域里各个层次上的科研潜力和科学教育项目;(2)开创和支持工程学科基础课程的研究,以加强各个工程领域里各个层次上的工程研究潜力和工程教育项目;(3)通过签订合同或其他安排(包括奖项、贷款和其他形式的资助)来支持这些科学、工程和教育活动,并评估相关研究对于工业发展和大众福利的影响。(NSF Act, 2012, §1862)

美国教育部的措施更加宽泛。几十年来它对数学教育的资助和相关政策不断有所变化。

从20世纪50年代末期——苏联于1957年发射第一颗地球卫星Sputnik后——到20世纪70年代,NSF资助了K-12数学和科学课程开发,并在全国范围内资助教师培训以增强数学和科学的师资力量。尽管如此,NSF在课程开发方面所起的作用还是受到了质疑。陶(1991)的著作《学校里的政治:Sputnik时代以来的教训》描述了有争议的课程项目如何给NSF带来了严重的麻烦。加诸其他方面的因素,其后果是NSF教育部门的预算额在20世纪80年代初被大幅削减,里根政府制定的1982财政年度预算对NSF的教育类资助也做了大幅削减(Ferrini-Mundy & Graham, 2003,第1258页)。预算额在1984年恢复到原有水平,NSF启动了教师培养和培训项目,向数学和科学教育专业培训人士提供资助,20世纪80年代中后期在各州和地方实施教师发展计划。另外,NSF在20世纪80年代初期和中期启动了教学和学习研究项目。该项目资助了众多数学教育研究者对有关数学学习的各种课题进行研究,这其中的一些课题源于《行动纲领》(NCTM,1980)的催化作用。

NSF在1991年开始资助一系列系统性的改革行动(Initiative),它们响应了"高质量的数学和科学学习机会对所有学生都很重要"这种观点,也得益于史密斯和奥戴关于系统性变革的思想。NSF用大量资金和5年时

间来让这些项目推广数学和科学教育的系统性改革(见Williams, 2016)。这些行动包括州级系统性行动(SSI)、地方级系统性行动、城市系统性行动和乡村系统性行动。他们大批量资助了各种类型的项目,以期大尺度地提高科学和数学教育质量(Klein, 2003; Lappan & Wanko, 2003)。在评估这些系统性行动时,韦布、凯恩、考夫曼和杨(2001)估计NSF在这些项目上的投入超过6亿美元。这些巨额、大范围的投入的理论基础与M.S.史密斯和戴(1990)提出的标准基础之上的系统性改革思想是一致的。与NSF的系统性行动相关联,20世纪90年代还出现了一组"系统性教育改革驱动力"项目(见Webb等,2001)。它包括四个过程性驱动力(以标准为基础的课程、具有一致性的政策、可以整合集中的资源、广泛的支持)和两个结果性的驱动力(显著提高的学生成绩和所有学生的成绩都得到提高;见Webb等,2001)。他们发现,截至1996年,参与SSI的州与未参与的州在这套教育的系统性改革驱动力的各项指标上有明显区别,改革活动在参与SSI的州里更加盛行(第xxv页)。不过这些行动对于学生成绩的影响比较难以衡量。

NSF的驱动力与十年前NCTM(1980)发布的《行动纲领》里的诸多方面相呼应,系统性行动的驱动力包含了《行动纲领》里全部的八项原则并有所超越。系统性改革的驱动力认可了系统性方式的重要性,并强调了政策、资源和各方参与者协调一致的必要性。系统性改革的项目帮助25个州以及波多黎各启动了改革程序。与评估《课程和评价标准》的作用时出现的情况类似,因为系统性改革的幅度大,所以要确定系统性行动的影响是很困难的。实际上,20世纪80年代和90年代NSF将资助的重点放在可以驱动系统、支持变革和提高的各种"投入"上。后面我将讨论日益得到强调的问责制和考试体制是如何影响联邦政府资助的重点和预期的。

同一时期,NSF在教育方面的另一个重要投入是1990年设立的K-12数学教材项目,"其指导准则是NCTM制定的标准"(Lappan & Wanko, 2003,第925页)。舍恩菲尔德(2004)认为NSF"决定发挥催化作用"(第269页)以促进《课程和评价标准》中设想的改革。项目招标声明中援引了《课程和评价标准》的内容来呼吁对初

中和高中教材的开发（NSF 1989，1991）。例如，初中数学教材招标声明中写道：

> 基于长期的探讨和所达成的共识，NCTM《课程和评价标准》和《人人算数》代表了振兴数学教育计划的一些初始步骤……它们为内容、方法和测量方面的变革提供了一个坚实的哲学基础，它们表达了目前对数学教育高涨的热情，为未来的进步提供了基础和机遇。本次招标的目的就是要增加这种机遇。（NSF 1989，第4页）

很多人认为，注重在《课程和评价标准》的指导下编写现成的课程是在全国大范围内成功施行数学教育标准的必要条件。NSF资助了13个大型开发项目：小学三个，初中五个，高中五个（Klein, 2003; Senk & Thompson, 2002）。经过数年的教材编写，试点学校之外有更多的学校在20世纪90年代中期开始使用这些教材，此时恰好赶上所谓的"数学战争"（Schoenfeld, 2004），数学家和数学教育工作者们对究竟什么应当构成学校数学公开地表达了不同观点。

当时的系统性改革理念认为，除了课程之外，教师专业发展和与课程保持一致的教学测量也是保证NCTM发起的改革项目能够成功的必要条件。在《课程和评价标准》出版之前，美国教育部于1985年启动了德怀特·D·艾森豪威尔职业发展项目，在全国范围内资助数学和科学教师职业发展（Garet, Birman, Porter, Desimone, and Herman, 1999），各地学区可以使用联邦政府的拨款来促进科学和数学教学。

到20世纪80年代末和20世纪90年代初，NSF和其他一些机构对职前教师的培养和在职教师的职业培训都给予了大量资助，NSF将此举称为"教师强化"。弗雷希特林和卡岑迈耶（2001）评估了多个机构在教师强化方面的工作，发现那些精心设计的教师发展项目可能是有成效的，尤其是那些得到了学区强力支持的项目。然而，引导教师接受一些改革的思想（比如，让学生更积极地参与教学、更深入地学习更少的课题等）则相当困难。

讨论

20世纪80年代至20世纪90年代初的数学教育改革可以看成本学科对K-12学校教育的两种形势的回应：全国范围内对更加广泛地提高教育目标的呼吁和"更大范围的文化中追求更好的成果所造成的压力"（Fuhrman, 1993，第20页）。作为数学教育领域投入改革的初始成果，NCTM的《课程和评价标准》出现在一个很好的时机，各级政策制定者群体——从州级政府到全国州长联合会（见Vinovskis, 1999），直到联邦政府层次，都认可提高美国教育水平的重要性。乔治·布什总统在1990年1月的国情咨文演讲中，宣布了以全国州长们所提建议为基础、两党合作提出的"美国目标2000"计划。其目标被以法律的形式写入1994年比尔·克林顿总统执政时期提出的"目标2000：振兴美国教育法案"。法案中明确提出：

> 到2000年，所有完成4年级、8年级和12年级的学生都能理解英语、数学、科学、外语、公民和政府、经济、艺术、历史和地理等学科中有挑战性的内容，美国的所有学校都能保证所有的学生学会合理思考，为将来在我国的现代经济里做有责任心的公民、继续学习、胜任工作作好准备。（Educate America Act，第5812页，第102节3（A））

《课程和评价标准》出版时恰逢一场全国范围内日益高涨的教育运动，强调对学生和教师的问责，同时提倡跨州的标准化运动，以求增强标准的功用和政策制定活动的复兴。NCTM制定的标准建立在当时关于儿童学习基本数学思想的理论和研究基础之上，制定过程则由数学教育研究者和课程开发者共同领导，他们在政策、教材和教师发展的理论与实践方面都很活跃。联邦政府的资助机构、州级和联邦级的政策、数学教育改革运动三者之间建立起了联系，虽然这有可能是纯属巧合，但确实增强了在大范围内实施改革的潜力。

在这个时期里，一些指导数学教育研究不断发展的观念，以及通过数学教育研究所获得的成果及观念，都促进了《课程和评价标准》背后的理念的形成。希伯特（2003）对此有过论述："多数人只有一个问题：研究支持标准吗？……简单的答案是肯定的。标准与有关数学教学和学习的最好的和最新的证据是一致的。"（第5页）NCTM学校数学标准编写委员会的主席托马斯·龙贝格在评论学校数学改革的各种动因时指出："用老办法来教新的内容是不行的。改革的第二个动因是基于学习而并非简单地吸收别人的知识这样一个事实。"（1992，第433页）他还提到，认知科学里有一个研究，显示了在经验基础上积极构造和改造思维所起的作用。20世纪80年代和90年代初发展起来的关于儿童如何理解数字、算术和有理数所做的研究日益完善（例如，Behr等，1992；Carpenter, Moser, & Romberg, 1982），它们所起的影响作用在《课程和评价标准》中有所体现。

《课程和评价标准》中还有些主要思想尚未得到充分研究，它们对于实施标准的意义也未被总结出来。例如，舍恩菲尔德（1992）认为以标准为基础的课程的产生和实施都可能对研究带来新的挑战：

> 总而言之，在教学目标和哲学目标都很宏大的课程即将付诸实施时，会无可避免地产生一系列艰深的理论和实际问题。显然，我们不得不应对一些难题，但是过去十年里所取得的进步让我们看到：只要足够努力，成功还是有希望的。（第366页）

有趣的是，20世纪90年代初的数学教育文献里几乎无人将新标准和当时的政策背景联系起来，或是研究如何将这种全国范围的专业推荐融入课程或教师教育里，或是为有策略地利用政策环境以求加快标准的实施提供指导。

当时NCTM还积极鼓励能够推进标准化运动的研究项目（Research Advisory Committee of the National Council of Teachers of Mathematics, 1991），其结果是1991年3月组织召开的NCTM研究催化会议。此次会议的主题包括测量、课程改革、交流、与政策有关的议题、用于数学表示的工具和模型，以及中学核心课程。教育研究者和教育实践者们共聚一堂，确定每一个领域的研究规划。

结束时，他们期待着数月后再次聚会时已经能有所进展。他们所选择的这些领域说明了NCTM希望在有助于标准实施的那些方面扶持相关的研究。会议总结者们发现以下问题持续出现在第一次会议的工作组讨论中："什么是数学思维？我们应该收集何种有关学生学习过程的证据，又如何去解释？教师们关于课堂教学的理念会如何变化，教师培训项目又该如何去支持这样的变化？"（Research Advisory Committee of the National Council of Teachers of Mathematics, 1991，第295页）"数学教育改革和提高中一些更广泛的问题"这一节对此次会议也做了讨论。这个讨论预示了《课程和评价标准》在全国范围内得以实施并接受检验时，设计精良的研究项目可以从哪些方面提供帮助。实际上，一段时间以来，有关数学思维和学生学习的问题已经在认知科学领域受到了关注。

从《行动纲领》（NCTM, 1980）的出版到《课程和评价标准》的发布（NCTM, 1989）及20世纪90年代早期，数学教育职业群体在多个方面承担了领导者的作用并产生影响。NCTM出版了另外两部标准（NCTM, 1991, 1995），这些改革文献的作者们都是著名的研究者、课程开发的专家和数学教师专业发展领域的领导者，很多人都曾获得过NSF和美国教育部的研究资助。在这些理念性的文件、研究文献和数学教育实践三者之间存在着一定程度的一致性与整合。联邦政府的资助和政策与系统性改革和以标准为基础的改革的理论方向是一致的，政府、教育界和数学教育界的领导者们看起来有了共同的目标：要通过提高对所有学生的期望来实现高质量教育。到20世纪90年代中期，更多的数学家对K-12年级的数学教育给予了更深入的关注，参与公开评论，他们引入了一个新的视角，帮助数学教育群体对数学内容给予足够关注。

整体上看，这个时期里开展的数学教育改革在很大程度上是一场自下而上的运动，起始于数学教育界，由数学教育领导者们、研究工作者们和教师们的参与而得到促进。虽然它与当时教育界整体的发展方向有一些共性，但是这种重合似乎并非有意之举或是出于策略的考量。此外，尽管NSF的系统性改革举措非常重要，NSF和美国教育部都对数学教师职业发展进行了资助，NSF

启动了对NCTM标准背景下新教材的资助，数学教学的国家统一目标也已成型，这一切条件结合起来却仍然不足以支持在各州层次上广泛地实施数学的标准化运动。NCTM为《课程和评价标准》的贯彻执行提供了广泛的支持，包括编写额外的标准文件、一系列相关的专业支持的素材和活动，以及一套等待NCTM去实行的实施计划。尽管如此，如果没有激励机制或者能影响学区和州级政策与实践的机会，上述努力并不足以系统化，不能给数学教育领域带来大范围的改变。

通过研究而提出的新想法、标准中倡议的实践活动，以及K-12数学内容重点的转移，这些因素开始逐渐影响到实践过程，但对它们的解读却有很大差异。通过分析多个在标准基础上取得进步的学校和学区的例子，弗里尼-芒迪和施拉姆（1996）对此做了探讨。公平地说，虽然《课程和评价标准》里的主要思想到20世纪90年代中期或许并没能大范围地生根开花，但是部分教师的实践活动还是有了显著的转变。由于对标准中的主要思想存在多种不同解释，教师们按照各自的解读来相应地进行实践。由于《课程和评价标准》中对数学教学方式提出了重大改变，而相应的教学材料不足，这有可能成了标准在大范围实施的屏障。

数学教育界在整个20世纪90年代致力于开发教材和进行教师专业培训，以期促成《课程和评价标准》的实施。问责制思想在政府层次得到越来越多的关注，对K-12年级数学教育感兴趣的数学家们愈发投入，解决数学教育的平等性和学业成绩的差距问题也变得更加紧迫，这些变化为数学教育转向以学生学业效果为中心、最终转向州共同核心标准行动奠定了基础。

数学教育改革和提高的大背景：问责制与各州的参与（1994—2008）

K-12教育环境在进入新的千禧年时的变化

20世纪80年代末至90年代初，系统性改革理论盛行，数学教育标准相继出台。此后，数学教育改革和变化所处的大背景受到了几个关键的法律文件和报告的影响，包括1994年国会通过的"目标2000：振兴美国教育法案"，1995年的第三次国际数学和科学研究（TIMSS; Beaton, Mullis, Martin, Kelly, & Smith, 1996），以及2001年的"不让一个孩子掉队"（NCLB），私营部门（包括慈善机构和商界）也开始关心数学教育，这一阶段末期，国家科学院出版的《驾驭即将来临的风暴》（Committee on Prospering in the Global Economy of the 21st Century & Committee on Science Engineering and Public Policy, 2007）引入了商界和工业界领袖们的观点，也产生了一定影响。NCTM在1996年迈出重大一步，继承和发展《课程和评价标准》，启动了新一代课程标准的编写，最终在2000年出版了《学校数学的原则和标准》（NCTM, 2000）。从20世纪90年代中期到21世纪第一个十年初期，各州开始编写本州的标准，与其他州进行合作，同时更加关注教学测量。这些都发生在如下的背景里：2001年"不让一个孩子掉队"（NCLB）出台，立法机构将重点放在提高低收入学生和贫困学区的教育平等性，各州开始进行年度学业测试，强调建立和利用科学性的教育项目和策略。

TIMSS 1995的研究结果与先前的比较研究结果类似，美国4年级和8年级学生的数学成绩大致位于所有参与国的中间（Peak, 1996）。TIMSS 1995的重要性之一在于它收集的数据比以往的研究都要广泛，其问卷涵盖了"学校、课程、教学、课堂学习内容、教师和学生的生活等信息，以期了解数学和科学学习所处的教育背景"（Trends in International Mathematics and Science Study, n.d., 第2段）。另外，20世纪90年代还有一些与TIMSS相关的补充性研究，包括TIMSS课程研究（Schmidt等，2001）和1999年的TIMSS录像研究（Hiebert等，2003; Stigler & Hiebert, 1999）。施密特和他的同事们的研究结果给出了美国数学课程"一英里宽、一英寸深"的结论（Schmidt等，2002，第62页）。该结论对各个学科的标准和课程活动的不断发展产生了重要影响，对数学教育尤其如此。

从20世纪90年代中期开始，对平等性的关注不断增强，其主旨是为所有学生提供高质量的教育机会，尤其是在科学、技术、工程和数学（STEM）方面的机会低于其人口比例的学生群体。这改变了20世纪50年代以来主要为数学和科学领域培养劳动力的教育观念。

白人学生和黑人学生在数学成绩方面的差异已经被很多人研究和讨论过（Lubienski, 2002; Secada, 1992; Tate, 1997）。《学校数学的原则和标准》（NCTM, 2000）提出的第一条原则就是平等性原则："优异的数学教育需要平等——对所有学生都有高度的期望和支持。"（第11页）教育研究、实践和政策日益将多样性、包容和平等作为明确的和首要的优先因素来考虑，尤其是对那些以往未被平等代表的群体，这不仅体现在数学上，还体现在科学和工程的各个领域。

达林-哈蒙德（2014）总结了学业优良而教育结果也相对公平的国家所具备的一些共同特征，包括食品、健康防护和住房等方面都有保障，支持早期教育的环境，平等的学校拨款，所有学生都能接受高质量的教学，教师们有良好的专业基础而且支持学生进步，有明确的教育标准，以学习为中心建立起来的学校环境（第7页）。在美国，研究和调查已经揭示出各个种族和民族的学生在对教育的期望、学校质量和课堂学习条件等方面的差异，以及学生们在全国教育进步测量等考评中持续存在的成绩差异（见Hanushek & Rivkin, 2009; Schmidt & McKnight, 2012; U.S. Department of Education, 2015）。NCLB 法规里对有高度需求的学校做了明确指示，学者们也有力地论证了为何要重点关注来自社会低经济条件家庭的孩子们所面对的快速加剧的不平等性（Goldin & Katz, 2008）。关于学生成绩上的差距，尽管已经有了很多探讨，拉森-比林斯（2006）对美国教育研究界给予了批评并呼吁做更多研究，她说："我们好像在研究他们（贫困学生、非洲裔学生、拉丁裔学生、美洲印第安人学生和亚洲移民学生），但是很少提出能帮助他们解决问题的方案。"（第3页）

2005年，美国国会的领袖们要求国家科学院"对（美国的竞争力）问题做一次正式的研究，以便帮助国会进行讨论"（Committee on Prospering in the Global Economy of the 21st Century & Committee on Science, Engineering and Public Policy, 2007，第x页）。学者们需要研究以下问题：

- 为了增强美国的科技实力，使美国能在21世纪的全球范围内成功地竞争、繁荣、保障安全，联邦政府的政策制定者们需要采取的最重要的十项措施（按照优先级从大到小排列）是什么？
- 要实现上述每一项措施，需要什么样的具体策略？（Committee on Prospering in the Global Economy of the 21st Century & Committee on Science, Engineering and Public Policy, 2007，第xi页）

其结果是《驾驭即将来临的风暴》这份报告（Committee on Prospering in the Global Economy of the 21st Century & Committee on Science, Engineering and Public Policy, 2007）。该报告的核心内容是美国经济保持良好运作的重要性，在它出版之前的几年里，它的编写过程得益于公众的反馈和公开的研讨，它总结了21世纪第一个十年初全国范围内对教育的忧虑，也为下一阶段的行动打下了基础。

报告中提出的第一条建议就是提高K-12教育："通过极大地提升K-12科学和数学教育水平来扩大美国的人才储备。"（第5页）报告所建议的策略包括：招募职前数学和科学教师并向其提供奖学金、提供专业培训使更多的教师有能力讲授大学先修课程和国际文凭大学预科课程、让更多的学生进入STEM专业以及开发样板课程。

对平等性的关注日渐高涨、新的法令里包含了有关问责制的严格规定、政策制定者和商界领袖们对促进STEM教育的兴趣与日俱增，这些大环境因素使得20世纪80年代和90年代初以标准为基础的数学教育改革超越了数学教育界本身的能力所及，需要更加广泛的群体的参与。

数学教育改革：在各州和地方层面继续进行与标准相关的努力

20世纪80年代和90年代初，数学教育界带头拟就了提高数学教育质量的路线图。但是随着与学校和学生前途关系重大的一些新的联邦政策相继出台，到20世纪90年代末和21世纪第一个十年初，各州的教育政策制定者们承担起拟定教育标准、决定如何进行统一测试的责任。同时，遵循NCTM标准所刻画的理念来编写和实施以标准为基础的课程和考试成为数学教育界的主要活动。然而，在实施过程中，挑战也随之而来。自20世纪90年代中期开始，数学家们对学校数学本质和发展方向的兴趣也在不断增长，他们与数学教育工作者们合作，更多地参与到课程和考试的开发以及教师教育过程当中。此外，关于以标准为基础的改革的发展方向有了新的意见分歧，尤其是与标准相应的教学材料受到了批评，理由是它们降低了对标准算术算法的要求或是使用了真实世界的情境。苏珊娜·威尔逊在《加州之梦：改革数学教育》（2003）一书中讨论了加利福尼亚州发生的事例。

NCTM的《课程和评价标准》（1989）发表之后，教学过程和培养、扶持基础扎实的教师的重要性越来越成为数学教育活动的核心。NCTM的《数学教学职业标准》（1991）提出了关于教学实践、教师数学知识的重要性和课堂对话在教学过程中的地位的一些新思想。在"学科教学知识"（Shulman, 1986）这一概念的基础上，衍生出一些关于数学教学的知识需求的新的研究方向，其重点是探讨教师们需要什么样的数学知识（例如，Ball & Bass, 2000; Ma, 1999）。这方面的研究工作，以及NCTM的《数学教学职业标准》，使得更多人意识到更加关注教学过程、教师知识和教师培养对于实现标准中提出的目标的必要性。

NSF在20世纪90年代初资助了一系列K-12数学课程开发项目，其后的十年里它们得以试行、正式使用和修订，有些被商业出版社出版。这些教材项目（例如，《有联系的数学课程》《探索课程》）的开发者们还提供了相应的教师培训，强调他们开发的教材的作用是"有教育意义"的（Collopy, 2003）。

对于按照1989 NCTM标准编写的教学材料，其数学严谨性逐渐遭到了一些重要的质疑，很多来自数学家们。1999年10月，美国教育部发布报告，介绍了由一个专家委员会评定的十个"模范"数学教材项目（包括几个NSF资助的项目）（U.S. Department of Education Exemplary Mathematics Programs, 1999）。同年11月，《华盛顿邮报》以付费广告的形式发表了200多名数学家联名

写给教育部长理查德·莱利的一封公开信（Open Letter on Mathematics Curricula Ignites Debate, 2000）。他们认为"在职数学家和科学家们的主流观点"不太可能得到制定模范教材标准的人们的认可，他们因此要求部长撤销模范教材名单。此外，他们还提出了对某几个教材项目的具体批评，包括没有强调"标准的"算术算法。所谓的数学战争（Schoenfeld, 2004; S.M.Wilson, 2003）在20世纪90年代升级，成为当时数学教育图景的一部分。

"目标2000"法案：

> 意在支持各州和地方进行全面的、协调的改革行动，包括开发和实施课程内容标准。内容标准成为1994年重新授权生效的"小学和中学教育法案"（ESEA）的一部分，该法案又称"改善美国学校法案"。(U.S. Department of Education National Center for Education Statistics, 2003, 第8页)

"目标2000"还增加了各州教育标准自愿与国家标准保持一致的可能性，尽管实现这种一致性的机制并未完全成熟（Ravitch, 1996）。在各州基于1994年重新授权的ESEA起草或采纳本州的课程标准后，一些组织发布了各州标准的"评分"（如Raimi & Braden, 1998）。一些地方社团反对州政府制定的标准，对学校数学的走向提出异议，这对州和地方的教育机构都构成了挑战。当教育主管部门决定选用20世纪90年代NSF所资助开发的一些教材时，这些社团往往会对此提出反对意见。后面我会详述。这些辩论在一些公共推广网站上进行，例如，"数学教育改革诚实公开和有逻辑的决策"网站上贴出了对TERC出版的教材系列《数、数据和空间探索》的批评，"数学上正确"网站登出了有关数学教育的各种评论。

1994年至1995年，马塞、基斯特和霍佩对九个州里以标准为基础的系统性改革的实施情况做了研究，1997年他们发表了研究结果。他们总结出这些改革所面临的主要困难和挑战，包括对参与改革的学校的管理者和教师们给予持续和协调的支持的重要性、精心设计一套促进平等性的策略的必要性以及对改变传统教学方式采取一种"更加温和的立场"的重要性（第12页）。

NCTM于2000年4月发布了下一个重要标准——《学校数学的原则和标准》。NCTM的初衷是以这套标准作为对《课程和评价标准》的更新。NCTM使用了与《课程和评价标准》相同的编写流程（例如，有一个庞大的、有不同背景的写作班子，将草稿公开征询意见），这份文件是一个更加全面的编写过程的产物。为了回应20世纪90年代《课程和评价标准》发表后所出现的一些问题，编写者们还引入了一套开发和中期评审机制：建立一个由数学、数学教育和教育政策等领域的高层领导者组成的标准委员会，形成一个广泛传播和审阅草稿、从各类专业组织收集反馈意见的评审过程，并在文件中大量援引研究文献（Ferrini-Mundy & Martin, 2003; NCTM, 2000）。

与《学校数学的原则和标准》的编写同步，一批相关的研究文献被专门汇集成册，用来为新标准指引方向、提供指导。最终发表的一部研究概述（Kilpatrick, Martin, & Schifter, 2003）审视了一些当时最具挑战性的问题，包括课堂教学与大范围测试的关系（L.D.Wilson & Kenney, 2003）、数学事实和算法（Gravemeijer & van Galen, 2003）以及认知科学研究对数学教育研究的意义（Siegler, 2003）。这部著作反映出数学教育研究者群体逐渐意识到学术研究、重大数学教学改革、政策环境三者之间实现互动的重要性，具体来说，研究为改革计划提供论证的作用正在形成。

然而，考虑到各州都已经制定过数套标准，外加NCTM的诸套标准，一个清楚的事实是：并非所有的参与方都对数学教育的重点持有相同的观念。对于如何取得进步和什么是最佳的教学模式也存在诸多意见分歧。尤西斯金（2007）认为各个地方应当获得更多机会参与其中：

> 将数学课程的控制权分散到各州进而到各地的学区，可能在一些地方会出大麻烦，但是我们可以避免全国范围的灾难。我们既可以照顾到每个学区里学生之间的巨大差异，也可以照顾到各州和各地之间巨大的经济差异。我们可以充分利用教师们的力量和想象力，联邦政府的改革举措往往对他们形

成攻击，而不是提供帮助。（论据5，第三段）

各方为了寻找共同基础而努力，最终的成果之一是通过（Ball等，2005）这篇文章展示了数学家和数学教育家们在少数几个原则上达成的共识。这些原则包括基本数字技能、推理和问题解决的重要性。

数学教育研究：拓展范围和保持步伐

20世纪90年代和21世纪的第一个十年里，数学教育研究继续为本领域更好地理解数学学习和教学做出了有实质性的、广泛的贡献。这个时期里很多有关数学学习的研究都是使用定性的、描述性的研究设计，目的是澄清一些重要的构造和思想。如莱尔曼（2000）所述，这一潮流是前面几十年里的研究工作的自然延续，是数学教育研究的"社会性转折"，其重点仍然是从社会文化角度考察问题。他写道：

> 从社会性转折的角度去研究数学教育（以及教育和社会科学整体），其面临的最大挑战或许就是要发展出一套理论，将机构、个人经历（Apple, 1991）、人类思维、行为、推理和对这个世界的理解的文化、历史和社会起源结合起来。（第36页）

与此同时，认知科学蓬勃发展，并通过国家科学院的标志性研究报告《人是如何学习的》（Bransford, Brown, & Cocking, 1999）得以广为人知，吸引了越来越多其他领域里的认知科学家和学者们来从事数学学习的研究。

许多著名数学家和一些杰出的数学教育工作者所担心的一点是，NCTM改革必须通过有高超的知识水准和深厚的数学专长的教师才可能取得成功。有关数学教学实践、教师知识以及数学教学所需的学科教学知识的研究活动在这个时期也有所增加。一些研究者用教学实践的研究作为了解教师学科教学知识的基础，这个方向上的研究发展成了为研究教师而设计测试工具（后来被广泛采用），以及研究教师知识与学生成绩之间的关系（例如，Ball & Bass, 2000; H.C.Hill, Rowan, & Ball, 2005）。关

于教学所需的数学知识的研究在这个时期得以延续（见 Rowland & Ruthven, 2011）。

21世纪第一个十年的末期，主要研究刊物的内容（例如，Lester, 2007）呈现出这样一种趋势：越来越多的研究由描述学习和教学上升到考察不同的教学实践对学生学习效果的影响，以及考察教育测量的影响，该趋势或许是顺应了当时研究者们对"学生们是否得益于以标准为基础的课程和教学"这类问题所给予的越来越多的关注。尽管如此，当联邦政府日益期望研究工作者们去考察各种改革项目对学生学习的影响时，数学教育研究群体未必能及时调整方向去从事这类研究。

20世纪90年代后期，几个主要的数学教材开发团队（由NSF或其他方资助）都与商业出版社进行了合作。当改革式的思维在20世纪80年代和20世纪90年代开始进入商业教材时，数学教育改革的一些重点举措具备了在大范围实施的可能性。2002年，NRC接受NSF的资助，开始研究20世纪90年代由NSF资助出版的13套数学教材的质量。其结论是：以往对这些教材的效果做过考察的研究数量非常有限，而且质量参差不齐，因此很难说这些教材在整体上的影响如何（NRC, 2004，第3页）。申克和汤普森（2002）汇总了一批有关"以标准为基础的"教材对学生成绩的影响的研究和评论。以标准为基础的思想如何能扩展到主流课程体系里？我未能找到试图对此做出探讨的研究文献。如果在这方面了解得更多，将对许多问题的解决有帮助。

正如瓦伦西亚和威克森（1999）所指出的，包括制定国家标准在内的改革举措与对政策研究日益增长的兴趣是同时发生的。美国教育部的教育研究和促进办公室在1985年就资助成立了教育政策研究联盟，早于NCTM标准的出台，1998年又成立了政策研究中心。一些政策研究者在20世纪90年代初对数学教育界的活动进行了考察（见Fuhrman, 2001中相关的讨论）。一些研究探讨了与标准相关的政策问题，包括考察教师对标准的解读（H.C. Hill, 2001），教学实践中的规律（Spillane & Zeuli, 1999），以及《课程和评价标准》的影响（Ferrini-Mundy & Schram, 1996）。数学教育界以外的研究者（有些是与数学教育工作者合作）探讨了与数学标准、测试、课程

和教师教育相关的问题。

这些活动从研究方法和问题范畴等方面拓广了数学教育研究的空间，当时美国教育部正通过政策和资金手段使教育研究的中心转向对影响力的研究和随机控制试验，这在21世纪第一个十年的早期变得更加明显。西尔弗（2003）在总结那个时期的研究者的思维时指出："我们应当检查一下我们所使用的研究设计和方法，意识到数学教育领域里非常棘手的问题既可以用定量又可以用定性的方法解决。"（第108页）

1991年召开的NCTM研究推进会议，本意是为标准的实施阶段制定一个研究议程，但最终并未达成任何协调一致的方案，然而前面所提到的拓宽后的研究方向在很多方面确实与那次会议所提出的六个主题相一致。实际上，很多与会者所从事的研究工作都与数学教育领域里的课题相关：测试、课程改革、与政策相关的问题等，在当时看来，此次会议是对传统数学教育研究的拓展。除了有非数学教育背景的学者的参与，传统的拓展还体现在不断涌现的数学家与数学教育研究者之间的合作（例如，Bass & Ball, 2014; Heaton & Lewis, 2011；本章的"当代数学教育改革的基础"一节对这次会议也另做了讨论）。

总而言之，这一时期里数学教育的深度和广度都有所增加，这或许伴随着当时所出现的趋势：数学教育标准化运动从形成理念的阶段过渡到实施变革和排解非议的阶段，有更多的问题需要讨论或解决。

教育中的系统性变革和科学研究：联邦层次的背景

布什总统在他的1990年国情咨文中宣布了"目标2000"（Bush, 1990），它是这一时期联邦政府最初的政策杠杆，国会最终在1994年通过了"目标2000：美国教育法案"（Goals 2000: Educate America Act, 1994）。这部法案未能提供足够的动力去推进改革，它响应了《一个处于危险中的国家》（National Center for Education and the Economy, 1983b）对更高期望和更多学习机会的呼吁，准备"建立高质量、有国际竞争力的课程内容、学生学业

标准和改革策略，使得所有学生都有希望达到目标"（第5B段）。一些议员认为，"目标2000"为2001年的NCLB立法奠定了基础（例如，见Kennedy，2005）。

NCLB（2008）有对数学教育尤为重要的三个目标：（1）要求对3至8年级的学生进行年度数学测试；（2）期望学校有"充足的年度进展"，到2013-2014学年，全部学生都能达到本州的考核标准；（3）要求学校使用有科学依据的课程体系和教学策略。

就联邦教育政策而言，21世纪的最初十年是对教育开展科学性研究的时代。NCLB呼吁在"有科学依据的研究"基础上实施教育项目和课堂教学（NCLB，2008，§ 6314 (b) (1) (B) (ii)）。随后，2008年颁布的"高等教育机遇法案"强调了用科学方法进行的研究、用科学方法验证的研究和以经验为基础的教学实践。2002年，美国教育部启动了"有效用的资源库"（WWC），其中的资源都需经过一定严格程度的有效性测试才被认可达到WWC的验证标准。到2016年初，WWC收录了七份K-12数学教育改革的报告。对于20世纪90年代开始并获得NSF资助的有联系的数学课程，WWC（2010）审阅了79篇研究报告，认定其中有一篇达到了WWC的验证标准（尚有一定的保留），根据此报告，WWC认为有联系的数学课程对学生的数学成绩"没有显著的影响"。WWC还分析了另外两个课程改革项目：一是同样依靠NSF资助而启动的情境中的数学（Mathematics in Context）项目；二是在国际比较研究背景下在美国引起相当关注的新加坡数学（Ginsburg, Leinwand, Anstrom, & Pollock, 2005）。对这两个项目，WWC声称无法找到符合其验证标准的研究文献，因而无法做出任何结论（WWC 2008, 2009）。这种对证据的重视呼应了在更广的层面上K-12教育和政府机构对问责制的日益强调。由于数学在K-12教育中的核心地位，有关数学测试、问责制、对学习的影响等问题在政策领域里变得愈加重要。

这种转变在很大程度上起源于美国教育部的教育科学研究所（IES）。"学术竞争力委员会"的报告（U.S. Department of Education, 2007）对联邦政府的资助机构产生了很强的影响力，"评估STEM教育改革效果的研究设计的分层结构"（第14页）将实验设计方法（主要是精心设计的随机控制试验）放在首位。报告所提出的建议里包括以下几条：

- **建议2**：各个机构和联邦政府整体应该利用更加完善的评估方法和/或推行已经被证明有效的、建立在研究基础上的教材和教学法来增强对有效实践的了解。
- **建议4**：联邦机构应该调整项目的设计和运行以评估项目、测量结果，保证实现项目的目标。
- **建议5**：对那些为了提高STEM教育成果而设立的联邦STEM教育项目的资助不应增加，除非它们已经有一个严格的、独立的评价，且符合资助活动的类型。（第3页）

NRC的报告《教育中的科学性研究》（Shavelson & Towne, 2002）倡议用更广泛的眼光看待教育领域的科学性研究。在此期间，IES资助的研究项目提倡随机控制的实验研究，NSF的教育和人文资源部（EHR）的项目招标也有类似取向，不过并不局限于此。

2006年乔治·W.布什总统签署13398号行政命令，成立了国家数学顾问委员会（NMP），这是对严格性和基于科学研究的教育改革的进一步强调。该委员会的一部分职责是：

> 就如何有效地实施政策（以期增强对美国学生的了解并提高他们的数学成绩）给总统和教育部长提供建议，包括实施和评估对已知有效的和有证据的数学教学的研究并有效地利用其结果。（National Mathematics Advisory Panel, 2008, 附录A, 第72页）

NMP的发现理应仅仅基于达到WWC有关严格性的高标准的研究，并倾向于使用了随机控制试验的那些研究。关于研究是否能支持当时数学教育改革的一些关键理念，NMP实际评阅的研究给出了喜忧参半的结果。例如，报告指出"概念性的理解、过程上的娴熟和对事实的自动（即快速的、无须思考的）引用三个方面之间互相裨益"（第xiv页），研究并不支持"教学应该完全是'以学生为中心'或是'以教师为指导'这种一刀切式的建议"（第xxii页）。报告还考察了教育技术在K-8年级数学教学中的作用、数学课程的本质和真实世界问题在数学教学中的使用——这些都是标准化时代数学教育的核心特色。报告专注于理解各种教学方式如何影响学生的学习效果。其后，《教育研究者》杂志的一期特刊（Kelly, 2008）提供了研究者们从一系列角度所做的评论，其中很多对NMP报告所选择和审阅的研究文献范围过于狭窄表达了非议。

在NSF的EHR部门内，2001年开始有了一个看似普通的发展——从SMET（科学、数学、工程、技术）这个缩略语转变到STEM（科学、技术、工程、数学），这促成了各种新的重点、机构和运动在这一阶段致力于提高学校科学和数学教育，同时更加认真地关注工程和技术里的重要课题（Christenson, 2011）。拜比（2013）讨论了这种向STEM重点靠拢的转变，有些学者则表达了一种担忧：数学有可能在更加广义地理解SMET时失去一席之地。

对NSF来说，结构性的变化意味着资助项目的重点和知名度的变化。小学、中学和非正式教育分部（ESIE）是20世纪80年代后期以来教学材料开发项目的主管单位和20世纪90年代K-12数学课程项目的资助部门，它在2007年至2008年与研究、评估和交流分部合并成了新的"正式和非正式环境里学习的研究分部"（我在那里担任首届主任）。其对研究的资助更多地强调研究能否有助于提高STEM的教育水平，对此，STEM教育领域内的一批人认为这样一种变化是有问题的，因为提高教师水平和课程开发项目所能获得的资助相对要少。

在NSF的教育部门之外，"社会的、行为的和经济科学分部"内，NSF所资助的"学习科学中心"于2003年启动。它催生了一大批有关学习科学的研究，对数学教育有直接的影响。它从学习科学家在相关领域的研究出发并做进一步的发展，这些领域包括认知辅导系统和代数学习（Anderson, Corbett, Koedinger, & Pelletier, 1995; Rittle-Johnson & Koedinger, 2005），以及空间感知能力（Newcombe, 2010）。

讨论

对美国的数学教育而言，从《课程和评价标准》（NCTM, 1989）尘埃落定到转由各州出面制定数学教育标准的这段时间，数学教育研究在多个方向上实现了拓展。联邦的政策和资助开始专注于学习效果、严格的研究和测量以及问责制。20世纪80年代和90年代初的思想，对于数学教育界是如此振奋和急迫，需要加以解说和应用，其带来的巨大挑战也是显而易见的。研究领域得到拓宽之后，为改革向前发展寻找和提供证据的机会就增加了。同时，数学教育研究者和实践者们与数学家、政策研究者和政策制定者们成为合作伙伴，一起致力于在大范围上提高数学教育水平的复杂工作。

当NCTM的《学校数学的原则和标准》（2000）出版时，各州已经针对原有的标准和测试做了多年的努力，因此很难单独衡量这套新标准所产生的影响。政治和政策环境在很短时间内发生了变化——新的侧重点放在问责制和测试方面，这与先前所强调的投入（课程标准、教学方式和学生们的课堂体验）未能保持一致。有关群体本应携手合作，以持久的方式去促成重大改变，但是大规模付诸实践的方式之间未能聚焦，数学家、政策制定者、数学教育工作者和学校领导者各自走到了不同方向上。

从《州共同核心数学标准》出台至今的数学教育

教育整体的背景：平等性问题最为突出

到21世纪第一个十年中期，全国范围内对教育问题的讨论有两个突出的重点：教育中的不平等性和影响K-12学校教育的人口构成上的加速变化。美国教育部人权数据征集办公室（2016）从1968年开始每两年做一次问卷调查，其最新的报告结果显示，美国基础教育需要大幅提高。仅有48%的美国高中开设微积分，"在有大量黑人和拉丁裔学生的高中里，只有71%开设代数2。相比之下，黑人和拉丁裔学生比例低的高中里有84%开设代数2"（第6页）。帕特南（2015）重点分析了不断拉开的收入差距如何导致学校和社会其他方面的巨大不平等，警示人们有必要增加社会阶层的流动性以解决机会方面的差距。新学校探索基金会的黑文斯和穆拉利（2015）写了一篇包括关键统计数据的总结。他们指出"51%的美国学生来自低收入家庭（可以享受免费或低价午餐）"（第2页）。如今贫富学生之间的成绩差距几乎是黑白学生成绩差距的2倍，而50年前则相反：黑白学生成绩差距几乎是不同家庭收入的学生成绩差距的两倍（Reardon，2011）。尼古拉斯·克斯托夫（2014）宣称"修缮教育系统是当今时代事关人权的挑战"。在讨论就学方面的机会平等，或者说"机会差距"时，帕特南（2015）断言这种差距是由学校外部因素所致，而非学校造成的后果（第182页）。社会和经济方面的不平等所产生的持续影响与教育成果上的不平等是直接相关的，因而越来越成为有关如何提高数学教育的讨论的核心问题。

教育技术方面所取得的重大进展也与不平等问题相关。技术对学习过程所起的作用，尤其是对数学学习的影响，在近年来有所增加。几份重要的报告，比如美国教育部的《变革美国教育：由技术武装起来的学习过程》（2010），论证了技术的潜能并描述了一套有关学习和教育的全新理念，它们将会对数学教学产生深刻影响，例如，报告中充满乐观地建议了这样一个新型教育模式：

> 它使我们重点关注教什么和如何教，将其与人们需要学习什么、如何学习、何时何地学习，以及谁需要学习挂起钩来。它将最时尚的技术引入到学习过程中，以便促进、激励和鼓舞所有学生去追求学业成功，无论其背景、语言或者是否有残障。它对技术的功能进行调节以实现个别化学习，支持可持续的、终生的学习。（第vi页）

用于学习的手机或电脑应用小软件、游戏和电子证书大量涌现，它们只是各种有趣的发展趋势中的三个例子。它们可能标志了一种以能力为基础的教育方式的再生，而且显然与个别化学习有关。尽管如此，对政策和实践做重大调整所需的坚实的经验基础尚不存在。

技术也在影响着数学教师们的日常工作。一些可以实时使用、汇总课堂数据的学习测试工具是其中一个趋势（如Koile & Rubin，2015）。像可汗学院这样的资源库现在被用于各种"翻转"课堂（也就是自我指导的学习），用以支持教师主导的全班讨论以及其他数学课堂教学方式（Murphy, Gallagher, Krumm, Mislevy, & Hafter, 2014）。皮尤研究中心报告显示，85%的年轻人拥有一部智能手机（A. Smith, 2015，"智能手机的各种用户"，第4段），因而大众普遍都能获取因特网上庞大的资源。与此相关的是对个别化学习、课后校外学习以及两者与校内学习的关系的兴趣。有理由相信，学者们会研究以推广这些方式来提高教育效果和公平性的可行性。

自2010年以来，随着人们对问责制和NCLB的实施日渐关注，有更多的州要求每年对K-12年级的教师进行评估，其中的变量之一是学生成绩，往往通过增值法来考量每个学年里教师对学生学习成绩的影响（Sanders, Wright, & Horn, 1997）。2013年，有35个州和华盛顿哥伦比亚特区使用了这个变量（Doherty & Jacobs, 2013）。部分人认为，对学生和教师的考试与测评已经过于泛滥，与此相关，也产生了越来越多的争议和反对意见（见Emma, 2014; Hart, Casserly等，2015），2015年的"每个学生都成功法案"放松了NCLB针对测试方面的一些要求。

自2009年以来，各州开始集中精力于《州共同核心标准》，编写各自的K-12年级数学和英语标准，这使得教师评估、学生测试和各州的标准之间的联系得到增强。与此平行的《下一代科学标准》（NGSS）也正在编写过程中。相比于20世纪90年代由全国性的专业组织来制定数学和科学标准，以及20世纪90年代和21世纪第一个十年初各州编写的标准和测试，CCSS和NGSS代表了一种革命。CCSS的宗旨是定义什么样的K-12年级学校教育才能保证学生们"为上大学和从事职业作好了准备"。其开发过程由各州主导：

> 来自各州的领导者，包括48个州、两个自治领土和哥伦比亚特区的州长和教育主管们，聚会在一起，决定制定为大学和职业作准备的数学和英语语言艺术共同标准。他们通过各自所从属的机构——

全国州长联合会最佳实践中心（NGA Center）和州级主要教育官员理事会（CCSSO）完成了这项使命。（NGA Center & CCSSO, n.d.-a）

起初，有51个州和自治区域承诺要实施CCSS。到2016年4月，减少到42个州和哥伦比亚特区、4个自治领土和国防部属下的学校系统（NGA Center & CCSSO, n.d.-b）。采用CCSS的举措虽然由各州自发开始，却招致公众的强烈批评和对联邦政府越权干预课程的再次担忧。例如，伯克、科洛纳、马歇尔、谢菲尔德和司托茨基（2013）认为课程内容和技能应当在考虑父母、学校教职员工和商界人士的意见后，由地方主管部门决定。这些批评加上其他一些担忧，导致了对共同核心课程的一种抵制（见Bidwell, 2014）。

由于预期未来几十年需要大学教育背景的工作数量会增加，全国范围内对大学教育的重视也在增加。截至2014年，25至29岁的美国人中有34%完成了本科或更高学历（National Center for Education Statistics, n.d.）。经济合作与发展组织（OECD; 2015）提供的2014年国际比较数据显示，美国落后于大学教育程度最高的那些国家（如韩国和加拿大，第33页），这些国家里25至34岁受过大学教育的人口比例大约是46%（第33页）。巴拉克·奥巴马总统为美国定下了一个目标："到2020年，美国会再次拥有世界上最高比例的大学毕业生。"（The White House, n.d.，序言，第3段）有些现象尤其令人忧虑：不同群体的大学生的流失，例如，一些女性和来自其他少数族群的学生最初选择就读科学、技术和工程专业，但后来却转换了领域；来自低收入家庭的学生完成大学教育的比例只有25%（The White House, n.d.，序言，第3段）。国家级的报告指出，数学基础对于学生完成大学教育和STEM专业吸引并保留各个种族和民族的优秀人才至关重要（National Science and Technology Council Committee on Science, Technology, Engineering, and Mathematics Education, 2013; President's Council of Advisors on Science and Technology, 2010）。另外一些因素也会促使人才流失，比如很高的债务（Dwyer, Hodson, & McCloud, 2013）。

数学教育改革：
下一次浪潮，各州的共同核心标准

这一时期，对平等性、教育技术和完成大学教育的关注构成了数学教育改革的大背景，核心主题是制定和实施《州共同核心数学标准》（CCSSM）、对实践以标准为基础的学校课程给予持续的关注并进行持续的讨论。2009年，全国州长联合会和州级主要教育官员理事会启动了州共同核心标准的制定过程（见NGA Center & CCSSO, n.d.-a，对此有更加详细的讨论）。这个过程中所使用的方法与此前NCTM编写各套标准时的方法类似，有一个工作组负责写作，领头人是亚利桑那大学的数学家威廉·麦卡勒姆，还有贾森·津巴和菲尔·达罗。教师们参与进来做了大量工作，初稿被广泛散播以听取公众意见。"州共同核心标准行动"（CCSSI）还注重在证据的基础上建立标准。全国州长联合会和州级主要教育官员理事会联手成立了一个"核实委员会"，其成员是一批教育研究工作者、数学家和其他一些专家，他们负责审核"在编写K-12年级和为大学与职业作准备的标准的过程中是否使用了科学依据"（NGA Center & CCSSO, 2010b, The Validation Committee一节，第2段）。

CCSSM与此前的NCTM标准有一个主要区别：CCSSM列举了一套标准，指明学生们应该学会什么和做到什么，它们"明显地把重点放在学生应该学什么，也就是我们这里所说的目标课程的'内容'，而不是关于如何去教这些内容"(Porter, McMaken, Hwang, & Yang, 2011, 第103页)。这与NCTM在1989年和2000年发布的标准（它们都包括了对教学法的讨论）不同。尤其是《课程和评价标准》（NCTM, 1989），其中包含了大量教学实践的例子。另外，NCTM还单独发布了关于数学教师业绩的标准（NCTM, 1991）和数学测试的标准（NCTM, 1995）。

CCSSM的结构和内容都受到了数学教育界领袖们的欢迎。人们特别感兴趣的是其中的八条"数学实践标准"，它们响应了早先的NCTM标准（NCTM, 1989, 2000）里的"数学过程标准"。例如，CCSSM（NGA Center & CCSSO, 2010a）"数学实践标准"中"理解数学问题并坚持不懈去解决它们"和"进行抽象的和数量化的推理"这两条与NCTM（2000）有关问题解决和数学推理的标准是一致的。CCSSM还包括一些更直接地从数学角度总结出的实践标准，比如"注意精确度"和"寻找和使用结构"。

由于CCSSM所遭遇的政治阻力和资源限制，其实施过程充满了挑战。科伯和伦特（2012）指出：

> 根据我们所做的调查，各州认为《州共同核心标准》比之前的标准都要严格，他们也都在向新标准过渡方面取得了进展，然而各州在实施新标准时也面临着挑战，尤其是寻找足够的资金支持。我们的调研显示，多数采用了CCSS的州都预期要到2014-2015学年或更晚才能全面实施新标准。（第1页）

对于数学教育领域，这段时期里的一个重要趋势是，此前由NSF资助、以标准为基础的教学材料不断发展成熟，选择使用这些教材的学校也在增加。收集某套教材真实可靠的使用信息是个挑战。其实，NRC最近的一份报告显示："当前无人收集这种关于大范围内教材使用情况的信息。"（National Research Council, 2013）芝加哥大学"学校数学项目"声称："每年在22万间美国教室里，大约有430万学生使用《每日数学》。"（Koppes, 2015，第3段）根据维基百科（Connected Mathematics, n.d., Research Findings一节，第1段），NSF所资助的《有联系的数学课程》"已成为使用最广的、为实施NCTM标准而编写的中学数学教材"。这两条信息均未提供具体的证据。NRC 2013年的报告总结了评价K-12年级STEM教育进展时应该测量的关键指标，并倡议开发可以测算"K-12年级教材使用情况的方法，这些教材应该是整合了《州共同核心数学标准》和《K-12年级科学教育框架》"（第2页）。

当然，在已经采用了CCSSM的各州里，数十万教师都在努力完成从原有标准向新的CCSSM标准的过渡。至于某些教材是否真的与CCSSM保持一致，一直有所争议，因而已经有些研究工作在检验出版商所宣称的一致性是否属实（Herald & Molnar, 2014）。数学教师教育者联合会、州级数学监察员联合会、全国数学监察员委员会和全美数学教师理事会等几个主要的美国数学教育专业机构合作成立了一个联合工作组（Joint Task Force on the Common Core State Standards, 2010），发布了一些有关如何支持CCSSM实施的建议，包括对教师职业发展的建议。目前尚未有针对CCSSM的教材编写或职业发展而进行的全国范围的培训活动，于是这样的培训任务落在了地方、州和区域的机构肩上，外加专业组织的一些支持。

数学教育研究：开阔视野

到21世纪第一个十年中期，在20世纪90年代由NSF资助的课程已经使用了足够长的时间，研究者们开始对这些课程的影响进行分析。这类研究使用了定量方法、纵贯性方式和分层线性模型，尽管如此，要找出因果关系是很难的。通过国家教育评价中心和区域的援助，IES资助了一项关于小学低年级数学课程的研究（Agodini等，2009），该研究运用实验设计方法，比较了几套教材，包括TERC的《数、数据和空间探索》，它是20世纪80年代和90年代以标准为基础进行设计并受到资助的课程项目之一，还有《数学表达》，它是根据NSF资助的、由凯伦·富森和同事们所进行的研究而设计的，但并非是最早的课程项目之一，以及其他一些商业出版的课程系列。该研究得出的各项结果并不一致，但是在多数指标上TERC教材不如其他教材的效果好。哈韦尔等（2007）研究了一批高中学生的数学成绩，他们使用下列教材之一已经有三年：《实际情境里的当代数学》《互动数学项目》和《数学：为现实世界建模》。他们全面总结了到目前为止相关课题的研究结果，包括学生们在标准化成绩考试中的表现、符号运算能力、大学能力测试结果以及在其他方面的效果，例如对学生学习态度和选课的影响，以及实施过程中对原教材的忠实程度等。利用非实验设计以及使用描述性的结果，他们发现所有教材均有积极的效果。他们分析认为，已经有足够的证据可以证明：以标准为基础的教材至少可以产生与传统教材相同层次的积极效果，在某些指标上效果甚至更好，因此，是时候停止争辩，并通过更多的研究来理解那些课程中能对学习产生积极效果的具体细节。格劳斯等（2013）比较了使用综合性教材与使用分科教材的高中生们的成绩，发现综合性的教材有几个方面的优势。蔡、莫耶、王和聂（2011）研究了初中数学教材对学生学习的影响，着重于学生的代数思维发展，比较了《关联的数学》（CMP）与较传统的数学课程。他们发现在三年时间里，CMP学生的成绩在整体上高于使用其他较传统课程的学生，并揭示了一些三年中学生的不同形式的学习增长。R.O.希尔和伯克（2006）考察了那些在高中使用了NSF资助的"核心–强化数学计划"的大学生的表现，他们发现"随着研究向前推行，学生们逐渐安置到较低水平的班级去学习了"（第906页）。这些发现说明，如果有一系列的问题需要回答，而不仅仅是做一个总体效果的比较，那么课程研究能够提供一些有用的信息。

对数学教育问题感兴趣的研究界人士越来越多，如前面第二个阶段里我们已经讨论过的那样，参与者队伍沿着几个不同的方向在扩展。研究学习的科学家、心理学家和特殊教育专家们积极从事对数学教育意义重大而且有力度的研究项目。柯丁杰和同事们正在考察数学问题解决和知识迁移的认知机制，除了利用数据分析方法，他们还使用新的技术手段以及学习过程分析方法进行测试（见Booth, Lange, Koedinger, & Newton, 2013; Feng, Heffernan, & Koedinger, 2009）。纽科姆和同事们在考察年幼的儿童如何学习空间和几何概念（Verdine, Lucca, Golinkoff, Hirsh-Pasek, & Newcombe, 2015）。戈尔丁·梅多和她的研究小组在研究手势在学习中的作用（Novack, Congdon, Hemani-Lopez, & Goldin-Meadow, 2014）。IES资助了一个"提高分数学习研究中心"，请杰出的心理学家和特殊教育研究者合作，解决数学学习中的一些关键性的挑战。教学过程应当足以因材施教，尤其对有困难的学生，这样一种理念体现在有关学生如何回应教学干预手段的研究文献中（见Fuchs, Fuchs, & Compton, 2012），如今的课堂比以往任何时代都更有挑战性，上述研究对于身处其中的数学教师们具有指导意义。

一些数学教育研究者正在探索如何在大范围内提高数学的教与学，考察数学课程以及通过教师专业发展进行干预的策略。克莱门茨（2007）提出了一个课程研究的框架，并且进行了一系列初始研究和随机试验。他使用了自己的团队在NSF资助下编写的一套早期儿童数学课程——《积木块》。克莱门茨和萨拉玛（2011）显示：实验组在一个数学测试中的成绩有显著的提高，超过了普通控制组的表现，以及一组使用另外的数学课程的学生（该课程没有遵循《积木块》的基础——学习轨迹理论）。随后的一个更大规模的研究结果显示，《积木块》课程对学生的成绩在总体上有正面影响，各个学生群体之间也有平等的学习机会。在实验组里，非洲裔美国学生的成绩增长要高于其他所有族裔（第970页）。在教师专业发展方面，杰克逊等（2015）总结了一个实验设计研究的结果，该研究试图支持一个大学区里三位初中数学骨干教师的学习提高。杰克逊等认为，了解骨干教师们如何看待和发展改进后的教学实践对于最终"在大范围里支持教师的学习"至为关键（第1页）。以上两个例子都展示了从理论性探讨转向实验设计和效果研究的历程，它们为大规模的效果研究奠定了基础。

研究者们一直在寻找合适的途径去理解和推进大规模的变革与提高，他们的努力越来越为众人瞩目。部分研究者们运用以实验设计为基础的实施过程研究（Penuel, Fishman, Cheng, & Sabelli, 2011），或是改进研究（Bryk, Gomez, Grunow, & LeMahieu, 2015），他们越来越多地选择数学教育作为自己研究的学科领域。

与政策相关的数学教育研究文献数量也在不断增大，这与当前的政策走势是一致的。施密特和厚安（2012）以及波特等（2011）对CCSSM的内容做了研究，施密特和厚安对他们的发现做了以下总结：

> 我们发现CCSSM与1995年TIMSS研究中成绩最好的几个国家的课程标准之间有着高度的相似性。而通过类似的分析我们发现，各州在2009年时的现行标准与CCSSM之间有着很大差异。最后，我们用回归和协方差分析方法评测了各州标准与CCSSM的相似度同该州学生在2009年全国教育进展测试（NAEP）中的成绩之间的关联，在校正了各州考试的不同分数线并将学生的社会经济状况和贫困程度作为控制变量后，我们发现标准与CCSSM类似的那些州平均下来有着更高的NAEP分数。（2012，第294页）

另外，一些更加基础性的数学教育研究，例如对学习过程的研究，也被与标准的制定过程联系起来，甚至有可能对后者产生一定影响（见Confrey, Maloney, & Corley, 2014）。

一些研究者对新的测试如何帮助有数学困难的学生表示了忧虑，他们估计"围绕州共同核心标准所进行的教学是个有挑战性的过程，有可能会给（学习数学有困难的）学生造成不好的后果"（Powell, Fuchs, & Fuchs, 2013，第38页）。赫尔曼和林恩（2013）对PARCC和斯马特·巴兰塞两个考试联盟（下面将对这些联盟做讨论）正在开发中的测试题进行了分析，以确定它们在测量"深度学习"方面的有效性可能会有多高。他们发现"PARCC和斯马特·巴兰塞的总结性测试有可能体现深度学习的重要目标，尤其是那些关于掌握和应用核心内容以及与复杂思维、交流和问题解决相关的认知策略的目标"（第4页）。

另外还有一类研究也可以归入正在拓宽的、与数学教育相关的研究领域：所谓的非认知技能，或者社会-情感性技能。这种趋势在一定程度上得益于威廉和弗罗拉·休伊特基金会对深度学习的关注（Farrington, 2013）。这些技能的构造性定义和测量指标包括恒心、学业心态和意志力等，它们引出了一些非常有挑战性的研究课题。另外，尽管有人推测这些技能对学生的数学学习有着潜在的重要性，迄今几乎没有研究工作能够帮助在两者之间建立联系。

在这样一种形势下，教育政策研究者们有必要与数学教育研究者们合作，共同考察一些有趣的现象所带来的影响，比如教育标准里所提议的大范围改革。IES和NSF在2013年资助了一个技术工作组会议，讨论与《州共同核心标准》有关的研究需求（IES, 2013）。这个小组列举了5个需要研究的方面：（1）合作关系；（2）描述性的研究；（3）效果研究；（4）纵向研究；（5）测量。（第29~30页）

共同核心时代影响数学教育的联邦政府政策走势

这个时期的一个显著特点是，美国教育部对致力于改革

和提高K-12年级学校质量的项目进行了大量投入，其中最值得一提的是"冲刺到顶峰法案"（RTTT），它是一个竞争性很强的基金项目，意图"鼓励和奖励那些为教育革新和改革创造条件的州"（U.S. Department of Education, 2009b）。通过2009年颁布的"美国复兴和再投资法案"，这个项目将40亿美元投资到了各州，用于师资和骨干教师培训、开发课程标准、测试、数据系统以及学校向新标准过渡等。在"冲刺到顶峰法案"里，各州被按照其在以下方面的表现进行打分（还有其他评分）：

> 合作编写和使用一套适合K-12年级的共同标准（在注释里有解释），而且应当有数据证明它们符合国际标准，并能帮助学生在高中毕业之前为上大学和工作打下基础。（U.S. Department of Education, 2009b，第26页）

马什和沃斯泰特（2013）指出："人们普遍认为，争取得到RTTT的资助是各州采纳CCSS的一个主要动力。"（第278页）"冲刺到顶峰"的第三轮竞标侧重于STEM。亚利桑那、科罗拉多、伊利诺伊、肯塔基、路易斯安那、新泽西和宾夕法尼亚等七个州得到了这一轮的资助。它们的改革举措中有些试图将STEM融合到学校课程里，有些则重点关照少数族裔学生群体（Resmovits, 2012）。一些获得了"冲刺到顶峰"资助的州在20世纪90年代也曾经获得过NSF的系统性改革资助，它们在20世纪90年代建立起来的STEM教育规模和结构有可能保留至今，但是我没有找到任何研究文献来支持这种观点。

教育部还发起了开发测试系统的招标竞争，这种测试应当与CCSS保持一致。"冲刺到顶峰测试项目"向多个州组成的联盟征集了开发测试系统的投标申请：

> 测试系统应该是有效的、支持教学并对教学提供反馈、能准确地反映学生已经知道了什么、可以做到什么、按照课程标准来衡量学生的成绩，这些标准的目的是确保所有学生都能获得在大学里和职场上成功所需的知识和技能。这些测试系统的目的是在教育系统中发挥重要作用，为管理者、教育

第1部分 基础

工作者、父母和学生提供继续提高教与学效果所需的数据和信息,帮助教育系统达到美国总统所制定的,到2020年让美国的大学教育水平重新回到世界领先地位的目标。(U.S. Department of Education, 2009a, 第3段)

最终有两个联盟中标:(1)大学和职业基础测试合作组织(PARCC);(2)更明智的和平衡的测试联盟(Smarter Balanced)。有些政策专家将此视为联邦主义过度自信的一种举措或是扩张之举(Hess & Petrilli, 2006; Viteritti, 2012)。

教育政策观察家们将"没有一个掉队"里的考试和问责制描述成"迄今为止联邦政权最大规模的扩张和对公立学校管理的干预"(McDermott & Jensen, 2005, 第39页)。RTTT和CCSSI的测试机制可以看成是与联邦层次的NCLB相关的教育标准的一些实施举措。

与NCTM颁布《课程和评价标准》之后的那段时期不同,当NSF启动了一场针对K-12数学教材的大型课程改革投资时,NSF并没有在整体课程或教师教育方面进行新的投入。正在进行中的核心项目对其招标措辞做了适当调整,以保证教育研究界明白:与CCSSI相关的研究和发展项目申请都是在NSF的资助范围之内。例如,2013年探索式研究DRK-12项目招标(NSF 13-601)说明里写道:

> 精心设计和完全试验过的RMTs(资源、模型和工具)对学龄前到12年级的STEM教育至关重要。为大学和职业作准备的新的课程标准向学生推荐了一些基础的概念和实践,并提供机会帮助他们去学习这些概念和实践。有效地实施这些标准就需要建立在研究基础上的RMTs。(NSF, 2013, II.Program Description, (2), Learning Strand 一节,第1段)

在NSF,这一阶段的特点是EHR分部有意地扩展了对STEM教育研究的资助机会。这一时期提交给总统的预算申请文件里对此有描述(NSF, 2011, 关于EHR一节,第3段)。

费里尼-莫迪、谢勒和辛格(2016)讨论了对研究和发展日益增加的强调。这个转变背后的逻辑是:将HER分部作为一个主要的资金来源,去建立以证据为基础的STEM教育改革和提高所需的知识基础。新的着重点包括对网络学习的研究和发展、为大量使用数据的科学建立合作群体,以及强调计算的STEM合作关系。

这个时期里的联邦政策非常支持STEM教育,这在以下两份重要报告中得以体现:(1)《联邦STEM教育5年策略计划》(National Science and Technology Council Committee on Science, Technology, Engineering, and Mathematics Education[NSTC], 2013);(2)《准备和激励:为了美国的未来而进行K-12科学、技术、工程和数学教育》(President's Council of Advisors on Science and Technology, 2010)。NSTC 2013年的报告是一个STEM教育的5年策略计划,涉及14个联邦机构。其中目标之一是"在下一个十年里培养10万名优秀的STEM教师"(第7页),并将此作为与STEM相关的联邦机构之间合作和投资的重心之一。总统顾问委员会的报告则特别推崇联邦政府在制定教育标准中应起的作用:

> 联邦政府应当大力支持各州为STEM科目制定共同核心标准的努力,这种支持体现在向各州提供财政和技术支持,用于:(i)开展严格的、高质量的与共享的标准相符合的教师职业发展培训;(ii)开发、评估、管理和不断提高与标准相一致的测试。(第iii页)

同一时期,关于什么才是高质量研究的标准也得以扩展。《教育研究和发展的一般准则》(IES/NSF, 2013)介绍了一套从事教育研究的方法。它不仅包含了2007年"学术竞争力委员会"发表的报告(U.S. Department of Education, 2007)中所主要推崇的影响力研究,还包括了以进行描述或提出假设为目标的基础性研究和实验设计和发展研究。

在各个政府机构之间及整个教育领域,数据对于制定教育决策所起的作用在不断扩展。依靠IES连续数年的支持,于2005年启动的"州级纵贯数据系统基金项目",它基于一条简单的原则:更好的决定需要更好的信息。(Berry,

- 68 -

Fuller, Reeves, & Laird, 2007）

出现的有效的改革实践有可能被推广到更大的范围。

讨论

2009年以来改善美国数学教学的举措是对此前几十年里积累起来的研究、政策和实践的延续和发展，也一如既往地产生出关于学校数学发展走向的激烈辩论。州共同核心标准时代，数学家们展示了很强的领导能力。或许恰恰由于他们在过去几十年里对数学教育发展的参与，改革过程得以更加明确地对数学内容给予更多关注。联邦的资助正被用于支持地方上的机构和组织实施职业和大学基础标准、开发能够反映学业成绩进步的测试系统，以及扩大研究基础从而为今后的工作提供信息和指导。过去几十年里NSF所资助的大型、持续数年的课程开发项目已经成为商业出版界常规业务的一部分。与此同时，有足够多基于网络的与CCSSM接轨的教案供教师们选用，新技术也在以快于往常的速度改变测试和教学的面貌。在这个时期，具有不同背景和观念的学者们在研究一些重要的课题，比如网络学习和使用大数据来理解教学。这些有助于我们更好地理解那些在大范围内、基于大数据、意图在系统层次上不断提高教育质量的改革过程中所出现的具体问题。这个时期出现了一些新型的合作关系，如数学家与数学教育工作者、专业组织与商业领域、政策制定者与政府及计算机科学家与教师，他们使得同时期里

结论

比较一下1980年和2015年的学校数学课堂的画面，我们既可以发现惊人的相似，也可以看到巨大的差异。数学内容的基本元素依然存在，因而算术、分数、代数和几何这些学科在两幅画面里都能看到，有着各种不同背景和经历、对数学有着不同兴趣和爱好程度的学生也都会出现在两幅画面里，这同样适用于热情满怀、一心要对自己的学生尽最大努力的教师们。

然而差别也是存在的。1980年时无法想象的技术到今天已经被学生们广泛使用，甚至会觉得理所当然。教育领域对于教师们需要什么样的学科专业知识已经有了更为细致的理解，并且影响到教师教育、教师评估以及教师的教学实践。各种形式的标准成为教学过程的一部分，测试也被与标准联系起来。

但是最重要的相似之处在于，数学教育界（改革家、研究者、数学家、教师和政策界）、州和联邦的立法者、联邦资助机构、政策研究者以及学区和州的教育主管者们都有一个共同目标：提高美国学生的数学成绩。正如20世纪80年代以来的NAEP分数所显示，进步已经存在。因此，本章里所描述的那些既有挑战性和复杂性又令人有满足感的努力的确产生了作用。

References

I served on the writing team, in some cases as chair or cochair, for all references marked with *.

Agodini, R., Harris, B., Atkins-Burnett, S., Heaviside, S., Novak, T., Murphy, R., Pendleton, A. (2009). *Achievement effects of four early elementary school math curricula: Findings from first graders in 39 schools*. Washington, DC: U.S. Department of Education, Institute of Education Sciences, National Center for Education Evaluation and Regional Assistance. Retrieved from http://ies.ed.gov/ncee/pubs/20094052/

pdf/20094052.pdf

Anderson, J. R., Corbett, A. T., Koedinger, K. R., & Pelletier, R. (1995). Cognitive tutors: Lessons learned. *The Journal of the Learning Sciences, 4*(2), 167–207.

Ball, D. L., & Bass, H. (2000). Interweaving content and pedagogy in teaching. In J. Boaler (Ed.), *Multiple perspectives on mathematics teaching and learning* (pp. 83–104). Westport, CT: Ablex.

Ball, D. L., Ferrini-Mundy, J., Kilpatrick, J., Milgram, R. J.,

Schmid, W., & Schaar, R. (2005). Reaching for common ground in K–12 mathematics education. *Notices of the American Mathematical Society, 52*(9), 1055–1058.

Bass, H., & Ball, D. L. (2014). Mathematics and education: Collaboration in practice. In M. N. Fried & T. Dreyfus (Eds.), *Mathematics & mathematics education: Searching for common ground* (pp. 299–312). Dordrecht, The Netherlands: Springer.

Beaton, A. E., Mullis, I. V. S., Martin, M. O., Kelly, D. L., & Smith, T. A. (1996). *Mathematics achievement in the middle school years.* Chestnut Hill, MA: International Association for the Evaluation of Educational Achievement (IEA).

Behr, M. J., Harel, G., Post, T. R., & Lesh, R. (1992). Rational number, ratio, and proportion. In D. Grouws (Ed.), *Handbook of research on mathematics teaching and learning* (pp. 296–333). New York, NY: Macmillan.

Berry, B., Fuller, E., Reeves, C., & Laird, E. (2007). *Linking teacher and student data to improve teacher and teaching quality.* Washington, DC: Data Quality Campaign.

Bidwell, A. (2014, March 6). The politics of Common Core. *US News and World Report.* Retrieved from http://www.usnews.com/news/special-reports/a-guide-to-common-core/articles/2014/03/06/the-politics-of-common-core

Booth, J. L., Lange, K. E., Koedinger, K. R., & Newton, K. J. (2013). Using example problems to improve student learning in algebra: Differentiating between correct and incorrect examples. *Learning and Instruction, 25,* 24–34.

Bransford, J. D., Brown, A. L., & Cocking, R. R. (1999). *How people learn: Brain, mind, experience, and school.* Washington, DC: National Academies Press.

Bryk, A. S., Gomez, L. M., Grunow, A., & LeMahieu, P. G. (2015). *Learning to improve: How America's schools can get better at getting better.* Cambridge, MA: Harvard Education Press.

Burke, L., Corona, B., Marshall, J. A., Sheffield, R., & Stotsky, S. (2013). Common Core National Standards and tests: Empty promises and increased federal overreach into education. The Heritage Foundation Special Report on Education no. 141. Retrieved from http://www.heritage.org/research/reports/2013/10/common-core-national-standards-and-tests-empty-promises-and-increased-federal-overreach-into-education

Bush, G. H. W. (1990). State of the union address. Retrieved from http://millercenter.org/president/bush/speeches/speech-3423

Bybee, R. (2013). *The case for STEM education: Challenges and opportunities.* Arlington, VA: National Science Teachers Association.

Cai, J., Moyer, J. C., Wang, N., & Nie, B. (2011). Examining students' algebraic thinking in a curricular context: A longitudinal study. In J. Cai & E. Knuth (Eds.), *Early algebraization: A global dialogue from multiple perspectives* (pp. 161–185). Berlin, Germany: Springer-Verlag.

Carpenter, T. P., Moser, J. M., & Romberg, T. A. (1982). *Addition and subtraction: A cognitive perspective.* Hillsdale, NJ: Lawrence Erlbaum Associates.

Christenson, J. (2011, November 13). Ramaley coined STEM term now used nationwide. *Winona Daily News.* Retrieved from http://www.winonadailynews.com/news/local/ramaley-coined-stem-term-now-used-nationwide/article_457afe3e-0db3-11e1-abe0-001cc4c03286.html

Clements, D. H. (2007). Curriculum research: Toward a framework for "research based curricula." *Journal for Research in Mathematics Education, 38*(1), 35–70.

Clements, D. H., & Sarama, J. (2011). Early childhood mathematics intervention. *Science, 333*(6045), 968–970.

Cohen, P. C. (2003). Numeracy in nineteenth-century America. In G. M. A. Stanic & J. Kilpatrick (Eds.), *A history of school mathematics* (Vol. 1, pp. 43–76). Reston, VA: National Council of Teachers of Mathematics.

Collopy, R. (2003). Curriculum materials as a professional development tool: How a mathematics textbook affected two teachers' learning. *The Elementary School Journal, 103*(3), 287–311.

Committee on Prospering in the Global Economy of the 21st Century & Committee on Science Engineering and Public Policy. (2007). *Rising above the gathering storm: Energizing and employing America for a brighter economic future.* Washington, DC: National Academies Press.

Confrey, J., Maloney, A. P., & Corley, A. K. (2014). Learning trajectories: A framework for connecting standards with curriculum. *ZDM–The International Journal on Mathematics Education, 46*(5), 1–15. doi:10.1007/s11858-014-0598-7

Connected Mathematics. (n.d.). In Wikipedia. Retrieved April 17, 2016, from https://en.wikipedia.org/wiki/Connected_Mathematics#Research_Findings

Crosswhite, F. J., Dossey, J. A., Swafford, J. O., McKnight, C. C., & Cooney, T. J. (1985). *Second International Mathematics Study: Summary Report-United States.* Champaign IL: International Association for the Evaluation of Educational Achievement (IEA).

Darling-Hammond. (2014). Closing the achievement gap: A systemic view. In J. V. Clark (Ed.), *Closing the achievement gap from an international perspective* (pp. 7–20). Dordrecht, The Netherlands: Springer.

Doherty, K., & Jacobs, S. (2013). *Connect the dots: Using evaluations of teacher effectiveness to inform policy and practice.* Washington, DC: National Council on Teacher Quality.

Dow, P. B. (1991). *Schoolhouse politics: Lessons from the Sputnik era.* Cambridge, MA: Harvard University Press.

Dwyer, R. E., Hodson, R., & McCloud, L. (2013). Gender, debt, and dropping out of college. *Gender & Society, 27*(1), 30–55.

Educate America Act, 20 U.S.C. § 5801 et seq. (1994).

Emma, C. (2014, December 30). Testing under fire. *Politico.* Retrieved at http://www.politico.com/story/2014/12/testing-under-fire-113807

Every Student Succeeds Act of 2015. 20 U.S.C. § 6301 et seq. (2015).

Farrington, C. A. (2013). *Academic mindsets as a critical component of deeper learning.* Menlo Park, CA: William and Flora Hewlett Foundation.

Feng, M., Heffernan, N., & Koedinger, K. R. (2009). Addressing the assessment challenge with an online system that tutors as it assesses. *User Modeling and UserAdapted Interaction, 19*(3), 243–266.

Fennema, E., Wolleat, P. L., Pedro, J. D., & Becker, A. D. (1981). Increasing women's participation in mathematics: An intervention study. *Journal for Research in Mathematics Education, 12*(1), 3–14.

Ferrini-Mundy, J., & Graham, K. J. (2003). The education of mathematics teachers after World War II: Goals, programs, and practices. In G. M. A. Stanic & J. Kilpatrick (Eds.), *A history of school mathematics* (Vol. 2, pp. 1193–1308). Reston, VA: National Council of Teachers of Mathematics.

Ferrini-Mundy, J., & Martin, W. G. (2003). Using research in policy development: The case of the National Council of Teachers of Mathematics' *Principles and Standards for School Mathematics.* In J. Kilpatrick, W. G. Martin, & D. Schifter (Eds.), *A research companion to Principles and Standards for School Mathematics* (pp. 395–413). Reston, VA: National Council of Teachers of Mathematics.

Ferrini-Mundy, J., Scherer, L., & Singer, S. R. (2016). The reform of undergraduate science, technology, engineering and mathematics education in context: Preparing tomorrow's STEM professionals and educating a STEM-savvy public. In G. C. Weaver, W. D. Burgess, A. L. Childress, & L. Slakey (Eds.), *Transforming institutions: Undergraduate STEM education for the 21st century* (pp. 21–34). West Lafayette, IN: Purdue University Press.

Ferrini-Mundy, J., & Schram, T. (Eds.). (1996). The Recognizing and Recording Reform in Mathematics Education Project: Insights, issues, and implications. *Journal for Research in Mathematics Education* monograph series (vol. 8). Reston, VA: National Council of Teachers of Mathematics.

Frechtling, J., & Katzenmeyer, C. (2001). Findings from the multi-agency study of teacher enhancement programs. In C. R. Nesbit, J. D. Wallace, D. K. Pugalee, A.-C. Miller, & W. J. DiBiase (Eds.), *Developing teacher leaders: Professional development* in science and mathematics (pp. 43–70). Columbus, OH: ERIC Clearinghouse for Science, Mathematics, and Environmental Education.

Fuchs, D., Fuchs, L. S., & Compton, D. L. (2012). Smart RTI: A next-generation approach to multilevel prevention. *Exceptional Children, 78*(3), 263–279.

Fuhrman, S. H. (1993). *Designing coherent education policy: Improving the system.* San Francisco, CA: Jossey Bass.

Fuhrman, S. H. (2001). *From the capitol to the classroom: Standards-based reform in the States.* Chicago, IL: National Society for the Study of Education.

Garet, M. S., Birman, B. F., Porter, A. C., Desimone, L., & Herman, R. (1999). *Developing effective professional development: Lessons from the Eisenhower Program.* Washington, DC: U.S. Department of Education.

Ginsburg, A., Leinwand, S., Anstrom, T., & Pollock, E. (2005). *What the United States can learn from Singapore's world-class mathematics system (and what Singapore can learn from the United States): An exploratory study.* Washington, DC: American Institutes for Research.

Goals 2000: Educate America Act, H.R. 1804. (1994). Purpose. Retrieved from http://www2.ed.gov/legislation/GOALS2000/TheAct/sec2.html

Goldin, C., & Katz, L. (2008). *The race between education and technology.* Cambridge MA: The Belknap Press of Harvard University Press.

Gravemeijer, K., & van Galen, F. (2003). Facts and algorithms as products of students' own mathematical activity. In J. Kilpatrick, W. G. Martin, & D. Schifter (Eds.), *A research companion to Principles and Standards for School Mathematics* (pp. 114–122). Reston, VA: National Council of Teachers of Mathematics.

Greer, B. (1992). Multiplication and division as models of situations. In D. A. Grouws (Ed.), *Handbook of research on mathematics teaching and learning* (pp. 276–295). New York, NY: MacMillan.

Grouws, D. (Ed.). (1992). *Handbook of research on mathematics teaching and learning.* New York, NY: MacMillan.

Grouws, D., Tarr, J. E., Chavez, O., Sears, R., Soria, V. M., & Taylan, R. D. (2013). Curriculum and implementation effects on high school students' mathematics learning from curricula representing subject-specific and integrated content organizations. *Journal for Research in Mathematics Education, 44*(2), 416–463.

Hanushek, E. A., & Rivkin, S. G. (2009). Harming the best: How schools affect the Black-White achievement gap. *Journal of Policy Analysis and Management, 28*(3), 366–393.

Hart, P., Casserly, M., Uzzell, R., Palacios, M., Corcoran, A., & Spurgeon, L. (2015). *Student testing in America's Great City Schools: An inventory and preliminary analysis.* Washington, DC: Council of the Great City Schools.

Harwell, M. R., Post, T. R., Meada, Y., Davis, J. D., Cutler, A. L., Anderson, E., & Kahan, J. A. (2007). Standards-based mathematics curricula and secondary students' performance on standardized achievement tests. *Journal for Research in Mathematics Education, 38*(1), 71–101.

Havens, D., & Murali, V. (2015). ReimaginEd 2015: Trends in K12 education. Retrieved from http://www.slideshare.net/ DavidHavens/reimagined-2015

Heaton, R. M., & Lewis, W. J. (2011). A mathematician–mathematics educator partnership to teach teachers. *Notices of the American Mathematical Society, 58*(3), 394–400.

Herald, B., & Molnar, M. (2014, March 5). Research questions Common Core claims by publishers. *Education Week,* 33(23), 1, 12–13.

Herman, J. L., & Linn, R. L. (2013). *On the road to assessing deeper learning: The status of Smarter Balanced and PARCC*

assessment consortia (CRESST Report 823). Los Angeles, CA: University of California, National Center for Research on Evaluation, Standards, and Student Testing (CRESST).

Hess, F. M., & Petrilli, M. J. (2006). *A No Child Left Behind primer.* New York, NY: Peter Lang.

Hiebert, J. (2003). What research says about the NCTM Standards. In J. Kilpatrick, W. G. Martin, & D. Schifter (Eds.), *Research companion to Principles and Standards for School Mathematics* (pp. 5–23). Reston VA: NCTM.

Hiebert, J., Gallimore, R., Garnier, H., Givvin, K. B., Hollingsworth, H., Jacobs, J., . . . Sigler, J. (2003). *Teaching mathematics in seven countries: Results from the TIMSS 1999 Video Study* (NCES 2003–013). Washington, DC: U.S. Department of Education, Institute of Education Sciences, National Center for Educational Statistics. Retrieved from http://nces.ed.gov/pubs2003/2003013.pdf

Higher Education Opportunity Act, 20 U.S.C. §1001 et seq. (2008).

Hill, H. C. (2001). Policy is not enough: Language and the interpretation of state standards. *American Educational Research Journal, 38*(2), 289–318.

Hill, H. C., Rowan, B., & Ball, D. L. (2005). Effects of teachers' mathematical knowledge for teaching on student achievement. *American Educational Research Journal, 42*(2), 371–406.

Hill, R. O., & Parker, T. H. (2006). A study of Core-Plus students attending Michigan State University. *The American Mathematical Monthly, 113*, 905–921.

Hurst, D., Tan, A. Meek, A., Sellers, J., & McArthur, E. (2003). Overview and inventory of state education reforms: 1990 to 2000 (NCES 2003–020). U.S. Department of Education, Institute of Education Sciences, National Center for Education Statistics: Washington, DC. Retrieved from https:// nces.ed.gov/pubs2003/2003020.pdf

*Institute of Education Sciences. (2013). *Researching collegeand career-ready standards to improve student outcomes.* Washington, DC: U.S. Department of Education Institute of Education Sciences.

Institute of Education Sciences. (n.d.). Statewide Longitudinal Data Systems Grant Program. Retrieved April 17, 2016, from https://nces.ed.gov/programs/slds/about_SLDS.asp

*Institute of Education Sciences and National Science Foundation. (2013). *Common guidelines for education research*

and development. Washington, DC: U.S. Department of Education and National Science Foundation. Retrieved from http://ies.ed.gov/pdf/CommonGuidelines.pdf

Jackson, K., Cobb, P., Wilson, J., Webster, M., Dunlap, C., & Applegate, M. (2015). Investigating the development of mathematics leaders' capacity to support teachers' learning on a large scale. *ZDM–The International Journal on Mathematics Education, 47,* 93–104.

Joint Task Force on the Common Core State Standards (CCSS) Commissioned by AMTE, ASSM, NCSM and NCTM. (2010). Report of priorities identified and actions taken in response to the recommendations of the task force. Retrieved from https://www.mathedleadership.org/docs/ccss/AMTE-ASSM-NCSM-NCTM%20Jt%20Task%20Force%20Report.pdf

Kelly, A. E. (2008). Reflections on the Final Report of the National Mathematics Advisory Panel. *Educational Researcher, 37*(9), 561–564.

Kennedy, E. M. (2005, Fall). The No Child Left Behind Act: Fulfilling the promise. *Human Rights, 32*(2). Chicago, IL: American Bar Association. Retrieved from http://www.americanbar.org/publications/human_rights_magazine_home/human_rights_vol32_2005/fall2005/hr_Fall05_no_child.html

Kilpatrick, J., Martin, W. G., & Schifter, D. (Eds.). (2003). *A research companion to Principles and Standards for School Mathematics.* Reston, VA: National Council of Teachers of Mathematics.

Klein, D. (2003). A brief history of American K–12 mathematics education in the 20th century. In J. M. Royer (Ed.), *Mathematical cognition* (pp. 175–259). Greenwich, CT: Information Age.

Kober, N., & Rentner, D. S. (2012). *Year two of implementing the Common Core State Standards: States' progress and challenges.* Washington, DC: Center on Education Policy.

Koile, K., & Rubin, A. (2015). Machine interpretation of students' hand-drawn mathematical representations. In T. Hammond et al. (Eds.), *The impact of pen and touch technology on education.* Human-Computer Interaction Series, doi:10.1007/978-3-319-15594-4_5

Koppes, S. (2015). Impact of *Everyday Mathematics* continues to multiply. Retrieved from http://www.uchicago.edu/features/impact_of_everyday_mathematics_continues_to_multiply

Kristof, N. (2014, October 26). The American dream is leaving America. *New York Times,* p. SR13. Retrieved from http://www.nytimes.com/2014/10/26/opinion/sunday/nicholas-kristof-the-american-dream-is-leaving-america.html

Ladson-Billings, G. (2006). From the achievement gap to the education debt: Understanding achievement in U.S. schools. *Educational Researcher, 35*(7), 3–12.

Lappan, G., & Wanko, J. J. (2003). The changing roles and priorities of the federal government in mathematics education in the United States. In G. M. A. Stanic & J. Kilpatrick (Eds.), *A history of school mathematics* (Vol. 2, pp. 897–930). Reston, VA: National Council of Teachers of Mathematics.

Lerman, S. (2000). The social turn in mathematics education research. In J. Boaler (Ed.), *Multiple perspectives on the teaching and learning of mathematics* (pp. 19–44). Westport CT: Ablex.

Lester, F. K., Jr. (Ed.). (2007). *Second handbook of research on mathematics teaching and learning.* Charlotte, NC: Information Age; Reston, VA: National Council of Teachers of Mathematics.

Lubienski, S. T. (2002). A closer look at Black-White mathematics gaps: Intersections of race and SES in NAEP achievement and instructional practices data. *Journal of Negro Education, 71*(4), 269–287.

Ma, L. (1999). *Knowing and teaching elementary mathematics: Teachers' understanding of fundamental mathematics in China and the United States.* Mahwah, NJ: Lawrence Erlbaum Associates.

Marsh, J. A., & Wohlstetter, P. (2013). Recent rends in intergovermental relations: The resurgence of local actors in education policy. *Educational Researcher, 42*(5), 276–283.

Massell, D., Kirst, M., & Hoppe, M. (1997). *Persistence and change: Standards-based reform in nine states* (CPRE Research Reports). Philadelphia, PA: University of Pennsylvania Center for Policy Research in Education.

McDermott, K. A., & Jensen, L. S. (2005). Dubious sovereignty: Federal conditions of aid and the No Child Left Behind Act. *Peabody Journal of Education, 80,* 39–56.

McKnight, C., Crosswhite, F. J., Dossey, J. A., Kifer, E., Swafford, J. O., Travers, K., & Cooney, T. J. (1987). *The underachieving curriculum: Assessing U.S. school mathematics from an international perspective. A national report on the second international mathematics study.* Champaign, IL: Stipes.

McLeod, D. B., Stake, R. E., Schappelle, B. P., Mellissinos, M.,

& Gierl, M. J. (1996). Setting the standards: NCTM's role in the reform of mathematics education. In S. A. Raizen & E. D. Britton (Eds.), *Bold ventures: Case studies of U.S. innovations in mathematics education* (Vol. 3, pp. 15–131). Dordrecht, The Netherlands: Kluwer Academic.

Murphy, R., Gallagher, L., Krumm, A. E., Mislevy, J., & Hafter, A. (2014). *Research on the use of Khan Academy in schools.* Menlo Park, CA: SRI International.

National Center for Education and the Economy. (1983a). Findings. In *A nation at risk: The imperative for educational reform.* Washington, DC: National Commission on Excellence in Education. Retrieved from http://www2.ed.gov/pubs/NatAtRisk/findings.html

National Center for Education and the Economy. (1983b). *A nation at risk: The imperative for educational reform.* Washington, DC: National Commission on Excellence in Education. Retrieved from http://www2.ed.gov/pubs/NatAtRisk/index.html

National Center for Education and the Economy. (1983c). Recommendations. In *A nation at risk: The imperative for educational reform.* Washington, DC: National Commission on Excellence in Education. Retrieved from http://www2.ed.gov/pubs/NatAtRisk/recomm.html

National Center for Education Statistics. (n.d.). Fast facts: Educational attainment. Retrieved from https://nces.ed.gov/fastfacts/display.asp?id=27

National Council of Teachers of Mathematics. (1980). *An agenda for action: Recommendations for school mathematics of the 1980s.* Reston, VA: Author.

National Council of Teachers of Mathematics. (1989). *Curriculum and evaluation standards for school mathematics.* Reston, VA: Author.

National Council of Teachers of Mathematics. (1991). *Professional standards for teaching mathematics.* Reston, VA: Author.

National Council of Teachers of Mathematics. (1995). *Assessment standards for school mathematics.* Reston, VA: Author.

*National Council of Teachers of Mathematics. (2000). *Principles and standards for school mathematics.* Reston, VA: Author.

National Governors Association Center for Best Practices & Council of Chief State School Officers. (2010a). *Common Core State Standards for Mathematics.* Washington, DC: Author. Retrieved from http://www.corestandards.org

National Governors Association Center for Best Practices & Council of Chief State School Officers. (2010b). *Reaching higher: The Common Core State Standards Validation Committee.* Washington, DC: Author. Retrieved from http://www.corestandards.org/assets/CommonCoreReport_6.10.pdf

National Governors Association Center for Best Practices & Council of Chief State School Officers. (n.d.-a). Development process. Washington, DC: Author. Retrieved April 17, 2016, from http://www.corestandards.org/about-the-standards/development-process/

National Governors Association Center for Best Practices & Council of Chief State School Officers. (n.d.-b). Standards in your state. Washington, DC: Author. Retrieved April 17, 2016, from http://www.corestandards.org/standards-in-your-state/

*National Mathematics Advisory Panel. (2008). *Foundations for success: The final report of the National Mathematics Advisory Panel.* Washington, DC: U.S. Department of Education.

National Research Council. (1989). *Everybody counts: A report to the nation on the future of mathematics education.* Washington, DC: National Academies Press.

National Research Council. (2004). *On evaluating curricular effectiveness: Judging the quality of K–12 mathematics evaluations.* Washington, DC: National Academies Press.

National Research Council. (2013). *Monitoring progress toward successful K–12 STEM education: A nation advancing?* Washington, DC: National Academies Press.

*National Science and Technology Council Committee on Science, Technology, Engineering, and Mathematics Education. (2013). *Federal STEM education 5-year strategic plan.* Washington, DC: White House Office of Science and Technology Policy.

National Science Foundation. (1989). Materials for middle school mathematics instruction: Program solicitation. NSF 89-41. Washington, DC: Author.

National Science Foundation. (1991). Instructional materials for secondary school mathematics: Program solicitation and guidelines. NSF 91-100. Washington, DC: Author.

*National Science Foundation. (2011). FY 2012 Budget Request to Congress: Directorate for Education and Human Resources (EHR). Retrieved from http://nsf.gov/about/budget/fy2012/

pdf/27_fy2012.pdf

National Science Foundation. (2013). Discovery Research DRK-12 program solicitation (NSF 13–601). Retrieved from http://www.nsf.gov/pubs/2013/nsf13601/nsf13601.htm

National Science Foundation Act of 1950, 42 U.S.C. §1861 et seq. (2012).

Newcombe, N. S. (2010). Picture this: Increasing math and science learning by improving spatial thinking. *American Educator, 34*(2), 29–43.

No Child Left Behind Act of 2001, 20 U.S.C. § 6301 et seq. (2008).

Novack, M. A., Congdon, E. L., Hemani-Lopez, N., & Goldin-Meadow, S. (2014). From action to abstraction: Using the hands to learn math. *Psychological Science OnlineFirst.* doi:10.1177/0956797613518351

O'Day, J. A., & Smith, M. S. (1993). Systemic reform and educational opportunity. In S. H. Fuhrman (Ed.), *Designing coherent education policy* (pp. 250–312). San Francisco, CA: Jossey-Bass.

Open Letter on Mathematics Curricula Ignites Debate. (2000). *Notices to the AMS, 47*(2), 248–249. Retrieved from http://www.ams.org/notices/200002/fyi.pdf

Organisation for Economic Co-Operation and Development. (2015). *Education at a Glance 2015: OECD Indicators.* Paris, France: OECD Publishing. doi:10.1787/eag-2015-en

Peak, L. (1996). *Pursuing excellence: A study of U.S. eighth-grade mathematics and science teaching, learning, curriculum, and achievement in international context. Initial findings from the Third International Mathematics and Science Study (TIMSS).* NCES 97-198. Washington, DC: Office of Educational Research and Improvement.

Penuel, W. R., Fishman, B. J., Cheng, B. H., & Sabelli, N. (2011). Organizing research and development at the intersection of learning, implementation, and design. *Educational Researcher, 40*(7), 331–337.

Porter, A., McMaken, J., Hwang, J., & Yang, R. (2011). Common Core Standards: The new U.S. intended curriculum. *Educational Researcher, 40*(3), 103–116.

Powell, S. R., Fuchs, L. S., & Fuchs, D. (2013). Reaching the mountaintop: Addressing the common core standards in mathematics for students with mathematics difficulties. *Learning Disabilities Research & Practice, 28*(1), 38–48.

President's Council of Advisors on Science and Technology. (2010). *Prepare and inspire: K–12 education in science, technology, engineering, and mathematics for America's future.* Washington, DC: Executive Office of the President.

Putnam, R. D. (2015). *Our kids: The American dream in crisis.* New York, NY: Simon & Schuster.

Raimi, R. A., & Braden, L. S. (1998). *State mathematics standards: An appraisal of math standards in 46 states, the District of Columbia, and Japan.* Washington, DC: Thomas B. Fordham Foundation.

Ravitch, D. (1996). 50 states, 50 standards?: The continuing need for national voluntary standards in education. *The Brookings Review, 14*(3), 6.

Research Advisory Committee of the National Council of Teachers of Mathematics. (1991). NCTM standards research catalyst conference. *Journal for Research in Mathematics Education, 22*(4), 293–296.

Reardon, S. F. (2011). The widening academic achievement gap between the rich and the poor: New evidence and possible explanations. In R. Murnane & G. Duncan (Eds.), *Whither opportunity? Rising inequality and the uncertain life chances of low-income children* (pp. 91–116). New York, NY: Russell Sage Foundation Press.

Resmovits, J. (2012). Race to the Top, round 3: Seven states win $200 million in funds. Retrieved from http://www.huffingtonpost.com/2011/12/23/race-to-the-top-round-3-illinois-new-jersey-hawaii_n_1166383.html

Rittle-Johnson, B., & Koedinger, K. R. (2005). Designing knowledge scaffolds to support mathematical problem solving. *Cognition and Instruction, 23*(3), 313–349.

Romberg, T. A. (1992). Further thoughts on the standards: A reaction to Apple. *Journal for Research in Mathematics Education, 23*(5), 432–437.

Rowland, T., & Ruthven, K. (Eds.). (2011). *Mathematical knowledge in teaching* (Vol. 50). London, United Kingdom: Springer Science & Business Media.

Sanders, W. L., Wright, S. P., & Horn, S. P. (1997). Teacher and classroom context effects on student achievement: Implications for teacher evaluation. *Journal of Personnel Evaluation in Education, 11*(1), 57–67.

Schmidt, W. H., & Houang, R. T. (2012). Curricular coherence and the Common Core State Standards for Mathematics. *Educational Researcher, 41*(8), 294–308.

Schmidt, W. H., & McKnight, C. C. (2012). *Inequality for all:*

The challenge of unequal opportunity in American schools. New York, NY: Teachers College Press.

Schmidt, W. H., McKnight, C. C., Houang, R. T., Wang, H. C., Wiley, D. E., Cogan, L. S., & Wolfe, R. G. (2001). *Why schools matter: A cross-national comparison of curriculum and learning.* San Francisco, CA: Jossey-Bass.

Schmidt, W. H., McKnight, C. C., Raizen, S. A. (Eds.). (2002). *A splintered vision: An investigation of U.S. science and mathematics education* (Vol. 3). New York, NY: Kluwer.

Schoenfeld, A. H. (1992). Learning to think mathematically: Problem solving, metacognition, and sense making in mathematics. In D. Grouws (Ed.), *Handbook of research on mathematics teaching and learning* (pp. 334–370). New York, NY: Macmillan Publishing Co.

Schoenfeld, A. H. (2004). The math wars. *Educational Policy, 18*(1), 253–286.

Secada, W. G. (1992). Race, ethnicity, social class, language, and achievement in mathematics. In D. A. Grouws (Ed.), *Handbook of research on mathematics teaching and learning* (pp. 623–660). New York, NY: Macmillan Publishing Co.

Senk, S. L., & Thompson, D. R. (2002). *Standardsbased school mathematics curricula: What are they? What do students learn?* Mahwah, NJ: Lawrence Erlbaum Associates.

Shavelson, R. (1988). Contributions of educational research to policy and practice: Constructing, challenging, changing cognition. *Educational Researcher, 17*(7), 4–11.

Shavelson, R., & Towne, L. (2002). *Scientific research in education.* Washington, DC: National Academy Press.

Shulman, L. S. (1986). Those who understand: Knowledge growth in teaching. *Educational Researcher, 15*(2), 4–14.

Siegler, R. S. (2003). Implementation of cognitive science research for mathematics education. In J. Kilpatrick, W. G. Martin, & D. Schifter (Eds.), *A research companion to Principles and Standards for School Mathematics* (pp. 289–303). Reston, VA: National Council of Teachers of Mathematics.

Silver, E. A. (2003). Improving education research: Ideology or science? *Journal for Research in Mathematics Education, 34*(2), 106–109.

Silver, E. A., & Lunsford, C. (2017). Linking research and practice in mathematics education: Perspectives and pathways. In J. Cai (Ed.), *Compendium for research in mathematics education* (pp. 28–47). Reston, VA: National Council of Teachers of Mathematics.

Smith, A. (2015). U.S. smartphone use in 2015. Washington, DC: Pew Research Center. Retrieved from http://www.pewinternet.org/2015/04/01/us-smartphone-use-in-2015/

Smith, M. S., & O'Day, J. (1990). Systemic school reform. *Journal of Education Policy, 5*(5), 233–267. doi:10.1080/02680939008549074

Sowder, J. (1992). Estimation and number sense. In D. A. Grouws (Ed.), *Handbook of research on mathematics teaching and learning* (pp. 371–389). New York, NY: MacMillan.

Spillane, J. P., & Zeuli, J. S. (1999). Reform and teaching: Exploring patterns of practice in the context of national and state mathematics reforms. *Educational Evaluation and Policy Analysis, 21*(1), 1–27.

Stedman, L. C., & Smith, M. S. (1983). Recent reform proposals for American education. *Contemporary Education Review, 2*(2), 85–104.

Stigler, J. W., & Hiebert, J. (1999). *The teaching gap: Best ideas from the world's teachers for improving education in the classroom.* New York, NY: The Free Press.

Tate, W. F. (1997). Race-ethnicity, SES, gender, and language proficiency trends in mathematics achievement: An update. *Journal for Research in Mathematics Education, 28*(6), 652–679.

Trends in International Mathematics and Science Study. (n.d.). TIMSS 1995 results. Retrieved from https://nces.ed.gov/TIMSS/results95.asp

U.S. Department of Education. (2007). *Report of the Academic Competitiveness Council.* Washington, DC: Author.

U.S. Department of Education. (2009a). *Race to the Top Assessment Program Purpose.* Retrieved from http://www2.ed.gov/programs/racetothetop-assessment/index.html

U.S. Department of Education. (2009b). *Race to the Top Program Executive Summary.* Washington, DC: Author. Retrieved from https://www2.ed.gov/programs/racetothetop/executive-summary.pdf

U.S. Department of Education. (2010). *Transforming American education: Learning powered by technology.* Washington, DC: Author.

U.S. Department of Education Exemplary Mathematics Programs. (1999). Retrieved from http://files.eric.ed.gov/Fulltext/ED434033.pdf

U.S. Department of Education Office for Civil Rights. (2016).

2013–2014 Civil Rights Data Collection: A first look. Retrieved from http://www2.ed.gov/about/offices/list/ocr/docs/2013-14-first-look.pdf

Usiskin, Z. (2007). Do we need national standards with teeth? *Educational Leadership, 65*(3), 38–42. Retrieved from http:// www.ascd.org/publications/educational-leadership/nov07/v0165/num03/Do-We-Need-National-Standards-with-Teeth%C2%A2.aspx

Valencia, S. W., & Wixson, K. K. (1999). *Policy-oriented research on literacy standards and assessments.* Ann Arbor, MI: Center for the Improvement of Early Reading Achievement. Retrieved from http://www.ciera.org/library/reports/inquiry-3/3-004/3-004.html

Verdine, B. N., Lucca, K. R., Golinkoff, R. M., Hirsh-Pasek, K., & Newcombe, N. S. (2015). The shape of things: The origin of young children's knowledge of the names and properties of geometric forms. *Journal of Cognition and Development, 17,* 142–161. doi:10.1080/15248372.2015.1016610

Vinovskis, M. A. (1999). *The road to Charlottesville: The 1989 Education Summit.* Washington, DC: National Education Goals Panel.

Viteritti, J. P. (2012). *Choosing equality: School choice, the Constitution, and civil society.* Harrisonburg, VA: R. R. Donnelley and Sons.

Webb, N. L., Kane, J., Kaufman, D., & Yang, J.-H. (2001). *Study of the impact of the Statewide Systemic Initiatives Program.* Madison WI: Wisconsin Center for Education Research.

What Works Clearinghouse. (2008). Mathematics in Context (MiC). Retrieved from http://ies.ed.gov/ncee/wwc/pdf/intervention_reports/wwc_mathinc_082608.pdf

What Works Clearinghouse. (2009). Singapore Math. Retrieved from http://ies.ed.gov/ncee/wwc/pdf/intervention_reports/wwc_singaporemath_042809.pdf

What Works Clearinghouse. (2010). Connected Mathematics Project (CMP). Retrieved from http://ies.ed.gov/ncee/wwc/interventionreport.aspx?sid=105

The White House. (n.d.). Higher education. Retrieved April 17, 2016, from https://www.whitehouse.gov/issues/education/higher-education

Williams, L. S. (Ed.). (2016). *NSF systemic reform investment.* Manuscript in preparation.

Wilson, L. D., & Kenney, P. A. (2003). Classroom and large-scale assessment. In J. Kilpatrick, W. G. Martin, & D. Schifter (Eds.), *A research companion to Principles and Standards for School Mathematics* (pp. 53–67). Reston, VA: National Council of Teachers of Mathematics.

Wilson, S. M. (2003). *California dreaming: Reforming mathematics education.* New Haven, CT: Yale University Press.

4 学习轨迹与进程的分类系统

乔安妮·洛巴托
C.大卫·沃尔特斯
美国圣地亚哥州立大学
译者：黎文娟
纽约大学职业教育学院

与20世纪80年代后期和90年代初的主要课程改革时期相比，当前数学教育和科学教育的发展景象看起来相当不同。之前那段时间的课程改革导向呈现出了令人兴奋的课堂愿景：把学生推理、问题解决、解释和证明置于课堂教学的中心。然而，这些课程缺乏一种精细的考量，即随着时间的推移，某一特定数学内容的学生学习情况是如何变化的。我们不是批评这些课程方案，而是对当时这一领域的状况进行评价。自课程改革之后，学习轨迹和学习进程的研究得到了很大发展，使得现在为更多年级和数学领域开发基于学习轨迹和学习进程的课程成为可能（Clements, 2007; Duschl, Maeng, & Sezen, 2011）。此外，许多倡导者指出，学习轨迹和学习进程在保持课程、标准、评估、教学决策和专业发展的一致性方面具有潜力（Confrey, Maloney, & Nguyen, 2014; Daro, Mosher, & Corcoran, 2011; Duncan & Hmelo-Silver, 2009; National Research Council, 2007）。的确，学习轨迹和学习进程，"作为有可能把K-12教育带回'正轨'的有效良方，它们已经激发了学校改革家和教育研究人员的创造力和大讨论"（Shavelson & Karplus, 2012，第13页）。

虽然历史上已有相关研究（例如，加涅的学习层次和认知指导教学理论中对儿童加法和减法策略复杂程度的研究；Carpenter & Moser, 1984; White, 1974），但是学者们明确地指出，近年来，学习轨迹或者进程的研究在迅速地扩展。最近发表的一些研究表明研究学习轨迹和进程具有及时性和重要性，这包括最近出版的几本专著（Alonzo & Gotwals, 2012; Clements & Sarama, 2009; Maloney, Confrey, & Nguyen, 2014）、杂志的专刊（Clements & Sarama, 2004; Duncan & Hmelo-Silver, 2009）、国家科学基金会资助的会议（2011年学习进程足迹会议、2009年科学学习进程会议）及这个主题下的一些政策报告（Corcoran, Mosher, Rogat, 2009; Daro等，2011; Heritage, 2008; National Research Council, 2007）。州共同核心数学标准编写组设计了大量的学习进程来组织和制定州共同核心数学标准（CCSSM；州共同核心标准编写组，2013b；全国州长联合会最佳实践中心和州级主要教育官员理事会［NGA Center & CCSSO］，2010年），此后，一线教育工作者、州教育部门和课程开发人员增强了公众对学习轨迹和进程这个话题的认识（Achieve, 2015; Yettick, 2015）。

这项工作的重点之一在于其制定了学习轨迹/进程的一般定义，也可以说是确定了学习轨迹/进程的统一特征（Confrey, Maloney, & Corley, 2014; Duncan & Hmelo-Silver, 2009; Hess, 2008）。比如，国家研究委员会（2007）将学习进程描述为"对儿童在学习或者探索一个长时间跨度的主题过程中逐渐形成复杂思维方式的描述"（第214页）。这个定义似乎足以广泛和普遍地刻画数学教育和科学教育领域对学习轨迹/进程的思考。

然而，为撰写本文而做的大量文献综述揭示出对学习轨迹和进程有各种不同的研究视角，总的来说，这些视角的差异并没有给该研究领域带来什么问题，但是最近的学术研究呈现出了一些重要的区别。例如，恩普森（2011）注意到了"教师推测的可能进程"与"研究者在学习者身上证实的学习进程"之间有区别（第574页）。另一团队的研究人员（Ellis, 2014; Ellis, Weber, & Lockwood, 2014; E.Weber, Walkington, & McGalliard, 2015）认为学习轨迹和学习进程是有区别的，学习轨迹记录的是学生的思维如何变得更加复杂，而学习进程记录的则是研究人员通过对特定内容的理性分析，预先确定了若干学习基准，然后记录学生通过基准的情况。虽然这一区别是重要的，但随之而来的是轨迹与进程这两个术语就没有统一标准了。学习轨迹通常是数学教育者选择的术语，可以追溯到西蒙（1995）在《数学教育研究学报》上的一篇开创性文章，而学习进程通常被科学教育工作者使用，并且可以追溯到2004年《加拿大科学、数学和技术教育杂志》的一期特刊。（一个值得注意的例外是Ellis等人2014年的文章，它也有可能受到CCSSM标准中使用学习进程的影响。）此外，我们的文献综述所揭示的各个视角并没有完全按学科来使用轨迹或进程这两个术语，而是超越了数学和科学教育的学科边界，因此，我们在本章中使用的轨迹与进程是可以互换的，并以首字母缩写LT/P代表学习轨迹/进程。

用LT/P描述的现象是多维的，因此，它们在多个维度上有变化。LT/P可以有不同的学习目标，例如，LT/P的要素可以是认知概念（例如，Battista, 2004）、话语形式（例如，Jin & Anderson, 2012）、可观察的策略（例如，Vermont Mathematics Partnership's Ongoing Assessment Project, 2014b）或者教科书中的题目（例如，Wang, Barmby, & Bolden, 2015）。LT/P可以专注于个人学习（例如，Steffe, 2004）、集体课堂中生成的数学实践（例如，Cobb, McClain, & Gravemeijer, 2003）或者教与学的交织（例如，Clements& Sarama, 2009）。LT/P也可以基于各种不同的理论视角，比如，皮亚杰的图式和运算（例如，Hunt, Westenskow, Silva, & Welch-Ptak, 2016）、分层互动主义（例如，Clements& Sarama, 2014）或科布和

亚克尔（1996）的生成的观点（例如，Stephan & Akyuz, 2012）。LT/P在规模上也可以有变化，从关注单个概念（例如，Norton & Wilkins, 2010，分数的等分推理）到跨越多个主题和年级（例如，Smith, Wiser, Anderson, & Krajcik, 2006）。

我们认为这些差异很重要。首先，研究者关于上述各种维度的立场显示了他们所选择的研究方法，例如有跨度的访谈、一对一的教学实验或课堂数据的回顾与再分析。第二，LT/P的使用者（例如，教师、研究人员或决策者）将影响LT/P的呈现方式（例如，教学任务或教育行动是否被视为LT/P的一部分，或者LT/P是否只关注学习对象的发展）。第三，LT/P研究视角影响该研究的优势益处和权衡思考（参见下面对LT/P七种视角分类的详细讨论，其中包括各个视角的优点和局限性）。第四，清楚地表达自己在各种维度上的立场会促进有效沟通，帮助研究人员避免无效交流。最后，了解在科学和数学教育领域中使用的各种LT/P视角可为研究人员开拓新的途径。

因此，本章的主要内容是介绍一个包括七种LT/P视角的分类系统，我们对各视角的命名如下：（1）认知水平；（2）话语水平；（3）图式和运算；（4）假设学习轨迹；（5）集体数学实践；（6）学科逻辑和课程连贯性；（7）可观察策略和学业表现。这一分类系统呈现的不是对同一现象的七种不同想法，而是研究学习轨迹或进程的人看问题的七种不同视角。考察LT/P的各个视角，不是要评论哪一个视角更好，每种视角相对于其产生的目的都有优势益处和权衡思考。我们认为，LT/P研究的历史发展已经到了一个新阶段，其中每个LT/P研究提到的"它"不再被认为是具有一个共识的研究对象，因此，研究人员在其报告中应该澄清他们在各维度中站在什么立场上。

在介绍这个分类系统之前，我们先交待用于创建这个分类系统各种类别的方法，以及确定所需综述的文章的方法。本章以标题为"错综复杂的问题"的小节结束，在那里，我们报告了如何验证LT/P以及教师对LT/P的使用，还提出了该领域研究面临的挑战。阅读本章时，需要记住LT/P的研究与学习研究是有区别的，我们的研究综述中包括的大量LT/P研究并不反映当前关于知识和学

习理论研究中的各种各样的观点（例如，见Cobb在2007年对学习理论和哲学基础作的评论），特别地，维果斯基理论、活动理论、具体化和情境学习这些观点在LT/P研究中并没有很好地表现出来。此外，最近也有一些关于思维和学习方式的成果（例如，Herbel-Eisenmann, Meaney, Bishop, & Heyd-Metzuyanim 评论了 Sfard［2008］的交流认知理论，2017，本套书）以及具体学习过程的成果（例如，Norton & D'Ambrosios, 2008，最近潜在发展区的提出及它与最近发展区的比较，因为它们没有运用LT/P的视角，所以也被排除在文献综述之外了）。最后，我们采用跨学科的想法，利用科学教育和数学教育领域的研究为分类系统的构建提供信息，还给出了几个类别的关键例子，我们认为那些超越目前所研究的领域的更具活力的例子，将有助于数学教育LT/P的发展。

文献综述方法

为了从经过同行评议的文章中分辨出呈现或验证了学习轨迹或审视了相关理论问题的文章，我们在以下期刊进行了搜索：《加拿大科学杂志》《认知与教学杂志》《数学教育研究》《国际科学与数学教育杂志》《数学教育研究学报》《数学行为杂志》《学习科学杂志》《数学思维与学习》《数学与技术教育》《数学教育研究杂志》《数学爱好者》和《ZDM-国际数学教育杂志》。我们根据以下关键词进行搜索：学习轨迹、发展的、纵向以及进程。因为LT/P并不是近期数学教育研究中调查关注的焦点，我们没有限制所搜索文献的日期。收集文章时，还查看了它们的参考文献，从而找到更多的文章。同时在Google学术上进行了搜索，找到了许多会议报告、书籍、书的章节、专著、政策报告和毕业论文。我们将注意力限制在K-16的数学学习上，排除了对教师学习和教师关注点的那些研究，但是包括了教师使用LT/P的报告，因此，本文的期刊选择扩大到了《数学教师教育杂志》。

使用与科学教育有关的文章是为了指导和扩展数学教育中关于LT/P的研究。因为穷尽搜索的要求降低了，我们采用了不同的方法，具体来说，我们从2011年学习进程足迹会议组织者收集的科学教育资料开始，这些资料包括许多期刊文章以及2009年科学学习进程会议出版的书（Alonzo & Gotwals, 2012）。通过查看这些论文的参考文献，我们找到了更多的文章，并且在《科学教学研究杂志》和《科学教育》这两份期刊中搜索了之前用过的关键词。需要注意的是，上述有四个期刊既发表科学教育的文章，也发表数学教育的文章。

在初步的分析中，通过阅读摘要和浏览文章，我们明确地看到最近报道的LT/P视角比以前的多了许多，这种变化可以通过构建一个分类系统来进行有效的描述。因此，本章的结构出现了：我们将通过一个分类系统来呈现这些不同的视角，还附以具体的文章作为示例来阐述和说明这些LT/P视角，同时还将讨论关于LT/P的验证、教师使用LT/P，以及对LT/P进行批评的文章。

为了创建分类系统，我们最初按学科领域对文章进行分类，也就是，数学与科学。因为我们以为科学教育中的学习进程非常相似，而它们与数学教育中的学习轨迹会有很大不同。但是，这一初始印象没有经受住考验，我们很快就意识到分类系统可以是跨学科的。运用扎根理论中的开放编码方法（Strauss, 1987），我们先选出了一些相似的文章，这些文章都显示LT/P是一组定性描述的认知水平逐级越来越复杂的不同认知类型，我们将这个初始类别命名为"认知水平"视角。然后我们采用扎根理论中的不断比较法（Glaser & Strauss, 1967）来确定每篇新文章的初始类别，需要的时候就加入新种类。为了得到简约的分类法，我们对这些种类的范围进行修改从而可以涵盖多个LT/P。同时，为了对类别维度化，我们对每个种类总结其一般特征、列出每个种类的特点和例子。之后我们重读文章，确定作者的研究方法、创建LT/P的目的以及LT/P的功能和局限。通过这个方法，我们创建了一个分类系统来概括七种LT/P视角，下面将介绍这个分类系统。

七种学习轨迹和进程的分类系统

视角1：认知水平

特征和例子。认知水平视角下看LT/P，研究人员会定性地划分不同的认知类型（通常针对概念或推理的方法），这些认知类型逐级越来越复杂。LT/P涉及学习的特定内容领域，如长度测量（Barrett, Clements, Klanderman, Pennisi, & Polaki, 2006）、角概念（Mitchelmore & White, 2000）、整数（Bishop, Lamb, Philipp, Whitacre, & Schappelle, 2014）或热平衡（Clark, 2006）。这类研究可以包括弱层次划分（例如，Battista, 2004）和强层次划分（例如，van Hiele的几何层次水平；Burger & Shaughnessy, 1986）。在弱层次划分中，认知发展节点按照复杂程度排列但水平与水平之间可以重叠，而在强层次划分中，达到一个特定水平即认为该学生已经通过了之前的所有水平。

巴蒂斯塔（2004）关于面积和体积测量的LT/P是这个视角的一个例子。在整合了一系列实证研究后（Battista, 1999; Battista & Clements, 1996; Battista, Clements, Arnoff, Battista, & Borrow, 1998），巴蒂斯塔得出了小学生在二维和三维空间推理方面的认知水平（作者用表4.1表示此学习轨迹）。以下是推理水平1的一个例子，呈现给学生图4.1（a）中的6×4矩形，以及1平方英寸的塑料方块，这个方块的大小和矩形中的小正方形大小相同，让学生预测需要多少这样的方块来完全覆盖矩形。一位学生一边点一边数她想象中的方块，但她数了好几次都数不清，然后她指着一条有点随机的路径（如图4.1（b）所示）得到30个方块这个（不正确的）答案。研究人员认为这名学生处于水平1，因为她看上去不会把方块与阵列中的行与列维度协调起来（未出现安置单位的过程），也不会把方块组合起来形成行或列（未出现用组合材料组织的过程）。

表 4.1 巴蒂斯塔建立的学习轨迹

认知水平	描述
水平 1	没有出现安置单位和用组合材料组织的过程。
水平 2	开始使用安置单位和用组合材料组织的过程。
水平 3	安置单位的过程足够协调以帮助发现和消除重复计数错误。
水平 4	通过组织组合材料来构造一个最大组合的列阵，但是未能协调地以其为单位来计数。
水平 5	安置单位的过程中能够正确地放置所有的单位，但未能使用最大组合。
水平 6	完全建立和协调使用安置单位和用组合材料组织的过程。
水平 7	学生的空间结构和计数图式变得足够抽象。

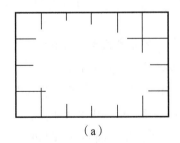 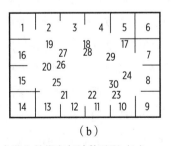
（a）　　　（b）
图 4.1 呈现给学生的图（a）和一个学生的指向与计数过程（b）

特征。认知水平视角下的LT/P通常包括表现为非正式推理的初级水平一直到教学针对的常规内容这样的高级水平。另外，学习者有可能处于不同的水平，可能会高于某水平，也可能回落到以前的水平（Battista, 2011）。研究者们对LT/P中标志的描述方法并不相同，第一种方法是从心理行为方面描述（例如，Battista 2004年一文描述了学生使用安置单位的过程，Batttisa等2006年一文的第197页描述了"用单位长度计数与边长协调"的表现）。第二种方法为对精细的想法或直观的描述，明斯特雷尔（2001，第373页）将其称为"思维剖面"（例如，原子是球形的，向上倾斜的图象表示对象正在上坡，Clark，2006；Minstrell，2000）。第三种方法是根据抽象类型（例如，特定情境的角概念，一般情境的角概念和抽象的角概念；Mitchelmore & White，2000）来汇集标志的内涵。此外，这些LT/P中的一些仅包括有成效的概念理解，并将其作为该领域发展的里程碑（例如，Mitchelmore & White，2000），而其他关于LT/P的研究则会包括错误认知或部分有成效的概念理解（例如，见Battista的轨迹的水平1或Bishop等，2014）。

方法。 辨别认知水平LT/P的主要方法是跨年级的访谈。例如，巴雷特等（2006）对2~10年级的38名学生进行了访谈。米切尔莫尔和怀特（2000）在几所学校的几个年级（二年级、四年级、六年级和八年级）抽样采访了192名学生。因此，这些LT/P是"对许多学生思考的实证观察汇总"（Battista，2004，第187页）。虽然研究人员可能会假定教学起关键作用，也就是说，达到某个水平不仅是个体行为成熟的结果还有教学的促进作用，教学是描述或呈现LT/P的背景，但是，这在很大程度上是由于参与横向研究的学生所在的教学环境是不同的。

目的、利益和权衡。 认知水平LT/P的目的之一是用于诊断评估。例如，巴蒂斯塔开发了基于认知的评价（CBA）方案，其中包括六册跨小学数学各个主题的教师用书。这些书阐明了如何实施和使用基于学习轨迹的形成性评价。在几何形状这一册中，巴蒂斯塔（2012）提出了本节前面描述过的LT/P和一组评价题以及学生的典型答案，从而帮助教师用每个认知发展节点来辨认学生的推理。同样地，明斯特瑞尔（2001）开发了一个基于网络的名为诊断仪的形成性评价程序，这个程序能辨别大量有代表性的学生想法的各个方面，涉及物理、生物和化学的各个主题。该诊断仪使用成套的选择题，其中每个选项都与学生想法的某个特定方面相关。学生做题的时候会收到与推断方面相关的反馈，教师则可以获得关于学生想法的报告，并根据此信息使用网站提供的特定方面的教学资源。

从认知水平的视角考虑LT/P需要权衡考虑的是，学生利用某一水平的知识构建更高水平的理解的学习机制是有支持背景的，即使是还没有得到充分准备的，研究人员有时要对这些过程作出猜测，然而，他们所使用的方法也可能没有提供数据来支持或拒绝某个猜测。第二个需要权衡考虑的是建立使用LT/P的有跨度的访谈方法，这些访谈的参与者主要来自传统课堂，因此，对于经历了创新教学方法的学生而言，对他们的理解情况就了解得不够。

最后，韦伯和洛克伍德（2014）认为大多数LT/P专注于学生对具体数学内容的理解，并没有考虑到数学知识更广泛的特征（Harel，2008，称之为学生的思考方式）。例如，在函数领域，特定内容知识包括二次函数的变化率的变化率（二次导数）是恒定的，然而，一种思考方式可能需要不同的一起发生作用的共变概念，例如，可以关注一个量的变化紧接着另一个量的变化，也可以看两个量同时的变化。同样地，LT/P也没有考虑科学思维习惯和数学实践的发展，例如，解释或猜想（Empson，2011）。随着一些LT/P的出现，这样的缺失已经开始改变，这些LT/P包括理解共变的LT/P（Ayalon, Watson, & Lerman，2015；Ellis, Özgür, Kulow, Williams, & Amidon，2015）、一般化能力的LT/P（Blanton, Brizuela, Gardiner, Sawrey, & Newman-Owens，2015）以及定义概念的LT/P（Kobiela & Lehrer，2015）。接下来，我们介绍另一种类型的LT/P，这种LT/P通过另一种数学实践，即交流方式，来确定数学学习的复杂程度。

视角2：话语水平

特征和例子。 话语水平的方法通过描述日益复杂的交流方式来定义LT/P，而不是聚焦于认知标志。吉将话语定义为"语言、思维和行为方式之间的一种社会公认的联系，可以用来表明自己是一个有社会意义的团体或'社交网络'的一员"（1991，第3页）。吉把话语分成初级话语和中级话语，前者是在家庭和社区环境中获得的话语，后者是在学校和工作场所等社会机构中习得的话语。话语水平的LT/P用一个连续的复杂程度的标尺来描述学生叙述和论证的特征，标尺上端代表从业者的中级话语实践（例如，科学家或数学家），下端代表非正式的初级话语实践。认知水平视角下的LT/P用细化的多个水平层次来捕捉个人认知能力的微妙差异，而话语水平视角下的 LT/P 倾向于使用具有较少水平层次的宏观描述。

一些认知水平视角下的 LT/P 通过描述错误观念和缺失的理解来定义各个层次水平，相比之下，较低的话语水平描述的是学生的初始叙述如何为更复杂的中级话语实践打下基础。另外，这些 LT/P 注重基于证据来描述学生使用的初级话语实践，并不是要刻画学生的理解缺失。比如，冈科尔、莫汉、科维特和安德森（2012）指出基于认知水平的学习轨迹不足以捕捉年轻学生和年长学生的叙述之间的联系，也不足以确定这两者与基于模型的代表科学素养的叙述之间的联系。一般来说，话语水平 LT/P 强调叙述的质量和要点，比如，对科学过程的叙述（Jin & Anderson，2012）、对论证的叙述（Berland & McNeill，2010）或小组讨论中的叙述（Erduran, Simon, & Osborne, 2004）。因此，在话语水平上的进步可以看作向"掌握中等话语"的前进过程（Gunckel, Mohan 等，2012，

第 55 页）。

金和安德森（2012）的工作可以作为这种视角下 LT/P 的一个例子，他们记录了学生叙述变化过程中的四层话语水平（作者用表 4.2 表示金和安德森的学习轨迹）。这个学习轨迹强调学生如何交流他们对能量的认识，而不是学生解释的内容。下面这位学生对婴儿如何通过食物产生能量的描述是第一层话语水平的一个例子：

> 因为食物可以帮助婴儿产生能量，然后她可以学习如何行走和爬行之类的技能，而且能量也会帮助婴儿保持快乐，而不会让人讨厌。（第 1164 页）

这个学生使用初级话语从生物能量学的角度解释了能量在生物过程中的作用（他解释食物能让婴儿做什么），但这个解释没有使用吸引人的科学原理，使用科学原理是第二层话语水平的标志。

表 4.2　金和安德森的学习轨迹

话语水平	描述
水平 1：力-动态叙事解释	学生在初级话语中使用日常语言来描述事件的参与者、促成因素、目的和结果。
水平 2：力-带有隐藏机制的动态叙事解释	学生的叙事性叙述开始包含对一种物质必然性的感觉，包括了一些关于能量的科学观点的关键方面，表现出一些向中级话语转变的要素。
水平 3：学校科学叙事解释	这种解释利用中级话语资源，包括关于原子、分子、能量形式和守恒定律等语言。这些包括了比水平 2 更多关于物质和能量的科学事实。
水平 4：基于定性模型的叙事解释	学生在叙述性记录中成功地使用能量作为分析工具并使用了科学原理，这表明他们掌握了中等话语。

特征。研究人员使用不同的方法来描述话语水平。在上述例子中，可以通过让学生叙述科学概念，如社会生态系统中的能量（Jin & Anderson, 2012）、水循环（Gunckel, Covitt, Salinas, & Anderson, 2012）或生物化学过程（Mohan, Chen, & Anderson, 2009），来提升到中等话语水平。还有一个 LT/P 的例子是利用了图尔敏的论证模型（1958/2003），例如，伯兰和麦克尼尔（2010）借助教学情境、论证结果和论证过程的角度，描述了逐渐复杂的科学论证水平。虽然伯兰和麦克尼尔的 LT/P 刻画的是个人的论证水平层次，但是尔杜然等人（2004）利用图尔敏的方案记录了一组学生论证的要点和复杂过程。

方法。以创建基于话语水平 LT/P 为目标的研究往往跨越多个年级，例如，金和安德森（2012）收集了从四年级学生到高中学生的书面数据。虽然这种研究（即，课外书面评价以及横向从多个年级收集数据）在揭示话语水平进程上很典型，但伯兰和麦克尼尔（2010）还开展了一个课堂研究以说明课堂教学如何影响学生的论证。研究人员经常使用现有的课程标准（如，《K-12 科学教育框架》，一项由国家研究委员会 2012 年出版的课程标准）来作为学习轨迹标尺的上端，学习轨迹标尺的下端是通过对学生关于某主题书面和口头解释进行语言学分析而获得的，例如，冈科尔、科维特等（2012）使用书

面评价来了解学生学习进程的每个阶段，而尔杜然等人（2004）则分析了全班课堂讨论和小组讨论的音频记录。

目的、利益和权衡。 吉（1991）视素养为对一种特定话语的掌握，这种被共同体重视的常见和重要的话语是通过不断参与共同体的活动而获得的，因此，从广义上来说，基于话语水平层次的这个LT/P视角可以让研究人员专注于学习者在一个实践共同体中的参与度（如，Erduran等，2004；Mohan等，2009）。通过分析学生的叙述，研究人员可以更好地了解"学生从初级话语发展到基于科学模型推理的中级话语的学习进程"（Gunckel，Mohan等，2012，第72页）。从狭义上来说，这项研究提供了一个用州标准来校准教学的工具，例如，基于对学生数据的分析及其随后形成的学习进程，冈科尔和莫汉等人认为当前教学的努力尚不足以帮助学生达到标尺的上端。

一个要思考权衡的现象是，比起数学教育研究人员，科学教育研究人员会对这一视角中初级话语和中级话语的术语框架有更大的共鸣。也许这是因为词汇（如，能量、力、物质）的优势，这些词汇在日常生活话语中和在正式的科学话语中的意义完全不同，也可能是因为叙述是提供科学解释的重要方式之一，或者可能是因为科学教育政策重视鼓励学生参与科学话语的交流（Kuhn，2010；National Research Council，2007，2012）。

二十年前，理查兹（1991）确定了四种在不同社群中使用的数学话语：（1）研究数学，是数学家交流的数学话语；（2）探究数学，是有数学素养的成年人使用的数学话语；（3）杂志数学，是数学出版物所用的语言；（4）学校数学，包括传统数学课堂中的话语。虽然有研究确定了数学话语实践的本质所发生的变化（例如，Wood，Williams, & McNeal, 2006），但是这项工作并没有从LT/P的角度来描述这些变化。更普遍的方法是用图尔敏的图式来理解学生的论证（例如，K.Weber, Maher, Powell, & Lee, 2008），但是，当与LT/P结合起来时，这个图式就从方法论上被用来确立集体数学实践了（也就是下面的视角5）。对于基于话语水平的LT/P，数学教育文献中最相关的例子是波勒和普雷迪格尔（2015）称为"词汇学习轨迹"（第1697页）这项最近的研究。在这个研究中，研究人员确定了六个水平来描述百分比问题中使用的越来

越复杂的词汇，从学生日常语域中的非正式语言一直到学术语域中的阅读词汇。

视角3：图式和运算

特征和例子。 从图式和运算的视角，研究人员先（按Piaget的方法，1950/2001）建立一个关于学生图式和心理运算的初步模型，并推断随时间变化学生图式的修改情况（Hackenberg, 2014）。与辨认（认知或话语）识别水平的方法不同，研究人员会寻找学生在总的和精细的学习进程中使用已有知识作为基础来构建和修改图式的证据。这类研究基于皮亚杰图式理论，该理论认为图式是研究者用于模拟学生概念的构念（也就是"指导人的行为规律的目标"；Hackenberg, 2010，第386页）。根据范葛拉士费德（1995），一个图式由三部分组成：（1）触发其余的图式所需要满足的一组内部条件（这意味着一个人要识别出一个情境就要以之前遇到过的事物为基础）；（2）脑力的和体力的运算方式；（3）预期的活动结果。根据诺顿和麦克洛斯基（2008），图式的激活是全面的而不是像策略那样一步一步展开的。事实上，一个图式可能会产生几种不同的数学策略。

一个基于图式与运算LT/P的例子就是哈肯伯格和蒂勒马（2009）关于两对6年级学生学习分数乘法概念的研究，这两对6年级学生参加了为期8个月的课后教学实验。下面的图4.2总结了该学习轨迹的本质。首先，该学习轨迹的中心是图式的创建和修正。例如，该学习轨迹中的图式之一是单位分数构成图式，要感知把一个单位分数看作一个整体再取其单位分数部分的情境（例如，求一个整体的 $\frac{1}{7}$ 的 $\frac{1}{5}$），先把整体等分为七份，再把其中的一个七分之一份等分为五份，然后把所得的一份与整体作比较（即整体的 $\frac{1}{35}$）。第二，注重心理操作，如抽离，也就是想象在保持整体的情况下从整体抽出一个部分（Olive, 1999）。第三，提供证据来解释学生图式的演变。具体地说，研究人员借助于两种资源来辨别这些学习进程（见图4.2中的椭圆标记）——学生（不同单位水平）的心理协调和反省抽象（尤其是高级的反省抽象往

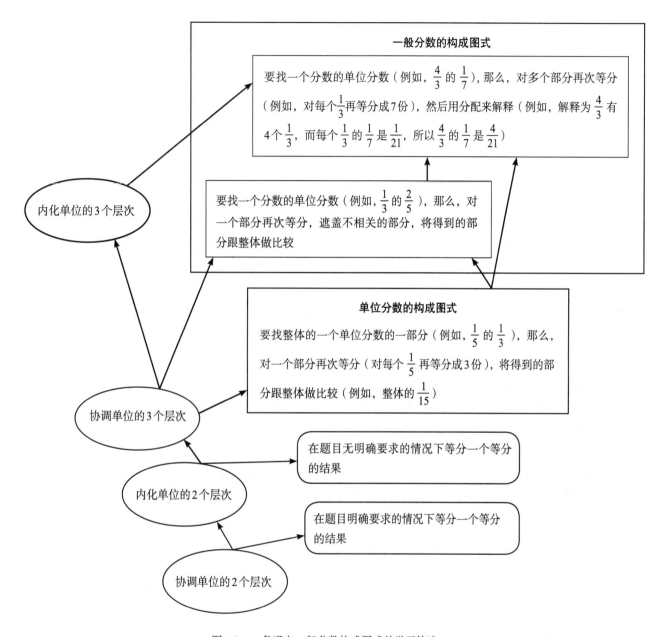

一般分数的构成图式

要找一个分数的单位分数（例如，$\frac{4}{3}$ 的 $\frac{1}{7}$），那么，对多个部分再次等分（例如，对每个 $\frac{1}{3}$ 再等分成7份），然后用分配来解释（例如，解释为 $\frac{4}{3}$ 有 4 个 $\frac{1}{3}$，而每个 $\frac{1}{3}$ 的 $\frac{1}{7}$ 是 $\frac{1}{21}$，所以 $\frac{4}{3}$ 的 $\frac{1}{7}$ 是 $\frac{4}{21}$）

要找一个分数的单位分数（例如，$\frac{1}{3}$ 的 $\frac{2}{5}$），那么，对一个部分再次等分，遮盖不相关的部分，将得到的部分跟整体做比较

内化单位的3个层次

单位分数的构成图式

要找整体的一个单位分数的一部分（例如，$\frac{1}{5}$ 的 $\frac{1}{3}$），那么，对一个部分再次等分（对每个 $\frac{1}{5}$ 再等分成3份），将得到的部分跟整体做比较（例如，整体的 $\frac{1}{15}$）

协调单位的3个层次

在题目无明确要求的情况下等分一个等分的结果

内化单位的2个层次

在题目明确要求的情况下等分一个等分的结果

协调单位的2个层次

图 4.2　一条通向一般分数构成图式的学习轨迹

往被称为内化，或者把活动结果作为运算对象）。

特征。基于图式与运算的 LT/P 被看作关于一系列数学学习主题的研究结果，这些主题包括整数序列（Steffe, Cobb, & von Glasersfeld, 1988）、整数乘法（Steffe, 1992）、分数意义和运算（Hackenberg, 2010; Norton, 2008; Olive, 1999; Steffe & Olive, 2010）、代数推理（Hackenberg, 2013, 2014）、三角学（Moore, 2013）、比例推理（Nabors, 2003）、微积分（E.Weber & Thompson, 2014）和组合推理（Tillema, 2014）。

因为皮亚杰建构主义的共同理论观点，基于这个视角的学习轨迹在本分类系统中比其他视角下的学习轨迹变化要少，一个潜在的理论猜想就是学生对某个学习活动或者教学互动的反应会受到他们现有的概念结构的影响。所以，采用这个视角的研究者往往根据认识的主体来建立 LT/P，即处于同一发展水平的人所共同具有的操作水平（Beth & Piaget, 1966）。因此，这些研究不会假设每一个给定的数学领域都只有一个学习轨迹，相反地，LT/P 会因不同的认识主体而变化（即学生有不同的初始发展水平）。

方法。创建基于图式与运算的 LT/P 的主要方法是教学实验（Steffe & Thompson, 2000），教学实验通常由一位既是研究员也是教师的人平行地进行一对一或一对二的学习或辅导。虽然有些教学特色，如研究者和学生之间的互动、提出的某个数学题，会包括在叙述表征学习者图式和运算中，但重点是关注学生的推理，以及推测与学生（口头和书面）行为规律相符的认知结构。这种分析要求十分精细，因此，研究对象的数量通常很小（从1个到12个之间），而且研究时间的周期长（通常每周一次，为期2~3年）。

目的、利益和权衡。这个方法的主要目的，在于通过微观分析个体理解的演变来为特定数学主题学习的基础科学研究做出贡献，这些贡献包括详细阐述皮亚杰关于顺应的一般学习过程的子类（例如，变质顺应和功能顺应就是其中的两个子类；Steffe, 1991），以及用特定的内容为皮亚杰其他反省抽象学习过程的元素提供实例（例如，乘法运算的内化；Hackenberg & Tillema, 2009），阐明某些数学主题学习过程中涉及到的重要心理运算（例如，学习分数所涉及的单元化、迭代、划分和等分；Norton & Wilkins, 2010）。

一个要权衡的问题是，由于研究使用的是小样本，这局限了研究人员把研究结果从样本推广到总体的能力。然而，这类研究所呈现的一般性的主要概念正在为其他研究者提供有用的构念（Steffe & Thompson, 2000）。第二个要权衡的在于缺乏对老师教学活动的明确关注。这可能是故意的，因为只有这样，研究人员才可以把重点放在儿童的数学逻辑上，而不是给儿童以成人的数学逻辑（L.P.Steffe，个人通信，2002 年10 月28 日）。当前，已经有研究者通过对支持学生建构数学想法的教学行动进行编码从而扩展图式和运算这一视角（Barrett & Clements, 2003; Tzur, 1999），但是，在这些 LT/P 中，教学支持通常不是明确和显著的要素，而接下来要介绍的这个 LT/P 视角则明确包含教学支持。

视角4：假设学习轨迹

特征和例子。前三种视角下的 LT/P 主要关注的是学习者，而假设学习轨迹包括对学习的教学支持，并把教学支持看作教师决策模型中的一个部分（Simon, 1995）。具体来说，西蒙引入假设学习轨迹（HLT）这个术语是为了捕捉教师教学过程的结果，在这个过程中，教师猜测学生对某一目标概念（包括潜在的考验）的现有理解，并据此制定教学活动来支持学生构建更复杂的推理方式，达到一个特定的学习目标。西蒙和祖尔（2004）随后强调了挑选能促进学生发展更复杂数学概念题目的重要性及其原则。基于这些研究，克莱门茨和萨拉玛（2004）把学习轨迹定义为：

> 对儿童在某个数学领域假定路线中的数学思维和学习的描述，这个假定路线是通过设计一系列的教学任务得到的，这些教学任务的目标是引起假定的心理过程或行为从而支持学生沿着思维水平的发展方向进步，在该数学领域达到特定目标。（第83页）

比如，在克莱门茨和萨拉玛（2009）的教师用书中，有一个互相关联的网络，它包含了涉及从学前到5年级的三个数学领域：数与运算、测量、几何及其10个学习轨迹的网络。每个LT/P由三个要素组成：（1）总体学习目标；（2）思维水平层次；（3）教学任务。例如，关于数的组成与多位数加减法的LT/P 就参照了课程焦点（National Council of Teachers of Mathematics, 2006）中的学习目标："儿童发展、讨论和使用高效、准确、可一般化的方法进行多位数加减……（和）（在位值和运算性质基础上）理解为什么这些算法步骤是可行的。"（第14页）书中还以两列格式提供了儿童的推理水平层次以及与此相关的支持学生达到每一思维水平的教学活动（例如，参见表4.3）。这个视角突出了学习的情境依赖性，也就是说，儿童的学习容易受到所参与的教学活动的影响（Ellis, 2014）。例如，如果课堂被部分-整体的活动主导，那么儿童很可能会把分数看作数有几部分，但是在平分活动主导的课堂中，儿童很可能把分数看作数量间的乘法关系（Empson, 2011）。

特点。这种视角的一个中心特点是对LT/P进行不断地修改。这一特点源于西蒙（1995）提出假定学习轨迹这个概念的目的是从建构主义的学习理论来构思教学。因为建构主义声称认知的本质是解释（von Glasersfeld, 1995），教师需要观察学生是如何解释学习活动的。然后，教师会修改教学活动、教学目标及其对学生理解的猜想。然而，有人可能会说LT/P不是已经提供给教师（例如，如表4.3中的内容）看上去预先准备好的路线图了（Meletiou-Mavrotheris & Paparistodemou, 2015）。但是克莱门茨和萨拉玛（2004）写道："先验学习轨迹总是假

设性的……在儿童参与数学活动时，教师必须根据他们之间的互动创建儿童数学的新模型。"（第85页）这种不断重复猜想和修订儿童数学模型的过程反映在以下这一术语用法中：在教学和分析之前，教师或者研究者已经计划了一个假定的学习轨迹，然而，实际学习轨迹就是在教学中共同产生的数学知识或者是研究人员回顾性分析的结果（Clements & Sarama, 2004; Leikin & Dinur, 2003; Simon, 1995; E. Weber & Lockwood, 2014）。

表 4.3　数的组成与多位数加减法学习轨迹的一部分

思维水平	教学活动
10的组成。知道10的数字组合，已知和能迅速说出部分或者已知部分能迅速说出和。	手指游戏。让儿童伸出6个手指，并让他们对同伴解释是如何做的。然后让他们用另一个方法表示6，现在双手要用同样的数来表示6，用其他数字和条件（如，不能用大拇指）重复游戏。
用10和1组数。理解两位数由十位和个位组成。	组成十位和个位。用2秒向学生展示相连的小立方体积木——4个十和3个一（比如，展示2秒后用一块布盖好），问学生看到了多少积木。讨论。展示积木。再展示其他的数。
衍生。会使用灵活的策略和衍生的组合，其中包括凑10。会同时思考三个数的加法，会把一个数的一部分移到另一个数，并意识到如果一个数增加一，另一个数要减一。	加法和减法。展示所有个位数的问题，比如，"7加8等于多少"，让学生说出他们的想法。分享不同的方法。范例回答："7+7=14，所以 7+8就是15"或者"7由2和5组成，2加8是10，那么再加5就是15"。

方法。虽然西蒙最初提出HLT是教师推测的构念，但是克莱门茨和萨拉玛（2009）等人的LT/P也都是这一领域的研究结果。因为要整合发展进程与教学支持，创建这些LT/P需要经过多个阶段。例如，麦乐提欧-马洛特里斯和帕帕里斯图德姆（2015）详细介绍了两阶段研究方法。第一阶段，收集关于儿童的起点数据，通过访谈和书面评价，获得儿童在某个数学领域的初始概念。然后，基于第一阶段的结果和现有的研究文献，构建初始HLT来指导由研究者执教的教学实验。再对教学实验的数据进行持续分析和回顾分析从而得到实际学习轨迹。克莱门茨、威尔逊和萨拉玛（2004）提出了用具有更多阶段但类似的方法来开发组合和分解几何图形的LT/P。从几个关于学生使用名为"图形"软件（图案积木的电子版）的案例研究中，研究人员找到了相关的规律并创建了初步的发展进程（Sarama, Clements, & Vukelic, 1996）。然后，研究人员编写被认为能引导儿童通过每一级发展进

程的教学活动。接下来，按研究对象人数由小到大的顺序（从个体到有八位教师参与的课堂研究）尝试这种教学活动，并在每次活动中和活动后对其进行修订。最后产生的LT/P还要在更大规模的访谈研究中验证。

目的、利益和权衡。这个视角下的学习轨迹能提供重要的教学资源，因此，作为改进数学教学的一个工具，这些学习轨迹已经获得了极大的关注（Daro 等，2011）。用一系列的教学活动把发展进程和儿童的思考方式与路线紧密联系在一起，是这些学习轨迹的影响力所在。相比之下，许多其他视角下的LT/P只关注以下要素之一——学科某一领域的发展进程（例如，表4.1所示Battisa的认知发展节点），或者教学进程（例如，Stephens & Armanto, 2010；文章分析了日本教科书中关系思维的学习进程）。然而，在假设学习轨迹的视角下，教师备课的起点就是创建关于学生起始理解以及在此基础上他们能学习什么的猜想，教师在选择教学任务时不

仅要考虑数学活动的一般特征，如高认知需求或强烈的学习兴趣，而且要考虑数学活动是否具备引发学生下一个思考水平的质量。接着，基于这些特定的数学活动和组织学生参与这些活动的情况，教师再假定学生的下一步学习。

按照当前这种执行方式来看，对这个视角要思考权衡的一个方面是，在学习过程中可以帮助学生利用现有的理解去达到更复杂理解的明确推测通常不在教师所用LT/P之中（Simon 等，2010）。第二，由于定位在课程标准文件中规定的学习目标（很可能是为了使用已为教师所重视的目标），所以 LT/P 可能不会提到那些没有包含在当前课程标准中的数学目标以及相关的创新教学方式（Lobato, Hohensee, Rhodehamel, & Diamond, 2012）。最后，虽然这些 LT/P 包括了教学活动，但是接下来要介绍的视角包括课堂中社会环境的特点，如社会规范和数学社会规范，从而大大拓展了对教学的支持。

视角5：集体数学实践

特征和例子。 前面四种 LT/P 主要关注的是个体在数学或者科学领域认识复杂性不断增长的演变过程，而本节提到的 LT/P 可用于记录一个团体的学习进程。 这些研究受生成理论（Cobb & Yackel, 1996）的影响很大，该理论中个人的构念（如信念和概念）和集体的构念（如社会规范和课堂实践）是协调一致的。这个视角下的学习轨迹包括"一系列的课堂教学活动和假设以支持教师从已有的教学实践活动到下一个教学实践活动的转化"（Cobb, 1999，第9页）。具体来说，课堂教学活动包括学生在班级中达成共识的操作方式、辩论方式和使用工具方式，这里用了共识这个词，而不是共享，是为了强调这个观点不用于描述个人的理解，而是描述已在课堂集体小文化中约定俗成的、达成共识的操作方式（Rasmussen & Stephan, 2008），因此，规范化的推理方式不是个人的特征而是集体的产物。

表 4.4　斯蒂芬和阿库于兹指出的关于整数加减法的五大数学课堂实践中的三个

数学课堂实践	规范化的推理方式
实践1：将净值表达成一个正的或者负的量	净值是一个正数和一个负数的和（假设资产和债务都非0）。 当负数的绝对值大于正数的绝对值时，和是负的。
实践2：在计算中用0作为一个参考点	通过与0比较来确定净值。 通过与0比较来比较两个净值的大小。 通过与0比较来进行整数加减运算。 抵消绝对值相等的正负两个量。
实践3：用垂直的数轴比较整数的大小	绝对值越大的负数离原点越远。 通过数轴上两个整数的间距来找两个整数的差。

研究人员所指的集体不是课堂上大多数的学生，而是指一个团体的能力。我们可以通过一个日常生活的例子来说明。有一对已婚夫妻，妻子精力充沛且散漫，丈夫有条理且严肃，当他们作为一对夫妇与大家互动时，非常有趣，他们的两种特征都没有单独展示出来。同样地，教师把他们的每一个班级当作一个有不同特征的社会实体，这个社会实体的特征超越了班级里学生的个体特点。科布和雅克（1996）认为，集体数学实践和个人心理概念之间的联系是间接的而不是反射的，这意味着

随着运算方式被团体接受，他们影响着而不是决定着个体学生的观念，相反地，集体数学实践是个体分享和协商他们个人想法后生成的结果（Cobb 等，2003）。在这个意义上，实践被认为是一种生成现象而不是使个人接受并适应已经建立的制度系统（例如，利比里亚裁缝或玛雅助产士；Brown, Collins, & Duguid, 1989; Lave, 1991）。

斯蒂芬和阿库于兹（2012）关于整数加减法五大课堂数学实践的 LT/P 可以作为一个例子，这是一个公立中学的 20 名七年级学生参加的课堂教学实验的结果。该文

第一作者当时在这所学校已有三年全职教师的经历，她与另一名有 10 年全职教师经历的教师共同给实验班级授课。表4.4摘录并展示了五大课堂数学实践中的三个，概述了每个实践并用规范化的推理方式刻画了其特征。例如，在实践3中，学生用垂直数轴来比较表示资产净值的整数，他们先要比较两个债务，帕里斯是 -20 000 美元，尼科尔是 -22 000 美元（作者重画了斯蒂芬和阿库于兹对学生使用垂直数轴的描述，如图4.3），回答谁的资产净值更大。同学们为此产生了辩论，有一个学生声称尼科尔的资产净值大，并在垂直数轴上把 -22 000 放在 -20 000 的上面。经过讨论，大家推翻了这个观点，最后学生们提出了这样一个数学想法：绝对值更大的负数在垂直数轴上离原点更远。这个想法在之后的讨论中没有受到挑战，于是被大家学到与共享到。把数字在垂直数轴上正确地标识出来可以帮助学生通过寻找数轴上的间距来确定两个数的差。

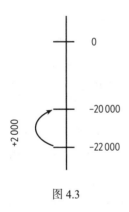

图 4.3

特点。随着时间的推移，研究人员记载的数学实践本质已发生了变化。起初，实践是指可观察的行动或战略，这可以避免使用描述个人概念的心理语言（例如，Bowers, Cobb, & McClain, 1999）。其他研究人员使用似乎能够达成共识的更多建构联系的认知语言功能，比如，构建关系（Roy, 2008）、解释（Rasmussen, Stephan, & Allen, 2004）、意义（Tobias, 2009）、想法（Stephan & Rasmussen, 2002）和学科实践（如符号化；Rasmussen, Wawro, & Zandieh, 2015）等，从而拓展了这方面的工作。另外，早期的研究对每一种实践只聚焦于一种规范化的行为方式，而拉斯穆森和她的同事则用相关的几种规范化的推理方式作为一种实践（Rasmussen & Stephan, 2008;

Rasmussen 等，2015）。

研究已经确定了 K-8 的数学课堂在学习不同数学主题时的集体进程，这些数学领域包括测量和算术（Gravemeijer, Bowers, & Stephan, 2003）、整数（Stephen & Akyuz, 2012）、位制（Bowers 等，1999）和统计（Cobb 等，2003）。该方法已经扩展到本科生的数学课堂，如，线性代数和微分方程中的许多主题（Rasmussen 等，2004; Stephan & Rasmussen, 2002; Wawro, 2011）以及师范生的课堂（例如，圆、有理数和整数的概念；Akyuz, 2014; Roy, 2008; Tobias, 2009）。最近，这种方法又扩展到记录本科生化学课堂中的集体科学实践（Cole 等，2012）。

此外，该视角下的 LT/P 的独特性还在于其描述了如何根据特定的课堂规范和话语实践来使用教学支持，如任务、情境、表征和计算机工具，因此，这方面的研究也详细说明了其他关于集体的构念，包括社会规范（指导团体成员做出适当行为的日常行为规范）和社会数学规范（指导团体行为的、支持特定环境数学学习的规则），例如，在 8 年级数学课堂分析统计学中有两个变量数据的这一实践活动中，科布等人（2003）记录了两个重要的社会数学规范，即什么算作不同解答和什么算作可接受的论证，他们用整个课堂教学活动的表现呈现了社会数学规范出现的方式，这些规范似乎支持那些实践的生成。

方法。通过对科布及其同事提出的方法（Cobb & Gravemeijer, 2008; Cobb, Stephan, McClain & Gravemeijer, 2001）进行扩展和系统化，拉斯马森和斯蒂芬（2008）提出了集体活动记录法（DCA）来辨别课堂教学活动。DCA方法有三个阶段，课堂视频数据的分析单元是学生的集体话语。

第一阶段，研究人员写论证日志来记录在全班讨论时出现的每一个论证结构，论证结构的确定采用了由克鲁姆黑尔（1995）改编的图尔敏（1958/2003）的论证模型。图尔敏的模型将每个论证分成几个部分：（a）论点（公开提出的观点或结论）；（b）论据（用于支持论点的证据）；（c）保证（联系论据和论点的逻辑依据）；（d）支持（进一步支持保证的陈述）。在 DCA 方法的第二阶段，当以下两个标准之一得到满足时，研究人员凭借论让记录来建立规范的推理方法，这两个标准分别是：（1）之前被质疑的论点不再需要支持或保证；（2）如果一条信息在图尔敏的模型中改变其功能（例如，一个陈述原先是论点，后来在另一个论证中成了核心论据），而这一功能的改变没有被大家质疑。但不管怎样，推理是达成共识的关键（Rasmussen & Stephan，2008，第196页）。后来，研究人员又增加了第三个标准，因为某个想法在多种推理中被用作论据或数据（Cole等，2012）。最后，在第三阶段，研究人员把数学相关的规范性推理聚集在一起形成一系列课堂教学活动。

目的、益处和权衡。这类 LT/P 的主要益处在于它包括了大多数教师对他们课堂的体验——集体的课堂。教师知道一个班级的特征可能会与另一个班级有差异，但可以刻画每个班级学生的数学发展特征。科布和雅克（1996）追踪了他们从与个别学生的教学实验转到课堂研究的历史。最初，他们试图解释个体在与教师和同伴互动时的概念重组。但不久，研究人员就意识到他们忽视了公共行为中的规律，这包括关于学生和老师的义务和角色的规律及推理随时间推移的变化规律，即某个实践在最初需要学生进行解释，最终被大家接受并不再需要论证。

他们还发现个体心理学对学习的解释并不足以支持教学理论和教学设计的发展。具体来说，对学生在课堂这个社会情境中的数学发展的解释可以为正在进行的教学推进提供信息，反过来，记录课堂教学活动以及个人如何参与和促成实践的，这可以用作评估教学顺序方法的手段之一（Cobb，2003）。关于这类 LT/P 的许多研究是在荷兰现实数学教育（RME）教学理论的指导下进行的。RME 是基于特定学科领域的发展进行教学设计的，它阐明了几条经验法则来帮助学生，使他们从运用非正式的表征和模型在现实情境中解决问题（现实情境是指可以被学习者现实化或者想象得到的情境，而不是现实世界或者真实情境）发展到运用更正式、更常规和更抽象的策略（van den Heuvel-Panhuizen，2003）。根据科布和格拉维梅杰（2008）的观点，如果教学理论中的原则和学习轨迹可以明白地证明教学活动和教学资源的有效性，那么，这个教学理论就可以帮助其他研究人员根据他们的工作

情境来定制和改编自己的教学程序。繁殖，这样的改编也可以为改进教学理论提供信息，"从而使得生成基于设计的知识成为一种累积的活动"（第77页）。

对这个视角的一个权衡是，用于建立课堂数学实践的方法需要一个基于探索的课堂，这样的课堂里会有大量的公开讨论来保证社会规范的出现，如，解释和证明自己的想法、对他人的观点表示同意或展开辩论。没有这些社会规范的约束，实际的学习轨迹只会是教师事先给班级安排好的一系列活动。此外，当缺乏质疑性的讨论时，只有教师和部分学生继续敦促其他学生回应公共空间中提出的论点，那么建立的数学实践的标准才会是合理的。在传统的课堂中，缺少不同的声音可以归因于许多其他因素，包括不愿违反社会规范或缺乏参与（Hall，2001）。

对这些研究的第二个权衡是，在理解个人解释和规范推理方法之间的复杂关系上，这些研究还处于发展的初级阶段（这类工作的一个例子可以参见 Tabach, Hershkowitz, Rasmussen, & Dreyfus，2014）。类比学生在课堂实践中有不同程度的参与，我们可以承认学生想法的多样性（Cobb，2003），然而，目前还不清楚当课堂活动生成时，这个隐喻会怎样变化。个人解释会与规范的推理方式有很大的差别吗，以致在同一教室会有两个或更多的实践同时出现？反过来，这可能会推翻只有一条数学课堂实践轨迹的看法。最后，少数研究从心理学角度来分析个人的推理方法可以与集体实践相协调（例如，Bowers等，1999）。但是，这些研究往往不会阐明学习的认知机制，而是建立规范性推理方法的运用或者记录个别学生在教学作用下的推理能力的变化（Cobb等，2001）。

视角6：学科逻辑和课程连贯性

特点和例子。基于学科逻辑和课程连贯性的方法产生的 LT/P 包括以下几个步骤：反思专家的学科知识，关于学生的知识与学习方面的综合研究，借鉴关于学科知识的本质与结构方面的学术著作以及分析课程标准中学习目标的构念。也就是说，这些 LT/P 通常不是研究的直

接产物（前面所述的各个视角都是这种情况），而是运用了很多从研究中得到的信息。这种类型的LT/P可提供一幅宏观视图来展示学生几年内在某个学科领域的思想和技能的发展情况。因此，除了假设学习轨迹视角下的一些LT/P（例如，Clements & Sarama, 2009），学科逻辑和课程连贯性方法比其他方法使用了更长的时间框架。

学科逻辑和课程连贯性视角最突出的一个例子是由《州共同核心数学标准》（CCSSM）写作组产生的14条LT/P（2013b），被43个州接受的CCSSM是这些LT/P的支柱。研究表明，与之前的国家标准相比，CCSSM对认知需求、重点和连贯性的要求更高（Porter, McMaken, Hwang, & Yang, 2011; Schmidt & Houang, 2012）。此外，CCSSM把《学校数学的原则和标准》（National Council of Teachers Mathematics, 2000）中的过程标准扩展成八条数学实践（例如，定量推理、构建可行的论证和通过反复推理表达规律）。

其中的一个例子就是关于3~5年级分数的LT/P（Common Core Standards Writing Team, 2013a）。这个LT/P以两列格式呈现，左列叙述的是希望各年级学生关于分数思想和技能达到的进程，右列是来自CCSSM相对应的内容标准和解释图表，这些叙述强调的是数学的逻辑结构和重要的学科联系。例如，CCSSM中有这样一条关于分数的标准："理解分数 $\frac{a}{b}$ 是一个由 a 份的 $\frac{1}{b}$ 组成的数量"（NGA Center & CCSSO, 2010, 3.NF.a.1），在解释这个标准的含义时，作者阐明了整数和分数之间的联系，具体来说，1是构造整数最基本的积木，同样的道理，单位分数是构造分数的最基本的积木，例如，整数3可以看作将单位1连着量3次的结果，类似地，分数 $\frac{3}{5}$ 可以看作将单位分数 $\frac{1}{5}$ 连着量3次的结果，因此，$\frac{3}{5}$ 也可以看作3个 $\frac{1}{5}$。

LT/P还阐述了如何承前启后地构建数学思想。例如，3年级学生对等值分数的部分理解包括能够用不同的分数形式（例如，像 $\frac{2}{2} = \frac{3}{3} = \frac{4}{4}$）来表达1。到4年级时，学生运用这个想法把一个假分数分解成一个整数和真分数的和，然后写成一个带分数。比如，如果学生知道 $1 = \frac{3}{3}$，

那么他可以看到 $\frac{5}{3} = \frac{3}{3} + \frac{2}{3} = 1 + \frac{2}{3} = 1\frac{2}{3}$。最后，在这个LT/P中，CCSSM实践标准中的要素与内容标准交织在一起，并用该LT/P中的分数内容加以分析。例如，辨明一个分数的整体这一内容就涉及关注准确性这一数学实践，在图4.4中，如果左边的方块是整体，那么灰色阴影区域就占整体的 $\frac{3}{2}$；如果整体是整个外部矩形，那么阴影区域则是整体的 $\frac{3}{4}$。

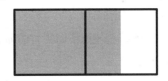

图 4.4

特征。除了共同核心学习进程，还有几个其他LT/P是基于现有研究、学科结构和标准的，这些学习进程包括生物多样性（Songer, Kelcey, & Gotwals, 2009）、原子结构/电力（Stevens, Delgado, & Krajcik, 2009）、物质（Smith 等，2006）和遗传学（Duncan, Rogat, & Yarden, 2009），它们都描述了较大时间跨度的学习水平，从3年的生物多样性进程（4~6年级）至9年的物质进程（K-8年级）。科学LT/P利用了以下课程标准文件：《国家科学教育标准》（National Research Council, 1996）、《基准科学素养》（American Association for the Advancement of Science [AAAS], 1993）和《科学素养指南》（AAAS & National Science Teachers Association, 2001）。大多数LT/P把内容和探究实践明确地整合在一起（例如，Songer 等，2009），并且所有LT/P包括了学业表现和与学习进程配套的评价测试题（例如，Smith 等，2006）。生物多样性和原子结构/电力的LT/P经过实证检验和修订后，可以为上面提到的州共同核心数学进程提供有效的信息。类似地，对于数学学科，柏恩邦威尔莫特、舍恩菲尔德、威尔逊、钱普尼和扎娜（2011）基于专家小组的文献综述和大规模验证（LT/P的验证这一节会介绍更多的验证细节），创建了一条6~12年级函数内容的LT/P。

目的、利益和权衡。这一类LT/P的主要目的之一是为连贯和衔接的课程和教科书提供信息（Wiser, Smith, & Doubler, 2012）。此外，这些学习进程可以帮助教师了解

他们教的知识如何为后面年级的数学学习奠定基础，这是面向教学的数学知识的要素之一，是鲍尔、泰晤士和菲尔普斯（2008）所说的"横向知识"（第403页）。另一个好处是在LT/P中识别出的水平可以作为评价的参考点，从而有助于确保课程、教学和评价的一致性（Corcoran等，2009）。最后，这种视角下的大多数学习轨迹可供广泛的读者使用，包括教师、管理者、教师教育者、命题人员、课程设计者、家长和决策者（Daro等，2011）。

一个需要思考权衡的问题是，该视角下的LT/P会因为这些想法是从目标和理论不同视角的研究中选取的，因而缺乏一致性。例如，《州共同核心数学标准》中分数概念进程中的一个核心概念就是上面提到过的标准："理解分数 $\frac{a}{b}$ 是一个由 a 份的 $\frac{1}{b}$ 组成的数量。"这种叙述似乎从儿童的心理角度来讲分数的含义，而不是给儿童用成人数学的叙述，因此，比起CCSSM之前的各州标准，这是值得称道的进步（Norton & Boyce, 2013），这与许多研究人员所说的分割分数图式也是一致的（Nabors, 2003; Norton & McCloskey, 2008），但是，共同核心学习进程并没有继续利用类似的研究来阐明学生是如何发展到更复杂的理解，如可逆的分数图式（reversiable fraction scheme）（例如，能够把非单位分数 $\frac{a}{b}$ 转换为 a 份 $\frac{1}{b}$）、迭代分数图式（iterative fraction scheme）（例如，能根据任何一个分数找出整体）或者构建等值分数（Hackenberg; 2013; Steffe, 2004; Steffe & Olive, 2010）。然而，共同核心学习进程中的等值分数是借助于分数乘法的学科逻辑将分数乘等于1的分数来找到等值分数（例如，$\frac{a}{b} \times \frac{n}{n} = \frac{a \times n}{b \times n}$），并用面积模型来表示，希望学生可以"看到"当把整体分割成原有份数的 n 倍时，每个单位分数也被分割成 n 倍这么小的份数，这个清晰"看到"的观点与"学生需要构建三个层次的单位来理解等值分数"的研究结果并不一致（例如，Norton, 2008）。

第二种权衡是学习轨迹与课程标准的一致性取决于那些课程标准的本性和质量。例如，先前确定的三年级分数的课程标准完全符合一个数学概念的定义，即可以作为意义、解释、图像、想法、连接、理解情境的方式以及解释为什么特定程序是可行的，它能够促进学生的

数学发展（Lobato, 2014）。但是，用这个定义要求来检查 CCSSM（6~8年级和高中）的代数和函数领域，巴托发现只有17.5%的相关内容标准阐明了某些数学概念，另外13.5%有一些"概念意向"（经常使用如"解释"或"诠释"等动词，但缺乏关于特定含义的特征或所需的联系），而余下近70%的代数标准专注于技能。虽然重要技能的发展是必不可少的，但是对产生意义以及它与作为推理概括的程序之间联系的含糊描述，不利于LT/P的形成。反过来，又对教学、课程发展和评估产生不利影响。

视角7：可观察策略和学业表现

特征和例子。我们用较短的篇幅来介绍一类LT/P，从而结束对LT/P分类系统的介绍。这一类LT/P与其他的相比没有很明显的差异，但是它为未来的LT/P作者提供了重要的参考因素。在这类LT/P中，每个级别是根据可观察的行为、策略或其他学业表现来描述的。

作为一个综合数学/科学的例子，我们来考察莱勒和朔伊布勒（2012a, 2012b）如何确定一个复杂的K-6年级建模的学习进程，它包括三个相互连接的知识链：变化（生物体、种群和系统的变化）、变异（包括生成统计分布的目标导向过程和随机过程）、生态学（一种管理有机体的相对丰富程度和分布的关系系统）。每个知识链包括根据学业表现制定的基准和学生表现的示例说明，表4.5展示了变化知识链的一部分。每个学业表现是根据可观察的行为进行描述的，而且使用的是行为动词而不是心理概念领域中的语言。

特征。这种类型的LT/P通常根据策略或其他可观察的行为来识别熟练水平。例如，佛蒙特数学合作伙伴关系持续评估项目（VMP OGAP）制定的三个LT/P：（1）乘法推理；（2）分数；（3）比例性。每个LT/P提出了三到四种学生策略水平，并辅以能引起教师共鸣的学生实例分析（VMP OGAP, 2013, 2014a, 2014b）。换句话说，熟练性可能与任务复杂性等其他变量相关，例如，在学前至6年级关于等分（有理数的一个基本概念）的LT/P中，康弗里和她的同事提出了一个包含16个沿纵轴的有序的熟练水平和几个沿横轴的任务参数组成的二维矩阵

表4.5　作者改编自莱勒和朔伊布勒关于建模的变化知识链LT/P的一部分

8个等级中的等级6：比率		
把变化描述为比率或者变化率		
	学业表现	示例
6A	把经过的时间与变化的数量或者测量联系起来，但是没有把这种关系表达为比率。	"我的植物在第 5 天和第 7 天之间长了 3 mm，然后在第 8 天与第 11 天之间长了 7 mm。"
6B	把同一属性的两个测量值的差除以时间差来确定变化率。	"我的植物 3 天里长了 12 mm，因此，每天长了 4 mm。"
6C	诠释图表中的变化率。	学生读图，图中显示第一周时她的植物以每周 6 mm 的速度成长，但是第二周以每周 9 mm 的速度成长。学生总结道，植物在生命周期的不同时期有不同的成长率。
6D	比较多个有机体的变化率并说明理由。	学生借助图来说明一种植物总的来说比另一植物长得快，但是，他继续解释道，在植物生长的某一段时间，第一种植物长得更快。
6E	对比率的描述与定性的结果相符。	把比率图与植物标本联系起来。

（Confrey & Maloney, 2010; Confrey, Maloney and Corley, 2014）。用类似的方式，谢林和富森（2005）提出了儿童个位数乘法策略的LT/P，她们认为"个人在特定的情况下使用的策略对可用的数字资源非常敏感……并且会因文化和教学情境而异"（第348页）。因此，谢林和富森认为策略发展的进步主要驱动力是学习特定数字计算资源而不是一般数字认知能力的变化。

该视角下的轨迹的不同在于其对认知策略或学业表现之间关系的猜想。例如，在研究冰岛学生使用基于（卡朋特等人的）比例推理四层水平策略学习轨迹编写的课程时，斯戴恩索思多提尔和斯里拉曼（2009）写道："研究者对卡朋特等人的理论框架是否仅仅是对学生解答策略的分类还是呈现出发展轨迹，并没有一致的看法。"（第7~8页）他们进而提出，他们把这个框架诠释为后者，即概念发展的水平层次可以通过学生在解决问题时所用的策略表现出来。其他学者把熟练性放到主要地位，而把跨越不同学业表现水平的认识概念放在次要地位（例如，Confrey, Maloney, Nguyen, & Rupp, 2014）。最后，因为这种类型的学习轨迹可能是研究的直接产物（例如，Lehrer & Schauble, 2012b），也可能是基于研究结果而创建的（就第6种视角的意义而言），所以这类LT/P没有原型方法。

目的、益处和权衡。用可观察策略和行为的方式来描述LT/P元素的主要好处在于加强了与教师的交流，这些学习轨迹也特别适合作为教师专业发展的工具。正如恩普森（2011）解释道，"我们知道，通过学习，教师可以对学生的策略进行辨别区分，运用他们对学生想法的了解，成功地指导教学活动。"（第586页）确实，在早期的学习轨迹研究先驱中，卡朋特和莫泽（1984）创建了一个理论框架来描述儿童解决一位数加减法策略的成长过程，后来，这个框架成了非常成功的认知指导教学（CGI）专业发展项目的核心（对大量CGI文献的综述可参见 Sowder, 2007）。与此同时，还有另一个引人注目和资金充足的项目也对相同的领域进行了研究，即跨学科的数的研究项目，这个项目创建了图式和运算的学习轨迹（Steffe 等，1988）。历史表明，使用策略而不是图式作为与教师沟通学生想法的单位，其效果更为显著。的确，一群中学教师运用研究者收集的学生数据来创建指数函数的学习轨迹时，他们侧重于对解决指数函数问题的策略进行排序（Brendefur, Bunning, & Secada, 2014）。

根据学业表现来描述LT/P水平层次的第二个好处在于其比模糊的认知概念语言有更高的精确度和明确性（一些参加由国家科学基金会赞助的学习进程轨迹会议的研究者表达了相同的观点）。因此，这一视角下的LT/P是非常适合教师用来提供诊断或形成性评估信息的（Petit, 2011）。通过把知识状态置于学业表现中，这些LT/P还有助于设计用于验证学习轨迹的测量工具。（Confrey, Maloney, Nguyen, & Rupp, 2014）。

一种权衡思考是它淡化了理解的语言，这会产生没有阐述清楚的概念，并忽略了单一概念如何产生多个策略的过程（Ellis, 2014）。此外，正确的表现可能不是由很高级的概念产生的，例如，之前引用过的莱勒和朔伊布勒（2012b）的LT/P中的6B水平说，"把一属性的两个测量值的差除以时间差来决定变化率。"（见表4.5）因此，判断学生是否理解变化率的依据在于两个量相除的学业表现，例如12毫米÷3天（每天达到4毫米）。但是，学生可能会做除法这种算术运算但没有从心理上想到这两个量之间的乘法关系——这是形成比例或比率的必要前提（Lobato, 2008; Lobato & Ellis, 2010）。

错综复杂的问题

在文献中有几个主题与这个分类系统中呈现的不同视角下的LT/P有交叉。本节回顾关于研究人员如何验证LT/P，如何通过或与教师一起使用LT/P的文献；然后，我们探讨对LT/P的总的批评和可能的替代方案。

验证LT/P

最常用的LT/P验证方法涉及基于Rasch模型的项目反应理论（IRT）（Kennedy & Wilson, 2007; M.Wilson, 2009; M.Wilson & Carstensen, 2007）。Rasch分析的好处在于它可以用同一尺度提供对学习者熟练性和项目难度的估计（关于这个主题的畅销书，见Bond & Fox, 2015）。研究已经验证了以下的LT/P：等分（Confrey & Maloney, 2010; Confrey, Maloney, Nguyen, Rupp, 2014）、函数（Bernbaum Wilmot等, 2011）、力和运动（Fulmer, 2015）、生物多样性（Gotwals & Songer, 2013）、能量的三个方面的整合（Lee & Liu, 2009）和碳循环（Corcoran等作了报道, 2009）。

使用Rasch模型的验证过程大致有四个组成部分。首先，有一个构念图，M.威尔逊（2009）定义其为"经过充分思考和研究，对某一特征中质性差异的表现水平进行的排序"（第718页）。这个构念图可能与LT/P相对应，或者在特别复杂的领域，学习轨迹中的每个水平还可以表示多个构念图的综合。因此，使用Rasch模型验证的LT/P类型通常是通过综述现有文献以及专家专门知识生成的，或者是基于书面评价和访谈的横向研究的结果（即，他们经常来自分类系统中的以下视角：认知水平、话语水平、学科逻辑和课程的连贯性以及可观察的策略/学习表现）。

第二，制定评估量表，这些量表必须与教学以及LT/P中的级别相关。为了达到这个目的，将每个级别转换成一个可观察的表现（如可观察策略/学业表现视角所述）是有用的。使用和分析诊断性访谈或者出声思考访谈等定性方法，可以提供相关信息来设计用于测量学生轨迹级别的测试题（Confrey, Maloney, Nguyen, Rupp, 2014）。另外，创建了结果空间，它是"一系列的分类结果，学生在与某个进程变量相关的所有测试题上的表现将被归类于其中"（M.Wilson, 2009，第721页）。结果空间包括评分指南、完整的量表、示例以及辨别每道测试题在LT/P中的级别。第三，收集数据，往往是大规模的数据。例如，在康弗里、马洛尼、纽伦和鲁普的研究中，有4 800名来自北卡罗来纳K-8年级的学生参与了测试题的试测，在柏恩邦·威尔莫特等人（2011）的研究中，有来自125个班级的2 356名学生（6~12年级）使用了他们的测试题，为了达到多元互证，部分学生还参加了访谈来解释他们完成纸笔测试时的思考过程。

最后，使用Rasch建模和怀特图来分析数据。怀特图绘制的是相对于量表中测试题难度的情况下学生LT/P的熟练级别。举个例子，考虑柏恩邦·威尔莫特等人（2011）中关于函数LT/P的怀特图，如图4.5所示，最左侧的列按顺序显示了LT/P的六个水平（例如，使用抽象拓展作为最复杂的级别）；右侧显示了12道测试题中的8道，X代表688位学生的熟练程度在样本中的分布。如果难度水平的估计次序与学习进程中的理论预期相对应，那么"把理论框架当作学习进程是成立的"（Bernbaum Wilmot等, 2011，第277页）。虽然LT/P的六个水平在所有的测度题中的

大学考生达标测试——怀特图			测试题难度分布（n=8）							
构念图中的相关等级	估计值	学生精熟度的分布（n=688）	六边形图案	等价函数	教育成就	性别差异	邮资	牙签楼梯	24小时的原油	100年的原油
拓展抽象性（EA）相关性（R）	4						R		EA	EA
	3					MS				
					EA			MS		
									MS	
	2	X							US	
		XXX	R		R				R	R
多元结构（MS）一元结构（US）	1	XXXXX	EA						MS	MS
		XXXXXXXXX	R		MS	US				
		XXXXXXXXXXXXXX	MS				MS			
		XXXXXXXXXXXXXXXX	US							
	0	-XXXXXXXXXXXXXX		MS			US	US	PS	
		XXXXXXXXXXXXXX			US					US
		XXXXXXXXXXXX					PS	PA		
		XXXXXXXX	US						US	
准结构（PS）准代数（PA）	−1	XXXXX	PA PS		PS		PA		PS	
		XX	PS							
		XXX	PA						PA	
	−2	X								PS PA
		X			PA	PA				
每一个X表示4位学生										
每一列表示0.255个logit单位										

图 4.5 数学函数的一个 LT/P 怀特图

一致性不高，但是作者总结说有足够的证据来验证这个学习进程，他们还使用项目信息来修订和完善这个测试，因此，这通常是一个验证和改进学习轨迹的循环过程，彼此为对方提供信息。

这类构造-验证方法的作用在于用实证来确认学习进程的顺序、生成高质量的评估，以及建立了一个严格的过程能够可靠地评价学生在形成性评价中的表现（Bernbaum Wilmot 等，2011）。这种类型的验证需要大型的跨学科合作水平和难以实现的大规模试测（Confrey, Maloney, Nguyen, & Rupp, 2014）。

一个需要思考权衡的问题是 Rasch 模型假设学习进程中的变量应该是一维的（Lee & Liu, 2009；对这一要求的详细阐述，请参见下面的"批评和其他选择"一节）。此外，该模型假设当学生处于某一级别时，他应该能对这个级别上的所有测试题给出一致的回答，但这个假设受到了理论上和实证研究上的质疑（Battista, 2011; Steedle & Shavelson, 2009）。最后，史黛丝和斯坦利（2006）仔细分析了 Rasch 模型和他们的小数理解诊断测试之间不匹配的地方，认为"开发一系列有难度层级但又表示单一能力维度的测试题"（第86页）无法抓住学生推理本质的关键方面。接下来，我们转向关于教师使用 LT/P 的研究，并进一步探讨能帮助教师理解学生进程的材料和信息的类型。

与教师一起使用 LT/P 的研究

尽管 LT/P 作为教学工具有潜在价值，但是教师如何诠释、使用和创建 LT/P 直到最近才成为研究关注的对象。一组研究调查了给小学教师和师范生介绍关于等分的学习轨迹的效果（见上文可观察策略/学习表现视角）。具体来说，P.H.威尔森、莫吉卡和康弗里（2013）研究了33名 K-2 教师和56名师范生，在诊断性访谈中考察对他们理解儿童想法的能力，从而探究教师专业发展对这种能力的影响。虽然，在了解等分的学习轨迹之前，不到一半的在职教师和三分之一的师范生能够对儿童的想法做出合理的推断，但是，在了解了该学习轨迹之后，几乎所有的教师都能够这样做。此外，他们还能够使用儿童行为和言语作为儿童某类想法的证据（而并不仅仅评价儿童的回答是否正确）。P.H.威尔逊（2009）跟踪研究了 10 名在职教师的课堂教学，并找到了证据来证明LT/P能帮助教师选择教学活动、识别学生下一步需要学习什么以及进行课堂讨论中的互动。该研究团队还调查了LT/P是否可以深化教师的内容知识。在与另外24名K-5教师长达一年的教师专业发展实验中，研究人员发现这些教师参与了数学内容讨论，但这些讨论没有涉及使用更高级别的 LT/P 教学活动，教师的参与只是面向自己要教学的数学知识（P. H.Wilson, Sztajn, Edgington, & Confrey, 2014）。

其他研究探究了教师对内嵌于课程资源的LT/P的诠释。具体地，兰德和德雷克（2014）追踪了三位使用改革导向数学课程《数、数据和空间的探究》（TERC, 2008）的专家教师（1年级、2年级和4年级）。这套教材的每个单元都整合了几条相互依靠的数学主线，教师材料呈现了每条主线的LT/P，还联系学生对关键教学活动的回答样例，描述并分析了学生的想法和策略随年级水平发生的演变。考虑到这个课程是基于对现有研究文献的综述，所以其中的LT/P与学科逻辑和课程连贯性特点是一致的，研究中的这三位教师还参加过几年CGI专业发展培训，在那里，他们学习了策略导向的学习轨迹（与那些可观察的策略/学业表现视角下的LT/P类似）。研究人员发现，教师们构想了四种类型的学习进程：（1）数学子主题（例如，学生先用各种表征来表示容易的分数，然后根据给出的表征找出对应的分数，最后进行分数加法和分数比较）；（2）教学活动（例如，一系列越来越复杂的数学题）；（3）数的选择（例如，教师把数学题中的数字组合换成越来越难的组合来提出新问题）；（4）学生策略（教师按从最简单到最复杂的顺序来描述学生的解答）。证据表明每个教师都利用了这四种进程类型，并且这四种进程类型是相互包容的。

最后，一些研究探究了由教师自创LT/P的过程。阿马多尔和兰伯格（2013）对四名四年级教师进行案例研究，这个研究采用了一系列的访谈和定期的课堂观察。与西蒙（1995）的假设学习轨迹相比，其中三位有经验的教师制定了测试轨迹，教师们关于三套高风险测试的数学知识以及他们对测试准备的信念，指引了他们对学生数学目标的制定、数学问题的选择及教学决策的获得。相比之下，那位新手教师选择了基于问题解决的数学题（而不是测试题形式的数学题），收集关于学生理解的信息，并且相应地修改她之前的教学计划。尽管她也意识到考试的压力，然而她把应付考试的重点放在帮助学生理解相关的考试内容上。苏赫和斯沙耶（2015）发现课例研究能为教师创建学习轨迹提供更加有利的环境。具体来说，一组由6名跨年级教师（三、六、八年级）组成的团队定期会面，他们给每个年级拟定计划并教授了一堂关于线性模式及其表征的研究课。这些研究课来源于教师们对一个初始问题的修改，这个问题是各年级都可用的线性不等式问题。教师们一同设置适合的年级学习目标，猜测学生可能出现的想法、策略以及具有挑战性的概念。这个跨年级的团队为教师们了解其他年级的学习内容提供了机会，这是创建学生想法进程的关键。课例研究的环境强调基于学生的想法来提供教学反馈和修改学习轨迹。

批评和其他选择

尽管LT/P很有潜力，研究人员还是对它提出了一些批判性的意见。第一，目前的LT/P研究未能令人满意地解决公平、多样性、种族、语言和文化差异等问题（Anderson 等，2012）。这些忧虑包括理论上如何构建研究、谁参与研究、用什么类型的数学题以及如何把研究转化成可为决策者和从业人员所用的知识。例如，许多LT/P的研究使用了现有的课程标准作为标尺的上端，这可能会导致缺乏变化以及影响教学和课程的创新。然而，在为土著社区学生创建科学教育经历的情境下，班及其同事的研究（Bang 等，2014; Bang & Medin, 2010; Bang, Medin, Washinawatok, & Chapman, 2010; Bang, Warren,

Rosebery, & Medin, 2012）为如何帮助社区成员制定学习目标、如何帮助学生拓展与课堂相关的经历，以及如何利用社区对关键科学构念的认识论观点等树立了一个榜样。

第二，研究人员也非常关心LT/P中关于知识增长的假设（Lesh & Yoon, 2004; Salinas, 2009）。斯科尔斯基和阿梅（2010）断言，把学生学习比作是一系列越来越接近经典科学理解的概念成就的看法与学科中的进程方式是不一样的，例如，在科学学科中，错误的想法往往可以促成后来的进步。学生错误想法通常出现在LT/P的较低级别中，LT/P没有解释如何用部分正确的或者非正式的想法作为一种资源为以后的发展服务。一个替代方案是把纵向的学习与横向的学习结合起来构成二维LT/P网（Steffe, 2014），虽然通过概念重组构建新图式的纵向学习与路径或进程这一隐喻一致，但是横向学习涉及通过对图式的创新运用来创建与当前图式处于同级的新图式与路径或进程这一隐喻不一致（Steffe, 2004）。

第三，LT/P的等级学生的知识应当处于同一等级，但是有些研究发现，学生可以同时处于两个不同的等级（Alonzo & Steedle, 2008; Steedle & Shavelson, 2009）。此外，基于等级的LT/P似乎与"学生的知识具有情境敏感性并内嵌于社会和物质环境中"这个观念不相符（Shavelson & Karplus, 2012; Sikorski & Hammer, 2010）。相应于LT/P的阶梯状结构可以用整体的结构来替代，这个整体结构的LT/P可以产生一个众多要素相接的空间，而且允许一类概念依附于某个核心思想，并突出这些核心思想之间的连接（Salinas, 2009）。

最后，大多数LT/P的单维性问题受到了质疑，即模拟学习者在单个维度上的学习进程是一个具有潜在误导性的简化模型（Corcoran等，2009）。莱什和伊（2004）认为，研究已经证明"数学构造（和概念系统）沿多个维度发展"（第207页）。作为一个单维LT/P的替代，汤普森、卡尔森、拜尔利和哈德菲尔德（2014）援引了一个云的隐喻来说明许多复杂的数学概念（如比例推理）在多个相互影响的领域中是平行发展的（例如，乘法和除法、测量、分数、比例、比率和共变）。考虑相关概念像云那样形成和演变，这对于教学和评估是有启发的，具体来说，每个云朵中的每一个概念要素为展示与其他概念要素有关的思维方法提供了情境。因此，需要开发一些方法来"描述学生的云的状态"，而不是使用Rasch或IRT模型来评估学生在某个单一维度的进步（Thompson等，2014，第15页）。

总结

本文基于文献综述建立了LT/P的分类系统，讨论了错综复杂的问题和挑战，为更全面地研究这一领域铺平了道路。通过关注每个视角的优势益处和权衡思考，我们希望推进引领下一代LT/P研究视角的对话。突显当前LT/P研究视角之间的显著差异是希望帮助研究者考虑新的概念化和呈现新的研究方法，同时，我们鼓励LT/P的创建者清晰地阐明他们的研究在各维度中究竟站在什么立场，我们希望能促进不同研究路径之间的沟通。

References

Achieve. (2015). *The role of learning progressions in competencybased pathways.* Washington, DC: Author. Retrieved from http://www.achieve.org/files/Achieve-LearningProgressions inCBP.pdf

Akyuz, D. (2014). Mathematical practices in a technological setting: A design research experiment for teaching circle properties. *International Journal of Science and Mathematics Education, 14*(3), 549–573. doi:10.1007/s10763-014-9588-z

Alonzo, A. C., & Gotwals, A. W. (Eds.). (2012). *Learning progressions in science: Current challenges and future directions*. Rotterdam, The Netherlands: Sense.

Alonzo, A., & Steedle, J. T. (2008). Developing and assessing a force and motion learning progression. *Science Education, 93*(3), 389–421. doi:10.1002/sce.20303

Amador, J., & Lamberg, T. (2013). Learning trajectories, lesson planning, affordances, and constraints in the design and enactment of mathematics teaching. *Mathematical Thinking and Learning, 15*(2), 146–170. doi:10.1080/10986065.2013.770719

American Association for the Advancement of Science. (1993). *Benchmarks for science literacy: Project 2061.* New York, NY: Oxford University Press.

American Association for the Advancement of Science & National Science Teachers Association. (2001). *Atlas of science literacy: Project 2061.* Washington, DC: Author.

Anderson, C. W., Cobb, P., Calabrese Barton, A., Confrey, J., Penuel, W. R., & Schauble, L. (2012). Learning Progressions Footprint Conference Final Report. Washington, DC. Retrieved from http://create4stem.msu.edu/sites/default/files/story/files/NSF%20LP%20Conf%20rpt%20 3-5-12%20-1.pdf

Ayalon, M., Watson, A., & Lerman, S. (2015). Progression towards functions: Students' performance on three tasks about variables from grades 7 to 12. *International Journal of Science and Mathematics Education,* 1–21. doi:10.1007/s10763-014-9611-4

Ball, D. L., Thames, M. H., & Phelps, G. (2008). Content knowledge for teaching: What makes it special? *Journal of Teacher Education, 59*(5), 389–407. doi:10.1177/0022487108324554

Bang, M., Curley, L., Kessel, A., Marin, A., Suzukovich, E. S., & Strack, G. (2014). Muskrat theories, tobacco in the streets, and living Chicago as Indigenous land. *Environmental Education Research, 20*(1), 37–55. doi:10.1080/13504622.2013.865113

Bang, M., & Medin, D. (2010). Cultural processes in science education: Supporting the navigation of multiple epistemologies. *Science Education, 94*(6), 1008–1026. doi:10.1002/sce.20392

Bang, M., Medin, D., Washinawatok, K., & Chapman, S. (2010). Innovations in culturally based science education through partnerships and community. In M. S. Khine & I. M. Saleh (Eds.), *New science of learning* (pp. 569–592). New York, NY: Springer.

Bang, M., Warren, B., Rosebery, A. S., & Medin, D. (2012).

Desettling expectations in science education. *Human Development, 55*(5–6), 302–318. doi:10.1159/000345322

Barrett, J. E., & Clements, D. H. (2003). Quantifying path length: Fourth-grade children's developing abstractions for linear measurement. *Cognition and Instruction, 21*(4), 475–520. doi:10.1207/s1532690xci2104_4

Barrett, J. E., Clements, D. H., Klanderman, D., Pennisi, S. J., & Polaki, M. V. (2006). Students' coordination of geometric reasoning and measuring strategies on a fixed perimeter task: Developing mathematical understanding of linear measurement. *Journal for Research in Mathematics Education, 37*(3), 187–221. doi:10.2307/30035058

Battista, M. T. (1999). Fifth graders' enumeration of cubes in 3D arrays: Conceptual progress in an inquiry-based classroom. *Journal for Research in Mathematics Education, 30*(4), 417–448. doi:10.2307/749708

Battista, M. T. (2004). Applying cognition-based assessment to elementary school students' development of understanding of area and volume measurement. *Mathematical Thinking and Learning, 6*(2), 185–204. doi:10.1207/s15327833mt10602_6

Battista, M. T. (2011). Conceptualizations and issues related to learning progressions, learning trajectories, and levels of sophistication. *The Mathematics Enthusiast, 8*(3), 507–570.

Battista, M. T. (2012). *Cognition-based assessment and teaching of geometric shapes: Building on students' reasoning.* Portsmouth, NH: Heinemann.

Battista, M. T., & Clements, D. H. (1996). Students' understanding of three-dimensional rectangular arrays of cubes. *Journal for Research in Mathematics Education, 27*(3), 258–292. doi:10.2307/749365

Battista, M. T., Clements, D. H., Arnoff, J., Battista, K., & Borrow, C. V. A. (1998). Students' spatial structuring of 2D arrays of squares. *Journal for Research in Mathematics Education, 29*(5), 503–532. doi:10.2307/749731

Berland, L. K., & McNeill, K. L. (2010). A learning progression for scientific argumentation: Understanding student work and designing supportive instructional contexts. *Science Education, 94*(5), 765–793. doi:10.1002/sce.20402

Bernbaum Wilmot, D., Schoenfeld, A., Wilson, M., Champney, D., & Zahner, W. (2011). Validating a learning progression in mathematical functions for college readiness. *Mathematical Thinking and Learning, 13*(4), 259–291. doi:10.1080/10986065.

2011.608344

Beth, E. W., & Piaget, J. (1966). General conclusions. In E. W. Beth & J. Piaget (Eds.), *Mathematical epistemology and psychology* (pp. 305–312). Dordrecht, The Netherlands: D. Reidel.

Bishop, J. P., Lamb, L. L., Philipp, R. A., Whitacre, I., & Schappelle, B. P. (2014). Using order to reason about negative numbers: The case of Violet. *Educational Studies in Mathematics, 86*(1), 39–59. doi:10.1007/s10649-013-9519-x

Blanton, M., Brizuela, B. M., Gardiner, A. M., Sawrey, K., & Newman-Owens, A. (2015). A learning trajectory in 6-year-olds' thinking about generalizing functional relationships. *Journal for Research in Mathematics Education, 46*(5), 511–558. doi:10.5951/jresematheduc.46.5.0511

Bond, T., & Fox, C. M. (2015). *Applying the Rasch model: Fundamental measurement in the human sciences* (3rd ed.). New York, NY: Routledge.

Bowers, J., Cobb, P., & McClain, K. (1999). The evolution of mathematical practices: A case study. *Cognition and Instruction, 17*(1), 25–66. doi:10.1207/s1532690xci1701_2

Brendefur, J. L., Bunning, K., & Secada, W. G. (2014). Using solution strategies to examine and promote high-school students' understanding of exponential functions: One teacher's attempt. *International Journal for Mathematics Teaching and Learning.* Retrieved from http://www.cimt.plymouth.ac.uk/journal/brendefur.pdf

Brown, J. S., Collins, A., & Duguid, P. (1989). Situated cognition and the culture of learning. *Educational Researcher, 18*(1), 32–42. doi:10.3102/0013189X018001032

Burger, W. F., & Shaughnessy, J. M. (1986). Characterizing the van Hiele levels of development in geometry. *Journal for Research in Mathematics Education, 17*(1), 31–48. doi:10.2307/749317

Carpenter, T. P., Gomez, C., Rousseau, C., Steinthorsdottir, O. B., Valentine, C., Wagner, L., & Wiles, P. (1999, April). *An analysis of student construction of ratio and proportion understanding.* Paper presented at the annual meeting of the American Educational Research Association, Montreal, Canada.

Carpenter, T. P., & Moser, J. M. (1984). The acquisition of addition and subtraction concepts in grades one through three. *Journal for Research in Mathematics Education, 15*(3), 179–202. doi:10.2307/748348

Clark, D. B. (2006). Longitudinal conceptual change in students' understanding of thermal equilibrium: An examination of the process of conceptual restructuring. *Cognition and Instruction, 24*(4), 467–563. doi:10.1207/s1532690xci2404_3

Clements, D. H. (2007). Curriculum research: Toward a framework for "research-based curricula." *Journal for Research in Mathematics Education, 38*(1), 35–70. doi:10.2307/30034927

Clements, D. H., & Sarama, J. (2004). Learning trajectories in mathematics education. *Mathematical Thinking and Learning, 6*(2), 81–89. doi:10.1207/s15327833mt10602_1

Clements, D. H., & Sarama, J. (2009). *Learning and teaching early math: The learning trajectories approach.* New York, NY: Routledge.

Clements, D. H., & Sarama, J. (2014). Learning trajectories: Foundations for effective, research-based education. In A. P. Maloney, J. Confrey, & K. H. Nguyen (Eds.), *Learning over time: Learning trajectories in mathematics education* (pp. 1–30). Charlotte, NC: Information Age.

Clements, D. H., Wilson, D. C., & Sarama, J. (2004). Young children's composition of geometric figures: A learning trajectory. *Mathematical Thinking and Learning, 6*(2), 163–184. doi:10.1207/s15327833mt10602_5

Cobb, P. (1999). Individual and collective mathematical development: The case of statistical data analysis. *Mathematical Thinking and Learning, 1*(1), 5–43. doi:10.1207/s15327833mt10101_1

Cobb, P. (2003). Investigating students' reasoning about linear measurement as a paradigm case of design research. In M. Stephan, J. Bowers, P. Cobb, & K. Gravemeijer (Eds.), Supporting students' development of measuring conceptions: Analyzing students' learning in social context (pp. 1–16). *Journal for Research in Mathematics Education* monograph series (Vol. 12). Reston, VA: National Council of Teachers of Mathematics.

Cobb, P. (2007). Putting philosophy to work. In F. K. Lester Jr. (Ed.), *Second handbook of research on mathematics teaching and learning* (pp. 3–38). Charlotte, NC: Information Age; Reston, VA: National Council of Teachers of Mathematics.

Cobb, P., & Gravemeijer, K. (2008). Experimenting to support and understand learning processes. In A. E. Kelly, R. A. Lesh, & J. Y. Baek (Eds.), *Handbook of design research methods in education: Innovations in science, technology, engineering, and mathematics learning and teaching* (pp. 68–95). Mahwah, NJ: Erlbaum.

Cobb, P., McClain, K., & Gravemeijer, K. (2003). Learning about statistical covariation. *Cognition and Instruction, 21*(1), 1–78. doi:10.1207/S1532690XCI2101_1

Cobb, P., Stephan, M., McClain, K., & Gravemeijer, K. (2001). Participating in classroom mathematical practices. *Journal of the Learning Sciences, 10*(1 & 2), 113–163. doi:10.1007/978-90-481-9729-3_9

Cobb, P. & Yackel, E. (1996). Constructivist, emergent, and sociocultural perspectives in the context of developmental research. *Educational Psychologist, 31*(3/4), 175–190. doi:10.1080/00461520.1996.9653265

Cole, R., Becker, N., Towns, M., Sweeney, G., Wawro, M., & Rasmussen, C. (2012). Adapting a methodology from mathematics education research to chemistry education research: Documenting collective activity. *International Journal of Science and Mathematics Education, 10*(1), 193–211. doi:10.1007/s10763-011-9284-1

Common Core Standards Writing Team. (2013a). *Grades 3–5, number and operations, fractions: A progression of the Common Core State Standards in Mathematics* (*draft*). Tucson, AZ: Institute for Mathematics and Education, University of Arizona. Retrieved from http://commoncoretools.me/wp-content/uploads/2011/08/ccss_progression_nf_35_2013_09_19.pdf

Common Core Standards Writing Team. (2013b). *Preface for the draft progressions* (*draft*). Tucson, AZ: Institute for Mathematics and Education, University of Arizona. Retrieved from http://commoncoretools.me/wp-content/uploads/2013/07/ccss_progression_frontmatter_2013_07_30.pdf

Confrey, J., & Maloney, A. (2010). The construction, refinement, and early validation of the equipartitioning learning trajectory. In K. Gomez, L. Lyons, & J. Radinsky (Eds.), *Proceedings of the 9th International Conference of the Learning Sciences* (Vol. 1, pp. 968–975). Chicago, IL: International Society of the Learning Sciences.

Confrey, J., Maloney, A. P., & Corley, A. K. (2014). Learning trajectories: A framework for connecting standards with curriculum. *ZDM—The International Journal on Mathematics Education, 46*(5), 719–733. doi:10.1007/s11858-014-0598-7

Confrey, J., Maloney, A. P., & Nguyen, K. H. (2014). Learning trajectories in mathematics. In A. P. Maloney, J. Confrey, & K. H. Nguyen (Eds.), *Learning over time: Learning trajectories in mathematics education* (pp. xi–xxi). Charlotte, NC: Information Age.

Confrey, J., Maloney, A. P., Nguyen, K. H, & Rupp, A. A. (2014). Equipartitioning, a foundation for rational number reasoning: Elucidation of a learning trajectory. In A. P. Maloney, J. Confrey, & K. H. Nguyen (Eds.), *Learning over time: Learning trajectories in mathematics education* (pp. 61–96). Charlotte, NC: Information Age.

Corcoran, T., Mosher, F., & Rogat, A. D. (2009). *Learning progressions in science: An evidence-based approach to reform* (Research Report No. RR-63). Consortium for Policy Research in Education. Retrieved from http://www.cpre.org/images/stories/cpre_pdfs/lp_science_rr63.pdf

Daro, P., Mosher, F., & Corcoran, T. (2011). *Learning trajectories in mathematics: A foundation for standards, curriculum, assessment, and instruction* (Research Report No. RR-68). Consortium for Policy Research in Education. Retrieved from http://www.cpre.org/images/stories/cpre_pdfs/learning%20trajectories%20in%20math_ccii%20report.pdf

Duncan, R. G., & Hmelo-Silver, C. E. (2009). Learning progressions: Aligning curriculum, instruction, and assessment. *Journal of Research in Science Teaching, 46*(6), 606–609. doi:10.1002/tea.20316

Duncan, R. G., Rogat, A. D., & Yarden, A. (2009). A learning progression for deepening students' understandings of modern genetics across the 5th–10th grades. *Journal of Research in Science Teaching, 46*(6), 655–674. doi:10.1002/tea.20312

Duschl, R., Maeng, S., & Sezen, A. (2011). Learning progressions and teaching sequences: A review and analysis. *Studies in Science Education, 47*(2), 123–182. doi:10.1080/03057267.2011.604476

Ellis, A. B., (2014). What if we built learning trajectories for epistemic students? In L. Hatfield, K. Moore, & L. Steffe (Eds.), *Epistemic algebraic students: Emerging models of students' algebraic knowing,* WISDOMe Monographs (Vol. 4, pp. 199–207). Laramie, WY: University of Wyoming.

Ellis, A. B., Özgür, Z., Kulow, T., Williams, C. C., & Amidon, J. (2015). Quantifying exponential growth: Three conceptual shifts in coordinating multiplicative and additive growth. *The Journal of Mathematical Behavior, 39,* 135–155. doi:10.1016/j.jmathb.2015.06.004

Ellis, A. B., Weber, E., & Lockwood, E. (2014). The case for learning trajectories research. In S. Oesterle, P. Liljedahl, C. Nicol, & D. Allan (Eds.), *Proceedings of the Joint Meeting of PME 38 and PME-NA 36* (Vol. 3, pp. 1–8). Vancouver, Canada: PME.

Empson, S. (2011). On the idea of learning trajectories: Promises and pitfalls. *The Mathematics Enthusiast, 8*(3), 571–596.

Erduran, S., Simon, S., & Osborne, J. (2004). TAPping into argumentation: Developments in the application of Toulmin's argument pattern for studying science discourse. *Science Education, 88*(6), 915–933. doi:10.1002/sce.20012

Fulmer, G. W. (2015). Validating proposed learning progressions on force and motion using the force concept inventory: Findings from Singapore secondary schools. *International Journal of Science and Mathematics Education, 13*(6), 1235–1254. doi:10.1007/s10763-014-9553-x

Gee, J. (1991). What is literacy? In C. Mitchell & K. Weiler (Eds.), Rewriting literacy: *Culture and the discourse of the other* (pp. 3–11). Westport, CT: Bergin & Gavin.

Glaser, B. G., & Strauss, A. L. (1967). *The discovery of grounded theory: Strategies for qualitative research.* Hawthorne, NY: Aldine.

Gotwals, A. W., & Songer, N. B. (2013). Validity evidence for learning progression-based assessment items that fuse core disciplinary ideas and science practices. *Journal of Research in Science Teaching, 50*(5), 597–626. doi:10.1002/tea.21083

Gravemeijer, K., Bowers, J., & Stephan, M. (2003). A hypothetical learning trajectory on measurement and flexible arithmetic. In M. Stephan, J. Bowers, P. Cobb, & K. Gravemeijer (Eds.), Supporting students' development of measurement conceptions: Analyzing students' learning in social context (pp. 51–66). *Journal for Research in Mathematics Education* monograph series (Vol. 12). Reston, VA: National Council of Teachers of Mathematics. doi:10.2307/30037721

Gunckel, K. L., Covitt, B. A., Salinas, I., & Anderson, C. W. (2012). A learning progression for water in socio-ecological systems. *Journal of Research in Science Teaching, 49*(7), 843–868. doi:10.1002/tea.21024

Gunckel, K. L., Mohan, L., Covitt, B. A., & Anderson, C. W. (2012). Addressing challenges in developing learning progressions for environmental science literacy. In A. C. Alonzo & A. W. Gotwals (Eds.), *Learning progressions in science: Current challenges and future directions* (pp. 39–75).

Rotterdam, The Netherlands: Sense.

Hackenberg, A. J. (2010). Students' reasoning with reversible multiplicative relationships. *Cognition and Instruction, 28*(4), 383–432. doi:10.1080/07370008.2010.511565

Hackenberg, A. J. (2013). The fractional knowledge and algebraic reasoning of students with the first multiplicative concept. *The Journal of Mathematical Behavior, 32*(3), 538–563. doi:10.1016/j.jmathb.2013.06.007

Hackenberg, A. J. (2014). Musings on three epistemic algebraic students. In K. C. Moore, L. P. Steffe, & L. L. Hatfield (Eds.), *Epistemic algebra students: Emerging models of students' algebraic knowing,* WISDOMe Monographs (Vol. 4, pp. 81–124). Laramie, WY: University of Wyoming.

Hackenberg, A. J., & Tillema, E. S. (2009). Students' whole number multiplicative concepts: A critical constructive resource for fraction composition schemes. *The Journal of Mathematical Behavior, 28*(1), 1–18. doi:10.1016/j.jmathb.2009.04.004

Hall, R. (2001). Schedules of practical work for the analysis of case studies of learning and development. *The Journal of the Learning Sciences, 10*(1–2), 203–222. doi:10.1207/S15327809JLS10-1-2_8

Harel, G. (2008). DNR perspective on mathematics curriculum and instruction. *ZDM—The International Journal on Mathematics Education, 40,* 487–500. doi:10.1007/s11858-008-0146-4

Herbel-Eisenmann, B., Meaney, T., Bishop, J., & Heyd-Metzuyanim, E. (2017). Highlighting heritages and building tasks: A critical analysis of mathematics classroom discourse literature. In J. Cai (Ed.), *Compendium for research in mathematics education* (pp. 722–765). Reston, VA: National Council of Teachers of Mathematics.

Heritage, M. (2008). *Learning progressions: Supporting instruction and formative assessment.* Washington, DC: The Council of Chief State School Officers.

Hess, K. (2008). *Developing and using learning progressions as a schema for measuring progress.* Retrieved from http://www.nciea.org/publications/CCSS02_KH08.pdf

Hunt, J. H., Westenskow, A., Silva, J., & Welch-Ptak, J. (2016). Levels of participatory conception of fractional quantity along a purposefully sequenced series of equal sharing tasks: Stu's trajectory. *The Journal of Mathematical Behavior, 41,* 45–67. doi:10.1016/j.jmathb.2015.11.004

Jin, H., & Anderson, C. W. (2012). A learning progression for energy in socio-ecological systems. *Journal of Research in Science Teaching, 49*(9), 1149–1180. doi:10.1002/tea.21051

Kennedy, C. A., & Wilson, M. (2007). *Using progress variables to interpret student achievement and progress* (BEAR Report Series, 2006–12–01). University of California, Berkeley. Retrieved from https://bearcenter.berkeley.edu/sites/default/files/Kennedy_Wilson2007.pdf

Kobiela, M., & Lehrer, R. (2015). The codevelopment of mathematical concepts and the practice of defining. *Journal for Research in Mathematics Education, 46*(4), 423–454. doi:10.5951/jresematheduc.46.4.0423

Krummheuer, G. (1995). The ethnography of argumentation. In P. Cobb and H. Bauersfeld (Eds.), *The emergence of mathematical meaning: Interaction in classroom cultures* (pp. 229–270). Hillsdale, NJ: Erlbaum.

Kuhn, D. (2010). Teaching and learning science as argument. *Science Education, 94*(5), 810–824. doi:10.1002/sce.20395

Land, T. J., & Drake, C. (2014). Enhancing and enacting curricular progressions in elementary mathematics. *Mathematical Thinking and Learning, 16*(2), 109–134. doi:10.1080/10986065.2014.889502

Lave, J. (1991). Situating learning in communities of practice. In L. B. Resnick, J. M. Levine, & S. D. Teasley (Eds.), *Perspectives on socially shared cognition* (pp. 63–82). Washington, DC: American Psychological Association. doi:10.1037/10096-003

Lee, H. S., & Liu, O. L. (2009). Assessing learning progression of energy concepts across middle school grades: The knowledge integration perspective. *Science Education, 94*(4), 665–688. doi:10.1002/sce.20382

Lehrer, R., & Schauble, L. (2012a). Seeding evolutionary thinking by engaging children in modeling its foundations. *Science Education, 96*(4), 701–724. doi:10.1002/sce.20475

Lehrer, R., & Schauble, L. (2012b). Supporting inquiry about the foundations of evolutionary thinking in the elementary grades. In S. M. Carver & J. Shrager (Eds.), *The journey from child to scientist: Integrating cognitive development and the education sciences* (pp. 171–206). Washington, DC: American Psychological Association.

Leikin, R., & Dinur, S. (2003). Patterns of flexibility: Teachers' behavior in mathematical discussion. In *Electronic Proceedings of the Third Conference of the European Society for Research in Mathematics Education.* Retrieved from http://

citeseerx.ist.psu.edu/viewdoc/download?doi=10.1.1.582.9254&rep=rep1&type=pdf

Lesh, R., & Yoon, C. (2004). Evolving communities of mind in which development involves several interacting and simultaneously developing strands. *Mathematical Thinking and Learning, 6*(2), 205–226. doi:10.1207/s15327833mt10602_7

Lobato, J. (2008). When students don't apply the knowledge you think they have, rethink your assumptions about transfer. In M. Carlson & C. Rasmussen (Eds.), *Making the connection: Research and teaching in undergraduate mathematics* (pp. 289–304). Washington, DC: Mathematical Association of America.

Lobato, J., (2014). Why do we need a set of conceptual learning goals in algebra when we are drowning in standards? In K. C. Moore, L. P. Steffe, & L. L. Hatfield (Eds.), *Epistemic algebra students: Emerging models of students' algebraic knowing,* WISDOMe Monographs (Vol. 4, pp. 25–47). Laramie, WY: University of Wyoming.

Lobato, J., & Ellis, A. B. (2010). Developing essential understanding of ratios, proportions, and proportional reasoning for teaching mathematics in grades 6–8. In R. M. Zbiek (Series Ed.) and R. I. Charles (Volume Ed.), *Essential understandings series.* Reston, VA: National Council of Teachers of Mathematics.

Lobato, J., Hohensee, C., Rhodehamel, B., & Diamond, J. (2012). Using student reasoning to inform the development of conceptual learning goals: The case of quadratic functions. *Mathematical Thinking and Learning, 14*(2), 85–119. doi:10.1080/10986065.2012.656362

Maloney, A. P., Confrey, J., & Nguyen, K. (Eds.). (2014). *Learning over time: Learning trajectories in mathematics education.* Charlotte, NC: Information Age.

Meletiou-Mavrotheris, M., & Paparistodemou, E. (2015). Developing students' reasoning about samples and sampling in the context of informal inferences. *Educational Studies in Mathematics, 88*(3), 385–404. doi:10.1007/s10649-014-9551-5

Minstrell, J. (2000). Student thinking and related assessment: Creating a facet-based learning environment. In N. S. Raju, J. W. Pellegrino, M. W. Bertenthal, K. J. Mitchell, & L. R. Jones (Eds.), *Grading the nation's report card: Research from the evaluation of NAEP* (pp. 44–73). Washington, DC: National Academy Press.

Minstrell, J. (2001). Facets of students' thinking: Designing to cross the gap from research to standards-based practice. In K. Crowley, C. Schunn, & T. Okada (Eds.), *Designing for science: Implications from everyday, classroom, and professional settings* (pp. 415–443). Mahwah, NJ: Erlbaum.

Mitchelmore, M. C., & White, P. (2000). Development of angle concepts by progressive abstraction and generalisation. *Educational Studies in Mathematics, 41*(3), 209–238. doi:10.1023/A:1003927811079

Mohan, L., Chen, J., & Anderson, C. W. (2009). Developing a multi-year learning progression for carbon cycling in socio-ecological systems. *Journal of Research in Science Teaching, 46*(6), 675–698. doi:10.1002/tea.20314

Moore, K. C. (2013). Making sense by measuring arcs: A teaching experiment in angle measure. *Educational Studies in Mathematics, 83*(2), 225–245. doi:10.1007/s10649-012-9450-6

Nabors, W. K. (2003). From fractions to proportional reasoning: A cognitive schemes of operation approach. *The Journal of Mathematical Behavior, 22*(2), 133–179. doi:10.1016/S0732-3123(03)00018-X

National Council of Teachers of Mathematics. (2000). *Principles and standards for school mathematics.* Reston, VA: Author.

National Council of Teachers of Mathematics. (2006). *Curriculum focal points for prekindergarten through grade 8 mathematics: A quest for coherence.* Reston, VA: Author.

National Governors Association Center for Best Practices & Council of Chief State School Officers. (2010). *Common core state standards for mathematics.* Washington, DC: Author. Retrieved from http://www.corestandards.org

National Research Council. (1996). *National science education standards.* Washington, DC: The National Academy Press.

National Research Council. (2007). *Taking science to school: Learning and teaching science in grades K–8.* Committee on Science Learning, Kindergarten Through Eighth Grade. (R. A. Duschl, H. A. Schweingruber, & A. W. Shouse, Eds.). Washington DC: The National Academies Press.

National Research Council (2012). *A framework for K–12 science education: Practices, crosscutting concepts, and core ideas.* Committee on a Conceptual Framework for New K–12 Science Education Standards, Board on Science Education, Division of Behavioral and Social Sciences and Education. Washington, DC: The National Academies Press.

Norton, A. (2008). Josh's operational conjectures: Abductions of a splitting operation and the construction of new fractional schemes. *Journal for Research in Mathematics Education, 39*(4), 401–430.

Norton, A., & Boyce, S. (2013). A cognitive core for common state standards. *The Journal of Mathematical Behavior, 32*(2), 266–279. doi:10.1016/j.jmathb.2013.01.001

Norton, A., & D'Ambrosio, B. (2008). ZPC and ZPD: Zones of teaching and learning. *Journal for Research in Mathematics Education, 39*(3), 220–246. doi:10.2307/30034969

Norton, A., & McCloskey, A. V. (2008). Modeling students' mathematics using Steffe's fraction schemes. *Teaching Children Mathematics, 15*(1), 48–54.

Norton, A., & Wilkins, J. L. M. (2010). Students' partitive reasoning. *The Journal of Mathematical Behavior, 29*(4), 181–194. doi:10.1016/j.jmathb.2010.10.001

Olive, J. (1999). From fractions to rational numbers of arithmetic: A reorganization hypothesis. *Mathematical Thinking and Learning, 1*(4), 279–314. doi:10.1207/s15327833mt10104_2

Petit, M. (2011). Learning trajectories and adaptive instruction meet the realities of practice. In P. Daro, F. A. Mosher, & T. Corcoran (Eds.), *Learning trajectories in mathematics: A foundation for standards, curriculum, assessment, and instruction* (Research Report No. RR-68; pp. 35–40). Consortium for Policy Research in Education. Retrieved from http:// www.cpre.org/images/stories/cpre_pdfs/learning%20 trajectories%20in%20math_ccii%20report.pdf.

Piaget, J. (2001). *The psychology of intelligence* (M. Piercy & D. E. Berlyne, Trans.). London, United Kingdom: Routledge. (Original work published 1950)

Pöhler, B., & Prediger, S. (2015). Intertwining lexical and conceptual learning trajectories: A design research study on dual macro-scaffolding towards percentages. *Eurasia Journal of Mathematics, Science & Technology Education, 11*(6), 1697–1722.

Porter, A., McMaken, J., Hwang, J., & Yang, R. (2011). Common core standards: The new U.S. intended curriculum. *Educational Researcher, 40*(3), 103–116. doi:10.3102/0013189X11405038

Rasmussen, C., & Stephan, M. (2008). A methodology for documenting collective activity. In A. E. Kelly, R. A. Lesh, & J. Y. Baek (Eds.), *Handbook of design research methods in education: Innovations in science, technology, engineering, and mathematics learning and teaching* (pp. 195–215). Mahwah, NJ: Erlbaum.

Rasmussen, C., Stephan, M., & Allen, K. (2004). Classroom mathematical practices and gesturing. *The Journal of Mathematical Behavior, 23*(3), 301–323. doi:10.1016/j.jmathb.2004.06.003

Rasmussen, C., Wawro, M., & Zandieh, M., (2015). Examining individual and collective level mathematical progress. *Educational Studies in Mathematics, 88*(2), 259–281. oi:10.1007/s10649-014-9583-x

Richards, J. (1991). Mathematical discussions. In E. von Glasersfeld (Ed.), *Radical constructivism in mathematics education* (pp. 13–51). Dordrecht, The Netherlands: Kluwer.

Roy, G. J. (2008). *Prospective teachers' development of whole number concepts and operations during a classroom teaching experiment* (Doctoral dissertation). Retrieved from http://etd.fcla.edu/CF/CFE0002398/Roy_George_J_200812_PhD.pdf

Salinas, I. (2009, June). *Learning progressions in science education: Two approaches for development.* Paper presented at the Learning Progressions in Science (LeaPS) Conference, Iowa City, IA. Retrieved from http://education.msu.edu/projects/leaps/proceedings/Salinas.pdf

Sarama, J., Clements, D. H., & Vukelic, E. B. (1996). The role of a computer manipulative in fostering specific psychological/mathematical processes. In E. Jakubowski (Ed.), *Proceedings of the 18th annual meeting of the North America Chapter of the International Group for the Psychology of Mathematics Education* (Vol. 2, pp. 567–572). Columbus, OH: ERIC Publications. Retrieved from http://files.eric.ed.gov/fulltext/ED400178.pdf

Schmidt, W. H., & Houang, R. T. (2012). Curricular coherence and the Common Core State Standards for Mathematics. *Educational Researcher, 41*(8), 294–308. doi:10.3102/0013189X12464517

Sfard, A. (2008). *Thinking as communication.* Cambridge, United Kingdom: Cambridge University Press.

Shavelson, R. J., & Karplus, A. (2012). Reflections on learning progressions. In A. C. Alonzo & A. W. Gotwals (Eds.), *Learning progressions in science: Current challenges and future directions* (pp. 13–26). Rotterdam, The Netherlands: Sense.

Sherin, B., & Fuson, K. (2005). Multiplication strategies and the appropriation of computational resources. *Journal for Research in Mathematics Education, 36*(4), 347–395.

doi:10.2307/30035044

Sikorski, T.-R., & Hammer, D. (2010). A critique of how learning progressions research conceptualizes sophistication and progress. In *Proceedings of the 9th International Conference of the Learning Sciences* (Vol. 1, pp. 1032–1039). Chicago, IL: International Society of the Learning Sciences.

Simon, M. A. (1995). Reconstructing mathematics pedagogy from a constructivist perspective. *Journal for Research in Mathematics Education, 26*(2), 114–145. doi:10.2307/749205

Simon, M. A., Saldanha, L., McClintock, E., Akar, G. K., Watanabe, T., & Zembat, I. O. (2010). A developing approach to studying students' learning through their mathematical activity. *Cognition and Instruction, 28*(1), 70–112. doi:10.1080/07370000903430566

Simon, M. A., & Tzur, R. (2004). Explicating the role of mathematical tasks in conceptual learning: An elaboration of the hypothetical learning trajectory. *Mathematical Thinking and Learning, 6*(2), 91–104. doi:10.1207/s15327833mtl10602_2

Smith, C. L., Wiser, M., Anderson, C. W., & Krajcik, J. (2006). Implications of research on children's learning for standards and assessment: A proposed learning progression for matter and the atomic-molecular theory. *Measurement: Interdisciplinary Research & Perspective, 4*(1–2), 1–98.

Songer, N. B., Kelcey, B., & Gotwals, A. W. (2009). How and when does complex reasoning occur? Empirically driven development of a learning progression focused on complex reasoning about biodiversity. *Journal of Research in Science Teaching, 46*(6), 610–631. doi:10.1002/tea.20313

Sowder, J. T. (2007). The mathematical education and development of teachers. In F. K. Lester Jr. (Ed.), *Second handbook of research on mathematics teaching and learning* (pp. 157–222). Charlotte, NC: Information Age; Reston, VA: National Council of Teachers of Mathematics.

Stacey, K., & Steinle, V. (2006). A case of the inapplicability of the Rasch model: Mapping conceptual learning. *Mathematics Education Research Journal, 18*(2), 77–92. doi:10.1007/BF03217437

Steedle, J. T., & Shavelson, R. J. (2009). Supporting valid interpretations of learning progression level diagnoses. *Journal of Research in Science Teaching, 46*(6), 699–715. doi:10.1002/tea.20308

Steffe, L. P. (1991). The constructivist teaching experiment: Illustrations and implications. In E. von Glasersfeld (Ed.),

Radical constructivism in mathematics education (pp. 177–194). Dordrecht, The Netherlands: Kluwer.

Steffe, L. P. (1992). Schemes of action and operation involving composite units. *Learning and Individual Differences, 4*(3), 259–309. doi:10.1016/1041-6080(92)90005-Y

Steffe, L. P. (2004). On the construction of learning trajectories of children: The case of commensurate fractions. *Mathematical Thinking and Learning, 6*(2), 129–162. doi:10.1207/s15327833mtl0602_4

Steffe, L. P. (2014). Perspectives on epistemic algebraic students. In K. C. Moore, L. P. Steffe, & L. L. Hatfield (Eds.), *Epistemic algebra students: Emerging models of students' algebraic knowing,* WISDOMe Monographs (Vol. 4, pp. 317–323). Laramie, WY: University of Wyoming.

Steffe, L. P., Cobb, P., & von Glasersfeld, E. (1988). *Construction of arithmetical meanings and strategies.* New York, NY: Springer-Verlag.

Steffe, L. P., & Olive, J. (2010). *Children's fractional knowledge.* New York, NY: Springer-Verlag.

Steffe, L., & Thompson, P. W. (2000). Teaching experiment methodology: Underlying principles and essential elements. In A. E. Kelly & R. A. Lesh (Eds.), *Handbook of research design in mathematics and science education,* (pp. 267–306). Mahwah, NJ: Erlbaum.

Steinthorsdottir, O. B., & Sriraman, B. (2009). Icelandic 5th-grade girls' developmental trajectories in proportional reasoning. *Mathematics Education Research Journal, 21*(1), 6–30. doi:10.1007/BF03217536

Stephan, M., & Akyuz, D. (2012). A proposed instructional theory for integer addition and subtraction. *Journal for Research in Mathematics Education, 43*(4), 428–464. doi:10.5951/jresematheduc.43.4.0428

Stephan, M., & Rasmussen, C. (2002). Classroom mathematical practices in differential equations. *The Journal of Mathematical Behavior, 21*(4), 459–490. doi:10.1016/S0732-3123(02)00145-1

Stephens, M., & Armanto, D. (2010). How to build powerful learning trajectories for relational thinking in the primary school years. In L. Sparrow, B. Kissane, & C. Hurst (Eds.), *Shaping the future of mathematics education: Proceedings of the 33rd annual conference of the Mathematics Education Research Group of Australasia.* (pp. 523–530). Fremantle, Australia: MERGA. Retrieved from http://files.eric.ed.gov/fulltext/ED520968.pdf

Stevens, S. Y., Delgado, C., & Krajcik, J. S. (2009). Developing a hypothetical multi-dimensional learning progression for the nature of matter. *Journal of Research in Science Teaching, 47*(6), 687–715.

Strauss, A. L. (1987). *Qualitative analysis for social scientists.* New York, NY: Cambridge University Press.

Suh, J., & Seshaiyer, P. (2015). Examining teachers' understanding of the mathematical learning progression through vertical articulation during lesson study. *Journal of Mathematics Teacher Education, 18*(3), 207–229. doi:10.1007/s10857-014-9282-7

Tabach, M., Hershkowitz, R., Rasmussen, C., & Dreyfus, T. (2014). Knowledge shifts and knowledge agents in the classroom. *The Journal of Mathematical Behavior, 33,* 192–208. doi:10.1016/j.jmathb.2013.12.001

TERC (2008). *Investigations in number, data, and space.* Upper Saddle River, NJ: Pearson/Scott Foresman.

Thompson, P. W, Carlson, M. P., Byerley, C., & Hatfield, N. (2014). Schemes for thinking with magnitudes: A hypothesis about foundational reasoning abilities in algebra. In K. C. Moore, L. P. Steffe, & L. L. Hatfield (Eds.), *Epistemic algebra students: Emerging models of students' algebraic knowing,* WISDOMe Monographs (Vol. 4, pp. 1–24). Laramie, WY: University of Wyoming.

Tillema, E. S. (2014). Students' coordination of lower and higher dimensional units in the context of constructing and evaluating sums of consecutive whole numbers. *The Journal of Mathematical Behavior, 36,* 51–72. doi:10.1016/j.jmathb.2014.07.005

Tobias, J. M. (2009). *Preservice elementary teachers' development of rational number understanding through the social perspective and the relationship among social and individual environments* (Doctoral dissertation). University of Central Florida, Orlando. Retrieved from http://etd.fcla.edu/CF/CFE0002737/Tobias_Jennifer_M_200908_PhD.pdf

Toulmin, S. E. (2003). *The uses of argument.* Cambridge, United Kingdom: Cambridge University Press. (Original work published in 1958)

Tzur, R. (1999). An integrated study of children's construction of improper fractions and the teacher's role in promoting that learning. *Journal for Research in Mathematics Education, 30*(4), 390–416. doi:10.2307/749707 van den Heuvel-Panhuizen, M. (2003). The didactical use of models in realistic mathematics education: An example from a longitudinal trajectory on percentage. *Educational Studies in Mathematics, 54*(1), 9–35. doi:10.1023/B:EDUC.0000005212.03219.dc

Vermont Mathematics Partnership's Ongoing Assessment Project. (2013). *OGAP proportional reasoning framework.* Montpelier, VT: Author. Retrieved from http://margepetit.com/wp-content/uploads/2015/04/OGAPProportional Framework10.2013.pdf

Vermont Mathematics Partnership's Ongoing Assessment Project. (2014a). *OGAP fraction framework.* Montpelier, VT: Author. Retrieved from http://documents.routledgeinteractive.s3.amazonaws.com/9781138816442/OGAP_Fraction_Framework.pdf

Vermont Mathematics Partnership's Ongoing Assessment Project. (2014b). *OGAP multiplicative framework.* Montpelier, VT: Author. Retrieved from http://margepetit.com/wp-content/uploads/2015/04/OGAP-Multiplicative-Framework-6.2014.pdf

von Glasersfeld, E. (1995). *Radical constructivism: A way of knowing and learning* (Studies in Mathematics Education Series, Vol. 6). London, United Kingdom: Falmer.

Wang, Y., Barmby, P., & Bolden, D. (2015). Understanding linear function: A comparison of selected textbooks from England and Shanghai. *International Journal of Science and Mathematics Education,* 1–23. doi:10.1007/s10763-015-9674-x

Wawro, M. J. (2011). Individual and collective analyses of the genesis of student reasoning regarding the invertible matrix theorem in linear algebra (Doctoral dissertation). Retrieved from https://escholarship.org/uc/item/30g0b1g1

Weber, E., & Lockwood, E. (2014). The duality between ways of thinking and ways of understanding: Implications for learning trajectories in mathematics education. *The Journal of Mathematical Behavior, 35,* 44–57. doi:10.1016/j.jmathb.2014.05.002

Weber, E., & Thompson, P. W. (2014). Students' images of two-variable functions and their graphs. *Educational Studies in Mathematics, 87,* 67–85. doi:10.1007/s10649-014-9548-0

Weber, E., Walkington, C., & McGalliard, W. (2015), Expanding notions of "learning trajectories" in mathematics education. *Mathematical Thinking and Learning, 17*(4), 253–272. doi:10.1080/10986065.2015.1083836

Weber, K., Maher, C., Powell, A., & Lee, H. S. (2008). Learning opportunities from group discussions: Warrants become the objects of debate. *Educational Studies in Mathematics, 68*(3), 247–261. doi:10.1007/s10649-008-9114-8

White, R. T. (1974). The validation of a learning hierarchy. *American Educational Research Journal, 11*(2), 121–136. doi:10.2307/1161783

Wilson, M. (2009). Measuring progressions: Assessment structures underlying a learning progression. *Journal of Research in Science Teaching, 46*(6), 716–730. doi:10.1002/tea.20318

Wilson, M., & Carstensen, C. (2007). Assessment to improve learning in mathematics: The BEAR assessment system. In A. Schoenfeld (Ed.), *Assessing mathematical proficiency* (pp. 311–332). London, United Kingdom: Cambridge University Press.

Wilson, P. H. (2009). Teachers' uses of a learning trajectory for equipartitioning (Doctoral dissertation). Retrieved from http://repository.lib.ncsu.edu/ir/handle/1840.16/2994

Wilson, P. H., Mojica, G. F., & Confrey, J. (2013). Learning trajectories in teacher education: Supporting teachers' understandings of students' mathematical thinking. *The Journal of Mathematical Behavior, 32*(2), 103–121. doi:10.1016/j.jmathb.2012.12.003

Wilson, P. H., Sztajn, P., Edgington, C., & Confrey, J. (2014). Teachers' use of their mathematical knowledge for teaching in learning a mathematics learning trajectory. *Journal of Mathematics Teacher Education, 17*(2), 149–175. doi:10.1007/s10857-013-9256-1

Wiser, M., Smith, C. L., & Doubler, S. (2012). Learning progressions as tools for curriculum development. In A. C. Alonzo & A. W. Gotwals (Eds.), *Learning progressions in science: Current challenges and future directions* (pp. 359–403). Rotterdam, The Netherlands: Sense.

Wood, T., Williams, G., & McNeal, B. (2006). Children's mathematical thinking in different classroom cultures. *Journal for Research in Mathematics Education, 37*(3), 222–255. doi:10.2307/30035059

Yettick, H. (2015). Learning progressions: Maps to personalized teaching. *Education Week, 35*(12), S18–S19. Retrieved from http://www.edweek.org/ew/articles/2015/11/11/learning-progressions-maps-to-personalized-teaching.html

5

理论发展在提升数学教学研究学科特性中的作用

帕特里西奥·赫布斯特
美国密歇根大学
丹尼尔·查曾
美国马里兰大学
译者：金海月
南京师范大学教育科学学院

对育研究者们而言，"教"与"学"在学术研究方面有很大的不同。有关学习的研究很容易将关注点放在学生如何思考和学习具体的数学观念及实践上。一些教育研究者有时会使用或改编一些一般性的理论，数学学习的有关研究也促进了理论在具体学科中的发展，譬如，有些学习理论主张，研究应依赖于对所研究的学科进行基于教学专题的、认识论的或历史性的思考。然而，当涉及数学教学研究时，情形则不同。

迄今为止，教育研究者对教学的研究已逾50年。对数学教学的研究（RMT），既有从事数学教育的学者，也有数学教育领域之外专门研究教学的研究者。这些研究的进行通常基于工具主义的理论：研究者们感到学生的学习需要改进，因此来寻找教学中可能与这种改进相关的因素。无论教学是否被定义为依赖于个人资源的个体性工作，从工具主义的观点来看，教学都被视为学习的工具，是对课程材料的实施，是教学实践的执行，或包含所有这些元素。工具性的RMT探讨这些因素之一的刻意改变是否可能与学生学习结果的变化相关，但是，这种工具性研究的渐进式进展得益于另一类研究的相关教学观的理论发展，后者从基本的或基础的角度看待数学教学（这与工具主义的角度相反）。这一基本的视角强调将数学教学视为存在于世界中的一种现象或社会实践的必要性，认为它可能是认知的、社会的、历史的和制度性的条件和约束下的副产品。

本章我们要论述的是，基本的RMT理论发展目标已经使得工具性RMT受益，特别是使研究更关注具有学科特性的问题。我们呼唤该领域进一步发展具有学科特性的理论，以帮助RMT更好地诠释其研究目标。尽管具有学科特性的理论的确切含义在本章中得以阐述，但依据数学教学的学科特性理论，这一理论除其他外，还依赖于数学的思考（基于认识论的、历史的，或基于学科主题的思考等），因为该理论描述并解释了数学教学实践中的变异性，或更确切地说，它将数学教学的实践视为数学的实践。数学教学的学科特性理论，对于数学教学行为的描述和解释取决于对所教的数学是什么的说法持开放的态度。

有关数学教学理论的研究文献

数学教育者们对数学教学的研究已有几十年。有很多关于这些研究的评论，尤其值得关注的是查曾、赫布斯特和克拉克（2016），法伊（1969），弗兰克、凯泽米和巴蒂（2007），亨德森（1963），希伯特和格劳斯（2007）以及龙伯格和卡彭特（1986）等人的研究。我们的目的不是对过去十年所做的RMT进行全面的综述，而是要论述基于理论驱动的RMT理论的发展，是如何促进将教学作为直接影响学生学习结果的工具的研究（另见

Silver & Herbst, 2007）。

本章的主要目的是阐述有关数学教学的理论。我们在撰写本章时所面临的一些挑战，与我们所关注的这一数学教育领域的特质和所处的初级阶段有关：我们对理论一词所采取的方式是应对这类挑战的体现。数学教育一词涵盖了实践以及对该实践的研究，两者的模糊性影响了数学教育研究者对理论和研究等词语以及与这些词语相关的实践处理方式。虽然数学教育的学术研究可追溯到一百多年前，但与其他社会科学相比，这个领域仍显年轻；此外，数学教育研究者既不是教育实践的外部观察者，也不是已经不关注该实践领域的人员，而是该领域发展的积极参与者（例如，作为教师教育者）。因此，我们认为在相关理论介入教学研究时，不能将教学视为一个静态的对象，相反地，我们的研究将捕捉和阐述教学各个动态的方面。因此，我们以连续、部分近似的方式对教学研究所涉及的词汇进行初步讨论，以阐明我们撰写本章的方法。然后，利用舒尔曼（1986a）的教学研究范式来描述RMT的工具性和基本理论的研究，并揭示后者是如何帮助前者更好地解决学科特性问题的。本章的最后将描述，我们认为什么样的理论发展才是基础研究所必需的。

初步区分："教学"一词的不同用法

我们把"教学"一词理解为一个人在（机构性的）教师职位上所做的工作，特别指教师职位所追求的结果。这些结果是多方面的：教师在各种活动系统中行事，每个系统都有各自的结果。教师参与的一个主要的系统活动是数学教学，其结果是学生的数学学习，而指导青少年和确保儿童安全则属于其他的活动系统（见Chazan等，2016）。

那些自明之理也隐藏着复杂性。在日常用语中，教有两种截然相反的意思，其一，当教被定义为导致学习，或更一般地，当该活动被定义为实现其目标时，教几乎是学的同义词。事实上，有些语言中没有单独的教和学的词汇（例如，荷兰语中leren可译作教或学，这取决于上下文的意思）。另一方面，教被定义为教师所做的事

情或更一般性的工作，此时的活动由其操作方式所定义，教与学完全不同。

根据科恩（2011）的研究，我们发现这样的常规用法是有问题的，我们强调科恩通过将教定义为教师所做的有意识地导致学习发生的工作，从而解决了教学一词的歧义。同时，鉴于教师的专业工作不仅仅是教学，我们发现科恩（2011）的定义需要更宽泛一些：如果定义教的目的是为了突出专业的、有意的操作与一般的偶然事件之间的区别，似乎要求此类操作必须指向教师在他们所参与的活动系统中依据专业的预期所追求的目标也就够了。然而，我们意识到，其他研究教学的学者可能会对数学教师参与的一些其他活动系统（例如，指导青少年）感兴趣。但被我们称之为教学（instruction）的这种活动系统则是数学教育的学者们特别感兴趣的内容之一，数学教育研究者往往感兴趣于能产生学生数学学习的教——即数学教学活动。关于教学，我们指的是教师、学生和学习内容三者之间的关系（Cohen, Raudenbush, & Ball, 2003）。但是，在本章后面我们将讨论，不管对数学教育者而言教学的核心关注点如何，这些核心关注点通常都表明数学教育工作者已经超过了对教学中教的研究，他们也同时对教师在其他活动系统中所做的事情展开了研究（例如指导青少年，参见 Johnson, Nyamekye, Chazan, & Rosenthal, 2013）。

理解教学的不同目的

关于教学的两种常规定义与科恩（2011）通过自己的定义解决歧义，都与研究教学的不同目的有关。一种目的专注于支持学习结果的获得，或可称之为工具性的。如果研究能告诉我们什么样的教学将产生被我们肯定的结果，那么我们就可以采取行动以促进教学，也就是说，工具性研究的结果支持政策制定（例如，改革）和各种执行机制（例如，教师教育）。也许受有关学习研究的启示，政策领域可能会对教学目标的制定提出建议，与之平行的，有关教学的工具性研究可能会提供具体的方法以达到教学目标。因此，可能会设计并制定诸如教师发展计划或教师评价之类的系统机制，以促进或

奖励与基于研究所期望的学习目标相匹配的教学。从这个角度看，教学研究可以追求规定的或期望的目的以找出什么样的教学是应该或希望得到提升的。特别地，如果理论是源自RMT工作，那么这些理论可采取的一种形式也源自规定的或期望的理论，是有关教师应该如何教的理论。

但是，这些可能不是数学教育工作者做RMT的唯一目的。由于不同类型数学教学的存在，数学教育研究者的目标可以是去描述现有的教学，或者同时也解释了为什么教学存在如此的多样性，我们称这些为基本的或根本的目标，尤其对那些视教学为一个复杂的社会现象的观点而言，这样的目标是合理的，因为跟其他复杂的社会现象（例如，价格如何设定、如何找到自己的生活伴侣）一样，个体能够认识到，现有的数学教学可能有针对各种条件和约束的（文化的、历史的、个人的、社会的、技术的等）特定的存在形式。特别是，RMT的研究结果能获得关于数学教学的描述性或解释性的理论，或关于这是什么情形，为什么会有这种情形之类的理论。对现有教学的说明和解释可能有助于数学教育工作者更好地理解教学是一种怎样的复杂工作。这种理解还可能帮助数学教师教育者找到对新教师或教育改革的切合现实的期望，也有助于数学教育工作者联系到基于不同角度的改革运动：关于教学的描述性知识和解释性知识可以帮助数学教育工作者预测需要什么样特殊的改革，或数学教学实践如何应对改革。作为政策的实施者，数学教育工作者可利用这些知识以更好地促成教学的变革。

本章的计划

基于上述关于教的理解的不同观念，本章将在剩余部分考察理论在界定RMT所关注的焦点方面的作用。为了组织对这些不同关注点的讨论，我们从舒尔曼（1986a）对教学研究范式的描述中获得启示，阐述了如何对这些不同的焦点进行有针对性的数学教育研究。我们将舒尔曼提出的六种教学研究范式（1986a）分为两大类：第一类包括两个研究范式，它们将教学看作用来产生学生学习结果的一种工具；第二类包括四个基础研究的范式，

它们将教学视为一种可以被理解的现象。基于此，我们提出一个观点并进行说明，我们的观点是，数学教学的理论在基础研究中已经得到了发展，这些理论有助于提升工具性研究的质量，使得研究者能够更好地理解如何才能让学生获得更好的学习效果。关于今后的研究，我们在本章结尾处勾勒了一种在数学教学研究中提升理论的学科特性方法，并提出了一个双管齐下的问题：一个关于数学教学的更具学科特性的理论对于改进我们对数学教学的基本理解以及改善学生的数学学习有什么用处？

考察数学教学理论的焦点

数学教学的理论多种多样。了解这种多样性的方法之一是考察它们在教学中关注什么。舒尔曼（1986a）在"教学研究的范式和研究项目"一章中提供了一个组织构架来考察这些焦点内容。舒尔曼（1986a）描述的范式称为预测-结果、过程-结果、学生调节、教师调节和生态的以及一种需要专注于教师知识的范式。舒尔曼的范式可以按照工具性的和基础性的教学研究进行分类。预测-结果范式和过程-结果范式描述了教学研究的途径，它们的目标是工具性的，在于找出与学生学习结果相关的变量。与此相反，学生调节、教师调节、生态的及教师知识的范式均属于基础性研究，也为我们从不同方面进一步理解教学行为提供了多方面的视角。前两个范式的历史比后四个来得悠久，虽然研究者依然在不断关注前两个范式，但后四个范式的研究更加成熟，它们的并存为我们的论述提供了有用的材料。事实上，与其呈现各自互不相关的研究，我们反而认为，交叉研究可以作为一种基础性研究，为改进工具性研究提供理论上的贡献。因此，尽管基于传承性的考虑我们保留"范式"这一说法，但我们同意舒尔曼（1986a）的观点，同时认为把它们称为研究项目要比范式更为合适。

我们从回溯早期阐述工具性研究范式的RMT开始讨论舒尔曼（1986a）对范式的区分；当我们谈及基础性研究范式时，主要是包括2005至2015年之间的RMT研究；当我们回顾基础性方法是如何启发以及将如何进一步启发工具性RMT时，我们将用最近的研究实例作为这些工

具性范式的例子。

工具性数学教学研究的方法

数学教学可以看作达成学生学习结果的一个工具，包括对不同利益相关者至关重要的学习结果。工具性RMT试图找出数学教学中的一些变量或因素，以帮助研究者理解学生学习结果的差异。虽然学生的学习结果经常被理解为考试成绩，但也有一些我们普遍知道的能够用于理解学生学习结果差异的表现。学生数学学习质量是：有些学生能够熟练地运用程序性方法来解决常规问题，而另一些学生却有解决新问题的能力；一些学生对分数及其运算的认识有限，而另一些学生却对此有非常深入的理解。学生的数学学习在量上也存在差异：当用涵盖了一系列概念和过程的测试来测量他们的成绩时，有些学生得分较高，有些得分较低。在其他结果方面也有差异，包括继续深造的动机、毕业后的工作表现或自我概念。我们首先做出这些评论以示工具性范式并不是要把学习结果局限为成绩，同时也要注意，下文中我们不太感兴趣去回顾已有研究发现了哪些与学习结果相关的内容（因为关注的学习结果可能不同），我们更为关注这些研究是怎么考虑并确定哪些内容是与学习结果相关的，也就是说，与学习结果相关的探索中蕴含着哪类教学理论。

下文描述了通过两种不同途径充实工具性研究的范式。第一，预测-结果范式，包括从可能与学生学习结果相关的实践者（教师）处收集一系列个人资源；第二，过程-结果范式，包括识别与学生学习结果相关的教师和学生的一系列课堂行为。

预测-结果：对教师个人资源的研究

近十年来，数学教育中的重要工作关注了教师的特征及其与学生学习结果的关系。人们对教师特征的研究兴趣由来已久，邓金和比德尔（1974）将预测变量和情境变量作为两套描述课堂互动的输入变量。预测变量关注教师与生俱来的和后天习得的特征；而情境变量包括

学生的特征及学校和课堂的特征，后者可以包括教科书内容的表征形式。所有这些都可以与工具性的目标相结合来研究，以发现其中哪些与学生的学习结果相关。采用预测-结果范式的研究者会关注教师特征的如下方面：态度、教育、经验和知识等（Shulman, 1986，第9页）。早期关于教学的数学教育研究展示了预测-结果范式的一些例子。法伊（1969）通过下列问题回顾分析了RMT："一个好的数学教师是什么样的？他的个人特征是什么？"（第535页）他同时也指出，"大量的调查研究没有发现教师基本特征（如经验、数学知识、大学期间的准备或对数学的态度）与学生的成绩或态度之间存在显著的或一致的相关性。"（第535页）

法伊（1969）指出，尽管缺乏这一类的研究发现，但当时仍有研究致力于探讨个体特征与学习结果可能的相关性，其假设是，这类发现的缺乏是"受限于对什么是关键变量的狭隘视野以及对有效性测量的过于简化"（第536页）。我们认为法伊对"狭隘视野"的评论意指对预测变量的选择及概念化的背后缺乏足够的理论思考。虽然过程-结果范式将注意力转向过程变量，但预测变量仍一直受到关注。罗恩、科伦蒂和米勒（2002）指出研究者们最初感兴趣的预测变量是仅限于我们现在所描述的以下特征：外观、热情、智慧和领导力，而其他变量直到最近才得到关注。

教师的个人特征可能与学生学习结果相联系的观念持续激励着研究者们，尤其是那些关注教师质量的研究者。戈伊（2007）在解释这些变量如何被用于教师质量的研究时将预测变量集中分为两类：教师资格和教师特征。其中，资格是所需的资源，它在决定"谁应该被允许教学"时是重要信息（Goe, 2007，第10页）；特征则是指"教师的特性、态度以及不可变更的（或与生俱来的）特征，如种族和性别"（Goe, 2007，第10页）。这种区别可能区分出在数学教学研究中具有一定历史渊源的两种个体资源。法伊（1969）在其综述中指出，数学教育学者曾热衷于教师的数学知识以及对数学的态度是否会影响学生的成绩。这些年来随着基本的RMT的展开，这项工作为考虑与这些预测变量有关的构造提供了信息。通过对其他范式的分析，我们注意到，对教师信念和教

师知识的研究有助于提升预测-结果研究的可能性。

过程-结果：教学有效性研究

在过去的十年中，人们还关注并描述了教师和学生在课堂上的表现与学生学习结果的关系。过程-结果范式在教学研究中有着悠久的历史，之所以这样命名是因为它关注可能对学生学习结果产生影响的过程变量。过程变量包括课堂教学中的教师行为和学生行为。数学教学研究这一范式的一个早期的例子是内德·弗兰德斯的工作（引自 Cooney, 1994），其研究专注于互动行为并对行为进行分子级的详细编码[1]（如，教师的注视）。数学教育研究中关注教师行为的著名例子是古德和格劳斯（1977, 1979）的研究，他们从一个更微观的摩尔级水平对该研究所描述的行为进行编码，包括教师是否评阅了家庭作业、用了多长时间或是某一给定类型的问题数目。20世纪60年代和20世纪70年代开发了大量的课堂观察工具。正如罗森希恩（1970）所指出的，这些观察工具包括对行为进行分类的类目系统和评估它们质量的评级系统。虽然追踪的大多数元素通常都可以在行为上定义，但也并非不完全如此。例如，埃弗森、埃默和布罗菲（1980）的研究也记录了数学主题和高认知负荷问题的发生率。

如果说这两种工具性范式没有依据教学的理论，这未免太过简单。理论是用来识别值得编码的行为或值得记录的教师特征的，对教师特征探寻的背后是个体差异的理论，对课堂教学过程分析的背后是行为主义和语言学理论，在某些情况下，理论明确被用于工具的设计。然而，研究的动力不是为了发展理论，而是为了找寻学习结果的经验相关性，在这个过程中有可能把一组差异较大的因素放在一起来进行研究。受社会研究中其他活动的鼓舞，其他范式提供了应用新的诠释框架去探讨教学工作的动力。

基础性教学研究的方法

我们归入基础性教学研究方法的一系列范式都集中在课堂里发生的事情上，没有太过关注对学生学习结果的预测或控制，而是将课堂活动描述为一种更好理解其自然变化的现象。每种范式利用不同的社会科学方法和理论以不同的方式构建课堂活动，虽然我们并不总是很明确，但我们的理解是，这些范式都有助于说明课堂活动是一个复杂的相互作用系统，这些条件形成了社会的复杂系统。下面讨论的四种范式可以作为不同的研究项目来处理教学是哪类活动的问题。舒尔曼（1986a）根据组织现有的和所需的研究将这些范式进行分类命名：教师调节和学生调节范式源于对认知革命的回应；课堂生态范式是对将课堂理解为文化的兴趣的回应；舒尔曼（1986a）的教师知识范式出现在20世纪80年代中期，与其他范式不同，它重点将教学视为一种需要对加以描述的独特的专业知识的使用。当我们对这些范式进行回顾时，还就每种范式讨论了有助于数学教学研究理论发展的那些最近的研究，这样做的目的是为了稍后可以回过头来再讨论那些要素，以便描述工具性范式是如何受益于这些理论发展的。

关注学生调节

一些教学研究专注于描述学生在课堂上所做的事，主要是描述他们的认知和社会性过程，而不太关注他们的行为和语言。舒尔曼（1986a）指出，过程-结果范式关注的是在所描述的课堂教学过程背景中的学生行为，该范式中描述行为的一个重要的指标是花费在任务上的时间，但除了描述学生的外显行为，过程-结果范式并没有提供有关学生在做这些任务时的实质信息。根据舒尔曼（1986a）的观点，学生调节范式能够帮助研究者理解当学生花费时间在课堂任务上时所参与其中的过程。舒尔曼（1986a）指出这一范式由关注两组互补问题的研究者们所充实。一组问题关注的是解释学生如何理解发生在课堂中的社会性交互活动，另一组问题关注的是解释学生如何理解课堂上发生的知识性交互活动。这两种方法与教学研究有关，因为教学为学生提供了参与和学习的机会：如果学生的学习结果不仅取决于他们和教师一起做了什么，而且还取决于学生自己如何调节他们的行为，那么重要的便是找出这种调节涉及哪些社会性的和认知的结构和过程。

在课堂社会环境中的学生。 社会性交互的调节问题集中在了解学生如何理解在课堂中发生的与他人及教师之间的社会性关系和互动。该领域的开创性工作是贝克尔、吉尔和休斯（1968/1995）的"获得成绩"的研究，在该研究中，研究者详细阐述了大学生将其课堂上的社会性经验视为其学习成绩的概念。进一步的研究试图描述中小学生如何理解他们的学习以及如何根据交互价值来看待他们的学习，是按照成绩、表扬还是其他形式的奖励（Doyle, 1983; Sedlack, Wheeler, Pullin, & Cusick, 1986）。更一般地，这种研究还将学生在课堂中的学习与他们的动机以及作为课堂一员的道德社会化联系在一起（Blumenfeld, Mergendoller, & Swarthout, 1987）。最近的研究继续着眼在课堂上成绩-学习的交互影响，并将考察范围扩大到实体课堂之外的环境，在那里学生还在学习并继续着这样的交互影响，例如，科尔诺和徐（2004）通过观察学生做家庭作业和访谈学生对家庭作业意义的认识，来研究家庭作业的作用。关注这一领域的研究者将学生看作情境活动的参与者，如朱罗（2005）研究了学生在一项建筑设计项目中做数学的参与过程，他试图打破学生在课堂活动中扮演的传统角色，从而考察学生在承担全新任务过程中的新角色时是如何共同协商（见Langer-Osuna, 2011）。

此外，研究者们还从其他角度考察了学生如何分配课堂时间的问题，其中的一些研究在近些年变得非常重要，特别是对学生的身份及其与课堂教学过程之间关系的研究似乎很适合学生调节范式的这一方面（例如，Esmonde, 2009; Martin, 2000; Solomon, 2007）。在兰伯特（2001）针对教师需要处理的教学问题的分析中，她指出学生需要学会将自己看作在学校学习的人。数学教育研究中对学生主体、身份认同及动机的关注有助于了解学生如何在课堂上使用自己的经验（见Clark, Badertscher, & Napp, 2013; Gholson & Martin, 2014; Hand, 2010; Jansen, 2006）。

数学教育研究似乎在以下这些方面进行了相当重要的投入，即课堂内外的平等和身份问题。这样的研究说明了学生如何从人际关系的或人口学的角度思考他们自己是谁，从而调节他们所接受的教育。人类学、社会学、社会心理学的理论以及教育心理学、文化研究、批判性种族理论对于数学教育者研究学生课堂经历而言是很重要的。这个范式所提供的信息将过程-结果范式的观点复杂化，它认为学生的活动不仅指对教师教学做出反应以及直接调节学习的行为，而且学生的行为是处在一个复杂的、与作为或成为一个调节课堂行为的学生品质相关的关系之中，他们从动机、身份及社会群体成员及其关系来看待教师和学生在课堂上的行为，因为这些方面会对他们的行为效果产生影响。

课堂中学生的数学思维。 学生调节范式研究的第二条主线是学生如何理解他们自己在课堂中的认知活动。舒尔曼（1986a）写道：

> 这项研究的基础在于认识到，即使是最简单的认知任务，学习也不是一个被动的过程，在学习过程中，学习者将所学到的知识结合在一起。事实上，任何学习或解决问题行为的本质是学习者在积极地将教学中的表面信息转化、纳入……自己的认知结构中。（第16~17页）

要了解教与学之间的关系，研究者需要超越教师或学生所做的事情，需要看学生是如何处理自己和教师在课堂中所做的。舒尔曼（1986a）指出，这个范式的两条主线都聚焦于达到以下目标："发现……参与者如何通过简化和重建现实情境，把呈现在他们面前的世界转化为他们可以工作的世界。"（第17页）然而，除了一些类似的研究取向，舒尔曼（1986a）指出，这两条主线上的研究者很少同时关注对社会性和知识性的调节。因此，下面我们讨论一些同时关注这两个视角的研究。

教学研究的第二条主线侧重于教学过程中学生的认知调节，这在数学教育研究中一直处于中心位置，虽然它最初经常与侧重于社会性调节的研究毫无关系。在舒尔曼（1986a）撰写他的研究时，他注意到大部分工作都集中在一般性的过程、图式和元认知上，然而，过去30年来数学教育领域看起来已经完全不同了。数学学习的研究者开始关注学生的课堂学习以及学生从教学中所学到的,从中我们可以发现他们对于理解学生如何处理自己的学习机会很感兴趣(例如,见 Schoenfeld, 1988)。在斯坦因、格罗弗和亨宁森(1996)对中学课堂任务的研究中,他们关注了学生如何完成那些学习任务:课堂观察者注意到在实施教学任务中的认知需求和"学生在多大程度上执行了(任务中)设定的各项任务的特点"之间的不一致(第467页)。近十年来,课堂研究的重点是描述教学环境中学生的认知活动,其中最为有名的案例有:埃利斯(2011)在由一组中学生参与的教学实验中所做的有关归纳的研究,霍恩西(2014)的关于一组七年级学生在学习二次函数后如何就线性函数进行推理的研究,斯泰里诺(2011)的关于六年级学生如何应用各种表征去解决代数引入问题的研究以及伍德、威廉姆斯和麦克尼尔(2006)的关于在不同的小学课堂文化下学生活动中的互动模式和数学思维模式的研究。这类研究有时会关注学生在完整的教学中(例如,Stein 等,1996)或特殊的教学设计已成为常规的教学中(Wood 等,2006)的认知情况,但更为普遍的是在教学设计的情形下,如常规课堂的教学干预(Stylianou, 2011)或把学生集中起来由研究者开展教学(Ellis, 2011; Hohensee, 2014)来研究学生的认知情况。最后,对学生的认知如何调节其在课堂中学习的研究,已经开始摒弃对这种调节的唯心主义的解释。现在对学生在课堂中数学观念认识的描述更多的是关注认知的表现,例如,基恩、拉斯姆森和斯蒂芬(2012)或诺布尔、迪马蒂、内米诺夫斯基和巴罗斯(2006)的研究。从这些研究中,我们了解到,为了描述学生对课堂学习的认知调节,研究者们还需要继续关注学生的行为,但是这种关注需要用数学思想来体现数学的学科特性。

除了看到学生调节范式的每个方面的例子外,在过去的几十年里,我们尝试将认知的和社会的观点结合起来看待学生的课堂活动。柯布和鲍尔斯菲尔德(1995)的新视角,约考和柯布(1996),以及柯布、伍德、约考和麦克尼尔(1992)等的相关研究,提升了对学生认知的和社会性调节的关注。在过去的十年中,学者们描述了学生对课堂中社会性的和认知过程的管控,包括记录这些过程中的矛盾和紧张关系(例如,Bishop, 2012; Cobb,

Gresalfi, & Hodge, 2009; Hey-Metzuyanim & Sfard, 2012; Kosko & Wilkins, 2015; Levenson, Tirosh, & Tsamir, 2009)。

这一领域的数学教育工作显然是有理论指导的,而且旨在发展理论。特别是认知和建构主义理论已被用于研究学生在课堂上的思维,并且在某些情况下被用来发展理论视角,以描述学生数学实践的发展(见 Arzarello, Olivero, Paola, & Robutti, 2002; Rasmussen, Zandieh, King, & Teppo, 2005)。总体而言,关于学生调节范式的理论所提供的信息是,学生和教师的行为对学生学习的影响是由与这些刺激相关的学生认知结构所调节的。认知理论在建构这种认知结构方面起了工具性的作用,如图式的链接和激活,或图式的同化和顺应。因此,课堂教学过程仅是刺激而不是引发学习的有效原因,学习发生的有效原因实际上是来自于刺激所激活的认知结构。与对学生认知的关注相同步,舒尔曼(1986a)也描述了一种侧重于教师调节的研究范式。

关注教师调节

教师调节范式类似于学生调节范式,它关注教学行为中教师的认知。为了从实践者的思考角度对这一研究范式加以说明,舒尔曼(1986a)将自己的工作置于专业的问题解决中,类似的还有谢弗尔森(1973)关于教师决策的研究。其主要思想是将教学视为一个复杂的问题解决过程,使用认知科学的理论将教学描述为在认知过程和活动上的表现,并将教学研究视为对复杂认知的建模工作。与学生认知调节的研究一样,此类研究试图揭示教师行为也是由其认知结构调节的。莱恩哈特和格里诺(1986)利用教学的认知技能分析一位数学教师批阅家庭作业的案例,是一个很好的关于教师认知研究的例子。类似地,博尔科和利文斯顿(1989)研究了专家和新手数学教师在思考教学计划和实施教学中的差异。

始于20世纪80年代的另一种方法是从教师对数学及其关于教与学的信念来看待教师的认知。受建构主义而非认知科学的启发,关注信念的研究者们试图将课堂行为描述为由个人信念和观念所产生的,并致力于通过描述教师的信念结构及其演变来研究教学。数学教育研究通常将A.G.汤晋森（1984）和库尼（1985）的研究作为通过信念和教师个体观念考察教学传统的起点。

1990年到2005年，教学研究中的教师调节范式获得了里程碑式的进展，这一进展至少可以沿着三条主线来描述。第一条主线中，在教学工作认知建模上的持续努力受益于摄像机的普及、摄像机尺寸的减小以及视频档案数字化管理的便利。作为研究资源的视频资料，记录所观察的教学，并将教学中的一些特定的行为与通过访谈及其他数据来源评估的教师目标、信念和知识相联系，这些对研究者来说是至关重要的。这条线中的一个亮点是舍恩菲尔德（1998）的教学过程模型，它将数学教学描述为一个复杂问题解决的案例。第二条主线中，对教师信念的研究引发了一系列的有关教师信念的研究案例，有些研究显示信念是如何有助于解释个体对刺激的反应，如对课程教材改革的反应（例如，Wilson & Goldenberg, 1998）；而其他一些研究则会关注新手教师，观察新手教师在信念和观念方面的发展会怎样促成其教学实践的改变（例如，Cooney, Shealy, & Arvold, 1998）。第三条主线是以第一人称开展的研究（Ball, 2000），它是为应对标准改革运动所支持的数学教学的问题而出现的（Heaton, 2000）：研究者成为教师（或同意录像记录自己的教学实践来支持研究的教师），他们用日志或视频等方式记录自己在学校的数学教学实践，去研究自己的教学实践中所涉及的问题（如Ball, 1993; Chazan, 2000; Lampert, 1990, 2001）。与将教师看作问题解决者的第二条主线相反，这些第一人称研究者的研究认为，教师并没有解决很多管理上的问题和涉及的冲突麻烦（Lampert, 1985）。对这些在长期教学中收集到的教学记录的研究，使得这些第一人称研究者记录了教学中存在的问题以及处理这些问题的方法，这些内容也说明了教学是一个不确定的、复杂的工艺。

近十年来，这三个方面的研究已经有了更多的工作，包括一些进一步的变异、跨越这三方面界限的以及与其他范式，如生态范式和舒尔曼（1986a）教师知识的"缺失范式"（见下文）产生的观念结合的新工作。探讨教师的思维和决策的认知研究包括对教学计划和教学反思的考察（例如，Li, Chen, & Kulm, 2009; Silver, Mesa, Morris,

Star, & Benken, 2009）。关于教师决策的研究，虽然一直在持续但并未有更多的研究出现。博尔科、罗伯茨和谢弗尔森（2008）指出，除了舍恩菲尔德（1998）的教师教学过程模型，很少有研究将教师思维与课堂中具体的决策和行为相联系。随后几年，舍恩菲尔德的方法产生了一些重要的研究（例如，Schoenfeld, 2008, 2010），并引发了其他学者也开展了一些这样的案例研究（例如，Hannah, Stewart, & Thomas, 2011; Thomas & Yoon, 2014），但与具体行为和决策相关的教师思维研究一直受理论和方法局限的束缚，这种束缚使得研究范围只局限在对个别教师的案例研究上。近年来的概念化，得益于一些研究对生态范式（见下文）的贡献，并且允许观察教相同课程的不同教师（Herbst & Chazan, 2012），这使得研究者能够再次提出关于教师针对具体情况如何做出教学决策的问题，同时利用多媒体调查手段获得大样本数据来回答这些问题（Herbst & Chazan, 2015; Herbst, Chazan, Kosko, Dimmel, & Erickson, 2016）。

关于第二条研究主线，近十年来，在数学教师职前培训的背景下，对信念进行了大量的研究，并且通过证实研究表明了这样一种观念，即信念虽然是稳定的，但也是可以被改变的（Philipp等，2007）。其中一个重要的研究路径是调查了信念与实践相一致的程度，例如，贝斯威克（2005）发现这种关联是有问题的，可能受情境的影响而改变。威尔金斯（2008）提出了一个信念和教学实践之间关系的模型，显示了态度和内容知识的作用。类似地，斯科特（2009）通过提出"信念作用"一词，对情境的作用和信念对情境的依赖性进行了概念化。最后，有关信念如何被观察到的这个问题，它与信念究竟是教师独自构建的，还是更为复杂的，或与教师将信念与情境进行必要的交融的程度有关。许多研究者将课堂实践的观察作为推断教师信念的资源，虽然一些学者已经开发了与课堂实践分开的专门评估教师信念的工具（Stipek, Givvin, Salmon, & MacGyvers, 2001），但是也有一些学者仍依赖于从课堂实践观察中推断出信念的观念（Wilson & Cooney, 2002）。最近，斯科特（2015）提出了从参与式的角度（有别于获取式角度；参见Sfard, 2008）来重构信念的观点，从而赋予信念和实践之间更加动态的关系。

关于第三方面，学者们继续使用自己的教学来探索实践（例如，小学数学实验室；见 Bass & Ball, 2014）。但是，这种方法的其他卓有成效的成果来自将此方法推广到教师发展的研究中去，用其结果和观点来发展从业人员的实践理论。第一人称研究方法有三种方式进一步阐述了为教师发展而进行教学研究的途径。首先，诸如贾沃斯基（2006）和梅森（2009；也见 Mason, 2002）等学者们建议在职教师在自己的实践中以探究的态度，发展可能用于指导自己实践的理论。关于"教师关注什么"的研究文献已经奠定了这方面的研究基础，教师观察自己的实践记录，不仅可以得到教师关注了什么的数据，而且还可能影响教师对他们自己实践的思考（Sherin, Jacobs, & Philipp, 2011）。与此相关，玛格丽娜斯、库朗其和贝索特（2005）的研究表明，教师可以从他们自己的课堂教学中学习。米亚卡瓦和温斯洛（2013）研究了日本的课例研究是如何为教师知识的发展提供机会的（也可参见 Lewis, Perry, & Hurd, 2009）。其次，数学教师教育研究领域已具雏形，学者们用自己作为数学教师教育者的实践支持了这一类研究，并作为第一人称研究者在自己课堂中重复进行了一些研究方法论的实践（例如，Chauvot, 2009）。第三，教师需要面对来自不同方面、甚至相互冲突的多种要求，这一概念对研究教学的学者提供了有益的建议，即从教师的案例研究中可以学到很多东西，教师所在的机构职位可能会给他们带来相互冲突的承诺；这可以包括教师作为研究者开展第一人称的研究、如何将对社会公平的种种承诺带入主流机构（例如，Brantlinger, 2011; Theule-Lubienski, 2000）或在非洲裔美国教师的个案研究中他们如何清楚地意识到自己既是一个数学教师，同时也是非洲裔美国学生的榜样（见 Chazan, Brantlinger, Clark, & Edwards, 2013; Johnson 等, 2013）。更一般来说，这项工作有助于学者们将数学教师在数学教学生态学意义中的许多职责进行理论化（Chazan 等, 2016; Herbst & Chazan, 2012）。

学生调节范式和教师调节范式为理解数学课堂中的主体提供了重要的理论视角。教师调节范式的研究强调，在教师的行动背后，教师对教学计划、教学策略、教学常规、注意到的或错过的课堂中产生的事件、课堂管理、教学决策，以及教师的继续学习有充分的认识。学生认知范式的研究强调，在学生行为的背后，是学生的认知过程以及其他心理过程，如动机和自我身份的体现与发展，所有这些都构成了学生如何从教学中掌握学习经验，不仅形成了他们对学习机会的即时反应，也调节了他们的最终学习结果。舒尔曼（1986a）在对教学研究范式的解释中，参照这些调节范式和生态学范式，在经过解释说明之后，他提出了教师知识的缺失范式。在之后的30多年中，大量的研究关注了教师知识，特别在数学领域，因此我们现在转而论述这一方面则更符合我们的叙述。

聚焦教学知识

20世纪80年代中期，舒尔曼（1986a）在其著作中指出需要引入"缺失范式"的概念，用以关注教师的知识，它不涉及教师调节模式下教师使用知识的认知机制，而是关于教师知识的实际内容。在美国教育研究协会（AERA）的主席演讲中，舒尔曼（1986b）回应了他自己的呼吁，提出了学科教学知识的概念，把它作为针对教师的一种不同类型的知识，这个演讲与他写范式章节同年，但可能在其发表之后。当时，哲学家玛格丽特·布赫曼（1987）正在写教学知识，她用这一措辞而不是教师知识是因为她认为，真正重要的是这个知识是什么，而不是由谁拥有。舒尔曼指出，当时大部分的教学研究并不是学科特定的，只是将所教的学科内容知识作为背景。另一方面，数学教育的研究是与特定学科相关的，但大部分研究集中在学生的思维和学习的问题上，对数学教学的研究才刚刚兴起（Romberg & Carpenter, 1986）。

舒尔曼（1986b）引入学科教学知识的概念阐述了如何将重点放在教学知识的内容上以便更加实质性地关注所教内容。预测–结果的兴趣在于确定拥有更多或更少的数学知识是否与学生学习结果相关，与预测–结果范式不同的缺失范式关注的则是需要了解教学中所用的知识类型。在随后的几年里，数学教学知识的研究有了更重要的进展，成为一个独立而成熟的研究领域。

大西洋两岸的众多参与者跟进了舒尔曼的建议，丰

富了对教学知识本质的论述（例如，Adler & Davis,
2006; Rowland & Ruthven, 2011; Zaslavsky & Sullivan,
2011；一个优秀的国际评论可见 Depaepe, Verschaffel, &
Kelchtermans, 2013）。基于舒尔曼（1986b）关于学科教
学知识的概念以及用于教学的知识无法归结为教师作为
学生时在数学课堂上所获得的知识的争议，不同的学者
对我们理解数学教师所拥有的知识作出了理论贡献。

也许研究教师用于教学的数学知识并最广为人知和
广为研究的是MKT，由德博拉·鲍尔及其同事们建构
（Ball, Thames & Phelps, 2008），这是第四本《教学研究手
册》中关于数学的章节所关注的重点（Ball, Lubienski, &
Mewborn, 2001）。面向教学的数学知识的MKT模型提
出了教师知识的六个领域，使得学科知识和学科教学知
识间的区分以及数学和教育学间的融合更为具体化。根
据对视频资料中教学行为的解释性观察，他们从教师所
使用的知识类型上确定了这些领域的问题：研究者确定
了特定教学行为所涉及的知识（Ball & Bass, 2000, 2003;
Thames, 2009）并开发了一些测试题，这些测试题都是
基于教学实践的情境，从整体上调查了中小学教师所拥
有的面向教学的数学知识（视为单一变量）（Hill, Ball, &
Schilling, 2008; Hill, Schilling, & Ball, 2004）。

鲍尔等人（2008）的MKT研究方法促进了相关理论
的进一步发展。MKT最初是在小学建构的，源于对理解
初中和高中教师面向教学的数学知识的兴趣，相关研究
采用了MKT方法，也帮助提出了理论性问题甚至同样
建立了自己的理论大厦。有关MKT维度的问题也被提
出来，特别是关于鲍尔等人（2008）提出的不同维度是
否可以作为单独的测评构架进行测量的问题（Schilling,
2007）。希尔（2007）报告了一项测量中学数学教师MKT
的研究，该研究使用了鲍尔等人（2008）提出的不同维度
领域开发的一些题目，但用的是中学的数学内容。然而，
希尔（2007）的全国性样本显示，在数学准备方面较好的
中学教师或具有高中数学教学经验的教师的得分显著高
于数学准备不足和没有高中数学教学经验的教师。迄今
为止，在MKT框架下所做的研究采用的都是项目反应理
论（IRT），它们将MKT视为一个单一结构，作为教师群
体的一个潜在特征而存在。但希尔（2007）的研究也启发

了伊扎克、雅各布森、德·阿拉约和奥利尔（2012）考虑
用不同的心理测验技术（例如，加入Rasch模型）来研究
中学教师的应答，他们用一种开放的态度看待来自不同
人群的参与者的潜在特质（MKT）可能存在的不同。

希尔（2007）的研究也推动了对其他各级学校教师
MKT的调查。赫布斯特和科斯克（2014）报告了一项开
发测量高中几何MKT题目的研究。他们采用了一个MKT
测试，其中的题目反映了美国高中几何内容，并发现了
在教授高中几何方面有经验的教师比那些没有这种经验
的教师得分高的证据，特别是在一些以高中几何课程常
见教学情境为背景的题目上。赫布斯特和科斯克（2014）
基于这些发现指出，鲍尔等人（2008）提出的数学教学
知识可能不是单一的结构变量，而是多维度的组合，这
些组合在本质上依赖于参与者对教师所教授不同课程需
要管理的教学情境的识别。

有一些类似研究关注了高中教师面向教学的数学知
识，他们中的一些研究者也质疑了鲍尔等人（2008）提
出的领域框架。其中，施佩尔、金和豪厄尔（2015）质
疑鲍尔等（2008）的一般内容知识（CCK）和特定内容
知识（SCK）的定义是否可以用来有意义地描述高中数
学教师和大学数学教师的知识。而麦克罗里、弗洛登、
费里尼-蒙迪、雷坎赛和申克（2012）提供了一个完全不
同的领域构想，用于解释代数教学的学科内容知识。

另一些学者质疑由MKT和受MKT启发编制的题目
是否真的代表了教师在工作中教给他或她的学生的数学
资源。一些学者将他们关于教师知识本质的探寻转向对
具体实践的考察（如，Adler, 2009; Rowland, Huckstep, &
Thwaites, 2005; Silverman & Thompson, 2008），还有一些
学者定义了其他可以在教学行为之前作为个人资质进行
评估的构想。特别是，P.W.汤普森（2016）借鉴梅森和斯
彭斯（1999）使用"理解"的说法去定义"教学层面上
的数学意义"并挖掘教师个体在教学中对可能遇到的数
学刺激对象的反应。P.W.汤普森（2016）展示了一些旨在
引出那些个人意义的题目，以及用于评估那些更能反映
存在于题目内部变化的标准，而不是像MKT的题目那样
简单地按照正确或不正确来评分。

在过去的20年里，已经有了很多关于面向教学的数

学知识的研究，其中大部分是把面向教学的数学知识作为教师个体带到教学工作中去的一种资源。我们的简要回顾仅仅涉及了表面，因为回顾的目的是展示教师数学知识概念化理论进展的广度。按照这些原则，回到布赫曼（1987）的观念，即在知识本身被分类之前，不需要决定哪里拥有这些教学知识，所以我们回顾了另一篇文章，即舒尔曼（1987）提到了要理解教师的实践智慧：

> 知识基础的最终来源是所有知识中被编纂最少的，是实践本身的智慧，是这些格言指导着有能力的教师的实践（或帮助他们将反思理性化）。研究界的一个更为重要的任务是与教学实践者合作，开发基于专家教师的实践性的教学智慧的编码系统。（Shulman, 1987, 第11页）

因为在教学中使用的数学知识是专业知识的一种，而专业实践知识有时又含在为教学精心设计的课件、工具和符号中（在这里需要考虑专业词汇、工作表或协议是如何囊括在诸如会计师或警察专业人士知识中的），我们有理由认为这些知识有时是混合的，有时是单独呈现的，通常都是隐性的，当然有时也是外显的（Collins, 2010; Cook & Brown, 1999）。数学课堂中具有的集体隐性知识一直是研究教学生态范式的学者们的目标。

聚焦课堂互动

课堂生态范式将整个课堂看作一种特殊的互动空间——不是作为一个教师和每一个学生一起工作来影响学生学习的实体环境，而是作为一种结构化的社会文化空间，在允许教师和学生共同活动的同时，也会进一步被这种共同活动结构化。课堂生态范式的一个重要人物，沃尔特·多伊尔（1986）将课堂描述为一个具有多维度、同时性、即时性、不可预测性、公共性及历史特征的空间，课堂生态范式就包括调查这些课堂特征的相关研究。舒尔曼（1986a）也认同这一范式的其他贡献者，特别是像人种方法学家米恩（1979），他探讨了课堂话语中的意义建构。

在这一范式中，我们涉及了对课堂话语和互动的研究以及从这些互动中表现出来的对数学知识的研究。数学课堂可以被描述为在一定环境中的教师、学生以及学习内容间交互作用的系统，即所谓的教学体系，教学三角，或传授三角（Chevallard, 1985; Cohen等, 2003; Goodchild & Sriraman, 2012），这是支持该领域对课堂生态研究贡献的一个重要概念。这种范式中的大部分工作是调查课堂互动的性质、结构和发展。

多伊尔（1988）对课堂工作研究的一个重要贡献是其实施课程可以通过学生参与的任务做出解释的观点。在讨论学生调节范式时，我们注意到了（根据Becker等, 1968/1995）多伊尔（1983）的学术任务可以用来从学生的角度描述学生需要处理的换取学分的学习这一观点。任务的概念也可用于将课堂互动描述为物物交换的系统。与这一贡献相一致的还有另外一个观念，即认为课堂中的数学工作按照隐性的协议发展，这个协议像一个合同，教学的合同（Brousseau, 1997），即教师要对学生的数学学习和期望学生学的知识要求之间的有效交换负责（Herbst, 2006）。就其与理论的关系而言，由于可以将教学视为一种社会现象，因此生态范式适合使用一系列社会理论，其中包括许多将课堂解释为包罗万象（例如性别角色、团体成员、种族主义等，参见Esmonde & Langer-Osuna, 2013）的一个大舞台，同时，生态范式也适用于教学实践理论的发展。

在数学教学研究中，尽管"课堂生态学"很少被用来描述课堂生态的范式，但一直非常重视与课堂生态范式相一致的教学方面。鲍尔斯菲尔德（1980）和他的同事提供了一些例子。特别值得注意的是克鲁姆米尔（1995）提出的研究课堂话语如何产生争论的方法，以及沃伊特（1985, 1995）对课堂互动模式和协商规范的描述。[2]特别是，"规范"这一概念有助于课堂研究者将生态范式作为一种从观察者角度描述参与者似乎期望在课堂交互中相互采取的、面向知识的行为的方式，这些规范往往是隐性的，而不是明确由教师提出的。我们从国际数学与科学教育趋势研究（TIMSS）的视频研究可以看到这种以观察者为中心的规范概念：施蒂格勒和希伯特（1999）提出了用"教学脚本"来描述不同国家教学文化的差异的想法，这些脚本中的每一个都可以依托大量的关于什么是教师和学生要做的规范来进行描述。

另一个可以描述为将生态范式具体化的重要来源是法国的数学教学法，它特别关注教学中知识进行交互时，对数学知识来说究竟发生了什么（Chevallard & Sensevy, 2014）。这一传统来自"教学合同"的概念，教学合同是一种描述教师和学生在面对知识对象和（教学）环境概念时的潜在的相互责任方式，也是教师在课堂教学中给学生安排的相应的数学任务（Brousseau, 1997; Hersant & Perrin-Glorian, 2005）。这一传统同时还产生了这样一种观念，即教学系统是在与大环境中的问题相关的制度的约束下得以开展的，如校历或一个学校工作日中的时间（Arsac, Balacheff, & Mante, 1992），这些约束还会影响教学工作中对知识的表征。

为了梳理过去十年中数学教学研究生态范式的理论工作，我们提出了这一研究的三条主线。首先，有些工作是考察课堂内互动的，特别是考察教师和学生共同追求和控制这些互动的方式。第二，有些工作是探讨课堂是如何与更大的系统相联系的，如学校、学区和州级教育系统。第三，有些工作是调查课堂互动中以及通过课堂互动所产生的知识。

许多考察课堂教学的研究关注的重点是通过多种交流方式，包括语言、手势和技术，去了解课堂交流的实质。数学教学中语言使用的研究借助于语言学的相关理论，例如系统功能语言学（González & Herbst, 2013; Mesa & Chang, 2010; Shreyar, Zolkower, & Pérez, 2010）、语料库分析（Herbel-Eisenmann & Wagner, 2010）和对话分析（Radford, Blatchford, & Webster, 2011）。同样地，研究者也运用手势理论来描述数学教学中手势的作用（例如，Alibali & Nathan, 2012; Arzarello, Paola, Robutti, & Sabena, 2009），并展示了如何考察在线数学课堂中技术调整手段的复杂性（Stahl, 2006）。

一些探讨课堂教学的研究还注重了解教师与学生之间的社会技术交流，特别地，哪些规范能调控数学教学中的互动方式。我们所做的研究考察了符合这一描述的代数课堂（Chazan & lueke, 2009）和几何课堂（Herbst, Chen, Weiss, & González, 2009）中的特定互动方式。这

项研究的重要贡献是将教学情境作为一个分析单元，将课程目标和教学活动结合到相对稳定、循序渐进的教学交流中：学生和教师的课堂交流以满足彼此期望的方式进行，从而师生的课堂互动可以算作达到了课程的目标。这项工作的一个重要贡献是通过使用虚拟破坏性实验，来设计和测试相关手段，以验证那些教学情境规范的假设（Herbst & Chazan, 2015; Herbst, Nachlieli, & Chazan, 2011）。我们在揭示教学交互理论（Herbst, 2006）方面最初的发展时与生态观点的这一方面是一致的，因为它们依赖并探讨了教师需要适应支持这一交互的常规活动系统的需求（例如，教学的合同，这要求教师给学生布置学习任务并依据知识的重要程度对学生作业的情况作出解释），特别是在所学课程背景下的常规交互（即特定课程的教学情境，如高中几何课的证明）。

在近期关于课堂互动的比较研究中，桑塔加塔和巴比里（2005）的研究增加了依据国家脚本教学的实例。吉维、希伯特、雅可布、霍林斯沃斯和加利莫尔（2005）展示了如何用实证手段评估国家教学模式存在的情况，他们通过检视课程时间的进程来度量课堂教学之间的趋同性。

数学教育研究的一个新的兴趣点是将教学工作与环境条件和制约因素相联系。数学教育研究者应用"课程采用机制"来影响课堂实践时，依赖于制度对教学的压力，但他们很少研究这种制度上的压力。近年来政策的进展，特别是美国的"不让一个孩子掉队"（NCLB, 2003）法案引进了一种官方的测试和问责文化，以及一种父母强烈反对的对抗文化，为制度上的约束提供了另一来源。这个例子强调了制度环境会在多大程度上可能对教学工作施加相应的压力，因此值得研究而不是不加批判地使用。在教学研究方面比较专业的数学教育研究者（例如，Cobb & McClain, 2011）在理解数学教学实践的独立性以及系统（例如，学区）的资源和制约因素方面作出了贡献，尤其是数学教学实践是如何应对这些资源和制约因素的（Amador & Lamberg, 2013）。这些对地区和政策压力的考虑，加上平时常见的制度因素，如时间（Assude, 2005）和课程序列（Birky, Chazan, & Farlow Morris, 2013），有助于描绘需要我们去理解的受环境制

约的课堂教学工作。为了在制度的和社会的背景下进一步反思课堂生态的概念（Chazan等，2016），我们描述了在四个职业责任范围（学科、个体学生、作为社会群体的班级、学校制度；见Herbst & Chazan，2012）中教师的定位（即教师在像教学这样的活动系统中能够发挥的作用）。我们也注意到，这些责任可以作为保障教学规范的理由来源，从而将舒尔曼（1987）的实践智慧概念作为合理化的一个来源。在提出这个建议时，我们吸收了早先对竞争承诺之间紧张关系或困境的讨论，保留了作为承诺来源的不可知性（个体教师的个人价值观、教师的工作环境），并且描述了这样的承诺如何落实到行动中的方式。我们通过提出"实践合理性"的表述（Herbst & Chazan，2003，2012）进而提出判断哪些教学行为具有合理的理论基础。在给出这一提议时，我们采用了布迪厄（1990）的观点，即实践有一个逻辑，既不可简化为观察者所观察到的模式，也不可简化为实践者的目标和解释，而是观察者试图构建实践者生活经验的分析性解释的结果。在这些努力中我们描述了我们所关注的内容，随着理论的不断发展，我们试图对数学教学的合理性作出解释。为此，我们考虑到了活动系统的作用和教师在这些系统中发挥作用时必须遵循的规范，以及个人在担任数学教师职业时所承担的责任，还有知识与信念的区分因素。我们在努力建构数学教学实践的合理性时，逐步将生态范式的框架概念与教学知识范式的框架概念结合起来，以解释教师所做的决策（见Herbst等，2016）。

研究的第三条主线是考察教师、学生与教学内容交互过程中产生的知识。教学互动中的数学是什么？此研究的一个重要结果是记录了实施课程的特殊性以及关于教师对课程的处理需要放在一个比实施更广阔的视野下的观点（Remillard，2005）。我们注意到，教师要处理数学的两种表征——作为学习的课程目标以及作为一系列需要学生完成的任务——教师的工作包括处理两类表征间的有效交互（Herbst & Chazan，2012）。数学教学研究记录下了学习的课程目标如何成为课堂中的学习任务，数学任务的设定如何建立数学思想的表征以及教师如何构造彼此之间的关系。布鲁索（1997）的教学情境理论中所做的许多工作，特别是通过教学和课程序列的

教学工程，有助于研究一个给定的学习目标在多大程度上可以被分解成一系列的课堂任务，当完成任务时，目标就能达成（Artigue，2015; Margolinas & Drijvers，2015; Miyakawa & Winsløw，2009）。雪瓦拉德的有关教学的人类学理论（见Barbé, Bosch, Espinoza, & Gascón，2005; Chevallard & Sensevy，2014）提供了又一个可用于描述数学知识目标如何成为课堂学习目标的理论框架。

运用相关理论和方法，研究者们也试图从认识论的角度描述学生参与教学中具体任务时所体现出的构想，构想是稳定的实践环节，在学生参与任务时是可观察的（Balacheff & Gaudin，2010），并且这些构想可以通过识别问题类型、运算符、表征和控制来构建，从而对学生作业中的数学进行解释。赫布斯特（2005）提供了一个例子，是在面积相等的三角形这节课中观察到的关于面积相等的三个不同构想。贡萨莱斯和赫布斯特（2009）提供了学生在使用动态几何画板中呈现出的关于全等性的不同构想的一些例子，德贾内特、沃尔查克和贡萨莱斯（2014）描述了他们在观察学生解决一个难题时了解到的关于相似性的不同构想。

最后，教师如何把关键知识与学生所做的任务相关联这一问题，特别指向布鲁索（1997）所提出的教学合同悖论（例如，被称为Topaze, Jourdain, Dienes等的效应）。厄内斯特（2006）说明了交换不同符号表征的困难是如何引导老师去思考这些悖论的。拜克纳-阿斯巴赫、阿蒂革和汉斯拜坎（2014）展示了如何检测诸如托帕兹效应和乔丹效应现象，这些现象中，教师的工作可能会对学生所做任务在多大程度上具有教师预期的意义产生影响。

在整体上，这个方向的工作提供了一个综合的方式来解释学生课堂学习中出现的数学：从观察者的角度来看，是概念的具体呈现；从设计者的角度来看，是构建阶梯以发展对关键知识的理解；从教师的角度来看，是建立生成的与预期的学习内容之间关系的数学问题。这些生态观点的一个重要目标是能够产生大规模地观察课堂过程的方法，从而促进工具性的研究（例如，课堂过程如何与学生的成果相关）。

我们看到这种理解课堂基本性质和结构的努力，而

这些基本性质和结构是由课堂范式推动的，使得研究者可以发展关于过程是如何联系结果的基于实证的解读，并不是将过程简单地视为行为而是作为专业实践的执行。基于这样的论点，我们回到教学研究的工具性范式来描述刚刚所回顾的教学研究的基本范式，是如何利用预测-结果和过程-结果范式调查影响学生学习结果因素的。

数学教学基础研究中的理论如何支持工具性研究

我们认为，在数学教学基础研究的背景下产生的教学工作的概念对支持工具性研究是有用的，特别地，一个明显的支持是帮助工具性研究更多地关注数学教学的学科特性。在下面两小节中，我们将仔细阐述这些观点。

支持对教师个人资源的研究：回到预测-结果范式

提高学生学习结果的目标引起了对遴选教师的兴趣。教师质量问题对于人们获得教师资格来说具有一定的重要性，获取教师资格有多个途径，教师认证机构，如由官方授权的大学培训计划。学生应该由高素质的教师教授的观念被纳入于2001年颁布的美国中小学教育法案（NCLB, 2003）中，这使得教师质量问题更加突出。

如前所述，一系列教师个人资源得到了关注，戈伊（2007）将它们划分为教师资格和教师特征。在第一个类别中，教师知识是影响学生成绩的令人感兴趣的因素之一，研究者们对教师数学知识的兴趣有着悠久的历史，他们很明确地尝试去描述大学教育应该教给职前教师哪些数学知识（如Lytle, 1920）。在预测-结果研究中较为普遍的是将教师的数学知识按照获得的学位或修完的课程进行可操作化的界定。韦恩和杨斯（2003）回顾了不同学科领域中将教师特征看作学生学习结果的预测变量的研究，他们所综述的这些研究都将教师的资质等同于他们院校的评级、考试成绩、学位和课程以及教师资格认证状态。蒙克（1994）的研究也讨论了上述指标是如何被用于确定学科知识准备的。

罗恩等（2002）注意到预测-结果范式蕴含的一些理论也已在最近的研究中用于甄别什么样的教师很可能是最有成效的教师。使用这些指标的研究隐含了一个假设——即人们获得教师资格的数学知识类似于在中小学校获得的数学知识——因此用类似于评价学生学业表现成就的基准进行测量，例如，修读的数学课程的类别或数量、课程成绩和获得的学位。正如蒙克（1994）的研究所述，这些年来的一些研究结论不太一致，有时发现没有差异，有时发现在有的层次的教学中存在差异。然而，在过去的几年里，该研究领域的理论复杂性显著增加，而且，从这些跟随理论的变化中研究者也发现了教师知识与学生成绩的相关性。

教师知识在缺失范式下的发展，尤其是面向教学的数学知识的概念化发展，对于质疑学生学习结果是否与教师面向教学的数学知识测试中教师的分数相关是有用的。鲍尔等（2001）呼吁从另一个角度考虑教学所需要的数学知识，即通过描述教师在教学工作中运用数学的具体方式来考察。特别地，特定内容知识是指一个教师需要做的纯粹的数学工作（例如，判断学生用来解决问题的一个非常规的方法是否有效），而他们自己作为数学学习者时可能从来不需要做。借助这种面向教学的数学知识领域的概念化，已经开发了一些用于测量这类知识的测试。希尔、罗恩和鲍尔（2005）的研究表明，利用基于MKT概念的一个测试工具所测量的小学教师的面向教学的数学知识与他们学生的成绩是相关的（参见Baumert等，2010）。这些初步的成功使我们有理由相信，面向教学的数学知识的理论和方法的发展有助于教师质量的工具性研究。研究结果显示的效应量表明，可能还有其他重要的教师特征有待考察。

事实上，围绕面向教学的数学知识的概念化和测量的争论，对于支持教师特征的研究都可能是有用的。例如，P.W.汤普森（2016）批评MKT题目测量的是陈述性知识，他提出题目可被设计为教师对数学思想的特定理解，可以帮助决定随着时间的推移，教师数学思想的具体观念（或教师对特定数学思想的知识的某种局限）是否与学生的具体观念或理解局限相关联。

还需要继续调查一些在面向教学的数学知识与学

生成绩的关系中的中介变量的作用，特别是教师的信念。克拉克等人（2014）的研究表明，教师对学生数学倾向的认识与教师知识之间的相互作用是预测学生成就的一个指标。这种对学生数学倾向的认识可以看作戈伊（2007）的教师特征这一大类别中的例子，可能会有多样性的问题（例如态度、意识、信念）。克拉克等人（2014）的工作表明有必要研究哪些教师特征与教师的知识相互作用，以及它们共同对学生学习结果产生的影响。对于教师认知范式的理论进展，包括教师信念的概念化和理解教师的关注点，似乎对于拓展克拉克等人（2014）对学生数学倾向的研究的设计更为有用。总体而言，我们可以看到，有关教师知识和教师信念的理论的复杂程度越来越高，我们可以通过提供更好的概念和手段来测量这些教师特征的方式来支持工具性研究，从而回答哪些教师特征与期望的学生学习结果相关的问题。

支持教学有效性的研究：回到过程-结果范式

过程-结果范式的一个重要成就是将注意力从教师的个人特征转移到课堂行为和互动中——这种工具性研究意味着依据特定的相关实践来定义教学质量的可能性。这种方法不仅适用于实验研究，还适用于基于实践的教师发展。在20世纪70年代和80年代，考察课堂教学过程的数学教育项目采用过程-结果范式（见Evertson等，1980; Smith, 1977），但从认知角度分析教师的工作开始后，这一范式的工作变得不那么频繁了。尽管数学教育研究者并不非常喜欢过程-结果范式，但它仍然被用于大规模的数学教学研究中，包括实施质量的测量，特别是在研究课程材料的有效性时（例如，Clements, Sarama, Spitler, Lange, & Wolfe, 2011; Grouws, Tarr, Chávez, Sears, Soria, & Taylan, 2013）。过程-结果范式的基本逻辑，即将学生学习结果与课堂过程联系起来，也激发了设计研究的运用。这些研究从更加定性的角度比较了不同类型课堂教学实践，并将其与学生学习结果的定量比较相结合（例如，Boaler & Staples, 2008）。

我们认为，过程-结果研究的出现受到数学教学基础研究的影响，研究者在教师效能范式中所使用的观察方

案更注重研究内容。雷诺兹和缪伊斯（1999）在对研究文献的综述中，报告了过程-结果范式是如何在一定程度上关注内容的，例如区分与学习内容有关的教师行为和偏离学习内容的行为。诸如用于特定类型的数学任务的时间和学习特定概念的机会等过程指标被用于描述后续观察方案中的教学过程。

由于教师质量的政策利益引起了对教师特征的关注，人们持续关注基于课堂工作分析的教学评估的进展（Hill & Grossman, 2013）。基尔迪和坎齐（2009）评述了九个可用于研究早期儿童教学的课堂观察方案，关于这些方案特征的报告表明了他们对教学过程中数学素养的关注，需要较高主观推断的编码系统通常与改革后教学的广泛特征相关，而且观察者的推断有很高的变异性。

在数学教学研究中，对过程的持续关注似乎已经有所转变，从无须太多主观推断编码和需要较高主观推断编码的混合的编码以及早期观察过程中对学术内容作用的较少关注，发展到后来的较多高主观推断编码系统和对学术内容的更多关注。后者的一个重要例子是希尔及其同事开发的数学教学质量（MQI）观察方案（Hill, Blunk 等，2008; Hill, Umland, Litke, & Kapitula, 2012）。该方案体现了一个假设，即潜在特质"数学教学质量"存在于对一节课的测量中。他们将其定义为"描述课堂中数学的严谨性和丰富性的几个维度的复合体，包括有没有数学错误、数学解释和证明、数学表征以及相关的观测值"（Hill, Blunk 等，2008，第431页）。该方案由相对较高的推断编码组成，每个推断编码都对各个维度得分有贡献，同时，有一个总的课程分数，用于为所观察的教学中的数学质量赋值。

对数学质量的关注，是教学的学科专业性方面有所进展的明确标志，这也存在于其他观察评价方案中。基尔迪和坎奇（2009）对这些方案进行了讨论，发现研究者们将数学教育改革的理念作为一个学科专业理论，观察者是"（完全了解）恰当的数学教学，并（能够）识别教学中的数学误解"（第369页）的人，他们以此作为评价数学教学质量的标准。但是，即便这些观察评估方案获得了一定的信度，但强调等级评定而不是描述，使得观察到的教学实践留有黑箱。尽管对数学教学质量进

行等级评定而不是描述的决策可能存在缺陷，但至少在一定程度上，参与到了关于教学评估的讨论中（Hill & Grossman, 2013），过程-结果研究也可以受益于描述（在清单意义上）观察到的特定学科实践的观察方案。正如我们所指出的，教师认知和课堂生态范式都提供了相关资源，可以帮助未来使用过程-结果范式的研究者将注意力集中在教学过程上。

学习结果的产生可能是由课堂中的活动引发的，并且这些活动可能需要用到成分分析的方法来进行描述，这一观点是过程-结果研究的重要成果，需要描述教师和学生参与过程这一观点也是如此。将这些过程简化为行为是有问题的，因为行为既不是单一的定义也不是彼此独立的，而是通常将它们组合成摩尔级单位，并在一定情况下通过相互作用的双方加以解释。遵循那些主线，那些强调认知过程的范式也让人们注意到这样的观点，即行为是通过（认知的或社会的）自适应过程调节的，生态范式也引发了对学生和教师间相互行为的适应以及更大互动结构（如身份、语言和文化工具）的关注。

作为生态范式的研究结果，研究共同体考察课堂上的活动系统、实施方式和语言应用的复杂程度越来越高，这导致了当前在课堂过程描述中，对过程-结果范式的应用有可能基于更好的理论。这些新方法不是将课堂过程构想为行为，而是建议将其（语言、手势、身体运动、面部表情和其他体现）视为应用各种符号系统的交互：这意味着可以将课堂行为理解（因而编码和分类）为当事人（教师或学生）基于社会技术的选择系统[3]用来产生和解读意义的选择。按照这些方面，诸如系统功能语言学的理论方法（例如，Christie, 2005; Halliday & Matthiessen, 2004）及其类似的手势和其他交流系统的描述可用于创建编码方案，以描述课堂教学过程中一些过程的行为分解，并具有一定机会与所执行的活动的教学性质连接起来。显然，在语言和手势理论指导下实施过程编码方案（例如，编码语言使用或手势的具体方式）的可能性取决于对课堂语言和手势研究的成功度，这是因为诸如语言系统功能的方法强调了这类符号使用的情境性。在这个意义上，我们看到一个值得关注的机会，即在试图描绘课堂活动符号特征学的研究以及试图描述课堂教学过程的

研究之间的交互作用：前者为后者提供了一般化的语言，后者为前者提供了将该理论发展集中于所要描述的活动特性的情境。因此，课堂教学过程的描述可以变得更有理论根基，而不一定失去分析的力量——特别是没有必要根据改革教学的整体结构来描述教学过程。总的来说，我们认为，解释课堂过程理论的发展进程已经激励了教学有效性的研究范式，这个进程也提供了开发课堂观察方案的手段，以便于更好地关注课堂交互中数学的和教学的方面。

但是，如果按照由社会技术资源（如语言）调节的制度性的和互动的角色来描述课堂教学过程，似乎关于课堂交互的基础研究还没有产生可用于联结学科特定课堂教学过程与学生学习结果的结构性描述。在下一节也是最后一节中，将描述我们认为需要在数学课堂交互的基础研究中增加的学科特性及一些可能的出发点。

结论：提升数学教学理论学科特性的可能途径的一个概观

我们呼吁数学教育领域增强数学教学理论的学科特性。数学教学实践具有学科特性，这是明确的，教师需要掌握学习的内容，为此，教师需要知晓学习的内容。测量教师的数学知识或评估所教数学质量的工具——例如，观察者数出教师在课堂中所犯的或未被改正的数学错误的数量——假定教学实践在处理数学内容上是具有学科特性的。从学科特性的角度，将教学视为要处理的内容，教学行为不一定会被认为是由具体数学内容所产生的。为了指出错误的例子，观察者可能会利用数学知识来确定是犯了错误还是改正了错误，但不能用数学来描述这些错误是如何犯的或如何改正的：一堂几何课的观察者可能会看到学生在黑板上写 $\triangle AMC \cong \triangle MCB$（考虑在三角形 ABC 中，M 为线段 AB 的中点），并可能将教师随后的行为描述为是在纠正错误；该描述不仅会忽略学生所犯的错误类型，而且还会记录一个似乎与错误所涉及的数学内容无关的行为。然而，改正错误可能包括教师将一个全等三角形中顶点的顺序对换（例如，写成 $\triangle AMC \cong \triangle BMC$），这可能涉及教师要求学生指出哪

些顶点在全等中是对应的，或者可能有教师告诉学生这个说法是错误的。当一个人说要改正错误时，我们有必要追问所要改正的和之前的结果有什么区别，不管这些区别是否可以用更精细的语言来描述，以及描述的语言在多大程度上可以利用三角形全等的性质。这说明了数学教学理论中学科特性的问题：如何才能让学科特性的教学理论，既反映学科特性（正如所有研究所需要的那样），又忽略许多其他特征，以反映学科教学理论的一般性？

一方面，我们完全同意希尔和格罗斯曼（2013）的教学评估体系：

> 目前的体系要求我们相信，教幼儿园跟教高中代数一样，需要一套同样的实践和知识。当所有教师共享专业领域——开发课堂常规以达到学习时间的最大化、将内容表征给不同的学习者、与学生建立高效的关系——他们如何实际探索这些任务在很大程度上取决于他们正在教的具体内容。（第374页）

另一方面，我们意识到，如果一种理论以及从它派生出来的数据收集的工具能够允许我们产生新的知识，它就需要一些手段以忽略大量的差异而只保留其中的一部分。或者，正如博尔赫斯（1942/1993，第90页）对弗内斯（那个不能忘记任何他读过的内容或经历过事情的人）的反思中所说的，"思考即是为忘记差异之处"。因此，我们对教学的学科特定理论的探求是开放的。

我们认为，有必要发展一个具有学科特性的理论用来描述课堂交互，并且这种描述可允许聚焦不同大小分析单位（例如，中学代数的教学、解方程的教学以及代数1中解一元方程的教学即为三种不同大小的分析单位）的具有学科特性的课堂互动与学生在这类经验中学习结果的联系（例如，学生解关于方程的问题表现如何？学生对方程求解的概念理解是怎样的？）。我们如何以维持对学科学习的关注来描述不同数学教学实践的共同点和差异？在结论部分，我们将阐释一种可能有助于这种概念化的方式。

如前所述，关于学科特性，我们指的不仅是领域特性（如，将数学作为所教领域的教学理论），而是指学校学科的特性，将数学领域作为学校和学院的学习科目纳入其制度化的存在中，并考虑到体系的差异，例如四年级的四边形与高中几何学中的四边形的差异。课堂互动的两个互补方面在定义学科特性的含义中非常重要，而且比我们早前对生态范式的讨论更进一步。第一，需要一个规范，关注数学作为学校和学院学习对象是如何被组织的。第二，需要一个规范，关注数学是如何通过课堂中教师和学生间时时刻刻的交互来构建和传递的。我们认为，需要综合这两个方面，并且这样做可以为我们提供一种在课程和课堂之间界定一个度量标准的方式，或者一种可以告诉我们不同的数学课程或课堂间有多么接近或有多大差距的方式。

一方面，越来越多的具有学科特性的数学教学理论应该考虑如何从制度上组织实践，并依据教师和学生在不同层面上各自与内容互动的期望来描述数学教学（例如，教育体系、学校层面、课程计划、学习的课程）。从制度上，学习的课程是依据学习科目和内容范围与顺序来决定的，在此过程中教师和学生应该有所互动：课程名称、学习计划中的概念清单、针对课程具体内容的目标以及与其他课程的关系等，提供超出课程数学领域的一个规范，例如内容如何排序。在学科内容上的相互期望是一种抽象层面上的理解，例如教师期望在教授一个指定课程内容时（如，代数1），学生已经有了一些想法（如，分数的除法意义）。也就是说，教学上的合同存在于不同层面的学习以及国家或文化范围内的课程中，合同包括了对相应教学层面的相互期望。数学教学的学科特性理论需要提供对这些教学期望进行建构的手段，例如通过提供一种语言形式来表征那些彼此间的期望来作为一种规范，这种规范可能因比较的单位大小而不同，例如，美国初中代数课程与高中代数1的教学实践中的学科特定的差异是什么？我们如何用一些方法来描述数学教学，这些方法可以考虑到教师、学生和内容之间的互动系统建立方式的不同之处，或者现在的教学系统制度上的定位如何受制于一些教师和学生的相互期望？我们需要一个数学教学理论，它应具有足够的广度来区分和比较学习的数学课程，覆盖学生和教师缔结教学合约之所有课程。

另一方面，学科特性应考虑到数学是如何通过教学来交互式构建的。教师和学生通过互动强化他们在彼此所期望范围内的参与度，这种互动是由期望产生的但不是由期望决定的。在教与学中，教师和学生使用符号和其他沟通元素能够产生对数学观点的表征方式，而且正是因为这个原因，他们之间的互动也是具有学科特性的。虽然整个学习的课程可能会有获得潜在意义的共同要素（例如，所有学生都可以看到肢体表现出来的动作，如用手臂来形成意义、所有代数课堂都涉及 x），但是在那些单元中，它们的用法可能不同（例如，解一元方程时使用 x 是一种方式，而用单变量函数作图时是另外一些方式），还有一些其他种类的符号资源也可以被用于其他教学内容中（例如，当证明三角恒等式和证明三角形全等时可以使用不同的符号资源），并且可能产生不同的潜在意义。教学的学科特性理论需要具有可供教师和学生参与创造和传递内容的充分的符号系统，通过这种方式，我们能够了解这些内容上的互动是如何进行的——即教师如何给予，学生又如何获得，以及如何通过给予-获得这种互动方式来进一步传递知识。我们需要利用一种学科特性方法来描述特定内容中的教学互动，这可能有助于追踪教学中的差异，例如，一个教师对学生在证明等腰三角形过程中 $\triangle AMC \cong \triangle MCB$ 的写法的回应是改写为 $\triangle AMC \cong \triangle BMC$，一位教师询问学生这一全等表述中哪些顶点是对应的，还有一位教师没有改正这一错误。

更一般来说，我们需要一种方法来综合描述以上两种学科特性的课堂教学，以便描述课堂互动的片段——这些片段是具有可比性的不同活动类型的教学片段（Lemke, 1990），但我们考虑的是数学角度的互动而非行为上的互动。这一理论发展的成果是一种描述性的语言，用以描述对两种学科特性的感知——一种是实践中所观察到的如何处置关键知识的做法，这些知识是课程或学习项目中教学合同的一部分，另一种是给予-获得的实践方式构建了一种知识互动的表现形式。我们寻求的不是对行为单位而是对社会技术单位的描述，是将技术（数学）知识的文本与社会符号学的交互文本结合起来的单位（Chazan, 2013）。

如果我们有这样一种方式来描述课程，那么就有可能对比含有相似单位的课堂教学（例如，美国初中和高中的代数1课堂教学），并从质和量上比较这些课堂教学单位，以及这些教学产生的结果。我们认为，教学情境的概念（Chazan, 2013; Herbst, 2006）可以是用于描述教学实践的单位，并且我们所研究的这些代数（Chazan & Lueke, 2009）和几何（Herbst 等，2009）中的教学情境可以为教学实践提供一些模式化的案例，也就是将这些单位作为所期望的教学行为（或规范）系统以用于描述典型数学任务的互动方式。我们推测，在 K-16 范围内应用教学情境的概念来描述数学教学中的学科特性片段，对于理解数学教学在学科特性方面及与其教学结果的关联上的变异性是非常有效的。这种应用首先需要对每一门数学课程都建立一个模型，将其作为教学情境的一个有限集合或数学任务的单元，这种任务的完成可以让教师声称自己已教授过关键的知识。第二，这些教学情境中的每一个都需要被模式化为教师和学生所期望的一套规范行动，然后这样一套教学情境可以作为观察教学的清单。情境可以按照预期行为或规范进行模式化的想法并不意味着能够一直获得这些预期的行为，或者说教学践行者永远不会偏离我们所期望的模式，而是意味着观察者能更好地确定这些可能特别值得记录的产生变化的时刻。

教学情境一旦确定，了解其变化的本质就非常重要了——也就是说，代数1中所教的求解一元方程的教学情境发生自然变化是指什么？描述这种改变是有可能的，例如依据教学中所包含的行为方式和这些行为所指向的规范。区分这些教学情境所应用的不同方式也是有可能的，当然我们并不需要按照诸如是改革还是传统的这样大而全或意识形态角度来区分，而是从我们所期望的和可能的替代行为方式上来区分（例如，以这种方式辨别代数1与基于函数的方法有什么不同）。这样，研究者将能够把教学情境看成由一些小要素所组成的，这些小要素可能是由行为和沟通进行调整的（例如，通过改变给学生解方程的任务来改变教学；Chazan, 2000, 第89~92页）。这使我们能够通过把学生的学习结果（例如，学生自我形成的方程求解的概念）与解方程情境下起作用的诸多教学变量联系起来，以此在细微的层面上比较教学情境。这样一个理论发展可以为过程-结果范式提供新的资源，通过弥补如何获悉数学具体方面的知识来探索改进数学教学。

注释

1. 关于现象的分子级和摩尔级描述之间的区别，参见沙迪什，库克和坎贝尔（2002），第10，11页。

2. 科布和保尔斯费尔德（1995）的贡献已经在学生认知范式的背景下提及了，该范式考虑了学生的智力和社会需求。此外，亚克尔和科布（1996）对沃伊特（1995）社会数学规范概念的使用已被用于教师认知范式的相关文献中，因为它有助于描述一个在课堂上以学生为中心的教师，如何依然设定和使用重视与教师所代表的数学学科相一致的数学学习的方式。在这里提及这些与生态范式相关的贡献时，我们顺便提到观察者可以跨越时间，在一个课堂或多个课堂探测规范存在的可能性，类似于描述数学教学的共同点，不管这些是否是由教师主动选择的。

3. 这里的社会技术，我们特指那些通过使用适用于技术描述的设备（例如注释工具、人的手臂）来区分和阐述交际性选择的系统，并且能够从社会互动和表达需求中达到目的。

References

Adler, J. (2009). A methodology for studying mathematics for teaching. *Recherches en Didactique des Mathématiques, 29*(1), 33–58.

Adler, J., & Davis, Z. (2006). Opening another black box: Researching mathematics for teaching in mathematics teacher education. *Journal for Research in Mathematics Education, 37*(4), 270–296.

Alibali, M. W., & Nathan, M. J. (2012). Embodiment in mathematics teaching and learning: Evidence from learners' and teachers' gestures. *Journal of the Learning Sciences, 21*(2), 247–286.

Amador, J., & Lamberg, T. (2013). Learning trajectories, lesson planning, affordances, and constraints in the design and enactment of mathematics teaching. *Mathematical Thinking and Learning, 15*(2), 146–170.

Arsac, G., Balacheff, N., & Mante, M. (1992). Teacher's role and reproducibility of didactical situations. *Educational Studies in Mathematics, 23*(1), 5–29.

Artigue, M. (2015). Perspectives on design research: The case of didactical engineering. In A. Bikner-Ahsbahs, C. Knipping, & N. C. Presmeg (Eds.), *Approaches to qualitative research in mathematics education* (pp. 467–496). Dordrecht, The Netherlands: Springer.

Arzarello, F., Olivero, F., Paola, D., & Robutti, O. (2002). A cognitive analysis of dragging practises in Cabri environments. *Zentralblatt für Didaktik der Mathematik, 34*(3), 66–72.

Arzarello, F., Paola, D., Robutti, O., & Sabena, C. (2009). Gestures as semiotic resources in the mathematics classroom. *Educational Studies in Mathematics, 70*(2), 97–109.

Assude, T. (2005). Time management in the work economy of a class, a case study: Integration of Cabri in primary school mathematics teaching. In C. Laborde, M. Perrin-Glorian, & A. Sierpinska (Eds.), *Beyond the apparent banality of the mathematics classroom* (pp. 183–203). Dordrecht, The Netherlands: Springer.

Balacheff, N., & Gaudin, N. (2010). Modeling students' conceptions: The case of function. *CBMS Issues in Mathematics Education, 16,* 207–234.

Ball, D. L. (1993). With an eye on the mathematical horizon: Dilemmas of teaching elementary school mathematics. *Elementary School Journal, 93*(4), 373–397.

Ball, D. L. (2000). Working on the inside: Using one's own practice as a site for studying teaching and learning. In A. Kelly & R. Lesh (Eds.), *Handbook of research design in mathematics and science education* (pp. 365–402). Mahwah, NJ: Erlbaum.

Ball, D. L., & Bass, H. (2000). Making believe: The collective construction of public mathematical knowledge in the elementary classroom. In D. Phillips (Ed.), *Yearbook of the National Society for the Study of Education, constructivism in education* (pp. 193–224). Chicago, IL: University of Chicago Press.

Ball, D. L., & Bass, H. (2003). Making mathematics reasonable in school. In J. Kilpatrick, W. G. Martin, and D. Schifter (Eds.), *A research companion to Principles and Standards for School Mathematics* (pp. 27–44). Reston, VA: National Council of Teachers of Mathematics.

Ball, D. L., Lubienski, S. T., & Mewborn, D. S. (2001). Research on teaching mathematics: The unsolved problem of teachers' mathematical knowledge. In V. Richardson (Ed.), *Handbook of Research on Teaching* (4th ed., pp. 433–456). New York, NY: Macmillan.

Ball, D. L., Thames, M. H., & Phelps, G. (2008). Content knowledge for teaching: What makes it special? *Journal of Teacher Education, 59*(5), 389–407.

Barbé, J., Bosch, M., Espinoza, L., & Gascón, J. (2005). Didactic restrictions on the teacher's practice: The case of limits of functions in Spanish high schools. In C. Laborde, M. Perrin-Glorian, & A. Sierpinska (Eds.), *Beyond the apparent banality of the mathematics classroom* (pp. 235–268). Dordrecht, The Netherlands: Springer.

Bass, H., & Ball, D. L. (2014). Mathematics and education: Collaboration in practice. In M. Fried & T. Dreyfus (Eds.), *Mathematics & mathematics education: Searching for common ground* (pp. 299–312). Dordrecht, The Netherlands: Springer.

Bauersfeld, H. (1980). Hidden dimensions in the so-called reality of a mathematics classroom. *Educational Studies in Mathematics, 11*(1), 23–41.

Baumert, J., Kunter, M., Blum, W., Brunner, M., Voss, T., Jordan, A., . . . Tsai, Y. M. (2010). Teachers' mathematical knowledge, cognitive activation in the classroom, and student progress. *American Educational Research Journal, 47*(1), 133–180.

Becker, H. S., Geer, B., & Hughes, E. C. (1995). *Making the grade: The academic side of college life.* New Brunswick, NJ: Transaction Publishers. (Original work published 1968)

Beswick, K. (2005). The beliefs/practice connection in broadly defined contexts. *Mathematics Education Research Journal, 17*(2), 39–68.

Bikner-Ahsbahs, A., Artigue, M., & Haspekian, M. (2014). Topaze Effect: A case study on networking of IDS and TDS. In A. Bikner-Ahsbahs & S. Prediger (Eds.), *Networking of theories as a research practice in mathematics education* (pp. 201–221). Cham, Switzerland: Springer International Publishing.

Birky, G. D., Chazan, D., & Farlow Morris, K. (2013). In search of coherence and meaning: Madison Morgan's experiences and motivations as an African American learner and teacher. *Teachers College Record, 115*(2), 1–42.

Bishop, J. P. (2012). "She's always been the smart one. I've always been the dumb one": Identities in the mathematics classroom. *Journal for Research in Mathematics Education, 43*(1), 34–74.

Blumenfeld, P. C., Mergendoller, J. R., & Swarthout, D. W. (1987). Task as a heuristic for understanding student learning and motivation. *Journal of Curriculum Studies, 19*(2), 135–148.

Boaler, J., & Staples, M. (2008). Creating mathematical futures through an equitable teaching approach: The case of Railside School. *The Teachers College Record, 110*(3), 608–645.

Borges, J. L. (1993). Funes the memorious (A. Kerrigan, Trans.). In J. L. Borges, *Ficciones* (pp. 83–91). New York, NY: Knopf. (Original work published in 1942).

Borko, H., & Livingston, C. (1989). Cognition and improvisation: Differences in mathematics instruction by expert and novice teachers. *American Educational Research Journal, 26*(4), 473–498.

Borko, H., Roberts, S. A., & Shavelson, R. (2008). Teachers' decision making: From Alan J. Bishop to today. In P. Clarkson & N. Presmeg (Eds.), *Critical issues in mathematics education: Major contributions of Alan Bishop* (pp. 37–67). New York, NY: Springer US.

Bourdieu, P. (1990). *The logic of practice.* Stanford, CA: Stanford University Press.

Brantlinger, A. (2011). Critical mathematics in a secondary setting: Promise and problems. In B. Atweh, M. Graven, W. Secada, & P. Valero (Eds.), *Mapping equity and quality in mathematics education* (pp. 543–554). Dordrecht, The Netherlands: Springer.

Brousseau, G. (1997). *Theory of didactical situations in mathematics: Didactique des mathématiques, 1970–1990* (N.

Balacheff, M. Cooper, R. Sutherland, & V. Warfield, Eds. and Trans.). Dordrecht, The Netherlands: Kluwer.

Buchmann, M. (1987). Teaching knowledge: The lights that teachers live by. *Oxford Review of Education, 13*(2), 151–164.

Chauvot, J. B. (2009). Grounding practice in scholarship, grounding scholarship in practice: Knowledge of a mathematics teacher educator–researcher. *Teaching and Teacher Education, 25*(2), 357–370.

Chazan, D. (2000). *Beyond formulas in mathematics and teaching: Dynamics of the high school algebra classroom.* New York, NY: Teachers College Press.

Chazan, D. (2013). Substantive structures of mathematics, processes on objects, instructional situations, and curricular approaches: An exploration on a school algebra theme. In P. Andrews & T. Rowland (Eds.), *MasterClass in mathematics education* (pp. 125–135). London, United Kingdom: Bloomsbury Academic.

Chazan, D., Brantlinger, A., Clark, L. M., & Edwards, A. R. (2013). What mathematics education might learn from the work of well-respected African American mathematics teachers in urban schools. *Teachers College Record, 115*(2), 1–40.

Chazan, D., Herbst, P., & Clark, L. (2016). Research on the teaching of mathematics: A call to theorize the role of society and schooling in mathematics. In D. Gitomer & C. Bell (Eds.), *Handbook of research on teaching* (5th ed.). Washington, DC: American Educational Research Association (AERA)

Chazan, D., & Lueke, H. M. (2009). Exploring tensions between disciplinary knowledge and school mathematics: Implications for reasoning and proof in school mathematics. In D. Stylianou, E. Knuth, & M. Blanton (Eds.), *Teaching and learning mathematics proof across the grades* (pp. 21–39). Hillsdale, NJ: Erlbaum.

Chevallard, Y. (1985). *La transposition didactique: Du savoir savant au savoir enseigné* [Didactic transposition: From research knowledge to knowledge taught]. Grenoble, France: La Penseé Sauvage.

Chevallard, Y., & Sensevy, G. (2014). Anthropological approaches in mathematics education, French perspectives. In S. Lerman (Ed.), *Encyclopedia of mathematics education* (pp. 38–43). Dordrecht, The Netherlands: Springer.

Christie, F. (2005). *Classroom discourse analysis: A functional perspective.* London, United Kingdom: Bloomsbury.

Clark, L. M., Badertscher, E., & Napp, C. (2013). African American mathematics teachers as agents in their African American students' mathematics identity formation. *Teachers College Record, 115*(2), 1–36.

Clark, L. M., DePiper, J. N., Frank, T. J., Nishio, M., Campbell, P. F., Smith, T. M., . . . Choi, Y. (2014). Teacher characteristics associated with mathematics teachers' beliefs and awareness of their students' mathematical dispositions. *Journal for Research in Mathematics Education, 45*(2), 246–284.

Clements, D., Sarama, J., Spitler, M., Lange, A., & Wolfe, C. (2011). Mathematics learned by young children in an intervention based on learning trajectories: A large-scale cluster randomized trial. *Journal for Research in Mathematics Education. 42*(2), 127–166.

Cobb, P., & Bauersfeld, H. (Eds.). (1995). *The emergence of mathematical meaning: Interaction in classroom cultures.* Hillsdale, NJ: Erlbaum.

Cobb, P., Gresalfi, M., & Hodge, L. L. (2009). An interpretive scheme for analyzing the identities that students develop in mathematics classrooms. *Journal for Research in Mathematics Education, 40*(1), 40–68.

Cobb, P., & McClain, K. (2011). The collective mediation of a high-stakes accountability program: Communities and networks of practice. In E. Yackel, K. Gravemeijer, & A. Sfard (Eds.), *A journey in mathematics education research: Insights from the work of Paul Cobb* (pp. 207–230). Dordrecht, The Netherlands: Springer.

Cobb, P., Wood, T., Yackel, E., & McNeal, B. (1992). Characteristics of classroom mathematics traditions: An interactional analysis. *American Educational Research Journal, 29*(3), 573–604.

Cohen, D. (2011). *Teaching and its predicaments.* Cambridge, MA: Harvard University Press.

Cohen, D., Raudenbush, S., & Ball, D. (2003). Resources, instruction, and research. *Educational Evaluation and Policy Analysis, 25*(2), 1–24.

Collins, H. (2010). *Tacit and explicit knowledge.* Chicago, IL: University of Chicago Press.

Cook, S. D., & Brown, J. S. (1999). Bridging epistemologies: The generative dance between organizational knowledge and organizational knowing. *Organization Science, 10*(4), 381–400.

Cooney, T. J. (1985). A beginning teacher's view of problem solving. *Journal for Research in Mathematics Education, 16*(5), 324–336.

Cooney, T. J. (1994). Research and teacher education: In search of common ground. *Journal for Research in Mathematics Education, 25*(6), 608–636.

Cooney, T. J., Shealy, B. E., & Arvold, B. (1998). Conceptualizing belief structures of preservice secondary mathematics teachers. *Journal for Research in Mathematics Education, 29*(3), 306–333.

Corno, L., & Xu, J. (2004). Homework as the job of childhood. *Theory Into Practice, 43*(3), 227–233.

DeJarnette, A. F., Walczak, M., & González, G. (2014). Students' concepts-and theorems-in-action on a novel task about similarity. *School Science and Mathematics, 114*(8), 405–414.

Depaepe, F., Verschaffel, L., & Kelchtermans, G. (2013). Pedagogical content knowledge: A systematic review of the way in which the concept has pervaded mathematics educational research. *Teaching and Teacher Education, 34,* 12–25.

Doyle, W. (1983). Academic work. *Review of Educational Research, 53*(2), 159–199.

Doyle, W. (1986). Classroom organization and management. In M. Wittrock (Ed.), *Handbook of research on teaching* (3rd ed., pp. 392–431). New York, NY: Macmillan.

Doyle, W. (1988). Work in mathematics classes: The context of students' thinking during instruction. *Educational Psychologist, 23,* 167–180.

Dunkin, M. J., & Biddle, B. J. (1974). *The study of teaching.* New York, NY: Holt, Rinehart and Winston.

Ellis, A. (2011). Generalizing-promoting actions: How classroom collaborations can support students' mathematical generalizations. *Journal for Research in Mathematics Education, 42*(4), 308–345.

Ernest, P. (2006). A semiotic perspective of mathematical activity: The case of number. *Educational Studies in Mathematics, 61*(1–2), 67–101.

Esmonde, I. (2009). Ideas and identities: Supporting equity in cooperative mathematics learning. *Review of Educational Research, 79*(2), 1008–1043.

Esmonde, I., & Langer-Osuna, J. M. (2013). Power in numbers:

Student participation in mathematical discussions in heterogeneous spaces. *Journal for Research in Mathematics Education, 44*(1), 288–315.

Evertson, C. M., Emmer, E. T., & Brophy, J. E. (1980). Predictors of effective teaching in junior high mathematics classrooms. *Journal for Research in Mathematics Education, 11*(3), 167–178.

Fey, J. (1969). Classroom teaching of mathematics. *Review of Educational Research, 39*(4), 535–551.

Franke, M. L., Kazemi, E., & Battey, D. (2007). Mathematics teaching and classroom practice. In F. K. Lester Jr. (Ed.), *Second handbook of research on mathematics teaching and learning* (Vol. 1, pp. 225–256). Charlotte, NC: Information Age; Reston, VA: National Council of Teachers of Mathematics.

Gholson, M., & Martin, D. B. (2014). Smart girls, black girls, mean girls, and bullies: At the intersection of identities and the mediating role of young girls' social network in mathematical communities of practice. *Journal of Education, 194*(1), 19–33.

Givvin, K. B., Hiebert, J., Jacobs, J. K., Hollingsworth, H., & Gallimore, R. (2005). Are there national patterns of teaching? Evidence from the TIMSS 1999 video study. *Comparative Education Review, 49*(3), 311–343.

Goe, L. (2007). *The link between teacher quality and student outcomes: A research synthesis.* Washington, DC: National Comprehensive Center for Teacher Quality. Retrieved from http://www.ncctq.org/publications/LinkBetweenTQand StudentOutcomes.pdf

González, G., & Herbst, P. G. (2009). Students' conceptions of congruency through the use of dynamic geometry software. *International Journal of Computers for Mathematical Learning, 14*(2), 153–182.

González, G., & Herbst, P. G. (2013). An oral proof in a geometry class: How linguistic tools can help map the content of a proof. *Cognition and Instruction, 31*(3), 271–313.

Good, T. L., & Grouws, D. A. (1977). Teaching effects: A processproduct study in fourth grade mathematics classrooms. *Journal of Teacher Education, 28*(3), 49–54.

Good, T. L., & Grouws, D. A. (1979). The Missouri Mathematics Effectiveness Project: An experimental study in fourth-grade classrooms. *Journal of Educational Psychology, 71*(3), 355.

Goodchild, S., & Sriraman, B. (2012). Revisiting the didactic triangle: From the particular to the general. *ZDM—The International Journal on Mathematics Education, 44*(5), 581–585.

Grouws, D., Tarr, J., Chávez, O., Sears, R., Soria, V., & Taylan, R. (2013). Curriculum and implementation effects on high school students' mathematics learning from curricula representing subject-specific and integrated content organizations. *Journal for Research in Mathematics Education, 44*(2), 416–463.

Halliday, M. A. K., & Matthiessen, C. (2004). *An introduction to functional grammar.* London, United Kingdom: Arnold–The Hodder Headline Group.

Hand, V. M. (2010). The co-construction of opposition in a low-track mathematics classroom. *American Educational Research Journal, 47*(1), 97–132.

Hannah, J., Stewart, S., & Thomas, M. (2011). Analysing lecturer practice: The role of orientations and goals. *International Journal of Mathematical Education in Science and Technology, 42*(7), 975–984.

Heaton, R. M. (2000). *Teaching mathematics to the new standard: Relearning the dance.* New York, NY: Teachers College Press.

Henderson, K. B. (1963). Research on teaching secondary school mathematics. In N. Gage (Ed.), *Handbook of research on teaching* (pp. 1007–1030). Chicago, IL: Rand McNally.

Herbel-Eisenmann, B., & Wagner, D. (2010). Appraising lexical bundles in mathematics classroom discourse: Obligation and choice. *Educational Studies in Mathematics, 75*(1), 43–63.

Herbst, P. (2005). Knowing about "equal area" while proving a claim about equal areas. *Recherches en Didactique des Mathématiques, 25*(1), 11–56.

Herbst, P. (2006). Teaching geometry with problems: Negotiating instructional situations and mathematical tasks. *Journal for Research in Mathematics Education, 37*(4), 313–347.

Herbst, P., & Chazan, D. (2003). Exploring the practical rationality of mathematics teaching through conversations about videotaped episodes: The case of engaging students in proving. *For the Learning of Mathematics, 23*(1), 2–14.

Herbst, P., & Chazan, D. (2012). On the instructional triangle and sources of justification for actions in mathematics teaching. *ZDM—The International Journal on Mathematics Education, 44*(5), 601–612.

Herbst, P., & Chazan, D. (2015). Using multimedia scenarios delivered online to study professional knowledge use in practice. *International Journal of Research and Method in Education, 38*(3), 272–287.

Herbst, P., Chazan, D., Kosko, K., Dimmel, J. & Erickson, A. (2016). Using multimedia questionnaires to study influences on the decisions mathematics teachers make in instructional situations. *ZDM—The International Journal on Mathematics Education, 48*(1–2), 167–183. doi:10.1007/s11858-015-0727-y

Herbst, P., Chen, C., Weiss, M., & González, G., with Nachlieli, T., Hamlin, M., & Brach, C. (2009). "Doing proofs" in geometry classrooms. In M. Blanton, D. Stylianou, & E. Knuth (Eds.), *Teaching and learning of proof across the grades: A K–16 perspective* (pp. 250–268). New York, NY: Routledge.

Herbst, P., & Kosko, K. (2014). Mathematical knowledge for teaching and its specificity to high school geometry instruction. In J. Lo, K. R. Leatham, & L. R. Van Zoest (Eds.), *Research trends in mathematics teacher education* (pp. 23–45). New York, NY: Springer.

Herbst, P., Nachlieli, T., & Chazan, D. (2011). Studying the practical rationality of mathematics teaching: What goes into "installing" a theorem in geometry? *Cognition and Instruction, 29*(2), 1–38.

Hersant, M., & Perrin-Glorian, M. J. (2005). Characterization of an ordinary teaching practice with the help of the theory of didactic situations. In C. Laborde, M. Perrin-Glorian, & A. Sierpinska (Eds.), *Beyond the apparent banality of the mathematics classroom* (pp. 113–151). New York, NY: Springer.

Heyd-Metzuyanim, E., & Sfard, A. (2012). Identity struggles in the mathematics classroom: On learning mathematics as an interplay of mathematizing and identifying. *International Journal of Educational Research, 51,* 128–145.

Hiebert, J., & Grouws, D. A. (2007). The effects of classroom mathematics teaching on students' learning. In F. K. Lester Jr. (Ed.), *Second handbook of research on mathematics teaching and learning* (Vol. 1, pp. 371–404). Charlotte, NC: Information Age; Reston, VA: National Council of Teachers of Mathematics.

Hill, H. C. (2007). Mathematical knowledge of middle school teachers: Implications for the No Child Left Behind policy initiative. *Educational Evaluation and Policy Analysis, 29*(2), 95–114.

Hill, H. C., Ball, D. L., & Schilling, S. G. (2008). Unpacking pedagogical content knowledge: Conceptualizing and measuring teachers' topic-specific knowledge of students. *Journal for Research in Mathematics Education, 39*(4), 372–400.

Hill, H. C., Blunk, M. L., Charalambous, C. Y., Lewis, J. M., Phelps, G. C., Sleep, L., & Ball, D. L. (2008). Mathematical knowledge for teaching and the mathematical quality of instruction: An exploratory study. *Cognition and Instruction, 26*(4), 430–511.

Hill, H., & Grossman, P. (2013). Learning from teacher observations: Challenges and opportunities posed by new teacher evaluation systems. *Harvard Educational Review, 83*(2), 371–384.

Hill, H. C., Rowan, B., & Ball, D. L. (2005). Effects of teachers' mathematical knowledge for teaching on student achievement. *American Educational Research Journal, 42*(2), 371–406.

Hill, H. C., Schilling, S. G., & Ball, D. L. (2004). Developing measures of teachers' mathematics knowledge for teaching. *The Elementary School Journal, 105*(1), 11–30.

Hill, H. C., Umland, K., Litke, E., & Kapitula, L. R. (2012). Teacher quality and quality teaching: Examining the relationship of a teacher assessment to practice. *American Journal of Education, 118*(4), 489–519.

Hohensee, C. (2014). Backward transfer: An investigation of the influence of quadratic functions instruction on students' prior ways of reasoning about linear functions. *Mathematical Thinking and Learning, 16*(2), 135–174.

Izsák, A., Jacobson, E., de Araújo, Z., & Orrill, C. H. (2012). Measuring mathematical knowledge for teaching fractions with drawn quantities. *Journal for Research in Mathematics Education, 43*(4), 391–427.

Jansen, A. (2006). Seventh graders' motivations for participating in two discussion oriented mathematics classrooms. *The Elementary School Journal, 106*(5), 409–428.

Jaworski, B. (2006). Theory and practice in mathematics teaching development: Critical inquiry as a mode of learning in teaching. *Journal of Mathematics Teacher Education, 9*(2), 187–211.

Johnson, W., Nyamekye, F., Chazan, D., & Rosenthal, B. (2013). Teaching with speeches: A Black teacher who uses the mathematics classroom to prepare students for life. *Teachers College Record, 115*(2), 1–26.

Jurow, A. S. (2005). Shifting engagements in figured worlds: Middle school mathematics students' participation in an architectural design project. *Journal of the Learning Sciences, 14*(1), 35–67.

Keene, K. A., Rasmussen, C., & Stephan, M. (2012). Gestures and a chain of signification: The case of equilibrium solutions. *Mathematics Education Research Journal, 24*(3), 347–369.

Kilday, C. R., & Kinzie, M. B. (2009). An analysis of instruments that measure the quality of mathematics teaching in early childhood. *Early Childhood Education Journal, 36*(4), 365–372.

Kosko, K. W., & Wilkins, J. L. (2015). Does time matter in improving mathematical discussions? The influence of mathematical autonomy. *The Journal of Experimental Education, 83*(3), 368–385.

Krummheuer, G. (1995). The ethnography of argumentation. In P. Cobb & H. Bauersfeld (Eds.), *The emergence of mathematical meaning: Interaction in classroom cultures* (pp. 229–269). Hillsdale, NJ: Erlbaum.

Lampert, M. (1985). How do teachers manage to teach?Perspectives on problems in practice. *Harvard Educational Review, 55*(2), 178–195.

Lampert, M. (1990). When the problem is not the question and the solution is not the answer: Mathematical knowing and teaching. *American Educational Research Journal, 27*(1), 29–63.

Lampert, M. (2001). *Teaching problems and the problems of teaching.* New Haven, CT: Yale University Press.

Langer-Osuna, J. M. (2011). How Brianna became bossy and Kofi came out smart: Understanding the trajectories of identity and engagement for two group leaders in a project-based mathematics classroom. *Canadian Journal of Science, Mathematics and Technology Education, 11*(3), 207–225.

Leinhardt, G., & Greeno, J. G. (1986). The cognitive skill of teaching. *Journal of Educational Psychology, 78*(2), 75–95.

Lemke, J. L. (1990). *Talking science: Language, learning, and values.* Norwood, NJ: Ablex.

Levenson, E., Tirosh, D., & Tsamir, P. (2009). Students' perceived sociomathematical norms: The missing paradigm. *The Journal of Mathematical Behavior, 28*(2), 171–187.

Lewis, C. C., Perry, R. R., & Hurd, J. (2009). Improving mathematics instruction through lesson study: A theoretical model and North American case. *Journal of Mathematics Teacher Education, 12*(4), 285–304.

Li, Y., Chen, X., & Kulm, G. (2009). Mathematics teachers' practices and thinking in lesson plan development: A case of teaching fraction division. *ZDM—The International Journal on Mathematics Education, 41*(6), 717–731.

Lytle, E. (1920). The college as a training school for high school teachers. *The American Mathematical Monthly, 27*(4), 157–163.

Margolinas, C., Coulange, L., & Bessot, A. (2005). What can the teacher learn in the classroom? *Educational Studies in Mathematics, 59*(1–3), 205–234.

Margolinas, C., & Drijvers, P. (2015). Didactical engineering in France; an insider's and an outsider's view on its foundations, its practice and its impact. *ZDM—The International Journal on Mathematics Education, 47*(6), 893–903.

Martin, D. B. (2000). *Mathematics success and failure among African-American youth: The roles of sociohistorical context, community forces, school influence, and individual agency.* Mahwah, NJ: Lawrence Erlbaum.

Mason, J. (2002). *Researching your own practice: The discipline of noticing.* New York, NY: Routledge.

Mason, J. (2009). Teaching as disciplined enquiry. *Teachers and Teaching: Theory and Practice, 15*(2), 205–223.

Mason, J., & Spence, M. (1999). Beyond mere knowledge of mathematics: The importance of knowing-to act in the moment. *Educational Studies in Mathematics, 38,* 135–161.

McCrory, R., Floden, R., Ferrini-Mundy, J., Reckase, M. D., & Senk, S. L. (2012). Knowledge of algebra for teaching: A framework of knowledge and practices. *Journal for Research in Mathematics Education, 43*(5), 584–615.

Mehan, H. (1979). *Learning lessons: Social organization in the classroom.* Cambridge, MA: Harvard University Press.

Mesa, V., & Chang, P. (2010). The language of engagement in two highly interactive undergraduate mathematics classrooms. *Linguistics and Education, 21*(2), 83–100.

Miyakawa, T., & Winsløw, C. (2009). Didactical designs for students' proportional reasoning: An "open approach" lesson and a "fundamental situation." *Educational Studies in Mathematics, 72*(2), 199–218.

Miyakawa, T., & Winsløw, C. (2013). Developing mathematics teacher knowledge: The paradidactic infrastructure of "open lesson" in Japan. *Journal of Mathematics Teacher Education,*

16(3), 185–209.

Monk, D. H. (1994). Subject area preparation of secondary mathematics and science teachers and student achievement. *Economics of Education Review, 13*(2), 125–145.

Noble, T., DiMattia, C., Nemirovsky, R., & Barros, A. (2006). Making a circle: Tool use and the spaces where we live. *Cognition and Instruction, 24*(4), 387–437.

No Child Left Behind (NCLB) Act of 2001, 20 U.S.C.A. § 6301 et seq. (West 2003)

Philipp, R. A., Ambrose, R., Lamb, L. L., Sowder, J. T., Schappelle, B. P., Sowder, L., . . . Chauvot, J. (2007). Effects of early field experiences on the mathematical content knowledge and beliefs of prospective elementary school teachers: An experimental study. *Journal for Research in Mathematics Education, 38*(5), 438–476.

Radford, J., Blatchford, P., & Webster, R. (2011). Opening up and closing down: How teachers and TAs manage turn-taking, topic and repair in mathematics lessons. *Learning and Instruction, 21*(5), 625–635.

Rasmussen, C., Zandieh, M., King, K., & Teppo, A. (2005). Advancing mathematical activity: A practice-oriented view of advanced mathematical thinking. *Mathematical Thinking and Learning, 7*(1), 51–73.

Remillard, J. T. (2005). Examining key concepts in research on teachers' use of mathematics curricula. *Review of Educational Research, 75*(2), 211–246.

Reynolds, D., & Muijs, D. (1999). The effective teaching of mathematics: A review of research. *School Leadership & Management, 19*(3), 273–288.

Romberg, T. A., & Carpenter, T. P. (1986). Research on teaching and learning mathematics: Two disciplines of scientific inquiry. In M. Wittrock (Ed.), *Handbook of research on teaching* (3rd ed., pp. 850–873). New York, NY: Macmillan.

Rosenshine, B. (1970). Evaluation of classroom instruction. *Review of Educational Research, 40*(2), 279–300.

Rowan, B., Correnti, R., & Miller, R. (2002). What large-scale survey research tells us about teacher effects on student achievement: Insights from the prospects study of elementary schools. *The Teachers College Record, 104*(8), 1525–1567.

Rowland, T., Huckstep, P., & Thwaites, A. (2005). Elementary teachers' mathematics subject knowledge: The knowledge quartet and the case of Naomi. *Journal of Mathematics Teacher Education, 8*(3), 255–281.

Rowland, T., & Ruthven, K. (2011). *Mathematical knowledge in teaching*. Dordrecht, The Netherlands: Springer.

Santagata, R., & Barbieri, A. (2005). Mathematics teaching in Italy: A cross-cultural video analysis. *Mathematical Thinking and Learning, 7*(4), 291–312.

Schilling, S. G. (2007). The role of psychometric modeling in test validation: An application of multidimensional item response theory. *Measurement, 5*(2–3), 93–106.

Schoenfeld, A. H. (1988). When good teaching leads to bad results: The disasters of "well-taught" mathematics courses. *Educational Psychologist, 23*(2), 145–166.

Schoenfeld, A. H. (1998). Toward a theory of teaching-in-context. *Issues in Education, 4*(1), 1–94.

Schoenfeld, A. H. (2008). On modeling teachers' in-the-moment decision making. In A.H. Schoenfeld (Ed.), A study of teaching: Multiple lenses, multiple views. *Journal for Research in Mathematics Education* monograph series (Vol. 14, pp. 45–96). Reston, VA: National Council of Teachers of Mathematics.

Schoenfeld, A. (2010). *How we think: A theory of goal-oriented decision making and its educational applications*. New York, NY: Routledge.

Sedlak, M., Wheeler, C.W., Pullin, D.C., & Cusick, P.A. (1986). *Selling students short: Classroom bargains and academic reform in the American high school*. New York, NY: Teachers College Press.

Sfard, A. (2008). *Thinking as communicating: Human development, the growth of discourses, and mathematizing*. Cambridge, MA: Cambridge University Press.

Shadish, W., Cook, T., & Campbell, D. (2002). *Experimental and quasi-experimental designs for generalized causal inference*. Boston, MA: Houghton Mifflin.

Shavelson, R. J. (1973). What is the basic teaching skill? *Journal of Teacher Education, 24*(2), 144–151.

Sherin, M., Jacobs, V., & Philipp, R. (Eds.). (2011). *Mathematics teacher noticing: Seeing through teachers' eyes*. New York, NY: Routledge.

Shreyar, S., Zolkower, B., & Pérez, S. (2010). Thinking aloud together: A teacher's semiotic mediation of a whole-class conversation about percents. *Educational Studies in Mathematics, 73*(1), 21–53.

Shulman, L. S. (1986a). Paradigms and research programs in research on teaching: A contemporary perspective. In M. C. Wittrock (Ed.), *Handbook of research on teaching* (3rd ed., pp. 3–36). New York, NY: MacMillan.

Shulman, L. S. (1986b). Those who understand: Knowledge growth in teaching. *Educational Researcher, 15*(2), 4–14.

Shulman, L. S. (1987). Knowledge and teaching: Foundations of the new reform. *Harvard Educational Review, 57*(1), 1–23.

Silver, E. A., & Herbst, P. (2007). Theory in mathematics education scholarship. In F. K. Lester Jr. (Ed.), *Second handbook of research in mathematics teaching and learning* (pp. 39–67). Charlotte, NC: Information Age; Reston, VA: National Council of Teachers of Mathematics.

Silver, E. A., Mesa, V. M., Morris, K. A., Star, J. R., & Benken, B. M. (2009). Teaching mathematics for understanding: An analysis of lessons submitted by teachers seeking NBPTS certification. *American Educational Research Journal, 46*(2), 501–531.

Silverman, J., & Thompson, P. W. (2008). Toward a framework for the development of mathematical knowledge for teaching. *Journal of Mathematics Teacher Education, 11*(6), 499–511.

Skott, J. (2009). Contextualising the notion of "belief enactment." *Journal of Mathematics Teacher Education, 12*(1), 27–46.

Skott, J. (2015). Towards a participatory approach to "beliefs" in mathematics education. In B. Pepin & B. Roesken-Winter (Eds.), *From beliefs to dynamic affect systems in mathematics education* (pp. 3–23). Cham, Switzerland: Springer International Publishing.

Smith, L. R. (1977). Aspects of teacher discourse and student achievement in mathematics. *Journal for Research in Mathematics Education, 8*(3), 195–204.

Solomon, Y. (2007) Not belonging? What makes a functional learner identity in the undergraduate mathematics community of practice? *Studies in Higher Education, 32*(1), 79–96.

Speer, N. M., King, K. D., & Howell, H. (2015). Definitions of mathematical knowledge for teaching: Using these constructs in research on secondary and college mathematics teachers. *Journal of Mathematics Teacher Education, 18*(2), 105–122.

Stahl, G. (2006). Sustaining group cognition in a math chat environment. *Research and Practice in Technology Enhanced Learning, 1*(02), 85–113.

Stein, M. K., Grover, B. W., & Henningsen, M. (1996). Building student capacity for mathematical thinking and reasoning: An analysis of mathematical tasks used in reform classrooms. *American Educational Research Journal, 33*(2), 455–488.

Stigler, J. W., & Hiebert, J. (1999). *The teaching gap: Best ideas from the world's teachers for improving education in the classroom.* New York, NY: Free Press.

Stipek, D. J., Givvin, K. B., Salmon, J. M., & MacGyvers, V. L. (2001). Teachers' beliefs and practices related to mathematics instruction. *Teaching and Teacher Education, 17*(2), 213–226.

Stylianou, D. (2011). An examination of middle school students' representation practices in mathematical problem solving through the lens of expert work: Towards an organizing scheme. *Educational Studies in 76*(3), 265–280.

Thames, M. (2009). Coordinating mathematical and pedagogical perspectives in practice-based and discipline-grounded approaches to studying mathematical knowledge for teaching (K–8) (Unpublished doctoral dissertation). University of Michigan, Ann Arbor.

Theule-Lubienski, S. (2000). Problem solving as a means toward mathematics for all: An exploratory look through a class lens. *Journal for Research in Mathematics Education, 31*(4), 454–482.

Thomas, M., & Yoon, C. (2014). The impact of conflicting goals on mathematical teaching decisions. *Journal of Mathematics Teacher Education, 17*(3), 227–243.

Thompson, A. G. (1984). The relationship of teachers' conceptions of mathematics and mathematics teaching to instructional practice. *Educational Studies in Mathematics, 15*(2), 105–127.

Thompson, P. W. (2016). Researching mathematical meanings for teaching. In L. English & D. Kirshner (Eds.), *Third handbook of international research in mathematics education.* London, United Kingdom: Routledge.

Voigt, J. (1985). Patterns and routines in classroom interaction. *Recherches en Didactique des Mathématiques, 6*(1), 69–118.

Voigt, J. (1995). Thematic patterns of interaction and socio-mathematical norms. In P. Cobb & H. Bauersfeld (Eds.), *The emergence of mathematical meaning: Interaction in classroom cultures* (pp.163–201). Hillsdale, NJ: Erlbaum.

Wayne, A. J., & Youngs, P. (2003). Teacher characteristics and student achievement gains: A review. *Review of Educational Research, 73*(1), 89–122.

Wilkins, J.L. (2008). The relationship among elementary teachers' content knowledge, attitudes, beliefs, and practices. *Journal of Mathematics Teacher Education, 11*(2), 139–164.

Wilson, M., & Cooney, T. (2002). Mathematics teacher change and developments: The role of beliefs. In G. C. Leder, E. Pehkonen, & G. Törner (Eds.), *Beliefs: A hidden variable in mathematics education?* (pp. 127–147). Dordrecht, The Netherlands: Kluwer Academic.

Wilson, M., & Goldenberg, M. P. (1998). Some conceptions are difficult to change: One middle school mathematics teacher's struggle. *Journal of Mathematics Teacher Education, 1*(3), 269–293.

Wood, T., Williams, G., & McNeal, B. (2006). Children's mathematical thinking in different classroom cultures. *Journal for Research in Mathematics Education, 37*(3), 222–255.

Yackel, E., & Cobb, P. (1996). Sociomathematical norms, argumentation, and autonomy in mathematics. *Journal for Research in Mathematics Education, 27*(4), 458–477.

Zaslavsky, O., & Sullivan, P. (Eds.). (2011). *Constructing knowledge for teaching secondary mathematics: Tasks to enhance prospective and practicing teacher learning* (Vol. 6). New York, NY: Springer Science & Business Media.

探索不同理论前沿：为数学教育研究实现各种可能性（和不确定性）

戴维·W.斯廷森
美国佐治亚州立大学
玛格丽特·沃肖
新西兰梅西大学
译者：鲁小莉
　　　华东师范大学数学科学学院

编赋予本章作者的工作是介绍用于挑战现状的理论流派，那些流派为研究者的对话提供新内容，为理解问题提供新方式，它们植根于现有理论，并对这些理论进行了修改。因为这样的责任，我们在这里并不是提供一份某位数学教育研究者在做研究时可能采用不同理论的全面论述或调查；也不是在数学教育作为一门学科持续发展为一个研究领域的进程中，重新提出或合理化那些研究者应该采用的特定的理论立场（Sierpinska & Kilpatrick, 1998）。在其他已经发表的研究和学术成果中，我们已经清楚地表达了应该采用特定理论的立场（例如，Stinson, 2008, 2009, 2013b; Stinson & Bullock, 2012; Walshaw, 2001, 2004, 2007, 2013）。本文的立意在于知会而不是说服，在于打开而不是结束对话。最后，我们希望能够激发一些数学教育研究的不同可能，即虽令人不安但某种意义上又令人慰藉的对话，转而激发出数学教与学的各种可能性。

本章包括三个部分。在第一部分"数学教育研究的理论"中，我们提供了一个在过去约50年中关于数学教育研究理论思考变化的历史纲要，并将这些变化定位于更广泛的教育社会科学领域。然后，我们将重要的理论转变或发生的时间节点投射到数学教育研究中，因为就其内部和本身而言，数学教育研究已经演变为一个研究领域。这一部分为第二部分"探索不同的理论前沿"提供了一个历史背景。第二部分，我们旨在说明那些未必新颖、但于数学教育研究而言可谓之新颖的理论流派是如何促成对话的，从而提供那些往往最后能打破现状的、理解事物的新方式。这些"新"的经典理论提出了思索和再思索数学教育研究可能性（和不可能性）的不同方式。在最后简短的结论部分"对未来的理论思考"，在扼要重述了理论上我们已经到何处，以及可能走向何处的同时，提出了供数学教育研究者应当考虑的问题。同时，我们最终的观点是，对数学教育研究者而言，乐于采纳各种理论流派很可能对自己的研究产生很好的帮助。

在文章的每个部分，我们都提供了例子说明不同的理论流派如何提出不同的问题，引出数据收集、分析及表征的不同方法，并最终使得研究者、教师教育者、任课教师、学生以及政策制定者对数学教与学的各种可能性持有开放的态度。需要说明的是，由于我们探讨的是广义的理论流派，所以只能聚焦于某个经典理论中最重要的两三个学者。这种缩小范围的关注并不表明这些学者的工作代表了整个流派，而是出于更合理利用有限篇幅的目的。但是，为了给读者提供一个可以进一步探索的起点，我们也将提供该流派中其他研究的学者的文献。不过在开始之前，需要重点说明的是：尽管文中的讨论主要是从国际（而非基于美国）学者和研究者的工作出发，但也仅限于英文出版或者具有英文翻译的研究和学术内容。因此，我们的讨论极大地、不可避免地受限于以英语为母语的人的方式的认识与存在（见Meaney，2013; Stinson, 2013a）。

数学教育研究的理论

在过去的半个世纪里，数学教育的研究可以刻画为，从探求确定性到认知到不确定性的转变（见Skovsmose，2009）。通过讨论数学教育研究在过去50年中理论探讨的缺乏到初步浮现，我们概述出了这样一种转变。我们也描述了在本章的背景下，理论流派或理论这些术语的意义。总体而言，此部分的讨论是置于社会科学研究范式之争的历史情境中。最终，我们通过将数学教育研究中理论流派的转变投射到社会科学这一更宽泛的研究范式，来结束这一部分。

理论讨论的缺乏

直至20世纪60年代，几乎没有探讨数学教育理论的文章，而近几年已经发展为富有成效的学术争论，呈现出一个看得见的、频繁争辩的空间。例如，在20世纪90年代中后期，斯特菲、基伦、汤姆森和莱尔曼辩论了激进建构主义和社会建构主义中总是两极对立的理论流派（Lerman, 1996, 2000a; Steffe & Kieren, 1994; Steffe & Thompson, 2000）。21世纪第一个十年后期，古铁雷斯和卢宾斯基在报告数学的"成绩差异"时，辩论了是否使用广义社会文化和社会政治的理论和方法（R. Gutiérrez, 2008a; Lubienski, 2008; Lubienski & Gutiérrez, 2008）。另外，巴蒂斯塔和康弗里（Battista, 2010; Confrey, 2010）分别在21世纪10年代初期，回应了马丁、戈尔森和伦纳德对这个假设性问题"（数学教育研究中的）数学在哪儿"的反驳（Heid, 2010，第102页）。这些讨论很大程度上有赖于研究者所选择的理论流派，而这继而决定了哪些问题可能被提出，数据应该怎样被收集、分析、表征。如同莱斯特和威廉（2000）所指出的：

知识主张的和证据之间的联系要远远多于在两者之间简单地建立一个逻辑联系。相反地，这种关系很大程度上取决于（收集和）评估经验数据时所处背景下的一系列信念、价值观和看法。（第136页）

自20世纪90年代开始的数学教育研究者从事的富有成效的理论辩论与60年代和70年代存在的（或缺失的）辩论形成了鲜明的对比。在数学教育研究的早期发展阶段，为该领域建立合理性的主要方法是让研究者将自己的与已存在的数学认识论及心理学发展中的理论保持一致（Kilpatrick, 1992）。这种模式是在1976年的第三届国际数学教育大会（ICME-3）上建立国际数学教育心理学组织（PME）时正式形成的。总体上讲，在早期发展时期的研究报告中，理论方面的考虑仅仅是含蓄的。往往是在发展针对数学教与学研究情境下的某个理论或理论框架时，研究者才讨论理论（例如，J.P.Becker, 1970）。

理论讨论的浮现

由于采用人类学、文化与社会心理学、历史学、哲学和社会学中的理论（和方法论），对"流派"心理学的忠诚在20世纪70年代后期和80年代初期开始衰退（Lester & Lambdin, 2003）。三十年前，希金森（1980）提出数学教育并不仅仅简单地受数学和心理学，也受社会学和哲学的启发。他注意到，对数学的忠诚于数学教育而言是不言自明的，同时"不管出于任何目的，至今已有了一段时间，实现心理学在数学教育中占有一席之地的战争已经赢了"（第4页）。之后，希金森接着提出了一个双管齐下的，以确认社会学层面的论点：（1）有必要更全面地理解学校教育的社会角色以及教师、学生和所教所学的数学本身内部的和相互之间的动态机制；（2）有必要更全面地理解文化价值、经济条件、社会结构、新兴科技对学校整体的影响及对教与学的具体影响。

在讨论是否包含哲学时，希金森（1980）谨慎地注意到在包含社会学时，"对（某些人）而言，这个大门好像已经开得太宽了"（第4页）。但对希金森来说，在数学教育（研究或其他方面）中包含哲学思维是重要的，因为人类所有的"学术活动都是基于某个哲学类别的一套假设"（第4页）。关于这些假设，他认为：

是因学科而异的，同一个学科中的个体与群体之间也是不同的。这些假设或许是被明确认可的，或者只是被默认的，但它们总是存在的。回归其本质，这些假设涉及对诸如"知识""存在""善行""美好""目的"以及"价值"的本质的关注。更正式一些，我们分别有了认识论上的、本体论上的、伦理上的、美学上的、目的论上的、价值论上的领域。笼统地说，我们有关于真理、确定性和逻辑一致性的议题。（第4页）

希金森（1980）的观点不久就被众人所接受。例如，1984年在ICME-5上建立了一个关于数学教育理论（TME）的新讨论组。根据斯坦纳（1985）的总结，该讨论组的目的是"给数学教育更高程度的自我反思和自我肯定，并促进了从其他角度来思考，来看待问题，以及问题之间的相互关系"（第16页）。同时，斯坦纳也提出了一个包含10个该讨论小组在将来可能探索的主题：

1. 数学教育作为一个学科的各种定义。
2. 数学教育研究中模型、范式、理论的使用。与时俱进的分析的工具。
3. 微观与宏观模型。
4. "土生土长的理论"与跨学科性、超学科性的对决。
5. 理论与实践之间的关系。
6. 数学教育在学术机构，特别是大学的位置和角色。
7. 数学教育的伦理、社会、政策方面。
8. 全方位方法的需要。自我参照和自我应用的理论。系统观点的作用。
9. 互补理论和活动理论。
10. 元研究的类型。（第16页）

20世纪90年代及以后的数学教育研究确实反映了这个列表上的主题，不仅拓展了那些可被使用的理论流派，而且增强了数学教育作为一个研究领域的位置（见Sierpinska & Kilpatrick, 1998）。举例来说，自20世纪

80年代中期以来的会议包括了"数学教育的政治维度"（1990, 1993, 1995）；"批判数学教育：关于文化力量和社会变更的蓝图"（1990）；"数学教育和社会"（1998, 2000, 2002, 2004, 2008, 2010, 2013, 2015）；以及"数学教育和当代理论"（2011, 2013, 2016）。进一步地，从那时开始发表的书籍有：《数学教育中的公平问题：女权主义和文化的影响》（Rogers & Kaiser, 1995）；《民族数学：数学教育中具有挑战性的欧洲中心主义》（A.B. Powell & Frankenstein, 1997）；《数学教育中的社会文化研究》（Atweh, Forgasz, & Nebres, 2001）；《数学教育中社会公正的方向》（Burton, 2003）；《后现代中的数学教育》（Walshaw, 2004）；以及《反应文化的数学教育》（Greer, Mukhopadhyay, Powell, & Nelson-Barber, 2009）。我们所列举的这些文献并不详尽，只是列举了那些帮助数学教育研究超越其心理学和数学根基的会议和书籍。

在此背景下定义的理论

诸如以上提及的会议和书籍确实有助于数学教育研究中理论和方法论流派的扩展。然而，我们并没有定义或描述本章背景下的理论流派或理论。我们也是有意忽略的，因为在我们看来，理论往往传递了不同的意义、设定了不同的意图。例如，斯里拉曼和英格利希（2010）引起了大家对研究者们寻找"重大的"理论概念的注意（例如，J.P.Becker, 1970; Silver & Herbst, 2007），但莱斯特（2005）却建议数学教育研究者从多元角度改编理论概念和理念。布朗和沃肖（2012）认为，数学教育研究者利用"理论作为数学教育中新的、有成效的、可能性的工具"（第3页）。

这些不同目的表明了理论是在不同层级上被概念化的。以此为目的，E.A.圣皮埃尔（2000年6月的私人交流）提出了讨论理论的三层结构：高层理论、中层理论、表层理论。高层理论是那些研究者们用以定位自己所从事的科学（如，分析哲学或欧洲大陆哲学）的较大哲学流派。这些流派依赖于关于认识论、本体论、伦理、美学、目的论以及价值论的假设，或者更简单地说，是关于真理、确定性和逻辑一致性的假设（Higginson, 1980）。

中层理论是那些可能来源于一个或多个更广泛的哲学流派的各种不同的经典理论和理念（例如，活动理论、认知理论、建构理论、批判理论、后结构理论、社会文化理论；见 Cobb, 2007 对主流数学教育研究中常用的中层理论的完整讨论）。为避免与扎根理论（Glaser & Strauss, 1967）混淆，表层理论是那些被创立或被用来合理化数据的理论或模型；也就是说，这些理论是基于实践的、最接近数据的（例如，认知导向的教学；见 Fennema 等，1996）。

我们以日益壮大的、以社会公正为目标的数学教学的研究（如，Gutstein & Peterson, 2013; Wager & Stinson, 2012）来解释说明。用于这类研究的高层理论，汲取了马克思主义理论和源于法兰克福学派的哲学和理论假设（见 Rush, 2004）。中层理论包括了批判理论和批判教学法等，后者是一个既可以建构教学又可以形成研究的理论（如，Leistyna, Woodrum, & Sherblom, 1996; McLaren & Kincheloe, 2007）。而表层理论则包含了各种模型，用于解释或描述以社会公正为目的的数学，教师将如何教、学生又是如何学的（如，Gutstein's, 2006, 以社会公正为目标的数学教学模式，随后讨论）。然而，值得注意的是，一个具体的表层理论只可能来源于一系列哲学层面和理论层面，并且运作于研究者所采用的高层和中层理论框架下的假设、信念，以及价值（2014 年 6 月与 E.A.St. Pierre 的私人交流）。但是，现存的太多数学教育研究都存在这样的危机：研究者总是不承认那些使表层理论得以发展或使用的、呈现于高层和中层理论的哲学假设。

本章中，我们关注高层理论和中层理论，或者放在一起就可以称之为研究范式，这也是研究者所依赖的。换句话说，当使用"理论"一词或"理论流派"这一词汇时，我们关心的是研究者，在他或她于一系列关于真理、必然性和逻辑一致性的假设中，从事研究时所持的认识论立场，我们铭记在心的是科学、社会或者其他方面往往已经牵扯到、甚至卷进这些对哲学更大范围的思考（St.Pierre, 2011）。进一步讲，尽管某些我们强调的经典理论对于数学教育的研究领域是新的，但在我们的讨论中，我们特意用"不同的"而非"新的"这样的字眼，因为这些术语无论对广义的社会科学研究领域还是对教育领域而言并不是全新的。

范式战争和教育研究

一般而言，数学教育经典理论的扩展已经在教育社会科学的那些较大的范式战争中展开了（见 Gage, 1989; Guba & Lincoln, 1994; Lather, 2006; Lincoln & Guba, 2000; St.Pierre, 2006）。使用库恩（1962/1996）的范式这一概念，是为了描述"标准科学"（即严格地以科学的历史流派为基础）流派中的转变，这种转变不是以一种方法对另一种方法的失效而产生的，而是通过"不同的方法看待世界和进行科学研究的不可比性"而呈现的（第4页）。虽然在社科研究中使用范式这一术语是有争论的（见 Donmoyer, 2006），但古帕和林肯（1994）指出，研究范式为研究者们强调了"研究究竟是什么，以及合理探究的界限内外是什么"（第108页）。他们认为，研究范式是由对三个根本的、又相互联系的问题的回答来定义的：本体论问题、认识论问题、方法论问题。"因为对于其中任何一个问题的答案，以任何一种顺序，（很多时候）限制了对其他两个问题的回答"（第108页），所以说这三个问题是相互联系的。

在过去的50年中，文献记载了许多有关范式战争的前期（20世纪60年代早期）、后果（80年代后期）、复活期（21世纪第一个十年早期）（见 Lather, 2006; St.Pierre, 2006）。值得注意的是，这些战争不仅仅是定量和定性范式之间的，而且存在于定性研究本身内部的竞争范式之间（例如，Guba 和 Lincoln, 1994）。1989年，盖奇在其即将转入21世纪之际对数学教育未来的展望中，提出（且期望）各种形式的休战，因为"研究者们有了这样一个新的认识：范式的差异并不是要有范式的冲突"（第7页）。但是休战并没有出现，由于实验研究和准实验研究均被奉为教育研究中的"黄金"规则（如，National Research Council, 2002），反而出现了范式冲突的重现。圣皮埃尔（2006）强调了这个重现的严肃性，指出：

> 由于科学和科学依据特有的本质，那些从不同认识论、本体论和方法论方向考虑或工作的学者和

研究者，以及那些从根本上挑战形而上学课题的后现代主义者，均会质疑知识本身的本质，所以是利害攸关的。如果有人相信，不同的理论框架是建立和建构在那些不同的，或许是关于知识、真理、现实、理由、权力、科学、证据等这些内容本质的不可测度的假设基础上的，那么他/她就能够了解为什么教育家会在这样一个争论中选边站，这种争论已规划了我们所能思、所能知的界限和可能性，从而进一步地，我们如何在一个充满教育理论、研究、政策和实践的复杂而又互相缠结的世界中生存。（第239~240页）

在美国数学教育研究的复杂、互相缠结的世界里，范式冲突的重现可以在《成功的基石：国家数学顾问小组的最终报告》（NMAP, 2008）的文稿中看到，也可以在对此作出回应的《教育研究者》特刊（Kelly, 2008）中看到。自始至终，最终报告及回应特刊或明确地或含蓄地指出，对某个理论的、方法论的支持并不意味着要完全摈弃其他的。但是，NMAP最终报告的编辑委员会仅仅纳入了实验研究和准实验研究，来作出有关数学教与学的、基于证据的知识主张。所以一旦政治取代了科学探究（Boaler, 2008），编辑委员会就直接以某些认识论的可能性为目标，从而指向理论的和方法论的可能性。例如，他们抹去了数学教与学对话中的所有"种族"问题（D.B. Martin, 2008）。最终，在20世纪80年代和90年代的争论中，用于思考和做科学的范式激增成为可能（Lather, 2006），在21世纪第一个十年早期及之后，一般教育的研究和具体的数学教育研究受到强烈抵制。关于知识、真理、现实、理由、权力、科学、证据等的本质争论持续着，有关范式的战争也在激烈而迅速蔓延着。

各时期与研究范式之间的映射

为了合理解释自20世纪70年代起，数学教育研究中使用的理论流派的激增，斯廷森和布洛克（2012）发现了四种不同的、交叉的，又可以同时运作的转型或历史时期：（1）过程-结果时期（始于20世纪70年代）；（2）

解释主义-建构主义时期（始于20世纪80年代）；（3）转向社会性时期（始于20世纪80年代中期）；（4）转向社会政治性时期（始于21世纪第一个十年）。这表明，数学教育研究的这些不同时期当中的运动是以某种线性方式发生的，在一个连续统一体中达到一个"最佳"或"更好"的位置。更确切地说，只不过是以一个宽松的历史时间顺序来安排这些时刻。例如，在21世纪第一个十年初期被认定为社会政治转型时期开始的前几年，弗兰肯斯坦（1983）和斯科夫斯莫斯（1985）开始探索批判数学教育的社会政治启示。关于历史变迁，莱尔曼、徐和塔萨罗尼（2002）警告说：

> 从根据权威人士给出的在优先级、理解和诠释中的变化，来讨论一个领域随时间演变的同时也能够认识到许多其他方面：组成这个领域的结构和社会关系，以及在教育研究中各个子领域相区分的边界强度的改变；教育研究和其他教育领域研究成果之间关系的变化；更广泛的权力和控制关系来影响知识生产的学术场域的（相对的）更广泛的自主性，产生影响的一边是官方政治机构，另一边是知识传递、传播、使用和生产领域（以我们数学教育为例）中的能动性和能动体之间的社会关系的某些形式。（第24页）

铭记变化背后的机制，在表6.1中，我们把数学教育研究的四个时期：过程-结果、解释主义-建构主义、转向社会性、转向社会政治性，对应到一个研究范式，有些情况下是两个。为了表示由拉瑟和圣皮埃尔提出的对概念化的改编（见Lather, 2006），根据其总体的意图，用单个词来表达四种广义的范式：预测、理解、释放和解构（Stinson & Bullock, 2015）。

将这些时期对应到更大研究范例的目的是为了说明每一时期不同的理论和方法论的可能性。虽然表6.1没有列出所有的可能性，但它确实提供了一份在数学教育中可能从事的各种研究的最广泛的列表。例如，表6.1说明了在过程-结果时期（始于20世纪70年代），研究的标志是试图通过连接数学教师的课堂实践（过程）与学生

表6.1 数学教育研究的各时期与研究范式之间的映射

- 过程–结果时期（20世纪70年代—）→ 预测
- 解释主义–建构主义时期（20世纪70年代—）→ 理解
- 转向社会性时期（20世纪80年代中期—）→ 理解（即使是理解，也是情境下的理解）或者是释放（或者是摇摆于两者之间）
- 转向社会政治性时期（21世纪第一个十年—）→ 释放或解构（或者是摇摆于两者之间）

研究的范式				
预测	理解	释放		解构
*实证主义的 实验的 准实验的 混合方法>	*解释主义的 社会建构主义的 激进建构主义的 社会文化的> 现象学的 民族志的 符号互动	*批判的 <女权主义的> 批判种族主义理论> 拉丁美裔批判种族主义理论> 种族的批判理论> <参与式行动研究 批判民族志	空白	*后结构主义的/ 后现代主义的 后批判主义的 后殖民主义的 后人文主义的 后弗洛伊德的 <话语分析

注：*表示最常使用的术语；< 或 > 表示跨–范式的时期。在原始的拉瑟和圣皮埃尔的表格中"空白"指的是从左边表格中的启蒙运动的人文主义的范式到右边的后启蒙运动、后人文主义范式的一个转变。这里的"空白"表示在研究者可能采用一个批判的后现代主义经典理论的空间之中–之间的混合（见 Stinson & Bullock, 2012, 2015）。研究的范式改编自 P.A.拉瑟和 B.圣皮埃尔（2005）的表格。

成绩（结果）来预测"好的"数学教学。从理论和方法论上均基于实证主义推论统计学，源于实验心理学和行为主义的认知和行为理论是其主要的理论传承（例如，Good & Grouws, 1979）。解释主义–建构主义时期（始于20世纪80年代）试图去理解数学的教与学，而不是去预测，这一理论主要源于社会学和发展心理学，它是经典理论之一（例如，Steffe & Tzur, 1994; Thompson, 1984）。认识到意义、思维和推理是各种环境中社会活动的产物，标志着社会转型的时期（始于20世纪80年代中期；见 Lerman, 2000b），它是从文化、社会心理学、人类学、文化社会学等学科中得出理论，这也是经典理论之一（如 Boaler, 1999; Roth & Radford, 2011; Zevenbergen, 2000）。同时，承认知识、权力、特性是相互交织的、起源于且由社会文化和社会政治话语建构的这一转变，是社会政治转型时期（始于21世纪第一个十年初；见 R.Gutiérrez, 2013）的标志，这里批判和后结构主义理论也是主要的经典理论（例如，Gutstein, 2003; Walshaw, 2001）。

探索不同的理论前沿

既然我们的责任是介绍用于挑战现实状况、提供对话的新内容和理解事物的新方式的理论流派，那么在本节中，我们将重点关注一些属于研究范式的释放和解构中的理论流派（见表6.1）。深入探索四个数学教育的社会政治转型时期的经典理论：批判理论、后结构主义理论、批判种族理论、女权主义理论。在讨论每个流派时，我们给出了每个流派发展的历史背景，突出了从中衍生出的一些关键的理论工具或概念，特别提到这些流派中的一些教育与数学教育研究的例子（或范例）。值得注意的是，在大多数情况下，尽管所讨论的每一流派都试图"为反对对立者而作"（Fine, 1994，第75页），但它们全部都更偏向于认识和存在的西方"学术"方式，而不是本民族或本土的方式（见 K.Martin, 2003; Stanfield, 1994）。然而，如表6.1所阐述的，我们选择强调释放或解构范式中包含的一些理论流派。由于批判理论和后结构主义理论可以看作各自范畴内上位的经典理论，所以我们也选择了这两个理论。虽然方式不同，但这两个理论流派确确头头打破了现状。而批判种族理论和女权主义理论则是我们更加深思熟虑后的选择。所有这些理论流派已经慢慢地从更广泛的社会科学研究走向了数学教育研究。

转向社会政治性时期

先前提到的、始于21世纪第一个十年的社会政治性时期，它的特点是使用这样的理论流派，即承认知识、权力、身份是相互交织的，是构建在社会文化和社会政治话语之中的（R.Gutiérrez, 2013；又见 de Freitas & Nolan, 2008; Valero & Zevenbergen, 2004）。但是，这里的话语不仅是可以听到的或者阅读的词句，而且是系统地形成知识对话的可能性（和不可能性）的，进而产生和复制真理的话语实践（Foucault, 1969/1972, 1977/1980）。可能从事社会政治转型时期工作的研究者在他们理解和暴露数学和数学教与学的更广泛社会和政治图景的企图中，采纳了一定程度的社会意识和社会责任感（Gates & Vistro-Yu, 2003；见 Jablonka, Wagner, & Walshaw, 2013，数学教育的社会、政治、文化维度的研究理论调查）。应该承认的是，没有一项研究是纯粹学术的，通常都会或多或少连带政治性或其他内容，研究者们并非聚集于某些共同的政治议题，而是对教育本身的理解就是政治性的（见Freire, 1985）。如今，很少有学科像（学校）数学那样政治化。（见 Skovsmose & Greer, 2012）。

转向社会政治性时期的研究者会从释放与解构的研究范式中汲取各式各样的理论观点和工具（见表6.1）。尽管这些研究范式的探求是运行在不同的且往往被认为是不相容的哲学假设中（见 Hill, McLaren, Cole, & Rikowski, 2002），但是这两个范式都利用理论作为工具来揭露数学教育中不同的、多产的可能性（Brown & Walshaw, 2012），以力图开启研究的篇章（de Freitas & Nolan, 2008）。在拓展这些不同的前沿时，研究者们挑战了在许多主流数学教育研究之下被视为理所当然的假设，大部分是用于对范式的预测和理解的，因而他们打算揭露"数学教育中内在的虚构、幻想、对权力的操弄"（Walkerdine, 2004，第viii页）。

在我们大批释放或解构范式中的理论流派时，重提这两点是很重要的。第一，我们使用"不同"而非"新"这样的字眼，旨在提醒读者我们所讨论的理论流派，无论是对作为一般的社会科学还是对作为具体的教育社会科学，都不是新的。但是，对数学教育的研究领域还算是新的。第二，我们并不是说这里强调的理论流派引领了从事数学教育研究更好的或者最好的方式。但是，这些理论流派在产出不同知识和以不同方式来为知识产出提供不同的（且不确定的）可能性上，的确打破了现状（St.Pierre, 1997）。此外，还值得注意的是，每一个研究范式带来了自身对关于真理、确定性和逻辑一致性的哲学类型的一套（主观的）假设。正如瓦莱罗（2004）所解释的：

> 在其他诸多因素中，我们所选择研究的和所选择进行研究的方式是这样的建构，由我们是谁以及我们如何选择投入学术研究决定的……投入构想以从事数学教育中的研究的特定方式有相当多的"主观的"和"意识形态的"依据，而不是"客观的"理由。（第6页）

因此，当在我们讨论释放或解构范式下的不同经典理论时，我们的目的并不是"告诉他们必须做什么"，而是"改组工作和思考的习惯方式、驱散习惯势力、重估规则和制度"，福柯（1984/1996）恰如其分地称之为"一位知识分子的角色"（第462、463页）。

此外，尽管理论和方法论是紧密联系的（Crotty, 1998; LeCompte, Preissle, & Tesch, 1993），但由于篇幅所限，我们仅一带而过地讨论方法论的可能性。一言以蔽之，我们在这里突出的理论对现状、对方法论是有冲击的，同时，也颠覆了数据收集、分析和表达的传统方式，从而开启了不同的可能性（例如，de Freitas & Nolan, 2008; Valero & Zevenbergen, 2004）。为了阐明这些不同的可能性，我们提供了《数学教育研究杂志》（JRME）中具有代表性的经典的四项研究的详细内容。（关于定性方法论的充分讨论见本套书；de Freitas, Lerman, and Parks, 2016）

批判理论

批判理论是释放研究范式中最常用的术语，也是数学教育研究者最熟悉的理论之一。在数学和数学教育学科中，批判理论的应用是20世纪80年代开始出现在研究文献中的，出现在弗兰肯斯坦（1983）和斯科夫斯莫斯（1985）早期的工作当中，如今日益凸显（见2012年A.Powell的批判数学的发展简史）。当弗兰肯斯坦（2005）、斯科夫斯莫斯（2005, 2009）和有些学者（见 Alrø, Ravn, & Valero, 2010）还继续在理论上改善批判性数学可能的含义的时候，其他学者已经开始尝试用课程和教学法教授批判性数学，或者为社会公正而教数学（例如，Gutstein 2003, 2006），这已然成了更加常用的措辞。这一社会公正的数学运动，已经激发了从理论和实践两方面，探索为社会变更的数学教与学的可能性的大批书籍（例如，Burton, 2003; Gutstein & Peterson, 2013; Wager & Stinson, 2012）和数学教育杂志的特刊（例如，Ernest, 2007; Gates & Jorgensen, 2009; Sriraman, 2009），而这也起源于批判理论。

批判理论的起源往往总是与法兰克福学派社会研究学院联系在一起（Circa, 1920）。它有着马克思主义的理论观点：批判和颠覆所有形式的主宰（Bottomore, 2001；见 Crotty, 1998，批判理论和研究的发展历史）。衍生自哲学、社会学、心理学等学科的批判，在它们发展的过程中，于20世纪中期集体成为众所周知的批判理论。尽管法兰克福学派、卡尔·马克思（和弗里德里希·恩格斯）有决定性影响的著作是批判理论发展的基础，但是应铭记于心的是，批判理论既不是它们当中任何一个的延伸，也不是它们两者一起的延伸（Crotty, 1998）。也就是说，批判性理论在其反对存在某个社会和政治批判的统一方法这一概念时，已经超出了最初对资本主义、实证主义、唯物主义、宿命论等的批判（见 Bronner, 2011）。

批判理论中处理社会政治批判的大量哲学、理论、方法论的方式，类同于促成其发展的学者和学科而呈现多样性。然而，在最普遍意义上讲，批判理论维持了对这样的社会实践和意识形态的社会政治批判，即掩饰"系统性地扭曲对事实的诠释以企图隐瞒和合理化不对称的

权力关系"（Bottomore, 2001，第209页）。批判理论者主张，当被边缘化的个人和群体严重地意识到自己"真实的"处境，干预现实处境，从而掌握自己命运的时候，他们将行使自己的人权，带着批判的意识参与到他们社群的社会文化和社会政治的变革中（Crotty, 1998）。布朗纳（2011）在提供一个各种批判理论定义的时候，写道：

> 批判理论拒绝用任何制度性安排或一成不变的体系的思维来鉴定自由。它质疑了相互冲突的理论和现存实践形式背后所隐秘的假设和目的……批判理论强调，思考必须回应在改变历史环境中产生的自由的新问题和新可能性。批判理论，跨学科性和独特的实验性的特征，对传统和所有绝对的主张深深地质疑，因此，它不仅仅关心事物是怎样的，也关心事物可能是甚至应该是怎样的。（第1、2页）

在教育的背景下，20世纪中期及之后的批判理论提供了不同的理论工具来考察学校及学校的职能，探索并揭示学校中随处可见的、持久的不公平和不公正。美国教育背景下的、早期有影响的研究包括这些批判研究：暴露资本主义在产生、再生学校中的不公平功能（Bowles, 1971）；揭开制造社会经济分层中的学习机会的隐藏课程（Anyon, 1980）；揭示通过按"成绩"分班的政策而阻碍学校公平性的改革（Oakes, 1985）。近期的批判研究总是包括，在新保守主义和新自由主义的议题下的公立教育私有化的市场影响的分析（例如，Anyon, 2005; Apple, 2014; Lipman, 2011）。过去和现在的批判研究充当了催化剂，唤醒了错误意识，也带来了社会公正意识，进而激发了自我赋权和社会改造——这两个批判理论的根本概念。值得注意的是，早期的批判研究总是忠于马克思主义对社会阶级的批判。但是，批判理论的哲学和理论基础已经扩充到包含种族的社会不公平和不公正的研究（例如，Dixson & Rousseau, 2006）、性别的社会不公平和不公正的研究之中（例如，Hesse-Biber & Yaiser, 2004），并伴随着许多测试种族、阶级、性别及性取向、残疾/不残疾、宗教等相交互方面的批判研究（例如，Rosenblum & Travis, 2008）。

总的来说,批判研究的关注焦点是"集中于社会内部的权力关系,以揭露霸权和不公正的权力"(Crotty,1998,第157页)。霸权将人们塑造成为这样的对象(是行动的客体,而非行动的主体),过分拘泥于自己压制性的条件中,以至于无法意识到自己已经成为不朽的不公平社会和经济制度的从属或共犯(Freire,1970/2000)。(见Greer & Mukhopadhyay,2012,关于数学霸权的讨论)批判性研究给研究者带来了一种道德责任的重担,因为随着每一个行动的进行,环境都会发生变化,研究者必须一次又一次地批判自己的假设(Crotty,1998)。故而,批判理论家提倡用一切努力来生产和传播知识,不仅仅伴随着对知识与意识形态和权力关系的调查,还伴随着对知识生产者的主体性的调查(Leistyna & Woodrum,1996)。金奇洛、麦克拉伦和斯坦伯格(2011)已经(谨慎地)概述了批判研究者总是持有的七个基本假设:

- 所有的思想,从根本上,是经由社会的、历史建构的权力关系调节的。
- 事实永远无法脱离价值领域,也不能从意识形态的铭文中除去。
- 概念与对象之间的关系、表示者和被表示者之间的关系从不是稳定或固定的,而往往是在资本主义生产和消费的社会关系中调节的。
- 语言对主观性(察觉的意识和没察觉的意识)的形成至关重要。
- 任一社群或特殊社群中的某些群组比其他群组享有特权,并且尽管特权的产生理由可能千差万别,但是当下级视他们的社会地位是自然的、必须的、或不可避免的时候,具有当代社会特征的压迫就会最强有力地复制下去。
- 压迫有许多方面,只关注其中一种形式的压迫而忽视其他形式(例如,阶级压迫对决种族主义),通常会错过它们之间的相互连接。
- 虽然很多时候是不经意的,但主流的研究事件通常都会涉及阶级压迫、种族压迫、性别压迫系统的再生。(第164页)

但是,除了对迅速嵌入到学校结构中的持久稳固的不公正的批判探究之外,批判理论对教育重大的理论贡献是批判教学法的不断发展(例如,hooks,2003; Leistyna, Woodrum, & Sherblom, 1996; McLaren & Kincheloe, 2007)。植根于公正和自由的民主大计,批判教学法推进了理论和实践,即促进教师和学生同步地、批判地检验意识形态、权力和文化之间相互连接的关系,检验产生和再生知识的社会结构和话语实践(Leistyna & Woodrum, 1996)。但是,批判教学法并不是放之天下皆准的教学法,而是一个重视和建立在学生和教师个体的、群体的背景知识、文化和生活经验的人性化的教学法(Bartolomé, 1994)。

批判教学法的要旨,不同程度地存在于教育中奋力推进民主理念的教育家的历史性的、持续的遗产中(从约翰·杜威和W. E. B杜博伊斯等人的20世纪初期,到迈克尔·阿普尔和贝尔·胡克斯等人的21世纪)(Stinson & Wager, 2012,第8页)。但是,批判教学法,作为一项教学法的运动,可以说起始于巴西教育家保罗·费莱雷的学术研究"批判教学法的启蒙哲学家"(McLaren 1999,第49页)。与批判理论一致,关于自我赋权和社会变迁的概念是贯穿于费莱雷多产作品中反复出现的主题(例如,1970/2000, 1985, 2005),他非常强烈地反对这样的"教育的'银行学'理念"(1970/2000,第72页),即认为学生是被动的,是等待教师存款的存储处。费莱雷的教学法理论和实践促进了问题提出教学法,即教师和学生"发展自己的能力,批判性地看待自己在这个世界上的存在方式以及他们在这个世界上发现自己的方式"(1970/2000,第83页)。这里不再存在"学生的教师"和"教师所教的学生",取而代之的是一个更人性化的可能:学生与教师和教师与学生。简言之,批判教学法提倡对于文字与世界批判的、辨证的看待,以便写出改写世界的篇章(Freire, 1970/2000)。(见Freire, 1997,主要教育学者对批判教学法的评论和费莱雷对这些评论的回应)

在数学教育中,批判理论和批判教学法主要表现在批判的数学和为社会公正而教的数学(TMfSJ)的不断发展进程中(见Wager & Stinson, 2012,一些主要的批判数学教育家关于批判的、社会公正的数学的坦率讨论)。批判数学认为，学生（和教师）是一个充斥着霸权主义的社会的成员，因为它是在学生的文化认同中并围绕着这种文化认同来建立数学，这样的方式就不可避免地涉及社会和政治问题（Gutiérrez, 2002）。作为社会政治评论的工具，批判数学的特征是调查知识来源、发掘社会问题和可行的方案并对社会不公正作出反应（Skovsmose, 1994）。斯科夫斯莫斯和尼尔森（1996）按照下述的"关注点"描述批判数学：

- 公民权益确定学校教育包括，将学生培养成为政治生活的主动个体。
- 数学可以作为一种识别和分析社会批判特征的工具，这是全球性的，也与学生所处的地方环境有关。
- 学生的利益强调教育的主要焦点不应该是对纯粹知识的传播，相反地，应该从行动者方面理解教育实践。
- 文化和冲突引发了关于歧视的基本问题。数学教育是否复制了可能由教育以外的因素造成、但却被教育实践强化了的不平等？
- 由于数学的未来是现代科技的一部分，数学本身可能是有问题的，这一点不能再乐观地看待。数学不仅仅是批判的工具，也是批判的对象。
- 批判数学教育着眼于课堂生活，直至教师和学生之间的交流能反映权力关系的程度。（第1261页；如 A.B.Powell, 2012年，第26~27页中引用的，又见于 Frankenstein, Volmink 和 Powell。）

这些关于数学是什么、数学可以是什么，或者数学应该是什么的考虑，清晰地反映在先前提到的、日益壮大的关于TMfSJ（为了社会公正而教数学）的研究中。例如，古特斯泰因（2006）在他这本《用数学阅读和书写世界：面向社会公正的一个教学法》的著作中，提供了一个关于为了社会公正而教的数学可能意味着什么的可理解的模型。据古特斯泰因所说，TMfSJ 有两套辨证相关的教学目标：一套专注于社会公正，另一套侧重于数学。

古特斯泰因（2006）的社会公正教学目标构建在费莱雷（和其他学者）研究的基础上，是用数学阅读世界、

用数学书写世界、发展积极的文化和社会身份。用数学阅读世界是运用数学来理解权力关系、资源不平等、不同的机会，以及基于种族、阶级、性别、语言和其他差异的显性和隐性的歧视（Gutstein, 2003）。用数学书写世界及用数学改写世界，也即，在数学中和通过数学来改变世界（Gutstein, 2006）。在学生的语言、文化和集体中发展积极的文化和社会认同是数学教学的基础，同时为他们提供在主流文化中生存和发展所需的数学知识（Gutstein, 2006）。

古特斯泰因（2006）的数学教学目标是阅读数学文献，在传统意义上学业有成，改变学生和教师对数学的认识。阅读数学发展了学生和教师的数学力量：被定义为推导数学的一般化，建构非常规问题的创造性的解决方式，将数学理解为是社会政治批判的工具（Gutstein, 2003）。从理论流派角度看，学业有成意味着学生在标准测试中取得好成绩、从高中毕业、在大学取得成功，如果学生这样选择的话，他们可以接触到高等数学课程并从事与数学相关的职业。但是，学业有成是与对社会政治结构的挑战（包括学校和数学课堂）相结合的，这些社会结构往往是不同人群成功的障碍（例如，有色人种的学生、女性、工薪阶级的学生；Gutstein, 2006）。改变学生和教师对数学认识意味着理解数学不是一套用来记忆和反刍的、分离的、生搬硬套的规则，而是作为理解复杂的、"真实世界"现象的强有力的、相关的分析工具（Gutstein, 2006）。简言之，TMfSJ 使数学成为理解和改变世界的重要工具，将数学与学生的文化和群落的历史联系起来，帮助学生和教师理解主动的、民主的公民权利，从而激发学生从事有意义的数学学习（Gutstein & Peterson, 2013）。

古特斯泰因（2003）在他发表于《数学教育研究》的文章《在一个城市的拉丁美裔学校中的为了社会公正的数学的教与学》中，提供了这样一个范例，即关于批判教学法如何既作为一个教学方法、又作为用于指导研究的理论。古特斯泰因和他的学生在报告一个古特斯泰因自己既是教师又是研究者的两年研究时，他们探索了一个拉丁美裔的、城市的中学背景下的TMfSJ可能是什么样子的。在那两年的研究中，古特斯泰因是24名来自

移民的、工薪阶层家庭的拉丁美裔七年级和八年级学生（总共28名学生）的数学教师。作为任课老师，古特斯泰因将17个现实世界的、社会公正的项目融入了基于标准的数学课程中。他的目标是帮助学生在共同从事严格数学的学习的时候，发展一种社会政治意识、一个能动性的观念、积极的社会和文化身份。总的来说，这项研究课题和教学实践都是建立在费莱雷式的特色语上：解读文字和世界，从而书写并改写世界（Freire, 1970/2000）。

古特斯泰因（2003）使用参与式研究的形式（见Reason, 1994），在方法论上将自己放置在一个主动的、主观的内部人的位置，而不是一个被动的、"客观的"局外人。他从多种资源中收集数据，例如有参与式观察、学生日记和教师/研究者日记、开放式调查、学生的人口资料（也就是种族、民族、班级资料和标准测试的分数）、学生完成的17个社会公正项目中的16个的作业、（在校内和校外的）与学生的非正式对话。

数据分析包括了数据的三角印证的常用定性方法，为了寻找联系和主题，古特斯泰因（2003）参与读、再读数据资源和编码、再编码数据资源这样的互动过程。但不同的是，他在分析中，将批判理论概念持续不断地应用在不同地方，例如自我赋权和社会的变迁。数据表示包含了来自学生的（和古特斯泰因自己的）扩展引述和反思，以及关于那些社会公正项目的学生个体和群体作业的节选。这些数据阐明了，随着时间的推移，当学生在开始通过数学阅读自己的世界、发展自己的数学力量、改变自己对数学认识时，他们是如何前行的。学生也在传统方式的评价（例如，标准测试）中表现出进步与优异的成绩。古特斯泰因总结说，在那两年中，促进他的学生（和他自己）成长的主要条件是，他和他的学生如何在数学中和通过数学"共同创造这样一个课堂环境，他们在其中讨论关于公正和平等的、有意义的、重要的议题"（第67页）。

在突出实施批判数学课程和教学实践的挑战、承诺、冲突的课堂中，还有其他一些关于在课堂中探索为社会公正而教数学和学数学的批判性论述，它们强调了实施批判数学课程和教学实践所面临的挑战、承诺和矛盾（例如，Brantlinger, 2013; Gregson, 2013），还

有一些论述是由任课老师提供的（例如，Peterson, 2012; G.Powell, 2012; Stocker, 2012; Wamsted, 2012）。但是，近期的TMfSJ文献，在大多数情况下，已经聚焦于职前和在职教师学习如何为社会公正而教数学（例如，Bartell, 2013; Esmonde & Caswell, 2010; Gonzales, 2009; Leonard, Brooks, Barnes-Johnson, & Berry, 2010; Stinson, Bidwell, & Powell, 2012；又见由Gates和Jorgensen主编的《数学教师教育期刊》的两期特刊，2009）。

其他日益壮大的数学教育研究大加利用批判理论的原则，包括民族数学（例如，D'Ambrosio, 1985; Powell & Frankenstein, 1997）和具有积极回应特定文化的数学教学法（例如，Greer等，2009; Leonard, 2008）。与批判的和社会的公正数学相似，这些经典理论的目的指向一个自我增强的数学教育，以便为所有学生学习有意义的数学扩大途径和增加机会。在这里值得指出的是，数学的提升被认为有三个领域：数学的、社会的、认识论上的（Ernest, 2002）。数学自主，涉及熟练掌握使用（学校）数学的语言、技能和实践；社会自主，涉及将数学作为社会政治批判的工具；认识论上的自主，与在数学知识的创造和确认上获得所有权的感觉有关（Ernest, 2002）。最后，数学教育研究中的批判研究的目标，是将数学从一个经常用于社会分层的工具转变成另外一个为所有人自我赋权的工具（Stinson, 2004）。

后结构主义理论

后结构主义是一项思想运动，影响了从现象学到解构主义的一组理论立场。后结构主义大约出现在50年以前，它的总体目标是对传统的理解的质疑（见Seidman, 1994）。表6.1中，在表述为解构目的的研究范式之下，后结构主义（或后现代）理论挑战了我们"安全的"和"真实的"理解，提供了对认识、描述、理性主体的熟悉观念的批判性诘问（见Agger, 1991，关于后结构主义和后现代主义之间差异的讨论）。通过后结构主义的审问，我们将接触认知的界限，并且对绝对真理和绝对意义的可能性表示怀疑。

20世纪80年代，后结构主义理论随着《改变主体》

（Henriques, Holloway, Urwin, Venn, & Walkerdine, 1984）一书的发表进入了教育领域。这本书的目的是将这些意义和历史强行分开，也就是"为了将它们（意义和假设）看作历史上特定的产物，而不是永恒的、无可争议的事实"（Henriques 等，1984，第2页）。尽管沃克丁在这本书中也贡献了一个章节，但是她对数学教育的主要贡献体现在她独撰的著作《理性的掌握：认知的发展和理性的产物》中（Walkerdine, 1988）。在这本书中，她利用大量的后结构主义者的思想，发展了小学数学中不同的语言和思维途径。特别地，她处理了情境和迁移，之后解释说嫁接情境"到一个认知发展的单一模型上"的问题……"是理论本身的一部分"（Walkerdine, 1990a，第51页）。

循迹数学教育中后结构主义思想的运动也引出了朴普科维茨的研究（1988）。在沃克丁发表她的书的同一年，朴普科维茨利用后结构主义理论分析了知识、权力和课程。在1997年布朗发表《数学教育和语言：诠释解释学和后结构主义》（Brown, 1997）一书时，对后结构主义思想的领会开始广为流传（例如，Black, Mendick, & Solomon, 2009; Brown, 2008; Brown & McNamara, 2011; de Freitas & Nolan, 2008; Fitzsimmons, 2002; R.Gutiérrez, 2008b; Mendick, 2006; Popkewitz, 2004; Stinson, 2008, 2013b; Walshaw, 2001, 2004, 2010）。期刊杂志也开始接受后结构主义的分析，由此也出现了各种各样的分析。例如，2013年发表在 JRME 上的一期特刊的特定内容是身份和权力，《城市数学教育期刊》中的发表物包括了一些后结构主义敏感性的文章。包括 ICMI、PME、MES（数学教育和社会）等的会议也开始接纳后结构主义的文章，并且，由后结构主义理论贯穿其中的许多文章报告于2011年、2013年、2016年的"数学教育和当代理论"会议上。

由于两次世界大战之后的关于合法化的深刻的政治和社会危机，后结构主义理论，经由许多途径，在西方学术界中得到了发展所需要的空间。作为一个批判的、自我反思的理论，后结构主义是从一群法国人为主体的思想家（例如，Derrida, 1976; Foucault, 1969/1972; Kristeva, 1984; Lyotard, 1979/1984）的著作中发展起来的，

这些思想家向往着新的观察和工作方式。不考虑具体的途径，后结构主义学者认为西方历史的"宏大叙事"已经被打破了。每本著作都是对结构主义的一个反应，申明了结构主义者力图建立的"文字"与"事物"在语言上的必然关系不能解释所有语言表达的历史性和偶然性的本质。

后结构主义的方法挑战了人们对一些现象的固有理解。除了挑战语言是透明的这一见解之外，它们也质疑这样一种想法：不管是谁在观察，现实就"在那里"等着被观察。它们质疑意义是绝对的这种理解，它们也对这样的理念有所怀疑：认识是人类意识和诠释的结果，以及个体是自主的和具有主观能动性的，从而是可以由自己选择成为哪种个体的。

后结构主义学者提供的可选方案是建立在一些关键原则上的：语言是支离破碎的、有问题的，是组成而不是反映既定的现实。因为现实，如同意义一般，处在一个不断建构的过程中，所以没有人能够接触到一个独立的现实。个体是去中心化的，且是不断处在过程中的。认识者不是可交替的旁观者，不是从他们环境的具体性中抽离出来的。更具体地讲，不存在普遍的、同质的、"本质"的人性允许一个人将自己放在他人的位置上，用他或她完全同样的方式，认识他或她的环境和兴趣。因为没有"无源之见"（Haraway, 1988），不能再认为表征过程是一种政治上中立和理论上无懈可击的活动了。

这些关键原则并不能保证整体视角。它们并没能使研究者引出关于数学教育中的教师、学生、教育工作者、政策制定者工作的"真相"。相反地，它们使研究者可能去调查，比如，哪些意义和价值观是合理的，哪些知识和利益是享有特权的、被边缘化的或者被迫保持缄默的。它们也使得对教育投入是如何得以持续的调查成为可能。在依赖于熟悉的、重复的实践，以及矛盾的数学过程和结构中，它们提供了工具来探索个体是如何实践主体性的。它们并不否认主体的存在，但却对其来源提出质疑，并且探索了个体的能动性如何影响主体构成的方式。这些探索，随着时间的推移，能够识别产生不同类别主体变化的实践和过程。

更具体地讲，这些利用后结构主义工具的分析专注

于理解、解释和分析数学教育中的实践和过程。研究者揭示了课堂、学校、政策创造的特定条件和控制的方式，这些条件和控制方式形成了学生和教师的知识以及他们自己作为数学学习与教学者的感觉。这些分析将教学、学习、身份、精熟逐步形成的方式绘制成图表：跟踪反思，调查每日的课堂计划、活动、工具，分析与校长、数学教师、学生和教育工作者的讨论，并且制定出实践、过程与结构的调节效应和标准化的效果。在解构理所当然的理解的过程中，后结构主义的分析揭示了身份是如何在话语中建构的，演示了每天的决定是如何通过先前事件所形成的倾向和趋势所塑造的。这些分析也提供了关于语言产生意义的方式、语言如何将人们安置于权力关系之中的一些深刻见解。

"后结构主义理论"下的话语方法，提供了着眼于、诠释、解释数学教育中的实践和过程的工具和另一种语言。使用这些方法的研究者通常会利用福柯的著作（例如，1969/1972, 1981），对他们来说，话语是一个中心概念。在福柯的理解中，话语为教师、学生、其他人制定了在课堂中的生存方式以及存在于其他数学教育机构中的方式。受话语关系的影响，通过为师生系统地组织构建特定的社会和自然世界，话语产生了特定类型的学生与教师，同时模糊了他们视野的其他可能性。福柯（1981）认为话语"不是关于对象的，它们并不识别对象，而是在活动过程中构建并不断地创造和完善的"（第49页）。也就是说，话语不仅仅是一个组织人们说什么和做什么的方式，其本身就是人们及其行为系统的组织方式。所以，关于数学教育的"真理"在话语系统中不断地得以揭示。

要理解福柯意义下的话语概念，这就迫使对身份感兴趣的后结构主义研究者需要将关注点从对数学身份"本质"的检验转化为身份是如何被无条件地创造的。德弗雷塔斯（2010）提供了这样的经验。她通过对运用于两节数学课堂话语的调查，展示了课堂话语是如何塑造高中学校中特定数学身份的。通过呈现两位教师在课堂上一系列的叙事片段来分析教师的谈话，德弗雷塔斯展现了在两个不同课堂中学生特性是如何形成的。更重要的是，德弗雷塔斯发掘了教师谈话为学生提供了接近数学的不同路径以及接触数学思维的不同路径。

通过话语产生的差异已经引起了一些结构主义研究者的注意（例如，Bibby, 2009; Hardy, 2009; Lerman, 2009）。在解释官方文件命名差异以及如何通过这样做影响数学身份的发展时，门迪克、莫罗和爱泼斯坦（2009）认为："一个数学强者的姿态带来了不同的、特殊的身份。这对数学和社会产生了影响：它将许多人排斥在数学之外，也会不按比例排除一些特定群体。"（第72页）哈迪（2009）也开始注意"差异"建立的方式。哈迪在报告小学职前教师对数学的信心的研究时，辩称："这是对小学教师数学专业知识的真正概念化，在试图清晰地表达这种专业知识时，就会造成教师持有错误知识。也就是说，在尝试更好的描述时……产生了问题。"（第195页）

正如汉利（2010）所注意到的，政策指导是为了发起对官方文件条款的思考、谈论、行动而设计的。同样地，摩根（2009）认为"官方话语的概念、价值观、立场……具有特别的力量，是因为它们在规范学校实践中起到的作用，在一定程度上融入到教师和学生的实际经验中"（第105页）。布朗和麦克纳马拉（2011），以及朴普科维茨（2004）已经表明，有关教师和学生在数学课堂中做什么和说什么的政策通知是管理教学和"个体的道德发展和自由"的监管机制中的一部分（Popkewitz, 2004，第13页）。这种监督管理导致了教师从课程文件中推销的实践和语言这一方面看待教学（Brown & McNamara）。事实上，教学实践和参与该实践的教师和学生，卷入了"已经在学校教育和数学教育领域的先验世界中得到证实了的"真理、权力、对话、意义、重要性的体系（Popkewitz, 2004，第21页）。

在后结构主义的理解中，权力侵袭了所有的社会结构，并且"触及了个体的细微方面"（Foucault, 1977/1980，第39页）。有了福柯的研究，甚至是对权力如何操作于日常课堂生活中平淡的、常规的教学层面的可信的解释，都成为可能。权力渗入所有课堂。更重要的是，一个即便提供了公平的、范围较广的课堂环境也不例外。正如一些研究者（例如，Knijnik, 2012; Mendick, 2006; Walshaw, 2001）所表明的，权力始终存在于课堂社会结构中，它会系统地创造关于数学的存在和思考方式。沃肖（2013）认为：

> 在课堂上，权力的绳索卷入了所有人，支配着、调节着、管教着教师和学生。权力通过课堂传统，通过它物质的、话语的、技术的形式，通过它数学的制定，通过它涉及阶级、性别、种族和其他社会测定分类的对话，来发挥它的作用。（第103页）

后弗洛伊德理论，或更普遍地说，精神分析学也位于后结构主义的旗帜下。它呈现了关于主体性复杂而成熟的理论，从而当自身成为存在的一部分时，使权力所扮演角色的分析成为可能。在数学教育中，精神分析的工作深受拉康（如，1977）和齐泽克研究（如，1998）的影响。对齐泽克来说，"没有这样的身份。只有对理解这样一个塑造人们关于自己和自己行为意识的世界的特别方式的认同"（Brown & McNamara, 2011，第26页）。我们所持有的自己的身份，在非常真实的意义上，是存在于和通过对其他的活动、欲望、兴趣、投资的"妥协"。在传统框架中，妥协、冲突、分裂是很难理论化的，但是精神分析学理论提供了研究这些经验的工具。

精神分析学理论提供了一种语言，有助于揭露身份如何通过话语和权力网络来发展，而权力网络本身随着联盟的形成和改革会不断改变和变化。汉利（2010）已经展现，在既定的背景和时间中，身份的出现是破碎式的而不是稳定的。结果，个体开始用与背景和时间相关的多重定位和自我理解来认同。这种精神分析学的理解是至关重要的，诸如，解释（除了别的以外的）教师和学生如何通过协商来进行多重讨论，即关于一位"好"的教师或"好"的学生是什么样的。

对一种而非另一种话语的关注，可以在精神分析学理论中用情感因素来解释。在精神分析学中，学生或任课教师在课堂上的情感因素不是个人性格的一部分或量度。相反地，它是无处不在的，而且是基本的课堂教学质量的重要组成部分。进一步阐述，沃肖和布朗（2012）已然注意到，通常在数学教育中，情感因素是一种附加组件，并且情感因素和思维是对立的两个方面：认知和

情感是在两个迥然相异的平面上的。而另一方面，在精神分析学的评估中，认知和情感是同一个硬币的两面，且很难想象为是相互排斥的。基于发展自斯宾诺莎研究（2000）的理论工具，他们对两个数学课堂进行了调查，沃肖和布朗认为思维和情感因素并不是分离的。因为情感启动了思考的目的，所以认知恰恰无法在没有情感的情况下独立存在。在最终的分析中，因为不可能将二者分离开来，所以分析需要遵循：情感维度不能简单地嫁接到人类认知的模型上，不能简单地以一个统一的、固定的人类主体为基础。

精神分析学工具是探索数学课堂不确定性的非常锐利的工具。例如，阿佩尔鲍姆（2008）使用精神分析学工具来"将我们的注意力从教师或学习者的位置转移出去"（第52页）。他主张以学生为中心和以教师为中心的教学法都无法充分体现师生关系。利用精神分析法理论，阿佩尔鲍姆提出了一个"朝向教学/学习邂逅的相对性"的举措（第52页）。这种对教学的新表达不再关注于教师或学生，而是关注师生之间的关系。在这种理解下，教学法在教师和学生之间的空间和关系中结晶。正如阿佩尔鲍姆所解释的，"数学的思想、对象、策略、诠释等，成为学生和教师意向性的对象，也成了他们交流和理解对方能力的基础，在世界上成为一体"（第57页）。一个探索了世界上教/学关系的精神分析，不可避免地，需要探索教师和学生共享的数学思想、对象、策略、诠释等。

斯廷森（2013b）在《数学教育研究学报》发表的文章《跨越"白人男生的数学神话"：非裔美籍男学生和学校数学的成功》中，描述了一个关于后结构主义方法和工具如何重构"一个问题"的例子（Du Bois, 1903/1989，第2页）。利用对话语、身份、权力这些概念的后结构主义的重述，斯廷森阐明了四个学业上、数学上成功的非裔美籍男学生如何适应、重构或反抗（即，跨越）"白人男生的数学神话"这一论述。这项研究有双重目的：（1）解构（见 Derrida, 1976）最经常认为非裔美籍男学生在学业上、数学上是不足的那些话语和话语实践；（2）证明像白人男生的数学神话这样的话语结构是可以重新建构的，因为它们在文化和历史上都是通过话语实践和权力关系来产生和被复制的（见 Foucault,

1969/1972）。

在方法论上，斯廷森（2013b）选择了与研究对象一起做研究，而不是研究那些对象。参与式的研究（见Reason, 1994）强调测试理论、经验性的认识、与他人的对话、与研究的目标一致，也与研究课题的后结构主义基础一致。数据的收集既包括书面作品也包括访谈。每一位研究对象完成一项个人背景的、学校教育的调查，写一份简短的个人自述和数学的自述，完成四次访谈。在第二次和第三次访谈之前，研究对象被要求对三份手稿进行阅读、反思，作出回应，这些手稿是关于非裔美籍儿童求学经历中过去的和当前的理论（例如，"模仿白人"的理论；Fordham, 2008; Fordham & Ogbu, 1986）（共六份）。

让研究对象在访谈之前阅读文献的目的是为了将研究对象带入研究项目中，模糊（或剔除）研究者/被研究者的分别。模糊两者界限激发了参与者不同的更积极的投入，他们开始将现有文献中非裔美籍男性青年的话语与他们自己的生活经验相结合进行推理。所以对这种分别的模糊会激发他们产生一种不同的、更积极的参与。数据分析中普遍使用了对 D.B. 马丁（2000）非裔美籍儿童的社会化和身份的多层框架的后结构主义扩展。这一扩展描述了研究对象的健康数学身份是多样性的、片段的，因为它们超越了以往总是认为他们是学业上有缺陷的、在社会上有危险的那些显著的社会文化话语和话语实践。数据表达包含了与后结构主义重述概念交织的研究对象的文本数据和访谈数据。在这种情况下，并不是等待理论的"出现"，而是要将它带到所关注领域中来（Stinson, 2009）。与后结构主义敏感性一致，斯廷森（2013b）不是用"答案"结束，而是用破坏性的问题来结尾，意图驳斥封闭，鼓励对非裔美籍男学生身份的差异、含糊不清、冲突的意识和容忍。

总的来说，利用后结构主义理论的数学教育研究者的分析都较为开放，他们都很乐于从"未知性""不固定性""形成性"等方面进行分析。对这些方面的关注使得研究者们更愿意探索数学教育领域中有趣的领域，而不是那些老生常谈的内容。在这种情况下，后结构主义者打开了更包容、更公平、更多变化形式的研究实践的

可能性。为此，后结构主义理论与批判理论的变化特征的目标是一致的。斯廷森和布洛克（2012）提出了创建两个理论立场的混合将"为重新概念化和从事数学教育研究提供一个不确定性的实践"（第41页）。用雷德福（2012）的话讲，这种实践表现出一个这样的空间，即在其中"我们可以认识到自己是历史的、政治的存在，我们可以共同批判性地劳作，来让这个集体空间对所有人都更好"（第111页）。

批判种族理论

三十多年前，一些在美国的数学教育研究者开始将数学教与学中的公平和改革的目标与"种族"问题联系起来（例如，W. Matthews, 1984; Reyes & Stanic, 1988; Secada, 1992; Tate, 1994）。但是，在数学教育中，种族和种族主义仍旧只是在被理论化、被研究（Lubienski & Bowen, 2000; Parks & Schmeichel, 2012; D. B. Martin, 2009c; Stinson, 2011a）。然而过去的20年左右，批判数学教育研究者的队伍开始日益壮大，这些研究者清楚地明白"即使在充斥着愉快的'后种族'情绪的奥巴马总统任期内……如果我们希望民主还重要的话……种族问题仍然至关重要"（Stinson, 2011a，第2页）。把这些研究者的研究放置在社会政治-转型的时期，也就促使了一批成果得以编辑成册（例如，Leonard & Martin, 2013; D.B. Martin, 2009b; Malloy & Brader-Araje, 1998; Ortiz-Franco, Hernandez, & de la Cruz, 1999; Strutchens, Johnson, & Tate, 2000; Téllez, Moschkovich, & Civil, 2011），而且其中大部分来自于《城市数学教育期刊》（L.E.Matthews, 2008; Stinson, 2010）。

总的来说，这些研究者反击了研究中数学教育的"成绩差距"（R. Gutiérrez, 2008a，第357页），总是将种族定义为一个易下定义的（或总是完全不下定义的）类别，一个可以将人们划分的类别，一个特定特征或成绩结果可以归属的类别（Parks & Schmeichel, 2011）。这样将种族作为一个研究维度，导致了数十年的研究中黑色和棕色人种儿童及其文化（以及其他大部分非白人非欧洲儿童和文化）被定位成是一定程度的不足（R.

Gutiérrez, 2008a）。在明确地拒绝缺陷论话语时（Stinson, 2006），那些探索种族、种族主义、白人至上主义的数学教育研究者们开始（有些人明确地，其他是隐晦地）认为数学教育是一个属于白人制度的领域（D.B.Martin, 2010, 2011），数学教学对所有的孩子都是一种种族化的经历（例如，白人和亚洲儿童的种族化经历总是将他们分别定位为数学的有能力的实干家和其他能力较差的；D.B.Martin, 2006, 2009a）。为了突出学生的（和教师的）种族化经历，数学教育研究者总是使用那些起源于释放或解放研究范式的经典理论和工具，比如批判种族理论（例如，Berry, 2008; Jett, 2012, Terry, 2011），拉丁美裔批判种族理论（例如，M.V.Gutierrez, Willey, & Khisty, 2011; Oppland-Cordell, 2014），或者其他关于种族的批判理论（例如，D.B.Martin, 2006, 2009a, 2009c, 2010, 2013）。

在美国发展起来的批判种族理论（CRT）检验了种族、种族主义、白人至上主义是如何在美国社会文化和社会政治结构中运行的（例如，Delgado & Stefancic, 2012; Dixson & Rousseau, 2006; Ladson-Billings, 1998; Ladson-Billings & Tate, 1995; Tate, 1997）。CRT 产生于20世纪70年代的批判法律研究运动，当时有一小群律师、活动家和法律学者，他们对民权运动期间取得的进步受到侵蚀感到担忧，并做出了反应（Delgado & Stefancic, 2012）。为了提供一份对"种族化"的人们和他们（学校教育的）经历的更完整、复杂的分析，批判种族理论者从自由主义、法律社会学、女权主义、马克思主义、后结构主义中借鉴了经典理论和方法论（Tate, 1997）。

拉德森-比林斯（1998）在教育领域中找出了 CRT 的四个核心原则。第一个原则是，种族是美国社会和文化的一个永恒的、地方性的组成："黑人在这个国家永远无法得到完全的平等……这是一个所有历史证实了的难以接受的事实。我们必须承认它，不是作为一个屈服的标志，而是作为一个根本的反抗行动。"（Bell, 1992，第12页）CRT的第二个原则是，对个人经历"讲故事"应该被（科学地）认可和重视，尤其是那些往往不被说起的经历，种族化人们的"反向故事"，那些故事即披露、分析、挑战关于种族特权的多数主义的故事（Solórzano & Yosso, 2002）。第三个原则是，参与CRT研究的人们保持着对自由主义的批判，支持激进的解决方案。第四个原则是，"白人是公民权利法案主要的受益者"（Ladson-Billings, 1998，第12页）。虽然 CRT 研究者和学者不是通过一套静态的学说或方法论达成统一的，但是他们在两个共同的目标上是统一的：理解美国的白人霸权意识形态的建造和永恒性，以及彻底破坏法律和种族权力之间的纽带（Ladson-Billings, 1998）。

种族批判理论家和研究人员，在强调种族、种族主义和白人至上主义时，重新配置了对教育的争论和批判。他们甚至经常批评多元文化教育、批判性教育等改革的努力，突出它们在处理美国学校教育的白人霸权中的不足之处（见 Hilliard, 2001）。例如，泰特（1997）给教育工作者们提出了以下问题：联邦制、标准、传统价值在限制和约束有色人种学生的教育机会的同时，又是如何巩固学校的白人霸权的？多元文化教育和批判教育是否确保了有色人种学生有最佳的教学实践？如何重新诠释多元文化论和批判理论，以便服务于有色人种学生？学校中的多元文化教育和批判教育项目是否能揭露学校的无种族偏见和客观英才教育的谬论？这些问题的共同主题是：持续地、不公正地盛行于美国学校的白人霸权意识形态非常令人苦恼。总的来说，因为CRT涉及种族、种族主义、公平、社会公正，所以它提供了具有创新性的和破坏性的方式来探索教育政策、研究和实践。

在贝里（2008）发表于JRME的一篇题为《进入高水平数学：成功非裔美籍中学男生的故事》的文章中，提供了一个批判种族理论家如何让种族、种族主义、白人至上主义议题备受关注的例子。贝里聚焦于学业和数学上的成功，探索了八名非裔美籍男生的生活和在学校接受（数学）教育的经验。对成功的聚焦是独一无二的，因为它与绝大多数现存的、关于黑人男孩和男性青年的研究相反，这些研究在历史上只报告了黑人在学业上总体的"失败"以及具体到数学学科上的"失败"（即，数学成绩差距）。整个研究的目的是揭示八名男生的种族化的（数学）经历（见 D.B.Martin, 2009a），以及即便是处于这种环境下，他们又是如何在学校数学上坚持不懈并取得一定成绩的。引导他研究的两个问题是：（1）选择代数1的非裔美籍男生在选择高层次数学课程时遇到的情

况是什么？（2）他们如何抵消或克服那些（潜在地）限制选择高层次数学课程的因素？（第469页）

贝里（2008）将这项研究定位成一个现象学的研究，因为用他的话说，"它认识到了要理解人对个体生活经验的主观解释"（第469页）。作为一个方法论的现象学，"是一个反思的课题，并且在其反思中它是批判的"（M. J.Larrabee, 如 Crotty, 1998, 第82页中引用的），这里所指的批判的目标是种族化的（数学）经验。数据收集包括学生访谈、问卷、数学的自述、文档（例如，成绩单和标准测试的分数），以及家长和教师访谈和课堂观察。

在反复读、再读和编码、再编码数据的分析全过程中，贝里（2008）将种族主义的话语和话语实践置于中心位置。他确定了五个有助于解释男生数学成就和坚持的主要主题：（1）学前经历；（2）对能力的认可且被父母和抚养人鼓励；（3）家庭和大家庭的支持系统；（4）积极的数学和学业上的身份认同；（5）通过参与学校和教会活动的其他身份的认同。数据包括扩展了的记叙或来自其中两名男生及其家长成功的反面故事。八名男生的种族化的（和性别化的）生活经历突出了这些反面故事，并且这些反面故事也代表了这八名男生的经历。最后的结论是，贝里认为，应该为非裔美籍男生增加参加课后和暑假教育项目的机会；应该通过针对性的专业发展，改变教师对非裔美籍男生的看法；应该改善教育工作者、家长、公众对非裔美籍男生的独特经历的关注。

其他批判地研究白人至上主义和种族主义的霸权是如何运行的经典理论包括拉丁美裔批判种族理论（LatCrit）和种族的批判性。注意，拉丁美裔并不是指这一个种族类别本身（即，拉丁美裔可以代指任何一个种族），LatCrit 扩展了 CRT 的核心原则（Lynn & Parker, 2006; Solórzano & Delgado Bernal, 2001; Solórzano & Yosso, 2002）。特别地，LatCrit 处理了种族从属的层次问题，种族从属是基于移民身份、性别、文化、语言、表现型、口音、姓氏的，而这些都是墨西哥裔和拉丁美裔（和/或西班牙裔）人们在美国的独特经历（Yosso, 2005）。（见 Yosso, 2005, 关于一个包括了亚裔批判种族理论、女性批判理论、拉丁美裔批判种族理论、部落批判理论、白人批判理论的"批判种族理论的知识谱系"。）

种族的批判性是一个将从事种族工作看作探索"解释种族压迫和呈现种族的乌托邦之间的逻辑论证"（Leonardo, 2014, 第247页）的新兴理论派别。种族的批判性借鉴了 CRT、种族的批判理论（Outlaw, 1990/2013）、种族批判的理论（Goldberg & Essed, 2002）。后两者均不同于 CRT。种族的批判理论在它的分析上是全面性的，它借鉴了法兰克福学派的哲学和理论的假设；种族批判的理论认为种族是一种话语形式，它汲取了后结构主义理论的哲学和理论的假设（Leonardo, 2014）。（关于种族的完整讨论见本套书中 D.B.Martin, Rousseau Anderson, and Shah, 2016。）

所有这些经典理论（CRT、LatCrit、种族的批判性、种族的批判理论、种族批判的理论）都坚持关注在突出位置的种族、种族主义、白人至上主义的议题，并且起源于20世纪壮大的黑人学者的学术，例如 W.E.B.杜波依斯和卡特·G.伍德森。总体而言，这些经典理论中的研究都有这样一个目标：实现为了其他种族变化的教育和研究实践，通过"一个具有同时性的、非线性的、重叠的、多中心的方法，而这样的多重中心是同时发生的，是像爵士音乐一样的、结合了纪律性、即兴创作性、个性的活动的多重中心"（King, 2005, 第16页）。

女权主义理论

数学教育研究者经过数十年的引用，使得女权主义理论被归入一些研究范式（见表6.1）中，包括理解、释放、解构的研究范式。理论在这些范式的每一阶段都起到了重要的作用。

传统研究侧重于预测和理解性别差异。然后，研究者们旨在让女性（或男性）在数学上"发声"。最近，研究者们力图解释性别不平等是如何重现的。实证主义、解释主义、批判、后结构主义理论都对性别、性别和数学教与学的关系有重要的东西要揭示。

女权主义研究者已经提供证据，证明在教育的许多方面，性别是一个关键的组织原则。他们注意到"不让一个孩子掉队法案"（U. S Department of Education, 2001）等政策将性别（连同其他社会类属）作为一个社会组织的合法基础。这些政策将学生群体进行区分来分配教育经费和资源。这些政策背后的原则是性别上的平等和包容；也就是说基于这样一个理解：教育机会对男生和女生是平等开放的，这两类学生都有能力在学校取得成功。关注解放和变化的数学教育研究者（例如，Burton, 1995; Leder & Forgasz, 2003）提出将性别平等作为一个创造更加公正的、平等的社会的手段。

早期的研究成果是在一个女生和妇女成为关键议题的社会背景中进行的。结果，围绕着这些成果的一个关键焦点是提出男生和女生的差异。例如，早期的研究发现指出，比起男生，女生在课堂上较少提出较低思维水平的问题；而且在数学课堂上，比起男生，她们也较少受到关注、赞扬和批评（Sherman & Fennema, 1977）。研究显示女生对她们的数学能力比较没有自信，并且也不像男生那样认为数学是有用的（Fennema & Peterson, 1985）。这些发现也表示女生将任何好的成绩都归因于刻苦学习和努力，而男生则称他们的好成绩来源于知识专长。

结果，研究者们开始就教育在不断产生的性别不平等中所扮演的角色提出批判性的问题（见 Skelton & Francis, 2003）。然后，许多研究的关注点转向了性别化的环境，聚焦于揭露无视性别和性别偏见（如，J.R. Becker, 1995）。例如，卢西、布朗、丹弗、艾斯丘和罗兹（2003）表示女生"似乎比男生更注重尝试记住教师说了什么和遵照她的教学"（第53页）。研究还表明，女生偏好合作活动，而男生更喜欢在传统竞争的环境中学习（Fox & Soller, 2001; Leder & Forgasz, 2003）。奠定这些研究的是"性别角色社会化"理论，该理论最后被认为是过分简单化的。承认了这一点后，芬尼玛（1993）在国际数学教育委员会（ICMI）上的演讲——"性别和数学教育"中指出："我们依然没有充分的证据来推断，与女生和男生进行更多或不同的互动，是导致数学中性别差异的主要原因。"（第6、7页）芬尼玛继续详细阐述道："或许在我们研究性别和数学时，问了错误的问题……是否有一种女性思考数学的方式？"（第26、27页）

芬尼玛（1993）的疑问引发了数学教育研究中一个朝向激进女权主义价值观和目标的转变。该转变在达马

林（1995）、J.R.贝克尔（1995）和伯顿（1995）的研究中得到了一个清晰的表述，他们均承认并宣告女生与男生的差异、女人与男人的差异。基于对更公平实践的兴趣，对女性经历的肯定，为代表数学中的对女生学习的新的干预腾出了一个空间。但是，其他学科的女权主义者（例如，Butler, 1990［哲学］; Collins, 1990［社会学］; hooks, 1983［文学］; Mohanty & Alexander, 1996［性别研究］）开始质疑那些赞颂分析女生经历背后的假设。他们认为，对于所有妇女和女生之间的潜在的共同性假定，都是将那些非白色人种、西方国家的、中产阶级的妇女和女生，或者异性恋的妇女和女生的经历拒之门外了。例如，柯林斯和胡克斯深刻地批判了这一趋势，他们认为对性别的一般性的分类，会否定黑人女性的经历和知识。迄今为止，在数学教育中，虽然并没有对黑人和拉丁美裔女生的经历和知识进行理论化和广泛的研究，但是相关的讨论已经开始进行了（例如，Gholson & Martin, 2014; Guerra & Lim, 2014）。同样地，研究也开始处理将性别一般化为一个类别，这一趋势对非裔美籍男性的相关研究问题也产生了一些影响（例如，Stinson, 2011b, 2013a）。

后结构主义理论提供了一种思考性别的方式，即性别不与人文主义相联系，它允许研究者对女性和男性之间的分歧进行不同的思考。后结构主义的工具，尤其是来自福柯的那些研究（例如，1966/1994, 1969/1972, 1981），提供了揭示性别不平等在数学教育中重现的方式，以及解释社会性别关系可能如何转变（见 Walshaw, 2001, 2005）。特别地，性别的后结构主义理论关心"破除影响我们如何看待世界、束缚了男性和女性可能性的男/女二元论"（Alton-Lee & Praat, 2000，第43页）。这些理论要求这样一个转变：从理解性别差异的必要性，到理解性别会受到相关社会背景、过程及活动的影响。这些理论也承认其他影响性别差异的可能方面，例如阶级、种族、民族，也是差异的重要维度。

关于性别的后结构主义理论致力于模糊男女之间的区别。他们认为，在结构和过程的重叠下，由于各种各样性别化主体模式成为现实，诸如男性和女性这种社会类别被个体不断越过（见 Butler, 1990; Davies, 1989; Walkerdine, 1990b）。平克（2001）阐述道"只有在特定

的社会互动中，任一个体的性别认同形成于与其他个体协商的关系中"（第21页）。欧内斯特（1995）指出，这些关系可能是矛盾的。

沃肖（2001）在其发表于JRME的文章《对性别研究的福柯式注视：当面对光明尽头的隧道时，你会做什么？》中提供了一个例子，利用后结构女权主义来分析女生参与数学。通过使用关于知识、权力的后结构主义，沃肖探索了女性主体性是如何在数学课堂中存在的。她的目的是设计女生和学校数学之间发生的一种不同的故事。

沃肖（2001）关注了一名在一所高中微积分入门班就读的女性学生。沃肖在听这名学生的录音时，运用了"倾听字里行间"的策略：既听她说了的，也听她没说的。铭记没有"无源之见"（Haraway, 1988）这一后结构主义核心观点，她试图将性别描绘成对权力中存在的特殊关系的一个影响。整个研究中，使用两个关键术语——话语和权力，来分析和表示性别的主体性。

一般而言，后结构化分析不是功能性的和细微的（Britzman,1995）。例如，在那位学生的录音例子中，话语每时每刻都在变化。重要的是，在学生参与到这些对话并在对话中投入感情的同时，她的身份改变了。考虑到这些变化和相互矛盾的话语，沃肖（2001）每隔一段时间，用一个系统的过程来记录学生在每个话语中是如何被定位为强大的、从属的，或者其他的。文章中有两个具体的话语细节。在第一个节选中，这名学生被定位成是对包含无理数的有理函数求导的"权威"。研究显示她已经掌握了微积分求导的相关法则，并且能够将同样的法则教给坐在她旁边的男生。在第二个节选中，这名学生不再被建构成课堂背景下强有力的女性学习者，而用她自己的话讲，是一位"金发女郎"。

福柯的思想有助于揭露课堂中发生在该学生身上的矛盾话语，有利于显示她是如何处理这些矛盾的。沃肖（2001）推论，只有在矛盾的空间内，为了女生和数学的改革和新定位才能发生。

最后，后结构主义构想重建性别研究的状态，即从无可更改的性别差异到可协商的话语关系。随着这一重建，研究的关注点不再是理解性别差异（或使性别差异

有意义），而是理解特定物质的、话语的社会结构和过程如何产生性别差异的条件。利用这样的理论，门迪克（2003）探索了为什么"不成比例的女生决定从课程中的重要领域退出"（第169页）。类似地，基于后结构主义理念，达马林（1995）以话语将个体建构成有思维的、有感情的、行动的主体来主张，"无论一位女性在数学上有多么能干，她永远无法逃离这样一个巩固想法的话语实践：数学确实是一个男人们的领域"（第250页）。

对未来理论的思索

1992年，格劳斯指出，在过去的二十年里（20世纪70年代和80年代）数学教育研究已经取得了足够的进展，"将关于数学教育的研究描绘成一个研究领域，将从事这些研究的人们确定为数学教育研究圈"（第ix页）。在接下来的十年中，西尔平斯卡和基尔帕特里克（1998）在《数学教育作为一个研究领域：寻找身份》的序言中写道：

> 本书报道的ICMI研究主题可以构思为一个问题："数学教育中的研究是什么，以及数学教育研究的结果是什么？"但是，在本书的篇章中，并不能找到一个取得一致意见的、确切的关于这个问题的答案。相反地，读者们将找到在不同国家的数学教育中，对其研究现实方向的各种分析、多样答案，以及那些未来研究的许多愿景。（第x页）

如先前提出的表6.1中描述的，这些多样的答案、各种各样的分析可以在数学教育的不同时期清晰可见。与一般教育的研究者一样，数学教育的研究者在从事数学教与学的研究时，的确经历了用以思考的范式的快速增长。和拉瑟（2006）相似，我们认为这种范式的发展是一件好事。那么，有没有可能描绘数学教育研究的特征呢？关于数学教育研究的身份，我们能说些什么呢？作为回应，我们求助于文化和社会心理学家（例如，Downey等，2005），因为他们对身份有多维度的、动态的、高情境相关的、不断转化的理解。在我们看来，数学教育研究的身份是支离破碎的、不完整的，是在社会

政治关系的权力中不断重构的。这样的一个观点驳斥了封闭，维持了数学教与学对多样的、不确定的诠释和分析的开放性。

我们这一章的目标是介绍打破现状的各种不同的理论前沿。在此过程中，我们展示了理论流派是嵌在更大的研究范式之中的。研究的每一个范式都是由它自己的一套关于真理、确定性、逻辑一致性的某个哲学类别的假设来支撑的。不考虑范式，数学教育研究也无法脱离这种情况：与更大的哲学议题纠缠不清或从属于其中。比如，表6.1中所描述的最新的经典理论表现了旨在释放或解构数学教育研究的社会政治转型时期。我们展现了，这些经典理论的研究者是如何通过提供批判的或社会结构主义的方法，来理解数学教与学的复杂性以打破现状的，但是如果实施数学教育研究是开放的，那么接下来的研究看起来会是什么样子呢？什么样的经典理论将浮现出来产生新的可能性？

在更广的社会科学研究中，当对不同研究范式的价值意识增强的时候，也应该承认每个范式的局限性。一个新运动正在形成——即包含了在某种程度上从现有的关于主体性、身份、文化的讨论中所缺失的情感维度。社会理论中的情感转向不是由一个关于情感和情绪的内在经验意识的感觉状态来支撑的。相反地，情感因素被演化成是我们在这个世界上存在的本质和关系。身份、实践、过程不是静态的，总是受情感影响，故而自然发生了。情感转向对数学教育的意义在于，它允许了从批判或解构的负面加剧的目的转变到投入到一个积极的逻辑论证当中。

但是，我们想知道，我们所处时代的政治背景是否允许接受新的范式。考虑到进入21世纪的时候范式战争的复苏，我们想知道，关于知识、真理、现实、理性、权力、科学、证据等的本质的斗争是否会无限期地继续下去。或者，随着数学教育研究者、基金会、政策制定者对"哪些行得通"有了不同的理解，这种斗争是否会消退？作为数学教育研究者，我们如何学习对跨范式的科学进行评估？我们如何学习运用产生不同知识的科学？如果承认对数学教育研究的单一身份的搜索不是特别有用，那么我们如何培养未来的数学教育研究者？我们如何学习在跨范式中开展谈话？我们怎样知道囊括不同的范式并不一定非得引起冲突？

追溯到作为数学教育最根本的问题：数学是什么，也许可以找到上述这些问题的答案（Higginson, 1980）。希金森提出，四个相互联系的学科可以回答这一基本问题：数学、心理学、社会学、哲学。但是，我们有没有给未来数学教育研究者提供机会接触哲学呢？我们可能要求未来研究者修读各种高等数学的课程，但我们有要求一门（或多门）数学哲学课程吗？我们可能要求未来研究者去上许多心理学、社会学的课程，但是我们有要求那些关于认识和存在哲学的课吗？而且，谁主宰这个问题：数学是什么？只有数学家和数学教育者有发言权吗？还是其他学科的专业人员，比如计算机科学家、工程师、生物学家等也有发言权？在对身份的搜索中，由于我们（试图）将数学教育研究从哲学中解放出来，这是否限制和简化了数学和数学教与学的不确定性？罗塔（1981/1988）在介绍戴维斯和赫什的经典文本《数学经历》中写道："在世纪之交，不同于大多数历史学家，瑞士的历史学家雅各布·布克哈克喜欢猜测未来，他曾向他的朋友弗里德里希·尼采吐露他的预测：20世纪将是'过度简单化的时代'。"（第xvii页）

当我们迈入21世纪时，作为一个共同体，我们是否应该驳斥在20世纪期间作出过度简化的声明呢？我们应该带头来促使教育研究者的共同体，去理解范式的发展和传播是一件值得肯定的事情，因为这可以让我们思考，如何将数学的教与学变成一个使所有人都能够受益的经历。

References

Agger, B. (1991). Critical theory, poststructuralism, postmodernism: Their sociological relevance. *Annual Review of Sociology, 17,* 105–131.

Alrø, H., Ravn, O., & Valero, P. (Eds.). (2010). *Critical mathematics education: Past, present and future: Festschrift for Ole Skovsmose.* Rotterdam, The Netherlands: Sense.

Alton-Lee, A., & Praat, A. (2000). *Explaining and addressing gender differences in the New Zealand compulsory school sector.* Wellington, New Zealand: Ministry of Education.

Anyon, J. (1980). Social class and the hidden curriculum of work. *Journal of Education, 162*(1), 67–92.

Anyon, J. (2005). *Radical possibilities: Public policy, urban education, and a new social movement.* New York, NY: Routledge.

Appelbaum, P. (2008). Embracing mathematics: On becoming a teacher and changing with mathematics. New York, NY: Routledge.

Apple, M. W. (2014). *Official knowledge: Democratic education in a conservative age* (3rd ed.). New York, NY: Routledge.

Atweh, B., Forgasz, H., & Nebres, B. (Eds.). (2001). *Sociocultural research on mathematics education: An international perspective.* Mahwah, NJ: Erlbaum.

Bartell, T. G. (2013). Learning to teach mathematics for social justice: Negotiating social justice and mathematical goals. *Journal for Research in Mathematics Education, 44*(1), 129–163.

Bartolomé, L. I. (1994). Beyond the methods fetish: Toward a humanizing pedagogy. *Harvard Educational Review, 64*(2), 173–194.

Battista, M. T. (2010). Engaging students in meaningful mathematics learning: Different perspectives, complementary goals. *Journal of Urban Mathematics Education, 3*(2), 34–46. Retrieved from http://ed-osprey.gsu.edu/ojs/index.php/JUME/article/view/115/58

Becker, J. P. (1970). Research in mathematics education: The role of theory and of aptitude-treatment-interaction. *Journal for Research in Mathematics Education, 1*(1), 19–28.

Becker, J. R. (1995). Women's ways of knowing in mathematics. In G. Kaiser & P. Rogers (Eds.), *Equity in mathematics education: Influences of feminism and culture.* (pp. 164–174). London, United Kingdom: Falmer.

Bell, D. A. (1992). *Faces at the bottom of the well: The permanence of racism.* New York, NY: Basic Books.

Berry, R. Q., III. (2008). Access to upper-level mathematics: The stories of successful African American middle school boys. *Journal for Research in Mathematics Education, 39*(5), 464–488.

Bibby, T. (2009). How do pedagogic practices impact on learner identities in mathematics? A psychoanalytically framed response. In L. Black, H. Mendick, & Y. Solomon (Eds.), *Mathematical relationships in education: Identities and participation* (pp. 123–135). New York, NY: Routledge.

Black, L., Mendick, H., & Solomon, Y. (Eds.). (2009). *Mathematical relationships in education: Identities and participation.* London, United Kingdom: Routledge.

Boaler, J. (1999). Participation, knowledge and beliefs: A community perspective on mathematics learning. *Educational Studies in Mathematics, 40*(3), 259–281.

Boaler, J. (2008). When politics took the place of inquiry: A response to the National Mathematics Advisory Panel's review of instructional practices. *Educational Researcher, 37*(9), 588–594.

Bottomore, T. B. (Ed.). (2001). *A dictionary of Marxist thought* (2nd ed.). Malden, MA: Blackwell.

Bowles, S. (1971). Unequal education and the reproduction of the social division of labor. *Review of Radical Political Economics, 3*(4), 1–30.

Brantlinger, A. (2013). Between politics and equations: Teaching critical mathematics in a remedial secondary classroom. *American Educational Research Journal, 50*(5), 1050–1080.

Britzman, D. (1995). The question of belief: Writing poststructural ethnography. *Qualitative Studies in Education, 8*(3), 229–238.

Bronner, S. E. (2011). *Critical theory: A very short introduction.* New York, NY: Oxford University Press.

Brown, T. (1997). *Mathematics education and language: Interpreting hermeneutics and post-structuralism.* Dordrecht, The Netherlands: Kluwer.

Brown, T. (Ed.). (2008). *The psychology of mathematics education: A psychoanalytic displacement.* Rotterdam, The Netherlands: Sense.

Brown, T., & McNamara, O. (2011). *Becoming a mathematics*

teacher: Identity and identifications. Dordrecht, The Netherlands: Springer.

Brown, T., & Walshaw, M. (2012). Mathematics education and contemporary theory: Guest editorial. *Educational Studies in Mathematics, 80*(1–2), 1–8.

Burton, L. (1995). Moving towards a feminist epistemology of mathematics. *Educational Studies in Mathematics, 28*(3), 275–291.

Burton, L. (Ed.). (2003). *Which way social justice in mathematics education?* Westport, CT: Praeger.

Butler, J. (1990). *Gender trouble: Feminism and the subversion of identity.* New York, NY: Routledge.

Cobb, P. (2007). Putting philosophy to work: Coping with multiple theoretical perspectives. In F. K. Lester Jr. (Ed.), *Second handbook of research on mathematics teaching and learning* (Vol. 1, pp. 3–38). Charlotte, NC: Information Age; Reston, VA: National Council of Teachers of Mathematics.

Collins, P. H. (1990). *Black feminist thought: Knowledge, consciousness, and the politics of empowerment.* New York, NY: Routledge.

Confrey, J. (2010). "Both and"—Equity and mathematics: A Response to Martin, Gholson, and Leonard. *Journal of Urban Mathematics Education, 3*(2), 25–33. Retrieved from http://ed-osprey.gsu.edu/ojs/index.php/JUME/article/view/108/53

Crotty, M. (1998). *The foundations of social research: Meaning and perspective in the research process.* Thousand Oaks, CA: Sage.

Damarin, S. (1995). Gender and mathematics from a feminist standpoint. In W. Secada, E. Fennema, & L. Adajian (Eds.), *New directions for equity in mathematics education* (pp. 242–257). Cambridge, United Kingdom: Cambridge University Press.

D'Ambrosio, U. (1985). Ethnomathematics and its place in the history and pedagogy of mathematics. *For the Learning of Mathematics, 5*(1), 44–48.

Davies, B. (1989). The discursive production of the male/female dualism in school settings. *Oxford Review of Education, 15*(3), 229–241.

de Freitas, E. (2010). Regulating mathematics classroom discourse: Text, context, and intertextuality. In M. Walshaw (Ed.), *Unpacking pedagogy: New perspectives for mathematics classrooms* (pp. 129–151). Charlotte, NC: Information Age.

de Freitas, E., Lerman, S., & Parks, A. N. (2017). Qualitative methods. In J. Cai (Ed.), *Compendium for research in mathematics education* (pp. 159–182). Reston, VA: National Council of Teachers of Mathematics.

de Freitas, E., & Nolan, K. T. (2008). *Opening the research text: Critical insights and in(ter)ventions into mathematics education.* Dordrecht, The Netherlands: Springer.

Delgado, R., & Stefancic, J. (2012). *Critical race theory: An introduction* (2nd ed.). New York, NY: New York University Press.

Derrida, J. (1976). *Of grammatology.* Baltimore, MD: The John Hopkins University Press.

Dixson, A. D., & Rousseau, C. K. (Eds.). (2006). *Critical race theory in education: All God's children got a song.* New York, NY: Routledge.

Donmoyer, R. (2006). Take my paradigm . . . please! The legacy of Kuhn's construct in educational research. *International Journal of Qualitative Studies in Education, 19*(1), 11–34.

Downey, G., Chatman, C., London, B., Cross, W. E., Jr., Hughes, D., Moje, E., Way, N., & Eccles, J. S. (2005). Introduction. In G. Downey, J. S. Eccles, & C. Chatman (Eds.), *Navigating the future: Social identity, coping, and life tasks* (pp. 1–20). New York, NY: Russell Sage Foundation.

Du Bois, W. E. B. (1989). The souls of Black folk (Bantam classic ed.). New York, NY: Bantam Books. (Original work published 1903)

Ernest, P. (1995). Values, gender and images of mathematics: A philosophical perspective. *International Journal of Mathematical Education in Science and Technology, 26*(3), 449–462.

Ernest, P. (2002). Empowerment in mathematics education. *Philosophy of Mathematics Education Journal,* 15. Retrieved from http://www.ex.ac.uk/~PErnest/pome15/empowerment.htm

Ernest, P. (Ed.). (2007). Special issue on social justice [Special issue]. *Philosophy of Mathematics Education Journal,* 21–22. Retrieved from http://people.exeter.ac.uk/PErnest/

Esmonde, I., & Caswell, B. (2010). Teaching mathematics for social justice in multicultural, multilingual elementary classrooms. *Canadian Journal of Science, Mathematics and Technology Education, 10*(3), 244–254.

Fennema, E. (1993, October). *Mathematics, gender and research.* Paper presented at the International Commission on Mathematics Instruction: Gender and Mathematics Education, Hoor, Sweden.

Fennema, E., Carpenter, T. P., Franke, M. L., Levi, L., Jacobs, V. R., & Empson, S. B. (1996). A longitudinal study of learning to use children's thinking in mathematics instruction. *Journal for Research in Mathematics Education, 27*(4), 403–434.

Fennema, E., & Peterson, P. (1985). Autonomous learning behaviour: A possible explanation of gender-related differences in mathematics. In L. Wilkinson & C. Marrett (Eds.), *Gender-related differences in classroom interactions* (pp. 17–35). New York, NY: Academic.

Fine, M. (1994). Working the hyphens: Reinventing self and other in qualitative research. In N. K. Denzin & Y. S. Lincoln (Eds.), *Handbook of qualitative research* (pp. 70–82). Thousand Oaks, CA: Sage.

Fitzsimmons, G. (2002). *What counts as mathematics? Technologies of power in adult and vocational education.* Norwell, MA: Kluwer.

Fordham, S. (2008). Beyond Capital High: On dual citizenship and the strange career of "acting White." *Anthropology & Education Quarterly, 39*(3), 227–246.

Fordham, S., & Ogbu, J. U. (1986). Black students' school success: Coping with the "burden of 'acting White.'" *The Urban Review, 18*(3), 176–206.

Foucault, M. (1972). *The archaeology of knowledge* (A. M. Sheridan Smith, Trans.). New York, NY: Pantheon Books. (Original work published 1969)

Foucault, M. (1980). Truth and power (C. Gordon, L. Marshall, J. Mepham, & K. Soper, Trans.). In C. Gordon (Ed.), *Power/knowledge: Selected interviews and other writings, 1972–1977 by Michel Foucault* (pp. 109–133). New York, NY: Pantheon. (Original work published 1977)

Foucault, M. (1981). *The order of discourse.* In R. Young (Ed.), *A post-structuralist reader* (pp. 48–78). London, United Kingdom: Routledge & Kegan Paul. (Original lecture delivered 1970)

Foucault, M. (1994). *The order of things: An archaeology of the human sciences.* New York, NY: Vintage Books. (Original work published 1966)

Foucault, M. (1996). The concern for truth. In S. Lotringer (Ed.), *Foucault live: Interviews, 1961–1984* (pp. 455–464). New York, NY: Semiotext(e). (Original work published 1984)

Fox, L., & Soller, J. (2001). Psychological dimensions of gender differences in mathematics. In J. Jacobs, J. Becker, & G. Gilmer (Eds.), *Changing the faces of mathematics: Perspectives on gender* (pp. 9–23). Reston, VA: National Council of Teachers of Mathematics.

Frankenstein, M. (1983). Critical mathematics education: An application of Paulo Freire's epistemology. *Journal of Teacher Education, 164,* 315–339.

Frankenstein, M. (2005). Reading the world with mathematics: Goals for a criticalmathematical literacy curriculum. In E.Gutstein & B. Peterson (Eds.), *Rethinking mathematics: Teaching social justice by the numbers* (pp. 19–28). Milwaukee, WI: Rethinking Schools.

Freire, P. (1985). *The politics of education: Culture, power, and liberation.* Hadley, MA: Bergin & Garvey.

Freire, P. (Ed.). (1997). *Mentoring the mentor: A critical dialogue with Paulo Freire.* New York, NY: Peter Lang.

Freire, P. (2000). *Pedagogy of the oppressed* (M. B. Ramos, Trans., 30th anniversary ed.). New York, NY: Continuum. (Original work published 1970)

Freire, P. (2005). *Teachers as cultural workers: Letters to those who dare to teach* (expanded ed.). Boulder, CO: Westview.

Gage, N. L. (1989). The paradigm wars and their aftermath: A "historical" sketch of research on teaching since 1989. *Education Researcher, 18*(7), 4–10.

Gates, P., & Jorgensen (Zevenbergen), R. (Eds.). (2009). Social justice mathematics teacher education [Special issue]. *Journal of Mathematics Teacher Education, 12* (3–6).

Gates, P., & Vistro-Yu, C. P. (2003). Is mathematics for all? In A. J. Bishop, M. A. Clements, C. Keitel, J. Kilpatrick, & K. S. Leung (Eds.), *Second international handbook of mathematics education* (Vol. 1, pp. 31–73). Dordrecht, The Netherlands: Kluwer.

Gholson, M., & Martin, D. B. (2014). Smart girls, black girls, mean girls, and bullies: At the intersection of identities and the mediating role of young girls' social network in mathematical communities of practice. *Journal of Education, 19*(1), 19–33.

Glaser, B. G., & Strauss, A. L. (1967). *The discovery of grounded theory: Strategies for qualitative research.* Chicago, IL: Aldine.

Goldberg, D. T., & Essed, P. (2002). Introduction: From racial demarcations to multiple identifications. In P. Essed & D. T.

Goldberg (Eds.), *Race critical theories* (pp. 1–11). Malden, MA: Blackwell.

Gonzalez, L. (2009). Teaching mathematics for social justice: Reflections on a community of practice for urban high school mathematics teachers. *Journal of Urban Mathematics Education, (2)*1, 22–51. Retrieved from http://ed-osprey.gsu.edu/ojs/index.php/JUME/article/view/32

Good, T. L., & Grouws, D. A. (1979). The Missouri Mathematics Effectiveness Project: An experimental study in fourth-grade classrooms. *Journal of Educational Psychology, 71*(3), 355–362.

Greer, B., & Mukhopadhyay, S. (2012). The hegemony of mathematics. In O. Skovsmose & B. Greer (Eds.), *Opening the cage: Critique and politics of mathematics* (pp. 229–248). Rotterdam, The Netherlands: Sense.

Greer, B., Mukhopadhyay, S., Powell, A. B., & Nelson-Barber, S. (Eds.). (2009). *Culturally responsive mathematics education.* New York, NY: Routledge.

Gregson, S. A. (2013). Negotiating social justice teaching: One full-time teacher's practice viewed from the trenches. *Journal for Research in Mathematics Education, 44*(1), 164–198.

Grouws, D. A. (Ed.). (1992). *Handbook of research on mathematics teaching and learning.* New York, NY: Macmillan.

Guba, E. G., & Lincoln, Y. S. (1994). Competing paradigms in qualitative research. In N. Denzin & Y. S. Lincoln (Eds.), *Handbook of qualitative research* (pp. 105–117). Thousand Oaks, CA: Sage.

Guerra, P., & Lim, W. (2014). Latinas and problem solving: What they say and what they do. *Journal of Urban Mathematics Education, 7*(2), 55–75. Retrieved from http://ed-osprey.gsu.edu/ojs/index.php/JUME/article/view/198/162

Gutiérrez, M. V., Willey, C., & Khisty, L. L. (2011). (In)equitable schooling and mathematics of marginalized students: Through the voices of urban Latinas/os. *Journal of Urban Mathematics Education, 4*(2), 26–43. Retrieved from http://ed-osprey.gsu.edu/ojs/index.php/JUME/article/viewFile/112/91

Gutiérrez, R. (2002). Enabling the practice of mathematics teachers in context: Toward a new equity research agenda. *Mathematical Thinking and Learning, 4*(2–3), 145–187.

Gutiérrez, R. (2008a). A "gap-gazing" fetish in mathematics education? Problematizing research on the achievement gap. *Journal for Research in Mathematics Education, 39*(4), 357–364.

Gutiérrez, R. (2008b, Fall/Winter). Realizing the potential of Chicanas/os and Native Americans: Engaging identity and power issues in teaching students mathematics and science. *SACNAS News.*

Gutiérrez, R. (2013). The sociopolitical turn in mathematics education. *Journal for Research in Mathematics Education, 44*(1), 37–68.

Gutstein, E. (2003). Teaching and learning mathematics for social justice in an urban, Latino school. *Journal for Research in Mathematics Education, 34*(1), 37–73.

Gutstein, E. (2006). *Reading and writing the world with mathematics: Toward a pedagogy for social justice.* New York, NY: Routledge.

Gutstein, E., & Peterson, B. (Eds.). (2013). *Rethinking mathematics: Teaching social justice by the numbers* (2nd ed.). Milwaukee, WI: Rethinking Schools.

Hanley, U. (2010). Teachers and curriculum change: Working to get it right. In M. Walshaw (Ed.), *Unpacking pedagogy: New perspectives for mathematics classrooms* (pp. 3–19). Charlotte, NC: Information Age.

Haraway, D. (1988). Situated knowledges: The science question in feminism and the privilege of partial perspective. *Feminist Studies, 14,* 575–599.

Hardy, T. (2009). What does a discourse-oriented examination have to offer teacher development? The problem with primary mathematics teachers. In L. Black, H. Mendick, & Y. Solomon (Eds.), *Mathematical relationships in education: Identities and participation* (pp. 185–197). New York, NY: Routledge.

Heid, M. K. (2010). Where's the math (in mathematics education research)? *Journal for Research in Mathematics Education, 41*(2), 102–103.

Henriques, J., Holloway, W., Urwin, C., Venn, C., & Walkerdine, V. (1984). *Changing the subject.* London, United Kingdom: Methuen.

Hesse-Biber, S. N., & Yaiser, M. L. (Eds.). (2004). *Feminist perspectives on social research.* New York, NY: Oxford University Press.

Higginson, W. (1980). On the foundations of mathematics education. *For the Learning of Mathematics, 1*(2), 3–7.

Hill, D., McLaren, P., Cole, M., & Rikowski, G. (Eds.). (2002). *Marxism against postmodernism in educational theory.*

Lanham, MD: Lexington Books.

Hilliard, A. G., III. (2001). "Race," identity, hegemony, and education: What do we need to know now? In W. H. Watkins, J. H. Lewis, & V. Chou (Eds.), *Race and education: The roles of history and society in educating African American students* (pp. 7–33). Boston, MA: Allyn & Bacon.

hooks, b. (1983). *Ain't I a woman: Black women and feminism.* London, United Kingdom: Pluto Press.

hooks, b. (2003). *Teaching community: A pedagogy of hope.* New York, NY: Routledge.

Jablonka, E., Wagner, D., & Walshaw, M. (2013). Theories for studying social, political and cultural dimensions of mathematics education. In J. Clements, C. Keitel, A. J. Bishop, J. Kilpatrick, & F. K. S. Leung (Eds.), *Third international handbook of mathematics education* (pp. 41–67). Dordrecht, The Netherlands: Springer.

Jett, C. C. (2012). Critical race theory interwoven with mathematics education research. *Journal of Urban Mathematics Education, 5*(1), 21–30. Retrieved from http://ed-osprey.gsu.edu/ojs/index.php/JUME/article/viewArticle/163

Kelly, A. E. (Ed.). (2008). Reflections on the National Mathematics Advisory Panel final report [Special issue]. *Educational Researcher, 37*(9).

Kilpatrick, J. (1992). A history of research in mathematics education. In D. A. Grouws (Ed.), *Handbook of research on mathematics teaching and learning* (pp. 3–38). New York, NY: Macmillan.

Kincheloe, J. L., McLaren, P., & Steinberg, S. R. (2011). Critical pedagogy and qualitative research: Moving beyond the bricolage. In N. K. Denzin & Y. S. Lincoln (Eds.), *Handbook of qualitative research* (4th ed., pp. 163–177). Thousand Oaks, CA: Sage.

King, J. E. (2005). A transformative vision of Black education and human freedom. In J. E. King (Ed.), *Black education: A transformative research and action agenda for the new century* (pp. 3–17). Mahwah, NJ: Erlbaum.

Knijnik, G. (2012). Differentially positioned language games: Ethnomathematics from a philosophical perspective. *Educational Studies in Mathematics, 80(*1–2), 87–100.

Kristeva, J. (1984). *Revolution in poetic language.* New York, NY: Columbia University.

Kuhn, T. S. (1996). *The structure of scientific revolutions* (3rd ed.). Chicago, IL: University of Chicago Press. (Original work published 1962)

Lacan, J. (1977). *The four fundamental concepts of psychoanalysis.* London, United Kingdom: The Hogarth Press.

Ladson–Billings, G. (1998). Just what is critical race theory and what's it doing in a nice field like education? *International Journal of Qualitative Studies in Education, 11*(1), 7–24.

Ladson–Billings, G., & Tate, W. F. (1995). Toward a critical race theory of education. *Teachers College Record, 97*(1), 47–68.

Lather, P. A. (2006). Paradigm proliferation as a good thing to think with: Teaching research in education as a wild profusion. *International Journal of Qualitative Studies in Education, 19*(1), 35–57.

LeCompte, M. D., Preissle, J., & Tesch, R. (1993). The role of theory in the research process. *Ethnography and qualitative design in educational research* (2nd ed., pp. 116–157). San Diego, CA: Academic Press.

Leder, G. C., & Forgasz, H. (2003). Achievement self-rating and the gender stereotyping of mathematics. In L. Bragg, C. Campbell, G. Herbert, & J. Mousley (Eds.), *Mathematics education research: Innovation, networking, opportunity, Proceedings of the 26th annual conference of the Mathematics Education Research Group of Australasia* (MERGA; pp. 476–483). Sydney, Australia: MERGA.

Leistyna, P., & Woodrum, A. (1996). Context and culture: What is critical pedagogy? In P. Leistyna, A. Woodrum, & S. A. Sherblom (Eds.), *Breaking free: The transformative power of critical pedagogy* (pp. 1–7). Cambridge, MA: Harvard Educational Review.

Leistyna, P., Woodrum, A., & Sherblom, S. A. (Eds.). (1996). *Breaking free: The transformative power of critical pedagogy.* Cambridge, MA: Harvard Educational Review.

Leonard, J. (2008). *Culturally specific pedagogy in the mathematics classroom: Strategies for teachers and students.* New York, NY: Routledge.

Leonard, J., Brooks, W., Barnes–Johnson, J., & Berry, R. Q. (2010). The nuances and complexities of teaching mathematics for cultural relevance and social justice. *Journal of Teacher Education, 61*(3), 261–270.

Leonard, J., & Martin, D. B. (Eds.). (2013). *The brilliance of Black children in mathematics: Beyond the numbers and toward new discourse.* Charlotte, NC: Information Age.

Leonardo, Z. (2014). Dialectics of race criticality: Studies in racial stratification and education. In A. D. Reid, E. P. Hart,

& M. A. Peters (Eds.), *A companion to research in education* (pp. 247–257). Dordrecht, The Netherlands: Springer.

Lerman, S. (1996). Intersubjectivity in mathematics learning: A challenge to the radical constructivist paradigm? *Journal for Research in Mathematics Education, 27*(2), 133–150.

Lerman, S. (2000a). A case of interpretations of social: A response to Steffe and Thompson. *Journal for Research in Mathematics Education, 31*(2), 210–227.

Lerman, S. (2000b). The social turn in mathematics education research. In J. Boaler (Ed.), *Multiple perspectives on mathematics teaching and learning* (pp. 19–44). Westport, CT: Ablex.

Lerman, S. (2009). Pedagogy, discourse, and identity. In L. Black, H. Mendick, & Y. Solomon (Eds.), *Mathematical relationships in education: Identities and participation* (pp. 147–155). New York, NY: Routledge.

Lerman, S., Xu, G., & Tsatsaroni, A. (2002). Developing theories of mathematics education research: The ESM story. *Educational Studies in Mathematics, 51*(1–2), 23–40.

Lester, F. K., Jr. (2005). On the theoretical, conceptual, and philosophical foundations for research in mathematics education. *ZDM—The International Journal on Mathematics Education, 37*(6), 457–467.

Lester, F. K., Jr., & Lambdin, D. V. (2003). From amateur to professional: The emergence and maturation of the U.S. mathematics education community. In G. M. A. Stanic & J. Kilpatrick (Eds.), *A history of school mathematics* (Vol. 2, pp. 1629–1700). Reston, VA: National Council of Teachers of Mathematics.

Lester, F. K., Jr., & Wiliam, D. (2000). The evidential basis for knowledge claims in mathematics education research. *Journal for Research in Mathematics Education, 31*(2), 132–137.

Lincoln, Y. S., & Guba, E. G. (2000). Paradigmatic controversies, contradictions, and emerging confluences. In N. K. Denzin & Y. S. Lincoln (Eds.), *Handbook of qualitative research* (2nd ed., pp. 163–188).

Lipman, P. (2011). *The new political economy of urban education: Neoliberalism, race, and the right to the city.* New York, NY: Routledge.

Lubienski, S. T. (2008). On "gap gazing" in mathematics education: The need for gaps analyses. *Journal for Research in Mathematics Education, 39*(4), 350–356.

Lubienski, S. T., & Bowen, A. (2000). Who's counting? A survey of mathematics education research, 1982–1998. *Journal for Research in Mathematics Education, 31*(5), 626–633.

Lubienski, S. T., & Gutiérrez, R. (2008). Bridging the gaps in perspectives on equity in mathematics education. *Journal for Research in Mathematics Education, 39*(4), 365–371.

Lucey, H., Brown, M., Denvir, H., Askew, M., & Rhodes, V. (2003). Girls and boys in the primary maths classroom. In C. Skelton & B. Francis (Eds.), *Boys and girls in the primary classroom* (pp. 43–58). Buckingham, United Kingdom: Open University Press.

Lynn, M., & Parker, L. (2006). Critical race studies in education: Examining a decade of research on U.S. schools. *The Urban Review, 38*(4), 257–290.

Lyotard, J.-F. (1984). *The postmodern condition: A report on knowledge* (B. Massumi, Trans.). Minneapolis: University of Minnesota Press. (Original work published 1979)

Malloy, C. E., & Brader-Araje, L. (Eds.). (1998). *Challenges in the mathematics education of African American children: Proceedings of the Benjamin Banneker Association leadership conference.* Reston, VA: National Council of Teachers of Mathematics.

Martin, D. B. (2000). *Mathematics success and failure among African-American youth: The roles of sociohistorical context, community forces, school influence, and individual agency.* Mahwah, NJ: Erlbaum.

Martin, D. B. (2006). Mathematics learning and participation as racialized forms of experience: African American parents speak on the struggle for mathematics literacy. *Mathematical Thinking & Learning, 8*(3), 197–229.

Martin, D. B. (2008). E(race)ing race from a national conversation on mathematics teaching and learning: The National Mathematics Advisory Panel as White institutional space. *The Montana Mathematics Enthusiast, 5*(2–3), 387–398.

Martin, D. B. (2009a). Little Black boys and little Black girls: How do mathematics education research and policy embrace them? In S. L. Swars, D. W. Stinson, & S. Lemons-Smith (Eds.), *Proceedings of the 31st annual meeting of the North American Chapter of the International Group for the Psychology of Mathematics Education* (pp. 22–41). Atlanta: Georgia State University.

Martin, D. B. (Ed.). (2009b). *Mathematics teaching, learning, and liberation in the lives of Black children.* New York, NY:

Routledge.

Martin, D. B. (2009c). Researching race in mathematics education. *Teachers College Record, 111*(2), 295–338.

Martin, D. B. (2010). Not-so-strange bedfellows: Racial projects and the mathematics education enterprise. In U. Gellert, E. Jablonka, & C. Morgan (Eds.), *Proceedings of the Sixth International Mathematics Education and Society Conference* (Vol. 1, pp. 42–64). Berlin, Germany: Freie Universitat Berlin.

Martin, D. B. (2011). What does quality mean in the contest of White institutional space. In B. Atweh, M. Graven, W. Secada, & P. Valero (Eds.), *Mapping equity and quality in mathematics education* (pp. 437–450). Dordrecht, The Netherlands: Springer.

Martin, D. B. (2013). Race, racial projects, and mathematics education. *Journal for Research in Mathematics Education, 44*(1), 316–333.

Martin, D. B., Gholson, M. L., & Leonard, J. (2010). Mathematics as gatekeeper: Power and privilege in the production of knowledge. *Journal of Urban Mathematics Education, 3*(2), 12–24. Retrieved from http://ed-osprey.gsu.edu/ojs/index.php/JUME/article/view/95/57

Martin, D. B., Rousseau Anderson, C., & Shah, N. (2017). Race and mathematics education. In J. Cai (Ed.), *Compendium for research in mathematics education* (pp. 607–636). Reston, VA: National Council of Teachers of Mathematics.

Martin, K. (2003). Ways of knowing, being and doing: A theoretical framework and methods for indigenous and indigenist research. *Journal of Australian Studies, 27*(76), 203–214.

Matthews, L. E. (2008). Illuminating urban excellence: A movement of change within mathematics education. *Journal of Urban Mathematics Education, 1*(1), 1–4. Retrieved from http://ed-osprey.gsu.edu/ojs/index.php/JUME/article/view/20/9

Matthews, W. (1984). Influences on the learning and participation of minorities in mathematics. *Journal for Research in Mathematics Education, 15*(2), 84–95.

McLaren, P. (1999). A pedagogy of possibility: Reflecting upon Paulo Freire's politics of education. *Educational Researcher, 28*(2), 49–56.

McLaren, P., & Kincheloe, J. L. (Eds.). (2007). *Critical pedagogy: Where are we now?* New York, NY: Peter Lang.

Meaney, T. (2013). The privileging of English in mathematics education research, just a necessary evil? In M. Berger, K. Brodie, V. Frith, & K. le Roux (Eds.), *Proceedings of the 7th International Mathematics Education and Society Conference* (Vol. 1, pp. 65–84). Cape Town, South Africa: MES7.

Mendick, H. (2003) Choosing maths/doing gender: A look at why there are more boys than girls in advanced mathematics classes in England. In L. Burton (Ed.), *Which way social justice in mathematics education?* (pp. 169–187). Westport, CT: Praeger.

Mendick, H. (2006). *Masculinities in mathematics.* Maidenhead, United Kingdom: Open University Press.

Mendick, H., Moreau, M.-P., & Epstein, D. (2009). Special cases: Neoliberalism, choice, and mathematics. In L. Black, H. Mendick, & Y. Solomon (Eds.), *Mathematical relationships in education: Identities and participation* (pp. 71–82). London, United Kingdom: Routledge.

Mohanty, C. T., & Alexander, M. J. (Eds.). (1996). *Feminist genealogies, colonial legacies, democratic futures.* New York, NY: Routledge Press.

Morgan, C. (2009). Questioning the mathematics curriculum: A discursive approach. In L. Black, H. Mendick, & Y. Solomon (Eds.), *Mathematical relationships in education: Identities and participation* (pp. 97–106). London, United Kingdom: Routledge.

National Mathematics Advisory Panel. (2008). *Foundations for success: The final report of the National Mathematics Advisory Panel.* Washington, DC: U.S. Department of Education.

National Research Council. (2002). *Scientific research in education.* In R. J. Shavelson & L. Towne (Eds.), Committee on Scientific Principles for Education Research. Washington, DC: National Academies Press.

Oakes, J. (1985). *Keeping track: How schools structure inequality.* New Haven, CT: Yale University Press.

Oppland-Cordell, S. (2014). Urban Latina/o undergraduate students' negotiations of identities and participation in an emerging scholars calculus I workshop. *Journal of Urban Mathematics Education, 7*(1), 1–37. Retrieved from http://ed-osprey.gsu.edu/ojs/index.php/JUME

Ortiz-Franco, L., Hernandez, N. G., & de la Cruz, Y. (1999). *Changing the faces of mathematics: Perspectives on Latinos.* Reston, VA: National Council of Teachers of Mathematics.

Outlaw, L. T. (2013). Toward a critical theory of "race." In

B. Alexander & L. James (Eds.), *Arguing about science* (pp. 140–159). New York, NY: Routledge. (Original work published 1990)

Parks, A. N., & Schmeichel, M. (2011, April). *Theorizing of race and ethnicity in mathematics education literature.* Paper presented at the annual meeting of the American Educational Research Association, New Orleans, LA.

Parks, A. N., & Schmeichel, M. (2012). Obstacles to addressing race and ethnicity in mathematics education literature. *Journal for Research in Mathematics Education, 43*(3), 238–252.

Peterson, B. (2012). Numbers count: Mathematics across the curriculum. In A. A. Wager & D. W. Stinson (Eds.), *Teaching mathematics for social justice: Conversations with educators* (pp. 147–159). Reston, VA: National Council of Teachers of Mathematics.

Pink, S. (2001). *Doing visual ethnography.* London, United Kingdom: Sage.

Popkewitz, T. S. (1988). Knowledge, power, and a general curriculum. In I. Westbury & A. Purvis (Eds.), *Cultural literacy and the idea of general education, Part 2* (pp. 69–93). Chicago, IL: National Society for the Study of Education.

Popkewitz, T. S. (2004). The alchemy of the mathematics curriculum: Inscriptions and the fabrication of the child. *Educational Research Journal, 41*(1), 3–34.

Powell, A. B. (2012). The historical development of critical-mathematics education. In A. A. Wager & D. W. Stinson (Eds.), *Teaching mathematics for social justice: Conversations with educators* (pp. 21–34). Reston, VA: National Council of Teachers of Mathematics.

Powell, A. B., & Frankenstein, M. (Eds.). (1997). *Ethnomathematics: Challenging Eurocentrism in mathematics education.* Albany, NY: State University of New York Press.

Powell, G. C. (2012). Teaching mathematics for social justice: The end of "When are we ever going to use this?" In A. A. Wager & D. W. Stinson (Eds.), *Teaching mathematics for social justice: Conversations with educators* (pp. 187–197). Reston, VA: National Council of Teachers of Mathematics.

Radford, L. (2012). Education and the illusions of emancipation. *Educational Studies in Mathematics, 80*(1–2), 101–118.

Reason, P. (1994). Three approaches to participative inquiry. In N. K. Denzin & Y. S. Lincoln (Eds.), *Handbook of qualitative research* (pp. 324–339). Thousand Oaks, CA: Sage.

Reyes, L. H., & Stanic, G. M. A. (1988). Race, sex, socioeconomic status, and mathematics. *Journal for Research in Mathematics Education, 19*(1), 26–43.

Rogers, P., & Kaiser, G. (Eds.). (1995). *Equity in mathematics education: Influences of feminism and culture.* Bristol, PA: Falmer Press.

Rosenblum, K. E., & Travis, T.-M. (2008). *The meaning of difference: American constructions of race, sex and gender, social class, sexual orientation, and disability* (5th ed.). New York, NY: McGraw-Hill Higher Education.

Rota, C.-G. (1988). Introduction. In P. J. Davis & R. Hersh (Eds.), *The mathematical experience* (pp. xvii–xix). Boston, MA: Houghton Mifflin. (Original work published 1981)

Roth, W.-M., & Radford, L. (2011). *A cultural-historical perspective on mathematics teaching and learning.* Rotterdam, The Netherlands: Sense.

Rush, F. L. (Ed.). (2004). *The Cambridge companion to critical theory.* Cambridge, United Kingdom: Cambridge University Press.

Secada, W. G. (1992). Race, ethnicity, social class, language, and achievement in mathematics. In D. A. Grouws (Ed.), *Handbook of research on mathematics teaching and learning* (pp. 623–640). New York: Macmillan.

Seidman, S. (Ed.). (1994). *The postmodern turn: New perspectives on social theory.* Cambridge, United Kingdom: Cambridge University Press.

Sherman, J., & Fennema, E. (1977). The study of mathematics among high school girls and boys: Related variables. *American Educational Research Journal, 14*(2), 159–168.

Sierpinska, A., & Kilpatrick, J. (Eds.). (1998). *Mathematics education as a research domain: A search for identity: An ICMI study.* Dordrecht, The Netherlands: Kluwer.

Silver, E. A., & Herbst, P. G. (2007). Theory in mathematics education scholarship. In F. K. Lester Jr. (Ed.), *Second handbook of research on mathematics teaching and learning* (Vol. 1, pp. 39–68). Charlotte, NC: Information Age; Reston, VA: National Council of Teachers of Mathematics.

Skelton, C., & Francis, B. (Eds.). (2003). *Boys and girls in the primary classroom.* Buckingham, United Kingdom: Open University Press.

Skovsmose, O. (1985). Mathematical education versus critical education. *Educational Studies in Mathematics, 16*(4),

331–354.

Skovsmose, O. (1994). Towards a critical mathematics education. *Educational Studies in Mathematics, 27*(1), 35–57.

Skovsmose, O. (2005). *Travelling through education: Uncertainty, mathematics, responsibility.* Rotterdam, The Netherlands: Sense.

Skovsmose, O. (2009). *In doubt: About language, mathematics, knowledge and life-worlds.* Rotterdam, The Netherlands: Sense.

Skovsmose, O., & Greer, B. (Eds.). (2012). *Opening the cage: Critique and politics of mathematics education.* Dordrecht, The Netherlands: Springer.

Skovsmose, O., & Nielsen, L. (1996). Critical mathematics education. In A. J. Bishop, J. Clements, C. Keitel, J. Kilpatrick, & C. Laborde (Eds.), *International handbook of mathematics education* (Vol. 2, pp. 1257–1288). Dordrecht, The Netherlands: Kluwer.

Solórzano, D. G., & Delgado Bernal, D. (2001). Examining transformational resistance through a critical race and LatCrit theory framework: Chicana and Chicano students in an urban context. *Urban Education, 36*(3), 308–342.

Solórzano, D. G., & Yosso, T. J. (2002). Critical race methodology: Counter-storytelling as an analytical framework for education research. *Qualitative Inquiry, 8*(1), 23–44.

Spinoza, B. (2000). *Spinoza: Ethics* (G. H. R. Parkinson, Trans.). New York, NY: Oxford University Press.

Sriraman, B. (Ed.). (2009). International perspectives on social justice in mathematics [Monograph 1]. *The Montana Mathematics Enthusiast.*

Sriraman, B., & English, L. (2010). *Theories of mathematics education: Seeking new frontiers.* Dordrecht, The Netherlands: Springer.

Stanfield, J. H., II. (1994). Ethnic modeling in qualitative research. In N. K. Denzin & Y. S. Lincoln (Eds.), *Handbook of qualitative research* (pp. 175–188). Thousand Oaks, CA: Sage.

Steffe, L. P., & Kieren, T. (1994). Radical constructivism and mathematics education. *Journal for Research in Mathematics Education, 25*(6), 711–733.

Steffe, L. P., & Thompson, P. W. (2000). Interaction or intersubjectivity? A reply to Lerman. *Journal for Research in Mathematics Education, 31*(2), 191–209.

Steffe, L. P., & Tzur, R. (1994). Interaction and children's mathematics. In P. Ernest (Ed.), *Constructing mathematical knowledge: Epistemology and mathematics education* (Vol. 4, pp. 8–32). London, United Kingdom: The Falmer Press.

Steiner, H.-G. (1985). Theory of mathematics education (TME): An introduction. *For the Learning of Mathematics, 5*(2), 11–17.

Stinson, D. W. (2004). Mathematics as "gatekeeper" (?): Three theoretical perspectives that aim toward empowering all children with a key to the gate. *The Mathematics Educator, 14*(1), 8–18.

Stinson, D. W. (2006). African American male adolescents, schooling (and mathematics): Deficiency, rejection, and achievement. *Review of Educational Research, 76*(4), 477–506.

Stinson, D. W. (2008). Negotiating sociocultural discourses: The counter-storytelling of academically (and mathematically) successful African American male students. *American Educational Research Journal, 45*(4), 975–1010.

Stinson, D. W. (2009). The proliferation of theoretical paradigms quandary: How one novice researcher used eclecticism as a solution. *The Qualitative Report, 14*(3), 498–523.

Stinson, D. W. (2010). How is it that one particular statement appeared rather than another?: Opening a different space for different statements about urban mathematics education. *Journal of Urban Mathematics Education, 3*(1), 1–11. Retrieved from http://ed-osprey.gsu.edu/ojs/index.php/JUME/article/view/116/69

Stinson, D. W. (2011a). Race in mathematics education research: Are we a community of cowards? *Journal of Urban Mathematics Education, 4*(1), 1–6. Retrieved from http://ed-osprey.gsu.edu/ojs/index.php/JUME/article/view/139/83

Stinson, D. W. (2011b). When the "burden of acting white" is not a burden: School success and African American male students. *The Urban Review, 43,* 43–65.

Stinson, D. W. (2013a). An English only fountain: A response to Tamsin Meaney's critique of English privilege in mathematics education research. In M. Berger, K. Brodie, V. Frith, & K. le Roux (Eds.), *Proceedings of the 7th International Mathematics Education and Society Conference* (Vol. 1, pp. 85–88). Cape Town, South Africa: MES7.

Stinson, D. W. (2013b). Negotiating the "white male math myth": African American male students and success in school mathematics. *Journal for Research in Mathematics Education, 44*(1), 69–99.

Stinson, D. W., Bidwell, C. R., & Powell, G. C. (2012). Critical pedagogy and teaching mathematics for social justice. *International Journal of Critical Pedagogy, 4*(1), 76–94.

Stinson, D. W., & Bullock, E. C. (2012). Critical postmodern theory in mathematics education research: A praxis of uncertainty. *Educational Studies in Mathematics, 80*(1–2), 41–55.

Stinson, D. W., & Bullock, E. C. (2015). Critical postmodern methodology in mathematics education research: Promoting another way of thinking and looking. *Philosophy in Mathematics Education Journal* [25th anniversary issue], *29*, 1–18. Retrieved from http://people.exeter.ac.uk/PErnest/pome29/index.html

Stinson, D., & Wager, A. (2012). A sojourn into the empowering uncertainties of teaching and learning mathematics for social change. In A. A. Wager & D. W. Stinson (Eds.), *Teaching mathematics for social justice: Conversations with educators* (pp. 3–18). Reston, VA: National Council of Teachers of Mathematics.

Stocker, D. (2012). Toys for boys? Challenging domestic violence using mathematics. In A. A. Wager & D. W. Stinson (Eds.), *Teaching mathematics for social justice: Conversations with educators* (pp. 161–174). Reston, VA: National Council of Teachers of Mathematics.

St. Pierre, E. A. (1997). Circling the text: Normadic writing practices. *Qualitative Inquiry, 3*(4), 403–417.

St. Pierre, E. A. (2006). Scientifically based research in education: Epistemology and ethics. *Adult Education Quarterly, 56*(4), 239–266.

St. Pierre, E. A. (2011). Post qualitative research: The critique and the coming after. In N. K. Denzin & Y. S. Lincoln (Eds.), *Handbook of qualitative research* (4th ed., pp. 611–626).

Strutchens, M. E., Johnson, M. L., & Tate, W. F. (Eds.). (2000). *Changing the faces of mathematics: Perspectives on African Americans.* Reston, VA: National Council of Teachers of Mathematics.

Tate, W. F. (1994). Race, retrenchment, and the reform of school mathematics. *The Phi Delta Kappan, 75*(6), 477–484.

Tate, W. F. (1997). Critical race theory and education: History, theory, and implications. In M. Apple (Ed.), *Review of research in education* (Vol. 22, pp. 195–247). Washington,

DC: American Educational Research Association.

Téllez, K., Moschkovich, J., & Civil, M. (Eds.). (2011). *Latinos/as and mathematics education: Research on learning and teaching in classrooms and communities.* Charlotte, NC: Information Age.

Terry, C. L. (2011). Mathematical counterstory and African American male students: Urban mathematics education from a critical race theory perspective. *Journal of Urban Mathematics Education, 4*(1), 23–49. Retrieved from http://ed-osprey.gsu.edu/ojs/index.php/JUME/article/view/98

Thompson, A. G. (1984). The relationship of teachers' conceptions of mathematics and mathematics teaching to instructional practice. *Educational Studies in Mathematics, 15*(2), 105–127.

U.S. Department of Education. (2001). Public Law print of PL 107–1110, No Child Left Behind Act. Retrieved from http://www2.ed.gov/policy/elsec/leg/esea02/index.html

Valero, P. (2004). Socio-political perspectives on mathematics education. In P. Valero & R. Zevenbergen (Eds.), *Researching the socio-political dimensions of mathematics education: Issues of power in theory and methodology* (pp. 5–23). Dordrecht, The Netherlands: Springer.

Valero, P., & Zevenbergen, R. (Eds.). (2004). *Researching the socio-political dimensions of mathematics education: Issues of power in theory and methodology.* Dordrecht, The Netherlands: Springer.

Wager, A. A., & Stinson, D. W. (Eds.). (2012). *Teaching mathematics for social justice: Conversations with educators.* Reston, VA: National Council of Teachers of Mathematics.

Walkerdine, V. (1988). *The mastery of reason: Cognitive development and the production of rationality.* New York, NY: Routledge.

Walkerdine, V. (1990a). Difference, cognition, and mathematics education. *For the Learning of Mathematics, 10*(3), 51–56.

Walkerdine, V. (1990b). *Schoolgirl fictions: Schooling for girls.* London, United Kingdom: Verso.

Walkerdine, V. (2004). Preface. In M. Walshaw (Ed.), *Mathematics education within the postmodern* (pp. vii–viii). Greenwich, CT: Information Age.

Walshaw, M. (2001). A Foucauldian gaze on gender research: What do you do when confronted with the tunnel at the end of the light? *Journal for Research in Mathematics Education, 32*(5), 471–492.

Walshaw, M. (Ed.). (2004). *Mathematics education within the postmodern.* Greenwich, CT: Information Age.

Walshaw, M. (2005). Getting political and unraveling layers of gendered mathematical identifications. *Cambridge Journal of Education, 35*(1), 19–34.

Walshaw, M. (2007). *Working with Foucault in education.* Rotterdam, The Netherlands: Sense.

Walshaw, M. (Ed.). (2010). *Unpacking pedagogy: New perspectives for mathematics classrooms.* Charlotte, NC: Information Age.

Walshaw, M. (2013). Post-structuralism and ethical practical action: Issues of identity and power. *Journal for Research in Mathematics Education, 44*(1), 100–118.

Walshaw, M., & Brown, T. (2012). Affective productions of mathematical experience. *Educational Studies in Mathematics, 80*(1–2), 185–199.

Wamsted, J. O. (2012). Five things you should probably know about teaching mathematics for social justice. In A. A. Wager & D. W. Stinson (Eds.), *Teaching mathematics for social justice: Conversations with educators* (pp. 175–185). Reston, VA: National Council of Teachers of Mathematics.

Yosso, T. J. (2005). Whose culture has capital? A critical race theory discussion of community cultural wealth. *Race Ethnicity and Education, 8*(1), 69–91.

Zevenbergen, R. (2000). Cracking the "code" of mathematics classrooms: School success as a function of linguistic, social and cultural background. In J. Boaler (Ed.), *Multiple perspectives on mathematics teaching and learning* (pp. 201–223). Westport, CT: Ablex.

Žižek, S. (Ed.). (1998). *Cogito and the unconscious.* Durham, NC: Duke University Press.

第2部分　方法

7 定性研究

伊丽莎白·迪·弗雷塔斯
美国 阿德菲大学
斯蒂芬·莱曼
英国 伦敦南岸大学
艾米·诺埃尔·帕克斯
美国 密歇根州立大学
译者：李小保
美国 威得恩大学

这一章审视了数学教育中的定性研究方法，并概述了范式、顾虑，以及与本领域内不断变化的需求而相适应的、未来研究方法的潜在方向。本文的目标是通过下列方式给研究者及研究生创设资源：（1）调查定性方法是如何应用在现在的研究实践上的；（2）确立与这些研究方法相一致的研究问题、理论架构和哲学立场；（3）讨论广泛意义下的教育研究伦理问题，并说明定性方法如何应对不同的需求和背景；（4）描述正在使用的定性研究方法，该方法也是用以探究数学教育实证研究的一种新的思路。

为了充分描绘当前数学教育中定性研究方法的全貌，我们挑选了本领域内8个主要的国际期刊，并且随机抽样了2008年至2012年间每个期刊发表的至少一半的文章。然后，我们通过在这8个期刊中用我们调查发现的主要方法范例和关注点进行检索，将文献综述扩展到2013年至2015年，以确保文献综述尽可能地反映最新的研究。这8个英文期刊是：（1）《数学教育研究杂志》；（2）《数学思维与学习》；（3）《数学教师教育》；（4）《数学行为杂志》；（5）《数学教育研究》；（6）《数学中的教育研究》；（7）《数学教育中的研究》；（8）《科技与数学教育国际杂志》。我们查找并关注了作者的国籍和研究项目所在地，研究问题和目标、方法、数据、结果、观点和关键词。本文阐述了本领域内目前强调了哪些研究方法，以及这些方法是如何与研究中的其他方面相联系的。同时，也可以通过这些英文期刊中的文章让我们看到定性方法在2008年至2015年间是如何演变的。

为了理解研究方法的历史脉络，我们将在更一般的不断变化的社会科学的实践和视角的历史背景下分析这些文献。我们认同登曾和林肯（2011）的研究主张，他们认为从复杂的历史发展过程中追踪研究方法范式的改变是重要的。

> 任何对定性研究的定义都须适用于这一历史背景。定性研究在每个时间段里意味着不同的东西。尽管如此，一个初步的通用的定义还是存在的。定性研究是一个在现实情境中进行观察的活动，是由一系列诠释性的、具体的、使得这个世界明晰而可察觉的实践所组成的。这些实践改变了这个世界，将这个世界变成一系列的表征，包括现场笔记、访谈、对话、照片、影像、备忘录。在这个层面上，定性研究通过诠释性的、自然主义的途径来了解外部世界，意味着定性研究者研究在自然状态下发生的事件，并根据人们附加给这些现象的意义来试图理解解释它们。（Denzin & Lincoln, 2011, 第x页）

我们需要不断地修正这样的定义以回应实践中的历史变迁。例如，我们要扩充这个定义使之包含更多的实验方法，而这会使得"自然的"这样的用词变得有问题。设计实验的方式已经成为定性研究的主要形式（参考本书，Cobb, Jackson & Dunlop, 2017）。在过去的十多年中，有许多现代的研究项目采用了混合研究的方法，将定性方法与描述统计结合起来以刻画数据中的规律。尽管混合方法这样的术语在我们的领域里变得越来越常见，但本章的目标是仔细剖析定性研究中"定性"的组成成分，不论它是否是一个混合研究的组成部分。

本章分为四个部分。接下来的部分将探究定性方法背后的哲学假设，以提出所有研究所涉及的核心问题。我们把这里的讨论归结为四个纲领性问题：什么时候数据是定性的？在定性方法中，必要的认识论假设是什么？怎样的研究问题需要用定性方法以及什么样的理论框架支持定性方法？我们应如何评估定性研究的有效性？在第三部分，我们将详细描述关于特定类型的定性方法的一些例子，并把这些例子联系到第二部分中所问的那些问题。从本领域内数量众多的文章中我们发现，这些研究中用到了非常多不同的方法，因此我们要想全面地描述所有的研究方法既不可能也无必要。相反地，我们决定聚焦到五种类型：（1）观察；（2）民族志；（3）访谈和设计实验；（4）话语和文本分析；（5）教学实验和行动研究。希望这五种分类可以体现正在使用的许多研究方法的主要实证行为，因此这些种类所使用的名称应当视作概况性术语，用以包括各种不同的方法。例如，我们使用"观察"来指代所有强调观察的各种研究方法。在每一部分中，我们将对最能够展现实证研究的某个特定方法的例子进行讨论。在本章的最后一部分，我们提出了一些与定性方法的未来发展有关的重要观点和正在出现的一些需要注意的方面。例如，我们讨论了编码定性数据的一些问题，并分析如何处理好这些问题。我们还讨论了录像、数字数据以及新技术在数据收集中的作用，并指出需要审视媒体实践如何影响研究者的所见。我们讨论了在社会科学和教育中广泛使用但在数学教育领域内还很少或没有使用的创新型定性方法。我们把这些视为进一步实验的方向。最后，我们还讨论了定性方法如何嵌入全球化市场的数学教育研究，指出其对边缘人群的影响，并强调从国际化的角度来定位和激励

定性研究。

哲学框架：首要的关键性问题

什么时候数据是定性的？

在某种现实意义上，教育中的所有数据都是定性的，因为这些数据都与人们参与到教育过程中的生活经验息息相关。无论是课堂录像类数据，或其他一些记录复杂互动的数据集，还是研究学生在标准化考试或调查中多项选择题中的分数，这一观点都是成立的。因为，这些情况下的数据与个体在回答问题时所表现出的真实投入情况是相关联的。这些相关的情况包含了各种复杂的社会和物质因素，而这些因素可以被运用记录或记载的某种研究方法或多或少临时性地整合起来。虽然我们搜集考试分数，调查数据，访谈回答，记录记载我们的观察，但是这些内容并非事件的全貌。经验数据中总是有一些特性或趋势是简单化的编码或故事所不能把握住的。事实上，总有一些特性超越了或者避开了任何录像录音设备所能记录的能力。当我们急于编码或量化研究对象而错失这些特征或趋势时，定性研究方法却可以顾及数据中个体或群体行为中的这些易于被遗漏的方面。

西方科学有着将定性定义成完全不同于定量的悠久传统，例如，中世纪的科学家奥雷姆对比了定性的细致程度与定量的延展性。而19世纪的科学家将定性与连续性，定量与离散性关联在一起（Bell, 2014）。科学史家伊恩·哈金（1990）已清楚地阐明或然性概念是怎么融入西方的定量概念的，从而确立了统计作为研究物理和社会规律的方法。我们提出这些历史的思考，是因为需要认识到定性和定量不是固定的概念而是基于各种范式中的各种研究方法的相互交融。事实上，定性和定量的方法近来已经在人文科学方面得到全面修正，这些学科传统上是使用定性方法的，但历史学家和文学家已经转而使用算法和软件来研究数字化的史料。基于我们现在的软件文化和铺天盖地的数字化数据和自动化计算，定性方法看上去似乎总是由定量的测量来包装或组成。这种定性与定量之间尴尬甚或矛盾的关系的确是许多数学

发展的源泉（例如极限概念的出现、微积分的发展，以及研究实数连续统的其他尝试），也是许多形而上学观点的核心（Buckley, 2012）。只有承认定性和定量之间的关系具有一定的可塑性，我们才可以开始预测这种关系未来的变化。

什么是定性方法中必要的认识论假设？

在所有的研究中，均有关于知识本质的假设以及研究者关于真理的看法。这些认识论的假设影响着研究实践以及关于什么是好的研究的观点，也常常是研究者倾向于某种研究方法的原因。在做一个项目之前，研究者需要检视他们的认识论假设，确定和审视自己关于知识和真理的信条，并以能形成一个整合良好的研究实践来反省自己的信念所产生的结果。我们相信，历史的角度可以给研究者提供一个更细微的视角，来感知他们的研究实践是如何融入更宽广的社会科学领域的。社会科学出现于19世纪的实证主义范式中，并由思想家奥古斯特·孔特和爱米尔·涂尔干所塑造。在社会科学中，科学知识被定义为客观的、可预测的，且由不可违背的规则所支配（Hacking, 1990）。社会学和心理学就是在这样的传统下产生的，它们都力争再现自然科学的客观性和方法（Halfpenny, 1982）。后现代主义范式的转向（在其中社会真相被认为是依赖于环境与情境的）出现在20世纪的后半叶并带来了新的定性方法，这种定性方法更留意于过往生活经验的特殊性（Lather, 1991, 2007; Lyotard, 1979/1984; Walshaw, 2010）。因此，定性方法的出现（其中一些例子我们将在第三部分讨论）强调真理的特殊性以及特定情境如何塑造经过验证的特定真理。就像一个故事，虽然是一种具体的叙述，但也能抓住经验中的一般性（这也是小说的威力），定性方法就转化为研究蕴含在具体例子或案例中的真理的普遍性。

在教育中，范围广泛的认识论假设促进了后现代主义的转向，但其中一些还是受到实证主义的困扰。在特定的研究方法里，认识论方面的假设通常是很隐约的，但是却常常决定了我们能看到什么，尤其在教育领域中，学习和知识是关注的中心。在考虑可以采用哪种研究方法时，研究者应该问：什么是知识？人们是怎么认识知识的？答案取决于你是否以及在多大程度上，相信内在的认知功能、大脑的可塑性、文化力的影响、知识集体呈现的本质，等等。假如我们的目的是为这个领域贡献新视角，那就要联系一些思想史来审视我们的信条。例如，我们可以追溯到18世纪哲学家康德的认识论对20世纪建构主义学习理论的影响。康德通过被认为是必要的、用以综合调查数据的有关经验的内在思维状态的假设，来调和相互矛盾的理性和经验主义的认识论。康德对学习心理学的影响是长久的且持续的，可以用皮亚杰的研究作为最好的示例。这种康德主义惯常聚焦在处于某种环境下的个体思想，并假定知识由人的思想所规范或者至少由其所管理。大部分这类研究有这样的隐含假设，即个体是存在不同的心理认知图式的。

相反地，其他的认识论以关联性而非个体开始，并运用社会学而非心理学的途径。例如，斯宾诺莎、柏格森和怀特海德认为知识产生于系统或联系中（Bennett, 2010; Kirby, 2011）。运用具身范式（Enactivism）和复杂理论，以及各种新的唯物主义的学习理论，可以追溯到这些注重过程的哲学家（Coles, 2015; de Freitas & Sinclair, 2014）。因此，关于认识论的问题已经转变成分布式网络关系的问题，以及作为更大本体论的一部分真理所集体涌现的问题了。例如，B.戴维斯（2008）已经发展和运用复杂性理论来研究数学学习环境，而科尔斯（2013）已经开发了基于生态的具身范式。通过分析数学课堂中的个案，以上每一种理论都会表现出来。这些途径往往强调知识的感官来源，而不是内在的认知图式，并且经常强调研究分布式认知。就知识如何成为一个横跨各类人群的网络或网状物，人类学家布鲁诺·拉图尔（2005）和蒂姆·英格尔德（2011）给出了具有竞争力和令人信服的解释。

什么样的研究问题和理论要求使用定性方法？

需要探究过往生活经验的复杂性并以阐明这种复杂性而非以提供一个确定的答案为目标，这样的研究问题，往往需要定性方法。从这种意义上来说，几乎所有的问题都可以通过定性的视角来研究，除非研究问题是明确地以教育的数量层面为目标（例如，哪个学校在本学区里的州统考中成绩更好？）。用定性或混合方法来研究的最佳问题可能是：为什么这些学校的分数更高？这些高分学校的校园文化和数学课堂文化是什么？这个学区的种族隔离的历史如何以及这种隔离如何继续影响这些学校的数学教学？在小规模上，定性问题可以包括：学生如何在英语语言学习者（ELL）的数学课堂中使用其家庭语言？如果我们将数论引入低年级的教材中会发生什么？新技术对几何教学的影响如何？这其中的许多问题是可以通过定性和定量的方法来探究的。所以，问题本身并不总是会决定方法的使用。但是，研究项目的理论框架对选用何种方法有巨大的影响。

作为发展理论框架的指导性原则，我们建议研究者应该始终反省他们所用理论的哲学原理的相对连贯性。教育研究者在其研究中引用和横跨多个领域，因此，在他们的研究中，衍生出众多理论是不足为怪的。作为一个专业领域，数学教育者应该期望，甚至要求研究者明确和具体地将其理论前提结合到他们的研究中，清楚地说明所采用的特定（理论）视角的局限性和适用空间。例如，关于学生的自我认同的问题，需要构筑于人文科学和社会科学中的关于自我认同的大量文献中。而不与相关文献关联的学术研究对该领域的贡献是有限的，这样的研究并没有把自己的主张和观点嵌入到现有的争论中。因为关切的研究对象，像自我认同、能动性（agency）和权力等都是跨学科的，而且涉及像哲学和法律那样多样化的领域，所以在教育研究领域内形成一个强劲的理论框架是一个让人兴奋又艰巨的任务。研究方法需与驱动研究的理论框架相吻合。一个理论框架应该超越文献综述和一组拼凑出来的原则——它应该是创造性将不同的理论观点以有意义和有目的的方式统合在一起。公平地说，有些理论框架已经完备了，只是有待运用，如符号学、物质现象学、具身认知（参见本套书，Radford, Edwards, Arzarello, & Sabena, 2017）。但是，如果更具体地审视每一个理论，会发现不同提倡者的运用方法非常不一致。因此，当研究者在形成一个用于其他目的的理论框架时，他们需要注意这些细微的不同之处。

更多时候，当研究者将自身沉浸在情境中或产生与情境相关的思维方式时，研究问题通常都会浮现出来。一个强大的理论框架能够清楚地解释将一些特定的理论工具放在一个特定环境里的理由和含义。教育是一个交叉领域，来自社会学、心理学、哲学、人类学、历史、媒介研究、文化研究、计算机科学、神经科学、生理学和知觉研究等领域的理论都在其中发挥作用。能够创造性地塑造一个推动这一领域发展的理论框架是非常不可思议的。与此同时，研究者有时简单地从其他领域借用一些不一致的原则，而没有审视其哲学上的假定和含义，这是危险的。例如，基于布迪厄的社会学方法并不能轻易地与皮亚杰的心理学方法相吻合。

广义来说，社会文化理论更倾向于使用定性方法。该理论的中心是需要面对和处理所处的情境，活动理论、语义分析、民族学以及其他从当代社会学和人类学启发而来的理论都是如此。社会学的理论框架常常借用布迪厄和帕塞隆（1990）以及伯恩斯坦（2000）的观点。例如，J. 威廉姆斯（2001）利用布迪厄进一步发展了活动理论作为数学教育研究的理论框架，而斯坦乐-波尔和盖勒特（2013）利用伯恩斯坦开发的一个理论框架用以对数学课堂话语中的权力关系进行编码。从人类学而来的情境认知理论经常借鉴拉维（1988）和威戈（1991）的工作。这些研究常常将学习概念化为参与数学相关活动中的变化。以与情境和交互相关的对象为目标的理论框架一定要使用那些能够产生详细的且较难编码的方法来进行。在本章中所讨论的定性方法往往是处理这个问题的最好办法。

我们应当如何评估定性研究的效度？

效度是关于一个研究方法能够达到研究者所试图测量或研究的稳定程度。换句话说，一个研究项目如果使用文本分析来研究学生的情感可能被认为具有较低的效度，因为这忽略了情感的无声表达这一重要途径。然而，关于效度的问题应该审慎地对待，因为它在物理科学和社会科学中经常被用来监督科学领域内的活动和保护来自外界的对创新和实验工作的干扰（Latour, 1996）。已有研究者们使用不同技术来处理效度问题，例如，收集不同种类的数据，不同成员间（对数据的）相互检查，重复和保持同参与者的联系，或确保多重和独立编码的发生（Lather, 2004）。对效度的关注经常与其他两个从物理科学继承而来的认知原则相联系，即可重复性和可证伪性。可重复性指重复实验以确定结果是否可重复。可重复性增加，就有更多的证据来支持研究者的主张的真实性。我们在第三部分讨论的设计实验是一种通过重复性干预和反复确认研究结果来处理关于可重复性的尝试。可证伪性是指一个科学观点能够被证明是错误的可能性。如果通过一些观察可以反驳一个研究假设，那么这就是可证伪性。例如，数学教师是伟大的人这样的陈述是不可证伪的（我们现在没有可靠的方法来确定其真实性），因此，这不是一个合适的研究观点。

在过去的30年中，定性研究者已经重新主张和定义了效度的概念，以此来更好地适应迥异的教育研究目标。这类工作已经显示效度应该如何在伦理方面与研究目标的顾虑相联系。在一些情况下，课题是从更为激进的层面来描述的，因为这些研究者会优先考虑社会变革。表面效度这个术语是指研究实践在多大程度上尊重或确认那些被研究者的意见和担忧（Lather, 2007）。表面效度的想法强调伦理在教育研究中的重要性，并促使研究者从研究本身对参与者的即时价值和更普遍的价值两方面来考虑他们的研究对被研究者的影响。表面效度也与研究方法相关。无论结果如何，（表面效度）该方法都应该确保研究实践能够从文化角度敏感地反映研究对象所在的情境，以及在某些情况下要涉及参与者自己正在进行的研究课题。例如，对土著居民的研究呈现令人震惊的有关虐待的历史记录，这体现在琳达·图伊瓦伊·史密斯的成果《非殖民化方法：研究和土著人民》（第二版，London, United Kingdom: Zed Books, 2012）中。涉及弱势群体的研究需要文化的敏感性，可能还需要社会正义的观点（Lather & Smithies, 1997; Lather, 2003）。

在数学教育研究里，向更多激进主义者研究（activist research）的重大转变反映了对伦理方面有效性的担心。在此脉络下，格里尔、穆霍帕迪亚、鲍威尔和尼尔森-巴伯（2009）的研究提倡"文化回应性的数学教育"（第2页）。除了那些强调情境学习的理论之外，有些研究是基于其他理论，而这些理论强调社会环境中权力的角色。其中一些研究采用定位理论（Davies & Harré, 2001; Holland, Lachiotte, Skinner & Cain, 1998）来描述课堂中的孩子们在联系数学和社会关系时，如何定位自己以及被其他人所定位，或利用种族和种族偏见之间具体互动的理论（Bonilla-Silva, 2006; Martin, 2006）。例如，毕肖普（2012）采用定位理论来分析数学课堂中学生的对话，以此来展示聪明或愚笨的观点如何造就数学讨论中有效的贡献者。由于需要处理数学课堂中的公平性问题，因此让研究者描叙权力是如何在数学环境下运作的理论是对现有研究方法的重要补充。

当代的研究者正转向用新的记录设备来收集数据，例如每秒能记录数以百计镜头的工业化强度相机，能够分析课堂交流的音调和节奏的录音设备、神经影像以及其他感觉数据仪器，虽然这些方式已经被考虑到了，但还是极少被使用。每当新方法引入时，会产生何种教育知识的问题就会被重新提及。神经学教育研究者正就海马体和数学教学（Superkar 等，2013），以及学生的隐性知识是如何表现在手势和眼球移动上发表了看法（Campbell, 2010）。当研究方法转向个体自身方面的数据时，我们必须要避免用这样的数据来支持涉及教育的系统性种族偏见和其他形式的压迫。然而，同样重要的是，这种数据也可以成为表达数学教育不公平的一个途径。我们越多地去理解教育是如何被调整到适应"神经性类型"，就越能更好地拓宽教育所包含的目标。比如说，当前的课程对文字和数字而非空间感和几何的强调，与阅读困难和自闭症学生在标准化测试中的糟糕表现相关（Eide & Eide, 2011; E. Williams & Costal, 2000）。我们审慎地希望新的数据收集技术将有助于提高这些学生生活体验的质量，而并不仅仅是他们的成绩衡量标准。

定性研究方法的例子

在综述数学教育文献的过程中，我们发现研究者倾向于五个核心的实证研究方法。在不同的理论框架下，它们经常有着不同的名字，但是根据实际的经验实践来说，它们在本质上是相似的。如同在本文下一节中将要讨论到的，我们看到在本领域内需要试验新方法并扩大我们的经验实践。这部分中，我们将讨论本领域内的一些例子，这些例子或者是使用某种方法的典范，或者阐明了某种具体方法的优劣。我们的目标是描述每一种研究方法中所涉及的关键实证行为，将这些方法与本章第二部分的讨论相联系，并用一些例子来说明这些方法是怎样应用于数学教育领域的。为了给新手研究者提供参考借鉴，我们还将引用社会科学的主要方法论教材以在广泛意义上来指导这些实践。

观察

我们使用观察这个术语来指代以笔记、视频和音频记录以及其他任何记录策略系统搜集该领域数据的经验实践。观察法在下列情况特别有力，当参与者的自我报告不足以反映当时的情况，或研究者希望给这样的自我报告数据补充结构性或非正式性的有关情境的解释，尤其是当他们希望留心于这些资料在这些情境是如何被搜集和使用时。观察法提供了有别于在教育研究中仍占主导地位的访谈法的另一选择，因为从应答者中获取数据的行为会严重影响数据的本质。相比较访谈、问卷和设计实验，非参与的观察被认为没有那么“冒失”（Bryman, 2004）。当然，任何观察行为都会干扰所观察的对象，尤其是但不限于社会科学。在这部分中，我们聚焦于研究者仅作为旁观者的观察研究，即研究者既不是完全参与者也不是部分参与者，而接下来的部分讨论作为参与者的观察。尽管几乎所有的实证研究均依赖于某种形式的观察，但我们的目标仅限于考察短时间内的观察——那些仅发生在几节数学课或在一个设计实验中。这些孤立的片段可能不大适合研究数学教育的社会文化层面，而可能更适合开展心理学和生理学的研究。然而，我们承认这些研究类型之间的分界线是模糊的。观察也用在民族志研究项目中，寻求回答在特定场所正在发生什么，人员和物质材料在不同环境中的组织方式、互动模式，以及这些环境之间的联系（Erickson, 1986）。但是我们这里关注的是更适合现象学或心理学的观察方法，在现象学或心理学中，对行为和活动的描述被解读为个体思想和身体内部及之间正在发生什么的证据。

在我们的文献综述中，绝大多数此类研究以设计实验或课堂观察的形式在中小学或大学环境下进行；然而，有一些研究在其他环境下也会使用观察法，包括博物馆（Nemirovsky, Kelton, & Rhodehamel, 2013）、教师工作坊（Panizzon & Pegg, 2008）和课外活动（Vomvoridi-Ivanovic, 2012）。从理论上讲，许多使用观察法的研究都采用活动理论（Engeström, 1993; Lemke, 2000; Leont’ev, 1978; Vygotsky, 1978），活动理论既关注个体的理解和感知，也关注社会情境，它把课堂互动描述为一个复杂系统，其中个体的参与被理解为与其他人或物的互动。通过关注在小组和全组情境下说的话、身体的方位和材料的使用，观察法使得捕捉系统中的互动成为可能，这可以解释过去20年来，为什么活动理论在教育领域内的应用日益增加（Roth & Lee, 2007）。例如，格里索、马丁、汉德和格里诺（2009）在分析三个初中课堂的录像片段时利用活动理论来记录课堂中培养数学能力的途径。研究者访问了每个课堂10~12次，并分析了转录的文本，这些文本强调了说话和手势，以阐述数学任务、学生和老师三者共同构建在每个课堂都能胜任的活动方式。

研究者在使用录音录像记录课堂数据时，会产生转录文本用于分析。强有力的文本分析方法有助于研究者识别通过课堂或访谈对话而完成的文化作品。对课堂话语中的多语言能力的关注也在蓬勃发展，（它们）使用不同的方法研究日常或家庭用语与正式学校数学话语之间的编码转换（Barwell, 2009）。莱姆克（2002）提供了多模式的方法以注重课堂讨论的不同方面，包括手势、音调，以及多种媒体在课堂交流中的角色。罗斯（2011）开发了复杂的转录文本编码实践来研究言语的音调、语调和节奏，从而达到记录转录文本这些方面的目的。这种对课堂话语的物质或现象层面的关注与注重语言使用的政治框架的研究之间相互补充。此外，混合方法经常被用于这类研究，这是因为语言模式的频率经常是关注点，也因为软件可以在大规模的数据中实施搜索。例如，赫布-艾森曼、瓦格纳和柯蒂斯（2010）首先在课堂转录文本数据库中搜索高频词“词汇捆绑”来显示主导的言语习惯。接着他们从学生和教师在权力和权威中如何定位自己的角度解释数据。在关于讲演者与学生的研究中，顾克列尔（2014）利用话语分析以识别他们关于极限符号的想法。通过混合方法，包括对发言频率的定量分析和话语分析，对所选的讲演者和学生的发言进行了详细的解释，他发现讲演者能灵活地区分过程与结果，但对主要意识到过程的学生而言，这种区分不明显。

近来，注重更深入分析物质世界在教学中角色的研究更多地依赖观察。这些研究包括具身认知（Lakoff & Núñez, 2000），行动者-网络-理论（Latour, 2005），多模型理论（Jewitt, 2009）和新唯物主义（Barad, 2003; de Freitas & Sinclair, 2013）。这些观点的共同之处是关注将社会分析推广到语言渠道之外的领域，包括检视孩子们在接触博物馆展览时用他们的身体来表征数学概念的方式（Nemirovsky, Kelton, & Rhodehamel, 2013），或者与教师变化的经验相联系，例如在使用动态几何软件时的一些点击和拖动的动作（Boylan, 2010）。所有这些分析得到近年来技术变革的支持，这包括日益增大购买力的、无须人干预的和具有灵活性的录像机，以及用于分析录像、录音和影像数据的软件的快速发展。具体处理手势、身体，以及物质对象的理论支持研究者超越了"研究中的录像似乎主要作为录音来用，而视像方面仅仅增添了一些如果需要可以零碎地从屏幕上收集的'背景'但多数可以忽略的信息"（Erickson, 2011, 第184页）。例如，舍伊恩（2012）用录像记录了一个为期九天的五年级数学课堂中的单元教学互动过程，以描述教师的手势是如何促进英语学习者参与数学课的途径。在录像支持下的细致分析使得舍伊恩可以描述一些利用手势指向或模仿移动来帮助学生更有效地参与正在学习的几何内容的方式。

根据研究内容和认识论的不同，在数学教育中使用观察法的研究具有多样性。例如，以显示特定教育实践或课程的影响为目标，各种设计实验研究（例如，Cobb, Gresal, & Hodge, 2009; Stylianides & Stylianides, 2009）都采用观察的方法来记录学生的课堂经验以证明特定干预的成功。同时，观察法已经被用于捕捉研究中的课堂话语，这使得研究者对日常师生课堂互动的影响减少到最低（e.g., Bray, 2011; Speer & Wagner, 2009）。尽管研究者所使用的诸如课堂环境的录像、现场笔记和文本等方法在这两种情况下较为相似，但它们在对研究方法的概念化方面存在显著的不同。设计研究者将他们的工作理解成在实验过程中会更自然，而使用几乎完全一样方法的其他研究者可能会明确地将他们的方法定义为与实验研究完全相反的研究。观察法也用在混合方法的研究（Ambrose & Kenehan, 2009），话语分析（Herbel-Eisenmann & Otten, 2011），现象学分析（Nemirovsky, Kelton, & Rhodehamel, 2013）和案例研究中（Amador & Lamberg, 2013），所有这些研究都采用了种类广泛的研究范式。

民族志

大约25年前，艾森哈特（1988）认为广泛意义上的教育研究和具体的数学教育研究可以得益于民族志的研究方法和理论。她认为教育研究在20世纪80年代的主要特征是采用认知理论下的学习论，研究方法是从心理学改编而来。因此，她建议从文化人类学发展出来的研究方法——民族志——作为一种探究模式可以支持从教师和学生作为参与者的观点来理解数学，关注社会文化的问题和情境的作用，以及分析与数学相联系的主观意义和语言使用。自从艾森哈特的文章发表之后，使用社会文化的观点以及在数学教育领域内的诠释性研究方法已经变得更为常见（如，Boaler, 2000; Forman, 2003; Greeno, 2003），而且尽管能够收集到大量密集数据的民族学研究方法已经持续了很长时间，但这种方法在数学教育领域依然很少见。

民族志之所以成为民族志不仅由于所选择的方法还因其所遵守的特定理论。以方法而论，民族志者是参与型观察者，他以某种方式投入到他所研究的环境中，而非作为一台录像机或记录本背后沉默的观察者（Emerson, Fretz, & Shaw, 2011）。为了描述长时间深入到一个具体的环境下和参与者的互动，民族志研究者书写现场笔记以对研究现场做"详尽的描述"。人类学家格尔兹（1973, 第9、10页）甚至说"民族志就是详尽的描述"。借鉴哲学家吉尔伯特·来利的观点，格尔兹论述到，详尽的描述是一种手段，用来确定闭眼睛背后的意义，可能是无意识的一动，或是使眼色，或是模仿使眼色。他的观点是，仅仅描述所观察到的或记录到的内容不足以分辨眼球运动的重要性或文化含义。民族志者必须要从研究参与者的观点来理解世界。

从理论立场来看，民族志研究者并不寻求从他们研究的背景中得到一个概括性的结论，也即他们的目标并不是将"在茶壶盖上或云层上看世界"（Geertz, 1973, 第23页）。相反地，通过详细描述和精心分析其有界的地方文化，民俗学者尝试挑战人类行为的累积理论，描述某特定情境下的行为理论，以及澄清我们对复杂文化体系的理解（Spradley, 1980）。在教育领域内，民族志已经被用来描述家庭多种语言实践如何塑造他们的孩子在学校中的经历（Heath, 1983），在操场里构建性别的途径（Thorne, 1993），以及种族与阶层塑造年轻男子在教育和社会流动中的经验的方式（MacLeod, 1987）。

在数学教育领域内，民族志研究主要用于描述在学校外面的环境中使用数学的方式。这样的例子包括米尔罗斯（1991）研究木工所运用的算学实践；冈萨雷斯、安德雷德、西维尔和莫尔（2005）的工作是辨别双语家庭的家庭数学实践；斯特里特、贝克和汤姆林（2008）的关于家庭计算能力实践的大样本研究。

为了找出最近在数学教育杂志上发表的民族志研究，我们不仅寻找采用了民族志方法（例如，参与者观察、现场笔记和民族志的访谈）并借鉴了那些强调文化与背景理论的研究，而且也搜寻了这样的研究：研究者与参与者通过一些有意义的途径，长时间参与到研究中。尽管其中许多研究由于投入的时间或者与参与者互动的时间有限而不能被认为是传统的"民族志"，但由于其所使用的方法以及在描述文化方面的兴趣，这些研究可以被认为是"民族志"的。作为一个整体，这些研究揭示了更广泛的文化背景与在各种环境中学习数学的特定方式之间的关系，呈现了在数学空间中存在的潜在社会规范，以及数学课堂中的交流方式。例如，E.E.特纳、古铁雷斯、西米克-穆勒和迪兹-帕洛马尔（2009）在研究旨在服务于拉丁裔青少年的课外数学项目时，利用民族志方法描述了校外空间的数学互动。这个研究团队成员还负责设计每周两次的课外数学体验活动，并采用了重要的民族志的方法收集了两年多的数据。他们试图描述孩子们在项目中的经历，并主动参与到数学学习情境和数据收集及分析中的权力和能动性问题。除了对所有的课外活动进行录像和记录现场笔记，研究者还访谈了一些挑选出来的学生，按月观察学校数学课堂，并访谈了部分家长。通过收集横跨时空的数据，研究者能够描述一些重要的社区背景，例如关于驱逐出境和重建城中的公园，是如何支持和挑战学生对数学的投入的。

一些研究者已经运用民族志的方法将数学课堂描述成特定的文化背景。这些研究的持续时间往往以年月计而不是以周计，不仅仅观察在某具体单元或系列示范课中的数学实践，而且关注更广泛的互动方式，经常聚焦于社会的或教学法的互动上。在这样的一个研究中，埃斯蒙德和兰格-奥苏纳（2013）在8个月的时间里观察了某高中数学课堂小组活动中的社会交往，利用对身体语言的兴趣和有关定位的理论（Holland, 2001）描绘了学生如何通过各种微妙的口头和肢体交互作用参与数学活动的路径。记录学生随时的交往和转录注重表达、手势及目光的录像使得研究者可以描述朋友们如何通过身体动作来减少一些小组成员的主导地位。这些分析能帮助教育者了解影响学生参与数学活动的多重因素，尤其是那些在教材或教师的潜在的教学实践中没有即时显现出来的影响。

上述提及的研究表明，多种与教学、学习、数学和校内外的师生经验相关的问题都可以通过民族志的方法得到解决。民族志的研究将数学参与置于更宽泛的文化背景下，并寻求记录参与、学习和参与变化的方式，这些方式不仅与布置的数学任务或教师提问相关，而且与孩子的家庭和社区的交流方式、他们在校内的社会阶层，以及发生在数学课堂外的社会与教学的经验相关。未来教育领域的民族志研究可以有效地处理如下问题：孩子们如何在不同的情境中协调他们的数学和社会身份，在学校内外的数学思维间的联系和中断联系，以及如何通过不同环境中的语言建构数学意义。

访谈和实验设计

几十年来访谈已经被用于教育研究和一般意义上的社会研究，这是偏向更广泛意义的话语方面的一部分。访谈或多或少是结构化的事件，在其中，研究者首先启动与一个或一组参与者的接触，后者往往被称为焦点小组（Gellert, 2008）。访谈需要某种言语的互动，不论是直接的提问或提示，或者是产生对话的其他尝试。这样，尽管其他如视觉或其他感觉数据也会被记录和研究，但言语突出地显现在访谈数据中。分析其他形式的交流，例如手势，可以从学生访谈中得来（例如，Edwards, 2009），而手势是作为个体数学观念的证据来研究的。在20世纪中叶前的教育研究中，访谈数据经常被当作参与者信念和知识明晰的指标。在后现代主义启蒙下，从心理分析和其他领域以及近来更多的科学实践范式转变的启示下（参考例子，Jackson & Mazzei, 2012），研究者有义务说清楚他们打算如何处理和解释参与者通过交流所产生的言语和动作，必须从他们所在领域不断发展的一系列可能性中做出明确的选择。

当问卷上得来的信息不足所需时，访谈可以用作调查方法的一部分。访谈所需的资源远多于分发和收集问卷的回答，特别是考虑到开发在线的问卷，其数据分析也是自动完成的。问卷的回收率一直是该方法需要考虑的而且也是它的一个不足，从这个层面上来说，访谈有一定的优势。尽管标准化访谈程序是一个挑战，但是访谈团队使用足够大的样本量来满足定量分析对样本代表性的要求也是可能的。因此，这样大规模的访谈研究是极少的。访谈也经常被用于对更广的调查研究的跟进以提供对定量方法的多维度验证（例如，Moru, 2009），因为它们经常能提供比仅从问卷得来的更丰富的见解（例如，Palm, 2008）。当访谈不作为跟进问卷调查的工具时，也可以成为独立的主体研究方法，以服务于一系列的理论和方法论取向。

一般地，当参与者的数量少于问卷所能接触到的人群且需要更深入的分析时，就需要使用访谈，因而访谈就成了定性研究中的一种重要研究方法。尽管用于诠释性分析的文本如日记、故事、虚构信件等其他方法也

已经在使用了，但当研究者要了解参与者带到教育情境中的理解、意图、目的、价值、目标或意义，就常常需要使用访谈。当其目的是捕捉参与者的生活经历或描述这些经历时，访谈法就有助于产生现象学的数据。伍德（2012）使用访谈来引出访谈对象对他们所处情境的感知和理解的表达，就需要研究者随后的叙述和解释。马顿（2000）以此框架为基础但聚焦于被访谈者的差异而非相似之处。这一区别表明访谈者在根据他们的目标构建研究框架时具有的关键作用（例如，Black等，2010）。

在计划使用访谈作为一种研究方法时，需要考虑一些关键的问题，包括伦理、权力关系、访谈形式、记录方式、诠释方式的含义。当然，目前已经有很多关于访谈的所有要素的技术方面的教科书（King & Horrocks, 2010; Kvale & Brinkman, 2008）。访谈可以有一系列的结构：从完全结构化，即同样的问题以同样的次序来问每一个受访者；到完全无结构化，即第一个问题对每个人可能相同但访问者的下一个问题会根据受访者的回答给出。第一种方式使一组受访者之间具有一定的可比性；而第二种则可以从受访者引发更丰富的数据。此外，研究者所做选择的意义需要在文章中清楚地、具体地表达。

受访者需要受到保护。在教育场景中，如同其他社会场景，研究者需要获取受访者的信任以给予他们自信来表达他们的感觉和观点。可能出现的问题是访谈情境下权力的不平衡，特别尖锐的是出现存在年龄差的情况，例如受访者是访谈者或访谈者同事的学生，以及访谈者和受访者地位不同的情况，像一名大学学者访谈一位教师。这些权力问题是不可避免的。通过访谈者请受访者提问或尝试消除上面所提及的明显不平衡的方式，有助于减轻这些问题。研究者有责任意识到并且在写作中对权力不平衡的潜在影响持开放的态度。

我们对数学教育文献的调查已经发现访谈在不同的项目中提供了关键性的数据。访谈的数据经常用来铺开一个生命史或者职业身份的叙述（例如，Ruthven, Deaney, & Hennessy, 2009），有时只有一个参与者（例如，Weber, 2008），使得研究者可以构建关于受访者或一组教师或学生的故事。达拉赫（2013）采用访谈数据，结合了两种观点，即社会背景的影响和作为叙事

的故事，来形成关于身份的描述。为她的诠释性分析提供背景，同时还包括了自己的叙述。我们在上面详细讨论过的民族志的项目，也部分地依赖于访谈数据以达到研究者理解一个可以发生在课堂或其他工作场所的与数学相关的共同体的目的（例如，Triantafillou & Potari，2010）。访谈数据也被用来诊断正在发生什么，例如当学生或实习教师在解决问题时采用一种旨在分析学生数学活动以改进数学活动本身的临床方法（例如，Trigueros & Martínez-Planell, 2010）。另外，访谈数据可以用来开发通过倾听学生获取他们思考信息的技术和程序。因而许多设计研究实验可以被看成一种访谈的方法，研究者对该方法的兴趣在过去十年里呈稳定增长态势（例如，Cobb, Confrey, diSessa, Lehrer, & Schauble, 2003; van den Akker, Gravemeijer, McKenny, & Neiveen, 2006）。在这些情况下，访谈数据被用来产生有关数学内容和学习的理论（例如，Stylianou, 2011）或者能够指出在某个特定领域内做更多研究的需要（例如，Rivera, 2010）。如读者想要了解更多设计实验内容，请参考本章节的方法部分（Cobb 等，本书）。

研究者需要意识到，自己在解释、讲述或书写他们从访谈中获得的文本时所扮演的角色。这一需求对研究者来说已经变得越来越明确。没有研究者的工作，就没有对研究参与者及其行动意义的分析或叙述。这个时候就要求反思，也就是说，研究者要把偏见和假设甚至研究本身如何影响甚而改变自己的一些情况说明清楚。下面的论述能够使得研究者对访谈的看法有进一步的改变，即访谈是富有成效的叙述，而不是对先前持有的或表达的感知的中立的表述：

> 米什勒（1991），如同其他许多人一样，质疑访谈的中立性，因为访谈者对于一个问题的含义理解可能不同于受访者对该问题含义的理解。更进一步地，"改变访谈者就会改变访谈结果，即使新访谈者问的是同样的一组问题"（Scheurich, 1997，第62页；又见Labov, 1992）。（Lerman, 2012，第100页）

因此，我们认为在获得访谈数据和研究文本中的叙事过程中，研究者至关重要，而且这一事实需要体现在研究过程中。最终所形成的故事既有研究者又有参与者。不论在研究过程中做何种选择，故事都需要具有代表性而且让读者觉得是合理的。在设计实验研究中，我们并没有发现有很多研究者意识到这些证据，但我们应该预期在未来几年研究者将会看到这些证据。

所有的访谈数据均需要某种形式的话语或对话分析。话语分析的途径已经有了显著的和重大的发展，不同的哲学假设提供了不同的分析程序，根据韦瑟雷尔、泰勒和耶兹（2001）的论述，这些分析程序具体包括：对话分析、批判性话语分析（CDA）、批判性语言学、福柯式研究、论述心理学、互动的社会语言学和民族志的交流以及巴赫金式研究。尽管访谈数据是被用于处理人类讲话的独特特性，但是在分析过程中研究者经常会转而分析转录的文本。因此，文本分析，正如下文所讨论的，与访谈方法有交叉。

文本分析与话语分析

20世纪，语言学和符号学的兴起对数学教育有着重大影响，这为该领域提供了研究各种文本中的语言和符号系统的强有力工具。在本节中，我们使用"文本"来指代教材、试卷和课程及其他书面材料。

本领域中三个重要资源标志着数学教育中语言学的转变：大卫·皮姆1987年的著作《数学地说话：数学课堂中的交流》，甘迪亚·摩根 1998年的书《数学地写：调查的话语》，以及蒂姆·洛尔2000年的《数学教育的实用性：数学话语的模糊性》。这些方法都可以被看作术语得以更全面的一部分，即内容分析，内容分析是在20世纪60年代发展起来的一种社会科学研究方法，其发展的部分原因是用于应对新数字媒介的爆炸性增长（Krippendorff, 2004）。内容分析指代"广泛和多样的手工或计算机辅助的技术，用于对产生于交流过程（任何文本、书面、标记、多媒体等）或重要过程（痕迹与材料）的文档进行情境化解释，并以产生有效和可靠的推论为最终目标"（Tipaldo, 2014，第42页）。

查尔斯·皮尔斯符号学和迈克尔·哈利迪（1978）

语言学的工具在分析数学文本时特别有效，揭示了书面数学的具体语法结构，并提供了图表和其他视觉的表现是怎样有效地作用于文本的意义（Schleppegrell, 2004）。这些工具可以用于课堂记录和其他口头文本，以及教科书、测试和其他书面材料。索绪尔主张，要从能指、所指和指示物之间的任意关系角度关注语言内部的结构关系。皮尔斯提出一种不同的途径，它聚焦于图表性推理在所有符号系统中的作用（Presmeg, 2006）。这两种不同的途径在20世纪初形成了语言学和符号学领域。随后的批评和改进促进了语言使用的后结构化模型的出现，其中能指、所指以及指示物之间的关系被解构。例如，雅克·德里达（1997）的著作表明，语言学和符号学里的重要文本信息如何掩盖了人们在寻求意义中企图超越语言的愿望。

结构主义者的语言方法在语言学中继续蓬勃发展，演变成一套复杂的语言使用研究的不同方法。例如，系统功能语言学的当代应用已经在各种数学文本的语法和词库编码方面硕果累累（Schleppegrell, 2004）。可以在批判性话语分析（Fairclough, 2010）和社会符号学（Kress, 2010）中找到这些编码是如何尝试反映权力的特定文化形式的，其中语言学的工具和思想家的社会政治理论结合在一起，如米歇尔·福柯或巴兹尔·伯恩斯坦（Herbel-Eisenmann, Meaney, Pierson, & Heyd-Metzuyanim, 2017, 见本套书）。

数学教育研究中文本分析的例子往往随着对文本的社会政治框架的关注程度而有所变化。我们在这个领域里找到了一些非常接近的文本阅读的例子，这些例子追溯了各种教材中的语法模式和图表工具，以及其他的一些例子。在这些例子中，这些模式显示出与特定的名称形式相联系，以吸引特定读者而非所有人。那些图表工具在很大程度上阐明了教材发挥广泛参与数学教育的功能。随着数学教育研究的社会文化转向，对这些更广泛的情境问题的关注已经成为关注的焦点。下面我们讨论一些文本分析的例子。

数学教材在教师教学实践中扮演着中心角色，因而成为研究的焦点（Johnson, Thompson, & Senk, 2010; Stylianides, 2009）。国家之间的教材比较研究揭示，在数学内容的处理、具体概念、技能的范围与顺序方面有着重要的国际差异。贝克及其同事们（2010）对上个世纪美国小学数学教材的内容进行了分析，以研究期望课程的变化。这类研究往往会受到国际数学与科学教育趋势研究（TIMSS）以及国际学生评估项目（PISA）所示的数学素养如何在不同国家被理解的数据的启发（Gatabi, Stacey, Gooya, 2012）。例如，查拉兰布斯、德兰尼、舒和梅萨（2010）比较了塞浦路斯、爱尔兰教材里的"标志"和任务认知需求的程度。比较研究方法通常要求复杂的编码技术以识别各种问题（程序性、讨论等）、这类问题的频率、难度和语法模式，以及教材设计的结构元素，包括图片使用或在线支持材料的链接。奥哈洛伦（2005）开发了有效的方法用以分析教材方法如何使用视觉表示，并对教材如何与其他文本元素和情境因素相联系进行编码和分类。

关于文本如何应对以及如何与特定的地方背景相联系的问题，是一个重要的问题。当研究者用软件搜索整个语料库的语法与词法模式时，关于这些文本如何在不同的情境中产生和使用的问题变得更加清楚（J.D.Davis, 2012）。例如，摩根（2006）阐明了如何将社会符号学和系统功能学的工具有效结合起来以用于分析文本中特定的语法结构以及如何依据能动性或缺乏能动性处理和定位读者。利用社会符号学框架，德弗雷塔斯和左考沃（2011）展示了如何改写数学教材中的问题，从而考虑社会正义问题。对于文本分析感兴趣的研究者来说，他们的一个挑战在于理解文本如何在特定的情境中出现或被采用。如同摩根（2014）所说，所有的研究者必须面临这样一个问题："在这些情境的哪些方面需要多少知识是必须达到'足够好'的理解。"（第135页）

研究数学教育史要求对历史文件和历史论证的发展进行仔细的文本阅读。例如，卡普（2007）通过考察来自某个州的数据，对俄罗斯高厉害代数测试进行了历史研究，而豪森（2009）对英格兰数学教育的历史人物进行了详细的研究。舒布林（2012）通过考察第一次世界大战之前的德国教材和在1976年成立的国际数学教育心理学小组（PME）之前的国际数学教学委员会（ICMI）的出版物，试图揭示数学学习中的心理学研究起源。最近，《数学教育历史手册》（Karp & Schubring, 2014）采用了一种国际方法来绘制不同国家不断变化的政策与实践。我们认为有必要在该领域中开展更多的历史研究以平衡和建构当代实证研究方法的重点。因此，一个更具历史性的视角可以帮助研究者评估当前研究实践的实际贡献，并可以用这些实践来理解教育的过去、现在，以及潜在的未来。

教学实验和行动研究

设计、实验以及反省自己教学的研究者，追求的是自我研究、行动研究或教学实验的方法。这些方法被认为是后实证主义的，因为它们打破了社会科学研究中需要保持一定客观距离的假设（Phillips & Burbules, 2000）。这些方法也支持教师作为研究者这一职业身份所日益增长的兴趣（Kincheloe, 2003）。

在过去的十年中，数学教育研究者倾向于使用教学实验来描述这类研究。在行动研究（Reason & Bradury, 2007）、自我研究（Lasonde, Galman, & Kosnik, 2009）、叙事研究（Clandinin & Connelly, 2000）、自传式民族志（Ellis, 2004）和教学实验（Steffe & Thompson, 2000）之间存在着细微的差别，但是这些方法有着共同之处，即研究者也是研究的参与者。我们把它们放在一起，是因为它们均是关于教与学的内省研究。尽管在该领域的代表性不够，但是存在内省的方法，使得研究者能够审视他们自身的数学实践，从而为第一人称的数学叙述提供重要见解。罗斯（2012）利用"第一人称法"严谨地考察了个体在学习过程中已有的和正在经历的生活经验，德弗雷塔斯（2012）在分析自己对数学问题的研究时也采用了相似的方法。

在综述过程中，我们发现行动研究很少被提及，这些研究主要讨论参与者对行动研究的参与，而不是把考察研究者的实践作为分析的一部分。例如，努提（2013）研究了教师使用行动研究来开发响应沙米文化的数学课程，哈克尼斯和斯塔尔沃斯（2013）使用一种参与性行动研究方法——影像声音（photovoice），让高中女生参与研究数据的生成。F.特纳（2012）撰写了一个发展性

研究，其中研究者和实习教师通过对实践的反思来合作开发数学教学。在其他时候，这个可能被称为行动研究。近八年来，数学教育文献中出现了从行动研究到教学实验的转变，反映了教育研究基础哲学和理论的根本性转变。在某种程度上，对实验的强调反映了人们逐渐强调实证研究的"科学化"（例如，Mariotti, 2012，在教学后当学生两两一组解决数学问题时，对学生进行访谈），但它也源于在自我研究中将"自我"概念问题化的哲学研究，并且日渐意识到能动性是如何在不同情境中起作用的。技术变革改变了我们呈现在彼此面前的方式，作为参与型观察者的持续挑战已经呈现出新的细微差别。

根据斯泰菲和汤普森（2000）的研究，数学教育教学实验的演变是因为需要不同的研究方法处理数学思维的独特发展。例如，赞迪尔和拉斯马森（2010）描述了学生定义数学概念的习惯是如何在教学干预中得以发展的。斯温亚德（2011）认为这样的研究可以提供一个"存在性证明"，即学生可以参与到创造或发明数学知识中（第93页）。由于这类研究通常都是在情境中进行的，所以研究者有足够的机会收集不同类型的数据。除了录像、前测和后测，数据还可以包括学生的家庭作业、学生和教师的日志或文档里的条目。阿泽韦多、迪赛瑟和谢林（2012）展示了这样的"教学设计途径"是如何根据特定学习内容来帮助形成课堂上"活动区域"的。

数学教育的教学实验可以从认知心理学范式或社会文化学范式中进行研究。这两种途径会产生非常不同的观点，这也反映了人们不同的研究兴趣。教学实验的历史根植于皮亚杰的发展心理学，逐渐发展成一种研究情境意义和尊重学生"数学现实"的后现代主义方法（Steffe & Thompson, 2000）。尽管也有涉及社会文化理论的教学实验案例（下面讨论），但此类文献都强调以皮亚杰的传统建构主义学习理论为基础（Steffe, Cobb, & von Glasersfeld, 1988）。教学实验还需要在过程中动态生成的假设，并认为这样的假设是从实验中来的（Ackermann, 1995）。在某些情况下，研究者可能希望在实验中"忘记"他们的假设，以便能科学而客观地探求这些假设（Steffe & Thompson, 2000）。

这种产生假设的扎根方法在教学实验中普遍使用，

但是当用实证主义科学的语言进行这类准实验研究时，就会存在一些问题。换句话说，文献中的教学实验通常不会充分关注研究者参与的意义。教学实验不仅仅是简单的临床访谈或者设计实验，它需要有一种强大的方法论来解决课堂情境的复杂性。而把学生视为一个自我组织的独立系统，不研究学生所处的课堂、学校或系统而广泛的情境，这似乎太武断且缺乏理由。解决该问题的一个方式可能是，除了教学实验之外，用新的数据收集、表示和传播的方法进行实验。更多的实验可能有助于研究者产生更可靠的结论。

研究者往往只依靠测试来评估因教学干预而带来的学生的理解或变化，而不是将测试与其他用于构建学生和教师在数学课堂上生活体验的方法结合起来。研究者努力尝试去囊括学生学习或课堂干预的情境本质，例如，斯塔兹和巴特恩（2010）的研究，他们用"参与型观察者"的方法研究数学课堂话语中的指示性，"参与型观察者"方法要求他们采用一种"反省的立场"，有助于揭示他们在课堂中权威的"偶然"性（第45页）。类似地，哈肯伯格（2010）展示了如何使用教学实验研究关爱关系，其中教师-研究者持有同样的探究式的关爱态度。这项工作倾向于在研究中更为仔细地定位研究者，确定研究者的兴趣和日程，并在教学实验中跟踪。教师作为研究者（Kincheloe, 2003）的概念为这种研究方法的形成提供了一个有效的框架。

定性研究方法格局的变迁

在这部分中，我们提出了一些供研究者在探求定性研究方法时考虑的最终要点。我们选择这些要点来帮助研究者思考定性研究的新趋势，并把注意力引导到对编码和数据收集的持续关注中。

编码是响应性实践和创造性实践的一部分

编码是定性研究中关键的部分。我们所回顾的定性研究绝大多数依赖于开放编码策略来分析，许多研究引用了持续比较法或扎根理论（Glaser & Straus, 1967;

Strauss and Corbin, 1998），这两种方式均广泛应用于教育领域的定性研究中（Denzin & Lincoln, 1994），尤其是数学教育。与其他研究者所描述的公开编码策略相似（例如，Emerson, Fretz, & Shaw, 2011），持续比较法建议研究者开始分析数据时，把编码分配给重要的时刻，然后重新编码，以从数据中得到宽泛的主题。这个过程随研究者不同而不同，比如，有些研究者与合作者一起验证编码，而其他研究者经常使用编码作为读取数据的一种方式。这种针对定性研究的主导性方法可以被称为响应性的和创造性的。我们发现，数学教育中的许多定性研究者是紧密依靠数据开始分析工作的，他们不从编码开始，而是先做一个实验，然后确定数据在多大程度上支持编码的假设。

然而，在我们所回顾的论文中，几乎没有论文包括对分析过程的描述。大多时候，使用"扎根理论""持续性比较法"或者"开放式编码"等术语似乎代替了更全面彻底的有关分析方法的描述。由于使用这些分析方法方式的多样化，仅仅提出方法的名称并不能帮助读者理解研究者实际上是怎样处理数据的。作为对比，有些作者详细地解释了开放式编码的方式和编码本身。例如，毕肖普（2012）在她的关于初中数学课堂身份的研究里，精确叙述了她从开放式编码，到话语中的编码定位行为，再到具体的对话互动编码的过程。通过包括对其编码过程的描述，概括编码之间关系的图表，以及编码文本的例子，毕肖普帮助其他研究者理解她是如何分析数据和合理地利用编码以进行其他研究的可能性。

不论是特殊的开放编码还是广泛的定性分析，都不需要与扎根理论或持续比较法画等号。话语和对话分析、民族志和主题分析提供了另一种研究模式，这就像是从其他研究中开发的构念中借鉴先前的编码进行研究一样。例如，肖（2009）利用以前关于知识类型的研究中的编码来审视教师对四个数学题的理解。依赖于先前编码的研究可以帮助数学教育中的一系列定性研究建立联系，尽管先前的编码可能不能很好地呼应现在进行的研究所处的特殊情境。这里的重点不是其他的分析范式比扎根理论更可取，而是这个领域必须向更多样的分析策略开放（Thomas & James, 2006）。

广泛地说，作为数学教育研究分析策略的开放编码，具有多种形式，它的优势可以被解读成是为研究共同体提供更仔细地考察建立在开放编码实践中的认识论假设的机会：我们认为知识是怎样通过开放编码而产生的，还有什么其他同样有效的分析方法？此外，开放编码多样性的缺失表明需要探索其他的分析方式，例如通过写作理解数据（St. Pierre &Pillow, 2000），实际排列或重排数据以创造机会来理解（Childers, 2014），或者对数据的主题映射（Herbel-Eisenmann & Otten, 2011）。例如，在兰格和米尼（2011）的关于学生数学家庭作业的研究中，作者提供了详细的描述，包括考察学生讲述的故事与数学教育和话语分析理论之间的联系。虽然作者详细地描述了他们的分析，但并没有提及（或从事于）开放编码。我们把这个例子提到最前面是想说明开放编码和持续性分析仅仅是定性研究者可能使用的两个工具。在定性研究中使用其他的分析形式可以帮助研究者对数据提出新的观点，也可以发展一种更丰富的语言来描述定性研究者的工作，而不是用"开放编码"作为所有分析形式的简称。

视频数据的作用

教育研究中视频数据的使用越来越受重视，但往往很少甚至没有考虑到使用这种媒介的理论问题，这意味着迫切需要探索有关视频录制方法的问题（Hall, 2000）。埃里克森（1992）在20多年前就指出，研究者往往不检查这种媒介构成了他们所见的方式。最近，人们越来越关注手势在科学、技术、工程以及数学（STEM）学科教与学中的作用，这导致了高速摄像机的使用，目的是记录和研究运行于语言和感知下的微手势。例如，涅米洛夫斯基（2013）使用了1秒的录像数据，将这一时刻分割成30帧，这样他就可以"看到"研究者无法感知的东西。

本章所使用的超过75%的研究都收集了某些类型的录像数据。目前数学教育中的录像研究主要集中在记录学生学习和教师实践的证据。由于拍摄录像花费不大，研究者正在收集大量的视频数据，同时也会遇到处理大型数据集的挑战（Borko, Jacobs, Eiteljorg, & Pittman,

2008; Erikson, 2006; Goldman, Erickson, Lemke, & Derry, 2007）。这种研究项目往往被概述为：先进行研究计划，然后"拍摄原始镜头"，接着寻找方法来处理和分析这些丰富的数据集（Derry 等，2010，第8页）。鲍威尔、弗朗西斯科和马赫（2003）回顾了数学教育里大规模的录像研究，并提出了一个有7个步骤或7个阶段的用于研究学习者数学思想发展的分析方法。

这些数据集的数字化特征导致了各种类型的新的归档实践。各种类型的软件分析工具已经被开发出来以分类、编码和分层注释视频数据集。新加坡的多模型分析实验室开发了一种软件，用于尝试和绘制教室里的各种活动（O'Halloran 等，2013）。范·内斯和多尔曼（2010）声称，他们的"多媒体分析软件"将有助于研究者开展研究，因为该软件能"作为组织大规模数据的一种模子"，并提高"研究的可跟踪性和可信度"，以及"支持理论的生成和验证"（第6页）。当研究者越来越依赖于这些软件工具来分析数据时，他们需要停下来并考虑这些移动的图像是如何成为"原始数据"的。所有这些软件的开发很少或者没有反省技术参与构建数据的方式（Hall, 2000）。

2010年，德里和其同事们在《学习科学杂志》发表了一篇关于录像研究的全面综述，确定了从广泛的视频库中系统地选择数据的原则、分析的协议、技术的特定可供性的链接，以及讨论该种数据的伦理问题。同时也强调需要选择片段或图像过程的系统性。研究者经常会归结到他们所说的"事件"，但是什么组成一个事件仍然是一个悬而未决的问题，而且很可能将永远悬而未决。莱姆基（2000）认为"事件是带有时间刻度的物体。如同物体一样，事件有反映多个部分和时间刻度的内在结构"（第7页），但是我们还没有看到研究者处理这一观点所存在的复杂性。德里和其同事们（2010）列举了研究者如何分辨某个事件的例子，但该领域仍然需要更多的工作。我们也可以从媒体和电影理论的大量工作中获得更多关于理解动态图像的实践。

对录像分析软件的依赖引发了关于在研究论文中汇报研究方法和表示非语言数据的方法论问题。例如，如果使用定性分析软件，在描述软件使用时应该期望达到什么级别的详细程度？由软件完成的工作（例如，产生最常用词的词云）要和由研究者完成的工作（例如分配编码）相区分吗？在方法部分就写出软件的品牌重要吗？还是应该认为这只是一种产品植入的形式？同样地，表示关于手势或面部表情的数据会引发与知会同意有关的问题，因为研究者必须对将多模型数据（这常常是前意识）转换为语言表征之间的张力进行协调。对这种不情愿的参与有一种无能为力的"同意"。用于模糊人脸或产生视频图像的策略，已经被用来处理这些问题，但是这些策略反过来也提出了关于用折线图表征互动的有趣问题（Hwang & Roth 2011）。目前，许多方法论问题也只是个别研究者在协商讨论，而几乎没有任何关于该领域内的标准化实践的共识。

创新性和实验的定性方式

随着学者们对人类族群的本质所隐含的本体论假设的质疑（Chen, 2012），社会科学和人文科学的范式正在发生转变。这种转变得益于科学研究和人类学的最新发展，凯伦·拜拉德、布鲁诺·拉图尔和蒂姆·英戈尔德等思想家揭示了自20世纪继承传统经验主义的断层。这些哲学家正在用后人类的术语重新认识能动性，展示能动性是如何通过技术网络流动并在物质组合中分散开来。随着机器学习和大数据被用来研究身份和社会形态，与该范式转变并行而来的是教育研究里日益强调的计算方法。学生沉浸在软件文化中，在这种文化中参与计划的公共活动也是自然而然的。如果过去几十年的教育研究是被描述为"话语转向"的，那么未来几十年的教育研究特征很可能是转向数字化方法。在这个新的情况下，定性方法会有怎样的形态？

数学教育研究将如何应对这些变化？什么样的实验方法能够解决这种变化的范式？我们在之前讨论过的许多传统的教育定性研究方法似乎以人文主义的观点重新聚焦于人类的能动性，使研究者无法跨越社会物质网络来研究不同族群的复杂本质。访谈、焦点小组，甚至是围绕课堂观察的基本假设，所有这些都默认地使用了特定的认识论和本体论假设，即关于什么构成了一个主体、

一个行动、一个事件，等等。由于这些做法出现在20世纪主导教育研究的心理学范式中，因此我们需要新的方法来看待学习，正如它因社会文化转向而被重新考虑的一样。

进一步地，新技术正在创造极端的新类型数据，有关能动性和学习的问题成为我们处理这些数据的核心问题。例如，眼动仪被用来追踪学生眼睛落在书页上的位置，来研究学生眼球注意数学任务的方式（Campbell, 2003）。脑成像技术正被用来研究当学生做数学时血液的流动和电子脉冲的变化（Nieder & Dehaene, 2009）。这两项研究也的确产生了可视化的定性数据。这类数字技术干预在教育研究里正变得越来越流行。此外，随着学生的生活越来越网络化，在线数据正变得越来越普遍。我们应该怎样研究这样的数据？这类研究的伦理是什么？数学教育生活体验的重要性将如何融入这个迅速变化的领域？

也许对这些改变的部分回应是对收集感官数据的日益重视。依赖于参与者的照片启发而非访谈的方法，可以更好地了解参与者如何"看"学校场所（Alfonso, Kurti, & Pink, 2004）。其他的方法包括访谈行走或移动方法，当被访谈者探索一个场所或活动时，访谈者随着被访谈者移动（Pink, 2007）；研究声音环境的声学研究（Wrightson, 2000）；或者甚至研究嗅觉数据（Drobnick, 2006）。虽然，这些研究正发生在数学教育研究领域之外，然而，我们并没有理由说这些方法不能够揭示数学教育过程中的动态经验。例如，在课堂讨论过程中改变学生母语的转录方式可以非常直接地关注到学生的语调、音高和共振，或许还能表明语言只是物质和情感学习过程的一部分（Roth & Radford, 2011）。我们希望看到更多的研究者在追求和关注定性研究的伦理和哲学问题时，可以尝试去试验新方法。

创建理论

理论在研究中起着至关重要的作用。它们并不仅仅是让收集的信息变成数据的一个透镜或一组工具。关于数学教育研究共同体中出现的理论以及关于数学教育

研究的拓展是含有益于本领域发展的争论（Sriraman & English, 2010），已有许多文章。理论的发展已经成为数学教育研究共同体活动中的一个被接受的且重要的组成部分，这可以从诸如数学教育与当代理论的会议中看到。

在某种程度上，所有研究对理论的建构都有贡献，但是有些研究会将对理论有所贡献作为一个更明确的目标。我们在这一节的重点是论述建立理论的重要性，而不是简单地运用理论。要在这两种活动之间建立清晰的区分并不容易。当研究者选取一个在领域内已经确立的理论框架并将此应用到数据的收集和分析时，他们通常会以迭代的方式重新审视该理论，可能基于他们的发现和解释而修正或发展该理论。相似地，研究者可以通过突出不同理论在解释经验性数据方面的贡献来促进理论的发展。纳西尔和德·罗伊斯顿（2013）在他们的研究中就是这么做的，他们对比了用社会文化理论和社会政治理论分析相同数据所产生的结果。沿着这条线有助于提炼理论和培养其他的研究者，但是它与以构建新的理论框架为明确和主要目标的研究不同。

我们的文献综述提供了两个主要的理论建立方法：（1）对某一领域内已有的实证研究进行追溯综合；（2）详细地阐述哲学、心理学和社会学的思想，其目的是形成与教育相关的理论。我们认为这类研究需要依赖于定性方法，因为它要求大量有关哲学思想的工作。在一个被实证研究所驱动的领域内，此类工作的需求是被低估的。因此，我们认为各种基于人文科学的研究，需要广泛地分析教育领域外的理论文献，作为定性研究方法标准的一部分。

这类研究倡导一个提纲挈领的范式以理解数学教与学的不同过程。我们这里可以算上社会学理论（Dowling, 2013）、精神分析理论（Brown, 2008）、具身认知理论（Núñez, 2011）、文化历史活动理论（Roth & Radford, 2011），或者包容性唯物主义（de Freitas & Sinclair, 2014）。每一个例子都借鉴了一定的理论传统，以发展关于数学教育的创新性见解。例如，雷福德、舒柏林和西格（2011）通过审视其他人的工作，特别是列昂捷夫和维果茨基的工作，发展了符号学理论。他们的主要观点之一是"意义形成的关键只能建立在意义形成的社会实践的发展基础上。数学意义的抽象性和陌生感很难通过推理来克服"（第155页）。道林（2013）使用了类似的过程，在数学话语的研究中试图建立理论框架。派斯（2001）利用文化分析家齐泽克的工作来检视民俗数学，从而提供了一个新的视角来审视将南美文化内容良好地应用于西方数学课堂中会有什么样的表现。在每一种情况下，研究者都是在广泛地运用理论文献来建立数学教育研究的新理论。

理论建立也可以在更小的范围内进行，例如在具体的数学知识领域中概念的层级结构（例如，Hart, 1981）。托尔（2008）提出了一种用以理解向数学中的形式思维过渡的理论，克拉克和罗里克（2008）提出了一个理解中学数学教育向高等数学教育过渡的理论模型。理论的"大小"与它的价值和功用无关，在这里是作为一个专用的术语来帮助我们考察定性方法在这类活动中的作用。

对该领域内已有的实证研究进行回顾性综述也有助于理论的构建。例如，利斯内尔（2008）基于几年前的一系列关于"通过联系推理与思维过程来将学生的能力和学习环境关联起来"的实证研究，开发了一个用于理解学生数学推理的框架（第255页）。他始终引用以前的实证研究来解释他的推理理论的发展步骤，并证明他的观点。这类以确定理论内涵为目标的对以往研究的反思，是产生理论的一个重要过程。随着数字档案变得更加公开并且全球的研究者都可以使用，这种回顾性方法的使用机会会快速增长。但必须提出一个警告，因为这类数据是被处理和打包过的，所以研究者也会进一步脱离研究所在的情境。

教育研究的全球化市场：定性研究的需要

教育既是一项公益事业，也日益成为全球交流市场的一部分。通过诸如PISA和TIMSS项目开展的学生数学表现的国际比较，继续影响着世界范围内的课程和教学。例如，在美国和英国的背景下，从这些测试中获取的量化和质性数据已经影响并为发展更为标准化的教育实践提供了理由。在这一节中，我们将聚焦于定性方法对探索国际上数学教育的本土新兴实践是如何至关重要的，这些实践与日益占主导地位的、被视为如同商品一样可以运输到任何一个情境下且可以就地实施的数学教育的全球性印象相违背或与之完全不同。这些实践大幅度地揭示了数学和数学教育正在变化的本质，否则，这些实践会被更强大的全球力量所淹没。定性方法对于研究国际上的数学教育是至关重要的，它关注不同背景下的差异，否则这些差异将是不为人所知的且不一定能被研究共同体所理解的。我们首先要强调必须如何研究研究方法，以便它们能够参与到市场利益的全球化力量中。

近年来，经济合作与发展组织（OECD）的 PISA 测试已经影响了全球范围内的课程和教学，因为这些国家都致力于提高自己的表现。这种全球性的趋势，是由将标准化讨论带到一个新水平的量化分析所驱动的。卡门斯（2013）提出，在过去 20 年里，定量方法在社会科学和教育研究内日益居于主导性地位，且被学术界所接受，这些与全球化的讨论一起带来了这样的假设：世界各地的学校或学校制度可以用同样的度量来比较。在早期有关国家、文化以及历史之间重要性的区别是可以通过定性研究来排列的，也就意味着比较国家或地区的制度如同比较苹果与橙子一样。卡门斯认为，在新的测量制度和全球教育价值的新假设下，人们想当然地认为"苹果与橙子"可以进行比较，这也就导致了 OECD 对一般意义下的教育和特定数学教育的愿景正在变得全球同质化。

近期的研究已经考察了这类研究的局限性。杨克和迈耶胡弗（2007）研究 2001 PISA 和 2004 PISA 数学部分的结果，其中有关键性的章节以及使用定性和定量方法分析测试的章节。例如，贾布隆卡（2007）提供了一个理论分析，对调查中使用的评分模型假设（单参数项目反应理论）、PISA 数学素养能力的概念支撑、测试题目的可操作性和用能力水平表示的结果之间的吻合程度进行了研究。研究表明，该测试是失调的、不一致的，这损害了对 PISA 分数的任何有意义的解释。最近，在最新一轮的 PISA 测试中，凯恩、摩根和萨萨罗尼（2014）对 PISA 测试题目进行了全面的分析，并发现测试题目的评分细则只涉及标准化课程中的数学技能和知识。这一混淆可能会破坏评价工具的有效性。类似地，萨萨罗尼和埃文斯（2014）分析了 OECD 支持下的成人能力国际评价项目（PIAAC）中的成人计算能力测试中的典型任务。萨萨罗尼和埃文斯论述了这些测试的数据如何成为人力资本的指标，并纳入全球交换市场。总的来说，他们呼吁更多从批判角度出发的研究和他们称之为"局部的定性研究"（第 180 页），以考察从 PIAAC 得来的表现性数据。安德鲁斯、瑞维、赫米和塞耶斯（2014）收集和分析了课堂访谈和视频记录，试图解释芬兰的 PISA 数据与 TIMSS 数据之间的差异。他们的定性研究发现"芬兰的数学教学法更有可能解释他们的 TIMSS 成绩，而不是 PISA 成绩"（第 7 页）。

我们相信，定性方法能够洞察过度标准化的危险，定性研究在提高替代实践的意识以及指出数学教育的创造性和不确定的未来方面，发挥着重要的政治作用。定性研究方法倾向于确定个人或小组的独特数学活动，包括整个地理区域。例如，欧文斯等人（2011）撰写了来自瑞典和新西兰的学者以及巴布亚新几内亚的学者之间的合作研究，他们一起研究了"殖民地课程"对边缘人群的影响，指出需要从"生态文化的视角"看待土著儿童的数学教育。另一方面，文卡特（2010）研究了南非学校的数学素养课程，并指出选取该课程的学生有可能被边缘化，因为它可能不能提供基于数学的学科高层次学习所需的数学思想。比较研究也能清楚说明这一问题。例如，克拉克（2006）的基于学习视角的研究是一个跨 12 个国家的数学教育比较研究，它试图记录详尽的录像数据并收集民族志数据，以便更好地整合情境。关于非正式学校数学的研究工作，例如，尼尼可（2009）的关于巴西无地运动中的数学实践访谈和观察研究，开启了关于特殊区域对数学教育影响作用的讨论。国际背景下日益增长的对数学教与学的丰富的和多样性的关注，有助于扩大我们对数学和数学教育的理解。定性方法能够有助于洞察到这种多样性，因而对推进该领域的发展至关重要。

结语

在本章中，我们探究了数学教育研究中的定性研究方法这个复杂的变化领域。我们阐述了一系列核心的实证方法并讨论了该领域的一些例子。从哲学和伦理角度推动了传统定性方法的发展，如访谈、观察和民族志，这些将继续是数学教育中许多定性研究项目的核心。当研究者开发研究项目和设计研究方法时，我们强调关于数学或其他类型知识本质的认识论问题是如何提供非常有效的研究起点。我们还强调定性方法如何注意到特定情境的细微变化，以及它对研究数学教育的过去和现在生活经验的重要性。总的来说，本文尝试引导读者注意定性研究方法的独特贡献，以及当前的问题和关注点。通过综述，我们发现，数学教育研究领域狭隘地聚焦于一小组方法，从而局限于这些方法所提供的相应类型的数据。此外，我们还认为目前迫切需要更具创造性和独出心裁的研究方法以推进我们对复杂过程的认知。

References

Ackermann, E. (1995). Construction and transference of meaning through form. In L. P. Steffe & J. Gale (Eds.), Constructivism in education (pp. 341–354). Hillsdale, NJ: Lawrence Erlbaum.

Alfonso, A. Kurti, L., & Pink, S. (Eds.). (2004). Working images: Visual research and representation in ethnography. London, United Kingdom: Routledge.

Ambrose, R., & Kenehan, G. (2009). Children's evolving understanding of polyhedra in the classroom. *Mathematical Thinking and Learning, 11*(3), 158–176.

Amador, J., & Lamberg, T. (2013). Learning trajectories, lesson planning, affordances, and constraints in the design and enactment of mathematics teaching. *Mathematical Thinking and Learning, 15*(2), 146–170.

Andrews, P., Ryve, A., Hemmi, K., & Sayers, J. (2014). PISA, TIMMS and Finnish mathematics teaching: An enigma in search of an explanation. *Educational Studies in Mathematics, 87*(1), 7–26.

Azevedo, F. S., diSessa, A. A., & Sherin, B. L. (2012). An evolving framework for describing student engagement in classroom activities. *Journal of Mathematical Behavior, 31,* 270–289.

Baker, D., Knipe, H., Collins, J., Leon, J., Cummings, E., Blair, C., & Gamson, D. (2010). One hundred years of elementary school mathematics in the United States: A content analysis and cognitive assessment of textbooks from 1900 to 2000. *Journal for Research in Mathematics Education, 41*(4), 383–423.

Barad, K. (2003). Posthumanist performativity: Toward an understanding of how matter comes to matter. *Signs, 28*(3), 801–831.

Barwell, R. (Ed.). (2009). *Multilingualism in mathematics classrooms: Global perspectives. Multilingual matters.* Bristol, United Kingdom: Channel View.

Bell, J. L. (2014). Continuity and infinitesimals. *Stanford Encyclopedia of Philosophy.* Retrieved from http://plato.stanford.edu/entries/continuity/

Bennett, J. (2010). *Vibrant matter: A political ecology of things.* Durham, NC: Duke University Press.

Bernstein, B. (2000). *Pedagogy, symbolic control and identity: Theory, research, critique* (rev. ed.). London, United Kingdom: Taylor and Francis.

Bishop, J. P. (2012). "She's always been the smart one. I've always been the dumb one": Identities in the mathematics classroom. *Journal for Research in Mathematics Education, 43*(1), 34–74.

Black, L., Williams, J., HernandezMartinez, P., Davis, P., Pampaka, M., & Wake, G. (2010). Developing a "leading identity": the relationship between students' mathematical identities and their career and higher education. *Educational Studies in Mathematics, 73*(1), 55–72.

Boaler, J. (Ed.). (2000). *Multiple perspectives on mathematics teaching and learning* (Vol. 1). Westport, CT: Greenwood Publishing Group.

BonillaSilva, E. (2006). *Racism without racists: Color-blind racism and the persistence of racial inequality in the United States.* Lanham, MD: Rowman & Littlefield.

Borko, H., Jacobs, J., Eiteljorg, E., & Pittman, M. E. (2008).

Video as a tool for fostering productive discussions in mathematics professional development. *Teaching and Teacher Education, 24*(2), 417–436.

Bourdieu, P., & Passeron, J. C. (1990). Reproduction in education, society and culture (2nd ed.). Thousand Oaks, CA: Sage.

Boylan, M. (2010). Ecologies of participation in school classrooms. *Teaching and Teacher Education, 26*(1), 61–70.

Bray, W. S. (2011). A collective case study of the influence of teachers' beliefs and knowledge on error-handling practices during class discussion of mathematics. *Journal for Research in Mathematics Education, 42*(1), 2–38.

Brown, T. (Ed.). (2008). *The psychology of mathematics education: A psychoanalytic displacement.* Rotterdam, The Netherlands: Sense.

Bryman, A. (2004). *Social research methods (2nd ed.).* Oxford, United Kingdom: Oxford University Press.

Buckley, B. L. (2012). *The continuity debate: Dedekind, Cantor, du Bois-Resmond, and Peirce on continuity and infinitesimals.* Boston. MA: Docent Press.

Campbell, S. (2003). Dynamic tracking of preservice teachers' experiences with computer-based mathematics learning environments. *Mathematics Education Research Journal, 15*(1), 70–82.

Campbell, S. (2010). Embodied minds and dancing brains: New opportunities for research in mathematics education. In B. Sriraman & L. English (Eds.), *Theories of mathematics education: seeking new frontiers* (pp. 309–332). New York, NY: Springer Verlag.

Charalambous, C. Y., Delaney, S., Hsu, H. Y., & Mesa, V. (2010). A comparative analysis of the addition and subtraction of fractions in textbooks from three countries. *Mathematical Thinking and Learning, 12*(2), 117–151.

Chen, M. (2012). Animacies: Biopolitics, racial mattering, and queer affect. Durham, NC: Duke University Press.

Childers, S. M. (2014). Promiscuous analysis in qualitative research. *Qualitative Inquiry, 20*(6), 819–826.

Chiu, M. S. (2009). Approaches to the teaching of creative and non-creative mathematical problems. *International Journal of Science and mathematics education, 7*(1), 55–79.

Clandinin, D. J., & Connelly, F. M. (2000). *Narrative inquiry: Experience and story in qualitative research.* San Francisco, CA: Jossey-Bass.

Clark, M., & Louric, M. (2008). Suggestion for a theoretical model for secondary-tertiary transition in mathematics. *Mathematics Education Research Journal, 20*(2), 25–37.

Clarke, D. (2006). Mathematics classrooms in twelve different countries. Rotterdam, The Netherlands: Sense.

Cobb, P., Confrey, J., diSessa, A., Lehrer, R., & Schauble, L. (2003). Design experiments in educational research. *Educational Researcher, 32*(1), 9–13.

Cobb, P., Jackson, K., & Dunlap, C. (2017). Conducting design studies to investigate and support mathematics students' and teachers' learning. In J. Cai (Ed.), *Compendium for research in mathematics education* (pp. 208–233). Reston, VA: National Council of Teachers of Mathematics.

Cobb, P., Gresalfi, M., & Hodge, L. L. (2009). An interpretive scheme for analyzing the identities that students develop in mathematics classrooms. *Journal for Research in Mathematics Education, 40*(1), 40–68.

Coles, A. (2013). *Being alongside: For the teaching and learning of mathematics.* Rotterdam, The Netherlands: Sense.

Coles, A. (2015). On enactivism and language: Towards a methodology for studying talk in mathematics classrooms. *ZDM—International Journal on Mathematics Education, 47*(2), 235–246. doi:10.1007/s11858-014-0630-y

Darragh, L. (2013). Constructing confidence and identities of belonging in mathematics at the transition to secondary school. *Research in Mathematics Education, 15*(3), 215–229.

Davies, B., & Harré, R. (2001). Positioning: The discursive production of selves. In M. Wetherell, S. Taylor, & S. Yates (Eds.), *Discourse theory and practice: A reader* (pp. 261–271). London, United Kingdom: Sage.

Davis, B. (2008). Complexity and education: Vital simultaneities. *Educational Philosophy and Theory, 40*(1), 46–61.

Davis, J. D. (2012). An examination of reasoning and proof opportunities in three differently organized secondary mathematics textbook units. *Mathematics Education Research Journal, 24,* 467–491.

de Freitas, E. (2012). The mathematical event: Mapping the axiomatic and problematic in school mathematics. *Studies in Philosophy and Education, 32*(6), 581–599.

de Freitas, E., & Sinclair, N. (2013). New materialist ontologies in mathematics education: The body in/of mathematics. *Educational Studies in Mathematics, 83*(3), 453–470.

de Freitas, E., & Sinclair, N. (2014). Mathematics and the body:

Material entanglements in the classroom. New York, NY: Cambridge University Press.

de Freitas, E., & Zolkower, B. (2011). Developing teacher capacity to explore non-routine problems through a focus on the social semiotics of mathematics classroom discourse. *Research in Mathematics Education, 13*(3), 229–247.

Denzin, N. K., & Lincoln, Y. S. (1994). *Handbook of qualitative research.* Thousand Oaks, CA: Sage.

Denzin, N. K., & Lincoln, Y. S. (2011). *Sage handbook of qualitative research.* Thousand Oaks, CA: Sage.

Derrida, J. (1997). *Of grammatology, corrected edition* (G. C. Spivak, Trans.). Baltimore, MD: Johns Hopkins University Press.

Derry, S. J., Pea, R. D., Barron, B., Engle, R. A., Erickson, F., Goldman, R., . . . Sherin, B. L. (2010). Conducting video research in the learning sciences: Guidance on selection, analysis, technology and ethics. *Journal of the Learning Sciences, 19*(1), 3–53.

Dowling, P. C. (2013). Social activity method (SAM): a fractal language for mathematics. *Mathematics Education Research Journal, 25,* 317–340.

Drobnick, J. (Ed.). (2006). *The smell culture reader.* Oxford, United Kingdom: Berg Press.

Edwards, L. (2009). Gestures and conceptual integration in mathematical talk. *Educational Studies in Mathematics 70*(2), 127–141.

Eide, B. L., & Eide, F. F. (2011). *The dyslexic advantage: Unlocking the hidden potential of the dyslexic brain.* New York, NY: Penguin Group.

Eisenhart, M. A. (1988). The ethnographic research tradition and mathematics education research. *Journal for Research in Mathematics Education, 2,* 99–114.

Ellis, C. (2004). *The Ethnographic I: A methodological novel about autoethnography.* Walnut Creek, CA: AltaMira Press.

Emerson, R. M., Fretz, R. I., & Shaw, L. L. (2011). *Writing ethnographic fieldnotes.* Chicago, IL: University of Chicago Press.

Engestrom, Y. (1993). Developmental studies of work as a testbench of activity theory: The case of primary care medical practice. In S. Chaiklin & J. Lave (Eds.) *Understanding practice: Perspectives on activity and context* (64–103). Cambridge, United Kingdom: Cambridge University Press.

Erickson, F. (1986). Qualitative methods in research on teaching. In M.C. Wittrock (Ed.), *Handbook of research on teaching* (pp. 119–161). New York, NY: Macmillan.

Erickson, F. (1992). Ethnographic microanalysis of interaction. In M. D. Le Compte, W. L. Millroy, & J. Preissle (Eds.), *The handbook of qualitative research in education* (pp. 201–225). San Diego, CA: Academic Press.

Erickson, F. (2011). Uses of video in social research: a brief history. *International Journal of Social Research Methodology, 14*(3), 179–189.

Erickson, F. (2006). Definition and analysis of data from video-tape: Some research procedures and their rationales. In J. L. Green, G. Camilli, & P. B. Elmore (Eds.), *Handbook of complementary methods in education research* (177–191). Mahwah, NJ: Lawrence Erlbaum.

Esmonde, I., & Langer-Osuna, J. M. (2013). Power in numbers: Student participation in mathematical discussions in heterogeneous spaces. *Journal for Research in Mathematics Education,* 44(1), 288–315.

Fairclough, N. (2010). *Critical discourse analysis: The critical study of language* (2nd ed.). New York, NY: Routledge.

Forman, E. A. (2003). A sociocultural approach to mathematics reform: Speaking, inscribing, and doing mathematics within communities of practice. In J. Kilpatrick, W. G. Martin, & D. Schifter (Eds.), *A research companion to Principles and Standards for School Mathematics* (pp. 333–352). Reston, VA: National Council of Teachers of Mathematics.

Gatabi, A. R., Stacey, K. Gooya, Z. (2012). Investigating grade nine textbook problems for characteristics related to mathematical literacy. *Mathematics Education Research Journal, 24,* 403–421.

Geertz, C. (1973). *The interpretation of cultures: Selected essays* (Vol. 5019). New York, NY: Basic Books.

Gellert, U. (2008). Routines and collective orientations in mathematics teachers' professional development: Analysis of tensions in collective activity. *Educational Studies in Mathematics, 67*(2), 93–110.

Glaser B. G., & Strauss A. L. (1967). *The discovery of grounded theory: Strategies for qualitative research.* New York, NY: Aldine de Gruyter Transaction.

Goldman, R., Erickson, F., Lemke, J. & Derry, S. (2007). Selection in video. In Derry, S. (Ed.), *Guidelines for video research in education: Recommendations from an expert panel.* Chicago, IL: Data Research and Development Center.

Retrieved from http://drdc.uchicago.edu/what/video-research. html

Gonzalez, N., Andrade, R., Civil, M., & Moll, L. (2005). Funds of distributed knowledge. Funds of knowledge: Theorizing practices in households, communities and classrooms, 257–274.

Greeno, J. G. (2003). Situative research relevant to standards for school mathematics. In J. Kilpatrick, W. G. Martin, & D. Schifter (Eds.), *A research companion to Principles and Standards for School Mathematics* (pp. 304–332). Reston, VA: National Council of Teachers of Mathematics.

Greer, B., Mukhopadhyay, S., Powell, A. B., & Nelson-Barber, S. (Eds.). (2009). *Culturally responsive mathematics education.* New York, NY: Routledge.

Gresalfi, M., Martin, T., Hand, V., & Greeno, J. (2009). Constructing competence: An analysis of student participation in the activity systems of mathematics classrooms. *Educational Studies in Mathematics, 70*(1), 49–70.

Gűçler, B. (2014). The role of symbols in mathematical communication: the case of limit notation. *Research in Mathematics Education, 16*(3), 251–268.

Hackenberg, A. J. (2010). Mathematical caring relations in action. *Journal for Research in Mathematics Education, 41*(3), 236–273.

Hacking, I. (1990). The taming of chance. New York, NY: Cambridge University Press.

Halfpenny, P. (1982). *Positivism and sociology: Explaining social life.* New York, NY: Routledge.

Hall, R. (2000). Videorecording as theory. In A. E. Kelly & R. A. Lesh (Eds.), *Handbook of research design in mathematics and science education* (pp. 647–664). Mahwah, NJ: Lawrence Erlbaum.

Halliday, M. A. K. (1978). *Language as social semiotic.* London, England: Edward Arnold.

Harkness, S. S., & Stallworth, J. (2013). Photovoice: Understanding high school females' conceptions of mathematics and learning mathematics. *Educational Studies in Mathematics, 84*(3), 329–347.

Hart, K. M. (1981). Children's understanding of mathematics 11–16. London, United Kingdom: John Murray.

Heath, S. B. (1983). *Ways with words: Language, life and work in communities and classrooms.* Cambridge, United Kingdom: Cambridge University Press.

Herbel-Eisenmann, B., Meaney, T., Bishop, J., & Heyd-Metzuyanim, E. (2017). Highlighting heritages and building tasks: A critical analysis of mathematics classroom discourse literature. In J. Cai (Ed.), *Compendium for research in mathematics education* (pp. 722–765). Reston, VA: National Council of Teachers of Mathematics.

Herbel-Eisenmann, B. A., & Otten, S. (2011). Mapping mathematics in classroom discourse. *Journal for Research in Mathematics Education, 42*(5), 451–485.

Herbel-Eisenmann, B., Wagner, D., & Cortes, V. (2010). Lexical bundle analysis in mathematics classroom discourse: The significance of stance. *Educational Studies in Mathematics, 75*(1), 23–42.

Holland, D. C. (2001). *Identity and agency in cultural worlds.* Cambridge, MA: Harvard University Press.

Holland, D., Lachicotte, W., Skinner, D. D., & Cain, C. (1998). *Identity and agency in cultural worlds.* Cambridge, MA: Harvard University Press.

Howson, G. (2009). The origins of mathematics education research in the UK: A tribute to Brian Griffiths. *Journal for Research in Mathematics Education, 11*(2), 97–114.

Hwang, S.-W., & Roth, M.W. (2011). Scientific and mathematical bodies: The interface of culture and mind. Rotterdam, The Netherlands: Sense.

Ingold, T. (2011). *Redrawing anthropology: Materials, movements, lines.* New York, NY: Routledge.

Jablonka, E. (2007). Mathematical Literacy: die Verflüchtigung eines ambitionierten Testkonstrukts. In T. Jahnke & W. Meyerhöfer (Eds.), Pisa & Co. Kritik eines Programms, (pp. 247–280). Berlin, Germany: Franzbecker.

Jackson, A. Y., & Mazzei, L. A. (2012). *Thinking with theory in qualitative research: Viewing data across multiple perspectives.* New York, NY: Routledge.

Jahnke, T., & Meyerhöfer, W. (Eds.). (2007). Pisa & Co. Kritik eines Programms. Berlin, Germany: Verlag Franzbecker.

Jewitt, C. (2009). An introduction to multimodality. In C. Jewitt (Ed.), *The Routledge handbook of multimodal analysis* (pp. 14–27). London, United Kingdom: Routledge.

Johnson, G. J., Thompson, D. R., & Senk, S. L. (2010). Proof-related reasoning in high school textbooks. *Mathematics Teacher, 103*(6), 410–418.

Kamens, D. H. (2013). Globalization and the emergence of an audit culture: PISA and the search for "best practices" and magic bullets. In H.-D. Meyer & A. Benavot (Eds.), *PISA, power and policy: the emergence of global educational governance* (pp. 117–139). Oxford, United Kingdom: Symposium Books.

Kanes, C., Morgan, C., & Tsatsaroni, A. (2014). The PISA mathematics regime: Knowledge structures and practices of the self. *Educational Studies in Mathematics, 87*(2), 145–165.

Karp, A. (2007). Exams in algebra in Russia: Towards a history of high stakes testing. *International Journal for the History of Mathematics Education, 2*(1), 39–57.

Karp, A., & Schubring, G. (Eds.). (2014). *Handbook on the history of mathematics education.* New York, NY: Springer.

Kincheloe, J. (Ed.). (2003). *Teachers as researchers: Qualitative inquiry as a path to empowerment* (2nd ed.). New York, NY: Routledge.

King, N., & Horrocks, C. (2010). *Interviews in qualitative research.* Thousand Oaks, CA: Sage.

Kirby, V. (2011). *Quantum anthropologies: Life at large.* Durham, NC: Duke University Press.

Knijnik, G. (2009). Mathematics education and the Brazilian landless movement: Three different mathematics in the context of the struggle for social justice. In P. Ernest, B. Greer, & B. Sriraman (Eds.), *Critical issues in mathematics education.* Charlotte, NC: Information Age.

Kress, G. (2010). *Multimodality: A social semiotic approach to contemporary communication.* New York, NY: Routledge.

Krippendorff, K. (2004). *Content analysis: An introduction to its methodology* (2nd ed.). Thousand Oaks, CA: Sage.

Kvale, S., & Brinkman, S. (2008). *InterViews: Learning the craft of qualitative research interviews.* Thousand Oaks, CA: Sage.

Lakoff, G., & Núñez, R. E. (2000). *Where mathematics comes from: How the embodied mind brings mathematics into being.* New York, NY: Basic books.

Lange, T., & Meaney, T. (2011). I actually started to scream: Emotional and mathematical trauma from doing school mathematics homework. *Educational Studies in Mathematics, 77*(1), 35–51.

Lasonde, C. A., Galman, S., & Kosnik, C. (Eds.). (2009). Self-study methodologies for teacher educators. Rotterdam, The Netherlands: Sense.

Lather, P. (1991). *Getting smart: Feminist research and pedagogy with/in the postmodern.* New York, NY: Routledge.

Lather, P. (2003). Issues of validity in openly ideological research: Between a rock and a soft place. In Y. Lincoln & N. Denzin (Eds.), *Turning points in qualitative research: Tying a knot in a handkerchief* (pp. 185–216). Walnut Creek, CA: Alta Mira Press.

Lather, P. (2004). Scientific research in education: A critical perspective. *British Educational Research Journal, 30*(6), 759–771.

Lather, P. (2007). *Getting lost: Feminist practices toward a double(d) science.* Albany, NY: SUNY Press.

Lather, P. A., & Smithies, C. (1997). *Troubling the angels: Women living with HIV/AIDS.* Boulder, CO: Westview Press.

Latour, B. (1996). Not the question. *Anthropology News, 37*(3), 1–5.

Latour, B. (2005). *Reassembling the social: An introduction to actor-network-theory.* Cambridge, United Kingdom: Oxford University Press.

Lave, J. (1988). *Cognition in practice: Mind, mathematics and culture in everyday life.* Cambridge, United Kingdom: Cambridge University Press.

Lave, J., & Wenger, E. (1991). Situated learning: Legitimate peripheral participation. Cambridge, United Kingdom: Cambridge University Press.

Lemke, J. L. (2000). Across the scales of time: Artifacts, activities, and meanings in ecosocial systems. *Mind, Culture, and Activity, 7*(4), 273–290.

Lemke, J. (2002). Mathematics in the middle: Measure, picture, gesture, sign, and word. In M. Anderson, A. Saenz-Ludlow, S. Zellweger, & V. Cifarelli (Eds.), *Educational perspectives on mathematics as semiosis: From thinking to interpreting to knowing* (pp. 215–234). Ottawa, Canada: Legas.

Leont'ev, A. N. (1978). Activity, personality, and consciousness. Englewoods Cliffs, NJ: Prentice-Hall.

Lerman, S. (2012). Agency and identity: Mathematics teachers' stories of overcoming disadvantage. In T.-Y. Tso (Ed.), *Proceedings of the Thirty-Sixth Conference of the International Group for the Psychology of Mathematics Education* (Vol. 3, pp. 99–106). Department of Mathematics Taiwan University.

Lithner, J. (2008). a research framework for creative and imitative reasoning. *Educational Studies in Mathematics, 67*(3), 255–276.

Lyotard, J. F. (1984). *The postmodern condition: a report on knowledge* (G. Bennington & B. Massumi, Trans.). Minneapolis, MN: University of Minnesota Press, 1984. [La Condition postmoderne: Rapport sur le savoir. Paris: Éditions de Minuit, originally published in 1979]

MacLeod, J. (1987). Ain't no makin' it: Leveled aspirations in a low-income neighborhood. Boulder, CO: Westview Press.

Mariotti, M. A. (2012). Proof and proving in the classroom: Dynamic geometry systems as tools of semiotic mediation. *Research in Mathematics Education, 14*(2), 163–185.

Martin, D. B. (2006). Mathematics learning and participation as racialized forms of experience: African American parents speak on the struggle for mathematics literacy. *Mathematical Thinking and Learning, 8*(3), 197–229.

Marton, F. (2000). The structure of awareness. In J. Bowden & E. Walsh (Eds.), *Phenomenography* (pp. 102–116). Melbourne, Australia: RMIT University Press.

Millroy, W. L. (1991). An ethnographic study of the mathematical ideas of a group of carpenters. *Learning and Individual Differences, 3*(1), 1–25.

Morgan, C. (1998). *Writing mathematically: The discourse of "investigation."* New York, NY: Routledge.

Morgan, C. (2006). What does social semiotics have to offer mathematics education research? *Educational Studies in Mathematics, 1/2,* 219–245.

Morgan, C. (2014). Understanding practices in mathematics education: Structure and text. *Educational Studies in Mathematics, 87,* 129–143.

Moru, E. K. (2009). Epistemological obstacles in coming to understand the limit of a function at undergraduate level: a case from the National University of Lesotho. *International Journal of Science and Mathematics Education, 7*(3), 431–454.

Nasir, N., & de Royston, M. M. (2013). Power, identity, and mathematical practices outside and inside school. *Journal for Research in Mathematics Education, 44*(1), 264–287.

Nemirovsky, R. (2013, April). *Embodied cognition: What it means to know and do mathematics.* Presentation at the National Council of Teachers of Mathematics Research Presession. Washington, DC.

Nemirovsky, R., Kelton, M. L., & Rhodehamel, B. (2013). Playing mathematical instruments: Emerging perceptuomotor integration with an interactive mathematics exhibit. *Journal for Research in Mathematics Education, 44*(2), 372–415.

Nieder, A., & Dehaene, S. (2009). Representation of number in the brain. *Annual Review in Neuroscience, 32,* 185–208.

Núñez, R. (2011). On the science of embodied cognition in the 2010s: Research questions, appropriate reductionism, and testable explanations. *Journal of the Learning Sciences, 21*(2), 324–336.

Nutti, Y. J. (2013). Indigenous teachers' experiences of the implementation of culture-based mathematics activities in Sámi school. *Mathematics Education Research Journal, 25*(1), 57–72.

O'Halloran, K. (2005). *Mathematical discourse: Language, symbolism and visual images.* London, United Kingdom: Continuum.

O'Halloran, K., et al. (2013). Multimodal Analysis Video. Singapore: Multimodal Analysis.

Owens, K., Paraides, P., Jannok Nutti, Y., Johansson, G., Bennet, M., Doolan, P., . . . Taylor, P., (2011). Cultural horizons for mathematics. *Mathematics Education Research Journal, 23,* 253–274.

Pais, A. (2011). Criticisms and contradictions of ethnomathematics. *Educational Studies in Mathematics, 76*(2), 209–230.

Palm, T. (2008). Impact of authenticity on sense making in word problem solving. *Educational Studies in Mathematics, 67*(1), 37–58.

Panizzon, D., & Pegg, J. (2008). Assessment practices: Empowering mathematics and science teachers in rural secondary schools to enhance student learning. *International Journal of Science and Mathematics Education, 6*(2), 417–436.

Phillips, D. C., & Burbules, N. C. (2000). *Postpositivism and educational research.* New York, NY: Routledge.

Pimm, D. (1987). *Speaking mathematically: Communication in Mathematics Classrooms.* New York, NY: Routledge.

Pink, S. (2007). Walking with video. *Visual Studies, 22*(3), 240–252.

Powell, A. B., Francisco, J. M., & Maher, C. A. (2003). An analytical model for studying the development of learners' mathematical ideas and reasoning using videotape data. *The Journal of Mathematical Behavior, 22*(4), 405–435.

Presmeg, N. (2006). Semiotics and the "connections" standard: Significance of semiotics for teachers of mathematics. *Educational Studies in Mathematics, 61,* 163–182.

Radford, L. Schubring, G., & Seeger, F. (2011). Signifying and meaning-making in mathematical thinking, teaching, and learning, *Educational Studies in Mathematics, 77*(2), 149–156.

Reason, P., & Bradbury, H. (2007). *Handbook of Action Research*

(2nd ed.). London, United Kingdom: Sage.

Rivera, F. D. (2010). Visual templates in pattern generalization activity. *Educational Studies in Mathematics 73*(3), 297–328.

Roth, W.-M. (2011). *Geometry as objective science in elementary school classrooms: Mathematics in the flesh.* New York, NY: Routledge.

Roth, W.-M. (2012). First person method: For a rigorous approach to the study of lived/living experience. Rotterdam, The Netherlands: Sense.

Roth, W.-M., & Lee, Y. J. (2007). "Vygotsky's neglected legacy": Cultural-historical activity theory. *Review of Educational Research, 77*(2), 186–232.

Roth, W.-M., & Radford, L. (2011). *a culturalhistorical perspective on mathematics teaching and learning.* Rotterdam, The Netherlands: Sense.

Rowland, T. (2000) *The pragmatics of mathematics education: Vagueness in mathematical discourse.* London, United Kingdom: Falmer Press.

Ruthven, K., Deaney, R., & Hennessy, S. (2009). Using graphing software to teach about algebraic forms: a study of technology-supported practice in secondary-school mathematics. *Educational Studies in Mathematics, 71*(3), 279–297.

Schleppegrell, M. P. (2004). *The language of schooling: a functional linguistics perspective.* Mahwah, NJ: Lawrence Erlbaum Associates.

Schubring, G. (2012). "Experimental pedagogy" in Germany, elaborated for mathematics—a case study in searching the roots of PME. *Research in Mathematics Education, 14*(3), 221–235.

Shein, P. P. (2012). Seeing with two eyes: A teacher's use of gestures in questioning and revoicing to engage English language learners in the repair of mathematical errors. *Journal for Research in Mathematics Education, 43*(2), 182–222.

Speer, N. M., & Wagner, J. F. (2009). Knowledge needed by a teacher to provide analytic scaffolding during undergraduate mathematics classroom discussions. *Journal for Research in Mathematics Education, 40*(5), 530–562.

Spradley, J. P. (1980). *Participant observation.* New York, NY: Holt, Reinhart & Winston.

Sriraman, B., & English, L. (Eds.). (2010). *Theories of mathematics education.* New York, NY: Springer.

Staats, S., & Batteen, C. (2010). Linguistic indexicality in algebra discussions. *Journal of Mathematical Behavior, 29*(1), 41–56.

Staehler-Pohl, H., & Gellert, U. (2013). Towards a Bernsteinian language of description for mathematics classroom discourse. *British Journal of Sociology of Education, 34*(3), 313–332.

Steffe, L. P., Cobb, P., & von Glasersfeld, E. (1988). *Construction of arithmetical meanings and strategies.* New York, NY: Springer-Verlag.

Steffe, L. P., & Thompson, P. W. (2000). Teaching experiment methodology: Underlying principles and essential elements. In R. Lesh & A. E. Kelly (Eds.), *Research design in mathematics and science education* (pp. 267–307). Hillsdale, NJ: Erlbaum.

St. Pierre, E., & Pillow, W. S. (Eds.). (2000). *Working the ruins: Feminist poststructural theory and methods in education.* New York, NY: Routledge.

Strauss, A., & Corbin, J. (1998). *Qualitative methods in psychology: Grounded theory methodology.* Thousand Oaks, CA: Sage.

Street, B., Baker, D., & Tomlin, A. (2008). *Navigating numeracies: Home/school numeracy practices.* Berlin, Germany: Springer-Verlag.

Stylianides, G. J. (2009). Reasoning-and-proving in school mathematics textbooks. *Mathematical Thinking and Learning, 11*(4), 258–288.

Stylianides, G. J., & Stylianides, A. J. (2009). Facilitating the transition from empirical arguments to proof. *Journal for Research in Mathematics Education, 40,* 314–352.

Stylianou, D. A. (2011). An examination of middle school students' representation practices in mathematical problem solving through the lens of expert work: Towards an organizing scheme. *Educational Studies in Mathematics 76*(3), 265–280.

Supekar, A., Swigart, A. G., Tension, C., Jolles, D. D., Rosenberg-Lee, M., Fuchs, L., & Menon, V. (2013). Neural predictors of individual differences in response to math tutoring in primary-grade school children. *Proceedings of the National Academy of Science 110*(20), 8230-8235. Retrieved from www.pnas.org/cgi/doi/10.1073/pnas.1222154110

Swinyard, C. (2011). Reinventing the formal definition of limit: The case of Amy and Mike. *Journal of Mathematical Behavior, 30,* 93–114.

Tall, D. (2008). The transition from formal thinking in mathematics. *Mathematics Education Research Journal, 20*(2), 5–24.

Thomas, G., & James, D. (2006). Reinventing grounded theory: Some questions about theory, ground and discovery. *British Educational Research Journal, 32*(6), 767–795.

Thorne, B. (1993). *Gender play: Girls and boys in school.* Rutgers, NJ: Rutgers University Press.

Tipaldo, G. (2014). *L'analisi del contenuto e i mass media.* Bologna, Italy: Il Mulino.

Triantafillou, C., & Potari, D. (2010). Mathematical practices in a technological workplace: The role of tools. *Educational Studies in Mathematics 74*(3), 275–294.

Trigueros, M., & Martínez-Planell, R. (2010). Geometrical representations in the learning of two-variable functions. *Educational Studies in Mathematics, 73*(1), 3–19.

Tsatsaroni, A., & Evans, J. (2014). Adult numeracy and the totally pedagogised society: PIAAC and other international surveys in the context of global educational policy on lifelong learning. *Educational Studies in Mathematics, 87*(2), 167–186.

Turner, E. E., Gutiérrez, M. V., Simic-Muller, K., & Díez-Palomar, J. (2009). "Everything is math in the whole world": Integrating critical and community knowledge in authentic mathematical investigations with elementary Latina/o students. *Mathematical Thinking and Learning, 11*(3), 136–157.

Turner, F. (2012). Using the Knowledge Quartet to develop mathematics content knowledge: The role of reflection on professional development. *Journal for Research in Mathematics Education, 14*(3), 253–271.

van den Akker, J., Gravemeijer, K., McKenny, S., & Neiveen, N. (Eds.). (2006). *Educational design research.* Abingdon, United Kingdom: Routledge.

van Nes, F., & Doorman, M. (2010). The interaction between multimedia data analysis and theory development in design research. *Mathematics Education Research Journal, 22*(1), 6–30.

Venkat, H. (2010). Exploring the nature and coherence of mathematical work in South African mathematical literacy classrooms. *Research in Mathematics Education, 12*(1), 53–68.

Vomvoridi-Ivanović, E. (2012). Using culture as a resource in mathematics: The case of four Mexican–American prospective teachers in a bilingual after-school program. *Journal of Mathematics Teacher Education, 15*(1), 53–66.

Vygotsky, L. S. (1978). *Mind and society: The development of higher mental processes.* Cambridge, MA: Harvard University Press.

Walshaw, M. (Ed.). (2010). *Unpacking pedagogy: New perspectives for mathematics classrooms.* Charlotte, NC: Information Age.

Weber, K. (2008). The role of affect in learning real analysis: a case study. *Research in Mathematics Education, 10*(1), 71–85.

Wetherell, M., Taylor, S., & Yates, S. J. (2001). *Discourse theory and practice: a reader.* London, United Kingdom: Sage.

Williams, E., & Costall, A. (2000). Taking things more seriously: Psychological theories of autism and the material-social divide. In P. Graves (Ed.), *Matter, materiality and modern culture* (pp. 97–111). London, United Kingdom: Routledge.

Williams, J. (2011). Use and exchange value in mathematics education: Contemporary CHAT meets Bourdieu sociology. *Educational Studies in Mathematics, 80*(1–2), 57–72.

Wood, L. N. (2012). Practice and conceptions: communicating mathematics in the workplace. *Educational Studies in Mathematics, 79*(1), 109–125.

Wrightson, K. (2000). An introduction to acoustic ecology. *Soundscape: The Journal of Acoustic Ecology, 1*(1), 10–13.

Zandieh, M., & Rasmussen, C. (2010). Defining as a mathematical activity: A framework for characterizing progress from informal to more formal ways of reasoning. *Journal of Mathematical Behavior, 29,* 57–75.

8 数学教育研究中学习理论与统计模型建构的一致性[*]

芬巴尔·C·斯隆
美国自然科学基金会
杰西L·M·威尔金斯
美国弗吉尼亚理工学院
译者：朱雁
华东师范大学教师教育学院

数学教育研究者们有着一个共同的目标，即能够发展用于改善所有数学教与学问题的知识。这一目标的核心，是提供高质量的研究以帮助人们理解有关教与学的问题，并由此制定出相应的决策。为了能够提升数学教育中量化研究的质量，我们呼吁理论与统计建模应当相互支持；理论在本质上需要具有多样性，能将学生的数学发展置于支持他们的数学学习环境之中；而统计建模在本质上则是不断修改和完善的过程。为了阐明我们的观点，本文将讨论统计在数学教育中的一般应用。我们将考察它在数学教育（ME）研究已有的文献中所呈现出的推断，以便推动现有的研究，使其能够超越那些一次仅对单个单元（例如，学生、课堂等）进行探索的模式。我们仔细地审阅了涉及两个不同时间点的一些研究，并将其整合到关于建构增长统计模型的一个更为广泛的讨论和解释中。我们呼吁数学教育研究者应明晰一个相当重要的，

而在建构理论时常常隐藏了的变量，这个缺失的变量即为"时间"本身。我们还将简略地考察数学教育研究者关于量化方法的一般性培训，并建议致力于方法论的研究群体能够更好地阐述与课堂（及其他环境）内数学学习研究相关的重要的概念性问题。总之，我们将通过本章为读者介绍，目前在统计模型领域中正在蓬勃发展的个体研究领域的文献，并且考察了这些模型对学生数学学习相关研究的潜在支持作用。

通过本章，我们希望数学教育研究者们能够让更多量化方法专家更好地参与他们的研究，并将统计建模及其组成成分通过模型建立、模型估计和模型验证整合到他们的研究之中。在这一过程中，本文也将挑战存在于研究文献中的将统计建模视为总结性和确认性的普遍说法和做法。在本文中，我们将呈现另一种思维方式，即以一种迭代的方式通过统计建模提出并探索理论性及实践性问题。在此感谢本手册的主编能够让我们充分参与

[*] 撰写本文的第一作者虽然是美国自然科学基金会（NSF）的一名项目官员，但本章节所反映的是作者自己的观点，而不代表基金会。我们要借这个机会感谢两位匿名的审阅者，感谢他们细致的阅读和批判性的意见。此外，我们也要感谢手册的主编，蔡金法，感谢他一直以来的鼓励和极好的耐心。最后，我们还要感谢同事的鼓励和卓有见解的意见：布兰登·赫尔丁，波德语言技术中心；玛格丽特·亚尔马森和安东尼·凯里，乔治梅森大学及美国自然科学基金会；凯瑟琳·埃伯巴赫、凯伦·金、丽贝卡·克鲁塞、罗伯特·奥彻森多夫和梅雷格·所罗门，美国自然科学基金会；萨拉-凯·麦克唐纳，国家民意研究中心和美国自然科学基金会；T.J.墨菲，北肯塔基大学和美国自然科学基金会；迈克尔·福特，匹兹堡大学和美国自然科学基金会；以及最后且同样重要的，伊丽莎白D.蓬蒂夫，独立顾问。

到这种挑战之中。

考察研究领域

在许多研究领域中，通过统计建模的使用，使得理论的建构和检验策略性地相互交织在一起（例如，生物科学、经济学、社会学）。为能从这种相互交织中获益，了解现有统计模型的适用性及其应用背景是至关重要的。那么，在这一框架下，研究模型便可视为由两个联系紧密且相互匹配的子模型构成：(1)概念或理论子模型（Simon, 2009; Steffe, Nesher, Cobb, Goldin, & Greer, 1996）；(2)统计子模型（Sloane & Gorard, 2003）。这些模型通过一系列的设计决策得以贯穿起来。理论子模型是更为复杂的概念或社会体系的一种简化和近似；理论子模型为所要探究的研究问题提供指导、结构和框架（Sloane, 2003）。相反地，统计子模型是对过程的一种抽象表达（操作过程），该体系产生结果并研究得出的数据。在理论子模型的指导下，统计子模型的设计通过围绕研究发现的一般化或迁移力的内在和外在效度一系列的研究设计选择而进行（参见Cronbach, 1982和Lincoln & Guba, 1985）。仔细做出的这些选择可使研究者们从观察到的数据推测出无法观察到的（潜在的）其所关心的现象（例如，从样本到总体），并有助于进一步支持他们的研究主张。对于本章的读者而言，理解统计子模型处于所研究的现象和理论模型之间是至关重要的。一个统计子模型需要做到的第一个一般化是其能足以反映所关注的过程。它需要敏锐地运用理论子模型提及的结构以及此类结构之间的关系。只有当这一论点成立时，对其进行一般化或迁移到其他地方才可以被合理运用于解释现象。

这两个子模型需要有所重合，且在概念上相互交错，以产生出可行的研究模型。理论子模型，作为概念上的指导，有助于研究者形成直觉并提出问题（以及为他们理解和恰当地解释统计模型提供参考框架）；统计子模型则有助于研究者对这些问题进行实证性的探索。这两个子模型正是以此种方式相互支持，从而使得研究模型在整体上有效或无效。

除此之外，理论模型会过滤掉某些（可能重要的）过程和变量，同时又凸显其他（可能不重要的）元素。对于所要借鉴的理论框架的选择会让某种范式的主要观点占优，其中某些现象会因被视为不"真"而不被建模。简而言之，理论会排除一些潜在的变量而突出一些其他的变量。因此，统计子模型会通过从变量选择转换为数字表征的操作过程做出进一步的提炼，而这些过程也可能带有与之相关程度较高的测量误差（并且可能是偏差）。这一先于统计分析的有关变量选择（及之后的数字）的理论尚未被很好地理解，且在研究文献中也鲜有论述。

很明显这两个模型是相互作用着的，而理论模型的选择是极为重要的。此外，缺乏可用、可行、相称的统计模型用以澄清、检验、修正和拓展理论令研究者在尝试理解和诠释他们所建立、探索和检验的理论时感到沮丧。我们相信，数学教育中的许多研究正严重地受到研究群体普遍使用的子模型的不相称性的负面影响，因为这些常用的工具很少对应到个体学习者的理论特征。在范式上，研究者们会使用他们特定的传统的工具检验其理论模型，且通常这样做无法使研究者确保他们视作"钉子"的所有事物都需要运用到他们的范式"锤子"。往往缺失的是有关于现象间关系的数学属性的一个清晰合理的解释，而这可由一组有意义的数据模型来实现。只有这样才能选用、改编或建构一个统计模型。所选的模型首先用于对关系的描述，有恰当的拟合度，下一步则是基于现实世界中随机变化的前提，检验有关模型关系发生频次的假设。没有相称的子模型，整个研究从根本上是受阻的。

在本章节中我们将讨论与这一不相称性有关的两个主要问题：第一是需要对数学教育研究问题进行明晰的多层建构和建模；第二是探索随时间增长的个体变为我们统计建模的中心特征的地位，以便更好地将考察和预测学生数学发展的理论的形成及与建模联系起来。也就是说，在研究者建构一个与某项干预、设计或教学实验相关的平均增长模型时，他们同样关注围绕这一平均水平的学生增长中个体的变化。正是这一个体变化能够让研究者更好地联系与检验他们的理论。

本章将引导读者从一个多层次视角了解基于纵向模型的下述基本论点。单一选择多层模型（MLM）为展开的视角，将使本章基本限于对回归模型的讨论。我们选择多层建模（一种回归建构）是基于两个标准：（1）它是表述最为简单的模型；（2）我们相信数学教育群体中许多研究者在回归技能上已经接受过一定的培训。因此，这一选择可使我们在与读者享有一个共同的知识基础前提下，阐明和整合本章的多个组成部分。

还有许多存在于文献中但本章并不涉及的增长模型。这些模型包括但不限于，事件史模型、潜在增长模型、潜在增长混合模型、潜状态-特质模型、潜在转换分析、马可夫过程、网络模型、支持向量机、随机动力系统模型，以及时间序列模型。即便在下表中，我们也无意将其列全。这些模型中的一些在表8.1中以缩略图的方式给出了描述。有兴趣的读者可以参考温德勒的工作（2012），以便从简述中获取一些而非全部的信息。

许多统计选择的表述与表8.1中所介绍的每一种模型有所不同，这主要是源于所研究现象的概念化（理论模型）及增长在每一种模型中的含义（见Sloane, Helding, & Kelly, 2009）。不过，我们的基本前提还是适用的，而且

我们也确信所有的模型选择。也即，如果理论要有所发展，那么理论和统计子模型必须相一致。

我们将从总结由美国教育部属下的教育科学研究所（IES）及美国自然科学基金会联合出版的《教育研究与发展共同准则》（IES/NSF, 2013）展开本章的主体。这些准则是国家在科学、技术、工程与数学（STEM）教育研究上进行投资的方向舵。这些准则在以下几个方面对于数学教育研究群体是有吸引力的：第一，它们对于研究者的设计选择是公正的；第二，它们试图将由理论驱动的设计研究及其"产品"，与整体的涵盖多个水平的实验设计联系起来；第三，它们给出了一些重要的、已发表了的研究样例以帮助读者调整研究的层次或形式；最后，该准则还是STEM教育研究的一个国家级政策文件。

接着以上的概述，我们评估了准则的两个方面以直接论述本章的两个主要问题：（1）数学教育研究需要多层模型（伴随着对多层理论化的需要）；（2）需要研究学生在一定时间内的数学增长（或个体内部的纵向模型），以便明晰地将学习理论和统计分析联系起来，用以探索和仔细验证这些理论的呈现。

个体学习者历来是数学教育研究中学习理论的基

表8.1　纵向技术和模型

模型类型	用途
潜在增长模型	当个体变化时，按其数学知识的初始水平、变化率和最终水平测量个体内的变化轨迹（Bollen & Curran, 2006; Duncan, Duncan, & Stryker, 2006; Meredith & Tisak, 1990; Preacher, Wichman, MacCullum, & Briggs, 2008）。
多层模型	分析分层式结构化数据，其中较低层的观察数据嵌套或集群于较高层次（例如，重复测量的观测值嵌套于个体内部；Hedeker & Gibbons, 2006; Raudenbush & Bryk, 2002; Singer & Willett, 2003）。
潜在增长混合模型	在总体中确定呈现出独特变化轨迹的子群（Nagin, 2005）。
潜状态-特质模型	将重复测量出的外显或潜在变量的协变关系分解为表征跨越时间的常见特质变异数，时间特定的状态变异数以及误差变异数等成分（Steyer, Geiser, & Fiege, 2012）。
潜在转换分析	分析分类外显变量和离散潜在变量以检测增长的阶段连续性模型（Collins, 2002; Collins & Flaherty, 2002; Collins & Wugalter 1992; Lanza, Flaherty, & Collins 2003）。
事件史模型	考察离散可重复和不可重复事件的发生与时机（Singer & Willett, 2003）。
时间序列模型	运用自回归和移动平均过程，探索和分析数据以建构一系列观测值的时间趋势（Box & Jenkins, 1970; Hershberger, Molenaar, & Corneal, 1996）。

石（Simon, 2009）。一些理论是关于学习环境和随之而来的社会数学规范的（Cobb & Yackel, 1996）。然而，数学教育研究群体所提出的理论主要还是关于学习者的理论（Steffet 等，1996）。近来，数学教育群体中的一些研究者已开始以一种多层的方式整合教师的数学知识与学生的成就（Ball & Rowan, 2004; Hill & Ball, 2004; Hill, Rowan, & Ball, 2005; Hill, Schilling, & Ball, 2004）。这组论文所呈现的统计是一种多层性的，但即便如此，教师基于他们的数学知识进行课堂教学的过程依旧不是很清楚。探索目前有关理论与统计分析之间的不一致性，有助于数学教育研究共同体来探究本章所探讨的核心主题，即定量研究中所使用的子模型的不一致性。

通过讨论生态谬误的潜在性和指出分析发生在某个分析单元，而推断形成（或暗示）于另一个层面这样的隐性生态问题（例如，数据收集于若干个课堂中的学生，但在数据聚合时超出了该情境），我们对数学教育研究群体形成的推断表示关切。在展开对个体内部纵向统计模型的描述之前，我们首先阐释一些所有数学教育研究者学过的较为典型的统计模型的基本设定和因果建构（个体间或组群间的分析通常运用到方差分析）。这些统计工具本身是没有因果属性的。不过，它们可以通过随机化，通过基于实验组和对照组之间的机能等价性假定，支持特定类型的因果假设。

接下来，我们呼吁研究者使用个体追踪的统计模型。我们认为这些模型与数学教育中对个体学习者（无论学习者是学生、教师，还是学生置身于其中的某个教学群体的学习）的一般理论化水平更为相称。我们论证了在评估学习上伴随时间的变化及相应的轨迹时，追踪个体在不同时间点的表现所得到的统计模型特别有价值（例如，Singer & Willett, 2003）。之后我们评述对个体追踪统计模型的使用（例如，增长曲线或纵向模型）。这一评述带我们远离一般的数学教育研究文献，而数学教育研究者常常以质性的方式呈现学习的个体内模式（例如，通过教学实验；Steffe & Thompson, 2000; Steffe & Ulrich, 2013），他们鲜有用到个体内统计模型来呈现此类理论。纵向增长统计模型的共性是所选择的时间点的个数和跨度可反映出学生变化的理论化模型（学习需要花费多长

时间才能显现出来？数据应在何时收集才能反映所研究的学习的形态？）。这通常会包含三个或更多个测量点，其显著不同于我们这个群体中的研究者常常使用的标准的前测-后测设计。总之，可以说本章我们所讨论的增长模型是在研究时段内（例如，一个学年、一个特定学习模块的整个过程）对个体学生进行多次——三次或更多次的测量。对时间作用的理解成为研究的一个显性特征。这类纵向研究鲜见于数学教育研究文献，而在其他研究领域正在明显地增多（例如，Framingham 心脏研究；Mahmood, Levy, Vasan, & Wang, 2013）。此外，在研究中也很少将"时间"作为核心的、重要的理论变量加以讨论。在数学教育研究者论及（假设性的）学习轨迹（例如，Simon, 1995）时，他们一般不把"时间"作为学习的一个中心理论架构。相反地，前测-后测研究者会考察学生在某个学期或某个学年中的数学变化，通常是因为这样做很便利（无须明晰地确保"时间"的理论作用）。作为一个群体，数学教育研究者长期以来一直是这么做的，使得他们视这个"暂时性"的概念为理所当然，而未能在他们实施研究或理论化时进行仔细地解读。

我们在进行评述时，将阐述研究设计问题，涉及纵向设计的时机、间隔和时长。我们强调理论需要面对时间在组织设计选择中所起的作用。在整个过程中，我们将讨论增长模型的一种单一形式：多层模型（Bryk & Raudenbush, 1992; Goldstein, 1995; Raudenbush & Bryk, 2002）。我们通过这一单一形式来看个体内和个体间的增长。

然后，我们将拓展这些个体内模型的作用，结合群组的理论成分纳入和整合到个体间的表现上（组内集群）。在整个过程中，我们将讨论质性视角的核心作用（亦或是研究者获益于现有的数学教育文献和数据，以丰富所研究的理论呈现）。这些见解为量化分析的意义提供了关键的效度检验。我们将简要地考察学教育研究者所受培训的逻辑意义，以及本领域与量化方法学家紧密合作的明确需要，以推动研究群体在方法论上的提升，从而服务于数学教育的研究需求。最后，我们将以对数学教育研究中的个体内统计模型的未来作用的讨论作为结束。

共同的指导方针：关于不相称性的一个简略概要和评述

研究，因其产生知识，无论知识所在哪一学科领域，都遵循着特定的模式。各种利益相关方，包括资助机构在内，对于如何最佳地组织研究从而获得重要的发现有着不同的观点。IES 和 NSF 出版的《教育研究与发展共同准则》（IES/NSF, 2013）为如何组织研究调查以使其所产生能随时间而积累的研究知识，从而建立和推出了一个通识性的框架。该文件及其对科学工作给予组织性支持的呼吁，与产生发现的传统相符，这就确保了有关对任何机构中的工作给予支持的决定将成为促成新知识产生的有效元素（见 Sloane, 2008，一种平行但不同的表述）。

在他们的准则中，IES 和 NSF 将教育研究项目归纳为多个有序的类别：基础性和早期或探索性研究、设计和发展研究以及影响研究（包括功效、有效性及扩大性研究）。美国统计协会（2007）为统计用于支持数学教育的研究提供了一份平行的准则。IES/NSF 准则提供了不同研究的从探索性研究到大样本的效果检验的研究序列（例如，设计和发展研究），以使研究项目的发现能够组合并产生基于研究的新发现的动力（例如，如果某个干预对于一些组别较其他更为有效，研究者可以检验这在另一个课堂中是否也同样成立，并开始完善该干预的过程以使其对所有的学生都有效）。值得注意的是，这些类别在传统意义上并非是线性的。也就是说，很多早期研究将不会通过所有所需的检测来产生最终的一般化的知识。在许多情况下，会出现反馈循环，重要的是，因为有关内容的知识，特别是干预（相伴于它们所基于的变化理论）常常在完善它们和合理扩大规模之前需要进行大量的重复。此外，在某种意义上，研究也不必是线性的，一个研究不需要只适用于一个类别。许多调查触及到某个见解的适用范围以及反复提炼提高质量的问题（Brown, 1992）。尽管如此，IES 和 NSF 准则呈现给了读者可产生可广义化或广泛适用见解的典型的研究样例。

研究的阶段

总体上，共同准则中所描述的研究阶段如下。首先，基础研究作为每个其他层次研究的关键基础是必须的。基础研究用于发展理论及建立理论性概念和教育成果间的联系，其结果成为所有早期或探索性研究的基础。

早期或探索性研究考察由基础工作、现有的文献，或是对教育体系的预观察所建立起的教育构造之间的关系。研究者实施早期研究的目的在于建立支持基础性观察的潜在的逻辑。早期研究将基础研究的重点缩小至考察可塑的实验和社会因素、教育/学习成果、中介变量以及调节变量。逻辑结构一旦由研究者确定后，便可对可能的处理变量进行迭代设计，而当研究者根据基本的个人-社会机制及早期和探索研究开始扩大干预时，则需要复杂的研究设计（Coburn, 2003; Schneider & MacDonald, 2007a, 2007b）。

早期研究所建立的基本逻辑通常用于发展潜在的干预，其干预对象是学习或教育的结果（所有都包含在这一层次的研究所建立的逻辑内）。这并不是说干预是立即可信的，或者说早期研究将或应当，正确地建构合理干预所需的逻辑。这一研究工作引发了涉及到早期研究和干预发展相互反馈的一种迭代过程（见 Clements, 2007; Clements & Sarama, 2008a, 2008b）。研究者最终使用到的大多数的设计和发展研究是为了设计干预（或成品），这些干预都得到了充分的提炼且具有足够好的前景以确保更为严格的探究来检验其成效、有效性和扩大规模的问题（Clements, Sarama, Spitler, Lange, & Wolfe, 2011; Clements, Sarama, Wolfe, & Spitler, 2013; Cobb, Jackson, & Dunlap, 2017，本套书; Roschelle 等，2010; Sarama, Lange, Clements, & Wolfe, 2012; Tatar 等，2008）。

讨论至此的研究类型包括了基础性和发展性研究；作为理论的一种体现，产生可信干预的研究。比发展性研究更进一步的研究是那些考察某一干预在一种学习环境（课堂或群体）或跨多种环境（在多种水平的控制之下）的影响性研究。控制有两种类型：通过研究设计的特征（例如，隔离分组），或是通过使用协变量（控制实验和对照组之间的变异性）。发展性研究和影响研究在操作上的差异是，影响研究通常设定一个功能性处理变量，并寻求体现该变量的价值所在的证据，即能够解释与基础性、早期及发展性研究相关的复杂因素的变异性。尽管所有严格设计的量化性影响研究具有许多相似之处（例如，效能分析、实验控制、处理变量执行的保真度及学习成果的测量的强有力的模型、对内在及外在效度的考量），但是影响研究有三种主要的子分类，定义了作为理论子模型表征的干预有效性的程度：（1）功效研究；（2）有效性研究；（3）扩大性研究。

功效研究通常通过对所关注的特定的群体的目标样本实施理想化的处理，试图复制理想的实施条件（或高度控制的设置）。这类研究的一个案例，让一个从特定教师培训计划中结业的教师为之前的一个顾问去执行所使用的干预和对比条件。例如，参见芝加哥大学学校数学项目课程材料的早期测试（Usiskin, 2003）。通过这种方式，研究者降低了教学实施的变异性，而把注意力集中在新数学课程的影响上。这类研究旨在控制对干预有所影响的一些无关解释，以便在将所述的措施拓展到存在有许多干扰因素的课堂和学校之前，能够逐渐减少实验控制以保证其内在效度。在接下来的两类研究中将涉及和探讨更为广泛的现实世界的思考。

有效性研究针对的是在控制设置之外的情境，其中研究者希望建立在功效研究中的措施的影响能够重现于更为常规的条件下（Clements 等，2011, 2013）。正是在这项工作中，研究者常常会完善他们的干预，甚至需要的话会恢复到之前的研究类型加以实质性的重整——这在早期研究未能达到预期目标的有效性研究中也时有发生。一些人建议在开展此类有效性研究之前应进行基于设计的实施性研究（Penuel & Fishman, 2012; Penuel, Fishman, Cheng, & Sabelli, 2011; Russell, Jackson, Krumm, & Frank, 2013），并承认在有可能扩大研究发现之前需要得到支持。简而言之，在研究的循环中，研究者要不断地学习和加强创新（包括课程与教学），以便其能更有效地为不同群体（包括教育工作者、家长、政策制定者、大众）所采纳。

扩大性研究避开了效果研究中的控制，并且在有效性研究中有着更为开放的情境。假定一个强大的效果论证由强有力的有效性证据所支撑，那么在考察干预的有效性的接下来一步就是开展扩大性研究。也就是说，扩大性研究涉及干预实施于不同学生及教师样本的各类情境中。此外，迄今受到研究者严格控制的干预，随着学生和教师出现的自然性人类变化而在不同的情境中有所变化，这种变异性在产生的处理效果的变异中能够被观测到。事实上，在这种情形下的推断不仅仅基于社会环境和个体总群，也基于那些样本和环境的变化，来处理自身的不同形式。

一些总体原则

上述研究类型有所重叠，且常常彼此交错。诚实的科学研究的标志是，对那些没能产生预期结果的干预手段可能需要进一步重复的探索性研究。结合这些半有序的研究类别，知识的产生并非是真正的线性过程，所以研究者在不同的研究类别上需要做出调整以确保结果的可信性和建议的合理性。各类研究在操作上的差异源于它们的目的，以及这些目的如何彻底地改变研究者使用到的常见的设计元素及分析方法。例如，基础性研究在其早期的探索阶段几乎不需要任何的控制。这就有意地鼓励那些不需要进行较为复杂的调查，而仅仅凭借好奇心来想象。当所产生的见解被研究并提出干预时，实验控制就可以通过随机过程添加进来（例如，通过课堂）。只有在此时，测试才会在多种情境中得到实践的考验（即便初始的研究是小型的实地研究）。总之，为达到不同研究类型的目的（例如，探索性、有效性和扩大性），需要不同的方法（即，设计元素）和不同的分析工具，以使发现能够推广至逐渐扩大的群体及学习发生的更宽广的情境。

研究者为何需要多层统计建构：生态性推断，因果关系的统计假设以及个体增长模型

这部分，我们将借鉴早期社会学文献，这些文献涉及在一个分析单元中来估计各类关系，以及可以在另一个较低级别单元中得出一些推论。我们以图示的形式探

讨这类推断问题，也将解释为何这应该成为数学教育领域研究者进行推断时需要考虑的一个问题。例如，数学教育研究者关注学生成长，从学校或课堂研究中得出基于统计推断相关的问题。相反地，在个体学生层面上得出的推断在其他的聚合层面上可能不成立（例如，课堂或学校）。我们会考虑来自统计文献的因果问题以及产生结论的分析水平。最后，我们提出一种强大的多层分析机制，可以同时考虑这些有关一致性的核心问题：分析单位、因果结论以及理论拟合。

1897年，涂尔干（1897/1951）发表了有关自杀的经典研究。在该研究中，他仔细考察了欧洲各国的自杀率。他的社会学理论核心是各国的新教徒比例。在19世纪的欧洲，自杀率在那些新教徒比重较大的国家表现得较高，简单的推断是新教徒主义的社会条件促进了自杀。可以想象，除了宗教以外，新教国家在许多方面与天主教国家有所不同——一个混杂的问题（与数学教育研究中的许多研究相类似）。混杂性对于任何的观察研究来说都是一个核心问题，其必须在概念（即，理论子模型）和操作及分析（即，统计子模型）上加以处理。第二个问题是一个重要的统计问题：聚合偏差。涂尔干的数据并未将自杀率与任何特定的宗教实践联系在一起。在他对自杀的研究中，没有对个体接触宗教的时间以及反应进行测量；相反地，它们是在聚合的水平上作出测量的。这在生态研究中是常见的，也发生于数学教育将结果概括推广到课堂和学校之外的学生时（特别是一些被随机地或以其他的方式分配于课堂或学校的情形）。

生态谬误包括相信观测到的组群关系，对这些组群中的个体也是成立的（Robinson, 1950）。在数学教育中，我们常常看到另一个方向的问题，因为在许多的课程研究中学生往往被作为分析的单位。所有教师向他们的学生传授课程，由此学生们便置身于课堂教学之中。有时这种安置更为复杂，因为出于不同的教学目的，学生可能被置于课堂里的不同学习小组中。当研究者报告接受干预的学生的平均表现时（即，基于所有参与的课堂），研究者不经意地假定在平均水平课堂所得到的发现对于其他课堂和课堂内的个体学生也是成立的。这当然是少见的案例。许多数学教育研究者基于在学生层面实施的研究去设计估计课堂层面的研究。这一逻辑也隐含在共同准则文件中（IES/NSF, 2013）。事实上，即便不是全部也可能是大多数有关课程影响的早期研究都有这一特殊的矛盾性（例如，Clements & Sarama, 2008a; Huntley, Rasmussen, Villarubi, Sangtong, & Fey, 2000）。此时，除了增加样本量和结合适当的自由度估计发生概率之外，似乎没有解决该问题的较为容易的途径。对这种调整的需求在之后将通过对抽样和组内相关系数（ICCs）的讨论做出阐明。

申克和汤普森（2003）对许多基于标准的课程干预做了一个重要且全面的综合分析。他们所做总结的一个结果是对数学改革课程的一些个别研究给出了更为清晰的概述，其中研究群体在探索改革课程对数学学习中的影响时用到了各种不同的单位进行分析。这些研究使用的分析单位有学生层面的、年级层面的（其中的数据是由学生层面聚合到年级层面）、课堂层面的（其中的数据是由学生层面聚合到每一个参与的课堂中），以及学校层面的（其中数据是由个体和课堂聚合而成的）。理解研究结果如何体现在这些不同的层面（学生、年级、课堂和学校）是理解这里所要陈述的观点、IES和NSF准则（IES/NSF, 2013）的作用和价值，以及舍恩菲尔德（2007）提出的学术研究诚信的几个方面。在基于一般学生的研究得出结论时这是至关重要的，而这些研究中往往忽视了嵌套、学生的成绩是对实验组中所有参与者取均值，且所比较的是那些对照组中学生们的均值。其后果是，实验效果很有可能被错误估计，因为标准差的估计值将小于其真实值，在选定的 α 水平上（例如，0.05）增大了I型错误。这使得规划一个影响研究变得较为棘手，因为研究者很有可能使用从实验效果得来的估计值及基于之前研究的效应值，来做出他们的取样决定。从一个分析水平的结果推断另一个水平是一种生态型推断，我们将在下一节中讨论这一问题。数学教育研究领域需要在这些情况下谨慎行事。没有这样的谨慎，研究工作会降低功效，研究者也将无法检测到真正的实验效果。

数学教育中的生态性推断

我们现在以图示的方式讨论我们的议题。我们对聚合在组内和组间水平上的关系做出一系列明晰的假定（这些假定我们将在讨论图8.1~8.3时给出说明）。我们对每一张图会使用不同的例子以说明对跨层理论和分析的迫切需要，因为这可以使得研究群体能够同时关注到多个单位及它们之间的相互作用。此外，理解此类分析是需要有跨层理论的设计和支持的，而该理论本身在本质上也具有多层的属性（Slonae, 2005, 2008）。

在图8.1中，每个圆圈中所呈现的假设数据表示的是零相关（或不相关，$r = 0$）。在所研究的两个课堂中，变量X和Y之间不存在统计意义上的显著相关性。然而，如果在学生层面进行分析，会得出X和Y之间存在负相关——其中课堂数据分解至学生层面，由颜色较深的椭圆表示。从生态学角度看，在两个课堂中，课堂层面发现的关系在个体层面并不成立。显然，数学教育研究者需要能够使他们分离，并同时估计课堂内和课堂间关系的模型。多层模型就可以提供这样的视角（Aitkin, Anderson, & Hinde, 1981; Aitkin & Longford, 1986; Raudenbush & Bryk, 1986）。

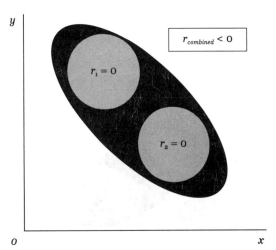

图8.1　在学生层面作估计时，课堂内部的零相关关系却产生了一种负相关关系

请记得，绘制图示是为了能够清晰地演示这样的情形。为了简单起见，我们尽可能地使用最少数量的聚合和分解模型（一个用于课堂分析，另一个用于个体学生层面的分析）。我们可以较为容易地给出一种与图8.1所呈现的关系相反的关系。在图8.2中，我们给出了课堂层面内的混合结果，以展示在分解层面上的对立形态（这个例子是学生层面的分析）。也就是说，在图8.2中（左半边），X和Y在学生层面是正相关，但在课堂层面其关系是相反的——一正一负。在图8.2中（右半边），课堂内的关系再次是混合的，但学生层面没有相关性。

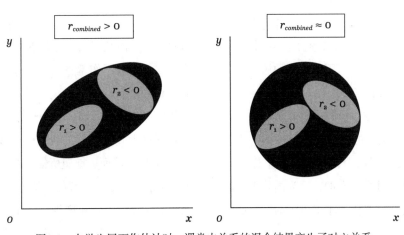

图8.2　在学生层面作估计时，课堂内关系的混合结果产生了对立关系

图8.3表明在聚合（或分解）数据的情况下，所估计出的关系不仅可以在大小上有所改变，在方向上也是如此。如图，在两个课堂内，X和Y存在正相关关系，但在学生层面，其关系却是负向的。为了避免让读者觉得这些模拟的结果是异常的（或者在实践中没有真正的价值），我们简要地介绍罗宾逊（1950）的经典研究以及威

尔金斯（2004）在数学教育上的一个更近期的研究。

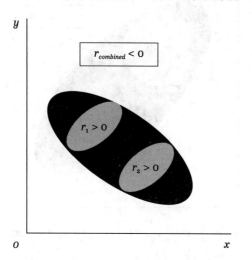

图8.3　不同分析层面上的关系在所估计的相关方向上的变化

罗宾逊（1950）在强调聚合的和个体相关之间的重要差异时，讨论了生态性推断。他估计了一组关于出生国和识字水平的翔实对比，其中的一个例子是出生国与聚合到州际层面的识字水平间的关系。1930年的人口普查对美国的48个州做了调查，罗宾逊对每个州计算了两类数值：（1）国外出生的人口百分比；（2）识字人口的百分比。每一个百分比的基数是每个州所居住着的10岁及10岁以上的人口。随后他估计了这两个变量之间的相关性。这48对数字间的估计相关系数是0.53。这可视为一种生态相关性，因为分析单位不是一个个体，而是一个群组层面的单位（这里是一个州的居民）。生态相关性表明出生国和识字率是正相关的：国外出生的居民比本土出生的美国居民更可能识字（英文）。

这种关系在个体层面上则要小得多且是负面的。事实上，在个体层面上计算而得的相关系数为-0.11。生态相关性在这个例子中提供了在个体居民层面上作出无效推断的证据。聚合相关性是正向的，因为国外出生的居民倾向于居住在相对较有文化的本土出生的居民所在的州。

威尔金斯（2004）在一个国际的背景下展示了类似的关系，其中检测了国内与国际间学生数学自我概念和数学成就间的关系。包括了41个国家在内，得到的生态相关系数为-0.58，这表明数学自我概念和数学成就成负相关：学生的数学自我概念水平越高，则其数学成就就越低，反之亦然。然而，事实上，在学生层面，数学自我概念和数学成就间的关系是正向的（$r = 0.11$）。生态相关性再一次提供了学生层面促成无效推理的证据——自信心在数学学习中并不重要（比较Loveless, 2006）。事实上，生态相关性可能反映了国家之间的文化差异，而学生层面的相关则反映了自我概念和成就间的心理关系，这更常见于学生内部。

根据本章的论证逻辑，个体内数学学习的发生通常嵌套于聚合环境（小组、课堂、学校等）的个体内部，不同层面的分析必须明确其推断的有效性。研究者在一个分析层面所看到的和估计的结果在其他层面可能不成立。如上文所示，所估计的关系的方向也可能有所改变。在认识到了这些以后，研究群体在从课堂或学校层面的聚合数据推理得出有关个体的结论（或者是有关课堂的相关性，其源于个体层面数据对所有学生取平均值）时就需要谨慎行事。期望在学生层面估计得到的关系以同样的方式在其他的聚合层面上表现出来，这是数学教育研究在课程方面的文献中一个有问题且麻烦的现象。然而，不幸的是，这是研究中一个可能无法避开的要素。

观察的独立性假设：嵌套数据的影响

早期的探索性研究通常是在学生层面上进行分析的，即使研究只涉及到较少数量的课堂，在研究新课程的影响时，学生被用作基本的分析单位（例如，Clements & Sarama, 2007）。也就是说，数据对所有学生取了均值（假定不存在课堂差异）。而后，从那些研究得到的结果会被重置于其他单位的研究——教师或课堂（Clements等，2011）。然而，期望所估计的结果在更高的分析层次上也总能成立是不明智的。从上文的那些例子可以看出，他们能够且应该告知这些结果并不能简单地迁移。这在基尔帕特里克（2003）对基于标准的课程评价的研究文献所做的评述中也有所提及："在以学生作为分析单位的统计分析中，研究者本质上都声称每个学生对于课程的体验都具有独立性——而这是不正确的。"（第485页）接着基尔帕特里克的评述，我们想问，这真的很重要吗？

在研究领域中，现行的标准使用学生作为分析单位，不是一个合理的分析单位应当遵循的吗？数学教育研究者应当对此担心吗？

标准的统计检验在很大程度上依赖观测为独立的假设。而当数据是嵌套的或是集群的，情况就并非如此了（例如，课堂内的学生有不同于其他课堂中的学生的共同体验），研究者们应当知道如何估计独立性缺失带来的影响。在调查研究中，整群抽样的效果是众所周知的（其被称为设计效应）。该效应被定义为调查研究所使用的特定抽样设计中的估计值的方差与在不放回的随机抽样条件下的等量样本量的方差之比（参见Kish, 1965）。

基什（1965）给出一个从抽取的个体样本中产生有效样本量的公式。这一公式相当直截了当：$n_{eff} = \dfrac{n}{[1+(n_{clus}-1)p]}$，其中$n_{eff}$是有效样本量，$n_{clus}$是集群个数，$n$是总样本，而$p$是组内相关系数（ICC）的估计值。在历史上，ICC是在兄弟姊妹研究中（兄弟姊妹在家庭中是集群的或是嵌套的）考察相关性时引入的，现在这个术语常用于单个观测对象在一种测量工具上的"真"值由被试者之间或群组之间的差异性引起的方差比例。

赫奇斯和赫德伯格（2013）给出了美国学校的ICC的平均范围为0.18~0.24（七至十年级）。运用基什的校正公式（针对同样大小的集群），我们对来自固定数量的集群（即，10）中抽取的大小为200，150和100的样本，根据其ICC（0.18或0.24）和集群内部大小（20，15或10）的不同，估计出有效样本量（参见表8.2）。可以看出，有效样本量远小于所选取的样本。我们的基本观点是研究者将无法取得对应于所选统计检验的期望的功效水平。由于把抽取个体学生当作独立的，标准差和标准误差都将被误估计，从而误导研究者认为达到了统计意义上的显著，而实际并未达到。于是，研究者将需要运用有效样本量来调整所有的显著检验，以缩小由于缺失独立性而带来的偏差。在估计效应大小时也需要做类似的调整。

表8.2 集群数据的有效样本量与所抽取的样本

样本量	组内相关系数（p）	集群数量	每个集群的大小	有效样本量
200	0.18	10	20	46
200	0.24	10	20	36
150	0.18	10	15	43
150	0.24	10	15	34
100	0.18	10	10	39
100	0.24	10	10	32

举例来说，我们考察这样一种情况，某研究者想要抽取学生的一个随机样本以检验某一新数学课程的效果。她将功效水平设为0.8，并根据现有的文献预计效应值为0.3个标准差。她使用了一个常用的软件包来估计要达到统计显著所需的样本量，如果其存在的话（例如，G*Power 3；见Faul, Erdfelder, Lang, & Buchner, 2007）。所需的样本量估计为73名学生，于是她从三个十年级课堂中抽取这些学生（每个课堂25名学生以保证群组大小相等）。同样地，统计检验假设数据是呈正态分布的，且每个观测值是相互独立的。她是否应当担心从三个课堂上抽取的整个样本？我们将在下面研究这个问题。

我们来检查该研究者所抽取的样本量，其中将ICC考虑在内。首先选择一个ICC的估计值，让我们选择ICC的最大估计值0.24（见Hedges和Hedberg, 2013）。要认识到赫奇斯和赫德伯格的ICC估计值是在在学校层面特定的年级范围上所做出的。相比之下，我们呈现的案例是在课堂层面的。这个ICC估计值在实践中很可能不正确，但我们在此使用它仅作为说明用途。

我们运用基什（1965）的公式，并且发现对于这些集群数据，我们需要的样本量为243.3个学生或最少244个集群化的学生。我们的研究者将需要一个大得多的非独立抽取的学生样本以取得一个与73个学生的随机样本（可以假定他们彼此是相互独立的）同等的效果。如前所述，自由度也需要做出相应的调整。

根据每个班25个学生的设定，我们案例中的研究者将需要10个班级参与此项研究。从总体上来说，这比她最初考虑的二个班级就足足要多出二个班级。这一结果对于实施她的研究有着重要的影响，包括效应的估计、样本量及它们所产生的自由度。这些影响还会涉及到所计划的研究成本、发现的稳定性、可以得出的推断，以及她能确保的结论。总之，基尔帕特里克（2003）的见解是至关重要的。

现代因果推断：检测假设

教材有关研究设计的描述很少在阐述因果推断的作用和重要性时，对因果效应的明确含义给出说明。我们查阅了三本经典的教材：贝利的《比较试验设计》（2008），库特纳、纳赫特希拉姆、耐特尔和李的第四版《应用线性统计模型》（2005；现在已出第五版），以及迈尔斯、韦尔和洛奇的第三版《研究设计和统计分析》（2010）。在这三本教材超过2300页的文字中，"因果"一词仅被提及了少数几次，而且大多在库特钠等人（2005，第8页）的书中。在那里，作者只简单地提出回归并不意味着因果。之后，作者还提到，随机分配可引出因果结论。但对于可能形成的因果关系的逻辑及结论从未给出直接的阐释。在这些基础的教材中，没有哪里对"因果"模型给出正式的表述，由此，基于这些教材的培训也极有可能不会对统计文献是如何处理因果关系的给予说明。然而，有一个理论已经占据了现代统计学思想（即，Rubin-Holland因果效应模型；见Holland, 1986，和Rubin, 1974, 1978），在我们阐述估计数学学习的个体内模型的需要性时，读者能够完全理解这一理论的假设和含义是很重要的。

这一理论基础是由鲁滨（1974）和罗森鲍姆及鲁滨（1983）提出的，并由霍兰德（1986）建构。鲁滨（2006）进一步对该理论在有缺失数据的情况下作出了解释，最近其又在因本斯和鲁滨（2015）的实验设计的处理中有所呈现。该理论描述了统计学家如何对估计处理与效应之间的因果联系做出思考。我们在这里解释最简单的情况。考虑一个学生接受一种新的实验教学（E；一种改革型的数学课程）或是一种目前存在的课程（C），并表现出某种结果 Y，数学成就。如果学生接受实验教学 E，我

们观察到 $Y_i(E)$，学生 i 在 E 条件下的结果。如果同一个学生接受了对照教学 C，我们观察到 $Y_i(C)$，学生 i 在 C 条件下的结果。所估计的实验教学的因果效应（与对照教学相比）被定义为这两种可能的结果的差异：$\Delta_i = Y_i(E) - Y_i(C)$。从该定义可以得出一些重要的结论。因果效应 Δ_i 对于每一个参与的学生都是唯一定义的。此外，实验的实际效果也可能因学生而异。

目前对因果效应的思考否定了曾经有关新实验处理给予每一个参与者的影响是恒定的假设（Cox, 1958）。在估计改革型教学对学生数学成就的影响时，龙博格和谢弗（2008）用到了结构方程模型，他们提出实验效应的恒定性在实践中是无法维持的。他们认为"教学效果并非是盲目遵循的机械性常规。由于参与其中的人们与之互动，实际的事件会有所成长、改变，并且发展"（第8页）。统计群体、科学家及从业者在相当一段时间内也否定这一假设（Rubin, 1974）。实际上，恒定效应的假设已被研究者和从业者认为是不现实的，但在过去用于简化统计分析的计算。此外，确保从模型所观察到的变异性在理论上对数学教育研究者是重要的（可能表明同一课堂内的不同学生会使用不同的策略）。总之，一个研究中的处理效果对于参与的学生将永远不可能是恒定的——相反，此类效应将几乎可以确定是变化的。正式地承认这种变异性、建模并理解它是重要的。

在现实情形中，因果效应（实验与对照之间的差异）是无法被观察到的，因为同一个学生无法同时被分至实验及对照条件中。数学教育研究者必须能够想象出这样一种情况，其中学生可能接受或者 E 或者 C 的教学。他们无法估计实验对于一个个体学生的影响。对于数学教育研究而言，这是一个重要的观点。根据这一模型，研究者可能永远无法推断到个体学生；他们转而只能推断到聚合的——平均水平的学生。下面将探讨该结论的逻辑及自然的结果。

现代统计理论将因果推断问题阐述为一个关于缺失数据的问题。如果可能的结果 $Y_i(E)$ 和 $Y_i(C)$ 都是可被观察的，每一个参与学生的因果效应可以通过简单的减法计算而得。但如上所述，这是不可能的。反事实的结果总是缺失的（学生被分至实验组就不可能被分至对照

组，而如果被分至对照组就不可能被分至实验组）。研究者需要一种方法使得可以认为反事实是随机缺失的。随机过程使他们在理论和分析上有所推进，但这是以智力为代价的。随机分配的机制保证对何种结果被观察到的决定纯粹是偶然的（当样本较大时）。当研究者无法对每个参与学生的因果效应作出估计时，随机化的实验可以对"平均的"因果效应作出无偏估计。总而言之就是总体中潜在的结果之间的平均差异。这个估计量是实验组与对照组样本均值之间的差异。

如前所述，估计值没能强调数学教育研究群体的核心学习目标。事实上，组内变异性分别对实验组和对照组取了均值。这样对所有参与个体的因果效应作了平均估计，同时也就隐藏了重要的课堂内的变异性，后者是需要在研究项目的设计阶段加以解决的过程，是数学教育领域发展活动的核心过程。不通过建构围绕均值变异的模型而理解群组均值间的差异，会阻碍领域将个体层次的学习理论与其所用的统计工具联系在一起的能力。

将个体放回方程中——字面意义上的

20世纪70年代后期数学教育研究发生了重要的认知转变。远离行为主义的明显改变，是转向学生对数学认知理解的详细描述性模型（Carpenter, 1980; Davis, 1984; Erlwanger, 1973; Steffe & Cobb, 1983）。在这种情况下，数学教育研究者将他们的认知努力转向了丰富的个体内学习模型（Shaughnessy, 2004）。基于个体间或群体间模型的传统统计工具（如在方差分析中所见）不再适用于现在的科学性研究，因为整个领域在朝着质性的方向发展。

始于20世纪70年代后期和80年代初期，在个体内增长的统计模型上有一个平行的转变，我们将在本章的后面部分加以讨论（Bryk & Raudenbush, 1987; Goldstein, 1995）。根据这一平行转变而开发的工具尚未得到充分认可、整合和适应，或为数学教育研究群体所需要。本节评述的核心目的是更新本领域在这些方面的发展。此外，

我们希望提高对现代统计建模在数学教育研究中可能起到的作用的认识。根据我们对所使用的研究模型的相称性的讨论，数学教育研究者对统计子模型的选择必须与他们的理论呈现相平行，否则这些工具无法使他们做出他们希望和需要的推断类型——特别是如果他们希望这些研究与政策相关。

向学生的数学增长模型发展

纵向研究的定义特征是在一段时间内对同一个体进行重复的测量，由此可以直接研究其变化（如，Bryk & Raudenbush, 1987; Kosko & Wilkins, 2015; Ma & Wilkins, 2007; Uribe-Flórez & Wilkins，待出版[*]; Wilkins & Ma, 2002, 2003）。纵向个体内研究的主要目的是刻画一段时间内所测对象的变化并建构影响这一变化的因素的模型。这就意味着将数据分解到两个嵌套的模型中。第一层模型呈现的是一段时间内个体的变化（以作为一个简单的描述性概括）。最初这一概括在本质上是一种图示（参见图8.4），以便研究者推断出学生的变化是否可能是线性的或

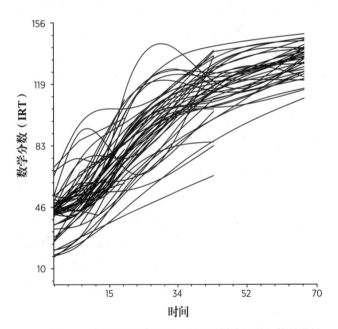

图8.4　幼儿园至五年级的一组随机样本的学生数学增长的一个意大利面式的图示

---

[*] 此处"待出版"相对于本套书英文原版出版时间而言。

非线性的。这是以收集额外轮次的数据为代价的。然而，这也具有其优势，可使研究者看到学生随时间变化的结构。而且，图形的呈现可以以质性的方式对效度做出快速的检验。既然有些学生会较其他学生发展得更快或稍迟缓些，研究者就需要通过质性的方式来确保他们预估的学习率（与学习相关的斜率）能够让他们获取学生随时间而习得的知识。当学生数学知识增长的改变与所估计的增长率差异过于接近时，用图示呈现学生随时间而出现的变化可用来检测理论和统计子模型的有效性。正如引言中所提到的，统计子模型与理论子模型具有同等的支持性。而当这些模型无法做有效匹配时，或理论子模型，或统计子模型，或两者都需要重新加以考虑。而后，第二层模型才能用于基于所研究理论的关键成分估计学生增长的变异性。简单来说，统计模型的建立在本质上是迭代性的。

观察纵向数据可使研究者在特定的时间点上模拟成就，且可更为自然地重新将学习设置为一种成就随时间而变化的速度。这一特征使得研究者可以将许多个别的测量重新设置到一系列描绘个体学生的学习随时间而变化的个体增长曲线之中。意大利面式的图示呈现了这样的一个例子（见图8.4）。该图展示了从"幼儿纵向研究，1998-1999幼儿园班级"（ECLS-K; Tourangeau, Nord, Lê, Sorongon, & Najarian, 2009）的全国样本中随机抽取的30个学生的数学增长。实际上，这些学生并非是从一个单个课堂抽取出来并跟踪其6年（K-5年级）的，尽管我们将假设他们是这样的。从图8.4可以看出，学生的数学知识在进入幼儿园时的变异性是相当引人注目的。在这个样本中，这一变异性在整个小学阶段有所减小。

一般而言，研究者想要知道课程和教学，无论是否基于设计，都会提高平均的变化率。此外，他们还将考察围绕这一平均变化率的变异性（映射回学生学习理论）。他们也将以质性及量化的方式考察该学习的类型、深度和范围（Hiebert, 1998; Skemp, 1977, 1986）。例如，具有较高增长率的学生是否会有质量更为丰富的数学见地呢？从图示中可以看出，一些学生进步得较其他学生更快。然而，我们相信这种观点应当从质性的角度加以进一步的研究，以确保此推断实际上是有效的。

对学生的数学认同感有兴趣的研究者可能想要获取对学生身份特征的测量，并将其作为一个随时间变化的协变量，以考察学生数学认同感的变异性是否也能对应到学生成就的相类似的变化（包括正向的和负向的）。如果一组研究者要设计一种干预以减低学生表现相对于平均增长轨迹的变异性，他们则将开始涉及到公平性这一关键问题。图8.4中的图形将告知他们，他们是成功的，但这种成功需要很长一段时间才能达成（且很可能需要相当的努力）。以图形呈现的方式也将能使数学教育研究者反思，这些努力是否应当在更低的年级就有所加强，以及可能会产生何种效应。通过描述随时间的变化，估计平均变化率，以及最后研究和建立个体在平均变化上的变异性的模型，数学教育研究者将开始正式地联系和探索课堂环境中的学习理论。再者，质性研究的轨迹可用作更好地确保其解释的有效性。质性数据及其解释可帮助研究者支持他们的量化模型，并将其直接联系于所研究的学习理论。

对公平性感兴趣的研究者可能想要详细地考察学生表现中的变异性如何明显减少。其他研究者可能对哪种增长随时间而显现出来感兴趣：在教育的早期阶段图形比较陡峭，而在二年级之后有所缓和。为何会发生这一现象？对测量感兴趣的研究者想要确保数学知识上的增长或改变是真实的，且相对独立于所使用的检测。进行干预研究的学者可能对质量（以及教学的变异性）还有如何将之与学生的数学问题解决的发展（如果问题解决的提高是课程的一个明确目标）相联系感兴趣。对假设的增长轨迹感兴趣的研究者可能使用这类数据来探索在数学学习上的课程轨迹的准确性。

正式将概念理论与统计分析联系起来提供了一种发展的机会，由此可提升研究模型的价值及相称性。当然，这种性质的研究也伴随着额外的代价（财政上的和智力上的）。如果数学教育研究者不探索这样的机会，他们可能无法将他们的理论考虑与统计模型联系在一起，从而会影响政策的制定。实际上，这一领域不能再忽视这种政策对话了。

建构学生的数学增长模型

通过对个体的多次重复测试，研究者可以获知个体内的改变（即，研究者可以建立学生随时间而改变的数学知识的模型，并将他们所选择的设计和分析对应到他们的个体内理论呈现并使之相称）。这不同于包括数学教育研究在内的多数教育研究，这些研究都十分倚重于横向调查。

在横向研究中，对成绩的测量是在一个单个的时间点上的，只能获得由测量而得的个体之间差异的估计值。也就是说，一个横向研究（或单个时间点研究）可能可以对子群体进行比较，但无法提供有关个体是如何在研究相应时期内发生改变的任何信息。总之，对成绩的单次测量提供的是学生在一个单个时间点上知道些什么的一个快照；要对数学成绩或数学学习的增长建立模型，就需要对学生知识在一段时间内进行多次重复测量。这样一来，时间就成为学习轨迹建模过程中的核心变量。我们将在下一节中探讨这些考虑的影响。

现代纵向分析工具为研究设计提供了惊人的灵活性。不同于传统方法（方差分析和多元方差分析），并非每一个人都需要相同严格的数据收集时间表——其节奏是可以因人而异的；并非每一个人都需要相同轮次的数据——即便仅有一个轮次数据的学生，我们也可以加以分析。研究设计可以是实验性的（功效、有效性，或扩大性的研究）或是观察性的（基础性、探索性，或是设计研究）。设计可以是在一个层次上的（仅是学生）或是多层的（在课堂内或学校内的学生）。此外，研究者可以识别数据显示的可能具有的模式（例如，结果是否随时间增加、减少，或保持不变？）。更进一步，研究者可以包括时变预测量（那些随时间变化的值）。现代数据分析的许多优势将在本章的后面部分进行介绍。一句话，数学教育研究者对个体内模型的两个成分感兴趣：（1）平均的个体增长（在统计上作为一个固定的效应加以估计）；（2）围绕平均轨迹的变异性（其可作为一个随机效应加以建模）。将随机效应添加到这个模型上，可使个体内统计模型具有与理论化相称的潜力。将增长嵌入到传统的统计模型中，可使研究者考察个体的变异性（围绕平均效应的变异），这对更深入理解个体学生的学习具有重要意义。

对常规做法的反思：关于改变的前测-后测模型

在数学教育研究中测量变化的标准模型是前测-后测模型。通常，前测-后测模型是一个两时间点模型，运用于许多学习研究（例如，Shadish, Cook, & Campbell, 2002）和数学教育（参见 Middleton, Cai, & Hwang, 2015）。从这种设计获得的数据往往是通过一些双轮次分析技术加以分析，比如计算分值的差异（或变化）、残余变化分值，或是真实变化的回归估计。

技术问题。应用性数学教育研究中的双轮次分析技术的普遍存在，表明这些技术是无可争议的。然而，分值差异在技术和实质性基础上受到批判（Singer & Willett, 2003）。分值差异经常与初始状态成负相关（即，分值变化与前测分值经常成负相关）。测量个体变化相对较低的信度与多个因素有关，包括时间点的数量和测量误差。对于数学教育研究者而言，即便是对于具有复杂工具的量化研究者，测量的不可靠性（以及随之而来的我们能够得出的推断的有效性）也会带来问题。一些数学教育者针对这一问题已经展开了一些工作，至少是局部性的，如通过使用两个时间点、由时间点绘制增长曲线，用分层模型分析数据及随后的以质性方式（运用干预前与干预后访谈）检验所得模型的预测性效度（Cai, Ni, & Hwang, 2015）。研究中的创新与平行的质性成分可以帮助研究者预防这里所提到的一些问题。双轮次数据无法让研究者考察研究中的变化是否是线性的。基于指定的模型来分析，可能是有问题的。辛格和威利特（2003）指出，作为最低的要求，数据中每个个体的轮次数量必须比第一层模型中所要估计的个体增长参数量大1。根据辛格和威利特的说法，一个估计两个参数的模型（例如，一个截距参数和一个斜率参数）就需要研究者收取至少三个轮次的数据，更复杂的模型需要更多轮次的数据。

实质性问题。两个时间点的设计会产生问题，因为这些数据未能对个体内随时间而产生的变化给出精确的信息。也就是说，这类设计无法让研究者刻画出对其操作至关重要的学习形态。在图8.4中，我们看到学生在数学上的增长是在近六年的学校教育中展现出来的。如果研究者的设计选择是一种前测-后测设计，增长的表现将会有显著的改变。研究者将看不到哪里快速增长或哪里缓慢增长。研究者将无法提出有关学生增长形态变化的问题：学到了什么，哪些学习还未发生以及为什么？如前所述，时间必须作为一个核心的理论变量被考虑到。我们期待何时会增长？在多长时间内？预期的增长形态如何？我们应当多久测量一次？我们应当何时进行测量？一个干预应当多强烈才能改变学生在特定内容领域上的数学增长形态？正如威利特（1989）指出的，前测-后测设计是概念化的，其不经意地将个体学习视为一个获得知识、态度和信念的量化性的过程，而不是一个随时间的连续性发展的过程，这就好像个体在前测和后测之间接受一段时间的学习量的干预，而一个研究者唯一应当关注的是获得量的大小。数学教育研究群体的需求远远超过这一特殊的理念。

从分析的角度来看，仅仅基于两个快照，是无法确定地刻画个体的增长曲线的（Bryk & Weisberg, 1977）。最简单的方法是假定从时间点一至时间点二的任何增长都是线性的（因此可以进行分值差异的计算）。然而，在数学上，有无穷多条曲线可以贯穿两个点。更为重要的是，我们无法通过两个时间点的设计来检验一个线性效应（Brownlee, 1965）。在评估对增长模型做出估计的数据要求时，研究者必须考虑每个个体参与者的数据点的数量（或者数据的轮次）。如前所述，辛格和威利特（2003）指出，作为最低要求，每个个体的数据的轮次必须比所要估计的个体增长模型的参数量多1。这就意味着线性增长模型需要三（或更多）轮次的数据，而一个二次模型将需要四（或更多）轮次的数据。

在理论上，增长可以是非线性的（参见图8.4）。然而，如果研究者要观察和模拟该增长，他们就需要在研究时间内取得更多的观测值。研究者所要收集数据的轮次数量取决于他们用于阐释学生是如何丰富其数学理解的理论。一些数学教育研究者通过仔细论证质性学习轨迹几乎可以确定其在本质上是非线性的，含蓄地对学生的学习随时间而线性增长的观点提出了挑战

（Clements 等，2011; Confrey, Mahoney, & Corley, 2014; Simon & Tzur, 1999; Steffe, 2004; Szjajn, Confrey, Wilson, & Edington, 2012）。然而，这并不意味着增长模型不可以用线性模型进行估计。线性作为一个统计术语具有非常精确的含义，它是指基于估计的 β 权重值是线性的，即我们假定均值（或均值的某种变化）模型在回归参数上是线性的。这并不意味着模型中的关系可以被绘制成一条直线，显然图8.4中所呈现的数据就不能。

考虑三轮次或更多轮次数据

纵向设计中的多轮次（三个或更多个时间点）重复测试可以更好地反映个体内所显示的变化（Singer & Willett, 2003）。然而，这一领域大部分所发表的方法论研究，都相当有技术性，需要量化方法论的专业知识（例如，Crowder & Hand, 1990; Diggle, Heagarty, Liang, & Zeger, 2013; Khuri, Mathew, & Sinha, 1998; McCulloch & Searle, 2001; Pinheiro & Bates, 2000；见表8.1中的文献）。我们将在本章的后面部分介绍这一专业知识上的差距，我们也将呼吁数学教育研究者更多地与行为方法学家和统计学家合作。在考虑培训需求之前，我们将介绍"共同准则"文件所论及的主要研究类别（即，基础性研究、早期和探索性研究，以及影响研究；IES/NSF, 2003）中有关于改变的研究所需的基本二层和三层、多层模型。特别是，我们的二层模型对应的是早期研究，而三层模型对应的是在现场条件中实行创新的后期阶段研究（即，涉及许多课堂）。此外，我们也考虑了个体内纵向研究设计的一些重要方面。然而，我们首先考虑的是纵向个体内模型和30年前培训中更为常见的一般重复测试模型之间的差异。

传统分析方法的问题

博克（1975）对传统的针对增长曲线分析的方差分析法给出了介绍，并代表了20世纪90年代后期的重复测量模型的标准化培训。为了谨慎地运用这些传统方法（即，方差分析混合模型及重复测试多元方差分析），数

据必须满足有关重复测量和缺失数据的方差-协方差结构的极为受限的假定。有关缺失数据的假定在实践中大体上是不现实的。学生在一次测量点上缺失通常就会从分析中被删除。

单变量方差分析"混合模型"假定因变量在时间段的方差和协方差是相等的（即，复合对称），这在实践中是鲜为真实的。而重复测试的多元方差分析仅包括了那些在时间段内具有完整数据的被试。这些统计技术将研究者的心智注意力集中于对群体在时间段内的趋势的估计。所估计而得的结果在对理解具体个体如何在时间段内发生改变几乎没有帮助——这一信息对于任何有关学习的研究都是至关重要的。因此，这些传统的模型无助于数学教育研究者将他们的学习理论联系于建构学生随时间增长的模型。出于这些和其他一些原因，多层模型（Bryk & Raudenbush, 1992; Goldstein, 1995）已成为建构纵向数据增长模型的方法之选。

两层增长模型：早期研究的个体内部与个体间的增长

许多个体变化现象可以通过一个二级多层模型（MLM）表示。在第一层上，每个被试的发展由一个个体的增长轨迹表示，其基于一组特定的参数或权重（例如，估计的截距、斜率系数）和一些相关误差。这些个体参数成为第二层上的结果变量，其中它们的变异性可能由一组个体间的特征来解释。正式地，对每一个被试所做的重复测量可视为嵌套于每一个个体中。由此，这一模型就较多元重复测量模型限制小些，使得第一层的模型的测量间距可以不均匀且存在缺失数据。

接下来的一节在本质上有一定的技术性，我们将详细地建构一般的二层模型。因为对一般三层模型的呈现将是对二层模型的拓展，所以我们将会以叙述的方式展开。

为了介绍MLM，考虑有关个体 i（$i = 1, 2, \cdots, N$ 被试）在时间点 j（$j = 1, 2, \cdots, n_i$ 次）上的 y 测量的一个简单线性回归模型：

$$y_{ij} = \beta_0 + \beta_1 t_{ij} + \varepsilon_{ij}, \qquad (1)$$

忽略下标，这个模型表示的是结果变量 y 关于自变量时间（用 t 表示）的回归。下标记录的是数据的特征——即，来自哪个个体的观测值（下标 i）和所做观测的相对顺序（下标 j）。自变量 t 给出的是时间水平取值，时间可以以周、月及其他表示（参见图8.4）。如何对时间做理论化是模型的核心成分。因为 y 和 t 同时具有下标 i 和 j，结果变量和时间都随个体和时间点而变化。

在线性回归模型中，如（1），假定误差 ε_{ij} 是相互独立呈正态分布的，其总体均值为0、共同方差为 σ^2。这一独立性假设使得方程（1）中给出的模型对纵向数据是不合理的。这是因为结果变量 y 是对同一个个体进行反复观察而得的，所以假设个体内的误差在某种程度上是相关的更加合理，也就是说，它们是不独立的。此外，上述模型假定在时间段内的增长或改变对于所有的个体是相同的，因为描述增长的模型参数（β_0，截距或初始水平；β_1，时间段内的线性变化）不随个体而变化。由于这两个原因，添加个体特别的效应于模型中是有益的，其将解释数据的依赖性以及体现不同个体的不同增长。

这正是MLM让数学教育研究者所做的，以及为何这些模型应当成为他们工具箱中的重要工具。在本章中，多层次的表述与数学教育中存在的许多建模问题相称。这些模型是专门针对于之前讨论的有关分析单位的问题。此外，它们让数学教育研究者可以处理由学生嵌套于课堂和学校而引起的独立性的缺失性。最后，谨慎使用这些模型能够较为合理地反映学生数学增长的个体特征。

以下给出的是一个简单的多层模型：

$$y_{ij} = \beta_0 + \beta_1 t_{ij} + \upsilon_{0i} + \varepsilon_{ij}, \qquad (2)$$

其中 υ_{0i} 代表的是个体 i 对他/她的重复观测的影响。为了更好地体现这个模型是如何刻画个体对他/她的观测的影响的，我们可以以一个多层形式的模型来表示。为此，它将被分为被试内（或第一层）模型：

$$y_{ij} = b_0 + b_{1i} + \varepsilon_{ij}, \qquad (3)$$

以及被试间（或第二层）模型：

$$b_{0i} = \beta_0 + \upsilon_{0i},$$
$$b_{1i} = \beta_1, \qquad (4)$$

第一层模型表示个体 i 在时间 j 时的作合受到他/她最初水平 b_{0i}（即，学生在学习之初的知识）和他/她的时间趋势，或斜率 b_{1i}（即，在所研究的时间段内成就的变化率）的影响。第二层模型表示个体 i 的最初水平由总体最初水平 β_0 加上该个体的独特贡献 v_{0i} 确定。每个个体有他/她自己的独特初始水平。

相反地，现在的模型表示每个个体的斜率是相同的，都等于总体斜率 β_1。最后，我们也可以考虑每个个体的趋势线平行于总体趋势，由 β_0 和 β_1 确定。每个个体趋势和总体趋势的差异为 v_{0i}，其在时间段内是恒定的。

被试间，或第二层模型有时被称为"斜率作为结果"模型（Burstein, 1980）。也就是说，在第一层估计而得的斜率（参数或权重：个体的截距 b_{0i} 和斜率 b_{1i}）成为第二层要建模的结果。MLM的陈述显示，就如被试内（第一层）的协变量可以包括在模型中以解释第一层结果（y_{ij}）的变异性，被试间（第二层）的协变量可用以解释第二层结果（被试的截距 b_{0i} 和斜率 b_{1i}）的变异性。

结合被试内和被试间模型（3）和（4）得到之前的单个方程模型（2）。因为在一个样本中的个体通常会被认为代表着由个体组成的一个更大的总体，个体的独特效应 v_{0i} 被视为随机效应。这对于数学教育研究者是至关重要的，现在研究者可以开始基于现有的理论对这一变异性进行建模。也就是说，v_{0i} 被看作代表总体中的个体效应分布。这个总体分布最为常见的形式是正态分布，其均值为0且方差为 $\sigma^2 v$。在方程（2）所给出的模型中，误差 ε_{ij} 现在假定为条件独立呈正态分布的，其总体均值为0且共同方差为 σ^2。这里的条件独立性是指在个体独特效应 v_{0i} 随机的条件下。因为误差由于个体被从中移除而产生影响，这一条件独立性假设较方程（1）有关的完全独立性假设更为合理。这里个体以平行的方式偏离 y 关于 t 的回归（因为只有一个被试效应 v_{0i}），这个模型有时被看作一个随机截距模型，每个 v_{0i} 代表个体 i 如何偏离模型。如果我们发现学生的增长并不以平行于总体均值方式呈现（这一假设极少在实践中出现，即使有这样的现象），那么随机截距模型可以合理地拓展为包括随机斜率。此外，很有可能是这种情况，即在实际环境（课堂）中，孩童极少以相同的速率发展他们的数学能力。这一

变异性研究对于研究公平性的学者是至关重要的（Hand, Bannister, Bartell, Battey, & Spencer, 2006）。例如，致力于缩小群组差异，同时缩小学生随时间增长的变异性的创新举措对于理解数学学习的公平性也是很重要的。

正如我们在图8.5中看到的，线性增长在理论上可以以下面四种方式之一呈现出来。第一，所有学生可以从相同的数学成就起步，且以相同的速率增长（图A）；第二，学生起步不同但以相同的速率增长——随机截距模型（图B）；第三，学生可以从相同的数学成就起步，但以不同的速率增长——随机斜率模型（图C）；最后，学生开始时所测得的知识可以不同，而且学生在获取新知识的增长也可以不同（图D）。如上所述，第四种情况在实践中是最有可能出现的。同样地，理解这一变异性如何能够减小，这对于教师、学校和一般的政策受众也是重要的，更不用说那些希望他们的孩子能够成为成功的数学学习者的家长们了。这里呈现的MLM框架相当灵活，足以处理这四种情况中的任何一种。

总之，两层MLM可以让我们统计地建构出研究内所有被试的平均截距和增长。而我们相信，更为重要的是，它可以让数学教育研究者有机会检测和建立有关学生在进入研究之时的知识变异性，以及学生随时间增长的变异性的模型。

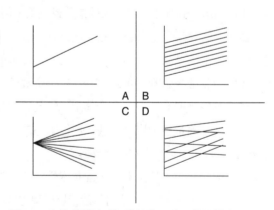

图8.5 个体内部随时间增长的四种可能的模式

我们现在将注意力转向一般的三层模型。如上所述，我们不会以符号的形式展开此模型，而是以叙述的方式描述该模型（更详细的和研究案例可见 Bryk & Raudenbush, 1992; Raudenbush & Bryk, 2002）。我们考虑图8.5（D），并假设学生数据（包括 y 截距和斜率的变异

性）的分组是发生在一个单个的、理论上的课堂内的。再强调一下，图 8.5（D）最能代表我们在课堂上所观察到的，课堂内的学生并不是从共享的数学知识起步的，他们也不会以相同的速度获取新知识。

三层分级模型可以让研究者同时研究一个一般增长模型的三个成分（以及围绕平均增长的个体变异性），并与其课堂内及课堂间差异相联系。在这个三层模型的最后及第三阶段，研究者从理论上建立联系，从经验上建立模型，例如教学质量如何随课堂而变化，以及课堂内学生特征的重要变化如何调节着学生数学成长的关系。因此，它们可以说明课堂特征（例如，教师说了和做了什么，用了何种课程以及如何使用，教师用于教学的数学知识）影响学生在课堂内的成就增长的分布。

在这一短小的章节中，我们介绍了两类 MLM 的结构。第一类是专门讨论个体内与个体间的变化模型；三层模型将第一类扩展至课堂，使得研究者可以探索、建模和更好地理解个体在教学环境中所表现出来的变化。两层框架可以用于各种形式的探索性研究，其中学生是分析单位（包括在第二层添加措施效应）。三层的表述用于说明和建模我们理论增长模型的课堂内及课堂间的成分。这些可能包括对教师的教学知识的测量（Ball & Rowan, 2004; Hill 等，2004）、社会性数学规范的测量（Cobb & Yackel, 1996）、一种新课程（Clements 等，2013; Roschelle 等，2010; Senk & Thompson, 2003），以及在测量中课堂讨论的类型随时间推移而展开。更重要地，这一统计分层明确考虑了数据的聚类及由此引起的独立性的缺失，并且给出了一种框架可用于建构学生随时间增长的模型。MLM 为研究者提供了一种统计框架，该框架可以将数学学习理论联系到学习发生的教学环境。总之，这一学生增长模型提供给数学教育研究群体一个适合的途径，以便将学习心理学（其通常呈现在个体层面）和社会组织理论（其呈现在群组层面）联系在一起。

数学教育研究者的培训

数学教育研究者的培训因机构而异（并且在某些情况下还因一个机构中的不同部门而异）。一般来说，培训

的重点会在数学内容、总的基础、教育哲学、政策、数学教育中的研究、研究方法（量化的和质性的）、数学课程、教学专业发展、教育心理学以及学习理论等重要领域有所不同（Reys, Glasgow, Teuscher, & Nevels, 2007, 2008）。此外，分析有关数学教学的研究也可能在培训授课中有所提及。这一培训可能会由一系列有关基本方法论（量化的和质性的）的课程组成，而后在可能的情况下，再跟着活跃的研究者进行师徒式的学习。正如雷斯（2006，第 268 页）强调的那样，"在高等教育中的数学教育人员承担着广泛的职责，包括教授数学教育中各种课程和可能的关于数学的研究生课程"。又如费里尼-芒迪（2008）指出的，研究生培训必须是专门设计的以满足这些学生所需的专业知识（包括明确关注伦理学、多样性、公平性、政策和国际问题）。雷斯（2017，本套书）提醒我们，数学教育博士生的核心知识领域在不断地扩大。

对数学教育研究者在高级量化方法上的培训很少见。当有高级培训时，它从来不会是以数学教育研究者的研究需求为背景的（Middleton & Dougherty, 2008）。这些研究者（年轻的或年长的，有所成就的或无所成就的）将不得不转化并形成由他人提出的新的方法论观点，以回应数学教育领域的研究问题及需求；有时他们这样做是成功的，有时就不那么成功了（Eisenhart, 1988）。我们相信这种模式在研究者知道如何很好地与方法学家、统计学家和计量心理学家合作时才是最佳的。

所有的研究领域都有预期的实践标准。就像任何其他专业研究一样，数学教育研究也是如此，正如我们之前在对生态推断的讨论时提到的，我们专业的实践可能还不够。在建立统计模型时，统计学家参与到了三种核心活动中：（1）初始地和迭代地建模；（2）估计模型的拟合度；（3）验证研究中的模型（American Statistical Association, 2007）。这里列出这些阶段是为了说明，统计建模，特别在研究项目的背景下，在本质上很少是总结性的（见 Sloane & Gorard, 2003，有对这些阶段的阐述）。数学教育研究者必须认识到研究（质性的和量化的）的迭代性本质，因为他们将有关学生学习的建模纳入其研究项目中，以使理论和建模的选择是相称的。

结论

本章的总体目标是以非技术性的语言综合分析和介绍有关模型设计，以探索和检验有关个体内纵向增长的统计文献的一些重要方面（Hedeker & Gibbons, 2006; Hoffman, 2007; Raudenbush, 2001; Raudenbush & Chan, 1993）。这些文献，本质上是技术性的，可以使得高级分析技术与个体内的学习理论的细微差别相协调（假设理论伴有有效而可靠的测量）。这一目标是基于这样的理念，即数学教育研究者目前对统计建模的使用与他们有关学生学习的理论是不相匹配的。前者估计群组均值间的差异，而后者将研究的重点置于个体之上（通常是在多层的学习环境中）。这一讨论的关键是研究理论需要阐明学生在时间段内的学习并考虑这种学习发生的环境。讨论中隐含着这样一个假设，学习可以以在时间段内成就的变化率来量化地刻画，这与有关数学成就及变化的横向及两个时间点的研究形成鲜明的对比。质性方法应当谨慎地用于对这一个假设有效性的检验。

本章强调的纵向研究的重要特征可以通过整合三个关键要素来刻画：（1）一个阐述良好的有关预期学习的理论模型；（2）一个初步设计可以让研究者对变化过程有一个清晰和详细的了解，以及从这个过程中产生出数据；（3）一个可以帮助研究者将理论观点加以操作化的统计模型（Collins & Graham, 2002）。因此，理论模型必须在多个方面是精确的。第一，它必须预测学习的形态：线性的、非线性的，一个阶梯函数或者可能是从某个数学内容上的一个加法性概念转至其乘法公式的情况（Sloane, 等, 2009, Ulrich, 2015, 2016; Vergnaud, 1988）。第二，它必须帮助实证研究者说明重复性测量的次数和时间点。第三，它必须精确说明用于支持学习的工具。第四，它必须展示教学在指导学习中的作用。总之，纵向设计必须为有关变化的多层理论所支持。

在20世纪70年代早期和80年代，许多数学教育研究者在检验有关数学教学的重要研究假设时，不再使用统计模型。在那时，整个领域为这样的改变作了准备，因为它摆脱了当时流行的行为主义的理论框架，转而拥抱和更好地理解学习者在认知上的努力。肖内西（2004）

为我们的研究群体的优先事项止在转变中的推断提出了一个背景。他对"本尼的有关IPI数学的法则和答案的概念"的部分评述如下：

> 皮亚杰关于幼儿的研究，更普遍的是受一些发展及认知心理学家的研究工作的影响，开始为数学教育中的研究提供了另一种研究范式，其以使用统计设计范式为主导，更适合于农业或社会科学的研究。厄尔万格（1973）的关于本尼的法则概念的文章打开了研究学生实际上是如何思考和学习的窗户。现在，数学教育研究也同样可以说明这一问题，其中证据的本质确实可以是学生实际思考过程的记录，而数据收集的工具可以是一个面谈。对于许多那个时期的研究生而言，做研究的前景突然变得更加有趣。（第48页）

从肖内西的话语中人们可以感受到那个时代人们的兴奋度。另一个使研究群体转向质性研究的原因在于这样一个事实，即传统的统计工具只能提供平均行为的结果，因此，他们不再具有曾经有过的科学性。

根据共同准则（IES/NSF, 2013），我们强调当前数学教育对多层模型的需求以及对通过个体内纵向模型阐述学生的数学学习的需求，这样将学习理论与统计模型联系在一起可以解决不相称的问题。我们将这些准则情境化为"研究计划"，逐渐为国家决策提供一个所需的研究基础。准则让统计建模再次复兴，使之与力求质性地分析学生学习的努力并进。正如基尔帕特里克（2001）指出的，数学教育研究者应当量化地检验从质性研究得出的假设。

我们提醒读者注意一些在我们现有的研究文献中存在的生态性问题。我们探讨这些理念，因为它们与社会学研究的历史有关，强调它们在数学教育的量化文献中也有所显现。我们讨论了估计的概率值因独立性的缺失如何通过在研究中适当增加样本量而得以调整。这样做是有代价的（财政上的、智力上的以及组织上的），而这是研究者必须承担的代价。最后，我们提出许多这样的问题可以通过选择新的统计模型解决，即处理嵌套数据，这样做是与研究群体的研究目的相称的。

我们让读者意识到统计建模可以比之前想到的或知道的更有用，更新的模型能够更好地处理嵌套的数据结构。这样的结构在个体内随时间的增长在模型使用上有所体现。更重要的是，MLM为研究者提供了检验有关数学个体学习者的较难获得的质性见解的机会。这些工具让研究者可以探索跨时间的个体改变，以及那些偏离平均趋势的改变。我们介绍了有关学生改变的这些模型如何扩展到包括呈现在数学课堂中的个体增长的研究。这里重要的内容是，需要在建立统计模型时更多地思考其基本的过程。对生成建模数据的过程的思考是必要的，因为"实质性过程是发生或作用在个体单元（个人）上，而不是在变量上"（Rogosa，1987，第193页）。

此外，我们阐明了对多层型理论的需求。我们认为，没有这样多层型的理论化，数学教育领域是无法将学习理论联系到教学理论，再联系到课堂实践中的。我们呼吁所使用的研究模式的相称性，这样的相称性需要把多层理论与多层分析对应起来。理想地，多层理论应当说明哪些变量属于每个层次，哪些直接效应和跨层交互是可以预期的（以及为什么）。

希望读者能像我们一样对未来的数学教育研究感到兴奋。我们，如同肖内西读到1973年的厄尔万格的文章，看到了数学教育研究的光明未来，可以发展多层理论，给予一个质性地改进这一理论并量化地探索和验证多层理论的机会。在接受这些智力挑战时，研究群体将能更好地联系理论与实践，并形成一个研究基础，使国家能够为所有人改进数学的教学。

References

Aitkin, M., Anderson, D., & Hinde, J. (1981). Statistical modelling of data on teaching styles. *Journal of the Royal Statistical Society, Series A, 144*(4), 419–461.

Aitkin, M., & Longford, N. (1986). Statistical modeling issues in school effectiveness studies. *Journal of the Royal Statistical Society, Series A, 149*(1), 1–43.

American Statistical Association. (2007). *Using statistics effectively in mathematics education research.* Washington, DC: Author. Retrieved from http://www.amstat.org/education/pdfs/UsingStatisticsEffectivelyinMathEdResearch.pdf

Bailey, R. A. (2008). *Design of comparative experiments.* New York, NY: Cambridge University Press.

Ball, D. L., & Rowan, B. (2004). Introduction: Measuring instruction. *Elementary School Journal, 105*(1), 3–10.

Bock, R. D. (1975). *Multivariate statistical methods in behavioral research.* Chicago, IL: McGraw-Hill.

Bollen, K. A., & Curran, P. J. (2006). *Latent curve modeling: A structural equation perspective.* Hoboken, NJ: John Wiley & Sons.

Box, G. E. P., & Jenkins, G. M. (1970). *Time-series analysis: Forecasting and control.* San Francisco, CA: Holden-Day.

Brown, A. (1992). Design experiments: Theoretical and methodological challenges in creating complex interventions in classroom settings. *Journal of the Learning Sciences, 2*(2), 141–178.

Brownlee, K. A. (1965). *Statistical theory and methodology in science and engineering* (2nd ed.). New York, NY: Wiley.

Bryk, A. S., & Raudenbush, S. W. (1987). Applications of hierarchical linear models to assessing change. *Psychological Bulletin, 101*(1), 147–158.

Bryk, A. S., & Raudenbush, S. W. (1992). *Hierarchical linear models: Applications and data analysis methods.* Newbury Park, CA: Sage Publications.

Bryk, A. S., & Weisberg, H. I. (1977). Use of the nonequivalent control group design when subjects are growing. *Psychological Bulletin, 84,* 950–962.

Burstein, L. (1980). The analysis of multilevel data in educational research and evaluation. *Review of Research in Education, 8,* 158–233. doi:10.2307/1167125

Cai, J., Ni, Y., & Hwang, S. (2015). Measuring change in mathematics learning with longitudinal studies: Conceptualization and methodological issues. In J. A. Middleton, J. Cai, & S.

Hwang (Eds.), *Large-scale studies in mathematics education* (pp. 293–309). New York, NY: Springer.

Carpenter, T. P. (1980). Research in cognitive development. In R. J. Shumway (Ed.), *Research in mathematics education* (pp. 146–206). Reston, VA: National Council of Teachers of Mathematics.

Clements, D. H. (2007). Curriculum research: Toward a framework for "research-based curricula." *Journal for Research in Mathematics Education, 38*(1), 35–70.

Clements, D. H., & Sarama, J. (2007). Effects of a preschool mathematics curriculum: Summary research on the Building Blocks project. *Journal for Research in Mathematics Education, 38*(2), 136–163.

Clements, D. H., & Sarama, J. (2008a). Experimental evaluation of the effects of a research-based preschool mathematics curriculum. *American Educational Research Journal, 45*, 443–494.

Clements, D. H., & Sarama, J. (2008b). Focal points—Grades 1 and 2. *Teaching Children Mathematics, 14*, 396–401.

Clements, D. H., Sarama, J., Spitler, M. E., Lange, A. A., & Wolfe, C. B. (2011). Mathematics learned by young children in an intervention based on learning trajectories: A large-scale cluster randomized trial. *Journal for Research in Mathematics Education, 42*(2), 127–166.

Clements, D. H., Sarama, J., Wolfe, C. B., & Spitler, M. E. (2013). Longitudinal evaluation of a scale-up model for teaching mathematics with trajectories and technologies: Persistence of effects in the third year. *American Educational Research Journal, 50*(4), 812–850. doi:10.3102/0002831212469270

Cobb, P., Jackson, K., & Dunlap, C. (2017). Conducting design studies to investigate and support mathematics students' and teachers' learning. In J. Cai (Ed.), *Compendium for research in mathematics education* (pp. 208–233). Reston, VA: National Council of Teachers of Mathematics.

Cobb, P., & Yackel, E. (1996). Constructivist, emergent, and sociocultural perspectives. *Educational Psychologist, 31*, 175–190.

Coburn, C. (2003). Rethinking scale: Moving beyond the numbers to deep and lasting change. *Educational Researcher, 32*(6), 3–12. doi:10.3102/0013189X032006003

Collins, L. M. (2002). Using latent transition analysis to examine a gateway hypothesis. In D. Kandel & M. Chase (Eds.), *Examining the gateway hypothesis: Stages and pathways of drug involvement* (pp. 254–269). Cambridge University Press.

Collins, L. M., & Flaherty, B. P. (2002). Latent class models for longitudinal data. In A. L. McCutcheon & J. A. Hagenaars (Eds.), *Applied latent class analysis* (pp. 287–303). Cambridge: Cambridge University Press.

Collins, L. M., & Graham, J. W. (2002). The effect of the timing and temporal spacing of observations in longitudinal studies of tobacco and other drug use: Temporal design considerations. *Drug Alcohol Dependencies, 68*, S85–S96.

Collins, L. M., & Wugalter, S. E. (1992). Latent class models for stage-sequential dynamic latent variables. *Multivariate Behavioral Research, 27*, 131–157.

Confrey, J., Maloney, A., & Corley, D. (2014). Learning trajectories: A framework for connecting standards with curriculum. *ZDM—The International Journal on Mathematics Education, 46*(5), 719–733.

Cox, D. R. (1958). *Planning of experiments*. New York, NY: Wiley.

Cronbach, L. J. (1982). *Jossey-Bass Higher Education Series: Designing evaluations of educational and social programs*. New York, NY: Wiley.

Crowder, M. J., & Hand, D. J. (1990). *Analysis of repeated measures*. London, England: Chapman & Hall.

Davis, R. B. (1984). *Learning mathematics: The cognitive science approach to mathematics education*. Clacton on Sea, England: Apex Publishing.

Diggle, P. J., Heagarty, P., Liang, K.-Y., & Zeger, S. (2013). *Analysis of longitudinal data*. Oxford, United Kingdom: Clarendon Press.

Duncan, T. E., Duncan, S. C., & Stryker, L. A. (Eds.). (2006). *Latent variable growth curve modeling: Concepts, issues, and applications* (2nd ed.). Mahwah, NJ: Erlbaum.

Durkheim, E. (1951). *Suicide: A study in sociology*. New York, NY: The Free Press. (Original work published 1897)

Eisenhart, M. (1988). The ethnographic research tradition and mathematics education research. *Journal for Research in Mathematics Education, 19*, 99–114.

Erlwanger, S. H. (1973). Benny's conception of rules and answers in IPI mathematics. *Journal of Children's Mathematical Behavior, 1*(2), 7–26.

Faul, F., Erdfelder, E., Lang, A.-G., & Buchner, A. (2007).

G*Power 3: A flexible statistical power analysis program for the social, behavioral, and biomedical sciences. *Behavior Research Methods, 39,* 175–191.

Ferrini-Mundy, J. (2008). What core knowledge do doctoral students in mathematics education need to know? In R. E. Reys & J. A. Dossey (Eds.), *U.S. Doctorates in mathematics education: Developing stewards of the discipline.* (pp. 63–74). Washington, DC: American Mathematical Society/ Mathematical Association of America.

Goldstein, H. (1995). *Multilevel statistical models* (2nd ed.). New York, NY: John Wiley.

Hand, V. M., Bannister, V. P., Bartell, T. G., Battey, D., & Spencer, J. (2006). Inequity in mathematics education: Moving beyond individual level explanations of differential mathematics achievement to account for race and power. In S. Alatorre, J. L. Cortina, M. Sáiz, & A. Méndez (Eds.), *Proceedings of the 28th annual meeting of the North American Chapter of the International Group for the Psychology of Mathematics Education* (pp. 481–487). Mérida, México: Universidad Pedagógica Nacional.

Hedeker, D., & Gibbons, R. D. (2006). *Longitudinal data analysis.* New York, NY: Wiley.

Hedges, L. V., & Hedberg, E. (2013). Intraclass correlations and covariate outcome correlations for planning two-and three-level cluster-randomized experiments in education. *Evaluation Review, 37,* 13–57.

Hershberger, S. L., Molenaar, P. C., & Corneal, S. E. (1996). A hierarchy of univariate and multivariate structural times series models. In G. A. Marcoulides & R. E. Schumaker (Eds.), *Advanced structural equation model modeling: Issues and techniques* (pp. 159–194). Hillsdale, NJ: Erlbaum.

Hiebert, J. (1998). Aiming research toward understanding: Lessons we can learn from children. In A. Sierpinska & J. Kilpatrick (Eds.), *Mathematics education as a research domain: A search for identity* (pp. 141–152). Dordrecht, The Netherlands: Kluwer.

Hill, H., & Ball, D. L. (2004). Learning mathematics for teaching: Results from California's Mathematics Professional Development Institutes. *Journal for Research in Mathematics Education, 35*(5), 330–351.

Hill, H., Rowan, B., & Ball, D. L. (2005). Effects of teachers' mathematical knowledge for teaching on student achievement. *American Educational Research Journal,* 42(2), 371–406.

Hill, H., Schilling, S., & Ball, D. (2004). Developing measures of teachers' mathematical knowledge for teaching. *Elementary School Journal, 105*(1), 11–30.

Hoffman, L. (2007). Multilevel models for examining individual differences in within-person variation and covariation over time. *Multivariate Behavioral Research, 42,* 609–629.

Holland, P. (1986). Statistics and causal inference. *Journal of the American Statistical Association, 81*(396), 945–60.

Huntley, M. A., Rasmussen, C. L., Villarubi, R. S. J., Sangtong, J. & Fey., J. T. (2000). Effects of standards-based mathematics education: A study of the Core-Plus Mathematics Project algebra and functions strand. *Journal for Research in Mathematics Education, 31,* 328–361.

Imbens, G. W., & Rubin, D. B. (2015). *Causal inference for statistics, social, and biomedical sciences: An introduction.* New York, NY: Cambridge University Press.

Institute of Education Sciences & National Science Foundation. (2013). *Common guidelines for education research and development.* Retrieved from http://www.nsf.gov/ publications/pub_summ.jsp?ods_key=nsf13126

Khuri, A. I., Mathew, T. M., & Sinha, B. K. (1998). *Statistical tests for mixed linear models.* New York, NY: Wiley.

Kilpatrick, J. (2001). Where's the evidence? *Journal for Research in Mathematics Education, 32*(4), 421–427.

Kilpatrick, J. (2003). What works? In S. L. Senk & D. R. Thompson (Eds.), *Standards-based school mathematics curricula: What are they? What do student learn?* (pp. 471–488). Mahwah, NJ. Lawrence Erlbaum Associates.

Kish, L. (1965). *Survey sampling.* New York, NY: Wiley.

Kosko, K. W., & Wilkins, J. L. M. (2015). Does time matter in improving mathematical discussions? The influence of mathematical autonomy. *Journal of Experimental Education, 83*(3), 368–385.

Kutner, M., Nachtsheim, C., Neter, J., & Li, W. (2005). *Applied linear statistical models* (4th ed.). Chicago, IL: McGraw-Hill.

Lanza, S., Flaherty, B. P., & Collins, L. M. (2003). Latent class and latent transition analysis. In J. A. Schinka & W. F. Velicer (Eds.), *Handbook of psychology: Vol. 2. Research methods in psychology* (pp. 663–685). Hoboken, NJ: Wiley.

Lincoln, Y. S., & Guba, E. G. (1985). *Naturalistic inquiry.* Beverly Hills, CA: Sage.

Loveless, T. (2006). *The 2006 Brown center report on American* education: How well are American students learning? With special sections on the nation's achievement, the happiness factor in learning, and honesty in state test scores. Washington, DC: The Brookings Institution.

Ma, X., & Wilkins, J. L. M. (2007). Mathematics coursework regulates growth in mathematics achievement. *Journal for Research in Mathematics Education, 38*(3), 230–257.

Mahmood, S. S., Levy, D., Vasan, R. S., & Wang, T. J. (2013). The Framingham Heart Study and the epidemiology of cardio vascular disease: A historical perspective. *Lancet, 27*(9921), 61752–61753. doi:10.1016/S0140-6736(13)61752-3

McCulloch, C. E., & Searle, S. R. (2001). *Generalized, linear and mixed models.* New York, NY: Wiley.

Meredith, W., & Tisak, J. (1990). Latent curve analysis. *Psychometrika, 55,* 107–122. doi:10.1007/BF02294746

Middleton, J. A., Cai, J., & Hwang, S. (Eds.). (2015). *Large-scale studies in mathematics education.* New York, NY: Springer.

Middleton, J. A., & Dougherty, B. (2008). Doctoral preparation of researchers. In R. E. Reys & J. A. Dossey (Eds.), *U.S. doctorates in mathematics education: Developing stewards of the discipline* (pp. 139–146). Providence, RI: American Mathematical Society; Washington, DC: Mathematical Association of America.

Myers, J. L., Well, A. D., & Lorch, R. F. (2010). *Research design and statistical analysis* (3rd ed.). Hove, United Kingdom: Taylor & Francis Group.

Nagin, D. S. (2005). *Group-based modeling of development.* Cambridge, MA: Harvard University Press.

Penuel, W. R., & Fishman, B. J. (2012). Large-scale intervention research we can use. *Journal of Research in Science Teaching, 49*(3), 281–304.

Penuel, W. R., Fishman, B. J., Cheng, B. H., & Sabelli, N. (2011). Organizing research and development at the intersection of learning, implementation, and design. *Educational Researcher, 40*(7), 331–337.

Pinheiro, J. C., & Bates, D. M. (2000). *Mixed-effects models in S and S-Plus.* New York, NY: Springer-Verlag.

Preacher, K. J., Wichman, A. L., MacCallum, R. C., & Briggs, N. E. (2008). *Latent growth curve modeling.* Thousand Oaks, CA: Sage.

Raudenbush, S. W. (2001). Toward a coherent framework for comparing trajectories of individual change. In L. Collins & A. Sayer (Eds.), *Best methods for studying change*

(pp. 33–64). Washington, DC: American Psychological Association.

Raudenbush, S. W., & Bryk, A. S. (1986). A hierarchical model for studying school effects. *Sociology of Education, 59,* 1–17.

Raudenbush, S. W., & Bryk, A. S. (2002). *Hierarchical linear models: Applications and data analysis methods* (2nd ed.). Thousand Oaks, CA: Sage.

Raudenbush, S. W., & Chan, W. (1993). Application of hierarchical linear model to the study of adolescent deviance in an overlapping cohort design. *Journal of Consulting and Clinical Psychology, 61,* 941–951.

Reys, R. E. (2006). A report on jobs for doctorates in mathematics education in institutions of higher education. *Journal for Research in Mathematics Education, 37*(4), 262–269.

Reys, R. R. (2016). Doctorates in mathematics education—How they have evolved, what constitutes a high-quality program, and what might lie ahead. In J. Cai (Ed.), *Compendium for research in mathematics education* (pp. #–#). Reston, VA: National Council of Teachers of Mathematics.

Reys, R. E., Glasgow, B., Teuscher, D., & Nevels, N. (2007). Doctoral programs in mathematics education in the United States: A status report. In R. E. Reys & J. Kilpatrick (Eds.), *One field, many parts: U.S. doctoral programs in mathematics education* (pp. 19–40). Providence, RI: American Mathematical Society.

Reys, R. E., Glasgow, B., Teuscher, D., & Nevels, N. (2008). Doctoral programs in mathematics education in the United States: 2007 status report. In R. E. Reys & J. A. Dossey (Eds.), *U.S. doctorates in mathematics education: Developing stewards of the discipline* (pp. 139–146). Providence, RI: American Mathematical Society; Washington, DC: Mathematical Association of America.

Robinson, W. S. (1950). Ecological correlations and the behavior of individuals. *American Sociological Review, 15*(3), 351–357.

Rogosa, D. R. (1987). Causal models do not support scientific conclusions: A comment in support of Freedman. *Journal of Educational Statistics, 12,* 185–195.

Romberg, T. A., & Shafer, M. C. (2008). *The impact of reform instruction on student mathematics achievement: An example of a summative evaluation of a standards-based curriculum.* New York, NY: Routledge, Taylor and Francis Group.

Roschelle, J., Shechtman, N., Tatar, D., Hegedus, S., Hopkins, B.,

Empson, S., & Gallagher, L. (2010). Integration of technology, curriculum, and professional development for advancing middle school mathematics: Three large-scale studies. *American Educational Research Journal, 47*(4), 833–878.

Rosenbaum, P. R., & Rubin, D. B. (1983). The central role of a propensity score in observational studies for causal effects. *Biometrika, 17,* 41–55.

Rubin D. B. (1974). Estimating causal effects of treatments in randomized and non-randomized studies. *Journal of Educational Psychology, 66,* 688–701.

Rubin, D. B. (1978). Bayesian inference for causal effects: The role of randomization. *The Annals of Statistics, 7,* 34–58.

Rubin, D. B. (2006). Conceptual, computational and inferential benefits of the missing data perspective in applied and theoretical statistical problems. *Allgemeines Statistisches Archiv (Journal of the German Statistical Society), 90,* 501–513. doi:10.1007/S10182-006-0004-Z

Russell, J. L., Jackson, K. A. R. A., Krumm, A. E., & Frank, K. A. (2013). Theories and research methodologies for design-based implementation research: Examples from four cases. In B. J. Fishman, W. R. Penuel, A. R. Allen, & B. H. Cheng (Eds.), *Design based implementation research: Theories, methods, and exemplars. National Society for the Study of Education 112th Yearbook.* New York, NY: Teachers College, Colombia University.

Sarama, J., Lange, A., Clements, D. H., & Wolfe, C. B. (2012). The impacts of an early mathematics curriculum on emerging literacy and language. *Early Childhood Research Quarterly, 27,* 489–502. doi:10.1016/j.ecresq.2011.12.002

Schneider, B., & McDonald, S. (Eds.). (2007a). *Scale-up in education: Vol. 1. Ideas in principle.* Lanham, MD: Rowman & Littlefield.

Schneider, B., & McDonald, S. (Eds.). (2007b). *Scale-up in education: Vol. 2. Issues in practice.* Lanham, MD: Rowman & Littlefield.

Schoenfeld, A. H. (2007). Method. In F. K. Lester Jr. (Ed.), *Second handbook of research on mathematics teaching and learning* (pp. 69–107). Charlotte, NC: Information Age; Reston, VA: National Council of Teachers of Mathematics.

Senk, S. L., & Thompson, D. R. (Eds.). (2003). *Standards-based school mathematics curricula: What are they? What do students learn?* Mahwah, NJ: Lawrence Erlbaum Associates.

Shadish, W., Cook, T., & Campbell, D. (2002). *Experimental and quasi-experimental designs for generalized causal inference.* Boston, MA: Houghton Mifflin.

Shaughnessy, J. M. (2004). Perspective on "Benny's conception of rules and answers in IPI mathematics." In T. P. Carpenter, J. A. Dossey, & J. L. Koehler (Eds.), *Classics in mathematics education research* (p. 48). Reston VA: National Council of Teachers of Mathematics.

Simon, M. A. (1995). Reconstructing mathematics pedagogy from a constructivist perspective. *Journal for Research in Mathematics Education, 26*(2), 114–145.

Simon, M. A. (2009). Amidst multiple theories of learning in mathematics education. *Journal for Research in Mathematics Education, 40*(5), 477–490.

Simon, M. A., & Tzur, R. (1999). Explicating the teacher's perspective from the researchers' perspective: Generating accounts of mathematics teachers' practice. *Journal for Research in Mathematics Education, 30*(3), 252–264.

Singer, J. D., & Willett, J. B. (2003). *Applied longitudinal data analysis: Modeling change and event occurrence.* New York, NY: Oxford University Press.

Skemp, R. R. (1977). Relational understanding and instrumental understanding. *Mathematics Teaching, 77,* 20–26.

Skemp, R. R. (1986). *The psychology of learning mathematics* (2nd ed.). London, United Kingdom: Penguin Books.

Sloane, F. C. (2003). *An assessment of Sorensen's model of school differentiation: A multilevel model of tracking in middle and high school mathematics.* Chicago, IL: The University of Chicago.

Sloane, F. C. (2005). The scaling of reading interventions: Building multilevel insight. *Reading Research Quarterly, 40,* 361–366.

Sloane, F. C. (2008). Randomized trials in mathematics education: Recalibrating the proposed high watermark. *Educational Researcher, 37*(9), 624–630.

Sloane, F. C., & Gorard, S. (2003). Exploring modeling aspects of design experiments. *Educational Researcher, 32*(1), 29–31.

Sloane, F. C., Helding, B., & Kelly, A. E. (2009). Modeling longitudinal growth in science knowledge. In K. Tobin & W. Roth (Eds.), *The world of science education handbook of research in North America.* Rotterdam, The Netherlands: Sense.

Steffe, L. P. (2004). On the construction of learning trajectories of children: The case of commensurate fractions. *Mathematical Thinking and Learning, 6*(2), 129–162.

Steffe L. P., & Cobb, P. (1983). The constructivist researcher as teacher and model builder. *Journal for Research in Mathematics Education, 14*(2), 83–94.

Steffe, L., Nesher, P., Cobb, P., Goldin, G. A., & Greer, B. (1996). *Theories of mathematical learning.* Hillsdale, NJ: Lawrence Erlbaum.

Steffe, L. P., & Thompson, P. (2000). Teaching experiment methodology: Underlying principles and essential elements. In A. Kelly & R. Lesh (Ed.), *Research design in mathematics & science education* (pp. 267–307). Hillsdale, NJ: Lawrence Erlbaum.

Steffe, L. P., & Ulrich, C. (2013). The constructivist teaching experiment. In S. Lerman (Ed.), *Encyclopedia of mathematics education: Springer Reference.* Berlin, Germany: Springer-Verlag.

Steyer, R., Geiser, C., & Fiege, C. (2012). Latent state-trait models. In H. Cooper (Ed.), *Handbook of research methods in psychology* (pp. 291–308). Washington, DC: American Psychological Association.

Sztajn, P., Confrey, J., Wilson, P. H., & Edgington, C. (2012). Learning trajectory based instruction: Toward a theory of teaching. *Educational Researcher, 41*(5), 147–156.

Tatar, D., Roschelle, J., Knudsen, J., Schechtman, N., Kaput, J., & Hopkins, B. (2008). Scaling up innovative technology-based mathematics. *Journal of the Learning Sciences, 17*(2), 248–286.

Tourangeau, K., Nord, C., Lê, T., Sorongon, A. G., & Najarian, M. (2009). *Early Childhood Longitudinal Study, Kindergarten Class of 1998–99 (ECLS-K), Combined User's Manual for the ECLS-K Eighth-Grade and K–8 Full Sample Data Files and Electronic Codebooks (NCES 2009–004).* Washington, DC: National Center for Education Statistics, Institute of Education Sciences, U.S. Department of Education.

Ulrich, C. (2015). Stages in constructing and coordinating units additively and multiplicatively (Part 1). *For the Learning of Mathematics, 35*(3), 2–7.

Ulrich, C. (2016). Stages in constructing and coordinating units additively and multiplicatively (Part 2). *For the Learning of Mathematics, 36*(1), 34–39.

Uribe-Flórez, L. J., & Wilkins, J. L. M. (in press). Manipulative use and elementary school students' mathematics learning. *International Journal of Science and Mathematics Education.*

Usiskin, Z. (2003). A personal history of the UCSMP secondary school curriculum 1960–1999. In G. M. A. Stanic & J. Kilpatrick (Eds.), *A history of school mathematics* (Vol. 1., pp. 675–756). Reston, VA: National Council of Teachers of Mathematics.

Vergnaud, G. (1988). Multiplicative structures. In J. Hiebert & M. Behr (Eds.), *Number concepts and operations in the middle grades* (pp. 141–161). Reston, VA: National Council of Teachers of Mathematics.

Wilkins, J. L. M. (2004). Mathematics and science self-concept: An international investigation. *Journal of Experimental Education, 72*(4), 331–346.

Wilkins, J. L. M., & Ma, X. (2002). Predicting student growth in mathematical content knowledge. *Journal of Educational Research, 95*(5), 288–298.

Wilkins, J. L. M., & Ma, X. (2003). Modeling change in student attitude toward and beliefs about mathematics. *Journal of Educational Research, 97*(1), 52–63.

Willett, J. B. (1989). Some results on reliability for the longitudinal measurement of change: Implications for the design of studies of individual growth. *Educational and Psychological Measurement, 49,* 587–602.

Windle, M. (2012). Longitudinal data analysis. In H. Cooper (Ed.), *Handbook of research methods in psychology* (pp. 245–266). Washington, DC: American Psychological Association.

开展设计研究，调查并支持学生与教师的数学学习

保罗·科布
美国范德堡大学
卡拉·杰克逊
美国华盛顿大学
夏洛特·邓拉普
美国范德堡大学
译者：徐斌艳
　　　华东师范大学教师教育学院

本章阐述设计研究方法的典型特征，说明如何利用设计研究，调查分析学生在特定数学领域的学习，探讨教师对日益复杂的实践形式的开发，或者对学校和地区改进数学教学能力的调研。鉴于涉及材料广泛，本章不对文献进行翔实综述，而是主要探讨设计研究成果；阐明在准备和实施设计研究时应重视的关键之处，以及对数据进行回溯分析时应强调的重点。本章最后一节，将思考设计研究的局限性，从而辨析其未来发展。

设计研究需要"工程人员"参与开发特有的实践形式，包括学生的数学实践、教师的教学实践，以及学校和地区的组织程序。另外，还包括系统探究这些实践形式，孕育开发实践环境，以及设计的支持手段（Schoenfeld, 2006）。因此，设计研究既是实用导向又是理论导向（Bakker & van Eerde, 2015; Design-Based Research Collaborative, 2003）。在实用上，主要探究和改进支持学习的设计；在理论上，涉及提出、检验修正学习过程和支持学习方法的假设。因此，设计研究的成果既包括实用的人工制品、程序、技术，或服务于设计的系统，也包括设计合理性的理论。

设计研究有各种不同的表述，比如设计实验（Brown, 1992; Collins, 1992; Edelson, 2002）、基于设计的研究（Design-Based Research Collaborative, 2003）、教育设计研究（van den Akker, Gravemeijer, McKenney, & Nieveen, 2006）、发展研究（Gravemeijer, 1994）。据巴克和范埃尔德（2015）研究，这些不同名称的出现主要有其历史原因，并反映了20世纪80年代到90年代设计研究方法论的不同起源。在美国等国家，研究者有认知心理学背景，试图突破已发现的比较实验组和控制组的实验带来的局限性，故名设计研究（也为"设计实验"）。在荷兰等国家，这一方法论产生于开发和改进课程材料的背景，故名"发展研究"。本章不使用"设计实验"，而使用"设计研究"，以避免涉及两组或多组实验比较的影响。

设计研究可以在不同的类型和范围下开展。本章集中分析三种设计研究：

1. 研究团队与数学教师合作的课堂设计研究（教师可以是研究团队成员），提出教学责任的假设，以便调查学生在特定数学领域的学习过程。（例如，Lamberg & Middleton, 2009; Lehrer & Kim, 2009; Simpson, Hoyles, & Noss, 2006; Stephan & Akyuz, 2012）

2. 研究团队与一组在职或职前数学教师共同开展的专业发展设计研究，旨在支持教师发展不断复杂的教学实践。（例如，Cobb & McClain, 2001; Cobb, Zhao, & Dean, 2009; Lesh & Kelly, 2000; Zawojewski, Chamberlin, Hjalmarson, & Lewis,

2008）

3. 研究团队与教师、学校管理人员和其他相关群体合作的组织设计研究，旨在支持学校和地区发展其数学教学改进能力。（例如，Cobb, Jackson, Smith, Sorum, & Henrick, 2013; Fishman, Marx, Blumenfeld, & Krajcik, 2004; Maass & Artigue, 2013）

这三类设计研究并没有涵盖所有的相关研究。最容易忽视的是一对一设计研究，也即一个研究人员和小组中的每个学生进行一系列个别化教学，调查学生在特定数学领域的学习过程，并形成模式。（例如，Cobb & Steffe, 1983; Simon 等, 2010）。

一般地，当研究问题满足如下两个条件时，适合开展设计研究。首先，学生的数学实践、教师的教学实践或组织程序等作为研究焦点，几乎不可能实际发生，因而即使能够通过观察法去研究，也很难调查这些主题。设计研究作为一种干预性方法，力求实现想要的发展，这些问题很适合用设计研究。其次，目前对支持核心实践发展的过程研究不太合理，不能很好地表述对有效教学、专业发展或系统层面教学改进的设计，适合使用设计研究，通过迭代循环的设计和分析来改进原有的设计。

所有设计研究有五个共同的一般特征。第一个特征是，设计研究从理论上关注所有来自实践者的问题，如他们试图支持学生或教师学习或提升学校与地区教学改进能力，因此，设计研究直接对提升学生数学教育质量有贡献。

第二个特征是，设计研究具有高度的干预主义本质。实施设计研究的意图是，通过支持开发相对新颖的实践发展的形式，来研究教育改进的各种可能。因此，课堂教学类型、教师专业发展或研究中实施的对组织改进的支持，明显地不同于在通常状态下开展的实践。与艺术和美学设计相比，学习方式的设计是有条件的设计，限制条件包括参与者初始的实践及可获得的资源。但是，与自然科学研究相比，设计研究中的团队还是有强大的控制权，并且有机会去说明开发重要实践所必需的支持方式。

第三个特征是，设计研究有很强的理论与实践导向。进行设计研究的初始目的，既要开发实践性设计，支持发展日益复杂的实践；又要形成理论，对开发过程和开发手段进行事实推断。这类理论在一定范围内适用，并且关注数学、教学或者组织实践形式的发展。

第四个特征是，设计研究涉及检测修正学生、教师和组织发展，以及推断发展的手段方法。检测、修正和推断，改进支持学习的相关设计，都涉及设计与分析的迭代循环。在设计研究的任何方面，其设计进程均反映了对参与者个体发展过程、集体发展过程以及支持手段的推断。对学生活动和学习支持系统的持续分析，提供了检测、完善和修正基本假设的机会。反之，这些修正也会为优化设计提供信息。

第五个特征是，设计研究从理论视角看，旨在达到一般化过程。尽管设计研究在有限的范围内开展，但意图不仅是考察支持特定学生或教师群体的学习过程，也不仅是探讨增强特定学校或地区教学发展的能力。研究团队设计初始方案和开发方案，旨在通过案例支持一种更为广泛的现象，从而进行设计以及有计划地进行理论分析。

尽管这五个特征中的某些特征也是其他研究具有的，但放在一起看，设计研究区别于其他研究（Cobb, Confrey, diCessa, Lehrer & Schauble, 2003）。例如，当一个设计研究涉及对一个班级、一组教师，或者几所学校或地区进行详细分析，那么设计研究也许被看作一种案例研究。然而，研究者进行案例研究，主要是为了理解能够被预测发生的现象；而设计研究具有干预性，研究者有目的地设计他们寻求理解的发展形式（Yin, 2003）。

随机对照试验（RCTs）和行动研究都具有干预性。随机对照试验的目的是判断课程、教学策略或教师专业发展等干预措施是否起作用。如果起作用，对谁起作用，在何种条件下起作用（Slavin, 2004）。该试验把参与者随机分配到实验组和对照组，然后通过定量分析，确定两组参与者在前测与后测中是否有显著性差异。而设计研究的实用目的在于：为支持学习而进行干预，改进初始设计或者设计与分析迭代循环。为此，分析通常是质性的，通过比较单个小组在连续时间点上的成就，判断当前的设计循环是否支持所推断的学习（Design Based Research Collaborative, 2003）。正如阿蒂格（2015）所观察的，设计研究是不按照控制组和实验组比较的那种效度范式。它的效度是内在的，是基于前后阶段教学状况的比较。在这里效度被理解为，教学系统的功能，以及需要接近这些功能的相关教学现象。（第471页）

就行动研究而言，一组实践者（通常是教师）共同行动，促进实践方面的发展，它可能既包含班级的教学活动，又包括特殊的教学策略（Mertler, 2013）。有时容易混淆行动研究与设计研究，因为两者的目的都是加强支持学习的设计，都包含设计与分析的迭代循环。二者最主要的区别在于：参与行动研究的实践者的意图是推进本土的实践，而设计研究旨在通过开发理论形成概念。该理论既是启动设计的基本原理，也是他人努力支持学生、教师和组织学习的方式。有时，研究者与实践者合作开展设计研究，因此，实践者开展行动研究，研究者开展设计研究，并不是行动研究与设计研究的关键的区别。实际上，人们关注的是：促进本土实践和推动专业知识一般化之间的对比。（见Lewis, 2015, Morris & Hiebert, 2011）。

下面，我们将不再讨论设计研究的一般特征，而是探讨课堂研究的方法，关注专业发展的研究，讨论组织性的设计研究。针对每种研究，首先考虑核心研究工具、使用的解释性研究框架，以便不间断地解释参与者的活动和对他们学习的支持系统。然后讨论设计研究的准备，学习支持阶段的实验，对研究中产生的数据进行回溯分析。最后，探讨设计研究共有的局限性和未来走向。

课堂设计研究

文献中介绍的大部分设计研究是团队组织的课堂研究，既调查研究学生的数学学习，又试图为学生在几周内或者整个学年或者更长时间内的学习提供支持。

构建解释性框架

在实施课堂设计研究中，研究团队对学生的数学活动和课堂学习环境进行了连续性的解释。既包括数学学习过程的猜测与假设，也包括对学生学习有潜在重要意义的课堂学习环境的猜测与假设。因此，数学学习是一种个体建构过程，或者数学学习是情境性的，是集体与共同实践的参与，这两种观点存在重要区别，并已经成为激烈争论的焦点（Cobb, 2007, Hatano, 1993, Sfard, 1998）。例如，一些设计研究者假定，数学学习主要是个人认知重组的过程，它发生在学生试图解决任务和回答教师课堂提问的时刻（Clements & Sarama, 2004; Saldanha & Thompson, 2007）。他们认为，课堂学习环境因素影响着学生的学习过程，促成学生推理的内在重组。数学任务，物理的、符号的和计算机类的工具，连同教师提问，都是学生学习的重要支持。此外，还有其他设计研究者倾向于假设：学生的数学学习根植于课堂社会规范，以及由教师和学生共同组成的数学实践中（Lehrer, Kim, & Jones, 2011; Stephan & Akyuz, 2012）。他们认为，课堂学习环境因素不仅影响学生学习的过程，而且影响到学习结果，包括学生形成的数学推理形式。他们通常关注课堂任务和工具、课堂规范的本质，以及对学生学习有潜在支持作用的课堂对话质量。

一个研究团队对数学学习的推测和假设是重要的，因为它们影响着正在进行的设计和教学决策。例如，权、君、金、朴和朴（2013）开展的一项课堂设计研究，他们旨在支持八年级学生数学论证和几何图式（geometric pattern）概念理解的发展。作者之所以选择关注几何图式，是因为它们在代数推理中的重要性，而且最近的研究发现，与需要程序技能的任务相比，（韩国学生）在需要更高阶认知功能的任务中的成绩相对较低（第202页）。作者设计了一个教学序列，使用多个任务，从最初涉及学生熟悉的情境，到后来更抽象的情境。在设计序列时，作者借鉴了现实数学教育理论基础（Freudenthal, 1991）。他们认为数学是"一种人类活动，而不是一个现成知识的固定系统"（Kwon等, 2013, 第202页），并开发了任务，使学生能够通过共享的意义建构积极参与数学的再创造。权等人用于跟踪学生学习情况的数据包括课堂音频和视频记录、学生的个别访谈以及学生个人或小组完成的作业。他们通过分析作为指标的课堂话语，记录了学生在数学论证和几何图式理解上的转变，课堂话语这个指标既可以反映学生的数学推理能力，又可以反映课堂上共享论证是如何进行的。

在我们看来，研究者在进行课堂设计研究时，必须明确其解释性视角中固有的理论保证，因为这些保证在学生的学习设计方面起着重要作用。通过阐明解释学生数学活动和课堂学习环境时使用的主要构念，研究小组将这些构念置于公众辩论和审查之下。从不同角度进行的课堂设计研究可以作出重要贡献。但是我们也注意到，自布朗（1992）和柯林斯（1992）的开创性工作以后的这些年来，已经积累了相当多的证据表明，儿童和成人发展的数学推理形式是由他们的学习环境，特别是他们学习时参与的集体实践所形成的（Hall, 2001; Hoyles, Noss, & Pozzi, 2001）。

课堂设计研究的准备阶段

明确学生数学学习目标。正如我们所指出的，课堂设计研究在测试和修正有关学生特定领域推理发展的猜想方面是有用的，而这种推理发展很少在现场发生。在明确数学推理形式是构成学生学习目标时，通过确定核心数学思想、组织数学思想来质疑所考虑的数学领域在课程中如何被表达得有特色是至关重要的。显然，任何先前那些研究学生在重点数学领域数学学习可能性的调查在这方面都是相关的。大量的课堂设计研究都集中在小学领域，如早期的数的教学，而针对中学和大学层面内容的研究则很少。

学生学习目标的表达形式，也许由国家或者州的学生数学学习标准等政策性文件确定，但设计研究提出的目标通常会对相关的标准进行重大的概念重建。例如，权等人（2013）在调查学生数学证明的研究时，设立的学习目标就考虑到韩国教育、科学与科技部发出的呼吁：数学课程在发展学生程序性技能的同时，要支持发展学生的"高认知水平能力"（第202页）。对学习目标的描绘，也可以借鉴专家对学科实践的分析。例如斯泰莲妮德斯和斯泰莲妮德斯（2009）报告了在初等教育数学课堂里进行的系列设计研究，以加强他们对数学证明的理解和使用。斯泰莲妮德斯和斯泰莲妮德斯解释到，关注

并调查数学概括能力，缘于如下强烈对照：数学家运用证明方法与儿童及小学教师通常使用的方法（例如，参考少量通常方便选择的例子来验证数学猜想）之间的不同。他们开展的设计研究，旨在加强本科学生对论证范式的认识，通过"关键反例"策略使用，发展他们更复杂的证明技巧（第319页），这种"关键反例"在于引发学生的"认知冲突"（第319页）。这一研究说明，为学生学习制定的目标能够为整个教学设计进行定位。

记录教学起始点。在开展研究之前，除了要明确学习目标，说明关于学生发展的推测以及支持他们发展的手段，研究者还要确定学生当前的推理水平，以便教学能够充分利用。先前的研究，例如访谈和观察研究，对明确学生初始的推理水平可能是有用的。然而，当人们准备设计研究时，如果在相关领域几乎没有开展过先前研究，或者提出的学习目标与传统教学强调的存在很大差异，那么通常需要建立另外的评价形式。这些评价通常采用一对一的访谈，也可以包括观察学生解决问题时的推理过程。另外，如果具有指导开发与研究和整体意图相吻合的任务的研究基础，也可以使用书面评价。例如，权等人（2013）使用诊断式评价，不仅能确定教学起始点，而且结合辅助型的课堂观察跟踪研究，参与了学生推理的发展。

描绘未来学习轨迹。准备课堂设计研究的下一步是通过阐述关于学生推理发展以及支持其推理发展的特殊方法的可测假设，来明确未来的或者假设的学习轨迹（Simon, 1995）。例如，权等人（2013）关于学生学习的未来轨迹，包括学生以小组形式以及全班讨论形式解决日益复杂内容时，他们的论证范式是如何发展的。类似地，斯泰莲妮德斯和斯泰莲妮德斯（2009）开发了一种假设性的学习轨迹（在相继的设计研究中不断改进），包括学生的论证从单纯经验性到常规形式的发展标准。

值得说明的是，评价特定任务、物理或符号工具的潜在性，其意图是预测学生在课堂进行学习时可能产生的学习机会。因此，关键是要思考课堂规范和讨论的本质，从而设计如何在课堂上真正可以落实这些任务和工具（Gravemeijer & Cobb, 2006）。关注支持手段就是设立一个学习轨迹，它有别于认知与发展心理学中使用的

发展轨迹，它强调，只有在课堂中运用适当的支持手段，才会促进学生发展，从这个角度看，这里探讨的学习形式是在设计研究过程中如何构造学习轨迹。

根据我们的经验，先前有助于建立未来学习轨迹的研究，集中在学习目标上，该目标至少与计划研究的轨迹部分一致。先前研究包括学生学习过程、教学情境，也包括学习支持计划。这样的研究在许多领域数量有限，关于学生学习和学习支持方法的初始推断，通常是临时的，甚至是可以彻底修正的。但是，表达未来学习轨迹的过程是有价值的，因为研究团队的任务是，一旦开始在课堂上进行实验，就要以数据驱动改进初始设计。

设计研究要置于理论框架中。正如我们提到的，课堂设计研究的目标在于，在形成"朴素理论"时（Cobb, Confrey 等，2003），要去寻求普遍性。因此，关键的是，在准备设计研究时，要将它放置在某个宏大的理论背景下，将设计研究建构成为支持学生发展特定数学能力的范例。例如权等人（2013）以及斯泰莲妮德斯和斯泰莲妮德斯（2009）的两项研究，都在试图发展一种具有领域特性的教学理论。权等人（2013）的设计研究是中学生在推理几何规则时，发展数学论证能力的案例；斯泰莲妮德斯和斯泰莲妮德斯（2009）的设计研究，是本科生发展精细的数学证明概念的案例。

正如普莱迪奇、格雷夫梅杰和康弗里（2015）所观察的，许多课堂研究，把涉及学生特定领域数学能力发展的初始设计，与涉及一般数学能力发展的第二次设计结合起来。在一系列课堂设计研究中，形成了不局限于特定数学领域的理论，包括现实数学教育理论（Gravemeijer, 1999; Treffers, 1987）、元表征能力理论（diSessa, 1992, 2002, 2004）、量化推理理论（Smith & Thompson, 2007; Thompson, 1994, 1996）、演示性抽象理论（Lobato, 2003, 2012）、课堂社会情境下学生数学学习的自然发生观（Cobb, Stephan, McClain, & Gravemeijer, 2001）。在这些研究中，人们使用所形成的理论指导设计决策和解释课堂事件，同时，根据出现的问题再优化理论（diSessa & Cobb, 2004）。因此，所产生的理论不会远离支持学习的实验性实践，而是扎根其中。

支持学习的实验

实施各种设计研究的目的，并不是演示如何开展未来学习轨迹，其主要目标甚至不是去评估它是否起作用，尽管研究团队一定会这样做。相反地，实验支持学习的意图是：通过测试和修正关于学生的学习轨迹，以及支持他们对特定方法的推断，为学习作准备，以便促进已经发展的未来轨迹。

数据收集。在研究过程中需要产生怎样的数据，取决于设计研究的理论意图。数据应该有助于研究团队表达更广泛的理论观点，需要探讨的学习环境是随后进行回溯分析时的一个理论的范例。至少，研究团队需要收集这样的数据，它们可以说明学生在课堂上的学习过程，以及逐渐形成的课堂学习环境，包括已经开展的对学生学习的支持。因此，权等人（2013）使用书面测评、课堂录音与录像，来说明学生找到并概括几何规律时的数学论证能力的发展。另外，他们使用录音和现场笔记，记录了学生小组活动的情况，来评价学生在整段时间以及不同情境下使用的论证模式。研究团队通过分析这些数据，调查了学习任务和课堂活动，以及教师松散的日常教学是如何支持和阻碍学生论证实践发展的。

已有的数据收集工具常常不足以说明学生推理的发展，以及课堂学习环境的关键要素。因为课堂设计研究主要关注学生学习的新颖性目标。因此，在课堂设计研究中收集的数据通常是定性的，而不是实用的定量数据。例如，斯泰莲妮德斯和斯泰莲妮德斯（2009）开展的研究目标之一，就是调查参与的本科生是如何被支持进行形式数学证明的。很明显，只要开发纸笔测评，就可评价学生形式证明的应用能力，因为大部分学生已经经历了先前的实用证明的数学教学。但是，因为研究者关注实用论证的重要性及需求，侧重理解任务和教学是如何帮助学生领会实用论证的，所以，他们收集并分析课堂片段的音频和视频材料，以及围绕小组活动的现场记录、书面评价、学生作业、学生对自我学习的书面反思报告。

设计和分析的迭代循环。设计研究的迭代循环性质是其方法论的重要方面。每个循环包括教学设计、课堂实施、课堂分析，之后是下一个循环。实施连续设计和分析循环的总体目标在于：检测并促进准备阶段描述的未来学习轨迹。作为检测和修正过程的一部分，研究团队需要在每次课堂学习结束后，举行任务报告会，团队成员分享并研讨对课堂活动的解释。一旦团队达成共识，就可以准备下一次的课堂活动，设计（或修正已有的）教学任务，思考其他支持手段（例如对课堂规范进行再商讨）。

阶段性地举行较长期的研究团队会议也是有意义的。这些会议的意图在于：全面考虑在整个研究中所做的修正，并描绘一条修正的学习轨迹。我们认为，要保证局部判断（如在特定活动中使用的特殊任务，教师向学生说明的数学观点）和较长期的学习目标，以及整个学习轨迹之间存在一种反思性的联系，这应该是设计研究的基本原则（Simon, 1995）。

开展回溯性分析

在设计研究的最后阶段，利用课堂实验生成的整套数据，开展回溯性分析。研究进行过程中开展的持续性分析，通常与参与学生学习的即时实用性目标直接相关。而回溯性分析则是：将学习及支持学习的方法放置在更广阔的理论情境下，将理论情境理解为全方位现象的一个范式。为了便于说明，假设课堂设计研究的一个主要理论目标是：开发特定领域的教学理论。

回溯性分析把课堂学习环境分为必要方面与视情况而定的其他方面，这种区分可能会因研究人员从其他角度思考而有所改变。在设计研究中，回溯性分析对解释课堂如何支持学生学习是重要的。例如，在八年级学生一系列正整数和负整数推理的教学任务中，斯蒂芬和阿基伍兹（2012）把资产净值概念作为基本情境，他们的回溯性分析表明，这些任务情境直接支持学生定量地进行整数推理，很有必要。同时，有必要让学生使用特定的符号工具（如纵向数轴），教师坚持特别的观点，以及用某些手势表达数量的差异与变化。当然，任务中使用的具体的数学组合是视情况而定的，其他人可以依据自己的工作需要而改变内容。

凯利（2004）观察到，这些方法以清晰的论证性基本原埋为基础，这些基本原理将研究问题与数据、数据与分析、分析与最后观点和判断联系起来。他指出，描述成熟方法的论证性基本原理，可以独立于研究的细节，如随机田野试验。但是，可以发现，不存在公认的设计研究的论证性原理。因此，"设计研究缺乏提出断言依据的基础"（第119页），显然是方法论上的一个弱点。因此在讨论课堂设计研究特有的可信度问题之前，我们提出一个关于课堂设计研究需要的论证性原理。

论证原理。提出论证原理的第一步，说明学生要参与设计研究，否则不能发展我们想要的数学推理。我们通常直接假设用合理的步骤来评价学生推理能力的发展，而课堂设计研究旨在调查学生新型的推理形式的发展，这种推理在典型数学教学情境下很少出现。因此，团队可以借鉴以前的访谈和观察研究，来表明所记录的推理形式相对较少。布朗（1992）明确指出，将学生学习归因于霍桑效应的建议是不可行的，因为研究团队在研究准备阶段，已经预测了学生即将发展的推理形式。

论证原理的第二步是更高要求，说明人们在描绘所调查的学习过程各方面时，结论可能也就产生了，这种学习过程在其他情境下是可重复的。可重复性并不意味着要以绝对同样的方式在不同的班级中落实设计。相反地，因为研究者要区分设计的必要性和偶然性，所以当其他人将设计置于工作情境中时，研究者会知道哪些是设计的核心。在对整个数据库进行回溯性分析时，主要记录每个推理的连续形式，关注它是如何重组先前的推理形式；同时要识别课堂学习环境的特点，它支持学生推理连续形式的发展。这样所生成的特定领域的教学理论会阐述：如何将学生推理的持续不断的发展与课堂学习环境方面联系起来，规划学生的学习，包括设计在课堂上应用的支持手段（见 Brown, 1992）。研究团队如果考虑到如下两个方面，就有更大可能构造出扎实的理论：一方面是采纳各种广泛的支持，不局限于教学任务和工具；另一方面要采用一种解释性框架，将学生数学学习放置在课堂学习环境中。

应该明确，设计研究的结论不是基于有代表性的样本概括而成的，而是"一种因果关系的规律性观点"（Maxwell, 2004）。这种观点认为"因果关系的实际过程是无法观察的，它是一个黑箱，需要集中探究是否存在输入和输出之间的系统关系"（第4页）。基于对各种个案进行过程导向的解释，"从根本上把因果关系看作在特别事件和情境中实际的因果机制和过程"（第4页）。马克斯韦尔说，过程导向的解释与"因果关系运行的机制和条件"有关（Shadish, Cook, & Campbell, 2002，第9页）。就专门领域的教学理论来说，这些机制就是过程，在这些过程中，专门的学习环境支持学生推理的特别发展，其条件就是支持学生在数学推理方面的学习轨迹。

总的来说，我们概述的论证规则包括如下方面：

- 说明学生要参与设计研究，否则不能发展专门的数学推理；
- 记录一系列连续的推理形式，描述如何重组先前的推理形式；
- 识别课堂学习环境中的特征，明确对连续推理的支持，哪些特征是必要的，哪些是偶然的。

表达这些规则并不表明，在某单一研究中能够开发一种扎实的教学理论，尤其是研究团队在表述初始设计假设时所依据的研究基础较弱。有时，需要开展一系列研究，使得一个研究结论为下一个研究设计提供思路（Gravemeijer & Cobb, 2006）。例如，斯泰莲妮德斯和斯泰莲妮德斯（2009）开发的专门领域教学理论，是在系列研究中被完善的。我们认为，即使当一项研究足够生成某种理论，针对各种不同背景的参与者开展后续的试验还是有价值的。这些试验不一定需要全套的设计研究，但重点在于根据新情境定制设计。

我们描述的将课堂设计研究结论一般化的手段，与林肯和古巴（1985）可迁移性概念很好兼容，"可迁移性"意指定性研究结论可应用于其他情境。林肯和古巴的概念具有影响力，他们认为，可迁移性能够通过对调查现象的丰富描述而建立起来，以便其他研究者能够评估某研究结论对其他情境和其他人的应用程度。我们提出的方法的主要贡献在于：详述课堂中需要详细记录的关键事件，即学生发展的连续性推理和支持这些发展的课堂学习环境特征。

最近，拉堡和米德尔顿（2009）讨论了课堂设计研究的推广性问题，论证了在"让成功实施干预的条件显性化"（第238页）的研究中所形成的教育干预参数的重要性。就我们的阅读来看，拉堡和米德尔顿关心的是在其他环境下研究中开发和改进的教具、程序、技术或系统的所谓的可实施性。他们所考虑的条件大概包括学校环境的各个方面，例如校长的支持和提供高质量的教师专业发展。相反地，我们关心的是设计研究的实用产品和构成特定领域教学理论的基本原理在多大程度上可以指导其他研究者支持和调查其他学生在其他环境下学习的工作。因此，我们要解决的问题是，具体领域教学理论所详述的学生推理的依次发展是否以及在何种程度上可以在其他环境中再现。于是在考虑可推广性时，我们将重点限制在学生之前的教学经历和课堂学习环境的各个方面，包括所设计的支持。拉堡和米德尔顿所讨论的执行问题显然是最重要的。但是，在我们看来，他们自己的调查应该成为焦点，实际上它们也是进行专业发展和组织设计研究的主要原因。

可信度。可信度是指对参与学生推理的依次发展和支持这些发展的课堂学习环境的各个方面的要求和主张的合理性和正当性。显然，对定性数据分析的基本原则的讨论超出了本章的范围。然而，我们应该认识到，分析在课堂设计研究过程中产生的大量纵向数据集是具有挑战性的。尽管如此，系统地分析整个数据集，同时记录分析过程的所有阶段，包括特定推论的证据，仍然是必要的。只有这样，最终的要求和主张才能在必要时通过对原始数据源（例如，视频录制的课堂对话和音频录制的学生访谈）的各级分析来证明是正确的。研究团队数据分析过程的文档记录提供了分析的实证基础和差异化系统分析手段，在系统分析中，一些样本片段被用来说明用几个可能是非典型的片段来支持未经证实的主张是不可信的分析。提高回溯性分析可信度的其他标准还包括：那些没有利益关系的研究者对研究成功与否的评论程度，以及学生和教师持续参与的程度（Taylor & Bogdan, 1984）。这后一标准通常很适合课堂设计研究，成为方法论上的一种优势。

专业发展设计研究

进行专业发展设计研究的研究团队，探讨并努力支持教师在业余时间的数学学习，业余时间可以从几个月到若干学年。我们已经指出，课堂设计研究经常用于形成专门领域的教学理论，它包括：

- 让学生最终达到专业数学领域的重要学习目标的具体学习过程；
- 支持这种学习过程的示范手段。

同样地，开展专业发展设计研究的主要目标是发展专门实践领域的专业发展理论，它包括：

- 让数学教师最终建立特定教学实践的具体学习过程；
- 支持这种学习过程的示范手段。

需要清晰说明的是：我们使用的专业发展术语，简称PD，是指有意图设计的支持教师学习的活动。除非有特别说明，一般用教师表示职前以及在职教师。职前教师的PD包括任何形式的由研究团队成员主持的职前教师教育（如数学专业课程、数学教学方法课程）。通常在学院或高校进行的数学教师教育课程，不需要与基础教育（12学年）课堂有联系。但是，目前也有研究直接把教师在课堂上的工作作为数学方法类课程的一部分（例如，Kazemi, Franke, & Lampert, 2009; McDonald, Kazemi, & Kavanagh, 2013）。在职教师的PD包括教师额外课程板块，涉及若干学校或者某个学校，这些课程板块由研究团队成员主持，并且给予一对一的支持，即研究者或作为团队成员的指导者与某个教师在课堂中一起工作。图9.1为某个PD设计研究模式，在这个模式中，来自不同学校的在职教师参与一系列的额外课程，目的是支持其在其他课堂场景下的重组活动。鉴于PD设计研究包括了专家与职前教师或在职教师在课堂上的活动，因此课堂情境也是一种PD情境。

从实用角度看，PD设计研究包含支持教师完善具体的教学实践。按照鲍尔和科恩（1999）的研究，我们认为：PD应该以"专业关键活动"为中心，并且"强调提问、调研、分析和批判"（第13页）。从理论角度看，PD设计研究包括：在教师不断发展实际教学实践的过程中，开发、检测以及修正这些发展手段的设想。在这点上，格罗斯曼、康普顿等人（2009）观察到"复杂领域的实践包括在特定环境下与他人进行特别活动的技能、关系以及身份的有机组合"（第2059页）。因此，关于教师学习的假设不局限于可直接观察的教学活动（如提问学生），还可以包括特定类型知识（如特定领域学生数学推理的知识）和信念（如目前被忽视学生数学能力的信念）的发展，这些知识和信念隐含在特定教学实践的实施过程中。

PD设计研究的许多基本原则与课堂设计研究原则相似。因此，我们主要关注需要修改原则的例子，以及进行PD设计研究时需要强调的观点。需要说明的是，与课堂设计研究相比，已实施的PD设计研究较少。而且，当我们准备并实施PD设计研究，并对所收集数据进行分析时，在这些少量已发表的PD设计研究中，只有很少的研究，能为我们讨论核心观点提供重要的信息。因此，我们尽量基于已发表的PD设计研究，同时也参考有关PD、教师学习以及教师教育的文献，提出研究者实施PD设计研究所能利用的资源。

构造解释性框架

研究团队进行PD设计研究时使用的解释性框架，阐述了团队关于教师学习过程的猜测与假设，以及支持学习必要的而非模棱两可的学习环境的猜测和假设。另外，PD设计研究的解释性框架（特别是针对在职教师的PD），应注意在进行课堂设计研究时非典型的两个方面：将参与者活动置于学校环境，以及解释两种情境下活动的联系。

PD学习环境下的教师活动。解释性框架应该能够将教师活动置于PD学习环境下，包括在PD活动中要建立的社会规范、要参与的PD活动、使用的工具，以及在活动中形成的术语和话语。丰富的证据表明，PD环境的这些方面会影响实践以及参与教师发展相关推理形式（例如，Horn, 2005; Kazemi & Franke, 2004; Putnam & Borko,

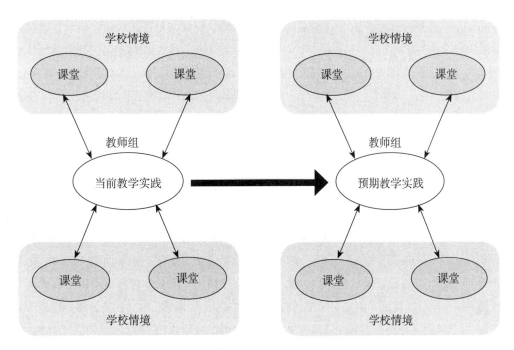

图9.1 不同学校在职教师专业发展设计研究的图式表征

2000; Sherin & Han, 2004）。与课堂设计研究一样，研究团队关于教师学习和PD学习环境的假设都是重要的，因为这些假设影响着正在进行的设计决策。

例如，西蒙和布卢姆（Simon, 2000; Simon & Blume, 1996）开展了一项职前小学数学教师的PD设计研究，旨在支持教师发展乘法推理和更复杂的论证概念。西蒙和布卢姆直接采用关于学习的"自然发生观"（Cobb, Stephan等，2001），这一观点假设"数学理解是由个体和社会构建的"。当个体参与能够发展共享的数学共同体时，他们会自我发展有意义的数学理解（Simon & Blume, 1996，第5页）。因此，在设计和分析中，西蒙和布卢姆参加了个人的、小组的和大型团体的活动，以及"班级共同体"成员关于学习共同体功能的讨论（Simon, 2000, 第343页）。又如，为了支持在职中学教师发展知识，专门针对代数教学的教学实践，博尔科与凯尔纳和同事们（Borko等，2005; Borko, Jacobs, Eiteljorg, & Pittman, 2008; Koellner等，2007）进行了一系列PD设计研究，采用了直接汇集建构主义与学习情境观的解释性框架。这个框架呈现了一个实际PD模型的设计（他们称之为问题解决循环），以及对教师发展知识和实践的分析。也就是说，他们设计并参与了"共同体为中心的教师学习模型"的

开发（Borko等，2005，第50页），在这模型中，教师深化了为理解而教学代数的能力。

学校环境下的教师活动。课堂教学设计研究与PD设计研究的根本区别在于：在多大程度上能够将参与者独立于学校的要求与希望之外。在课堂设计研究中，研究者在商讨课堂是否进入设计研究时，在很大程度上，通常要求隔离学习课堂。同样地，许多职前教师的PD设计研究，重心通常仅限于数学教育者授课的大学教室（例如，Mojica & Confrey, 2009），因而限制了对学校情境的关注。

相比之下，在开发在职教师PD设计研究时，通常不可能重新商讨参与教师所工作的学校环境。我们认为这是有利的方面，PD对教师课堂行为的影响，是由他们所工作的学校环境促成的（例如，Bryk, Sebring, Allensworth, Luppesco, & Easton, 2010; Cobb, McClain, Lamberg, & Dean, 2003; Coburn, 2003; Coburn & Russell, 2008; Grossman, O'Keefe, Kantor, & Delgado, 2013）。学校环境的主要方面包括：

- 教学材料，教师可获得并希望使用的相关资源（如使用指南和课程大纲）；

- 学校管理者，以及教师被赋予的责任（如学校校长对数学教学的期待）；
- 教师可借鉴的资源，包括正式与非正式的改善教学实践的支持性资源。

鉴于课堂设计研究与在职教师的PD设计研究之间的差异，开展PD研究时研究团队使用的解释性框架，将参与教师的活动与他们工作环境的相关方面联系起来，这一点非常重要（见Zawojewski等，2008）。例如，科布、麦克莱恩等人（2003）用于PD设计研究的框架，聚焦于中学统计数据分析的教学，主要借鉴温格（1998）的实践共同体的理论分析。这个方法记录了与中学数学教与学密切相关的各类共同体成员的实践（例如，学校领导、地区数学带头人），并且从边界冲突、边界代理和边界目标角度分析共同体成员之间的连接。如果我们要阐述PD设计研究与课堂设计研究中的教师活动，那么对教师所工作的学校环境的关注具有很强的说服力。反过来，它能够使研究团队相应地调整PD设计。

阐述跨情境教师活动之间的联系。 在课堂设计研究中，研究团队通常聚焦于支持学生在单一情境，也即教室中的学习。而在职教师PD设计研究的意图是，让教师参与某个情境的活动，也即PD情境，给他们明确的目标，用以支持他们在另一个情境下的重组活动。因此，支持教师学习的设计，必然涉及两个情境下教师活动之间的联系的推测与假设（Cobb, Zhao, & Dean, 2009; Kazemi & Hubbard, 2008）。正如卡泽米和休伯德（2008），科布、赵和迪恩（2009）观察的，经典的PD假设，PD情境与教师课堂情境之间的联系是单向的，认为PD情境下的教师活动会影响他们的课堂活动。然而，基于实践的PD模型提出这样的假设，教师正在进行的实践可以成为教师学习的重要资源（Cobb, Zhao, & Dean, 2009; Kazemi & Hubbard, 2008）。

一个研究团队提出这样的假设，即两个情境下教师活动之间的联系会影响设计和对教师活动的解释。重要的是，研究者在开展PD设计时要明确阐述这些联系。例如，在关于统计数据分析教学的PD设计研究中，科布和赵等人（2009）发现，尽管教师在PD情境下分析了学生活动，但他们没有认识到该活动与他们课堂实践的相关性。显然，尽管研究者假设教师会把学生活动看作"今后设计教学的资源"，但事实上，教师仅在课堂上进行"回溯性评价"（第188页）时使用到了那些资源。这一结论促使研究团队修订他们的解释性框架，在一定情境下，关注使用的人为设计的工具，及其在其他情境下使用的影响，并且调整支持教师学习的设计，以重视跨情境活动的联系。

值得注意的是，虽然在职前教师的PD设计研究中不常见跨情境活动的联系，但这可能对在职教师的PD设计研究是重要的。正如西蒙（2000）提出的，所设计的大学情境下的活动会影响教师今后或当下从事基础教育（12年）的课堂实践，因此跟踪跨情境下的教师发展是重要的。西蒙建议，对大学课程（例如数学内容与方法类课程）中群体与个人发展进行协同分析，并开展该领域职前教师在跨活动情境下发展的个案研究。而且，研究人员个体要扮演临床导师，使得不仅仅继续支持职前教师学习、收集数据、进行测评，如有需要，还可细化关于田野式情境对职前教师发展影响的方案。

PD设计研究的准备

为避免重复，对照课堂设计研究，我们将讨论限制在PD设计研究的特点上。

详述教师学习目标。 与课堂设计研究相当，PD设计研究的价值在于：检测和修正很少在实际中发生的教师教学实践的假设。针对这些教学实践，目前没有可行的有助于发展重点实践及其相关信念与知识的设计。PD设计研究应该尽可能详尽地描述包含PD目标的教学实践，以便为初始设计定位。我们认为，PD设计的关键是：研究者要能从学生学习机会的角度，论证有针对性的实践形式。即：描绘教师学习目标，第一步是澄清学生数学学习目标（例如，发展概念理解，发展过程的流畅性，解释并证明解决方案，在多元表征之间建立联系）；第二步是借鉴当前的数学教学研究，识别能支持学生达到数学学习目标的那些教学实践。

例如，目前研究提出建议，如果要发展学生的概念理解及过程流畅性，重要的是：教师日常提出并对认知有严谨要求的任务（Henningsen & Stein, 1997）；激发学生思维，并以此为基础优化教学方案（Franke, Kazemi, & Battey, 2007）；引导全班讨论，督促学生结合重要的数学思想去理解其他学生的解答（Stein, Engle, Smith, & Hughes, 2008）。这些及其他结论能够为教师学习目标的确立提供信息。博尔科、凯尔纳和同事们的研究中（Borko等, 2005; Koellner等, 2007），经过代数教学PD设计研究的几轮循环，确定并完善了一套在职教师学习目标。这些目标包括开发针对主要代数思想（如表征的流畅、相等）教学的内容知识，学会成功地实践丰富多样的代数课堂教学，学会结合学生的思维分析自己的教学。这些教师的学习目标，扎根在阐述学生代数理解作为重要目标的研究中，也扎根于对高质量数学教学的研究中。

记录教学起点。对研究人员来说，除了阐述明确的学习目标外，重要的是还要认清教师现行实践的各个方面，以及专业发展可以继续延伸的相关知识形式。然后，再尝试对教师的目标性实践发展和支持发展的手段进行推测，确定记录哪些教学起点将取决于研究的目标。例如，要记录参与教师的面向教学的数学知识（Hill, Ball, & Schilling, 2008）或他们对学生中传统上受忽视的服务群体的数学能力的理解，可能是很重要的。记录起点通常包括课堂观察、评估(例如面向教学的数学知识）和访谈。例如，博尔科等人（2005）对参与教师其基本代数思想的推理进行预评估，包括"变量、等式、模式识别、表征的流畅性和方程组"（第49页）。除了在研究初期记录教师个体的知识和实践，重要的是（尽管不典型）要记录参与研究的在职教师（以及职前教师，如果适用的话）的学校工作环境。这一点很重要，因为这些环境因素，例如其他教师和管理人员的实践，将会调节专业发展对参与教师课堂实践的影响。

描绘一个期望的学习轨迹。设计研究准备的第二步是描绘一个期望的学习轨迹，即说明关于教师课堂实践、知识和信念显著发展的假设，以及支持这些发展的手段的假设，这些假设是可检验的。需要考虑，PD情境下的教师学习与自己工作学校的课堂实践改变有着怎样的联系。通过阅读已发表的PD设计研究文献，我们发现有少

量关于期望学习轨迹的研究。虽然，有关PD、教师学习、教师教育的文献，大部分不属于设计研究，但下面，我们以此为根据，提出建议性资源，研究者可以借鉴它们来描绘期望的学习轨迹。

当前关于教师学习和PD的文献中，有小部分研究分析报告了数学教师特定实践的发展的轨迹（例如见Franke, Carpenter, Levi, &Fennema, 2001; Hufferd-Ackles, Fuson, & Sherin, 2004; Kazemi & Franke, 2004; van Es & Sherin, 2008）。这类文献有助于对期望学习轨迹提出建议，包括支持教师学习的有潜在创新的方法。除了描述整个阶段教师实践的发展，研究者主要或者至少还需要简要地描述PD的组织方式、资源的使用，并在少数研究中，还描述了指导者的实践。

有证据表明，关于支持教师学习的设计，影响课堂教学的在职教师的PD，拥有如下特点：持续一段时间，整个过程中同组的教师始终一起工作，关注教学的核心问题，围绕教师在课堂上使用的教学材料来组织PD（Darling-Hammond, Wei, Andree, Richardson, & Orphanos, 2009; Garet, Porter, Desimone, Birman, & Yoon, 2001; Kazemi & Franke, 2004; Little, 2003）。

我们认为，近期实践的职前教师教育研究成果（例如，Ball, Sleep, Boerst, & Bass, 2009; Lampert, Beasley, Ghousseini, Kazemi, & Franke, 2010; Lampert 等, 2013; McDonald 等, 2013），尤其与设计和实施职前教师和在职教师学习支持系统的相关研究，在这个基础上，值得进一步开展在职教师PD的调查研究。这类研究扎根于专业人士如何发展复杂形式的实践的理论分析，围绕目标教学实践（例如激发学生思维，并以此为基础完成教学任务），为教师提供投入探究和实施的教学法的学习机会（Grossman, Compton 等, 2009; Grossman,Hammerness, & McDonald, 2009）是非常重要的。探究的教学法包括分析和批判实践的表征，如学生活动和教学案例视频（Borko等, 2008; Kazemi & Franke, 2004; Sherin & Han, 2004）。实施的教学法包括计划、练习和实施一系列不断综合的实践要素（如教授其他扮演学生角色的教师，与学生小组开展活动，教学整个班级）。让教师有机会与其他更为成熟的人共同参与

那些接近目标的导向实践活动，这是实践教学理论的关键（Bruner, 1996; Forman, 2003; Lave & Wenger, 1991）。

我们引用的职前教师教育最新发展，对设计在职教师支持系统特别有启发，因为他们反映了PD情境下教师活动与课堂上教师活动之间联系的双向观点。

结合PD设计原则与职前教师学习的文献，描绘期望的学习轨迹，可能包括概述探究的教学法和实施的教学法的循环，支持教师发展其具有逐渐复杂形式的期望知识或实践。教师将教学理论用于实践，即在各自课堂上尝试期望实践，鼓励先期关注教师在所工作的学校环境下发展其实践的途径。也就是说，因为对教师发展其特定实践过程的研究比较薄弱，初步期望的学习轨迹几乎是暂时的，因此可修改性很强。

将研究置于理论情境。专业发展设计研究的目的是产生有用的知识，为其他人提供指导，因为他们试图支持教师在其他环境中学习。课堂设计研究也有一样的意图，因此重要的是将专业发展设计研究明确地塑造为一类更广泛的现象中的一个范例，例如，教师特定实践（例如，诱发和应对学生思考）、知识（例如，学生在一个特定数学领域的推理），或信念（例如，对特定学生群体的数学能力的信念）的发展。作为一个例子，博尔科和同事们（Borko, Jacobs, Koellner, & Swackhammer, 2015）将他们最初的专业发展设计研究作为一种背景，在这种背景下，他们开发了一种更普遍的高质量专业发展模型，该模型既针对个别教师的学习，也针对学习群体的发展。他们称这个研究结果为问题解决周期模型，它可以适应他们最初关注的代数推理之外的一系列领域。作为另一个例子，在一个关注中年级统计数据分析教学的专业发展设计研究背景下，科布和他的同事们（2003）提出了一个更为一般的理论，即学校和地区环境在调节教师专业发展中给教师发展其实践带来了影响。这两个例子都说明，与我们在课堂设计研究中讨论的内容类似，所得到的模型或理论都是以支持学习的设计实践为基础的。

支持学习的实验

支持参与教师学习的实验目的在于，对前瞻性学习

过程和支持学习的特定手段的假设，通过检测和修正，改善期望的学习轨迹。

数据收集。数据收集要满足要求：能够让研究团队在进行回溯性分析时，阐述正在研究的较广泛的理论问题。至少研究人员需要收集到这样的数据，并记录：

- PD学习环境的主要方面，包括已经实践的对参与教师学习的支持；
- PD情境下教师学习的过程。

另外，在针对在职教师和参与学校实习的职前教师的研究过程中，研究人员需要收集这样的数据，并记录：

- 可能间接促成PD对教师教学实践、知识和信念影响的学校环境的相关方面；
- 教师课堂实践的各种发展。

由于记录的是教师的学习过程和支持教师学习的方式，收集到的数据可能主要是定性的。然而，也可以包括验证了的定量工具，如教师教学所用数学知识（Hill等，2008）的评价，如果这些定量的评价工具与设计研究的理论意图吻合，并且对研究团队理解教师进行的学习是有贡献的。

设计与分析循环。在PD设计研究中，循环包括一个PD进程及进程结束后研究人员的汇报，对进程中所发生的情况进行初始分析，计划未来进程的开展。因此，循环依赖于PD进程的频率，通常比课堂设计研究的频率低。在汇报中，对研究人员来说，在对PD环境下的教师活动及他们的课堂教学进行解释时，重要的是要考虑在职教师（或职前教师）工作的学校环境。

进行回溯性分析

如同课堂设计研究，PD设计研究进行中开展的连续性分析，对支持参与教师学习的直接实际目标有贡献，而回溯性分析把教师学习和支持教师学习手段看作更广泛意义上的一种范式。在讨论回溯性分析时，我们假设

研究的主要目标之一是发展一种针对实践的PD理论。

论证规则。我们针对PD设计研究提出的论证规则，与课堂设计研究的论证规则相当。PD设计研究针对在职教师和参与学校实习的职前教师，就其特性来说，有两个主要差异，他们关注跨情境下教师活动的变化，并且需要考虑学校环境的中介作用。对PD设计研究，可信性是论证规则的核心，但我们不具体讨论，因为在讨论课堂设计研究时阐述的观点也可用于PD设计研究。

论证规则的第一步，与课堂设计研究类似，说明教师如果不参与设计研究，就不会发展所描述的教学实践形式。这很简单，因为PD设计研究，通常调查研究教师在现场很少发生的、目前还没有可行设计的教学实践的发展。

论证规则的第二步是说明这些发现可能是可以一般化的。这可以通过描述所调查的学习过程的各个方面以及支持这些方面的必要的而不是偶然用到的手段来实现，还可以通过报告教师工作的学校环境如何调节专业发展对他们的课堂实践的影响来实现。与课堂设计研究相似，这并不意味着一个设计应该绝对忠实地重复，相反地，其目的是告知其他那些人专业发展设计和学校环境的必要方面，以便他们可以根据他们工作的环境来自己设计。这需要对整个数据库进行分析以记录教师如何发展不断复杂的教学实践形式，识别支持教师实践发展的专业发展学习环境，并阐明他们工作的学校环境的中介作用。

最终形成基于实践的PD理论。通过明确教师实践的持续发展与PD学习环境和学校环境的相关方面之间的联系，阐述教师学习被结构化的途径。如果研究团队从教师工作的学校环境的更广阔的视角看，并且使用解释性框架，将教师学习看作与PD学习环境和学校环境相关，那么研究团队有很大的可能来构建一种理论模型。

与课堂设计研究类似，PD设计研究结果的一般化，是基于过程导向的解释，这一解释报告了教师发展所记录的实践的机制和条件。就针对实践的PD理论来看，机制就是PD学习环境的特定方面支持教师不断重组实践的过程；条件就是被证实的学习轨迹上某特定时刻的教师实践，以及学校环境的特定方面。

总之，PD设计研究的论证规则包括如下方面：

- 说明教师只有参与设计研究，否则不会发展某种教学实践形式；
- 识别PD学习环境的特定方面，对支持这些实践形式的产生，它们不应该是临时的，而是必需的；
- 澄清学校环境的特定方面，是如何作用于PD环境下教师学习对他们课堂实践的影响。

考虑到PD设计研究能用于形成初始设计假设的研究基础较为薄弱，针对某种实践的PD设计，通过一个研究不大可能产生扎实的PD理论。因此，就像课堂设计研究，可能有必要开展系列研究，即：一个PD设计研究的结果成为下一个PD设计研究的基础。（例如，见Borkoet等，2015）

作为额外的观察，许多关于调查和支持教师学习的工作，可以一般化为对其他项目小组成员学习的调查研究，这些成员的实践在学校和地区教学培训机构进行，包括数学教练、学校领导和PD发展者。这类研究的目标就是开发特定实践领域的PD理论，它包括：

- 目标小组的学习过程，该过程被证实与某种形式的实践发展（教练、学校领导、发展者）相关；
- 所显示的支持学习过程的手段。

我们认为，从教师学习文献中进行推断是合理的，因为关于教练、学校领导和PD发展者学习的研究几乎没有。

组织的设计研究

正如我们指出的，PD设计研究的意图是研究人员开发和完善一种设计，来支持教师改善课堂实践，从而推进学生的数学学习。相反地，组织设计研究的意图是，为支持学校和地区改进数学教学的能力发展，开发并完善一种设计。例如，组织设计研究可能会以PD设计研究结果为基础，调查研究地区需要什么来发展培养高质量教师PD的能力（Borko等，2015; Jackson等，2015; Maaß & Doorman, 2013）。我们讨论PD设计时，强调了记录学校和地区中介PD对课堂实践影响的重要性。组织设计研究直接聚焦教师工作的学校和地区环境，包括调查支持教师持续改进教学实践的发展环境，并为环境搭建脚手架。图9.2说明组织设计研究应该关注的学校环境的关键方面。

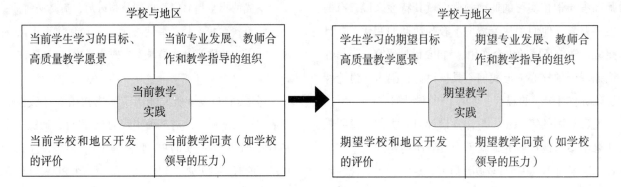

图9.2　组织设计研究的图式表征

组织设计研究是基于设计的实施研究（DBIR）的变体，它关注"创新的发展和检测，这种创新要促进对改善教与学支持系统的协同与协调"（Penuel, Fishman, Cheng, & Sabelli, 2011，第331页）。与DBIR基本原则相一致，组织设计研究关注实践的持续问题，包括设计和分析的迭代循环，发展支持和保持课堂教与学系统改进的相关理论。正如彭尤尔等人（2011）指出的，当创新达到规模化的时候，设计研究的迭代性使其特别适合支持创新的建设性改进。

目前数学教育领域很少开展组织设计研究。然而，这类研究在其他学科领域已经开展。例如，城市学校学习技术中心（LeTUS），调查并支持在两个大学区开展技术支持下的科学创新。通过几个设计与分析循环，研究团队阐明了，在涉及多层学校的情况下，成功的大规模实施制度创新的条件（Fishman等，2004）。卡内基教学发展基金会有应用于教育改进的科学项目，与此比较，组织设计研究也有几个共同点（Bryk, Gomez, Grunow, & LeMahieu, 2015）。为改进科学通过实践学习的途径，布雷金、戈麦斯和格鲁诺（2011）提供一套改善组织系统和过程的规程与工具（Berwick, 2003; Lewis, 2015），阐明了该方法的核心方面。包括实施计划-实行-研究-行动（PDSA）循环，它与体现设计研究特征的设计和分析循环高度兼容。到目前为止，改进科学项目的方法还没有用来进行数学教学改进，以支持与学生学习相连的特定

内容。但是，我们认为，这是未来组织设计研究潜在的建设性方向，包括改进科学的一些工具和规程，以支持数学教与学质量大规模的改进。

在本节剩余部分，我们假设组织设计研究的意图是：调查并支持在一个较大地区，教师有愿望进行探究导向的教学实践的发展。开展这类研究的主要目标是：开发我们称之为特定内容能力建设的理论（或建设区域教学改进能力的特定内容的行动理论）。特定内容不仅指这个理论对数学教学是特有的，而且指对高质量数学教学特定愿景也是特有的（见Hiebert & Grouws, 2007）。我们认为，关键是这愿景定位在整个组织设计工作上，并从学生学习机会这一角度得到认可。特定内容能力建设理论包括：

- 已证实的组织（学校和地区）学习过程。该学习过程是建立在学校和地区情境中，用以支持数学教师关于某种教学实践形式的持续发展；
- 支持这一组织学习过程中已展示的方法。

为把对组织设计研究的讨论落到实处，我们使用中学数学和教学机构设置（MIST）的研究作为一个说明性例子。这项研究在2015年时开展到第八年，也是最后一年，包括与几个大型城市学区的持续合作，调查研究怎样改善跨学区的中学数学教学质量。研究工作的一部分

是：研究团队每年在每个学区开展数据收集、分析和反馈的循环。每一年的循环包括记录学区教学改进策略，收集和分析数据，说明这些策略在学校和班级的实施情况，向学区领导报告结果，针对如何修订学区策略使其更为有效提出建议（Henrick, Cobb, & Jackson, 2015）。尽管合作学区的改进策略有区别，但它们都包括：

- 为教师和作为数学教学领导的校长提供PD；
- 形成数学辅导核心团队；
- 组织定期的数学教师合作会议；
- 推动核心机构成员之间的合作。

重要的是：要关注年度循环的实施，包括研究人员与合作学区领导的真正合作。学区领导保留尝试实施的教学改进设计的决定权，而研究人员为修改学区改进策略提供建议和咨询。之后，研究人员进行下一轮数据收集、分析和反馈时，把学区领导随后开发的设计作为主要参考。因此，与其他两种类型的设计研究相反，组织设计研究经常涉及一个真正的伙伴关系，其中实践者在基于持续分析修改设计中起着核心作用（Cobb, Jackson 等，2013）。

值得注意的是，每个循环中的反馈分析有一种实践意图，且旨在表达学区教学改进的努力。因此，它们对应于课堂设计研究和PD设计研究中的连续性分析。当我们讨论这两种设计研究时，我们注意到课堂设计研究与PD设计研究每个阶段后的汇报会议的重要性，研究团队成员分享正在进行的分析，并制定未来阶段的计划。在MIST研究中，每个年度循环的汇报阶段是延后进行的，包括研究人员为每个地区撰写一份书面报告，分享他们的调查结果和建议。然后，研究团队与地区领导见面讨论对该区教学改进工作的建议。

如图9.2所示，MIST研究范围相对较广，关注学校和学区环境下的多个方面。因此，重要的是要聚焦于学校和学区某一方面的组织设计研究，能够为我们理解一定规模上的教学改进做出重要贡献。例如，PRIMAS开展一系列设计研究，开发并完善支持教师发展领导者的七个发展模块（Maa & Doorman, 2013）。尽管PRIMAS项目

关注的重点比MIST项目的少，但涉及面比较大，包括了14所高校研究人员的合作，并在12个欧洲国家实施这些模块。我们把PRIMAS项目归类为组织设计研究，而不是PD设计研究，因为其项目意图是支持数学教学改进系统层面能力的发展。

另一个关注点较为聚焦且跨度适中的例子是，MIST团队成员开展了一个设计研究，他们与某个合作学区的领导一起，共同设计和引领由3个数学指导和近30个学校领导组成的PD（Dunlap, Webster, Jackson, & Cobb，待出版；Jackson等，2015）。在这项目中包括学区工作人员，其理由是，通过支持他们发展为学科指导者和学校领导者PD的设计者以及促进者，以提高学区教学改进能力。更一般地说，我们可以设想关注图9.2所示的学校和学区环境下任何一个方面，进行组织设计研究，这可以在较少学校开展，而不是跨整个学区。这样的研究符合组织设计研究的首要特征，一个可以是很小的研究团队，调查且支持学校或学区数学教学改进能力的发展。

建立解释性框架

组织设计研究中使用的解释性框架，其目的是在实施改进策略之前评估学校或地区的这些策略对改进教学做出贡献的潜力，并在实施这些策略时说明这些策略记录下的效果。我们在MIST研究中所使用的解释性框架，使得我们能够解释为何合作地区的策略会以我们所记录的方式发挥作用，从而为提出修改地区现行策略的改进建议提供信息。由于篇幅所限，除了指出该框架区分了四种一般支援类型之外，无法对该框架进行讨论，而这四种支援类型涵盖了地区通常试图执行的改善策略的范围：新的定位、学习活动（包括专业发展）、组织规程，以及工具（Cobb & Jackson, 2012）。在MIST的研究过程中，我们发现，支持重要专业学习的策略包括以下类别的组合：提供专家指导的新的定位、持续的特意安排的持续的学习活动、精心设计并由知识渊博的外部人员实施的组织规程，以及得到支持的与实践结合的新工具的使用（Cobb, Jackson，等，2013）。这一框架符合目前对教师学习和更一般的专业学习的研究，该框架反映了这

样一个观点：当地区改进策略的学习要求需要重组，而不仅仅是拓展或改进当前的实践时，需要与已经相对具有该实践的他人共同参与是至关重要的（Lave & Wenger, 1991; Rogoff, 1997; Sfard, 2008）。

准备研究

考虑到组织设计研究通常涉及与实践者的持续合作，因此需要缜密考虑招募参与合作的学校或地区。我们认为，明确选择标准很有必要。在MIST研究项目中，标准包括研究人员和地区领导人对学生数学学习有一致的目标，对高质量的数学教学有一致的看法，以便他们能够开始为教学改进制定一个共同的议程。一旦与合作学校或地区建立了伙伴关系，可能还需要对学校做一个目的抽样，再对这些学校的参与者进行抽样，以使数据收集和分析易于管理。在MIST研究中，我们在每个区选择了6至10所有中年级的学校（视学校规模而定），它们在数学教学改进能力方面可以代表地区内的学校。该研究的参与者包括来自参与学校的中年级的数学教师、为这些学校服务的数学指导者、这些学校的校长，以及核心部门（例如课程与教学、领导办公室等）的地区领导，每个合作地区共有50名参与者。

明确组织学习的目标。正如我们已经指出的，组织设计研究的意图是：支持并调查对教师学习有成效的学校和学区环境的发展。因此，明确组织设计研究目标的过程，包括描绘学校或学区环境有潜力支持教师持续改进他们的教学实践的各个方面。在这方面，埃尔莫尔（1979~1980）建议绘制课堂目标，首先要考虑对教师学习的支持（例如，发展PD、教师协作时间、数学辅导），以及对他们学习的推动（例如，校长的课堂观察与反馈）。然后，对教师改进教学实践的支持和推动的明确表述，会马上影响到指导者和学校领导的实践，并引发对支持他们学习的考虑。尽管数学教育、学习科学以及教育政策与领导的研究，能够为明确表达组织学习目标提供信息，但研究团队依赖的研究基础是有限的，并且会变得越来越薄弱，它也进一步脱离了课堂。因此，明智的做法是将初始目标看作临时的，并期待在研究中得到修正。

记录组织学习的起点。与组织设计研究的意图一致，记录起点的过程包括：评价研究关注学校和学区环境的每个方面（例如，教师协作会议），以及教师目前的教学实践。我们认为，视频对评价教师初始教学实践至关重要。我们发现通过对教师、指导者和学校领导的访谈及问卷调查，可以评价学校和学区环境的相关方面（包括指导者和学校领导实践）。然而，已经证明重要的是：通过三角互证法来分析不同项目群体成员的回应（例如教师和学校领导），以避免完全依靠自我报告。

描绘预期的学习轨迹。在组织设计研究中，预期的学习轨迹包括以下可测试的重要猜想：（1）学校和学区环境下每个重要方面的发展（例如，指导者和学校领导实践、教师协作会议期间开展的活动、推进的质量）；（2）支持这些发展的手段；（3）这些发展可能如何支持和推动教师教学实践的改进。由于目前的研究基础薄弱，关于学校和地区发展的大部分猜想都将是临时的，因此可能要在研究中不断重复修订。

将研究置于理论背景之下。组织设计研究的目的是产生知识，可以告知其他人，因为他们试图支持在其他地区有成效的学校和地区环境的发展。与我们对其他类型的设计研究的讨论相一致，将参与的教师作为一个更广泛的现象的范例来改善其工作环境是很重要的。例如，MIST研究就是一个支持地区发展能力的范例，旨在助力地区支持数学教师发展雄心勃勃教学实践的能力。一个有更多限制的研究可以是支持学校领导发展为有效数学教学领导者的范例，或者是组织校本教师协作会议，以支持参与者发展越来越复杂的教学实践的范例。

支持关于学习的实验

开展组织设计研究时，短期实用的目标是：支持合作学校或学区，提升教学改进的能力。然而，长期的研究目标也是很重要的，该研究目标是：检测和修正关于有成效学校和学区情境发展的猜想，支持这些发展方式的猜想，以及发展特定内容的能力构造理论。

数据收集。这些数据要让研究团队能够在最后进行回溯性分析时，阐述更广泛的理论观点，而与合作学校或地区的能力构造工作则是一个典型案例。至少需要收集数据，记录：

- 学校和学区环境的每个关键方面的变化（例如，实行的支持和问责关系）；
- 教师课堂实践的变化。通过使用与教学改进工作相吻合的评价，了解学生数学学习的变化。

视参与者人数而定，数据可能主要是定性的，或者既有定性的（例如，参与者访谈、视频录像或参与教师教学的观察），又有定量的（例如，参与者的问卷调查、教师数学教学知识的测量）。

设计和分析循环。课堂设计研究的循环通常是以天为单位，PD设计研究的时间跨度可能是一周或一月，视PD活动的频率而定。组织设计研究中，由于学校或学区组织学习发展的复杂性与内在联系性，循环也许比较长。例如，在MIST研究中，考虑到关注整个学区范围的实践变化，跨度为整个学年，有关数据的收集-分析-反馈的循环原计划半年，调整为整个学年更为恰当。

实施回溯性分析

在组织设计研究中，每个迭代循环中进行的分析，有助于如下实际目标的实现：支持合作学校或地区教学改进能力的发展。在这方面，他们与在课堂设计研究或PD设计研究中进行的持续性分析相一致，用以支持参与学生或教师的学习。组织设计研究的回溯性分析，可以看成完整现象的一个案例：发展参与学校或地区教学改进能力，以及支持改进的手段。组织设计研究有一个广而大的跨度，与课堂和PD设计研究相比，收集数据的数量可能很大。

如前所述，PD设计研究通常调查并支持某个教师群体的学习，因此，就有可能也是合理地应用定性技术，去分析PD活动期间产生的视频录像和人工制品。但是，在组织设计研究中，观察的课堂教学或者录制的视频数量巨大，使得无法很严谨地从定性角度分析产生的数据。

在MIST研究中，研究团队发现重要的是用已有的工具，即数学的教学质量评价（Boston, 2012; Boston & Wolf, 2006），对课堂录像进行编码。类似地，因为参与人数问题，我们发现有必要针对访谈评价的关键结构，开发一组编码系统（例如，parti-cipants' visions of high-quality mathematics instruction; Munter, 2014）。一般来说，我们需要明智地估计到，在准备组织设计研究时，对参与者的实践或重大支持和问责关系的重要方面，预测到可能没有适当的工具进行编码。我们需要开发和验证工具，这是在开展组织设计研究时经常需要面对的额外挑战。我们认为，跨研究团队的合作，开发共同的工具，既是迫切的又是非常必要的。

对组织设计研究中产生的数据进行回溯性分析时如果涉及混合方法，重要的是要尽可能保证定量分析和定性分析能相互验证（National Research Council, 2002）。定量分析结果可以用于选择相关的案例，进行深度的定性分析（例如，成功支持弱势学生群体学习的教师）。反之，可以把定性分析应用在有代表性的小部分案例上，来说明隐藏其后的关系或连接的机制或过程，而这已经被定量结果所证实（例如，给教师指导的教学专家知识与改进教师教学实践之间有联系，Sun, Wilhelm, Larson, & Frank, 2014）

论证规则。组织设计研究的论证规则在很大程度上与课堂设计和专业发展设计研究相似。在过去的50年间，美国在数学和其他内容领域普遍缺乏大规模的成功改进教学的工作（Elmore, 2000），它通常可以表明，学校或地区除了参与研究外，不会提升他们改进教学的能力。意在为特定内容的能力构造理论做贡献的回溯性分析，它的一个主要目标是追踪学校和地区环境在重点方面的持续发展，记录这些发展是如何得到支持的，并详细说明它们对具有不同角色的群体成员的实践的影响。分析结果应包括对合作学校或地区改善教学的初步能力的明确说明（参见Lamberg & Middleton, 2009）。如果其他研究者要使设计适应他们工作的环境，以支持学校或地区能力的发展，那么这种规则解释是必不可少的。例如，如果在合作地区很少有教师发展了较为复杂的教学实践，那么可能至关重要的就是要支持数学指导者中带头人的发展。研究人员与地区合作，在这些地区中如果有相当比例的教师已经在发展雄心勃勃的教学实践方面取得了实质性的进展，那么研究人员就可以通过利用这些教师的教学专长来调整设计，而不是只专注于数学指导。

设计研究的局限性

到目前为止，我们主要关注设计研究潜在的贡献。关键是：研究团队成员在进行设计研究时，如果需要改进初始设计，就要对学习和学习支持手段的猜想采取高度批判的态度。在总结本章时，我们采取类似批判的态度对待设计研究方法，以明确今后改进的方向。

在讨论课堂设计研究时，我们强调了一个主要局限性，即缺少一个明确的、被认同的论证规则。这一局限也存在于PD设计研究和组织设计研究。我们试图概括论证过程的暂定方案解决该局限，同时期待其他设计研究者批判、改善，并提升这一初始工作。我们认为，如果设计研究成为一种拥有明确标准的成熟的方法论，能够利用标准去判断特定的课堂、PD以及组织设计研究计划的质量和报告的质量，这一局限性会被纠正。

所有设计研究的第二个局限，就是通常对公平观点关注不够。重要的是：课堂、PD和组织的设计研究实施环境的复杂性，使得无法完全明确地表达设计研究中出现的每个方面（Cobb, Confrey 等，2003）。因此，当我们把设计研究描绘成针对某类广泛现象的典型案例时，需要进行选择。虽然如此，几乎很少有设计研究明确关注学生学习机会的公平性问题。恩也迪和幕克霍帕蒂亚（2007）开展的课堂设计研究，涉及公平性问题，通过借鉴学生校外知识，尝试支持学生发展越来越复杂的统计论证，但这样的例子实在罕见。我们认为，课堂设计研究中的公平观点，包含着明确地探讨学生学习机会分配问题，这也许要考虑到数学身份的发展（见 Cobb, Gresalfi, & Hodge, 2009）。在PD设计研究中，探讨公平观点，包含着调查教师教学实践的发展，需要有支持各种不同群体学生学习的证据，或者至少要有一个概念分析，说明他们会潜在地分析公平问题。在组织设计研究中，要包含保证满足公平准则的教学实践，其核心就要定位在高质量的教学上。

针对课堂与专业发展设计研究的第三类局限性，就是研究人员在为研究作准备时经常存在的无法将研究设计规模化的情况，因而限制了潜在的实用价值，研究工作也较难在他们研究群体之外产生影响（Fishman & Krajcik, 2002; Penuel 等，2011）。这一缺陷在许多课堂设计研究中表现得尤为明显，因为教师们为了有效地实施设计而必须培养的知识和技能往往没有得到足够的重视。在许多情况下，鉴于大多数教师目前的教学实践和学校改善教学的能力，这种学习要求似乎对他们是不合理的。这种缺陷在专业发展设计研究中也很明显，研究团队成员经常在少数学校扎营，没有考虑到他们在支持参与教师学习方面的专业知识不够典型。研究人员在形成设计时，不仅要考虑自己的能力，也要考虑其他人支持学生或教师学习的能力，否则，开发并在设计研究中完善的有助于大规模改进课堂教与学的设计，其可能性将明显降低。博尔科等人（2015）的工作是一个例外，因为他们记录了解决问题周期中的协调人的实践，并实施和细化了旨在支持协调人学习的设计。

我们认识到的第四方面的局限性是专门针对课堂设计研究的。主要是在研究中缺少对教师教学实践的关注。大多数研究人员在进行课堂设计研究时，很容易认为在研究中，教师对支持参与学生的学习起着核心作用。然而，这些教师的教学实践很少是被详细分析的重点。这是很不应该的，因为教师通常实施了相对复杂的教学实践。因此，分析他们的实践，能够有助于探究指导数学教学方向的关键方面。反过来，这将有助于明确教师在设计研究中的学习内容，即PD设计研究中的一般目标和特定目标。权等人（2013）的数学论证发展的调查是一个罕见例外，因为他们把研究教师的话语活动构筑为对参与学生学习支持的基本设计。这样的教师实践的研究，在其他情境下进行课堂设计研究时，能够为支持教学流程的实施提供信息。

第五类局限是针对PD设计研究的。正如我们先前说明的，很少有发表的PD设计研究方面的成果，更少详细讨论我们所描述的设计研究的重要特性。我们阅读的大部分文献，没有提供如下内容：以PD设计为基础的设计原则方面的信息，关于教师学习和支持其学习的特定手段的假设，以及教师参与PD活动与他们课堂实践的关系。相反地，我们发现，大部分小规模的研究仅专注于教师参与PD阶段活动。我们认为，记录参与教师教学实践的变化，至少对教师的课堂教学进行前后的观察，这是非常关键的。另外，进行PD设计研究的研究人员很少尝试记录参与教师的工作环境。实际上，参与教师群体处于制度真空地带。如果不能让其他研究人员将PD设计调整应用到他们工作的学校环境下，就很难一般化。因此，研究结果的概括性受到影响。所以，迫切需要精心设计和执行PD设计研究，并做适当报告。这样，可以为实践特定的PD理论的发展和完善做出重大贡献。这将要求，作为一个领域，我们要建立清晰的标准，来进行设计研究。因为在已发表的文献中缺少关于环境基本信息的报告，这使得研究团队很难从以前的研究中学习和借

鉴。同时，教师如何被支持发展其有建设性的实践，这一理论的建立也可能将会受到限制。

最后一类局限是针对组织设计研究的。正如我们所指出的，研究人员开发这种类型的研究，目前也受到了阻碍。当他们明确表述参与教师工作的学校和地区发展目标时，他们所能借鉴的研究基础很薄弱。另外，还有一个迫切需要，就是制定和验证关键结构的测量方法。考虑到跨研究团队合作开发共同的工具和分析程序这一工作的挑战性，目前所获得的进展似乎很不错。研究人员开展组织设计研究，最后需要关注的是德德（2004）称为"设计蠕变"的危险，即研究演变为全方位的系统改革举措。德德警告：当研究团队要详细说明组织学习目标以及他们聚焦研究的学校和学区的重要方面时，需要明确地界定研究范围。

References

Artigue. (2015). Perspectives on design research: The case of didactical engineering. In A. Bikner-Ahsbahs, C. Knipping, & N. Presmeg (Eds.), *Approaches to qualitative research in mathematics education* (pp. 467–496). New York, NY: Springer.

Bakker, A., & van Eerde, D. (2015). An introduction to design-based research with an example from statistics education. In A. Bikner-Ahsbahs, C. Knipping, & N. C. Presmeg (Eds.), *Approaches to qualitative research in mathematics education: Examples of methodology and methods* (pp. 429–466). Dordrecht, The Netherlands: Springer.

Ball, D. L., & Cohen, D. K. (1999). Developing practice, developing practitioners: Toward a practice-based theory of professional education. In L. Darling-Hammond & G. Sykes (Eds.), *Teaching as the learning profession: Handbook of policy and practice* (pp. 3–32). San Francisco, CA: Jossey Bass.

Ball, D. L., Sleep, L., Boerst, T. A., & Bass, H. (2009). Combining the development of practice and the practice of development in teacher education. *Elementary School Journal, 109*(5), 458–474.

Berwick, D. M. (2003). Improvement, trust, and the healthcare workforce. *Quality and Safety in Health Care, 12*(Supplement 1), i2–i6.

Borko, H., Frykholm, J., Pittman, M. E., Eiteljorg, E., Nelson, M., Jacobs, J., . . . Schneider, C. (2005). Preparing teachers to foster algebraic thinking. *ZDM—The International Journal on Mathematics Education, 37*(1), 43–52.

Borko, H., Jacobs, J., Eiteljorg, E., & Pittman, M. E. (2008). Video as a tool for fostering productive discussions in mathematics professional development. *Teaching and Teacher Education, 24*(2), 417–436.

Borko, H., Jacobs, J., Koellner, K., & Swackhammer, L. E. (2015). *Mathematics professional development: Improving teaching using the problem-solving cycle and leadership preparation models.* New York, NY: Teachers College Press.

Boston, M. D. (2012). Assessing the quality of mathematics instruction. *Elementary School Journal, 113*(1), 76–104.

Boston, M. D., & Wolf, M. K. (2006). *Assessing academic rigor in mathematics instruction: The development of Instructional Quality Assessment Toolkit (CSE Technical Report 672)*. Los Angeles, CA: National Center for Research on Evaluation, Standards, and Student Testing (CRESST).

Brown, A. L. (1992). Design experiments: Theoretical and methodological challenges in creating complex interventions in classroom settings. *Journal of the Learning Sciences, 2*(2), 141–178.

Bruner, J. (1996). *The culture of education.* Cambridge, MA: Harvard University Press.

Bryk, A. S., Gomez, L. M., & Grunow, A. (2011). Getting ideas into action: Building networked improvement communities in education. In M. Hallinan (Ed.), *Frontiers in sociology of education* (pp. 127–162). New York, NY: Springer.

Bryk, A. S., Gomez, L. M., Grunow, A., & LeMahieu, P. G. (2015). *Learning to improve: How America's schools can get better at getting better.* Cambridge, MA: Harvard Education Press.

Bryk, A. S., Sebring, P. B., Allensworth, E., Luppesco, S., & Easton, J. Q. (2010). *Organizing schools for improvement: Lessons from Chicago.* Chicago: University of Chicago Press.

Clements, D. H., & Sarama, J. (2004). Learning trajectories in mathematics education. *Mathematical Thinking and Learning, 6*(2), 81–89.

Cobb, P. (2007). Putting philosophy to work: Coping with multiple theoretical perspectives. In F. K. Lester Jr. (Ed.), *Second handbook of research on mathematics teaching and learning* (pp. 3–39). Charlotte, NC: Information Age; Reston, VA: National Council of Teachers of Mathematics.

Cobb, P., Confrey, J., diSessa, A., Lehrer, R., & Schauble, L. (2003). Design experiments in educational research. *Educational Researcher, 32*(1), 9–13.

Cobb, P., Gresalfi, M., & Hodge, L. L. (2009). An interpretive scheme for analyzing the identities that students develop in mathematics classrooms. *Journal for Research in Mathematics Education, 40*(1), 40–68.

Cobb, P., & Jackson, K. (2012). Analyzing educational policies: A learning design perspective. *Journal of the Learning Sciences, 21*(4), 487–521.

Cobb, P., Jackson, K., Smith, T., Sorum, M., & Henrick, E. (2013). Design research with educational systems: Investigating and supporting improvements in the quality of math-

ematics teaching and learning at scale. In B. J. Fishman, W. R. Penuel, A.-R. Allen, & B. H. Cheng (Eds.), *Design based implementation research: Theories, methods, and exemplars. National Society for the Study of Education Yearbook* (Vol. 112, Issue 2, pp. 320–349). New York, NY: Teachers College.

Cobb, P., & McClain, K. (2001). An approach for supporting teachers' learning in social context. In F. L. Lin & T. Cooney (Eds.), *Making sense of mathematics teacher education* (pp. 207–232). Dordrecht, The Netherlands: Kluwer Academic.

Cobb, P., McClain, K., Lamberg, T., & Dean, C. (2003). Situating teachers' instructional practices in the institutional setting of the school and district. *Educational Researcher, 32*(6), 13–24.

Cobb, P., & Steffe, L. (1983). The constructivist researcher as teacher and model builder. *Journal for Research in Mathematics Education, 14*(2), 83–94.

Cobb, P., Stephan, M., McClain, K., & Gravemeijer, K. (2001). Participating in classroom mathematical practices. *Journal of the Learning Sciences, 10*(1–2), 113–163.

Cobb, P., Zhao, Q., & Dean, C. (2009). Conducting design experiments to support teachers' learning: A reflection from the field. *Journal of the Learning Sciences, 18*(2), 165–199.

Coburn, C. E. (2003). Rethinking scale: Moving beyond numbers to deep and lasting change. *Educational Researcher, 32*(6), 3–12.

Coburn, C. E., & Russell, J. L. (2008). District policy and teachers' social networks. *Educational Evaluation and Policy Analysis, 30*(3), 203–235.

Collins, A. (1992). Toward a design science of education. In T. Scanlon & T. O'Shea (Eds.), *New directions in educational technology* (pp. 15–22). New York, NY: Springer.

Darling-Hammond, L., Wei, R. C., Andree, A., Richardson, N., & Orphanos, S. (2009). *Professional learning in the learning profession: A status report on teacher development in the United States and abroad.* Dallas, TX: National Staff Development Council.

Dede, C. (2004). If design-based research is the answer, what is the question? *Journal of the Learning Sciences, 13*(1), 105–114.

Design-Based Research Collaborative. (2003). Design research: What we learn when we engage in design. *Journal of the Learning Sciences, 11,* 105–121.

diSessa, A. A. (1992). Images of learning. In E. DeCorte, M. C. Linn, H. Mandl, & L. Verschaffel (Eds.), *Computer-based learning environments and problem solving* (pp. 19–40). Berlin, Germany: Springer.

diSessa, A. A. (2002). Students' criteria for representational adequacy. In K. Gravemeijer, R. Lehrer, B. Van Oers, & L. Verschaffel (Eds.), *Symbolizing, modeling and tool use in mathematics education* (pp. 105–129). Dordrecht, The Netherlands: Kluwer.

diSessa, A. A. (2004). Metarepresentation: Native competence and targets for instruction. *Cognition and Instruction, 22*(3), 293–331.

diSessa, A. A., & Cobb, P. (2004). Ontological innovation and the role of theory in design experiments. *Journal of the Learning Sciences, 13*(1), 77–103.

Dunlap, C., Webster, M., Jackson, K., & Cobb, P. (in press). Transitioning to more rigorous math standards and assessments: A promising professional development design for school leaders. *Phi Delta Kappan.*

Edelson, D. C. (2002). Design research: What we learn when we engage in design. *Journal of the Learning Sciences, 11*(1), 105–121.

Elmore, R. F. (1979–1980). Backward mapping: Implementation research and policy decisions. *Political Science Quarterly, 94*(4), 601–616.

Elmore, R. F. (2000). *Building a new structure for school leadership.* Washington, DC: The Albert Shanker Institute.

Enyedy, N., & Mukhopadhyay, S. (2007). They don't show nothing I didn't know: Emergent tensions between culturally relevant pedagogy and mathematics pedagogy. *The Journal of the Learning Sciences, 16*(2), 139–174.

Fishman, B. J., & Krajcik, J. S. (2002). What does it mean to create sustainable science curriculum innovations? A commentary. *Science Education, 87*(4), 564–573.

Fishman, B. J., Marx, R. W., Blumenfeld, P., & Krajcik, J. S. (2004). Creating a framework for research on systemic technology innovations. *Journal of the Learning Sciences, 13*(1), 43–76.

Forman, E. A. (2003). A sociocultural approach to mathematics reform: Speaking, inscribing, and doing mathematics within communities of practice. In J. Kilpatrick, W. G. Martin, & D. Schifter (Eds.), *A research companion to Principles and Standards for School Mathematics* (pp. 333–352). Reston, VA: National Council of Teachers of Mathematics.

Franke, M. L., Carpenter, T. P., Levi, L., & Fennema, E. (2001).

Capturing teachers' generative change: A follow-up study of professional development in mathematics. *American Educational Research Journal, 38*(3), 653–689.

Franke, M. L., Kazemi, E., & Battey, D. (2007). Mathematics teaching and classroom practice. In F. K. Lester Jr. (Ed.), *Second handbook of research on mathematics teaching and learning* (pp. 225–256). Charlotte, NC: Information Age; Reston, VA: National Council of Teachers of Mathematics.

Freudenthal, H. (1991). *Revisiting mathematics education: China lectures.* Dordrecht, The Netherlands: Springer.

Garet, M. S., Porter, A. C., Desimone, L. M., Birman, B. F., & Yoon, K. S. (2001). What makes professional development effective? Results from a national sample of teachers. *American Educational Research Journal, 38*(4), 915–945.

Gravemeijer, K. (1994). Educational development and developmental research in mathematics education. *Journal for Research in Mathematics Education, 25*(5), 443–471.

Gravemeijer, K. (1999). How emergent models may foster the constitution of formal mathematics. *Mathematical Thinking and Learning, 1*(2), 155–177.

Gravemeijer, K., & Cobb, P. (2006). Design research from the learning design perspective. In J. van den Akker, K. Gravemeijer, S. McKenney, & N. Nieveen (Eds.), *Educational design research* (pp. 17–51). London, United Kingdom: Routledge.

Grossman, P., Compton, C., Igra, D., Ronfeldt, M., Shahan, E., & Williamson, P. W. (2009). Teaching practice: A cross-professional perspective. *Teachers College Record, 111*(9), 2055–2100.

Grossman, P., Hammerness, K., & McDonald, M. (2009). Redefining teaching, re-imagining teacher education. *Teachers and Teaching: Theory and Practice, 15*(2), 273–289.

Grossman, P., O'Keefe, J., Kantor, T., & Delgado, P. C. (2013, April). *Seeking coherence: Organizational capacity for professional development targeting core practices in English language arts.* Paper presented at the annual meeting of the American Educational Research Association, San Francisco, CA.

Hall, R. (2001). Schedules of practical work for the analysis of case studies of learning and development. *Journal of the Learning Sciences, 10*(1–2), 203–222.

Hatano, G. (1993). Time to merge Vygotskian and constructivist conceptions of knowledge acquisition. In E. A. Forman, N.

Minick, & C. A. Stone (Eds.), *Contexts for learning: Socio-cultural dynamics in children's development* (pp. 153–166). New York, NY: Oxford University Press.

Henningsen, M., & Stein, M. K. (1997). Mathematical tasks and student cognition: Classroom-based factors that support and inhibit high-level mathematical thinking and reasoning. *Journal for Research in Mathematics Education, 28*(5), 524–549.

Henrick, E., Cobb, P., & Jackson, K. (2015). Educational design research to support large-scale instructional improvement. In A. Bikner-Ahsbahs, C. Knipping, & N. C. Presmeg (Eds.), *Approaches to qualitative research in mathematics education: Examples of methodology and methods* (pp. 497–530). New York, NY: Springer.

Hiebert, J., & Grouws, D. A. (2007). The effects of classroom mathematics teaching on students' learning In F. K. Lester Jr. (Ed.), *Second handbook of research on mathematics teaching and learning* (pp. 371–405). Charlotte, NC: Information Age; Reston, VA: National Council of Teachers of Mathematics.

Hill, H. C., Ball, D. L., & Schilling, S. G. (2008). Unpacking pedagogical content knowledge: Conceptualizing and measuring teachers' topic-specific knowledge of students. *Journal for Research in Mathematics Education, 39*(4), 372–400.

Horn, I. S. (2005). Learning on the job: A situated account of teacher learning in high school mathematics departments. *Cognition and Instruction, 23*(2), 207–236.

Hoyles, C., Noss, R., & Pozzi, S. (2001). Proportional reasoning in nursing practice. *Journal for Research in Mathematics Education, 32*(1), 4–27.

Hufferd-Ackles, K., Fuson, K. C., & Sherin, M. G. (2004). Describing levels and components of a math-talk community. *Journal for Research in Mathematics Education, 35*(2), 81–116.

Jackson, K., Cobb, P., Wilson, J., Webster, M., Dunlap, C., & Appelgate, M. (2015). Investigating the development of mathematics leaders' capacity to support teachers' learning on a large scale. *ZDM—The International Journal on Mathematics Education, 47*(1), 93–104. doi:10.1007/s11858-014-0652-5

Kazemi, E., & Franke, M. L. (2004). Teacher learning in mathematics: Using student work to promote collective inquiry. *Journal of Mathematics Teacher Education, 7*(3), 203–235.

Kazemi, E., Franke, M. L., & Lampert, M. (2009). Developing pedagogies in teacher education to support novice teachers' ability to enact ambitious instruction. In R. Hunter, B. Bicknell, & T. Burgess (Eds.), *Crossing divides: Proceedings of the 32nd annual conference of the Mathematics Education Research Group of Australasia* (Vol. 1, pp. 12–30). Palmerston North, New Zealand: Mathematics Education Research Group of Australasia.

Kazemi, E., & Hubbard, A. (2008). New directions for the design and study of professional development: Attending to the coevolution of teachers' participation across contexts. *Journal of Teacher Education, 59*(5), 428–441.

Kelly, A. E. (2004). Design research in education: Yes, but is it methodological? *Journal of the Learning Sciences, 13*(1), 115–128.

Koellner, K., Jacobs, J., Borko, H., Schneider, C., Pittman, M. E., Eiteljorg, E., . . . Frykholm, J. (2007). The problem-solving cycle: A model to support the development of teachers' professional knowledge. *Mathematical Thinking and Learning, 9*(3), 273–303.

Kwon, O. N., Ju, M.-K., Kim, R. Y., Park, J. H., & Park, J. S. (2013). Design research as an inquiry into students' argumentation and justification: Focusing on the design of intervention. In T. Plomp & N. Nieveen (Eds.), *Educational design research—Part B: Illustrative cases*. Enschede, The Netherlands: SLO.

Lamberg, T., & Middleton, J. A. (2009). Design research perspectives on transitioning from individual microgenetic interviews to a whole-class teaching experiment. *Educational Researcher, 38*(4), 233–245.

Lampert, M., Beasley, H., Ghousseini, H., Kazemi, E., & Franke, M. L. (2010). Using designed instructional activities to enable novices to manage ambitious mathematics teaching. In M. K. Stein & L. Kucan (Eds.), *Instructional explanations in the disciplines* (pp. 129–141). New York, NY: Springer.

Lampert, M., Franke, M. L., Kazemi, E., Ghousseini, H., Chan Turrou, A., Beasley, H., . . . Crowe, K. (2013). Keeping it complex: Using rehearsals to support novice teacher learning of ambitious teaching. *Journal of Teacher Education, 64*(3), 226–243.

Lave, J., & Wenger, E. (1991). *Situated learning: Legitimate peripheral participation*. London, United Kingdom: Cambridge University Press.

Lehrer, R., & Kim, M. J. (2009). Structuring variability by negotiating its measure. *Mathematics Education Research Journal, 21*(2), 116–133.

Lehrer, R., Kim, M. J., & Jones, S. (2011). Developing conceptions of statistics by designing measures of distribution. *ZDM—The International Journal on Mathematics Education, 43*(5), 723–736.

Lesh, R., & Kelly, A. E. (2000). Multitiered teaching experiments. In A. E. Kelly & R. Lesh (Eds.), *Research design in mathematics and science education* (pp. 197–230). Mahwah, NJ: Lawrence Erlbaum Associates.

Lewis, C. (2015). What is improvement science? Do we need it in education? *Educational Researcher, 44*(1), 54–61.

Lincoln, Y. S., & Guba, E. G. (1985). *Naturalistic inquiry.* Thousand Oaks, CA: Sage.

Little, J. W. (2003). Inside teacher community: Representations of classroom practice. *Teachers College Record, 105*(6), 913–945.

Lobato, J. (2003). How design experiments can inform a rethinking of transfer and vice versa. *Educational Researcher, 32*(1), 17–20.

Lobato, J. (2012). The actor-oriented transfer perspective and its contributions to educational research and practice. *Educational Psychologist, 47*(3), 232–247.

Maaß, K., & Artigue, M. (2013). Implementation of inquiry-based learning in day-to-day teaching: A synthesis. *ZDM—The International Journal on Mathematics Education, 45,* 779–795.

Maaß, K., & Doorman, M. (2013). A model for widespread implementation of inquiry-based learning. *ZDM—The International Journal on Mathematics Education, 45,* 887–899.

Maxwell, J. A. (2004). Causal explanation, qualitative research, and scientific inquiry in education. *Educational Researcher, 33*(2), 3–11.

McDonald, M., Kazemi, E., & Kavanagh, S. S. (2013). Core practices and pedagogies of teacher education: A call for a common language and collective activity. *Journal of Teacher Education, 64*(5), 378–386.

Mertler, C. A. (2013). *Action research: Improving schools and empowering educators.* Thousand Oaks, CA: Sage.

Mojica, G., & Confrey, J. (2009). Pre-service elementary teachers' understanding of an equipartitioning learning trajectory. In S. L. Swars, D. W. Stinson, & S. Lemons-Smith (Eds.), *31st annual meeting of the North American Chapter of the International Group for the Psychology of Mathematics Education* (Vol. 5, pp. 1202–1210). Atlanta, GA: Georgia State University.

Morris, A. K., & Hiebert, J. (2011). Creating shared instructional products: An alternative approach to improving teaching. *Educational Researcher, 40*(1), 5–14.

Munter, C. (2014). Developing visions of high-quality mathematics instruction. *Journal for Research in Mathematics Education, 45*(5), 584–635.

National Research Council. (2002). *Scientific research in education.* Washington, DC: National Academy Press.

Penuel, W. R., Fishman, B. J., Cheng, B. H., & Sabelli, N. (2011). Organizing research and development at the intersection of learning, implementation, and design. *Educational Researcher, 40*(7), 331–337.

Prediger, S., Gravemeijer, K., & Confrey, J. (2015). Design research with a focus on learning processes. *ZDM—The International Journal on Mathematics Education, 47,* 877–891.

Putnam, R. T., & Borko, H. (2000). What do new views of knowledge and thinking have to say about research on teacher learning? *Educational Researcher, 29*(1), 4–15.

Rogoff, B. (1997). Evaluating development in the process of participation: Theory, methods, and practice building on each other. In E. Amsel & A. Renninger (Eds.), *Change and development: Issues of theory, application, and method* (pp. 265–285). Hillsdale, NJ: Erlbaum.

Saldanha, L. A., & Thompson, P. W. (2007). Exploring connections between sampling distributions and statistical inference: An analysis of students' engagement and thinking in the context of instruction involving repeated sampling. *International Electronic Journal of Mathematics Education, 2*(3), 270–297.

Schoenfeld, A. H. (2006). Design experiments. In P. B. Ellmore, G. Camilli, & J. Green (Eds.), *Complementary methods for research in education.* Washington, DC: American Educational Research Association.

Sfard, A. (1998). On two metaphors for learning and the dangers of choosing just one. *Educational Researcher, 27*(2), 4–13.

Sfard, A. (2008). *Thinking as communicating: Human development, the growth of discourses, and mathematizing.* New York, NY: Cambridge University Press.

Shadish, W. R., Cook, T. D., & Campbell, D. T. (2002). *Experimental and quasi-experimental designs for generalized causal inference*. Boston, MA: Houghton Mifflin.

Sherin, M. G., & Han, S. Y. (2004). Teacher learning in the context of video club. *Teaching and Teacher Education, 20*, 163–183.

Simon, M. A. (1995). Reconstructing mathematics pedagogy from a constructivist perspective. *Journal for Research in Mathematics Education, 26*(2), 114–145.

Simon, M. A. (2000). Research on the development of mathematics teachers: The teacher development experiment. In A. E. Kelly & R. Lesh (Eds.), *Handbook of research design in mathematics and science education* (pp. 335–359). Mahwah, NJ: Erlbaum.

Simon, M. A., & Blume, G. W. (1996). Justification in the mathematics classroom: A study of prospective elementary teachers. *Journal of Mathematical Behavior, 15*(1), 3–31.

Simon, M. A., Saldanha, L. A., McClintock, E., Karagoz Akar, G., Watanabe, T., & Ozgur Zembat, I. (2010). A developing approach to studying students' learning through their mathematical activity. *Cognition and Instruction, 28*(1), 70–112.

Simpson, G., Hoyles, C., & Noss, R. (2006). Exploring the mathematics of motion through construction and collaboration. *Journal of Computer Assisted Learning, 22*(2), 114–136.

Slavin, R. E. (2004). Educational research can and must address "what works" questions. *Educational Researcher, 33*(1), 27–28.

Smith, J. P., & Thompson, P. W. (2007). Quantitative reasoning and the development of algebraic reasoning. In J. J. Kaput, D. W. Carraher, & M. L. Blanton (Eds.), *Algebra in the early grades* (pp. 95–132). Mahwah, NJ: Lawrence Erlbaum Associates.

Stein, M. K., Engle, R. A., Smith, M. S., & Hughes, E. K. (2008). Orchestrating productive mathematical discussions: Five practices for helping teachers move beyond show and tell. *Mathematical Thinking and Learning, 10*(4), 313–340.

Stephan, M., & Akyuz, D. (2012). A proposed instructional theory for integer addition and subtraction. *Journal for Research in Mathematics Education, 43*(4), 428–464.

Stylianides, G. J., & Stylianides, A. J. (2009). Facilitating the transition from empirical arguments to proof. *Journal for Research in Mathematics Education, 40*(3), 314–352.

Sun, M., Wilhelm, A. G., Larson, C., & Frank, K. (2014). Exploring colleagues' professional influence on mathematics teachers' learning. *Teachers College Record, 116*(6), 1–30.

Taylor, S. J., & Bogdan, R. (1984). *Introduction to qualitative research methods: The search for meanings* (2nd ed.). New York, NY: Wiley.

Thompson, P. W. (1994). Images of rate and operational understanding of the fundamental theorem of calculus. *Educational Studies in Mathematics, 26*(2), 229–274.

Thompson, P. W. (1996). Imagery and the development of mathematical reasoning. In L. P. Steffe, P. Nesher, P. Cobb, G. Goldin, & B. Greer (Eds.), *Theories of mathematical learning* (pp. 267–283). Hillsdale, NJ: Erlbaum.

Treffers, A. (1987). *Three dimensions: A model of goal and theory description in mathematics instruction—The Wiskobas Project*. Dordrecht, The Netherlands: Reidel.

van den Akker, J., Gravemeijer, K., McKenney, S., & Nieveen, N. (Eds.). (2006). *Educational design research*. London, United Kingdom: Routledge.

van Es, E. A., & Sherin, M. G. (2008). Mathematics teachers' "learning to notice" in the context of a video club. *Teaching and Teacher Education, 24*(2), 244–276.

Wenger, E. (1998). *Communities of practice: Learning, meaning, and identity*. New York, NY: Cambridge University Press.

Yin, R. K. (2003). *Case study research: Design and methods* (3rd ed.). Thousand Oaks, CA: Sage.

Zawojewski, J., Chamberlin, M., Hjalmarson, M. A., & Lewis, C. (2008). Developing design studies in mathematics education professional development: Studying teachers' interpretive systems. In A. E. Kelly, R. Lesh, & J. Y. Baek (Eds.), *Handbook of design research methods in education: Innovations in science, technology, engineering and mathematics learning and teaching* (pp. 219–245). New York, NY: Routledge.

第3部分 数学内容与过程

10 | 证明的教与学研究：回顾与展望

加布里埃尔·J.斯蒂利亚尼德斯
英国牛津大学
安德烈亚斯·J.斯蒂利亚尼德斯
英国剑桥大学
基思·韦伯
美国罗格斯大学
译者：彭爱辉
　　　西南大学教育学部

本章我们将讨论证明的概念，它不仅是数学教育的重要内容，也是教师难教、学生难学的内容。在综述该领域的研究后，我们得出以下结论，即迄今为止的研究已经为不同层次的学生如何理解（通常是误解）证明提供了良好的实证基础和大量的理论结构[1]。然而，尽管这一领域已经取得了一定的进步，但是目前证明在日常数学课堂中仍处于边缘化位置。对于如何评估证明在日常课堂中的作用，以及如何支持教师提高学生对证明理解的工作，还需做更多的研究。我们认为，在证明领域里需要更多关于干预导向的研究。干预导向的研究应该受益于并且需要利用已有的大量理论和实证基础。

接下来我们将简要讨论证明在数学教育中的重要性，并考虑证明的一般含义尤其是在本章中的含义。最后，将介绍本章的内容安排与组织形式。

证明在数学教育中的重要性

证明的概念受到数学教育研究者的关注已经几十年了（至少从福西特在20世纪30年代的工作算起；Fawcett, 1938），但这种关注在过去的数十年更为明显，在所有的数学教育研究期刊和书籍或专著中，有关证明的各个方面（数学的、社会的、认知的、教育学的、哲学的，等等）的出版物得以迅猛增长（参见 Hanna & de Villiers,

2012; Hanna, Jahnke, & Pulte, 2010; Reid & Knipping, 2010; A.J.Stylianides, 2016; Stylianou, Blanton, & Knuth, 2010）。

虽然关于证明在数学领域中的地位和本质存在一些争议（Lakatos, 1976），但证明对于数学家的工作及他们加深对数学的理解的努力都是不可或缺的，这一点没有异议（参见 Hanna, 1990; Kitcher, 1984）。人们普遍认可证明应该在所有阶段学生的数学教育中发挥重要作用（参见 Hanna & Jahnke, 1996; Mariotti, 2006），即使是在小学阶段（参见 Ball & Bass, 2003; Ball, Hoyles, Jahnke, & Movshovitz-Hadar, 2002; National Council of Teachers of Mathematics [NCTM], 2000; A. J. Stylianides, 2007c, 2016; Yackel & Hanna, 2003）。这个观点并非建议在教学中应把学生像"小数学家"一样对待（Hiebert 等, 1996），而是类似于证明在数学领域中的作用，把它看作是学生有意义地参与学校数学不可或缺的部分（参见 Hanna, 1990; Hersh, 1993; Mason, 1982）。

例如，证明可以使学生，甚至是年龄较小的孩子，基于数学体系的逻辑结构而不是教师或教科书的权威来探究或辩论数学命题的正确性（参见 Ball & Bass, 2000, 2003; Lampert, 2001; Reid, 2002; Zack, 1997）。证明还有更广泛的作用：证实或证伪（即确定命题的正误）、解释（阐述命题为什么正确或错误）、发现（即发现新的结果）、交流（即表达结果）、介绍新的推演方法以及阐释定义或公理系统的使用（参见 Bell, 1976; de Villiers, 1990,

1999; Larsen & Zandieh, 2008; Hanna & Barbeau, 2008; G. J. Stylianides, 2008a; Weber, 2002, 2010b）。

令人鼓舞的是当前不同国家的课程框架都在呼吁从小学开始让所有学生在数学体验中感受到证明的重要作用，如美国的《州共同核心数学标准》（National Governors Association Center for Best Practices & Council of Chief State School Officers [NGA & CCSSO], 2010）和英格兰最近的国家数学课程（Department for Education, 2013）。特别要指出的是，在英格兰国家数学课程为所有年龄阶段的学生设置的三个核心目标中，其中有一个与证明相关："（学生应该）通过探究、猜测关系、概括以及用数学语言发展论证、阐释或证明来进行数学推理"（Department for Education, 2013，第3页）。

这种观点将学生参与证明的过程置于一类广泛的活动中，包括常常基于特殊情况及例子的概括和猜想。这些活动极为重要，因为它们能支持并给予学生参与证明的意义（参见 Garuti, Boero, & Lemut, 1998; Lannin, Ellis, & Elliott, 2011; Lockwood, Ellis, Dogan, Williams, & Knuth, 2012; G. J. Stylianides, 2008a; R. Zazkis, Liljedahl, & Chernoff, 2008）。在本章中，我们在这类更为广泛的活动范围内来思考证明，这些活动包括我们收集的各种证明类的活动。同时，我们更为关注的是那些与数学命题的建构、检验或理解相关的证明方面，以满足证明的标准。我们聚焦于这些方面是基于一个事实，即从教和学的角度来看，它们特别容易出现问题。

证明在数学教育和市章中的含义

证明这一术语的使用在数学教育领域有许多不同的方式。一些研究者从数学的角度来定义证明，将它与连接前提和结论的逻辑推演联系起来（参见 Healy & Hoyles, 2001; Knuth, 2002b; Mariotti, 2000a）。其中有些定义将证明和它的一个或多个功能联系起来，通常看到的是解释功能。例如，克努尔（2002b）将证明看作"通过利用其他的数学结果或对这个命题数学结构的理解来展示命题为何正确的演绎论证"（第86页）。一个相关但更为正式的观点认为，"数学证明是从一组公理开始并通过逻辑步骤向前推进以达到结论的形式化和逻辑化推理"（Griffiths, 2000，第2页）。

其他研究者从认知的视角来定义证明，把焦点放在帮助个体获得数学命题中可令人信服的论证（参见 Harel & Sowder, 2007），或从社会的视角定义证明，把焦点放在数学群体的成员如何把一个论证认可为一个证明（参考 Balacheff, 1988b; Manin, 1977）。哈雷尔和索德（2007）用证明（或阐释）这一术语描述"那些为个人或团体建立的真理"（第806页），而数学证明这一术语保留了"证明的数学制度化概念"（第807页）。巴拉捷夫（1988b）将证明定义为"在某一时间段内为一个群体所接受的解释"，这里的解释"描述了个体意图为其他人确定命题正确性的对话"（第285页）。这与马宁（1977）认为一个论证在社会认可后成为证明的观点是一致的。

这些不同的定义表明在数学教育研究中缺乏对关于"证明是什么"的一致认可。当然，让所有的研究者采用证明的同一定义是不可能或不现实的，因为某些定义比其他定义可能会更好地服务于不同的研究目标。尽管如此，作为一个领域，我们会受益于把支撑我们研究的证明的定义明确化（Balacheff, 2002）。的确，这种对证明定义的明确化有助于解释研究结果，并便于不同研究结果之间的比较，因此也将有助于该领域更为一致的研究发展。

为与这种针对明确性的呼吁保持一致，我们在此给出证明的定义。在特定时间的课堂环境背景下，我们把证明理解为：

> **证明**是数学论证，是支持或反对一个数学命题的一组相互关联的言论。它有如下特点：
> 1. 使用已有的、正确的、无须进一步阐释并被课堂团体所接受的命题（**被接受的命题集合**）；
> 2. 采用合理的并且为课堂团体所知或在概念范围内可及的推理形式（**论证模式**）；
> 3. 用适当的并且为课堂团体所知或在概念范围内可及的表达形式（**论证表征模式**）进行交流。（A. J. Stylianides, 2007c, 第291页；强调部分为原文所有）

通过给出证明的这一定义，我们把论证更广义地定义为表示寻求证明的活动。正如我们前面提到的，该活动包含大量的其他相关活动，而这些活动常常是论证的先期活动，比如概括和猜想。

尽管不全面，但证明的这一定义仍有某些特点使其适用于本章的论述。具体地说，该定义具有足够的灵活性来描述各教育阶段中的证明，如同我们接下来解释的那样，它融合了数学的、社会的、认知的和教学的不同观点。从数学的观点来说，该定义要求作为证明的论证要使用正确的命题、合理的推理形式和适当的表达形式，而术语"正确的""合理的"和"适当的"应该在当代数学的背景下进行理解。从社会的观点来说，该定义要求那些用于满足证明标准的论证中的命题、推理或表达形式都属于各自课堂团体共享知识的一部分，或是该团体有可能获取的知识的一部分。从认知的观点来说，该定义能用来描述学生的证明观念，证明观念与论证定义中的三个要素相关。这三个要素是：被接受的命题集合、论证模式、论证表征模式。最后，从教学的观点来说，该定义能支持有关学生的论证是否满足证明标准的判断，如果不满足，它也能支持关于学生论证中的哪些具体部分需要发展的决策，从而更好地接近这个标准。

本章的内容安排和组织

虽然我们力求考虑证明领域的所有主要研究，但毫无疑问也非常遗憾的是我们不能面面俱到。我们也承认我们对于选择哪些研究来进行综述受一些因素的影响，包括我们对该领域的主观和不可避免的有限理解，以及我们对本章的简洁性和一致性的追求。

关于一致性，我们对于参考文献的选择是基于本章概要中所勾勒的特定的要点[2]。由于这与哈雷尔和索德（2007）关于证明研究的综述有着完全不同的关注点，他们的综述以辩护图式（我们将在本章稍后讨论）的理念为视角，主要涵盖2003年以前的研究，因此对于我们而言，把参考文献限定在2003年以后是不合情理的。进一步而言，我们关注的某些领域的一些基础性工作源于2003年以前，因而我们需要综述一些早期的工作来理解

更近的研究发现和理论结构。同时，我们尽可能地把注意力放在最近的出版物上，尤其是经过评审的出版物和重要但少有研究成果的领域的一些博士论文。而且，我们注意到很多重要的关于证明的研究已经在国际数学教育心理学的同行评议论文集上发表，但是在本章中我们没有花费较多篇幅讨论这些研究，因为它们已经在其他地方被讨论过了（Mariotti, 2006; A. J. Stylianides, Bieda, & Morselli, 2016）。

本章的结构如下：在下一节中，我们从三个不同视角综述关于论证的研究——作为问题解决的论证，作为令人信服的论证和作为社会嵌入活动的论证。之后，我们探讨证明在日常学校数学课堂实践中的地位并讨论导致证明在常规课堂中被明显边缘化的因素。然后，我们综述证明领域中基于课堂的干预研究和讨论在该领域中未来进行干预的可能性。

从三个不同视角对论证的研究

论证是一个多方面的活动，教育研究者从不同的视角对它开展了研究。根据对文献的阅读与梳理，我们确定了证明领域中三个广阔的研究视角，并用它们作为本节讨论的组织结构。具体地说，我们确定了一些在认知心理学中建立在问题解决基础上的文献，并将所涉及的论证称为问题解决；该视角下研究的目的是理解学生在与证明相关的活动中所应表现出来的技能、能力和特征。另外，我们分析了建构主义视角下关于证明的一些研究，并将所涉及的论证称为说服；该视角下研究的目的是理解学生或教师关于数学说服的标准和它们与该学科中可接受标准的接近程度。最后，我们研究了其他的一些相关研究，这些研究将论证定义为社会嵌入活动，并考察了证明是如何在数学课堂团体中实践的。

在本节中我们对这三个研究视角提供一个概览。因为对这些视角的关注主要集中在学生或教师对证明的理解上，我们从总结预期的对证明的理解开始综述每一个视角。然后考察每个视角内被讨论的一些重要问题、与该视角相关的主要理论结构，以及与学生或教师理（误）解证明相关的重要实证发现。我们会以对每个视角下的

研究现状的批判性评论作为结尾，并提出进一步研究的问题。

我们不打算对每个视角下所开展的所有研究都进行详细的综述。相反，我们将聚焦于那些我们认为特别有影响或对该领域的重要问题有潜在重要启示的研究或理论结构。虽然我们用关于论证的三个视角作为综述的组织结构，但并不是想表明每项研究或结构完全符合我们所讨论的有关论证的某个视角——只是相比其他视角，它似乎更适合该种视角。类似地，这不代表我们所引用的研究者的观点总体上符合我们对他们的研究进行分类的视角，只是说相比其他两种视角，某一具体研究似乎更符合该视角。

问题解决视角下论证的研究

我们所预期的对证明的理解。那些从认知心理学角度对证明的研究，经常将证明和诸如评价证明的正确性等与证明相关的任务作为一种特殊类型的问题解决（参见Koedinger & Anderson, 1990; Koichu, Berman, & Moore, 2007; Mamona-Downs & Downs, 2005; Schoenfeld, 1985; A. Selden & Selden, 2013; Weber, 2001, 2005）。在问题解决视角下，研究者们寻求了解学生是否能为与证明相关的任务提供正确或规范可接受的答案。多数情况下，这包括学生能写出研究者们认为是证明的论证。研究者们也调查了学生是否能确定一个表面上的演绎论证是否有效或者含有逻辑错误（A. Selden & Selden, 2003）。重点主要是在产生证明的过程（并且因此经常使用"证明的产生"和"证明的建构"的词语）而不是这种推理的结果的含义（即问题解决者的书面证明）。更广泛的问题，如什么构成了正确或规范可接受的答案，或为什么个体或团体可能会希望参与与这些证明相关的任务，通常在该视角下没有给予关注但在其他两个视角的讨论中都被论及。

重要问题。作为问题解决视角下的证明研究经常涉及回答如下问题：（1）学生在完成与证明相关任务上的成功率是多少？（2）在与证明相关的任务上获得成功需要哪些能力（例如，知识、技能、策略、个性）？（3）专家（尤其是数学家）如何着手解决与证明相关的问题，

他们为什么能成功？（4）学生如何着手解决与证明相关的问题，他们缺少哪些与证明相关的能力？（5）我们怎样设计教学以帮助学生发展成功书写和理解证明所需的能力？该领域的大量研究主要涉及问题（2）（3）和（4），主要是通过细致考察学生或数学家书写证明的过程来进行调查，经常使用口头报告分析。

理论建构。有几个理论建构被用来说明前面提到的问题。A. 塞尔登和塞尔登（2013）在证明生成的正式表述部分和证明生成的以问题为中心部分给出了重要区分。简单地说，论证的正式表述部分涉及建构证明的逻辑方面，而以问题为中心的部分则侧重论证的创造性决策方面。因此，这种区分帮助我们将证明书写中的不足归因于对逻辑的错误理解或缺乏进行证明所需的核心洞察力。

论证的正式表述部分包含选择一个证明框架（J. Selden & Selden, 1995），使用命题的逻辑结构形成合适的假设与结论，然后解构定义。A. 塞尔登和塞尔登（2013）注意到，证明书写的正式表述部分主要是程序化的，这可能便于直接教学。一个需要讨论的重要方面是，我们需要考虑证明框架的选择与实施是否完全是程序化的，并且猜测它其中的某些方面可能会被作为策略性决策的例子从而使得这些方面能被很好地理解。例如，学生应该如何决定是使用直接证明、反证法还是通过案例来进行证明？[3]如果学生决定用案例证明，他或她怎样知道考虑哪些案例（例如，将整数分为奇数和偶数，正数和负数）？ A. 塞尔登和塞尔登（2013）关于证明书写中的正式表述和以问题为中心活动的区分是有价值的，但我们认为这两者的差异是微妙的。

聚焦于以问题为中心的论证的相关研究者们的总体目的是，理解建构证明所需的核心洞察力是如何发展的。为了达到这一目的，研究者们经常会区分个体生成证明的过程和表述这些过程结果的规范论证的类型。韦伯和阿尔科克（2004，2009）把完全基于操作概念的那些正式表述的证明称为句法证明，而把基于图形、图表、例子或其他非正式表述的证明称为语义证明。拉曼（2003）在基于程序化思想的证明和基于核心思想的证明之间作了类似的区分，前者基于操作，后者基于对概念的非正式的、私人化理解所获得的洞察力[4]。韦伯和阿尔科克

（2004, 2009）的建构是基于个体的认知，而拉曼（2003）认为学生倾向于避免基于核心思想的证明，这可能缘于私人的认知方式和公开的、严格的证明之间是没有关系的这一认识论信念。

加鲁蒂等人（1998）提出认知统一的相关结构，当用于生成或者评估猜想的过程和用于检验猜想的证明之间存在一个连续体时，认知统一就发生了。而"语义证明"和"基于核心思想的证明"则涉及学生在表征系统之间构建桥梁，"认知统一"聚焦于沟通猜想活动和证明活动。因此，可以把前面提到的建构理解为表征类似现象（即用非正式的推理来生成证明），但也强调了非正式推理的不同方面（表征系统、认识论和学生活动的目的）。

采用批判的态度看待这种类型的建构，我们承认这些建构对证明的非形式方面给予了较多关注。然而，他们的二分本质容易在两方面引起问题。第一，像在韦伯和阿尔科克（2009）的框架中的非正式表征和正式表征之间的界限，或像在拉曼（2003）的框架中某一推理的具体片段是个体性的还是公共的，这些似乎都高度依赖于情境，也很可能是主观的。道金斯（2012）认为数学现象的口头描述似乎既不是完全正式的也不是完全基于概念的非正式表征，这就使得很难把这些论题置于韦伯和阿尔科克的语义/句法框架内。第二，这些框架的二分本质可能使得他们成为过于粗糙的工具，而无法对个体的证明片段给出精确的描述（Sandefur, Mason, Stylianides, & Watson, 2013; Weber & Mejía-Ramos, 2009）。

主要发现。

从初中到大学阶段的学生常常有书写证明的困难。这一发现与该视角下的第一个重要问题相关：学生在书写证明时会有多成功？在一项大样本的开创性研究中，申克（1989）让1520名修学几何课的学生证明四个定理，其中的两个只需除了假设之外的简单推演。申克发现只有30%的学生能证明三个及以上的定理，29%的学生一个证明都不能建构出来。最近，其他大规模研究已经发现初中生（参见 Knuth, Choppin, & Bieda, 2009）、高中生（参见 Healy & Hoyles, 2000）和数学专业的大学生（参见 Iannone & Inglis, 2010）有着相似的低成功率。

学生常常缺乏进行论证所需的许多能力。接下来的主要发现与成功书写证明所需的能力和学生拥有或缺乏这些能力的程度有关。研究者们已经指出学生不能书写证明的许多原因。在 A. 塞尔登和塞尔登（2013）提到的证明的正式表述方面，即学生在选择一种合适的证明框架来开始他们的证明上存在困难（J. Selden & Selden, 1995），部分原因是他们在理解具有复杂逻辑结构的命题上有困难，如有嵌套条件的命题（Zandieh, Roh, & Knapp, 2014），或因为他们不理解自己尝试使用的证明方法（参见 A.J. Stylianides, Stylianides, & Philippou, 2004; G.J. Stylianides, Stylianides, & Philippou, 2007）。一个特别令人关注的问题是学生对限定语句的误用。埃普（2009）注意到，学生对存在性的描述特别困难，比如没有意识到人们应该避免使用同样的符号来表示不同的对象。对于多重限定"对所有的，都存在"的命题，学生需要看到存在变量依赖于全局变量。如果全局变量改变，存在变量也需要改变（参见 Arsac & Durand-Guerrier, 2005）。

关于问题解决视角下的论证，研究者们指出学生缺少证明策略或启发法（参见 Schoenfeld, 1985; Weber, 2001）或不愿意在他们的推理中使用例子或图表（Raman, 2003; Weber, 2001）。总体上，这些发现来自还未被重复进行的小样本研究。具有更大样本的验证性研究，特别是其中的结构与学生在论证任务上的表现分别测量的研究，将会使得这个研究更有说服力。

书写证明的学生会从考虑图表和例子中获益。在一项对实分析课中12名数学专业学生建构证明的研究中，吉布森（1998）注意到，当学生遇到困境时，他们经常会建构图表。从这些图表中，学生获得了帮助他们消除困境的洞察力。吉布森注意到，"使用图表"通过促进理解、评价命题的正确性、生成想法和表达思想来"帮助学生完成纯粹用语-符号表征系统所不能完成的子任务"（第284页）。桑迪佛等（2013）报告了关于使用例子的类似研究，在该研究中，作者描述了解答数论任务的学生小组，他们从例子的学习中获得了概念性见解，这些见解是他们进行证明的基础。其他人的案例研究表明了图表或例子在学生和数学家的证明书写中有相似的有益影响（参见 Alcock & Weber, 2010; Garuti 等，

1998; Lockwood等，2012; Pedemonte, 2007; Samkoff, Lai, & Weber, 2012）。

学生常常难以将非正式论证转化为证明。虽然图表和例子有时提供给学生概念上的见解以说明定理为什么是真的，但杜瓦尔（2007）提醒到，非正式论证与证明之间的过渡是困难的。如一些案例研究表明，有学生基于这些概念上的见解能成功将论证转化为证明，也有学生不能这样做（参见Alcock & Weber, 2010; Pedemonte, 2007; Pedemonte & Reid, 2011）。阿尔科克和辛普森（2004）发现，图表有益于证明的书写，但也给学生提供了对猜想的错误自信，使学生搞不清什么是可以假设的以及什么是需要证明的，从而阻碍证明的书写（对Duval, 2007提醒的呼应）。事实上，研究者比较了高等数学学习中的两组学生，一组使用例子或图表而另一组不使用，发现似乎没有哪个组胜过另一组（参见Alcock & Inglis, 2008; Alcock & Simpson, 2004, 2005; Pinto & Tall, 1999）。

为了说明学生在将非正式论证转换为证明中的困难，佩德蒙特和她的同事定义了学生建构的非正式论证和可以由这些论证得到的证明之间的距离（参见Pedemonte, 2007, 2008; Pedemonte & Reid, 2011）。例如，如果结构距离太大，即如果非正式论证中的依据明显不同于那些将用在证明上的依据，学生就难以生成这个证明（参见Pedemonte, 2007）。D. 扎克斯、韦伯和梅西亚-拉莫斯（2016）识别出学生经常参与的能成功将非正式论证转化为证明的活动。它们包括句法化（用精确的数学语言表述非正式的观点）、细述化（明确哪些原理用于导出新的推断和对事实给出合理解释）和再确证化（为图形推断提供逻辑支持）。

总的来说，我们知道图表和例子对学生将非正式论证转化为证明是有帮助的，但又经常没起作用。那么，未来研究的一个重要目的是，理解哪些过程能用于获取图表和例子中的益处并设计教学以使学生能更有效地使用图表和例子。

学生和教师常常不能区分证明和无效论证。虽然关于学生在证明相关任务上的表现的大量研究关注的是学生建构证明的能力，但A. 塞尔登和塞尔登（2003）认为学生检查一个证明的正确性的能力，即验证证明，也

是重要的。为了测量学生在证明相关任务方面的能力，A. 塞尔登和塞尔登（2003）在一门过渡到证明的课中向8名本科生提供了4个旨在证明"如果n^2能被3整除，那么n能被3整除"的论证。他们发现学生最初只能随机作答，最终只有一半的学生能作出正确回应。研究者针对其他本科生又做了重复研究（Alcock & Weber, 2005; Inglis & Alcock, 2012; Ko & Knuth, 2013; Weber, 2010a），并且与对职前中学教师（Bleiler, Thompson & Krajčevski, 2014）和在职中学教师的研究发现是一致的（Knuth, 2002a）。

数学专业的学生似乎缺乏验证证明的两种必要能力。首先，该群体经常认可条件命题的以下证明方式，假设结论成立然后演绎推得条件，即证明其逆命题（参见Inglis & Alcock, 2012; A. Selden & Selden, 2003; A.J. Stylianides等，2004; Weber, 2010a）。换句话说，当一个无效的证明框架被运用在证明中时，这些学生通常不能识别出来。A. 塞尔登和塞尔登（2003）假定这是因为学生聚焦于一个证明的局部而不是考虑它的整体结构。其次，韦伯和阿尔科克（2005）认为，为了验证一个证明，学生需要推断用于导出新原理的论据或数学原理。研究表明，学生通常不会这样做（Alcock & Weber, 2005; Inglis & Alcock, 2012），因此，当有错误的推理被用于论证时，他们就不能识别出来。

重要的评论和未来研究方向。虽然有几项大规模研究表明学生生成证明有困难，但还没有用于测量学生的证明书写能力的可以广泛使用的工具。事实上，在探索学生证明书写能力的研究中所使用的任务之间几乎没有交叉。进一步地，在问题解决视角下进行论证的多数研究者倾向于关注年龄大的学生不能做什么（我们在下一节将介绍），其他研究者则强调年龄小的孩子能做什么。对于这种观点的一种解释是数学专业的学生不能书写证明，但年龄小的孩子却会。我们对这种解释持有质疑；至少它需要有年龄小的孩子成功解决数学专业学生不能解决的任务的实证支持。另一种解释是，目前只有非常少的例子能说明年龄小的孩子能建构证明。在这种情况下，研究者们需要明确指出，年龄小的孩子能写出证明并不表示大多数甚至许多年龄小的孩子都能够做到。

关于年龄大的学生，文献中也存在差异，我们对他们能成功完成哪些与证明相关的任务缺少了解。例如，虽然我们知道数学专业的学生在完成非常规或有难度的证明时都有困难，但我们不知道他们能在多大程度上成功证明更基础的定理，如"两个奇数的积是奇数"或"如果 $f(x)$ 和 $g(x)$ 是严格的正的递增函数，那么 $(f+g)(x)$ 和 $fg(x)$ 也是严格递增函数"。对于论证能力的一种共同的衡量标准将允许不同研究和不同群体间开展更多有洞察力的比较，同时也为评价教学干预的有效性提供一种方式。

那些宣称使用例子或图表促进证明书写的研究主要由小规模研究组成，它们强调这些表征的可视性。然而，其他研究没有能够在学生使用例子和图表的倾向性和他们书写证明的能力之间找到关联。但是图表和例子对学生有益的观点已经建立起来了，迫切需要的是帮助学生意识到使用图表和例子的好处的方式。比较成功的问题解决者（例如，数学家、数学优等生）和不成功的问题解决者（例如，普通学生）使用图表和例子的方式是回答该问题的一个途径。

目前对学生是如何理解证明的研究是有限的（Mejía-Ramos & Inglis, 2009），但是一些研究者认为学生在理解他们所阅读的证明上有难度（参见 Conradie & Firth, 2000）。最近，在关于什么是理解证明以及如何评价这种理解方面有了理论方面的进展（Mejía-Ramos, Fuller, Weber, Rhoads, & Samkoff, 2012; A.J.Stylianides & Stylianides, 2009; Yang & Lin, 2008），它们可能有助于激发该领域出现更多的研究。

说服视角下论证的研究

我们所预期的对证明的理解。 在将证明视为说服的视角下，教学目标主要是让学生能被用于说服数学家的同类型证据所说服（参见 Harel & Sowder, 2007）。将这一目标更具体化，就是需要澄清哪些论证会说服数学家。这方面的很多文献都有两个假设：（1）数学家会被演绎论证所说服（即我们所给出的证明的定义中使用有效论证模式的论证），而不是基于经验证据或求助于权威（Harel & Sowder, 1998, 2007; Recio & Godino, 2001）；

（2）证明是说服数学家或特定数学群体的论证（P. Davis & Hersh, 1981; Harel & Sowder, 1998, 2007），因此，在该视角下，教学的目标是让学生认识到经验或权威证据的局限性（参见 G.J.Stylianides & Stylianides, 2009），并通过演绎论证获得高水平（或绝对）的确信。

该视角在如下方面不同于问题解决视角下的论证。问题解决视角下的论证经常聚焦于学生能做什么以生成一个可接受的结果，而不必质疑它对数学家或学生而言是什么的问题。说服视角下的证明，倾向于聚焦学生对具有个体意义和专业上可接受的结果的解释，而较少关注这样一种结果是怎样产生的。

重要问题。 说服视角下论证的研究经常试图调查能够说服各种群体（如中小学生、大学生、职前或在职教师）的论证类型。主要问题包括：（1）哪些类型的论证或证据能够说服各种学生或教师群体相信数学的断言是真的？（2）在哪些方面学生或教师的说服标准不同于数学界的标准？（3）哪些类型的教学能鼓励学生或教师将他们的说服方式与数学界的方式更好地保持一致？该领域的大量研究涉及问题（1）和（2），它们主要采用问卷或访谈方法进行调查。

理论结构。 研究者开发出很多框架用于对学生或教师认为有说服力的论证类型或他们提供的使他人信服的论证进行描述、分类或分析（参见 Balacheff, 1988a, 1988b; Bell, 1976; Hadas, Hershkowitz, & Schwarz, 2000; Harel & Sowder, 1998, 2007; Marrades & Gutiérrez, 2000; Miyazaki, 2000; Simon & Blume, 1996）。几十年以前大多数的框架已经建立，并且从那时起这些框架就一直被用于研究学生或教师在数学论证中的说服标准。其中有两个框架特别有影响并且支撑了后续框架的发展：巴拉捷夫（1988a, 1988b）的论证层次与哈雷尔和索德（1998, 2007）的辩护图式框架。

巴拉捷夫（1988a, 1988b）将论证层次区分为四种主要论证类型，对此他宣称"在证明的认知发展中有着特殊地位"（Balacheff, 1988a, 第218页）。这些论证类型是：（1）天真的经验主义，在这种论证中，命题被认为是真的，是基于考察几个而不是所有可能案例而提供的证据；（2）重要的实验，在这种论证中，命题被接受为真命题是基于认真选择一个或多个案例来对它的真实性进行证实；（3）通用的例子，在这种论证中，命题的真实性是通过考察代表这一类的某一具体案例的运算或变换而确定；（4）思维实验，在这种论证中，命题的真实性是通过内化行动建立起来的，这种内化行动脱离了特定的代表。

哈雷尔和索德（1998，2007）关于学生的辩护图式（或证明图式）的分类表明哪些论证可以说服学生以及学生运用哪些论证用来说服他人。哈雷尔和索德将学生的辩护图式分成三类，其中每类又有几个子类：（1）基于外部的，说服依赖于学生外部的一些资源，如权威（权威主义辩护图式）、论证形式（典型辩护图式）或符号的无意义处理（非参照符号辩护图式）；（2）经验的，说服仅基于一个或多个例子的使用（基于例子或归纳辩护图式）或对一个或多个图形的感知（感知辩护图式）；（3）演绎的或分析的，说服基于关注数学情境总体方面的推理（变换辩护图式）或基于从已经接受的结果中逻辑演绎出新的结果（公理化辩护图式）。

马拉德斯和古铁雷斯（2000）的框架是在综合早期框架，主要是巴拉捷夫（1988a，1988b）、哈雷尔和索德（1998，2007）的框架基础上建立的一个较新的框架。而且，还有其他一些框架为特定的数学领域或学习情境的使用而设计。例如，米雅扎奇（2000）指出，他开发的框架适用于代数却不能应用于几何。另一个更专业的框架由哈达斯（2000）开发，它具体关注学生在产生矛盾情况的任务环境中生成的论证，并由学生运用动态几何工具进行验证。其中一种论证类型是视觉变式，它描述了一种运用图像或由拖动所产生的实际视觉变化的解释。根据研究人员的说法，这种论证类型特别适用于在动态几何学习环境中的解释。

采用批判的态度看待该领域的已有框架，我们承认它们为研究者们提供了一组强有力的分析工具，供研究人员在研究学生或教师的数学说服标准时使用或修订。我们在此不打算将某些研究目标精确地对应到具体的框架上，事实上，不同的框架也非常有可能应用于同一研究目标，因为它们之间有明显的交叉。然而，我们发现，我们选出的两个框架对研究学生和教师的数学说服标准

（Balacheff，1988a，1988b；Harel & Sowder，1998，2007）有着特别的作用，它们各自为政但并不是完全不同。这两个框架反而为我们提供了研究学生或教师自己生成或发现论据的一些可能的或共同的论证。马拉德斯和古铁雷斯（2000）的工作进一步表明综合这两个框架是可能的，从而扩展了能够被这两个框架所涵盖的更多论证类型。同时，在一些情况下，研究者也可以选择使用有着更简单的层次结构的框架（参见 Bell，1976；Simon，Blume，1996）或其他有着更为特定聚焦内容的框架（参见 Hadas 等，2000；Miyazaki，2000）。

虽然已有的框架涵盖了大范围的论证类型，但我们认为它们更应该被用于阐释无限集上真命题的正确性的论证任务（例如，任何两个奇数的和是一个偶数）。这些框架与涉及反驳假命题的证明任务（例如，所有3的倍数也是6的倍数）或有限集上的论证（例如，10和20之间有4个素数）的背景下生成的证明任务都不太相关；相应地，这些框架也与反证法和穷举法较少相关。的确，已有的框架需要一些扩展或改进，以适用于更广泛的任务中可能生成的大量论证（有效的和无效的；参见 A.J.Stylianides，2016；A.J.Stylianides & Ball，2008；Tsamir，Tirosh，Dreyfus，Barkai，& Tabach，2008）。

最后，我们观察到在一些框架中都会讨论两个结构，这两个结构虽然在使用的术语和定义上有所差异，但已经在相关文献中引起了一定的关注。第一个结构是经验论证，它一般用于描述一个论证（可能是无效的），这个论证旨在通过验证命题涵盖的所有情况的真子集来说明命题的正确性。根据我们在本章所用的证明定义（A.J.Stylianides，2007c），经验论证由于使用论证的无效模式，不符合证明的标准。巴拉捷夫（1988a）的天真经验主义和重要实验的理念被认为是两种不同的经验论证（后者比前者更细致），而哈雷尔和索德（1998）的经验辩护图式的理念能用来描述学生将经验论证作为证明的观念。由于学生对经验论证的倾向性，它已经引起了广泛的关注。

第二个结构是一种特别重要的基于例子的论证类型，叫做通用论证（也经常被称为通用证明）。通用论证证实了关于一个集合的论断适用于这个集合中的通用元素

（或例子）。通用元素是集合中不拥有特殊性质的元素，这使得用于说明该元素的推断为真的推理能够被推广到任何元素上（Mason & Pimm, 1984）。通用论证被认为特别重要有两个原因：（1）它们能在经验论证和基于非例子的演绎论证间架构桥梁（参见 Balacheff, 1988a; Harel, 2001）；（2）由于它们的具体性和特定性，通用论证可能比传统证明更易被学生接受，特别是对于那些认为证明的抽象本质是理解道路上令人生畏的障碍物的学生（参见 Leron & Zaslavsky, 2013; Rowland, 2002）。

主要发现。

学生和教师常常把经验论证当作一般性的证明。许多研究发现，学生和教师经常把经验论证作为一般性证明来接受，这反映在他们自己的论证结构或他们对给定论证的评价中（参见 Buchbinder & Zaslavsky, 2007; Goulding, Rowland, & Barber, 2002;Goulding & Suggate, 2001; Healy & Hoyles, 2000; Knuth, Choppin, Slaughter, & Sutherland, 2002; Morris, 2002,2007; Sowder & Harel, 2003; Tapan & Arslan, 2009）。例如，在一项对34名美国职前小学和初中教师的访谈研究中，莫里斯（2007）发现，41%的研究参与者确信，呈现给他们的关键实验形式的经验论证，绝对肯定地证明了在无限集上的推广是正确的。

学生和教师常常不认可证明的可信度。一些研究发现，学生和教师不认可演绎论证的可信度，他们不相信演绎论证可以说明数学归纳的正确性（参见 Chazan, 1993; Fischbein, 1982; Morris, 2007; Schoenfeld, 1991）。例如，在前面提到的关于职前教师的研究中，莫里斯（2007）发现，只有62%的参与者确信，一个符合证明标准的特定有效论证，绝对肯定地证明了在无限集上的归纳是正确的。一些其他研究发现，学生或教师不相信一个反例可以确凿地证明数学命题的错误，他们倾向于将反例视为一种特殊情况而不加理会（参见 Balacheff, 1988b; Mason & Klymchuk, 2009; Simon & Blume, 1996）。对于用一个单独的反例来反驳一个一般性命题，学生或教师持有有限信任，这就可以解释为什么教师和学生（包括数学专业的学生）在用反例进行论证时存在很大困难（参见 Ko & Knuth, 2009, 2013; Leung & Lew, 2013）。

学生和教师常常相信一个条件命题等价于它的逆命题或否命题，但不相信它等价于它的逆否命题。研究发现，学生和教师相信一个条件命题等价于它的逆命题（参见 Hoyles & Küchemann, 2002; Yu, Chin & Lin, 2004）或它的否命题（参见 Knuth, 2002a; A.J.Stylianides 等，2004），同时还发现他们不相信使用逆否命题等价规则的条件命题的证明（A.J.Stylianides 等，2004）。例如，在两项对高中生开展的大规模研究中，一项在英格兰（Hoyles & Küchemann, 2002），另一项在中国台湾（Yu 等，2004），超过半数的学生认为一个条件命题等价于它的逆命题，而在以16名美国初中数学教师为对象的一项研究中，有10位参与者将一个无效论证接受为证明，这个无效论证假设一个命题和它的否命题之间是等价的（Knuth, 2002a）。还有在一项以95名塞浦路斯高年级大学本科生为对象的研究中，其中有70名教育专业（职前小学教师）和25名数学专业学生，47%的教育专业和28%的数学专业学生不接受通过逆否命题正确表征的论证，而只有76%的教育专业和60%的数学专业学生拒绝接受条件命题和它的否命题之间等价的错误结论（A.J.Stylianides 等，2004）。学生和教师在条件命题上的困难属于更广泛范围的困难范畴，它包含与理解或运用启发有关的困难（参见 Durand-Guerrier, 2003; Hoyles & Küchemann, 2002）或在反证中提出和解释命题对立面的困难（参见 Antonini & Mariotti, 2008）。

学生和教师常常被数学归纳法证明的表面特征所说服。研究表明，教师和大学生对用数学归纳法证明的理解有限，并被这种证明方法的表面特征所说服（参见 Brown, 2008; Dubinsky, 1986, 1990; Harel, 2001; Knuth, 2002a; Movshovitz-Hadar, 1993; Smith, 2006; G.J.Stylianides 等，2007）。例如，在前面介绍的对美国中学数学教师的同一研究（Knuth, 2002a）中，一些参与者接受数学归纳法的证明，不是因为他们理解这种方法，而是因为他们知道这种方法能够运用于相似的数学情境中。而且，在前面介绍的对塞浦路斯高年级本科生的同一研究（G.J.Stylianides 等，2007）中，47%的教育专业和35%的数学专业的学生接受了一个开放语句的数学归纳法证明，这些学生确信，语句正确的集合不能包括证明所涵盖的论域之外的元素（正整数）。换句话说，他们不愿意接受这样一种可能性，即通过数学归纳法产生的特定证明可能没有包含语句正确的所有情况。

重要评论和未来研究方向。在本节的文献综述中，我们作了一个重要假设，即学生或教师产生或评价的证明类型表明了他们的数学说服标准，这也是我们本文研究的假设（经常是内隐的）。然而，也有挑战这一假设的证据：评价给定的论证对于问题解决者来说可能比建构他们自己的论证更容易（Reiss, Hellmich, & Reiss, 2002）；对于问题解决者来说识别无效论证的无效比识别有效论证的有效可能更容易（Inglis, Mejía-Ramos, Weber, & Alcock, 2013; Reiss 等，2002）。问题解决者不好的论证建构会误导他们对符合证明标准的指标的认识，因为他们可能意识到自己论证的局限，但却不能生成更好的论证（Knuth, Choppin, & Bieda, 2009; A.J.Stylianides & Stylianides, 2009; Weber, 2010a; Weber & Mejía-Ramos, 2015），学生可能基于让他们个人满意或让自己教师满意的条件而对给定的论证作不同评价（Healy & Hoyles, 2000）。进一步地，有一个（仍是内隐的）假设是，学生建构或评价一个给定的经验的或演绎的论证是对经验或演绎论证坚定信念的总体反映。也有挑战这一假设的证据：教师可能根据曾经在课堂上注意或忽略学生证明的情况来对一些特定的论证作出不同的评价（Morris, 2007）；并且问题解决者可能在代数或几何领域建构论证时会有不同的表现（Leung & Lew, 2013），或当内在的逻辑原理用文字或符号表示时，评价论证也会有不同的表现（A.J.Stylianides 等，2004）。总之，学生和教师的论证建构或评价可能并不表明他们对基于说服视角的论证具有稳定的信念，而似乎依赖于情境。

上述发现提出了许多重要因素和方法论上的思考，这是未来在研究说服不同群体的论证类型时需要考虑的。鉴于该主题中的现有研究仅仅考虑了一个或两个能影响学生或教师数学说服标准的因素，而在这些研究中"说服"具有不同的含义，所以这也是需要我们进一步考虑的问题（Weber & Mejía-Ramos, 2015）。这一问题进一步复杂化了，因为其他研究发现，学生对即使是设计很好的问卷的回应，也会导致得出明显低估学生证明理解水平的结论，因为缺乏旨在澄清学生反应的后续访谈（A. J. Stylianides & Al-Murani, 2010）。因此，需要发展更精致化的方法来考察学生的数学说服标准，并且需要在该主题的未来研究中始终如一地运用这些方法。一个建议是，应该经常提供机会给这些研究的参与者以解释或修订他们的回答；通过这样做，研究者们能看到学生绝对相信一个命题是否是因为经验论证（这可能会有问题）或仅仅认为该命题可能是正确的（这没有问题；Weber & Mejía-Ramos, 2015）。更进一步地，允许解释的空间能表明参与者表面上有问题的回答可能实际上是基于理性的数学推理的（A.J.Stylianides & Al-Murani, 2010）。

最后，虽然有大量关于学生感知经验论证的研究，但关于学生感知图式论证和数学家说服标准的研究较少。也许，数学家的辩护图式引起较少注意的一个原因是，研究者们广泛认为数学家只通过演绎证据而不是通过经验证据或寻求权威来获得说服。然而，最近的研究对这些发现提出了挑战（Weber, Inglis, & Mejía-Ramos, 2014; Weber & Mejía-Ramos, 2013）。的确，人们甚至并不清楚数学家是否一致认同某一些要素可以构成能够被接受的证据或证明（参见 Dreyfus, 2004; Inglis 等，2013），这也就说明我们需要更细致地了解数学的教学实践。

社会嵌入活动视角下论证的研究

前面的视角隐性地将证明作为解决问题的一种个体活动或作为获得说服的一种方式。然而，在数学实践中，论证通常发生在某一社会情境中（即数学家通过论证来给他们的同行阐释或解释一个命题，而他们的同行来判断一个论证是否是证明），并且它通常嵌入在更广泛的数学活动中。的确，如同我们前面所讨论的，人们如何以及为什么论证，甚至一个证明由什么构成，都与证明所发生的社会背景紧密联系。

在该视角下，重点倾向于活动而不是理解（参见 Sfard, 1998）。特别地，我们认为与证明相关的个体任务（例如，建构证明、阅读证明）并不是孤立的（这常常是前面两个视角下的情形），而是发生在更广阔的数学活动的背景下。如果学生或教师给出了一个证明，该领域下的研究经常将重点放在这一证明的意义以及证明者和他或她的团体成员随后将如何使用它这两方面上。

预期的理解（或活动）。在广义的水平上，该视角下的教学目标之一是让学生以一种真实的方式参与证明活动。这是在数学团体内的实践活动，包括有意义地使用证明，并把它作为平息数学命题正确性争论的工具（Alibert & Thomas, 1991; Zack, 1997），以及作为生成和交流数学知识的工具。如马宁提到，好的证明是那些让我们变得更智慧的证明（引自 Aigner & Schmidt, 1998）。第二个目标是让课堂团体使用证明，理由与数学家相同，包括提供解释（参见 Hanna, 1990）、阐述解决问题的新方法（参见 Hanna & Barbeau, 2010）和加深人们对概念的理解（参见 Larsen & Zandieh, 2008）。

重要问题。该视角的发展不如前面两个视角，因为这一视角的研究还没有围绕具体的问题展开。该领域重要的问题包括：（1）理解关于证明的数学实践，特别是数学家从事论证的原因；（2）识别证明对于学生和教师的意义（而不是先假设证明是说服他人的）；（3）设计课堂环境使证明成为产生或交流数学知识的工具；（4）建立与证明相关的社会规范以邀请学生进行论证，并为学生提供参与论证活动的学习机会。

理论结构。关于上面的第二个研究问题，该领域最广泛的工作是赫布斯特、查赞及其同事所作的对高中几何课堂的调查。赫布斯特、那契列利和查赞（2011）观察到，大多数关于教学的研究都采取了这样的立场，即教师自主地运用自己的知识和信仰来实现他们个人所重视的目标。赫布斯特和查赞（2003）采取了一个替代的观点，认为几何教师（也可能是所有教师）有一种实践理性，它是一种对教学技术的感觉，包括：（1）原则或价值观，使他们能够在教学情境中阐释（或摒弃）可能的行动；（2）取向（即局外人可能用来描述教师行为的那些价值、责任和倾向性）。赫布斯特和查赞的主要发现是，教师和学生在几何课堂上的行为很大程度上受规定课堂责任的体制规范所影响（对于这些研究的综述，见 Herbst, Chen, Weiss, & González, 2009）。

这一领域的另一项研究考察了证明在课堂或数学团体中的作用，以及这种作用是如何确定的（参见 Alibert & Thomas, 1991; Fukawa-Connelly, 2012b）。这些研究依然在发展之中并且还没有一致性，它没有共同且广泛使用的结构。然而，已有的研究为该领域进一步的概念性工作提供了好的基础。

主要发现。

学生对证明的看法主要受学生在课堂上观察到的规则所影响。虽然许多关于证明的研究聚焦于学生个人认为具有说服力的论证类型上，但学生也可以将证明作为一种被数学团体所接受的人工制品来评估。进一步地，歇米（2006）假设，由于学生可能认为他们只是该团体的外围成员，因此对一个论证有效性的判断可能会受到该论证与他们所看到的其他论证相似程度的影响。歇米发展了这一假设，通过记录大学课堂的情况发现，大学生从课堂证明的例子中归纳出什么是证明。

研究人员通过比较学生认为哪些论证令人信服和他们认为证明是由什么构成的，来观察这些学生行为的影响。例如，韦伯（2010a）给28名数学专业的学生呈现了一个图形论证以支持命题 $\int_0^{+\infty} \frac{\sin(x)}{x} dx$ 的结果是正数。在28名参与者中，14名认为该论证不是证明，其中9名使用图形来作为拒绝这个论证的依据。有趣的是，有5名认为该论证不是证明的学生发现该论证完全令人信服，但却说这个论证不能成为证明，因为他们在数学课上没看到过使用图形的证明。

证明书写的格式会限制在数学课堂上发生的推理类型。至少在美国，几何中的证明有时用两列的格式书写，其中，几何的命题出现在左列，该命题逻辑成立的原因出现在右列（Herbst, 2002b）。赫布斯特（2002a）观察到这种格式将暗示性的（有时是冲突的）要求加在教师和学生身上，限制了中学课堂中的一些可能性。例如，两列的格式暗示，要求学生给出一个命题（以前提的形式）和一个结论，并且测试学生从命题到结论的逻辑推理能力。这种实践阻碍了学生从证明中产生核心思想、建构自己的图表或通过选择自己的前提和结论进行猜想（Herbst & Brach, 2006）。

数学家阅读证明通常不是为了获得定理的确定性，而是为了推进他们的数学进程。如果一个定理或证明在文献中发表，有些数学家不会阅读该证明，但会考虑在他们自己的研究中运用该定理（Auslander, 2008; Geist, Löwe, & Van Kerkhove, 2010; Mejía-Ramos & Weber, 2014; Weber, 2008; Weber & Mejía-Ramos, 2011, 2013）。然而，数学家确实经常阅读证明，这样做的最普遍原因是发现可应用在他们自己工作中的想法或技术（Weber & Mejía-Ramos, 2011; Rav, 1999）。研究者观察到数学家再次证明定理，经常不是为了使人信服，而是为了对某些为真的事实作更全面的解释或以此为例阐明某个新技术或表征系统的威力（Dawson, 2006）。这里的关键是，对于数学家而言，一个发表的证明常常不是正式确认一个定理研究的结束；而是，证明的内容被数学团体成员所研究以提升他们的数学理解（Rav, 1999）。值得考虑的是，证明能否在数学课堂中起到类似的作用。

学生和中学数学教师常常不将证明看作是提供的一种解释，并且在理解证明上也有困难。如上所述，证明对于数学家的首要目的是找到解决问题的新方法并且提升他们的数学理解。对数学家的访谈表明，他们希望证明在自己所教的大学数学课中起着同样的作用（Nardi, 2008; Weber, 2012）。然而，克努特（2002b）与高中教师的访谈表明，他们将证明看作是使人信服而不是解释或交流的一个工具。大规模的调查表明，中学生（Healy & Hoyles, 2000）和数学专业的学生（Weber & Mejía-Ramos, 2014）似乎用同样有限的方式看待证明。

制定有效的课堂规范能突出学生关于证明的责任并创造学习机会。在分析本科生的抽象代数课的进展时，弗卡哇-康乃利（2012b）描述了教师如何引导全班学生对提交证明的责任的课堂规范进行协商。例如，证明的介绍者有责任解释和辩护他们的论证，回应来自听众的问题与挑战，明确突出他们证明中深层次的思想，并且只使用以前被同行认证过的结果。证明的听众有责任认真阅读证明，判断它的正确性，并在不清楚时提问。这完全不同于多数传统的大学课堂，即如果学生介绍一个证明的话，那么这个证明在多数情况下是正式的，教师是唯一一个判断它的正确性的人。弗卡哇-康乃利的工作阐释了这些规范如何给学生提供机会，以发展我们前面在作为问题解决视角下的论证中讨论过的许多技能，同时把证明作为促进概念性理解的方式。在更一般的层面

上，其他研究者阐述了如何让学生对自己提供的一个命题的论证规范化，以此来为学生提供自主学习的机会，而不是依赖来自教师的社会提示（Yackel & Cobb, 1996）、寻求权威的资源（Ball & Bass, 2000）或是民主投票（Weber, Maher, Powell, & Lee, 2008）。

重要的评论和未来研究方向。许多研究者认为证明应该在数学课堂中起解释和交流的作用（参见Harel & Sowder, 2007; Knuth, 2002a）。然而，正如拉曼（2003）和韦伯（2010b）所指出的那样，数学教育工作者对证明的解释意义还没有达成共识；类似的观点也可以用来说明证明是否有交流的作用。最近的哲学分析表明，数学解释是一个有争议的多重概念（参见Mancosu, 2011）。进一步来说，实证研究发现，数学家对证明的非正式评价中的解释性、简洁性和明确性等并不同意（Inglis & Aberdein, 2016）。如果将解释和交流列为呈现证明的目标和考察课堂行为的分析工具，数学教育者需要考虑并实践与此相关的一些结构。而且，因为数学家对这些特征的判断也是多样的（Inglis & Aberdein, 2016），要将这些结构和数学实践完全保持一致可能并不可行。

虽然赫布斯特和他的同事广泛调查了证明在高中几何课堂上是如何实践的以及教师用这种方式实践证明教学的合理性（参见Herbst 等，2009），但关于证明在代数或大学课堂领域是如何实践的，这方面的研究很有限。理解在这些课堂中的证明活动和教师支持这些活动的理由将是未来研究的重要主题。而且，考虑证明能否或必须在课堂上有着它在数学团体中一样的作用也是重要的。正如斯特普尔斯、巴特洛和森海塞（2012）所记录的，与数学家相比，课堂教师有时会有不同的专业需要。例如，教师可能请学生来阐释一个对教师而言是很明显的命题，以了解学生是否真的理解了问题中的概念。

总结性评论

本节我们所综述的文献总体上描述了理想的对证明的理解和一般学生对证明的理解之间的差距。人们可能会假设这个差距的大小与学生的年龄成反比例，但不同研究中的各种方法和研究工具为考察该假设是否成立提

供了一些微弱的研究基础。然而，英格兰的一项大规模研究对年龄作为良好地理解证明的主要决定因素的作用提出了怀疑（Küchemann & Hoyles, 2001—2003）。该研究每年调查1512名从八年级末到十年级末的学习较好的学生（大概13~15岁），结果表明，学生对证明的理解随着时间的迁移有适度的（如果有的话）提高。更进一步地，小学阶段的数学教育研究（参见 Ball & Bass, 2003; Lampert, 2001; Maher & Martino, 1996; Reid, 2002; A.J.Stylianides, 2007a, 2007b, 2007c, 2016; Zack, 1997）与关于孩子们的演绎推理能力的认知发展研究（由 G.J.Stylianides & Stylianides, 2008作了综述）表明，证明的某些方面（由 A.J.Stylianides, 2007c 所定义，并在本章中使用）甚至能在概念上被幼小的孩子接受，且课堂教学在培养对证明的良好理解上起着重要作用。

更具体地，前面提到的数学教育研究表明，在支持性的课堂环境中，即使是年幼的孩子也能书写证明或发展出近似于在数学团体中可接受的数学说服标准（参见 Maher & Martino, 1996; Reid, 2002）。因为这些研究多数在教师作为研究者或教师与研究者紧密合作的课堂中开展，这些研究更多的确定什么是可能的而不是记录数学课中通常发生的事。的确，如同我们下面将要讨论的，证明在日常课堂实践中处于一个边缘化地位。

日常学校课堂实践中的证明：地位及导致它的因素

从本节开始我们考察证明在日常K-12学校数学课堂实践中的地位，我们的结论是这一地位是边缘化的[5]。进而讨论导致证明这种边缘化地位的不同因素。

证明在日常学校课堂实践中的地位

关于证明在日常课堂情境中的地位的研究有限。然而，一些关于证明在中学数学课堂地位的有用知识来自1995年TIMSS的录像研究、更近一些的1999年的TIMSS录像研究和一些小样本研究的发现。1995年的录像研究第一次记录了来自三个国家，即美国、德国和日本的代表中学教师样本的教学录像（Stigler & Hiebert, 1999）。1999年的TIMSS录像研究抽取了来自更多国家和地区的数学课：澳大利亚、捷克、日本、荷兰、瑞士、美国，以及中国香港地区。

马纳斯特（1998）报告了对参与1995年TIMSS录像研究的三个国家样本的90节课的内容分析。该分析考察课堂中数学推理的显性例子，在这些例子中，数学的推理被清楚地表达和讨论。在这90节课中，只在22节课中发现了明确的数学推理。除了2节课以外所有的课都是几何，并且所有的22节课都出现在美国之外的其他国家中。根据马纳斯特的研究，这种显性的数学推理在代数入门课中的几乎完全缺失表明，许多学生可能被鼓励用过度程序化的方式来学习代数。

希伯特等（2003）分析了1999年TIMSS录像课中所出现的问题的数学推理类型。其中，当问题包含"证明，即如果教师或学生通过使用有序的逻辑步骤，从给定条件推演出结果，从而证实或展示结果是真"（第73页）时，就算是一个证明问题。结果发现，涉及证明的问题只在日本有较多呈现：大概39%的日本课包含至少一个证明，日本每节课大概有26%的数学问题包含证明。其他国家和地区在这方面的相应比例低得多。

两项TIMSS录像研究表明，证明在平常的课堂中处于边缘化地位，这与最近两个对较小样本的调查发现是一致的，它们还考察了证明在中学数学课堂中的地位（Bieda, 2010; Sears, 2012; Sears & Chávez, 2014）。比耶达（2010）在对美国7位初中数学教师的研究中，特别揭示了证明在学校数学实践中的地位，因为它考察了用什么方式对待证明可以被认为是最好的案例情境：（1）参与的教师经验丰富且是受过良好训练的教科书使用者；（2）以前的教科书分析（G.J.Stylianides, 2009）表明，该系列教科书有着丰富的与证明相关的任务；（3）发现教师从教科书系列中汲取了丰富的与证明相关的任务。比耶达发现课程中大约有三分之一的与证明相关的任务要么不在课堂中实施，要么只在小组中讨论。课堂中实施的与证明相关的任务为学生发展概括（包括猜想）、阐释或反驳命题的能力提供了大量机会。然而，在大概半数这样的机会中，学生没有为他们的归纳提供任何阐释。在剩下的机会中，学生经常用对待一般案例的论证来阐释他们的归纳，但阐释几乎都不符合证明的标准或使用不是针对一般案例的论证（多数是经验的）。在比耶达的研究中，教师似乎没有提供足够的反馈来支持关于学生的猜想或阐释的讨论，并且他们很可能将一个非证明的论证当作证明一样给予正面的评价。

西尔斯（2012）与西尔斯和查维斯（2014）的分析聚焦于证明在高中几何课程中的地位，在美国的这些课程传统上与证明教学是相关的。对三位教师的课堂实践分析得出如下结论（Sears, 2012，第201~203页）：（1）教师是课堂中的数学权威，学生总体上被鼓励记住教师对证明任务的解答，并且在后续做相似证明时按照教师的例子来做；（2）多数证明任务与已知事实相关，它们并不鼓励学生考虑个别案例或作出猜想；（3）学生很少有机会理解做证明的重要性或搞清楚所涉及的数学内容。这些发现并不惊奇，因为它们与美国高中几何课程中对待证明的方式是一致的（见 G.J.Stylianides, 2008c，一个历史的描述）。

导致证明在日常学校课堂实践中
边缘化地位的因素

在这一部分，我们将讨论导致证明在数学课堂上的边缘化地位的三个可能因素。

教师的作用。 教师决定在课堂上使用哪些与证明相关的任务和如何实施它们，因此在学生学习证明的机会中起着重要的作用（A.J.Stylianides, 2016）。许多教师所拥有的关于证明的知识薄弱（参见 Goulding 等，2002; Harel, 2001; Knuth, 2002a; Morris, 2002, 2007; Movshovitz-Hadar, 1993; Simon & Blume, 1996; A.J.Stylianides 等，2004; G.J.Stylianides 等，2007），教师对于证明的理念或对证明在学生的数学学习中作用的认识，都是达不到预期的（参见 Bieda, 2010; Furinghetti & Morselli, 2011; Knuth, 2002b; Sears, 2012），它们都影响着教师如何对待他们课堂中的证明。

我们已经讨论了许多关于教师在证明方面知识薄弱的问题。关于教师对证明的认识，克努特（2002b）从

数学教师的视角调查了17名中学数学教师对证明的看法。他发现，"教师倾向于将证明看作学习的一个主题而并非交流和学习数学的工具"（第61页），并且认为"证明是少数学生数学教育的一个合适目标"（第83页）。这些观点与前面讨论的比耶达（2010）的研究中的教师所表达的观点是一致的。具体地说，那些教师并不认为与证明相关的任务是重要的，并且对他们的学生能够形成阐释和证明的能力表示怀疑。他们也认为阐释应是"'一些令人印象深刻的'或为一些基础好的学生准备的东西"（第380页）。[6]在被观察的课堂中，这些教师的认识使他们决定不开展或讨论大量与证明相关的任务。类似的对于学生能够有成效地参与证明活动能力的质疑在西尔斯（2012）关于高中几何教师的研究中也有显示。教师认为证明对学生来说是一个难学的主题，并且以此为由解释了他们鼓励学生记住教师对证明任务的解答，以及做类似证明时跟着教师的例子来做的习惯。

然而，即使教师的知识和信念更适合于证明的教学，教师在努力让他们的学生参与到论证中时还会面临其他障碍。G.J.斯蒂利亚尼德斯、斯蒂利亚尼德斯和希林-特雷纳（2013）介绍了美国三位职前小学教师如何努力让他们的学生在教师指导下的课堂中参与论证。不同于通常的职前小学教师，这三位职前教师已经有了良好的关于证明的数学知识，并有着证明在小学低年级就处于学校数学中心的理念，这与美国发起的改革理念相一致（参见 NCTM, 2000）。通过参与一项聚焦于证明和问题解决的干预研究，他们发展了自己的知识和信念（A.J.Stylianides & Stylianides, 2014; G.J.Stylianides & Stylianides, 2009, 2014）。然而，尽管有着这种相关知识和信念的支持基础，职前教师在他们的课堂中实施与证明相关的活动时还是面临了下面的挑战：在不降低任务认知需求的情况下，促进学生完成任务，在课堂讨论中将不同学生的意见汇集起来，掌控时间限制，在课堂上对学生的想法作出及时的回应以及处理学生预先存在的与数学推理不符的思维习惯。西里洛（2011）在对一位刚刚入职的中学数学教师的课堂经验的纵向解释性案例研究中，报告了相似发现。

课程资源的作用。 在日常课堂实践中，另外一个

与证明地位相关的起重要作用的因素是课程资源（或课程材料）对证明的处理方式，课程资源是教师用于备课和教学的材料（对于这些术语的提炼，参见 Pepin & Gueudet, 2014; Remillard, 2005; G.J.Stylianides, 2016）。教科书是使用最广泛的课程资源，国际上平均有约75％的四年级和八年级学生都在使用教科书（Mullis, Martin, Foy, & Arora, 2012）。的确，该领域的研究表明数学教科书对包括论证任务在内的数学任务的选择和课堂实施有重要影响（参见Bieda, 2010; Moyer, Cai, Nie, & Wang, 2011; G.J.Stylianides, 2016; Tarr, Chávez, Reys, & Reys, 2006），并因此影响学生的学习机会（Cai, Ni, & Lester, 2011; Lloyd, Cai & Tarr, 2016，本套书）。

G.J. 斯蒂利亚尼德斯（2014，第64页）讨论了如何适当地设计教科书以便于学校教育和教师的使用，从而为改善证明在日常课堂实践中的地位提供一个抓手。关于学校的数学教科书，这些教科书可能包括给学生提供以连贯一致的方式进行证明的丰富机会，而随附的教师指导书能给教师提供与论证任务的课堂实施相关的数学或教学的建议。在数学教师教育项目中使用的教科书，能帮助职前教师发展：（1）能有效支持他们的证明教学的知识和信念；（2）能帮助他们处理很可能来自证明教学中的挑战（参见 Cirillo, 2011; G.J.Stylianides 等, 2013）。

遗憾的是，对小学阶段（Bieda, Ji, Drwencke, & Picard, 2014）、中学阶段（例如，J. D. Davis, Smith, & Roy, 2014; Fujita & Jones, 2014; Otten, Males & Gilbertson, 2014; G.J.Stylianides, 2008b, 2009; Thompson, Senk, & Johnson, 2012）和教师教育阶段（McCrory & Stylianides, 2014）的数学教科书的分析都共同指向三个令人失望的结果。第一，证明的地位被限制并且被不适当地概念化，这在学校数学教科书的一些领域中有所体现，例如，在指出学生共有的概念性错误以及在年级内或年级间对证明任务进行排序和分配时。第二，教师指导书给教师在课堂实施证明任务提供的支持不足，尽管我们承认这种支持看起来应该是一个开放问题（相关讨论见 Cai & Cirillo, 2014; G.J.Stylianides, 2008b）。第三，数学教师教育项目中使用的教科书对证明没有很好的处理（至少在美国）。

研究的作用。前面的讨论描绘了证明在日常学校数学课堂，特别是在多数研究所聚焦的美国课堂中地位的惨淡画面。这种惨淡画面即使在有着高素质教师和相对支持性的教科书等良好的条件下也仍然存在。遗憾的是，这种良好条件并不普遍，教师经常缺少开展证明任务教学的知识或支持。而且，教科书通常给学生提供的论证机会很少，并且很少给教师提供支持学生参与这些机会的指导。

除了前面讨论的与教师和课程资源相关的因素，第三个导致证明在日常课堂实践中边缘化地位的因素是，如何改变当前现状的研究知识是有限的。具体地说，迄今为止的研究为教师、教师教育者和课程开发者（包括教科书作者）提供的解决证明领域中的实践问题的支持是不足的。蔡和西里洛（2014，第138页）也指出，我们缺少以关联的方式开展的研究：（1）在数学课程资源中为学生设计学习证明的机会；（2）课堂中实施那些机会；（3）学生通过课程资源的使用发展证明技能。

研究的其他贡献方式是调查评价中（学校、州、国家等）证明的处理方式。虽然有研究考察了各种评价中学生在论证相关任务上的表现，特别是美国国家教育进展评估（NAEP）（参见 Arbaugh, Brown, Lynch, & McGraw, 2004; Silver, Alacaci, & Stylianou, 2000），但我们还没有注意到有关细致考察证明在那些评价中是如何处理的研究。鉴于许多国家的学校体制重视学生的测试成绩，证明在评价中突出的地位就有助于提高在课程资源和最终在课堂中对证明的关注。当前与评价相关的领域，缺乏能用于开发证明任务、评价学生在那些任务上的表现的明确而一致的标准（鉴于证明的特定方面或研究者的兴趣，可能需要单独的标准）[7]。进一步地，在课堂内的评价中，教师需要对学生的证明评分，这是一项耗时的工作，这要求教师能有效地区分无效论证与有效论证，而我们在前面几节中讨论过，这对教师而言是有困难的。

在前面的评论中，我们并不是说目前的研究领域完全缺少关于如何提高证明在学校数学课堂中地位的研究。然而，多数关于学生参与证明的教学实践研究的讨论，都与教师作为研究者或教师与研究者们紧密合作的课堂相关（参见 Ball & Bass, 2003; Lampert, 2001; Maher & Martino, 1996; Reid, 2002; A. J. Stylianides, 2007a, 2007c; Weber 等，2008; Zack, 1997），或涉及动态几何环境的使用（参见 Arzarello，等，2002; Baccaglini-Frank & Mariotti, 2010; de Villiers, 2004, 2012; Jones, Gutiérrez, & Mariotti, 2000; 动态几何环境是本套书另一章的研究重点）。尽管如此，令人鼓舞的是，我们看到一些研究者已经展示了如何将证明整合到学生的活动中，以推进学生和教师的数学议程。下一节我们讨论一些能帮助提高证明在日常课堂实践中地位的研究（在中小学和大学水平层面上）。

数学证明中的课堂干预

我们借助A.J. 斯蒂利亚尼德斯和斯蒂利亚尼德斯（2013，第334页）的观点，通过澄清我们对核心术语的使用开始讨论证明领域的课堂干预问题。术语干预表明用来促进与数学教和学相关的情景的行动，"课堂"一词被广泛地用来表示从小学到大学包括教师教育的任何教育阶段在内的一种正式学习环境。A.J. 斯蒂利亚尼德斯和斯蒂利亚尼德斯（2013）观察到，虽然至少从20世纪30年代以来，就有关于基于课堂干预的数学教育研究的著名例子（Fawcett, 1938），但"这些研究的数量少，并且与记录亟须解决的课堂实践问题的研究数量严重不成比例"（第334页）。这一观察适用于数学教育研究的各个领域，当然证明领域也不例外。然而，正如本节所讨论的，近年来涌现了大量关于基于课堂干预的证明领域的相关研究。如果没有前面对证明领域的理论结构和框架的综述，以及深入了解学生和教师对于证明的困难和理解导致证明在日常学校课堂实践中边缘化地位的因素的研究，这些干预研究将不可能存在。

本节后面包括两部分内容。第一部分，我们将详细讨论有关证明教学干预的最新的六项研究。对比本章对其他研究的讨论，我们对这些研究中的每一项讨论得更细致。这种细致反映了我们对证明领域中兴起的干预研究的重视。第二部分，我们将简要提及其他我们认为重要但由于篇幅限制不能详细讨论的相关研究，然后我们将讨论证明领域中课堂干预的未来研究方向。

对所选取的最新的基于课堂的干预的详细讨论

我们这里讨论的六项基于课堂的干预都圆满成功地促进了它们在证明领域的预期目标。马里奥蒂（2000a, 2000b, 2013）和杨克、瓦姆巴赫（2013）的研究聚焦于中学几何并且持续了很长一段时间（8节课或更多）。其他四项聚焦于大学水平。哈雷尔（2001）的干预超过了2个星期的时间，而G.J.斯蒂利亚尼德斯和斯蒂利亚尼德斯（2009），霍兹、阿尔科克、英格利斯（2014）及拉森和赞迪（2008）的干预则持续了很短的时间（3小时或更少）。

六项干预研究没有一项完全符合我们前面讨论的三个论证视角中的任意一个。这是预料之中的，作为干预研究，通常需要考虑大范围因素或涉及不同视角的目标。然而，每项干预研究确实与某一具体视角更为接近，而与其他视角较远：马里奥蒂、拉森和赞迪的研究更接近社会嵌入活动视角下的论证，霍兹等人的研究更接近问题解决视角下的论证，其他三项更接近于说服视角下的论证。我们以在中学课堂开展的两项干预研究开始论述。

马里奥蒂（2000a, 2000b）的干预属于更广范围内关于动态几何环境中证明的研究（参见Jones 等，2000）。该干预的目的在于向意大利15至16岁学生介绍几何中的演绎方法。它持续了超过2年的时间，并且主要依赖于以下事实：研究中使用的动态几何环境，即CabriGéomètre（此后称Cabri），创造的新命令系统，使学生"在Cabri建构的世界和作为理论体系的几何之间建构一个平行的世界"（Mariotti, 2000b，第263页）。学生最初可用的软件工具对应于传统纸笔环境中使用的直尺和圆规工具。当学生发展出不同的几何构造（比如角平分线），Cabri的菜单扩展到包含新的命令（比如"角平分线"命令），它们将成为后面构造中可使用的定理。根据马里奥蒂的研究，Cabri菜单的渐进性扩展与理论系统的扩展是平行的。证明起着双重作用：（1）作为一个工具来确保基于已有命令的新建构的有效性；（2）作为在课堂上建立社会契约的一个重要方面，根据这个契约，建构在成为定理前必须被课堂团体所证明和接受。在近期的出版物中，马里奥蒂（2013）阐述了教师在挖掘Cabri的潜力以支持学生克服他们所面临的关键困难方面所发挥的重要作用，学生从直观方式过渡到演绎方式的几何认知过程中会面临这些困难。教师作用的重要方面包括有目的地组织课堂活动和安排关于重要数学内容的全班讨论（这方面在Bartolini Bussi，1996中有讨论）。

杨克和万巴赫（2013）在对德国八年级学生的教学干预中采用的是我们在本章所定义的证明的第一个要素，即"被接受的命题集合"，目的在于培养学生理解数学命题的正确性取决于用来推导它们的假设和公理这一事实。换句话说，该干预的目的在于培养学生理解证明（或任何其他类型的演绎论证）是基于某些假设的。该干预在几何领域持续了8节课，主要聚焦在古希腊人如何尝试对太阳路径进行建模的一个历史天文学情境，即所谓的"太阳异常"。要求学生将他们自己置于古代天文学家的位置，并假定学生唯一能用的方法和工具是当时古希腊人所知道的。这些在学生可用的方法和工具上的限制与马里奥蒂（2000a，2000b）的研究中对学生可用的软件工具上所加的限制相似，并且发现这些限制是使学生更容易意识到假设在建立演绎理论中的作用的重要因素。

G.J. 斯蒂利亚尼德斯和斯蒂利亚尼德斯（2009）报告了他们在美国职前小学教师的本科数学课中开展的一项历时4年的干预实验研究。该干预包含实施一系列任务并且持续不超过3小时。它的设计在很大程度上依赖于两种故意设计的认知冲突（见Zaslavsky，2005，第299~300页，该理念起源的讨论），这两种冲突激励了在职教师对证明知识的逐步发展，使得职前教师知识的进展最终达到：（1）认识到任何类型的经验论证，都是验证数学归纳的不可靠方法，也包括巴拉捷夫（1988a，1988b）的天真经验主义和重要实验；（2）看到了学习可靠验证方法（即证明）的智力需要（参见Harel，1998，2001；Zaslavsky，Nickerson，Stylianides，Kidron，& Winicki，2012）。该研究对阐明经验论证就是证明这一错误观念提供了一个很有前景的方法。除此以外，支撑该干预的理论框架和教学设计有助于揭示如何解决学生的一种倾向：将矛盾作为例外对待，因此既不经历由教学策划的认知冲突，也不参与以解决明显的矛盾为目的的调整理解的过程。与马里奥蒂（2000a，2000b）的研究类似，G.J. 斯蒂利亚尼德斯和斯蒂利亚尼德斯（2009）的研究提到，教师（研

究者之一）在促进社会互动和帮助职前教师解决出现的认知冲突和发展他们的数学知识方面起着重要作用（教师角色这方面的概括，见 G.J.Stylianides & Stylianides，2014）。该干预的适度改编版后来被英格兰的一些普通教师在自己所在的较好中学的课堂中实施，并且取得了类似结果（A.J.Stylianides，2009；G.J.Stylianides & Stylianides，2014）。在不同学生群体的新文化环境下，由一名不参与干预措施开发的教师成功实施干预，这为干预的设计和理论基础提供了进一步的支持。

哈雷尔（2001）报告了一项为期两周的教学干预，这是他在初中职前数学教师的初等数论课中开展得更为广泛的教学实验的一部分。该教学实验的目标是记录学生的论证方案及其在过程中的发展。这种特别的干预旨在通过数学归纳法来教授证明，以这种方式来解决哈雷尔所描述的传统证明方法教学中的两个主要缺陷。第一个缺陷是数学归纳法的原理是以一种很唐突的方式介绍给学生的，这种方式不能帮助学生看到该原理是如何从解决具体问题的需要中产生的，或者它是如何从学生已有的知识中推导出来的。第二个缺陷是用来介绍和发展学生对数学归纳法原理理解的问题主要是代数中的练习，而不是强调需要递推论证的问题。哈雷尔的干预和他的更为广泛的教学实验建立在教学原理的基础上（对于这些原理的更细致介绍，参见Harel，2010）。哈雷尔（2001）干预研究最重要的发现是"学生改变了他们当前的思维方式，主要从纯粹的经验推理（以结果模式概括的形式）转变为变换推理（以过程模式概括的形式）"（第206页）。这两类不同的概括对应于对模式的两种不同的思维方式：第一种是学生聚焦于模式产生过程中的规律，而第二种是学生聚焦于结果中的规律。

霍兹等（2014）报告了他们对本科数学专业学生开展的一系列研究，该系列研究主要考察学生的自我解释训练对理解证明的影响。该训练主要基于英格利斯和阿尔科克（2012）的一项前期研究，在他们的研究中，研究者使用眼球追踪技术确认了关于本科生证明理解策略的两个前期发现（第一个由A. Selden and Selden，2003发现；第二个由Weber，2010a发现）：与数学专家相比，本科生（1）明显更聚焦于证明的代数特点，而对逻辑命题

被明确化的文本背景较少关注；（2）用更线性的方式阅读，很少在证明的前后步骤间有眼球的移动以寻求逻辑关系。霍兹等人的干预训练的目的是，通过将学生的注意力集中在证明的逻辑关系上，从而在解决他们的证明理解策略的局限性方面取得进展。在实验室条件下得到两个实验的积极结果之后，该研究团队调查了自我解释训练在一个真实教学情景下的效果，结果显示类似的积极效果持续了至少3周。霍兹等人强调了他们干预的如下特点：（1）自我解释的训练是通用的；（2）该训练在个体研究中所用时间少于20分。这些特点对于在其他数学专业本科生的证明的教与学中实施干预具有重要意义。根据A. J. 斯蒂利亚尼德斯和斯蒂利亚尼德斯（2013，第338页）的研究，这些特点有助于解决在扩大数学教育课堂干预过程中遇到的主要障碍，包括干预持续时间长，并且需要来自实践者的坚实承诺，比如改变他们的课程或变革他们的实践。

拉森和赞迪（2008）的研究有些不同于我们迄今所综述的干预，因为他们的目标是提出并阐明一个具有实际意义的理论观点。然而，该研究也可以被看作是一项干预，所以我们还是从干预的角度来讨论它。另一个将该研究列入本文综述的原因是，它有助于阐述一组与证明有关的研究，这些研究探索了现实数学教育理论在支持本科数学学习方面的实用性（参见Rasmussen & King, 2000; Zandieh, Larsen, & Nunley, 2008）。拉森和赞迪（2008）的研究聚焦于由拉森所教的大学群论导论课中的一个片段，这个课程是大三数学专业学生的主修课。这门课的设计主要源自现实数学教育的理念，包括弗赖登塔尔（1991）基于引导的再创造理念。如同格拉弗梅耶尔和多尔曼（1999，第116页）所解释的，基于引导的再创造理念的重点是"学习过程的特点，而不是再创造本身"，一个重要理念是"允许学习者将他们获得的知识作为自己私人的知识，以及他们对其负有责任的知识"。该研究的焦点是"探讨改进的拉卡托斯（1976）的数学发现法作为启发式教学设计的效用，以支持学生对数学的再创造"（Larsen & Zandieh, 2008，第206页）。在该课程中，学生处理他们并未完全理解或有时被教师有意不精确表述的定义和猜想，很像拉卡托斯所描述的历史上的

数学环境。结果，学生有时会对一个猜想同时得出了证明和反例。拉森和赞迪的研究阐述了学生是如何用这种明显的悖论来澄清一个概念的定义、完善猜想，或分析证明的潜在假设，这些都能够激发新的数学知识的建构。从这种意义上看，论证（甚至无效的论证）的产生和分析，在概念、定义和猜想的创建和修改中起着不可或缺的作用。总之，拉森和赞迪（2008）的研究表明了一个观点：在认真设计的学习环境中，大学生可以通过各种方式进行证明，从而加深他们对数学概念的理解（韦伯等人在中小学层面的研究中提出了同样的观点，见Weber等，2008）。

其他基于课堂的干预和未来研究方向

由于篇幅限制，我们不能像对上一节的六项研究那样详细讨论更多的干预研究。然而，为了全面，本节将简要提及我们认为同样重要的其他相关研究，包括以前的一些有影响的研究。结合这些研究，我们提出关于证明领域中课堂干预的一些未来研究方向。

其他基于课堂的干预。前文我们解释过，任何干预研究都不可能完全符合特定的证明视角，但仍有可能说一项研究相比其他两个视角更接近于某一特定的视角。之前作为干预来介绍的马里奥蒂（2000a, 2013）、拉森和赞迪（2008）的研究，更接近于证明是一种社会嵌入活动的观点。其他同一视角内的干预研究的例子还包括：佩里、桑佩尔、卡马戈、莫利纳和叶切委尼（2009）的研究。他们在平面几何课中进行了与马里奥蒂相似的干预，但针对的是职前中学数学教师；艾伯特和托马斯（1991）描述了微积分课堂中为了解决数学论证而协商的规范，这些规范符合数学界的证明标准；古斯（2004）介绍了教师如何建立规范以及如何邀请高中学生参与证明的实践。

霍兹等（2014）的研究更接近作为问题解决的证明视角。在同一视角下的一些其他干预研究中，研究者们试图直接教给学生能成功书写证明的过程和启发式方法（Anderson, Corbett, Koedinger, & Pelletier, 1995; Weber, 2006；又见Schoenfeld, 1985，他帮助学生学习如何进行

数学问题解决，包括证明写作）。安德森等（1995）的研究讨论了帮助学生在几何课堂中掌握论证过程的软件 Geometry Tutor（Anderson, Boyle, & Yost, 1986）的作用，用该软件书写证明的学生的能力提高了一个标准差以上。

而前面讨论的其他三项研究（Harel, 2001; Jahnke & Wambach, 2013; G.J.Stylianides & Stylianides, 2009）更接近作为说服的证明视角。布朗（2014）针对本科数学和科学专业学生的研究是该视角中的另一个例子。布朗用一些与 G.J. 斯蒂利亚尼德斯和斯蒂利亚尼德斯（2009）研究中所介绍的相似任务，调查了能够跟踪学生质疑精神发展的潜在路径，这种质疑精神主要是针对一些经验性证据的质疑，而这些经验性证据又是验证一般性理论的基础，同时他们也能够用经验性探索的方式获得信心并发展自己的证明理念。值得指出的是，除了我们前面综述的哈雷尔（2001）的研究，还有其他的干预研究也聚焦于用数学归纳法证明的特定领域（参见 Brown, 2008; Ron & Dreyfus, 2004）。

未来研究方向。本章我们讨论了有关课堂证明领域的教学实践中存在的许多问题。作为一个领域，我们拥有良好的理论和经验基础来解决这些问题所带来的挑战。在这一点上，证明领域基于课堂干预的未来研究有着无限的可能。例如，事实上前文讨论过的有关学生或教师对证明理解的每一个问题，都呼吁要有解决这些问题的干预设计。

我们前面讨论的干预研究，已经向解决证明的教与学中的一些开放性问题迈出了一步。除了这些干预所针对的具体问题之外，它们产生的研究知识也能用于处理其他相关问题。例如，从马里奥蒂（2013）和 G.J. 斯蒂利亚尼德斯和斯蒂利亚尼德斯（2009, 2014）的工作中获得的有关教师在证明领域促进班级讨论的知识，可能有助于设计一种新的干预，从而帮助在职教师管理类似的课堂讨论。的确，无论是对于实施与证明相关任务的职前教师（G.J.Stylianides 等, 2013），还是对于实施更广范围的挑战性任务的其他教师（Stein, Engle, Smith, & Hughes, 2008）来说，能成功组织课堂讨论都是一个主要挑战。

现有的基于课堂干预的研究几乎还没有涉及证明的教与学中一些开放问题的表面。下面提供了三个我们认为对未来研究特别重要的问题的例子。

1. 有几项干预研究聚焦于用数学归纳法证明的特定领域（参见 Brown, 2008; Harel, 2001; Ron & Dreyfus, 2004）。然而，其他证明方法如反证法、对位证明法和反例法在文献中没有引起相似的关注。发展学生反驳数学命题或证明接受错误断言会产生矛盾的能力是重要的，特别是在以改革为导向的课堂上鼓励学生提出猜想或参与关于数学思想真实性的讨论和论辩等方面（参见 Ball & Bass, 2003; Zack, 1997; Weber 等, 2008）。在开发针对特定证明方法的新的干预手段时，尝试并设计这些干预是非常有用的，因为在进行适当调整后，这些干预可以用来解决学生在其他证明方法中遇到的困难（两种这样的证明方法是对位证明法和反证法，见 Antonini & Mariotti, 2008）。这不仅有助于提高证明方法教学的有效性，也能促进学生在这些方法之间建立联系，从而更好地理解每种方法的应用领域。进一步设计这些干预的一个可能方式是，探索现有的关于数学归纳法证明的干预措施的关键特征，以及这些特征是否以及如何应用于其他证明方法的教与学中。其中的一个特征可能与哈雷尔（1998, 2010）的"智力需要"的理念相关，它是哈雷尔（2001）所阐明的解决与数学归纳相关的学生困难的干预的关键，也是 G.J. 斯蒂利亚尼德斯和斯蒂利亚尼德斯（2009）针对解决学生认为经验论证就是证明的错误观念的核心干预手段。

2. 学校层面的有关数学公理化结构教学的研究（包含对公理、假设、定义和定理等的研究），几乎完全聚焦于中学几何领域，并且经常在动态几何环境下进行（参见 Boero, Garuti, & Lemut, 2007; de Villiers, 1998; Jahnke & Wambach, 2013; Mariotti, 2000a, 2000b），但也有一些研究关注的是小学阶段（A.J.Stylianides, 2007a）。研究者使用的让学生参与到公理化结构中的方法既有共性，也有差异。一些研究反映出来的一个显著差异是，学生参与的起点应该是具体的公理和定义，还是那些能导出对这些公理和定义的需求的问题。是否一种方法更胜过另一种？如果是的话，具体是在哪类教学情境里以及服务于哪些学习目标？是否能发展一套让学生参与数学的公理化结构并能应用于各种数学领域（代数、几何等）和不同教育阶段的原理？这套原理在技术的和非技术的环境中均可用吗？

3. 干预的过程中急需为不同年龄的学生引入适当的标准，来判断一个论证是否符合证明标准。为了不同教育阶段和不同数学领域的学生学习证明的一致性和连贯性，这套证明标准必须有足够的弹性来适应学生当前的数学知识水平，但在数学的精确性或学生将来的数学学习方面也不能打折扣。除非数学教育领域能够设计出有效的方法，向学生灌输可扩展的、发展的、数学角度是合适的证明等内容都意味着什么的观点，否则期望学生在数学证明的学习上取得持续的进展是不现实的。我们在本章中使用的证明的定义（A.J.Stylianides，2007c）最初是为研究人员制定的，后来被改编并用于中学生（A.J.Stylianides & Al-Murani，2010，第23~24页）和职前小学教师（A.J.Stylianides & Stylianides，2009，第242~243页），但还没有用于小学生的定义。对于证明的其他定义，类似的修订也是可能的。

前面讨论的一个共同主题与证明教学特定方面的原理和标准的发展有关（例如，关于教不同证明方法的原理，教公理化结构的原理，证明的含义的标准），这些原理和标准可以在各数学领域和各教育阶段得到使用和检验。换句话说，我们提出了开发统一的证明教学基础的愿景。有人会认为寻求这样的教学基础是一种幻想，但我们认为为了解决这种挑战值得付出努力。即使在该领域的微小进展，都将是一个重要突破，并有助于开始一项雄心勃勃的研究，以系统地改进学生的证明学习。

结论

关于证明的研究数量飞速增长，这反映了证明在数学教育中的重要性。回顾这类研究迄今为止的主要成就，我们注意到：（1）有许多成熟的理论框架，对各阶段证明的教与学的不同方面进行了阐述；（2）有关于学生怎样理解（通常是误解）证明的广泛的知识基础；（3）有关于证明在日常学校数学课堂实践中处于边缘地位的良好的知识基础；（4）只有少量研究提供了有前景的、基

于课堂的干预，以解决证明的教与学中的重要问题。因此，到目前为止，大部分研究更多地集中在检查、记录和理解课堂实践中有关证明教学的不同问题的基本过程，而不是针对这些问题采取行动以产生可能的解决方案。

我们认为对于该领域，接下来需要向前迈出的重要一步是，利用前期的理论和经验工作所提供的坚实基础来改善现有的干预活动或设计新的干预活动，以减少课堂实践中有关证明教学的诸多问题。为了使这些干预能够起到作用，这些干预措施不仅需要成功地促进它们预期的学习结果，也需要很好地理论化从而阐明成功的机制（A.J.Stylianides & Stylianides，2013）。的确，通过明确阐述一项干预的理论核心成分（Yeager & Walton，2011，第288页），即假定设计或支持预期学习结果的干预的各个方面，我们能提高干预的潜力以适应和应用于课堂，而不是只为开发。一个更长远的目标是寻求扩展（Coburn，2003）有应用前景的干预方式，因此更接近实现让更多学生有学习证明的机会的愿景。旨在促进教师学习同时促进学生学习的设计良好的教育课程资源（参见 Ball & Cohen，1996; E. A. Davis & Krajcik，2005; E. A. Davis, Palincsar, & Arias，2014; G.J.Stylianides，2008b），在有应用前景的干预的广泛传播上起着重要作用。因此，也部分解决了不同课堂提供给学生的学习机会在质量方面有较大差异的持久性问题（Morris & Hiebert，2011; G.J.Stylianides & Stylianides，2014）。当然，我们并不低估在开展有关证明的研究计划中会涉及的困难，但我们相信该领域已经作好了迎接挑战的准备。

致谢

本章所有作者对本章的编写作了同等贡献。我们也感谢主编和四位评审对本章初稿给予的详细而有价值的反馈。

注释

1. 我们对术语"误解"的使用旨在表示偏离传统知识的观点。我们将学生的（误）理解或（误）构想视为

认知增长的起点和资源（如 Smith, diSessa, & Roschelle, 1993）。

2. 我们有意在本章没有详尽说明有关证明在动态几何环境中的问题，因为这些问题在本书关于几何的一章中讨论了。

3. 舍恩菲尔德（1980）强调使用反证法来证明如"如果 $2p-1$ 是素数，则 p 是素数"的命题作为问题解决共享启发式的例子。

4. 为了避免误解，我们没有说句法证明产品或基于程序化思想的证明是论证的正式表述部分的主要例子。即使一个人完全通过逻辑推演书写证明，在选择作何种推演的过程中，也会有重要的决策制定、直觉和创造力。

5. 证明在高年级大学数学课中起着更大作用，它们通常采用"定义—定理—证明"的方式教学（Weber, 2004）。在这些课中，证明被认为是提供给学生的最常见的教学解释（Lai, Weber, & Mejía-Ramos, 2012），据估计，在一节高年级的数学课中有一半的时间是由教师介绍证明（Mills, 2011）。描述数学教师的教学不在本章的范围之内。纳迪（2008）给出了针对一个讨论教学的数学家小组的扩展性分析，相关文献综述可在弗卡哇–康乃利（2012a）的文章中找到。

6. 值得注意的是，数学教授对数学专业的学生做出类似的断言。在三项分别与数学教授作的关于大学中证明教学的访谈研究中，参与者们表示，他们感到有些数学专业的学生根本不能理解证明（Alcock, 2010; Harel & Sowder, 2009; Weber, 2012）。这导致这些研究中的一些数学家质疑证明是否适合所有数学专业的学生。

7. 保罗·贝罗在第九届欧洲数学教育研究大会（布拉格，捷克共和国，2015年2月4~8日）的主题工作组"论证和证明"中提出同样的观点。

References

Aigner, M., & Schmidt, V.A. (1998). Interview with Yuri I. Manin: Good proofs are proofs that make us wiser. *The Berlin Intelligencer,* 16–19.

Alcock, L. (2010). Mathematicians' perspectives on the teaching and learning of proof. In F. Hitt, D. Holton, & P. Thompson (Eds.), *Research in Collegiate Mathematics Education VII* (pp. 63–92). Providence, RI: American Mathematical Society.

Alcock, L., & Inglis, M. (2008). Doctoral students' use of examples in evaluating and proving conjectures. *Educational Studies in Mathematics, 69,* 111–129.

Alcock, L., & Simpson, A. (2004). Convergence of sequences and series: Interactions between visual reasoning and the learner's beliefs about their own role. *Educational Studies in Mathematics, 57,* 1–32.

Alcock, L., & Simpson, A. (2005). Convergence of sequences and series 2: Interactions between non-visual reasoning and the learner's beliefs about their own role. *Educational Studies in Mathematics, 58,* 77–110.

Alcock, L., & Weber, K. (2005). Proof validation in real analysis: Inferring and checking warrants. *The Journal of Mathematical Behavior, 24*(2), 125–134.

Alcock, L., & Weber, K. (2010). Referential and syntactic approaches to proving: Case studies from a transition-to- proof course. *Research in Collegiate Mathematics Education, 7,* 101–123.

Alibert, D., & Thomas, M. (1991). Research on mathematical proof. In D. Tall (Ed.), *Advanced mathematical thinking* (pp. 215–230). Dordrecht, The Netherlands: Kluwer.

Anderson, J.A., Boyle, C., & Yost, G. (1986). The Geometry Tutor. *Journal of Mathematical Behavior, 17,* 5–20.

Anderson, J.A., Corbett, A., Koedinger, K., & Pelletier, R. (1995). Cognitive tutors: Lessons learned. *Journal of the Learning Sciences, 4,* 167–207.

Antonini, S., & Mariotti, M.A. (2008). Indirect proof: What is specific to this way of proving? *ZDM—The International Journal on Mathematics Education, 40,* 401–412.

Arbaugh, F., Brown, C., Lynch, K., & McGraw, R. (2004). Students' ability to construct responses (1992–2000):

Findings from short and extended constructed-response items. In P. Kloosterman & F. K. Lester Jr. (Eds.), *Results and interpretations of the 1990–2000 Mathematics Assessments of the National Assessment of Educational Progress* (pp. 337–363). Reston, VA: National Council of Teachers of Mathematics.

Arsac, G., & Durand-Guerrier, V. (2005). An epistemological and didactic study of a specific calculus reasoning rule, *Educational Studies in Mathematics, 60,* 149–172.

Arzarello, F., Olivero, F., Paola, D., & Robutti, O. (2002). A cognitive analysis of dragging practices in Cabri environments. *ZDM—The International Journal on Mathematics Education, 34*(3), 66–72.

Auslander, J. (2008). On the roles of proof in mathematics. In B. Gold & R. A. Simons (Eds.), *Proofs and other dilemmas: Mathematics and philosophy* (pp. 61–77). Washington, DC: Mathematical Association of America.

Baccaglini-Frank, A., & Mariotti, M.A. (2010). Generating conjectures in dynamic geometry: The maintaining dragging model. *International Journal of Computers for Mathematical Learning, 15,* 225–253.

Balacheff, N. (1988a). Aspects of proof in pupils' practice of school mathematics. In D. Pimm (Ed.), *Mathematics, teachers and children* (pp. 216–235). London, United Kingdom: Hodder & Stoughton.

Balacheff, N. (1988b). A study of students' proving processes at the junior high school level. In I. Wirszup & R. Streit (Eds.), *Proceedings of the Second UCSMP International Conference on Mathematics Education* (pp. 284–297). Reston, VA: National Council of Teachers of Mathematics.

Balacheff, N. (2002). The researcher epistemology: a deadlock for educational research on proof. In F. L. Lin (Ed.), *Proceedings of the 2002 International Conference on Mathematics: Understanding proving and proving to understand* (pp. 23–44). Taipei: NSC and NTNU. Prepublication version retrieved November 25, 2011, from www.tpp.umassd.edu /proofcolloquium07/reading/Balachef_Taiwan2002.pdf

Ball, D. L., & Bass, H. (2000). Making believe: The collective construction of public mathematical knowledge in the elementary classroom. In D. Philips (Ed.), *Constructivism in education: Yearbook of the National Society for the Study of Education* (pp. 193–224). Chicago, IL: University of Chicago Press.

Ball, D. L., & Bass, H. (2003). Making mathematics reasonable in school. In J. Kilpatrick, W. G. Martin, & D. Schifter (Eds.), *A research companion to Principles and Standards for School Mathematics* (pp. 27–44). Reston, VA: National Council of Teachers of Mathematics.

Ball, D. L., & Cohen, D. K. (1996). Reform by the book: What is—or might be—the role of curriculum materials in teacher learning and instructional reform? *Educational Researcher, 25*(9), 6–8.

Ball, D. L., Hoyles, C., Jahnke, H. N., & Movshovitz-Hadar, N. (2002). The teaching of proof. In L. I. Tatsien (Ed.), *Proceedings of the International Congress of Mathematicians* (Vol. III, pp. 907–920). Beijing, China: Higher Education Press.

Bartolini Bussi, M. G. (1996). Mathematical discussion and perspective drawings in primary school. *Educational Studies in Mathematics, 31,* 11–41.

Bell, A. W. (1976). A study of pupil's proof-explanations in mathematical situations. *Educational Studies in Mathematics, 7*(1), 23–40.

Bieda, K. N. (2010). Enacting proof-related tasks in middle school mathematics: Challenges and opportunities. *Journal for Research in Mathematics Education, 41,* 351–382.

Bieda, K. N., Ji, X., Drwencke, J., & Picard, A. (2014). Reasoning-and-proving opportunities in elementary mathematics textbooks. *International Journal of Educational Research, 64,* 71–80.

Bleiler, S. K., Thompson, D. R., & Krajčevski, M. (2014). Providing written feedback on students' mathematical arguments: Proof validations of prospective secondary mathematics teachers. *Journal of Mathematics Teacher Education, 17,* 105–127.

Boero, P., Garuti, R., & Lemut, E. (2007). Approaching theorems in grade VIII. In P. Boero (Ed.), *Theorems in school: From history epistemology and cognition to classroom practice* (pp. 249–264). Rotterdam, The Netherlands: Sense.

Brown, S. (2008). Exploring epistemological obstacles to the development of mathematics induction. In M. Zandieh (Ed.), *Proceedings of the 11th Conference for Research on Undergraduate Mathematics Education,* San Diego, CA. Retrieved from http://sigmaa.maa.org/rume/crume2008/Proceedings /S_Brown_LONG.pdf

Brown, S. (2014). On skepticism and its role in the

development of proof in the classroom. *Educational Studies in Mathematics, 86,* 311–335.

Buchbinder, O., & Zaslavsky, O. (2007). How to decide? Students' ways of determining the validity of mathematical statements. In D. Pita-Fantasy & G. Philippot (Eds.), *Proceedings of the 5th Congress of the European Society for Research in Mathematics Education* (pp. 561–571), Larnaca, Cyprus: University of Cyprus.

Cai, J., & Cirillo, M. (2014). What do we know about reasoning and proving? Opportunities and missing opportunities from curriculum analyses. *International Journal of Educational Research, 64,* 132–140.

Cai, J., Ni, Y., & Lester, F. K. (2011). Curricular effect on the teaching and learning of mathematics: Findings from two longitudinal studies in China and the United States. *International Journal of Educational Research, 50,* 63–64.

Chazan, D. (1993). High school geometry students' justification for their views of empirical evidence and mathematical proof. *Educational Studies in Mathematics, 24,* 359–387.

Cirillo, M. (2011). "I'm like the Sherpa guide": On learning to teach proof in school mathematics. In B. Ubuz (Ed.), *Proceedings of the 35th Conference of the International Group for the Psychology of Mathematics Education* (Vol. 2, pp. 241–248). Ankara, Turkey: Middle East Technical University.

Coburn, C. E. (2003). Rethinking scale: Moving beyond numbers to deep and lasting change. *Educational Researcher, 32*(6), 3–12.

Conradie, J., & Frith, J. (2000). Comprehension tests in mathematics. *Educational Studies in Mathematics, 42,* 225–235.

Davis, E. A., & Krajcik, J. S. (2005). Designing educative curriculum materials to promote teacher learning. *Educational Researcher, 34*(3), 3–14.

Davis, E. A., Palincsar, A. S., & Arias, A. M. (2014). Designing educative curriculum materials: A theoretically and empirically driven process. *Harvard Educational Review, 84*(1), 24–52.

Davis, J. D., Smith, D. O., & Roy, A. R. (2014). Reasoning-and-proving in algebra: The case of two reform-oriented U.S. textbooks. *International Journal of Educational Research, 64,* 92–106.

Davis, P., & Hersh, R. (1981). *The mathematical experience.*

New York, NY: Viking Penguin.

Dawkins, P. C. (2012). Extensions of the semantic/syntactic reasoning framework. *For the Learning of Mathematics, 32*(3), 39–45.

Dawson, J. W. (2006). Why do mathematicians re-prove theorems? *Philosophia Mathematica, 14*(3), 269–286.

Department for Education. (2013). *Mathematics: Programmes of study: Key Stages 1–2* (National Curriculum in England). Retrieved from https://www.gov.uk/government/uploads / system/uploads/attachment_data/file/239129/PRIMARY_ national_curriculum_-_Mathematics.pdf.

de Villiers, M. (1990). The role and function of proof in mathematics. *Pythagoras, 24,* 17–24.

de Villiers, M. (1998). To teach definitions in geometry or teach to define? In A. Olivier & K. Newstead (Eds.), *Proceedings of the 22nd Annual Conference of the International Group for the Psychology of Mathematics Education* (Vol. 2, pp. 248–255). Stellenbosch, South Africa: University of Stellenbosch.

de Villiers, M. (1999). The role and function of proof. In M. de Villiers (Ed.), *Rethinking proof with the Geometer's Sketchpad* (pp. 3–10). Emeryville, CA: Key Curriculum Press.

de Villiers, M. (2004). Using dynamic geometry to expand mathematics teachers' understanding of proof. *International Journal of Mathematical Education in Science and Technology, 35,* 703–724.

de Villiers, M. (2012). An illustration of the explanatory and discovery functions of proof. *Pythagoras, 33*(3). doi:10.4102/ pythagoras.v33i3.193

Dreyfus, T. (2004). What counts as proof in the mathematics classroom? In M. Kourkoulos, G. Troulis, & C. Tzanakis (Eds.), *Proceedings of the 3rd Colloquium on the Didactics of Mathematics* (pp. 114–132). Rethymnon, Crete: Department of Education, University of Crete.

Dubinsky, E. (1986). Teaching mathematical induction I. *Journal of Mathematical Behavior, 5,* 305–317.

Dubinsky, E. (1990). Teaching mathematical induction II. *Journal of Mathematical Behavior, 8,* 285–304.

Durand-Guerrier, V. (2003). Which notion of implication is the right one? From logical considerations to a didactic perspective. *Educational Studies in Mathematics, 53,* 5–34.

Duval, R. (2007). Cognitive functioning and the understanding of mathematical processes of proof. In P. Boero (Ed.), *Theorems in school: From historic, epistemology, and cognition to classroom practice* (pp. 163–181). Rotterdam: The Netherlands: Sense.

Epp, S. (2009). Proof issues with existential quantification. In F.-L. Lin, F.-J. Hsieh, G. Hanna, & M. de Villiers (Eds.), *Proceedings of ICMI Study 19: Proof and proving in mathematics education* (Vol. 1, pp. 154–159). Taipei: Springer.

Fawcett, H. P. (1938). *The nature of proof (1938 Yearbook of the National Council of Teachers of Mathematics)*. New York, NY: Bureau of Publications, Teachers College, Columbia University.

Fischbein, E. (1982). Intuition and proof. *For the Learning of Mathematics, 3*(2), 9–18.

Freudenthal, H. (1991). *Revisiting mathematics education.* Dordrecht, The Netherlands: Kluwer Academic.

Fujita, T., & Jones, K. (2014). Reasoning-and-proving in geometry in school mathematics textbooks in Japan. *International Journal of Educational Research, 64,* 81–91.

Fukawa-Connelly, T. (2012a). A case study of one instructor's lecture-based teaching of proof in abstract algebra: Making sense of her pedagogical moves. *Educational Studies in Mathematics, 81*(3), 325–345.

Fukawa-Connelly, T. (2012b). Classroom sociomathematical norms for proof presentation in undergraduate in abstract algebra. *Journal of Mathematical Behavior, 31*(3), 401–416.

Furinghetti, F., & Morselli, F. (2011). Beliefs and beyond: Hows and whys in the teaching of proof. *ZDM—The International Journal on Mathematics Education, 43,* 587–599.

Garuti, R., Boero, P., & Lemut, E. (1998). Cognitive unity of theorems and difficulty of proof. In A. Olivier & K. Newstead (Eds.), *Proceedings of the 22nd Conference of the International Group for the Psychology of Mathematics Education* (Vol. 2, pp. 345–352). Stellenbosch, South Africa: University of Stellenbosch.

Geist, C., Löwe, B., & Van Kerkhove, B. (2010). Peer review and testimony in mathematics. In B. Löwe & T. Müller (Eds.), *Philosophy of mathematics: Sociological aspects and mathematical practice* (pp. 155–178). London, United Kingdom: College Publications.

Gibson, D. (1998). Students' use of diagrams to develop proofs in an introductory real analysis. *Research in Collegiate Mathematics Education, 2,* 284–307.

Goos, M. (2004). Learning mathematics in a classroom community of inquiry. *Journal for Research in Mathematics Education, 35,* 258–291.

Goulding, M., Rowland, T., & Barber, P. (2002). Does it matter? Primary teacher trainees' subject knowledge in mathematics. *British Educational Research Journal, 28,* 689–704.

Goulding, M., & Suggate, J. (2001). Opening a can of worms: Investigating primary teachers' subject knowledge in mathematics. *Mathematics Education Review, 13,* 41–44.

Gravemeijer, K., & Doorman, M. (1999). Context problems in realistic mathematics education: A calculus course as an example. *Educational Studies in Mathematics, 39,* 111–129.

Griffiths, P. A. (2000). Mathematics at the turn of the illennium. *American Mathematical Monthly, 107,* 1–14.

Hadas, N., Hershkowitz, R., & Schwarz, B. B. (2000). The role of contradiction and uncertainty in promoting the need to prove in dynamic geometry environments. *Educational Studies in Mathematics, 44,* 127–150.

Hanna, G. (1990). Some pedagogical aspects of proof. *Interchange, 21*(1), 6–13.

Hanna, G., & Barbeau, E. (2008). Proofs as bearers of mathematical knowledge. *ZDM—The International Journal on Mathematics Education, 40,* 345–353.

Hanna, G., & Barbeau, E. (2010). Proofs as bearers of mathematical knowledge. In G. Hanna, H. N. Jahnke, & H. Pulte (Eds.), *Explanation and proof in mathematics* (pp. 85–100). Dordrecht, The Netherlands: Springer.

Hanna, G., & de Villiers, M. (Eds.). (2012). *Proof and proving in mathematics education: The 19th ICMI Study.* Dordrecht, The Netherlands: Springer.

Hanna, G., & Jahnke, H. N. (1996). Proof and proving. In A. Bishop, K. Clements, C. Keitel, J. Kilpatrick, & C. Laborde (Eds.), *International handbook of mathematics education* (pp. 877–908). Dordrecht, The Netherlands: Kluwer.

Hanna, G., Jahnke, H. N., & Pulte, H. (Eds.). (2010). *Explanation and proof in mathematics: Philosophical and educational perspectives.* New York, NY: Springer.

Harel, G. (1998). Two dual assertions: The first on learning and the second on teaching (or vice versa). *The American Mathematical Monthly, 105,* 497–507.

Harel, G. (2001). The development of mathematical induction as a proof scheme: A model for DNR-based instruction.

In S. Campbell & R. Zaskis (Eds.), *Learning and teaching number theory: Research in cognition and instruction* (pp. 185–212). Dordrecht, The Netherlands: Kluwer.

Harel, G. (2010). DNR-based instruction in mathematics as a conceptual framework. In S. Bharath & L. English (Eds.), *Theories of mathematics education: Seeking new frontiers* (pp. 343–367). Heidelberg, Germany: Springer.

Harel, G., & Sowder, L. (1998). Students' proof schemes: Results from exploratory studies. In A. H. Schoenfeld, J. Kaput, & E. Dubinsky (Eds.), *Research in collegiate mathematics education III* (pp. 234–283). Providence, RI: American Mathematical Society.

Harel, G., & Sowder, L. (2007). Toward comprehensive perspectives on the learning and teaching of proof. In F. K. Lester Jr. (Ed.), *Second handbook of research on mathematics teaching and learning* (pp. 805–842). Charlotte, NC: Information Age; Reston, VA: National Council of Teachers of Mathematics.

Harel, G., & Sowder, L. (2009). College instructors' views of students vis-à-vis proof. In M. Blanton, D. Stylianou, & E. Knuth (Eds.), *Teaching proof across the grades: A K–12 perspective* (pp. 275–289). New York, NY: Routledge.

Healy, L., & Hoyles, C. (2000). Proof conceptions in algebra. *Journal for Research in Mathematics Education, 31,* 396–428.

Healy, L., & Hoyles, C. (2001). Software tools for geometrical problem solving: Potentials and pitfalls. *International Journal of Computers for Mathematical Learning, 6,* 235–256.

Hemmi, K. (2006). *Approaching proof in a community of mathematical practice* (Doctoral dissertation). Stockholm University, Sweden. Retrieved from http://www.diva-portal.org/smash/get/diva2:189608/ FULLTEXT01.pdf

Herbst, P. (2002a). Engaging students in proving: A double bind on the teacher. *Journal for Research in Mathematics Education, 33*(3), 176–203.

Herbst, P. (2002b). Establishing a custom of proving in American school geometry: Evolution of the two-column proof in the early twentieth century. *Educational Studies in Mathematics, 49,* 283–312.

Herbst, P., & Brach, C. (2006). Proving and doing proofs in high school geometry classes: What is it that is going on for students? *Cognition and Instruction, 24*(1), 73–122.

Herbst, P., & Chazan, D. (2003). Exploring the practical rationality of mathematics teaching through conversations about videotaped episodes: The case of engaging students in proving. *For the learning of Mathematics, 23*(1), 2–14.

Herbst, P., Chen, C., Weiss, M., & González, G. (with Nachlieli, T., Hamlin, M., & Brach, C.). (2009). "Doing proofs" in geometry classrooms. In M. Blanton, D. Stylianou, & E. Knuth (Eds.), *Teaching and learning of proof across the grades: A K–16 perspective* (pp. 250–268). New York, NY: Routledge.

Herbst, P., Nachlieli, T., & Chazan, D. (2011). Studying the practical rationality of mathematics teaching: What goes into "installing" a theorem in geometry? *Cognition and Instruction, 29*(2), 218–255.

Hersh, R. (1993). Proving is convincing and explaining. *Educational Studies in Mathematics, 24,* 389–399.

Hiebert, J., Carpenter, T. P., Fennema, E., Fuson, K., Human, P., Murray, H., Olivier, A., & Wearne, D. (1996). Problem solving as a basis for reform in curriculum and instruction: The case of mathematics. *Educational Researcher, 25*(4), 12–21.

Hiebert, J., Gallimore, R., Garnier, H., Givvin, K. B., Hollingsworth, H., Jacobs, J., Chui, A. M., Wearne, D., Smith, M., Kersting, N., Manaster, A., Tseng, E., Etterbeek, W., Manaster, C., Gonzales, P., & Stigler, J. (2003). *Teaching mathematics in seven countries: Results from the TIMSS 1999 Video Study.* NCES 2003–013. Washington, DC: U.S. Department of Education, Institute of Education Sciences.

Hodds, M., Alcock, L., & Inglis, M. (2014). Self-explanation training improves proof comprehension. *Journal for Research in Mathematics Education, 45,* 62–101.

Hoyles, C., & Küchemann, D. (2002). Students' understanding of logical implication. *Educational Studies in Mathematics, 51,* 193–223.

Iannone, P., & Inglis, M. (2010). Self efficacy and mathematical proof: Are undergraduates good at assessing their own proof production ability? In *Proceedings of the 13th Conference for Research in Undergraduate Mathematics Education.* Raleigh, North Carolina. Retrieved from http://sigmaa.maa.org/rume /crume2010/Archive/Iannone%20&%20Inglis.pdf

Inglis, M., & Aberdein, A. (2016). Diversity in proof appraisal. In B. Larvor (Ed.), *Mathematical Cultures: The London Meetings 2012–2014* (pp. 163–179). Basel, Switzerland: Birkhäuser Science.

Inglis, M., & Alcock, L. (2012). Expert and novice approaches to reading mathematical proofs. *Journal for Research in Mathematics Education, 43,* 358–390.

Inglis, M., Mejía-Ramos, J. P., Weber, K., & Alcock, L. (2013). On mathematicians' different standards when evaluating elementary proofs. *Topics in Cognitive Science, 5,* 270–282.

Jahnke, H. N., & Wambach, R. (2013). Understanding what a proof is: A classroom-based approach. *ZDM—The International Journal on Mathematics Education, 45,* 469–482.

Jones, K., Gutiérrez, A., & Mariotti, M. A. (Eds.). (2000). Proof in dynamic geometry environments. *Educational Studies in Mathematics, 44*(1/3), 1–170.

Kitcher, P. (1984). *The nature of mathematical knowledge.* New York, NY: Oxford University Press.

Knuth, E. J. (2002a). Secondary school mathematics teachers' conceptions of proof. *Journal for Research in Mathematics Education, 33,* 379–405.

Knuth, E. J. (2002b). Teachers' conceptions of proof in the context of secondary school mathematics. *Journal of Mathematics Teacher Education, 5*(1), 61–88.

Knuth, E. J., Choppin, J., & Bieda, K. (2009). Middle school students' productions of mathematical justification. In M. Blanton, D. Stylianou, & E. Knuth (Eds.), *Teaching and learning proof across the grades: A K–16 perspective* (pp. 153–170). New York, NY: Routledge.

Knuth, E. J., Choppin, J., Slaughter, M., & Sutherland, J. (2002). Mapping the conceptual terrain of middle school students' competencies in justifying and proving. In D. S. Mewborn, P. Sztajn, D. Y. White, H. G. Weigel, R. L. Bryant, & K. Nooney (Eds.), *Proceedings of the 24th Annual Meeting of the North American Chapter of the International Group for the Psychology of Mathematics Education* (Vol. 4, pp. 1693–1670). Athens, GA: Clearinghouse for Science, Mathematics, and Environmental Education.

Ko, Y. Y., & Knuth, E. J. (2009). Undergraduate mathematics majors' writing performance producing proofs and counterexamples about continuous functions. *The Journal of Mathematical Behavior, 28*(1), 68–77.

Ko, Y. Y., & Knuth, E. J. (2013). Validating proofs and counterexamples across content domains: Practices of importance for mathematics majors. *The Journal of Mathematical Behavior, 32*(1), 20–35.

Koedinger, K., & Anderson, J. (1990). Abstract planning and perceptual chunks: Elements of expertise in geometry. *Cognitive Science, 14,* 511–550.

Koichu, B., Berman, A., & Moore, M. (2007). Heuristic literacy development and its relation to mathematical achievements of middle school students. *Instructional Science, 35*(2), 99–139.

Küchemann, D., & Hoyles, C. (2001–2003). *Longitudinal Proof Project* (Technical reports for Year 8–10 surveys). London, United Kingdom: Institute of Education. Retrieved from http://www.mathsmedicine.co.uk/ioe-proof/techreps.html

Lai, Y., Weber, K., & Mejía-Ramos, J. P. (2012). Mathematicians' perspectives on features of a good pedagogical proof. *Cognition and Instruction, 30*(2), 146–169.

Lakatos, I. (1976). *Proofs and refutations: The logic of mathematical discovery.* Cambridge, United Kingdom: Cambridge University Press.

Lampert, M. (2001). *Teaching problems and the problems of teaching.* New Haven, CT: Yale University Press.

Lannin, J., Ellis, A. B., & Elliott, R. (2011). *Essential understandings project: Mathematical reasoning (Gr. K–8).* Reston, VA: National Council of Teachers of Mathematics.

Larsen, S., & Zandieh, M. (2008). Proofs and refutations in the undergraduate mathematics classroom. *Educational Studies in Mathematics, 67*(3), 205–216.

Leron, U., & Zaslavsky, O. (2013). Generic proving: Reflections on scope and method. *For the Learning of Mathematics, 33*(3), 24–30.

Leung, I. K. C., & Lew H. (2013). The ability of students and teachers to use counter-examples to justify mathematical propositions: A pilot study in South Korea. *ZDM—The International Journal on Mathematics Education, 45,* 91–105.

Lloyd, G. M., Cai, J., & Tarr, J. E. (2017). Issues in curriculum studies: Evidence-based insights and future directions. In J. Cai (Ed.), *Compendium for research in mathematics education* (pp. 824–852). Reston, VA: National Council of Teachers of Mathematics.

Lockwood, E., Ellis, A. B., Dogan, M. F., Williams, C., & Knuth, E. (2012). A framework for mathematicians' examplerelated activity when exploring and proving mathematical conjectures. In L. R. Van Zoest, J. J. Lo, & J. L. Kratky (Eds.), *Proceedings of the 34th Annual Meeting of the North American Chapter of the International Group for* the *Psychology of Mathematics Education* (pp. 151–158). Kalamazoo, MI: Western Michigan University.

Maher, C. A., & Martino, A. M. (1996). The development of the idea of mathematical proof: A 5-year case study. *Journal for Research in Mathematics Education, 27,* 194–214.

Mamona-Downs, J., & Downs, M. (2005). The identity of problem solving. *The Journal of Mathematical Behavior, 24*(3), 385–401.

Manaster, A. B. (1998). Some characteristics of eighth grade mathematics classes in the TIMSS videotape study. *American Mathematical Monthly, 105,* 793–805.

Mancosu, P. (2011). Explanation in mathematics. In *Stanford encyclopedia of philosophy* (*on-line*). Retrieved from http://seop.illc.uva.nl/entries/mathematics-explanation/

Manin, Y. I. (1977). *A course in mathematical logic.* New York, NY: Springer-Verlag.

Mariotti, M. A. (2000a). Introduction to proof: The mediation of a dynamic software environment. *Educational Studies in Mathematics, 44,* 25–53.

Mariotti, M. A. (2000b). Justifying and proving in the Cabri environment. *International Journal of Computers for Mathematical Learning, 6,* 257–281.

Mariotti, M. A. (2006). Proof and proving in mathematics education. In A. Gutiérrez & P. Boero (Eds.), *Handbook of research on the PME: Past, present and future* (pp. 173–204). Rotterdam, The Netherlands: Sense.

Mariotti, M. A. (2013). Introducing students to geometric theorems: How the teacher can exploit the semiotic potential of a DGS. *ZDM—The International Journal on Mathematics Education, 45,* 441–452.

Marrades, R., & Gutiérrez, Á. (2000). Proofs produced by secondary school students learning geometry in a dynamic computer environment. *Educational Studies in Mathematics, 44,* 87–125.

Mason, J., (with Burton, L., & Stacey, K.). (1982). *Thinking mathematically.* London, United Kingdom: Addison-Wesley.

Mason, J., & Klymchuk, S. (2009). *Using counter-examples in calculus.* London, United Kingdom: Imperial College Press.

Mason, J., & Pimm, D. (1984). Generic examples: Seeing the general in the particular. *Educational Studies in Mathematics, 15,* 277–289.

McCrory, R., & Stylianides, A. J. (2014). Reasoning-and-proving in mathematics textbooks for prospective elementary teachers. *International Journal of Educational Research, 64,* 119–131.

Mejía-Ramos, J. P., Fuller, E., Weber, K., Rhoads, K., & Samkoff, A. (2012). An assessment model for proof comprehension in undergraduate mathematics. *Educational Studies in Mathematics, 79*(1), 3–18.

Mejía-Ramos, J. P., & Inglis, M. (2009). Argumentative and proving activities in mathematics education research. In F.-L. Lin, F.-J. Hsieh, G. Hanna, & M. de Villiers (Eds.), *Proceedings of the ICMI study 19 conference: Proof and proving in mathematics education* (Vol. 2, pp. 88–93). Taipei, Taiwan: Springer.

Mejía-Ramos, J. P., & Weber, K. (2014). Why and how mathematicians read proofs: Further evidence from a survey study. *Educational Studies in Mathematics, 85*(2), 161–173.

Mills, M. (2011, February). Mathematicians' pedagogical thoughts and practices in proof presentation. Presentation at the *14th Conference for Research in Undergraduate Mathematics Education.* Portland, OR. Abstract retrieved from http://sigmaa.maa.org/rume/crume2011/Preliminary _ Reports.html

Miyazaki, M. (2000). Levels of proof in lower school mathematics. *Educational Studies in Mathematics, 41,* 47–68.

Morris, A. K. (2002). Mathematical reasoning: Adults' ability to make the inductive-deductive distinction. *Cognition and Instruction, 20*(1), 79–118.

Morris, A. K. (2007). Factors affecting pre-service teachers' evaluations of the validity of students' mathematical arguments in classroom contexts. *Cognition and Instruction, 25*(4), 479–522.

Morris, A. K., & Hiebert, J. (2011). Creating shared instructional products: An alternative approach to improving teaching. *Educational Researcher, 40*(5), 5–14.

Movshovitz-Hadar, N. (1993). The false coin problem, mathematical induction and knowledge fragility. *Journal of Mathematical Behavior, 12*(3), 253–268.

Moyer, J. C., Cai, J., Nie, B., & Wang, N. (2011). Impact of curriculum reform: Evidence of change in classroom instruction in the United States. *International Journal of Educational Research, 50*(2), 87–99.

Mullis, I. V. S., Martin, M. O., Foy, P., & Arora, A. (2012). *TIMSS 2011 international results in mathematics.* Boston, MA: Boston College/IEA.

Nardi, E. (2008). *Amongst mathematicians: Teaching and*

learning mathematics at university level. New York, NY: Springer.

National Council of Teachers of Mathematics. (2000). *Principles and standards for school mathematics.* Reston, VA: Author.

National Governors Association Center for Best Practices & Council of Chief State School Officers (NGA & CCSSO). (2010). *Common core state standards for mathematics.* Washington, DC: Author.

Otten, S., Males, L. M., & Gilbertson, N. J. (2014). The introduction of proof in secondary geometry textbooks. *International Journal of Educational Research, 64,* 107–118.

Pedemonte, B. (2007). How can the relationship between argumentation and proof be analysed? *Educational Studies in Mathematics, 66,* 23–41.

Pedemonte, B. (2008). Argumentation and algebraic proof. ZDM—The International Journal on Mathematics Education, *40,* 385–400.

Pedemonte, B., & Reid, D. (2011). The role of abduction in proving processes. *Educational Studies in Mathematics, 76,* 281–303.

Pepin, B., & Gueudet, G. (2014). Curriculum resources and textbooks in mathematics education. In S. Lerman (Ed.), *Encyclopedia of mathematics education* (pp. 132–135). Berlin, Germany: Springer.

Perry, P., Samper, C., Camargo, L., Molina, Ó., & Echeverry, A. (2009). Assigning mathematics tasks versus providing pre-fabricated mathematics in order to support learning to prove. In F. Lin, F. Hsieh, G. Hanna, & M. de Villiers (Eds.), *Proceedings of the 19th International Commission on Mathematical Instruction: Proof and Proving in Mathematics Education* (ICMI Study Series 19, Vol. 2, pp. 130–135). Taipei: Springer.

Pinto, M., & Tall, D. (1999). Student constructions of formal theory: Giving and extracting meaning. In O. Zaslavsky (Ed.), *Proceedings of the 23rd Conference of the International Group for the Psychology of Mathematics Education* (Vol. 4, pp. 65–73). Haifa, Israel: Technion Printing Center.

Raman, M. (2003). Key ideas: What are they and how can they help us understand how people view proof? *Educational Studies in Mathematics, 52,* 319–325.

Rasmussen, C, & King, K. (2000). Locating starting points in differential equations: A realistic mathematics approach. *International Journal of Mathematical Education in Science and Technology, 31,* 161–172.

Rav, Y. (1999). Why do we prove theorems? *Philosophia Mathematica, 7,* 5–41.

Recio, A. M., & Godino, J. D. (2001). Institutional and personal meanings of mathematical proof. *Educational Studies in Mathematics, 48,* 83–99.

Reid, D. (2002). Conjectures and refutations in grade 5 mathematics. *Journal for Research in Mathematics Education, 33*(1), 5–29.

Reid, D. A., & Knipping, C. (2010). *Proof in mathematics education: research, learning, and teaching.* Rotterdam, The Netherlands: Sense.

Reiss, K., Hellmich, F., & Reiss, M. (2002). Reasoning and proof in geometry: Prerequisites of knowledge acquisition in secondary school students. In A. D. Cockburn & E. Nardi (Eds.), *Proceedings of the 26th Conference of the International Group for the Psychology of Mathematics Education* (Vol. 4, pp. 113–120). Norwich, England: University of East Anglia.

Remillard, J. (2005). Examining key concepts in research on teachers' use of mathematics curricula. *Review of Educational Research, 75*(2), 211–246.

Ron, G., & Dreyfus, T. (2004). The use of models in teaching proof by mathematical induction. *Proceedings of the 28th Conference of the International Group for the Psychology of Mathematics Education* (Vol. 4, pp. 113–120). Bergen, Norway: Bergen University College.

Rowland, T. (2002). Generic proofs in number theory. In S. Campbell & R. Zaskis (Eds.), *Learning and teaching number theory: Research in cognition and instruction* (pp. 157–183). Westport, CT: Ablex Publishing.

Samkoff, A., Lai, Y., & Weber, K. (2012). On the different ways that mathematicians use diagrams in proof construction. *Research in Mathematics Education, 14*(1), 49–67.

Sandefur, J., Mason, J., Stylianides, G. J., & Watson, A. (2013). Generating and using examples in the proving process. *Educational Studies in Mathematics, 83*(3), 323–340.

Schoenfeld, A. H. (1980). Teaching problem-solving skills. *American Mathematical Monthly, 87,* 794–805.

Schoenfeld, A. H. (1985). *Mathematical problem solving.* Orlando, FL: Academic Press.

Schoenfeld, A. H. (1991). On mathematics as sense-making: An informal attack on the unfortunate divorce of formal and informal mathematics. In J.F. Voss, D. N. Perkins, &

J. W. Segal (Eds.), *Informal reasoning and education* (pp. 311–343). Hillsdale, NJ: Lawrence Erlbaum Associates.

Sears, R. (2012). *An examination of how teachers use curriculum materials for the teaching of proof in high school geometry* (Unpublished doctoral dissertation). University of Missouri, Columbia.

Sears, R., & Chávez, O. (2014). Opportunities to engage with proof: The nature of proof tasks in two geometry textbooks and its influence on enacted lessons. *ZDM— The International Journal on Mathematics Education, 46,* 767–780.

Selden, A., & Selden, J. (2003). Validations of proofs written as texts: Can undergraduates tell whether an argument proves a theorem? *Journal for Research in Mathematics Education, 36*(1), 4–36.

Selden, A., & Selden, J. (2013). Proof and problem solving at university level. *Montana Mathematics Enthusiast, 10,* 303–334.

Selden, J., & Selden, A. (1995). Unpacking the logic of mathematical statements. *Educational Studies in Mathematics, 29*(2), 123–151.

Senk, S. L. (1989). Van Hiele levels and achievement in writing geometry proofs. *Journal for Research in Mathematics Education, 20,* 309–321.

Sfard, A. (1998). On two metaphors for learning and the dangers of choosing just one. *Educational Researcher, 27*(2), 4–13.

Silver, E. A., Alacaci, C., & Stylianou, D. (2000). Students' performance on extended constructed-response tasks. In P. A. Kenney & E. A. Silver (Eds.), *Results from the seventh mathematics assessment of the National Assessment of Educational Progress* (pp. 301–341). Reston, VA: National Council of Teachers of Mathematics.

Simon, M. A., & Blume, G. W. (1996). Justification in the mathematics classroom: A study of prospective elementary teachers. *Journal of Mathematical Behavior, 15,* 3–31.

Smith, J. C. (2006). A sense-making approach to proof: Strategies of students in traditional and problem-based number theory courses. *Journal of Mathematical Behavior, 25,* 73–90.

Smith, J. P., diSessa, A. A., & Roschelle, J. (1993). Misconceptions reconceived: A constructivist analysis of knowledge in transition. *Journal of the Learning Sciences, 3*(2), 115–163.

Sowder, L., & Harel, G. (2003). Case studies of mathematics majors' proof understanding, construction, and appreciation.

Canadian Journal of Science, Mathematics and Technology Education, 3, 251–267.

Staples, M., Bartlo, J., & Thanheiser, E. (2012). Justification as a teaching and learning practice: Its multifaceted (potential) role in middle school classrooms. *Journal of Mathematical Behavior, 31,* 447–462.

Stein, M. K., Engle, R. A., Smith, M. S., & Hughes, E. K. (2008). Orchestrating productive mathematical discussions: Five practices for helping teachers move beyond show and tell. *Mathematical Thinking and Learning, 10*(4), 313–340.

Stigler, J. W., & Hiebert, J. (1999). *The teaching gap: Best ideas from the world's teachers for improving education in the classroom.* New York, NY: The Free Press.

Stylianides, A. J. (2007a). Introducing young children to the role of assumptions in proving. *Mathematical Thinking and Learning, 9,* 361–385.

Stylianides, A. J. (2007b). The notion of proof in the context of elementary school mathematics. *Educational Studies in Mathematics, 65,* 1–20.

Stylianides, A. J. (2007c). Proof and proving in school mathematics. *Journal for Research in Mathematics Education, 38,* 289–321.

Stylianides, A. J. (2009). Breaking the equation "empirical argument = proof." *Mathematics Teaching, 213,* 9–14.

Stylianides, A. J. (2016). *Proving in the elementary mathematics classroom.* Oxford, United Kingdom: Oxford University Press.

Stylianides, A. J., & Al-Murani, T. (2010). Can a proof and a counterexample coexist? Students' conceptions about the relationship between proof and refutation. *Research in Mathematics Education, 12*(1), 21–36.

Stylianides, A. J., & Ball, D. L. (2008). Understanding and describing mathematical knowledge for teaching: Knowledge about proof for engaging students in the activity of proving. *Journal of Mathematics Teacher Education, 11,* 307–332.

Stylianides, A. J., Bieda, K., & Morselli, F. (2016). Proof and argumentation in mathematics education research. In A. Gutiérrez, G. C. Leder, & P. Boero (Eds.), *Second hand-book of research on the psychology of mathematics education* (pp. 315–357). Rotterdam, The Netherlands: Sense.

Stylianides, A. J., & Stylianides, G. J. (2009). Proof constructions and evaluations. *Educational Studies in Mathematics, 72*(2), 237–253.

Stylianides, A. J., & Stylianides, G. J. (2013). Seeking researchgrounded solutions to problems of practice: Classroom-based interventions in mathematics education. *ZDM—The International Journal on Mathematics Education, 45*(3), 333–341.

Stylianides, A. J., & Stylianides, G. J. (2014). Impacting positively on students' mathematical problem solving beliefs: An instructional intervention of short duration. *Journal of Mathematical Behavior, 33,* 8–29.

Stylianides, A. J., Stylianides, G. J., & Philippou, G. N. (2004). Undergraduate students' understanding of the contraposition equivalence rule in symbolic and verbal contexts. *Educational Studies in Mathematics, 55,* 133–162.

Stylianides, G. J. (2008a). An analytic framework of reasoning-and-proving. *For the Learning of Mathematics, 28*(1), 9–16.

Stylianides, G. J. (2008b). Investigating the guidance offered to teachers in curriculum materials: The case of proof in mathematics. *International Journal of Science and Mathematics Education, 6,* 191–215.

Stylianides, G. J. (2008c). Proof in school mathematics curriculum: A historical perspective. *Mediterranean Journal for Research in Mathematics Education, 7*(1), 23–50.

Stylianides, G. J. (2009). Reasoning-and-proving in school mathematics textbooks. *Mathematical Thinking and Learning, 11,* 258–288.

Stylianides, G. J. (2014). Textbook analyses on reasoning- and-proving: Significance and methodological challenges. *International Journal of Educational Research, 64,* 63–70.

Stylianides, G. J. (2016). *Curricular resources and classroom use: The case of mathematics.* New York, NY: Oxford University Press.

Stylianides, G. J., & Stylianides, A. J. (2008). Proof in school mathematics: Insights from psychological research into students' ability for deductive reasoning. *Mathematical Thinking and Learning, 10*(2), 103–133.

Stylianides, G. J., & Stylianides, A. J. (2009). Facilitating the transition from empirical arguments to proof. *Journal for Research in Mathematics Education, 40,* 314–352.

Stylianides, G. J., & Stylianides, A. J. (2014). The role of instructional engineering in reducing the uncertainties of ambitious teaching. *Cognition and Instruction, 32*(4),

1–42.

Stylianides, G. J., Stylianides, A. J., & Philippou, G. N. (2007). Preservice teachers' knowledge of proof by mathematical induction. *Journal of Mathematics Teacher Education, 10,* 145–166.

Stylianides, G. J., Stylianides, A. J., & Shilling-Traina, L. N. (2013). Prospective teachers' challenges in teaching reasoning-and-proving. *International Journal of Science and Mathematics Education, 11,* 1463–1490.

Stylianou, D. A., Blanton, M. L., Knuth, E. J. (Eds.). (2010). *Teaching and learning proof across the grades: A K–16 perspective.* New York, NY: Routledge/National Council of Teachers of Mathematics.

Tapan, M. S., & Arslan, C. (2009). Preservice teachers' use of spatio-visual elements and their level of justification dealing with a geometrical construction problem. *US-China Education Review, 6*(3), 54–60.

Tarr, J. E., Chávez, Ó., Reys, R. E., & Reys, B. J. (2006). From the written to the enacted curricula: The intermediary role of middle school mathematics teachers in shaping students' opportunity to learn. *School Science and Mathematics, 106*(4), 191–201.

Thompson, D. R., Senk, S. L., & Johnson, G. J. (2012). Opportunities to learn reasoning and proof in high school mathematics textbooks. *Journal for Research in Mathematics Education, 43,* 253–295.

Tsamir, P., Tirosh, D., Dreyfus, T., Barkai, R., & Tabach, M. (2008). Inservice teachers' judgment of proof in ENT. In O. Figueras, J. L. Cortina, S. Alatorre, T. Rojano, & A. Sepúlveda (Eds.), *Proceedings of the 32nd Conference of the International Group for the Psychology of Mathematics Education* (Vol. 4, pp. 345–352). Morelia, Mexico: PME.

Weber, K. (2001). Student difficulty in constructing proofs: The need for strategic knowledge. *Educational Studies in Mathematics, 48*(1), 101–119.

Weber, K. (2002). Beyond proving and explaining: Proofs that justify the use of definitions and axiomatic structures and proofs that illustrate technique. *For the Learning of Mathematics, 22*(3), 14–17.

Weber, K. (2004). Traditional instruction in advanced mathematics courses: A case study of one professor's lectures and proofs in an introductory real analysis course. *The Journal of Mathematical Behavior, 23*(2), 115–133.

Weber, K. (2005). Problem-solving, proving, and learning: The relationship between problem-solving processes and learning opportunities in the activity of proof construction. *The Journal of Mathematical Behavior, 24*(3), 351–360.

Weber, K. (2006). Investigating and teaching the processes used to construct proofs. *Research in Collegiate Mathematics Education, 6,* 197–232.

Weber, K. (2008). How mathematicians determine if an argument is a valid proof. *Journal for Research in Mathematics Education, 39,* 431–459.

Weber, K. (2010a). Mathematics majors' perceptions of conviction, validity, and proof. *Mathematical Thinking and Learning, 12*(4), 306–336.

Weber, K. (2010b). Proofs that develop insight. *For the Learning of Mathematics, 30*(1), 32–36.

Weber, K. (2012). Mathematicians' perspectives on their pedagogical practice with respect to proof. *International Journal of Mathematics Education in Science and Technology, 43*(4), 463–475.

Weber, K., & Alcock, L. (2004). Semantic and syntactic proof productions. *Educational Studies in Mathematics, 56*(2–3), 209–234.

Weber, K., & Alcock, L. (2005). Using warranted implications to understand and validate proofs. *For the Learning of Mathematics, 25*(1), 34–38.

Weber, K., & Alcock, L. (2009). Proof in advanced mathematics classes: Semantic and syntactic reasoning in the representation system of proof. In D. A. Stylianou, M. L. Blanton, & E. Knuth (Eds.), *Teaching and learning proof across the grades: A K–16 perspective* (pp. 323–338). New York, NY: Routledge.

Weber, K., Inglis, M., & Mejía-Ramos, J. P. (2014). How mathematicians obtain conviction: Implications for mathematics instruction and research on epistemic cognition. *Educational Psychologist, 49,* 36–58.

Weber, K., Maher, C., Powell, A., & Lee, H. S. (2008). Learning opportunities from group discussions: Warrants become the objects of debate. *Educational Studies in Mathematics, 68*(3), 247–261.

Weber, K., & Mejía-Ramos, J. P. (2009). An alternative framework to evaluate proof productions: A reply to Alcock and Inglis. *The Journal of Mathematical Behavior, 28*(4), 212–216.

Weber, K., & Mejía-Ramos, J. P. (2011). Why and how mathematicians read proofs: An exploratory study. *Educational Studies in Mathematics, 76*(3), 329–344.

Weber, K., & Mejía-Ramos, J. P. (2013). On the influence of sources in the reading of mathematical text. *Journal of Literacy Research, 45,* 87–96.

Weber, K., & Mejía-Ramos, J. P. (2014). Mathematics majors' beliefs about proof reading. *International Journal of Mathematics Education in Science and Technology, 45,* 89–103.

Weber, K., & Mejía-Ramos, J. P. (2015). The contextual nature of conviction in mathematics. *For the Learning of Mathematics, 35*(2), 9–14.

Yackel, E., & Cobb, P. (1996). Sociomathematical norms, argumentation, and autonomy in mathematics. *Journal for Research in Mathematics Education, 27,* 458–477.

Yackel, E., & Hanna, G. (2003). Reasoning and proof. In J. Kilpatrick, W. G. Martin, & D. Schifter (Eds.), *A research companion to Principles and Standards for School Mathematics* (pp. 22–44). Reston, VA: National Council of Teachers of Mathematics.

Yang, K. L., & Lin, F. L. (2008). A model of reading comprehension of geometry proof. *Educational Studies in Mathematics, 67*(1), 59–76.

Yeager, D. S., & Walton, G. M. (2011). Social–psychological interventions in education: They're not magic. *Review of Educational Research, 81,* 267–301.

Yu, J. Y. W., Chin, E. T., & Lin, C. J. (2004). Taiwanese junior high school students' understanding about the validity of conditional statements. *International Journal of Science and Mathematics Education, 2,* 257–285.

Zack, V. (1997). "You have to prove us wrong": Proof at the elementary school level. In E. Pehkonen (Ed.), *Proceedings of the 21st Conference of the International Group for the Psychology of Mathematics Education* (Vol. 4, pp. 291–298). Lahti, Finland: University of Helsinki.

Zandieh, M., Larsen, S., & Nunley, D. (2008). Proving starting from informal notions of symmetry and transformations. In M. Carlson & C. Rasmussen (Eds.), *Making the connection: Research and teaching in undergraduate mathematics education* (pp. 125–138). Washington, DC: Mathematical Association of America.

Zandieh, M., Roh, K. H., & Knapp, J. (2014). Conceptual blending: Student reasoning when proving "conditional implies conditional" statements. *The Journal of Mathematical Behavior, 33*, 209–229.

Zaslavsky, O. (2005). Seizing the opportunity to create uncertainty in learning mathematics. *Educational Studies in Mathematics, 60*, 297–321.

Zaslavsky, O., Nickerson, S. D., Stylianides, A. J., Kidron, I., & Winicki, G. (2012). The need for proof and proving: Mathematical and pedagogical perspectives. In G. Hanna & M. de Villiers (Eds.), *Proof and proving in mathematics education: The 19th ICMI Study* (New ICMI Study Series, Vol. 15, pp. 215–229). New York, NY: Springer.

Zazkis, D., Weber, K., & Mejía-Ramos, J. P. (in press). Bridging the gap between graphical arguments and verbal-syntactic proofs in a real analysis context. *Educational Studies in Mathematics, 93*, 155–173.

Zazkis, R., Liljedahl, P., & Chernoff, E. J. (2008). The role of examples in forming and refuting generalizations. *ZDM— The International Journal on Mathematics Education, 40*, 131–141.

11 | 数学建模的教与学

加布里尔·凯泽
德国汉堡大学
译者：王瑞霖
　　　首都师范大学教师教育学院
　　　张景斌
　　　首都师范大学教师教育学院

数学建模是利用数学知识解决实际问题的活动，数学建模能力的提升正成为全世界数学教育的一个中心目标。对致力于提升公民责任感的数学教育来说，这一目标尤为重要。建模能力在许多国家的课程中扮演着中心角色，这标志着数学建模的相关性在国际层面上得到了广泛认可。尽管如此，对于如何把数学建模整合到数学教学的过程中还相当缺乏共识。研究者们提出了各种不同的整合方法，而且还在继续寻找实证证据来说明这些方法对建模融入学校实践的影响。

全美数学教师理事会（NCTM）在一系列标准文件（1989, 1991, 2000）中呼吁提高数学建模在学校中的地位。NCTM在《数学教学的专业标准》（1991）的序言部分指出，数学教育发生变革已经势在必行。其中一项变革是将数学概念与其应用联系起来，而不是将数学看作孤立的概念和程序的集合（第3页）。NCTM在《学校数学的原则和标准》（2000）中提出了数项原则，其中关于学习的原则指出：在21世纪，所有学生都应该"能够理解数学和应用数学"，并对"解决问题时的建模过程"给予更多关注（第20页）。虽然这些标准中没有集中或者明确地讨论现实生活中的数学建模和应用，但各个年级的课程标准均尝试着将问题的解答联系到数学本身以及其他情境中（例如，在问题解决中）。建模和应用在高中阶段所扮演的角色越发重要。在高中"几何标准"中，"理解世界，并看到它的结构美"（NCTM, 2000，第309页）是一个明确目标。在高中的"表征标准"中，建模的作用被定义为"应用各种表示法来模拟并解释物理的、社会的和数学的现象"（第360页）。在"联系标准"中，它被定义为"在数学以外的情境中识别和应用数学"（第354页）。"代数标准""数据分析与概率标准"都指出了在不同情境中，函数在描述定量关系和数据趋势、分析各种变化过程中的作用。

新近出版并被普遍采用的美国《州共同核心数学标准》（NGA & CCSSO, 2010）着重强调了提高学生解决实际问题的能力，同时给予数学建模更加核心的定位。在该标准中，关于数学实践有8条标准，其中一条即为用数学去建模："精通数学的学生可以使用他们所掌握的数学知识去解决在日常生活、社会和工作中出现的问题"（NGA & CCSSO, 2010，第7页）。这些为各州设立的标准不仅把建模作为一个新的标准，而且对数学建模作了更清晰、全面的描述：将实际问题转化为数学问题，再回归到实际问题，并对步骤和结果进行批判性的分析：

　　精通数学的学生可以利用所学知识自如地做一些假设和近似，以便将复杂的问题情境简化，并意识到之后可能还需要对结果进行修正。他们能够在实际问题中识别出重要的数量，并把它们之间的关系利用图表、二维表格、图形、流程图及公式等工具表达出来。他们能够通过分析这些数学关系得出结论。他们习惯性地将数学结果置于问题情境中作出解释，而且能反思这些结果是否具有实际意义。如果没有达到目的，则会尽可能地去改进模型。（第7页）

就数学内容来说，这个关于建模的观点包括了函数在描述两个数量如何同时变化时所起的作用，以及使用一些工具（例如图表、二维表格、图形、流程图和公式）对结果进行表述和预测时所起的作用。总而言之，建模被视为理解现实世界的一个创造性过程：描述、控制或者优化问题情境的不同方面，解释结果，同时对不完善的模型进行修改。建模在美国数学课程中的这种新角色需要我们澄清建模是什么、建模的来源、建模的目的等问题。在以下各节中，我会对这几个问题给出详细的解答。

数学建模的理论探讨：历史发展和现状

历史发展

早在19世纪的教育中，应用、模型和数学建模过程就扮演了重要的角色，至少在欧洲和北美是这样；在德国，它主要体现在小学阶段的情境性问题教学。以菲利克斯·克莱因在20世纪初开发的《米兰大纲》（Klein, 1907）为标志，德国及欧洲的相关地区开始了更加注重以应用为导向的数学教育。克莱因为生源更好的高级中学（德文为"Gymnasium"）开发了一套标新立异的课程，将数学应用整合到数学知识中。当时德国和欧洲其他国家正发生工业革命，大范围和快速的技术进步强烈地影响了这一课程的发展。为研究现实世界的情境，尤其是解决工程领域的问题提供坚实基础是这种课程发展的原始驱动力。克莱因呼吁在数学教学中保持应用、建模和纯数学理论之间的平衡，以帮助学生洞察数学的内在美。虽然有这样一些重要的观点存在，在当时的德国和欧洲的相关国家，脱离真实世界去学习如何使用各种算法仍然是数学教育中的主导模式（详情见Kaiser-Meßmer, 1986）。

直到在1967年8月召开了著名的"为让数学有用而教学"研讨会（Freudenthal, 1968; Pollak, 1968）之后，这

种令人不满的状况才在过去几十年间有所改善。许多研究开始聚焦于为什么以及如何将应用和建模整合进数学教育。然而，大量的研究并没有对应用与建模在数学教育中的功用达成统一认识，此后形成的各种观点间仍然有着很大的差异。同时，有关"如何让数学变得有用"的研究和讨论也没有取得共识；关于数学建模教与学的目标、所使用的例子以及数学建模如何融入课堂教学等方面的观点差异日渐明显。

凯泽-麦博（1986，第83~92页）分析了20世纪初期到20世纪80年代中期的各种数学建模及应用的教学方法，确定了各种关于数学建模教学的观点之间可能存在的异同。基于大量的文献综述，凯泽-麦博提炼出两种主要的数学建模教学的观点：实用主义观与科学-人文主义观。这两种观点对建模在国际上的研究和发展都产生了深刻的影响。在欧洲和北美，这两种观点均深刻影响了关于在数学教学中使用真实世界的事例和开展建模活动的讨论。它们都主张在数学教育过程中注重数学和现实世界的关系。除了这些共同点，上述两种观点存在很大分歧（如不同的目标），下文将对此作清晰的阐述。

实用主义观关注实用的或者实际的目标，强调学习者运用数学解决来自身边真实世界的实际问题的能力。波利亚克的论述（如1968, 1969, 1979）可以被看成是这种观点的典型代表。科学-人文主义观则由两部分组成：（1）强调数学是一门科学，是一门重点研究形式化结构和非形式化结构的学科。（2）重视教育的人文思想，强调学习者在数学与现实世界之间建立联系的能力。弗赖登塔尔的早期观点（如1968）被看成是这种观点的典型代表。

波利亚克（1968）宣称：学校数学教育的一个非常重要的目标是"让学生养成发现和欣赏周围有趣问题的习惯"（第26页）。他还说："不过，对于学生而言，非常重要的一点是练习发现那些可以使用数学的情境，并尝试去描述有用的问题"（1969，第399页）。致力于在北美学校开发应用性问题的贝尔（1967）也提出了类似的主张，指出学校教学应该引入建模实例："学习建模的目的是传递这样一种理念，数学对于许多领域的从业者是必不可少的，不善于有效地使用数学模型会阻断许多职业之路"（第298页）。数学教学要以实用为目标的理念对于

确定教学内容有着重要的影响。贝尔（1979）强调说：

> 如果我们承认数学教学的关键目标之一是让数学有用，那么我们首先应该了解擅长于此的人们是如何应用数学的，然后再去识别那些适合于学校教学、能帮助更多的人更好地使用数学的问题情境。（第314页）

应用数学家们倾向于从实用主义角度去如实地应用数学，而这种论点的倡导者也往往具有深厚的应用数学背景，这些情况促成了建模的实用主义观。

在上面提到的论坛——"为让数学有用而教学"的开幕式上，弗赖登塔尔（1968）从教学哲学的视角提出了一种截然不同的观点：

> 有两种极端的观点：一种观点是，在教数学的时候没有将数学及其应用联系起来，却希望学生在遇到问题的时候可以应用数学。这种观点已经被证明是毫无意义的了……与此相反的观点是要教有用的数学。虽然这种观点尚未被普遍地尝试，但是大家要明白，这并不是我所指的通过教学让数学变得有用。前面这种所谓"有用的数学"的缺点是，它只在某种固定的情境和时间段里可能被证明是有用的，这完全不是真正的数学所具有的样子。数学真正的奇妙力量是，在剥离具体的问题情境后，剩余的问题本质可以用数学形式表现出来并重复地加以运用。（第5页）

弗赖登塔尔将数学描述为一种活动，而不是一个封闭的系统，因为对他来说，数学是"将现实数学化的过程，甚至还可能是将数学本身数学化的过程"（第7页）。那些与学生的实际生活经验有着千丝万缕联系的情境丰富的问题，是他的方法中最核心的成分（Freudenthal，1973）。

这些有关数学建模与应用教学的不同目标、不同方法影响着人们如何理解数学建模以及如何在数学教育中融入现实世界里的数学。一方面，如波利亚克（1968）

所描述的那样，数学建模被视为一种使用模型理想化地描述真实世界中问题的循环过程。他强调真实世界与不同种类的应用数学（现代的或者古典的）之间的相互作用。另一方面，就如弗赖登塔尔（1968）和他的接班人德·朗格（1987）所言，建模被看作是基于多种数学化进程的数学和真实世界间复杂的相互作用。在其早期的工作中，弗赖登塔尔（1973）对局部数学化和整体数学化进行了划分：局部数学化可被理解为使用数学方法对数学和非数学领域进行局部构建，从现实到数学的这一走向对于这些方法的落实至关重要，而整体数学化的过程被看作数学概念和数学思想发展的一部分。弗赖登塔尔和德·朗格始终使用"数学化"一词而非"建模"；根据弗赖登塔尔（1973）所说，数学模型仅存在于数学化的最底层，意指在非数学环境中建立数学模型的过程。

对局部数学化和整体数学化的划分是随着最近的现实数学教育开始的。现实数学教育是弗赖登塔尔早期思想的延续。特里弗斯（1987）将横向数学化与纵向数学化区分开来。对他而言，横向数学化指的是在从现实转换到数学的过程中，学生们是如何找到有助于规划和解决现实问题的数学概念和方法的。而纵向数学化则是关于数学内部的操作，是在数学系统中对问题进行重新组织的过程。例如，发现概念和方法之间的联系，并应用该发现。实际上，这意味着纵向数学化并不强调数学与真实情境之间的转化，而是将真实情境作为一种中介来讨论数学内部的问题，进而对数学作为一个具有理论结构的系统形成更加全面的理解。弗赖登塔尔（1991）在他之后的著作中使用了这种划分，将横向数学化表述成从现实世界到符号世界的转化，而将纵向数学化表述为符号世界内部的转化。对于弗赖登塔尔（1991）来说，这两种数学化有同等的价值。然而，现实数学教育方法与现实世界的联系存在着模糊的地方，因为现实数学教育并不完全是真实世界背景中的数学，就像范·登·赫维尔-潘慧珍（2003）曾经指出的那样：

> 一方面，形容词"现实的"与现实数学教育如何看待数学的教与学是完全一致的，但另一方面，这个词也会令人困惑。在荷兰，动词"zich

realiseren"的意思是"想象"。换句话说，术语"现实主义的"更多指的是应该给学生提供他们能够想象到的问题情境……而不是指问题的"真实性"或者"确实性"。当然，后面这种含义并不意味着与现实世界的联系不重要，它仅仅意味着问题情境可以不局限于现实世界的情境。童话里的奇幻世界以及数学里的形式化世界均可成为恰当的问题情境，只要在学生的心目中它们是"真实的"就行。（第9~10页）

回到之前的两个观点（实用主义观点和科学-人文主义观点），它们在描述数学建模和应用的教与学上的不同之处在于，这两个观点都将建模过程形象化，但是：一个将建模过程形象化为从现实世界到数学，再回到现实世界的循环方式，就像波拉克（1979）所描述的那样（见图11.1）；另一个将建模过程形象化为螺旋上升的方式，正如弗赖登塔尔（引自De Lange, 1987）和德·朗格（1987）所描述的数学与现实世界的关系那样（见图11.2），建模过程是一种能够发展出新的数学概念和思想的数学化活动。

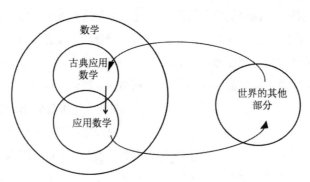

图11.1　建模循环

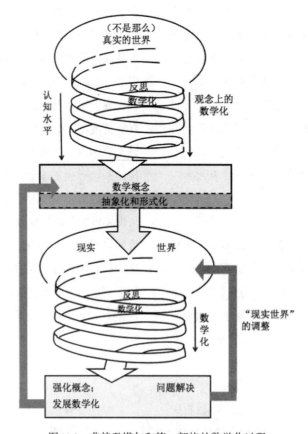

图11.2　弗赖登塔尔和德·朗格的数学化过程

这两种关于建模的观点有很大差异，因为它们的目标是不同的：前者更关注从实用主义角度去理解现实世界的案例（例如，Pollak, 1969），后者则聚焦在对数学和真实世界间相互关系的概念性理解上（例如，De Lange, 1987）。

为了分析这两种方法的差异与共性，布卢姆和尼斯（1991，第43~44页）针对建模研究进行了大量调查，归纳出在学校教育中引入应用与建模活动的多个层面上的论点和目标。他们尤其强调了三个值得推崇的目标，即学生应该能够：（1）完成建模过程；（2）通过模型获得知识；（3）批判性地分析建模过程的实例。在学校数学建模的更新发展中，凯泽（1995，第69~70页）的分类被广泛地采用。该分类提出了在学校推广数学建模的四个目标：

- 教学目标：传授各种使学生能够更好地认识世界的能力；
- 心理目标：培养和增强学习者对数学和数学教学的动力和积极态度；
- 学科目标：构建学习过程，介绍新的数学概念和方法及其表现形式；
- 科学目标：帮助学生构建数学作为一门科学的现实性图景，让他们了解数学与非数学方面的考量是如何在数学的历史发展中交互作用的。

关于数学建模的最新观点

对于在不同的教育阶段如何进行数学建模的教与学，有着很多不同的观点。基于这种情况，凯泽和斯里拉曼（2006）在21世纪初对历史上曾有的和最新出现的学校中数学建模的观点提出了一种分类方法。这些不同的观点都在使用相同的术语，例如数学建模、数学模型、建模循环等，但是它们往往表示不同的意义，因此这些不同学派的思想之间的差异并非显而易见。当前，很多建模问题被指责为并非真正的建模实例，各个教育阶段不同的数学教与学的目标受到了挑战，由于在基础教育和高等教育层次上对建模缺乏共识，有关建模的探讨未能

得到推进。为了达成共识，凯泽和斯里拉曼（2006）在综合了凯泽-麦博（1986）所区分的国际上的各种不同观点后，发展出一套数学建模观的分类系统。凯泽和斯里拉曼指出，在20世纪70年代形成的一些建模观已经演化成了更加综合的观点，但是这些观点之间的差异也愈加显著，还形成了一些新观点。在历史分析的基础之上，凯泽和斯里拉曼（2006）提出了一种用来描述不同方法的框架，随后凯泽、斯里拉曼、布罗姆赫和加尔西亚（2007）又对其进行了改进。这个框架根据目标、建模实例的类型、认识论基础和与初始观点的关系等对这些方法进行了分类。下文将识别和详细描述下列观点：

- 现实性建模或应用性建模
- 认识论角度的建模或理论性建模
- 教育性建模
- 情境性建模或模型发生论
- 社会批判性建模和社会文化建模
- 元认知建模

现实性建模或应用性建模。现实性建模或应用性建模遵循的是早期的应用数学领域以实用主义为导向的传统观点（如波利亚克）。它倡导数学的应用需要为理解真实世界与解决现实问题而服务的实用主义目标（例如，Haines & Crouch, 2007，或 Kaiser & Schwarz, 2010）。该观点主要关注那些在引入学校教学前仅经过了轻微的简化，需要全面的、大量的和长期的学校教育活动去解决的真实而复杂的问题（例如，那些以项目研究为导向的活动）。这种观点的一个重要的方面是，建模过程被视为一个整体去实施，而不是作为整体的一部分，这与应用数学家们在实践中的工作相似。这种观点并不把注意力集中在数学概念和算法的最新发展上。基于研究工科学生如何学习以项目为导向的数学课程时的个人经历，奥卡（1984）得出结论：新学的知识不能被直接应用到建模过程中，只有那些"落后于现在水平多年"的知识才可以被应用到建模活动中（第91页）。

认识论角度的建模或理论性建模。认识论角度的建模或理论性建模是传统科学-人文观点的延续，它突出的

是以理论为导向的建模目标。这种方式的一个重要观点是，数学在真实世界中的应用应当促进数学概念和算法的发展。这种方式来源于罗马语言地区，依赖于一种基于人类学理论的教学论和基于雪弗拉德的数学人类行为学的认知框架（1985，2007；这种方法的例子出现于以下研究：García, Gascón, Ruiz Higueras, & Bosch, 2006，或Barquero, Bosch, & Gascón, 2007）。数学人类行为学由两部分组成：实践部分主要解决如何做的问题，理论部分主要解决为什么的问题。实践部分包括任务的类型和问题解决方法，理论部分则包括理论基础和所需的技术（Chevallard, 1985, 2007）。认知论的建模或者说理论性的建模不太注重上面的例子中现实的一面，它属于数学人类行为学的实践部分，尽管教与学的过程对非数学的和数学的主题都有涉及。数学的主题被当作数学内部的建模活动来处理，并被纳入人类行为学的理论部分中。凯泽和斯里拉曼（2006）对于这个观点作了如下评价："如果人类行为学的方法成为主要导向，这会导致建模不再局限于对非数学问题的数学化，而是所有的数学活动都会被认定为建模活动"（第305页）。

这两种两极分化的观点是伴随着之前介绍过的现实数学教育方法发展起来的，它们凸显了在教学法层面上横向数学化与纵向数学化之间的区别，也可以用这种区别来描述。

除了应用性建模或现实性建模、认识论或理论性建模这两个极端化的观点外，一些吸收了现实性/应用性和认识论/理论性观点的某些方面，但又有细微差别的新观点也得以形成。

教育性建模。教育性建模由两方面组成：（1）教学化建模，（2）概念化建模。教学化建模把学习过程的建构放在最重要的地方，强调教学目标。教学化建模重点关注的是建模能力及其提升，尤其是那些能使学生们更好地理解世界的建模能力。除此之外，它还强调在建模活动中发展交流和辩论的能力、培养社会学习能力（见Blum, 2011）。

概念化建模强调学科目标，即通过使用真实世界的例子来引入新的数学概念并培养对数学概念的理解。整体而言，它支持概念性理解的全面发展。这个目标可以

在两个层面上得以实现：（1）通过建模案例获得更深的数学理解；（2）强化对数学建模过程的深入理解。概念化建模观也强调元认知建模能力的培养（例如，Blomhøj & Højgaard Jensen, 2003， 或 Maaß, 2006； 综述 可见Stillman, 2011）。当今大部分的建模观点可以被归为概念化建模，因为它们或多或少与概念化建模所涉及的多种多样的目标相吻合。

教育性建模与弗赖登塔尔晚年所提出的一种科学-人文主义观点存在关联，这个观点后来被特里弗斯（1987）和德·朗格（1987）进一步完善。他们把真实世界的案例和它们与数学之间的关系看成是教与学过程结构里的核心元素。

除此之外，在最近几十年中，尤其是在北美洲和南美洲，还形成了以下一些新的观点。

情境性建模或模型发生论。情境性建模观是凯泽和斯里拉曼（2006）在其最初的分类中提出的。情境性建模观强调与学科相关的目标和心理指向的目标，该观点与解文字问题的悠久传统（尤其在北美洲）有很强的关联。在最初的分类中，模型发生论是情境建模观的一部分，是一种超越了在校内解决的问题的、基于理论的观点。模型发生论的理论背景是心理学理论和实用主义理论。模型发生论首先由乐士和多尔（2003a）作为设计科学提出，其主要内容为：模型发生活动是遵循专门的教学设计原则而建构的问题解决活动。通过这些活动，学生们可以理解有意义的情境并且创造、扩展、改进他们自己的数学建构。传统的问题解决和模型发生论之间的主要差别在于后者更注重过程本身。学生们利用他们在解决原始问题时所建构的模型来解决新的问题。模型发生论不仅与设计研究有关，而且利用心理学研究中的发现来开展活动，从而鼓励或自然地让学生去发展理解这些情境所需的数学知识。总体上说，模型发生论和社会文化理论以及情境认知理论之间存在很强的相关性，尽管它们归属于不同的观点（详见Lesh & Doerr, 2003b, 2012，和Lesh, Hoover, Hole, Kelly, & Post, 2000；关于建模任务的描述详见Doerr, 2016；关于评估的描述，详见Eames, Brady, & Lesh, 2016）。

凯泽等（2007）根据情境性建模和模型发生论的不

同目标对其进行了区分。然而，在有关建模的后续讨论中，这两种方法被归为同一类，因为它们都源于问题解决研究和认知心理学研究（参见Kaiser, 2013）。

社会批判性建模和社会文化性建模。凯泽等人（2007）在其建模观点的分类中作为新方法介绍了社会批判性建模观及其后续发展——社会文化性建模观。这些观点的目标具有两重性："以促进对建模过程和模型的批判性理解作为整体目标，同时认识到建模实例和建模方法的文化倾向性"（Kaiser等人，2007，第2039页）。这些观点和D'安布罗西奥（1999, 2015）的民族数学方法紧密关联。D'安布罗西奥曾经质疑和反思数学在社会中的角色。社会批判性建模和社会文化性建模强调对数学在社会中的作用、数学模型的作用与本质、数学建模在社会中的功能进行批判性思考。因此，在数学教与学的过程中，通过建模过程中学生们之间的反思性讨论来提升他们的批判性思维成为核心目标。这种方法没有提出任何建模的流程图，因为它们不足以充分描述学生的建模活动。另外，社会批判性和社会文化性建模与关于学生讨论的对话分析有着理论联系。那些多种多样的讨论，诸如涉及数学的、技术的及反思型的活动，被视为对于批判性思维的发展是不可或缺的（Barbosa, 2006; de Loiola Araújo & da Silva Campos, 2015; Villa-Ochoa & Berrío, 2015）。

元认知建模。与上述观点都不同的是一种元认知视角下的认知建模。它形成于最近十年，认为需要对学生们的建模过程及其认知上的和情感上的障碍进行更细致的分析。这种认知建模的方法把分析学生的建模过程和提升数学思维放在了首要地位，并从认知角度来检验建模过程。这种方法植根于早年间用学习心理学或认知心理学里的模型以及建模方法对思维过程进行的分析和推广。然而，直到最近才出现了从认知的角度对建模过程所做的实证研究（参见Blum & Leiß, 2007; Borromeo Ferri, 2011；概述见Stillman, 2011）。这种观点之所以被视为元认知观点，是因为它的本质是描述性的。与之形成对照，其他各种观点的本质都是规范性的，因为它们都与建模教与学的各种目标相关联。元认知建模观利用真实度和数学复杂度各不相同的建模情形来分析建模

过程。该观点的主要目标是重新构建个体的建模路线（Borromeo Ferri, 2011）或是重建个体在建模活动中的认知障碍和困难（Stillman, 2011）。

对所有观点的综合阐述。凯泽等（2007）以一个关于一位出租车司机的示例问题为基础，开发出一套相关的问题，以阐述各个观点之间存在的共性和差异（详见Kaise等人，2007，第2037~2038页；针对教师教育的改编版本见Borromeo Ferri, Kaiser, & Blum, 2011）。在各种观点体系中，编者以截然不同的方式由这个出租车司机问题构造出符合每种特定观点的建模问题。

在现实性建模观看来，"为出租车司机设计收费模式"是一个必须建立模型并实现建模循环的开放性任务。如果该问题对学生来说过于开放，则可以通过下面的问题表述将其具体化："一个出租车司机在芝加哥每个月能赚多少钱？"为了解决这个问题，我们需要评估很多具体的数据，例如，一个出租车司机的工作时间长短、车辆的平均载客利用率、平均载客距离等。还需要提出不同的假设，例如，有关司机的职业类型，这个司机是独立运营，还是被一家大公司所雇用，还是一个出租车协会的会员呢？基于这些假设能够产生不同的模型。对不同模型的比较和评估并不涉及数学本质或课程要求之类的标准。检验模型是否合适的决定性标准是看该模型能否回答最初的现实问题。整体上来看，这些特征把这个基于现实性建模观的案例和基于其他观点而生成的问题给区别开了。

作为比较，在认知论建模观点下，这个关于出租车司机的问题可表述为："出租车司机一天可以赚多少钱？"这个问题中隐含了许多数学概念，例如关于计费模式和乘客数量的数学性问题、汽油使用量，或是原先购买出租车的价格，所有这些主要会带来数学概念和思想的发展以及促进对数学更深刻的认识。除此之外，如果行驶距离也是需要考虑的因素，可以在数学课堂上讨论距离概念的不同定义。总之，该任务的重点并不在于现实世界问题的答案或者情境与现实世界之间的符合程度，而是要发展和推广基本的数学概念。

从教育性建模的观点来看，这个出租车建模任务可以被这样阐述："在芝加哥有多家收费标准不同的出租车

公司。其中有两家是芝加哥黄色出租车公司和303出租车公司，它们的计费模式分别为：

- 芝加哥黄色出租车公司：起步的 $\frac{1}{9}$ 英里（注：1英里 $\approx$ 1.61千米）内收费3.25美元，其后每增加 $\frac{1}{9}$ 英里收费0.20美元。

- 303出租车公司：起步的1英里内收费4.00美元，其后每增加 $\frac{1}{10}$ 英里（或者不足 $\frac{1}{10}$ 英里）收费0.20美元。

什么情况下选第一家公司更好？什么情况下该选另一家公司呢？"

我们可以用这个问题来探索线性函数，促进相应的概念性理解，同时也能促进对现实问题的理解。具体来说，答案取决于出租车行驶的路程以及哪家出租车公司对这段路程的收费更低。因此，现实世界的情境可以服务于两个目的：（1）加强学生对线性函数和分数的理解；（2）促进学生对现实世界情境的理解。总而言之，这个建模问题所具有的双重目标将教育性建模观与其他没有把数学目标和真实情境目标结合在一起的观点区分开来。

从情境建模的观点来看，可能产生如下问题表述："出租车的起步价为2.00欧元，每行驶1英里再收0.15欧元。司机的年龄是43岁，这辆车他已经开了7年，那么每行驶6英里要多少钱？"这个任务具备了一个文字问题的多种特征，因而与其他观点下生成的出租车司机问题明显不同，但是它可以在更复杂的建模问题中得以采用。而从模型发生论的观点来看，问题情境可以表述为："出租车司机希望买辆新车。请你帮她想一想，她是否应该买一辆拥有新科技的车，例如混合能源车？"这个问题从许多方面看来都是非常复杂的，因为学生需要作出很多假设，如购买价格、燃料和税收成本、每年大致行驶的距离等。如果问题中包含"假设出租车司机每年行驶60 000英里"这样的重要假设，那么问题的复杂性就会降低。模型发生论的一个重要且独有的特征是：建模任务结束时会产生一份最终报告，对最开始提出的问题以咨询人员的方式作出回答。

社会批判性和社会文化性建模观可能提出的问题如下："出租车司机应该有怎样的收入？"教师应当鼓励学生去思考不同的计费模式，但不仅是出于数学上的考虑，

其意图还包括让学生对社会问题进行思考与辩论，例如，论述为什么只要司机在路上工作，每个小时的付出都应该得到报偿（而不仅仅是车里有客人的时候）。这个开放性问题的一个简单的版本是："一个出租车司机平均每天赚100美元，在月末的时候，她的收入足以支付她所有的生活开支吗？"许多非数学的影响因素不得不被考虑进来。例如，出租车司机的身份是公司雇员还是个体运营者，这会影响到司机在车辆和运营执照方面的成本。除其他因素外，还需要考虑的是司机的家庭状况和其所在城市的平均收入，这些因素在各个城市间是不同的（如芝加哥和纽约）。同样的收入在一个城市够不够生活取决于这个城市的生活水平。所有这样的信息，包括文化因素，需要通过抽样获得，再用表格形式呈现并得到解读。这样一个过程中需要很多数学的论证。社会批判性和社会文化性观点不仅非常关注真实世界情境，真实世界案例中的社会批判性和社会文化性因素也引导着这些案例的表述与建模过程。

总而言之，出租车司机问题展现了诸多不同的建模活动是如何在不同理论观点框架下产生的，还展现了与不同观点相联系的一系列广泛的建模活动目标。

作为建模活动关键特征的建模循环以及建模实例

这些不同观点的一个关键特征为：基于对数学和"世界的其余部分"（Pollak, 1968）之间关系的不同描述，人们对数学建模过程作出了不同的理解。上述出租车司机案例及其讨论说明，不同视角下的建模研究对建模过程的理解是不同的。前文描述过的不同观点导致对建模过程的不同刻画。例如，现实性建模或应用性建模强调对最初问题的解决方法，认识论建模或理论性建模则强调数学概念和思想的发展。因此，与不同的数学建模观相对应的建模循环也会有具体的侧重。例如，有些设计首要关注数学目标，有些首要关注研究活动，还有些关注的是课堂上的使用情况（参阅Borromeo Ferri, 2006的综述）。

在建模讨论的最初阶段，建模过程通常被描述为一

个线性的建模活动序列。目前尽管仍存在一些不同意见，但是已经形成了对建模过程的广泛共识。在几乎所有的方法中，理想的数学建模过程被描述成一个在不同的步骤或阶段利用数学解决实际问题的循环过程。

布卢姆（1985）和凯泽-麦博（1986）所定义的建模循环过程是基于波利亚克（1968, 1969）和其他一些学者所做的工作。这个循环具有以下特征，它们在许多建模循环中都有体现：

- 为了给问题情境建立一个现实的模型，需要将给定的现实问题简化。要作出大量的假设，并识别出主要的影响因素。
- 为了建立数学模型，必须将现实的模型转化成数学。然而，现实模型和数学模型之间的区别未必总是明确的。构造一个真实模型的过程与构造一个数学模型的过程是相互交织的，这是因为所建立的真实模型与建模者的数学水平是相关的。
- 在数学模型中，数学结果都是运用数学而得到的。
- 对数学结果进行解读后，现实的结果以及整个建模过程本身都需要得到验证。根据检验结果，建模过程中的某些步骤甚至于整个过程有可能需要重复进行。

这个循环（见图11.3）是一个理想的建模过程。在现实中，几个微型的建模循环要么会像整个循环一样按线性顺序进行，要么并不是那么井然有序。大多数建模过程中会出现建模循环内不同步骤之间的频繁切换（Borromeo Ferri, 2011）。

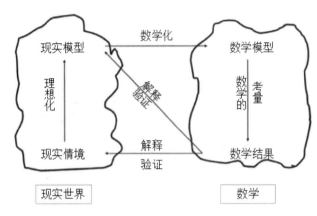

图11.3 凯泽和布卢姆的建模过程

对于建模循环的另外一些描述源自应用数学，如海恩斯、克劳奇和戴维斯（2000）的文章。它们强调有必要报告建模过程的结果，并更加明确地介绍对模型的改进过程（类似地，见Burkhardt, 1981）。加尔布雷斯和斯蒂尔曼（2006）开发了一个类似的建模循环，它可以更加详细地描述建模循环在不同阶段中的活动（见图11.4）。

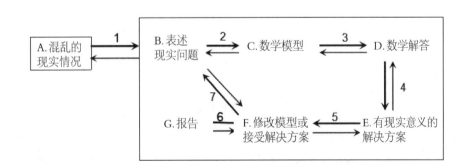

图11.4 加尔布雷斯和斯蒂尔曼的建模过程

那些将认知分析放在了突出位置的建模观，包括在建模过程中学生对于情境理解的附加阶段。学生们构造一个情境模型，然后再将其转化成现实模型。在布卢姆最近的工作（如2011；见图11.5）和博罗梅奥·费里（2011）最新的动态模型中以这样一种方式描述了建模活动。

现实模型和数学模型之间的差异存在于所有这些建模循环中，并且它们都强调解释数学结果从而得到真实的结果是十分必要的，然后要对结果进行验证。凯泽和斯腾德（2013）在最新的对建模循环的分类中，对建模循环的一些共同特征进行了总结（见图11.6），这与马斯的建模循环有一些轻微的差异（2005，第117页）。这个建模循环已经被证明能够对学生的建模活动产生适当的元认知支持。

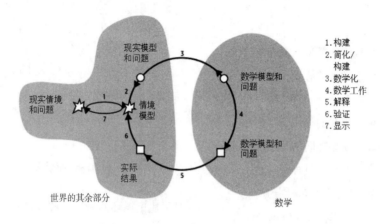

1.构建
2.简化/构建
3.数学化
4.数学工作
5.解释
6.验证
7.显示

图11.5 布卢姆的建模过程

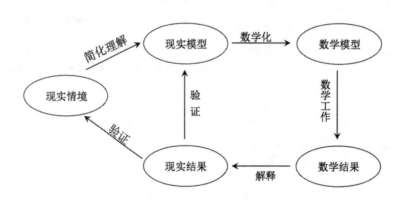

图11.6 凯泽和斯腾德的建模过程

布罗姆郝、郝佳德和杰森（2003）提出了一个不同的观点，这个观点主要关注建模过程的结构方面。它对建模过程的描述表明，建模过程未必按事先预测的线性顺序进行。相反地，从感知现实开始的建模过程会导致一系列可以向前也可以向后的建模子过程。这些子流程包括任务生成、系统化、数学化、数学分析、结论的解释和评估等，能够以一个非循环的方式重复。整个建模循环以对结论的执行作为结尾，并在现实世界中引发充足的活动。

从模型发生观出发，乐士和多尔（2003a）形成了另一个关于建模活动的观点，并提出了一个将现实世界和模型分离的建模循环。模型是根据对现实世界的描述而生成的，同时又可以用来对现实世界的现象进行预测。当然，这些预测需要得到验证。

乐士等学者（2003）在其后续研究中强调了模型发展序列的作用；这种序列超越了单一的建模活动，既能让学生们使用其模型进行思考也能对其模型进行思考，还可以在一系列情境中应用他们的模型，从而建立起一个更可靠和更有普适性的模型。在这个新的建模过程中，模型发展序列以一个模型引发的活动作为开端，让学生积极地去理解充满意义的、真实的问题情境。在一个教学单元中，模型引发活动之后是一个或多个模型探索活动与模型应用活动。模型探索活动关注模型背后的数学结构，从而促使学生们对他们正在建立的模型、各种表示法的优缺点以及如何有效地使用各种表示法进行思考。模型应用活动可以让学生们参与到模型的整合、修改和拓展过程中。学生们所建的模型得以应用到新的情境中，而这些新情境可以通过他们最初形成和探索过的模型得到描述、解释和控制（Ärlebäck 等，2013; Doerr, Ärlebäck & Staniec, 2014; Doerr & English, 2003; Zawojewski, Diefes-Dux, & Bowman, 2008）。

数学建模在教育中的机遇与可能性：建模能力及其提升

建模能力研究的变化历程

在过去的几年中，建模能力及其提升的概念在世界各地的很多课程中均有所呈现。如今，有许多致力于培养建模能力的创新项目和许多关于提升建模能力的研究。已经不会再有人质疑建模能力与学校教育的相关性，也就意味着建模能力和投入建模过程意愿的重要性。1983年，埃克塞特大学举办了一次关于数学建模与应用教学的国际会议，建模能力的重要性在这次会议之始首次得到了强调。后来，这一会议被称为国际数学建模教学与应用会议（ICTMA）。第一届会议主席博根斯（1984）阐述了推广数学建模的总体目标：

> 高等教育建模研讨会背后隐藏的基本哲学是：要想精通建模，自己必须亲自经历——只看着别人建模或者重复别人做过的建模活动是无益的——你必须亲自去体验。我把它比作游泳活动：你可以看别人游，你可以做各种准备活动，但想要学会游泳，你必须自己下水亲自去做。（第 xiii 页）

尽管当时对数学建模教与学的总体目标有了广泛的共识，但是"精通建模"的含义是什么仍然相当模糊。在接下来的十年里，几乎没有出现过任何关于"建模技能"或"建模能力"的定义或描述的直接讨论。尽管如此，不同的研究团体已经对如何识别建模能力做了重要的研究。特雷利博思（1979）在一场用英语进行的讨论中有一项突破性的成果。他探索了建模与学校数学中传统能力之间的关系，确定了能够区分优秀和普通建模者的那些建模技能。这些技能包括：识别相关的变量、选择重要变量、提出问题、建立变量间关系以及选择适当关系的能力。在使用德语的研究者们所进行的一场辩论中，凯泽-麦博（1986）对数学建模的教与学做了实证研究，描述了上述框架里的不同能力，并且将建模能力或建模技能（即完成建模过程所需要的能力）与应用已知数学知识解决现实问题的能力区分开来。这些建立模型的技能与建模循环过程的各个阶段相关。此外，在一场大型的实证研究中，凯泽-麦博（1986）阐述并分析了一般的教学能力，如问题解决能力、使用启发式策略的能力以及沟通能力。在关于建模的讨论中，这两项研究首次明确地划分了建模能力所包含的各种子能力并将其与建模过程的各阶段与步骤联系起来。

建模能力及其提升无法与如何评估建模能力这一问题割裂开来。20 世纪 90 年代初之前，几乎找不到任何关于评估建模能力的讨论。尼斯（1993）详尽地描述了在那个时期数学建模评估的范围、重点以及相关讨论的进展。他提出了一些关键问题：建模评估究竟应该评价什么、为什么要评价这些、如何在不影响建模精神的情况下进行评估等，这些问题指引了未来的讨论方向。

基于这些讨论，英国和澳大利亚的评估研究团队开发了一套评估数学建模的开拓性方法。该方法在更广泛的条件下使用等级量表评价数学建模的有效性以及评估学生建模活动的质量。基于专家对建模过程的质量水平和建模成果的评级，研究者们设计出能够评估学生在建模课程中进步大小的测试工具（Haines, Crouch, & Davies, 2001; Haines & Izard, 1995）。基于对学生数学建模行为的认知分析，一个澳大利亚团队特别分析了元认知的作用及其在建模活动中克服各种障碍的可能性（Galbraith,

Stillman, Brown, & Edwards, 2007）。

近期国际上建模的一个里程碑讨论是第十四次ICMI专题研究。其主题是数学应用和建模，它面向广泛的研究和实践群体，考察了当前数学建模教与学的状况（Blum, Galbraith, Henn, & Niss, 2007）。这次研究重点介绍了丹麦的"建模能力和数学学习"项目（KOM项目；Niss & Højgaard, 2011），它有力地促进了对建模能力的讨论，这个概念现在成了一个被广泛使用的理论建构。

基于早期和近期的讨论，可以说建模能力的重要性是当前建模讨论中一个已解决的话题。全世界不同的项目都对这些能力作了推广。分析目前已有的讨论可以得知，四个有不同侧重点的重要研究流派引导了有关建模能力的讨论（详见Kaiser & Brand, 2015）：

1. 在一个关于能力的综合性概念框架之中，丹麦的"建模能力和数学学习"项目引入了建模能力的概念；
2. 一个英国—澳大利亚团队探讨了如何评估建模技能并开发了相应的评估工具；
3. 德国的学者们通过讨论建模子能力及其评估，开发出一个建模能力的综合概念；
4. 澳大利亚学者在讨论建模时将元认知融合进建模能力。

除了这些流派之外，还存在其他一些非常重要的建模能力的研究工作。然而，为了保持内容清晰明了，在此我将不会介绍其他的研究（例如，可以参照两年一次的国际数学建模教学与应用会议议程了解进一步的工作），而只对上面列出的四个流派作详细介绍。

第一个流派，丹麦的"建模能力和数学学习"项目，是对建模能力概念作出清晰阐述的一个核心来源。2002年，该团队成员开发了一种定义数学能力的综合方法。尼斯和郝佳德（2011）将数学能力描述为"有充足的准备去恰当地应对某种类型的数学挑战"（第49页）。他们区分出包含建模能力在内的八种数学能力。这八种能力并非独立的子能力，而是结合起来描述整体的数学能力。建模能力的定义如下：

一方面，这种能力包括**分析**现有模型的基础和性质并评估其适用范围和有效性的能力。其中一种能力是将现有的数学模型"**去数学化**"，即在真实的领域或者情境下对模型的元素和结果进行解码和解释。另一方面，该能力表现为在给定的情境下能够**积极地实施建模活动**，即数学化，并将其应用到数学以外的情境中。（第58页）

积极的建模包含了涉及建模过程所有阶段的各种要素。首先，学生们考察需要建构模型的现实世界问题或情境的结构。其次，学生们将该情境数学化，即将对象、关系、问题表述等转化为数学术语进而形成数学模型。然后，学生们对生成的模型进行研究，包括求解可能出现的数学问题，并分别从内部（与模型的数学性质有关）和外部（与模型所处的外部环境或情境有关）验证已完成的模型。学生们还必须严格分析模型，包括其可用性、相关性和可能的替代模型，还要与其他人就该模型以及建模的结果进行交流。最后，学生们必须留意和调控整个建模过程。

尼斯和郝佳德（2011）区分了掌握一项能力的三个维度，布罗姆郝和郝佳德·詹森（2007）将这三个维度运用于建模的讨论并进行了有针对性的说明：

1. 覆盖程度：指学生们经历的建模过程中的各阶段以及他们的反思程度；
2. 技术水平：这关系到学生们所使用的数学知识和技能类型；
3. 行为界限：学生们可以在其中进行建模活动的情境范围。

上述界定被广泛讨论并经常被用作建模问题的分类模式。

关于建模能力讨论的第二个流派是先前提到的英国和澳大利亚的"评估研究团队"一直以来对建模技能和建模能力评估工具的开发。该团队的研究目的是开发评定量表、评价模式和建模测试，来评估建模课程的有效性并探究一些更具理论性的问题，如研究专家型学生和新手型学生的行为。尤其值得关注的是该团队在20世纪90年代最初用于开发这些量表的程序。他们借鉴了建模专家所开发的学生建模成果的评价指标以及用于描述学生行为的"能力指标"（Haines & Izard, 1995, 第135页）。基于早期版本的项目反应理论，该团队制定了评定量表，用以描述学生的表现并显示描述语在各个量级上的有效性（Haines, Izard, & Le Masurier, 1993）。作为一项最终的成果，该团队还开发了一套由多选题组成的建模能力测试，用以测量建模循环中的多种子能力。这些多选题可以用于前测和后测设计，曾作为一个强大的评估工具被应用于许多研究中（例如，Kaiser, 2007; Haines等，2000; Houston & Neill, 2003）。

关于建模能力讨论的第三个流派是德国建模团队的工作。该团队以不同的建模子能力为基础提出了建模能力的概念，而这些子能力与建模循环的各个阶段相关，其中包括以过程为导向的子能力。维纳特（2001）对能力的定义曾被广泛引用，这一定义也恰恰是凯泽（2007）的出发点。凯泽对建模实力与建模能力进行了区分："与建模能力相比，建模实力不仅包括通过数学建模和从现实中提取的数学内容去解决问题的能力，还包括这样做的意愿"（第110页）。与此类似，马斯（2004, 2006）将建模能力描述为"通过数学建模用源于现实世界问题的数学方法去解决问题的能力和意愿"。

这个流派对总体的建模能力和数学建模的子能力作了区分。总体建模能力是执行和反思整个建模过程所必需的能力。数学建模的子能力则针对具体的建模循环，包括执行建模循环的每一步所必需的不同能力（Kaiser, 2007）。基于马斯（2006）所做的广泛研究和凯泽（2007）的研究，包括上面介绍的多种类型的建模循环，我们可以对建模能力的子能力作如下界定（Kaiser, 2007）：

- 通过自己得出的数学描述（即模型）在一定程度上解决现实世界问题的能力；
- 通过激活建模过程所需的元知识来反思建模过程的能力；
- 对数学和现实之间关系的理解；

- 对数学是过程而不仅仅是结果这一观念的理解；
- 对数学建模主观性的理解，即建模过程依赖于目标、可用的数学工具和学生的能力；
- 社会能力，例如集体合作的能力和通过数学语言进行交流的能力。（第111页）

子能力是总体建模能力中必不可少的部分，而元认知能力则发挥着独特的作用（Maaß, 2006），缺少元认知能力可能会致使建模过程中出现问题。

实际上，第四个流派就是澳大利亚建模团队所提议的，将元认知纳入建模能力。这种方法强调在建模活动中，特别是在建模过程的不同阶段的过渡中反思性元认知活动的重要性。基于弗拉维尔（1979）关于元认知和认知监控的开创性定义，斯蒂尔曼（2011）强调，个人认知控制依赖于元认知知识、经验、目标和策略。对于建模，斯蒂尔曼倡导在精心设计的学习过程中，建模过程里的所有阶段开展控制或监测等元认知活动，以求促进学生在整个建模过程中的长期反思活动。

关于建模循环的作用，该团队的工作（Galbraith, Stillman, Brown, & Edwards, 2007, Stillman, Brown, & Galbraith, 2010）与第三个流派中描述的方法有许多共同点。总体而言，这两个流派的特征都是高度重视元认知。

数学建模与课程

整体发展概况。 在建模讨论伊始，学者们已经就如何在数学教学中融入应用与建模提出了各种方法：从简单地将数学应用与建模纳入一套从数学角度安排结构的课程，到用现实生活中的例子组织课程。布卢姆和尼斯（1991）区分了在数学教学中融入应用与建模的几种方法：

1. **分离法和两室法。** 这些方法把数学课程内容分成了两部分，第一部分着眼于"纯粹的"数学；第二部分利用第一部分传授的纯数学进行"应用"。
2. **岛屿法。** 这种方法把数学课程内容分成若干部分，每一个部分根据两室法再作划分。

3. **混合法**。应用和建模的例子往往被包括在数学课程内容之中，其目的是促进数学概念和方法的使用。反过来，新近发展起来的数学概念、方法和结果也会被用在数学建模活动中。

4. **数学课程整合法和跨学科整合法**。在这类方法中，首先考虑的是问题本身，不管它是数学取向的还是模型取向的，随后才考虑解决问题所需要的数学。无论如何，数学都不是一门孤立的学科。

哪些方法或方法的组合更加适用？应该选择何种方法？在布卢姆和尼斯（1991）看来，这些问题取决于多方面的考虑：

> 数学教学中问题解决、建模和应用的依据、目的与目标，或是教育（子）系统的特征和特点（包括合理的限定和其他限制条件、特定的传统任务、教育资源等）。（第61页）

然而，布卢姆和尼斯还强调了学段的因素。根据他们的观点，岛屿法和混合法主要适用于小学，因为只需要用到基础数学。在中学阶段，更加综合的整合法似乎更适用，比如实验课程和跨学科整合法。在大学阶段，比如数学作为一门基础服务性学科时，所有方法都有可能适用。但是，两室法、岛屿法和混合法可能是最受欢迎的。

尽管布卢姆和尼斯（1991）提到了整合法的一些困难，但是巴尔克罗等人（2007）在对大学阶段的建模教学所提出的建议中仍运用了跨学科的方法：通过建模将数学和物理进行整合。在美国，数学及其应用联合会已经开发了适用于整合法的教学材料。下一节将会介绍一些强调建模的美国课程开发项目。然而，数学及其应用联合会的教学材料的有效性尚待在更大的范围内得到评估。

布罗姆郝和郝佳德·詹森（2003）进一步发展了布卢姆和尼斯（1991）所提出的在教学中融入各种建模课题的不同方法。从中我们可以提炼出两种不同的方法来培养数学建模能力："宏观的方法"和"微观的方法"。

宏观的方法假定建模能力应该在执行完整的数学建模过程中得到培养，问题的复杂度和难度要和学习者自身的能力相匹配。微观的方法则假设在执行完整的建模过程中，特别是在最开始，培养个人的建模能力会非常耗时并且不够有效。微观的方法注重的是培养个人的建模子能力（Blomhøj & Højgaard Jensen, 2003）。

在学校教学中，这两种方法决定了选用建模案例的不同方式。微观的方法似乎和混合法更加相容，宏观的方法则可以通过分离法、两室法或岛屿法实现。然而，只有少数实证研究验证了这两种方法的有效性。通过大量研究，布兰德（2014）指出，这两种方法在提升建模能力上各有优缺点。更具体地说，由于子任务的复杂性，微观的方法对能力较弱的学生来说太不现实了，而宏观的方法显然具有更强的教学潜力。

以数学建模为重点的美国课程方案。从1980年开始，美国数学及其应用联合会已经开发出课程教学材料以及教师发展项目。数学及其应用联合会的工作和美国数学教育改革运动相关，其教学材料是依据全美数学教师理事会的标准文件和《州共同核心数学标准》的精神开发的。数学及其应用联合会追求跨学科的方法，使得学生可以使用数学建模和技术工具去研究他们生活中的重要问题。数学及其应用联合会的一个长远目标是拓宽学生对数学的鉴赏力，即让学生了解数学既是一门不断发展的科学，又是探索世界的有力工具。数学及其应用联合会不仅致力于帮助学生和开发合适的教学材料，也把目标放在加强各阶段数学建模教学的师资准备上。此外，数学及其应用联合会还注重促进数学教育群体和在商界的数学从业者之间的合作。数学及其应用联合会开发了各种各样的视频、教材、多媒体资料，涵盖了具有挑战性的数学课题，如微积分初步和离散数学。涉及的问题都是基于现实世界的情境，如最优化填充鸟食的问题（Gould, Murray, & Sanfratello, 2012）。此外，数学及其应用联合会还鼓励举办国际数学建模竞赛。

从布卢姆和尼斯（1991）提出的在课程中融入应用和建模的视角来看，数学及其应用联合会的原始工作促进了数学课程的整合法和跨学科整合法的发展。最近开发的材料则促进了混合法，因为这些材料中的建模例子更倾向于促进新的数学概念的发展。整体来说，数学及其应用联合会的项目及其教学材料和相关活动可以归属于建模的应用视角或现实视角，因为它们把促进数学建模的实用目标放在重要位置，而建模问题的现实世界背景也发挥着重要作用。

与数学建模的教与学相关的另一个重要机构是荷兰弗赖登塔尔研究所美国分所。它是乌得勒支大学原先的数学教育发展研究所，在几十年前由汉斯·弗赖登塔尔创建并且领导，在他1990年去世后更名为弗赖登塔尔研究所。

弗赖登塔尔研究所的美国分所成立于2003年，是威斯康星大学麦迪逊分校的威斯康星教育研究中心与荷兰的弗赖登塔尔研究所长期合作的产物。该研究所旨在提高美国数学教育的整体水平，因此与荷兰的弗赖登塔尔研究所相反，它没有刻意地关注数学建模。这个研究所秉持的教育哲学理念体现了之前介绍过的弗赖登塔尔（1968, 1973）在20世纪60年代和70年代提出的现实数学教育方法。弗赖登塔尔把数学看成一种人类的活动，教育为学生提供了通过这种活动"再创造"数学的可能性。根据弗赖登塔尔的这种观点，弗赖登塔尔研究所美国分所实施了多个课程方案。首先，与威斯康星教育研究中心（WCER; Senk & Thompson, 2003）联合开发了针对中学生的"情境中的数学"。与现实数学教育观的理念相一致，"情境中的数学"里的数学内容都是在现实的情境里提出的，旨在促使学生参与、激励学生学习、帮助学生理解并确保记忆。"自然、生命与技术"是一个融合科学和数学的项目，在2007年被引入荷兰的十、十一和十二年级课程中（大学前的教育）。后来这个项目被迁移到了美国，通过帮助学生理解新的、也往往是跨学科的科技进步，促使科学和数学教育更具吸引力和挑战性。和数学及其应用联合会一样，这些项目允许以多种方式将建模整合到数学之中，包括整合法和分离法。在理论层面上，这些项目涉及了有关建模的理论的或认识论的观点，重点关注数学概念、方法和理论的发展。问题的重点并不在于数学情境的真实程度，而在于数学理论的发展。

美国更近期的两个课程项目，"关联数学课程"项目（CMP）和"核心-强化数学课程"项目（CPMP; Senk & Thompson, 2003），将现实世界中的数学应用和建模突出为其项目目标的一部分。CMP的特点是以问题为中心，旨在促进探究式教学环境，并与美国《州共同核心数学标准》紧密相连。CMP的首要目标是支持学生和教师发展他们对数学的理解，并让他们意识到数学各部分之间，以及数学和其他学科之间的丰富联系（Cai, 2014）。CPMP在过去二十年里开发了基于研究和经过课堂试验的课程教学材料，并且其最新开发的材料和《州共同核心数学标准》有极强的统一性。它的主要特点包括：以问题为基础，以探究为导向，有丰富技术支持的学习资源，强调推理和意义的构建以及现实世界中的数学应用和数学建模。

如果将它们与前文介绍过的各种建模观联系起来看，这两个项目都与教育性建模观密切相关。它们都注重介绍新的概念和新的数学方法，而数学理论的发展或是处理真实的案例对这些项目来说则并不重要。

数学建模在美国《州共同核心数学标准》中的作用。 美国《州共同核心数学标准》（NGA & CCSSO, 2010）的一个重要特征是使用整合的建模方法。"利用数学建立模型"是"数学实践的标准"之一（第7页）。美国《州共同核心数学标准》还指出，建模不应该被理解为"一群互相独立课题的集合，而应当与其他一些方面的数学标准联系起来处理"（第57页）。例如，对函数的处理高度强调了函数在模拟真实世界现象时的作用，如指数型增长、衰减和周期变化。标准中还自始至终强调从函数图象中解释变化，根据现实世界的情境写出函数的表达式（包括递归的和显式的），以及根据情境来解释函数中的常量（第69~71页）。

美国《州共同核心数学标准》寻求为所有学生进入大学或就业作准备，这在高中的建模标准里得以体现：数学建模应该"将课堂中的数学和统计学与日常生活、工作和决策联系起来"（NGA & CCSSO, 2010，第72页）。在此视角上，课程中的建模无处不在，其实质是利用数学和统计去分析并理解现实世界的情况，进而作出决策。各种技术在表示模型、改变假设、探索结果以及作出预判中有着必不可少的作用。正如一个模型开发序列里的模型探索活动所揭示的（Lesh & Doerr, 2003b），《州共同核心数学标准》指出了这样一种现象：建模活动可以表明，在某些情况下同样一种数学或统计结构能够模拟看似不同的情境（NGA & CCSSO, 2010, 第72页）。

《州共同核心数学标准》中所描述的建模循环（见图 11.7）强调了一种活动方式：建模由问题开始，以某种成果作为结束，比如一份报告。然而，这里的数学工作似乎只局限于计算，无法捕捉到每个建模问题所对应的丰富多样的数学活动。

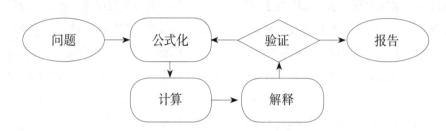

图11.7 《州共同核心数学标准》中的数学建模循环

学校实施数学建模教学的实证研究结果和建模教学理论

实证研究结果

一些实证研究表明：对于学生们来说，建模过程的每个步骤都构成一道潜在的认知障碍（综述可参见Blum, 2011）。斯蒂尔曼等人（2010）将这种潜在的阻滞描述为要么学生没有取得任何进展，要么出现的错误都得以纠正，要么出现了异常结果的情况。加尔布雷斯和斯蒂尔曼（2006）基于大量的实证研究总结出在建模过程的不同阶段间过渡时可能出现的各种阻滞。他们建立了一个框架用来识别教师和学生需要特别加以注意的阻滞。加尔布雷斯和斯蒂尔曼指出，在从复杂的现实世界情境向现实世界陈述或模型的过渡过程中，学生们可能在阐明建模问题的情境、作出有助于问题简化的假设、确定建模策略这三个方面存在问题。在从现实世界问题的陈述向数学模型的过渡过程中，学生们在以下几个方面存在问题：确定因变量和自变量，意识到自变量必须被明确地定义，用数学方式表示各个变量以便使用数学公式，作出相关的假设和选择恰当的技术工具。从数学模型到数学解答的转化过程中存在的一个认知障碍是如何使用合适的公式。从数学解答到答案的现实意义的转化过程中，学生在以下方面存在问题：寻求数学解答的现实意义，将数学结果置于现实情境中考察，以及整合论据对答案加以解释说明。最后，从数学解答的现实意义到修正或接受该解答的转化过程中，存在的问题涉及已有数学结果的现实意义和数学约束条件的限制等等。

在其关于建模的认知导向的文献综述中，斯蒂尔曼（2011）强调了反思性元认知活动在数学建模过程中，特别是在建模各阶段间的过渡过程中的重要性。斯蒂尔曼将教师在建模过程中对促进元认知活动进行的反思称为"元-元认知"。她指出，通过元-元认知，教师能够辨析出不同形式的障碍，并且能够确定克服这些障碍所需要的教师干预类型。斯蒂尔曼进一步呼吁，教师们应该帮助学生以最优的方式使用元认知知识和策略，以便在建模情境中发展学生有效使用元认知知识和策略的能力。这样学生不仅能获得当前建模活动的满意结果，也能促进他们为建模所进行的长期反思活动。

布卢姆（2015）针对当前数学建模教与学的实践知识作了调查，发现数学建模的教学要基于以应用和建模为目的的教学方法，即高质量的数学建模教学和从实践中形成的标准。哈蒂（2009）的研究发现，以学习者为中心的有效的课堂管理对建模活动的成功很有必要。与哈蒂的发现一致，布卢姆指出小组合作对建模尤其适用和有效，因为它具有社会性和善于激活认知活动的特点（参阅Ikeda & Stephens, 2001）。此外，布卢姆（2015）强调，有效的建模教学的另一个重要条件是有一系列好的、多样化的建模问题作为建模课程或项目的核心。实际上，在美国（见上）和世界其他地区，如英国的壳牌研究中心（Burkhardt, 1981）或者荷兰的弗赖登塔尔研究所（De Lange, 1987; Freudenthal, 1973），一些课程开发项目已经编写了很多这样的建模问题。不同类型的例子适用于不同的教学目的，但是为了使学生感受到数学教育的"意义"，这些例子必须是真实的，并且能描述学生周围世界的真实问题（Palm, 2007; Vorhölter, 2009）。尤其值得一提的是诸如数学路径这样的户外活动（Shoaf, Pollak, & Schneider, 2004）或是在以项目为导向的建模活动所构成的学习环境中解决的复杂建模问题（Kaiser & Schwarz, 2010）。以质量为导向的建模过程的另一个重要方面是发现同一建模问题的多种解决方案。这可以通过一些特殊的教学方法实现。有多种解决方案的建模问题不仅能培养学生的创造性，也能培养学生加强自我管理的能力，并能对学生产生认知上的刺激，正如MultiMa项目所揭示的那样（以学生自我管理为导向的数学教学的多种解决方案；Schukajlow & Krug, 2014; Schukajlow, Krug, & Rakoczy, 2015）。

在各种建模观点之下被集中讨论的另一个重要方面是建模能力的结构。有这样一种共识：针对建模过程的每个阶段，都存在多种建模能力，而且它们与一般的建模能力也是有关联的（见上文有关建模能力的讨论）。然而，无法确定的一点是：不同的子能力是否可以根据经验区别开来，是否能从一般的建模能力中分离出来。有两个研究已经考察过这个问题，并且提供证据表明当前的建模测试能够区分出不同的子能力（Brand, 2014; Zöttl, Ufer, & Reiss, 2011）。但是迄今为止，有关总体建模能力的作用及其对子能力的影响的研究尚未得出一致的结论。

时至今日，教师在建模活动中的作用还没有得到充分研究。没有充分可靠的实证证据说明教师如何支持学生进行独立的建模活动，如何在克服认知障碍方面支持学生，以及如何培养学生的元认知能力。有这样一种共识：建模活动的实施需要在教师指导和学生自主之间建立一种永久的平衡，而这需要遵循一个著名的最小帮助原则（Aebli, 1983）。已有的研究成果提倡教师对建模活动进行个别的、灵活的、保持独立性的干预（Blum,

2011）。这可以将建模活动与支架式方法联系起来。相关内容会在下面介绍。

建模教学法：支架式教学法和建模过程中的适当干预

建模的教与学是一个复杂的相互作用的过程，受到学习环境和教师专业知识等多种因素的影响。为了有效地支持学生，教师不仅要具有高水平的关于建模的学科知识、关于其数学基础和现实世界的知识，还需要有关于建模过程中不同类型的教学方法及如何给学生以充分支持的丰富知识。在过去的十年中，建构主义的教与学的方法体系强调学生对知识的自我建构和他们在学习过程中的独立性，由此发展出教师为学生学习提供支架和进行适当干预的教学法。这种方法的目标是，在学生自主建模的过程中由教师提供适合每一个人的临时支持。正如范·德·波尔、沃尔曼和贝水曾（2010）在对支架式方法的现状调查中指出的那样，存在不同的方法去理解和搭建支架。对于建模过程来说，由于它包含着各种复杂的认知活动，支架显得尤其必要和恰当。伍德、布鲁纳和罗斯（1976）对支架的定义众所周知，支架是一种隐喻，指教师为了支持学习过程中有困难的学生而作出一种特定的和暂时的干预："它涉及一种'搭支架'的过程，能够帮助一个孩子或者新手解决一个问题，执行一项任务或者实现一个在没人帮助的情况下难以实现的目标"（第90页）。

尽管近几十年来支架式方法一直被广泛研究，但在课堂实践中依然鲜少使用。其中一个原因是搭支架前需要诊断学生对学习内容的理解，而教师一般无法确定此信息。相反，实证研究表明大多数教师会提供直接帮助（Leiß, 2007, Van de Pol等, 2010），甚至直接给出自己的解决方案。

支架式方法的核心目标是让学生能独立地解决问题。当学生被问题所困或者无法解决给定的问题时，教师需要采用适当的方法提供合适的支架来支持他们。这种支持应着重使用认知层次上的手段（如必要的策略和概念）和元认知层次上的手段（如指导自我管理的学习活动），所以支架式方法的主要原则是以学生个人的学习过程和需要为导向。范·德·波尔等人（2010）将"不可预见性"或者适应性列为支架式方法的三个核心属性之一。不可预见性意味着支架式方法存在一个前提条件，那就是教师要具有理解和支持学生思考过程和理解过程的意愿和能力。当学生从事复杂的建模任务并能够独立地选择数学解决方法时，教师必须能够在短时间内决断出学生选择的方法是否有助于实现既定目标。依据学生在这个过程中自我管理的程度，教师会尝试减少对学生的支持。范·德·波尔等人（2010）称这个过程为"隐退"，因为教师将责任逐步转移给学生。这个支架的隐喻被用在很多对课堂教学的研究中，学者们还对宏观支架和微观支架作了区分：宏观支架涵盖建模规划的所有方面，而微观支架指的是互动方面（例如，所有形式的教师干预）。这两种类型的支架对学生的成功和学习效果都相当重要。

学者们对宏观支架的方方面面做了广泛的研究，尤其是建模课程的有效课堂环境。例如，大规模项目"以自我管理为导向的数学教育的教学干预模式"（DISUM）调查了建模任务的激励性和挑战性、教师提供激励性反馈的重要作用、小组合作中的个人潜能，以及学业水平低的学生进行建模活动的可行性（Blum, 2011; Blum & Leiß, 2007）。此外，DISUM比较了建模问题的两种教学方式：指挥型教学（以教师为中心）与操作-策略型教学（更多地以学生为中心，强调小组合作和有策略地搭建支架）。比较的结果表明，相较于指挥型教学，操作-策略型教学能显著提高学生的成绩。此外，在操作-策略组里，学生的自我管理水平大大提高。学生自评的兴趣度、努力程度和对学习策略的使用都与学习成绩成正相关（Schukajlow等，2012）。

总而言之，大量研究表明课堂建模具有巨大的潜能，同时，越来越明显的是无论建模能力是否得以提升，日常教学中对待建模的方式都是十分重要的。

在关于支架和干预的教学研究中，学者们已经讨论了教师如何支持学习者的几种理论方法。参考艾伯力（1983）提出的最小帮助原理，泽赫（1998）对教师的支持进行了分类，这对于区分不同类型的干预措施很有帮

助。对教师支持的分类开始于一个标准的假设：干预的强度和力度应根据学生不成功的情况逐步增加。此外，干预措施应支持学生独立地寻求解决方案。泽赫对几种类型的辅助进行了分类，包括动机辅助、反馈辅助、一般策略辅助，以及以内容为导向的策略辅助和内容导向辅助。干预强度应从动机辅助到内容导向辅助逐步加强。这种分类法被用于研究建模活动已有一段时间了，例如，在DISUM项目中，雷卜（2007）的实验研究对建模过程中教师给出的支持类型作了评估（Blum, 2011）。雷卜发现，参与研究的教师所提供的干预活动清单中极少包括策略干预。当学生们只差一步就能解决问题时，教师通常会选择使用间接的建议。然而，这些研究发现与其他一些研究结果并不一致。例如，林克（2011）的研究结果证实了实验研究中存在大量的一般策略的干预措施。

斯腾德和凯泽（2015）研究的是有效的和有适应性的建模干预。他们总结出一套有力的和有效的一般干预策略，例如，教师在合作学习的环境中要求某组学生报告他们的工作（Kaiser & Stender, 2013）。此外，策略干预源于问题解决的启发式教学法，被证明是一种有效的支架技巧（Stender & Kaiser, 2016）。一方面，要求学生展示其工作的干预形式是教师实施支架式教学的先决条件，因为支架式教学必须基于对学生工作的认真诊断，这样干预才可能有效和成功。另一方面，正如哈蒂（2009）在对元认知的综合研究中指出的那样，这种形式的干预是有效反馈的核心部分，与哈蒂所列举的有效反馈问题密切相关。

除了有关最小帮助原则的研究之外，研究表明数学建模中元认知的作用是潜在干预的一个基础（Galbraith等，2007; Stillman等，2010）。这些研究列举出那些妨碍学生成功建模的精神障碍或者认知障碍。他们强调学生进行元认知活动的必要性，也就是说，学生应该观察自己的建模过程。斯蒂尔曼（2011）认为，教师有必要参与元-元认知过程，对学生在特定状态下的元认知活动和教师在建模过程中的作用进行反思。这些研究的一个共识是教师干预对于促进反思性学习是必要的。然而，建模能力中不同的子能力和元认知建模能力之间的关系还没有得到充分研究，需要进一步的关注（Vorhölter &

Kaiser, 2016）。

问题与展望

回顾过去几十年数学建模教与学的发展，蔡等人（2014）从五个方面分析了此领域的进程：（1）数学，（2）认知，（3）课程，（4）教学，（5）教师和教师教育。这五个方面为反思性的总结提供了一个有用的构架。

从数学角度看，工业和科学领域的数学建模实践不同于学校里的数学建模。然而，正如在最近关于建模的讨论开始时开发的方法（例如，Pollak, 1968）所表明的那样，工业领域的案例可以在学校使用。工业领域的建模实践者思考问题和独立识别可解决问题的态度，与学校中的数学建模有着特别强的关联性。

从认知角度看，虽然我们对学生在建模中的认知过程还有很多不了解的地方，但是数学建模的第一步应该是提出一个学生们可能解决的问题，学者们对此的意见是一致的。在过去几年里，有几项研究工作从认知建模的元认知视角着手，详细地分析学生的建模过程，包括他们如何执行建模循环和解决在其中可能遇到的认知障碍。在学生们密切注视和控制他们自己的建模活动时，元认知尤其给他们提供了认识到自己的问题和错误的可能性。

从课程角度看，全世界范围内课程发展的方式成为把数学建模引入课堂的一个决定性因素。教育工作者们已经开发了大量的课程资源。在美国，很多这样的课程材料与《州共同核心数学标准》保持一致。这些材料具有为全世界的学校提供有挑战性的建模课程、让学生有机会从数学课堂中感受到数学活动的意义的潜力。然而，这些创新型材料的实际使用并没有像所需要的那样得到大力提倡，这是学校建模整体发展的一个重大缺陷。

从教学角度看，高质量的建模教学对促进有效学习是非常必要的。具有激活学习者认知潜能的建模问题和任务似乎对高质量的教学至关重要。在微观层次上，明确地使用建模循环能有效促进元认知，而且几个现有的建模循环方式的有效性已在课堂教学中得到验证。在宏观层次上，从多学科完全整合，到将建模作为一种独立

的课堂活动，有多种不同的方式把建模整合到日常课堂教学中。

从教师和教师教育角度看，需要重点培养职前教师，使其熟悉数学建模的教学方法。有必要组织职前教师参与建模教学活动，因为这样能让他们实践如何有效地支持学生的建模活动。尤其重要的是让职前教师熟悉支架式方法，学习如何给学生提供一些策略上的帮助，使学生能独立地去实施建模活动。这点对在职教师来说也适用，因为他们往往习惯于作出过多干涉，而不让学生独立地去实施建模活动。最后，在职前和在职教师的活动中均需强调元认知培养的重要性。

尽管在很多方面都取得了进步，但数学建模教与学的发展仍然有一些差距。有两个相互联系的观点尤其值得注意。第一，关于学校建模各种方法的有效性尚无充分可靠的实证知识。全世界的教育工作者已经开发出很多建模实例，提出了各种建模方法和课程。然而，这些课程和教育方法能否广泛而成功地促进建模能力的提升，还缺少严谨的实证研究。特别需要指出的是，尽管我们急需大规模的研究去评估不同建模项目和方法在大范围内的效果，但到目前为止此类研究尚未开始实施。

第二个差距与第一个密切相关，即缺少评估的范例。弗雷德（2013）在他的研究中指出，不同的建模项目中存在不同的评估标准，这些标准极少是基于某种有关评价的理论框架，更多的是基于临时的框架、评估者的个人评估经验或者对学生活动的小范围实证研究。理论框架的缺失导致数学模型的质量评价出现问题，相应地也影响到学生数学建模成果的评价问题。

值得注意的是，将现实世界嵌入数学教育的强烈呼吁是为了加强学生的学习动机和他们从事数学活动的意愿，在不久的将来，这种呼吁不光在美国，而且在全世界都会得到响应（见Hirsch, 2016）。然而，所有雄心勃勃的教育计划都需要时间，一些更高阶的技能（如元认知能力或实施整个建模过程的能力）要进入学校教育可能需要些时间。随着对建模的研讨日益增多，会出现更多严格的实证研究，再加上这个领域内的学者们越来越紧密的国际联系，有望在不久的将来实现我们所期待的新发展。

References

Aebli, H. (1983). *Zwölf Grundformen des Lehrens*. Stuttgart, Germany: Klett-Cotta.

Ärlebäck, J. B., Doerr, H. M., & O'Neil, A. H. (2013). A modeling perspective on interpreting rates of change in context. *Mathematical Thinking and Learning, 15*(4), 314–336.

Barbosa, J. C. (2006). Mathematical modeling in classroom: A critical and discursive perspective. *ZDM—The International Journal on Mathematics Education, 38*(3), 293–301.

Barquero, B., Bosch, M., & Gascón, J. (2007). Using research and study courses for teaching mathematical modeling at university level. In D. Pitta-Pantazi & G. Philippou (Eds.), *CERME 5—Proceeding of the Fifth Congress of the European Society for Research in Mathematics Education* (pp. 2050–2059). Larnaca: University of Cyprus.

Bell, M. S. (1967). *Some uses of mathematics: A source book for teachers and students of school mathematics*. Stanford, CA: School Mathematics Study Group.

Bell, M. S. (1979). Teaching mathematics as a tool for problem-solving. *Prospects, 9*(3), 311–320.

Blomhøj, M., & Højgaard Jensen, T. H. (2003). Developing mathematical modeling competence: Conceptual clarification and educational planning. *Teaching Mathematics and Its Applications, 22*(3), 123–139.

Blomhøj, M., & Højgaard Jensen, T. (2007). What's all the fuss about competencies? In W. Blum, P. L. Galbraith, H.-W. Henn, & M. Niss (Eds.), *Modelling and applications in mathematics education. The 14th ICMI study* (pp. 45–56). New York, NY: Springer.

Blum, W. (1985). Anwendungsorientierter Mathematikunterricht in der didaktischen Diskussion. *Mathematische Semesterberichte, 32*(2), 195–232.

Blum, W. (2011). Can modeling be taught and learnt? Some answers from empirical research. In G. Kaiser, W. Blum, R. Borromeo Ferri, & G. Stillman (Eds.), *Trends in teaching and learning of mathematical modeling* (pp. 15–30). New York, NY: Springer.

Blum, W. (2015). Quality teaching of mathematical modelling: What do we know, what can we do? In S. J. Cho (Ed.), *The Proceedings of the 12th International Congress on Mathematical Education. Intellectual and attitudinal challenges* (pp. 73–96). Cham, Switzerland: Springer.

Blum, W., Galbraith, P. L., Henn, H.-W., & Niss, M. (Eds.). (2007). *Modeling and applications in mathematics education. The 14th ICMI study.* New York, NY: Springer.

Blum, W., & Leiß, D. (2007). How do students and teachers deal with modeling problems? In C. P. Haines, P. Galbraith, W. Blum, & S. Khan (Eds.), *Mathematical modeling (ICTMA 12): Education, engineering and economics* (pp. 222–231). Chichester, United Kingdom: Horwood.

Blum, W., & Niss, M. (1991). Applied mathematical problem solving, modeling, applications, and links to other subjects— State, trends and issues in mathematics instruction. *Educational Studies in Mathematics, 22,* 37–68.

Borromeo Ferri, R. (2006). Theoretical and empirical differentiations of phases in the modeling process. *ZDM— The International Journal on Mathematics Education, 38*(2), 86–95.

Borromeo Ferri, R. (2011). *Wege zur Innenwelt des mathematischen Modellierens.* Wiesbaden, Germany: Vieweg Teubner.

Borromeo Ferri, R., Kaiser, G., & Blum, W. (2011). Mit dem Taxi durch die Welt des mathematischen Modellierens. In T. Krohn, E. Malitte, G. Richter, K. Richter, S. Schöneburg, & R. Sommer (Eds.), *Mathematik für alle—Wege zum Öffnen von Mathematik—Mathematikdidaktische Ansätze* (pp. 35–47). Hildesheim, Germany: Franzbecker.

Brand, S. (2014). Effects of a holistic versus an atomistic modelling approach on students' modelling competencies. In C. Nicol, P. Liljedahl, S. Oesterle, & D. Allan (Eds.), *Proceedings of the joint meeting of PME 38 and PME-NA 36* (Vol. 2, pp. 185–192). Vancouver, Canada: PME.

Burghes, D. N. (1984). Prologue. In J. S. Berry, D. N. Burghes, I. D. Huntley, D. J. G. James, & A. O. Moscardini (Eds.), *Teaching and applying mathematical modelling* (pp. xi–xvi). Chichester, United Kingdom: Ellis Horwood.

Burkhardt, H. (1981). *The real world and mathematics.* Glasgow, United Kingdom: Blackie.

Cai, J. (2014). Searching for evidence of curricular effect on the teaching and learning of mathematics: Some insights from the LieCal project. *Mathematics Education Research Journal. 26,* 811–831.

Cai, J., Cirillo, M., Pelesko, J. A., Borromeo Ferri, R., Borba, M., Geiger, V., . . . Kwon, O. N. (2014). Mathematical modeling in school education: Mathematical, cognitive, curricular, instructional and teacher education perspectives. In P. Liljedahl, C. Nicol, S. Oesterle, & D. Allan (Eds.), *Proceedings of the joint meeting of PME 38 and PME-NA 36* (Vol. 1, pp. 145–172). Vancouver, Canada: PME.

Chevallard, Y. (1985). *La transposition didactique. Du savoir savant au savoir enseign*é. Grenoble, France: La Pensée sauvage.

Chevallard, Y. (2007). Readjusting didactics to a changing epistemology. *European Educational Research, 6*(2), 131–134.

D'Ambrosio, U. (1999). Literacy, matheracy and technocracy: A trivium for today. *Mathematical Thinking and Learning, 1*(2), 131–153.

D'Ambrosio, U. (2015). Mathematical modeling as a strategy for building-up systems of knowledge in different cultural environments. In G. Stillman, W. Blum, & M. S. Biembengut (Eds.), *Mathematical modeling in education research and practice. Cultural, social and cognitive influences* (pp. 35–44). Cham, Switzerland: Springer.

De Lange, J. (1987). *Mathematics, insight and meaning.* Utrecht, The Netherlands: Rijksuniversiteit.

de Loiola Araújo, J., & da Silva Campos, I. (2015). Negotiating the use of mathematics in mathematical modeling project. In G. Stillman, W. Blum, & M. S. Biembengut (Eds.), *Mathematical modelling in education research and practice. Cultural, social and cognitive influences* (pp. 283–292). Cham, Switzerland: Springer.

Doerr, H. M. (2016). Designing sequences of model development tasks. In C. Hirsch (Ed.), *Annual perspectives in mathematics education 2016: Mathematical modeling and modeling mathematics* (pp. 195–203). Reston, VA: National Council of Teachers of Mathematics.

Doerr, H. M., Ärlebäck, J. B., & Staniec, A. C. (2014). Design and effectiveness of modeling-based mathematics in a summer bridge program. *Journal of Engineering Education, 103*(1), 92–114.

Doerr, H. M., & English, L. D. (2003). A modeling perspective on students' mathematical reasoning about data. *Journal for Research in Mathematics Education, 34*(2), 110–136.

Eames, C., Brady, C., & Lesh, R. (2016). Formative assessment: A critical component of mathematical modeling. In C. Hirsch (Ed.), *Annual perspectives in mathematics education 2016: Mathematical modeling and modeling mathematics* (pp. 229–237). Reston, VA: National Council of Teachers of Mathematics.

Flavell, J. H. (1979). Metacognition and cognitive monitoring: A new area of cognitive–developmental inquiry. *American Psychologist, 34*(10), 906–911.

Frejd, P. (2013). Modes of modelling assessment—A literature review. *Educational Studies in Mathematics, 84*(3), 413–438.

Freudenthal, H. (1968). Why to teach mathematics so as to be useful. *Educational Studies in Mathematics, 1*(1/2), 3–8.

Freudenthal, H. (1973). *Mathematics as an educational task.* Dordrecht, The Netherlands: Reidel.

Freudenthal, H. (1991). *Revisiting mathematics education: China lectures.* Dordrecht, The Netherlands: Kluwer.

Galbraith, P., & Stillman, G. (2006). A framework for identifying student blockages during transitions in the modelling process. *ZDM—The International Journal on Mathematics Education, 38*(2), 143–162.

Galbraith, P., Stillman, G., Brown, J., & Edwards, I. (2007). Facilitating middle secondary modeling competencies. In C. P. Haines, P. Galbraith, W. Blum, & S. Khan (Eds.), *Mathematical modeling (ICTMA 12): Education, engineering and economics* (pp. 130–141). Chichester, United Kingdom: Horwood.

García, F. J., Gascón, J., Ruiz Higueras, L., & Bosch, M. (2006). Mathematical modelling as a tool for the connection of school mathematics. *ZDM—The International Journal of Mathematics Education, 38*(3), 226–246.

Gould, H., Murray, D. A., & Sanfratello, A. (2012). *Mathematical modeling handbook.* Bedford, MA: COMAP, Teachers College Columbia University.

Haines, C., & Crouch, R. (2007). Mathematical modelling and applications: Ability and competence frameworks. In W. Blum, P. L. Galbraith, H.-W. Henn, & M. Niss (Eds.), *Modelling and applications in mathematics education. The*

14th ICMI study (pp. 417–424). New York, NY: Springer.

Haines, C., Crouch, R., & Davies, J. (2000). Mathematical modeling skills: A research instrument (Technical Report No. 55). University of Hertfordshire, United Kingdom: Department of Mathematics.

Haines, C., Crouch, R., & Davies, J. (2001). Understanding students' modelling skills. In J. F. Matos, W. Blum, K. Houston, & S. P. Carreira (Eds.), Modelling and mathematics education, ICTMA 9: Applications in science and technology (pp. 366–380). Chichester, United Kingdom: Ellis Horwood.

Haines, C., & Izard, J. (1995). Assessment in context for mathematical modelling. In C. Sloyer, W. Blum, & I. Huntley (Eds.), Advances and perspectives in the teaching of mathematical modelling and applications (pp. 131–149). Yorklyn, DE: Water Street Mathematics.

Haines, C., Izard, J., & Le Masurier, D. (1993). Modelling intentions realised: Assessing the full range of developed skills. In T. Breiteig, I. Huntley, & G. Kaiser-Meßmer (Eds.), Teaching and learning mathematics in context (pp. 200–211). Chichester, United Kingdom: Horwood.

Hattie, J. (2009). Visible learning. New York, NY: Routledge.

Hirsch, C. (Ed.). (2016). Annual perspectives in mathematics education 2016: Mathematical modeling and modeling mathematics. Reston, VA: National Council of Teachers of Mathematics.

Houston, K., & Neill, N. (2003). Assessing modeling skills. In S. J. Lamon, W. A. Parker, & S. K. Houston (Eds.), Mathematical modeling: A way of life ICTMA11 (pp. 155–164). Chichester, United Kingdom: Horwood.

Ikeda, T., & Stephens, M. (2001). The effects of students' discussion in mathematical modelling. In J. F. Matos, W. Blum, S. K. Houston, & S. P. Carreira (Eds.), Modeling and mathematics education: Applications in science and technology (pp. 381–390). Chichester, United Kingdom: Horwood.

Kaiser, G. (1995). Realitätsbezüge im Mathematikunterricht— Ein Überblick über die aktuelle und historische Diskussion. In G. Graumann, T. Jahnke, G. Kaiser, & J. Meyer. (Eds.), Materialien für einen realitätsbezogenen Mathematikunterricht (pp. 66–84). Bad Salzdetfurth, Germany: Franzbecker.

Kaiser, G. (2007). Modeling and modeling competencies in school. In C. Haines, P. Galbraith, W. Blum, & S. Khan (Eds.), Mathematical modeling (ICTMA 12): Education, engineering and economics (pp. 110–119). Chichester, United Kingdom: Horwood.

Kaiser, G. (2013). Mathematical modeling and applications in education. In S. Lerman (Ed.), Encyclopedia of mathematics education (pp. 396–404). Dordrecht, The Netherlands: Springer.

Kaiser, G., & Brand, S. (2015). Modelling competencies—Past development and further perspectives. In G. Stillman, W. Blum, & M. S. Biembengut (Eds.), Mathematical modelling in education research and practice. Cultural, social and cognitive influences (pp. 129–149). Cham, Switzerland: Springer.

Kaiser, G., & Schwarz, B. (2010). Authentic modeling problems in mathematics education—Examples and experiences. Journal für Mathematik-Didaktik, 31(1), 51–76.

Kaiser, G., & Sriraman, B. (2006). A global survey of international perspectives on modeling in mathematics education. ZDM—The International Journal on Mathematics Education, 38(3), 302–310.

Kaiser, G., Sriraman, B., Blomhøj, M., & Garcia, F. J. (2007). Report from the working group modeling and applications— Differentiating perspectives and delineating commonalities. In D. Pitta-Pantazi & G. Philippou (Eds.), Proceedings of the Fifth Congress of the European Society for Research in Mathematics Education (pp. 2035–2041). Larnaca: University of Cyprus.

Kaiser, G., & Stender, P. (2013). Complex modelling problems in a co-operative, self-directed learning environment. In G. Stillman, W. Blum, J. Brown, & G. Kaiser (Eds.), Teaching mathematical modelling: Connecting to research and practice (pp. 277–293). New York: Springer.

Kaiser-Meßmer, G. (1986). Anwendungen im Mathematikunterricht. Vol. 1—Theoretische Konzeptionen. Vol. 2—Empirische Untersuchungen. Bad Salzdetfurth, Germany: Franzbecker.

Klein, F. (1907). Meraner Lehrpläne für Mathematik. In F. Klein, Vorträge für den mathematischen Unterricht an den höheren Schulen (pp. 208–220). Part 1-Appendix. Leipzig, Germany: Springer.

Leiß, D. (2007). "Hilf mir, es selbst zu tun": Lehrerinterventionen beim mathematischen Modellieren. Hildesheim, Germany: Franzbecker.

Lesh, R. A., Cramer, K., Doerr, H. M., Post, T., & Zawojewski, J. (2003). Model development sequences. In R. A. Lesh & H. M. Doerr (Eds.), *Beyond constructivism: Models and modeling perspectives on mathematics problem solving, learning and teaching* (pp. 35–58). Mahwah, NJ: Lawrence Erlbaum Associates.

Lesh, R., & Doerr, H. (Eds.). (2003a). *Beyond constructivism: Models and modeling perspectives on mathematics problem solving, learning, and teaching.* Mahwah, NJ: Lawrence Erlbaum.

Lesh, R., & Doerr, H. (2003b). Foundations of a models and a modeling perspective on mathematics teaching, learning, and problem solving. In R. Lesh & H. Doerr (Eds.), *Beyond constructivism: Models and modeling perspectives on mathematics problem solving, learning, and teaching* (pp. 3–33). Mahwah, NJ: Lawrence Erlbaum.

Lesh, R. A., & Doerr, H. M. (2012). Alternatives to trajectories and pathways to describe development in modeling and problem solving. In W. Blum, R. Borromeo Ferri, & K. Maaß (Eds.), *Mathematikunterricht im Kontext von Realität, Kultur und Lehrerprofessionalität* [*Mathematics teaching in the context of reality, culture and teacher professionalism*] (pp. 138–147). Wiesbaden, Germany: Springer Spektrum.

Lesh, R. A., Hoover, M., Hole, B., Kelly, A., & Post, T. (2000). Principles for developing thought-revealing activities for students and teachers. In A. Kelly & R. Lesh (Eds.), *Research design in mathematics and science education* (pp. 591–646). Mahwah, NJ: Lawrence Erlbaum Associates.

Link, F. (2011). *Problemlöseprozesse selbstständigkeitsorientiert begleiten: Kontexte und Bedeutungen strategischer Lehrerinterventionen in der Sekundarstufe I.* Hildesheim, Germany: Franzbecker.

Maaß, K. (2004). *Mathematisches Modellieren im Unterricht: Ergebnisse einer empirischen Studie.* Hildesheim, Germany: Franzbecker.

Maaß, K. (2005). Modellieren im Mathematikunterricht der Sekundarstufe I. *Journal für Mathematik-Didaktik, 26*(2), 114–142.

Maaß, K. (2006). What are modeling competencies? *ZDM—The International Journal on Mathematics Education, 38*(2), 113–142.

National Council of Teachers of Mathematics. (1989). *Curriculum and evaluation standards for school mathematics.* Reston, VA: Author.

National Council of Teachers of Mathematics. (1991). *Professional standards for teaching mathematics.* Reston, VA: Author.

National Council of Teachers of Mathematics. (2000). *Principles and Standards for School Mathematics.* Reston, VA: Author.

National Governors Association Center for Best Practices & Council of Chief State School Officers. (2010). *Common Core State Standards for Mathematics.* Washington, DC: Author. Retrieved from http://www.corestandards.org/math

Niss, M. (1993). Assessment of mathematical modelling and applications in mathematics teaching. In J. de Lange, C. Keitel, I. Huntley, & M. Niss (Eds.), *Innovation in mathematics education by modelling and applications* (pp. 41–51). Chichester, United Kingdom: Horwood.

Niss, M., & Højgaard, T. (Eds.). (2011). *Competencies and mathematical learning. Ideas and inspiration for the development of mathematics teaching and learning in Denmark.* English translation of Danish original (2002). Roskilde University, Denmark: IMFUFA. Retrieved from http://pure.au.dk /portal/ files/41669781/THJ11_MN_KOM_in_english.pdf

Oke, K. H. (1984). Mathematical modelling—A major component in an MSc course in mathematical education. In J. S. Berry, D. N. Burghes, I. D. Huntley, D. J. G. James, & A. O. Moscardini (Eds.), *Teaching and applying mathematical modelling* (pp. 86–95). Chichester, United Kingdom: Ellis Horwood.

Palm, T. (2007). Features and impact of the authenticity of applied mathematical school tasks. In In W. Blum, P. L. Galbraith, H.-W. Henn, & M. Niss (Eds.), *Modelling and applications in mathematics education. The 14th ICMI study* (pp. 201–208). New York, NY: Springer.

Pollak, H. O. (1968). On some of the problems of teaching applications of mathematics. *Educational Studies in Mathematics, 1*(1/2), 24–30.

Pollak, H. O. (1969). How can we teach applications of mathematics? *Educational Studies in Mathematics, 2,* 393–404.

Pollak, H. O. (1979). The interaction between mathematics and other school subjects. In UNESCO (Ed.), *New trends in mathematics teaching IV* (pp. 241–248). Paris, France: UNESCO.

Schukajlow, S., & Krug, A. (2014). Do multiple solutions matter? Prompting multiple solutions, interest, competence, and autonomy. *Journal for Research in Mathematics Education, 45*(4), 497–533.

Schukajlow, S., Krug, A., & Rakoczy, K. (2015). Effects of prompting multiple solutions for modelling problems on students' performance. *Educational Studies in Mathematics, 89*(3), 393–417.

Schukajlow, S., Leiß, D., Pekrun, R., Blum, W., Müller, M., & Messner, R. (2012). Teaching methods for modelling problems and students' task-specific enjoyment, value, interest and self-efficacy expectations. *Educational Studies in Mathematics, 79*(2), 215–237.

Senk, S. L., & Thompson, D. R. (Eds.). (2003). *Standards-based school mathematics curricula: What are they? What do students learn?* Mahwah, NJ: Lawrence Erlbaum.

Shoaf, M. M., Pollak, H., & Schneider, J. (2004). *Math Trails.* Bedford, MA: Consortium for Mathematics and Its Applications.

Stender, P., & Kaiser, G. (2015). Scaffolding in complex modelling situations. *ZDM—The International Journal on Mathematics Education, 47*(7), 1255–1267.

Stender, P., & Kaiser, G. (2016). Fostering modeling competencies for complex situations. In C. Hirsch (Ed.), *Annual perspectives in mathematics education 2016: Mathematical modeling and modeling mathematics* (pp. 107–115). Reston, VA: National Council of Teachers of Mathematics.

Stillman, G. (2011). Applying metacognitive knowledge and strategies in applications and modeling tasks at secondary school. In G. Kaiser, W. Blum, R. Borromeo Ferri, & G. Stillman (Eds.), *Trends in teaching and learning of mathematical modeling: ICTMA14* (pp. 165–180). Dordrecht, The Netherlands: Springer.

Stillman, G., Brown, J., & Galbraith, P. (2010). Identifying challenges within transition phases of mathematical modeling activities at year 9. In R. Lesh, P. Galbraith, C. R. Haines, & A. Hurford (Eds.), *Modeling students' mathematical modeling competencies ICTMA13* (pp. 385–398). New York, NY: Springer.

Treffers, A. (1987). *Three dimensions: A model of goal and theory descriptions in mathematics instruction—The Wiskobas Project.* Dordrecht, The Netherlands: Kluwer.

Treilibs, V. (1979). *Formulation processes in mathematical modelling* (Unpublished master's thesis). University of Nottingham, England.

Van den Heuvel-Panhuizen, M. (2003). The didactical use of models in realistic mathematics education: An example from a longitudinal trajectory of percentage. *Educational Studies in Mathematics, 54,* 9–35.

van de Pol, J., Volman, M., & Beishuizen, J. (2010). Scaffolding in teacher-student interaction: A decade of research. *Educational Psychology Review, 22,* 271–293.

Villa-Ochoa, J. A., & Berrío, M. J. (2015). Mathematical modelling and culture: An empirical study. In G. Stillman, W. Blum, & M. S. Biembengut (Eds.), *Mathematical modelling in education research and practice. Cultural, social and cognitive influences* (pp. 241–250). Cham, Switzerland: Springer.

Vorhölter, K. (2009). *Sinn im Mathematikunterricht.* Opladen, Germany: Budrich.

Vorhölter, K., & Kaiser, G. (2016). Theoretical and pedagogical considerations in promoting students' metacognitive modeling competencies. In C. Hirsch (Ed.), *Annual perspectives in mathematics education 2016: Mathematical modeling and modeling mathematics* (pp. 273–280). Reston, VA: National Council of Teachers of Mathematics.

Weinert, F. E. (2001). A concept of competence—A conceptual clarification. In D. S. Rychen & L. H. Salganik (Eds.), *Defining and selecting key competencies* (pp. 45–65). Seattle, WA: Hogrefe & Huber.

Wood, D., Bruner, J., & Ross, G. (1976). The role of tutoring in problem solving. *Journal of Child Psychological Psychiatry, 17,* 89–100.

Zawojewski, J. S., Diefes-Dux, H. A., & Bowman, K. J. (Eds.). (2008). *Models and modeling in engineering education: Designing experiences for all students.* Rotterdam, The Netherlands: Sense.

Zech, F. (1998). *Grundkurs Mathematikdidaktik.* Weinheim, Germany: Beltz Verlag.

Zöttl, L., Ufer, S., & Reiss, K. (2011). Assessing modelling competencies using a multidimensional IRT approach. In G. Kaiser, W. Blum, R. Borromeo Ferri, & G. Stillman (Eds.), *Trends in teaching and learning of mathematical modelling: ICTMA14* (pp. 427–437). Dordrecht, The Netherlands: Springer.

12 为学生学习提供支持：认知科学对数学教学的建议

乔恩·R. 斯塔尔
美国哈佛大学
利芬·维索费尔
比利时鲁汶大学
译者：纪雪颖
　　　美国华盛顿特区

学生如何学习数学？教师怎样最优地支持学生学习数学？这些广泛且包罗万象的问题处于数学教育这一研究领域的核心位置，可以说在本书的每一章中都发挥着核心作用。在思考这些问题的众多视角里，我们选择从心理学研究特别是认知科学研究来探寻可以启发数学学习与教学的方法。

首先我们的假设是，认知科学能够而且应该开展有助于我们理解学生如何学习数学的研究。自1990年以来（如De Corte, Greer, & Verschaffle, 1996），数学教育领域受包括哲学、社会学、经济学、人类学和脑科学等许多其他学科研究视角的影响而日渐丰富。由于认知科学关注诸如思考、记忆和迁移等学习过程，所以如果缺乏对认知科学研究结果的考虑，研究者想要改进数学的教与学的尝试将不会完整。

过去，认知科学在关于学校学习的研究中占有更中心的角色。20世纪80年代可以说是认知科学对数学教育影响的鼎盛十年。如今，认知科学对数学教育的影响少了很多，可能是因为受认知科学和社会学等其他学科的共同影响，也可能是因为很多数学教育领域的研究者不再认为心理学所研究的学习与学校情境有关（我们将在本文再次讨论这个观点）。故而，本文的目标是总结一些可以为数学的教与学提供帮助的近期的认知科学研究。

对心理学如何为教育实践提供帮助的研究兴趣可以一直追溯到教育的伊始。威廉·詹姆斯的经典著作《和教师对话心理学》（1899）和爱德华·桑代克的《基于心理学的教学原则》（1906）就是例证。詹姆斯在美国被认为是心理学的学科奠基人，桑代克被誉为第一位教育心理学家（Mayer, 2012）。更多试图将心理学的发现带入教育的当代研究包括美国国家教育研究院出版的由布兰斯福德及其合作者撰写的《人是如何学习的》（Bransford, Brown, & Cocking, 1999）和《学生是如何学习的》（Bransford & Donovan, 2004）。这两本书都被广泛地引用。

在过去的几年中，大量的出版物证明了认知科学家对将心理学研究的结果带入教育领域重新产生了兴趣。近期的出版物包括美国教育部关于该主题的指南（Pashler等，2007）、美国心理学协会的著名出版物（Benassi, Overson, & Hakala, 2014），以及公共消费杂志等面向更广泛受众的媒体文章（例如，Dunlosky, Rawson, Marsh, Nathan, & Willingham, 2013a, 2013b; Graesser, Halpern, & Hakel, 2008; Mayer, 2011; Roediger, 2013; M.Schneider & Stern, 2010）。这些出版物和发表在科学杂志上的文章（如Roediger & Pyc, 2012）有相似的内容，因为它们主张整合现有研究以确定一系列得到认知科学鼎力支持的学习或教学准则，希望教育者会采纳这些准则。潘施勒等

（2007）描述了改善学生学习的七个建议，罗迪格和皮克（2012）从认知心理学角度定义了三种对教育实践有帮助的"价格低廉的技术"，罗迪格（2013）描述了五种改进学习的技术，邓洛斯基及其合作者（2013a、2013b）提出了他们的五个方法，格雷泽及其合作者（2008）定义了25条"学习准则"，M. 施耐德和斯特恩（2010）提出了10个"基础发现"。如下所述，这些研究支持下的改进学习的准则，是我们提出的关于认知科学发现对数学学习有密切关联想法的起始点。

为什么心理学家（特别在美国）对基于调查和研究发表支持下的改进学生学习的准则重新开始感兴趣？如前所述，心理学作为一个领域，一直关注改进教育，而且基于上述提到的那些研究文章，毫无疑问我们正处在这种兴趣的上升期。最近在美国引起关注的一个假设是，美国教育部教育科学研究所对认知和学生学习项目（CASL）的优先资助，该项目的目标是支持"利用我们对大脑如何工作的理解来启发和改进教育实践的研究"（U.S. Department of Education, Institute of Education Sciences, n.d.）。在过去的15年里，该项目已经获得超过1亿美元的经费，特别资助那些有志于探寻更好地理解并改进学校环境中教与学的心理学家。前文所提到的那些出版物的作者们，很多都是该认知和学生学习项目课题经费的获得者。

值得一提的是，认知科学家对最有可能改进学生学习的建议并没有达成共识。前文所提到的各种各样的建议就是例证。此外，一个普遍性的问题是我们还缺乏更多的研究，特别是目前很少有在实际课堂中探索这些测量的实证研究。因此，读者们常常需要推测每一个建议在真实教育环境下有多大程度上的效果。

在本文中，我们的目的不是重复这些努力以提出一个改进学习的认知科学建议列表，而是从两个角度对有关学生学习的研究进行延伸。第一，考察从学科角度支持学生学习的认知科学的近期研究。上文所引用的文献综述里有一个有趣的现象，即它们的内容是通用的，换言之，这些文章所推荐的改善学习的建议适用于所有学科，而不是特指数学学科。这样的研究有可能并未使用数学教育领域所认可的有价值的任务，也可能其测量结

果并不是数学教育领域里最感兴趣的有关深度学习的类型。因此，数学教育者可能会对内容通用型的教学建议并不满意。本章我们试图寻找受数学课堂研究支持的且数学教育界认为是最有价值的认知科学建议。

第二，我们试图找出和数学教学有密切联系的学生学习的认知支持。在许多研究结果确认的很有潜力的建议里，教师的作用充其量是一般的，甚至是可有可无的。认知科学研究通常不考虑教师，心理学家提出学生如何学习的准则，然后期望教育家能确定出这些建议对教师实施教学的启示。相反地，数学教育者知道实施的质量很重要，因此会从认知科学里寻求建议，以表明他们对设计和实施数学教育过程复杂性的认识和欣赏，且设计和实施过程需要将来自认知科学的启示和建议转化为有效的教学形式。因此，本文寻找的是对学习有更细微差别的认知支持，这类研究不止确认哪一种实践有助于学生的学习，还需要考虑哪种课堂实施的类型能产生积极的效果。

在后面的几节中，我们将讨论认知科学领域最近被认为对学生的数学学习起积极作用的三项研究：（1）解释性提问的加入，（2）教学范例的使用，（3）元认知策略的培训。在本文的第二部分，我们讨论将这些建议成功融入数学课堂的尝试，特别关注的是，为什么心理学研究结果无法像认知科学家所期望的那样被数学教育者广泛应用。

研究方法

在讨论启发数学的教与学的认知科学建议之前，我们先描述确定这些建议的方法。挑选这些建议的过程有三个阶段。

第一，本文的出发点是上面所提到的研究文献，认知科学家通过对广泛的文献进行综述，确定了用于改进学生学习的有研究支持的建议（例如，Benassi 等，2014；Dunlosky 等，2013a，2013b；Pashler 等，2007）。通过阅读这些综述，我们确立了一些受认知科学强有力研究支持的、能改善学生学习的突出的准则。第二，我们阅读了与这些准则相关的实证文献，并关注有证据支持的那些

建议对学生数学学习的潜在有效性，特别是（如果存在的话）来自真实数学课堂的证据。我们试图定义一个研究支持下的建议子集，该子集并不主要聚焦于学生如何自学，而是对课堂教学有清晰而直接的启示。最后，我们利用我们作为数学教育者的专业判断和经验，挑选了一个短小的建议列表，这些建议符合上面的要求，又是我们认为最值得教师关注的、最有发展前景的建议。

我们认识到这个过程很难做到完全客观，特别是后两个步骤，它们包含我们认为的对于改进教学与学习特别重要而且具有潜在影响的个人主观偏见。考虑到缺乏聚焦于数学并在真实课堂环境下实施的研究，我们认为有必要且需要将我们的个人意见融入进去，以便将建议列表缩小到一个非常小的且可以控制的数目。

建议1：解释性提问

我们以一个有实证支持的、已经被数学教育团队认为对教学实践富有成效的认知科学的建议开始，即什么样的师生讨论可以促进数学学习。

长期以来的一个认知是数学教学过度依赖教师的讲解与演示，而学生只是被动地听讲和记笔记。早在200年前，特别是近几十年，教学改革的浪潮不断涌现，促使教师采用以学生为中心的教学方法，特别强调让学生解释他们自己的（和理解他们同伴的）想法。

在认知科学里，这一教学实践被认为是"解释性提问"（Dunlosky 等，2013b; Roediger & Pyc，2012）。使用解释性提问不仅促使学生回忆信息，而且促使他们综合、阐述、生成、假设和解释信息。从理论上来说，解释性提问通过促使学生整合他们已经知道的和他们正在学习的内容来改善学习，从而形成更为牢固的图式。这种提问方式是让学生主动参与学习过程的一种方法。解释性提问也可以（帮助学习者及教师）弄清楚哪些内容还没有理解到位，由此可以指明改善学习的努力方向。支持解释性提问的实证文献利用了两个相关联又有区别的研究基础——精心询问和自我解释。尽管本质上这两个概念有重叠，但是我们将分别进行讨论（与Benassi 等，2014; Dunlosky 等，

2013b; Roediger & Pyc, 2012相一致）。

精心询问

精心询问，简单说来就是问"为什么"的行为，包括"为什么这是真的？""为什么……是合理的？"，或者仅仅只问"为什么？"。罗迪格和皮克（2012）提出在尝试回答"为什么"问题的时候，学习者"不得不通过理解问题来思考问题，这样他们就能更好地记住了"（第246页）。帮助学习者思考相似性和区别性的"为什么"问题，似乎对支持学习特别有作用，例如，"为什么（给定的性质）可以应用到（这个问题）而不能用到（另一个问题）？"或者"为什么（给定的策略）可以解决（这个问题）但不能解决（另一个问题）？"。

支持精心询问的研究基础主要来自阅读理解领域。大量的研究表明，提问和回答"为什么"的问题有助于学生从文本中学习事实（例如，Dornisch & Sperling, 2004, 2006; Dornisch, Sperling, & Zeruth, 2011; Menke & Pressley, 1994; Pease, 2012; Pressley, McDaniel, Turnure, Wood, & Ahmad, 1987; Pressley, Symons, McDaniel, Snyder, & Turnure, 1988; Ramsay, Sperling, & Dornisch, 2010; Woloshyn, Pressley, & Schneider, 1992）。在一些研究里（例如，普雷斯利及其合作者的研究），学习者在学习文本的同时需要回答"为什么"的问题，在另一些研究里（例如，多恩及其合作者的研究），学习者在阅读文本时自己提出"为什么"的问题并且随后回答这些问题。这两种教学模式一般都是在实验室条件下进行研究，但是研究者发现那些来自小学到高中（以及成人）的学习者的学习都出现了积极的结果。

以一个短期的实验室研究为例，伍德、普雷斯利和温内（1990）研究了精心询问对四至八年级学生事实学习的影响。研究者给这些学生提供了一些记录卡片，卡片上用陈述句的形式提供了一些事实性信息，比如"一个高个子男子买了薄饼干"。在一些情况下，学生们还会收到额外的信息来解释句子中行为的意义，比如"在架子顶部的（饼干）"。在精心询问的情况下，学生没有这一额外信息，取而代之的是一个"为什么"的问题（例

如，"为什么这个男人这样做？"）。之后，用一个回忆结果的测试来评估学生能否记住句子里的事实（如，谁买了薄饼干？）。伍德及其合作者发现学生在精心询问情况下的测试表现最高。作为一个典型的关于精心询问的实验室研究，这个研究是一个非常短期的干预（总共不超过一个小时），而且在许多方面与传统的教育环境不同。

仅有一小部分研究略微接近真实的课堂环境（例如，Pease, 2012; Smith, Holliday, & Austin, 2010）。例如，在近期的一篇论文里，皮斯研究了社区大学学生对来自化学教材的一个大约1000字的段落的学习。分配到精心询问组的大学生，研究者提供了9个"为什么"的问题以帮助学生学习教材。如同假设的那样，精心询问组的学生在文本内容学习上的表现要优于控制组的学生（没有接受任何提问，但被要求再次阅读该段落）。

我们没有找到在数学课堂上进行的精心询问研究，也许因为相比数学课，通过阅读文本来学习（研究精心询问的典型模式）在语言和科学课里更普遍。然而，皮斯（2012）的研究有其特别之处，即学习者阅读的段落包括了文本和范例。此外，皮斯使用的"为什么"问题特别关注对某些问题解决步骤如何和为什么起作用的理解（例如，"第二个范例的第三个步骤是 1 mole Ag=107.9 g Ag。为什么这是正确的？"；Pease, 2012，第45页）。研究的后测中包括了问题解决元素以及文本理解元素。正因如此，皮斯的研究最能够为那些在数学学习中运用精心询问的研究提供可参考的证据。另外，该研究建议将解释性提问和范例结合起来有很大发展前景。我们将在第二个建议里继续这个观点。

在精心询问的相关文献里，另一个值得关注的点是学习者的已有知识对他从"为什么"的问题中学习的影响。很多研究发现知识水平较高的学习者从这种提问类型中获益最多（例如，Pease, 2012; Smith 等, 2010; Woloshyn 等, 1992）。对知识水平较高的学习者在回应"为什么"问题中受益最多的一个解释是，这些"为什么"的问题通过激活并关联新知识与已有知识来达到强化学习的作用。那些缺乏已有知识的学习者在回答"为什么"的问题时会有困难，这是因为他们可以被激活和关联的已有知识比较少。这些文献认为精心询问也能够对已有知识不足的学生有效，但是那些"为什么"的问题需要谨慎设计才能达到目标。

自我解释

尽管自我解释和精心询问在概念上密切相关，但是有一种独特的文献探索了自我解释的潜在价值，即学习者可以通过向自己解释来理解新知识。很多学者都引用了齐和他同事的研究来作为关注自我解释有用性的起点（Chi, Bassok, Lewis, Reimann, & Glaser, 1989; Chi, De Leeuw, Chiu, & LaVancher, 1994）。在这个早期关于自我解释的研究里，大学生被要求在学习与物理概念相关的文本时，通过边想边说来解释他们的想法。随着自我解释的研究开始慢慢积累，用于促使学生自我解释的问题越来越多，包括"为什么你的答案是正确的？""你是如何得到答案的？""你可以解释一下这个吗？""你说的是什么意思呢？"，以及"你怎么知道的？"（例如，Atkinson, Renkl, & Merrill, 2003; Bielaczyc, Pirolli, & Brown, 1995; Rittle-Johnson, 2006; Wong, Lawson, & Keeves, 2002）。虽然精心询问主要是在通过文本阅读进行事实学习的背景下进行研究的，但自我解释则在更多样化的背景下被研究过，包括各种领域下的问题解决和概念学习。

有两个原因可以说明为什么自我解释是有效的（Chiu & Chi, 2014）。第一，自我解释"帮助学习者在理解某一现象时发现差距"（第92页）。在学习文本的时候，自我解释帮助学习者思考他们知道什么，不知道什么，以及文本如何提高他们的知识水平。第二，与第一个原因相关联，自我解释可以促使学习者思考他们所知道的是不是有缺陷，如果有，则对其进行改善或修补。如同精心询问，自我解释可以作为一种提示，使学习者努力整合他们已经知道的和正在学习的知识。有趣的是，即使很少或不向学习者提供关于他们解释的质量或正确性的反馈，自我解释的提示也能够改进学习（如 Rittle-Johnson, 2006）。

有数以百计的关于自我解释作用的研究，其中很多涉及短期干预，通常是在实验室环境下进行且研究对象是大学本科生。作为一个典型的早期研究的例子，

D.C.拜里（1983年发表在《实验心理学季刊》上的文章，Dunlosky 等，2013b进行了汇报）针对60名本科生开展了一个短期实验。她发现，在解决一个逻辑难题的时候，那些被要求说出思考过程的本科生比另外两组本科生的表现要好，另两组本科生，一组在完成逻辑问题后（但在进行后测之前）回顾性解释他们如何解决该问题，另一组没有进行任何自我解释的活动。其他关于自我解释的研究是在学校环境下对学龄人群进行的，但是这些研究通常是一对一的，让学生在没有指导的情况下参与其中。例如，李特尔-约翰逊（2006）让121名三到五年级的学生参与了一个时长为40分的实验，每个孩子单独参加研究。目标领域是数学里诸如"4＋9＋6＝4＋？"的等式问题。研究结果表明自我解释改善了程序性学习，同时有助于促进迁移。

另一个例子是在更加真实的教育环境下实施的。王等（2002）研究了九年级学生对几何定理的学习。在六节课中，自我解释环境下的学生在学习定理、生成证明和完成例题时接受了产生自我解释和利用自我解释的培训。研究者发现那些参与自我解释的学生在后测中有更好的表现（类似发现可参见 Didierjean & Cauzinille-Marmèche, 1997；在科学领域中，参见 Kastens & Liben, 2007; Ryoo & Linn, 2014）。

尽管自我解释的作用相对较强，但是研究文献里对其如何使用也提出了一些警告。首先，并不是所有的自我解释都是有帮助的，生成解释的质量影响其效果（如 Chi 等，1989）。最成功的学习者往往会作出更加基于原则的自我解释和自己参与学习的推理背后的自我解释（Renkl, 1997）。另外（和上文所提到的已有知识对精心询问有效性的作用相关），有证据表明，不同类型的自我解释使不同知识基础的学习者都能获益（如 Yeh, Chen, Hung, & Hwang, 2010）。同时，自我解释的质量似乎可以通过培训来加以改善（如 Renkl, Stark, Gruber, & Mandl, 1998）。另外，伴随自我解释的教学类型和质量也有影响作用，以至于有些形式的概念教学可能会削弱自我解释的益处（Matthews & Rittle-Johnson, 2009）。

启示和挑战

包括精心询问和自我解释在内的解释性提问的使用，很明显有来自认知科学强有力的实证支持。从数学教育的角度来看，可能有人认为该建议是对一个显然结论的不必要确认，也许因为这种讨论和提问类型的价值，已经被许多描述性研究和一些教师使用这些教学策略时所产生的积极效果给予了支持。但是，也有人可能认为从认知科学中获得有力证据，去支持那些获得了广泛实践支持的观点，是有价值的。不管如何，来自实践的直觉和来自心理学的研究证据的融合是令人鼓舞的。

如上文所述，尽管有大量的研究支持解释性提问，但很少有研究是在真实的（数学）课堂环境里进行的。一个可能的原因是，在学校和课堂开展实验研究的后勤管理上的困难，再加上大学教授针对大学生开展研究相对便利。另一个可能的解释是，在学校里设计一个研究，让控制组课堂在较长的教学时间里禁止使用某些形式的提问和讨论是困难的（而且可能是不道德的）。尽管缺少大量的课堂实验研究，但是认知科学的已有研究为在数学教与学中运用解释性提问提供了重要的细微差别。一个主要的例子是关于先验知识的发现，对于低知识水平的学生来说，解释性提问对他们的益处更具不确定性。

建议2：范例使用

第二个获得认知科学广泛支持并对数学的教与学有明确启发的建议是范例在教学过程中的运用。范例通常包括问题陈述和解决该问题的过程（Renkl, 2014）。使用范例来培养新手的问题解决能力在心理学和教育学研究领域中有相当长的历史（参见 Atkinson, Derry, Renkl, & Wortham, 2000）。范例可以包括解决问题的正确的过程，和需要完成的部分解决方案或需要纠正的错误解决方案。范例的传统来自认知心理学对图式、特定领域的知识、自动化和专家-新手差异的研究（Sweller, 1988）。有充分的证据表明，范例可以改善学生的学习（例如，Carroll, 1994; Mawer & Sweller, 1982; Sweller & Cooper, 1985; Zhu & Simon, 1987）。

将那些在教学中使用范例的文献置于更为广阔的技能习得的认知观点下有助于理解该建议。一种概念化范例使用的方式，是考虑问题解决过程中的相关益处，而不是研究范例，特别是对于学习新技能的新手。一个学习新知识的经典范例可能包括以下过程：首先学习或者聆听对一个现象或者原理的解释，然后学习或者聆听一个典型的例子，接着进行大量的练习——先是针对与原型相似的问题，再逐渐过渡到和原型不那么相似的问题（Renkl & Atkinson, 2007; VanLehn, 1996）。有证据表明，新手学习者推迟问题解决的练习而多进行广泛的范例学习是有利的（Atkinson 等，2000; Kirschner, Sweller, & Clark, 2006）。在进行问题解决之前先开展一系列的范例学习，新手学习者不仅能达成更好的学习成果，而且能使用更少的学习时间（如Zhu & Simon, 1987）。

学习一系列范例，而不是只看一个例子就直接转向问题解决的方式（或者立即使用发现式的教学方法；Kirschner 等，2006）对学习是有帮助的，因为这样能够减少认知负荷（Sweller & Cooper, 1985）。认知负荷理论由斯威勒和他同事提出，用来思考如何设计教学和任务来反映我们对工作记忆的固有限制的认识（Sweller, 1988）。换句话说，如何设计教学以避免不必要地占用我们有限的工作记忆？该理论假定在学习者进行问题解决的时候，有三种类型的负荷加载在学习者的工作记忆上。内在负荷指问题本身具有的固有难度水平，包括学习者需要理解的问题里的信息元素的数量。内在负荷不能在教学设计中被改变，它是特定问题所固有的。但是同时，内在负荷取决于学习者的专业水准，越专业的学习者越容易在工作记忆中处理问题的交互元素，原因是他们对知识形成了组块或有更高的自动化水平。相反，外在负荷直接来自对问题的教学设计决策，与所要学习的原则并不相关。例如，外在负荷可能来自对如何提出问题所作的选择，包括使用的表示形式，选择的数值，情境，以及在教学过程中何时提出问题的决策。这些关于问题架构的选择可能会分散学习者对问题隐含的数学内容的关注，从而造成外在认知负担，并且降低有限的工作记忆资源被用于解决问题最重要部分的程度。第三种类型的负荷是关联负荷，是指学习者为了理解问题而必须要

作出的认知努力。

认知负荷理论的要点是，教学设计的目标是优化内在负荷（使问题处于学习者适合的难度水平），最小化外在负荷，且最大化关联负荷（Sweller, 1988）。对新手学习者来说，在拥有充足的相关领域知识之前就进入问题解决，会造成高负荷和问题解决的困难。相反，延长范例学习可以帮助学习者建立相关领域知识，因此优化内在负荷，减少外在负荷，并且为紧接着的问题解决提供更多的资源（关联负荷）。[1]

和上文关于解释性提问的研究发现一致，范例对新手学习者更有益。当新手过早进入问题解决的阶段时，他们被迫依赖于薄弱的策略，尽管这些策略可能有效，但是在认知上却很费力。学习范例通常比问题解决简单，同时也能帮助新手学习者获得对接下来的问题解决有用的知识（如Kirschner 等，2006）。有趣的是，过分依赖范例在学习者开始发展专业技能时可能有一些负面影响。对于专家而言，学习范例可能是重复劳动，甚至是无用的，卡宇嘉和他同事称此为专家反转效应（Kalyuga, 2007; Kalyuga, Ayres, Chandler, & Sweller, 2003）。

关于范例的研究

关于范例益处的典型研究是对基于范例的学习和基于问题解决的学习的比较研究，通常在诸如实验室或运用计算机辅助学习等严格的实验控制环境下进行。比如，施万克等（2009）探索了学生使用计算机辅助学习几何原理。在大约一个小时的实验中，学生分为两组，分别在各自情况下解答七个题目。在问题解决的情况下，学生解决了所有的七个题目，而在范例情况下，这七个题目以范例的形式呈现，但是所提供的信息逐渐消失（如，在问题组的最后，学生要帮助导师解决问题）。在这两种情况下，都要求学生出声思考，都能看到提示并获得对错误的反馈。在后测中，研究者发现在范例情况下的学生获得了更多关于几何原理的概念性知识（并且需要更少的时间）。

探索在更接近真实课堂的教学环境下使用范例的研究并不那么普遍。作为该类型研究的一个例子，万·隆-

希伦，万·戈格和布兰德-格鲁维尔（2012）研究了四年级两个班级的学生在重新分组后，在三周时间内学习减法的情况（例如，787-492）。两个班级都使用了一个通过模型、活动和真实情境的教学课程，同时关注计算和理解数学原理。控制班的教学和平时一样，实验班或范例班在正常课程之外补充了范例。尽管范例班在后测中并没有比控制班成绩更好，但是范例的使用使得在较少时间内获得了不错的成绩。另一个研究案例，在近期重新设计的且广泛使用的美国中学数学课程"关联数学课程2"（Lappan, Fey, Fitzgerald, Friel, & Phillips, 2006）中包括了更多的范例，这些范例的使用是促使学生学习有显著改善的因素之一（Davenport, Kao, & Schneider, 2013）。

认知科学已经在很大程度上从基本问题"范例是不是比问题解决的实践对新手学习者更有帮助"转向思考"如何最佳使用并且建构范例"这个问题。这一转变使研究文献更接近教师关于如何使用范例的问题。例如，研究证据显示，对比不同的范例比按顺序学习这些范例更有效（例如，Rittle-Johnson & Star, 2007; Rittle-Johnson, Star, & Durkin, 2009）。将范例和自我解释相结合是非常有效的（如Renkl, 2002）。另外，除了使用正确及完整解答的范例，学习不正确的例子（Booth, Lange, Koedinger, & Newton, 2013; Durkin & Rittle-Johnson, 2012; Grobe & Renkl, 2007）和部分完整的示例（Baars, Visser, van Gog, Bruin, & Paas, 2013）或者使用特定数学表征方式的范例都是有益的（Shaw, 2014）。

意义和挑战

目前并不清楚认知科学有关范例的潜在力量的研究是否已经受到数学教育者的青睐。事实上，从教材里范例的普及程度来判断，有证据表明，相比之前几代教材或者其他国家的教材，美国目前的数学教材包含的范例少了很多（Mayer, Sims, & Tajika, 1995）。和这一问题相关的是，关于美国数学教学最佳实践的描述似乎将问题解决置于更重要的位置，即使是针对新手学习者（NCTM, 2014），而不是像认知科学文献所建议的那样，推迟问题解决而转向范例学习。

事实上，一些数学教育者认为使用范例可能是潜在的不适合的数学任务，这是因为范例不"允许多种切入点和多样化的解题策略"（NCTM, 2014，第17页）。一些研究者（如Stein & Smith, 1998）明确提出了范例是存在潜在问题的，这是因为范例（按照定义）提供了一种完成给定任务的方法，因而并没有给学生提供多角度切入、多样化的解题策略或高水平思维的机会。将范例作为常规任务且与当前数学教学改革不一致的观点，在一定程度上是有问题的，并且可能代表了在数学课堂中更为广泛使用范例的一种实质性的障碍。

尽管范例既可以浅显地使用，也可以深入地使用，但是认知科学家不同意对范例及其在数学课堂中有效使用潜力的既狭窄又笼统的描述。范例可以并且应该以认知需求的方式被运用（Star, 2015）。但与此同时，在真实的数学课堂环境中，对范例的研究却很少。另外，对数学学习中的范例进行的实验室研究往往集中在对事实、算法或者其他直接过程的学习上。未来的研究不仅应该在实际课堂教学环境中探索这一主题，而且要考虑范例对支持概念性和过程性学习结果的价值，包括策略的多样性和灵活性。

建议3：元认知策略的训练

我们以一个有较强数学课堂实证基础的认知科学建议作为结束，即元认知在数学问题解决中有非常重要的作用。更进一步地，本文也指出训练学生使用元认知策略是可能的，也是有效的。

广义地说，元认知通常被定义为对思维的感知以及监控和调节思维的能力（Flavell, 1979）。一些研究者区分了元认知和自我调节，元认知仅指认知意识，而自我调节指在追求一个特定目标时对认知和情感过程的监控、评价和修正能力（Boekaerts, 1997; Zimmerman, 2000）。这里我们把两者合起来归并在一个更广泛的术语下，并且思考那些审视训练是否可以改善对元认知策略的使用，以及在问题解决过程中表现出的认知科学方面的研究。

如同上述两个建议，直觉和数学教育领域的描述性研究指出，元认知策略在问题解决中扮演着重要角色。

特别地，舍恩菲尔德（1985）在其20世纪80年代的经典研究里，通过规律性地提示本科生思考诸如"你在做什么？""你是如何做的？"以及"它对你有什么帮助？"等元认知问题，来提高本科生的问题解决表现。[2]舍恩菲尔德发现，通过在一个学期的课程中让学生回答这些问题，学生自己开始询问并且回答这些问题，这反过来又使学生在解决问题时有更强的元认知意识，以及能更有效地解决问题。

关于元认知策略训练的研究

这些关于元认知对数学问题解决重要性的结果在一系列后续研究中得到印证（例如，Cardelle-Elawar, 1995; Cornoldi, 1997; Desoete, Roeyers, & De Clercq, 2003; Lester, Garofalo, & Kroll, 1989; Lucangeli, Tressoldi, & Cendron, 1998; Teong, 2003; Verschaffle 等，1999；关于跨越多个问题解决领域的元分析，参见 Dignath & Büttner, 2008; Hattie, Biggs, & Purdie, 1996）。

特别是克拉玛斯基、梅瓦利克及其同事进行了一个长达20多年的与数学元认知教学有关的研究项目（例如，Kramarski & Friedman, 2014; Kramarski & Mevarech, 2003; Mevarech, 1999; Mevarech & Kramarski, 1997, 2003, 2014）。在莱斯特、舍恩菲尔德、维尔斯茶弗儿等人研究的基础上，克拉玛斯基和梅瓦利克设计并探索了一个他们称为"IMPROVE"的教学方法，这里"IMPROVE"是一个缩写形式，"M"表示元认知提问（Mevarech & Kramarski, 1997）。[3]作为这一教学方法的一部分，参与者在解决数学问题时提出并回答三个类型的问题：（1）理解型问题（帮助理解数学问题），（2）策略型问题（帮助选择解决问题的方法），（3）关联型问题（增加当前问题与之前解决过的问题之间的联系）。

针对小学生、初中生、高中生以及职前数学教师的实验研究和准实验研究，表明IMPROVE教学方式是有效的。举一个例子，克拉玛斯基和佐尔丹（2008）研究了七年级学生为期三个月的关于线性函数的学习。参与研究的有四个班级，每个班级大约有30名学生。在一个班级中，定期实施元认知自我提问；在另一个班级，除课

程之外还补充了以诊断认知错误为重点的实践案例。第三个班级同时侧重元认知提问和补充材料，而第四个班级是控制班。研究结果发现，两个实施了元认知提问的班级在问题解决能力和元认知策略使用的测试中结果优于其他班级。

最近，在许多非数学问题解决领域的实验室和课堂研究中发现了类似的结果（例如，Byun, Lee, & Cerreto, 2014; Chatzipanteli & Digelidis, 2011; Davis, 2003; Fiorella, Vogel-Walcutt, & Fiore, 2012; Ifenthaler, 2012; Kwon & Jonassen, 2011; Sandi-Urena, Cooper, & Stevens, 2011）。举一个例子，菲奥雷拉及其同事（2012）与45个大学生一起进行了一项军事计算机模拟任务，比如决定在特定环境下向哪一个敌人目标开火。一半学生在模拟器中作出每一个决定后都会收到一个元认知提示，这些学生随后在相关程序和概念性知识的测试中的表现优于控制组学生。

最后，在过去的十年间，研究还在持续探索和论证将元认知提问作为一种改善数学问题解决的有发展前景的方式（Desoete, 2007, 2009; Hoffman & Spatariu, 2008, 2011; Jacobse & Harskamp, 2009; Özsoy, 2011; Pennequin, Sorel, Nanty, &Fontaine, 2010; W. Schneider & Artelt, 2010; van der Stel & Veenman, 2010）。例如，杰克布森和哈斯坎普（2009）开发了一个电脑程序来帮助五年级学生学习解决数学文字题。在这个电脑程序中，学生可以要求各种元认知提示，从一般提示（仔细阅读题目的提醒）到在文字题中寻找问题是什么，给定的数值是什么，以及该问题可以如何表示等特定的提示。作者研究了五年级两个班级，每个班级大约25名学生。一个班级在两周里每周使用两次电脑程序，每次30分；另一个班级是控制组。结果显示，使用电脑程序的学生比控制组学生在解决文字题的测试中表现要好。另外，那些要求提示最多的学生（特别是与阅读问题、确认给定信息和画出问题的一个表征形式相关的元认知提示）从干预中收获最多。

启示与挑战

研究元认知训练的教学意义的一个挑战是，如何

在元认知研究中定义和操作元认知的不同研究变量。在一些研究中，研究者使用一个高度建构化的方法来促进元认知，比如克拉玛斯基、梅瓦利克及其同事研究的IMPROVE方法（如 Mevarech & Kramarski, 1997）。对其他研究者来说，促进元认知仅仅是通过让学生思考并解释他们在解决问题时所做的事情，这一方法似乎和自我解释比较类似（请参看第二条注释）。在为实践者提出建议时，研究还不清楚，是应该推动教师严格遵循结构化模型，还是仅仅问一些他们自己设计的旨在促进元认知意识的问题也同样有效。

一个与元认知研究相关的问题是，要提的问题是否过于笼络以至于对问题解决没有真正的影响。诸如"你在做什么？"和"你理解这个问题吗？"等元认知问题看起来与推动学习者理解问题、制订计划、执行计划和回顾反思的问题解决的一般策略有相似之处（如 Pólya, 1945/1990）。数学教育者已经对这类一般性问题解决策略的有效性提出了担忧（Lesh & Zawojewski, 2007; Schoenfeld, 1992），特别是这些策略过于笼统和模糊，因此对那些还不知道如何解决一个给定问题的解决者没有帮助。换句话说，对一个关于如何解决问题已经有好的想法的学生来说，元认知提示可能有助于使他或者她的知识和策略更为显性化，并且允许知识的细化和深化。但是对那些并不知道如何开始的学生来说，为元认知提示提供答案可能没有多大帮助（De Corte 等，1996; Schoenfeld, 1992）。

讨论

本文试图从认知科学里确定有研究支持的、对数学的教与学有潜在正面影响的建议。我们的分析开始于对认知科学家近期发表的一系列出版物的研究，确定了一系列能支持学生学习的教学模式（例如，Dunlosky 等，2013a, 2013b; Pashler 等，2007; Roediger & Pyc, 2012）。通过学习这些文献并且思考哪些建议看起来最能运用到数学的教与学中，我们得到了三条建议：解释性提问（包括精心询问和自我解释）、范例使用和元认知训练。通过对文献的综述发现，使用这些建议有助于改进数学教学。

考虑到认知科学家近期发表的、与改进教育相关的文章数量明显增加，人们或许会猜测，心理学家参与数学教育研究且对数学教育的未来持乐观态度。按照这个观点，近来认知科学已经聚焦于在学校中如何改进学习，并在此基础上为实践者提供了有力且可行的建议。如果教育者能采纳认知科学家所提倡的全部或部分观点，那么（按照这个观点）我们有希望解决在教育过程中所面临的一些持续性的挑战。这些推荐列表中的一些文章表达了这样一种观点，即科学家特别是实验科学家已经崭露头角，他们提出了一些易于实施的、且可能被教育工作者忽视的原则。这种语气的例子包括，"幸运的是，认知和教育心理学家已经开发并评估了一些容易使用的、能帮助学生达成其学习目标的学习技巧。"（Dunlosky 等，2013b，第4页）和"在大多数情况下，隶属于每个一般原则下的具体操作技术是非常便宜的（很少或者不需要购买），并且可以毫不费力地纳入标准化课堂实践"（Roediger & Pyc, 2012，第243页）。一部分认知科学家有这样一种信念，他们对教育的兴趣（可能是最新发现的）将会在教育系统中产生真实的、持续的影响。这引出了这样一个问题：认知科学家认为自己正在传递教学的明确信息且这些建议在实施时是较为轻松的，是否有一些认知科学家会对教育者为什么不愿意采纳这些建议产生疑惑。

但是从数学教育的角度来看（在某些程度上，在认知科学的层面上，参见 Mayer, 2002; Pellegrino, 2012），情况要明显复杂。数学教育者对认知科学研究结果存有疑惑，因而在寻找且实施类似这里描述的那些教学建议时非常犹豫。这一情况有很多理由。因此，以数学教育者对认知科学的建议所提出的问题和担忧，以及未来解决这些问题和担忧的可能方法来结束本文是必要的。

第一，教育者会提出的一个核心问题是，围绕推荐实践的心理学研究基础是否能提供必要的细节，以支持实践者在某一特定学科、针对有特殊需求的学生进行有效的实施。通常来说认知科学研究并不仔细考虑诸如数学这样的特定学科内容和目标，而是主要关注广泛的或者学科通用的现象。例如，研究范例的研究者通常不考虑"数学和数学教育的具体性质"（Freudenthal, 1991,

第149页）。相反地，目标领域通常是以便捷性为原则来选择的。就像基尔帕特里克所注意到的（1992，第5页），"数学教育者常常对心理学研究者很谨慎，因为他们看到的是与数学学科不相关的或对数学内容完全不清楚的"。这一担忧可以引出一些合理的问题，例如，范例是否以及如何有效地应用于具体的数学教学。然而，佩莱格里诺（2012）提出，细节决定成败："认真且持续地将这些原则用于重新设计教育资源和实践并非易事"（第261页）。认知科学家和数学教育者之间需要有深入的交流和合作，来确定有效实施教学建议的细节，这些建议要充分承认和尊重学科的本质。

尽管心理学家通常不刻意把他们的研究嵌入到特定的内容领域来研究学科学习，但是很多研究的确探索了所谓的个体差异。个体差异的观点试图确定学习者的特征，这些特征能对被推荐的、已经发现广泛有效的建议起中介或调节作用。例如上文所提到的，尽管有强有力的研究支持解释性提问具有广泛的有效性，但是有研究指出，缺乏充分的先验知识的学习者可能无法从这一实践中获得相同的益处（或者任何益处；例如，Pease，2012；Smith 等，2010；Woloshyn 等，1992）。（有趣的是，回想一下范例的使用，情况正好相反，即新手可能从范例使用中获得更多益处；Kalyuga，2007；Kalyuga 等，2003。）

对许多心理学家来说，这种个体差异的观点能够有助于充分了解学习现象的细微差异。但是对于那些对教育实践感兴趣的人来说，这种细微差别实际上可能是研究最重要的方面，能为教育者提供该实践是否值得关注和哪类学习者最适用于该实践等信息。就解释性提问来说，对那些仍旧挣扎于数学内容的学生来说，提问并不有效，这一事实可能被一些教育者看作是一个致命缺陷。满足学习困难者的需求可以被看作是数学教育者面对的最重要的挑战。如果解释性提问对那些最需要帮助和关注的学生效用很低（或者很难成功实施），那么这一实践可能就不值得广泛关注或者实施。

总之，教育者非常关注支持教学建议的研究是否为其在特定学科中的实施提供了足够的细节，并为特定班级或环境中的学习者特征的多样性提供了足够的差异化。

在缺少这种详细程度的情况下，即使是一个看似强大的研究，也可能无法激发教育者的信心，让他们相信这种实践值得采纳。

教育者针对来自认知科学建议的第二个相关的重要问题是，是否有足够的在实际教学环境下的研究。如上所述，大多数支持教学建议的研究来自很短暂的实验室研究，通常是研究大学生，并且使用的任务与常规教育实践中所用到的任务非常不同。尽管本文所提到的三个建议被认为是认知科学家所提倡的许多想法中最适用于数学的教与学的，但是有教育者可能会争辩说，上述三条建议没有一条是建立在真实的教育条件下、在课堂里进行了足够长时间的干预实证研究而形成的文献基础上的。

在真实教育环境下的研究是必要的，一个原因是这些建议必然会和许多其他教学实践一起在课堂里实施。在其他所有变量保持不变的情况下检验某一建议是否起作用的实验室研究是重要的，但尚不清楚受控的实验室研究是否仍旧能为实践在真实课堂环境中是否有效提供信息。我们用一个被承认不完美的新药有效性的研究进行类比，制药研究不仅必须探索一种药物在模拟和控制的动物实验中是否有效，还需要检验这种药物如何与人类其他可能服用的药物以及个体先前存在的药物条件等其他变量发生作用。不考虑这些真实生活的复杂性而声称药物有效是不道德的，那么对关于学生学习的受控的实验室研究进行相同的考量或许是必要的（Schoenfeld，2007）。

另外，在真实环境里探索推荐的教学实践，允许我们思考在实施中出现的无法避免的背景复杂性。教育者感兴趣的是，一个实践在以适应课堂使用需求的方式下进行修正后是否仍然起作用。例如，在自我解释的研究中，大多数自我解释的研究通常让学习者独立地表达他们的思考过程。对于与25个学生一起上课的数学教师来说，它如何（或是否）起作用这一点并不清楚。是否所有25个学生都应该说出他们的解释，但是即使每个学生都低声说话，这样做也会太嘈杂和混乱？或者，学生应该对一个或多个同伴给予解释？如果是的话，那么他们的同伴在这一过程中的作用（和可能的益处或害处）是什么？自我解释能在全班环境下有效实施吗？如果能，教师应该采取哪些教学措施以达到每个个体都能从中受益？

许多自我解释的研究提出的教学愿景是，学生使用学习单或电脑独立学习（通常称为自学）。范例使用也是如此，元认知策略在一定程度上也是。有效的实验研究很难很好地实施，但是，为支持所推荐的用以改进学生学习的教学实践有效性的论断，这样的工作是绝对必要的。

结论

本文以两个重要的问题开始，即学生如何学习数学和教师如何最优地支持学生的数学学习。我们考察了认知科学研究有助于回答这两个问题的方法。我们的叙述指出，区分认知科学家和数学教育者这两类角色以及这两类角色所做的研究并不困难。

但是在现实中，这些区分更为细微和复杂。越来越多的研究者不能被简单地或者统一地放置在其中一边（包括本文的两个作者）。事实上，一部分认知心理学家长期从事特定领域的研究，这些研究涉及数学教与学的特定子领域（如早期或小学算术，数学文字题解决和代数），在这一过程中他们已经和数学教育者建立了紧密联系（Star & Rittle-Johnson, 2016）。类似地，许多属于数学教育者研究团体的"本土化"理论和心理学研究明显相关，且可能受益于心理学研究（Verschaffel & Greer, 2013）。因此，促进教育者理解数学教与学的认知科学研究，不仅仅是提醒他人（如认知科学家）从事更相关且在实际教学环境中有效的研究，而且数学教育研究者还应该要对认知科学研究有所贡献，使之更为丰富。

对于那些对认知科学和数学教育交叉领域感兴趣的人（以及存在于交叉领域的学术组织和期刊）来说，不

断地与这两者之间不可避免的冲突作斗争似乎是必要的（如 Star & Rittle-Johnson, 2016）。但是从更广泛的角度来说，我们以呼吁持久的跨学科研究来结束本文。在这种跨学科研究中，认知科学家和数学教育者一起思考并开展关于数学教与学的研究，同时在教学设计中运用来自心理学（以及其他学科）的观点，这样的研究结果可以对教育实践提供最大化的信息。

注释

1. 值得一提的是，认知负荷理论，尽管使用相当广泛，但依然被一些研究者质疑（如 de Jong, 2010）。特别地，德·容对认知负荷的测量、概念明晰程度和该理论的可推广性方面提出担忧。但是，不管大家是否认为认知负荷理论是解释范例实效性的有效机制，关于为学习者提供范例的实用性的实证文献都是非常可靠的。

2. 在研究文献中，解释性提问和元认知提问之间有重要的但也许是微妙的区别。一些解释性提问和元认知提示的例子都以"为什么"这个词开始，这一事实使得两者之间的差异变得复杂。解释性提问（如"为什么这个事实是正确的？"）通常不关注元认知；由学习者提出或者回答的问题通常在事实性或者概念性学习中，用来回忆和阐述正在学习的知识。相反地，元认知提示（如"为什么你使用这个问题解决步骤？"）的目标通常是在问题解决中，帮助计划和监控学习者的认知过程。

3. IMPROVE 是教学方法中具体教学步骤的缩写：引入新概念（Introducing the new concepts），元认知提问（Metacognitive questioning），练习（Practicing），回顾并降低难度（Reviewing and reducing difficulties），获得掌握（Obtaining mastery），验证（Verification）和拓展（Enrichment）（Mevarech & Kramarski, 1997）。

References

Atkinson, R. K., Derry, S. J., Renkl, A., & Wortham, D. (2000). Learning from examples: Instructional principles from the worked examples research. *Review of Educational Research, 70,* 181–214.

Atkinson, R. K., Renkl, A., & Merrill, M. M. (2003). Transitioning from studying examples to solving problems: Effects of self- explanation prompts and fading worked-out steps. *Journal of Educational Psychology, 95*(4), 774–783.

Baars, M., Visser, S., van Gog, T. V., Bruin, A. D., & Paas, F. (2013). Completion of partially worked-out examples as a generation strategy for improving monitoring accuracy. *Contemporary Educational Psychology, 38*(4), 395–406.

Benassi, V. A., Overson, C. E., & Hakala, C. M. (2014). Applying science of learning in education: Infusing psychological science into the curriculum. Retrieved from http://teachpsych.org/ebooks/asle2014/index.php

Bielaczyc, K., Pirolli, P. L., & Brown, A. L. (1995). Training in self-explanation and self-regulation strategies: Investigating the effects of knowledge acquisition activities on problem solving. *Cognition and Instruction, 13*(2), 221–252.

Boekaerts, M. (1997). Self-regulated learning: A new concept embraced by researchers, policy makers, educators, teachers, and students. *Learning and Instruction, 7*(2), 161–186.

Booth, J. L., Lange, K. E., Koedinger, K. R., & Newton, K. J. (2013). Using example problems to improve student learning in algebra: Differentiating between correct and incorrect examples. *Learning and Instruction, 25,* 24–34.

Bransford, J. D., Brown, A. L., & Cocking, R. R. (1999). *How people learn: Brain, mind, experience, and school.* Washington, DC: National Academy Press.

Bransford, J. D., & Donovan, M. S. (Eds.). (2004). *How students learn: History, mathematics, and science in the classroom.* Washington, DC: National Academies Press.

Byun, H., Lee, J., & Cerreto, F. A. (2014). Relative effects of three questioning strategies in ill-structured, small group problem solving. *Instructional Science, 42*(2), 229–250.

Cardelle-Elawar, M. (1995). Effects of metacognitive instruction on low achievers in mathematics problems. *Teaching and Teacher Education, 11*(1), 81–95.

Carroll, W. M. (1994). Using worked examples as an instructional support in the algebra classroom. *Journal of Educational Psychology, 86*(3), 360–367.

Chatzipanteli, A., & Digelidis, N. (2011). The influence of meta-cognitive prompting on students' performance in a motor skills test in physical education. *International Journal of Sport Science and Engineering, 5,* 93–98.

Chi, M. T., Bassok, M., Lewis, M. W., Reimann, P., & Glaser, R. (1989). Self-explanations: How students study and use examples in learning to solve problems. *Cognitive Science, 13*(2), 145–182.

Chi, M. T., De Leeuw, N., Chiu, M. H., & LaVancher, C. (1994). Eliciting self-explanations improves understanding. *Cognitive Science, 18*(3), 439–477.

Chiu, J., & Chi, M. (2014). Supporting self-explanation in the classroom. In V. Benassi, C. Overson, & C. Hakala (Eds.), *Applying science of learning in education: Infusing psychological science into the curriculum* (pp. 91–103). Retrieved from http://teachpsych.org/ebooks/asle2014/index.php

Cornoldi, D. L. C. (1997). Mathematics and metacognition: What is the nature of the relationship? *Mathematical Cognition, 3*(2), 121–139.

Davenport, J., Kao, Y., & Schneider, S. (2013). Integrating cognitive science principles to redesign a middle school math curriculum. In M. Knauff, M. Pauen, N. Sebanz, & I. Wachsmuth (Eds.), *Proceedings of the 35th Annual Conference of the Cognitive Science Society* (pp. 364–369). Austin, TX: Cognitive Science Society.

Davis, E. A. (2003). Prompting middle school science students for productive reflection: Generic and directed prompts. *The Journal of the Learning Sciences, 12*(1), 91–142.

De Corte, E., Greer, B., & Verschaffel, L. (1996). Learning and teaching mathematics. In D. Berliner & R. Calfee (Eds.), *Handbook of educational psychology* (pp. 491–549). New York, NY: Macmillan.

de Jong, T. (2010). Cognitive load theory, educational research, and instructional design: Some food for thought. *Instructional Science, 38*(2), 105–134.

Desoete, A. (2007). Evaluating and improving the mathematics teaching-learning process through metacognition. *Electronic Journal of Research in Educational Psychology, 5*(3), 705–730.

Desoete, A. (2009). Metacognitive prediction and evaluation

skills and mathematical learning in third-grade students. *Educational Research and Evaluation, 15*(5), 435–446.

Desoete, A., Roeyers, H., & De Clercq, A. (2003). Can offline metacognition enhance mathematical problem solving? *Journal of Educational Psychology, 95*(1), 188–200.

Didierjean, A., & Cauzinille-Marmèche, E. (1997). Eliciting self-explanations improves problem solving: What processes are involved? *Cahiers de Psychologie Cognitive, 16*(3), 325–351.

Dignath, C., & Büttner, G. (2008). Components of fostering self-regulated learning among students. A meta-analysis on intervention studies at primary and secondary school level. *Metacognition and Learning, 3*(3), 231–264.

Dornisch, M., & Sperling, R. (2004). Elaborative questions in web-based text materials. *International Journal of Instructional Media, 31*(1), 49.

Dornisch, M., & Sperling, R. (2006). Facilitated learning from technology-enhanced text: Effects of prompted elaborative interrogation. *The Journal of Educational Research, 99*(3), 156–165.

Dornisch, M., Sperling, R. A., & Zeruth, J. A. (2011). The effects of levels of elaboration on learners' strategic processing of text. *Instructional Science, 39*(1), 1–26.

Dunlosky, J., Rawson, K. A., Marsh, E. J., Nathan, M. J., & Willingham, D. T. (2013a). What works, what doesn't. *Scientific American Mind, 24*(4), 46–53.

Dunlosky, J., Rawson, K. A., Marsh, E. J., Nathan, M. J., & Willingham, D. T. (2013b). Improving students' learning with effective learning techniques: Promising directions from cognitive and educational psychology. *Psychological Science in the Public Interest, 14*(1), 4–58.

Durkin, K., & Rittle-Johnson, B. (2012). The effectiveness of using incorrect examples to support learning about decimal magnitude. *Learning and Instruction, 22*(3), 206–214.

Fiorella, L., Vogel-Walcutt, J. J., & Fiore, S. (2012). Differential impact of two types of metacognitive prompting provided during simulation-based training. *Computers in Human Behavior, 28*(2), 696–702.

Flavell, J. H. (1979). Metacognition and cognitive monitoring: A new area of cognitive–developmental inquiry. *American Psychologist, 34*(10), 906–911.

Freudenthal, H. (1991). *Revisiting mathematics education: China lectures.* Norwell, MA: Kluwer Academic.

Graesser, A. C., Halpern, D. F., & Hakel, M. (2008). *25 principles of learning.* Washington, DC: Task Force on Lifelong Learning at Work and at Home. Retrieved from https://louisville.edu/ideastoaction/-/files/featured/halpern/25-principles.pdf

Grobe, C. S., & Renkl, A. (2007). Finding and fixing errors in worked examples: Can this foster learning outcomes? *Learning and Instruction, 17*(6), 612–634.

Hattie, J., Biggs, J., & Purdie, N. (1996). Effects of learning skills interventions on student learning: A meta-analysis. *Review of Educational Research, 66*(2), 99–136.

Hoffman, B., & Spatariu, A. (2008). The influence of self-efficacy and metacognitive prompting on math problem-solving efficiency. *Contemporary Educational Psychology, 33*(4), 875–893.

Hoffman, B., & Spatariu, A. (2011). Metacognitive prompts and mental multiplication: Analyzing strategies with a qualitative lens. *Journal of Interactive Learning Research, 22*(4), 607–635.

Ifenthaler, D. (2012). Determining the effectiveness of prompts for self-regulated learning in problem-solving scenarios. *Journal of Educational Technology & Society, 15*(1), 38–52.

Jacobse, A. E., & Harskamp, E. G., (2009). Student-controlled metacognitive training for solving word problems in primary school mathematics. *Educational Research and Evaluation, 15*(5), 447–463.

James, W. (1899). *Talks to teachers on psychology: And to students on some of life's ideals.* New York, NY: Henry Holt and Company.

Kalyuga, S. (2007). Expertise reversal effect and its implications for learner-tailored instruction. *Educational Psychology Review, 19*(4), 509–539.

Kalyuga, S., Ayres, P., Chandler, P., & Sweller, J. (2003). The expertise reversal effect. *Educational Psychologist, 38*(1), 23–31.

Kastens, K. A., & Liben, L. S. (2007). Eliciting self-explanations improves children's performance on a field-based map skills task. *Cognition and Instruction, 25*(1), 45–74.

Kilpatrick, J. (1992). A history of research in mathematics education. In D. Grouws (Ed.), *Handbook of research on mathematics teaching and learning* (pp. 3–38). New York, NY: McMillan.

Kirschner, P. A., Sweller, J., & Clark, R. E. (2006). Why minimal guidance during instruction does not work: An analysis of the failure of constructivist, discovery, problem-based, experiential, and inquiry-based teaching. *Educational Psychologist, 41*(2), 75–86.

Kramarski, B., & Friedman, S. (2014). Solicited versus unsolicited metacognitive prompts for fostering mathematical problem solving using multimedia. *Journal of Educational Computing Research, 50*(3), 285–314.

Kramarski, B., & Mevarech, Z. R. (2003). Enhancing mathematical reasoning in the classroom: The effects of cooperative learning and metacognitive training. *American Educational Research Journal, 40*(1), 281–310.

Kramarski, B., & Zoldan, S. (2008). Using errors as springboards for enhancing mathematical reasoning with three metacognitive approaches. *The Journal of Educational Research, 102*(2), 137–151.

Kwon, K., & Jonassen, D. H. (2011). The influence of reflective self-explanations on problem-solving performance. *Journal of Educational Computing Research, 44*(3), 247–263.

Lappan, G., Fey, J., Fitzgerald, W., Friel, S., & Phillips, E. (2006). *Connected Mathematics Project 2.* Upper Saddle River, NJ: Pearson/Prentice Hall.

Lesh, R., & Zawojewski, J. (2007). Problem solving and modeling. In F. K. Lester Jr. (Ed.), *Second handbook of research on mathematics teaching and learning* (pp. 763–804). Charlotte, NC: Information Age; Reston, VA: National Council of Teachers of Mathematics.

Lester, F. K., Jr., & Garofalo, J., & Kroll, D. (1989). *The role of metacognition in mathematical problem solving. A study of two grade seven classes.* Final report to the National Science Foundation of NSF Project MDR 85–50346. Bloomington, IN: Indiana University, Mathematics Education Development Center.

Lucangeli, D., Tressoldi, P. E., & Cendron, M. (1998). Cognitive and metacognitive abilities involved in the solution of mathematical word problems: Validation of a comprehensive model. *Contemporary Educational Psychology, 23*(3), 257–275.

Matthews, P., & Rittle-Johnson, B. (2009). In pursuit of knowledge: Comparing self-explanations, concepts, and procedures as pedagogical tools. *Journal of Experimental Child Psychology, 104*(1), 1–21.

Mawer, R., & Sweller, J. (1982). The effects of subgoal density and location on learning during problem solving. *Journal of Educational Psychology: Learning, Memory and Cognition,*
8, 252–259.

Mayer, R. E. (2002). Cognitive theory and the design of multimedia instruction: An example of the two-way street between cognition and instruction. *New Directions for Teaching and Learning, 89,* 55–71.

Mayer, R. E. (2011). *Applying the science of learning.* Boston, MA: Pearson/Allyn & Bacon.

Mayer, R. E. (2012). Advances in applying the science of learning to education: An historical perspective. *Journal of Applied Research in Memory and Cognition, 1*(4), 249–250.

Mayer, R. E., Sims, V., & Tajika, H. (1995). A comparison of how textbooks teach mathematical problem solving in Japan and the United States. *American Educational Research Journal, 32,* 443–460.

Menke, D. J., & Pressley, M. (1994). Elaborative interrogation: Using "why" questions to enhance the learning from text. *Journal of Reading, 37*(8), 642–645.

Mevarech, Z. R. (1999). Effects of metacognitive training embedded in cooperative settings on mathematical problem solving. *The Journal of Educational Research, 92*(4), 195–205.

Mevarech, Z. R., & Kramarski, B. (1997). IMPROVE: A multi-dimensional method for teaching mathematics in hetero-geneous classrooms. *American Educational Research Journal, 34*(2), 365–394.

Mevarech, Z. R., & Kramarski, B. (2003). The effects of meta-cognitive training versus worked-out examples on students' mathematical reasoning. *British Journal of Educational Psychology, 73*(4), 449–471.

Mevarech, Z., & Kramarski, B. (2014). *Critical maths for inno-vative societies: The role of metacognitive pedagogies.* Paris, France: OECD Publishing. doi:10.1787.9789264223561-en

National Council of Teachers of Mathematics. (2014). *Principles to actions: Ensuring mathematical success for all.* Reston, VA: Author. Retrieved from http://www.nctm.org / PrinciplestoActions/

Özsoy, G. (2011). An investigation of the relationship between metacognition and mathematics achievement. *Asia Pacific Education Review, 12*(2), 227–235.

Pashler, H., Bain, P. M., Bottge, B. A., Graesser, A., Koedinger, K., McDaniel, M., & Metcalfe, J. (2007). *Organizing instruction and study to improve student learning. IES Practice Guide. NCER 2007–2004.* National Center for

Education Research.

Pease, R. S. (2012). *Using elaborative interrogation enhanced worked examples to improve chemistry problem solving* (Unpublished dissertation). University of Maryland, College Park.

Pellegrino, J. W. (2012). From cognitive principles to instructional practices: The devil is often in the details. *Journal of Applied Research in Memory and Cognition, 1*(4), 260–262.

Pennequin, V., Sorel, O., Nanty, I., & Fontaine, R. (2010). Metacognition and low achievement in mathematics: The effect of training in the use of metacognitive skills to solve mathematical word problems. *Thinking & Reasoning, 16*(3), 198–220.

Pólya, G. (1990). *How to solve it.* London, England: Penguin. (Original work published 1945)

Pressley, M., McDaniel, M. A., Turnure, J. E., Wood, E., & Ahmad, M. (1987). Generation and precision of elaboration: Effects on intentional and incidental learning. *Journal of Experimental Psychology: Learning, Memory, and Cognition, 13*(2), 291–300.

Pressley, M., Symons, S., McDaniel, M. A., Snyder, B. L., & Turnure, J. E. (1988). Elaborative interrogation facilitates acquisition of confusing facts. *Journal of Educational Psychology, 80*(3), 268–278.

Ramsay, C. M., Sperling, R. A., & Dornisch, M. M. (2010). A comparison of the effects of students' expository text comprehension strategies. *Instructional Science, 38*(6), 551–570.

Renkl, A. (1997). Learning from worked-out examples: A study on individual differences. *Cognitive Science, 21*(1), 1–29.

Renkl, A. (2002). Worked-out examples: Instructional explanations support learning by self-explanations. *Learning and Instruction, 12*(5), 529–556.

Renkl, A. (2014). Learning from worked examples: How to pre- pare students for meaningful problem solving. In V. Benassi, C. Overson, & C. Hakala (Eds.), *Applying science of learning in education: Infusing psychological science into the curriculum* (pp. 118–130). Retrieved from http://teachpsych. org/ebooks /asle2014/index.php

Renkl, A., & Atkinson, R. K. (2007). An example order for cog- nitive skill acquisition. In F. E. Ritter, J. Nerb, E. Lehtinen, & T. M. O'Shea (Eds.), *In order to learn: How the sequence of topics influences learning* (pp. 95–105). New York, NY: Oxford University Press.

Renkl, A., Stark, R., Gruber, H., & Mandl, H. (1998). Learning from worked-out examples: The effects of example variability and elicited self-explanations. *Contemporary Educational Psychology, 23*(1), 90–108.

Rittle-Johnson, B. (2006). Promoting transfer: Effects of self- explanation and direct instruction. *Child Development, 77*(1), 1–15.

Rittle-Johnson, B., & Star, J. R. (2007). Does comparing solution methods facilitate conceptual and procedural knowledge? An experimental study on learning to solve equations. *Journal of Educational Psychology, 99,* 561–574.

Rittle-Johnson, B., Star, J., & Durkin, K. (2009). The importance of prior knowledge when comparing examples: Influences on conceptual and procedural knowledge of equation solving. *Journal of Educational Psychology, 101*(4), 836–852.

Roediger, H. L., III. (2013). Applying cognitive psychology to education translational educational science. *Psychological Science in the Public Interest, 14*(1), 1–3.

Roediger, H. L., III, & Pyc, M. A. (2012). Inexpensive techniques to improve education: Applying cognitive psychology to enhance educational practice. *Journal of Applied Research in Memory and Cognition, 1*(4), 242–248.

Ryoo, K., & Linn, M. C. (2014). Designing guidance for inter- preting dynamic visualizations: Generating versus reading explanations. *Journal of Research in Science Teaching, 51*(2), 147–174.

Sandi-Urena, S., Cooper, M. M., & Stevens, R. H. (2011). Enhancement of metacognition use and awareness by means of a collaborative intervention. *International Journal of Science Education, 33*(3), 323–340.

Schneider, M., & Stern, E. (2010). The cognitive perspective on learning: Ten cornerstone findings. In Organisation for Economic Co-Operation and Development (Ed.), *The nature of learning: Using research to inspire practice* (pp. 69–90). Paris, France: Organisation for Economic Co-Operation and Development.

Schneider, W., & Artelt, C. (2010). Metacognition and mathematics education. *ZDM—The International Journal on Mathematics Education, 42*(2), 149–161.

Schoenfeld, A. H. (1985). *Mathematical problem solving.* New York, NY: Academic Press.

Schoenfeld, A. H. (1992). Learning to think mathematically: Problem solving, metacognition, and sense making in mathematics. In D. Grouws (Ed.), *Handbook of research on mathematics teaching and learning* (pp. 334–370). New York, NY: McMillan.

Schoenfeld, A. H. (2007). Method. In F. K. Lester Jr. (Ed.), *Second handbook of research on mathematics teaching and learning* (pp. 69–107). Charlotte, NC: Information Age; Reston, VA: National Council of Teachers of Mathematics.

Schwonke, R., Renkl, A., Krieg, C., Wittwer, J., Aleven, V., & Salden, R. (2009). The worked-example effect: Not an artifact of lousy control conditions. *Computers in Human Behavior, 25*(2), 258–266.

Shaw, C. W. (2014). *Worked examples and learner-generated representations: A study in the calculus domain* (Unpublished master's thesis). The Pennsylvania State University, State College.

Smith, B. L., Holliday, W. G., & Austin, H. W. (2010). Students' comprehension of science textbooks using a question-based reading strategy. *Journal of Research in Science Teaching, 47*(4), 363–379.

Star, J. R. (2015). Small steps forward: Improving mathematics instruction incrementally. *Phi Delta Kappan.* Retrieved from http://www.kappancommoncore.org/improve-math-teaching-with-incremental-improvements/

Star, J. R., & Rittle-Johnson, B. (2016). Toward an educational psychology of mathematics education. In E. Anderman & L. Corno (Eds.), *Handbook of Educational Psychology* (3rd ed., pp. 257–268). New York, NY: Taylor & Francis.

Stein, M. K., & Smith, M. S. (1998). Mathematical tasks as a framework for reflection. *Mathematics Teaching in the Middle School, 3*(4), 268–276.

Sweller, J. (1988). Cognitive load during problem solving: Effects on learning. *Cognitive Science, 12*(2), 257–285. doi:10.1016/0364-0213(88)90023-7

Sweller, J., & Cooper, G. A. (1985). The use of worked examples as a substitute for problem solving in learning algebra. *Cognition and Instruction, 2,* 59–89.

Teong, S. K. (2003). The effect of metacognitive training on mathematical word-problem solving. *Journal of Computer Assisted Learning, 19*(1), 46–55.

Thorndike, E. L. (1906). *The principles of teaching based on psychology.* New York, NY: AG Seiler.

U.S. Department of Education, Institute of Education Sciences. (n.d.). *Program announcement: Cognition and Student Learning CFDA 84.305A.* Retrieved from http://ies.ed.gov/funding /ncer_rfas/casl.asp

van der Stel, M., & Veenman, M. V. (2010). Development of metacognitive skillfulness: A longitudinal study. *Learning and Individual Differences, 20*(3), 220–224.

VanLehn, K. (1996). Cognitive skill acquisition. *Annual Review of Psychology, 47*(1), 513–539.

van Loon-Hillen, N., van Gog, T., & Brand-Gruwel, S. (2012). Effects of worked examples in a primary school mathematics curriculum. *Interactive Learning Environments, 20*(1), 89–99.

Verschaffel, L., De Corte, E., Lasure, S., Van Vaerenbergh, G., Bogaerts, H., & Ratinckx, E. (1999). Design and evaluation of a learning environment for mathematical modeling and problem solving in upper elementary school children. *Mathematical Thinking and Learning, 1,* 195–230.

Verschaffel, L., & Greer, B. (2013). Domain-specific strategies and models: Mathematics education. In J. M. Spector, M. D. Merrill, J. Elen, & M. J. Bishop (Eds.), *Handbook of research on educational communications and technology* (4th ed., pp. 553–563). New York, NY: Springer Academic.

Woloshyn, V. E., Pressley, M., & Schneider, W. (1992). Elaborative-interrogation and prior-knowledge effects on learning of facts. *Journal of Educational Psychology, 84*(1), 115–124.

Wong, R. M., Lawson, M. J., & Keeves, J. (2002). The effects of self-explanation training on students' problem solving in high-school mathematics. *Learning and Instruction, 12*(2), 233–262.

Wood, E., Pressley, M., & Winne, P. H. (1990). Elaborative interrogation effects on children's learning of factual content. *Journal of Educational Psychology, 82*(4), 741–748.

Yeh, Y. F., Chen, M. C., Hung, P. H., & Hwang, G. J. (2010). Optimal self-explanation prompt design in dynamic multi-representational learning environments. *Computers & Education, 54*(4), 1089–1100.

Zhu, X., & Simon, H. (1987). Learning mathematics from examples and by doing. *Cognition and Instruction, 4*(3), 137–166.

Zimmerman, B. J. (2000). Attainment of self-regulated learning: A social cognitive perspective. In M. Boekaerts, P. Pintrich, & M. Zeidner (Eds.), *Handbook of self-regulation* (pp. 13–39). Orlando, FL: Academic Press.

13 数与运算的早期学习：整数

亚瑟 J. 巴鲁迪
美国伊利诺伊大学香槟分校、丹佛大学
戴维 J. 普尔普拉
美国普渡大学
译者：姜辉
上海师范大学教育学院

本章关注整数学习和整数运算学习的相互联系。在第一部分中，我们概述了整数及其运算的早期学习如何为学校教育奠定了基础。第二部分则阐述了如何确保学校数学教育在早期数感的基础上，促进学生熟练掌握基本的加法和减法这一特别而又重要的内容。最后，我们对未来早期算术能力的研究提出了一些一般性的结论。

学校数学学习的基础

在这个部分，我们讨论将正式的教学（符号化的学校教学）与非正式的（日常的基于经验的）知识相联系的基本原理，说明加强早期干预工作的理由，以及更加有效地实施这种干预的意义。

为什么非正式的数学知识如此重要?

相比其他学习领域，数学学习更需要有一个建构的过程。皮亚杰（1964）认为同化（用已有知识解释新信息的过程），而不是联结式学习，是心理活动的主要事实。的确，儿童的已有知识往往是预测其是否可以学习并理解新内容的最佳因素（Bodovski & Farkas, 2007）。学龄前儿童可以习得大量非正式的数学知识，这些知识成为同化以及理解从学校学得的数学知识的重要基础（Ginsburg, Cannon,

Eisenband, & Pappas, 2006）。造成小学生学习困难的一个主要原因在于，正规教学与低年级小学生现有的大量非正式的知识（Ginsburg, 1977）或欠成熟的非正式的知识之间的差距（Baroody, 1987）。从本质上讲，如果学校的数学教学与孩子们的日常数学知识没有联系，或者孩子们没有机会发展非正式的数感，那么孩子们在学校中学习数学就会有困难。

事实上，研究表明，儿童在入学初期的数学能力水平可以预测他在一系列协变量的基础上进一步获得数学知识的速度（Jordan, Kaplan, Locuniak, & Ramineni, 2007），以及未来的数学成绩水平，这些协变量包括认知能力的测量，如语言技能、空间技能和记忆技能，或者像父母的教育这样的背景因素（De Smedt, Verschaffel, & Ghesquiere, 2009; Halberda, Mazzocco, & Feigenson, 2008; Holloway & Ansari, 2009; Jordan, Kaplan, Ramineni, & Locuniak, 2009; Koponen, Salmi, Eklund, & Aro, 2013；参见 Passolunghi, Mammarella, & Altoè, 2008）。比如，日常生活中的数数和对数字关系的认识能力能够预测正式的算术技能的学习以及一年级之后的数学成绩总体情况，而且这个影响力超过人口学所关注的那些因素（Aunio & Niemivirta, 2010）。缺乏数感是严重的长期学习困难的重要指标（Mazzocco, Feigenson, & Halberda, 2011）。重要的是，在学生能否在学校其他学科的学习中取得成功方面，早期数学知识相比其他学业知识也常具有更好的预测性（Claessens & Engel, 2013; Duncan 等, 2007）。

为什么儿童早期的数学教育需要加强

考虑到儿童早期的数学能力对后来的数学成功，特别是对学术成功的重要性，在一般情况下，关注儿童在日常经验和知识上的个体差异，以及早期正规的教学所面临的问题就显得极其重要。

个体在日常经验或知识上的差异性。个体在算术能力上的差异早在两岁就可以表现出来（Dowker, 2005）。例如，来自低收入家庭的4岁儿童相比来自高收入家庭的同龄孩子，算术能力的发展落后了7个月（Starkey, Klein, & Wakeley, 2004）。

由于数学能力的发展高度依赖于社会因素（Jordan 等, 2009），儿童在非正式数学知识上的许多个体差异的一个可能来源就是家庭环境。尽管长期以来人们认为贫困或种族这样的人口因素是和低成就相关的（Reardon & Galindo, 2009），但是最近在确定家庭环境相关因素可能是个体差异的真实原因方面取得了新进展，其中一个潜在的重要因素是父母与儿童谈论数字的数量和质量（Aber, Jones, & Raver, 2007; Levine, Gunderson,& Huttenlocher, 2011; Ramani, Rowe, Eason, & Leech, 2015; Starkey & Klein, 2008）。比如，控制社会经济状况这个因素的影响，莱文、苏利亚克汉姆、罗、胡腾罗彻和冈德森（2010）发现，父母在儿童14个月到30个月时谈论数字单词的数量与儿童在46个月时从一堆2至6个物品中辨认出物品数量的能力相关。从他们的数据推断，来自低收入家庭的儿童平均一年只听到1500个数字单词，而那些来自高收入家庭的孩子平均一年听到93 000个数字单词。

第二个重要的潜在因素是含有数学元素的家庭活动的数量和质量。许多研究都揭示了这个因素与儿童的学业成就存在正相关（Anders 等, 2012; LeFevre, Polyzoi, Skwarchuk, Fast, & Sowinski, 2010; LeFevre 等, 2009; Melhuish 等, 2008; Ramani & Siegler, 2008），例如，与高收入家庭的父母相比，来自低收入家庭的父母与孩子的数学互动数量少而且复杂性较低（Vandermaas-Peeler, Nelson, Bumpass, & Sassine, 2009）。其他研究发现，家庭的数学环境与儿童

特定的数学能力之间存在不一致的联系，比如，布莱文斯–柯纳比和木森–米勒（1996）发现父母报告的家庭活动的频率与四个方面的数学能力成正相关，与另外四个方面的数学能力成负相关。施瓦楚克（2009）发现诸如比较大小、对物体数量进行加减这样复杂活动的频率，与那些数数或读写书面数字（以下称为数字）的简单活动频率相比，更能预测儿童是否能取得较高的数学成就。然而，也有研究表明家庭活动与儿童的数学能力之间没有相关性（Blevins-Knabe, Austin, Musun, Eddy, & Jones, 2000; Missal, Hojnoski, Caskie, & Repasky, 2015）。

之所以得出不一样的研究结论，或许是因为对调查或观察的家庭活动类别进行定义的精确度不同造成的，比如，有些分类过于宽泛，"棋类游戏"和"电子游戏"就会包含那些提供很少数学学习机会的活动，以及会削弱或掩盖游戏对数学学业成绩影响的活动。另一个可能造成结论不一致的来源是用于测量算术能力的方法与所检查的家庭活动的匹配性以及测量方法是否灵活（例如，一项对于算术能力应该有影响的活动却没有通过所使用的方法检测出来）。而且，即使家长报告了和儿童一起进行了数学活动，"剂量"可能还不足以达到能够获得超出幼儿园的效果。

第三个原因可能会影响到前面讨论过的两个方面，那就是家长情感上的差异，包括家长自身的数学焦虑水平，以及他们对儿童参与数学的重要性以及实际价值的信念或期望（Boaler, 2015; Maloney, Ramirez, Gunderson, Levine, & Beilock, 2015）。例如，美国父母认为阅读比数学更为重要，因此相比数学就更加重视阅读（Blevins-Knabe 等, 2000; Cannon & Ginsburg, 2008; Skwarchuk, 2009；但参见 LeFevre 等, 2009）。索嫩沙因等人（2012）发现，家长对于数学发展的信念及其自身在培养儿童数学发展中的作用与儿童参与数学活动的频率成正相关。然而，美国儿童参与家庭数学活动情况的差异较大而且平均来看频率不高（参见 Tudge & Doucet, 2004），特别是受教育程度较低的父母对他们的孩子没有很高的数学期望（DeFlorio & Beliakoff, 2015）。

早期正规教学所面临的问题。缺少有效的干预，儿童在非正式知识上的个体差异会更加明显，或至少这

种差异性会保持稳定（Aubrey, Dahl, & Godfrey, 2006; Jordan, Kaplan, Oláh, & Locuniak, 2006）。近几年，政策制定者、教育工作者和研究人员越来越多地把早期干预作为给幼儿提供公平教育环境的一种举措（Copple & Bredekamp, 2009）。在幼儿园数学课程的开发和评价方面已开展了不少工作（Clements, Sarama, Wolfe, & Spitler, 2013; Curtis, Okamoto, & Weckbacher, 2009）。虽然许多课程显示了其在广泛的层面上能有效促进儿童算术能力的发展，但究竟是什么具体的教学成分使得课程有效还未被揭示（这方面的综述见 Frye 等，2013）。然而，早期干预在帮助所有孩子为学校的数学学习作好准备并充分发挥他们的潜力方面所发挥的潜在价值会受到许多因素的影响，这些因素也同样会影响幼儿在家里的非正式数学知识的学习。

参差不齐的教学。教师谈论数的数量和质量存在差异（Clements & Sarama, 2007; Klibanoff, Levine, Huttenlocher, Vasilyeva, & Hedges, 2006），而且这些差异可能会影响学生的学习。博南、考科曼和克勒斯伯根（2011）发现，教师谈论数学的内容（诸如物体个数以及数字单词的主格用法）和幼儿的数感测量之间存在显著正相关，但其他谈论类别（诸如计算和数字符号）却与幼儿数感存在负相关。他们也发现教师使用大量的话语与儿童表现不佳有关，并得出结论："教师应该小心而有选择地决定和幼儿进行数学谈话的数量"（第281页）。例如，他们指出谈话对幼儿计算能力的消极影响"似乎表明，这种活动对于5岁孩子来说可能太难了"（第295页）。

博南等人（2011）得出负相关的结论，至少部分原因在于测量上的问题，比如谈话类别和所选择任务之间的不匹配，例如，测量数感时并没有把计算概念和计算技能包括进去。教师谈话的真正影响也可能因测量方法过于简单（例如，比较大小对于幼儿园孩子可能会太简单，产生天花板效应）或过于复杂（请参阅后面有关后继原则的小节，那里讨论了数轴任务可能不适合幼儿的原因）而被相关变量所掩盖。最后，样本小，并且诸如"计算"这样的谈话分类又过于宽泛，这些都使得研究无法得出一般性结论。举例来说，如果教师选择的问题和算法并不适合学生，或者教师仅仅关注学生用死记硬背

的方法记忆那些算法，我们就不能得出这样的结论，这并不意味着对于5岁的孩子来说，同时关注一个算法及其概念性的原理阐述会太困难（如 Cai & Ding, 2015）。

实际上，包含数学内容的学前幼儿活动在数量和质量上存在很大差异（Varol, Farran, Bilbrey, Vorhaus, & Hofer, 2012），给予这些活动的时间与幼儿的数学能力增长有着密切联系（Howes 等，2008），尤其是高质量（不是低质量）的学前教育会对儿童的算术能力产生长期重要的影响（Anders 等，2012; Melhuish, 2013）。此外，仅仅让小朋友参与和数字有关的（众多）活动并不能保证幼儿进行了学习，一些常用的教学活动，诸如使用日历的活动，常常未被有效地运用（Clements, Baroody, & Sarama, 2013）。为了更好地支持教师建立有实证基础的最佳教学实践，还应对常见的基本教学实践开展进一步的研究（例如，高质量的教学包含哪些方面）。

后续的支持工作还不够充分。即便早期的教学干预质量较高，最初也产生了一定的成效，但那些成绩很差的儿童的成绩可能还是会在以后倒退。例如，史密斯、科布、法兰、科德雷和芒斯特（2013）的研究指出："重获数学"这个早期数字学习的评价和干预课程对于儿童在小学一年级结束时的后测成绩有影响，特别是对那些成绩差的孩子，但是这种影响并没有保持到二年级，一个可能的原因是成绩差的儿童分散（不成比例）地就读于教学质量很低的小学，学校里的教师没有受到良好的培训，或者是这些儿童在校外缺乏其他学习机会（Clements, Sarama, Spitler, Lange, & Wolfe, 2011）。另有一些研究（Paris, Morrison, & Miller, 2006）得出结论：如果提供有效的小学数学教学，学前阶段的干预效果就能够继续维持。

教师的消极情感。教师的信念、期望和数学焦虑会对小孩子的学习产生重要的影响（Boaler, 2015; National Mathematics Advisory Panel [NMAP], 2008）。例如，总体来说，小学教育专业学生的数学焦虑在大学各个专业学生中是最高的（Hembree, 1990），带有数学焦虑的一、二年级教师表现出数学学习的消极信念，降低了女孩子（但不是男孩子）的数学成绩（Beilock, Gunderson, Ramirez, & Levine, 2010）。

教学内容和学生发展水平的不匹配。和家长一样（DeFlorio & Beliakoff, 2015; Fluck, Linnell, & Holgate, 2005），教师对于儿童数学发展状况的不了解（因为缺乏教师培训）会极大地限制教师对于儿童的期望，影响对教学内容的选择（Ginsburg, Lee, & Boyd, 2008），结果学前班和幼儿园的教师常常只关注最基本的算术内容，然而许多儿童，甚至大多数儿童已经学过这些内容（Clarke, Clarke, & Cheeseman, 2006; Engel, Claessens, & Finch, 2013），这些发现从某种程度上解释了为何有的研究发现幼儿教育只对某一群孩子有效（如那些还没有掌握基本算术技能的成绩差的孩子），或者对某一年龄组的孩子有效但在更广的范围内无效（U.S. Department of Health and Human Services, 2010）。在幼儿园阶段的数学教学中安排富有挑战的学习内容（班级一半以上的学生还没有掌握的内容）对不同经济背景的孩子均有积极的长期影响（Claessens, Engel, & Curran, 2014）。

有效的幼儿数学教学：解释非正式知识

早期的正规教学（包括学前的教学干预）要想达成有效的结果（如对于发展儿童数感有显著而持久的影响），就需要考虑儿童发展的准备情况（如儿童正处于从非正式知识转向正式知识的学习过程中），基于儿童现有的非正式知识促进概念性理解（特别是核心概念），同时考虑到儿童的非正式知识给正规学习可能造成的潜在障碍。

学习轨迹。基于学龄前儿童的非正式知识开展正规教学是改善幼儿数学教育质量的一个关键方法（Copple & Bredekamp, 2009; Ginsburg, 1977; Purpura, Baroody, & Lonigan, 2013）。基于实践和研究提出的学习路径包含若干发展水平和步骤，为改善幼儿数学教育的质量提供了指导，学习轨迹尤其为解决如下问题指出了明确而具体的方向：（1）确定有意义的教学目标；（2）确定学生现有发展水平及后续（适合发展水平）的教学步骤；（3）设计教学以帮助学生取得更高的发展水平（Sarama & Clements, 2009b）。有关学习轨迹、标准、教学和评价之间的联系，具体参看达罗、莫舍、科克伦和巴雷特（2011）的讨论。

虽然我们认为使用学习轨迹比不使用学习轨迹会更为有效，而且也有一些间接的证据支持这个结论，但是目前还没有关于使用学习轨迹有效的直接证据（Frye 等，2013）。有几个基于学习轨迹的教学设计对于促进幼儿的算术能力发展均取得了显著成效（Clements 等, 2011; Dyson, Jordan, & Glutting, 2013; Fantuzzo, Gadsden, & McDermott, 2011），特别是克莱门茨和萨拉玛（2008）发现，基于学习轨迹的"搭积木"教学设计比不使用学习轨迹的"学前数学"教学设计（Klein, Starkey, & Ramirez, 2002）对儿童学习有更显著的改善，尽管它们所涵盖的教学内容是相似的。当前我们还无法确定，使用学习轨迹或其他课程特点是否对提高幼儿算术能力起到了积极作用，或者至少对这种积极作用做出了显著贡献。例如，相比"学前数学"，"搭积木"可能产生更好的结果，因为它基于学习轨迹，运用了更多的游戏方法，包含更为具体的评价和教学，或许是以上所有因素共同促进了发展。正如斯泰道和谢弗尔森（2009）所指出的，学习进步只是假定的，研究得还不够，很少有研究检验基于这种学习进步的形成性评价的有效性和可靠性。为了研究使用学习轨迹是否是帮助幼儿算术能力发展的一个积极的重要因素，需要精心设计随机对照试验来分离这个变量，控制对内在效度产生影响的其他变量，包括发展水平、课堂教学以及社会阶层的差异。例如，使用基于学习轨迹的教学方法有一个关键点，教学应关注儿童现有发展水平的高一级水平，为了研究这个假设，处于学习轨迹同一个水平（比如处于水平1）的儿童会被随机分配到两个班级，一个班级使用基于学习轨迹的教学方法（先帮助学生达成水平2然后再进入水平3的教学），另外一个班级是控制班或跨级的教学班（直接进行水平3的教学），给予两个班级相同的教学时间和训练方法。

核心概念。核心概念是可以把领域或主题内甚至跨越不同领域、不同主题的更为基本的概念、方法和问题联系起来的具有支配性的概念，是促进有意义的、联系紧密的知识的一个实用而强大的工具（Baroody, Feil, & Johnson, 2007; Baroody, Lai, & Mix, 2006）。例如，等分这个核心概念（一个整体可以被分成大小相等的几个部分）为儿童发明用于公平分配物品的非正式方法提供了概念基础，等分（类比公平分配的非正式的形式）就为理解包括除法、分数、度量和平均分在内的正式概念奠定了基础（Baroody 等，2007; Blake & Rand, 2010; C. A. Brownell, Svetlova, & Nichols, 2009; Fehr, Bernhard, & Rockenbach, 2008; McCrink, Bloom, & Santos, 2010）。核心概念虽然有重要的理论意义，但还需要进一步开展研究才能评定它们的影响，包括核心概念对于知识迁移的长期影响。

非正式知识带来消极影响。 儿童的非正式知识是片面的，这种片面的知识有时会干扰儿童对于正式知识的建构。一个特别重要的例子就是儿童对于等号的理解。在形式上，这个符号表示"等同于"或者"与之相等的数是"。等号的这种正式"关系"含义对于理解诸如 7 = 5 + 2 和 4 + 3 = 5 + 2 这样的等式是极其重要的，而且是培养代数思维的关键基础（Jacobs, Franke, Carpenter, Levi, & Battey, 2007; McNeil 等，2006）。尚未学习代数等式的小学生因为不理解等号的关系含义，常常在缺失一个加数的等式中把他们看到的所有数字简单相加（例如，对于 7 = 5 + ? 和 4 + 3 = 5 + ? 这两个问题，得出的答案为 12, McNeil, 2007, 2008），再大一些的儿童不理解分离变量的方法（在等式两边进行同一个运算）或是它的快捷办法（"移项需变号"法则）。

儿童构建相等符号的这种关系意义的一个障碍是儿童对等号已有的非正式的认识，他们认为等号"是运算符号"，表示"成为"或"得出"，这种认识会延续到高中甚至是大学阶段（Capraro, Capraro, Ding, & Li, 2007; McNeil, Rittle-Johnson, Hattikudur, & Petersen, 2010; Powell & Fuchs, 2010）。正规教育不仅常常不关注相等符号的关系意义，而且重算法程序的教学和操练实际上也在不断地激发和强化等号是运算符号的认识（McNeil, 2008）。有趣的是，解决相等问题的能力呈现出"U"型发展的状况（McNeil, 2007），而不是年龄大的孩子表现就好。7 至 11 岁的儿童参与了测试，要求他们确定等式中未知数的值，如缺失了一个加数的等式 7 + 4 + 5 = 7 + __，7 岁和 11 岁的儿童都比 9 岁儿童的表现要好。为什么接受学校教育两年后解决这类问题的能力反而下降？一种可能的解释是由于学生总是看到一种标准形式的等式（如 7 + 4 = __），教材和练习册中很少出现能引起等号的关系意义的情境（McNeil 等，2006）。年复一年地让小学生在一种传

统的形式下接触算术计算问题"会降低学生解决问题的灵活性，使得学生不能解决更加复杂的问题"，如缺失一个加数的问题（McNeil 等，2010，第 450 页）。等号的运算符号意义会因教师经常或者总是使用运算术语（如"7 + 4，得数是多少？"或者"7 + 4，和是多少？"）而被强化，而且学生在使用计算器按"="键得出答案的过程中也能够理解等号的运算符号意义。

尽管学生随着年龄的增长解决非典型的缺失加数问题的能力会提高，但是对于等号的关系意义的理解往往仍然是不足的，并且很容易受到等号是运算符号这种理解的干扰（McNeil 等，2006）。例如，麦克尼尔等（2010）发现即便是学习了多年代数的大学生，如果他们的算术知识激活了等号的运算符号认识，那么他们在解决代数问题时的表现就会比较差。

由来已久但常常不为数学教育工作者重视（Wynroth, 1986）的以下建议最近已经被实证研究所证实：

- 改变实践，例如，加入非常规的等式问题（比如，8 = 5 + __；7 + 1 = 5 + __）能够有效提高学生对于等号以及列方程的概念性理解（McNeil 等，2012）。
- 哈提库德和阿里巴里（2010）发现，在教等号的关系意义时，相比只教等号，与其他不是相等的关系符号（比如不等号、大于号和小于号）一起教能够非常有效地促进三、四年级小学生对于等号、列方程的概念性理解以及问题解决。
- 麦克尼尔等人（2012）发现，和的分拆练习更有可能有助于学生理解等号的关系意义（例如，把 6 拆分为 1 + 5，2 + 4，3 + 3，4 + 2 和 5 + 1，所有式子的和都为 6）。

一个典型例子：十进位值制概念与技能。 儿童对分组思想和位值概念的理解开始于幼儿园早期（Mix, Prather, Smith, & Stockton, 2014）。例如，理解多位整数的一个重要核心概念就是数的合并与拆分（Confrey 等，2012）。儿童基于一些早期经验开始建构这个核心概念，例如，注意到一堆物品有两样东西，再添加一样之后，这堆物品变成由三样东西组成；反过来，看到三个物品

可以在视觉上分成两堆，一堆含有两个物品，另一堆含有一个物品。合并与拆分概念是理解一些与分组和位值相关的核心概念的基础，包括单位的层次（例如，多个小单位可以合并在一起或者组合为一些更大的单位; Sophian, 2004）、等量合并（相同大小的单位或者分组能够组合成为一个更大的单位或者整体）和等量拆分，而这些概念最终让儿童学会十进制单位代换的基础知识（例如，10个十＝100, 100＝10个十）。

教育工作者了解如下情况很重要：学生带到学校里的知识是如何以及为什么是片面的？在学生已有的知识基础上进行教学还需要做些什么？例如，儿童最初根据他们非正式的数数或者是数字单位来看待或解释多位数，因此，他们看到12或24这样的数时，只会把每一个数看成是几个东西或者单位堆在一起，而不是用位值来看待这些数（12＝1个十和2个一; 24＝2个十和4个一）。理解多位数位值思想的另一个障碍在于与中国等其他国家的数字命名系统（比如，十二就是10和2，二十四就是2个10和4）不同，数字的英文单词掩盖了位值的含义（例如，"twelve"不能明显地看出"ten和两个one"，"twenty-four"不能明显地看出"两个ten和四个one"; Miura & Okamoto, 2003）。因此，孩子们经常不考虑位值制就写多位数也就不足为奇了。例如，许多人会把多位数按照他们所听到的来写（例如，把"twenty-four"照字面写成"20和4"或"204"，把104写成100＋4或者1004; Byrge, Smith, & Mix, 2014; Ginsburg, 1977）。

不能充分理解分组思想和位值概念常常会给后面的数学学习带来困难（B. M. Y. Chan & Ho, 2010），因此有效地教授这些概念是十分必要的。基于学习轨迹的形成性评价可以有效评定学生的优点和缺点、儿童在学习轨迹上的位置以及接下来的学习目标是什么（关于分组和位值制内容的详细学习轨迹，包括发展的先决条件等，参看Confrey等, 2012）。例如，"接着数""交换"和"拆分"等内容的预备知识可以预测十进制分组的能力，而且对"接着数"技能进行训练可以改善分组的能力（Saxton & Cakir, 2006）。

基于前面所讨论的这些研究，我们可以得出如下三个教育启示：（1）基于测量的早期数学教学方法可能

有助于儿童学习分组和位值概念，因为它强调了层级单位这个核心概念（Sarama & Clements, 2009b; Sophian, 2004）；（2）早期教学的评价需要关注儿童对十进位值制概念的理解，不要仅仅关注记忆相关内容，如确定个位、十位和百位的位置（W. W. L. Chan, Au, & Tang, 2014）；（3）与传统的基于技能的位值任务相比，运用分组思想来数数的教学任务（例如，在数24时，运用分组思想不是一个一个地去数，而是有两种灵活的方法：一种是先数2个木棒，每一个木棒表示10，再数4个单位立方体，每一个单位立方体表示1；另一种是先数1个木棒，再数14个单位立方体，数数过程为"10, 20, 21, 22, 23, 24"）是评价儿童对于位值概念的理解并预测儿童将来位值知识的很好的任务（W. W. L. Chan等, 2014）。

数感观下基本组合关系的流畅性：学习轨迹

在本节中，我们将通过详细说明早期的数感如何为有意义的学习或记忆基本组合关系奠定基础，来分析非正式的与正式的数学知识之间的关键联系（Baroody, Bajwa, & Eiland, 2009; W. A. Brownell, 1935; Jordan, 2007; Ramos-Christian, Schleser, & Varn, 2008; Wubbena, 2013）。威廉·布劳内尔（1935）的"意义论"比"数感观"出现得还早，认为应该鼓励儿童用他们自己非正式的方法逐渐构建一个丰富的知识网络。"意义论"是针对"训练论"提出的，"训练论"基于这样一个假设，即应该通过大量练习来熟记那些基本的数字事实（Thorndike, 1922）。根据"训练论"，儿童非正式的数和推理方法只是妨碍记忆基本事实的拐杖。如今人们已经普遍接受对于特定的基本的和、差、和的家族、差的家族的有意义的学习或者记忆需要如下三个重叠又相互依赖的阶段：第一阶段针对数数的策略；第二阶段针对仔细推理的策略；第三阶段针对在记忆网络中自动熟练地检索（Verschaffel, Greer, & De Corte, 2007）。儿童运用非正式的数数方法来发现可以建构非正式的推理策略的模式和关系，从而促进对基本组合关系的有意义的记忆（Rathmell, 1978）。儿童在口头加减法和书面加减法（位于阶段1到阶段3）之前已经能够进行非言语的加法和减法（阶段0），这个

观点现在也普遍得到了人们的认可（Jordan, Hanich, & Uberti, 2003）。

数感观从两个方面进一步深化了意义论。第一，为了发展数感和运算感，儿童需要先达到学习轨迹的阶段1和阶段2，因为这是达到阶段3的基础。这个学习轨迹不仅强调了发展准备对于实现基本组合关系的意义的记忆是重要的，而且还强调熟练组合关系的基础在儿童上学之前就已开始发展了。第二个扩展是对构成阶段3基础的记忆网络这个概念进行了再建构。意义论认为，记忆网络就像

一个组织良好的数字事实的仓库，检索完全等同于对数字事实进行自动化的回忆，而数感观则认为，记忆网络不仅由数字事实组成，还包括数字之间的关系和推理过程，而检索可能还包含多种自动化策略。

表13.1中概述的并将在本节中详细介绍的为了发展组合关系的熟练性而假设的学习轨迹包括四个相互交织的子轨迹或途径：（1）计数（E），这可以确定基数；（2）数字关系（R），包括对两个或更多的物品或数字进行比较；（3）数字运算（O）；（4）口头数数（C）。关于学习轨迹

表13.1　基于言语的数感促进学生熟练掌握基本的加法和减法

学习轨迹的水平	与熟练掌握基本的和与差的关系
E1.言语感知（基于言语的小数字的基数概念，先是1，2，然后是3，接下来是4到6）	言语感知是理解算术文字题中使用的数字单词和书面的算术表达式中使用的数字最为根本的基础，它不仅可以帮助儿童发现较小数字的重要性质和这些"直观"数字的运算（特别是R1，R2，R5和O1到O3水平），而且有助于把这些性质推广到所有的自然数（Sarnecka & Gelman, 2004）。
R1.对少量物品集合相对大小的判断（数字单词的序数意义）	对较小数字的数字单词的顺序有认识（"1，2，3"），知道位于后面的单词表示更大的数，这是概括出"位于数数顺序后面的数较大"（水平R2到R5）这一结论的基础，也是对加法和减法的结果进行心理表征的工具（水平O1），而且对于非正式地计算和与差也有帮助（水平O2和O3）。
O1.阶段0：基本的加法、减法概念和非言语的加法与减法	言语感知在以下两个子水平上为在集合上进行运算奠定了基础： ·子水平O1.1：具体的非言语加减法（用看得见的物品集合）：儿童快速感知说出原来的物品数量，然后加量，最后说出总和。例如，看到2块饼干，又看到加了1块，就看到总共3块，3比2多；或者看到3块饼干，拿走1块，剩下2块（2比3少）。 ·子水平O1.2：抽象的非言语加减法（用心理表征物品集合）：在一个非言语加（或减法）任务中，儿童快速感知并在心里表征放在垫子上的最初的物品数量，然后把物品遮盖起来，快速感知要加的或要拿走的量，也遮盖起来（从盖子下拿走这些物品），然后在心里决定盖子下的物品总数（所剩的数量）。 这些经验帮助儿童建构非正式的合并与拆分概念、部分–整体关系以及非正式的算术，如把加法变成是在某数上加几的非正式概念（给一堆物品添加几个物品使得集合更大）。这些非正式的概念为基于数数进行加法和减法的学习奠定了基础（水平O2）。
C1.口头数数——字符串水平 **C2.口头数数——不可断链水平**	水平C1（比如，"一二三"）为水平C2（比如，"一、二、三"）提供基础，而水平C2又为水平C3（例如，可以从1之外的数开始数数的能力，如"5，6，7…"）提供基础并可应用于后面的加法和减法（水平O2和O3）。
E2.有意义的实物数数	快速感知的经验能够帮助儿童建构以下数数原则，这些原则是有意义的实物数数的基础：固定的顺序（数字单词必须按照标准顺序背诵）、抽象（组成集合的物品的放置可以有不同的外观）、一一对应（集合中的每个物品都应该与一个且只能与一个数字单词对应）、基数（最后一个数字单词表示总数）和顺序无关原则（一一对应计数时的顺序不影响总数；详见Baroody, Lai, & Mix, 2006）。有意义的实物计数对儿童设计基于计数的加减法策略（水平O2和O3）是必要的。
R2.数量变大原则加上基于计数的数字比较（特别是大于3的集合）	认识到计数序列表示越来越大的数量，使得孩子使用有意义的实物计数来确定两个集合中较大的集合（例如，7个物品比6个物品多，因为你要比6数得更多才能到7），这可能为R3到R5和O2的水平奠定了基础。
R3.对不相邻或不连续的数字在心里进行比较	熟悉计数序列并具有越来越大的数量概念可帮助儿童比较在计数顺序中相距较远的两个数字的大小（比如，对2和7、10和3、9和5，以及4和8粗略地比较大小）。
C3.口头数数——可断链水平（后面数字的知识）	熟悉数数的顺序使得儿童能够准确说出任何一个数后面的那个数，并从这个数开始数数，不必从头开始数数。

表13.1 基于言语的数感促进学生熟练掌握基本的加法和减法（续）

学习轨迹的水平	与熟练掌握基本的和与差的关系
R4. 对于相邻和连续数字在心里进行比较（在下一个数字以外更多的数字）	使用数量变大原则和"后面一个数"的知识使得儿童能够在心里成功解决很近乃至两个相邻的数字大小这类问题（例如，在面对"7和8，哪一个大？"这个问题时能够快速得到答案为"8"，因为数数时8在7后面）。
R5. 后继原则（后面一个数就是多1）并将计数序列重新定义为（正）整数序列	言语感知让孩子们看到"2个"恰好比"1个"多1个，"3个"恰好比"2个"多1个，这可以帮助他们理解后继原则（计数序列中每一个后面的数正好比前一个数大1）。后继原则使孩子们能够将计数序列线性表征为 n, $n+1$, $[n+1]+1$, …（正整数序列）。
O2. 基础阶段1：运用具体的计数方法得出和或差	加法就是添加这一非正式概念使得儿童能够通过先表征（一个或两个）加数然后得出和，从而直接建立添加的文字题模型。
C4. 口头数数——可数链水平	意识到那些数字单词本身是可数的，为水平O3奠定基础。
O3. 高级阶段1：运用抽象的计数方法来确定和或差	通过同时表示两个加数并确定和来间接地构建儿童关于加法就是添加这一非正式的概念。
O4. 高级阶段2：仔细考虑的基于规则和推理的策略来确定和	基于计数的策略（水平O2，特别是相对有效的水平O3）为发现作为规则或推理策略基础的模式和关系提供了基础。 ·最简单的组合：最重要的规律关系就是加0原则和加1得到后面一个数的原则（比如，4+1就是我们在数数时4后面的数，也就是5），这个阶段比可断链阶段的水平高，即需要熟练掌握后面一个数的关系。 ·比较难的组合：其他一些涉及使用已知量推理得到和的仔细考虑的推理方法。
O5. 高级阶段3：在记忆网络中自动熟练地进行检索	这个相互关联的检索网络可以由一些事实及其相互关系构成，也包括复制策略（回忆事实）和重建策略（自动生成或进行推理）。

说明：学习路径包括了四个方面，分别为计数（E）、数字关系（R）、口头数数（C）和数字运算（O）。尽管有证据表明，儿童在每一个方面不同阶段的发展有时和表中的顺序并不一致，这取决于儿童的经验。例如，口头数数的早期阶段C1和C2可能早于可靠而快速地感知说出3以内的数（水平E1）。即便如此，为了达成有意义的学习目标，教学中需要把水平E1排在C1和C2之前。

最高水平（O5水平）的讨论对记忆网络和检索提出了一种新观点（阶段3）。

基本计数：言语感知和基数
（表13.1中的水平E1）

言语感知特别需要快速可靠地识别一个小集合的基数（物品的总数）并用一个合适的数字词汇来表达（Kaufman, Lord, Reese, & Volkmann,1949）。研究表明，言语感知，不是一个一个地数，而是理解最前面几个小数目词汇含义的发展方向（Benoit, Lehalle, & Jouen, 2004; Fischer,1992; Klahr & Wallace, 1976; von Glasersfeld, 1982）。言语感知不仅是基于言语的数感的基础，也是掌握表13.1中基本组合关系学习轨迹的基础阶段。例如，对于容易感知其基数的小集合进行合并与拆分，这种经验可以成为建构加法就是添加这一非正式的概念（添加物品使得集合变大）与减法就是拿走这一非正式的概念

（拿走一个物品，使得集合变小；表13.1中水平O1）的基础。从视觉上或心理上把一个集合拆分成部分再将这几个部分重新合并成整体的这种经验可以为以下认识打基础：（1）理解部分-整体关系（例如，整体3比它的组成部分2和1要大）；（2）建构更加正式的加法和减法的部分-部分-整体意义；（3）内化最基本的数字组合（例如，2和1组成3,3减去1成为2; Baroody & Rosu, 2006）。

发展机制。儿童一开始用"2"和"3"来表示"很多"，而不是一个具体的数量（Ginsburg, 1977; Mix, Huttenlocher, & Levine, 2002; Palmer & Baroody, 2011; Sarnecka, Kamenskaya, Yamana, Ogura, & Yudovina, 2007）。我们还不清楚儿童学习最前面几个数字获得其准确含义的发展机制（即形成准确的基数概念）。大家普遍认为某种非言语认知机制是言语感知的基础，但关于这些机制是什么，它们是否在儿童获得语言能力之前帮助他们获得1到3（"直观的数"）的精确的基数含义并没有达成一致认识。参与准确数字发展实验的儿童大约可

以分成三类：（1）非言语数字机制类；（2）语言关联机制类；（3）视觉空间匹配类（Carey, 2009; Piazza, 2010; Rips, Bloomfield, & Asmuth, 2008; Spelke & Kinzler, 2007; Sullivan & Barner, 2012）。由于视觉空间机制常被认为是准确表征较大数的重要因素（Frank & Barner, 2012），下面关于言语感知的可能基础的讨论将集中在非言语数字和语言关联机制。

先天的、准确的非言语数字机制。先天论者（连续性假说的支持者，下面会定义）认为进化的压力使得数字发展变得极其特殊（Gelman, 2011）。他们认为不会说话的婴儿和蹒跚学步的儿童之所以能够区分1个、2个或者3个物品，以及能够觉察到物品数量的简单变化，都是因为对于直觉数字和计数原则所拥有先天的、非言语的且非常准确的基本概念（也就是非言语感知）。他们还认为，这种现有的非言语知识直接与基于语言的数的概念和计数原则的学习（包括言语感知）响应并加速了该学习进程。依据连续性假设，儿童学习数字仅仅需要把先天已有的表征和不同文化下的数字符号匹配起来。

然而，另有一些学者则赞成一种不连续假说，他们认为非言语认知过程对于非先天的、准确的数字基数概念的建构或许是有帮助的。他们还认为不会说话的婴儿和蹒跚学步的儿童之所以能够区分1至3个这样为数不多的物品数量，是由于非数字（非基数的）感知或注意过程。他们还提出以下观点：准确的基数概念、计数原则和算术概念，都必须通过建构方法得到（Le Corre & Carey, 2008）。下面这个例子显然和连续性假设不一致，一些两岁的孩子不能准确地重现两个物品的集合，即使一个集合的模型还摆在那里（Baroody, Li, & Lai, 2008; Li & Baroody, 2014）。许多儿童在已经准确完成数量1、数量2的非言语配对任务之后仍然不能区分3个和更多的物品（例如，拿出4个或更多的物品来表示一个可视的3的模型），这表明如果儿童还没有对于这些数字建构准确的概念，那么他们是看不到2或3的。事实上，总有一些两岁甚至是三岁的儿童，尽管对于较少数量物品的集合能够准确配对，但是当被要求对3个物品甚至是2个物品进行配对时，他们仍然表现出沉默或者不配合，拒绝作出回应（Baroody, Lai, & Mix, 2006）。那些要求儿童重现一个隐藏的集合的非言语任务（需要儿童形成心理表征）看来比非言语配对任务更加困难，也使得儿童拒绝回应的可能性加大。简而言之，幼儿对两个甚至一个物品以上（还不是三个以上物品）的非言语数字任务表现出的有限能力范围（放弃执行的任务）以及舒适范围（不愿意参与），都是和先天论者所认为的关于直觉数字有着先天的基数表征的观点是不相符的。

言语关联机制。20世纪末，人们已经认识到语言对于准确的甚至是小数字的基数概念建构都是有影响的（Baroody, Lai, & Mix, 2006; Condry & Spelke, 2008; Mix, 2009; Purpura, Hume, Sims, & Lonigan, 2011）。例如，可靠准确地完成简单的非言语的数字和算术任务的能力似乎是和包括言语感知和数数在内的言语计数技能一起发展的（Benson & Baroody, 2003; Li & Baroody, 2014）。而且，儿童只有通过长期的、循序渐进的方法才能明白数字1, 2, 3的意义，这种情况更加符合上述不连续性的假设（Baroody, Lai, & Mix, 2006; Sarnecka & Lee, 2009）。

现在已经有了各种基于语言的模型，其中几个模型都是以这样或那样的方式基于如下两种普遍假定的先天认知（核心）系统而建立的：（1）一个感知（物品个体）的过程，它关注并允许相对精确地追踪较少物品集合中的单个物品；（2）一个近似的数字系统（ANS），它对较多物品的总数（基数）进行粗略估计。根据一个平行的个体化模型，言语感知是通过以下方式得以形成的：在相对准的先天的感知追踪过程中所形成的非基数表征和数字单词匹配起来，这一非数值的追踪过程使得婴儿和蹒跚学步的儿童能够区分较少的物品（Carey, 2009; Hyde, Simon, Berteletti, & Mou, 2016; Le Corre & Carey, 2007, 2008）。依据一个近似的数字匹配模型，准确的基数概念得以形成完全是把数数序列与先天的近似数字系统进行匹配的结果，由于数量较少，近似数字系统能够对少量物品进行相对准确的表征（Piazza, 2010）。依据两个核心知识模型，数字单词使得儿童能够把感知跟踪过程的表征与近似数字系统结合起来（Condry & Spelke, 2008; Huang, Spelke, & Snedeker, 2010; Spelke & Kinzler, 2007）。换句话说，言语感知允许同时关注集合中的每一个元素（组成单元）与集合中元素的总数（整个集合），从而使得精确的、数字的基数概念得以形成（参见 von Glasersfeld, 1982）。

尽管语言前的认知机制和某些经验对于准确的基数概念的发展必定有影响作用，但并非每一个基于语言的模型都与前面提到的核心机制相对应。萨尼卡等人（2007）提出的语法–数字观认为，语言环境（例如，听到"一"只用单数名词，听到"二"只用复数名词）有助于儿童构建前几个数字单词的基数含义。这可能有助于解释为什么说英语的儿童相比中国儿童在学习前面几个数字单词时具有优势，因为汉语中单数和复数没有区分（Li, Sun, Baroody, & Purpura, 2013），同时也可以解释为什么教师或家长进行数学谈话的频率与儿童当前的数字识别成正相关关系（Gunderson & Levine, 2011; Levine 等，2010）。

依据视觉–样本模型，最前面几个数字单词的含义可以通过将它们映射到一个数字的视觉示例中来学习，这是通过一个归纳过程来构建的，该方法也用在许多其他概念的构建中（Baroody, Lai, & Mix, 2006）。对于不同外观的两个物品都使用数字2作标签，这有助于儿童认识到用数字表示一类事物与事物的外观（形状、颜色和位置等这些物理属性）无关，从而抽象出数字单词表示的类别的共性（关键属性）。这种看法有一个重要启示：反例（例如，拿出3块饼干太多了，只要2块饼干）有助于建立数字概念的边界，并消除对于概念的过度泛化（例如，常用"3"表示"很多"）。

关于儿童对较小数字认识发展的研究。研究人员已经考察了言语感知发展的各个方面。

映射。博努瓦、里皓利、莫利纳、蒂贾斯和茹昂（2013）评估了3~5岁儿童在两个方向上（如对于给定集合用一个数字单词来贴标签，或对于给定的数字单词找出1个示例集合）的3种不同的映射方式（集合–数字单词、集合–数字、数字单词–数字），以及使用较小数字（1到3）和较大数字（4到6）的情况。在各种映射方式中，较小数字的发展总是先于较大数字的发展，而且映射方向对于儿童的表现也没有明显的影响。

数字的顺序。认知心理学家普遍认为，儿童是依次理解较小数字单词的意义的：先知道1的单词，然后是2，然后是3，然后是4（Le Corre & Carey, 2007）。可能是因为各种文化背景的成人在对儿童说话时，使用单词1都要比2多，使用单词2都要比3多（Sarnecka 等，2007）。而且，从逻辑上讲，每一个后面的数字都建立在它前面一个数字的基础上（如2=1+1, 3=2+1）。然而，一些纵向案例研究的结论表明，通过言语感知数字1和2的能力可能是同时出现的（Mix, 2009; Palmer & Baroody, 2011），这个结论可以用视觉样本模型解释，因为"1"和"2"和较大的数字一样，每一个数字在认识其他数字时都是反例。

言语感知的扩展。有了经验，儿童可以把言语感知扩展到直觉数字之外。克莱门茨（1999）把这种扩展界定为概念感知，需要使用空间的、听觉的和动觉模式的感知（例如，使用独特的视觉模式区分第4、第5和第6骨牌）。概念感知也可能包括将一个大的无序排列的物品集合分成容易辨认的数量较小的部分（例如，把随意排列的4个物品分成2组，每组各2个物品，或者把随意排列的6个物品分成3个物品和3个物品；Baroody & Rosu, 2006）。使用概念感知来分解不规则排列或者识别有规律的模式有助于口诀的记忆，如2+2=4, 3+3=6, 4+4=8, 5+5=10和6+6=12（Baroody & Rosu, 2006）。

个体差异性。斯塔基和库伯（1995）发现，两岁孩子在辨认包含1到4个物品的小集合中的物品数量的能力上存在显著差异。尤恩等（2011）发现，在他们的幼儿园孩子样本中，有略多于10%的孩子（主要是来自低收入家庭的少数孩子）不能言语感知数字3或4，另外有近20%的孩子能够言语感知数字3但不能言语感知数字4。

与算术能力其他方面的关系。表13.1和后面的几节都表明，言语感知是自主的、有意义的认数、计数和算术能力的基础，包括有意义地学习那些构成阶段1的基本组合关系的基础并使得阶段2和阶段3得以发生的技能（参见 Baroody, Bajwa, & Eiland, 2009; Baroody, Lai, & Mix, 2006）。例如，博努瓦等人（2013）发现，集合–数字单词映射早于集合–数字映射发展，而集合–数字映射又早于数字单词–数字映射发展。这些结论表明言语感知或许是（3岁孩子）有意义地认识并应用前几个数字的基础，而反过来，它又令人惊奇地在数字单词–数字映射中发挥着作用（对于4岁孩子）。此外，儿童在刚入校时的言语感知能力可以预测（至少在一些关键方面）他们在学校的数学学习成绩（Hannula-Sormunen, Lehtinen, &

Räsänen, 2015; LeFevre, Fast 等, 2010; Yun 等, 2011）。

结论：教育启示、方法论问题和今后的方向。虽然有关早期数字发展的研究很丰富，但在该研究领域中仍存在许多有待解决的相互关联的问题。

言语感知的发展机制是什么？基于这种发展机制，如何运用早期教育帮助每一个孩子达到数感的这一基本方面？ 实验研究表明，言语感知是认数、数数和算术的基础，在早期发展中就具有显著的个体差异，而且还会影响到随后的数学学习与成绩，因此需要有效的早期干预以确保每一个儿童在学校正规学习开始之前都能够识别和说出少量物品的数量，如果能够对较多物品进行概念感知就会更好。遗憾的是，言语感知的发展机制究竟是什么，现有各方面的研究还没有得到清晰的结论。尽管已形成的多个模型都认为最先几个数字单词有助于言语感知的发展，然而，关于促进言语感知发展的最好方法，人们却没有达成共识。一些模型（如天生的非言语数字模型）也没有为如何将数组映射到数字单词提供明确的指导，反之亦然。

言语感知和其他认知过程之间存在什么样的因果关系？ 我们需要的是能够清楚、真实而且明显地体现不同模型的随机对照试验，并对具体的教学建议进行评价（例如，使用正例和反例的重要性）。随机对照试验也常常被用来评价言语感知与其他算术能力发展之间的关系（如因果关系或促进关系）。随机对照试验和纵向研究将对发展问题提供更清晰的描述，如映射、数字顺序以及经由概念感知进行扩展。

基数概念及其映射的学习轨迹是怎样的？ 对基数的理解不是以全有或全无的方式发展的。表 13.2 总结了基数概念的一个可能的逐步发展的学习轨迹，不论是先天观（Gelman, 2011）还是建构观（参见 Mix 等, 2002），都对表中的这一轨迹提出了一个问题：E1.0 这个子水平真实存在吗？也就是说，儿童对于所有的直觉数字是否要形成精确的非言语的基数表征，这种表征能够帮助儿童用一致的方法分辨较少数量的物品吗（不只是统计上显著的水平，这可能归因于不精确的非数值或数值的表示）？还是正好相反，水平 E1.0 是表 13.2 中水平 E1.1（对于直觉数字形成精确的基于言语的基数概念）的副产品，从而并不能把 E1.0 作为一个单独的水平？

另一个问题是，按照表 13.2 中对水平 E1.1 的描述，

表13.2　基数概念的学习轨迹以及数字单词与数组之间的映射

E1 或 E2 水平中的数字基数概念/表征	映射类型	任务：策略
子水平 E1.0：对于<u>直觉</u>数字进行非言语的基数表征	数组→数组	非言语的映射任务：用数字概念重新生成一堆物品 非言语的生成集合任务：用数字概念重新生成一堆物品
子水平 E1.1：基于言语的基数概念以及识别或生成直觉数字	数组→单词 单词→数组	"有多少"任务：还不会数，使用数字基数概念和言语感知对数量较小的集合快速感知并给出数字标记 "给我 n 个"任务：还不会数，使用数字基数概念和言语感知给出所需数量的物品
子水平 E2.1：基数原则或者数数-基数概念	数组→单词	"有多少"任务：会数，使用基数原则把最后数到的那个数字单词作为总数
子水平 E2.2：基数-数数的概念也就是"数数-基数概念的颠倒"（基数等于数到最后一个物品时所用到的数字单词）	单词→数组	生成言语集合（给我 n 个）任务：会数，使用基数-数数概念来停止数数过程
子水平 E2.3：数量不变原则就是物理变化（比如改变物品的摆放位置）并不改变所数集合物品的基数	数组→单词→数组	外观改变任务：数数产生了基数数字单词，它也适合于对于物品被重新摆放但既没有添加也没有删减的这堆物品重新计数
子水平 E2.4：顺序无关原则（只要每一个物品都被数到，而且仅数了一次，那么按照何种顺序数数没有关系）	数组→单词→数组	假设重新数数任务：数数产生了基数数字单词，它也适合于假设从一个不同的起点开始重新对这堆物品进行计数

数组—单词和单词—数组是同时发展的（对所有直观的数字），这两种映射确实是同时发展的吗？在博努瓦等（2013）的研究中，3岁孩子的小样本（$n=16$）在完成小数字和较大数字的以上两种映射任务时没有表现出显著差异，但这并不意味着映射方向对小数字一定不重要。对于米克斯、桑德胡佛、摩尔和拉塞尔（2012）研究数据的事后分析揭示出，在对3个物品（不是1个或2个）回答"有多少"的任务（数组—单词映射）和"给我 n 个"的任务（单词—数组映射）时，不论在前测、后测，抑或在延迟的后测中都表现出显著差异（Baroody, Lai, & Mix, 2016）。鉴于认知心理学家在对基数数字的认识（知者水平）进行研究时常常使用"给我 n 个物品"的任务（Condry & Spelke, 2008; Le Corre & Carey, 2007, 2008; Sarnecka & Carey, 2008; Sarnecka & Lee, 2009），这些研究结论表明，使用这种单一任务可能会低估儿童对于数字3的基数概念的认识。因此，对映射的研究会受益于进一步的、最好是纵向的大样本的研究，这些研究要涉及分析集合大小（而不是数的范围）。如果这样的研究能够证实数组—单词映射的发展早于单词—数组映射，那么E1.1水平就需要细分成两个水平：E1.1为数组—单词映射，E1.2为单词—数组映射。

数字的大小关系：会数数之前对相对大小的判断（表13.1中的R1水平）

计数是对一个集合经由感知或有意义的一对一点物计数从而确定集合中的物体总数（数字的基数意义），然而，确定数字大小关系需要对两个或更多集合进行比较或者按照数字的相对大小进行排序（数字的序数意义）。儿童或许会运用归纳的方法理解"更多"的关系含义，因为他们常常听到"更多"这个词语应用在各种比较两个可感知大小的集合的任务中。看到"2比1多"以及"3比2多"之后，儿童发现数字不仅有基数的意义，还有序数的意义。懂得哪个数字比另一个数字大是理解加法和减法结果的基础，从而也是认识数的运算的基础。言语数字有相对大小，这种认识是随着儿童认识越来越大的数而发展的（Berteletti, Lucangeli, Piazza, Dehaene, & Zorzi, 2010;

Ebersbach, Luwel, Frick, Onghena, & Verschaffel, 2008）。接下来讨论在这一过程的第一步（非正式地理解相对大小）中可能存在的非言语的感知的基础。

先天的非言语的量感。许多认知心理学家认为，近似的数字系统是基于言语的数字关系和其他方面的算术能力的先天基础。

现有研究。一些动物和还不会说话的儿童似乎都拥有先天的近似的数字系统，借助近似的数字系统不需要通过数数就可以对较大的数量进行估计并进行比较（Bongard & Neider, 2010; Cantlon & Brannon, 2006; Izard, Pica, Spelke, & Dehaene, 2008; Race, Shanker, & Wagner, 2008）。近似的数字系统的表现可以预测随后的数学成绩（De Smedt 等，2009; Halberda 等，2008; Holloway & Ansari, 2009; Inglis, Attridge, Batchelor, & Gilmore, 2011; Libertus, Feigenson, & Halberda, 2013）。虽然文献中有关近似的数字系统对于准确的符号（口头的或书面的）专业知识的预测性存在矛盾的证据（De Smedt, Noël, Gilmore, & Ansari, 2013），但是，近来的元分析研究结论表明这两者之间存在着不大但一致的关系（Chen & Li, 2014），而且在儿童阶段这种关系是最明显的（Fazio, Bailey, Thompson, & Siegler, 2014; Inglis 等，2011）。例如，斯塔尔、利波特斯和布兰农（2013）发现6个月婴儿的近似的数字系统灵敏度可以预测其三岁半时的近似的数字系统灵敏度、早期数学能力测试（TEMA-3; Ginsburg & Baroody, 2003）的成绩以及用言语描述到6个物品的能力。后来，更细致的研究这种关系的方法发现，近似的数字系统和精确的数学技能之间存在着非线性的关系（Bonny & Lourenco, 2013; Purpura & Logan, 2015），近似的数字系统和基本的数数有关联，但和正式的数学、技能是无关的（Chu, vanMarle, & Geary, 2015; Libertus 等，2013）。

最近已有大量的研究在关注近似的数字系统的可塑性以及训练近似的数字系统对符号数学技能的影响（DeWind & Brannon, 2012; Hyde, Khanum, & Spelke, 2014; Lindskog, Winman, & Juslin, 2013; Park & Brannon, 2013）。然而，由于目前存在一些相互矛盾的证据，上述研究并没有得出确定的结论（DeWind & Brannon, 2012; Lindskog 等，2013），还有一些研究不能明确地将近似的数字系统定义为其训练可以影响符号数学表现的机制。例如，海德等（2014）及帕克和布兰农（2013）都发现和对照组相比，非符号训练改善了符号数学的学习表现，可是没有证据表明是近似的数字系统这种机制引起了这种差异。帕克和布兰农并没有对所有参与者的近似的数字系统进行后测，而海德等人发现实验组和对照组在近似的数字系统后测考试成绩上并没有显著差异。很有可能存在另一个未被关注的因素影响到这种符号化过程，如执行功能的技能（Fuhs & McNeil, 2013）。

关于先天的近似的数字系统的研究结论：教育启示、方法论问题和今后的方向。 总的来说，之所以认为"近似的数字系统是理解数字关系和符号数学技能的先天基础"是基于如下六个原因：

1. 近似的数字系统的灵敏度随着年龄增大而增强，表现出可塑性：六个月大的婴儿能够区分数量之比至少为 2 ∶ 1 的两堆物品（Xu, Spelke, & Goddard, 2005）；十个月大的婴儿能区分数量之比至少为 3 ∶ 2 的两堆物品（Xu & Arriaga, 2007）；一些学龄前儿童能够区分数量之比至少为 4 ∶ 3 的两堆物品（Halberda & Feigenson, 2008）。但还不能确定的是，六个月大婴儿的这种区分能力是先天就有的，还是知觉学习的结果。

2. 郝博达、利、威尔默、奈曼和盖尔明（2012）发现，在大一点的孩子和成人之间发现的个体差异，也存在于不会说话的孩子中，如果这种差异与婴儿感知环境的丰富程度有关，那么感知学习就会得到支持。

3. 一些研究者已经提出在测量婴儿、儿童和成人的近似的数字系统时存在连贯性问题，认为这些测量是在评估不同的结构（Gebuis & Van Der Smagt, 2011）。

4. 一些证据表明近似的数字系统任务或许实际上正在开发另一个领域，比如执行功能技能（Fuhs & McNeil, 2013）。

5. 越来越多的证据表明，正式和非正式的数学技能有着截然不同的构成基础，而近似的数字系统或许只是两种不同系统中的一种（Sasanguie, Defever,

Maertens, & Reynvoet, 2014）。利波特斯等（2013）发现，近似的数字系统似乎主要和非正式的数学技能有关，而与正式的数学技能无关。

6. 已有多个研究（Mussolin, Nys, Leybaert, & Content, 2012; Shusterman, Slusser, Halberda, & Odic, 2011; Wagner & Johnson, 2011）发现近似的数字系统灵敏度与准确掌握数字知识（比如数字6）两者之间存在相关关系。穆锁林、尼斯、孔唐和雷柏特（2014）发现，符号数字知识能预测近似的数字系统敏锐度的提高，反之则不然。此外，尼根和沙奈卡（2014）的研究认为，一些测量方法接受小孩子是基于点的大小来识数而非对数字的正确回答，而且小孩子或许不能理解数量"更多"意味着数更大。当使用修改过的任务来克服这两个方面的局限时，尼根和沙奈卡发现近似的数字系统灵敏度和准确掌握数字知识这两者之间不存在相关关系（参见 Sasanguie 等，2014）。

基于现有研究的种种缺陷，今后的研究还需关注以下两个重要内容。首先，需要开发一种能够更加有效、更加一致的评价近似的数字系统的方法。我们现在测量近似的数字系统的方法常常是单一的，这增加了带来测量误差的可能性，因为我们还不确定近似的数字系统任务是能测量预期的潜在结构，还是测量反应抑制（Fuhs & McNeil, 2013）或视觉系统的各个方面（Szũcs, Nobes, Devine, Gabriel, & Gebuis, 2013）。使用潜在变量的多种方法进行测量或许更加适当，一项使用了一个潜在变量的研究发现近似的数字系统和符号技能之间没有关联（Göbel, Watson, Lervåg, & Hulme, 2014），这或许是因为区分符号和非符号的任务与近似的数字系统是不相关的（Sasanguie 等，2014）。第二步是明确近似的数字系统训练中影响符号数学变化的机制。有一些干预措施虽然提高了符号数学技能，却没有改善近似的数字系统的灵敏度（Hyde 等，2014），因此还不能确定引起符号数学技能得以改善的因果机制是近似的数字系统，还有其他方面也需要给予关注，例如反应抑制、注意力灵活性和工作记忆。同样，这种近似的数字系统培训对实际课堂教学方法的好处还需要结合用于符号数学教学的时间进行综合考虑。

基于言语的量感：关系术语。基于言语的数量比较任务常常需要理解"更多"等关系术语。

有关儿童关系知识发展的研究。有关学龄前儿童在自然环境中数学语言的发展的研究并不多，沃克戴恩（1988）是其中的一个，他发现儿童最初把"更多"理解为一种非正式的增加含义（例如，"我想要更多的饼干"），直到后来才懂得了更加正式的比较（有联系的）含义（例如，"三块饼干比两块饼干多"）。这种转变的一个可能机制是近似的数字系统和听觉体验，因为在比较数量明显不同的物品时，儿童常常听到"更多"这个词。正如表13.1中R1水平呈现的那样，基于言语感知的经验为建构"更多"这个概念的关系含义提供了一个合理的解释。更具体地说，根据视觉样本模型，儿童或许能够通过其他人将"更多"的关系应用到他们可以用视觉感知的物品集合中，来归纳这个含义。

教育启示和今后方向。对于"更多"概念理解的变化，基于近似的数字系统的假设以及视觉取样假设都还需要进行实证研究。特别是，对于"更多"的关系性理解是先发展涉及一个大集合因而集合间明显不同（近似的数字系统假设），然后使用可感知物品（视觉样本假设）而发展的，还是以上两种情况是同时开始的？此外，还需要随机对照实验来评估通过归纳的过程学习"更多"的关系性理解是否比不用归纳的（直接的）教学方法更有效，无论采用什么方法，比较明显不同的集合（近似的数字系统假设），或比较可感知的集合（视觉样本假设），或既比较明显不同的集合也比较可感知的集合，基于这三种方法的教学是否是最有效的方式？

阶段0：基本的加法、减法概念和非言语的加法和减法（表13.1中的水平O1）

儿童在学前阶段建构的非正式概念，为非言语的加法和减法提供了重要基础（阶段0），而且这两个方面在理论上共同为理解文字题、口头表达或书面表达、运用数数方法来解决和与差的问题提供了关键的基础（阶段1）。以下两个概念对于在心理上进行自然数的加法和减法运算有重

要的意义：（1）与运算对象的关系原则（即两个自然数相加、相减分别得到较大的数或较小的数）；（2）结果的方向原则（即答案的大小取决于运算对象的大小）。这两个观念不仅体现在非言语加法和减法上（阶段0），而且为设计和使用数数（阶段1）和推理（阶段2）策略提供了基础。

现有的研究。研究并没有清楚地支持先天论的观点，即婴儿能够准确地进行 $1+1$ 和 $2-1$ 的运算，而不会说话蹒跚学步的小孩能够由数字的直觉进行上面这两个运算（详见 Huttenlocher, Jordan, & Levine,1994; Sophian, 1998; Wakeley, Rivera, & Langer, 2000）。然而，不同的非言语任务都有证据表明，儿童预期加法使得数变大而减法使得数减小，甚至儿童还能理解结果会随着加数和减数的变化而变化（Huttenlocher 等，1994）。例如，兰格（2000）指出，和3岁孩子不同，2.5岁的孩子对于 $1+1=1$ 有正确的反应（他们会感到惊奇），对于 $1+1=2$ 也有正确的反应（他们不会感到惊奇），但却对更复杂的问题 $1+1=3$ 的反应不正确（例如，他们意识到给1个物体再添加1个物体已经不再是1个物体了，但是他们并没有清晰地意识到结果只可能是2而不是许多）。此外，如果从个体来看（而不是从不同个体的均值来看），还有许多儿童直到3岁才能成功解决最简单的非言语加法和减法任务（如 $1+1$ 和 $2+1$；关于这方面的综述可参见 Jordan 等，2003; Mix 等，2002）。

然而，儿童进行符号加法和减法的时候，不一定重视"与运算对象的关系"以及"结果的方向"这两个原则。儿童在刚刚学习以口头形式呈现的加法口算问题时，会出现违背这两个原则的反应。比如，一些幼儿园的孩子总是关注较大的加数而不管另一个加数的大小（把5看成下面每一个计算问题的答案：$0+5, 1+5, 3+5, 5+0, 5+1$, 和 $5+3$; Baroody, Purpura, Eiland, & Reid, 2015; Dowker, 2003）。"和一定比任一个加数都大"这个知识可能要小学高年级后才会明确出现（Prather & Alibali, 2007）。研究表明，"小学阶段对运算原理与减法的关系的认识仍处于发展之中"（Prather & Alibali, 2011，第334页）。特别是，许多二至四年级的小学生还不能准确分辨出符合或不符合这一原则的等式。

方法论问题、教育启示和今后的研究方向。还需要精心设计一些研究来分析在非言语阶段，上述两个原则是什

么时候出现以及是怎么出现的，可能存在哪些个体差异以及原因，哪种早期干预可能公平有效。特别地，还需要一些纵向研究和随机对照实验来分析儿童从没有具备相关能力（不会运用法则），发展到不适的最近发展区（使用法则作为定性推理的基础，估计的方向正确），最后到舒适地掌握这种能力（对"和"或"差"进行准确的判定）。言语感知构成了以下两种情况共同的基础还是仅仅成为一种情况的基础？（a）把这两种原则应用于非言语的对于直觉数字的加法和减法（例如，意识到2＋2一定会比2＋1多，也一定比2－1多）；（b）能够准确地进行非言语的加法和减法（例如，明确意识到2＋1和2＋2分别等于3和4；表13.1中O1水平）。当儿童运用直觉数字的能力呈现出来的时候，这类研究还需要评价这些儿童的能力。非言语任务需要避免由于行为线索而导致的误报[1]，包括儿童简单地模仿测试员的行为（例如模仿1＋1的行为，先拿出一个物品然后再拿出另一个物品，却没有意识到和是2），或者儿童关注测试员的最后一个行为而导致的误报（例如，对于2－1，说出一个物品只是因为测试员的最后一个动作拿走的是1个，而不是真的认识到2－1的差实际上是1）。

还需要系统研究为什么许多儿童不把这两个原则运用在口头呈现或者书面呈现的符号任务中，以及教学可以如何弥补这一差距。由于这两个原则仅仅运用于自然数，形成的知识是否会妨碍包括0和负数在内的加法和减法口算？今后的研究需要转向很少使用的收集知识档案的方法，档案可以总结个体在多种情境和不同评价中的表现（Prather & Alibali, 2009）。

口头数数：字符串阶段和不可断链阶段
（表13.1中C1和C2水平）

（C1水平）最初，数数顺序只是机械记忆的"唱数"（Ginsburg, 1977）。在这个字符串阶段，儿童把头几个数字单词看成是不加区分的一串字符（多音节的声音）："一二三（onetwothree）"（Fuson, 1988）。（C2水平）随后，儿童才认识到数数的序列是由不同单词构成的，这是儿童对物体计数的基础（Fuson, 1988）。然而，达到这个数字序列水平的儿童还不能直接说出一个数后面的数

是几，只能从1开始数起。例如，当问到"数数时9后面是哪一个数"时，3岁的艾莉森给难住了，但如果你问"1，2，3，…，7，8，9后面跟着哪一个数"，她很快就能回答"10"（Baroody, 1987）。

数数的延伸阶段：有意义的实物数数
（表13.1中的E2水平）

言语感知能帮助儿童发现并理解格尔曼和加利斯特（1978，见表13.1）提出的有意义的物体数数的原则基础，并意识到数数能够确定物体总数。有意义的一对一点物计数反过来又能够增强儿童对那些超出儿童感知范围的物体集合进行数数的能力，而且由于它表示数字和运算，因此也是进行非正式的、具体的加法和减法策略的基础。精确计数使得集合中的每一个元素都和唯一的数字对应起来。从心理学的角度看，这种数数有了如下变化：（a）以稳定的标准顺序生成计数序列；（b）每点一次从这个数列中分配一个数；（c）注意到哪些物体数过了，哪些物体还没有数。儿童往往通过死记硬背来掌握这些技能（即并不知道数数的目的），有意义的一对一点物计数需要儿童理解基数原则：对一堆物体数数时最后用的数字就表示这些物体的总数（这个集合的基数）。

已有研究。家长和幼儿园教师可能经常以一种无益的方式示范一对一点物计数或基数原则。在不多的努力弄清楚如何更好地教授基数原则的研究中，米克斯等（2012）发现在四种教学方法中只有一种有效。具体来说，仅仅数数（并不确定基数/总数）、仅仅确定总数、仅仅数数与仅仅确定总数轮流进行都是无效的，将1到9的集合的基数与集合中物品的计数配对才能确实形成基数原则。不幸的是，他们还发现家长在阅读图画书时很少使用基数标签与数数的方法。

此外，即使家长和幼儿园教师将基数与集合的计数配对，他们也可能使用超出儿童感知数目范围的集合，即确定物体总数的数字不是儿童已经了解的。具体地说，在数数示范过程中强调最后一个数（在对5个物品数数时，说："1，2，3，4，5"，粗体5表示说5时加强语气），或者最后一个数字单词再说一遍（"1，2，3，4，5——看这

里有5个"），这些方法对于不能感知数量5的儿童几乎没有意义。相反，在示范基数原则时，如果用儿童能够感知数量大小的一个集合，那么儿童就更有可能把数数过程与他们已有的数的知识联系起来，理解为什么大人说最后一个数时会加强语气或者再说一遍，并发现数数的目的，知道它是确定一堆物品总数的一种方法（Baroody, Lai, & Mix, 2006; Frye 等, 2013; Klahr & Wallace, 1976）。

莎尼卡和凯里（2008）的研究支持这样一种观点，即理解基数原则是儿童从识别较小的数的能力（感知）转向理解计数和一般数字过程之中的一个重要发展过渡。在形成基数原则之前，孩子们不会把后面的数字单词与数量联系起来（Slusser & Sarnecka, 2011）。实际上，该原则使儿童能够将用小数字发现的模式和关系推广到所有数字。一些研究人员得出结论，儿童在理解加减法之前，需要将数字单词与各种不同的集合相关联（Kolkman, Kroesbergen, & Leseman, 2013），感知少量不一样物品间的关系可能会为这两者提供基础。

结论：教育启示、方法论问题和今后的研究方向。今后的研究还需关注关键的教学和方法论问题。

未解决的教学问题。在教基数原则时，需要关注两个重要的教学问题：

1. 哪一种基数-数数配对方法最有效？米克斯等（2012）在研究中先标注物体数量后进行数数，这种方法或许只是含蓄地强调数数过程中最后用的那个数量单词特别重要（即它既表示物体总数，也标注了最后数的那个物体）。米克斯等人认为，先数数后标注物体总数可能使得示范演示没有效果，因为数数过程和标注总数没有明显分割开。然而，儿童是否能够区分这两个过程，以及先数数和先标注总数这两种方法哪一个更有效目前还是一个经验问题，需要进一步研究确定（Paliwal & Baroody, 2017）。另外，用更高的音量拖长最后一个数字单词以强调最后一个数字单词（例如，数3块饼干时说，"1, 2, 3；有3块饼干"），或许可以帮助儿童区分和比较数数和标记物体数量的过程。

2. 教基数原则时集合的大小是否是一个关键因素？应

该用可感知的集合模型来教基数原则这一假设还没有得到实证的证实。有一种说法认为，应先使用较大数量的集合，因为假若儿童对于集合的数量已经能够辨认，那么这样的教学或许无法引起儿童的注意（参见 Gunderson & Levine, 2011）；另一种说法是，教学中既要使用数量较小的集合也要使用数量较大的集合（如Mix 等, 2012），因为前者可以帮助儿童发现基数原则，后者可以把这个原则进行推广。

方法论问题。关于基数原则（有意义的一对一点物计数）的测量有一些基本问题需要解决。一个具体的问题是，基数原则的传统操作定义是否明显低估了学生的能力？认知心理学家常常把掌握基数原则（在表13.2中的E2.1水平）在操作上定义为根据一个指定数量（超出感知范围4的）"给我n个物品"的任务中的能力表现（见表13.2中E2.2水平；Condry & Spelke, 2008; Le Corre & Carey, 2007, 2008; Mix 等, 2012; Sarnecka & Carey, 2008; Sarnecka & Lee, 2009）。这个操作性定义忽略了一个事实：相比"有多少"任务，"给我n个物品"任务的认知要求更高，在概念理解和工作记忆这两个方面的要求都要高。具体地说，这种界定忽视了富森（1988）对于以下这两个概念的区分，数数-基数概念和更高级的基数-数数概念，前者和基数原则的含义相同（表13.2中E2.1水平），后者是拿出给定数量物品能力的基础（表13.2中E2.2水平）。而且，"给我n个物品"任务要求儿童在工作记忆中保存这个数量，还需要把这个数和已经数到的数进行比较。如果研究证实"给我n个物品"任务严重低估了儿童掌握基数原则的能力，那么就需要确定一个更加可靠而有效的测量方法。

第二个问题是，"有多少"的任务是否能够准确地测量儿童掌握基数原则的程度？这个相对直接测量基数原则的方法并不经常用作操作性定义，这是因为担心它可能高估了儿童的能力。具体来说，许多儿童或许只是记住要说出数数过程中的最后一个数（即只是使用基数原则但不是基于理解）。有趣的是，另一种对"有多少"的任务的批评是，它可能低估了儿童对基数原则的理解，因为对于已经理解这个原则的儿童来说，在数数之后问他们有多少物品似乎是多此一举，儿童会认为他们在数这个集合时显然已经给出了总数。

"有多少"的任务究竟是高估了儿童运用基数原则的知识，还是低估了它，抑或这两种情况都存在？对于这些问题还需要进一步的研究。为此，需要修改这种任务或用其他任务来替代。一种可以替代的任务就是基于逻辑进行数数的任务，例如，在数字提示任务中，要求孩子从3个放有不同数量零部件的盒子中选出1个所放的零部件数量正确的盒子来制成1个魔法玩具。孩子会收到1张卡片，上面有一些圆点，这些圆点与盒子里的零部件数量相同，但排列方法不同，还有提示语："数一数这些圆点，盒子里的零部件数量要和圆点一样多"。此外，把基数原则（或任何）任务融入游戏的背景，有助于儿童理解任务并给予充分思考后的回答，因为这大大激发了儿童的兴趣。注意到数字提示任务可以很容易地通过游戏方式呈现，这种方式对于确保"有多少"的任务不会低估儿童对于基数原则的理解可能尤为重要。在"隐藏的星星"这个任务中（Baroody, 1987），儿童被告知："看这张卡片，上面有一些星星，用你的手指数数这些星星。然后这些星星会被藏起来，如果你能告诉我多少星星被藏起来了，就算你赢了。"这个游戏创造了一个真实而诱人的理由，让儿童回答"有多少"的问题，当然，游戏是否提供了更有目的的背景和更准确测量对基数原则理解的方法，还需要进一步的实证研究。

还有一些问题需要系统研究，例如，数量不变原则（表13.2中E2.3水平）和顺序无关原则（表13.2中E2.4水平）等其他基于逻辑计数的概念在理解基数概念的过程中扮演了什么角色？它们与有意义的计数以及算术能力发展的其他关键方面存在什么联系？例如，理解数量不变是在理解基数–数数概念（表13.2中E2.2水平）阶段之前吗？

数字大小关系：基于计数的比较
（表13.1中R2和R3水平）

理解数数顺序体现了数字大小关系有助于扩展基于言语的数字关系的能力，远远超过直观的数字，并能够运用数数非正式地计算和与差，从而达到阶段1（表13.1

中O2和O3水平）。

对发展的猜测和现有研究。儿童使用相对具体的（基于对物体进行数数的）方法比较集合数量的多少，使用抽象的（心理的）方法比较两个口头陈述的数字。

数量变大原则及实物计数的比较（表13.1中的R2水平）。从逻辑上讲，如下两个方面的整合能促使儿童理解数量变大原则——位于计数序列中后面的数字可以表示更大的集合（Sarnecka & Carey, 2008; Sarnecka & Gelman, 2004）：一方面是儿童对较小的言语数字产生大小感（例如，"3"大于"2"；表13.1中R1水平），另一方面是儿童体会到数字序列有一个稳定或标准的顺序。数量变大原则使孩子们能够使用有意义的实物计数来确定两个集合中的较大者（例如，7个物体比6个物体多，因为数到6还必须进一步数数才能得到7），特别是比较那些没有明显数量差异的集合。

不相邻或不连续数字的心理比较（表13.1中的R3水平）。熟悉计数序列（C2水平）和数量变大概念（R2水平）为在心理上抽象地比较位于计数序列中明显不同位置的两个口头数字或书面数字的大小提供了基础（例如，对如下的数字进行比较，2和7，10和3，9和5以及4和8）。

未来研究。视觉示例假说（对小数字的言语感知促成了稳定顺序原则和数量变大原则）需要实证研究来证实。对较大数字的概念感知是否会帮助儿童学习这两个原则？同样不清楚的是，构建了数量变大原则之后，对不相邻数字进行具体比较（基于实物的计数）和心理比较是同时发展还是有前后发展顺序的？

言语计数：可断链水平
（表13.1中的C3和R4水平）

随着儿童熟悉计数顺序，他们达到了计数的可断链水平（Fuson, 1988），也就是说，孩子们不再需要从"起点"开始（从"1"开始计数）来确定给定数字后面的数字。这是发现"接着数"方法来计算和的先决条件（例如，对于5＋3，是从5开始数，接着数三下"5, 6, 7, 8"）。此外，一旦孩子熟悉后面一个数的关系（表13.1中的C3水平），他们可以有效地利用这种知识和数量变大原则（R2水平）去推断相邻两个数字中哪个较大（例如，8比7大，因为在数数时先数7再数8；表13.1中R4水平）。在口头陈述或书面呈现等式如7＋1＝8和8－1＝7时，这些知识对于解释等式的意义是至关重要的。

数字关系：后继原则（表13.1中R5水平）

数量变大原则及其在比较数字时的应用（表13.1中的R2到R4水平）并不能保证理解"多多少"的问题，例如，9比8大，9比8仅仅大1。从理论上讲，对于多了多

少的准确表示取决于后继原则的建立：计数序列中的每一个数字恰好比它前面那个数字多1（Izard等，2008）。图13.1说明了儿童对数字单词1到10的相对大小判断的理论进展，该假设以线性形式表示了这个发展过程。

后继原则是一个重要观念的好例子。从逻辑上讲，后继原则是把计数序列转化为整数序列（n, $n+1$, $[n+1]+1$, …）进而以线性表示（例如，3和4之间的差异与8和9之间的差异相同，具体来说就是差一个单位）的概念基础。这些发展一起为非正式的数学归纳（从几个后续计数数字的例子归纳得出所有后面的数字都符合这

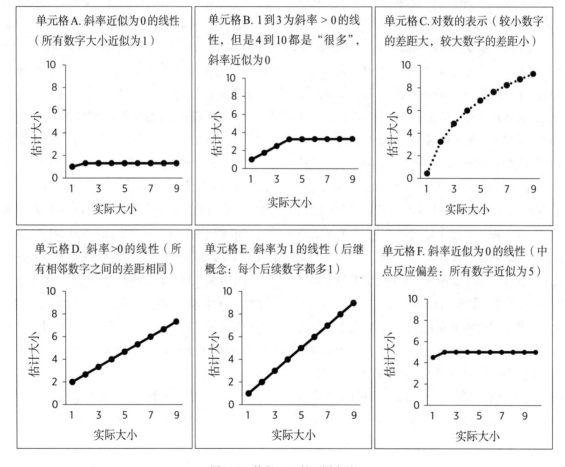

图13.1 数字1~10的不同表示

因为测试作了不止一次，所以用回答的中位数来确定儿童的估计大小。单元格A是蹒跚学步的幼儿在认识到基数也表示相对的大小之前的假设反应（即表13.1中的R1水平之前）。单元格B说明了达到R1水平后幼儿的假设反应（即，当"一""二"和"三"被认为是越来越大，但"四"及其后面的数字都被视为"许多"时）。单元格C显示了基于数量变大原则的反应（表13.1中的R2水平），但采用对数表示［即，较大的不熟悉的数字（例如8和9）之间的差异小于较小的熟悉的数字，如2和3］。单元格D反映了在构建后继原则之前的理论发展——认识到每个连续的数字超过其前面数字相同（非单位）的数量。单元格E显示了基于后继原则的相对大小判断——理解计数序列中每个连续数字相比前面数字增加1（表13.1中的R5水平）。单元格F显示不论提供什么数字，对每一个数字的反应都是指向数轴中间数字这样的反应偏差。

个规律）提供了基础。

现有研究。虽然后继原则似乎是早期数感的重要基础，它被列为美国《州共同核心数学标准》中幼儿园阶段的目标（NGA & CCSSO, 2010），但关于它的发展我们知之甚少，包括如何帮助孩子发展后继原则，以及这个观念是否以及如何与数字发展的其他方面以及远期的数学成绩有联系。

发展的前提条件。研究表明，对基数概念的理解（E2水平）与后继知识直接相关（Sarnecka & Wright, 2013），对数量变大原则的理解也是如此（R2水平；Sarnecka & Carey, 2008; Sarnecka & Gelman, 2004），然而，需要进一步的研究来确认表13.1所示的学习轨迹，特别是，熟练掌握后面一个数的关系（C3水平）以及在心理上比较相邻数字（R4水平）起着怎样的作用。

与线性表示和算术能力其他方面的联系。一些研究表明，幼儿最初具有对数的表示（如图13.1中单元格C所示；Berteletti等，2010），随着年龄的增长，幼儿越来越熟悉数字，并逐渐转向线性表示（Laski & Siegler, 2007; Siegler, Thompson, & Opfer, 2009）。这种线性表示不论与更好地理解数字运算，还是与较高的综合学业成绩都存在正相关（Booth & Siegler, 2008; Geary, Hoard, Nugent, & Byrd-Craven, 2008）。例如，冈德森、拉米雷兹、贝洛克和莱文（2012）发现空间技能、线性表示和近似符号计算都是显著相关的。

干预的努力。后继原则或线性表示的重要性最近激发了研究者大量的兴趣去开发和评估旨在促进数感这些重要方面发展的干预措施（Reid, Baroody, & Purpura, 2013）。例如，拉曼尼和西格勒（2008, 2011; Siegler & Ramani, 2008, 2009）已经发现，线性编号板游戏明显改善了中产阶级和贫穷家庭的学龄前儿童对数字1到9的线性表示以及早期算术的其他关键能力，如数字比较（例如，"5块饼干多，还是4块饼干多？"）。借助一个10×10的百数表，拉斯基和西格勒（2014）也发现，在一个1到100（"跑到太空"）的平板游戏中，以0为起点的游戏提高了幼儿园孩子在某些情况下的数轴估计能力。

结论。最近关于大小比较以及如何干预才能提高这种能力的研究是对早期学习研究的重要拓展，例如，有研究表明幼儿将"2"或"3"之外的任何数看作"多"或"许多"（Descoeudre, 1921, *Le developpement de l'enfant de deux a sept ans*，摘自 Bryant, 1974）。雷斯尼克（1983）引入了"头脑中的数轴"一词来描述学龄前儿童对于基数序列和重要数值关系的心理表征。这是用词不当的。数轴代表一个连续的量（线性范围），从而体现了富森（1988）提出的数的测量含义。如图13.2所示，雷斯尼克（1983）实际上描述了一个"心理数字列表"（按大小顺序排列的自然数），这是对离散量的表征，体现了富森（1988）确定的数的基数意义。这一区别对于研究方法、教学以及未来的研究都有重要的影响。

方法学意义和未来的发展研究。使用数轴任务来评估幼儿对于计数序列的心理表征、干预的影响以及在表13.1中总结并在图13.1中阐释的学习轨迹，这种方法或许是有局限的，甚至是有问题的，原因有四项：

1. 对使用数轴任务进行大小判断的传统分析，即使是在个别基础上进行的分析，最多也只能对后继原则的达成情况提供一个大致的指示（表13.1中的R5水平）。每个数比其前面的数恰好大1，这

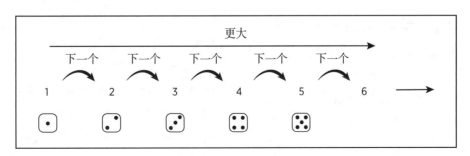

图13.2 头脑中的数轴

在示例中，孩子尚未确切表示过6或者6以上的数量。

个知识可以由斜率与1无显著差异、y轴截距与0无显著差异的线性表示反映出来（见图13.1中的单元格E）。其他线性结果（即使与图13.1中的单元格D类似）并不一定表示对后继原则有了认识。

2. 数轴任务可能与幼儿对数字计数的非正式概念不一致。具体来说，幼儿对于计数序列的初始表示可能建立在他们确定集合中离散物品总数（基数）的经验上，因此是基于幼儿认识数的离散意义，而非数的测量意义。在数轴上准确地表示数的相对大小（即达到上述原因1中提到的R5水平的标准）似乎需要理解数字的测量意义，包括直线上单位的概念。例如，要在0到10的数轴上以合理的精度确定6的位置，孩子可以将数轴划分成10个相等的段（单位），并数出前6个，或找到中点并准确估计1个单位的大小。然而，儿童理解线性单位的概念通常比非正式地理解数的离散意义更晚。事实上，许多孩子在小学阶段也很难理解测量长度的过程（Fuson, 2009; Lehrer, 2003; Thompson & Preston, 2004）。萨克森等（2010）发现，即使是五年级的学生也很难应用线性单位的概念去解决基于数轴的问题。例如，数轴上显示并标有数字8和10，学生把数字11放在了12的位置上（即错误地将8到10之间的距离视为1个单位）。

3. 常规的数轴任务可能涉及其他较先进的数字知识，比例推理也可以作为在数轴上准确显示数字相对大小的方法（Barth & Paladino, 2011; Slusser, Santiago, & Barth, 2013）。例如，要在从0到10的数轴上识别6的位置，一个孩子可以这样推理：6是这条线段的$\frac{6}{10}$或$\frac{3}{5}$，这比0到10的一半还要多一些。乘法推理是数字比例推理的重要基础，然而对幼儿来说，乘法推理的发展较晚、较难（参见Lamon, 2007）。此外，不管选择哪种策略，常规的数轴任务是把左端点标为0。不幸的是，对零的概念的理解发展得相对较晚（Bofferding, 2014; Wellman & Miller, 1986）。

4. 传统的数轴任务对儿童来说或许会带来种种困

惑，这可能会促使儿童使用反应偏差。由于上述的第二个原因和第三个原因，儿童，特别是那些没有许多机会来构建非正式知识的儿童，可能不理解任务要求，不确定如何回应（即不知在数轴的哪里标记），这样的孩子可能会求助于某种反应偏差。因为常规任务中所要标注的数字比数轴正中间的那个数大，有些儿童可能会采取"中点反应偏差"，即无论数字的实际大小是什么，在估计数字大小位置时会一贯地运用找到数轴中间位置的方法（实际大小；类似于图13.1中的单元格F）。

虽然常规的数轴任务也许有助于测量较大儿童对于数字测量意义的理解，但是研究表明，这种方法可能会严重低估儿童对后继原则以及基数序列的线性表示所具备的知识。和上述原因1所阐述的观点一致，里德、巴鲁迪和普尔普拉（2015）发现，相比那些直接衡量孩子后继知识的任务，儿童在数轴任务上的表现特别差。与上述原因2所阐述的观点一致，研究表明，儿童在估计连续的数量，如面积时，与估计点的集合（离散的量）和数字集合的大小依赖的是"不同的处理策略和遵循不同的发展轨迹"的（第758页；Sella, Berteletti, Lucangeli, & Zorzi, 2015）。科恩和莎尼卡（2014）比较了3.5岁儿童与8岁儿童在常规的有界数轴任务以及无界数轴任务中的表现，并得出结论，后者"可能反映了任务中测量技能的增长，而不是儿童对于基数序列理解的变化"（第1640页）。

与上述原因2和3中所阐述的观点一致，波特莱迪等人（2010）使用左端点为更加熟悉的数字1的数轴任务。在两个独立样本（都是3.5岁至6.5岁的儿童）的实验中，孩子们解决这样的数轴任务相比常规数轴任务准确性要高。通过平衡被试内部和被试之间的设计，里德等（2015）发现，事实上，4岁和5岁的孩子在常规数轴任务中的表现，明显不如在那些"用户友好"版本的数轴任务（例如，任务中把熟悉的数字1作为左端点，或者用单脚跳情境类比数轴上的离散量）中的表现。

和上述第四个原因所阐述的观点一致，里德、巴鲁迪和普尔普拉（2011）发现4岁至5岁的儿童面对"用户友好"的数轴任务不太可能出现中点反应偏差，该任务要求测试者向被试者说出一个数，而不是布置常见的数轴任务。这些结果与波特莱迪等（2010）运用"用户友好"的数轴任务所得出的研究结果是一致的，即都没有看到儿童使用反应偏差（截距在4与5之间的一条近似的水平线）。然而，拉曼尼和西格勒等（2008, 2011; Siegler & Ramani, 2008, 2009）运用常规数轴任务时，儿童（控制组）在前测和后测中都有使用这种反应偏差。

涉及早期数感这些方面的许多问题仍未解决。后继原则是构建基数线性表示的概念基础吗？每个方面都可以相对直接而准确地测量吗？孩子们何时以及怎么样把基数的线性映射与数的测量意义联系起来？为什么学龄前儿童可以成功地在0到100的数轴上估计面积（一个连续量）的相对大小，但不能顺利解决点子或数字的估计问题呢（离散量；Sella等，2015）？正如萨拉等人（2015；参考 Barth & Paladino, 2011; Slusser等，2013）所提出的那样，因为面积相对直接地映射到另一个连续量（线性范围）上，学龄前儿童能否成功地对面积进行比例判断？如果是这样，学龄前儿童应该能够成功估计其他连续量的相对大小，特别是长度。或者，萨拉等（2015）研究中的参与者使用了一种非正式的、不精确的比例推理形式，而不是基于（相对精确的）乘法推理？

教育启示和未来研究。 需要开展进一步的研究来解决目前引起极大兴趣的几个重要问题。

教学中要想推动后继原则尤其是一般的大小概念，应该基于数轴这样的测量模型，还是应该基于数列这样的离散量模型？在最近这些年，在幼儿数学教育中普遍推荐使用数轴（NMAP, 2008; University of Chicago School Mathematics Project [UCSMP], 2005）。这个建议似乎与近似的数字系统（一种模拟系统）的观点是一致的，是认识大小和算术能力发展的基础。这似乎也与达维多夫或者说与俄罗斯人对数学教学的观点一致，即测量，而不是数字，为数学教学提供了更为牢固的概念基础（Venenciano & Doughterty, 2014）。索菲安（2004）发现，与接受读写能力干预以及无任何干预处理的对照组相比，参与头脑启动计划（Head Start）的儿童在一个不强调单位概念的基于俄国人的测量观（例如，从数数或者任何量化过程中得到的数值结果都取决于计量单位的选择）的项目中受益匪浅。虽然帮助孩子明确理解单位思想是有意义的，但该研究并没有清楚地回答专注于测量、数字或把测量概念应用于数字的教学是否是最有效的。虽然两个控制组都是常规环境的（教室）数学教学（无论其频率和质量如何），而且接受读写能力干预的控制组（不同于那个无任何干预处理的控制组）控制了新奇效应，但是，基于测量干预的实验组获得了更为全面的数学教学。该组所取得的比较好的效果或许是因为教学时间长，而不是教学性质或教学质量带来的。

还需要研究来直接比较精心设计的基于数的测量模型（如使用数轴）的早期干预和基于数的基数模型（建立在儿童对数的离散数量观之上）的早期干预。幼儿通常不会自发地将连续的量分解成可数的单位（Fuson, 1988; Huntley-Fenner, 2001），且常常会误认为数轴代表离散的量，这从儿童对数轴上的数字或者刻度线进行计数，而不是计算刻度线之间的范围（例如，把0或其刻度线计数为"1"; Lehrer, 2003）就可以证明。回顾萨克森等（2010）的研究发现，五年级学生对于解决需要运用直线上的单位概念的数轴问题有困难（例如，显示了一条带有8和10标记的数轴，不少学生把数字11写在12的位置上）。此外，虽然基数或离散数量的数字模型（如基数图表，一种在每个数字上有相应数量的数字列表）已被推荐用于帮助孩子建立大小概念（Frye等, 2013; Jordan, Glutting, Dyson, Hassinger-Das, & Irwin, 2012），但其相对功效还需要进一步研究。

玩直线形图板游戏能有效促进后继原则、基数的线性表征以及算术能力其他方面的发展吗？拉曼尼和西格勒（2008, 2011; Siegler & Ramani, 2008, 2009）的研究最近推广了对于数字列表模型——线性图板游戏"大比赛"的使用。虽然实验组整体的线性度有显著提高（例如，前测中是相对平坦的线，如图13.1中单元格A或单元格F所示，后测的结果近似于图13.1中单元格D），这或许表明棋盘游戏能帮助一些参与者掌握后继原则，但若用斜率预测后继知识（即斜率与1无显著差异；近似图13.1中的单元格E），那么它并不表明大量参与者能进行大小估计了。

还不清楚是哪一个方面或哪几个方面的训练产生了效果。例如，西格勒和 拉曼尼（2009）以及拉曼尼和西格勒（2011）的研究都认为直线形数字板明显优于圆形数字板，然而这两个研究的内部有效性都值得怀疑，原因有二。第一个原因是形状（直线形或圆形）和计数方向相混淆。与直线形游戏板不同，有一半圆形图板游戏的参与者使用的圆盘上的数字是按逆时针方向排列的，后者可能与儿童从左到右数数的心理表征相反，因而不太有助于构建线性表征。第二个原因是形状（直线形或圆形）和数量类型（离散或连续）相混淆。实验组采用的是直线形–半离散模型（图13.3中的单元格L-S），控制组采用的是圆形–连续模型（图13.3中的单元格C-C）。还不清楚图13.3所示的直线形–半离散或直线形–连续（L-C）板是否会比圆形–离散（C-D）或圆形–半离散（C-S）板产生更好的结果。下一步的研究需要把形状（直线形还是圆形）、计数方向（与从左到右的数字表征一致还是不一致）、数量类型（离散的、半离散的还是连续的）区分开来，系统地考察这些因素。

拉斯基和西格勒（2014）试图确定"跑到太空"数字图板游戏中对幼儿园孩子有影响的具体元素。在实验1中，对"大比赛"游戏中使用的"接着数"的策略（例如，从27开始移动两个空格就数"28, 29"）与"从1开始数"的策略（例如，从27移动两格是数"1, 2"）进行了比较。运用接着数的方法带来了显著的效果，而从1开始数并未带来任何改进。这些结果似乎要么表明了接着数的方法是关键因素，而两种情况下都使用的半线性的10×10的百数图（10条10个单位的直线板）并不是影响因素，要么表明了接着数的方法和半线性板需要同时使用。为了把这两个变量区分开来，他们进行了后续研究，让幼儿园孩子在没有半线性板的情况下练习"接着数"。由于这种训练没有什么效果，拉斯基和西格勒（2014）得出结论，接着数的方法和半线性板需要同时使用。

然而，方法论问题可能会限制拉斯基和西格勒（2014）所得结论的内部和外部有效性。实验1中接着数的方法在训练时间上的优势不能完全受到统计学上的控制。在玩游戏之前，从1开始数的参与者被要求执行一项额外的、可能不吸引人的任务：从1开始数到100（为了在了解计数顺序和提供训练者的支持之间取得平衡）。重要的是，那个后续研究不是随机对照试验，不具有比较条件，实验1中也没有对仅用接着数方法与使用实验1中半离散直线形板的情况下使用接着数方法进行直接的比较。即使有随机对照试验支持，这些结论也需要在发育程度较低的学龄前儿童中得到进一步验证（即使只使用

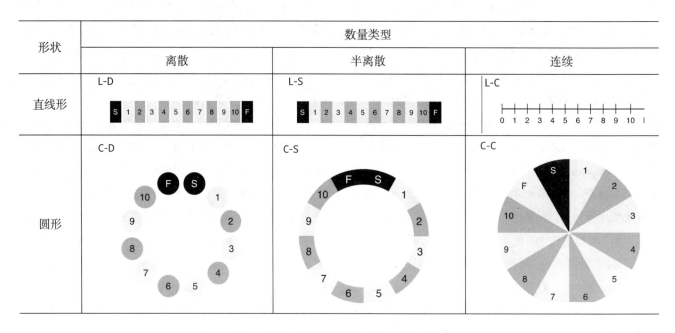

图13.3 直线形图板游戏中1到10的不同表示

一个1~10的数字列表）。虽然在将数字读到100时的准确率为82％，但我们并不清楚后续研究中只使用接着数的方法是否真的涉及接着数。例如，一个孩子看到一串写好的数字，如3，4，5，6，可以简单地读取数字，这完全不同于从"3"开始数并再数三次。最后，由于两项研究都没有涉及延迟后测，因此目前还不清楚任何一个干预措施的长期影响会是什么。

此外，由于如下四个原因，玩直线板游戏（"大比赛"）对迁移到数字任务的影响还不清楚。

1. 虽然拉曼尼和西格勒（2008）发现"大比赛"的游戏训练对于计数、数字识别和数的比较方面比控制训练的影响要大得多，但是，这些结果对于说明迁移效果的意义是有限的，因为后测和延迟后测效果大小的计算没有考虑到两个条件之间的前测差异。

2. 因为拉曼尼和西格勒（2008）研究中的控制组涉及了非数学的（颜色）训练，所以不能确定效果是由于特殊的实验干预还是由于整体接触到更多的数学。

3. 具有显著性的结论并不意味着有实际意义。例如，拉曼尼和西格勒（2008）发现的计数结果是：平均而言，"大比赛"组相比对照组，多学了一个计数单词，这个小小的优势是通过1.33小时的个别训练取得的，目前还不清楚其他的数感训练方法是否可能更有效。

4. 几乎没有证据表明随后的培训实验可以生成迁移，包括那些关注数感培养的比较实验。西格勒和拉曼尼（2008［线性轨迹相对于颜色控制］；2009［线性或圆形轨迹相对于数感控制］）与拉曼尼和西格勒（2011［线性或圆形轨迹相对于数感控制］）都发现用"大比赛"训练并没有在计数和数字识别方面获得明显效果。西格勒和拉曼尼（2009）仅在比较线性轨迹组的数字时发现了前测与后测间的明显进步，而数感控制组则没有。但是，这样的间接比较不足以得出如下结论：相比数感控制训练，线性轨迹训练对于数字

比较有更大的影响。拉斯基和西格勒（2014）发现玩"跑到太空"的游戏并不会迁移到数字识别上，尽管在与实验干预一致的任务上存在显著差异，如接着数和写出1到100的数字表。

简而言之，玩线性图板游戏对幼儿学习后继原则、基数序列的线性表示以及对数字知识的其他方面有什么影响，还有待进一步研究。

基础与高级阶段1：确定总和的具体策略和基于数数的抽象策略（表13.1中O2和O3水平），O2和O3水平之间的过渡基础是言语计数：可数链水平（表13.1中的C4水平）。

借助计数顺序，孩子们可以增强运用非正式方法解决那些超出直觉数字的和与差问题的能力。表13.3总结了一种运用非正式方法确定总和的学习轨迹。

关于计数策略的一个关键的发展差异。富森（1988）指出了基于数数（或阶段1）的两种加减法策略的显著不同之处：

1. 基本阶段1策略：具体的基于计数的策略（表13.1中的O2水平）多多少少直接模拟了加法就是添加这一非正式的观点。这种策略需要先表示一个或两个加数，然后数数得到总和。这两个步骤需要先后独立完成，因为不能将对象视为同时代表加数与和。因为加数是提前表示的，所以和计数要在何时结束是很清楚的（当最后一个对象也数过了）。

2. 高级阶段1策略：抽象的基于计数的策略（表13.1中的O3水平）间接模拟了加法就是添加这一非正式的观点。这种策略包括同时表示两个加数以及数数得到总和。在数数确定总和时需要第二次跟踪进程或计数，以确定何时停止对和的计数。对象（通常以手指的形式）可以用于跟踪超出第一个加数的基数的计数距离（不直接对加数建模）。

表13.3中给出的学习轨迹的一个关键含义是，除了具体地数全部这一捷径外，形成更高级的策略取决于概念上的飞跃。最关键的是，从O2水平或具体策略过渡到

表13.3 基于计数的加法策略学习轨迹（表13.1中的O2和O3水平）[a]

策略类（子级）	示例：4+3 普通字体呈现的步骤＝表示一个加数的过程 **粗体字呈现的步骤＝数出和**	概念依据/评论 （参见Baroody, Tiilikainen, & Tai, 2006; Fuson, 1988）
O2水平——基础阶段1或具体计数的策略		
子水平O2.1. 具体的"数全部"	步骤1：数出4个物体来表示一个加数。 步骤2：数出3个物体来表示另一个加数。 **步骤3：通过计数前面两次数过或拿出的所有7个物体确定和。**	·把加法变成是在某数上加几的非正式概念（表13.1中O1水平） ·有意义的一对一点物计数，包括基数原则（E2水平）。 ·数量增加概念（R2水平）。 注：具体的"数全部"（O2.1和O2.2水平）策略直接示范了把加法变成是在某数上加几的非正式概念。
子水平O2.2. 具体的"数全部"捷径	不计数，使用基数表征物（例如用手指）执行步骤1、2、3。这是最常见的具体的"数全部"捷径： 步骤1：伸出4个手指代表一个加数。 步骤2：伸出3个手指。 **步骤3：计数伸出的所有手指确定和。**	结合有关数的基数表征知识（例如，E1水平）和加法知识（O1水平），可以简化具体的数全部这个方法。例如，引导儿童在入学前学习用手指至少表示数字1到5（Ginsburg & Baroody, 2003），他们经常很快学会使用这个知识，来缩短在具体的数全部过程中的一个或多个步骤（Baroody, 1987）。
子水平O2.3. 具体的"接着数" 注：这些策略很少由儿童发明，通常由幼儿园和小学课程教授	步骤1：伸出3个手指表示一个加数。 **步骤2：（1）说出另一个加数的基数值"4"；（2）指着先前伸出的手指接着数"5, 6, 7"。**	·可断链计数水平（C3水平; Fuson, 1988）。 ·嵌入式基数-计数概念，在计算和的背景中，说出加数的基数值相当于是从"1"数到这个数字，在总和计数之前无须用物品来表示一个加数了。 注：具体的"接着数"策略半直接地示范了儿童的加法就是添加的非正式概念（因为也可以首先表示起始的量）。
O3水平——高级阶段1或抽象计数的策略 注：跟踪计数（在对和计数以确定何时停止和计数时执行）显示在方括号中。		
子级O3.1. 抽象的"数全部"	通过以下步骤确定和： **步骤1：先从"1"数到一个加数（理想情况是选大的）的基数值（"1, 2, 3, 4"）。** **步骤2：从"4"接着数三次（"5[多1], 6[多2], 7[多3]"）。**	·可数链计数水平（C4水平; Fuson, 1988）：像物体一样，计数单词本身也可以计数（也可被用作计数对象）。[b]孩子们还必须设计一种跟踪的方法。 注：括号里是一种跟踪计数的方法，可以显性或隐性地执行。
子水平O3.2. 抽象的"接着数"	通过以下步骤确定和： **步骤1：先从一个加数（理想情况是选大的）的基数值"4"开始。** **步骤2：从"4"接着数三次（"4, 5[多1], 6[多2], 7[多3]"）。**	·可数链计数水平（C4水平） ·嵌入式基数-计数概念（在计算和的情境中，说明一个加数的基数值就像一直数到这个数）。[c] ·加1得到后面一个数的法则（如4＋1的和是计数序列中数字"4"后面的那个数："5"） 注意，这一法则为整合可数链、嵌入式基数概念以及设计一个跟踪过程提供了支持。

a. 富森（1988）将O2水平策略称为"水平1策略"，把"O3水平"策略称为"水平2策略"。表13.1中统一使用术语O2水平或具体策略以及O3水平或抽象策略来概述学习轨迹，不用水平1策略和水平2策略，以免产生混淆。

b. 富森（1988）将抽象策略的进步归因于嵌入式加数概念（即认识到两个加数的计数是可以与计和同时进行的）以及计数的可数链水平。然而，只有后者（即数字单词本身可以计数的见解）似乎才是需要的。

c. 注意，虽然O3.1子水平先于O4水平达到，但O3.2水平依赖"加1得到后面一个数"的法则，这是O4水平的一个基本的或早期的发展方面。O4水平的大多数其他方面都在O3.2水平之后发展。

O3 水平或抽象策略，需要一个重大的概念突破，即达到富森（1988）所说的可数链水平，即洞察计数单词本身可以计数（表 13.1 中的 C4 水平）。这个认识可以让 O2 水平的儿童想出方法来确定在第一个加数的基数值之后要继续数多远才得到总和。如果还没有这一认识，O2 水平的儿童就无法设计一个跟踪计数过程，然后在数总和之前就必须表示一个或两个加数。在运用具体策略时，当表示第二个加数的最后一个物品被计数之后，孩子就停止总和的计数。例如，在说明具体的接着数策略（O2 水平的策略）和抽象的接着数策略（O3 水平的策略）的差异时，可使用 3+5 作为一个例子：

具体的接着数：首先竖起五根手指表示加数 5，然后说出加数 3（"3"），接着数之前伸出来的五个手指后得到和（"4，5，6，7，8"）。与其他具体的（O2）策略一样，没有必要跟踪，因为何时停止计数是很清楚的（数到先前伸出的最后一根手指）。然而，与不那么先进的 O2 策略不同，具体的接着数确实需要嵌入式基数-计数概念：在计算和的情境中，说出加数的基数值相当于从"1"数到这个数字，这免了在求和之前用物体表示一个加数的需要。

抽象的接着数：求和时先说出加数 3 的基数值，然后接着数出五个数字："3；4 是多 1 个，5 是多 2 个，6 是多 3 个，7 是多 4 个，8 是多 5 个——8。"请注意，与具体的接着数一样，抽象的接着数策略的第一步也要求应用嵌入式基数-计数概念。然而，与具体的接着数不同，抽象的接着数需要在确定总和的过程中，表示两个加数（**粗体数字**）和一个确定何时停止总和计数的跟踪过程。加 1 得到后面一个数的法则（例如，4+1 的和就是数数时数字 "4" 后面的那个数，即 "5"）似乎是在发现抽象的接着数之前发展起来的，它为整合可数链和嵌入式基数-计数概念提供了支持（Baroody, 1995）。对于 4+3，孩子可能会这样推理：如果 4+1 的和是 5，那么 4+3 的和必须是 "4" 后面的 3 个数字—— "5 是多 1，6 是多 2，7 是多 3"。

方法论问题和理论上的启示。不幸的是，心理学领域和数学教育领域的研究者往往忽视了富森（1988）对于基于计数的加法策略在 O2 水平（或具体策略）与 O3 水平（或抽象策略）所作的重要区分，常常在宽泛的意义上使用"数全部"和"接着数"这样的术语。[2] 具体来说，在认知心理学和教育学上常常见到这样的假设："接着数"策略不需要重大的概念飞跃，从而可以通过直接教学（如示范）来教授。例如，西格勒和克罗利（1994）发现，自己接着数以及使用传统策略的孩子都认可接着数是一种"聪明"（合乎情理）的策略，他们得出结论，只要对加法具有基本的非正式理解，幼儿园孩子就足可以了解任何基于计数的加法策略，包括比较先进的接着数策略。同样，祖尔和兰伯特（2011）指出，两位合作教师都"确认教接着数策略应该只需要 2 到 3 节课"。这些结论或许适用于具体的接着数，但是对于抽象的接着数可能是不适用的。因此，有必要根据这一区别重新思考西格勒和克罗利（1994）以及祖尔和兰伯特（2011）的结论。

对西格勒和克罗利（1994）结论的再思考：理解了加法的基本概念就足以支撑理解任何以计数为基础的加法策略吗？与西格勒和克罗利（1994）的结论不同，但与富森和西卡达（1986）的训练研究结论一致，巴鲁迪、迪力凯宁和泰（2006）发现那些使用了 O2 水平或具体策略的孩子们认为"聪明"（有效）的策略是具体的接着数，而不是抽象的接着数，使用 O3 水平或抽象策略的孩子们认为具体的和抽象的接着数都有效。[3] 该研究的理论意义在于，只有那些已经掌握了可数链计数并习得了抽象策略的孩子能够准确地理解和评价抽象策略。对教育的建议是，虽然示范具体的接着数策略对于 O2 水平或具体策略的使用者是可以理解的并能很快促进对于这个具体策略的学习，但这对 O3 水平抽象的接着数策略是不适用的。对于抽象的接着数策略，教学似乎需要关注那些富有挑战性的任务，包括能帮助儿童建构可数链、嵌入式基数-计数概念以及加 1 得到后面一个数的法则的任务。

对祖尔和兰伯特（2011）结论的再思考：抽象的接着数容易教吗？祖尔和兰伯特（2011）试图用合作伙伴计数游戏（Bell 等，2004）、隐藏点任务（Wagreich, Goldberg, & Bieler, 1998）、数轴任务（UCSMP, 2005）等教一年级学生接着数的策略。后续测试包括以下三个依次安排的任务：（1）杯子任务，有一个可见的集合，要求学生使用接着数的方法得到总数，但不能使用跟踪的方法；（2）积木任务，有两个可见的物品集合，不需要使用跟踪的方法；（3）连在一起的格子任务，可用于创建两个加数的可视化表征，并假设需要使用跟踪的方法（见图13.4）。

在杯子任务中，参与者中只有19％的儿童使用了（具体的）"数全部"策略，而81％的儿童使用了"接着数"策略。在积木任务中，54％的参与者使用了（具体的）"数全部"策略，46％的儿童使用了"接着数"策略。连在一起的格子任务中，86％的儿童使用了（具体的）"数全部"策略，只有14％的儿童使用了"接着数"策略。在杯子任务中使用了高级的"接着数"策略的孩子，在随后的任务中可能会倒退使用更基本的"数全部"策略，这是为什么？祖尔和兰伯特（2011）综合运用多种理论对这一现象进行了解释，这些理论包括建构主义图式理论、维果斯基社会文化观以及发展的重叠波模型（Svenson, Hedenborg, & Lingman, 1976）。

但是，基于富森（1988）对O2水平计数策略和O3水平计数策略（即具体的"接着数"和抽象的"接着数"）所作的明确区分，我们再来思考祖尔和兰伯特的"接着数"训练及其结果。三个训练任务中的一个（即合作伙伴计数游戏）关注言语的"接着数"（在计数序列中

从给定点开始计数），这是"接着数"加法策略（无论是具体的还是抽象的）的先决条件。第二个训练任务（隐藏点任务）关注具体的"接着数"（例如，出示8个点和5个点，用数字8遮住8个点，并要求孩子计算总和）。只有第三个训练任务（数轴任务）可用来训练抽象的"接着数"所需要的跟踪策略。例如，对于8＋5，儿童会在数轴上从"开始"跳到8，然后再跳五次，同时说出"9，10, 11, 12, 13"，每跳一次时伸出一个手指。虽然这种训练可能会促进可数链计数水平，但是它没有针对抽象的"接着数"的其他概念性基础（嵌入式基数–计数概念以及加1得到后面一个数的法则）。

祖尔和兰伯特（2011）的研究结果表明他们简短的训练促进了更多基础性的（O2水平）具体的"接着数"策略，而不是更高级的（O3水平）抽象的"接着数"策略。评估任务中的那些变化对于已经使用抽象的"接着数"的儿童来说应该没有影响或影响很小，如图13.4所示。这样的孩子在实施这个策略时不认为任何一个视觉模型有帮助。因此，如果一个孩子在杯子任务中使用抽象的"接着数"策略，很可能她（或他）在后续的任务中还会使用这个方法，特别是在连在一起的格子任务中，因为在该任务中视觉模型不能很容易地用于具体的或水

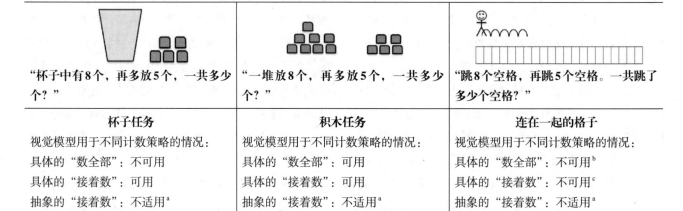

"杯子中有8个，再多放5个，一共多少个？"	"一堆放8个，再多放5个，一共多少个？"	"跳8个空格，再跳5个空格。一共跳了多少个空格？"
杯子任务	**积木任务**	**连在一起的格子**
视觉模型用于不同计数策略的情况：	视觉模型用于不同计数策略的情况：	视觉模型用于不同计数策略的情况：
具体的"数全部"：不可用	具体的"数全部"：可用	具体的"数全部"：不可用[b]
具体的"接着数"：可用	具体的"接着数"：可用	具体的"接着数"：不可用[c]
抽象的"接着数"：不适用[a]	抽象的"接着数"：不适用[a]	抽象的"接着数"：不适用[a]

注：在使用计数策略时孩子们可以选择是否使用视觉模型。如果不使用视觉模型，儿童可以用他们自己的方法（例如手指或言语计数）来计算总和。

a.儿童在运用抽象的"接着数"策略时，对问题的言语表征就足以实施该策略（即不需要视觉模型）。

b.儿童必须要么往回跳到起点（最左边的）重新开始计算跳的格数，要么记住最后一格。回到起点，数出到最后一格要跳的格数。

c.如果孩子们在再跳5格之前不能使用在训练阶段学习的跟踪计数方法，那么他们必须，例如，在心里或者真的跳回5格，或可能记住它，再重新定位8格，然后再使用训练过程中教过的跟踪计数方法。

图13.4　祖尔和兰伯特依次给出的任务（以8＋5为例）

平1策略。祖尔和兰伯特（2011）观察到在积木任务和连在一起的格子任务中使用"接着数"策略的人数减少而使用具体的"数全部"策略（一个O2水平的策略）的人数增加，这可能是由于使用具体的"接着数"计数策略（另一个O2水平的策略）具有波动性。这些结论与富森和西卡达（1986）的训练研究结果一致，该研究发现对于具体的"接着数"先决条件的训练，可以促进儿童学习具体的"接着数"策略，而不是抽象的"接着数"策略，除非有效地关注抽象的"接着数"的先决条件（可数链水平的计数、嵌入式基数-计数概念以及加1得到后面一个数的法则），否则对于抽象的"接着数"的教学是不大可能成功的，此外，这样的教学是否易于达成还有待实证研究。还有其他一些问题也并未解决：祖尔和兰伯特观察到的这种退步只是策略选择的问题吗？跨越水平1与水平2的边界和在一个水平内移动的可能性会不会一样？

对教学和课程的影响。有证据表明，被孩子们认定为"有效"的新策略只比儿童自己使用的策略稍高级一些（Baroody, Tiilikainen, & Tai, 2006），这个结论与学习轨迹观（以及Piaget, 1964，同化的概念）是一致的。这就是说，教育的目标应稍稍超越儿童的已有认知，同样，相对简短的直接指导，如祖尔和兰伯特（2011）提供的指导，可能会促进一个孩子学习已为之作好准备的基本技能，但对学习高级技能是不够的，因为需要先为发展高级技能打好基础。

学前班和小学课程虽已包含相对有效的"接着数"加法教学内容，如"搭积木"（Clements & Sarama, 2013）、"数学表达式"（Fuson, 2006）和"日常数学"（UCSMP, 2005），但早期数学课程通常没有明确区分具体的"接着数"和抽象的"接着数"。合作伙伴计数游戏（Bell 等，2004）中介绍了两个策略学习都可使用的基本活动：一个孩子数到一个数，然后伙伴接着数，直到指定数。隐藏点任务（Wagreich 等，1998）介绍了另一个基本活动：给一个孩子呈现两个集合，比如，分别含有三个点和两个点，用代表第一个集合基数的数字盖住第一个集合，然后鼓励孩子说出第一个加数（"3"）的基数值然后从该数开始接着数数（例如，说出"3"，然后数"4，5"，同时依次指向点模上的那两个点）。练习"接着数"的一个方法就是为孩子提供一个写有0到5或5至9的数字的骰子以及一个刻有点子的骰子（0至5个点或5至9个点）。

请注意，前面描述的活动没有一个涉及跟踪计数超过第一个加数的基数值多远可以停止计数的高级开发过程（一种抽象的"接着数"策略）。例如，一个写有数字的骰子掷到了3，刻有点子的骰子掷出了两个点，孩子会说"3"，然后一边数"4，5"，一边依次指向骰子上的两个点。当数到最后一个点时孩子停止计数。也就是说，对于还未掌握可数链水平计数的学龄前儿童和许多幼儿园孩子来说，推动具体的"接着数"而不是抽象的"接着数"才是适当的目标。

虽然已经介绍了许多可用于抽象的"接着数"教学的活动，还需要运用随机对照试验来评估其相对功效。其中一个涉及跟踪练习的活动是数轴任务（UCSMP, 2005）。例如，对于3+2，儿童将从数轴上的3开始，然后计数两次。不过，对于还没有掌握嵌入式基数-计数概念（对于具体的"接着数"和抽象的"接着数"是必要的）或数字序列测量视角的儿童，还不清楚这样的活动是否适合他们的发展。"搭积木"教学（Clements & Sarama, 2013）的目标为先使用实物教跟踪计数（比6多3是多少？"6……7 [竖起一根手指]，8 [竖起另一根手指]，9 [竖起第三根手指]——9"），然后对计数的次数进行计数（"6……7是多1，8是多2，9是多3—— 9"），不过这样安排课程的有效性还没有被评估。

有时人们建议使用较大数，令抽象的"数全部"有难度，以促进使用抽象的"接着数"（Baroody & Coslick, 1998; Carpenter & Moser, 1982）。虽然这种方法可能会促使一些孩子寻找捷径，但是捷径或许不一定是抽象的"接着数"的概念基础——富森（1988）所说的嵌入式基数-计数概念（Baroody & Ginsburg, 1986）。一种很有前景但尚未经过测试和使用的方法是促进儿童发现加1得到后面一个数字的法则（Baroody & Coslick, 1998）。

阶段2：仔细考虑的基于规则和推理的策略
（表13.1中的O4水平）

本节包括一个总体框架或基本原理，并解释为什么有意义的推理策略教学应该是促进熟练地掌握基本数字组合的重点。由于减法组合相比加法甚至乘法更难记忆（例如，Fuson, 2009），因此通过讨论基本减法组合的推理策略来说明这个总体框架。

总体框架。数感观点的一个重要含义是，要熟练地掌握基本数字组合，不能凭借大量练习快速达成，而是需要逐步搭建认知支架。另一个含义就是教学中需要仔细而周到地使用练习工具，而不是生硬地使用这个工具把事实灌输给儿童。

促进流畅性的脚手架。阶段0和1是达到阶段2的脚手架，阶段2又是阶段3的脚手架。

阶段2的基础。非言语的基于计数的（阶段0和阶段1）计算经验是发现算术规则以及建构非正式的算术概念的重要基础，而后者又是发现推理策略（阶段2）的基础。儿童先发现一些最显著模式的规则或推理策略（加0，加1，以及加倍，如3＋3和6＋6），这些策略又构成那些用来解决更复杂组合的高级推理策略的基础（Baroody, Purpura, Eiland, & Reid, 2015）。例如，当儿童发现加1和他们已熟悉的后面一个数的知识存在明显关系（加1得到后面一个数的法则）后，孩子们就能在相对较短的时间内熟练使用加1的组合问题了。同样，如5＋5和6＋6这样的倍数问题也是比较容易学习的，因为这类问题可以体现现实世界中常见的成双成对的事物，例如，一只手有5根手指，另一只手也有5根手指，一共有10根手指；第一排有6个鸡蛋，第二排也有6个鸡蛋，共12个鸡蛋。这些策略是解决近似加倍问题的基础（例如，5＋6，将6分解成5＋1，先加倍，5＋5=10，然后使用加1得到后面一个数的法则来确定10和1的和：11）。

阶段3的基础。推理策略反过来也可以充当阶段1和阶段3之间的桥梁，并以两种方式促进流畅的检索。首先，学习这样的策略使"学生能够组织和理解有助于（有意义的）记忆和回顾的事实之间的关系"（Rathmell, 1978，第16页）。这样的关系和概念可以为存储组合提供一个组织框架（Canobi, Reeve, & Pattison, 1998; Dowker, 2009; Sarama & Clements, 2009a）。第二，在练习中，经过仔细考虑（缓慢而有意识）的推理策略变得有效（Jerman, 1970），甚至加以编辑（自动而无意识地），并成为检索

系统的一个组成部分（Baroody & Varma, 2006; Fayol & Thevenot, 2012; Jost, Khader, Burke, Bien, & Rösler, 2009; Semenza, Grana, & Girelli, 2006）。

练习的作用。在认知心理学和教育学中长久以来一直存在这样的观点：练习是记住基本组合的基础，或是最重要的基础（Aschraft, 1992）。相比强调数学规则的练习，练习本身虽然可能不那么重要，却有助于使用那些规则来发现推理策略，并着重于将这些推理策略自动化。也就是说，如何组织练习对于达到流畅性并迁移到算术能力的其他方面有重要的影响（NMAP, 2008）。尤其是，对基本组合关系的有组织地练习，能够有助于学习者发现新关系，积极创造新的联系，以及巩固已有的联系（Baroody 等, 2015; Nader & Hardt, 2009）。一个有效突出数学规律或关系的方法就是循序渐进地呈现问题（Canobi, 2009; Hattikudur & Alibali, 2010; NMAP, 2008）。例如，福克斯等（2013）发现，在学习基本的数字运算上，有限定时间的练习比不限定时间的练习要更加有效。福克斯等（2010）发现，与控制组的训练相比，刻意设计过的对策略性计数的练习不仅促进了计算的流畅性，还能迁移到其他程序性计算中。

支持性研究。和死记硬背相比，基于在阶段0和阶段1，尤其是在阶段2基础上对于基本组合关系进行有意义的学习或记忆能更好地促进记忆和迁移（Baroody, Bajwa, & Eiland, 2009; Jordan, 2007; NMAP, 2008）。例如，亨利和布朗（2008）发现使用专注于死记硬背所有加法和减法基本事实的教科书与学习基本组合关系成负相关，使用抽认卡片未取得积极的效果，然而教授推理策略与一年级期末时的熟练度提高成正相关。阿罗约、伯利森、泰、穆德内尔和伍尔夫（2013）发现，用以提升一般的问题解决策略和流畅性的软件干预也起到了作用。基于这些原因，全美数学教师理事会（NCTM, 2006）和美国《州共同核心数学标准》（NGA & CCSSO, 2010）都强调学习推理策略。

阶段2减法策略。由于熟练掌握减法的基本组合关系相对困难一些（Wubbena, 2013），所以以有意义地学习这种运算的推理策略可能特别重要。接下来，本节将说明如何在阶段0和阶段1的基础上有意义地学习减法推理策略

（阶段 2），以及如何为有意义地记忆减法的基本组合关系打好基础。

基于减法规律和原则的策略。 基本的减法组合关系包含了许多规律，这些规律可以作为推理策略和有意义记忆的基础：（1）减法恒等式（$n-0=n$）；（2）自我相减（$n-n=0$）；（3）前面一个数字法则（例如，$8-1=$ 数数时"8"前面的那个数，即为"7"）；（4）相邻两个数的差为 1（例如，$4-3$，$5-4$ 和 $6-5$，这些差值都是 1；Baroody & Coslick, 1998）。

研究表明，在学龄前，儿童在相对抽象和一般的水平上非正式地构建了减法概念，如减法使数量减少（Canobi, 2009; Huttenlocher 等，1994）。例如，使用相对具体的非语言任务（例如，先呈现然后隐藏三个圆片，然后从隐藏的地方要么拿走三个圆片，要么一个圆片也不动）和一个比较抽象的延伸任务（假如藏着一百万个圆片，一片也不拿，或者拿走了所有圆片）。巴鲁迪、拉伊、李和巴鲁迪（2009）发现 3 岁的参与者中有一半能成功解决比较具体的减法恒等式和自我相减问题，而近三分之二的 4 岁孩子不仅能成功解决上述两类问题的具体的任务，也能解决相对抽象的任务。

然而，儿童如何把对减法恒等式和自我相减的非正式知识应用于符号算术（如"从 3 中拿走 0"或"从 3 中拿走 3"的言语表达，或如 $3-0$ 或 $3-3$ 的书面表达）？我们对此了解得还很少，还没有研究考察孩子们是如何将 $n-1$ 的组合关系和他们已掌握的基于计数的前面一个数字的计数知识相结合，从而建构前面一个数字的规则的，或者说孩子们是如何基于他们所熟悉的连续计数的数字发现相邻数字之差这个捷径的。为了促进学生对减法的熟练性，需要分析课程内容来识别在利用减法规律尤其是前面一个数和相邻数字差这些策略时可能错失了哪些机会。需要精心设计随机对照试验来评估运用减法规律对于记忆和迁移减法的基本组合关系的相对有效性。为了评估儿童是否使用了减法恒等式、自我相减、前面一个数规则以及相邻数规则，还需要心理减法专家通过分析儿童在各种不同减法题目上的表现开展研究。

一种基于减法和加法之间联系的策略。 减即加策略（例如，考虑 $8-5=?$ 时想"$5+$什么数字$=8$？"）是

《州共同核心数学标准》（NGA & CCSSO, 2010）的一、二年级的目标。但是，研究表明孩子们能否成功学习这个策略取决于教学是否是精心设计且有意义的。一个有意义地学习阶段 2 "减即加"策略（以及有意义地记忆基本差）的学习轨迹如图 13.5 所示（Baroody, 2016）。

- 组成部分 1——加法和减法的基本概念：以非正式的变化观以及更正式的部分-整体观来看待加法和减法的基本概念（分别是图 13.5 中单元格 1 和单元格 5），是阶段 0 和阶段 1 计算的概念基础，而阶段 0 和阶段 1 的计算经验是学习轨迹中其他重要组成部分的直接基础（图 13.5 中单元格 2，4，6，9）。

- 组成部分 2——反向操作：最初，儿童把加法和减法看作是无关的，因此，解决 $5+3-3$ 这样的问题时，先算 $5+3=8$，然后再算 $8-3=5$（依据经验反演；图 13.5 中的单元格 2）。反思在可感知的集合中进行这样计算的经验，特别是用符号进行反思，儿童可能发现加法和减法是有联系的，因为其中一个运算可以抵消另一个运算（图 13.5 中单元格 3；Baroody, Lai 等，2009）。虽然证据混杂，有些证据表明儿童在幼儿园阶段就开始了解**抵消概念**（Baroody & Lai, 2007; Prather & Alibali, 2009, 2011; Sherman & Bisanz, 2007）。[4]结论的差异在很大程度上是由方法论的差异所带来的。[5]

- 组成部分 3——数字事实家族：经验的反转和抵消概念的理论产物是共享数字概念（图 13.5 中的单元格 4；例如，$5+8$，$8+5$，$13-8$ 和 $13-5$ 共有相同的三个数——5, 8 和 13）。

- 组成部分 4——公共的部分-整体关系：把共享数字概念（图 13.5 中单元格 4）与对加、减法的部分-整体理解（图 13.5 中的单元格 5）结合在一起形成了更丰富的共享部分-整体概念（图 13.5 中单元格 6）。

- 组成部分 5——依据共享的部分-整体关系来解释减即加策略的基本原则：**补足原则**（图 13.5 中的单元格 7）解释了为何减即加策略行得通（单元格 8）。例如，"如果把 5 和 8 相加得到 13，那么从 13

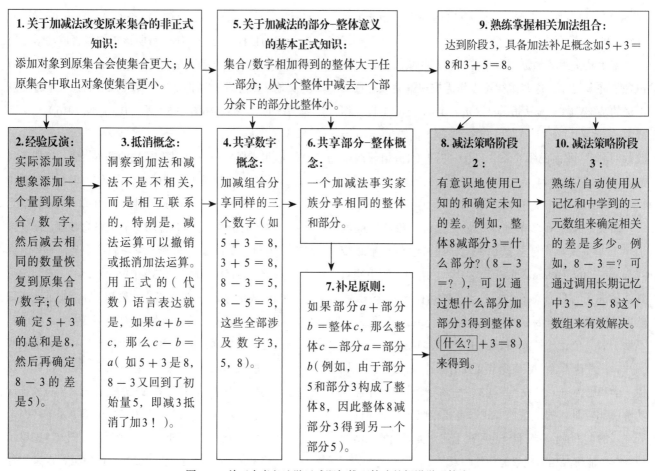

图13.5 关于有意义地学习减即加推理策略的假设学习轨迹

所有非阴影的单元格都是概念知识。单元格2是可以产生概念的经验，单元格8是有意识的程序性知识，单元格9综合了来自补足原则（单元格7）和减法策略（单元格8）的知识。

中拿走8就得到5。"

● 组成部分6——阶段2和3。如果刻意对减即加策略进行反复练习（图13.5中的单元格8），该策略可以实现自动化，刻意的策略练习和熟练地检索和（图13.5中的单元格10）可能会实现流畅地检索基本的减法组合关系。

研究表明，小学阶段的儿童难以学习或应用减即加策略（Baroody, 1999; Steinberg, 1985）。例如，沃克、米克斯、巴吉科、奈龙和里卡德（2013）发现，小学课程中常用来促进认识加减法互补关系以及提高加减法流畅性的一种方法——练习把事实三角形转化成等式（见图13.6），与非结构化的训练方法相比，在提升有效解决减法问题方面后者的效果更显著，因此更加推荐使用后面

这种方法。

为什么儿童学习基本的减法有较多的困难？有两个原因特别重要。其一，根据研究，减即加策略的直接概念基础（补足原则）和该策略本身对于小学生来说并不明显（Baroody, Ginsburg, & Waxman, 1983; Canobi, 2009; Canobi & Bethune, 2008; Walker 等，2013）。第二，教育干预通常不能以有意义的方式教授这个策略，例如，没有包括所有，甚至大部分所需的组成部分。像沃克等（2013）不成功的事实三角形训练只包含了上述组成部分3——各种不同的数学事实。

一些证据表明，减即加策略的确可以被成功学习（Barrouillet, Mignon, & Thevenot, 2008）——特别是如果它包括了前面所描述的第1到第5这五个组成部分。例如，巴鲁迪、普尔普拉、艾兰、里德和包利华（2016）

基于计算机的减法干预，包括逆运算和数学事实家族组成部分，突出了相同部分和整体（例如，在相互联系的加法和减法等式中用颜色对部分和整体进行标记，以及把每一个等式中的已知部分放在相同位置，例如，将 $8-3=?$ 关联到 $?+3=8$，而不是 $3+?=8$），把补足原则和部分-整体关系联系起来。在延迟的后测中，接受了减法干预辅导的儿童比接受不同推理策略训练的主动对照组和操练对照组（与辅导组接受了同样数量的减法练习）更能迁移到没有练习过的组合中。注意，主动控制条件控制了各种对内部有效性的威胁，包括学习历史和个体成熟度，而操练对照组控制了在常规减法教学和补充减法练习的效果方面的条件。

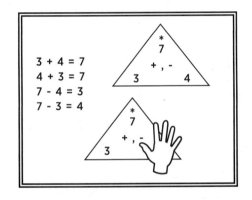

图 13.6　事实三角形

该图说明了用于《每日数学》教材的事实三角形，资料摘自《每日数学家长手册》，2006。课程使用两种不同类型的事实三角形——完整三角形和不完整的三角形。还要注意，两种事实三角形中整体都是用星号标明，加号和减号放在三角形的中间。

- 完整的三角形，如上面那个例子，顶点处是整体，两个底角各放一个部分。完整的事实三角形旁边可能放着所有的和式和差式来说明一个"系列加减法"内容（例如，$5+3=8, 3+5=8, 8-3=5$ 和 $8-5=3$）。完整的三角形用于强调补足原则、加法和减法系列内容，以及这些内容中的共同的部分和整体。
- 不完整的三角形可用于两个方面：要么盖住整体，用看见的两个部分练习求和；要么盖住一个部分，用看见的整体和一个部分练习减法（如图中所示下面的例子）。不完整的三角形用于提高基本的加法和减法的熟练度。

对美国广泛使用的六个一年级课程的分析显示，这些课程在提供概念性支持或直接教授减即加策略上有很大差距（Baroody, 2016）。具体地说，虽然所有课程都关注到事实家族或共享数字概念（组成部分3），但是没有一个课程充分强调了组成部分2, 4和5，也只有一半的课程明确地介绍了减即加策略（组成部分6）。关注组成部分2（利用经验反向操作）可能是非常重要的，因为它或许能帮助儿童理解抵消概念。努内斯、布莱恩特、哈利特、贝尔和埃文斯（2009）发现有直接证据表明教授抵消概念可以促进学习补足原则（组成部分5）。为了帮助儿童理解减即加策略的原理，把组成部分4（公共的部分-整体关系）和组成部分5（补足原则）联系起来也可能是至关重要的。几门课程对补足原则的介绍都很单薄，常常以"如果……那么……"的方式呈现，并没有提到部分-整体关系（例如，如果 $3+5=8$，那么 $8-5=$ 什么？）。许多学生，特别是那些数学学习困难的学生，可能无法理解这样的表述，不能理解如何运用加法确定未知的差。

未来还有许多问题需要研究：图13.5中列出的减即加策略的所有先决条件对于该策略的有意义学习是否有帮助？如果不是，哪个组成部分或哪几个组成部分是至关重要的或至少有促进作用？某些特定的方面例如颜色标注或将共同部分放在加法或减法等式的同一个位置是否有显著影响？一年级的加法和减法教学应该采用相对少见的包含所有成分的方法（成分1至成分6，包含加法和减法），还是采用（如图13.5所示的学习轨迹）含有部分成分的半综合方法（组成部分1到组成部分4包含加法和减法组合，但组成部分5的减法教学是通过练习来达到熟练掌握相关的加法组合），或者按照先后顺序来教（熟练掌握加法之后，按照组成部分1至部分5的顺序依次来教）？对于具有不同能力的孩子，上面问题的答案是否相同？

阶段 3：从记忆网络中自动检索
（表13.1中的O5水平）

熟练掌握加法组合和减法组合是个重要目标，这已达到人们的普遍认可（NGA & CCSSO, 2010; NCTM, 2006;

NMAP, 2008）。依靠检索的孩子比依靠计算策略的孩子在标准化测试中表现得更好（Price, Mazzocco, & Ansari, 2013），流畅性有助于归纳推理–发现模式（Haverty, 1999）。人们甚至普遍认为，与20世纪上半叶占主导地位的训练理论相反，阶段1和阶段2有助于促进阶段3的发展。尽管有大量的研究，仍然不清楚和有争议的是阶段1和阶段2是如何影响阶段3的？基本组合关系在长期记忆中是如何表征又是如何被检索的？

关于基本组合关系的心理表征和加工的不同观点。目前有三类检索模型比较有影响力。这些模型的差异在于再现策略（事实回忆）和重建策略（有效计数、规则或推理）在检索过程中所发挥的作用不同。

检索只是一个复制过程。在认知心理学领域长期持有的传统观点是，以相对有效（高级）的复制过程代替相对低效（低级）的重建过程（Ashcraft & Guillaume, 2009）。重建过程相对容易出错且速度慢，在使用策略的准确实践中加强表达式和正确答案之间的联系方面非常有用。检索网络完全由事实之间的联系构成，可以从该网络直接检索（复制）事实。一些模型允许一些特殊情况（如添加或减去零）通过单独的重建过程得到有效的处理，然而，在大多数情况下，（相对低效的）重建策略只是在复制过程失败时作为备用。这一传统观点似乎反映在《州共同核心数学标准》的二年级标准2.0A.B.2中（NGA & CCSSO, 2010）："熟练使用心理[推理]策略完成20以内数的加法和减法。二年级结束时，凭借记忆知道两个一位数的和。"根据只是复制过程的观点，阶段1和阶段2只是最终达到回忆事实目的的一种手段。

检索主要是复制过程。NMAP（2008）提出了检索系统的记忆网络可以由事实回忆（一种复制策略）和有效推理策略（一种重建策略）两部分组成。后者相比前者，仍然被认为容易出错并且速度较慢，因此较差。根据主要是复制过程的观点，阶段1和2（理想情况下）仍然只是实现事实回忆的一种更高端的手段。

检索是复制和重建的过程。更激进的观点是，检索网络既包含关系也包含事实，检索系统可能涉及多个进程或策略（Baroody & Tiilikainen, 2003; Barrouillet & Thevenot, 2013）。复制加重建的观点认为，学习事实之间的关系并

利用这些知识来构建推理策略，这本身就是一个非常重要的目标（Baroody, Bajwa, & Eiland, 2009; Jordan, 2007）。的确，侧重于这个目标的教学可能会产生更大的迁移和保留，因此，可能比仅专注于事实回忆的教学工作更加有效（Baroody 等，2015; Baroody, Purpura 等，2016）。

迁移的证据。不同类型的模型中包含的关系知识是不一样的，其中是否发生迁移常常被用来评估不同的模型。例如，坎贝尔和比奇（2014）发现练习可帮助大学生向 $0+n$ 项的迁移而不是向非0项的迁移，并得出如下结论：成人通常使用事实回忆系统来解决基本求和问题。沃克等（2013）认为小学生缺乏从已练习的求和问题迁移到未练习的求差问题的能力，这与里卡德（2005）的相同元素模型是一致的。根据这个主要的检索模型，只有当练习题的元素（包括运算符号）与心理表征完全匹配时，练习才能促进关联，例如，练习 $3+5=8$，与 3, 5, $+\rightarrow 8$ 这样的心理表征是一致的，将加强 $3+5$ 或其交换后的 $5+3$ 与 8 之间的关联，而不是 $8-5=3$ 或 $8-3=5$，因为这两个算式的表征包含了减号。简而言之，沃克等（2013）得出结论，孩子们在心理上并不能很好地连接或相互关联地表示基本的加法和减法组合。

但是，刚才提到的证据并不令人信服，而且与那些认为重建策略可能会发挥作用的证据并不一致（详见Baroody, Purpura 等，2016）。例如，有证据表明儿童和成人一样会使用自动重建策略，尤其是解决最简单的求和基本问题（Barrouillet & Thevenot, 2013; Ric & Muller, 2012）。相比加倍问题和其他较小组合关系问题，解决未加练习的加1问题时的反应时间明显缩短，这表明坎贝尔和比奇（2014）这一研究的参与者使用了不同的方法，或许是自动地使用加1得到后面一个数的法则。

尚未解决的问题。尽管关于如何在长期记忆中表示和检索基本组合关系的研究很丰富，但是关于这个话题的很多内容仍然是一个谜。巴鲁迪和瓦尔玛（2006）提出了两个原因：（1）绝大多数研究是在行为层面上进行研究，在这个研究层面上，是不可能区分复制策略（直接回忆事实）和有效的重建策略的（例如，自动或半自动推理甚或是计数过程；第28页）；（2）现有的认知科学和神经科学研究往往没有充分处理数感观点的含义或使

用必要的方法。下面将讨论需要解决的一些重要问题。

阶段3是否涉及同等的复制和重建过程？ 与"主要是复制过程"观以及"复制加重建"观的看法一致，最近的神经科学研究表明，专家或至少成年人同时使用复制和重建策略（Grabner等，2009; Jost, Henninghausen, Rösler, 2004; Jost等，2009; Núñez-Peña, Cortiñas, & Escera, 2006）。此外，"没有先验的理由假设重建策略不能经过加工变得像复制策略一样自动可靠，而且可能需要使用更少的时间和精力"（Baroody & Varma, 2006，第6页）。事实上，几位调查人员已经发现重建过程（显著地）比复制过程更加高效（Fayol & Thevenot, 2012; Metcalfe & Campbell, 2011）。

复制和重建过程是独立的还是相互依存的？ 一种常见的看法是正如"只是复制过程"观所体现的，知识在长期记忆中是模块化的，即事实回忆网络被视为是自主的，与长期记忆网络中的概念成分或程序成分是不同的，甚至不受这些成分的影响（例如，Campbell & Graham, 1985，或Crowley, Shrager, & Siegler, 1997）。巴鲁迪和瓦尔玛（2006）提出了三种可能的方法来组织长期记忆中的事实性知识、概念性知识和程序性知识：

1. 与NMAP（2008）的主要复制观一致，准模块化网络将在大脑的一个单独区域代表事实回忆系统，而不是概念性知识和程序性知识，但这些区域是相互关联的。

2. 一个互动网络需要整合事实知识（复制过程）和概念性或程序性知识（重建过程）。在复制-重建模型中，例如，$3+4=7$和$4+3=7$可以表示为语义网络中的节点，而加法交换性这样的关系可以表示为节点之间的连接（即在$3+4=7$节点和$4+3=7$节点之间的连接）。另外，加法交换律以及加法与减法之间的补足关系这样的概念性知识，可以使$3+4=7$，$4+3=7$，$7-3=4$和$7-4=3$被表示为一个涉及3-4-7三元组的"心理事实三角形"（Baroody等，2016; Sokol, McCloskey, Cohen, & Aliminosa, 1991）。

3. 准互动网络由部分重叠的事实、概念性和程序性

知识领域组成。换句话说，这种可替代的复制加重建的模型将同时包括准模块化和互动式网络。

乔斯特等（2009）发现"大问题和小问题都需要使用类似的神经网络，这意味着涉及的过程相同，但程度不同"（第316页）。虽然这些结果与某种综合检索网络的观点有一致的地方，但关于检索网络的本质显然还需要更多的研究。

访问和应用不同的知识来源是并行的（同时的）还是连续的（顺序的）？ 以"赛马"模型为例，复制和重建过程都被问题的呈现激活了，哪个过程快就算哪个赢。然而，努涅斯-佩纳等（2006）还发现了连续加工（初始尝试复制，然后进行重建）的证据（参见Jost等，2004）。

检索网络如何因学习而改变？ 学习是否导致检索网络的重组？研究人员已经开始探索学习和练习对算术网络组织的影响（Núñez-Peña, 2008; Pauli等，1994）。例如，德拉泽等（2005）发现不同教学方法（死记硬背相对基于策略的教学）在大脑加工学习材料的位置上产生了差异。这些结果强调了各类研究人员在对基本组合关系的心理过程和表征进行概括之前，考虑参与者的教学背景是非常重要的。伊思凯贝克、扎卡里安、雪克和德拉泽（2009）发现练习乘法组合提高了解决未练习但相关的求商问题的准确性和速度，并且这种迁移与更大程度激活了角形脑回路有关，这些研究表明回答除法问题的一个方面就是检索一个已知的相关的乘法补足关系。

方法论问题。 对基本组合关系的心理表征是如何产生与如何构造有兴趣的研究者正在面对令人生畏的方法论问题（详细讨论见Baroody, 1994和Baroody & Varma, 2006）。这对于研究心算新手尤其如此——他们中的许多人依赖反应偏差，这会造成"关联混乱"的表象或导致误报，会人为夸大干预的成功（Baroody, Purpura, Reid, & Eiland, 2011）。例如，"说后面数"的偏差会造成一种错误的印象，认为儿童的联想事实网络包含了在3+0和4之间的错误联系，或者儿童"知道"$3+1$的和。反应偏差是许多困难中的一种特殊情况，即把重建过程中产生的反应混淆为复制过程中产生的反应。一个相应的困难是，由于不同的事实家族可能包含不同的过程，因此

把来自这些家族的数据合并在一起可能会导致误导性的结论。

结论。尽管当前关于基本组合关系在长期记忆中如何表征的观点支持了应确保儿童有足够的阶段1和阶段2的经验，以促进儿童在阶段3发展的教育目标，但是，认为事实回忆比计数和推理重要的观点常常反映在教育目标和教育实践中。例如，大众课程中对于减即加策略（以及其他推理策略）的内容安排可能不太完整、太肤浅或过于简短而没有意义（Baroody, 2016）。

一些一般性的结论

本章的重点是教育研究人员（和教育工作者）需关注有意义的数学学习。这需要从长远的角度来思考，也就是说，要考虑如何基于儿童早期的知识，包括非正式的知识以及一些核心思想，来设计数学教学。

一个有用的例子

恩古和同事们（Ngu, Chung, & Yeung, 2015; Ngu & Phan, 2015）的观点和方法可以作为一个反例，从长远的角度出发，通过仔细构建非正式知识和核心思想来确保有意义的学习。他们的研究评估了教初学代数的学生分离变量并求解方程的两种方法的相对有效性：（1）西方研究者提倡的平衡法（Rittle-Johnson & Star, 2009）和（2）在一些亚洲国家流行的移项法（分别见表13.4中第1栏和第2栏）。这些研究人员假设，基于认知负荷理论（Sweller, 2012），移项法在解决比较复杂的问题时更为优越。前测之后，参与者被随机分配到两种教学方法中的一种。这20分的教学是通过一本小册子单独管理，上面有对方法的简短介绍以及一些范例。两个实验训练结束之后立即进行后测，测试结果表明，对于解决更复杂的方程而言，在对于方法的正确运用以及学生认为的方便程度等方面，移项法都比平衡法要好（参见 Ngu & Phan, 2015）。恩古等（2015）得出结论，"上述研究对用移项法求解方程提供了很好的支持"（第289页）。

研究人员在构造研究案例和设计干预措施及其测量时，需要仔细考虑干预研究的目标并在之前的研究基础上认真构建。从有助于提高有意义的教学和学习的研究角度出发，只根据认知负荷理论来分析平衡法和移项法是没有用的。虽然恩古和潘（2015）提出高效的移项法是求解代数方程的最佳起点这一结论或许是正确的，但如果教学目标只是通过死记硬背来记忆一个过程，那么"成熟"的（专家）方法通常不是有意义教学的一个好的起点（W. A. Brownell, 1935）。移项法应被视为学习轨迹上的一个点，并与那些构成其概念基础的核心思想建立细致的联系。

如表13.4前两列所示，恩古和潘（2015）的研究中呈现的平衡法和移项法都没能有效运用逆运算这个核心思想，这是孩子们在幼儿园阶段就开始建构的基本思想。而且也没有一种方法引导孩子关注等号的关系意义："等同于"（参见 Knuth, Alibali, McNeil, Weinberg, & Stephens, 2011），这是"相等"这一核心思想的扩展，并可在小学阶段通过有意义的类比进行建构学习，例如可类比日常生活中平衡的跷跷板或实际的天平这些非正式的经验来理解等式。重要的是，恩古和潘（2015）忽略了一个事实：移项法本质上是平衡法的捷径，如果鼓励学生学习平衡法并寻找捷径，孩子们或许很容易发现并学会这一方法（Baroody & Coslick, 1998）。这项研究带来了一个还未解决的问题：与有效实施的平衡法或有效建立在逆运算知识、等号的关系意义以及被视为平衡法的捷径的有效实施的移项法相比，从长远来看，现在实施的移项法是否会更有效（见表13.4中的第3列）？

在方法上，恩古等（2015）允许"成绩相当低的同学对于[简单]一步方程和[复杂]两步方程分别进行40分的学习"（第288页）。然而，想要达成有意义的学习，即使40分的干预在时间上或许还是太短。学习结束后立即进行的后测不足以衡量该方法是否产生了持久的影响（教育的一个重要目的）。因为"全部测试题目在问题结构上都类似于学习时见到的方程"，所以无法测量学习是否迁移（教育的另一个重要目的）。简而言之，恩古等（2015）的结果从认知负荷理论的角度来看并不意外，但对于如何有意义地教授初学代数的学生解方程几乎没有什么启发。

表13.4 给新手介绍解方程的三种方法

恩古、颂和杨（2015）与恩古和潘（2015）使用的部分有意义的方法		有意义的方法：把移项法作为平衡法的一种捷径
平衡法	移项法	
介绍 解方程就像保持天平的平衡。 · 方程两边实施同一个操作以保持平衡。 · 方程的解是使等式保持平衡的变量的值。 $x+2=5$ $x=3$ 使等式保持平衡 那么 $x=3$ 就是解 $x+2=5$ 两边同时（-2） $\quad -2 \quad -2$ $\quad\quad x=3$ 提供12个示例	介绍 · 解方程需要使用逆运算。 · 实施逆运算就是移走和变量在一起的所有数。 · 例如，把 $+2$ 从方程一边移到另一边，$+2$ 变成 -2，两边保持平衡。 · 方程的解是使等式保持平衡的变量的值。 $\quad x+2=5$（把 $+2$ 移到右边，$+2$ 变为 -2） $\quad\quad x=5-2$ $\quad\quad x=3$ 提供12个示例	运用等号的关系意义清楚地介绍平衡法： · 符号 "$=$" 意味着 "等同于"，方程式就像保持平衡的天平，即方程的一边和另一边保持平衡。 · 解代数方程需要分离变量（x），使得方程的另一边和 x 是相等的。例如，对于 $x+2=5$，我们需要拿走 $+2$，这样我们有 $x=$ 某值。 把平衡法同逆运算明确地联系起来： · 逆运算提供方法，以确定方程一边必须做些什么：你如何拿走 $+2$？答案是使用逆运算——减 2：$x+2-2$。（注意：写出这一步 $x+2-2=5-2$ 可能有助于强调移项。）
评论 · 介绍中明确指出天平是等号关系意义的一个类比。 · 介绍中没有将程序与反向原则联系起来。 · 介绍中的例子以及范例本应该把 -2 直接写在方程两边（$x+2-2=5-2$）来更有效地引入反向法则，而不是在原方程下面单独再写一行。	评论 · 介绍中没有将移项法与熟悉而有意义的天平作类比 · 虽然介绍明确指出 "解方程需要使用逆运算"（Ngu 等，2015，第 293 页），但是说明和示例都没有清楚地说明这一点。例如，由于跳过 $x+2-2=5-2$，不清楚上面例子中的第一行如何成为第二行。	明确地运用等号的关系意义来解释平衡法： · 方程式一边减去 2，为了保持等式平衡，另一边也必须减去 2：$x+2-2=5-2$。 引导发现移项方法是一种简便方法： · 移项法只是在平衡法中去掉了 $x+2-2=5-2$ 这个书写步骤。

结论

总之，关于儿童在计数和整数计算上的早期发展，以及早期数学教育如何能够培养非正式和初步的正式数学知识，我们了解的已经很多。一个关键问题是如何为幼儿教育工作者提供丰富的知识以帮助所有的儿童充分发展。而且，正如本章所指出的，关于早期算术能力的有效培养，不论在理论上还是在实践上，都有很多重要问题没有得到解决。为了促进长远的有意义的学习，未来的研究还需要进一步关注如下问题：可靠的学习轨迹，核心思想的影响，概念性知识和程序性知识如何得以充分发展，以及具体的经验和动手操作如何才能善加利用以促进正式知识的发展。这些研究需要对以前开展的重要工作（例如，W.A.Brownell, 1935; Clements & McMillen, 1996; Fuson, 1988; Ginsburg, 1977; Resnick, 1982, 1983）进行仔细、全面地梳理和利用，这对于设计良好的干预措施非常重要，以便评估其有效性时不会被不真实或无效的实施所混淆。重要的是，它还需要包括测量干预的理论联系和教学上的重要应用的迁移情况，而不只是关注干预自身的各个方面。此外，我们需要的是干预研究而不是普通的"快速"训练研究，涉及旨在帮助儿童建立对概念和算法的深刻理解并检查长期效果的扩展训练。虽然需要进行各种形式的研究，但随机对照实验对于评估因果关系是特别重要的，例如，假设的先决条件和目标知识之间的关系，以及实验干预与其预期成果之间的关系。

注释

1. 例如，在一个实验中，一个孩子看到一根管子中放了两个物品，其中一个被拿走，并被要求取出剩下的物品。如果要测量拿物品的次数，孩子不会通过心算，而是感觉到只有一个物品。赫特洛切尔等（1994）给出了详细的解释和例子。

2. 例如，"SUM"和"MAX"或（特别是）"MIN"经常依次等同于"数全部"和"从某个数接着数"（SUM＝两个加数求和的反应时间，例如，3＋5，计数："1, 2, 3, 4, 5, 6, 7, 8"，大约8秒；MAX＝数出较大加数的反应时间，例如3＋5，从第一个/较小的加数后面开始数："4, 5, 6, 7, 8"，大约5秒；MIN＝数出较小或最小加数的反应时间，例如3＋5，从较大的加数后面开始数，"6, 7, 8"，大约3秒）。注意，SUM, MAX和MIN都是抽象策略，但有时也用于标明具体策略。

3. 巴鲁迪、迪力凯宁和泰（2006）要求参与者评估各种策略（例如，具体的"数全部"、具体的"接着数"、抽象的"数全部"、抽象的"接着数"），每个参与者作为他或她自己的控制，每个策略只评估一次。这项研究需要重复进行，每个参与者至少评估一个策略3次，以满足What Works Clearinghouse为可接受的设计和可解释的结果设置的证据标准。

4. 抵消概念是一种基本的、非正式的认识，它发展成逆运算原则——加一个数可通过减相同的数来抵消，反之亦然（在代数上可以概括为$a + b - b = a$或$a - b + b = a$）。虽然有学者将反向原则和补足原则（代数上总结为若$a + b = c$，则$c - b = a$；单元格7）视为等效的（Van den Heuvel-Panhuizen & Treffers, 2009），但是，出于一些理论和教育上的原因，通常将它们作为单独的结构来教（Baroody, 2016; Baroody, Torbeyns, & Verschaffel, 2009）。

5. 例如，用来测量逆运算原则（加一个数可以通过减相同的数来抵消，反之亦然，在代数上可以概括为$a + b - b = a$或$a - b + b = a$这样的逻辑知识）的任务，通常涉及三个元素/两种运算的问题会以具体对象的方式或适合小学生的符号方式（例如，5＋3－3）呈现出来。即便使用较大数以阻止计算，结果还是可能会被儿童使用"说最后听到的数字"这一反应偏差所混淆，儿童没有用反向原则来确定答案（见Baroody & Lai, 2007; Peters, De Smedt, Torbeyns, Ghesquire, & Verschaffel, 2010）。例如，使用从右到左的策略，37＋24－24的答案通过识别24－24是0而37＋0是37也可以迅速确定。

References

Aber, J., Jones, S. M., & Raver, C. C. (2007). *Poverty and child development: New perspectives on a defining issue.* Washington, DC: American Psychological Association.

Anders, Y., Rossbach, H., Weinert, S., Ebert, S., Kuger, S., Lehrl, S., & von Maurice, J. (2012). Home and preschool learning environments and their relations to the development of early numeracy skills. *Early Childhood Research Quarterly, 27,* 231–244. doi:10.1016/j.ecresq.2011.08.003

Arroyo, I., Burleson, W., Tai, M., Muldner, K., & Woolf, B. P. (2013). Gender differences in the use and benefit of advanced learning technologies for mathematics. *Journal of Educational Psychology, 105,* 957–969. doi:10.1037/a0032748

Ashcraft, M. H. (1992). Cognitive arithmetic: A review of data and theory. *Cognition, 44,* 75–106. doi:10.1016/0010-0277(92)90051-I

Ashcraft, M. H., & Guillaume, M. M. (2009). Mathematical cognition and the problem size effect. In B. Ross (Ed.), *The psychology of learning and motivation* (Vol. 51, pp. 121–151). Burlington, MA: Academic Press. doi:10.1016 / S0079-7421(09)51004-3

Aubrey, C., Dahl, S., & Godfrey, R. (2006). Early mathematics development and later achievement: Further evidence. *Mathematics Education Research Journal, 18,* 27–46. doi:10.1007/BF03217428

Aunio, P., & Niemivirta, M. (2010). Predicting children's mathematical performance in grade one by early numeracy. *Learning and Individual Differences, 20,* 427–435. doi:10.1016/j.lindif.2010.06.003

Baroody, A. J. (1987). *Children's mathematical thinking: A developmental framework for preschool, primary, and special education teachers.* New York, NY: Teachers College Press.

Baroody, A. J. (1994). An evaluation of evidence supporting fact-retrieval models. *Learning and Individual Differences, 6,* 1–36. doi:10.1016/1041-6080(94)90013-2

Baroody, A. J. (1995). The role of the number-after rule in the invention of computational short cuts. *Cognition and Instruction, 13,* 189–219. doi:10.1207/s1532690xci1302_2

Baroody, A. J. (1999). Children's relational knowledge of addition and subtraction. *Cognition and Instruction, 17,* 137–175. doi:10.1207/S1532690XCI170201

Baroody, A. J. (2016). Curricular approaches to introducing subtraction and fostering fluency with basic differences in grade 1. In R. Bracho (Ed.), *The development of number sense: From theory to practice. Monograph of the Journal of Pensamiento Numérico y Algebraico* [*Numerical and Algebraic Thought*] *Vol. 10*(3) 161–191. University of Granada.

Baroody, A. J., Bajwa, N. P., & Eiland, M. D. (2009). Why can't Johnny remember the basic facts? *Developmental Disabilities Research Reviews, 15,* 69–79. doi:10.1002/ddrr.45

Baroody, A. J., & Coslick, R. T. (1998). *Fostering children's mathematical power: An investigative approach to K–8 mathematics instruction.* Mahwah, NJ: Erlbaum.

Baroody, A. J., Feil, Y., & Johnson, A. R. (2007). An alternative reconceptualization of procedural and conceptual knowledge. *Journal for Research in Mathematics Education, 38,* 115–131.

Baroody, A. J., & Ginsburg, H. P. (1986). The relationship between initial meaningful and mechanical knowledge of arithmetic. In J. Hiebert (Ed.), *Conceptual and procedural knowledge: The case of mathematics* (pp. 75–112). Hillsdale, NJ: Erlbaum.

Baroody, A. J., Ginsburg, H. P., & Waxman, B. (1983). Children's use of mathematical structure. *Journal for Research in Mathematics Education, 14,* 156–168.

Baroody, A. J., & Lai, M.-L. (2007). Preschoolers' understanding of the addition-subtraction inverse principle: A Taiwanese sample. *Mathematics Thinking and Learning, 9,* 131–171. doi:10.1080/10986060709336813

Baroody, A. J., Lai, M. L., Li, X., & Baroody, A. E. (2009). Preschoolers' understanding of subtraction-related rinciples. *Mathematical Thinking and Learning, 11,* 41–60. doi:10.1080/10986060802583956

Baroody, A. J., Lai, M. L., & Mix, K. S. (2006). The development of young children's number and operation sense and its implications for early childhood education. In B. Spodek & O. Saracho (Eds.), *Handbook of research on the education of young children* (pp. 187–221). Mahwah, NJ: Erlbaum.

Baroody, A. J., Lai, M. L., & Mix, K. S. (2016). *Measuring early cardinality concepts.* Manuscript in preparation.

Baroody, A. J., Li, X., & Lai, M. L. (2008). Toddlers' spontaneous attention to number. *Mathematical Thinking and Learning, 10,* 240–270. doi:10.1080/10986060802216151

Baroody, A. J., Purpura, D. J., Eiland, M. D., & Reid, E. E. (2015). The impact of highly and minimally guided discovery instruction on promoting the learning of reasoning strategies for basic add-1 and doubles combinations. *Early Childhood Research Quarterly, 30,* 93–105. doi:10.1016/j.ecresq.2014.09.003

Baroody, A. J., Purpura, D. J., Eiland, M.D., Reid, E. E., & Paliwal, V. (2016). Does fostering reasoning strategies for relatively difficult basic combinations promote transfer by K–3 students? *Journal of Educational Psychology, 108,* 576-591. doi:10.1037/edu0000067

Baroody, A. J., Purpura, D. J., Reid, E. E., & Eiland, M. D. (2011, September). Scoring fluency with basic addition combinations in context. In A. J. Baroody (Chair), *Issues in the assessment and scoring of early numeracy skills.* Symposium conducted at the annual meeting of the Society for Research on Educational Effectiveness, Washington, DC.

Baroody, A. J., & Rosu, L. (2006, April). Adaptive expertise with basic addition and subtraction combinations: The number sense view. In A. J. Baroody & J. Torbeyns (Chairs), *Developing adaptive expertise in elementary school arithmetic.* Symposium conducted at the annual meeting of the American Educational Research Association, San Francisco, CA.

Baroody, A. J., & Tiilikainen, S. H. (2003). Two perspectives on addition development. In A. J. Baroody & A. Dowker (Eds.), *The development of arithmetic concepts and skills: Constructing adaptive expertise* (pp. 75–125). Mahwah, NJ: Erlbaum.

Baroody, A. J., Tiilikainen, S. H., & Tai, Y. (2006). The application and development of an addition sketch goal. *Cognition and Instruction, 24,* 123–170. doi:10.1207/s1532690xci2401_3

Baroody, A. J., & Varma, S. (2006, November). *The active construction view of basic number fact knowledge: New directions for cognitive neuroscience.* Invited presentation at the Neural Basis of Mathematical Cognition Conference, Nashville, TN.

Barrouillet, P., Mignon, M., & Thevenot, C. (2008). Strategies in subtraction problem solving in children. *Journal of Experimental Child Psychology, 99,* 233–251. doi:10.1016/j.jecp.2007.12.001

Barrouillet, P., & Thevenot, C. (2013). On the problem-size effect in small additions: Can we really discard any counting-based account? *Cognition, 128,* 35–44. doi:10.1016 / j.cognition.2013.02.018

Barth, H., & Paladino, A. M. (2011). The development of numerical estimation: Evidence against a representational shift. *Developmental Science, 14,* 125–135. doi:10.1111/j.1467-7687.2010.00962.x

Beilock, S. L., Gunderson, E. A., Ramirez, G., & Levine, S. C. (2010). Female teachers' math anxiety affects girls' math achievement. *Proceedings of the National Academy of Sciences, 107,* 1060–1063. doi:10.1073/pnas.0910967107

Bell, M., Bell, J. Bretzlauf, J., Dillard, A., Hartfield, R., Issacs, A., . . . Saeker, P. (2004). *Everyday mathematics: University of Chicago School Mathematics Project* (*Grade 1*). Chicago, IL: McGraw-Hill.

Benoit, L., Lehalle, H., & Jouen, F. (2004). Do young children acquire number words through subitizing or counting? *Cognitive Development, 19,* 291–307. doi:10.1016/j.cogdev.2004.03.005

Benoit, L., Lehalle, H., Molina, M., Tijus, C., & Jouen, F. (2013). Young children's mapping between arrays, number words, and digits. *Cognition, 129,* 95–101. doi:10.1016 / j.cognition.2013.06.005

Benson, A. P., & Baroody, A. J. (2003, April). *Where does nonverbal production fit in the emergence of children's mental models.* Paper presented at the annual meeting of the Society for Research in Child Development, Tampa, FL.

Berteletti, I., Lucangeli, D., Piazza, M., Dehaene, S., & Zorzi, M. (2010). Numerical estimation in preschoolers. *Developmental Psychology, 46,* 545–551. doi: 10. 1037 / a0017887

Blake, P. R., & Rand, D. G. (2010). Currency value moderates equity preference among young children. *Evolution and Human Behavior, 31,* 210–218. doi:10.1016/j.evolhumbehav.2009.06.012

Blevins-Knabe, B., Austin, A., Musun, L., Eddy, A., & Jones, R. (2000). Family home care providers' and parents' beliefs and practices concerning mathematics with young children. *Early Child Development and Care, 165,* 41–58.

doi:10.1080/0300443001650104

Blevins-Knabe, B., & Musun-Miller, L. (1996). Number use at home by children and their parents and its relationship to early mathematical performance. *Early Development & Parenting, 5,* 35–45.

Boaler, J. (2015). *Mathematical Mindsets: Unleashing students' potential through creative math, inspiring messages and innovative teaching.* San Francisco, CA: Jossey-Bass.

Bodovski, K., & Farkas, G. (2007). Mathematics growth in early elementary school: The roles of beginning knowledge, student engagement, and instruction. *The Elementary School Journal, 108,* 115–130. doi:10.1086/525550

Bofferding, L. (2014). Negative integer understanding: Characterizing first graders' mental models. *Journal of Research in Mathematics Education, 45,* 194–245. doi:10.5951/jresematheduc.45.2.0194

Bongard, S., & Nieder, A. (2010). Basic mathematical rules are encoded by primate prefrontal cortex neurons. *Proceedings of the National Academy of Sciences of the United States of America, 107,* 2277–2282. doi:10.1073/pnas.0909180107

Bonny, J. W. & Lourenco, S. F. (2013). The approximate number system and its relation to early math achievement: Evidence from the preschool years. *Journal of Experimental Child Psychology, 114,* 375–388. doi:10.1016/j.jecp.2012.09.015

Boonen, A. J. H., Kolkman, M. E., & Kroesbergen, E. H. (2011). The relation between teachers' math talk and the acquisition of number sense within kindergarten classrooms. *Journal of School Psychology, 49,* 281–299. doi:10.1016/j.jsp.2011.03.002

Booth, J. L., & Siegler, R. S. (2008). Numerical magnitude representations influence arithmetic learning. *Child Development, 79,* 1016–1031. doi:10.1111/j.1467-8624.2008.01173.x

Brownell, C. A., Svetlova, M., & Nichols, S. (2009). To share or not to share: When do toddlers respond to another's needs? *Infancy, 14,* 117–130. doi:10.1080/15250000802569868

Brownell, W. A. (1935). Psychological considerations in the learning and the teaching of arithmetic. In W. D. Reeve (Ed.), *The teaching of arithmetic,* Tenth yearbook of the National Council of Teachers of Mathematics (pp. 1–31). New York, NY: Bureau of Publications, Teachers College, Columbia University.

Bryant, P. E. (1974). Perception and understanding in young children. London, England: Methuen.

Byrge, L., Smith, L. B., & Mix, K. (2014). Beginnings of place value: How preschoolers write three-digit numbers. *Child Development, 85,* 437–443. doi:10.1111/cdev.12162

Cai, J., & Ding, M. (2015). On mathematical understanding: Perspectives of experienced Chinese mathematics teachers. *Journal of Mathematics Teacher Education, 18,* 1–25. doi:10.1007/s10857-015-9325-8

Campbell, J. I. D., & Beech, L. C. (2014). No generalization of practice for non-zero simple addition. *Journal of Experimental Psychology: Learning, Memory, and Cognition, 40,* 1766 –1771. doi: 10.1037/xlm 000 0003

Campbell, J. I., & Graham, D. J. (1985). Mental multiplication skill: Structure, process, and acquisition. *Canadian Journal of Psychology, 39,* 338–366. doi:10.1037/h0080065

Cannon, J., & Ginsburg, H. (2008). "Doing the math": Maternal beliefs about early mathematics versus language learning. *Early Education & Development, 19,* 238–260. doi:10.1080/10409280801963913

Canobi, K. H. (2009). Conceptual-procedural interactions in children's addition and subtraction. *Journal of Experimental Child Psychology, 102,* 131–149. doi:10.1016/j.jecp.2008.07.008

Canobi, K. H., & Bethune, N. E. (2008). Number words in young children's conceptual and procedural knowledge of addition, subtraction, and inversion. *Cognition, 108,* 675–686. doi:10.1016/j.cognition.2008.05.011

Canobi, K. H., Reeve, R. A., & Pattison, P. E. (1998). The role of conceptual understanding in children's problem solving. *Developmental Psychology, 34,* 882–891. doi:10.1037/0012-1649.34.5.882

Cantlon, J. F., & Brannon, E. M. (2006). Shared system for ordering small and large numbers in monkeys and humans. *Psychological Science, 17,* 401–406. doi:10.1111/j.1467-9280.200.0179.x

Capraro, R. M., Capraro, M. M., Ding, M., & Li, X. (2007). Thirty years of research: Interpretations of the equal sign in China and the USA. *Psychological Reports, 101,* 784–786. doi:10.2466/PR0.101.7.784-786

Carey, S. (2009). Where our number concepts come from. *Journal of Philosophy, 106,* 220–254. doi:10.5840/jphi12009106418

Carpenter, T. P., & Moser, J. M. (1982). The development of addition and subtraction problem-solving skills. In T. R.

Carpenter, J. M. Moser, & T. A. Romberg (Eds.), *Addition and subtraction: A cognitive perspective* (pp. 9–24). Hillsdale, NJ: Erlbaum.

Chan, B. M. Y., & Ho, C. S. H. (2010). The cognitive profile of Chinese children with mathematics difficulties. *Journal of Experimental Child Psychology, 107,* 260–279. doi:10.1016/j.jecp.2010.04.016

Chan, W. W. L., Au, T. K., & Tang, J. (2014). Strategic counting: A novel assessment of place-value understanding. *Learning and Instruction, 29,* 78–94. doi:10.1016/j.learninstruc.2013.09.001

Chen, Q., & Li, J. (2014). Association between individual differences in non-symbolic number acuity and math performance: A meta-analysis. *Acta Psychologica, 148,* 163–172. doi:10.1016/j.actpsy.2014.01.016

Chu, F. W., vanMarle, K., & Geary, D. C. (2015). Early numerical foundations of young children's mathematical development. *Journal of Experimental Child Psychology, 132,* 205–212. doi:10.1016/j.jecp.2015.01.006

Claessens, A., & Engel, M. (2013). How important is where you start? Early mathematics knowledge and later school success. *Teachers College Record, 115,* 1–29.

Claessens, A., Engel, M., & Curran, F. C. (2014). Academic content, student learning, and the persistence of preschool effects. *American Educational Research Journal, 51,* 403–434. doi:10.3102/0002831213513634

Clarke, B., Clarke, D., & Cheeseman, J. (2006). The mathematical knowledge and understanding young children bring to school. *Mathematics Education Research Journal, 18,* 78–102. doi: 10. 1007/BF03217430

Clements, D. H. (1999). Subitizing: What is it? Why teach it? *Teaching Children Mathematics, 5,* 400–405.

Clements, D. H., Baroody, A. J., & Sarama, J. (2013). *Background research on early mathematics.* Washington, DC: National Governors Association. Retrieved from http://www.nga.org/files/live/sites/NGA/files/pdf/2013/1311SEME -Background.pdf

Clements, D. H., & McMillen, S. (1996). Rethinking "concrete" manipulatives. *Teaching Children Mathematics, 2,* 270–279.

Clements, D. H., & Sarama, J. (2007). Effects of a preschool mathematics curriculum: Summative research on the Building Blocks Project. *Journal for Research in Mathematics Education, 38,* 136–163.

Clements, D. H., & Sarama, J. (2008). Experimental evaluation of the effects of a research-based preschool mathematics curriculum. *American Educational Research Journal, 45,* 443–494. doi:10.3102/0002831207312908

Clements, D. H., & Sarama, J. (2013). *Building Blocks, Volumes 1 and 2.* Columbus, OH: McGraw-Hill.

Clements, D. H., Sarama, J., Spitler, M. E., Lange, A. A., & Wolfe, C. B. (2011). Mathematics learned by young children in an intervention based on learning trajectories: A large-scale cluster randomized trial. *Journal for Research in Mathematics Education, 42,* 126–177.

Clements, D. H., Sarama, J., Wolfe, C. B., & Spitler, M. E. (2013). Longitudinal evaluation of a scale-up model for teaching mathematics with trajectories and technologies: Persistence of effects in the third year. *American Educational Research Journal, 50,* 812–850. doi:10.3102/0002831212469270

Cohen, D. J., & Sarnecka, B. W. (2014). Children's number-line estimation shows development of measurement skills (not number representations). *Developmental Psychology, 50,* 1640–1652. doi:10.1207/S15327647JCD0203_1

Condry, K. F., & Spelke, E. S. (2008). The development of language and abstract concepts: The case of natural number. *Journal of Experimental Psychology: General, 137,* 22–38. doi:10.1037/0096-3445.137.1.22

Confrey, J., Nguyen, K. H., Lee, K., Panorkou, N., Corley, A. K., & Maloney, A. P. (2012). *Turn-on Common Core math: Learning trajectories for the Common Core State Standards for Mathematics.* Retrieved from http:www.turnonccmath.net

Copple, C., & Bredekamp, S. (Eds.). (2009). *Developmentally appropriate practice in early childhood programs serving children from birth through age 8* (3rd ed.). Washington, DC: National Association for the Education of Young Children.

Crowley, K., Shrager, J., & Siegler, R. S. (1997). Strategy discovery as a competitive negotiation between metacognitive and associative mechanisms. *Developmental Review, 17,* 462–489. doi:10.1006.drev.1997.0442

Curtis, R., Okamoto, Y., & Weckbacher, L. M. (2009). Preschoolers' use of count information to judge relative quantity. *Early Childhood Research Quarterly, 24,* 325–336. doi:10.1016/j.ecresq.2009.04.003

Daro, P., Mosher, F. A., Corcoran, T., & Barrett, J. (2011). *Learn-

ing trajectories in mathematics: A foundation for standard, curriculum, assessment, and instruction. Philadelphia, PA: Consortium for Policy Research in Education.

DeFlorio, L., & Beliakoff, A. (2015). Socioeconomic status and preschoolers' mathematical knowledge: The contribution of home activities and parent beliefs. *Early Education and Development, 26,* 319–341. doi:10.1080/10409289.2015.968239

Delazer, M., Ischebeck, A., Domahs, F., Zamarian, L., Koppelstaetter, F., Siedentopf, C. M., . . . Felber, S. (2005). Learning by strategies and learning by drill— evidence from an fMRI study. *NeuroImage, 25,* 838–849. doi:10.1016/ j.neuroimage.2004.12.009

De Smedt, B., Noël, M.-P., Gilmore, C., & Ansari, D. (2013). How do symbolic and non-symbolic numerical magnitude processing skills relate to individual differences in children's mathematical skills? A review of evidence from brain and behavior. *Trends in Neuroscience and Education, 2,* 48–55. doi:10.1016/j.tine.2013.06.001

De Smedt, B., Verschaffel, L., & Ghesquiere, P. (2009). The predictive value of numerical magnitude comparison for individual differences in mathematics achievement. *Journal of Experimental Child Psychology, 103,* 469–479. doi:10.1016/j.jecp.2009.01.010

DeWind, N. K., & Brannon, E. M. (2012). Malleability of the approximate number system: effects of feedback and training. *Frontiers in Cognitive Neuroscience, 6,* 1–10. doi:10.3389/ fnhum.2012.00068

Dowker, A. D. (2003). Young children's estimates for addition: The zone of partial knowledge and understanding. In A. J. Baroody & A. Dowker (Eds.), *The development of arithmetic concepts and skills: Constructing adaptive expertise* (pp. 35–74). Mahwah, NJ: Erlbaum.

Dowker, A. D. (2005). *Individual differences in arithmetic: Implications for psychology, neuroscience, and education.* New York, NY: Psychology Press.

Dowker, A. (2009). Use of derived fact strategies by children with mathematical difficulties. *Cognitive Development, 24,* 401–410. doi:10.1016/j.cogdev.2009.09.005

Duncan, G. J., Dowsett, C. J., Claessens, A., Magnuson, K., Huston, A. C., Klebanov, P., . . . Japel, C. (2007). School readiness and later achievement. *Developmental Psychology, 43,* 1428–1446. doi:10.1037/0012-1649.43.6.1428

Dyson, N. I., Jordan, N. C., & Glutting, J. (2013). A number

sense intervention for low-income kindergartners at risk for mathematics difficulties. *Journal of Learning Disabilities, 46,* 166–181. doi:10.1177/0022219411410233

Ebersbach, M., Luwel, K., Frick, A., Onghena, P., & Verschaffel, L. (2008). The relationship between the shape of the mental number line and familiarity with numbers in 5- to 9-year old children: Evidence for a segmented linear model. *Journal of Experimental Child Psychology, 99,* 1–17. doi:10.1016/ j.jecp.2007.08.006

Engel, M., Claessens, A., & Finch, M. A. (2013). Teaching students what they already know? The (mis)alignment between mathematics instructional content and student knowledge in kindergarten. *Educational Evaluation and Policy Analysis, 35,* 157–178. doi:10.3102/0162373712461850

Fantuzzo, J. W., Gadsden, V. L., & McDermott, P. A. (2011). An integrated curriculum to improve mathematics, language, and literacy for Head Start children. *American Educational Research Journal, 48,* 763–793. doi:10.3102/0002831210385446

Fayol, M., & Thevenot, C. (2012). The use of procedural knowledge in simple addition and subtraction. *Cognition, 123,* 392–403. doi:10.1016/j.cognition.2012.02.008

Fazio, L. K., Bailey, D. H., Thompson, C. A., & Siegler, R. S. (2014). Relations of different types of numerical magnitude representations to each other and to mathematics achievement. *Journal of Experimental Child Psychology, 123,* 53–72. doi:10.1016/j.jecp.2014.01.013

Fehr, E., Bernhard, H., & Rockenbach, B. (2008). Egalitarianism in young children. *Nature, 454,* 1079–1083. doi:10.1038/ nature07155

Fischer, J. P. (1992). Subitizing: The discontinuity after three. In J. Bideaud, C. Meljac, & J. P. Fischer (Eds.), *Pathways to number* (pp. 191–208). Hillsdale, NJ: Erlbaum.

Fluck, M., Linnell, M., & Holgate, M. (2005). Does counting count for 3- to 4-year-olds? Parental assumptions about preschool children's understanding of counting and cardinality. *Social Development, 14,* 496–513. doi:10.1111/ j.1467-9507.2005.00313.x

Frank, M. C., & Barner, D. (2012). Representing exact number visually using mental abacus. *Journal of Experimental Psychology: General, 141,* 134–149. doi:10.1037/a0024427

Frye, D., Baroody, A. J., Burchinal, M. R., Carver, S., Jordan, N. C., & McDowell, J. (2013). *Teaching math to young children:*

A practice guide. Washington, DC: U.S. Department of Education, Institute of Education Sciences, National Center for Education Evaluation and Regional Assistance (NCEE).

Fuchs, L. S., Geary, D. C., Compton, D. L., Fuchs, D., Schatschneider, C., Hamlett, C. L., . . . Changas, P. (2013). Effects of first-grade number knowledge tutoring with contrasting forms of practice. *Journal of Educational Psychology, 105,* 58–77. doi:10.1037/a0030127

Fuchs, L. S., Powell, S. R., Seethaler, P. M., Cirino, P. T., Fletcher, J. M., Fuchs, D., & Hamlett, C. L. (2010). The effects of strategic counting instruction, with and without deliberate practice, on number combination skill among students with mathematics difficulties. *Learning and Individual Differences, 20,* 89–100. doi:10.106/j.lindif.2009.09.003

Fuhs, M. W., & McNeil, N. M. (2013). ANS acuity and mathematics ability in preschoolers from low-income homes: Contributions of inhibitory control. *Developmental Science, 16,* 136–148. doi:10.1111/desc.12013

Fuson, K. C. (1988). *Children's counting and concepts of number.* New York, NY: Springer-Verlag.

Fuson, K. C. (2006). *Math Expressions.* Boston, MA: Houghton Mifflin.

Fuson, K. C. (2009). Avoiding misinterpretations of Piaget and Vygotsky: Mathematical teaching without learning, learning without teaching, or helpful learning-path teaching? *Cognitive Development, 24,* 343–361. doi:10.1016/j.cogdev.2009.09.009

Fuson, K. C., & Secada, W. G. (1986). Teaching children to add by counting-on with one-handed finger patterns. *Cognition and Instruction, 3,* 229–260. doi:10.1207/s1532690xci0303_5

Geary, D. C., Hoard, M. K., Nugent, L., & Byrd-Craven, J. (2008). Development of number line representations in children with mathematical learning disability. *Developmental Neuropsychology, 33,* 277–299. doi:10.1080/87565640801982361

Gebuis, T., & van der Smagt, M. J. (2011). False approximations of the approximate number system. *PLOS One.* doi:10.1371 / journal.pone.0025405

Gelman, R. (2011). The case of continuity. *Behavioral and Brain Sciences, 34,* 127–128. doi:10.1017/S0140525X10002712

Gelman, R., & Gallistel, C. R. (1978). *The child's understanding of number.* Cambridge, MA: Harvard University Press.

Ginsburg, H. P. (1977). *Children's arithmetic.* New York, NY: D. Van Nostrand.

Ginsburg, H. P., & Baroody, A. J. (2003). *Test of Early Mathematics Ability—Third Edition* (TEMA-3). Austin, TX: Pro-Ed.

Ginsburg, H. P., Cannon, J., Eisenband, J., & Pappas, S. (2006). Mathematical thinking and learning. In K. McCartney & D. Phillips (Eds.), *Blackwell handbook of early childhood development, Blackwell handbooks of developmental psychology.* Malden, MA: Blackwell.

Ginsburg, H. P., Lee, J. S., & Boyd, J. S. (2008). Mathematics education for young children: What it is and how to promote it. *Social Policy Report, 22,* 3–23.

Göbel, S. M., Watson, S. E., Lervåg, A., & Hulme, C. (2014). Children's arithmetic development: It is number knowledge not the approximate number sense, that counts. *Psychological Science, 25,* 789–798. doi:10.1177/0956797613516471

Grabner, R. H., Ansari, D., Hoschutnig, K., Reishofer, G., Ebner, F., & Neuper, C. (2009). To retrieve or calculate? Left angular gyrus mediates the retrieval of arithmetic facts during problem solving. *Neuropsychologia, 47,* 604–608. doi:10.1016/j.neuropsychologia.2008.10.013

Gunderson, E. A., & Levine, S. C. (2011). Some types of parent talk count more than others: Relations between parents' input and children's cardinal-number knowledge. *Developmental Science, 14,* 1021–1032. doi:10.1111/j.1467-7687.2011.01050.x

Gunderson, E. A., Ramirez, G., Beilock, S. L., & Levine, S. C. (2012). The relation between spatial skill and early number knowledge: The role of the linear number line. *Developmental Psychology, 48,* 1229–1241. doi:10.1037/a0027433

Halberda, J., & Feigenson, L. (2008). Developmental change in the acuity of the "number sense": The approximate number system in 3-, 4-, 5-, 6-year-olds, and adults. *Developmental Psychology, 44,* 1457–1465. doi:10.1037/a0012682

Halberda, J., Ly, R., Wilmer, J., Naiman, D., & Germine, L. (2012). Number sense across the lifespan as revealed by a massive Internet-based sample. *Proceedings of the National Academy of Sciences* (*PNAS*), *109,* 11116–11120. doi:10.1073/pnas.1200196109.

Halberda, J., Mazzocco, M. & Feigenson, L. (2008). Individual differences in nonverbal number acuity predict maths achievement. *Nature, 455,* 665–668. doi:10.1038/ nature07246

Hannula-Sormunen, M. M., Lehtinen, E., & Räsänen, P. (2015). Preschool children's spontaneous focusing on numerosity, subitizing, and counting skills as predictors of their mathematical performance seven years later at school. *Mathematical Thinking and Learning, 17,* 155–177. doi:10.1080/ 10986065.2015.1016814

Hattikudur, S., & Alibali, M. W. (2010). Learning about the equal sign: Does comparing with inequality symbols help? *Journal of Experimental Child Psychology, 107,* 15–30. doi:10.1016/ j.jecp.2010.03.004

Haverty, L. A. (1999). The importance of basic number knowledge to advanced mathematical problem solving (Unpublished doctoral dissertation). Carnegie Mellon University, Pittsburgh, PA.

Hembree, R. (1990). The nature, effects, and relief of mathematics anxiety. *Journal for Research in Mathematics Education, 21,* 33–46. doi:10.2307/749455

Henry, V., & Brown, R. (2008). First-grade basic facts. *Journal for Research in Mathematics Education, 39,* 153–183.

Holloway, I. D., & Ansari, D. (2009). Mapping numerical magnitudes onto symbols: The numerical distance effect and individual differences in children's math achievement. *Journal of Experimental Child Psychology, 103,* 17–29. doi:10.1016/ j.jecp.2008.04.001

Howes, C., Burchinal, M., Pianta, R., Bryant, D., Early, D., Clifford, R., & Barbarin, O. (2008). Ready to learn? Children's pre-academic achievement in pre-kindergarten programs. *Early Childhood Research Quarterly, 23,* 27–50. doi:10.1016/j.ecresq.2007.05.002

Huang, Y. T., Spelke, E., & Snedeker, J. (2013). What exactly do numbers mean? *Language Learning and Development, 9,* 105–129. doi:10.1080/15475441.2012.658731

Huntley-Fenner, G. (2001). Children's understanding of number is similar to adults' and rats': Numerical estimation by 5-to 7-year-olds. *Cognition, 78,* B27–B40. doi:10.10 16S0010-0277(00)00122-0

Huttenlocher, J., Jordan, N. C., & Levine, S. C. (1994). A mental model for early arithmetic. *Journal of Experimental Psychology: General, 123,* 284–296. doi:10.1037/0096-3445.123.3.284

Hyde, D. C., Khanum, S., & Spelke, E. S. (2014). Brief non-symbolic, approximate number practice enhances subsequent exact symbolic arithmetic in children. *Cognition, 131,* 92–107. doi:10.1016/j.cognition.2013.12.007

Hyde, D. C., Simon, C. E., Berteletti, I., & Mou, Y. (2016). The relationship between non-verbal systems of number and counting development: A neural signatures approach. *Developmental Science.* doi:10.1111/desc.12464

Inglis, M., Attridge, N., Batchelor, S., & Gilmore, C. (2011). Non-verbal number acuity correlates with symbolic mathematics achievement: But only in children. *Psychonomic Bulletin & Review, 18,* 1222–1229. doi:10.3758/ s13423-011-0154-1

Ischebeck, A., Zamarian, L., Schoke, M., & Delazer, M. (2009). Flexible transfer of knowledge in mental arithmetic— An fMRI study. *NeuroImage, 44,* 1103–1112. doi:10.1016/ j.neuroimage.2008.10.025

Izard, V., Pica, P., Spelke, E. S., & Dehaene, S. (2008). Exact equality and successor function: Two key concepts on the path towards understanding exact numbers. *Philosophical Psychology, 21,* 491–505. doi:10.1080/09515080802285354

Jacobs, V. R., Franke, M. L., Carpenter, T. P., Levi, L., & Battey, D. (2007). Professional development focused on children's algebraic reasoning in elementary school. *Journal for Research in Mathematics Education, 38,* 258–288.

Jerman, M. (1970). Some strategies for solving simple multiplication combinations. *Journal for Research in Mathematics Education, 1,* 95–128. doi:10.2307/748856

Jordan, N. C. (2007). The need for number sense. *Educational Leadership, 65*(2), 63–66.

Jordan, N. C., Glutting, J., Dyson, N., Hassinger-Das, B., & Irwin, C. (2012). Building kindergartners' number sense: A randomized controlled study. *Journal of Educational Psychology, 104,* 647–660. doi:10.1037/a0029018

Jordan, N. C., Hanich, L. B., & Uberti, H. Z. (2003). Mathematical thinking and learning difficulties. In A. J. Baroody & A. Dowker (Eds.), *The development of arithmetic concepts and skills: Constructing adaptive expertise* (pp. 359–383). Mahwah, NJ: Erlbaum.

Jordan, N. C., Kaplan, D., Locuniak, M. N., & Ramineni, C. (2007). Predicting first-grade math achievement from developmental number sense trajectories. *Learning Disabilities Research & Practice, 22,* 36–46. doi:10.1111/j.1540-5826.2007.00229.x

Jordan, N. C., Kaplan, D., Oláh, L. N., & Locuniak, M. N.

(2006). Number sense growth in kindergarten: A longitudinal investigation of children at risk for mathematics difficulties. *Child Development, 77,* 153–175. doi:10.1111/j.1467-8624.2006.00862.x

Jordan, N. C., Kaplan, D., Ramineni, C., & Locuniak, M. N. (2009). Early math matters: Kindergarten number competence and later mathematics outcomes. *Developmental Psychology, 45,* 850–867. doi:10.1037/a0014939

Jost, K., Hennighausen, E., & Rösler, F. (2004). Comparing arithmetic and semantic fact retrieval: Effects of problem size and sentence constraint on event related brain potentials. *Psychophysiology, 41,* 46–59. doi:10.1111/1469-8986.00119_41_1

Jost K., Khader, P., Burke, M., Bien, S., & Rösler, F. (2009). Dissociating the solution processes of small, large, and zero multiplications by means of fMRI. *NeuroImage, 46,* 308–318. doi:10.1016/j.neuroimage.2009.01.044

Kaufman, E. L., Lord, M. W., Reese, T. W., & Volkmann, J. (1949). The discrimination of visual number. *American Journal of Psychology, 62,* 498–525. doi:10.2307/1418556

Klahr, D., & Wallace, J. G. (1976). *Cognitive development: An information-processing view.* Hillsdale, NJ: Erlbaum.

Klein, A., Starkey, P., & Ramirez, A. (2002). *Pre-K mathematics curriculum.* Glendale, IL: Scott Foresman.

Klibanoff, R. S., Levine, S. C., Huttenlocher, J., Vasilyeva, M., & Hedges, L. V. (2006). Preschool children's mathematical knowledge: The effect of teacher "math talk." *Developmental Psychology, 42,* 59–69. doi:10.1037/0012-1649.42.1.59

Knuth, E. J., Alibali, M. W., McNeil, N. M., Weinberg, A., & Stephens, A. C. (2011). Middle school students' understanding of core algebraic concepts: Equivalence and variable. In J. Cai & E. Knuth (Eds.), *Early algebraization: A global dialogue from multiple perspectives* (pp. 259–275). New York, NY: Springer.

Kolkman, M. E., Kroesbergen, E. H., & Leseman, P. P. M. (2013). Early numerical development and the role of non-symbolic and symbolic skills. *Learning and Instruction, 25,* 95–103. doi:10.1016/j.learninstruc.2012.12.001

Koponen, T., Salmi, P., Eklund, K., & Aro, T. (2013). Counting and RAN: Predictors of arithmetic calculation and reading fluency. *Journal of Educational Psychology, 105,* 162–175. doi:10.1037/a0029285

Lamon, S. (2007). Rational numbers and proportional reasoning: Toward a theoretical framework. In F. K. Lester Jr. (Ed.), *Second handbook of research on mathematics teaching and learning* (pp. 629–667). Charlotte, NC: Information Age; Reston, VA: National Council of Teachers of Mathematics.

Langer, J. (2000). Response to peer commentaries. *Developmental Science 3,* 385–388. doi:10.1111/1467-7687.00132

Laski, E. V., & Siegler, R. S. (2007). Is 27 a big number? Correlational and causal connections among numerical categorization, number line estimation, and numerical magnitude comparison. *Child Development, 78,* 1723–1743. doi:10.1111/j.1467-8624.2007.01087.x

Laski, E. V., & Siegler, R. S. (2014). Learning from number board games: You learn what you encode. *Developmental Psychology, 50,* 853–864. doi:10.1037/a0034321

Le Corre, M., & Carey, S. (2007). One, two, three, four, nothing more: An investigation of the conceptual sources of the verbal counting principles. *Cognition, 105,* 395–438. doi:10.1016/j.cognition.2006.10.005

Le Corre, M. & Carey, S. (2008). Why the verbal counting principles are constructed out of representations of small sets of individuals: A reply to Gallistel. *Cognition, 107,* 650–662. doi:10.1016/j.cognition.2007.09.008

LeFevre, J.-A., Fast, L., Skwarchuk, S.-L., Smith-Chant, B. L., Bisanz, J., Kamawar, D., & Penner-Wilger, M. (2010). Pathways to mathematics: Longitudinal predictors of performance. *Child Development, 81,* 1753–1767. doi:10.1111/j.1467-8624.2010.01508.x

LeFevre, J.-A., Polyzoi, E., Schwarchuk, S., Fast, L., & Sowinski, C. (2010). Do home numeracy and literacy practices of Greek and Canadian parents predict the numeracy skills of kindergarten children. *International Journal of Early Years Education, 18,* 55–70. doi:10.1080/09669761003693926

LeFevre, J.-A., Skwarchuk, S., Smith-Chant, B. L., Fast, L., Kamawar, & Bisanz, J. (2009). Home numeracy experiences and children's math performance in the early school years. *Early Canadian Journal of Behavioural Science/Revue Canadienne Des Sciences Du Comportement, 41,* 55–66. doi:10.1037/a0014532

Lehrer, R. (2003). Developing understanding of measurement. In J. Kilpatrick, W. G. Martin, & D. Schifter (Eds.), *A research companion to Principles and Standards for School Mathematics* (pp. 179–192). Reston, VA: National Council of Teachers of Mathematics.

Levine, S. C., Gunderson, E. A., & Huttenlocher, J. (2011). Number development in context: Variations in home and school input during the preschool years. In N. L. Stein & S. W. Raudenbush (Eds.), *Developmental cognitive science goes to school* (pp. 189–202). New York, NY: Routledge.

Levine, S. C., Suriyakham, L. W., Rowe, M. L., Huttenlocher, J., & Gunderson, E. A. (2010). What counts in the development of young children's number knowledge? *Developmental Psychology, 46,* 1309–1319. doi:10.1037/a0019671

Li, X., & Baroody, A. J. (2014). Young children's spontaneous attention to number and verbal quantification skills. *European Journal of Developmental Psychology, 11,* 608–623. doi: 10.1080/17405629.2014.896788

Li, X., Sun, Y., Baroody, A. J., & Purpura, D. J. (2013). The effect of language on Chinese and American 2- and 3-year olds' small number identification. *European Journal of Psychology of Education, 28,* 1525–1542. doi:10.1007/s10212-013-0180-7

Libertus, M. E., Feigenson, L., & Halberda, J. (2013). Is approximate number precision a stable predictor of math ability? *Learning and Individual Differences, 116,* 829–838. doi:10.1016/j.jecp.2013.08.003

Lindskog, M., Winman, A., & Juslin, P. (2013). Are there rapid feedback effects on approximate number system acuity? *Frontiers in Human Neuroscience, 7,* 270. doi:10.3389/fnhum.2013.00270

Maloney, E. A., Ramirez, G., Gunderson, E. A., Levine, S.C., & Beilock, S. L. (2015). Intergenerational effects of low math achievement and high math anxiety. *Psychological Science.* doi:10.1177/0956797615592630

Mazzocco, M. M. M., Feigenson, L., & Halberda, J. (2011). Impaired acuity of the approximate number system underlies mathematical learning disability (dyscalculia). *Child Development, 82,* 1224–1237. doi:10.1111/j.1467-8624.2011.01608.x

McCrink, K., Bloom, P., & Santos, L. R. (2010). Children's and adults' judgments of equitable resource distributions. *Developmental Science, 13,* 37–45. doi:10.1111/j.1467-7687.2009.00859.x

McNeil, N. M. (2007). U-shaped development in math: 7-year-olds outperform 9-year-olds on mathematical equivalence problems. *Developmental Psychology, 43,* 687–695. doi:10.1037/0012-1649.43.3.687

McNeil, N. M. (2008). Limitations to teaching children 2 + 2 = 4:Typical arithmetic problems can hinder learning of mathematical equivalence. *Child Development, 79,* 1524–1537. doi:10.1111/j.1467-8624.2008.01203.x

McNeil, N. M., Chesney, D. L., Matthews, P. G., Fyfe, E. R., Petersen, L. A., & Dunwiddie, A. E. (2012). It pays to be organized: Organizing addition knowledge around equivalent values facilitates understanding of mathematical equivalence. *Journal of Educational Psychology, 104,* 1109–1121. doi:10.1037/a0028997

McNeil, N. M., Grandau, L., Knuth, E. J., Alibali, M. W., Stephens, A. S., Hattikudur, S., & Krill, D. E. (2006). Middle- school students' understanding of the equal sign: The books they read can't help. *Cognition and Instruction, 24,* 367–385. doi:10.1207/s1532690xci2403_3

McNeil, N. M., Rittle-Johnson, B., Hattikudur, S., & Petersen, L. A. (2010). Continuity in representation between children and adults: Arithmetic knowledge hinders undergraduates' algebraic problem solving. *Journal of Cognition and Development, 11,* 437–457. doi:10.1080/15248372.2010.516421

Melhuish, E. (2013). Research on early childhood education in the UK. In M. Stamm & D. Edelmann (Eds.), *Handbuch frühkindliche Bildungsforschung* (pp. 211–221). English version retrieved from https://www.researchgate.net/profile/Edward_Melhuish/publication/257992797_Research_on_Early_Childhood_Education_in_the_UK/links/00b7d526fd483225f4000000.pdf

Melhuish, E., Phan, M., Sylva, K., Sammons, P., Siraj-Blatchford, I., & Taggart, B. (2008). Effects of the home learning environment and preschool center experience upon literacy and numeracy development in early primary school. *Journal of Social Issues, 64,* 95–113. doi:10.1111/j.1540-4560.2008.00550.x

Metcalfe, A. W. S., & Campbell, J. I. D. (2011). Adults' strategies for simple addition and multiplication: Verbal self-reports and the operand recognition paradigm. *Journal of Experimental Psychology: Learning, Memory, and Cognition, 37,* 884–893. doi:10.1037/a0022218

Missal, K., Hojnoski, R. L., Caskie, G. I. L., & Repasky, P. (2015). Home numeracy environments of preschoolers: Examining relations among mathematical activities, parent mathematical beliefs, and early mathematical skills. *Early*

Education and Development, 26, 356–376. doi:10.1080/
10409289.2015.968243

Miura, I. T., & Okamoto, Y. (2003). Language supports for mathematics understanding and performance. In A. J. Baroody & A. Dowker (Eds.), *The development of arithmetic concepts and skills: Constructing adaptive expertise* (pp. 229–242). Mahwah, NJ: Erlbaum.

Mix, K. S. (2009). How Spencer made number: First uses of the number words. *Journal of Experimental Child Psychology, 102,* 427–444. doi:10.1016/j.jecp.2008.11.003

Mix, K. S., Huttenlocher, J., & Levine, S. C. (2002). *Math without words: Quantitative development in infancy and early childhood.* New York, NY: Oxford University Press.

Mix, K. S., Prather, R., Smith, L. B., & Stockton, J. (2014). Young children's interpretation of multi-digit number names: From emerging competence to mastery. *Child Development, 85,* 1306–1319. doi:10.1111/cdev.12197

Mix, K. S., Sandhofer, C. M., Moore, J. A., & Russell, C. (2012). Acquisition of the cardinal word principle: The role of input. *Early Childhood Research Quarterly, 27,* 274–283. doi:10.1016/j.ecresq.2011.10.003

Mussolin, C., Nys, J., Content, A., & Leybaert, J. (2012). Symbolic number abilities predict later approximate number system acuity in preschool. *PLoS ONE, 9*(3), 1–12. doi:10.1371/journal.pone.0091839

Mussolin, C., Nys, J., Leybaert, J., & Content, A. (2012). Relationships between approximate number system acuity and early symbolic number abilities. *Trends in Neuroscience and Education, 1,* 21–31. doi:10.1016/j.tine.2012.09.003

Nader, K., & Hardt, O. (2009). A single standard for memory: The case for reconsolidation. *Nature Reviews/Neuroscience, 10,* 224–234. doi:10.1038/nrn2590

National Council of Teachers of Mathematics. (2006). *Curriculum focal points for prekindergarten through grade 8 mathematics.* Reston, VA: Author.

National Governors Association Center for Best Practices and Council of Chief State School Officers. (2010). *Common Core State Standards: Preparing America's students for college and career.* Retrieved from http://www.corestandards.org/

National Mathematics Advisory Panel. (2008). *Foundations for success: The final report of the National Mathematics Advisory Panel.* Washington, DC: U.S. Department of Education.

Negen, J., & Sarnecka, B. W. (2014). Is there really a link between exact-number knowledge and approximate number system acuity in young children? *British Journal of Developmental Psychology, 33,* 92–105. doi:10.1111/bjdp.12071

Ngu, B. H., Chung, S. F., & Yeung, A. S. (2015). Cognitive load in algebra: Element interactivity in solving equations. *Educational Psychology, 35,* 271–293, doi:10.1080/01443410.2013.878019

Ngu, B. H., & Phan, H. P. (2015). Comparing balance and inverse methods on learning conceptual and procedural knowledge in equation solving: A cognitive load perspective. *Pedagogies: An International Journal.* Advance online publication. doi:10.1080/1554480X.2015.1047836

Nunes, T., Bryant, P., Hallett, D., Bell, D., & Evans, D. (2009). Teaching children about the inverse relation between addition and subtraction. *Mathematical Thinking & Learning, 11,* 61–78. doi:10.1080/10986060802583980

Núñez-Peña, M. I., (2008). Effects of training on the arithmetic problem-size effect: An event-related potential study. *Experimental Brain Research, 190,* 105–110. doi:10.1007/s00221-008-1501-y

Núñez-Peña, M. I., Cortiñas, M., & Escera, C. (2006). Problem size effect and processing strategies in mental arithmetic. *NeuroReport, 17,* 357–360. doi:10.1097/01.wnr.0000203622.24953.c2

Paliwal, V., & Baroody, A. J. (2017, April). *How best to teach the cardinality principle?* Paper presented at the Roundtable Session titled, "Effective Strategy Use in Mathematics Education," at the annual meeting of the American Educational Research Association, San Antonio, TX.

Palmer, A., & Baroody, A. J. (2011). Blake's development of the number words "one," "two," and "three." *Cognition and Instruction, 29,* 265–296. doi:10.1080/07370008.2011.583370

Paris, S. G., Morrison, F. J., & Miller, K. F. (2006). Academic pathways from preschool through elementary school. In P. A. Alexander & P. H. Winne (Eds.), *Handbook of educational psychology* (2nd ed., pp. 61–85). Mahwah, NJ: Erlbaum.

Park, J., & Brannon, E. M. (2013). Training the approximate number system improves math proficiency. *Psychological Science, 24,* 2013–2019. doi:10.1177/0956797613482944

Passolunghi, M. C., Mammarella, I. C., & Altoè, G. (2008).

Cognitive abilities as precursors of the early acquisition of mathematical skills during first through second grades. *Developmental Neuropsychology, 33,* 229–250. doi:10.1080/87565640801982320

Pauli, P., Lutzenberger, W., Rau, H., Birbaumer, N., Rickard, T. C., Yaroush, R. A., & Bourne, L. E., Jr. (1994). Brain potentials during mental arithmetic: Effects of extensive practice and problem difficulty. *Cognitive Brain Research, 2,* 21–29. doi:10.1016/0926-6410(94)90017-5

Peters, G., De Smedt, B., Torbeyns, J., Ghesquire, P., & Ves schaffel, L. (2010). Adults' use of subtraction by addition. *Acta Psychologica, 135,* 323–329. doi:10.1016/j.actpsy.2010.08.007

Piaget, J. (1964). Development and learning. In R. E. Ripple & V. N. Rockcastle (Eds.), *Piaget rediscovered* (pp. 7–20). Ithaca, NY: Cornell University.

Piazza, M. (2010). Neurocognitive start-up tools for symbolic number representations. *Trends in Cognitive Science, 14,* 542–551. doi:10.1016/j.tics.2010.09.008

Powell, S. R., & Fuchs, L. S. (2010). Contribution of equal-sign instruction beyond word-problem tutoring for third-grade students with mathematics difficulty. *Journal of Educational Psychology, 102,* 381–394. doi:10.1037/a0018447

Prather, R. W., & Alibali, M. W. (2007, March). *Knowledge of an arithmetic principle in symbolic and verbal contexts: Do children know what adults know?* Poster presented at the Biennial Meeting of the Society for Research in Child Development, Boston, MA.

Prather, R. W., & Alibali, M. W. (2009). The development of arithmetic principle knowledge: How do we know what learners know? *Developmental Review, 29,* 221–248. doi:10.1016/j.dr.2009.09.001

Prather, R. W., & Alibali, M. W. (2011). Children's acquisition of arithmetic principles: The role of experience. *Journal of Cognition and Development, 2,* 332–354. doi:10.1080/15248372.2010.542214

Price, G. R., Mazzocco, M. M., & Ansari, D. (2013). Why mental arithmetic counts: Brain activation during single digit arithmetic predicts high-school math scores. *Journal of Neuroscience, 33,* 156–163. doi:10.1523/JNEUROSCI.2936-12.2013

Purpura, D. J., Baroody, A. J., & Lonigan, C. J. (2013). The transition from informal to formal mathematical knowledge: Mediation by numeral knowledge. *Journal of Educational Psychology, 105,* 453–464. doi:10.1037/a0031753

Purpura, D. J., Hume, L., Sims, D., & Lonigan, C. J. (2011). Early literacy and early numeracy: The value of including early literacy skills in the prediction of numeracy development. *Journal of Experimental Child Psychology, 110,* 647–658. doi:10.1016/j.jecp.2011.07.004

Purpura, D. J., & Logan, J. A. R. (2015). The non-linear relations between the approximate number system and mathematical language to symbolic mathematics. *Developmental Psychology.* doi:10.1037/dev0000055

Race, E., Shanker, S., & Wagner, A. D. (2008). Neural priming in human frontal cortex: Multiple forms of learning reduce demands on the prefrontal executive system. *Journal of Cognitive Neuroscience, 21,* 1766–81. doi:10.1162/jocn.2009.21132

Ramani, G. B., Rowe, M. L., Eason, S. H., & Leech, K. A. (2015). Math talk during information learning activities in Head Start families. *Cognitive Development, 35,* 15–33. doi:10.1016/j.cogdev.2014.11.002

Ramani, G. B., & Siegler, R. S. (2008). Promoting broad and stable improvements in low-income children's numerical knowledge through playing number board games. *Child Development, 79,* 375–394. doi:10.1111/j.1467-8624.2007.01131.x

Ramani, G. B., & Siegler, R. S. (2011). Reducing the gap in numerical knowledge between low-and middle-income preschoolers. *Journal of Applied Developmental Psychology, 32,* 146–159. doi:10.1016/j.appdev.2011.02.005

Ramos-Christian, V., Schleser, R., & Varn, M. E. (2008). Math fluency: Accuracy versus speed in preoperational and concrete operational first and second grade children. *Early Childhood Education Journal, 35,* 543–549. doi:10.1007/s10643-008-0234-7

Rathmell, E. C. (1978). Using thinking strategies to teach basic facts. In M. N. Suydam & R. E. Reys (Eds.), *Developing computational skills,* 1978 Yearbook of the National Council of Teachers of Mathematics (pp. 13–50). Reston, VA: National Council of Teachers of Mathematics.

Reardon, S. F., & Galindo, C. (2009). The Hispanic-White achievement gap in math and reading in the elementary grades. *American Educational Association Journal, 46,* 853–891. doi:10.3102/0002831209333184

Reid, E. E., Baroody, A. J., & Purpura, D. J. (2011, September). Assessing a linear representation of the counting numbers. In A. J. Baroody (Chair), *Issues in assessment and scoring of early numeracy skills.* Symposium conducted at the meeting of the Society for Research on Educational Effectiveness, Washington, DC.

Reid, E. E., Baroody, A. J., & Purpura, D. J. (2013, April). Impact of interventions on preschoolers' successor principle understanding and linear representation of number. In J. Stigler (Chair), *Developing mathematical thinking.* Symposium conducted at the biennial meeting of the Society for Research in Child Development, Seattle, WA.

Reid, E. E., Baroody, A. J., & Purpura, D. J. (2015). Assessing young children's number magnitude representation: A comparison between novel and conventional tasks. *Journal of Cognition and Development, 16,* 759–779. doi:10.1080/15248372.2014.920844

Resnick, L. B. (1982). Syntax and semantics in learning to subtract. In T. R. Carpenter, J. M. Moser, & T. A. Romberg (Eds.), *Addition and subtraction: A cognitive perspective* (pp. 136–155). Hillsdale, NJ: Erlbaum.

Resnick, L. B. (1983). A developmental theory of number understanding. In H. P. Ginsburg (Ed.), *The development of mathematical thinking* (pp. 110–151). New York, NY: Academic Press.

Ric, J.-F., & Muller, D. (2012). Unconscious addition: When we unconsciously initiate and follow arithmetic rules. *Journal of Experimental Psychology: Learning, Memory, and Cognition, 10,* 46–60. doi:10.1037/a0024608

Rickard, T. C. (2005). A revised identical elements model of arithmetic fact representation. *Journal of Experimental Psychology: Learning, Memory, and Cognition, 31,* 250–257. doi:10.1037/0278-7393.31.2.250

Rips, L. J., Bloomfield, A., & Asmuth, J. (2008). From numerical concepts to concepts of number. *Behavioral and Brain Sciences, 31,* 623–687. doi:10.1017/S0140525X08005566

Rittle-Johnson, B. & Star, J. R. (2009). Compared with what? The effects of different comparisons on conceptual knowledge and procedural flexibility for equation solving. *Journal of Educational Psychology, 101,* 529–544. doi:10.1037/a0014224

Sarama, J., & Clements, D. H. (2009a). "Concrete" computer manipulatives in mathematics education. *Child Development Perspectives, 3,* 145–150. doi:10.1111/j.1750-8606.2009.00095.x

Sarama, J., & Clements, D. H. (2009b). *Early childhood mathematics education research: Learning trajectories for young children.* New York, NY: Routledge.

Sarnecka, B. W., & Carey, S. (2008). How counting represents number: What children must learn and when they learn it. *Cognition, 108,* 662–674. doi:10.1016/j.cognition.2008.05.007

Sarnecka, B. W., & Gelman, S. A. (2004). Six does not just mean a lot: Preschoolers see number words as specific. *Cognition, 92,* 329–352. doi:10.1016/j.cognition.2003.10.001

Sarnecka, B. W., Kamenskaya, V. G., Yamana, Y., Ogura, T., & Yudovina, Y. B. (2007). From grammatical number to exact numbers: Early meanings of "one," "two," and "three" in English, Russian, and Japanese. *Cognitive Psychology, 55,* 136–168. doi:10.1016/j.cogpsych.2006.09.001

Sarnecka, B. W., & Lee, M. D. (2009). Levels of number knowledge during early childhood. *Journal of Experimental Child Psychology, 103,* 325–337. doi:10.1016/j.jecp.2009.02.007

Sarnecka, B. W., & Wright, C. E. (2013). The idea of an exact number: Children's understanding of cardinality and equinumerosity. *Cognitive Science, 37,* 1493–1506. doi:10.1111/cogs.12043

Sasanguie, D., Defever, E., Maertens, B., & Reynvoet, B. (2014). The approximate number system is not predictive for symbolic number processing in kindergartners. *The Quarterly Journal of Experimental Psychology, 67,* 271–280. doi:10.1080/17470218.2013.803581

Saxe, G. B., Earnest, D., Sitabkhan, Y., Haldar, L. C., Lewis, K. E., & Zheng, Y. (2010). Supporting generative thinking about integers on number lines in elementary mathematics. *Cognition & Instruction, 28,* 433–474. doi:10.1080/07370008.2010.511569

Saxton, M., & Cakir, K. (2006). Counting-on, trading, and partitioning: Effects of training and prior knowledge on performance on base-10 tasks. *Child Development, 77,* 767–785. doi:10.1111/j.1467-8624.2006.00902.x

Sella, F., Berteletti, I., Lucangeli, D., & Zorzi, M. (2015). Varieties of quantity estimation in children. *Developmental Psychology, 51,* 758–770. doi:10.1111/desc.12299

Semenza, C., Grana, A., & Girelli, L. (2006). On knowing about nothing: The processing of zero in single-and multi-digit multiplication. *Aphasiology, 20,* 1105–1111. doi:10.1080/02687030600741659

Sherman, J. L., & Bisanz, J. (2007). Evidence for use of mathematical inversion by three-year-old children. *Journal of Cognition and Development, 8,* 333–344. doi:10.1080/15248370701446798

Shusterman, A., Slusser, E., Halberda, J., & Odic, D. (2011, March). *Connecting early number word knowledge and approximate number system acuity.* Poster presented at the Biennial Meeting of the Society for Research Development in Child Development, Montreal, Canada.

Siegler, R. S., & Crowley, K. (1994). Constraints on learning in nonprivileged domains. *Cognitive Psychology, 27,* 194–226. doi:10.1006/cogp.1994.1016

Siegler, R. S., & Ramani, G. B. (2008). Playing linear numerical board games promotes low-income children's numerical development. *Developmental Science, 11,* 655–661. doi:10.1111/j.1467-7687.2008.00714.x

Siegler, R. S., & Ramani, G. B. (2009). Playing linear number board games—but not circular ones—improves low-income preschoolers' numerical understanding. *Journal of Educational Psychology, 101,* 545–560. doi:10.1037/a0014239

Siegler, R. S., Thompson, C., & Opfer, J. E. (2009). The logarithmic-to-linear shift: One learning sequence, many tasks, many time scales. *Mind, Brain, and Education, 3,* 143–150. doi:10.1111/j.1751-228X.2009.01064.x

Skwarchuk, S.-L. (2009). How do parents support preschoolers' numeracy learning experiences at home? *Early Childhood Education Journal, 37,* 189–197. doi:10.1007/s10643-009-0340-1

Slusser, E. B., Santiago, R. T., & Barth, H. C. (2013). Developmental change in numerical estimation. *Journal of Experimental Psychology: General, 142,* 193–208. doi:10.1037/a0028560

Slusser, E. B., & Sarnecka, B. W. (2011). Find the picture of eight turtles: A link between children's counting and their knowledge of number-word semantics. *Journal of Experimental Child Psychology, 110,* 38–51. doi:10.1016/j.jecp.2011.03.006

Smith, T. B., Cobb, P., Farran, D., Cordray, D., & Munster, C. (2013). Evaluating *Math Recovery:* Assessing the causal impact of a diagnostic tutoring program on student achieve-ment. *American Educational Research Journal, 50,* 397–428. doi:10.3102/0002831212469045

Sokol, S. M., McCloskey, M., Cohen, N. J., & Aliminosa, D. (1991). Cognitive representations and processes in arithmetic: Inferences from the performance of brain-damaged subjects. *Journal of Experimental Psychology: Learning, Memory, and Cognition, 17,* 355–376.

Sonnenschein, S., Galindo, C., Metzger, S. R., Thompson, J. A., Huang, H. C., & Lewis, H. (2012). Parents' beliefs about children's math development and children's participation in math activities. *Child Development Research, 2012,* 1–13. oi:10.1155/2012/851657

Sophian, C. (1998). A developmental perspective on children's counting. In C. Donlan (Ed.), *The development of mathematical skills* (pp. 27–46). Hove, England: Psychology Press.

Sophian, C. (2004). Mathematics for the future: Developing a Head Start curriculum to support mathematics learning. *Early Childhood Research Quarterly, 19,* 59–81. doi:10.1016/j.ecresq.2004.01.015

Spelke, E. S., & Kinzler, K. D. (2007). Core knowledge. *Developmental Science, 10,* 89–96. doi:10.1111/j.1467-7687.2007.00569.x

Starkey, P., & Cooper, R. (1995). The development of subitizing in young children. *British Journal of Developmental Psychology, 19,* 399–420. doi:10.1111/j.2044-835X.1995.tb00688.x

Starkey, P., & Klein, A. (2008). Sociocultural influences on young children's mathematical knowledge. In O. N. Saracho & B. Spodek (Eds.), *Contemporary perspectives on mathematics in early childhood education* (pp. 45–66). Baltimore, MD: IAP.

Starkey, P., Klein, A., & Wakeley, P. (2004). Enhancing young children's mathematical knowledge through a pre-kindergarten mathematics intervention. *Early Childhood Research Quarterly, 19,* 99–120. doi:10.1016/j.ecresq.2004.01.002

Starr, A., Libertus, M. E., & Brannon, E. M. (2013). Number sense in infancy predicts mathematical abilities in childhood. *The Proceedings of the National Academy of Science, 110,* 18116–18120. doi:10.1073/pnas.1302751110

Steedle, J. T., & Shavelson, R. J. (2009). Supporting valid interpretations of learning progression level diagnoses. *Journal of Research in Science Teaching, 46,* 699–715. doi:10.1002/tea.20308

Steinberg, R. M. (1985). Instruction on derived facts strategies in addition and subtraction. *Journal for Research in Mathematics Education, 16,* 337–355. doi:10.2307/749356

Sullivan, J., & Barner, D (2012). How are number words mapped to approximate magnitudes? *Quarterly Journal of Experimental Psychology, 66,* 389–482. doi:10.1080/17470218.2012.715655

Svenson, O.-L., Hedenborg, M.-L., & Lingman, L. (1976). On children's heuristics for solving simple additions. *Scandinavian Journal of Educational Research, 20,* 161–173. doi:10.1080/0031383760200111

Sweller, J. (2012). Human cognitive architecture: Why some instructional procedures work and others do not. In K. Harris, S. Graham, & T. Urdan (Eds.), *APA educational psychology handbook* (Vol. 1, pp. 295–325). Washington, DC: American Psychological Association.

Szűcs, D., Nobes, A., Devine, A., Gabriel, F. C., & Gebuis, T. (2013). Visual stimulus parameters seriously compromise the measurement of approximate number system acuity and comparative effects between adults and children. *Frontiers in Psychology, 4,* 444. doi:10.3389/fpsyg.2013.00444

Thompson, T. D., & Preston, R. V. (2004). Measurement in the middle grades: Insights from NAEP and TIMSS. *Mathematics Teaching in Middle School, 9*(9), 514–519.

Thorndike, E. L. (1922). *The psychology of arithmetic.* New York, NY: Macmillan.

Tudge, J. R. H., & Doucet, F. (2004). Early mathematical experiences: Observing young Black and White children's everyday activities. *Early Childhood Research Quarterly, 19,* 21–39. doi:10.1016/j.ecresq.2004.01.007

Tzur, R., & Lambert, M. A. (2011). Intermediate participatory stages as zone of proximal development correlate in constructing counting-on: A plausible conceptual source for children's transitory "regress" to counting-all. *Journal for Research in Mathematics Education, 42,* 418–450. doi:10.5951/jresematheduc.42.5.0418

U.S. Department of Health and Human Services—Administration for Children and Families. (2010). *Head Start impact study. Final report.* Washington, DC: U.S. Department of Health and Human Services, Office of Planning, Research and Evaluation.

University of Chicago School Mathematics Project. (2005). *Everyday mathematics teacher's lesson guide (Volume 1).*

Columbus, OH: McGraw-Hill.

Vandermaas-Peeler, M., Nelson, J., Bumpass, C., & Sassine, B. (2009). Numeracy-related exchanges in joint storybook reading and play. *International Journal of Early Years Education, 17,* 67–84. doi:10.1080/09669760802699910

Varol, F., Farran, D. C., Bilbrey, C., Vorhaus, E. A., & Hofer, K. G. (2012). Improving mathematics instruction for early childhood teachers: Professional development components that work. *NHSA Dialog, 15,* 24–40. doi:10.1080/15240754.2011.636488

Venenciano, L., & Dougherty, B. (2014). Addressing priorities for elementary school mathematics. *For the Learning of Mathematics, 34,* 18–24.

Verschaffel, L., Greer, B., & De Corte, E. (2007). Whole number concepts and operations. In F. K. Lester Jr. (Ed.), *Second handbook of research on mathematics teaching and learning* (pp. 557–628). Charlotte, NC: Information Age; Reston, VA: National Council of Teachers of Mathematics.

Von Glasersfeld, E. (1982). Subitizing: The role of figural patterns in the development of numerical concepts. *Archives de Psychologie, 50,* 191–218.

Wagner, J. B., & Johnson, S. C. (2011). An association between understanding cardinality and analog magnitude representations in preschoolers. *Cognition, 119,* 10–22. doi:10.1016/j.cognition.2010.11.014

Wagreich, P., Goldberg, H., & Bieler, J. (1998). *Math trailblazers (Teacher's resource book).* Dubuque, IA: Kendall/Hunt.

Wakeley, A., Rivera, S., & Langer, J. (2000). Not proved: Reply to Wynn. *Child Development, 71,* 1537–1539. doi:10.1111/1467-8624.00246

Walker, D., Mickes, L., Bajic, D., Nailon, C. R., & Rickard, T. C. (2013). A test of two methods of arithmetic fluency training and implications for educational practice. *Journal of Applied Research in Memory and Cognition, 2,* 25–32. doi:10.1016/j.jarmac.2013.02.001

Walkerdine, V. (1988). *The mastery of reason: Cognitive development and the production of rationality.* New York, NY: Routledge.

Wellman, H. M., & Miller, K. F. (1986). Thinking about nothing: Development of concepts of zero. *British Journal of Developmental Psychology, 4,* 31–42. doi:10.1111/j.2044-835X.1986.tb00995.x

Wubbena, Z. C. (2013). Mathematical fluency as a function

of conservation ability in young children. *Learning and Individual Differences, 26,* 153–155. doi:10.1016/j.lindif.2013.01.013

Wynroth, L. (1986). *Wynroth math program—The natural numbers sequence.* Ithaca, NY: Wynroth Math Program.

Xu, F., & Arriaga, R. I. (2007). Number discrimination in 10-month-old infants. *British Journal of Developmental Psychology, 25,* 103–108. doi:10.1348/026151005X90704

Xu, F., Spelke, E. S., & Goddard, S. (2005). Number sense in human infants. *Developmental Science, 8,* 88–101. doi:10.1111/j.1467-7687.2005.00395.x

Yun, C., Havard, A., Farran, D. C., Lipsey, M. W., Bilbrey, C., & Hofer, K. G. (2011, July). *Subitizing and mathematics performance in early childhood.* Poster presented at the 33rd annual meeting of the Cognitive Science Society, Boston, MA.

14 学习与教学测量：量与数的整合*

约翰·P.史密斯III
美国密歇根州立大学
杰弗里·E.巴雷特
美国伊利诺伊州立大学
译者：梅松竹
淮北师范大学教育学院

本章，我们总结了关于测量的学习和教学的相关研究，并侧重于长度、面积、体积、角和时间这五个在学生体验、学校学习以及已发表的研究方面地位突出的物理量，它们各自在本章中所占的篇幅与已发表的研究数量大致相对应。我们围绕教学和学习中的三个核心问题组织我们的综述：（1）学生理解力的发展，包括主要的智力挑战；（2）在传统和实验下的课程处理；（3）教师的知识和教学实践。整体而言，本章的研究重点主要集中在第一个核心问题上。对课程处理、教师知识和教学实践的关注较少，也极少将课堂体验与学生的思维发展相结合。具体到五个（物理）量，与角和时间相比，我们在长度、面积和体积方面给以更多关注。我们希望后续的研究可以弥补这一不足。遗憾的是，我们的综述没有包括儿童探索和测量的所有的量；质量和温度就明显没有被包括在内。这一写作决策是源于对章节合理长度的考虑。

我们采取对每个度量分别具体对待的方法，即将每个度量作为单独的且独立的数学主题，这种研究方法

有可能验证和加强当前的教育思想与实践。这一观点也在大多数已发表的研究特定数量的文章中有所体现。这种分别分析各个量的方式也反映在课程和教学中，其中紧密相关的主题（如长度测量和面积测量）作为独立的内容而分别呈现。为了抵御这种风险，我们着重强调不同度量间的问题和结果，尤其是单位的本质、等分和单位迭代，以及构成"儿童度量理论"的原理（Lehrer, Jaslow, & Curtis, 2003）。我们认为将每个量的测量作为单独的、互不相关的数学主题是有问题的，因为核心数学由构成所有量的测量的原理组成。我们还指出了其他内容领域中教与学的联系（参考本套书的其他章节），因为测量概念在初等数学的其他领域中也具有非常重要的作用。本文突出了自巴蒂斯塔（2007）所综述的文献以来的进展，并提出了未来研究和发展的议程。

尽管我们的主要任务是概述这一领域所知道的关于测量的教与学的情况，我们还提出了一个关于儿童在小学阶段初步认识数学的基本问题。如标准、课程、评价和教学实践所示，小学数学重点强调对离散的量（物品的集合）、计数、十进制数及运算的结合（M.S. Smith,

* 我们感谢蔡金法给了我们准备这一章的机会，感谢阿特·巴鲁迪和一位匿名审稿人对本章的初稿给出的深刻见解和建议。感谢达雷尔·欧内斯特对时间及其度量这一节以前的一个版本给予的评论和建议。我们也要感谢并承认美国国家科学基金会对此工作的支持，支持我们明了这一主题的学术研究，并对其作出贡献。本章中所表达的研究总结、解释和建议仅代表作者的观点，可能不一定反映美国国家科学基金会的观点。

Arbaugh, & Fi, 2007）。与对几何、统计学及概率缺少关注一样，研究者对连续量（初始不可计数）的测量关注也非常少。这种传统令人不安，因为这样就没有为学生在实际生活中使用连续量而作好准备，也没有概念基础来学习和理解随后的（关键的）数学与科学内容。然而，本章并不是要讨论在小学数学阶段重建离散量和连续量之间的平衡。虽然这是数学教育的一个重要问题，但并不是本章的任务。相反，我们希望本文的综述性研究能够提高大众对这一问题的认识和关注。

我们的综述在已有研究的基础上，总结了在几何学和空间思维研究背景下的测量研究（例如，Battista, 2007; Clements & Battista, 1992）。我们的综述性研究拓展了已有的对空间度量的研究（长度、面积、体积和角），并在这些研究的基础上还强调了包括时间这个非空间度量的量。虽然我们认为公制度量（给连续的量的一部分赋以数值）与描述性几何不同，但将这两个领域脱节是一个致命的错误。例如，在不知道二维和三维几何形状的情况下，理解面积和体积的度量是不可能的。但是度量有自己的数学特性，而且会呈现出独有的教与学的挑战，因此作为小学数学中一个独特的领域值得引起注意。本着这种精神，我们首先考察测量的数学本质，以及测量的发展如何构建了我们所经历的世界。

测量的本质和历史

多数历史记录表明人类的测量工作起始于空间测量，特别是长度和面积的测量（Dilke, 1987）。从根本上来说，测量涉及将数值赋予连续量以支持比较、排序和计算。要了解测量的文化成就，就要考虑作为日常生活经验的一部分的连续量，如时间、温度和速度。它们是无形的，但我们可以通过测量掌握它们。把每一个都看作是经验可量化的方面，而不仅仅从定性的角度考察，这已经是人类的一项重要成就（Crosby, 1997）。测量可通过将连续量分割成大小相等的可数集合（均分），将其转化成离散的形式。选择合适的单位是这一过程的关键。历史上，有众多因素影响了测量单位的选择。例如，人体的形状将脚作为惯常的长度单位，罗马十二进制计数系统（以

12为基数）将小时作为一日时长的基本分割单位。从数学角度来看，每个度量（例如，"4厘米"）都表示一个比率，即连续量与所选择的测量单位（1厘米）之间的倍数关系（4倍大）。

虽然确凿的证据不足，但多数历史学家认为，在公元前第二个千年开始的空间测量，是在划分土地的实际需要的驱使下开始的，尤其是在土地边界被洪水摧毁后（Dilke, 1987; Jourdain, 1956）。教育实践也反映了这一历史，这是因为长度测量在低年级教学中备受关注。与之类似，体积、质量和容积（或"液体体积"）等有形的量在人类历史上已相对早地被测量，以用于贸易和交换。希腊数学家对测量和几何学的发展有较大贡献，其中欧几里得，毕达哥拉斯和埃拉托色尼尤为著名；几何的字面意义为"地球测量"（Lehrer, 2003）。几何提供了二维和三维形状的空间特性的描述性表征，其中测量本质上是度量，是将数字附加于空间量（如长度、面积、角度和体积）上。

如果古典数学是有关数与空间的研究（Steen, 1990），那么测量则代表它们的统一性，并提供了通向彼此的渠道。它为数与算术运算提供了确凿的空间意义（例如，数作为长度，而加法和乘法则可以看作是长度的加法和乘法组合），这种意义可推广至数系（Lehrer & Slovin, 2014）。它还提供了精确的结构化空间的工具；笛卡儿（直角）坐标系和极坐标系也是由长度和角度的测量构成的。

超越空间和质量的测量是欧洲文明最有影响力的成就之一。许多我们认为可测量的量（例如，时间、温度、热量）最初是视为只能定性和归类的术语，而不是作为可分割和计数的量（Crosby, 1997）。测量范围的扩大支撑了贸易、科学发现和技术发明的巨大进步。开发计量单位与工具的实际测量工作与在概念上的努力之间相互影响，以理解量是可测量的。对所关注的量在概念上的明晰与有效测量工具和过程的出现是同时的，这两方面是辩证统一的而非线性序列的（H. Chang, 2004）。这一发展历史对教与学的启示是：教育工作者不应该以成年人的思维方式假定孩子们理解量的方式，不论是空间的还是非空间的。一些有效的直觉在早期就出现了（例

如，长度、高度和液体体积可以进行比较和排序），更为合理的前提是，当孩子们实际尝试进行测量时，他们对量是可测量的这一属性的理解也将得以发展。

一套普遍适用的概念原则建构出了对所有数量的测量。这些概念原则作为一般的理论来支撑和合理化我们的测量实践。虽然我们的构想既非唯一也不全面，但我们尽可能将其分为七个原则。第一，测量开始于选择或构造目标量的一些较小的部分（单位），这些目标量（和所有相似的量）可被分割成若干大小相等的部分（相同单位）。第二，成功的测量需要一些相同的单位穷尽（填满）目标数量（平铺）。度量是相同单位的计数。第三，通过物理行为或思考，平铺也可以通过反复多次摆放同一个单位以覆盖目标量（单位迭代）。第四，所有测量单位可以细分为更小的子单位并组合成更大的单位（层级单位）。更高的测量精度通常取决于使用相对较小的子单位。第五，使用较小的单位必然导致对目标量的更多的测量，因为需要更多的重复来穷尽目标量（反比关系）。第六，因为所有单位都可用于度量目标量的某个数量，所以一个单位中的度量通常可以转换为另一个单位中的度量，不论在同一测量系统内或不同测量系统之间（例如，传统单位制和公制；单位转换）。最后，目标量的度量是可加的；尽管可能需要单位转换，但所测部分的总和一定等于初始整体的度量（可加性）。

这些原则本质上是数学的。它们反映出人类成功地对物质世界施加的结构和一致性，但它们不是自由选择的结果。然而，传统的测量方法是由人类随机决定的结果（Dilke, 1987; Nunes & Bryant, 1996）。即使它的起源是人体，标准的"脚"仍然是随机的长度单位。历史上，单位和单位制在不同文化间存在很大差异，虽然有全球标准化的压力，但我们的系统和做法仍然保留一些多样性（特别是在传统单位制和公制系统中）。用于书写和沟通测量的符号和缩写也是约定俗成的。数学原理和传统实践之间在测量领域中的区别与在任何数学领域中的区别一样重要。学生应该了解测量的哪些方面反映了物质世界的结构，哪些是人类的选择。

学校数学和科学中的测量

测量在学校数学和科学方面起着重要的基础性作用，特别在小学时期。它是科学探究的一个基本组成部分（Michaels, Shouse, & Schweingruber, 2008），学校科学吸引学生参与测量实践，并推测其在以后年级中的测量能力（如引入和发展新概念）。在初等数学中，测量可能是所有内容领域中最实用的，它为数与运算的工作提供意义和应用价值。然而，空间的度量研究延伸至高中和大学数学，包括笛卡儿坐标和极坐标系统中的绘图和分析、立体几何、微积分及其应用，以及向量和向量空间。

在学校教育的早期，世界各地的学生都通过日常经验的量来初步认识测量：长度、容量、时间、质量、温度、体积，以及很快涉及的面积和角（van den Heuvel-Panhuizen & Buys, 2008）。对于每种情况，在转向更为精准的测量前，学校课程通常提供手工操作的实际体验。比较和排序先于识别、摆放或迭代，并且通过计数或算术计算来枚举单位。课程通常以具体的量，而非共同原则或过程来组织教师和学生的工作。尽管测量可以在数学和科学中统一学习（Lehrer & Schauble, 2005; T.D. Thompson & Preston, 2004），在学校的学习活动中还是通常分成不同的学科（例如，"数学时间"和"科学时间"）。在此组织方案中，教授测量的原理和过程通常是基础数学而非科学的一部分。

在小学高年级阶段，使用计算的测量（如面积和体积）逐渐取代使用非标准单位和标准工具的测量。虽然面积和体积通常以空间术语定义（指被二维形状和三维区域包围的空间量），但是测量这些量主要涉及数的推理。用于特定形状和区域的公式（例如，长方形的面积是其长度和宽度的乘积）代替标尺和量杯作为基本工具。这种转变不仅涉及转变到数值方法，它还通过乘法组合引导学生从熟悉的量中构建新的量（P.W. Thompson, 1994; P.W. Thompson & Saldanha, 2003）。在中学科学中引入的许多量都具有这种构成特征。学生可以探索"水槽和沉浮"活动中的密度，但其确切的度量取决于质量和体积的乘法组合。同样地，速度可以体验为感觉速度，但是只有通过位移（长度）和时间才能精确测量。

力（质量和加速度），功（力和距离）和力矩（距离和力）都是类似的组成。乘法组合经常支持科学进步，但在课堂中很少讨论如何用乘法创造新的量。相反，课堂讨论的焦点更多地变为数值性的和计算性的，而量的指代物消失（例如，"4厘米长"变为"4"；A.G. Thompson, Philipp, Thompson, & Boyd, 1994）。

测量还为认识其他重要数学概念提供了概念性途径。分数的概念取决于将整个量等分（NGA & CCSSO, 2010，第24页）。测量还为我们提供利用数据和统计的机会，因为对相同量的重复测量会产生一个分布，该分布特征可以作为研究对象（NGA & CCSSO, 2010，第20和25页；Lehrer, Kim & Jones, 2011）。单位迭代和单位组合在十进制数及其运算和测量之间建立了联系和共享的结构（Langrall, Mooney, Nisbet, & Jones, 2008），虽然在课堂上我们很少强调这种联系。例如，在有关长方形面积的推导中，将一排正方形单位组成一个图形的概念，与多位数加减法中将10个组成一个单位的概念是一样的，都是一个基本的进步（Reynolds & Wheatley, 1996；Wood, Cobb, Yackel, & Dillon, 1993）。条形图、等间距比例、笛卡儿坐标系和图形都取决于对长度测量的理解。虽然，小学生可以在视觉上理解全等性和相似性，但分析上的理解取决于变换中的长度和角度测量（等距和扩张；Lehrer & Slovin, 2014; Sinclair Pimm, & Skelin, 2012）。对积分学的深入理解取决于将连续量（无限）分段，用这些离散量进行计算，以及将结果重新组合为另一个连续量的能力。

鉴于许多国家重视科学、技术、工程和数学（STEM）的学习，在小学和初中阶段不理解测量的本质将会给学生带来沉重的代价，因为许多技术领域的后续工作都是以此为基础的。对测量理解不足付出的代价不仅仅由大学教育承担。测量，特别是空间测量，是许多技术工作的一个组成部分，这些工作都是不需要大学教育的（Bakker, Wijers, Junker, & Akkerman, 2011; Kent, Bakker, Hoyles, & Noss, 2011; J. P. Smith, 1999）。

尽管测量在数学和科学中起着核心作用，但是在教学中它往往比计数、十进制数及算术得到的关注更少（M. S. Smith等，2007）。结果可能是，美国和其他国家

的学生在测量中的学习落后于在其他数学领域中的表现（Lee & Smith, 2011; Strutchens, Martin, & Kenney, 2003; T.D. Thompson & Preston, 2004），当然这并不是一个普遍现象（van den Heuvel-Panhuizen & Wijers, 2005）。在美国的小学数学教科书中，测量课程通常出现在每年教科书的后一部分（J.P. Smith, Males, Dietiker, Lee, & Mosier, 2013; J.P. Smith, Males, & Gonulates, 2016），因此，教学中对测量的关注很难来评价。但是，由于教科书内容对许多国家教师的教学有很大的影响作用（例如，Grouws, Smith, & Sztajin, 2004; Hino, 2002; B.Kaur, 2014），所以课程的内容和结构就会在课堂教学中形成学生的测量经验。测量在美国（J.P. Smith等，2013; J.P. Smith等，2016）及其他国家（Lee & Smith, 2011）的小学数学教科书中，以高度程序性的方式呈现。很少有人注意约束和证明测量程序正当性的概念性原理，几乎没有人注意去考察不同量之间如何共享构造测量原理（Curry, Mitchelmore, & Outhred, 2006; J.P. Smith等，2013）。

长度及其测量

在美国及其他国家，很早就已引入长度测量（van den Heuvel-Panhuizen & Buys, 2008; Outhred, Mitchelmore, McPhail, & Gould, 2003）。长度是更普遍的测量的入门点和基础，因此远比其他度量的课程篇幅多。相比任何其他度量，美国《州共同核心数学标准》更关注长度（NGA & CCSSO, 2010）。出于多种因素考虑，重点关注长度是非常明智的选择。因为其视觉性显著、实际可测并且真实可见，长度对幼儿来说是易接受且有意义的。他们将长度视为日常物品、身体和身体活动（如步行路径）的属性。长度嵌入许多测量工具（如温度计、刻度量筒和量杯）中，而且是其他量的组成和测量中的一个组成部分（如面积、体积和功）。大多数文化都提供广泛可用的不同类型的"标尺"来作为测量长度的工具，但是在"读取"确切的测量长度之前，人们必须正确使用这些工具来测量目标物。

美国学生在长度测量任务方面的表现足以应对基础知识和基本技能的要求（例如，使用标尺来测量线段），

但在对于需要推理或理解概念与工具任务上的表现有下降。在已有的大部分记录中，美国四年级和八年级学生在测量与标尺的零刻度不对齐的物体长度时，表现一直不佳（Blume, Galindo, & Walcott, 2007; Kamii & Clark, 1997），到十二年级在该类任务上的正确率才能上升至80%（Kehle, Wearne, Martin, Strutchens, & Warfield, 2004）。

学生理解力的发展

尽管学校教育重视长度测量，但是许多国家的研究人员仍发现，学生的理解往往比较肤浅和薄弱（Strutchens 等，2003; Hart, 1981; Lee & Smith, 2011; Outhred等，2003）。本研究集中于两个主要问题：（1）学生如何理解长度单位，（2）他们如何（以及为何）难以理解标尺。第一个涉及相同单位、穷尽空间及端点的逐渐统一；第二个问题是为什么使用标尺"操作"，以及如何使标尺测量与"单位"的长度有关。这两者都将长度视为物体或路径的稳定属性。

皮亚杰的基础：长度守恒和公制测量的起源。皮亚杰早期关于儿童空间和测量概念发展的研究影响了许多后续研究，无论这些后续研究是拓展或反对他的观点（Piaget, Inhelder & Szeminska, 1960）。他认为，如果孩子没有认识到测量的稳定属性，那么测量就没有意义。他认为，在表示长度时，年纪较小的孩子经常关注一条路径的端点，而非端点之间的线性空间。当呈现两条端点对齐的不同长度的路径（即一条直线，一条曲线）时，许多孩子表示它们长度相等——这一结论也在其他研究中出现（Hiebert, 1981, 1984; Hart, 1981）。对于路径的终点对齐但长度并不总相等的理解，以及从更一般的角度对于路径和对象被移动或被切割并整合时，其长度"保持"（不变）的理解会随着时间而发展。让孩子体验不同长度的行走路径对应不同的时间长度，有助于促进他们的理解。皮亚杰还认为，相较于理解测量为"公制度量"过程（例如，确定多长或多高），定性的比较两个对象或路径中哪一个更长或更高要更早出现。当对象或路径无法直接比较时，准确的测量就显得很有必要了。间接比较（将每个对象与可在其间移动的第三个对象进行比较）先于并引发选择和使用长度单位的需要。巴蒂斯塔（2006）的非度量和度量推理间的差异（见下文）反映了定性比较与"度量"测量之间的差异。从度量角度理解长度测量，意味着了解线性空间可以用若干长度单位的计数来更精确地测量。

长度单位及其属性。长度单位（以及其他量）是概念上的对象而非物理对象，尽管教育工作者经常忽略这一区别。更确切地说，单位不是对象本身（如回形针），而是其属性之一，通常是显著的属性。在概念上，单位只是目标数量的"一块"。任何线性范围（两点之间的距离）都可以作为长度单位。用诸如回形针、瓷砖和以1厘米为棱长的立方块作为长度的"单位"是明智的，但也有误导性。在教育讨论中，被视为单位的对象集合被称为"非标准"单位。在本文中，凡是把物理对象作为单位来看时，我们都会把单位放在引号中（"单位"）。

研究表明，随着学生使用长度单位并在之后反思其使用方式，他们对长度单位的理解会随着时间而发展。对"单位"适当的使用和理解需要概念上的一致性，同时需要满足空间穷尽、使用相同的单位、避免单位间的重叠和考虑端点这些规定限制。

穷尽线性空间。一旦学生将长度视为物体和路径的稳定属性，他们通常会理解用单位完全填充线性空间的需要，特别是当这些单位"均匀"填充空间时。但是当路径的长度不是单位的精确倍数时，他们可能会在单位之间留下空隙，以避免端点重叠（Lehrer等，2003）。正如皮亚杰早期研究所表明的那样，路径或对象的端点似乎具有特殊的状态；学生们更注重将单位对齐到端点，而非完全填充空间。

相同的单位。学生或许能够完全填充线性空间，但不遵守需要相同单位的规则。如果学生只能使用相同的"单位"，则此问题不会引起注意。如果学生能够获得不同大小的"单位"集合，那么就可以将其组合起来以填充空间（Curry等，2006），特别是对小学生来说（Lehrer, Jenkins & Osana, 1998）。为理解学生遇到的挑战，重要的是认识到使用相同"单位"与填满空间的目标之间存在竞争，既要避免"单位"间的差别，又不能盖过端点。

单位迭代。学生不易理解的是只要每个位置被标记或计数，重复使用或移动"单位"就是合理的。而有些学生会在"单位"用尽但空间还未填满时停下来（Lehrer 等，2003）。长度"单位"的迭代涉及用手指或"单位"在空间中的扫动来协调一系列位置和连续放置的计数。即便是给予帮助，有些学生也会到二年级才能协调这些过程（Barrett 等，2012）。

反比关系。学生对用较小单位产生较大测量数值的理解会在小学低年级阶段（K-2）发展，但这一理解也随着任务的要求而有所不同。当一年级的学生被要求用一个较小"单位"来建立一条直线路径，其长度等于所给的由较大"单位"组成的复杂路径时，这些学生会用与较大"单位"相同数目的较小"单位"来摆放出来（Hiebert，1984）。（即使有错也会努力保持长度相同。）然而，努内斯和布莱恩特（1996）表示，大多数二年级学生能够分别以英寸（注：1英寸=2.54厘米）、厘米为测量单位，成功地比较两条丝带的长度。尽管有这样的结果，但即使是高中学生也会出现仅靠"单位"的数量而不考虑单位的大小来错误地推导出路径的长度（Hart，1981）。

复杂路径。可以精确测量简单路径（一条线段和物体）长度的学生，当路径弯曲或呈锯齿状时可能会遇到困难。为了测量有拐角的路径，学生可能会放置和数那些接触拐角但并没有沿着路径填充的"单位"，（Battista，2006，2012）。这样连续摆放测量单位以避免拐角处留有空隙或许是测量简单路径长度的一般性要求。这种错误也会发生在学生计算网格中多边形的周长上。

了解标尺。日常活动中的大多数长度测量涉及标尺，而不是摆放"单位"。标尺有许多特殊形式（英尺、卷尺、米尺和距离齿轮），但都是从零点开始划分相等的线性空间间隔和计数间隔。甚至幼童学习标尺测量标准程序时也是如此——将所测对象的一端对准零点，从最接近另一端的标记处读取数值（Ellis, Siegler, & Van Voorhis, 2003; Nunes, Light & Mason, 1993）。但是许多研究表明，当学生读出标尺的刻度时，可能不会想到计数间距（Barrett, Jones, Thornton, & Dickson, 2003）。有学生读取位于测量物两端之间以及另一端的所有标记时（Barrett 等，2003; Nunes 等，1993），测量长度比实际长度多一

个单位长度。这个错误可能是由于在低年级过分强调用离散数集来计算物体数量的缘故（Bragg & Outhred, 2001; Ellis 等，2003）。一些学生在数间隔和数标记之间来回切换，具体情况取决于测量任务（Barrett 等，2012）。当零标记被移除或当对象的端点与零标记未对齐时，即便是小学高年级学生仍会错误地说出另一端点所对齐的数字（Bragg & Outhred, 2004; Hart, 1981; Nunes 等，1993）。

研究人员还提出用间距不等或无数字标记的"标尺"来评估学生的理解。当被要求在无数字标记的等间隔标尺上放置数字时，一年级学生通常将"1"放置在第一个标记处（略过"0"）或创建不等距的数字刻度（Nunes & Bryant, 1996）。年纪较小的学生（K-2）（Nunes & Bryant, 1996; Pettito, 1990）比三年级学生能更多地接受和使用间隔不等的"标尺"（Lehrer, Jenkins, & Osuma, 1998）。

一些学者质疑了皮亚杰的说法：使用非标准"单位"应先于使用标准单位和标尺，而且非标准"单位"能够激励学生使用标准单位和标尺（Clements, 1999）。即使是学龄前儿童，也能从日常生活中观察成人的测量活动中了解标尺的一些特征（如等间隔数字）及其使用环境（MacDonald & Lowrie, 2011）。在一些研究中，当给予小学生选择非标准"单位"或标尺的机会来解决长度比较的任务时，他们更倾向于选择标尺，这比那些选择使用（非标准）"单位"的同伴更有效（Boulton-Lewis, Wilss, Mutch, 1996; Nunes 等，1993）。

总体来说，这些研究表明学生正确使用标尺并不意味着了解长度单位是如何嵌入标尺中的。这些研究结果更加全面地说明了学生对数字刻度的理解情况（例如，建构和使用笛卡儿坐标系）。

关联标尺与"单位"。鉴于以上这些结果，我们并不惊讶于有许多学生对长度单位和标尺间距的关系仍旧模糊。将"单位"和标尺间隔的对应关系明确化，可以增强学生理解和适当使用标尺的可能性（Cullen & Barrett, 2010; Levine, Kwon, Huttenlocher, Ratliff, & Deitz, 2009）。学生亲身参与有标尺间隔的活动将有助于他们的理解（如连续用手指或扫的手势; Cullen & Barrett, 2010）。

估计。大多关注长度测量的研究主要关心的是学生如何得到精确的长度测量结果，但还有一些研究关注

的是长度的估计，当精确测量并不是必需的或是不可能做到时。长度估计的任务在小学课程（K. Chang, Males, Mosier, & Gonulates, 2011; Tan-Sisman & Aksu, 2012）和日常活动中会经常出现（Sowder, 1992）。研究表明，学生通常通过迭代一个想象的单位，或将目标对象或距离与大致已知的长度在视觉上做比较来估计长度（Hartley, 1977; Sowder, 1992）。现实环境中的空间资源会影响学生估计长度的方法（Gooya, Khosroshahi, & Teppo, 2011）。虽然学生不能自发地使用"基准"（大约等于一个或多个单位的物体）来估计长度，但当教学支持这种方法时，他们的估计就会变得更加精确（Joram, Gabriele, Bertheau, Gelman, & Subrahmanyam, 2005）。

学习轨迹。基于对学生理解的研究，研究者已经开始论述和测试与长度测量的理解水平有关的理论，来刻画学生的理解是怎样随时间的发展而发展的。这些学习轨迹呈现出非常相似的学习过程（即理解水平的内容），但基于学生学习的不同理论假设，尤其是任务和活动在塑造成长和改变中所扮演的角色（参见Lobato & Walters, 2017，本套书中关于学习轨迹和进展研究的一般性讨论）。

借助于任务访谈，巴蒂斯塔（2006, 2010, 2012）提出了一种长度测量的学习轨迹，用于区分和协调"非度量"与度量性推理，而且"非度量"中关于长度的推理无须出现数字。虽然学生通常从非度量开始（如直接比较），但是学生的进步是来自于对非度量和度量两方面的理解程度。最好的理解水平是，学习者能够将两种类型的度量整合应用于适合的情境中。随着时间的推移，学生的思维越来越完善，但并非单一确定的模式。不同的学生经由不同的路径，以不同的速度得以发展，而且因为学习任务的特征不同而产生不一样的推理。与其他人相反，巴蒂斯塔认为，他所建构的学生发展水平与学生具体的长度学习经验无关（Barrett & Battista, 2014）。

克莱门茨和其同事提出的关于长度的学习轨迹在许多方面是有相似性的（Barrett & Battista, 2014; Barrett 等, 2012; Clements 等, 待出版; Sarama, Clements, Barrett, Van Dine, & McDonel, 2011）。为测试初始版本，研究者对一小部分学生进行了为期三年的测试，旨在利用设计好的任务挑战每一个学生当下的理解水平。修订后的学习轨迹将学习过程划分为一条包含八个有序水平的不变路径，从识别和区分长度作为一种属性开始，并且应用直接比较的方式，来逐渐促进他们对单位（及由单位组成的标尺）的更深层次理解，并最终内化为不需要借助物理工具（"单位"或标尺）的心智行为。而且，初级水平和高级水平采用的都是非数值思维。尽管克莱门茨及其同事提出一个不变的有序发展水平轨迹，但他们也承认，当提出较低或较高任务需求时，学生都有可能用"较低"级别的能力进行推理。他们的分析在一定程度上验证了初始轨迹，但与皮亚杰的主张相反，他们的学生在使用单位前并未进行间接比较。与巴蒂斯塔相比，克莱门茨及其同事认为学生的学习经验，尤其是具有特定特征和需求的长度测量任务，必须是学习轨迹的一个组成部分。

其他研究人员提出的理解水平主要是有助于教师的学习和更好的教学。弗赖登塔尔研究所的研究人员提出了可以确定小学生学习测量长度等量的步骤的"学习-教学"轨迹（van den Heuvel-Panhuizen & Buys, 2008）。他们的轨迹有三个步骤：（1）定性地比较和排序；（2）连续放置"单位"；（3）从工具中读取测量结果。克拉克及其同事提出了长度及其他数量测量的一系列类似的"成长点"，从识别属性到比较排序，到放置并枚举"单位"，到使用标准单位估算并测量，直到解决一系列测量问题（Clarke, Cheeseman, McDonough, & Clarke, 2003）。

康弗里及其同事梳理了美国《州共同核心数学标准》中的测量标准（包含长度测量），并将其与数与几何的标准关联起来（Confrey, Maloney, & Corley, 2014）。借鉴上述研究，他们提出了"衔接标准"以填补《州共同核心数学标准》中序列标准之间的缺口。长度的衔接标准包括：（a）将长度与对象的其他属性相区分，（b）将间接比较作为理解长度的重要一步，（c）明确地将平铺与"单位"衔接到长度测量（例如，使用N个"单位"表示目标长度是N个线性单位）。尽管在这些发展轨迹方面已经达成一致，但从定性比较到公制长度测量的过渡过程中的间接比较仍未达成共识。

在过去二十年里，研究人员致力于关注学生对测量理解方面的发展过程，尤其在长度测量方面。从皮亚杰的基础工作看，他的研究主要记录了学生如何认识和协调长度单位在其应用本质上的局限，以及如何理解和恰当地使用标尺。最近研究者正试图以长期学习轨迹的形式将具体的观点整合到更连贯完整的学习模式中。这些轨迹包含了大量的共同内容，当然在一些重要问题上也会持不同或更开放的态度，包括特定任务在引导学习中的作用，通过理解力水平展现的发展特性，以及对于教师的实用性（参见 Wickstrom, Baek, Barrett, Cullen, & Tobias, 2012; Wickstrom, 2014）。也许最基本的问题是，这些轨迹是否对先前基于刻画学生思维评估的学习顺序观点有所反映，从而能够具体化先前的层次顺序并排除其他可能的路径。

课程方法

由于课堂活动在学生学习中发挥着重要作用，所以研究人员考察了小学数学教科书中关于长度测量的章节。史密斯及其同事（2013）仔细研究了三种美国小学课程在小学时期（K-3年级）长度测量的呈现方式，重点集中于特定概念、程序、惯例的出现频率和安排。这三种教科书大致呈现了相同的内容顺序（定性比较，使用非标准单位测量，最后用标尺测量），并且着重于具体步骤（例如，使用标尺、计算周长）。概念性内容，甚至像单位迭代之类的关键性原则，都极少出现，即便出现也常在具体过程的解释和说明后。而我们又很少就概念的重要性与教师沟通。这一分析与人们通常所说的担忧一致，即测量教学过于重视程序性知识（Stephan & Clements, 2003; Lehrer, 2003）。类似地，谭-席思曼和阿克苏（2012）分析了土耳其一至五年级国家课程指南发现，一些概念性的原则往往会受到明显关注（如守恒和零点），而另外的一些概念原则并不受关注（如长度累积和可逆原则）。如果教师的教学由程序性的课程而决定（Grouws 等，2004），那么学生在理解长度测量方面所持续遇到的挑战将变得更加显著。

研究人员已开发并测试了一种可替代的课程方法来解决学习长度测量的问题。斯蒂芬及其同事以数轴为基础，为一年级学生设计并开展了一系列教学活动，以建立学生对长度测量及十进制数的理解（Stephan, Bowers,

Cobb, & Gravemeijer, 2003）。它从身体体验开始（学生脚尖抵着脚跟向前踱步），引入较小的长度单位，而后使用10个这样的单位来构造更长的测量条（标有数十个长度单位的标尺）。其中一个重要的学习目标是学生要将物理长度单位（步长和立方体）与测量条上的标记联系起来。莱勒及其同事发现，对于没有理解如何使用标尺的年龄稍大的学生，这样的教学顺序是有效的（Lehrer 等，2003）。

在达维多夫（1975）的工作基础上，多尔蒂及其同事开发并测试了测量课程，从连续数量（包括长度）和它们之间的关系出发构建了所有的小学数学内容。这一方法彻底背离了传统的对离散量的处理方式，它是建立在从定性比较（例如，长度A比B长）到更精准的关系（例如，若两个长度B等于一个长度A，则A=2B）以及早期所引入的数学符号上的（Dougherty, 2008）。纯数字和算术是从数量关系及操作过程中抽象出来的。

克莱门茨及其同事开发了一种名为"海龟路径"的教学单元，使三年级学生结合自己的身体经验（步行及转向）完成如下的工作：利用Logo命令引导一个数字对象（一只海龟）沿着复杂的路径前进（Clements, Battista, Sarama, Swaminathan, & McMillen, 1997）。他们的教学单元旨在支持学生学习并使研究人员了解学生的思维。这种Logo环境中的路径推理（其中100个长度单位是相对较短的距离），让学生分解并重组测量段及其数值，但不是所有学生都能将两个活动联系并协调好。耶兰德（2003）记录了二年级学生使用"海龟路径"的高参与度。在动态几何环境如Cabri和几何画板中，年龄稍大的学生可以使用内置的长度测量功能产生平面几何中的猜想，这也就是演绎证明猜想的前身（Olivera & Robutti, 2001）。

正如本文所论述的，课程尚未有效地解决研究发现的学生经常遇到的学习挑战，或将这些挑战传达给教师。能有效评价学生理解力的任务（如涉及"损坏的"或空白的标尺）也相当少。实验方法都是侧重于将工具和程序联系到学生的身体体验，或从根本上重建小学数学。

教师的知识和教学实践

除与大学研究人员合作的研究外，对教师长度测量教学实践的详细研究尚未开始（例如，Lehrer, Jacobson 等，1998; Lehrer 等，2003）。因此，我们对于教师如何使用课程材料知之甚少，尤其是学生的想法和工作是如何被采纳和讨论的（M.S. Smith & Stein, 2011）。许多重要问题有待解决，包括教师在长度测量方面耗时多少，课堂上重点强调哪些方面，他们是否以及如何处理概念性内容，特别是他们是否以及如何将概念原理与程序联系起来。虽然很多研究是在课堂中进行的，但这些研究并没有针对教师的思维和教学实践。对于与研究人员合作的教师实践的分析，强调了以下方面的重要性：那些能引起学生动作上参与的活动和兴趣的任务，以及那些能支持学生推理、解析和论证的教师引导的讨论形式（Clarke 等，2003; Lehrer, Jacobson 等，1998）。这些教学元素为学生提供了重要的机会去了解测量长度的过程和工具。

与其他数学领域不同，小学教师对长度测量的理解尚未得到详细研究。我们不知道小学教师有多经常性地以物理对象为单位，被"损坏的标尺"任务所困扰，或出现测量锯齿状路径时的"拐角问题"。但我们知道职前教师对非常规性周长测量的任务（Menon, 1998）和区分周长与面积的任务（Reinke, 1997; Woodward & Byrd, 1983）感到困扰，这一问题我们将在下一节中讨论。然而，与教师对面积测量理解的研究相比，迄今为止，对长度测量的相关研究相当匮乏。

面积及其测量

面积是二维区域（简单闭合曲线）的一个可测量的属性：由封闭的边界所围成空间的大小。跟长度一样，面积测量在实践活动中经常出现，是STEM领域中的一个基础概念，并在多年的学校教育中得以发展。如同长度一样，面积是空间上的、有形的和经验上可获得的量，既可以理解为连续的（封闭的量），也可以理解为离散的（平铺区域的面积单位数）。但面积和长度测量在一些重要方面存有差异，这些差异产生了一些教与学的问题。首先，当区域呈现不同形状时，定性比较面积可能是困难的，因为它们可以在二维空间

中变化。其次，面积单位与长度单位相比更加多样化。最后，面积测量不存在普遍可用的工具（如标尺）。因此，面积通常是学生在学习涉及数值计算的测量时遇到的第一个量。

长度测量的教与学通常是从计数"单位"过渡到标尺读数，而面积测量则是从计数"单位"过渡到完成并解释乘法运算（长度的乘积）。这一点是重要的，原因有二。其一，长方形面积经常被用作从整数开始学习乘法的模型（van de Walle, Karp, & Bay-Williams, 2013）。其二，对于绝大多数学生而言，面积的平方单位是如何由两个长度单位相乘而产生的依然令人费解（Huang & Witz, 2011; Nunes & Bryant, 1996）。像标尺一样，作为代数工具的面积公式对学生而言如同"黑匣子"。理解长度的乘法，如同掌握标尺的标记表示长度测量一样具有挑战性。正如先前所论述的，面积测量带来了对乘法组合的理解的需求，其适用范围延伸到学生在科学和数学中遇到的其他连续量中，包括体积、密度、速度、力、功和力矩。面积是许多高级概念的基础，它对理解分数也特别有用，在分数中，将数量分成相等的部分，迭代并组合这些部分，本质上来说就是测量（Confrey, Maloney, Nguyen, & Rupp, 2014; Steffe, 2010; P.W. Thompson & Saldanha, 2003）。

在世界各国，学生在面积测量方面特别是多步骤或新颖任务上的表现比长度测量方面弱（Blume 等，2007; Hino, 2002）。在23个国家参与的2003年TIMSS的测试中，四年级学生在面积测量任务中的平均正确率仅有29.4%（Huang & Witz, 2011）。在多项国家教育进展评估的评价中，仅有四分之一的美国十二年级学生在给出足够的边长信息基础上，能正确计算出一个直线L形区域的面积（Kloosterman, 2010）。许多学生很难区分二维空间中的面积和周长，也很难推导三维空间中物体的表面积（Blume 等，2007）。

学生理解力的发展

关于学生理解力的研究侧重于学生如何将面积概念化为一个稳定的量，并发展用正方形单位铺满长方形

空间这一操作和智力方面的能力。尽管在二维中平铺会产生单位数组，但其与长度测量问题一样。以正方形的行和列的组织结构（作为组合单位）表示长方形面积的能力对于理解长方形面积公式非常重要。但在这个过程中依然存在两个重要问题：混淆面积和周长的原因和解决办法，以及学生如何理解两个长度的乘法组合。

面积守恒。皮亚杰的发展研究是研究儿童理解长度的基础，同样是研究儿童理解面积的基础（Piaget 等，1960）。面积守恒再次成为焦点。他向孩子们呈现了两个相同的区域（"草地"），并在每个区域上添加"房屋"，一块草地上房屋相连，另一块草地上的房屋呈分散状。每次添加后，会问学生牧场面积是否相同。即使是年龄小的孩子也可以在增添一至两个房屋时成功说出答案，但随着房屋数量的增加（如增至15），许多学生改变了观点，他们认为房屋分散的草地上的牧场较少。其他课堂研究向学生提供了形状不同但面积相同的长方形，并询问学生哪一个面积更大。随着教师的提问，二年级学生探索了以分解、重组作为工具来比较长方形的面积，最终测量了它的边长并根据围起来的平方英寸数来量化面积（Lehrer, Jacobson 等，1998；Lehrer 等，2003）。学生的作业反映了一个共同的假设，即在分解和重组后面积是守恒的。然而，随着时间的推移，学生对不同形状面积的比较和守恒能力逐步发展，并推广到不同情境和任务中（Barrett 等，待出版；Clements, Sarama, & Miller，待出版）。即使是高中生和大学生也可推导全等区域的面积相等，多边形的边长是面积的可靠指标（Kospentaris, Spyrou, & Lappas, 2011）。

用单位覆盖或平铺。对于小学生来说，尽管有些人尝试使用长度测量（连续放置标尺）来测量面积，但利用较小空间填充"单位"的覆盖来确定区域的面积则更为直观（Lehrer, Jenkins, & Osana, 1998）。与在"单位"之间留下空白相比，不重合区域的边界已成为更明显的制约因素。当图形区域是不规则的（非多边形）并有不同类型的"单位"可用时，学生会被那些形状相似的物体所吸引（如像豆子这种有圆边的区域选用圆形"单位"来平铺；Lehrer 等，2003）。

许多研究已经考察了学生在长方形空间上构造或添加正方形单位数组能力的发展，这就是巴蒂斯塔及其同事所说的"空间建构"（Battista, Clements, Arnoff, Battista, & Borrow, 1998）。在秋天和年底，他们向二年级学生展示了一系列长方形，这些长方形的两边用刻度线等分，或其内部部分或全部划分为正方形。对于每一种图形，要求学生预测需要用多少正方形来覆盖长方形，在长方形上画出正方形，最后用正方形"单位"覆盖并计数。最不熟练的学生有系统地围绕边界摆放正方形，但在内部摆放和画出的正方形都显得杂乱无章。他们认为面积是一个一维的单位串（另见 Miller, 2013；Schifter & Szymaszek, 2003）。其他学生将正方形排成横排，但只放在局部，通常是沿着顶部或底部放置。高水平学生系统性地将行看作组合单位并摆放和迭代。但这种能力也是逐渐发展而来的，其中第一步是对迭代的感观支持。行是最常见的组合单位（另见 Miller, 2013），但学生也构建了其他组合单位（如列和两列单位）。对于过渡阶段的学生来说，画正方形的方式能为他们提供重要的反馈和支持。奥瑟德和米切尔莫尔（2000）在对一到四年级学生的研究中，也描述了相似的发展水平层次。

在空间中构造长方形空间的能力，尽管是基本的，却是可以忽略的（参见后续课程部分）。并不是所有正确测量长方形面积的学生，都能看到相应的正方形单位阵列（Mitchelmore, 1983；Zacharos, 2006）。相似地，可以用正方形"单位"构建长方形阵列的学生可能无法画出这些阵列，这是因为他们必须首先形成物理正方形本身所具有的空间和几何信息（Outhred 等，2003）。预测、绘制、放置"单位"和计算的活动似乎以相互交错的方式支撑着学生空间建构能力的发展（Outhred & Mitchelmore, 2000）。

空间指标的影响。二维空间是如何构造的？有的在图形的边上画杠杠，有的用等间距的点，有的用网格，还有的写上边长的数字信息，这些构造常常影响学生对面积的推理。几何钉板上的钉子和长方形边上的杠杠使得学生甚至到八年级还在数有多少个钉子或杠杠来回答面积是多少的问题（Kamii & Kysh, 2006）。米勒（2013）有意改变了面积任务的空间结构，发现网格为学生构建组合单位（行）提供了最多的支持，而点提供的支持最少。

从数方块到长度相乘的转换。在面积测量中，枚举由单个单位计数转换到长度的相乘。几何图形的面积测量可以通过两个相关长度相乘得出，有时使用中间标量（如圆形中的π）。虽然到三年级或四年级时，学生要学习长方形、正方形、三角形的面积公式，但首先也是最常见的是长方形面积公式（Hino, 2002）。然而大量证据表明，许多学生在学习和运用这些公式时，并不明白为何要这样用（Lehrer等, 2003; Tan, 1998），这容易使他们犯错（Zacharos, 2006）和遗忘。一些学生和成年人将长方形的面积公式作为它的定义（"面积是长乘宽"; Schifter & Szymaszek, 2003; Zacharos, 2006）。更积极地是，日野（2002）提到，日本一个四年级班级的学生在被要求找出直线区域的面积时（这片区域可以被分解成更小的长方形），他们可以正确使用并解释公式。直到八年级，许多美国学生仍不能写出已知数值尺寸的长方形面积的正确数学表达式（Blume等, 2007）。广泛记载的面积和周长的混淆问题，尤其是长方形，表明学生对这两种公式的掌握较差。

理解面积公式需要协调长度和面积单位（Outhred & Mitchelmore, 2000）。以长方形为例，这种协调可以从简单地注意边长如何与面积组合单位（行和列）的大小相对应开始。更深入的理解将会涉及对长度相乘如何构成面积单位的理解（例如，"1厘米"乘以"1厘米"等于"1平方厘米"）。将已知长度的线段沿着与其垂直的方向扫过一段距离构成一个长方形，已经有研究显示，这样做有望帮助学生理解该乘法关系（Kobiela, Lehrer, & Pfaff, 2010），就如划分和重构长方形空间的工作一样（Lehrer等, 2003）。

区分周长和面积。与学习测量面积相关的最持久的发现之一是学生难以区分面积和周长。对多数学生来说，这是一个延续至中学的挑战（Chappell & Thompson, 1999; Tan-Sisman & Aksu, 2012; Woodward & Byrd, 1983）。当出现边长的数字信息时，学生更有可能将周长充当为面积（Miller, 2013）。这些数量（特别是周长）的模糊描述语言，如"面积是内部，周长是外部"，也可能是这种混淆的基础和支撑（Clements & Sarama, 2009; Pesek & Kirshner, 2000）。即使学生清楚且一直使用标准公式，他们仍旧会认为由直线围成的区域的周长与其面积有关（Hino, 2002）。总而言之，研究还没有对此难题给出一个令人信服的解释，也没有给出有效的教学回应。

学习轨迹。关于面积测量的学习轨迹也已经有了，它们是通过研究学生对长方形空间的建构而牢固地形成的。与长度一样，巴蒂斯塔（2003, 2012）确定了关于面积测量的非数值推理（定性的、图形的推理）和数值推理的多个水平。非数值推理（用他的术语来说是"非测量"）在复杂程度上各有不同，它是从单纯的视觉判断来比较区域的面积，到直接比较区域大小（如通过叠加），到分解并重组区域，最后到使用几何变换找出区域中全等的部分。数值推理从单个单位计数，对单个单位进行迭代和计数，而后按组合单位计数；到仅使用边长相关的数字信息来可视化并枚举平铺；最后把这一能力推广到非正方形单位中。虽然发展一般开始于将面积理解为一个稳定属性和定性比较的结果，但是非数值推理和数值推理的进展只是松散关联的。巴蒂斯塔（2003, 2004）还认为，理解面积（和体积）测量涉及四个心理过程——形成和使用心理模型、空间构造（这些模型中的空间组织）、阵列中单位的定位，以及使用组合单位组建空间。

相比之下，克莱门茨及其同事提出并完善了一个由八个有序层次组成的单一序列（Clements & Sarama, 2009; Barrett等, 待出版）。学生首先把面积看作是一个区域的属性；在掌握系统和完整的覆盖之前，随意尝试用"单位"覆盖区域；然后逐步开发和使用可迭代的组合单位，特别是长方形空间；再到协调长方形的长度和面积测量；最后将长方形公式应用于其他几何形状。长方形长度和面积单位的协调在两种学习轨迹中都起关键作用。

美国《州共同核心数学标准》开发了一个适用于前期完全没有准备的某一个年级（三年级）的面积测量学习内容。它根据单位覆盖来定义面积，把面积单位限定为正方形，并在长方形中将计数单个单位与边长相乘相关联。然而，在研究中许多方面的理解探索是黯然失色的，并没有与长度测量产生显著关联。康弗里及其同事研究的学习轨迹已经解决了部分差距。他们的"衔接"

标准在一年级着重于定性比较和排序，并将图形分割为不是小正方形的其他图形单位；在三年级着重于可逆原则；在五年级开设基于面积模型的分数乘法。

课程方法

在美国，小学课程引入和开发面积测量的力度低于长度测量。在《州共同核心数学标准》）之前（Kasten & Newton, 2011）及其中，与长度相比，甚少有美国课程标准侧重于面积测量。产生这一差异的原因是未知的，可能是期望学生能自发地将长度测量的重要原则应用于面积（如单位迭代和可逆原则）。然而，这种期望并没有得到研究的证实（Curry 等，2006）。与长度测量一样，美国小学教科书中面积测量的呈现也是高度程序化的（J.P. Smith 等，2016）。本来在长度上对概念原则的关注已经很少，而在面积上却进一步减少。程序以大致与上述讨论的轨迹平行的顺序呈现：幼儿园和一年级学生对"大小"进行定性比较，二、三年级学生学习覆盖和计数，三、四年级学生学习将长方形边长相乘，从五年级开始学习其他图形的公式开发。而很少有研究注重发展学生使用组合单位构造长方形空间，或协调长度和面积单位以理解面积公式的能力（J.P. Smith 等，2016）。

研究人员已经开发和评估了这样的教学方法，即强调运动、转换、部分区域的分解和重组，并产生了一些有希望的结果。扎哈罗斯（2006）报告说，与注重测量长度然后使用面积公式的计算方法相比，希腊高年级小学生从一种强调用已知面积的图形对区域进行分解与重组的教学方法中学到了更多的知识。黄和维茨（2011）发现，中国台湾四年级学生从一个将分解和重组的几何与数值计算相结合的教学单元中获益更多，而非仅侧重其中某一个方面的教学单元。科达奇和波塔里（2002）称，年龄较大的学生在计算机微型世界的经验中加深了对面积的了解，这个计算机微型世界支持分解和刚体运动。在随后的工作中，使用Cabri（几何教学软件）中的工具构建面积相等的三角形，有助于学生更清楚地区分面积和周长（Kordaki & Balomenou, 2006）。

研究人员还开发和测试了不同的任务、活动和工具来替代或丰富标准课程的措施。莱勒和同事发现，要求二年级学生确定三个形状不同但面积相等的长方形中哪一个面积更大的问题是富有成效的（Lehrer, Jacobson 等，1998; Lehrer 等，2003）。学生对长方形的分割方法是使用相同的"单位"完全覆盖三个长方形（因为长方形的长、宽是精心挑选的），支持相互比较并为有序数组奠定了基础。部分结构化的长方形，即边以长度单位划分，或在内部放置一些正方形单位，为空间结构提供不同方式和层次的支持，并有希望作为课堂任务（Battista, 2012）。研究人员还开发了面积测量过程的动态呈现，如在静态媒介中难以呈现的单位迭代以及乘法组合，并且已开始在课堂中探索其使用效果（kobiela 等，2010）。

教师知识和教学实践

与长度一样，除了与大学研究人员合作之外，没有任何关于任课教师的面积测量知识或他们教学实践的详细记录。现有证据表明，教师对面积及其测量的概念可能仅限于覆盖和计算单个面积单位的程序和标准计算公式（Outhred 等，2003），这使得教师没有准备好面积单位及其属性、分区和空间结构，以及乘法组合等相关内容的教学。但我们缺乏关于教师如何开展面积测量教学的观察性研究。一些实验证据表明，专注于面积的程序流畅的教学并未很好地让学生获益。五年级的学生中，相比那些先学程序，再学意义的学生，那些教学中学习了面积公式和周长公式意义的学生学得更多（做得也更快; Pesek & Krishner, 2000）。扎哈罗斯（2006）也得出了类似结果。教师在探索和讨论面积测量时使用的具体语言，会影响学生的注意力和学习。长方形中的"底"和"高"可以指线段或其长度度量（Herbel-Eisenmann & Otten, 2011），对学生协调空间及数字信息产生不同的影响。一旦从计算中得到度量值，讨论的焦点可以很快转变为数值和算术，而几乎不再有任何空间的参照物（A. G. Thompson 等，1994）。

有研究调查了职前小学教师对面积测量的认识，发现他们的知识很局限而且更倾向于程序性（Baturo & Nason, 1996; Berenson 等，1997; Murphy, 2012）。许多职前教师不能清晰地将面积和周长区分为不同的量（Baturo & Nason, 1996; Reinke, 1997; Simon & Blume, 1994; Woodward & Byrd, 1983）。然而，当考察他们的教学计划时，内容知识与教育学之间的复杂关系也就随之产生。贝伦森等（1997）研究了来自四个国家的一些职前教师，他们主要从程序的角度理解面积，并期望学生通过学习这些程序来理解面积测量。尽管他们并没有认识到概念原则对学生学习的重要作用，但他们还是揭示了一些重要概念原则的知识。相反，墨菲（2012）发现，她的数学最弱的参与者的计划能够敏感地察觉到学生的困难、参与探究的情况，并且在促进学生学习方面比她的那些数学上更强的学生有更大的希望。总之，面积测量知识与预期教学实践有着复杂的关系。

体积及其测量

体积是三维物体和封闭区域的可测量属性，是每个封闭区域的边界所包围的空间量。与长度和面积一样，体积在日常活动和交流（例如，对物体大小的描述）以及许多专业工作中经常出现。像长度和面积一样，体积是空间的、有形的，在体验上是可触及的，所以在许多国家的学校教育中，体积先于面积出现，一般是通过在不同尺寸和形状的容器之间倾倒液体这种日常操作活动来引入。虽然具备了这一丰富的经验基础，但令人惊讶的是学生很难在一系列场景中计算并推理分析体积（Kehle, Wearne, Martin, Strutchens, & Warfield, 2004; Vergnaud, 1983, 1988）。

从经验上讲，在选择和使用体积单位（如可填充盒子的小立方体）使体积变成离散量之前，体积表现为连续量（封闭的液体或空间的总量）。除了三维几何体外，我们还会用"体积"来表示诸如容器、球等闭合但空心的物体，以及像我们身体这样的固态物体。相比长度和面积，日常物体和几何物体体积的测量具有几个新挑战。第一，因为物体在多个维度上的形状和大小不同，因此在对齐和比较不同物体的体积时更加困难。体积单位会因不同的形状和大小而变化，因此比长度或面积单位更加多样化。第二，虽然以立方单位为主导，但体积

通常以非立方单位来衡量（例如，以英亩/英尺为单位的水库贮水量；注：1英亩≈4046.9平方米，1英尺≈0.305米）。第三，和面积一样，不存在类似于标尺的而广泛应用于所有类型物体的体积测量的工具。量筒（包括量杯）广泛用于学校和家庭中的液体测量；它们的数字刻度将液体的高度（长度）转化为体积。然而，在不了解体积是圆柱体横截面积与高度的乘积时，学生也可以有效地使用这些工具。第四，学生面临必须要将形状和物体的表面积与体积加以区分的困难（与面积、周长的情况类似），也必须从物理对象的质量和密度属性方面区分体积（Liu, 2012）。最后，学生必须了解，同一形状存在不同的体积公式。对于直角棱柱（"盒子"），体积是底面积与高的乘积，或长度、宽度与高度的乘积。虽然它们表现出相同的乘法组合，但是对许多学生和教师来说，这两个公式的等价性并不明显。

虽然体积在实践活动中频繁出现，但其意义在许多情况下都是难以捉摸的。由两个闭合物体占据的空间（如两个尺寸不同的球）呈现出一种简单的情况，视觉上较大的球的体积更大。但对于我们填充的容器，体积是放置在这些物体中的液体量，还是容器及其内容物所占的空间？液体体积的测量是否与通过放置立方体或其他物理"单位"进行的体积测量相关？到目前为止的研究仅开始解决各种情况和意义下的体积，包括固体单位（立方体）占据的空间、开放物体容纳液体的能力、由积木搭建成的形状以及所占空间的比较（Van Dine 等，待出版）。相比常规任务中的长度测量，美国在体积测量上的表现要稍显弱势，原因之一即是这一内容的复杂性。这与步骤多且任务新颖的面积测量相类似（Kenney & Silver, 1997; Struchens 等，2003）。

学生理解力的发展

在学校里，对体积及其测量的研究通常从对物体大小的定性比较开始；通过用较小容器来测量较大体积，开发出液体体积单位；移动到查看、构建和计数成堆的立方体"单位"，然后通过组合"单位"（如立方体的层）进行计数；最后由公式计算得出。许多体积测量的情况

是实际生活中会用到的；而且任务的情境从数学到科学都有，但是从数学角度解释这些情况时需要更抽象的方式。学生必须在三维空间的参照系中，把体积单位概念化（Hart, Johnson, Brown, Dickson, & Clarkson, 1989），并且最终单位必须在空间上"扎根于"长、宽和高的乘积。毫不奇怪，考虑到对于面积的研究，长度的乘积（面积和长度的乘积）与立方体积测量之间的关系对大多数学生来说仍旧很模糊（Battista, 2012; Lehrer, 2003; Pittalis & Christou, 2010）。理解一个单位立方体如何作为三个单位长度的乘积出现，似乎比看到一个单位正方形如何作为两个单位长度的乘积出现，带来了更多空间上和认知上的挑战。但也有人认为，体积是学习乘法运算的很好的场景（如Davydov, 1991）。

体积守恒。和其他量一样，皮亚杰的研究集中在孩子如何在一系列的物质材料（液体、可塑物质的固体和坚硬的积木）中逐渐理解体积是一个不变的量（Piaget, 1965; Piaget 等，1960）。在最著名的情况下，孩子们首先确认了在相同容器里的两个等高柱中的液体量是相同的。但是液体从一个容器注入另一个不同形状的容器后，许多孩子会忽略柱体的横截面积，认为上升到更高高度的柱体中的液体更多（Copeland, 1979; Piaget, 1965）。同样，当两个起始状态完全相同的类似"香肠"的橡皮泥中的一个被拉伸至细长状（不减少原材料）时，年龄较小的孩子通常认为更长的一块包含的材料更多（Piaget 等，1960）。

对于刚性材料，孩子们被要求建造一个占地面积较小的房子，但要求与一个具有方形地基、高度已知的房子含有相同的"房间数量"。通过增加高度来弥补较小占地面积使之守恒。当房子建立在较小的基地上时，年龄较小的孩子认为不同的高度表示不同的体积，因此不能自己增加高度。具有守恒观念的孩子意识到必须增加高度，但是不知道要增加多少。在一个相关的情况下，在水中用金属立方体建造一个3厘米×3厘米×4厘米的"房屋"，然后要求孩子们用同样的空间再建造其他房屋，而后询问两栋房子的体积和它们排出的水量。有些在第一个问题上认为两个房子体积一样大的孩子会否认两个房子排出等量的水，大多数孩子认为水中铺得比较开的

立方体与棱柱形房屋相比，占据更多的空间，这一结果与皮亚杰面积测量的结果相似。在另一项排水实验中，当香肠卷变形时，原本认为香肠卷是一样的孩子们却认为细长的香肠卷会占据更多的空间或排出更多的水。总而言之，物质环境会影响孩子们的推理能力。刚性材料的体积守恒比液体或可延展材料的要求更高，排出液体的体积比非浸水物体的体积更难推理。

皮亚杰提出用差距来解释这些结果，即一些物质材料对接受守恒有阻力。他的研究，无论用或不用他的术语（Piagetian terms）来解释，都说明了理解体积的复杂性。它涉及物体和物理情境的三个不同组成部分：空间中的材料物体、这些物体占据的空间以及它们周围的互补空间。

在此基础上，一些研究人员认为应将小学阶段的体积测量的发展概念化为四种活动：（1）倒满，（2）填满，（3）构造，（4）比较（Sarama等，2011；Van Dine 等，待出版）。这些研究人员比较了学生完成任务的质量，一种任务是用可倾倒的材料去倒满容器，另一种任务是用一个个"单位"去填满容器，他们发现学生们在二年级时通常能成功地完成倒满容器的任务。但是在四年级之前，成功地用填满的方法（把一个盒子用"单位"填满再来确定所使用的体积"单位"的数量）的学生是不多的（Curry等，2006；Van Dine等，待出版）。其他研究表明，直到四年级，学生才会用反复放入填充单位再比较不同形状容器中材料的数量这一方法（Reece & Kamii, 2001）。虽然它并没有解决排出液体体积的问题，但倒满、填满、构建和比较的四重视角与皮亚杰的研究结果一致，即孩子对体积的理解是局部的且受具体环境影响。如果是这样，那么了解体积测量概念的发展要比了解长度和面积更加有需求。

比较棱柱的体积。许多学校的作业都会要求学生理解一种特定几何形状，即直角棱柱的体积。研究人员考察了在有或无网格线辅助的情况下，学生比较棱柱体积、枚举或计算棱柱体积能力的发展。卡拉（2013）从不同层面比较了四年级和六年级学生对棱柱体积的认识：（a）仅高度不同，（b）高度和宽度不同，以及（c）长、宽、高三个维度均不同。很多学生在这项任务上遇到了困难，

他们通常采用直接目测、数一数表面显示的立方体数或把边长相加的方法。稍好一些的学生会用补偿的想法来推理（"这个虽然宽度较小但它较高"）。中等表现的这个群体会关注二维或三维，用直尺来测量棱柱各边的长度。能够想象补偿或改变图形以协调多个维度的儿童表现出最复杂的推理。

区分体积和表面积。当要求孩子们确定一堆方块的体积时，他们通常只报告每个面的表面的度量，即从各表面可以看到的方块，而忽略了内部的方块（Battista & Clements, 1996; Piaget 等，1960）。这样导致顶角的方块和边上的方块被重复计数，这就产生了学生看到的单位和计数的单位的问题（Clements & Sarama, 2009）。当要求小学生在纸上画一个立方体时，他们可能会画一个正方形或网状面（Kara 等，2012; Lehrer, Jenkins, & Osana, 1998）。当要求三年级和五年级的学生构建等比例图示提供的直角棱柱（可见正面、顶部和一个侧面）时，他们很难理解正面和顶部的交线（Battista & Clements, 1996），计算表面积时它们算两组单位，但计算体积时它们只算一组单位。由于受交线的困扰，学生们夸大了他们所构造的棱柱的体积。乔尔科和施佩尔（2013）报告说，大学生同样面临着类似的挑战。这些研究结果表明，区分表面积和体积（与二维中的面积、周长的挑战类似），并将体积单位表示为有序数组，对于学生来说都会有困难。毫不奇怪，学生表示三维空间的方法（有无网格线、等间距的点、网格或数值信息）会影响学生的推理（Kara, 2013; Lehrer, 2003）。当存在网格线时，五年级学生大多能成功地推理出立方体集合的体积；当网格线不存在时，他们更有可能根据表面积来表述体积（Vasilyeva 等，2013）。

单位、单一和组合。无论是固体还是液体材料，孩子们要么通过直觉，要么很快就能理解单位在确定体积大小时的作用。当被问到两个圆筒中哪个圆筒能装更多的液体时，幼儿园学生通常只考虑液体的高度而不考虑圆筒的宽度。但是，在一年级时，那些已经探索过液体体积的孩子可以预测哪个容器有更大的容量，并通过倒出液体和计算连续的增量来核查预测，可以指出液体体积单位越大，则同一个容器得出的测量值就越小（Van

Dine 等，待出版）。到了三年级，学生就能理解可以通过用较小"单位"填充来确定闭合空间的体积量。但这些直觉也与空间中的一系列概念误解和部分空间构造相一致，从而导致体积的错误测量（例如，仅计算方块堆中的可见立方体; Battista, 1999, 2004; Curry 等，2006）。

从实际情况与数学自身的角度看，由单一单位的推理向组合单位推理的转变是一个重要的发展。研究表明，受到一些教学支持的学生可以超越从外部表面来考虑体积，而开始从有秩序的单元组（例如，立方体的"墙面"或"地板层"）来考虑体积（Barrett 等，2011）。巴蒂斯塔和克莱门茨（1996）发现，三年级学生反复预测和核查由小方块搭建的"建筑物"大小的经验使他们获益，这些为反思分层过程提供了机会。五年级的学生经常能够在二维网图中协调并解释立方体的侧面和正面或顶面之间的相互作用。那些从连续分层的角度观察建造过程的学生，倾向于认识到每个小方块必须只计数一次。

与面积测量一样，组合体积单位的构造与运用，已被扩展到构造三维空间的能力上。由于学生已经发展了构造正方形单位阵列的能力（通过在空间中迭代行或列的方式; Battista 等，1998），有了适当的经验和支持，学生经常把棱柱体空间"视"为立方体单位阵列（通过填充空间的可迭代层或面; Battista, 2004; Battista & Clements, 1996）。然而，由于上述原因，学生将三维空间构建为阵列的能力似乎落后于他们在二维空间中的构造能力（Curry 等，2006）。这种空间能力，特别是观察和使用组合单位的能力，被认为是理解体积公式的关键。

从组合单位到乘法的过渡。某些时候，无论是出于教师激励还是自己的好奇心，学生们开始将单个和组合体积单位的数量与棱柱的棱长和表面积相关联。理解棱柱（和其他形状）的体积公式，通常涉及协调基础区域或初始层中的单位数量与填满指定空间所需的层数的高度（Battista & Clements, 1996）。如果学生将空间分层构造，最终可以将分层计数转换为将基础层的面积与高度相乘的数值运算。但这种转变对许多学生来说需要花费时间，因为课程在学生理解公式之前就往往要求他们使用公式。教学通常强调使用公式比数单位更有效率，而不是试图用学生理解的方法（先叠为一层一层，再数有几层）为他们打基础。莱勒称，即使是二、三年级的学生，也可以在适当的教学支持下，通过将底面面积看作一层非常薄的非立方单位，理解圆柱体体积是底面面积与高度的乘积（Lehrer, 2003）。

涉及棱柱体积的非标准任务给学生带来了新的挑战，特别是对那些仅仅记住公式的学生。例如，可以要求学生用两个或多个立方单位的"包装"或由多个立方单位组成的长方体合成的盒子来组装成已知尺寸的盒子。巴蒂斯塔（2007）发现，很少有七、八年级的学生成功地完成这些任务。解决此任务需要两个关键策略：形成适当的情境空间结构，并用适当的乘法运算来协调该结构。

学习轨迹。巴蒂斯塔（2004, 2012）和克莱门茨及其同事们（Clements & Sarama, 2009; Van Dine 等，待出版）的体积测量学习轨迹与他们提出的面积测量学习轨迹相似。与后一组相比，验证研究对初始模型已有重大修正（Van Dine 等，待出版）。巴蒂斯塔认为，学生关于体积的非测量推理从使用粗略的视觉判断，到直接比较（如通过叠加）、分解并重构形状，最终到使用几何变换来评估一致性。确定精确的体积测量（测量推理）从计数单个单位开始，然后迭代单个单位，形成组合单位，从关于边长的信息中可视化棱柱的填充或构建，并最终发展为使用非立方单位进行推理的能力。巴蒂斯塔（2004）还认为，同样的心理过程——形成和使用心理模型、空间结构、阵列中的单位摆放以及通过组合单位组织空间——是体积和面积测量推理的基础。

在克莱门茨及其同事的第一阶段学习轨迹中，学生将体积识别为图形和物理对象的属性（Clements & Sarama, 2009）。第二阶段，他们构造并构建立方体包装盒并测量它们的体积，从立方体构建对象，或用可倾倒材料的单位填充容器以确定体积。但是他们的这种努力通常仅产生近似测量，同时比较所有维度或者混淆这种比较。第三阶段，学生在将立方体的行或列作为组合单位之前，先发展测量空间的单个单位结构。接下来，他们迭代这些行或列，将图层构造为可被堆叠和计数的二维阵列。在这一阶段，学生可以组合和分解图层和层的一部分，以找到测量组装盒或棱柱的方法。他们最终掌握了三维阵列中的空间结构，该能力又反过来支持加法

和乘法的协调，以概念化和枚举更复杂的三维空间。

如本文所述，关于学生对体积理解的研究主要集中在立方单位和直棱柱上——直接对应于面积测量中的正方形单位和长方形。掌握体积测量这一核心要素的研究已经产生了重要且教育上有用的见解，但是棱柱体积仅代表引发体积及其测量的所有背景的冰山一角。我们还需要做更多的工作去了解和发展学生的理解力。

课程方法

在美国和其他国家，学生在入学第一年就有了体积的体验（van den Heuvel-Panhuizen & Buys, 2008）。体积及其测量的探索经常开始于比较物理对象或图片中物理对象的尺寸，以及容器容纳连续材料（如水或沙子）的相对容量。传统上，美国课程将"容积"一词作为容器的可测量性质，与以连续或离散的术语定义的"体积"分开。这种区别反映了这些量的复杂性，也使得后续整合这两个量更具挑战性。到小学高年级，体积方面的工作集中于立方单位的计数，然后转向使用长方体的体积公式，特别是"长 × 宽 × 高"。课程很少注意将层联系到乘法公式中。在此发展过程中，纸质材料（如教科书）依赖二维图形来表示三维物体和形状，这对学生的直观视觉能力提出更高的要求。

相比之下，与三年级的面积测量情景类似的是，《州共同核心数学标准》仅在美国五年级课程中设置体积测量内容，而这之前几乎没有任何准备。它引入标准体积单位（单位立方体），将体积定义为这些单位的计数，并声明体积公式与计算单个立方体会产生相同的结果。虽然确定了长方体体积的两个公式，但并未提及层和其他的组合单位。"容积"这一术语也未出现。综上所述，学习构建三维空间的重要性在《州共同核心数学标准》或现有的小学课程中并没有受到重视。

我们注意到，许多学生在对棱柱体积进行推理时，很难将他们的空间视觉能力与数字信息联系起来（Battista, 2012; Kara 等，2012; Clements & Sarama, 2009）。但是，学生在学习体积及其测量时面临的挑战，既与课程经验和教学有关，也与体积的概念化和测量的固有困

难有关。回想一下，三年级的学生可以在教师细心指导和探讨中成功推导出圆柱体的体积，这远远先于课程提出的要求（Lehrer, 2003; Lehrer, Strom, & Confrey, 2002）。

研究人员认为，新的任务和活动能够支持体积的学习并值得更多的研究。达维多夫（1991）认为，通过单位之间的转换来学习体积测量是教授孩子们学习乘法的理想方式。一个核心任务是确定从一个很大的容器中可以抽取多少小杯水。小学生很快发现，直接用杯子测量是无聊且困难的（未溢出水）。于是教师引入了一个中间单位，一个较大的水杯，这个较大的水杯6杯可以把容器里的水倒空。这引发了一场关于如何使用这个较大水杯来解决之前提出的任务的讨论。最后，教师向学生们展示了5小杯水盛满一个较大的杯子，通过从小杯到较大杯子的转换，引导到乘法表征，测定该容器能装30小杯水。从体积单位的转换中发展乘法，仍然是一个有趣的前景（参见Dougherty, 2008）。

研究人员还认为，运动是学生体验体积的潜在有利的组成部分。莱勒及其同事（2002, 2003）认为，在空间或区域中扫描一段或一个面，可帮助学生将空间量看作是无数小宽度部分的连续集合，就像微积分中切片的合成一样。此扫描操作与谷歌草图大师中的"拉拽"工具一致，该工具将平面形状扩展为棱柱或圆柱。帕诺库和普拉特（2011）发现，小学生使用数字透视移动（照相机角度和放大倍数）和拉拽工具，有效地处理了体积问题。用于动态构建和操作三维对象的工具，相比静态二维媒体中提出和解决的传统任务，支持更丰富的空间视觉概念化。

一些研究表明，当教学关注于单位和单位集合的抽象时，概念单位、单位的操作运用及单位协调的一般化才更有可能发生（Barrett等，2011; Cullen, Miller, Barrett, Clements, & Sarama, 2011; Curry等，2006）。这一猜想最适用于体积，因为学生通常可以利用先前的关于长度和面积的经验和理解。这些研究人员设计的任务，是促使学生表达、协调他们在长度、面积和体积背景下对单位的思考，来证明他们的推理是正确的。一个相关的方法是将对象划分为等份（均分）以发展和突出比率的概念。康弗里和同事们在不同的背景和数量上拓展了这种方法（称为"拆分"），包括十进制数（Confrey, Maloney, Nguyen, Mojica, & Myers, 2009; Confrey & Smith, 1995）。教师通过询问学生将区域或数字等分的过程来开发课程并进行评估。

教师知识及教学实践

目前的研究并未关注教师对于体积的理解（例如，与周长和面积相比）或他们在主题教学中的教学实践。一项研究发现，职前教师缺乏关于表面积和体积测量的信心和知识，这一欠缺尤其凸显在当任务不能用公式解决的时候（Jones, Mooney, & Harries, 2002）。另一项类似报告称，职前小学教师的理解较为薄弱，通常是以了解公式为重点。还有一些参与者对教育者提出的教授体积需要很多其他方面知识的建议持抵制态度（Zevenbergen, 2005）。

角及其测量

除了线段、多边形、圆、多面体和球体之外，角也是构造数学空间和开展实际活动的重要工具。和长度、面积、体积一样，角是"几何测量"的核心组成部分（Battista, 2012; NGA & CCSSO, 2010），也是"测量地球"的工具（Lehrer, 2003）。角能够建构出数值空间，这种数值空间在旋转下能够在空间上得到拓展。例如，在极坐标系中，平面中一点的位置由坐标原点、角度和到角顶点的距离所唯一确定。如通常所定义的，角是共享公共端点的两条射线的组合（Battista, 2007）。但这种几何定义掩盖了该概念的复杂历史（Keiser, 2004），如具有争议的含义和学生发展的概念。与我们讨论过的其他量相比，由于缺乏对目标量的单一定义，理解角及其度量变得复杂（参见Sinclair, Cirillo & de Villiers, 2017中对角度的讨论，本套书）。这种复杂性给教师的教学和学生学习角及其测量带来了巨大的挑战。

角的其他概念与上述标准几何定义相抗衡。角也可以被定义为转动，即围绕一个点的旋转；或两边和它们之间形成的封闭空间；或以角的顶点为圆心的任何圆

"切割"弧所对的部分。标准和封闭区域的定义取决于几何图形的静态图像，而转向定义本质上就是动态的。定义的对象是旋转运动，而不是平面中的静态对象。有关测量的研究表明，每个概念都有自己的物理基础，提出了特殊的挑战，并支持部分理解。

角度测量将静态几何图形与旋转运动相关联。角度因一条射线旋转至与另一条射线重合所转动的量的不同而不同；一个角度的度量是它旋转扫过的量（Osborne, 1976; Lehrer, 2003; Battista, 2007）。按照惯例，一个标准的角度测量单位是度，它是完整旋转一周的 $\frac{1}{360}$。根据对弧的定义，角可以用弧度来测量，作为"切割"圆弧的长度与圆周长的比率。因此，一个表示旋转半圈的"平"角的测量可以报告为180度或 π 弧度。

在数学中，角对于分类几何图形（例如，三角形和四边形）、将旋转理解为变换、学习并区分全等和相似是至关重要的。它们提供了斜率概念的图形意义，三角形中角和边长之间的关系是三角学的核心。在现实中，角是艺术、工艺和建筑的关键元素，也是我们在空间位置之间定位和导航的日常活动、我们身体相对于其他物体的位置以及跟踪物体运动的重要元素。

在学校里，师生广泛使用量角器来测量角度。量角器的结构和使用在很多方面与尺子相似；我们将一条射线与零标记对齐，并在另一条射线穿过刻度线的地方读出数值。但和尺子一样，许多学生对量角器的结构和用途仍不能全面理解（Dohrmann & Kuzle, 2014; Mitchelmore & White, 2000; Munier, Devichi, & Merle, 2008）。当然也可以选择用计算机软件包（例如，几何模型软件、动态数学软件、几何画板软件、谷歌草图大师）自动报告与构建的图形相关的角度测量。

学生理解力的发展

研究表明，在将角定义为几何图形之前，儿童倾向于将角理解为身体转动或旋转，但是它们在经验上是不同的。转动是指人们在穿越路径时方向的变化。旋转不涉及主体移动，只是视线从一个焦点到另一个焦点的改变。整合这两个视角是困难的。儿童使用转动理解角的能力，似乎取决于是否使用了表明角的两"边"的比喻提示（Mitchelmore & White, 2000）。他们可能不认为在平坦的道路上行走之后，上山是一个向上的转动，或者是一个向左或向右旋转的转动（Mitchelmore & White, 1998）。与角是转动的看法不同，角是旋转的这一看法涉及将绕一个旋转点的整个旋转运动的视觉化，或者是一个给定的旋转与一个完整的旋转之间的比率。

对儿童的Logo编程经验的研究表明，需要协调涉及转动和其他涉及围绕一个点旋转的情况（Clements, Battista, & Sarama, 2001; Clements, Battista, Sarama & Swaminathan, 1996; Clements & Burns, 2000; Lehrer, Jacobson 等，1998; Simmons & Cope, 1993）。大多数编写Logo的学生在构建目标路径或图形时加深了他们对角度测量的认识（Clements & Battista, 1989）。然而，设计 Logo 的能力可能会受到情境的约束；学生不能总是将他们的理解从Logo迁移到更标准的几何任务上（Simmons & Cope, 1993）。此结果与更普遍的模式一致，即儿童在游戏和日常任务中的能力并不总是以学校使用的符号和描述出现在他们的工作中（Carraher & Schliemann, 2002）。

沿着路径的寻路（例如，使用地图导航）可以为作为转动的角提供另一种经验基础。一个人可以通过改变某个角度来改变自己的前进方向，或者根据一个已确定的参考点（通常为北，前进方向为0度）来继续一个新的前进方向（Clements & Sarama, 2009）。3岁的儿童知道地图代表空间，可以在简单情况下开始解读地图、规划导航并从地图中学习（Clements & Sarama, 2007; Newcombe & Huttenlocher, 2000）。当小学生用自己的身体和视觉进行有意义的探索时，他们也可以将角与视线相关联，区分角与距离，并将视线的体验与物理角度模型的开和关相关联（Devichi & Munier, 2013; Munier 等，2008）。

对学生二维空间构造能力的研究表明，看到一个矩形阵列不能保证学生可以画出它（Battista等，1998; Outhred & Mitchelmore, 2000）。关于角的研究也已经报道了类似的结果。皮亚杰与同事们向儿童展示了一幅补充角度的图画，并要求儿童复制这幅图（Piaget等，1960）。孩子们可以看着他们身后的模型，并用各种工具测量它，但是在画画的时候不行。年龄最小的学生只是使用视觉估计来构造他们看到的模型的副本。年龄稍大的学生明白需要进行测量，但倾向于测量线段的长度。直至后来，他们才试图复制成角的线段的倾斜度或测量确定角的"张开度"的端点之间的距离。

学习者面临的基本挑战。 无论学生是依赖转动还是旋转，他们在理解角和其测量方面仍面临一些基本的挑战。第一，这个量本身不是空间中实实在在可以触摸到的物体。标准度数单位不是一对光线的感知特征，也不是任何的角物理模型（Dohrmann & Kuzle, 2014）。第二，儿童必须在不同的角度情况下整合广泛的经验以掌握角度测量的概念基础，并在理解的基础上使用量角器（Mitchelmore & White, 2000）。这些经验包括沿着路线前进，使用剪刀类的相交线模型，沿斜坡的坡度变化，以及旋转图像，如钟表或旋转拨盘上的指针（Mitchelmore, 1997; Mitchelmore & White, 1998）。第三个挑战涉及用更多的静态图像协调角的动态模型，提取出两者必需且共通的元素（Clements & Burns, 2000）。最后，感知挑战包括对视角的协调，即当视角变化的时候角度可能随之发生改变（如Gravemeijer, 1998）。

研究表明，学生对角度及其测量有许多片面的理解（"误解"），其中许多与其静态意义有关。有些学生从文本陈述中推断出所有角度都是直角（Clements & Battista, 1989; Devichi & Munier, 2013）；另一些学生认为，水平或垂直方向的变化改变了角的度量（Lehrer, Jenkins, & Osana, 1998）。年龄稍大的学生认为0°，180°和360°根本不属于角度范围（Keiser, 2004）。对于相同角度的角，他们经常误认为边更长的角的角度更大（Clements & Battista, 1989; Devichi & Munier, 2013; Lehrer, Jenkins, & Osana, 1998; Stavy & Tirosh, 2000; Wilson & Rowland, 1993）。有些人将射线上对应点之间的距离作为角度度量的指标（Lehrer, Jenkins, & Osana, 1998; Lehrer & Littlefield, 1993）。事实上，穿过角度内部的距离既是一个视觉上的显著属性，也是一个合理的度量。而从一条射线上的一个点到另一条射线的垂直距离与垂足到顶点的距离之比就是该锐角的正切（Osborne, 1976）。

在教学研究中，研究人员鼓励孩子们根据射线之间的空间或实际的楔形物所覆盖的范围来表征角度（Millsaps, 2012; Wilson & Adams, 1992）。一组六年级的学生构建了他们自己比较角度的工具（纸楔），估计了屏幕游戏中两条射线的旋转位置，并使用Logo语言构建了各种多边形（Browning & Garza-Kling, 2009）。在教学前，他们将角度描述为"拐角"，并且通常在范·希尔层次结构的视觉水平上作出反应。在教学后，他们使用的语言关注射线（例如，"射线之间的空隙具有更多的空间"）和相交于顶点的线。具有静态角度概念的大学生从通过对弧测量角度的教学中获益（Moore, 2013）。这些发现支持了儿童需从不同的物理或感知情境中提取角度测量的多个方面的观点（Battista, 2007; Lehrer, 2003; Mitchelmore & White, 2000），包括在一条路上转弯的大小、一根稻草弯曲的量、一个轮子绕着它的中心作的旋转、一条山路的坡度以及一把打开的剪刀（Mitchelmore, 1997; Mitchelmore & White, 1998, 2000）。

克莱门茨和萨拉马（2009）提出了一个角度测量的学习轨迹，但尚未对其进行经验评估。儿童通过游戏活动（如搭积木塔）来发展有关直角的初步能力。而后他们开始使用"角"来命名一个顶点处的转动或角度，将角与图形的其他方面区分开来，注意到基于角的边来决定角的相等或不等。后来，孩子们根据一个显著的基准（通常是一个直角）对角度进行分类。接着，孩子们开始抽象角的度量，除去图形的背景细节来比较角度。最后，孩子们学习测量角度，并把这些测量值作为成对线段、图形中成对的边或断开路径上相关向量的属性。这一水平似乎取决于在解释转半周、四分之一周或八分之一周之前，先说明转完整的一周（360度旋转），最后才是更小的单位。

课程方法

在许多国家，课程将角表示为静态几何对象，从把直角（"方角"）作为初始视觉基准开始（Devichi & Munier, 2013）。角用于对多边形进行分类（如：锐角和钝角用于区分三角形）。在之后的年级中，度作为角的测量单位被引入，量角器作为测量和绘制角度的工具。但因为1度是极小的旋转，所以对单位迭代和可逆原则不作讨论。相反，将直角分割成大小相等的部分提供了近似单位。更具创新性的方法将角与学生的身体体验联系起来（Fyhn, 2008; C.P. Smith, King, & Hoyte, 2014），与饼形的迭代单位（Wilson & Adams, 1992）或与 Logo 中的海龟运动联系起来（Noss & Hoyles, 1996; Papert, 1980）。达维希和穆尼尔（2013）发现，比起侧重于静态物体的法国标准课程，将角与小学生的视线联系起来更有助于学生对概念的理解。

教师知识和教学实践

研究表明，教师们在努力整合角的不同含义并解决学生持有的相同误解（Silfverberg & Joutsenlahti, 2014; Yazgan, Argun, & Emre, 2009）。教师参与设计富有成效的课堂情境以帮助学生概念化角度（Jacobson & Lehrer, 2000; Lehrer & Pritchard, 2002），但这些做法对学生学习的影响还有待检验。教师对角具有的丰富的物理经验可能难以转化为有效的教学实践。当法尹（2010）要求教师基于他们的攀岩经验，通过绳索和攀岩表面之间的空间关系来教学生有关角的知识时，他们做得并不好。与学生一样，教师也需要将不同的经验与角相整合，不管是静态的还是动态的，以支持更有效的教学。

时间及其测量

时光流逝是人类经验中的一个重要内容，但儿童和成人都很难将时钟显示的客观时间与自身主观经验的时间对应起来（例如，事件的持续时间; Bergson, 1965; Fraisse, 1982）。与物理量相比，时间是无形的（van den Heuvel-Panhuizen & Buys, 2008）；它不能像长度和质量那样在物理上划分或通过运动而感觉到。不同的时间间隔不能直接通过并排放置、叠加或身体反馈进行比较。为了将时间可视化，必须通过物体（如钟表的秒针）或材料（通过开口容器的沙子或水）的匀速运动来测量时间。时间是一个清楚的案例，可以说明我们对量的理解是如何通过测量工具的发展而形成的。在 14 世纪机械钟在欧洲普及之前，时间（超过天数）不是一个稳定的量；它是用高度主观的、非分析性的术语来判断的（Crosby, 1997）。然而在今天，对比任何其他量，与时间有关的度量、单位和工具在儿童的日常经验中出现得都更为频繁。

理解时间包括构建和整合关于不同时间问题的知识（Friedman, 1982b; Piaget, 1969）；一个单一的"时间概念"不能对这种复杂性做到完全公正的解决。儿童必须把时间和其他随时间而变化的量区分开来，如行驶距离、人和植物的高度。他们必须掌握时间顺序和事件发生的顺序，以及同时性。他们必须学会认读时钟，包括数字和指针时钟，并以可接受的语言术语（例如，"10 时半"）报告时间，这些术语在语言和文化上差异很大。他们必须学会判断和计算事件或时间之间的持续时间，与他们熟悉的十进制体系不同的是，时间的推理通常需要加减 60 进制和 12 进制的数值。

形成其他量的测量原理还适用于时间的测量（例如，相同的单位，可逆原则，嵌套单位和单位转换），但时间规则发挥的作用要更大一些（Friedman, 1982a）。重要时间间隔的名称是任意的（例如，一周中的天数和一年中的月份），但指针时钟以特定的方式详细划分小时（例如，以 5 分为一段），并且不同的语言在表达特定的时间时都有不同的表示（Burny, Valcke, Desothe, & Van Luit, 2013）。相比其他测量时间的工具，指针时钟和数字显示器在日常生活中应用得更广泛。但与沙漏相比，时间的流逝在这些工具中往往是看不到的。

学生理解力的发展

正如我们在其他量的研究中所看到的，关注儿童对时间的理解及其测量的相关知识起始于皮亚杰的研究。他探索了时间理解的众多方面，但他最有影响力的研究是关注孩子如何区分流逝的时间与其他随时间变化的量（Piaget, 1969）。他设置两个物体从相邻起点沿着平行路径以不同的均匀速度移动，或者先停止速度较快的物体，让另一个物体赶上一点（不同的持续时间），或同时停止它们（相同的持续时间）。在这两种情况下，行驶的距离不同，而幼儿对这两种情况下持续时间长短的反应都与所走的距离有关。较长的距离表示较长的持续时间。过渡期的孩子，最初专注于相同持续时间情况下的距离，而在他们专注于相应的出发和到达时间相匹配的情况时会对自己的看法进行纠正。使用类似方法的不同研究人员也可以发现这些结果（Acredolo, 1989; Siegler & Richards, 1979）。

教育研究人员使用皮亚杰的概念框架、任务及对个别访谈的依赖，进一步探究学生对时间的理解。朗和卡密（2001）报告说，小学生通常可以在复制和计数时间单位之前，理解持续时间之间的传递性，表明他们对时间的一些定性理解要先于更多的数值方面的理解。另一项研究重现了皮亚杰的研究结论，年纪小的孩子难以区分"更大"与"更老"，就像分不清时间与距离一样。当被要求比较一系列年度图片中两棵树的年龄时，许多小学生回答说，较大的树更老（Kamii & Russell, 2010）。

许多研究已经考察了学生对时钟读取任务的推理能力。与其他数学领域的结果一致，学生使用不同的策略从指针时钟中读取时间。根据时钟指针的具体位置，小学生或是能够识别钟表指针的已知位置，或者以5分或者1分为单位从基准位置（整小时或者半小时）向前或向后计数（Siegler & McGilly, 1989）。然而，学生可能难以区分、协调时针和分针的位置（例如，将8：15读作"十五时四十一分"）。当从给定时钟时间向前读时（如时间"从现在起20分后"；Earnest, 2014），他们会错误地将时、分与十进制相混合。当增加分的数量后到了下一个小时时，这样的向前阅读尤其具有挑战性（Earnest, 2015）。学生在计算两个时刻之间的持续时间时，也会面临类似的挑战。即使是五年级的学生，在起始或结束时间不是整小时的情况下，也难以协调时和分的单位以对这些差异进行推理（Kamii & Russell, 2012）。例如，上午8：30至上午11：00的持续时间经常被报告为3时30分。不恰当地减去分的倾向可能反映了学生的判断，即发现时间"差异"应该涉及减法。根据具身认知理论（Lakoff & Nunez, 2000），威廉姆斯（2012）已经证明，三种图像模式（即接近性、容器性及源路径目标）能够解释为什么二年级学生能够正确或错误地认读指针时钟。

相对于理解时间及其度量的复杂性，针对学生理解时间的研究仍然不多。与其他量相比，我们对学生的时间维度的思维及其发展知之甚少。因为错误的理解也常常会产生正确的判断，所以这些正确的表现可能会掩盖学生遇到的困难（Williams, 2012）。对于这些方面，目前既没有整合性的研究工作（体现在学习轨迹中），也没有相关的研究评述。无论是在教室里还是在教室外，儿童对于时间的理解都是一个需要进一步研究的领域。

课程方法

学校课程通常更注重时间的程序和惯例及其度量，而非发展学生的理解能力（例如，协调学生的时间经验与客观时间）。美国课程，通常从常规问题和定性判断（例如，日常事件的顺序）开始，然后从指针和数字时钟读取时间，从整小时和半小时开始。读取指针时钟是大多数国家课程的重要内容，但不同文化对报告时钟时间的期望不同。例如，中文中基本上以数字形式读取时间（如"5时23分"），其他语言诸如英语和弗兰德语，则有许多特定的关于时钟时间的不规则表达形式（如"7 before half 6"）。课程还强调时间的传统内容，如一周中的日期和一天的时间。在进行更困难的持续时间的教学时，先从整数小时开始计算过去的时间。虽然还没有提出替代的课程序列，但研究人员已经给当前的课程序列提供了一些富有成效的建议。朗和卡密（2001）提出了教师问题，来支持学生对主、客观时间的协调（例如，"在下午3时汽车来之前我们有足够的时间做某事吗？"）以及工具的建构，以显示在相等时间间隔内一些可见数量的相等变化。

教师知识和教学实践

相较于之前关于教师在不同测量内容上的知识和教学实践的研究，在时间测量的课堂教学方面的研究更为稀少。威廉姆斯（2012）对小学课堂中广泛观察的时钟读数的研究是一个值得关注的例外。到目前为止，研究界缺乏对教师教学知识和实践及其对学生学习影响的研究。

总结：已有进展及未来展望

最后，我们以一种更统一的方式，而非逐项量化，总结本章所回顾的研究进展。基于这一评估，我们提出了未来研究工作的优先顺序。

已有进展

学习的长期计划。 20世纪80年代和90年代是测量的教与学研究的富有成效的年代，特别是关于学生对空间测量（长度、面积、体积和角度）的理解和使用的研究。随后，研究重点从特定年龄或年级测量特定量的工作转变为从多种研究中整合和综合各种观点以形成长期持续性的见解。目前已经提出详细的有关长度、面积和体积的学习轨迹，说明了学生在小学阶段是如何理解这些量及其测量方法的。对于长度和体积来说，实证性的测试已促成重要的修改和完善，例如，在引入长度"单位"和标尺之前，对间接长度比较的作用提出了质疑。这些轨迹构成了可以在一系列环境中应用、测试和完善的特定学习理论。恰当地说，它们对规划和评估课堂教学是有益的。

但这种进步也带来了限制，并产生了新的挑战。第一，不清楚这些轨迹有多少反映了历史悠久的理解和支持学习测量空间量的方式，提出的理解水平如何充分考虑学生的多样性，以及如果有连贯的课程和教学支持，完全不同的顺序是否有同样的功效。研究人员在那些揭示学生思维的任务和活动中，有多少反映了他们自己的假设？第二，由于学习轨迹是通过对在正规课堂外学习的学生个体的仔细评估中发展出来的，因此我们并不清楚这些轨迹在不受干扰的课堂中对互动的学生群体的效果如何（Battista, 2007）。因为在这样有互动的课堂中，既定的规则支持学生的解释和辩论，并期望学生之间能够相互质疑（Wood等，1993）。第三，虽然基于特定量的学习轨迹有很多优点，但是这与测量教学应该通过一系列不同的量依次进行的观点是一致的，甚至是支持的。除了荷兰的教学/学习轨迹（van den Heuvel-Panhuizen & Buys, 2008），大多数轨迹没有明确地支持考虑各种量之

间的测量原则。也就是说，对于探索一种更普遍和统一的发展观，我们注意得还不够（Barrett等，2011; Battista, 2007; Curry等，2006; Outhred & Mitchelmore, 2004）。第四，对研究人员来说，对理解水平的详细描述是重要的，但对教师来说或许并不合适、不易获得和没用的。大多数人都需要被指导如何使用这些学习轨迹，可能需要对学生的思维进行不同程度的描述（Wickstrom, 2014; Wickstrom等，2012）。第五，学习轨迹中的进步并没有扩展到教师和学生在小学课堂中测量的所有量。我们还需要对其他量（如时间和角）进行更基础的研究，理解这些量的复杂性可能使开发工作至少像对体积的研究一样具有挑战性。

处理工具的不透明度问题。 无论我们理解的"工具"只是指物理对象（如尺子、量角器和时钟），还是如我们前面所讨论的，也包括计算公式，研究已经反复表明，学生通常不了解他们使用的测量工具。他们通常无法理解这些工具是如何产生作为目标量的单位计数的度量的，以及如何在工具中或工具上表示这些单位。小学生在测量长度时会计算标尺刻度，尤其是当他们无法将测量对象与零刻度对准时。他们很难解释钟的指针在60基底和12基底数值中的位置。年龄稍大的学生可以不理解角的意义就使用量角器来测量角，只要理解页面上静态的几何图形就可以。他们还会混淆和误用周长、面积和体积的公式。虽然在代数等其他领域中也需要理解公式和输入量之间的关系，但物理工具在这种关系中的作用可能是测量所独有的。

一个最常用于面积和体积测量的说法是，以标准和过度练习的方式正确使用测量工具经常会掩盖学生的薄弱理解力。由于工具、单位和量都是双向联系着并被理解的（或不被理解的），因此，接受学生"正确"使用工具，而不要求他们（a）解释为什么他们的测量有意义，或（b）以非标准的方式使用工具，都可能导致教师高估学生的理解力，错过重要的教与学的机会。虽然相较于那些只从浅层去处理这些问题的教学，这种更丰富的实践形式依赖于更深的教师知识和技能，需要更多的课堂教学实践，但是深入理解的收获（和肤浅理解的代价）是显著的。到目前为止，课程开发人员并未解决这些挑战，而

且大多数教师也没有准备好超越对程序能力的关注。

研究与发展的优先事项

更多的研究关注。 我们试图说明，从研究中获得的足够的洞察力证明了本章专门介绍测量的学习和教学是正确的。但我们也希望本文已经表明，这个领域值得更多的研究关注。获取和了解太多重要的数学和科学概念取决于理解连续量的测量。除了对特定量的开放性问题外，还需要对时间和角度测量的学习和教学给予更多的关注。

注意多个量的共同概念原则。 在准备本章时，我们发现，在不同数量的测量中出现相同的概念原则和相关的学习挑战的频率很高，尽管课程（标准和教科书）将每个数量的测量视为一个全新和独立的主题。尽管在研究均分、单位及其迭代、单位和亚单位、可逆原则和大多数测量工具的不透明性方面有明确的侧重点，但课程（可以说大部分课堂教学）还是将学生的注意力集中在特定量和测量工具的正确使用上，就好像每个都是一个新的领域和挑战。正如我们在开始时所探讨的，这种按一个量一个量教学的方法没有将注意力集中在构建所有量的测量共享的原理上。一个例外是达维多夫的标准测量方法，该方法强调主要的测量过程（定性，然后定量比较）可以应用于对不同量的测量（Dougherty, 2008）。

在测量的课程和教学中缺乏对共享的概念性原理的关注，这对未来的工作有两方面的影响。首先，这种方法对教师和学生的效力是什么？莱勒尔及其同事开发了一种"儿童测量理论"，为这种方法的有效性提供了证据（如 Lehrer 等，2003）。巴雷特及其同事报告说，在同一学年内学习测量不同空间量的学生可以对单位有更丰富的理解（Barrett 等，2011）。这些结论需要在更广泛的环境中做进一步研究。其次，小学数学课程通常并不支持关注这个问题。因此，我们还需要能够吸引教师和学生注意共享的概念性原理的课程材料，并以学生在他们的学习中已经学到的一个量为基础去测量其他的量。在不同的量的学习过程中，不断重新审视相同的挑战（如何处理连续的"东西"）和过程（如何去做），将有助于更

有效的教学和更扎实的学习。

提高对教师知识和教学实践的关注。 我们不了解教师有关测量的知识和教学实践，包括他们对课程的解释和使用，而这远远超出了我们所知道的情况。我们所知道的关于教师的知识引起了广泛的关注。对职前小学教师的周长和面积的知识，特别是计算这些量的公式的研究表明，他们中的许多人与学生有相同的挑战。薄弱的内容知识也会扩展到其他量上，这些又是研究尚未完成的。当教师带着有限的测量知识进入这个行业时，对课堂教学有何影响？有经验的教师是否能通过教学或专业学习经验来强化他们的理解？如果是，如何强化以及哪里需要强化？类似的问题仍然存在，波尔和同事称之为"内容和关于学生的知识"（Ball, Thames, & Phelps, 2008）。例如，知道学生为什么在测量空间时数标记物对教师来说是重要的，这和教师避免自身犯错同样重要。

在讨论教学实践时，一个基本问题是课堂上给予教学测量的时间量。导致国家在测量方面水平较差（至少在美国）的一个潜在因素是用于该内容的教学时间有限，因为它会转化为学生有限的学习经验。虽然这样的推测从来不会用来说明分数的教学，但它与美国课程中测量内容的位置是一致的。除此问题外，对典型课堂实践的研究强调了以下两个重要方面：（a）参与的任务不仅涉及生成或计算一系列的测量，（b）巧妙地引导将行动与测量目标相关联的课堂讨论（Lehrer, 2003; Simon & Blume, 1994）。富有成效的数学讨论更有可能在课堂条件允许的情况下使用，所以学生需要持续的支持和实践，提出他们的想法并认真听取同伴的看法。但是当这些条件存在时，教师在测量工作的讨论中关注什么问题？为何他们把这些视为核心？这些都是未来研究的关键问题。

考察集体的理解。 虽然这一模式并不是这个领域所独有的，但是关于学生对测量理解的研究已经被学生个体对精心挑选的任务的反应的数据及其分析所主导。这种方法在追踪学生的想法和思维的本质，特别是他们的部分理解（误解）方面非常有效。尽管巴蒂斯塔（2007）呼吁集体（课堂层面）建立理性，但一般来说，人们很少关注集体（课堂层面）的理解。个体理解的理论焦点

与本章讨论的大多数研究的认知视角一致，包括皮亚杰的形成性工作（Piaget, 1969; Piaget 等，1960）。研究一般没有集中在课堂测量实践及其随时间的演变上。从情境或集体主义的角度看待学习，不需要把注意力限制在个人的理解上。如果要求分析的话，对个人理解和集体课堂实践进行联合反思研究在理论上是合理的（例如，Cobb, Yackel, & Wood, 1993）。它涉及管理两个层次的分析，个人和群体，以及两套理论结构（例如，个体战略和规范性，共享战略）。在这样的分析中，值得注意的一个特别的问题是如何讨论和评估有缺陷的想法和方法（误解）。同伴提出问题、看到矛盾、提出替代方案的速度，可能比在面试环境中单独工作的学生更快。作为课堂上最权威的声音，教师参与塑造课堂实践、支持和质疑学生的想法是这个愿景的核心。

利用技术能力支持学习。我们有广泛的证据表明，

在动态几何软件环境中的丰富经验可以有效地支持学生对空间和几何的学习（Battista, 2007）。在空间测量方面，这些环境能够支持长度、面积和体积单位的组合和移动，而这些是很难在静态媒体中（如教科书页面和白板）表示的。但这些环境并未成为教师教学中不可或缺的组成部分，特别是在小学阶段。到目前为止，小学课程在将这些技术应用到测量演示方面做得很少。随着平板电脑和笔记本电脑在小学课堂上的普及，它们的有限使用不能再归咎于"硬件"限制，相反，最大的限制可能是（a）适合小学生的动态软件的可用性，以及（b）教师对如何使用这些工具作为其测量教学的有效组成部分的认识。如果没有在职前教师教育项目中更明确地使用和建模，动态技术在教学和学习测量方面的有效使用就不可能发生。

References

Acredolo, C. (1989). Assessing children's understanding of time, speed, and distance interrelations. In I. Levin & D. Zakay (Eds.), *Time and human cognition: A life-span perspective* (pp. 219–257). Amsterdam, The Netherlands: Elsevier Science.

Bakker, A., Wijers, M., Junker, V. & Akkerman, S. (2011). The use, nature and purposes of measurement in intermediate level occupations. *ZDM—The International Journal on Mathematics Education, 43,* 737–746.

Ball, D. L., Thames, M. H., & Phelps, G. (2008). Content knowledge for teaching: What makes it special? *Journal of Teacher Education, 59,* 389–407.

Barrett, J. E., & Battista, M. K. (2014). Two approaches to describing the development of students' reasoning about length. In A. P. Maloney, J. Confrey, & K. H. Nguyen (Eds.), *Learning over time: Learning trajectories in mathematics education* (pp. 97–124). Charlotte, NC: Information Age.

Barrett, J. E., Clements, D. H., Sarama, J., Miller, A. L., Cullen, C. J., Van Dine, D. W., . . . Klanderman, D. (in press). Integration of results: A new learning trajectory for area

measurement. In J. Barrett, D. Clements, & J. Sarama (Eds.), Children's measurement: A longitudinal study of children's knowledge and learning of length, area, and volume. *Journal for Research in Mathematics Education* monograph series. Reston, VA: National Council of Teachers of Mathematics.

Barrett, J. E., Jones, G, Thornton, C., & Dickson, S. (2003). Understanding children's developing strategies and concepts for length. In D. H. Clements & G. Bright (Eds.), *Learning and teaching measurement: 2003 Yearbook* (pp. 17–30). Reston, VA: National Council of Teachers of Mathematics.

Barrett, J. E., Sarama, J., Clements, D. H., Cullen, C., McCool, J., Witkowski-Rumsey, C., & Klandeman, D. (2012). Evaluating and improving a learning trajectory for linear measurement in elementary grades 2 and 3: A longitudinal analysis. *Mathematical Thinking and Learning, 14,* 28–54.

Barrett, J. E., Sarama, J., Clements, D. H., Cullen, C. J., Rumsey, C., Miller, A. L., & Klanderman, D. (2011). Children's unit concepts in measurement: A teaching experiment spanning grades 2 through 5. *ZDM—The International Journal on*

Mathematics Education, 43, 637–650.

Battista, M. T. (1999). Fifth graders' enumeration of cubes in 3D arrays: Conceptual progress in an inquiry-based classroom. *Journal for Research in Mathematics Education, 30,* 417–448.

Battista, M. T. (2003). Understanding students' thinking about area and volume measurement. In D. H. Clements & G. Bright (Eds.), *Learning and teaching measurement: 2003 Yearbook* (pp. 122–142). Reston, VA: National Council of Teachers of Mathematics.

Battista, M. T. (2004). Applying cognition-based assessment to elementary school students' development of understanding of area and volume measurement. *Mathematical Thinking and Learning, 6,* 185–204.

Battista, M. T. (2006). Understanding the development of students' thinking about length. *Teaching Children Mathematics, 13,* 140–147.

Battista, M. T. (2007). The development of geometric and spatial thinking. In F. K. Lester Jr. (Ed.), *Second handbook of research on mathematics teaching and learning* (pp. 843–908). Charlotte, NC: Information Age; Reston, VA: National Council of Teachers of Mathematics.

Battista, M. T. (2010). Representations of learning for teaching: Learning progressions, learning trajectories, and levels of sophistication. In P. Brosnan, D. B. Erchick, & L. Flevares, (Eds.), *Proceedings of the 32nd Conference of the North American Chapter of the Psychology of Mathematics Education* (Vol. 6, pp. 60–71). Columbus: The Ohio State University.

Battista, M. T. (2012). *Cognition-based assessment & teaching of geometric measurement.* Portsmouth, NH: Heinemann.

Battista, M. T., & Clements, D. H. (1996). Students' understanding of three-dimensional rectangular arrays of cubes. *Journal for Research in Mathematics Education, 27,* 258–292.

Battista, M. T., Clements, D. H., Arnoff, J., Battista, K., & Borrow, C. V. A. (1998). Students' spatial structuring of 2D arrays of squares. *Journal for Research in Mathematics Education, 29,* 503–532.

Baturo, A., & Nason, R. (1996). Student teachers' subject matter knowledge within the domain of area measurement. *Educational Studies in Mathematics, 31,* 235–268.

Berenson, S., van der Valk, T., Oldham, E., Runesson, U.,

Moreira, C. Q., & Broekman, H. (1997). An international study to investigate prospective teachers' content knowledge of the area concept. *European Journal of Teacher Education, 20,* 137–150.

Bergson, H. (1965). *Duration and simultaneity, with reference to Einstein's theory* (L. Jacobsen, Trans.). Indianapolis, IN: Bobbs-Merrill.

Blume, G. W., Galindo, E., & Walcott, C. (2007). Performance in measurement and geometry from the perspective of the *Principles and Standards for School Mathematics.* In P. Kloosterman & F. K. Lester Jr. (Eds.), *Results and interpretations of the 2003 Mathematics Assessment of the National Assessment of Educational Progress* (pp. 95–138). Reston, VA: National Council of Teachers of Mathematics.

Boulton-Lewis, G. M., Wilss, L. A., & Mutch, S. L. (1996). An analysis of young children's strategies and use of devices for length measurement. *Journal of Mathematical Behavior, 15,* 329–347.

Bragg, P., & Outhred, L. (2001, April). *Procedural and conceptual knowledge: The case of measurement.* Paper presented to the 2001 Annual Meeting of the American Educational Research Association, Seattle, WA.

Bragg, P., & Outhred, L. (2004). A measure of rulers: The importance of units in a measure. *Proceedings of the 28th Conference of the International Group for the Psychology of Mathematics Education* (Vol. 2, pp. 159–166). Bergen, Norway: Program Committee.

Browning, C., & Garza-Kling, G. (2009). Conceptions of angle: Implications for middle school mathematics and beyond. In T. Craine (Ed.), *Understanding geometry for a changing world* (pp. 127–140). Reston, VA: National Council of Teachers of Mathematics.

Burny, E., Valcke, M., Desothe, A., & Van Luit, J. E. (2013). Curriculum sequencing and the acquisition of clock-reading skills among Chinese and Flemish children. *International Journal of Science and Mathematics Education, 11,* 761–785.

Carraher, D., & Schliemann, A. D. (2002). The transfer dilemma. *Journal of the Learning Sciences, 11,* 1–24.

Chang, H. (2004). *Inventing temperature: Measurement and scientific progress.* New York, NY: Oxford University Press.

Chang, K., Males, L. M., Mosier, A., & Gonulates, F. (2011). Exploring U.S. textbooks' treatments of the estimation of linear measurements. *ZDM—The International Journal on*

Mathematics Education, 43, 697–708.

Chappell, M. F., & Thompson, D. R. (1999). Perimeter or area? Which measure is it? *Mathematics Teaching in the Middle School, 5,* 20–23.

Clarke, D., Cheeseman, J., McDonough, A., Clark, B. (2003). Assessing and developing measurement with young children. In D. H. Clements & G. Bright (Eds.), *Learning and teaching measurement: 2003 Yearbook* (pp. 68–80). Reston, VA: National Council of Teachers of Mathematics.

Clements, D. H. (1999). Teaching length measurement: Research challenges. *School Science and Mathematics, 99,* 5–11.

Clements, D. H., Barrett, J. E., Sarama, J., Cullen, C., Van Dine, D. W., Eames, C., . . . Vukovich, M. (in press). Length: A summary report. In J. Barrett, D. Clements, & J. Sarama (Eds.), Children's measurement: A longitudinal study of children's knowledge and learning of length, area, and volume. *Journal for Research in Mathematics Education* monograph series. Reston, VA: National Council of Teachers of Mathematics.

Clements, D. H., & Battista, M. K. (1989). Learning of geometric concepts in a Logo environment. *Journal for Research in Mathematics Education, 20,* 450–467.

Clements, D. H., & Battista, M. T. (1992). Geometry and spatial reasoning. In D. A. Grouws (Ed.), *Handbook of research on mathematics teaching and learning* (pp. 420–464). New York, NY: NCTM/Macmillan.

Clements, D. H., Battista, M. T., & Sarama, J. (2001). *Logo and geometry.* Reston, VA: National Council of Teachers of Mathematics.

Clements, D. H., Battista, M. T., Sarama, J., & Swaminathan, S. (1996). Development of turn and turn measurement concepts in a computer-based instructional unit. *Educational Studies in Mathematics, 30,* 313–337.

Clements, D. H., Battista, M. T., Sarama, J., Swaminathan, S., & McMillen, S. (1997). Students' development of length concepts in a Logo-based unit on geometric paths. *Journal for Research in Mathematics Education, 28,* 70–95.

Clements, D. H., & Burns, B. (2000). Students' development of strategies for turn and angle measure. *Educational Studies in Mathematics, 41,* 31–45.

Clements, D. H., & Sarama, J. (2007). Early childhood mathematics learning. In F. K. Lester Jr. (Ed.), *Second handbook of research on mathematics teaching and learning* (pp. 461–555).

Charlotte, NC: Information Age; Reston, VA: National Council of Teachers of Mathematics.

Clements, D. H., & Sarama, J. (2009). *Teaching and learning early math: The learning trajectories approach.* New York, NY: Routledge.

Clements, D. H., Sarama, J., Miller, A. L. (in press). Area. In J. Barrett, D. Clements, & J. Sarama (Eds.), Children's measurement: A longitudinal study of children's knowledge and learning of length, area, and volume. *Journal for Research in Mathematics Education* monograph series. Reston, VA: National Council of Teachers of Mathematics.

Cobb, P., Yackel, E., & Wood, T. (1993). Theoretical orientation. In T. Wood, P. Cobb, E. Yackel, & D. Dillon (Eds.), Rethinking elementary school mathematics: Insights and issues. *Journal for Research in Mathematics Education* monograph series (Vol. 6, pp. 21–32). Reston, VA: National Council of Teachers of Mathematics.

Confrey, J., Maloney, A., & Corley, A. K. (2014). Learning trajectories: A framework for connecting standards with curriculum, *ZDM—The International Journal on Mathematics Education, 46,* 719–733.

Confrey, J., Maloney, A., Nguyen, K., Mojica, G., & Myers, M. (2009). Equipartitioning/splitting as a foundation of rational number reasoning using learning trajectories. In M. Tzekaki, M. Kaldrimidou, & H. Sakonidis (Eds.), *Proceedings of the 33rd Conference of the International Group for the Psychology of Mathematics Education* (Vol. 2, pp. 345–353). Thessaloniki, Greece: PME.

Confrey, J., Maloney, A. P., Nguyen, K. H., & Rupp, A. A. (2014). Equipartitioning, a foundation for rational number reasoning. In A. P. Maloney, J. Conrey, & K. H. Nguyen (Eds.), *Learning over time: Learning trajectories in mathematics education* (pp. 61–96). Charlotte, NC: Information Age.

Confrey, J., & Smith, E. (1995). Splitting, covariation, and their role in the development of exponential functions. *Journal for Research in Mathematics Education, 26,* 66–86.

Copeland, R. W. (1979). *How children learn mathematics.* New York, NY: MacMillan.

Crosby, A. W. (1997). *The measure of reality: Quantification and Western society, 1250–1600.* Cambridge, United Kingdom: Cambridge University Press.

Cullen, C. J., & Barrett, J. E. (2010). Strategy use indicative of an understanding of units of length. In M. F. Pinto & T. F. Kawaski (Eds.), *Proceedings of the 34th Conference of the International Group for the Psychology of Mathematics Education* (Vol. 2, pp. 281–288). Belo Horizonte, Brazil: PME.

Cullen, C. J., Miller, A. L., Barrett, J. E., Clements, D. H., & Sarama, J. (2011). Unit eliciting task structures: Verbal prompts for comparative measures. In B. Ubuz (Ed.), *Proceedings of the 35th Conference of the International Group for the Psychology of Mathematics Education* (Vol. 2, pp. 249–256). Ankara, Turkey: PME.

Curry, M., Mitchelmore, M., & Outhred, L. (2006). Development of children's understanding of length, area, and volume measurement principles. In J. Novotna, H. Moraova, M. Kratka, & N. Stehlikova (Eds.), *Proceedings of the 30th Conference of the International Group for the Psychology of Mathematics Education* (Vol. 2, pp. 377–384). Prague, Czech Republic: PME.

Davydov, V. V. (1975). The psychological characteristics of the "prenumerical" period of mathematics instruction. In L. P. Steffe (Ed.), *Children's capacity for learning mathematics. Soviet studies in the psychology of learning and teaching mathematics, Vol. 7* (pp. 109–205). Chicago, IL: University of Chicago.

Davydov, V. V. (1991). Psychological abilities of primary school children in learning mathematics. In L. P. Steffe (Ed.), *Soviet studies in mathematics education, Vol. 6.* Chicago, IL: University of Chicago.

Devichi C., & Munier, V. (2013). About the concept of angle in elementary school: Misconceptions and teaching sequences, *Journal of Mathematical Behavior, 32,* 1–19.

Dilke, O. A. W. (1987). *Reading the past: Mathematics and measurement.* London, United Kingdom: British Museum Publications.

Dohrmann, C., & Kuzle, A. (2014). Unpacking children's angle "Grundvorstellungen": The case of distance "Grundvortsellung" of 1° angle. In P. Liljedhal, C. Nicol, S. Oesterle, & D. Allen (Eds.), *Proceedings of the 38th Conference of the International Group for the Psychology of Mathematics Education and the 36th Conference of the North American Chapter of the Psychology of Mathematics Education* (Vol. 2, pp. 409–416). Vancouver, Canada: PME.

Dorko, A. J., & Speer, N. M. (2013). Calculus students' understanding of volume. In S. Brown, G. Karakok, K. H. Roh, &

M. Oehrtman (Eds.), *Proceedings of the 16th Annual Conference on Research in Undergraduate Mathematics Education* (Vol. 1, pp. 190–204). Denver, CO. Retrieved from http://sigmaa.maa.org/rume/RUME16Volume1.pdf

Dougherty, B. (2008). Measure Up: A quantitative view of early algebra. In J. J. Kaput, D. W. Carraher, & M. L. Blanton (Eds.), *Algebra in the early grades* (pp. 389–412). New York, NY: Taylor & Francis Group.

Earnest, D. (2014, January). *Time in its standard units: Considering the interplay of cognition and instruction.* Poster presented to the 2014 Annual Meeting of the Association of Mathematics Teacher Educators. Irvine, CA.

Earnest, D. (2015). When "half an hour" is not the same as "thirty minutes": Elementary students solving elapsed time problems. In T. Bartell, K. Bieda, R. Putnam, K. Bradfield, & H. Dominguez (Eds.), *Proceedings of the 37th annual meeting of the North American Chapter of the International Group for the Psychology of Mathematics Education* (pp. 285–291). East Lansing: Michigan State University.

Ellis, S., Siegler, R. S., & Van Voorhis, F. E. (2003, April). *Developmental changes in children's understandings of measurement procedures and principles.* Paper presented at the annual meeting of the Society for Research in Child Development, Tampa, FL.

Fraisse, P. (1982). The adaptation of the child to time. In W. J. Friedman (Ed.), *The developmental psychology of time* (pp. 113–140). New York, NY: Academic Press.

Friedman, W. J. (1982a). Conventional time concepts and children's structuring of time. In W. J. Friedman (Ed.), *The developmental psychology of time* (pp. 171–208). New York, NY: Academic Press.

Friedman, W. J. (1982b). Introduction. In W. J. Friedman (Ed.), *The developmental psychology of time* (pp. 1–11). New York, NY: Academic Press.

Fyhn, A. B. (2008). A climbing class' reinvention of angles. *Educational Studies in Mathematics, 67,* 19–35.

Fyhn, A. B. (2010). Climbing and angles: A study of how two teachers internalize and implement the intentions of a teaching experiment. *The Montana Mathematics Enthusiast, 7*(2 & 3), 275–294.

Gooya, Z., Khosroshahi, L. G., & Teppo, A. (2011). Iranian students' measurement estimation performance involving linear and area attributes of real-world objects. *ZDM—*

The International Journal on Mathematics Education, 43, 709–722.

Gravemeijer, K. (1998). From a different perspective: Building on students' informal knowledge. In R. Lehrer & D. Chazan (Eds.), *Designing learning environments for developing understanding of geometry and space* (pp. 45–66). Mahwah, NJ: Lawrence Erlbaum Associates.

Grouws, D. A., Smith, M. S., & Sztajn, P. (2004). The preparation and teaching practices of United States mathematics teachers: Grades 4 and 8. In P. Kloosterman & F. K. Lester Jr. (Eds.), *Results and interpretations of the 1990 through 2000 Mathematics Assessments of the National Assessment of Educational Progress* (pp. 221–267). Reston, VA: National Council of Teachers of Mathematics.

Hart, K. M. (1981). *Children's understanding of mathematics: 11–16.* London, United Kingdom: John Murray.

Hart, K., Johnson, D. C., Brown, M., Dickson, L., & Clarkson, R. (1989). *Children's mathematical frameworks 8–13.* England: NFER-Nelson Publishing.

Hartley, A. A. (1977). Mental measurement in the magnitude estimation of length. *Journal of Experimental Psychology: Human Perception and Performance, 3,* 622–628.

Herbel-Eisenmann, B. A., & Otten, S. (2011). Mapping mathematics in classroom discourse. *Journal for Research in Mathematics Education, 42,* 451–485.

Hiebert, J. (1981). Cognitive development and learning linear measurement. *Journal for Research in Mathematics Education, 12,* 197–211.

Hiebert, J. (1984). Why do some children have trouble with learning measurement concepts? *Arithmetic Teacher, 31,* 19–24.

Hino, K. (2002). Acquiring new use of multiplication through classroom teaching: An exploratory study. *Journal of Mathematical Behavior, 20,* 477–502.

Huang, H. E., & Witz, K. G. (2011). Developing children's conceptual understanding of area measurement: A curriculum and teaching experiment. *Learning and Instruction, 21,* 1–13.

Jacobson, C., & Lehrer, R. (2000). Teacher appropriation and student learning of geometry through design. *Journal for Research in Mathematics Education, 31,* 71–88.

Jones, K., Mooney, C., & Harries, T. (2002). Trainee primary teachers' knowledge of geometry for teaching. *Proceedings of the British Society for Research into Learning Mathematics, 22,* 95–100.

Joram, E., Gabriele, A. J., Bertheau, M., Gelman, R., & Subrahmanyam, K., (2005). Children's use of the reference point strategy for measurement estimation. *Journal for Research in Mathematics Education, 36,* 4–23.

Jourdain, P. E. B. (1956). The nature of mathematics. In J. R. Newman (Ed.) *The world of mathematics* (pp. 4–72). New York, NY: Simon and Schuster.

Kamii, C., & Clark, F. (1997). Measurement of length: The need for a better approach to teaching. *School Science and Mathematics, 97,* 116–121.

Kamii, C., & Kysh, J. (2006). The difficulty of "length x width": Is a square a unit of measurement. *Journal of Mathematical Behavior, 25,* 105–115.

Kamii, C., & Russell, K. A. (2010). The older of two trees: Young children's development of operational time, *Journal for Research in Mathematics Education, 41,* 6–13.

Kamii, C., & Russell, K. A. (2012). Elapsed time: Why is it so difficult to teach? *Journal for Research in Mathematics Education, 43,* 296–315.

Kara, M. (2013). *Students' reasoning about invariance of volume as a quantity* (Unpublished doctoral dissertation). Illinois State University: Normal.

Kara, M., Miller, A. L., Cullen, C. J., Barrett, J. E., Sarama, J., & Clements, D. H. (2012). A retrospective analysis of students' thinking about volume measurement across grades 2–5. In L. R. Van Zoest, J. J. Lo, & J. L. Kratky (Eds.), *Proceedings of the 34th Conference of the North American Chapter of the Psychology of Mathematics Education* (pp. 1016–1023). Kalamazoo: Western Michigan University.

Kasten, S. E., & Newton, J. (2011). An analysis of K–8 measurement grade level expectations. In J. P. Smith (Ed.), *Variability is the rule: A companion analysis of K–8 state mathematics standards* (pp. 13–40). Charlotte, NC: Information Age.

Kaur, B. (2014). Enactment of school mathematics curriculum in Singapore: Whither research! *ZDM—The International Journal on Mathematics Education, 46,* 829–836.

Kehle, P., Wearne, D., & Martin, G. W., Strutchens, M. E., & Warfield, J. (2004). What do 12th-grade students know about mathematics? In P. Kloosterman & F. K. Lester Jr. (Eds.), *Results and interpretations of the 1990 through 2000*

Mathematics Assessments of the National Assessment of Educational Progress (pp. 145–174). Reston, VA: National Council of Teachers of Mathematics.

Keiser, J. M. (2004). Struggles with developing the concept of angle: Comparing sixth-grade students' discourse to the history of the angle concept. *Mathematical Thinking and Learning, 6,* 285–306.

Kenney, P. A., & Silver, E. A. (1997). *Results from the Sixth Mathematics Assessment of the National Assessment of Educational Progress.* Reston, VA: National Council of Teachers of Mathematics.

Kent, P., Bakker, A., Hoyles, C., & Noss, R. (2011). Measurement in the workplace: The case of process improvement in manufacturing industry. *ZDM—The International Journal on Mathematics Education, 43,* 747–758.

Kloosterman, P. (2010). Mathematical skills of 17-year-olds in the United States: 1978 to 2004. *Journal for Research in Mathematics Education, 41,* 20–51.

Kobiela, M., Lehrer, R., & Pfaff, E. (2010, April). *Students' developing conceptions of area via partitioning and sweeping.* Paper presented at the Annual Meeting of the American Education Research Association, Denver, CO.

Kordaki, M., & Balomenou, A. (2006). Challenging students to view the concept of area in triangles in a broad context: Exploiting the features of Cabri-II. *International Journal of Computers for Mathematics Learning, 11,* 99–135.

Kordaki, M., & Potari, D. (2002). The effect of area measurement tools on student strategies: The role of a computer microworld. *International Journal of Computers for Mathematics Learning, 7,* 65–100.

Kospentaris, G., Spyrou, P., & Lappas, D. (2011). Exploring students' strategies in area conservation geometry tasks. *Educational Studies in Mathematics, 77,* 105–127.

Lakoff, G., & Nunez, R. (2000). *Where mathematics comes from: How the embodied mind brings mathematics into being.* New York, NY: Basic Books.

Langrall, C. W., Mooney, E. S., Nisbet, S., & Jones, G. A. (2008). Elementary students' access to powerful mathematical ideas. In L. D. English (Ed.), *Handbook of international research in mathematics education,* 2nd ed. (pp. 109–135). New York, NY: Routledge.

Lee, K., & Smith, J. P. (2011). What's different across an ocean? How Singapore and U.S. elementary mathematics curricula

introduce and develop length measurement. *ZDM—The International Journal on Mathematics Education, 43,* 681–696.

Lehrer, R. (2003). Developing understanding of measurement. In J. Kilpatrick, W. G. Martin, & D. Schifter (Eds.), *A research companion to Principles and Standards for School Mathematics* (pp. 179–192). Reston, VA: National Council of Teachers of Mathematics.

Lehrer, R., Jacobson, C., Thoyre, G., Kemeny, V., Strom, D., Horvath, J., & Koehler, M. (1998). Developing understanding of geometry and space in the primary grades. In R. Lehrer & D. Chazan (Eds.), *Designing learning environments for developing understanding of geometry and space* (pp. 169–200). Mahwah, NJ: Lawrence Erlbaum Associates.

Lehrer, R., Jaslow, L., & Curtis, C. (2003). Developing an understanding of measurement in the elementary grades. In D. H. Clements & G. Bright (Eds.), *Learning and teaching measurement: 2003 Yearbook* (pp. 100–121). Reston, VA: National Council of Teachers of Mathematics.

Lehrer, R., Jenkins, M., & Osana, H. (1998). Longitudinal study of children's reasoning about space and geometry: In R. Lehrer & D. Chazan (Eds.), *Designing learning environments for developing understanding of geometry and space* (pp. 137–167). Mahwah, NJ. Lawrence Erlbaum.

Lehrer, R., Kim, M., & Jones, R. S. (2011). Developing conceptions of statistics by designing measures of distribution. *ZDM—The International Journal on Mathematics Education, 43,* 723–736.

Lehrer, R., & Littlefield, J. (1993). Relationships among cognitive components in Logo learning and transfer. *Journal of Educational Psychology, 85,* 317–330.

Lehrer, R., & Pritchard, C. (2002). Symbolizing space into being. In K. P. Gravemeijer, R. Lehrer, H. J. van Oers, & L. Verschaffel (Eds.), *Symbolization, modeling and tool use in mathematics education* (pp. 59–86). Dordrecht, The Netherlands: Kluwer Academic Press.

Lehrer R., & Schauble, L. (2005). Developing modeling and argument in the elementary grades. In T. A. Romberg, T. P. Carpenter, and F. Dremock (Eds.), *Understanding mathematics and science matters* (pp. 29–53). Mahwah, NJ: Lawrence Erlbaum Associates.

Lehrer, R., & Slovin, H. (2014). *Developing essential understanding of geometry and measurement in Grades 3–5.*

Reston, VA: National Council of Teachers of Mathematics.

Lehrer, R., Strom, D., & Confrey, J. (2002). Grounding metaphors and inscriptional resonance: Children's emerging understanding of mathematical similarity. *Cognition and Instruction, 20,* 359–398.

Levine, S. C., Kwon, M., Huttenlocher, J., Ratliff, K., & Deitz, K. (2009). Children's understanding of ruler measurement and units of measure: A training study. *Proceedings of the Cognitive Science Society,* 2391–2395.

Liu, C. (2012). *Children merging quantification into their qualitative intuitions about density* (Unpublished doctoral dissertation). Tufts University, Boston, MA.

Lobato, J., & Walters, C. D. (2017). A taxonomy of approaches to learning trajectories and progressions. In J. Cai (Ed.), *Compendium for research in mathematics education* (pp. 74–101). Reston, VA: National Council of Teachers of Mathematics.

Long, K., & Kamii, C. (2001). The measurement of time: Children's construction of transitivity, unit iteration, and conservation of speed. *School Science and Mathematics, 101,* 125–132.

MacDonald, A., & Lowrie, T. (2011). Developing measurement concepts within context: Children's representations of length. *Mathematics Education Research Journal, 23,* 27–42.

Menon, R. (1998). Preservice teachers' understanding of perimeter and area. *School Science and Mathematics, 98,* 361–368.

Michaels, S., Shouse, A. W., & Schweingruber, H. A. (2008). *Ready, set, science! Putting research to work in K–8 science classrooms.* Washington, DC: National Academies Press.

Miller, A. L. (2013). *Investigating conceptual, procedural, and intuitive aspects of area measurement with non-square area units* (Unpublished doctoral dissertation). Illinois State University: Normal.

Millsaps, G. M. (2012). How wedge you teach the unit-angle concept? *Teaching Children Mathematics, 18,* 362–369.

Mitchelmore, M. C. (1983). Children's learning of geometry: Report of a co-operative research report. *Caribbean Journal of Education, 10,* 179–228.

Mitchelmore, M. C. (1997). Children's informal knowledge of physical angle situations. *Learning and Instruction, 7,* 1–19.

Mitchelmore, M. C., & White, P. (1998). Development of angle concepts: A framework for research. *Mathematics Education Research Journal, 10,* 4–27.

Mitchelmore, M. C., & White, P. (2000). Development of angle concepts by progressive abstraction and generalisation. *Educational Studies in Mathematics, 41,* 209–238.

Moore, K. C. (2013). Making sense by measuring arcs: A teaching experiment in angle measure. *Educational Studies in Mathematics, 83,* 225–245.

Munier, V., Devichi, C., & Merle, H. (2008). A physical situation as a way to teach angle. *Teaching Children Mathematics, 14,* 402–407.

Murphy, C. (2012). The role of subject matter in primary prospective teachers' approaches to teaching the topic of arc. *Journal of Mathematics Teacher Education, 15,* 187–206.

National Governors Association Center for Best Practices & Council of Chief State School Officers (NGA & CCSSO). (2010). *Common Core State Standards for Mathematics.* Washington, DC: Authors. Retrieved from http://www .coreStandards.org

Newcombe, N. S., & Huttenlocher, J. (2000). *Making space: The development of spatial representation and reasoning.* Cambridge, MA: MIT Press.

Noss, R., & Hoyles, C. (1996). *Windows on mathematical meanings* (Vol. 17). Boston, MA: Kluwer.

Nunes, T., & Bryant, P. (1996). *Children doing mathematics.* Oxford, United Kingdom: Blackwell.

Nunes, T., Light, P., & Mason, J. (1993). Tools for thought: The measurement of length and area. *Learning and Instruction, 3,* 39–54.

Olivera, F., & Robutti, O. (2001). Measures in Cabri as a bridge between perception and theory. In M. van den Heuvel-Panhuizen (Ed.), *Proceedings of the 25th Conference of the International Group for the Psychology of Mathematics Education* (Vol. 4, pp. 9–16). Utrecht, The Netherlands: Freudenthal Institute.

Osborne, A. R. (1976). Mathematical distinctions in the teaching of measure. In D. Nelson (Ed.), *Measurement in school mathematics* (pp. 11–34). Reston, VA: National Council of Teachers of Mathematics.

Outhred, L. N., & Mitchelmore, M. C. (2000). Young children's intuitive understanding of rectangular area measurement. *Journal for Research in Mathematics Education, 31,* 144–167.

Outhred, L., & Mitchelmore, M. (2004). Students' structuring of rectangular arrays. In M. Hoines & A. Fuglestad (Eds.), *Proceedings of the 28th Meeting of the International Group for the Psychology of Mathematics Education* (Vol. 3, pp.

465–472). Bergen, Norway: PME.

Outhred, L., Mitchelmore, M., McPhail, D., & Gould, P. (2003). Count me into measurement: A program for early elementary school. In D. H. Clements & G. Bright (Eds.), *Learning and teaching measurement: 2003 Yearbook* (pp. 81–99). Reston, VA: National Council of Teachers of Mathematics.

Panorkou, N., & Pratt, D. (2011). Using Google sketchup to research children's experience of dimension. In B. Ubuz (Ed.), *Proceedings of the 35th Annual Conference of the International Group for the Psychology of Mathematics Education* (Vol. 3, pp. 337–344). Ankara, Turkey: PME.

Papert, S. (1980). *Mindstorms: children, computers and powerful ideas.* New York, NY: Basic Books.

Pesek, D. D., & Kirshner, D. (2000). Interference of instrumental instruction in subsequent relational learning. *Journal for Research in Mathematics Education, 31,* 524–540.

Pettito, A. L. (1990). Development of numberline and measurement concepts. *Cognition & Instruction, 7,* 55–78.

Piaget, J. (1965). *The child's conception of number.* New York, NY: W. W. Norton.

Piaget, J. (1969). *The child's conception of time.* London, United Kingdom: Routledge & Kegan Paul.

Piaget, J., Inhelder, B., & Szeminska, A. (1960). *The child's conception of geometry.* New York, NY: Basic Books.

Pittalis, M., & Christou, C. (2010). Types of reasoning in 3D geometry thinking and their relation with spatial ability. *Educational Studies in Mathematics, 75,* 191–212.

Reece, C. S., & Kamii, C. (2001). The measurement of volume: Why do young children measure inaccurately? *School Science and Mathematics, 101,* 356–361.

Reinke, K. S. (1997). Area and perimeter: Prospective teachers' confusion. *School Science and Mathematics, 97,* 75–77.
Reynolds, A., & Wheatley, G. H. (1996). Elementary students' constructions and coordination of units in an area setting. *Journal for Research in Mathematics Education, 27,* 564–581.

Sarama, J., Clements, D. H., Barrett, J., Van Dine, D. W., & McDonel, J. S. (2011). Evaluation of a learning trajectory for length in the early years. *ZDM—The International Journal on Mathematics Education, 43,* 667–680.

Sarama, J., Clements, D. H., Van Dine, D. W., McDonel, J. S., Napora, L., & Barrett, J. E. (2011, April). A hypothetical learning trajectory for volume in the early years. Paper presented at the annual meeting of the American Educational Research Association, New Orleans, LA.

Schifter, D., & Szymaszek, J. (2003). Structuring a rectangle: Teachers write to learn about their students' thinking. In D. H. Clements & G. Bright (Eds.), *Learning and teaching measurement: 2003 Yearbook* (pp. 143–156). Reston, VA: National Council of Teachers of Mathematics.

Siegler, R. S., & McGilly, K. (1989). Strategy choices in children's time-telling. In I. Levin & D. Zakay (Eds.), *Time and human cognition: A life-span perspective* (pp. 185–218). Amsterdam, The Netherlands: Elsevier Science.

Siegler, R. S., & Richards, D. D. (1979). Development of time, speed, and distance concepts. *Developmental Psychology, 15,* 288–298.

Silfverberg, H., & Joutsenlahti, J. (2014). Prospective teachers' conceptions about a plane angle and the context dependency of the conceptions. In P. Liljedahl, C. Nicol, S. Oesterle, & D. Allen (Eds.), *Proceedings of the 38th Conference of the International Group for the Psychology of Mathematics Education and the 36th Conference of the North American Chapter of the Psychology of Mathematics Education* (Vol. 5, pp. 185–192). Vancouver, Canada: PME.

Simmons, M., & Cope, P. (1993). Angle and rotation: Effects of different types of feedback on the quality of response. *Educational Studies in Mathematics, 24,* 163–176.

Simon, M. A., & Blume, G. W. (1994). Building and understanding multiplicative relationships: A study of prospective elementary teachers. *Journal for Research in Mathematics Education, 25,* 472–494.

Sinclair, N., Cirillo, M., & de Villiers, M. (2017). The learning and teaching of geometry. In J. Cai (Ed.), *Compendium for research in mathematics education* (pp. 457–489). Reston, VA: National Council of Teachers of Mathematics.

Sinclair, N., Pimm, D., & Skelin, M. (2012). *Developing essential understanding of geometry and measurement in grades 6–8.* Reston, VA: National Council of Teachers of Mathematics.

Smith, C. P., King, B., & Hoyte, J. (2014). Learning angles through movement: Critical actions for developing understanding in an embodied activity. *Journal of Mathematical Behavior, 36,* 95–108.

Smith, J. P. (1999). Tracking the mathematics of automobile production: Are schools failing to prepare students for work?

American Educational Research Journal, 36, 835–878.

Smith, J. P., Males, L., Dietiker, L. C., Lee, K., & Mosier, A. (2013). Curricular treatments of length measurement in the United States: Do they address known learning challenges? *Cognition & Instruction, 31,* 388–433.

Smith, J. P., Males, L., & Gonulates, F. (2016). Conceptual limitations in curricular treatments of area measurement: One nation's challenges. *Mathematical thinking and learning, 18,* 239–270.

Smith, M. S., Arbaugh, F., & Fi, C. (2007). Teachers, the school environment, and students: Influences on students' opportunities to learn mathematics in grades 4 and 8. In P. Kloosterman & F. K. Lester Jr. (Eds.), *Results and interpretations of the 2003 Mathematics Assessment of the National Assessment of Educational Progress* (pp. 191–226). Reston, VA: National Council of Teachers of Mathematics.

Smith, M. S., & Stein, M. K. (2011). *5 practices for orchestrating productive mathematics discussions.* Reston, VA: National Council of Teachers of Mathematics.

Sowder, J. (1992). Estimation and number sense. In D. A. Grouws (Ed.), *Handbook of Research in Teaching and Learning Mathematics* (pp. 371–389). New York, NY: Macmillan.

Stavy, R., & Tirosh, D. (2000). *How students (mis-) understand science and mathematics: Intuitive rules.* New York, NY: Teachers College Press.

Steen, L. A. (1990). Pattern. In L. A. Steen (Ed.), *On the shoulders of giants* (pp. 1–10). Washington, DC: National Academy Press.

Steffe, L. P. (2010). The partitioning and fraction schemes. In L. P. Steffe & J. Olive (Eds.), *Children's fractional knowledge* (pp. 315–340). New York, NY: Springer.

Stephan, M., Bowers, J., Cobb, P., & Gravemeijer, K. (2003). Supporting students' development of measuring conceptions: Analyzing students' learning in social context. *Journal for Research in Mathematics Education* monograph series (Vol. 12). Reston, VA: National Council of Teachers of Mathematics.

Stephan, M. & Clements, D. H. (2003). Linear and area measurement in prekindergarten to grade 2. In D. H. Clements & G. Bright (Eds.), *Learning and teaching measurement: 2003 Yearbook* (pp. 3–16). Reston, VA: National Council of Teachers of Mathematics.

Strutchens, M. E., Martin, W. G., & Kenney, P. A. (2003). What students know about measurement: Perspectives from the National Assessment of Educational Progress. In D. H. Clements & G. Bright (Eds.), *Learning and teaching measurement: 2003 Yearbook* (pp. 195–207). Reston, VA: National Council of Teachers of Mathematics.

Tan, N. J. (1998). A study on the students' misconceptions of area in elementary school. *Journal of National Taipei Teachers College, XI,* 573–602.

Tan-Sisman, G., & Aksu, M. (2012). The length measurement in the Turkish mathematics curriculum: Its potential to contribute to students' learning. *International Journal of Science and Mathematics Education, 10,* 363–385.

Thompson, A. G., Philipp, R. A., Thompson, P. W., & Boyd, B. (1994). Calculational and conceptual orientations in teaching mathematics. In D. B. Aichele (Ed.), *1994 Yearbook of the National Council of Teachers of Mathematics* (pp. 79–92). Reston, VA. National Council of Teachers of Mathematics.

Thompson, P. W. (1994). The development of the concept of speed and its relationship to concepts of rate. In G. Harel & J. Confrey (Eds.), *The development of multiplicative reasoning in the learning of mathematics* (pp. 179–234). Albany, NY: SUNY Press.

Thompson, P. W., & Saldanha, L. A. (2003). Fractions and multiplicative reasoning. In J. Kilpatrick, W. G. Martin, & D. Schifter (Eds.), *A research companion to Principles and Standards for School Mathematics* (pp. 95–113). Reston, VA: National Council of Teachers of Mathematics.

Thompson, T. D., & Preston, R. V. (2004). Measurement in the middle grades: Insights from NAEP and TIMSS. *Mathematics Teaching in the Middle School, 9,* 514–519.

van den Heuvel-Panhuizen, M., & Buys, K. (2008). *Young children learn measurement and geometry.* Rotterdam, The Netherlands: Sense.

van den Heuvel-Panhuizen, M., & Wijers, M. (2005). Mathematics standards and curricula in the Netherlands. *ZDM— The International Journal on Mathematics Education, 37,* 287–307.

van de Walle, J., Karp, K., & Bay-Williams, J. M. (2013). *Elementary and middle school mathematics: Teaching developmentally* (7th ed.). Boston, MA: Pearson Education.

Van Dine, D. W., Clements, D. H., Barrett, J. E., Sarama, J., Cullen, C. J., & Kara, M. (in press). Integration of results:

A new learning trajectory for volume measurement. In J. Barrett, D. Clements, & J. Sarama (Eds.), Children's measurement: A longitudinal study of children's knowledge and learning of length, area, and volume. *Journal for Research in Mathematics Education* monograph series. Reston, VA: National Council of Teachers of Mathematics.

Vasilyeva, M., Ganley, C. M., Casey, B. M., Dulaney, A., Tillinger, M., & Anderson, K. (2013). How children determine the size of 3D structures: Investigating factors influencing strategy choice. *Cognition and Instruction, 31*, 29–61.

Vergnaud, G. (1983). Multiplicative structures. In R. Lesh & M. Landau (Eds.), *Acquisition of mathematics concepts and processes* (pp. 127–174). New York, NY: Academic Press.

Vergnaud, G. (1988). Multiplicative structures. In J. Hiebert & M. Behr (Eds.), *Number concepts and operations in the middle grades* (pp. 141–161). Reston, VA: National Council of Teachers of Mathematics.

Wickstrom, M. (2014). *An examination of teachers' perceptions and implementation of learning trajectory based professional development* (Unpublished doctoral dissertation). Illinois State University, Normal.

Wickstrom, M., Baek, J., Barrett, J. E., Cullen, C. J., & Tobias, J. M. (2012). Teachers' noticing of children understanding of linear measurement. In L. R. Van Zoest, J. J. Lo, & J. L. Kratky (Eds.), *Proceedings of the 34th Conference of the North American Chapter of the Psychology of Mathematics Education* (pp. 488–494). Kalamazoo: Western Michigan University.

Williams, R. F. (2012). Image schemas in clock-reading: Latent errors and emerging expertise. *Journal of the Learning Sciences, 21*, 216–246.

Wilson, P. S., & Adams, V. M. (1992). A dynamic way to teach angle and angle measure. *Arithmetic Teacher, 39*(5), 6–13.

Wilson, P. S., & Rowland, R. (1993). Teaching measurement. In P. Jenner (Ed.), *Research ideas for the classroom: Early childhood mathematics* (pp. 171–191). New York, NY: Macmillan.

Wood, T., Cobb, P., Yackel, E., & Dillon, D. (1993). Rethinking elementary school mathematics: Insights and issues. *Journal for Research in Mathematics Education* monograph series (Vol. 6). Reston, VA: National Council of Teachers of Mathematics.

Woodward, E., & Byrd, F. (1983). Area: Included topic, neglected concept. *School Science and Mathematics, 83*, 343–347.

Yazgan, G., Argun, Z., & Emre, E. (2009). Teacher's sceneries related to the "angle concept": The Turkey case. *Procedia Social and Behavioral Sciences, 1*, 285–290.

Yelland, N. (2003). Making connections with powerful ideas in the measurement of length. In D. H. Clements & G. Bright (Eds.), *Learning and teaching measurement: 2003 Yearbook* (pp. 31–45). Reston, VA: National Council of Teachers of Mathematics.

Zacharos, K. (2006). Prevailing educational practices for area measurement and students' failure in measuring areas. *Journal of Mathematical Behavior, 25*, 224–239.

Zevenbergen, R. (2005). Primary preservice teachers' understandings of volume: The impact of course and practicum experiences. *Mathematics Education Research Journal, 17*, 3–23.

15 小学与初中阶段的代数思维[*]

安娜·C.斯蒂芬斯
美国威斯康星大学麦迪逊分校
艾米·B.埃利斯
美国乔治亚大学
玛利亚·布兰顿
美国技术教育研究中心
芭芭拉·M.布里祖拉
美国塔夫茨大学
译者：程靖
华东师范大学数学科学学院

十年前，舍恩菲尔德（1995）指出：

> 代数已经成为通往几乎每个就业岗位和每条求学之路的学术护照。因此，那些没有学过代数的学生几乎毫无例外地屈居于卑微的工作，更有甚者，往往无力应对针对他们可能感兴趣的工作而举办的培训项目。他们失去了成为我们社会中富有公民的机会。（第11~12页）

在这字里行间透露的不平等表明了当时美国人越来越意识到代数的"守门人"效应，学校代数的高失败率阻挡了大量学生的职业和致富机会，特别是在那些涉及科学、技术、工程和数学的领域（Kaput, 2008; Moses & Cobb, 2001; RAND Mathematics Study Panel, 2003; Stigler, Gonzales, Kawanaka, Knoll, & Serrano, 1999; U.S. Department of Education, 1997, 1998, 1999）。这样的挑战并非是美国所独有的，其他国家也存在类似的问题（例如, Cooper & Warren, 2011; Herscovics & Linchevski, 1994; Subramaniam & Banerjee, 2011）。

历史上"先算术，后代数"的中小学数学课程与教学结构几乎没有留给学生多少认知的空间，去适应从小学和初中阶段多年的计算训练到正式的高中代数的抽象概念之间的蓦然转变[1]。认识到这一点之后，学者们提出了关于代数教与学的新建议。在此期间，召开了许多著名的会议和工作组，包括第7届国际数学教育大会（1992）、美国教育部代数改革工程论坛（1993）、由全美数学教师理事会和数学科学教育委员会联合举办的K–14课程中代数的特征与作用会议（1998）、关于代数教与学的未来的第12届国际数学教育委员会研究会议（2001），以及全美研究联合会数学学习委员会的工作。从上述会议中呈现出这样一种观点：代数应该作为贯穿幼儿园到十二年级的一条思维主线来重构。此后，这种纵贯中小学各年级的课题安排方式被当前的美国改革工程所广泛采纳（例如, NCTM, 2000, 2006; NGA & CCSSO, 2010; National Research Council [NRC], 2001），并且越来越多地呈现在K–12课程资源当中。

在有关中小学代数教与学的更为广泛的国际讨论的影响下，"代数教学可以早至学前阶段就开始"这样一种观念引发了人们对一些根本问题的热烈的思想辩论，特别是在小学阶段的大片未知领域当中：什么是"代数"？

---

[*] 这里的研究部分得到了美国国家科学基金会DRK-12奖编号为1219605, 1219606, 1415509, 1154355，REC奖编号为0529502, 0952415的支持。本材料中表达的任何观点、发现、结论或建议都是作者的观点，不一定反映美国国家科学基金会的观点。

什么是"研习"代数？所谓"代数的"思维有哪些表现形式（例如，Arcavi, 1994; Bell, 1996b; Lacampagne, Blair, & Kaput, 1995）？作为针对这些讨论的回应，一批关于K-8年级代数的研究应运而生。其研究重点从学生的错误和误解转向学生对代数概念的理解（Bednarz, Kieran, & Lee, 1996; Kaput, 2008; Kieran, 2007）。

在研究者们得出的结论和进行的相关讨论中（特别是关于低年级代数思维的研究），反映出一种根深蒂固的观点：学生们能够比我们以前以为的提早很多开始进行代数推理，而且这样做有可能缓解学生们在高中阶段学习代数时所普遍面临的困难。重要的是，这种观点并不赞成对小学和初中学生教授传统九年级代数1课程中那种正式的程序性的代数。早期代数（即小学与初中阶段的代数思维）不应该与这些高中课程或者在美国初中里普遍开设的预备代数课程混为一谈。事实上，早期代数并不是"代数提早"（Carraher, Schliemann, & Schwartz, 2008）。相反，早期代数使学生有机会进行与年龄相适应的代数推理，在很多情况下，代数推理是建立在学生的日常经验之上的。正如马拉拉（2003）所述，代数思维的认知框架应该从学校教育的最初阶段就开始搭建，以便于孩子们从代数的视角理解算术。

我们从上述历史背景出发引出本章所关注的焦点，即从学前到八年级学生的代数思维。在此，我们承认关于什么构成了代数或代数思维仍旧存在一些分歧，而且这些分歧对代数教学、特别是小学的代数教学有所启示。（例如，关于小学数学中变量符号的作用存在不同的观点。）我们此处的目标并不是回顾这些观点。（要从历史发展的角度认真而全面地梳理代数教与学以及代数研究，建议参考 Carraher and Schliemann, 2007; Kieran, 2007。）取而代之地，我们采用卡帕特（2008）对代数与代数思维的分析方法——那是在早年间形成的框架之一、因其在代数内容分析方面所起的作用而著称——并且以其为线索来回顾近年来K-8年级的代数研究（主要聚焦于最近十年）。首先，我们简要地总结卡帕特的框架并说明它在本章中的作用。

作为组织框架的卡帕特的核心内容

卡帕特（2008）认为代数思维包括两个核心内容：（1）一般化，以及使用日益常规化的符号系统来表示一般化的结果；（2）对用常规符号系统所表示的一般化结果展开合乎代数法则的推理与行动。换言之，代数思维可以被看作四种核心实践：对数学的结构与关系进行一般化推广、表示、论证与推理（Blanton, Levi, Crites, & Dougherty, 2011）。

尽管我们会在本章中对上述每一种实践都作详细讨论，但我们还是希望在此明确几点。首先，一般化被广泛地认为是代数思维的核心，并且是一项核心的数学活动（Bell, 1996a; Cooper & Warren, 2011; Kaput, 2008; Kieran, 2007; Mason, 1996; Radford, 2006）。在数学教育研究的历史当中，对于一般化的定义有所变化。早期的观点将一般化视为一种个人的认知结构（如Kaput, 1999）。后来从社会文化角度下的定义将一般化置于活动和情境中，将其描述为一项集体的行动，散布在多个中介之间（Lobato, Ellis, & Muñoz, 2003; Reid, 2002; Tuomi-Gröhn & Engeström, 2003）。持有此类观点的研究者们关注社会互动、工具以及历史怎样塑造人们的一般化活动，将一般化看作植根于活动和对话中的一种社会实践（Jurow, 2004; Latour, 1987）。这两种观点都是重要的，因为既要关注个体学生进行一般化的机制，又要关注支持学生一般化活动的教学环境。因此，我们借用认知和社会文化这两个方面的传统，将一般化定义（也见Ellis, 2011b）为学习者在特定的社会文化环境下通过下述方式之一进行活动的过程：（a）识别个例间的共同点（Dreyfus, 1991）；（b）将推理拓展到最初的适用范围以外（Carraher, Martinez, & Schliemann, 2008; Harel & Tall, 1991; Radford, 2006）；或是（c）由特例生成更广泛的结果（Kaput, 1999）。一般化的使用在不同情境中有不同含义，但在早期研究中一般化往往指个体认知行为的一般化过程。

第二，对一般化的结果进行表示或符号化也是具有相同重要性的。通过这样的方式，多样化的内容被压缩为一个单一的、"一般化了"的形式（Kaput, Blanton, & Moreno, 2008）。如果没有符号系统来表示一般化的结果并提供给学生们可能借以推理的对象，那么学生们注意到的一般化结果则会一直被隐藏。像卡帕特等（2008）描述的那样，一般化与符号化密不可分，因为符号使一般化的结果得以用稳定而简洁的形式表示出来。符号化的过程起始于数学内部或外部的某个课堂教学情境，（A）从中建立起一个关于这个情境的书面的、口头的或图画的描述，（B）并通过对原有经验的观察来检验这种描述。于是，由学生的经验而得出的（新的）符号化结果（A$_B$）得到完善。这一社会性的调节过程（又见 Malara, 2003; Meira, 1996; Radford, 2000）不断重复，直至达成（对特定课堂而言的）一种传统型的、简洁的符号化结果。

不考虑其指代物，符号自身也能被作为对象而施以行动和操控，即一般形式下的推理过程。虽然对于哪些符号系统可以被看作代数的仍存在一些争议，但我们在此处广义地解释这些系统：它们不仅包含变量符号，也包含自然语言、坐标图象和表格等其他符号系统（Carraher & Schliemann, 2007; Kaput, 2008）。事实上，学者们认为（例如，Brizuela & Earnest, 2008; Duval, 2006），学生应该能够协调同一对象的不同表示并在其间灵活转换，而不是赋予单一表征特权。最后，虽然一般化具有明显的代数特性，但是此处所进行的三种实践——表示、论证和推理，只有当它们在当作一般化或基于一般化而应用时，才被当作代数思维的表现形式。

从内容的角度对代数进行统一地划分还存在困难 (Carraher & Schliemann, 2007)——卡帕特（2008）也承认这一困难——卡帕特总结出几条内容主线，并指出他的核心方面会出现在这些主线中（卡帕特的核心方面与主线的描述参见表15.1）。许多关于K-8年级代数思维的研究正是围绕其中两条主线（主线1和主线2）所反映的内容而全面展开的：一般化的算术和定量推理（主线1）以及函数思想（主线2）。为此，在本章中，我们将卡帕特的核心方面与主线作为一个实用的框架，来展现近年来关于K-8年级学生对主线1和2中的数学结构与关系进行一般化、表示、论证和推理活动的研究。因此，我们按照以下三个部分来组织本章，以反映这些内容领域：

表15.1　卡帕特的核心方面与主线

两个核心方面

（A）代数是将反映规律及约束条件的一般化结果进行系统符号化的过程。

（B）代数是对由常规符号系统所表示的一般化结果展开合乎代数法则的推理与行动。

核心方面A与B体现在三条主线中

1. 代数作为关于结构与系统的研究，是从计算和关系中抽象而来的，包括那些源于算术的（代数作为一般化的算术）以及源于定量推理的内容。
2. 代数作为关于函数、关系和共变的研究。
3. 代数作为一套模型语言在数学内部和外部的应用。

一般化的算术、函数思想，以及定量推理。对于每个内容领域，我们首先简要地指明它与代数思维相关的一些基本理念，然后考察该领域内近年来围绕核心内容所做的研究。

一般化的算术

学生在传统的数学课堂上花费许多时间进行算术计算，并得出"答案"，小学阶段尤其如此。一般化的算术涉及数的计算中更高层次的目标：学生尝试多种不同的运算；发现并表示潜在的结构，比如运算的基本性质（例如，像加法交换律这样的域公理），或者是不同数系运算之间的关系；并且对观察到的一般化结果进行论证和推理（Kaput, 2008）。一般化的算术也包括使学生更好地理解等价这一基本概念以及使用（或不用）等式和不等式等形式对等价概念进行的推理（Kaput, 2008）。因为这项工作自然而然地建立在学生和教师（特别是小学阶段）已经相当熟悉的算术工作之上，许多研究者（例如，Carpenter, Franke, & Levi, 2003; Davis, 1985; Kaput, 2008; Russell, Schifter, & Bastable, 2011a）认为这样的活动可以作为发展学生代数思维的基础。

算术关系的一般化与推理

对算术关系与结构的一般化和推理包括发现超越给

定个例的算术运算规律，以及使用这些一般化的结果来解决问题。它还包含一般化数学运算的基本性质，明确计算策略背后的数学性质，以及对特殊数类的性质进行推广。然而，所有这些都依赖于学生能正确理解等号是等价关系的标记这一事实。于是，我们先从关于学生对等号理解的研究开始考察，然后再转而讨论学生如何对算术关系进行一般化和推理。

数学上的等价是对算术进行一般化的基础。不论是在计算工作中（例如，$3 + 7 = $ ___），还是在含有固定未知数的方程中（例如，$12 = 3 + x$），或者是在基本运算律这样的一般化的模式中，儿童数学工作的一个基本要素就是他们如何理解等号及其在表示等价表达式时所起的作用。学生对于等号含义的错误认识已有研究记载，其根本特征是将等号理解为需要计算出答案的一个指示符（这通常被称为关于等号的"操作型的"认识），而不是理解为两个数量或表达式之间在数学上等价的指示符（这通常被称为关于等号的"关系型的"认识；例如，Carpenter 等，2003; Knuth, Alibali, McNeil, Weinberg, & Stephens, 2005; Knuth, Stephens, McNeil, & Alibali, 2006; Molina & Ambrose, 2008）。在此类研究中，有各种各样的任务曾被用来诊断学生对等号的认识。这些任务包括方程求解问题，如 $8 + 4 = \square + 5$（Carpenter 等，2003），等式结构问题，如判断 $57 + 22 = 58 + 21$ 的正误（Blanton, Stephens 等，2015），以及等价方程问题，如判断方程 $2 \times \square + 15 = 31$ 和 $2 \times \square + 15 - 9 = 31 - 9$ 是否有相同的解（Knuth 等，2005）。还有的研究者直接让学生定义等号（Knuth 等，2006）或评价各种定义的质量，比如将等号定义为"总和""问题的结果"以及"两个相同的量"（McNeil & Alibali, 2005）。

一些研究者注意到学生对等号的理解和他们解决算术问题的经验之间的关系。麦克尼尔、法伊夫、彼得森、邓威迪和伯来蒂克-希普利（2011）发现，即便没有明确接受过关于等号的教学，一些7岁和8岁的学生在书面练习中完成了非传统形式的算术问题（如，___ $= 9 + 4$）之后，再接受包括解方程、列方程，以及定义等号的笔试时，也比那些完成了传统形式的题目或者根本没有进行过书面练习的学生表现出对等价概念更好的理解。利用"变革阻力"的理论（McNeil & Alibali, 2005），麦克尼尔等（2011）指出，学生们在整个低年级阶段接触到的都是具有特定标准形式的问题，这使得学生们对等号的操作型认识变得根深蒂固，而完成非传统题目的机会缓解了这种障碍，并且使学生接触到有助于获得等号的关系型认识的模式。德卡罗和李特尔–约翰逊（2012）的研究肯定了在上课前让学生自主探索等号问题的功效。他们让二至四年级的学生先解决相对陌生的问题（例如，$3 + 5 = 4 + \square$），再接受简要的教学，其中包括非标准等式以及对等号的关系型解释，并发现他们在即时书面后测以及延时保持测试中表现出的概念性理解都显著高于那些接受常规的讲授—练习方式教学的学生。

另一些研究者发现学生对等号的理解还会影响他们在传统代数任务中的表现。阿力巴里、克努特、哈蒂库德、麦克尼尔和斯蒂芬斯（2007）发现，对等号的更深入理解，与解决六至八年级中同解方程问题的较好表现相关。另外，学生在解决这些问题时的表现与他们获得对等号深入理解的时间早晚呈函数关系。那些在临近六年级开始时获得了对等号的关系型理解的学生，在八年级末的笔试中解决同解方程问题时表现得更为成功。类似地，克努特等（2006）发现初中学生对等号的理解与他们求解简单线性方程时的表现相关。即使在数学能力（由标准化测试的分数来衡量）相同的情况下，那些对等号持有操作型认识的学生还是比那些持有关系型认识的学生在解方程时存在更大的困难。同样地，马修斯、李特尔-约翰逊、麦克厄尔杜恩和泰勒（2012）发现，对等号具有关系型理解的小学生在笔试中求解诸如 $c + c + 4 = 16$ 的简单代数方程时更为成功。这些结果都指向一个核心的现象：对等号的关系型理解以及对变量符号的熟识，有助于学生们求解简单的线性方程，因为此时学生们会关注方程中等号的意义，而不是简单地应用熟记的一系列步骤（如 Blanton, Stephens 等，2015; Carpenter 等，2003; Matthews 等，2012）。

近年来的研究进一步充实了操作型/关系型等号概念的二分论，为学生理解数学上的等价关系与等号的意义提出了更为细致的观点，例如将学生的思维细分为操作型的、关系——计算型的，以及关系——结构型的（Stephens 等，2013）。在此类研究中，马修斯等（2012）与李特尔-约翰逊、马修斯、泰勒和麦克厄尔杜恩（2011）设计了一个关于学生如何理解等价概念的书面评测，将之前无法比较的题目置于单一的量表上，来比较它们对于不同能力水平学生的难度。他们使用各种题目类型（例如，解方程、等式结构、给等号下定义）与各种等式结构（例如，形如 $a+b=c, a=a, c=a+b, a+b=c+d$ 的等式）评估了二至六年级学生关于数学等价的知识。他们发现等式的结构对学生的表现有很大的影响（事实证明等号两边都含有运算的等式非常难），但是题目的类型对学生的表现影响不大。要给出等号的关系型定义对学生来说格外困难，甚至比求解或评估等号两边都含有运算的等式还难。与此同时，从列表中识别出关系型定义或将关系型定义评价为好的定义，对学生而言则比给出定义容易得多。总体而言，马修斯等（2012）与李特尔-约翰逊等（2011）发现，即使对任何一道特定题目可能给出相似的回答，但儿童之间仍然存在巨大的差异。例如，未能成功给出等号关系型定义的学生们，在判断等式 $4=4+0$ 的正误时，成功程度有很大不同。以马修斯等（2012）与李特尔-约翰逊等（2011）的发现为基础，研究者们开发出一个包含四个水平层次的结构图，用来描述从机械的操作型认识到相对的关系型认识的发展进程（见表15.2）。

琼斯和普拉特（2012；也见 Jones, Inglis, Gilmore, & Dowens, 2012）提出，认识到一个表达式可以被与之等价的表达式所代换，这也是深入理解数学上等价这个概念的一个重要部分。卡帕特（2008）曾将之归结为一种源自算术结构特点的代数法则。他们指出，对等号的完整理解包含相同与代换两个要素。如上所述，"相同"这一要素需要对等号持有"关系型"的理解，即认识到这个符号表明了两个数学对象的等价。而"代换"这一要素则意味着学生们需要认识到任意的数或表达式可以被与之等价的数或表达式所代换。例如，在表达式 $30+41$ 中，如果我们知道 $41=40+1$，就可以用 $40+1$ 来代换 41（Jones & Pratt, 2012）。

琼斯和普拉特（2012）认为，代换对于在代数背景下理解等价是重要的。在一项关于11岁和12岁中英学生的跨文化研究中，琼斯等（2012）发现"代换"观是一种有别于"相同"观的理解等号的方式。他们发现这两种观念的形成没有固定的顺序，但是在书面评测中对等号的不同定义的"巧妙"程度进行评估时，对等号具有深入理解的儿童明确表现出了对代换观的认同。

哈蒂库德和阿力巴里（2010）指出，在学习等号的同时一起学习不等号，有助于增进学生对等号的理解。他们将三年级和四年级的学生分为"比较符号"组和"等号"组（或称控制组），并且让他们在一堂短课前

表15.2　等号作为数学上相等关系指标的知识结构

水平	描述	核心的等式结构
水平4：互相比较的关系型	通过比较等号两边的表达式，成功地求解和评价等式，包括使用补偿性策略以及识别能够保持等式成立的那些变换。一致地对等号生成关系型的解释。	那些通过化简变换可以非常有效地得到解决的等式问题：例如，不对 $67+86$ 求和，你能判断算式"$67+86=68+85$"的正误吗？
水平3：基础的关系型	成功地对等号两边都有运算的等式结构进行求解、评价及编码归类。认识到等号的关系型定义的正确性。	两边都有运算的等式结构： $a+b=c+d$ $a+b-c=d+e$
水平2：灵活的操作型	成功地求解、评价及编码归类那些仍旧与等号的操作型认识相兼容的非典型的等式结构。	运算在右边的等式结构： $c=a+b$ 两边均无运算：$a=a$
水平1：机械的操作型	只能成功处理"运算—等于—答案"这种结构的等式，包括对其求解、评价及编码分类。给出等号的操作型定义。	运算在左边的等式结构： $a+b=c$（包括等号前有未知项的情况）

后完成一份书面评测。哈蒂库德和阿力巴里发现，"比较符号"组的学生在形成等号的关系型理解方面的收获要大于那些只接受等号教学的学生。此外，"比较符号"组的学生在后测中考察不等号知识与不等式问题解决的题目上得分更高。这些发现支持了多尔蒂在测量（Measure Up）项目（见本章定量推理部分）中所采用的方法，在该项目中学生们学习使用等于、不等于、大于和小于这些术语来比较和描述量度。

最后，研究者中存在一些共识：学生们对等号的理解倾向于停留在操作型认识而未能发展成关系型认识，并非因为他们的认知发展水平不够（例如，Carpenter 等，2003; McNeil 等，2011）。这种倾向反映的是教学中如何处理（或是根本不处理）这些概念的。例如，尽管事实上非标准等式的教学可以促进学生对等号的关系型理解（例如，Blanton, Stephens 等，2015; Falkner, Levi, & Carpenter, 1999; McNeil & Alibali, 2005; McNeil 等，2006; Molina & Ambrose, 2008; Powell & Fuchs, 2010），研究者们在分析小学阶段（Powell, 2012; Seo & Ginsburg, 2003）和初中阶段（McNeil 等，2006）的教科书后却发现教科书中几乎未对等号的意义作明确的讨论，也几乎未包含任何非标准的等式类型（例如，不同于 $a+b=c$ 这种形式的）。过去十多年来，在寻求切实的途径来培养学生对等号的关系型理解方面取得了重要的进展，课程和教学需要就此作出更为积极的响应。然而上面所描述的教科书落后的情形却对课程和教学的积极响应构成一个相当大的挑战。

对运算中蕴含的关系进行概括和推理。 在解决一眼看上去似乎只涉及纯粹计算的问题时，小学生们能够对算术关系进行归纳和推理。基本运算律尤其为小学生们提供了宝贵的机会，使他们可以对计算过程中注意到的并且已经能够理解的数学关系进行概括和推理。在这方面，卡彭特与其同事们（Carpenter 等，2003; Carpenter & Levi, 2000）发现正/误判断和开放算式是引导学生们对这些性质进行概括的两种有效情境。在一个二年级的课堂中，学生们讨论了诸如 $58+0=58$ 和 $789\,564+0=789\,564$ 这样的算术等式是否正确，这激励了学生们去清晰地表述一般化的结果："零加上另一个数还等于那个

数"（Carpenter 等，2003）。布兰顿、斯蒂芬斯等（2015）也发现，在接受了涉及一系列广泛代数思想（包括代数作为一般化了的算术）的早期代数教学以后，通过计算工作，三年级学生们识别和表述加法交换律这样的基本性质的能力得到了很大提高。

还有其他的机会让儿童注意到运算中的规律。希夫特、巴斯特布尔、拉塞尔、赛弗思和里德尔（2008）报告了学前班里学生们玩的"比对"游戏。两位学生各自选择两张卡片，每张卡片上写有1到6中的一个数，两张卡上数字之和更大的游戏者获胜。虽然这项任务的目标可能被认为是提供计算操练，但是学生们却通过隐性的一般化活动进行了代数推理：若有两个被比较的数相等，它们就可以被"忽略不计"，进而只要比较另一个数即可。将这样的推理运用到数对6和2以及6和1，一位学生认为，因为"这两个是相同的[两个6]，所以这对[6和2]必然更大"（第265页）。当教师问"这只对6适用吗？"时，学生明确指出了这个一般化的结论：任意相同的数都可以被忽略掉。在这里，学生推理出一般化的结果：若一个数大于另一个，而各自都加上一个相同的数，那么第一对的和将大于第二对。希夫特等（2008）指出，为学生提供机会来推理出这样的规律并考察数系中的结构，可以帮助学生更轻松地向未来更为正式的方法过渡。

类似地，拉塞尔等（2011a）报告了一个一年级课堂中的学生如何探索对10进行分解的不同方法。虽然这一任务主要帮助学生发展运算意识和等价的概念，但是它也为学生提供了将运算中的关系一般化的机会。一旦学生罗列出算出10的方式——$5+5,4+6$，等等——教师问学生为什么它们是相等的。一个学生解释道："如果你从5加5开始，那么你……然后从这个5中拿走1，并且把它加到这个6上去，那么这个就变成了4，依此类推"（第62页）。这样的表述预示着一个更为正式的一般化结论："给定两个加数，如果从其中一个加数中减去1，并在另一个加数上加1，那么他们的和保持不变"（第62页）。

上述例子所阐释的补偿概念，不仅是广义算术的重要特征（Kaput, 2008），而且经实践证明，可以在儿童学习具体的数字之前就在他们的头脑中十分自然地发展起

来（也可见本章定量推理部分多尔蒂与同事们使用的方法）。在一项关于学习算术前的儿童如何理解运算的研究中，布里特和欧文（2011）对儿童进行了访谈。他们询问在下述情形中，分开放在两个盒子里的糖果的总量会发生什么变化（每个盒子里的糖果数量未知）：（1）从其中一个盒子中取走一块；（2）给其中一个盒子增加一块；（3）把一块糖从一个盒子移到另一个盒子里；（4）从一个盒子中取走一块糖，访谈者将不同的一块糖加到另一个盒子里。4岁的儿童们确信：如果把一块糖从一个盒子移到另一个盒子里或者用不同的一块糖代替，那么糖果总量必然保持不变，但是若仅有一个盒子里的糖果数量被改变，则糖果总量增加或减少。5岁和6岁的儿童除此之外还能够解释更加一般的关系，表明他们理解了糖果移动中蕴含的一般性原理。然而，如果是涉及纯数字的类似任务，例如，询问 $5+5$ 是否等于 $4+6$，那么大多数学生要到7岁时才做得对。作者给出的结论是：学生会将一些处于萌芽状态的一般化结果带入正规的学校教育中，教学应该建立在这些结果的基础上（见 Mason, 2008），以避免让学习和理解数的复杂过程妨碍他们使用业已掌握的知识。

类似地，谢里曼、林斯·莱萨、布里托·利马和西凯拉（报告于 Schliemann, Carraher, & Brizuela, 2007）的一项研究所针对的被试儿童年龄要大于布里特和欧文（2011）研究中的被试儿童。他们考察了7岁到11岁学生在不同的物理模型与情境中对等价关系的理解。研究者访谈了120名巴西学生，来了解他们对以下事物间等价关系的理解：（a）有两只托盘的天平两端的质量，（b）离散实物的数量，（c）文字题中所描述的数量，以及（d）书面形式的等式两边。研究者给出的问题当中有一类是给出了所有需要比较的数值，之后的一类题目仅给出了部分数值信息，最后的题目则没有给出任何数值信息。具体的计数问题、天平上的物体问题或是等式问题更自然地将学生引向计算。与它们相比，文字题引发了更多对于变换和问题结构的关注。所有数值都已知的题目也特别容易引向计算，而那些要比较的数值是未知的或只有部分数值已知的题目，则常常更能激发学生去关注问题的结构与变换。

在小学阶段，数学的许多教学时间都用来培养学生乘法计算的速度，包括学习乘法表等。对数学的理解与计算的速度密切相关（NRC, 2001），而代数思维对两者的发展均有重要作用。卡彭特、利瓦伊、伯曼和普利格（2005）发现，三年级的学生只要具有对分配律的隐性理解，就可以使用该性质求出一些他们尚未记住的乘法事实。白（2008）也发现，三至五年级的学生如果理解了运算律——特别是乘法结合律以及分配律——可以成功解决涉及多位数的乘法问题。恩普森、利瓦伊和卡彭特（2011）将此项工作拓展到了一个重要的方向，他们发现小学生在解决涉及分数运算的问题时，会自然地将运算律与等式性质纳入解题策略。让我们来看看他们关于吉尔的描述。这位五年级学生面临如下的课堂任务："做一炉甜饼干需要 $\frac{3}{8}$ 杯糖。我有 $5\frac{1}{2}$ 杯糖。我可以做多少炉甜饼干？"

她说她知道8个八分之三等于3，这说明4个八分之三就是那么多的一半，或者说是 $1\frac{1}{2}$，因此12个八分之三就是 $4\frac{1}{2}$。至此，她知道只需要再多用1杯就可以用完所有的 $5\frac{1}{2}$ 杯。吉尔再次使用 $\frac{3}{8}$ 和3的关系作为参照点。她说，因为8个八分之三是3，所以8个八分之三的三分之一就是3的三分之一，或者说是1。更确切地说，$\left(\frac{1}{3} \times 8\right) \times \frac{3}{8}$ 是1，而 $\frac{1}{3} \times 8$ 是 $\frac{8}{3}$ 或 $2\frac{2}{3}$。她得出结论：总共可以做 $\left(12 + \frac{8}{3}\right)$ 炉，等于 $14\frac{2}{3}$ 炉。（第418页）

在剖析吉尔的策略时，恩普森等（2011）详述了几条性质的隐性使用情况，包括等式的加法性质、等式的乘法性质、乘法结合律，以及分配律。虽然卡彭特等（2005）、白（2008）与恩普森等（2011）所描述的学生没有明确地意识到他们所使用的这些性质——因此，可以说，他们的行为仍称不上代数的（Kaput, 2008）——但是这些研究者认为，如果学生能够凭直觉使用一般化的性质进行推理，而不仅仅是依赖于计算程序，那么他们已经为学习正式的代数做了更好的准备。

虽然对学生运用性质进行推理的研究非常有前景，但是巴斯特和希夫特（2008）提醒我们不要过早地以为学生的思维中已经出现了一般化的结果。当学生隐晦地使用运算律时，如果他们的关注点停留在特殊值而非一般结构上，那么他们潜在的思维在本质上可以说是更倾向于算术的而非代数的。然而，尽管我们需要注意算术思维与代数思维之间有时模糊的边界，但是有充分的证据表明，年幼的学生能够在他们的计算工作中运用性质进行推理，这为他们的代数学习做了有效的准备。

特殊数类的一般化与推理。研究者们已经发现，小学生也可以对特殊数类的算术关系进行归纳并用其进行推理。巴斯特和希夫特（2008）描述了一段来自一个一年级课堂中的场景：用豆子绘成的"雪人们"被邀请参加"雪花舞会"，但他们只有携带舞伴才能出席。几天的课上下来，学生们观察有多少个雪人能够或不能前往舞会之后，他们得出了不同的结论，例如，"每当你在能去的一组中增加一个人，你就得到了一个不能去的小组"（第176页）。虽然学生们尚未开始使用"偶"和"奇"这样的术语，但是他们能够借助较正式的一般化结果（例如，"偶数加1等于奇数"）的一些非正式的实例来对数类的关系进行概括与推理。

小学生们得出的归纳结果并不局限于偶数和奇数的运算。研究者们发现小学生还能够对其他数类的关系进行一般化。包括平方数（Bastable & Schifter, 2008），连续的平方数（Bastable & Schifter, 2008），以及涉及指数的数（Lampert, 1990）。学生也能够对因数和整除的法则进行概括（Carpenter 等，2003）。这样的发现肯定了一点：从正规的学校教育之初，算术就为对关系进行概括和推理提供了富饶的土壤。而且，正如我们接下来所要探讨的，学生所注意到的一般化结果，可以为算术关系的表示与论证提供丰富的机会。

表示算术关系

学生们采用多种不同的形式来表示算术关系。然而，由于变量作为形式化代数的产物所扮演的重要角色

（Kline, 1972），我们在本章中将自始至终聚焦于有关变量符号在学生思维中所起作用的研究上。虽然中学阶段的学生在处理和解释变量符号时面临许多困难（MacGregor & Stacey, 1997），但是有证据表明，在一个能够得到充分支持的课堂环境中，小学生们能够以复杂的方式使用变量符号（Brizuela & Earnest, 2008）。将学习语言与学习变量符号作类比，布里苏埃拉和欧内斯特（2008）认为，正如我们从不回避向儿童指出自然语言的复杂性一样，我们也不该回避向年幼的学生介绍变量符号。

变量通常在学生的K-8经历中扮演着不同的角色，这包括变量作为代数式中变化的量（见本章中函数思想部分）、作为方程中固定的未知数，或作为表示运算律的关系式中一个一般化了的数（Blanton 等，2011）。在广义的算术领域中，学生得到的归纳结果——关于运算律或者其他有关算术的归纳结果，例如，补偿策略的内在结构——可以作为一种语境来发展学生用符号表示数学思想的能力。变量在这种情形下充当了一般化了的数的角色。符号化的归纳结果可以反过来成为研究对象，以形成新的见解（Kaput 等，2008），这肯定了布里苏埃拉和欧内斯特（2008）的观点：向儿童介绍数学符号会增进他们对内容的理解。

藤井和斯蒂芬斯（2008）的研究指出，即使在解释和使用作为变量标记的文字符号之前，学生也能够进行藤井和斯蒂芬斯所谓的"准变量思维"。当学生从一般化的角度解释为什么像 $78 - 49 + 49 = 78$ 这样的算式是对的，这种思维就显现出来。虽然学生或许还没能把握像 $78 - a + a = 78$ 这样的等式的适用范围，像 $78 - 49 + 49 = 78$ 这样的等式则可以帮助学生逐步理解更为正式的变量符号。藤井和斯蒂芬斯（2008）发现二年级和三年级的学生在对此类等式进行推理时，自发地使用他们自己的"变量"（例如，三角形、圆形、正方形）来代表某个范围里所有的数。

卡彭特等（2003）认为，当学生们已经理解了需要表示的想法时（例如，在教师的帮助指导下，他们观察了若干数值特例后，自己已经概括出来的运算性质），要过渡到使用文字符号来表示这些想法并不是特别困难。例如，卡彭特等发现一、二年级的学生在探究了有关加

法单位元的数值特例并且产生了"零加一个数等于该数"这样的猜想后，就能够写出诸如 $m + 0 = m$ 这样的表达式。与此相似，在布兰顿、斯蒂芬斯等（2015）的研究中，那些在早期代数教学过程中部分接触了广义算术的三年级学生，与那些没有接受过这种指导的学生相比，能够更好地用符号来表示由数值示例（具体到本次研究，这包括 $8 - 8 = $ ____ 和 $12 - 12 = $ ____）推广所得的基本性质（在本次研究中即 $a - a = 0$）。事实上，研究表明，一旦学生们习惯了变量符号，他们可能会发现某些关系更容易通过这些符号得以表示出来（Blanton, Stephens 等，2015; Brizuela, Blanton, Sawrey, Newman-Owens, & Gardiner, 2015; Carpenter 等，2003）。

算术关系的论证

学校数学里的证明和论证在过去15年中受到了越来越多的关注。研究者和决策者们认为它应当在所有年级所有学生的教育中处于核心地位（Ball, Hoyles, Jahnke, & Movshovitz-Hadar, 2002; Knuth, 2002; NCTM, 2000; NGA & CCSSO, 2010; RAND Mathematics Study Panel, 2003）。大量研究表明，中学及以上阶段的学生面临证明上的困难（Stylianou, Blanton, & Rotou, 2015; Usiskin, 1987; K. Weber, 2001），因此，学生们在证明方面的经验不应被视为一个多余的话题，而应该被当成学生们从小学阶段通过构建非正式的论证就开始发展的解释工具（Stylianou, Blanton, & Knuth, 2009）。

虽然论证仍是一项令许多学生倍感艰难的实践（例如，Carpenter 等，2003; Knuth, Choppin, & Bieda, 2009; Knuth, Choppin, Slaughter, & Sutherland, 2002; G.J.Stylianides, Stylianides, & Weber, 2017, 本套书），但越来越多的证据表明，从学前班至八年级的学生们都有能力通过提供非正式的数学论据来论证他们注意到的一般化结果。克努特等（2009）区分出学生在提供论据时呈现的四个思维水平（概述在表15.3中）。水平1（Knuth 等，2009）的推理在小学阶段（例如，Carpenter 等，2003; Isler, Stephens, Gardiner, Knuth, & Blanton, 2013）和初中阶段（例如，Knuth 等，2009; Knuth 等，2002）十分常见。例如，艾斯

表15.3　生成证明的框架

生成证明的水平	各个水平的特征
0	学生没有意识到有必要提供数学理由来证明一个命题或陈述的真实性。
1	学生意识到需要提供数学理由，但他们的理由不具有一般性；在大多数情况下，它们是基于实例的。
2	学生意识到需要一般性的论据，但却无法提供。他们经常去尝试，但是他们所提供的论据不足以成为可接受的证明。
3	学生意识到需要一般性的论据，并能够成功地提供论据以表明一个命题在所有情况下都是正确的。

勒等（2013）发现，当三年级的学生在书面评估中面对如下任务，"布赖恩知道，任何时候你将三个奇数相加，你总是会得到一个奇数。解释为什么这总是对的"（第141页），他们最常见的回应——不论在教学干预之前或是之后——都会涉及提供实例作为论据，例如，"3 + 5 + 7 = 15，这是一个奇数"（第142页）。A.J.斯蒂联尼德斯（2007；也见 Ball & Bass, 2003）在三年级课堂中观察到水平1的思维，教师让学生考虑两枚硬币的问题："我的口袋里有若干一分、五分和十分的硬币。假如我取出两枚硬币，我可能有多少钱？"（第302页）学生利用真实的硬币做实验，得到了他们能够发现的所有组合，最后得出结论说他们已经发现了所有的组合。

克努特等（2009）发现，初中学生对于涉及代数"数字戏法"的问题给出了类似的应答。例如下述问题：

> 梅发现了一个数字戏法。她取一个数，乘以5，然后加12。之后减去起始数，并将结果除以4。她注意到她得到的答案总是比起始数大3。马拉卡认为这不会再次发生，所以她用另一个数来尝试这个戏法。梅和马拉卡最后断定，她们得到的结果总是会比起始数大3。你认为他们正确吗？你如何说服一个同学，你将总是得到一个比起始数大3的结果？（第157页）

克努特等（2009）发现，78％的六年级学生，79％的七年级学生和81％的八年级学生，给出了基于实例的理由，例如，"我会对这个策略作几次尝试以证明它是有效的"（第157页）。

水平2的推理（Knuth等，2009）的特征是意识到需要一般性的论据，但却无法提供。处于该水平的学生经常承认，他们所提供的实例论据并不能"证明"问题中的论断，但又不确定如何继续。在这方面，研究表明，学生们有时可以在水平1的思维层次上使用自己的策略来为更高层次的思维搭建脚手架。也就是说，虽然实例论据算不上一般性的论据，但实例探索往往有助于学生识别模式并产生猜想（A. J. Stylianides, 2007）。卡彭特等（2003）描述了一个二年级学生如何使用特殊类型的数（"很大的数"和"很小的数"）来考虑等式 $a+b-b=a$ 正确与否。在考察这些具体的实例时，她认识到其中所涉及的加法运算的基本性质（例如，加法的逆元和加法的单位元）。后来在一个体现水平3思维层次的论证中，她运用了这些性质来构建更为一般的论据。在双币问题的案例中，学生们生成的实例提供了一个起点，他们之后据此系统地找出了所有的结果，并进行"穷举证明"（即进行水平3的推理；Knuth等，2009），从而实现了有效的论证方式。他们在几项后续任务中都成功地完成了这种"穷举证明"。埃利斯、洛克伍德、威廉姆斯、多甘和克努特（2012）对初中学生的访谈同样表明，那些通过多个实例进行猜想的学生，很多能够进而提供演绎的论证、有效的反例或是一般性的论据来证实或推翻自己的猜想。

进一步的证据表明，在广义算术领域中，小学生们有能力超越基于实例的推理。这些证据来源于一些使用课堂观察或书面评估而完成的研究（例如，Bastable & Schifter, 2008; Carpenter 等，2003; Isler 等，2013; Russell 等，2011a; Schifter, 2009; Stephens, Blanton, Knuth, Isler, & Gardiner, 2015）。它们考察了学生如何论证运算律，如何推广偶数和奇数的运算以及其他一些运算规律。这些研究工作表明，学生们可以学习如何借助图表、教具或故事情境作为证明一般化结果真实性的基础去生成"以表示为基础"的论据（如 Schifter, 2009）。在这些案例中，论据包括表示法本身，学生们对这些表示所采取的行动，

以及他们为支持给定论断的真实性而提供的解释。重要的是，这样的论据不依赖于测试数值案例。

例如，艾斯勒等（2013；又见 Stephens 等，2015）发现，部分三年级学生所接受的早期代数教学在某种程度上关注了广义算术背景下的猜想与论证，因而他们能够生成关于偶数与奇数之和的、以表示为基础的论据。例如，一名学生使用Unifix模型来说明为什么两个奇数的和是偶数：

> 我是用积木来做的。我拿了9块积木，把它加到11块积木上。如果你单独看这两组积木，9块和11块，它们各自都有一块剩余的积木，但是当你把它们放在一起时，它们的剩余部分会配成对，所以你得到一个偶数。（如图15.1所示；Stephens 等，2015，第98页）

这名学生的论证是一个以表征为基础的推理过程，因为虽然他使用了9块积木和11块积木这两个特例，但他所给出的解释和使用的Unifix模型都表明，他理解该模型代表任意的奇数个立方体。此外，这个学生在论证过程中并未进行计算。

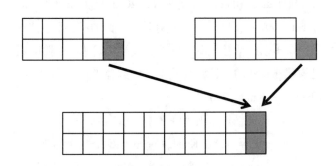

图15.1　一名学生使用以表示为基础的推理来论证
为什么两个奇数的和是偶数

同样地，希夫特（2009）发现一、二年级的学生能够借助立方体来说明为什么加法交换律对所有的数都成立。他们用两套立方体的合并来表示加法。尽管这种方法必然要涉及特定数量的立方体，但他们的推理过程对任意两个整数都是适用的。接下来学生们利用这些表示法所进行的探索活动表明，交换这两个数量的位置并不

会改变其总和。如前所述，重要的是要谨慎地解释这一发现，不要将其归结到学生尚未形成的一些思维。例如，这些学生的行为是否表明了他们对加法交换律的理解，或者是否表明他们理解了不论组织方式如何，立方体的总数均不变（即数量守恒），这些都还不清楚。

在更为正式的数学中，运算的性质，如加法交换律，是不加证明而设定的公理。然而，在小学阶段，构建论据来解释这些运算对所有的数都适用，对学生而言是重要的。这样的活动为学生提供了机会，一方面加深他们对算术的理解，另一方面使他们投入到论证关系的代数思维训练中去。虽然希夫特（2009）研究中的一些学生可能比其他学生具有更为深入的理解，但他们都投入到了适合于他们所在年级水平的重要训练中。

我们用两项观察来结束关于广义算术的这个部分。首先，我们注意到，这里引用的绝大多数研究（除了恩普森等（2011）的成果）都涉及学生对有关整数的关系进行归纳、表示、论证和推理。虽然整数提供了一个自然的环境，让小学生们进行代数思维训练，但是学生在其他数的范围中可以做什么，依旧是我们遗留下来的问题。恩普森等（2011）认为在整数算术和分数之间存在"概念的连续性"（第410页）。他们的研究成果表明，如果提供了支持性的指导，学生可以运用他们对运算律和等式性质的理解来解决分数文字题。

鉴于高年级学生在分数和代数上会遇到双重困难，我们需要做更多的研究工作来探索学生对整数的深刻认识会带来怎样的机会，又具有哪些可能的局限。例如，当学生们解决与分数有关的问题时，理解加法交换律是否要复杂得多？学生们是否明白，如果一个变量代表任意的数，那么它也可以代表小数或分数？还是他们具有所谓的自然数偏见（如 Christou & Vosniadou, 2012，高中生当中的发现），认为该变量仅代表自然数？当学生们使用整数构建以表示为基础的论据来证明一个论断时，他们是否真正明白，该论断在分数的情形下也是正确的？最后，当我们考虑中学阶段的学生在代数学习中遇到的困难时，更为复杂的数系是不是原因的一部分？或者学生们绝大多数的困难都可归因于他们对整数算术的理解不足？

其次，我们注意到，与近期在小学阶段的研究相反，在初中阶段，学生在课堂中进行数学论证的"成功案例"似乎较少。为什么会这样？应该强调的是，在那些表明小学生能有效地对算术关系进行归纳、表示、论证和推理的研究案例中，大多数都是在具有很强支持性的课堂环境中发生的——那里的教师或教师研究者知识丰富，重视发展学生们在这方面的实践能力。数学论证是一项复杂的活动，教师和学生在课堂环境中寻求"证明"的意义时必须注意各种细枝末节。这也是一项不能脱离于猜想过程（Garuti, Boero, & Lemut, 1998）或归纳过程（Ellis, 2007a）的活动。本章所综述的文献显示，在小学阶段的教学实验中，归纳过程和论证过程之间是紧密联系在一起的：学生们首先通过数值特例来探究数学命题并作出猜想，然后按要求去论证归纳的结果（例如，Bastable & Schifter, 2008; Blanton, Stephens 等, 2015; Carpenter 等, 2003; Russell 等, 2011a, 2011b; Schifter, 2009）。

关于初中学生证明算术关系的能力的研究要少得多。现有的研究记载了日常教学环境中的学生思维（Knuth 等, 2002, 2009），没有涉及具有支持性的教学实验。比耶达（2010）发现，初中教师往往没有充分利用机会让学生进行论证。对一个使用广泛的初中数学课程的分析进一步表明，虽然学生们经常被要求为他们的解答提供依据，但是教师们很少得到相应的支持来把握教材中出现的论证机会（G.J.Stylianides, 2009; 另见 G.J.Stylianides 等, 2017, 本套书）。因此，需要有更多的研究来回答这样一个问题：如果我们为初中生们提供丰富的机会去探索算术关系并在进行论证活动之前建构猜想，会出现怎样的学习成效呢（参见 G.J.Stylianides 等, 2017, 本套书，关于在证明领域进行干预导向研究的类似呼吁）？

函数思想

函数作为代数思维的背景

传统上，正式的代数课程通常用转换的方式强调文字符号、表达式和等式的核心地位（Kieran, 2007）。然而，以往的研究表明：青少年及更高年级的学生对这些数学对象存在各种误解，缺乏结构性的理解（例如，Herscovics & Linchevski, 1994; Huntley, Marcus, Kahan, & Miller, 2007; Stacey & MacGregor, 1999）。有些研究者因此主张，用函数作为核心概念来组织代数的教与学或许更为合适（例如，Dubinsky & Harel, 1992; Schwartz & Yerushalmy, 1992）。这一方法的提出有以下依据：一些研究者认为函数可以将一系列原本孤立的专题统一起来，例如数的运算、分数、比和比例，以及有关数量的公式（Carraher, Schliemann, & Schwartz, 2008）；研究者在实践中观察到，函数可以作为学生的日常经验与数学的连接点（Chazan, 2000）；研究发现，这种方法自然地激励学生进行探究（Yerushalmy, 2000）。就本章的目的来说，或许更为重要的一点是函数思想提供了丰富的背景来帮助师生开展对数量关系进行归纳、表示、论证和推理等代数思维的训练（Blanton 等, 2011; Carraher & Schliemann, 2007）。

然而，近年来的一些研究，通过揭示中学生们在较为正式的函数学习中所碰到的困难（例如，Bush & Karp, 2013; Huntley 等, 2007; Knuth, 2000; Lobato 等, 2003），也向人们提出了这样一个问题：学前班至八年级的函数学习是否适合发展学生的代数思维？尽管有如此的疑惑，越来越多的证据还是表明，K-8年级学生能够成功地以代数方式对函数关系进行推理。从而也开启了一种可能：高年级学生所表现出来的困难或许是由于他们在小学阶段缺乏对函数思维的体验。卡拉赫、谢里曼和施瓦茨（2008）更具一般性地讨论了如何向正式的代数学习过渡：

> 美国大多数学生无法轻易地或较早地实现这种过渡，该事实可能更多地说明我们未能给他们提供适合的条件以便将代数作为小学数学的一个组成部分来学习，而并非说明学生的心智结构存在局限。（第268~269页）

以函数为中心处理学校代数通常涉及两种视角：对应关系的视角，以及协变/共变的视角。两者都关注数量关系的本质。不同的研究者以不同的方式强调数量的不同侧面。在一些研究传统中，数量的内涵是指"一种现象、实体或物质的属性，该属性的度量可由一个数值和一个参照来表达"（VIM3: 国际计量学词汇表，引自 Carraher & Schliemann, 2015, 第193页）。在本节所讨论的函数关系背景中，数学的关系存在于两个相关数量的不同取值之间，其中，这些数量可能是物品的件数、长度、时间，甚至衍生量，如速度（Carraher & Schliemann, 2015）。其他研究者的工作将在本章的"定量推理"部分作深入探讨。他们强调，数量作为一种心理建构，由一个人关于某对象的概念、该对象的质量、适当的单位或维度，以及给该对象分配数值的过程组成（例如，Castillo-Garsow, Johnson, & Moore, 2013; Ellis, 2007b; J. Smith & Thompson, 2008; Thompson, 1994; Thompson & Thompson, 1992）。汤普森（2011）将量化刻画成这样一个过程："将对象及其属性概念化，以使得该属性具有某种度量单位，其中该属性的度量与其单位构成比例关系（线性、双线性或多线性）"（第37页）。因此，定量运算是概念性的运算，通过该运算，我们在考察某个数量的时候总是会将其与一个或多个已经考察过的数量联系起来。

对应关系的视角和协变/共变的视角都有助于发展学生的代数思维能力——只是在不同的阶段，它们的重要性可能会有不同。我们在此处的目的是介绍一些对这两种视角都有涉及的研究，而不是倡导其中某一特定的方法。传统上，代数通常是以对应关系的视角作为起始点的（Yerushalmy, 2000），这涉及建立一个封闭形式的规则来描述数量关系（Confrey & Smith, 1994），进而将其用于分析和预测函数的行为。这种规则的用途还体现在，它们使得人们在不知道其他函数值的情形下，确定某一特定函数值的信息。

另一方面，康弗里和史密斯（1994）描述了他们称作共变的视角（也被描述为协变的视角；如 Thompson and Carlson, 2017, 本套书），它涉及根据 x 值与 y 值的协同变化来考察函数。康弗里和史密斯认为共变的方法包含这样的能力："随着 x_m 到 x_{m+1} 的移动，通过运算将 y_m 协同地移动到 y_{m+1}。对表格而言，当一列向下或向上移动时，共变就是表中两列或更多列发生协同变化"（第137页）。

在初中阶段，此类共变思维能够通过学生对关系的考察而自然形成，特别当自变量是指标变量的时候，比如时间。共变思维的重点是将 y 的变化与 x 的变化协同起来考察——随着学生接触到初中阶段的更正式的数学，共变思维这一概念变得越来越重要——这可以帮助学生从特征行为的角度理解函数的分类（例如，线性函数涉及不变的变化率，二次函数涉及持续变化的变化率；Confrey & Smith, 1994）。虽然我们在这里讨论了对应关系和共变/协变两个视角的研究，但是我们在后续部分会再次讨论共变的视角（见本章的定量推理部分）。

函数关系的归纳与推理

在 K-8 年级数学中研究的函数通常具有良好的性质（例如，很多是完美无缺的线性函数，虽然说这样的情境在某种程度上并不现实），并且都可以用有着封闭形式的数学规则来刻画。虽然"现实世界"的数据能为数学建模提供强大的支持，特别是在高年级中，但是"干净的数据"往往被用于小学阶段，而且在初中阶段可能会更有效，因为此类数据使学生能够聚焦于关系的概括和论证活动（Ellis, 2007a）。虽然关于学前班至八年级学生函数思维的大部分研究涉及的都是线性关系，但一些研究表明，学生们也可以成功地概括非线性关系。接下来，我们考察关于这两类函数的研究。

线性关系。到 21 世纪初（如 Lester, 2007），越来越多的证据表明，小学和初中阶段的学生有能力概括出线性关系。近年来的研究（例如，Blanton, Brizuela, Gardiner, Sawrey, & Newman-Owens, 2015; Blanton, Stephens 等, 2015; Carraher, Martinez, & Schliemann, 2008; Cooper & Warren, 2011; Ellis, 2007a; Lannin, Barker, & Townsend, 2006; Martinez & Brizuela, 2006）进一步表明，小学和初中阶段的学生可以关注两个同时变化的数量，描述一个量与另一个量的关系，理解输入—输出规则，并识别出对应关系。

这些近期研究的关注点之一是递归思维和函数思维之间的区别，以及如何使学生从前者转移到后者。例如，卡拉赫、马丁内斯和谢里曼（2008）让三年级学生

们考虑一系列四人座席的正方形餐桌的情况。要求学生们完成一个显示餐桌数与可入座总人数之间关系的函数表。紧接着让他们考虑的场景是将桌子推到一起连成一排，因此每张桌子只能坐两人，再加上这排桌子两端各有一人。学生构建函数表来表示问题中的数据，并对其进行推理。许多学生注意到因变量所在的那一列数值在不断增加，但是难以构建出两个量之间的对应法则。正如马丁内斯和布里苏埃拉（2006）所描述的，有些学生采用了一种"混合方法"，同时注意关系的递归特征和函数特征，但仍然没有找到对应法则。卡拉赫，马丁内斯和谢里曼（2008）指出，自变量取值每次增加 1 的函数表可能会将学生们的注意力集中在递归模式上，从而解释了为什么学生们难以找到一个描述函数关系的对应法则。然而，他们认为，这些表格还是有价值的，因为在学生们开始关注两个量之间的关系之前，这些表格"促使学生对那些有助于他们掌握函数是怎样'运作'的结果（第 18 页）进行直观的审视"。有些人建议使用不按顺序排列的函数表，或要求学生说出自变量值很大或未知时的因变量值（例如，t 张餐桌可以坐多少人？），这样可能会激发学生"跨"行地查看函数表，而不是"顺着"表中的列来概括数量间的关系（Schliemann 等, 2007; Warren, Cooper, & Lamb, 2006）。

虽然上述研究多数是在小学高年级（三至五年级）进行的，但近来的研究证据表明，最早在一年级（6 岁）时，学生们就能够在具体数值的情形里对函数关系进行概括和推理。布兰顿、布里苏埃拉等（2015）进行了课堂教学实验，重点考察学生们如何从涉及线性关系（形如 $y = mx, m \in \mathbb{N}$，和 $y = x + b, b \in \mathbb{N}$）的问题情境中生成函数数据，组织函数表中的数据，探索数据中的关系，利用表格来预测某个函数值的不足近似和过剩近似，并使用文字和变量符号来概括关系。作为该研究的一项关键性成果，他们勾勒出一年级学生概括函数关系能力的发展轨迹（见表 15.4），由此表明幼儿能够以令人惊叹的复杂方式推理函数关系。

这项工作的另一个有趣发现是，在研究文献所记载的一些高年级学生思维中普遍存在的问题上，一年级学生反而显示出较少的困难，包括上文提及的从递归思维

表15.4　6岁儿童对函数关系的理解水平

水平	特征
前结构的	在谈论问题中的数据时，不会（即使是隐含地）描述或使用任何数学关系。可能会从题目的文字表述中注意到一些非数学的规律。
递归——特殊的	将递归模式理解为特定实例的序列。
递归——一般的	将递归模式理解为任意连续值之间的一般规则。
函数——特殊的	将函数关系理解为特殊对应值之间的特定关系序列。
原始的函数——一般的	将函数关系理解为两个量之间的一般关系，但不能描述在两个任意量之间的数学变换。
形成中的函数——一般的	对函数关系的理解反映了一些关键属性的出现（例如，描述一般化的量或数学变换的特征）。
精炼的函数——一般的	将函数关系理解为两个任意的、明确的量之间的一般化的关系。
函数作为对象	感知到对函数关系一般化时的界限；将函数关系理解为可以施行运算的对象。

到函数思维转变的困难。虽然卡拉赫、马丁内斯和谢里曼（2008）在他们关于三年级学生的研究中说过："期望学生们学会直接通过封闭的表达式来找到线性函数的公式，这种愿望可能太不现实了"（第18页），但是布兰顿、布里苏埃拉等（2015）却发现，一年级学生能够构建这样的表示，而且在得到封闭形式的规则之前，不一定需要经历递归思维。虽然这似乎与他们和其他人通常在小学高年级中发现的情况截然不同（如Blanton, Stephens等，2015; Carraher, Martinez, & Schliemann, 2008），而且也与递归思维可能是考虑数量关系时一种重要的初期形式之观点相悖（Carraher, Martinez, & Schliemann, 2008; Rivera & Becker, 2011），但是布兰顿、布里苏埃拉等（2015）指出，刚刚开始正规学校教育的孩子们还没有花费大量时间去研究递归模式，因此，在考虑数量之间的对应关系时可能会有更大的灵活性。他们还认为，用等式系统地表示两个特定关联值的关系，似乎可以为发展学生概括变量关系的能力搭建支架。

考察学生函数思维的研究通常开始于让学生们参与某些类型的身体的或思维的活动（即"存在问题的"活动; E.Smith, 2008），在活动中有两个或多个量是相关的。这种可以发展函数思维的活动之一是对直观模式的考察。里韦拉（2010a）发现，在正式的模式教学之前，二年级学生在考察一个直观上蕴含着关系的图形模式时，能够注意到两个量之间的线性关系。里韦拉（2010b）将图形模式从几何序列中区别出来，在前者"所包含的各个步骤中，每一部分都可以被理解成是按照某种方式组合而成的"（第297~298页）。即使参与者没有被要求识别函数规则（以文字或变量符号的形式），当他们通过分析图形模式由自变量的某个已知值来确定因变量相应的取值时，还是在无形中考虑了两个量是怎样联系的。如果解题任务涉及的是非图形的函数，学生们则做不到这一点。于是，像其他若干研究者（例如，Lannin, 2005; Moss & McNab, 2011）那样，里韦拉（2010a）提出：含有直观增长模式的任务有助于学生较早地尝试概括两个量之间的关系。

沃伦和库珀（2008）在类似的调查研究中发现，经过两节课以后，三年级学生可以开始使用语言来将图形序列的模式与图形在序列中所处的位置联系起来，并且概括出图形的位置编号和图形中对象的数量之间的联系（例如，"它是步骤数的两倍"）。使用具体的材料，例如用瓷砖来创建几何图案（或是里韦拉所说的图形模式），使用位置卡片来关注自变量，以及使用颜色来代表图案的不同部分，都对学生有所帮助。莫斯和麦克纳布（2011）同样发现，二年级学生会通过将图形所占的位置数作为自变量而成功地概括出直观模式，而不是关注因变量中的递归模式（即单个序列中数值的变化; Blanton等，2011）。他们发现，学生们在探索直观模式时创造出一些与空间有关的字眼，比如将y截距称为"凸起"，这有助于他们成功地概括出纯数值的模式。

初中生在概括直观模式所表达的关系方面也取得了一些成功。兰宁（2005）发现，当函数情境涉及图形模式时，六年级学生可以将关系中的变化直观化，并将概括结果与直观表示联系起来，可能正是这样一个过程促使一些学生获得更大的成功（另见 Rivera & Becker, 2005）。在一项跨度为三年的追踪研究中，里韦拉和贝克尔（2011）探索了在直观增长模式背景下初中生概括函数关系的能力。他们发现学生最初倾向于使用直观的策略，后来转向数值的策略（例如，在函数表中直接寻找关系，而不再去考虑它所表示的直观模式），然后随着教学实验对乘法思维发展的强调，再返回到直观策略。里韦拉和贝克尔发现，虽然学生对数值策略的使用有时候简化了直接公式的构建过程，但这些公式有时是存在问题的，而且难以证明其合理性。对于识别函数关系而言，直观策略比单独使用的数值策略更强大，尤其是当学生们对乘法作为"若干组对象的总数"的理解得到增强后（Rivera & Becker, 2011）。

尽管有越来越多像上面这样的研究，表明即使是幼儿也可以探索有关线性关系的重要数学思想，但许多孩子并没有这样的机会去尝试。例如，虽然《州共同核心数学标准》（NGA & CCSSO, 2010）在小学阶段确实包括了重要的早期代数思想（例如，广义算术），但是这些标准——以及课程材料——在高年级引入正式代数之前对函数思维缺乏关注，这似乎是一种机会的错失。正如卡拉赫、谢里曼和施瓦茨（2008）所言："早期数学课程中不存在函数专题，这实在应当引起大家的关注"（第265页）。

非线性关系。有证据表明，初中生也可以概括出二次和指数关系（Ellis, 2011a, 2011b; Francisco & Hähkiöniemi, 2012; Lobato, Hohensee, Rhodehamel, & Diamond, 2012）。例如，埃利斯（2011b）让八年级的学生使用动态几何软件来探索矩形的长、宽和面积之间的关系，从而对他们从数据（增长率在变化，然而二阶差分不变）中观察到的模式进行集体的概括。学生们最初采用了埃利斯所说的共变视角，使矩形高度、长度和面积的增长协调一致，然后将推理拓展以形成对应法则。埃利斯（2011a）认为，这种

从共变观到对应观的转变，是由于学生有能力处理长度、宽度和面积这些相关的量。例如，在此后的年级中，这些学生面对未经排序的函数表时并未出现困难，因为他们的思维是建立在矩形的各个维度的图像基础之上的。埃利斯的研究进一步表明，进行一般化概括的行动可以被界定为：它是受社会互动、工具、任务和课堂规范影响的一种情境化的行动，如果课堂教学过程鼓励学生进行论证或阐释并将注意力集中在数学关系上，将会促进一般化的过程和结果（Ellis, 2011b）。

此外，弗朗西斯科和哈吉奥涅米（2012）在一项历时两年的基于课后及课堂学习的研究项目中，考察了七年级学生跨越多个数学内容主线的思维情况。其中，有6个研究时段使用了以二次函数为内容的"猜猜我的法则"游戏。在这些游戏中，研究者会提供给学生一张包含数据点的函数表格，并鼓励学生构建不同的函数法则来描述它们。研究者发现，许多学生在开始考察表中的数值时，往往聚焦于递归关系。以伊恩为例，他注意到了函数 $y = (x-1)^2$ 在表格中的数值的对称性，并开始计算表中 y 的相继数值之间的差。伊恩发现，y 的值从0开始增加到1，3，5，等等。当被要求给出一个显性的法则时，他说道：

> 我知道了。不过，我刚知道。你看，4乘以4减7等于9[写出$4 \times 4 - 7 = 9$]。看，然后，如果你接着用3的3倍减5[写出$3 \times 3 - 5 = 4$]……看，我知道了，结果就在那儿！[再写出$2 \times 2 - 3 = 1$。]我只是不清楚具体的法则，它是 x 乘以 x 再减去一个奇数。（第1012页）

伊恩观察到，如果将 x 与自身相乘，并减去一个奇数（x 的值每减少1，这个奇数的值就减少2），他就可以得到 y 的值。这表明，伊恩能够对关系进行概括，并使用变量来表示不确定的量。然而，他的显性法则中仍包含一个递归的子法则。这表明，学生们在通过一种"混合的"方式来对函数数据进行解释时，会将不同的方式相互关联；这也印证了马丁内斯和布里苏埃拉（2006）在小学阶段的研究发现。然而，如前所述，布兰顿、布里苏埃

拉等（2015）发现，一年级的学生能够顺利地观察到并表示出函数（线性）关系，并未因对递归思维的依赖而遇到阻碍。这也进一步支持了如下观点：在正规学校教育的初期向儿童们介绍函数关系，或许可以抵消他们对递归思维的过度依赖，以免影响他们在后面的学习中对于共变关系的理解。

表示函数关系

E. 史密斯（2008）指出，当学生确定了情境中的函数关系之后，他们往往被要求给出这种关系的表示。这样的表示可以采用多种形式，包括函数表格、坐标图象、图片以及代数关系式。各种表示不仅承载着学生的理解，还可以帮助学生组织和拓展其思维，因为不同的表示可以突显信息的不同方面而同时隐蔽其他方面（Blanton & Kaput, 2011; Brizuela & Earnest, 2008; Caddle & Brizuela, 2011）。例如，函数表格提供的是离散的信息点，它们在图象或者关系式中较为"隐蔽"；但是，坐标图象能够揭示出一个函数更为整体的性质，从直观上突出诸如斜率、交点等概念，还可以使得学生将函数作为一个对象来处理（Schwartz & Yerushalmy, 1992）。在函数教学中一贯地整合使用多种表示法，鼓励学生采用多种方法来解决涉及函数思维的问题（Bush & Karp, 2013; Duval, 2006）。

此前我们曾探讨了算术关系的表示，在此，我们再次聚焦于学生使用变量符号来表示函数的相关研究。当学生开始与可变的量打交道时，他们或许能初次体会到变量在考察量的变化中所起的作用。卡拉赫、谢里曼和施瓦茨（2008）的研究发现，二至四年级的学生能够成功地使用变量符号来表示两个孩子拥有的糖果数，其中每个孩子都有一盒糖，盒子里的糖果数相同，而其中一个孩子的盒子上面另外多加了三颗糖。虽然开始时学生们给两个孩子拥有的糖果数赋予了特定的数值，但通过课堂讨论以后，他们逐渐适应了使用文字符号来表示变化的、未知的数量。

布兰顿、斯蒂芬斯等（2015）在一项评测中针对三年级学生提出了一个类似的任务——储蓄罐问题（见图15.2），该评测被用于一项为期一年的早期代数干预实验

开始前和结束后。研究者发现，许多学生在前测中无法回答这些问题，而那些找到了答案的学生则全部都是给蒂姆和安杰拉所拥有的分币数赋予了某个特定的数值。没有学生使用变量符号来表示这些不确定的量。然而在后测中，有四分之三的学生使用了变量表达式来表示蒂姆和安杰拉各自所拥有的分币数，同时有超过半数的学生用这种方式来表示分币的总数目。此外，大多数学生给出的表示法都显示出蒂姆和安杰拉的储蓄罐中含有相同数目的分币——如果用 b 来表示蒂姆储蓄罐中的分币数，则安杰拉的分币数可以用 $b + 8$ 来表示——他们俩总共的分币数则可表示为 $b + b + 8$。

储蓄罐问题

蒂姆和安杰拉各自有一个储蓄罐。他们知道各自的储蓄罐中装有相同数目的分币，但是不知道具体有多少。安杰拉的手中还有8个分币。

（a）你怎样描述蒂姆拥有的分币数？

（b）你怎样描述安杰拉拥有的分币总数？

（c）安杰拉和蒂姆将他们所有的分币凑在一起购买糖果。你怎样描述他们拥有的分币总数？

图15.2 储蓄罐问题

正如之前所提到的，传统上，研究者们认为学生应该先大量积累用文字来表达归纳结果的经验，之后才能接触变量符号。但是现在，一些研究早期代数教学的学者们对此观念提出了质疑（Blanton, Brizuela 等, 2015; Brizuela & Earnest, 2008; Carpenter 等, 2003; Russell 等, 2011a），他们转而呼吁应该在正规学校教育的初期就为学生们提供使用变量符号的机会（Brizuela 等, 2015）。最近的研究甚至认为，学生们有可能舍弃文字而选用变量符号这种更为简洁的方式来表达函数关系；并且，如果学生们在教学中接触过变量符号的实践知识，他们会自发地给出这样的表示。在一项准实验研究中，布兰顿、斯蒂芬斯等（2015；又见 Isler 等, 2014）发现，参与到为期一年的早期代数干预项目中的三年级学生，在表示形如 $y = mx, m \in \mathbf{N}$ 的线性关系时，使用变量符号比使用

文字更为成功。

在另一项研究中，布兰顿、布里苏埃拉等（2015）发现，一年级的学生能够使用变量符号和方程式来表示函数关系，并且开始形成这样一种理解：变量是一个变化的数量，可以将它视为广义形式推理过程中的一个对象。在一项相关的研究中，布里苏埃拉等（2015）考察了四名一年级学生关于变量符号的理解。他们发现，这些学生表现出了年长的学生们对于变量符号所具有的各种误解，这包括：变量符号本身是一个对象或者标签，变量的取值与表示该变量的文字符号在字母表中的位置有着某种关联，文字符号与数字不能同时出现在同一个方程里。然而，研究者发现了这四名学生所持有的一个共同看法：变量符号表示不确定的量。布里苏埃拉等（2015）解释道，虽然学生们通常会寻求特定的值来将所讨论情境中的数量实例化，但当他们使用变量符号时，就没有必要再去参考那些特定的值了。这意味着儿童对于变量符号的理解为他们提供了一种表示一般数量及其关系的机制。布里苏埃拉等（2015）认为，作为一种具有中介功能的工具（Kaput 等，2008），变量符号有助于儿童对不确定的量进行反思。而且，概念性的理解并不一定需要在引入符号（如变量记号）之前实现。相反地，意义与符号可以同时出现。

初中生们同样能成功地使用变量符号来表示函数关系，包括线性关系（如 Rivera & Becker, 2011）、二次关系（如 Ellis, 2011b; Francisco & Hähkiöniemi, 2012）以及指数关系（如 Ellis 等，2013）。在弗朗西斯科和哈吉奥涅米（2012）的一项研究中，杰里尔和克里斯这两名学生面临的任务是研究一张函数表，并找出其对应的法则。这张表格所代表的函数是 $y=(x+1)^2$。杰里尔对他的法则解释道："它是 x 加 1，然后做乘法。我的意思是，那么，你乘以这个和……我的意思就是你得到这个和，然后你用这个和……乘以这个和"（第 1014 页）。然而，他们陷入了用文字符号写出法则的困难。克里斯把表达式 $(x+1)$ 称为"那个和"，而杰里尔则将其称为"新的 x"。克里斯把他的法则记作 $x+1\times$（和）$=y$。从随后的谈话中可以发现，他们将自己的法则视为复合的，其中 $x+1=z$ 且 $z\times z=y$。在得到研究者的一些帮助之后，他们将法则重新写为

$(x+1)\cdot(x+1)=y$。这表明初中生们能够处理多元变量，并能够将他们表示出来的一般化关系——函数——视为推理的对象。但这其中也确实出现了一个问题：如果这些学生在小学阶段有过持续地学习函数及其表示的经历，那么在上述过程中他们是否会更轻松自如一些呢？

论证函数关系

关于论证，E. 史密斯（2008）将其本质归结为寻找数学的确定性。一些研究者认为它是与一般化活动紧密联系在一起的（Ellis, 2007a; Lannin, 2005; Rivera, 2010b），还推动着符号化的进程并与之相互作用（Kaput 等，2008）。如前所述，已有的研究中有充分的证据表明，学生们倾向于通过提供"适合"一般性结论的实例来论证一般化的结果（如 Lannin, 2005; Lannin 等，2006）。在涉及函数思维的情境中，这种倾向可能表现为学生们在函数表中指出一组符合假定函数法则的有序数对，将其作为该法则刻画了函数关系的"证明"。但是，学生们还可以通过比较数量来解释所得到的符号化法则，以此实现对函数关系的论证。

例如，在布兰顿、布里苏埃拉等（2015）所做的一项研究中，6 岁的儿童们能够通过对给定的问题情境的推理来论证他们所发现的函数关系。其中一项任务给出了这样的问题情境：一辆火车在运行路线上的每一站都会停靠，同时会在每站加载两列车厢（假设火车机车自身的引擎不计算在内，而且启程时火车上就只有自身的引擎，没有任何车厢）。该任务要求学生们考虑火车停靠站的数目与火车上车厢数目之间的关系。一名学生这样解释她所得到的表达式 $R+R=V$：这里的 R 代表"车站数目"，V 代表"车厢数目"，因为"不管火车停了多少站，数目是多少，如果你将它翻一倍，得到的就是火车车厢的数目"（第 536 页）。虽然这个学生使用了从函数表中观察出的关系，但她还是能够将问题情境中的两个量——"车站数目"与"车厢数目"——关联起来，用以论证她所观察到的函数关系。

范·雷韦克和韦杰斯（1997）的研究表明，在处理线性数据时，初中生们能够提供一些论证来解释他们对

于相关变量的归纳结论的由来。例如，一组学生概括出这样的结论：要建一个长为L的走廊，需要将其长度乘以3然后再加上该长度减1，即可确定出所需要的横梁的数目。他们将上述概括的结论形式化，写下 $L \times 3 + L - 1$。这些学生针对有关的量对这个表达式作出了如下解释："对于长度L，我们有L个三角形，因而有 $L \times 3$ 条杆。同时，横梁的顶部还需要 $(L-1)$ 条杆"（第232页）。

这些研究中的一个共同特点是，关于函数的解题任务所处的问题情境似乎都有利于学生以直观方式进行论证。与这个发现相关的研究可追溯到里韦拉和贝克尔（2011），他们考察的是初中生对于直观模式的处理情况。如前面所介绍过的，当学生们的策略倾向于图形的方式时，他们更容易成功地概括出线性的直观模式。里韦拉（2007, 2010b）同样发现，当采用图形的解决途径时，学生更容易成功地论证自己所概括出的结论，而那些高度依赖于数字推理的学生则在解释为何他们的公式描述了给定情境时会遇到困难，有时还会将构造与论证相混淆（Rivera & Becker, 2009）。

最后，尽管学生们在进行论证之前，常常被要求对所概括出的结论作进一步推广和完善，埃利斯（2007a）却发现，初中生们如果能在概括与论证这两个步骤之间多次往复循环，则会更加受益。学生们一开始尝试概括出的结论往往比较有限甚至是不准确的，但通过对这些结论进行解释以及尝试进行论证，他们会重新审视最初的结论并进行优化。埃利斯（2007a）建议，在考虑教学顺序时教师应该早一些让学生开展论证以促使他们更有效率地去概括结论，而不要等到学生得到最终的归纳结论之后再去论证。

定量推理

正如在函数思想这一节中所讨论过的，不同的研究传统以不同的方式看待数量的概念以及定量推理过程。在本节中，我们将探讨一种研究传统，它把数量看成是一种心智的构造。特别地，汤普森及其同事（Thompson, 1994, 2011; Thompson & Carlson, 2017, 本套书; Thompson & Thompson, 1992）将数量描述为一个概念实体——图式，它的构成包括个人对于一个物体（如一根绳子）的认识、该物体的某个属性（如它的长度）、一个合适的度量单位（如英寸）以及给这个属性赋值的过程。长度、面积、速度以及温度都是这种属性的例子，我们可以把它们作为量来度量。史密斯和汤普森（2008）强调，是一个人所具备的测量能力使得这些属性可以量化，无论测量活动是否得以实施。

研究者们认为，学生在对数量和数量关系的探索过程中可以发展自己的代数思维（Fujii & Stephens, 2008; Olive & Cağlayan, 2008; Steffe & Izsak, 2002）。定量推理可被看成是对一个情境中确定的量或者未知量所进行的心理操作，其目的是为了创建新的量以及构建各个量之间的关系（Johnson, 2012; Thompson, 1994）。在定量推理过程中，一个人对一些量进行结合或者比较，其方式可以是加减型的（例如，问一个人比另一个人高多少），也可以是乘除型的（例如，问一根绳子的长度是另一根绳子长度的多少倍; Lobato & Siebert, 2002; Thompson, 1988）。与之相关的算术运算是减法和除法。虽然定量推理非常依赖于日常经验，但要最终达成定量推理不需要通过或针对现实世界情境本身，而是通过学生与某一给定情境的互动来实现的。因此，一个学生既可以处理从真实世界情境中产生的数字模式并参与到纯粹的数字模式推理中，也可以思考那些从虚构的情境中产生的数量之间的关系并参与到定量推理中（Ellis, 2007b; Thompson, 1994; Thompson & Thompson, 1992）。

数量关系的归纳与推理

关于代数推理曾有如下定义："对常数以及变化的未知量进行的定量推理"（Steffe & Iszak, 2002, 第1164页）。该定义强调了对变化的量进行推理的重要性。在本节中，通过分析相关的研究，我们将更为细致地探讨这种形式推理。这些研究考察的是K-8年级学生对于变量及其关系进行概括和推理的情况。我们的讨论首先聚焦于小学生对于非确定量的概括与推理（这些行为是理解数的基础），然后再探讨初中生对于数量之间关系的共变推理，将其作为通往代数思维的一条动态途径来考察。

对数量进行一般化以建立数之间的关系。关于小学生定量推理能力的探讨，其中的一个领域是由达维多夫（1991）发展起来的一条早期代数的途径。达维多夫认为，儿童可以通过对实物的长度、面积、体积以及质量等标量进行推理来构建实数体系的代数结构（Schmittau, 2011）。这条途径能够让学生注意到一般化的结构并对其进行表示和推理，包括运算的基本性质，如结合律、交换律和逆运算。它假定量的概念是在数的概念之前形成的，相应地，在引入数的概念之前应当先对非确定量的关系进行比较（Carraher & Schliemann, 2007; Davydov, 1991; Dougherty & Slovin, 2004）。

等到儿童们开始测量并用数字来量化各种属性时，他们就已经为所有这样的数量建立起了广义的属性。在达维多夫（1991）提出的途径中，代数并不是作为广义算术，而是作为数量关系的一般化来学习的。正如布里特和欧文（2011）所发现的，代数的优势之一是学生们可以对数量作比较与合并而无须分心去计数，这突出了等号的关系型视角，而不是导出学生头脑中"现在算出这个结果"的操作型视角（Venenciano & Dougherty, 2014）。

达维多夫（1991）提出的这条发展幼儿定量推理能力的途径在许多方面都与荷兰现实数学教育运动相一致，因为它们都能够使儿童在处理亲身体验到的真实的量时形成自己的推理。在荷兰的上述运动中，"现实"的含义是数学问题既可以是来自真实世界的，也可以是来自想象的世界的（Presmeg, 2003）。对于教师或研究者们提供的问题情境，学生既可以想象也可以将其形象化。如此，这些问题在学生们的头脑中就可以身临其境般地真实存在了（van den Heuvel-Panhuizen & Drijvers, 2014）。弗赖登塔尔（1977）曾强调情境在数学教与学中的重要性，并提出了渐进的形式化或者说数学化这一概念。渐进的形式化是荷兰现实数学教育中的核心过程，涉及儿童对数学关系的非正式地探索并通过引导下的再创造过程逐步地发展为更为正式的思考。格拉维梅耶尔（1999）描述了渐进的形式化的三个宽泛的水平：（1）非形式化水平——儿童对数学原理进行表示，但其结果可能会缺乏正式的符号或者结构；（2）前形式化水平——儿童建立了一些模型，有可能概括同类型的许多问题；（3）形式化水平——儿童能够在往往少有情境线索的情况下发展数学抽象、表示以及缩略词语。

共变推理。当学生们进入小学高年级以及初中时，他们就能够利用自己对于数量关系的推理来开始以共变方式思考函数关系。虽然方式不同，汤普森及其同事（Johnson, 2012; Saldanha & Thompson, 1998; Thompson, 1994; Thompson & Carlson, 2017，本套书；Thompson & Thompson, 1992）以及 E. 史密斯和康弗里（Confrey & Smith, 1994; E. Smith, 2003）都讨论过共变推理。正如在函数思想那一节中所讨论过的，史密斯和康弗里将共变的方法描述为：当横向上从 x_m 移动到 x_{m+1} 时，纵向上实施操作将 y_m 移动到 y_{m+1}（Confrey & Smith, 1994; E. Smith, 2003）。这种方式将共变刻画为两组相互关联的数列之间协调一致，它指出了学生们如何生成数据表格并对其进行操作，最终认识到数量可以有一个序列的取值。这种对共变的理解适用于很多情境，其中的数量关系在学生们的头脑中可能是静态的。

儿童们也能够对变化的量进行推理，也就是说，将那些同时但是独立变化的量分离开（Johnson, 2012; Saldanha & Thompson, 1998）。这种形式的推理涉及在头脑中协调两个变化中的量，同时关注它们各自所发生的变化之间是如何互相关联的（Carlson, Jacobs, Coe, Larsen, & Hsu, 2002）。卡斯蒂洛-加尔索乌（2013）将这种推理描述为对于两个共同变化的量的想象；学生们在想象一个量是如何变化的同时也在想象另一个量的变化。虽然这种关于共变的动态观点既可能是离散的也可能是连续的，但连续的、动态的视角下的共变涉及两个连续变化的量之间的协调。例如，想象有一个固定宽度的长方形，它的长度在连续地而非离散地增加。随着长度的增加，这个长方形的面积的变化率相对于长度的增量而言是恒定的（Johnson, 2012; Saldanha & Thompson, 1998）。约翰逊（2012）指出，关于共变有三种视角：静态的、离散动态的以及连续动态的，这三种视角分别强调了学生理解共变量之间关系的不同方式。

研究表明，对于涉及函数关系的问题，初中生们最初采取的推理方式往往是基于协调或者共变的视角（例如，Confrey & Smith, 1994）。因此，将函数视为表示量的共变的方式，可以成为一种培养学生从变化率角度思考函数的能力的有力方法（Slavit, 1997）。正如卡尔森和奥赫特曼（2005）所建议的，在问题情境中适当植入一些学生们能够操作、想象以及探究的量，可以培养学生对于动态变化事件的灵活推理能力。在这个意义上，共变的方式能够支持如下观点：数学是理解数量之间代数关系的一种方式，这些关系包括依赖关系、因果关系、相互作用以及相关性（Chazan, 2000）。

近期的研究表明，初中阶段的定量推理能够为核心的代数思维实践（包括函数关系的概括及推理）提供丰富的情境。直到最近，把初中学生的共变思维作为代数思维的一种情境还未成为一个明确的研究对象；但在过去的几年里，逐渐出现了一些研究工作来考察那些开始尝试理解函数以及变化率的初中生们对共变量进行探究时所处的各种情境。这些研究均报告了来自小规模教学实验中的一些发现。这些研究表明，允许学生们对共变关系进行定量推理将有助于他们进入到更为正式的代数学习中，以实现对线性函数、二次函数以及指数函数的逐步理解（Ellis, 2007b, 2011a; Ellis & Grinstead, 2008; Ellis, Ozgur, Kulow, Williams, & Amidon, 2012, 2015; Ellis 等，2013; Johnson, 2011, 2012; Lobato & Siebert, 2002; E. Weber, Ellis, Kulow, & Ozgur, 2014）。例如，最近有一项关于初中生对指数增长的理解的教学实验。通过探究一棵植物的生长，学生们对高度和时间这两个共变量进行了推理。研究者对学生们在这个过程中所体现出的思维进行了考察（Ellis 等，2015）。这项研究表明，在一个包含共变量的模型中植入一个考察指数增长的情境，可以促进学生们对于数据的指数增长的理解，提高他们对指数增长关系的代数表达能力以及对非整数指数的理解能力。

在研究初中生对于线性函数的理解时，奥利芙和卡格拉杨（2008）探索了如何协调与线性方程组有关的情境中的不同度量单位，解这些方程组需要对多组数量关系进行复杂的定量推理。奥利芙和卡格拉杨发现，确定以及协调这些问题情境中的度量单位是定量推理中非常重要的方面。类似地，霍夫和高夫（2007）以及范雷韦克（2001）汇报了几项涉及联立方程组不同解法的设计

实验，这些方程组都是将物品与价格这样的情境数量化后的结果。范雷韦克汇报了一个名为"量的比较"的教学单元，在这个单元里，学生沉浸在真实的情境中，需要找出购物问题中物品组合的价值。范雷韦克发现，这些真实的情境能够使学生进入到前形式化水平，他们能够建立起有概括潜力的模型，并发展起与方程组的代数性质相关的概念。

此外，研究者聚焦于中学生如何在探索和运动速度有关的情境时发展关于恒定变化率的概念，以及由自己对于速度的理解而发展起来的归纳结果（Lobato & Siebert, 2002）。在此基础上，埃利斯（2007a, 2011b）提供给七年级学生相关的情境，要求他们对各种齿轮的比例进行探索以建立可由 $y = mx$ 和 $y = mx + b$ $(m,\ b \in \mathbf{Q})$ 来表达的恒定变化率的概念。学生们所给出的代数表达式和论证都体现出他们对于齿轮的转数与对应齿数之间比例关系的理解。

正如上述研究所显示的，具有丰富的定量信息的情境有助于学生们对数量及其关系进行归纳和推理。然而，有一点很重要：要建立起良好的教学情境，促使学生们聚焦于或概括出准确的、有力的甚至是富有代数意义的关系。虽然上面的例子说明了概括出数量上有意义的一般化结果是可能的，但其他关于小学高年级以及初中生水平的研究（包括课堂研究以及设计实验研究）表明，这样的概括过程未必一定能够发生。比如，很多与建模相关的文献都描述了学生在理解现实数据方面的困难（Lehrer & Schauble, 2004; Metz, 2004; Petrosino, 2003）。诺布尔、涅米洛夫斯基、赖特，以及蒂尔尼（2001）曾经描述了这样一个案例：学生们在最初所建立的模式对他们后来尝试拓展推理时并没有起到帮助作用；学生们注意到了他们所考察的数据中存在多种模式，但却难以生成代数上有用的一般化结果。范·雷韦克和韦杰斯（1997）报告了类似的现象：学生们最初的感知在本质上是数字的，只有在明确的支持下，他们才能概括出对相关数量及其关系的理解。在这些研究中，一个普遍的现象是学生们对模式以及数量关系的关注，这些模式与关系并不是从构建数量或数量关系的过程中产生出来的。这些发现凸显了一个事实，即定量推理过程不是通过将

学生置于现实世界或现实的情境中就会自动产生的。是学生的认识创造了数量，而不是现实环境本身。

关于学生在现实情境中进行概括活动的文献证实了以下两种情形：一是聚焦于数量关系可以促进有意义的概念和概括过程的发展（例如，Curcio, Nimerofsky, Perez, & Yaloz, 1997; Ellis, 2007a; Hall & Rubin, 1998; Lobato & Siebert, 2002; Slovin & Venenciano, 2008; Venenciano, Dougherty, & Slovin, 2012），二是将学生置于具有丰富的定量信息的情境中并不能保证他们可以生成有用的代数概括（Noble 等，2001; van Reeuwijk & Wijers, 1997）。当学生们自己对问题情境中的现象进行探索时，虽然对数量进行推理能够支持更为复杂的数学活动，但这些研究显示，那些未能从数量关系中生成新的概念对象（如"比例"）的学生，可能也不会从有丰富的定量信息的情境中额外受益。

如何从定量推理的角度让初中学生接触涉及函数的情境，以激发富有成效的数学归纳活动？上述关于学生对数量关系进行概括与推理的研究为此提供了三条重要建议（Ellis, 2011a）：

1. 通过数量情境来引入函数关系时要选择精确的、合理的而不是近似的或者捏造的数据；

2. 数量情境中所包含的共变量应该是连续的而不是离散的；

3. 帮助学生对给定背景或情境中的数量及其关系给予持续关注。

一些包含了凌乱的或捏造的数据的问题情境可能会干扰学生的理解能力，也可能会阻碍学生对数量进行直接操作，使得学生无法形成有助于构建关于线性或其他函数关系的初始思想的必要的概念性关系。与之相反，如果情境中包含精确而又平滑共变的数量，就可能支持学生进行连续共变的推理，而那些离散的情境则可能对其共变推理造成阻碍。最后，由于学生们强烈地倾向于提取数值并聚焦于寻求模式的活动（Ellis, 2007b），所以教学要支持学生们探索和解决数量丰富的问题，并关注数与关系的定量表示。

表示数量关系

在小学所提倡的那些定量推理方法中（如 Davydov, 1991; Schmittau, 2011），学生通过对非确定量的合并或者删除来推理如何使不相等的量相等（或者使相等的量不相等）。当学生们对非确定的量进行比较时，他们能够对数学等式中的关系进行表示。例如，Y 由 A 与 Q 组成（如图15.3），儿童可能用 $Y = A + Q$ 或者 $Y - A = Q$ 这样的等式来表示它们之间的关系（Dougherty & Slovin, 2004）。利用这种方法，儿童们形成了诸如加法交换律这样的基本思想，将那些需要测量的特性合并起来并把结果用类似于 $A + B = B + A$ 这样的代数式表达出来。

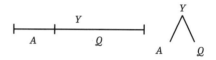

图15.3　整体的各部分之间的关系图

一小部分研究者在美国的学校环境中已经就达维多夫小学数学课程进行了实施与研究（Dougherty & Slovin, 2004; Schmittau, 2004; Slovin & Venenciano, 2008; Venenciano 等, 2012）。该研究的一部分探索了儿童用来表达自己思维的不同表示方法。在 Measure Up 这个项目中，研究者利用临床式访谈法发现，三年级的儿童既能够用变量符号又能够用一般化的图形来对情境进行表示并解决问题。不管其所达到的成就水平如何，学生们都能够使用多种表示来体现那些问题以及相关的操作。学生们能够使用物理模型，诸如线段图之类的过渡模型，以及用变量符号表示的模型来解决问题。从其中的一项研究可以发现，与那些没有参与到该项目中的同龄人相比，Measure Up 项目中的学生在代数方面有更好的准备（Slovin & Venenciano, 2008; Venenciano 等, 2012）。此外，学生们在 Measure Up 项目中的体验与他们的逻辑推理水平和代数准备程度成正相关，与他们在代数方面的成绩成显著相关（Venenciano 等, 2012）。

类似于 Measure Up 项目里达维多夫所提倡的表示代数关系的方式，费鲁奇、考尔、卡特和耶普（2008）将"模型方法"描述为一条通往代数思维的路径，参与其中的学生们利用图形来表示数量及其之间的关系。费鲁奇等探索了教师们如何使用这种方法来展示数量之间的关系脱离于具体情境的过程。这一过程居然没有使用任何正式的符号。因此，学生们就可以免于其他因素的干扰而将注意力集中在那些涉及全局的共性，观察一个量的变化如何影响另一个量的变化，以及得出有根据的概括性结论。例如，费鲁奇及其同事们发现，利用模型方法，一名对正式代数表示一无所知的小学生能够解决一个通常需要用方程组才能解决的数学问题：

> 吴太太和华盛顿先生去希尔赛德市场买水果。吴太太花了4.80美元买了7个橙子和4个苹果，华盛顿先生花了3美元买了5个橙子和2个苹果。问：每种水果的价格分别是多少？（Ferrucci 等，2008，第196页）

利用模型方法，学生们可以使用矩形或矩形的若干部分来表示未知数。费鲁奇等（2008）展示了这样一条途径：学生们可以用在长方形上涂阴影的方法来表示每种水果的价格，并画出两人各自购买情况的模型（见图15.4）。学生们可以依靠这样的图形去寻找那些相关量之间的关系，并作出如下推理：如果5个橙子和2个苹果花费3美元，那么10个橙子和4个苹果要花费6美元（步骤

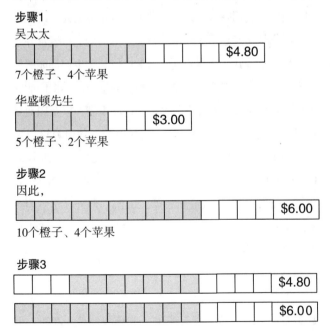

步骤1
吴太太

$4.80

7个橙子、4个苹果

华盛顿先生

$3.00

5个橙子、2个苹果

步骤2
因此，

$6.00

10个橙子、4个苹果

步骤3

$4.80

$6.00

图15.4　三步解答的图解模型

2）。通过比较步骤1和步骤2中的图形，他们可以看到3个额外的橙子花费了（6 − 4.80）美元，即1.20美元（步骤3）。因此，如果3个橙子要花费1.20美元，则每一个要花0.40美元。步骤3中底下的那个图显示出橙子的总成本为10 × 0.40美元，即4美元。学生由此可以确定4个苹果花费了（6 − 4）美元，即2美元，所以每个苹果的成本是（2÷4）美元，即0.50美元。与上述模型方法类似，范登霍伊维尔-潘慧珍（2003）在其研究中也说明了关于条状模型的使用。一个条状模型就是一条横带，在上面同时描绘不同的刻度以说明一个量可以由多少另外一个量来表示。上述条状模型被用于一个初中课堂里的百分比学习，学生们在课堂上要学习百分比、有理数、分数和小数。

关于小学高年级和初中阶段的建模研究显示，学生们有能力进行模型开发活动的多次循环，以确定和表示诸如比和比例这样的数量关系（Lehrer, Schauble, Carpenter, & Penner, 2000; Lesh & Harel, 2003; Lesh & Lehrer, 2003）。例如，在莱勒、萧伯乐、斯特罗姆和普利格（2001）所进行的一项研究中，学生们发展出密度是一个常数比的认识。在另一项研究中，莱勒等（2000）描述了学生们在对植物的生长进行探索时如何聚焦于变化着的比例。

盖伊和琼斯（2008）指出，建模过程中的第一阶段是表示，它包括识别与情境相关的变量，建立方程、相关的表达式以及类似于图15.3中的图形、数据表格，或是其他表示数量之间关系的代数表征。接下来的阶段涉及对所得到的模型进行推理，以获得结果并根据原文对这些结果进行解释。塔巴奇和弗里德兰德（2008）探讨了一种基于情境的途径是如何促进学生对以下四个重要代数思想的学习的：（1）变量和表达式在表示有意义的变化现象时所起到的作用，（2）变量与常量之间的区别，（3）代数表达式并不是只有单一的表现形式，以及（4）这些可以互相转换的表达式之间的等价性。学生们在具有丰富定量信息的情境中可以对量的关系进行考察与建构；而建立在这类情境基础上的建模任务则能激励学生构建数学表示，这不仅限于图或表的形式，也包括为了发挥代数符号的威力而为代数表达式所铺设的问题情境（J.

Smith & Thompson, 2008）。

支持学生的定量推理，有助于培养一种具有灵活和通用特质的思维——代数思维。这一结论来自对幼儿在数的发展方面的研究，以及对年龄更大的儿童如何处理数量关系方面的建模研究。虽然代数思维并非唯一与定量推理密切相关的思维方式，但关注并表示数量之间的一般关系的确可以促进概念的发展，使代数成为思维的实用工具。毕竟，数量不同于数，它们在本质上是不确定的（Dougherty & Slovin, 2004; Slovin & Venenciano, 2008; Venenciano 等，2012）。学生能够对非指定的或不断变化的量之间的关系进行探索；正如图15.3中所描述的，他们的探索方式有助于使用代数符号来表示这些关系。关于学生从算术到代数过渡中所遇到的困难，已经有了很多的论述，但正如卡拉赫、谢里曼、布里苏埃拉，以及欧内斯特（2006）所强调的，承认这些困难的存在是与一种近乎消失了的、关于小学数学的观点联系在一起的：应该等到正式代数教学开始时才要求学生探索寻找归纳结果的任务。对数量及其关系的关注与推理可以促进一般性的数学思想的发展。如果有适当的教学支持，学生们就可以用代数符号来表示这些思想。从这个意义上说，定量推理可以为推导出强有力的代数表示提供概念性的背景（J. Smith & Thompson, 2008）。

对数量及其关系的推理能够促进学生们对一般关系的理解。反过来，这种理解又会增进学生们学习代数的符号工具的动力。如果学生们所发展的数学思想具有足够的复杂性，那么使用，如变量符号，对这些思想进行表示和推理的需求就会得到强化（Ellis, 2007a; J. Smith & Thompson, 2008; Venenciano 等，2012）。卡帕特（1999）指出，一般地，学生们更容易从他们对有意义的情境的理解中作出概括，并基于这些情境来表示他们的概念性的活动。有关学生们如何在具有丰富的定量信息的情境中进行代数关系推理的研究也确实表明，学生们能够关注到变量关系并且可以表示出具有数量意义的概括结果（Curcio 等，1997; Ellis, 2007a, 2007b; Hall & Rubin, 1998; Lobato & Siebert, 2002; Noble 等，2001; van Reeuwijk & Wijers, 1997）。

论证数量关系

如前所述，尽管论证活动的本质是数学性的，但是如果这种活动的目的是为某些结构和关系提供论据，它就在代数思维中扮演了一个特殊的角色。对于如何在定量推理过程中发展论证，莫里斯（2009）认为，对数量及其关系的表示和推理可以帮助年纪较小的儿童发展演绎论证，因为对一般化了的量进行表示的行为有助于儿童们理解到：这样一个行为适用于一个有无限对象的集合，而不仅仅是单一的案例。

初步的研究工作显示，沿着这个方向对小学生与初中生作进一步的探索是大有可为的（例如，Ellis, 2007a, 2007b; Hall & Rubin, 1998）。在基于课堂并聚焦于数量推理的研究中，极少文章明确地研究了论证的作用，但是其中确实有一些涉及了学生们的论证活动。事实上，有研究表明，相较于那些专注于数字模式和程序的学生（Ellis, 2007a），在问题情境中关注数量关系的初中学生更容易产生复杂的论证（即使用所谓的"变换型证明图式"; Harel & Sowder, 1998）。

霍尔和鲁宾（1998）描述了他们研究工作中的一个例子，研究主题是五年级的学生在船的运行速度这一情境中学习速率。作者们发现，学生们发展出一种将比率叙述为单位时间和单位距离之间关系的能力。在针对初中生所进行的研究中，埃利斯（2007a）研究了学生在旋转齿轮和相同速度情况下对线性函数的新理解。研究发现，相比仅仅对数字模式进行推理，当学生们置身于定量的情境中进行思考时，他们反而能够提出更为有力的论证，无论是在准确度方面还是从演绎的本质这个角度来说。

在另一项研究中，洛巴托和西伯特（2002）详细地描述了初中生们对于自己得到的概括结果所提供的丰富解释，这一过程促使学生们对"为何计算机中每4秒走10厘米的动画青蛙与每秒走2.5厘米的动画小丑具有相同的速度"给出了数量上合理的解释——这个解释基于对两个组合单位之间关系的特征分析。洛巴托和西伯特的发现表明，关于一般关系的论证活动能够为有关比率的推理活动提供重要的情境线索（Thompson & Thompson,

1994）。研究者们创造出了一个环境，身在其中的学生们最终得出了他们对于一般性论断的论证，而这些陈述包含着分离出恒定速度属性所需的重要数量关系。

以往成果的总结与未来研究的方向

在2001年召开的关于未来代数教与学的ICMI会议上，卡帕特谈到了关于小学阶段代数教学日益深厚的研究基础以及在这一过程中浮现的一些"快乐的故事"（参见Lins & Kaput, 2004）。这并不是天真地忽视了当时的研究中已经记载的关于青少年学习代数时遇到的各种深层困难，而是认可了这样一种观点：关注学生不能做什么势必会掩盖了故事中表示他们可以做的部分。从那时起，早期代数的研究者们在界定儿童代数思维的认知基础、不断充实相关的研究成果方面取得了重大进展。卡拉赫和谢里曼（2007）沿着这条道路继续前进，围绕"年轻学生真的可以掌握代数吗？"这个问题开展研究（第675页）。他们总结了一批新兴的、令人欣慰的研究成果：青少年学习代数时所面临的重重困难，或许可以通过发展小学阶段儿童的代数思维得到更好的解决。他们还指出，同样的研究表明，这些困难不可能通过传统上设想的依靠打造更坚实的算术"基础"的方法来解决。本章的目的是通过介绍更多最新的研究成果，来延续卡拉赫和谢里曼的故事，尤其是凸显从研究者们的视角看学生是如何参与代数思维的核心实践的，即对数学结构和关系进行一般化概括、表示、论证以及推理。在此我们简要总结本章所报告的研究结果，并指出未来研究的方向。

我们首先指出，对于结构和关系的一般化概括和推理是基于对反映数量关系的符号的基本代数理解的（Kaput, 2008）。这些符号中最常见的一个——等号——已经从学前到八年级被广泛研究过：研究者试图了解儿童关于等号的思维进程，什么样的任务可能促进对等号的关系型理解，以及学生对等号的理解如何影响他们的代数学习（如Rittle-Johnson 等，2011）。研究者现在知道的是，与存在操作型误解的儿童相比，对等号具有关系型理解的儿童可以通过代换方法更成功地解方程以及建立等量关系（例如，Alibali 等，2007; Jones &

Pratt, 2012）。研究者现在进一步了解到，学生缺乏关系型理解可能更多要归结于算术学习中所固有的课程异象（McNeil 等，2011），而并非因为学生们心智发展的水平问题。此外，研究者们还知道，教学实验干预可以将学生的思维从操作型误解明显地转变为关系型理解（如Blanton, Stephens 等，2015），从而使学生为初中阶段进入更为正式的代数学习做好准备。

研究者们现在知道，5至6岁的儿童通过在计算过程中探索数的运算，有可能对结构和关系进行一般化概括和推理（例如Russell 等，2011a）。儿童还可以理解数量间的关系，无论这些关系是蕴含在图形模式当中，还是体现在使用非图形工具（如函数表）进行推理的故事情境当中（如Blanton, Brizuela 等，2015; Rivera, 2010a）。他们可以就一般化了的连续数量进行推理，以此在学习数之前构建起实数系统的代数结构（Venenciano 等，2012）。此外，当儿童进入到初中阶段更正规的数学学习后，在探索连续数量及其关系的过程中，他们可以开始对基于物理情境的变化率中的模式进行概括和推理（如Ellis, 2011b）。

本章所引述的研究表明，青少年在代数学习中面临的难题可能在更为年幼的学生中不太普遍，尽管传统的理论认为这种困难在年幼的群体中将会更为显著。这一点在变量符号上尤为明显。尽管青少年学生对变量存在着众所周知的困难（MacGregor & Stacey, 1997）——这些学生是在"先算术，后代数"的传统课程设置中接触变量的——但是研究者们现在知道，最早在一年级，儿童们就可以用有意义的方式成功地使用变量符号来表示一般化的结果，并形成关于这种符号的相对复杂的理解。证据还表明，部分小学生实际上会选用变量符号，而不是这些年级中更为常用的表示法——儿童的自然语言，并且对前者的使用较之后者也更为成功（Blanton, Stephens 等，2015; Brizuela 等，2015; Carraher, Schliemann, & Schwartz, 2008; Dougherty, 2008; Isler 等，2014）。那些倡导在小学早期阶段引入变量符号的人们认为，变量符号扮演着媒介工具的角色，而概念性的理解和对变量符号的掌握可以同时成功地实现（Brizuela 等，2015）。在我们看来，这使得"学生们必须'准备好了'才能开始接触变量符号"的论点不再那么有说服力。事实上，正如卡拉赫、谢里曼和施瓦茨（2008）所观察到的，如果我们将这个论点应用于第一语言的学习，那么"成年人就永远不会对新生儿说话，理由是婴儿还不知道那些词是什么意思！"（第237页）。

最后，研究者现在知道，小学和初中阶段的儿童可以通过越来越具有一般化形式的论据，来学习如何证明他们所构建的一般化结果。这包括基于某种表示法的论据，或者使用之前所建立的一般化结果作为基石的论据。虽然学生们最初可能非常依赖于实例论证，上述论据也可能在帮助学生注意到一般化结果的结构和形式方面发挥重要（却未引起足够重视）的作用（A.J.Stylianides，2007）。这里一个关键的主题是：帮助儿童完成更为一般化的论证应当成为课堂教学一个专门的关注点（Bieda，2010; G.J.Stylianides 等，2017，本套书）。如果课堂环境鼓励对数学结构和关系进行论证的实践，即便是实例论据也可以有力地提高孩子们的论证技能。

关于K-8年级的代数研究当然还需要指出未来的工作方向。首先，研究者需要更多的研究来了解学生是否以及为什么对于一种数学情境的反应比另一种更为顺利。例如，在小学生将函数关系一般化的过程中，表格与图形表示分别承担着怎样的作用？更关注数量关系或是更关注数值模式，这对于初中生能够完成什么形式的论证有何影响？

本章所报告的研究还提出了一个重要的问题——数量在理解函数关系中的作用是什么？也就是说，尽管对协变数量的关注在初中生的论证中似乎是至关重要的，协变（或共变）推理却并非小学生们思考函数关系的特有方式（如Blanton, Brizuela等，2015），尽管小学生们可以根据涉及的数量来解释他们在函数表中所注意到的关系。这一区别可能部分源自这两个阶段对函数思维的不同处理方式。在初中阶段，函数概念变得越来越复杂，关于共变推理以及变化率的问题开始出现。为此，另一个值得研究者注意的领域是从小学到初中阶段的过渡。例如，当学生们过渡到初中阶段更为复杂更加形式化的数学学习时，怎样才能更好地帮助他们完成对函数关系的一般化过程？当学生们开始研究初中数学的斜率概念

时，协变/共变方法与对应方法各自的作用是什么？在小学阶段更为常见的对应方法是如何成为上升到协变思维的跳板的？反过来说，初中代数研究中所特有的协变/共变推理这个主题如果提早到小学阶段进行的话会是什么样子？

另一个需要更多研究的过渡点是一般化活动所处的数域如何影响该活动。儿童对于本质上不同的结构（例如，连续量与离散量，或者凌乱的数据与精确的数据）进行思考会如何影响他们对于一般化的数量及其关系的理解？事实上，小学阶段的早期代数研究很多都聚焦于整数的使用。因此，关于学生对于代数语境中的非整数值所存在的困难的研究（如Christou & Vosniadou, 2012）提出了这样一个问题：学生的代数思维对于更为复杂的数域具有怎样的敏感程度？当学生们使用的是非整数域时，以往的研究结果——如果有变化——会怎样变化？非整数域的使用又会如何解释初中生们可能遇到的困难？此外，初中生在函数思维方面遇到的困难，会不会是因为他们需要考虑连续量与离散量之间的关系而造成的复杂性？相同的问题也可能在广义算术背景下提出。也就是说，如果所考虑的数域变化了（例如，是分数而不是整数），学生们对算术性质进行代数推理的复杂程度会如何变化？

数学理解的另一个重要领域，是对于数学概括结果的论证活动。这也是培养代数思维的一个丰富语境。这方面的许多研究有助于详细阐述学生进行数学论证的本质。然而，如前所述，小学阶段的研究表明，学生们能够有效地参与对概括结果进行论证的活动，这常常发生在有着渊博知识的教师的课堂里，或者重视这种做法的研究型教师所在的课堂环境中。我们仍然需要横跨小学与初中学段的研究来确认怎样的课程与教学支持会帮助教师创设支撑学生复杂论证能力发展的环境。

此外，由于早期代数的研究很多是在典型的课堂环境中（或者是针对这些环境中的群体）进行的，我们对有特殊需要的儿童的情况则知之甚少。考虑到代数在历史上的守门人效应，这样的学生群体尤其面临风险，然而我们并不了解这样的儿童如何以代数方式思考，以及该如何为他们提供帮助。例如，存在学习差异的儿童如

何参与此处所描述的代数思维实践？他们如何理解诸如变量符号之类的表示，这种表示与自然语言相比作用又如何？他们的差异是否有可能带来机会而非挑战？如果K-12年级的代数教与学的目标是使所有人都能学习代数，那么这些问题必须得到解决。

最后，当我们审视早期代数研究的成果时，我们看到早期代数研究所需要的方法类型正在出现转变，这既反映了该领域已经成熟，也指明了未来发展的方向。特别地，过去几十年的早期研究必然侧重于定性设计，这可以从概念上帮助本领域了解儿童代数思维的细节。然而，具备了这些知识之后，研究者现在可以有条件地探索其他一些有关早期代数功用的核心问题：从小学到初中持续、审慎地发展儿童的代数思维，可以提高学生在中学及以后在数学上取得成功的机会，从而缓解代数的守门人状态。为此，采用实验设计来了解早期代数对学生数学学习成功的影响的定量研究已经在进行中（例如，Blanton, Demers, Knuth, Stephens, & Stylianou, 2014; Blanton, Stephens 等，2015; Britt & Irwin, 2008; Brizuela, Martinez, & Cayton-Hodges, 2013; Schliemann, Carraher, & Brizuela, 2012），并代表了早期代数研究中的一个重要发展方向。关于儿童如何以代数方式进行思考，尽管仍然存在有待回答的问题（Carraher & Schliemann, 2007），但对特定课程干预的影响所进行的研究有可能为课程和教学提供具体的路线图，从而实现对K-12年级学校代数教学进行系统改革的目标。

结论

儿童们可以用代数方式进行推理。与以往的代数研究综述相比，本章总结的研究为此所提供的证据可能更为引人注目。这是因为近年来的研究越来越多地包含了非常年幼的学生群体——5岁和6岁的儿童——他们正处于正式学校教育的起始阶段。梅森（2008）认为，儿童会将一些原始的、进行一般化思考的倾向带入正式的学校教育，这些倾向此前并未得到充分的关注或开发。本章所总结的研究与梅森的观点交相呼应，并且继续证明：应当将代数作为贯穿K-12年级的一条思维主线进行重新审视。算术思维和代数思维之间的界限有时是模糊的。儿童们会在这种模糊地带内对运算性质进行隐性的推理，这种模糊的界限为学生们以更加形式化的方式对算术关系进行关注和推理奠定了基础，也说明了历史上先算术后代数的方法是无益的，因为它总是期望在发展代数思维之前学生们能对算术有"深刻"的理解。儿童的代数思维的形成可以（并且应该）与他们的算术思维发展同步进行。在正式学校教育起始阶段，对涉及各种数学情境的儿童思维所做的实证研究为上述观点提供了一个有力的论据。此外，一个总体的发现是，儿童的活动，特别是在小学阶段，与他们在问题情境下的探索有着根本的联系，并且从探索中获得支持。他们可以从问题情境中建构他们所察觉到的关系并理解其含义。这些研究的多样性说明，儿童们可以通过多种有效的方式着手对结构和关系进行概括、表示、论证和推理。没有任何单一的方法能够适用于所有学生。

我们希望在本章中呈现的研究工作有尽可能大的包容性。然而毫无疑问，仍然有一些故事没有讲到。例如，我们选择聚焦于学生的代数思维。这并不影响故事中其他重要部分的价值，例如，课程和教学如何支持学生代数思维的发展（见Lloyd, Cai, & Tarr, 2017, 本套书），或者教师的代数知识以及他们用于教学的代数知识。相反，本章指出了一个不断扩大的研究领域——由于过于广泛而无法在此处完全囊括——它可以为我们有关代数教与学的国际范围内的探讨提供重要信息，并为"美国的代数问题"提供真正的解决方案（Kaput, 2008）。这当然是一个快乐的故事。

注释

1. 我们这里的小学是指学前班至五年级，初中是指六至八年级，高中是指九至十二年级。

References

Alibali, M., Knuth, E., Hattikudur, S., McNeil, N., & Stephens, A. (2007). A longitudinal examination of middle school students' understandings of the equal sign and equivalent equations. *Mathematical Thinking and Learning, 9*(3), 221–247.

Arcavi, A. (1994). Symbol sense: Informal sense-making in formal mathematics. *For the Learning of Mathematics, 14*(3), 24–35.

Baek, J.-M. (2008). Developing algebraic thinking through explorations in multiplication. In C. E. Greenes & R. Rubenstein (Eds.), *Algebra and algebraic thinking in school mathematics: Seventieth yearbook of the National Council of Teachers of Mathematics* (NCTM; pp. 141–154). Reston, VA: NCTM.

Ball, D. L., & Bass, H. (2003). Making mathematics reasonable in school. In J. Kilpatrick, W. G. Martin, & D. Schifter (Eds.), *A research companion to Principals and Standards for School Mathematics* (pp. 27–44). Reston, VA: National Council of Teachers of Mathematics.

Ball, D. L., Hoyles, C., Jahnke, H., & Movshovitz-Hadar, N. (2002). The teaching of proof. In L. I. Tatsien (Ed.), *Proceedings of the International Congress of Mathematicians* (Vol. 3, pp. 907–920). Beijing, China: Higher Education Press.

Bastable, V., & Schifter, D. (2008). Classroom stories: Examples of elementary students engaged in early algebra. In J. Kaput, D. Carraher, & M. Blanton (Eds.), *Algebra in the early grades* (pp. 165–184). Mahwah, NJ: Lawrence Erlbaum/Taylor & Francis Group; Reston, VA: National Council of Teachers of Mathematics.

Bednarz, N., Kieran, C., & Lee, L. (Eds.). (1996). *Approaches to algebra: Perspectives for research and teaching.* Dordrecht, The Netherlands: Kluwer Academic.

Bell, A. (1996a). Algebraic thought and the role of a manipulable symbolic language. In N. Bednarz, C. Kieran, & L. Lee (Eds.), *Approaches to algebra: Perspectives for research and teaching* (pp. 151–154). Dordrecht, The Netherlands: Kluwer Academic.

Bell, A. (1996b). Problem-solving approaches to algebra: Two aspects. In N. Bednarz, C. Kieran, & L. Lee (Eds.),

Approaches to algebra: Perspectives for research and teaching (pp. 167–185). Dordrecht, The Netherlands: Kluwer Academic.

Bieda, K. N. (2010). Enacting proof-related tasks in middle school mathematics: Challenges and opportunities. *Journal for Research in Mathematics Education, 41*(4), 351–382.

Blanton, M., Brizuela, B., Gardiner, A., Sawrey, K., & Newman-Owens, A. (2015). A learning trajectory in 6-year-olds' thinking about generalizing functional relationships. *Journal for Research in Mathematics Education 46*(5), 511–558.

Blanton, M., Demers, L., Knuth, E., Stephens, A., & Stylianou, D. (2014). *The impact of a teacher-led early algebra intervention on children's algebra-readiness for middle school.* (Grant Award No. R305A140092) U.S. Department of Education.

Blanton, M., & Kaput, J. J. (2011). Functional thinking as a route into algebra in the elementary grades. In J. Cai & E. Knuth (Eds.), *Early algebraization: A global dialogue from multiple perspectives* (pp. 5–23). Heidelberg, Germany: Springer.

Blanton, M., Levi, L., Crites, T., & Dougherty, B. (2011). *Developing essential understanding of algebraic thinking for teaching mathematics in grades 3–5.* Essential understanding series. Reston, VA: National Council of Teachers of Mathematics.

Blanton, M., Stephens, A., Knuth, E., Gardiner, A., Isler, I., & Kim, J. (2015). The development of children's algebraic thinking: The impact of a comprehensive early algebra intervention in third grade. *Journal for Research in Mathematics Education, 46*(1), 39–87.

Britt, M., & Irwin, K. (2008). Algebraic thinking with and without algebraic representation: A three-year longitudinal study. *ZDM—The International Journal on Mathematics Education, 40*(1), 39–53. doi:10.1007/s11858-007-0064-x

Britt, M. S., & Irwin, K. C. (2011). Algebraic thinking with and without algebraic representation: A pathway for learning. In J. Cai & E. Knuth (Eds.), *Early algebraization: A global dialogue from multiple perspectives* (pp. 137–159). Heidelberg, Germany: Springer.

Brizuela, B. M., Blanton, M., Sawrey, K., Newman-Owens, A., &

Gardiner, A. (2015). Children's use of variables and variable notation to represent their algebraic ideas. *Mathematical Thinking and Learning, 17*(1), 34–63.

Brizuela, B. M., & Earnest, D. (2008). Multiple notational systems and algebraic understandings: The case of the "best deal" problem. In J. Kaput, D. Carraher, & M. Blanton (Eds.), *Algebra in the early grades* (pp. 273–301). Mahwah, NJ: Lawrence Erlbaum/Taylor & Francis Group; Reston, VA: National Council of Teachers of Mathematics.

Brizuela, B. M., Martinez, M. V., & Cayton-Hodges, G. A. (2013). The impact of early algebra: Results from a longitudinal intervention. *Journal of Research in Mathematics Education/ Revista de Investigación en Didáctica de las Matemáticas, 2*(2), 209–241.

Bush, S. B., & Karp, K. S. (2013). Prerequisite algebra skills and associated misconceptions of middle grade students: A review. *The Journal of Mathematical Behavior, 32*(3), 613–632.

Caddle, M. C., & Brizuela, B. M. (2011). Fifth graders' additive and multiplicative reasoning: Establishing connections across conceptual fields using a graph. *The Journal of Mathematical Behavior, 30*(3), 224–234.

Carlson, M. P., Jacobs, S., Coe, E., Larsen, S., & Hsu, E. (2002). Applying covariational reasoning while modeling dynamic events: A framework and a study. *Journal for Research in Mathematics Education, 33*(5), 352–378.

Carlson, M., & Oehrtman, M. (2005). Key aspects of knowing and learning the concept of function. In *The Mathematical Association of America, research sampler series 9.* Retrieved from http://www.maa.org/programs/faculty-and-departments/ curriculum-department-guidelines-recommendations/ teaching-and-learning/9-key-aspects-of-knowing-and- learning-the-concept-of-function

Carpenter, T. P., Franke, M. L., & Levi, L. (2003). *Thinking mathematically: Integrating arithmetic and algebra in elementary school.* Portsmouth, NH: Heinemann.

Carpenter, T. P., & Levi, L. (2000). *Developing conceptions of algebraic reasoning in the primary grades.* (Research Report No. 00–2). Madison: University of Wisconsin–Madison, National Center for Improving Student Learning and Achievement in Mathematics and Science.

Carpenter, T. P., Levi, L., Berman, P., & Pligge, M. (2005). Developing algebraic reasoning in the elementary school.

In T. A. Romberg, T. P. Carpenter, & F. Dremock (Eds.), *Understanding mathematics and science matters* (pp. 81–98). Mahwah, NJ: Lawrence Erlbaum.

Carraher, D. W., Martinez, M. V., & Schliemann, A. D. (2008). Early algebra and mathematical generalization. *Zentralblatt für Didaktik der Mathematik (International Reviews on Mathematical Education), 40*(1), 3–22.

Carraher, D., & Schliemann, A. (2007). Early algebra and algebraic reasoning. In F. K. Lester Jr. (Ed.), *Second handbook of research on mathematics teaching and learning* (Vol. 2, pp. 669–705). Charlotte, NC: Information Age; Reston, VA: National Council of Teachers of Mathematics.

Carraher, D., & Schliemann, A. (2015). Powerful ideas in elementary school mathematics. In L. D. English & D. Kirshner (Eds.), *Handbook of international research in mathematics education* (3rd ed., pp. 191–218). New York: NY: Routledge.

Carraher, D. W., Schliemann, A. D., Brizuela, B. M., & Earnest, D. (2006). Arithmetic and algebra in early mathematics education. *Journal for Research in Mathematics Education, 37*(2), 87–115.

Carraher, D. W., Schliemann, A. D., & Schwartz, J. L. (2008). Early algebra is not the same as algebra early. In J. Kaput, D. Carraher, & M. Blanton (Eds.), *Algebra in the early grades* (pp. 235–272). Mahwah, NJ: Lawrence Erlbaum/Taylor & Francis Group; Reston, VA: National Council of Teachers of Mathematics.

Castillo-Garsow, C. W. (2013). The role of multiple modeling perspectives in students' learning of exponential growth. *Mathematical Biosciences and Engineering, 10*(5/6), 1437–1453.

Castillo-Garsow C. W., Johnson, H. L., & Moore, K. C. (2013). Chunky and smooth images of change. *For the Learning of Mathematics, 33*(3), 31–37.

Chazan, D. (2000). *Beyond formulas in mathematics and teaching: Dynamics of the high school algebra classroom.* New York, NY: Teachers College Press.

Christou, K. P., & Vosniadou, S. (2012). What kinds of numbers do students assign to literal symbols? Aspects of the transition from arithmetic to algebra. *Mathematical Thinking and Learning, 14*(1), 1–27.

Confrey, J., & Smith, E. (1994). Exponential functions, rates of change, and the multiplicative unit. *Educational Studies in*

Mathematics, 26(2/3), 135–164.

Cooper, T., & Warren, E. (2011). Years 2 to 6 students' ability to generalize: Models, representations, and theory for teaching and learning. In J. Cai & E. Knuth (Eds.), *Early algebraization: A global dialogue from multiple perspectives* (pp. 187–214). Heidelberg, Germany: Springer.

Curcio, F., Nimerofsky, B., Perez, R., & Yaloz, S. (1997). Exploring patterns in nonroutine problems. *Mathematics Teaching in the Middle School, 2*(4), 262–269.

Davis, R. B. (1985). ICME-5 report: Algebraic thinking in the early grades. *The Journal of Mathematical Behavior, 4*(2), 195–208.

Davydov, V. V. (Ed.). (1991). *Psychological abilities of primary school children in learning mathematics. Soviet Studies in Mathematics Education* (Vol. 6). Reston, VA: National Council of Teachers of Mathematics.

DeCaro, M. S., & Rittle-Johnson, B. (2012). Exploring mathematics problems prepares children to learn from instruction. *Journal of Experimental Child Psychology, 113*(4), 552–568.

Dougherty, B. (2008). Measure up: A quantitative view of early algebra. In J. Kaput, D. Carraher, & M. Blanton (Eds.), *Algebra in the early grades* (pp. 389–412). Mahwah, NJ: Lawrence Erlbaum/Taylor & Francis Group; Reston, VA: National Council of Teachers of Mathematics.

Dougherty, B., & Slovin, H. (2004). Generalized diagrams as a tool for young children's problem solving. In M. J. Hoines & A. B. Fuglestad (Eds.), *Proceedings of the 28th conference of the International Group for the Psychology of Mathematics Education* (Vol. 2, pp. 295–302). Bergen, Norway: Bergen University College.

Dreyfus, T. (1991). Advanced mathematical thinking processes. In D. Tall (Ed.), *Advanced mathematical thinking* (pp. 25–41). Dordrecht, The Netherlands: Kluwer.

Dubinsky, E., & Harel, G. (Eds.). (1992). *The concept of function: Aspects of epistemology and pedagogy.* Washington, DC: Mathematical Association of America.

Duval, R. (2006). A cognitive analysis of problems of comprehension in a learning of mathematics. *Educational Studies in Mathematics 61*(1/2), 103–131.

Ellis, A. B. (2007a). Connections between generalizing and justifying: Students' reasoning with linear relationships. *Journal for Research in Mathematics Education, 38*(3), 194–229.

Ellis, A. B. (2007b). The influence of reasoning with emergent quantities on students' generalizations. *Cognition and Instruction, 25*(4), 439–478.

Ellis, A. B. (2011a). Algebra in the middle school: Developing functional relationships through quantitative reasoning. In J. Cai & E. Knuth (Eds.), *Early algebraization: A global dialogue from multiple perspectives* (pp. 215–238). Heidelberg, Germany: Springer.

Ellis, A. B. (2011b). Generalizing-promoting actions: How classroom collaborations can support students' mathematical generalizations. *Journal for Research in Mathematics Education, 42*(4), 308–345.

Ellis, A. B., & Grinstead, P. (2008). Hidden lessons: How a focus on slope-like properties of quadratic functions encouraged unexpected generalizations. *Journal of Mathematical Behavior, 27*(4), 277–296.

Ellis, A. B., Lockwood, E., Williams, C. C., Dogan, M. F., & Knuth, E. (2012). Middle school students' example use in conjecture exploration and justification. In L. R. Van Zoest, J. J. Lo, & J. L. Kratky (Eds.), *Proceedings of the 34th annual meeting of the International Group for the Psychology of Mathematics Education, North American Chapter* (pp. 135–142). Kalamazoo, MI: Western Michigan University.

Ellis, A. B., Ozgur, Z., Kulow, T., Dogan, M. F., Williams, C., & Amidon, J. (2013). Correspondence and covariation: Quantities changing together. In M. Martinez & A. Superfine (Eds.), *Proceedings of the 35th annual meeting of the International Group for the Psychology of Mathematics Education, North American Chapter* (pp. 119–126). Chicago, IL: University of Illinois at Chicago.

Ellis, A. B., Ozgur, Z., Kulow, T., Williams, C., & Amidon, J. (2012). Quantifying exponential growth: The case of the jactus. In R. Mayes & L. Hatfield (Eds.), *Quantitative reasoning and mathematical modeling: A driver for STEM integrated education and teaching in context* (pp. 93–112). Laramie, WY: University of Wyoming.

Ellis, A. B., Ozgur, Z., Kulow, T., Williams, C. C., & Amidon, J. (2015). Quantifying exponential growth: Three conceptual shifts in coordinating multiplicative and additive growth. *Journal of Mathematical Behavior, 39,* 135–155.

Empson, S. B., Levi, L., & Carpenter, T. P. (2011). The algebraic nature of fractions: Developing relational thinking in elementary school. In J. Cai & E. Knuth (Eds.), *Early algebraization: A* global dialogue from multiple perspectives (pp. 409–428). Heidelberg, Germany: Springer.

Falkner, K. P., Levi, L., & Carpenter, T. P. (1999). Children's understanding of equality: A foundation for algebra. *Teaching Children Mathematics, 6*(4), 232–236.

Ferrucci, B. J., Kaur, B., Carter, J. A., & Yeap, B. (2008). Using a model approach to enhance algebraic thinking in the ele mentary school mathematics classroom. In C. E. Greenes & R. Rubenstein (Eds.), *Algebra and algebraic thinking in school mathematics: Seventieth yearbook of the National Council of Teachers of Mathematics* (NCTM, pp. 195–210). Reston, VA: NCTM.

Francisco, J. M., & Hähkiöniemi, M. (2012). Students' ways of reasoning about nonlinear functions in guess-my-rule games. *International Journal of Science and Mathematics Education, 10*(5), 1001–1021.

Freudenthal, H. (1977). Antwoord door Prof. Dr. H. Freudenthal na het verlenen van het eredoctoraat [Answer by Prof. Dr. H. Freudenthal upon being granted an honorary doctorate]. *Euclides, 52,* 336–338.

Fujii, T., & Stephens, M. (2008). Using number sentences to introduce the idea of variable. In C. E. Greenes & R. Rubenstein (Eds.), *Algebra and algebraic thinking in school mathematics: Seventieth yearbook of the National Council of Teachers of Mathematics* (NCTM, pp. 127–140). Reston, VA: NCTM.

Gay, A. S., & Jones, A. R. (2008). Uncovering variables in the context of modeling activities. In C. E. Greenes & R. Rubenstein (Eds.), *Algebra and algebraic thinking in school mathematics: Seventieth yearbook of the National Council of Teachers of Mathematics* (NCTM, pp. 211–221). Reston, VA: NCTM.

Garuti, R., Boero, P., & Lemut, E. (1998). Cognitive unity of theorems and difficulty of proof. In A. Olivier & K. Newstead (Eds.), *Proceedings of the 22nd Conference of the International Group for the Psychology of Mathematics Education* (Vol. 2, pp. 345–352). Stellenbosch, South Africa: Program committee of the 22nd PME conference.

Gravemeijer, K. (1999). How emergent models may foster the constitution of formal mathematics. *Mathematical Thinking and Learning, 1*(2), 155–177.

Hall, R., & Rubin, A. (1998). There's five little notches in here: Dilemmas in teaching and learning the conventional structure

of rate. In J. G. Greeno & S. V. Goldman (Eds.), *Thinking practices in mathematics and science learning* (pp. 189–236). Mahwah, NJ: Lawrence Erlbaum.

Harel, G., & Sowder, L. (1998). Students' proof schemes: Results from exploratory studies. *CBMS Issues in Mathematics Education, 7,* 234–283.

Harel, G., & Tall, D. (1991). The general, the abstract, and the generic. *For the Learning of Mathematics, 11*(1), 38–42.

Hattikudur, S., & Alibali, M. W. (2010). Learning about the equal sign: Does comparing with inequality symbols help? *Journal of Experimental Child Psychology, 107*(1), 15–30.

Herscovics, N., & Linchevski, L. (1994). A cognitive gap between arithmetic and algebra. *Educational Studies in Mathematics, 27*(1), 59–78.

Hough, S., & Gough, S. (2007). Realistic Mathematics Education. *Mathematics Teaching Incorporating Micromath, 203,* 34–38.

Huntley, M. A., Marcus, R., Kahan, J., & Miller, J. L. (2007). Investigating high-school students' reasoning strategies when they solve linear equations. *The Journal of Mathematical Behavior, 26*(2), 115–139.

Isler, I., Marum, T., Stephens, A., Blanton, M., Knuth, E., & Gardiner, A. (2014). The string task: Not just for high school. *Teaching Children Mathematics, 21*(5), 282–292.

Isler, I., Stephens, A., Gardiner, A., Knuth, E., & Blanton, M. (2013). Third-graders' generalizations about even numbers and odd numbers: The impact of an early algebra intervention. In M. Martinez & A. Superfine (Eds.), *Proceedings of the 35th annual meeting of the International Group for the Psychology of Mathematics Education, North American Chapter* (pp. 140–143). Chicago, IL: ERIC Clearinghouse for Science, Mathematics, and Environmental Education.

Johnson, H. (2011). Secondary students' quantification of variation in rate of change. In L. R. Wiest & T. Lamberg (Eds.), *Proceedings of the 33rd annual meeting of the International Group for the Psychology of Mathematics Education, North American Chapter* (pp. 2140–2148). Reno, NV: University of Nevada, Reno.

Johnson, H. (2012). Reasoning about variation in the intensity of change in covarying quantities involved in rate of change. *The Journal of Mathematical Behavior, 31*(3), 313–330.

Jones, I., Inglis, M., Gilmore, C., & Dowens, M. (2012). Substitution and sameness: Two components of a relational conception of the equals sign. *Journal of Experimental Child Psychology, 113*(1), 166–176.

Jones, I. & Pratt, D. (2012). A substituting meaning for the equals sign in arithmetic notating tasks. *Journal for Research in Mathematics Education, 43*(1), 2–33.

Jurow, S. (2004). Generalizing in interaction: Middle school mathematics students making mathematical generalizations in a population-modeling project. *Mind, Culture, and Activity, 11*(4), 279–300.

Kaput, J. J. (1999). Teaching and learning a new algebra with understanding. In E. Fennema & T. Romberg (Eds.), *Mathematics classrooms that promote understanding* (pp. 133–155). Mahwah, NJ: Lawrence Erlbaum.

Kaput, J. J. (2008). What is algebra? What is algebraic reasoning? In J. J. Kaput, D. W. Carraher, & M. Blanton (Eds.), *Algebra in the early grades* (pp. 5–17). Mahwah, NJ: Lawrence Erlbaum/Taylor & Francis Group; Reston, VA: National Council of Teachers of Mathematics.

Kaput, J. J., Blanton, M., & Moreno, L. (2008). Algebra from a symbolization point of view. In J. J. Kaput, D. W. Carraher, & M. Blanton (Eds), *Algebra in the early grades* (pp. 19–55). Mahwah, NJ: Lawrence Erlbaum/Taylor & Francis Group; Reston, VA: National Council of Teachers of Mathematics.

Kieran, C. (2007). Learning and teaching algebra at the middle school through college levels: Building meaning for symbols and their manipulation. In F. K. Lester Jr. (Ed.), *Second handbook of research on mathematics teaching and learning* (Vol. 2, pp. 707–762). Charlotte, NC: Information Age; Reston, VA: National Council of Teachers of Mathematics.

Kline, M. (1972). *Mathematical thought from ancient to modern times.* New York, NY: Oxford University Press.

Knuth, E. J. (2000). Student understanding of the Cartesian connection: An exploratory study. *Journal for Research in Mathematics Education, 31*(4), 500–507.

Knuth, E. J. (2002). Secondary school mathematics teachers' conceptions of proof. *Journal for Research in Mathematics Education, 33*(5), 379–405.

Knuth, E. J., Alibali, M. W., McNeil, N. M., Weinberg, A., & Stephens, A. C. (2005). Middle school students' understanding of core algebraic concepts: Equality and variable. *Zentralblatt für Didaktik der Mathematik* (*International Reviews on Mathematical Education*), *37*(1), 68–76.

Knuth, E. J., Choppin, J. M., & Bieda, K. N. (2009). Middle school students' production of mathematical justifications. In D. A. Stylianou, M. Blanton, & E. J. Knuth (Eds.), *Teaching and learning proof across the grades: A K–16 perspective* (pp. 153–170). New York, NY: Routledge/Taylor & Francis Group.

Knuth, E. J., Choppin, J., Slaughter, M., & Sutherland, J. (2002). Mapping the conceptual terrain of middle school students' competencies in justifying and proving. In D. S. Mewborn, P. Sztajn, D. Y. White, H. G. Wiegel, R. L. Bryant, & Kevin Nooney (Eds.), *Proceedings of the 24th annual meeting of the International Group for the Psychology of Mathematics Education, North American Chapter* (Vol. 4, pp. 1693–1700). Columbus, OH: ERIC Clearinghouse for Science, Mathematics, and Environmental Education.

Knuth, E. J., Stephens, A. C., McNeil, N. M., & Alibali, M. W. (2006). Does understanding the equal sign matter? Evidence from solving equations. *Journal for Research in Mathematics Education, 37*(4), 297–312.

Lacampagne, C., Blair, W., & Kaput, J. (Eds.). (1995). *The Algebra Initiative Colloquium: Papers presented at the Conference on Reform in Algebra.* Washington, DC: U.S. Department of Education, Office of Educational Research and Improvement.

Lampert, M. (1990). When the problem is not the question and the solution is not the answer: Mathematical knowing and teaching. *American Educational Research Journal, 27*(1), 29–63.

Lannin, J. K. (2005). Generalization and justification: The challenge of introducing algebraic reasoning through patterning activities. *Mathematical Thinking and Learning, 7*(3), 231–258.

Lannin, J. K., Barker, D. D., & Townsend, B. E. (2006). Recursive and explicit rules: How can we build student algebraic understanding? *The Journal of Mathematical Behavior, 25*(4), 299–317.

Latour, B. (1987). *Science in action: How to follow scientists and engineers through society.* Cambridge, MA: Harvard University Press.

Lehrer, R., & Schauble, L. (2004). Modeling natural variation through distribution. *American Educational Research Journal, 41*(3), 635–680.

Lehrer, R., Schauble, L., Carpenter, S., & Penner, D. E. (2000). The interrelated development of inscriptions and conceptual understanding. In P. Cobb, E. Yackel, & K. McClain (Eds.), *Symbolizing and communicating in mathematics classrooms: Perspectives on discourse, tools, and instructional design* (pp. 325–360). Mahwah, NJ: Lawrence Erlbaum.

Lehrer, R., Schauble, L., Strom, D., & Pligge, M. (2001). Similarity of form and substance: Modeling material kind. In D. Klahr & S. Carver (Eds.), *Cognition and instruction: 25 years of progress* (pp. 39–74). Mahwah, NJ: Lawrence Erlbaum.

Lesh, R., & Harel, G. (2003). Problem solving, modeling, and local conceptual development. *Mathematical Thinking and Learning, 5*(2/3), 157–189.

Lesh, R., & Lehrer, R. (2003). Models and modeling perspectives on the development of students and teachers. *Mathematical Thinking and Learning, 5*(2/3), 109–129.

Lester, F. K., Jr. (Ed.). (2007). *Second handbook of research on mathematics teaching and learning.* Charlotte, NC: Information Age; Reston, VA: National Council of Teachers of Mathematics.

Lins, R., & Kaput, J. (2004). The early development of algebraic reasoning: The current state of the field. In H. Chick & K. Stacy (Eds.), *The future of the teaching and learning of algebra: The 12th ICMI study* (pp. 47–70). Dordrecht, The Netherlands: Kluwer.

Lloyd, G. M., Cai, J., & Tarr, J. E. (2017). Issues in curriculum studies: Evidence-based insights and future directions. In J. Cai (Ed.), *Compendium for research in mathematics education* (pp. 824–852). Reston, VA: National Council of Teachers of Mathematics.

Lobato, J., Ellis, A. B., & Muñoz, R. (2003). How "focusing phenomena" in the instructional environment support individual students' generalizations. *Mathematical Thinking and Learning, 5*(1), 1–36.

Lobato, J., Hohensee, C., Rhodehamel, B., & Diamond, J. (2012). Using student reasoning to inform the development of conceptual learning goals: The case of quadratic functions. *Mathematical Thinking and Learning, 14*(2), 85–119.

Lobato, J., & Siebert, D. (2002). Quantitative reasoning in a reconceived view of transfer. *The Journal of Mathematical Behavior, 21*(1), 87–116.

MacGregor, M., & Stacey, K. (1997). Students' understanding of algebraic notation: 11–15. *Educational Studies in Mathematics, 33*(1), 1–19.

Malara, N. A. (2003). Dialectics between theory and practice: Theoretical issues and aspects of practice from an early algebra project. In N. A. Pateman, B. J. Dougherty, & J. Zilliox (Eds.), *Proceedings of the joint meetings of the 27th conference of the International Group for the Psychology of Mathematics Education and the 25th annual meeting of the International Group for the Psychology of Mathematics Education, North American Chapter* (Vol. 1, pp. 33–48). Honolulu, HI: CRDG, College of Education, University of Hawai'i.

Martinez, M., & Brizuela, B. M. (2006). A third grader's way of thinking about linear function tables. *The Journal of Mathematical Behavior, 25*(4), 285–298.

Mason, J. (1996). Expressing generality and roots of algebra. In N. Bednarz, C. Kieran, & L. Lee (Eds.), *Approaches to algebra: Perspectives for research and teaching* (pp. 65–86). Dordrecht, The Netherlands: Springer.

Mason, J. (2008). Making use of children's powers to produce algebraic thinking. In J. Kaput, D. Carraher, & M. Blanton (Eds.), *Algebra in the early grades* (pp. 57–94). Mahwah, NJ: Lawrence Erlbaum/Taylor & Francis Group; Reston, VA: National Council of Teachers of Mathematics.

Matthews, P. G., Rittle-Johnson, B., McEldoon, K. & Taylor, R. S. (2012). Measure for measure: What combining diverse measures reveals about children's understanding of the equal sign as an indicator of mathematical equality. *Journal for Research in Mathematics Education, 43*(3), 316–350.

McNeil, N. M., & Alibali, M. W. (2005). Knowledge change as a function of mathematics experience: All contexts are not created equal. *Journal of Cognition and Development, 6*(2), 385–406.

McNeil, N. M., Fyfe, E. R., Petersen, L. A., Dunwiddie, A. E., & Brletic-Shipley, H. (2011). Benefits of practicing 4 = 2 + 2: Nontraditional problem formats facilitate children's understanding of mathematical equivalence. *Child Development, 82*(5), 1620–1633.

McNeil, N. M., Grandau, L., Knuth, E., Alibali, M., Stephens, A., Hattikudur, S., & Krill, D. E. (2006). Middle-school students' understanding of the equal sign: The books they read can't help. *Cognition and Instruction, 24*(3), 367–385.

Meira, L. (1996). Students' early algebraic activity: Sense making and production of meanings in mathematics. In L. Puig & A. Gutierrez (Eds.), *Proceedings of the 21st* conference of the International Group for the Psychology of Mathematics Education (Vol. 3, pp. 377–384). Valencia, Spain: Universitat de Valencia.

Metz, K. E. (2004). Children's understanding of scientific inquiry: Their conceptualization of uncertainty in investigations of their own design. *Cognition and Instruction, 22*(2), 219–290.

Molina, M., & Ambrose, R. (2008). From an operational to a relational conception of the equal sign: Third graders' developing algebraic thinking. *Focus on Learning Problems in Mathematics, 30*(1), 61–80.

Morris, A. K. (2009). Representations that enable children to engage in deductive arguments. In D. Stylianou, M. Blanton, & E. Knuth (Eds.), *Teaching and learning proof across the grades: A K–16 perspective* (pp. 87–101). New York, NY: Routledge/Taylor & Francis Group.

Moses, R. P., & Cobb, C. E. (2001). *Radical equations: Civil rights from Mississippi to the Algebra Project.* Boston, MA: Beacon Press.

Moss, J., & McNab, S. L. (2011). An approach to geometric and numeric patterning that fosters second grade students' reasoning and generalizing about functions and co-variation. In J. Cai. & E. Knuth (Eds.), *Early algebraization: A global dialogue from multiple perspectives* (pp. 277–301). Heidelberg, Germany: Springer.

National Council of Teachers of Mathematics. (2000). *Principles and standards for school mathematics.* Reston, VA: Author.

National Council of Teachers of Mathematics. (2006). *Curriculum focal points for prekindergarten through grade 8 mathematics: A quest for coherence.* Reston, VA: Author.

National Governors Association Center for Best Practices & Council of Chief State School Officers. (2010). *Common Core State Standards for Mathematics.* Washington, DC: Council of Chief State School Officers. Retrieved from http://www.corestandards.org/assets/CCSSI_Math%20Standards.pdf

National Research Council. (2001). *Adding it up: Helping children learn mathematics.* Washington, DC: National Academy Press.

Noble, T., Nemirovsky, R., Wright, T., & Tierney, C. (2001). Experiencing change: The mathematics of change in multiple environments. *Journal for Research in Mathematics Education, 32*(1), 85–108.

Olive, J., & Cağlayan, G. (2008). Learners' difficulties with quantitative units in algebraic word problems and the teacher's interpretations of those difficulties. *International Journal of Science and Mathematics Education, 6*(2), 269–292.

Petrosino, A. (2003). Commentary: A framework for supporting learning and teaching about mathematical and scientific models. *Contemporary Issues in Technology and Teacher Education, 3*(3), 288–299.

Powell, S. R. (2012). Equations and the equal sign in elementary mathematics textbooks. *Elementary School Journal, 112*(4), 627–648.

Powell, S. R., & Fuchs, L. S. (2010). Contribution of equal-sign instruction beyond word-problem tutoring for third-grade students with mathematics difficulty. *Journal of Educational Psychology, 102*(2), 381–394.

Presmeg, N. (2003). Creativity, mathematizing, and didactizing: Leen Streefland's work continues. *Educational Studies in Mathematics, 54*(1), 127–137.

Radford, L. (2000). Signs and meanings in students' emergent algebraic thinking: A semiotic analysis. *Educational Studies in Mathematics, 42*(3), 237–268.

Radford, L. (2006). Algebraic thinking and the generalizations of patterns: A semiotic perspective. In S. Alatorre, J. L. Cortina, M. Sáiz, & A. Méndez (Eds.), *Proceedings of the 28th annual meeting of International Group for the Psychology of Mathematics Education, North American Chapter* (Vol. 1, pp. 2–21). Mérida, Mexico: Universidad Pedagógica Nacional.

RAND Mathematics Study Panel. (2003). *Mathematical proficiency for all students: A strategic research and development program in mathematics education.* Washington, DC: U.S. Department of Education.

Reid, D. (2002). Conjectures and refutations in grade 5 mathematics. *Journal for Research in Mathematics Education, 33*(1), 5–29.

Rittle-Johnson, B., Matthews, P. G., Taylor, R. S., & McEldoon, K. L. (2011). Assessing knowledge of mathematical equivalence: A construct-modeling approach. *Journal of Educational Psychology, 103*(1), 85–104.

Rivera, F. D. (2007). Visualizing as a mathematical way of knowing: Understanding figural generalization. *Mathematics Teacher, 101*(1), 69–75.

Rivera, F. D. (2010a). Second grade students' preinstructional competence in patterning activity. In P. Brosnan, D. B. Erchick, & L. Flevares (Eds.), *Proceedings of the 32nd annual meeting of the International Group for the Psychology of Mathematics Education, North American Chapter* (Vol. 6, pp. 261–269). Columbus, OH: The Ohio State University.

Rivera, F. D. (2010b). Visual templates in pattern generalization activity. *Educational Studies in Mathematics, 73*(3), 297–328.

Rivera, F. D., & Becker, J. R. (2005). Figural and numerical modes of generalizing in algebra. *Mathematics Teaching in the Middle School, 11*(4), 198–203.

Rivera, F. D., & Becker, J. R. (2009). Algebraic reasoning through patterns. *Mathematics Teaching in the Middle School, 15*(4), 212–221.

Rivera, F. D., & Becker, J. R. (2011). Formation of pattern generalization involving linear figural patterns among middle school students: Results of a three-year study. In J. Cai & E. Knuth (Eds.), *Early algebraization: A global dialogue from multiple perspectives* (pp. 277–301). Heidelberg, Germany: Springer.

Russell, S. J., Schifter, D., & Bastable, V. (2011a). *Connecting arithmetic to algebra.* Portsmouth, NJ: Heinemann.

Russell, S. J., Schifter, D., & Bastable, V. (2011b). Developing algebraic thinking in the context of arithmetic. In J. Cai & E. Knuth (Eds.), *Early algebraization: A global dialogue from multiple perspectives* (pp. 43–69). Heidelberg, Germany: Springer.

Saldanha, L., & Thompson, P. W. (1998). Re-thinking covariation from a quantitative perspective: Simultaneous continuous variation. In S. B. Berenson, K. R. Dawkins, M. Blanton, W. N. Coloumbe, J. Kolb, K. Norwood, & L. Stiff (Eds.), *Proceedings of the 20th annual meeting of the International Group for the Psychology of Mathematics Education, North American Chapter* (Vol. 1 pp. 298–303). Raleigh, NC: North Carolina State University.

Schifter, D. (2009). Representation-based proof in the elementary grades. In D. A. Stylianou, M. Blanton, & E. J. Knuth (Eds.), *Teaching and learning proof across the grades: A K–16 perspective* (pp. 71–86). New York, NY: Routledge/ Taylor & Francis Group.

Schifter, D., Bastable, V., Russell, S. J., Seyferth, L., & Riddle, M. (2008). Algebra in the grades K–5 classroom: Learning opportunities for students and teachers. In C. E. Greenes & R.

Rubenstein (Eds.), *Algebra and algebraic thinking in school mathematics: Seventieth yearbook of the National Council of Teachers of Mathematics* (NCTM; pp. 263–277). Reston, VA: NCTM.

Schliemann, A. D., Carraher, D. W., & Brizuela, B. M. (2007). *Bringing out the algebraic character of arithmetic: From children's ideas to classroom practice.* Mahwah, NJ: Lawrence Erlbaum.

Schliemann, A. D., Carraher, D. W., & Brizuela, B. M. (2012). Algebra in elementary school. In L. Coulange, J.-P. Drouhard, J.-L. Dorier, & A. Robert (Eds.), *Recherches en didactique des mathématiques, numéro spécial hors-série, enseignement de l'algèbre* élémentaire: *bilan et perspectives* (pp. 103–118). Grenoble, France: La Pensée Sauvage.

Schmittau, J. (2004). Vygotskian theory and mathematics education: Resolving the conceptual-procedural dichotomy. *European Journal of Psychology of Education, 19*(1), 19–43.

Schmittau, J. (2011). The role of theoretical analysis in developing algebraic thinking. In J. Cai & E. Knuth (Eds.), *Early algebraization: A global dialogue from multiple perspectives* (pp. 71–86). Heidelberg, Germany: Springer.

Schoenfeld, A. (1995). Report of Working Group 1. In C. Lacampagne, W. Blair, & J. Kaput (Eds), *The Algebra Initiative Colloquium, volume 2: Working group papers* (pp. 11–12). Washington, DC: U.S. Department of Education, Office of Educational Research and Improvement.

Schwartz, J., & Yerushalmy, M. (1992). Getting students to function on and with algebra. In E. Dubinsky & G. Harel (Eds.), *The concept of function: Aspects of epistemology and pedagogy* (pp. 261–289). Washington, DC: Mathematical Association of America.

Seo, K. H., & Ginsburg, H. P. (2003). "You've got to carefully read the math sentence . . .": Classroom context and children's interpretations of the equals sign. In A. J. Baroody & A. Dowker (Eds.), *The development of arithmetic concepts and skills: Recent research and theory* (pp. 161–187). Mahwah, NJ: Lawrence Erlbaum.

Slavit, D. (1997). An alternative route to the reification of functions. *Educational Studies in Mathematics, 33*(3), 259–281.

Slovin, H., & Venenciano, L. (2008). Success in algebra. In O. Figueras, J. L. Cortina, S. L. Alatorre, T. Rojano, & A. Sepulveda (Eds.), *Proceedings of the joint meetings of 32nd conference of the International Group for the Psychology of Mathematics Education and the 30th annual meeting of International Group for the Psychology of Mathematics Education, North American Chapter* (Vol. 4, pp. 273–280). Morelia, Mexico: Cinvestav—UMSNH.

Smith, E. (2003). Stasis and change: Integrating patterns, functions, and algebra throughout the K–12 curriculum. In J. Kilpatrick, W. G. Martin, & D. Schifter (Eds.), *A research companion to Principles and Standards for School Mathematics* (pp. 136–150). Reston, VA: National Council of Teachers of Mathematics.

Smith, E. (2008). Representational thinking as a framework for introducing functions in the elementary curriculum. In J. J. Kaput, D. W. Carraher, & M. Blanton (Eds.), *Algebra in the early grades* (pp. 133–160). Mahwah, NJ: Lawrence Erlbaum/Taylor & Francis Group; Reston, VA: National Council of Teachers of Mathematics.

Smith, J., & Thompson, P. (2008). Quantitative reasoning and the development of algebraic reasoning. In J. Kaput, D. C. Carraher, & M. Blanton (Eds.), *Algebra in the early grades* (pp. 95–132). Mahwah, NJ: Lawrence Erlbaum/Taylor & Francis Group; Reston, VA: National Council of Teachers of Mathematics.

Stacey, K., & MacGregor, M. (1999). Learning the algebraic methods of solving problems. *The Journal of Mathematical Behavior, 18*(2), 149–167.

Steffe, L., & Izsak, A. (2002). Pre-service middle-school teachers' construction of linear equation concepts through quantitative reasoning. In D. Mewborn, P. Sztajn, D. White, H. Wiegel, R. Bryant, & K. Noony (Eds.), *Proceedings of the 24th annual meeting of the International Group for the Psychology of Mathematics Education, North American Chapter* (Vol. 4, pp. 1163–1172). Columbus, OH: ERIC Clearinghouse for Science, Mathematics, and Environmental Education.

Stephens, A. C., Blanton, M., Knuth, E. J., Isler, I., & Gardiner, A. M. (2015). Just say yes to early algebra! *Teaching Children Mathematics, 22*(2), 92–101.

Stephens, A. C., Knuth, E. J., Blanton, M., Isler, I., Gardiner, A. M., & Marum, T. (2013). Equation structure and the meaning of the equal sign: The impact of task selection in eliciting elementary students' understandings. *The Journal of Mathematical Behavior, 32*(2), 173–182.

Stigler, J. W., Gonzales, P., Kawanaka, T., Knoll, S., & Serrano,

A. (1999). *The TIMSS Videotape Classroom Study: Methods and findings from an exploratory research project on eighth-grade mathematics instruction in Germany, Japan, and the United States (NCES 1999–074)*. Washington, DC: National Center for Education Statistics.

Stylianides, A. J. (2007). Proof and proving in school mathematics. *Journal for Research in Mathematics Education, 38*(3), 289–321.

Stylianides, G. J. (2009). Reasoning-and-proving in school mathematics textbooks. *Mathematical Thinking and Learning, 11*(4), 258–288.

Stylianides, G. J., Stylianides, A. J., & Weber, K. (2017). Research on the teaching and learning of proof: Taking stock and moving forward. In J. Cai (Ed.), *Compendium for research in mathematics education* (pp. 237–266). Reston, VA: National Council of Teachers of Mathematics.

Stylianou, D. A., Blanton, M., & Knuth, E. J. (2009). *Teaching and learning proof across the grades: A K–16 perspective.* New York, NY: Routledge/Taylor & Francis Group.

Stylianou, D. A., Blanton, M., & Rotou, O. (2015). Undergraduate students' understanding of proof: Relationships between proof conceptions, beliefs, and classroom experiences with learning proof. *International Journal of Research in Undergraduate Mathematics Education, 1*(1), 91–134.

Subramaniam, K., & Banerjee, R. (2011). The arithmetic- algebra connection: A historical-pedagogical perspective. In J. Cai & E. Knuth (Eds.), *Early algebraization: A global dialogue from multiple perspectives* (pp. 87–107). Heidelberg, Germany: Springer.

Tabach, M., & Friedlander, A. (2008). The role of context in learning beginning algebra. In C. Greenes & R. Rubenstein (Eds.), *Algebra and algebraic thinking in school mathematics: Seventieth yearbook of the National Council of Teachers of Mathematics* (NCTM; pp. 223–232). Reston, VA: NCTM.

Thompson, P. W. (1988). Quantitative concepts as a foundation for algebra. In M. Behr, C. Lacampagne, & M. Wheeler (Eds.), *Proceedings of the 10th annual meeting of the International Group for the Psychology of Mathematics Education, North American Chapter* (Vol. 1, pp. 163–170). Dekalb, IL: Northern Illinois University.

Thompson, P. W. (1994). The development of the concept of speed and its relationship to concepts of rate. In G. Harel &

J. Confrey (Eds.), *The development of multiplicative reasoning in the learning of mathematics* (pp. 181–234). Albany, NY: SUNY Press.

Thompson, P. W. (2011). Quantitative reasoning and mathematical modeling. In L. L. Hatfield, S. Chamberlain, & S. Belbase (Eds.), *New perspectives and directions for collaborative research in mathematics education.* Laramie: University of Wyoming.

Thompson, P. W., & Carlson, M. P. (2017). Variation, covariation, and functions: Foundational ways of mathematical thinking. In J. Cai (Ed.), *Compendium for research in mathematics education* (pp. 421–456). Reston, VA: National Council of Teachers of Mathematics.

Thompson, P. W., & Thompson, A. G. (1992, April). *Images of rate.* Paper presented at the annual meeting of the American Educational Research Association, San Francisco, CA.

Thompson, P. W., & Thompson, A. G. (1994). Talking about rates conceptually, part I: A teacher's struggle. *Journal for Research in Mathematics Education, 25*(3), 279–303.

Tuomi-Gröhn, T., & Engeström, Y. (2003). *Between school and work: New perspectives on transfer and boundary crossing.* Amsterdam, The Netherlands: Pergamon.

U.S. Department of Education, National Center for Education Statistics. (1997). *Dropout rates in the United States, 1996.* NCES 98–250. Washington DC: Author.

U.S. Department of Education, National Center for Education Statistics. (1998). *Dropout rates in the United States, 1997.* NCES 1999–082. Washington DC: Author.

U.S. Department of Education, National Center for Education Statistics. (1999). *Dropout rates in the United States, 1998.* NCES 2000–022. Washington DC: Author.

Usiskin, Z. (1987). Resolving the continuing dilemmas in school geometry. In M. Lindquist & A. Shulte (Eds.), *Learning and teaching geometry, K–12, 1987 yearbook of the National Council of Teachers of Mathematics* (NCTM, pp. 17–31). Reston, VA: NCTM.

van den Heuvel-Panhuizen, M. (2003). The didactical use of models in realistic mathematics education: An example from a longitudinal trajectory on percentage. *Educational Studies in Mathematics, 54*(1), 9–35.

van den Heuvel-Panhuizen, M., & Drijvers, P. (2014). Realistic mathematics education. In S. Lerman (Ed.), *Encyclopedia of mathematics education* (pp. 521–525). Dordrecht, The Netherlands: Springer.

van Reeuwijk, M. (2001). From informal to formal, progressive formalization: An example on solving systems of equations. In H. Chick & K. Stacy (Eds.), *Proceedings of the 12th International Commission on Mathematical Instruction (ICMI) Study Conference: The Future of the Teaching and Learning of Algebra* (Vol. 2, pp. 613–620). Dordrecht, The Netherlands: Kluwer.

van Reeuwijk, M., & Wijers, M. (1997). Students' construction of formulas in context. *Mathematics Teaching in the Middle School, 2*(4), 230–236.

Venenciano, L., & Dougherty, B. (2014). Addressing priorities for elementary school mathematics. *For the Learning of Mathematics, 34*(1), 18–24.

Venenciano, L., Dougherty, B., & Slovin, H. (2012). The Measure Up program: Prior achievement, and logical reasoning as indicators of algebra preparedness. *Pre-proceedings of the 12th International Congress on Mathematical Education* (pp. 7430). Seoul, Korea. Retrieved from http://www.icme12.org/

Warren, E. A., & Cooper, T. J. (2008). Generalising the pattern rule for visual growth patterns: Actions that support 8 year olds' thinking. *Educational Studies in Mathematics, 67*(2), 171–185.

Warren, E. A., Cooper, T. J., & Lamb, J. T. (2006). Investigating functional thinking in the elementary classroom: Foundations of early algebraic reasoning. *The Journal of Mathematical Behavior, 25*(3), 208–223.

Weber, E., Ellis, A. B., Kulow, T., & Ozgur, Z. (2014). Six principles for quantitative reasoning and modeling. *Mathematics Teacher, 108*(1), 24.

Weber, K. (2001). Student difficulty in constructing proofs: The need for strategic knowledge. *Educational Studies in Mathematics, 48*(1), 101–119.

Yerushalmy, M. (2000). Problem solving strategies and mathematical resources: A longitudinal view on problem solving in a function based approach to algebra. *Educational Studies in Mathematics, 43*, 125–147.

16 变化、协变和函数：数学地思考的基本方式 *

帕特里克·W.汤普森
玛丽莲·P.卡尔森
美国亚利桑那州立大学
译者：杨新荣
　　　西南大学数学与统计学院

本章一开始我们便立即面对一个窘境。其实并没有什么东西能被称为"函数这个概念"。"函数概念"这个术语，先不管它的含义，我们首先要讨论的是：是谁给出了它的定义？是数学家、教师、学生、还是数学教育研究者？学生的函数概念不会如数学家所持有的函数概念那般成熟，而数学家的函数概念又可能不涉及数学教育研究者的函数概念中关于学生的函数理解是怎样发展的详细信息。撰写本章所面临的另外一个窘境在于不同的数学教育研究者拥有不同的函数概念，因此对于"学生的函数理解"，他们就有不同的标准。由于不同的个人和群体所拥有的对函数的很多理解和思维方式都符合函数的概念，我们避免宣称存在一个标准的、普遍接受的、其他各种理解都应与之作对照的函数理解。相反，我们仅仅明确我们所预想的一个具有函数概念的人所应有的理解和思维方式。

我们将本章分成六个部分，以尽可能全面地涵盖与数学中作为函数基础的协变思想相关的一系列问题；学生、教师和研究者对于协变的理解方式；以及不同形式的协变推理所带来的启示。具体地说，我们将：（1）简要地回顾函数概念的历史发展和协变在其中所起的核心作用；（2）阐明我们所说的变化推理和协变推理的含义及其来源；（3）在选定的领域里考察有关学生和教师的变化推理和协变推理的研究；（4）从协变的视角简要地评述以往关于学生和教师的函数概念的研究；（5）再次从协变的视角讨论各种课程对函数的处理；（6）提出未来研究可能的方向。

数学中不断演变的函数概念

自公元1000年左右开始，数学中就出现了对函数理解各异的思维方式，而且至今仍在不断发展。波耶（1946）沿袭了莱纳（1989）的想法，将数学家们对函数概念理解的发展大致分为4个时期：比例时期、方程时期和函数时期（它又划分成2个时期）。比例时期的主要特征是人们对运动的关注方兴未艾，但主要以几何的方式来表示两个量之间的关系，通过研究相似这种方式来寻找一般性。但是，由于表示法为几何形式，不能明确地表示运动，所以它们只能静态地表达数学关系。关于方程时期，波耶认为它得益于韦达和笛卡儿所创造的代数符号才得以实现，并将其主要特点归结为用方程来表示相关数量的取值在一定范围内的变化。例如，在写出

* 本章的编写得到了美国国家科学基金会（NSF）奖项编号MSP-1050595和EHR-0412537的资助。这里所述的任何建议或结论都是作者的观点，不一定代表美国国家科学基金会的官方立场。

$2x + y = 1$ 时，数学家们预想 x 值的变化会受限于 y 值的变化——不管 y 的值变化多少，x 值的变化必须是其 $\frac{1}{2}$ 倍才能使两项之和保持为1。人们默认为变量是连续变化的。波耶将第三个时期的主要特征归结为明确表示两个量的取值之间的关系，其中一个量的值决定了另外一个量的值。变量的值可以连续变化，它们之间的关系由一个公式或图象来确定。函数符号在第三个时期开始出现。第四个时期由狄利克雷发起并延续至今。其主要特征是，基于"一个可以精确描述 x 与 y 之间的对应关系、又能明确得以表达的法则"，一个变量的值由另外一个变量的值唯一确定（Dirichlet，引自 Boyer，1946，第13页）。狄利克雷定义了一个函数 f，其定义域为实数集，其对应准则是：如果 x 是无理数，则 $f(x) = 0$；若 x 是有理数，则 $f(x) = 1$。他借此想说明，一个对应法则可以是很随意的，函数也可能是极不连续的。今天我们对函数的数学定义依旧沿用狄利克雷的定义，但是在陈述上则表示为笛卡儿积和有序数对。有关变量值的变化和协变的思想已经不再符合今天的函数的数学定义。

卡普特（1994）指出，量的值作连续变化这一观念的出现是微积分作为一个思想体系而形成的关键。我们认为卡普特的观点也支持以下论断：有关连续协变量的各种理解的出现对数学中函数思想的发展起到了关键作用。在莱纳所定义的前三个时期中，有关连续协变量的各种理解明确地体现在数学家们的推理中。连续变化的思想是牛顿数学的核心。他特别描述了量如何由一个值变化到另外一个值，以及量如何成为一个特定的值。他在他的公式中明确地陈述了他对连续变化的意象。例如，在展示如何求出两个变化的量的乘积的变化率时，他说：

> 设 X 和 Y 为两条变量轴，或者说两个量，它们通过均等或不均等的**流动**或**连续增长**，在不同的时间取到不同的值。例如，假设有三个时间段，X 在其中分别**变为** $A - \frac{1}{2}a$，A 和 $A + \frac{1}{2}a$……（Newton，1736，第xiii页）

类似地，欧拉和莱布尼茨论述了一个变量的变化如何引起另外一个变量的改变。他们也都默认了所有的变化都是连续的。不过，由于泛函分析的发展和抽象代数的出现，狄利克雷提出的对应观成为理解函数概念的核心方式，从变化的角度理解函数的思维方式不再像以往那样流行，以致于后来它被认为是一种古老的思维方式而且是不应该再使用的东西。杨、丹顿和米切尔对于"变量"内涵的刻画反映了当代数学逐渐远离变化思维的趋势：

> 变量是表示一个元素集合中任意一个元素的符号。其定义是非常笼统的，而且这个集合中的元素可以是数字，也可以不是。**变量通常被定义为可以变化的数字。其实变量的定义不仅没有必要如此局限，而且它还有一个缺点：引入了一个额外的而且相当模糊的关于变化或改变的概念。**（Young, Denton, & Mitchell，1911，第192~193页）

在很大程度上，我们赞同杨等人的观点：认为变量的取值在不断变化无助于促进我们对群、环、域、图（如在图论中）和 L^p 空间等数学结构的思考。同时，我们也认为，在杨等人（1911）宣称变量的意义仅在于表示集合元素的符号时，他们已经"把婴儿连同洗澡水一起倒掉了"。不幸的是，这种从集合论角度对变量所做的诠释遍布了高等数学，进入了微积分，也进入了学校数学，成了很多国家的学校数学中函数定义的基础（Cooney & Wilson,1993）。虽然将函数的含义归结为对应关系解决了数学家们遇到的问题，但将其引入学校数学中时，学生几乎不可能看到任何学习它的认知需要。这里，我们从哈雷（2013）的角度去理解"认知需要"的含义。当学生们对于一个概念所掌握的各种含义不足以应对他们已经概念化了的某个情境时，学生们会体会到对这个概念的认知需要。如果这个概念的一种新含义能够让学生们前后一致地理解这个情境，它就帮助学生们解决了相应的问题。

我们强调，连续协变推理，即关于两个或多个量的值同时变化的推理，在数学家们创建一批重要概念的过程中发挥了关键作用，这些概念为现代函数定义的出现奠定了基础。在这个过程中，数学家们从用方程来表示有限制条件的变化转到对不同量之间的确定关系进行明确的表示。尽管连续协变推理在数学发展中起到了关键作用，但这并不表明变化和协变推理对学生的数学学习有重要的作用。这个观点需要单独讨论，我们将在后面给出。我们认为，如果学生和教师要发展有用的、扎实的函数概念，则连续变化和连续协变的思想从认识论层面来说是必需的。换句话说，我们认为变化和协变推理是学生数学发展的基础。该断言主要基于两类的研究：一类研究说明，由于学生不具备变化推理或者协变推理的能力，他们在理解函数关系时会遇到困难；另一类研究显示，通过协变推理，教师和学生对函数概念的理解和使用都会产生富有成效的转变。

变化和协变推理的理论构建

如在序言部分所概述的，协变从公元1000年左右开始成为一种明确的数学推理形式。不过，虽然协变推理在数学家的思维中已经明确了，但那时它还不是一个明确的数学概念。更确切地说，它是哈雷和汤普森（如在Thompson等，2014研究中所解释的）所称的一种思维方式，即"在推理中，习惯性地使用某些特定的概念含义或思维方式"（第13页）。作为一种思维方式，协变推理对数学家而言都是心照不宣的，因此也就从来没人对它进行界定。基于此，本小节主要讨论那些使变化和协变推理成为理论建构的各种研究工作。在本小节最后我们对变化和协变推理的各种理论意义作出说明，并将其应用到本章余下各节的分析中。

20世纪80年代末和90年代初，在杰尼·康弗里和帕特·汤普森的研究中出现了有关协变推理的理论建构。康弗里将协变刻画成在两个变量的不断变化的取值之间进行协调的过程。汤普森对协变的描绘则首先将单个量的取值看成是不断变化的，然后将两个或更多量的取值理解成是同时变化的。[1]这两个描述看上去非常相似，但是，从我们下面的解释可以看出，它们对于研究学生如何理解变量和函数关系有着非常不同的意义。

康弗里对变量值协调变化的重视源于她对比例和指数增长这两个概念的历史发展的关注。她和同事们曾努力探索能够促进学生学习指数函数的有效教学方式。在这一过程中，她对协变的理解得以明确下来（Confrey,

1991, 1992; Confrey & Smith, 1995; E. Smith, Dennis, & Confrey, 1992）。康弗里和史密斯（1994）将函数的协变观念与现代数学的对应观念进行区分：

> 在另外一个方面，一个协变的方法就是能够操作性地将从 y_m 到 y_{m+1} 的改变与从 x_m 到 x_{m+1} 的改变协调起来。对于以表格形式呈现的函数关系，协变就是当一个变量的取值沿着它在表格中所在之列向下（或向上）移动的时候，对两列或者更多列中变量值发生的变化进行协调的过程（Confrey & Smith, 1994，第137页）。

他们对协变所做的界定强调了数列的核心地位："从协变的角度看，函数可以被理解为两个并列的数列，每一个数列都是遵循数据值的某种规律而独立生成的"（Confrey & Smith, 1995，第67页）。不过，康弗里和史密斯声明他们并不支持那种认为学生应该将表格的一列与另外一列独立地浏览的提法："定义域和值域的元素和结构都是通过同时进行但又相互独立的操作一起产生的，这样就产生了函数的一个协变模型"（E. Smith & Confrey, 1994，第337页）。图16.1展示了康弗里和史密斯所提及的协变推理的操作化过程。他们设想的是一个变量的变化（如 x 的值增加1）会与另外一个变量的变化协同进行（如 y 的值增加2，或者 y 的值改变为原来的3倍）。

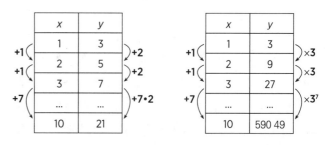

图16.1 康弗里有关协变化的两个例子：一个变量的变化会与另外一个变量的变化协同进行

康弗里和史密斯（1994）注意到，那些能成功地以协变方式建立函数关系的学生有能力找到某种对应法则（例如，通过垂直地看一个表格中的各行来寻找列与列之间的不变关系）。但是他们没有强调一个重要的问题：学生们会怎样理解表格中数字之间的关系。

汤普森给协变赋予的意义与康弗里的定义有不同的源头。汤普森主要关注学生们如何理解由数量和取值不断变化的数量之间的关系所构成的情境，以及学生对变化率的理解（Thompson, 1988, 1990, 1993, 1994a; Thompson & Thompson, 1992）。不过，对于汤普森而言，"数量"和数字是不一样的。他将数量定义为人们对对象的概念化，使得其所具有的一个特性可以被度量。数字可以是对数量的度量，也可以从度量活动的进行过程中抽象出来，看起来似乎是凭空产生的。其实数字是植根于对数量的度量进行推理的活动之中的。

根据汤普森的理论，定量推理是个人对某种情境从数量及其相互关系的角度进行概念化的过程（Thompson, 1990, 1993, 1994a, 2011）。虽然定量推理是关于对情境的概念化，算术是关于对已经概念化了的量进行估值，代数是为了在一个量的结构内进行估值，但是又没有足够的信息可以用算术方法计算它们时，我们对要作的运算进行表示的过程（Thompson, 1988, 1990, 1993, 2011）。在汤普森的系统中，公式是人们传播某种计算过程的产物（以数值或者代数形式表示），这个计算过程是人们对一个定量关系中的量所作的推导，该推导可以用来求与该量相关的量的值（Thompson, 1988, 1990, 1993, 2011）。在汤普森有关定量推理的理论中，当学生们将一个情境定量地概念化且同时意识到其动态的属性时（在对情境概念化的过程中，学生要想象涉及的量的取值是变化的），变化和协变思想就变得必不可少。

在汤普森的系统中，一个人可以用一个符号来表示一个量的值，这其中包含如下三个意思：如果他想象这个量的值是一直不变的，这个符号对他而言就是一个常数；假如他想象这个量的值在情境切换时会改变，但是在一个具体的情境中是不变的，对他而言，这个符号就是一个参数；假如他想象这个量的值在同一个情境中是变化的，那么对他而言，这个符号就有变量的意思。汤普森对于参数的界定与弗赖登塔尔（1983）和戴维尔（2001）所区分的处于"静态的"参数和"动态的"（滑标）参数有关。这些观点的区别在于，汤普森着眼于一个人如何理解符号所表示的数量的值，而弗赖登塔尔和戴维尔则把参数理解为表示函数或者方程定义中的数字的符号。

当某人根据跑步者到某个参照点的距离来描述他的位置，并且想象这个距离是在变化的时候，那么对这个人而言，所测得的跑步者的距离数值就是变化的。如果他用 d 来表示跑步者离开起点的距离，那么对他而言，d 的值就是变化的，因为他想象这个跑步者在不断地远离起点。因此，变量的变化来自于人的这样一种认识（可以是具体的也可以是抽象的）：字母所表述的量的值是变化的。不同的人会借助不同的定量结构来理解"相同的"情境（"相同的"是从外部观察者的角度来看），而且不同的人想象的量的取值的变化方式也可能是不同的（如离散的和连续的）。

在汤普森的定量推理理论中，当一个人想象两个量的值不仅变化而且是同时变化的时候，他就是在进行协变推理。图16.2描绘了一个人对跑步者的构想，跑步者在空间中移动，距离一个参照点一直有段距离，跑步者移动时，这个人想象着测量经过的时间。

图 16.2

一个人想象一个跑步者到参照点的距离是变化的，而且由秒表所测的时间也是变化的。思考时将两者合并在一起，使得它们同时变化，这就构成了协变推理。

这里我们要立刻补充的是，我们并不是想表明图16.2应该被看作是某人真的在想象一个秒表。相反地，它说明跑步者有意识地觉察到她的运动时间正在被测量着，所以在她每一个运动时刻，她都有一个离开起点的距离。在萨尔达尼亚和汤普森（1998）下面的话中明确地提到这点：

> 将协变视为序列之间的协调关系与使用表格来呈现一个变化的连续状态是很匹配的。我们发现，将这个想法进行推广是有用的，它可以为个人"看见"协变奠定一定的想象基础。从这一点来说，我们对协变的认识是：一个人在其头脑中拥有一幅同时描述两个量的值（数量）的持续的图象。它使得这两个量可以

并联在一起，从而在一个人的理解中形成两者的一个乘法对象。作为一个乘法对象，一个人根据其中任一量的值都能立刻、明确而且持续地意识到，在每一个时刻，另外的那个量也有一个相对应的值。（第299页）

萨尔达尼亚和汤普森（1998）还曾猜想，协变推理是发展性的：

> 在协变推理发展的早期，一个人协调两个量的值时会首先考虑一个，再考虑另外一个，再考虑第一个，再考虑第二个，等等。在协变推理发展的后期，一个人需要将时间理解为一个连续的量，这样，在那个人的想象中，这两个量的值持续存在。一个有效的协变图象是，一个人想象着两个变量都被追踪了一段时间，其中包含的对应关系是图象的一个突现属性。（第299页）

玛丽莲·卡尔森对于协变的理论构建也做出了一定的贡献。她的主要研究与康弗里和汤普森的都不一样。学生的函数概念是卡尔森的研究兴趣之一。她在这方面的部分工作是对选修大学代数和微积分2的数学专业研究生所做的横向研究（Carlson, 1998）。该研究中包括一些问题解决任务，要求学生画出图象来表示两个量的值如何在一个动态变化的时间过程中同时改变。图16.3展示了其中的一个问题，这个问题跟著名的烧瓶任务很相似（Bell & Janvier, 1981; Janvier, 1981）：它要求学生画一个图象来表示瓶中水的高度与水的体积之间的关系。卡尔森报告称，对于修读微积分2的学业表现好的学生（成绩为A），他们中的大多数都未能画出一个正确的图象（Carlson, 1998，第138~139页）。她进一步解释道，学生对动态情境的静态理解导致他们无法建构有意义的公式来将一个量表示为另外一个量的函数。

受到如何描述学生所展现出的各种不同思维方式的问题的困扰，卡尔森从康弗里和汤普森的早期研究中提炼出一个研究框架，用来分析她在1998年研究修读微积

分2课程的学生的协变推理（Carlson, Jacobs, Coe, Larsen, & Hsu, 2002）。卡尔森等人（2002）的研究详细阐述了萨尔达尼亚和汤普森（1998）所提出的协变推理是发展性的假设。他们分辨出学生的各个思维活动层次和能力层次。从学生对量的值所作的协调的性质角度说，这些活动和能力在变得更加复杂，如在关注量的值的改变或方向的改变上。他们的框架拓展了萨尔达尼亚和汤普森对协变的界定。当两个量的取值发生变化时，学生对其中一个量相对于另外一个量的平均变化率和瞬时变化率进行协调。卡尔森等人提出的框架中包括了这种协调过程。卡尔森等人之所以将变化率包含在他们的协变框架中，是因为他们对学生如何理解一个函数在其定义域内几个连续区间上的变化率感兴趣。由于他们收集的数据主要来自微积分方面的解题任务，因此他们也对描述学生如何证明图象凸凹性的改变和构建光滑曲线的方式有兴趣。他们描述了这样一种规律：对于任何一个固定区间上所发生的变化，学生们会考虑用越来越缩小的区间来提高函数平均变化率的精确度。

变化推理的方式

绝大部分引用康弗里、汤普森和卡尔森成果的研究者都采纳协变推理的建构基础来设计他们的研究，这些研究所针对的都是以协变推理为基础的某种想法。他们没有直接对界定协变推理的建构作出贡献，不过卡斯特路-噶尔苏的几篇文章通过集中探讨变化概念本身而进一步强化了协变推理的建构。根据卡斯特路-噶尔苏（2010, 2012）的研究，学生可能认为一个量的值是跳跃地变化着（如一辆车行驶了1英里，然后2英里，等等，而没有想到在这两个点之间车是一直在移动着的）或者连续地变化着。卡斯特路-噶尔苏还区分了两种有关连续变化的概念，他将其称为段状的和光滑的。段状变化的概念类似于量是离散变化的这种认识，不过在潜意识里，学生们认为任何两个连续的数值之间都有其连续性。卡斯特路-噶尔苏所命名的段状的连续推理又可以被称为离散的连续推理。

在考量段状变化的时侯，学生的意象中会涉及一些中间值，但并不包括可以取到这些中间值的量。这种对变化所产生的意象就如同将一把尺子完全平放然后在两

想象我们在往这个瓶子里注水。画出一幅高度随瓶中水量变化的图。

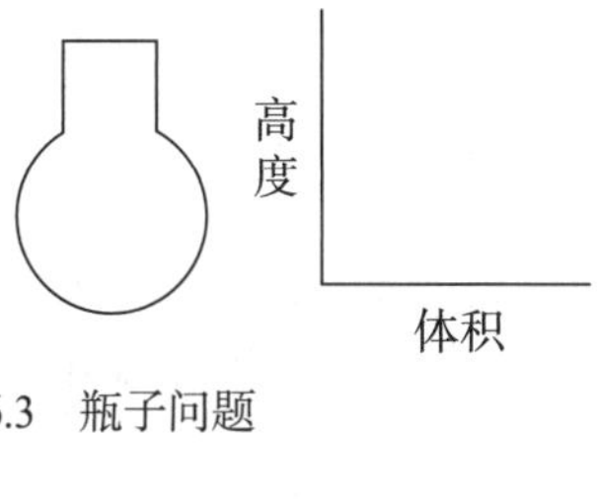

图16.3 瓶子问题

个端点上做标记。卡斯特路-噶尔苏用一个指数函数教学实验中的案例来解释段状连续推理（Castillo-Garsow, 2010）。15岁的蒂芙尼是一名修读代数2的学生。

派特： 如果我能每小时走65英里，这表示什么意思？

蒂芙尼：这是说假如你已经走了1小时，那你应该已经走了65英里。

派特： 我能以每小时65英里只走1秒吗？

蒂芙尼：不行，你必须……你必须……，嗯，好吧，是的，你可以。

(Castillo-Garsow, 2012, 第 60 页)

卡斯特路-噶尔苏指出，蒂芙尼提到了已经完成的时间和距离的部分。她之所以对派特能否以每小时65英里的速度行驶1秒表现出犹豫，卡斯特路-噶尔苏将其归因于她的段状连续推理。她知道车是连续运动（例如，车不会在一个地方消失然后在另外一个地方出现）而且时间也是连续的，没有任何间断。但是在蒂芙尼的想象中，时间和距离是被一段一段地测量出来的。因此，在试图将时间段由1小时调整为1秒时，她产生了犹豫。蒂芙尼似乎认为1小时作为一个时间段也包含中间的时刻，但是她不认为以每小时65英里的速度行驶1小时意味着1人会经历1小时内的所有时刻。

卡斯特路-噶尔苏（2012）将蒂芙尼的段状连续推理与德瑞克（另外一个修读代数2的学生）的推理进行了比较。德瑞克对正在进行中的变化进行了推理，卡斯特路-噶尔苏将此称作"光滑的连续推理"。卡斯特路-噶尔苏给出了一个有关银行账户的例子，这来源于他跟德瑞克就银行在报告帕特里克账户里的钱款数目时所遵循的政策而进行的讨论。这个账户每年得到8%的利息，每年计算一次复利。银行的报告政策是：计算出该账户在一个复利时间段内到报告时为止所得到的单利，将其计入目前账户里的数额。该账户开户时的起始存款为500美元。德瑞克对账户里的钱数如何随时间变化作了以下解释：

德瑞克：账户的总额是持续增长的，但是一旦满了一整年，总共就会有8%的增加。然后每年它都依旧会比500美元增长8%，但仅仅只有那个值而且

每满一年才会得到那么多。

卡斯特路-噶尔苏：好的，你说的持续增长是什么意思？

德瑞克：就是一直会有更多的钱放进去，因为（停顿）它一直在进行。

(Castillo-Garsow, 2012, 第61页)

按照卡斯特路-噶尔苏的描述，德瑞克的意象涉及了正在进行中的变化：

德瑞克想象账户里的金额是正在增加的，是现在时态。这就是说，德瑞克想象着从他自己当前所处的时间到帕特里克所经历的一年时间之间存在着一个映射，而且就在他讲话的同时，时间"正在接近一年"。(Castillo-Garsow, 2012, 第61页)

德瑞克还用另外一个方式展示了他强大的思维方式：他能够想象出一个利息不断叠加变化的账户中的金额的增长。德瑞克很快地理解了卡斯特路-噶尔苏所提供的场景，即从存入账户的那一刻起，银行每年都会对账户中的每一块钱或一块钱的一部分付8%的利息。在卡斯特路-噶尔苏的要求下，德瑞克画了一个图（如图16.4所示）来表示账户中的金额每年的变化率（以美元/年为单位）与账户中的金额（以美元为单位）之间的关系。它是连续的而且是线性的。德瑞克对这个图的走向（但不是其线性关系）解释道，"只要你（停顿）账户中的钱是增长的，增长率也会是增长的，所以它会一直上升"（Castillo-Garsow, 2010，第169页）。德瑞克已经建构了对账户中的金额与账户中金额在每年里的变化率之间关系的理解。他所理解的这个关系具备一个性质：即账户里钱的变化率（以美元/每年计算）与这个账户中的金额成正比。

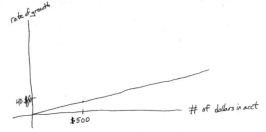

图16.4 德瑞克所绘的表示账户中的金额每年的变化率与账户中的金额之间的关系

德瑞克接着画了一个从定性角度看很精确的图（这里没有展示）来说明账户中的金额将怎样随着时间的流逝而变化。他的绘图活动始终基于自己明确的意识：账户金额是随着时间增长的，它的变化率随着时间的变化而增长，所以与账户中的金额保持正比关系。

蒂芙尼也画了一个与德瑞克的图象类似的相位平面图象，但她画的是$y=1.08x$的图象。她没有指出随着账户中金额的增长，其变化率也会增长。当蒂芙尼在她的相位平面图象的基础上尝试画出账户中金额与时间之间关系的图象时，她画了一些点，进行了一些虚拟的计算来估计她该把这些点放在什么位置。

对于卡斯特路-噶尔苏所记录的有关德瑞克和蒂芙尼的思维虽然有相当多值得讨论之处，但我们的目的主要在于：蒂芙尼关于连续增长的思考不断被她的段状思维所阻碍；而在思考相对于时间的指数增长行为时，德瑞克的光滑连续思维支持了他丰富而且相互关联的思维。

在这里也是时候对数轴在学生的变化思维中所起的作用作一些评论了。在卡斯特路-噶尔苏（2010，2012）的研究中所介绍的德瑞克的图象在两条数轴上都很少标有数字。在某种意义上说，它们并不是我们通常所说的数轴。但是德瑞克就当它们是数轴一样在使用。就这一点而言，关于学生的数轴概念和对数轴的理解的研究还相对较少。心理学在这方面的研究是将数轴描述成人们可以借助它进行非正式算术运算的模糊物体（Geary, Hoard, Nugent, & Byrd-Craven, 2008; McCrink, Dehaene, & Dehaene-Lambertz, 2007; Nuerk, Kaufmann, Zoppoth, & Willmes, 2004），其主要兴趣在于探明人们用什么方式来求和、积等。而数学教育研究则似乎认为数轴的目标思想没有任何疑问，并将它作为一种教学辅助手段，帮助学生理解怎样在数轴上确定数字的位置，或者将它作为一种推理工具（Bright, Behr, Post, & Wachsmuth, 1988; Earnest, 2015; Ernest, 1985; Izsák, Tillema, & Tunc-Pekkan, 2008; Saxe 等, 2010）。在上述两种情况下，数轴似乎都被研究者看作是布满数字的直线。

对于数轴，巴斯（2015）作了一些有意思的区分，我们认为这种区分可以阐明各种有益于学生认识数轴的方式。他提议将西方数学教育中对数轴的理解和俄罗斯课程中，特别是在埃尔科宁·达维多夫（E-D）的课程中对数轴的理解进行区分。巴斯将西方概念中的数轴刻画为一条已经布满数字的直线，这就导致教师们认为学生的任务就是来理解这些数字。而对于数轴的埃尔科宁·达维多夫（E-D）概念，巴斯认为数轴开始并没有数字，而是充满了位置点，比如一个人沿着该数轴行走将要经过的位置。换句话说，巴斯认为埃尔科宁·达维多夫的数轴概念从连续概念开始，但并不是数值的连续体。当学生们形成数字就是大小的概念时，他们就能确定该把数字放在连续体的什么地方。这与现实数学教育中的"空数轴"概念相似（Gravemeijer & Doorman, 1999; Stephan & Akyuz, 2012; Torbeyns, Schneider, Xin, & Siegler, 2014），不过"现实数学教育"中的空数轴真的是空的。学生们被鼓励使用数轴来展示从一个位置跳跃到它上面的其他位置，这里的"跳跃"是一个非常重要的特征。同时，"现实数学教育"将跳跃描述成实际离开这条数轴，就像一个人离开一个地方然后在另外一个地方落地一样，而没有沿着这条数轴移动的意象。巴斯提议教师们应该尽早地关注如何让学生将一条线理解为连续的位置，因为这将非常有益于学生对光滑变化的理解。当然，这只是猜测。我们将会在未来的研究部分继续探讨这个问题。

时间和变化推理

在过去几十年对学生和教师的研究中我们注意到，他们一直都倾向于讨论整数量的变化而不会关注相邻两个整数值之间的数量值。这种行为经常在学生画图时"连接点"的活动中体现出来。教师和学生会先描绘一些点，然后连线，即画一条线段或曲线来连接两个相邻的点，而不会讨论这些线段和曲线上点的含义。确实，学生经常说一个函数的图象由通过所描绘点的线或者连接这些点的线段构成，但图象上仅有他们所描绘的点（Bell & Janvier, 1981; Goldenberg, Lewis, & O'Keefe, 1992; McDermott, Rosenquist, & vanZee, 1987; Stein, Baxter, & Leinhardt, 1990）。像这样变化的图象不足以保证学生们能够理解课程或教学设计者所设想的将函数视为一个连续变化现象的模型。不幸的是，指出学生和教师的思维方式不能帮助他们理解变量或数量的连续变化，并不能解释何种概念性的活动才会使这种思维成为可能，也没法说明教学如何能帮助学生想象出连续变化的量之间的关系。

初看起来，一个比较有希望的途径是教师和课本促使学生思考量的微小变化，以此作为一种促进学生发展连续变化推理能力的方式。但是卡斯特路–噶尔苏（2012）和卡斯特路–噶尔苏、约翰逊和摩尔（2013）极具说服力地指出这个方式是不会有用的。他们认为，以"段状"形式思考变化依旧是段状思考，无论这个"段"的尺寸是多少。有关连续变化的思考必然涉及对运动的思考，也就是关于正在移动的物体的思考。他们的论点让人联想到牛顿有关流数的描述，流动的量是牛顿微积分的基础。

卡斯特路–噶尔苏及其同事们的观点可以从认知语言学上关于虚拟运动的理论建构中找到依据（Talmy, 1996）。表达虚拟运动的句子里含有一个表示运动的动词，但是却没有一个真正在移动的主体，比如这句话："5号州际公路从墨西哥的边界通到加拿大的边界"。在这句话中并没有真正移动的东西。但是，我们的表达方式让人感觉似乎有个东西在移动。马特洛克（2001, 2004）进行了一系列有关延迟反应的研究，非常有说服力地指出，人们在思考虚拟运动时，会积极地将其想象成正在移动的东西。兰盖克（1986）、努内兹（2006）和马特洛克等（2011）指出，即便是抽象的运动，比如"x的值由3变到5"，也涉及虚拟运动。虽然我们说x的值从一个地方"走"到另外一个地方，但实际上并没有东西移动。我们还可以加上一句：当一个人开发出虚拟移动物体的反射图像时，这个图像是存在的，但是是隐含的，就像我们全神贯注地思考一个集合中的所有元素时注意力扫过一样。

马特洛克等（2011）认为时间概念不仅伴随着虚拟运动，而且是建立于虚拟运动之上的。我们同意这个观点，但是需要指出的是，虚拟运动概念本身或时间的变化本身并不支持对于一个量的值的连续变化的概念。我们猜想即便很小的孩子也可以想象从一个叫"三"的地方"走"到一个叫"五"的地方。但是我们怀疑他们并不会想象得出一个量的值从度量3走到度量5，并且是经过了两者之间所有的中间量这样一幅图景。

汤普森（2008b, 2011）讨论了如何描述概念性运算的问题，这些概念性运算构成了一个量的值连续变化的思维。他认为，首先，一个人必须考虑量的度量或大小。其次，他假设一个人总是想象变化发生在一个测量的区间上。为了理解一个量的值在一个区间上的连续变化，他假设我们

> 想象一个数值的变化是在无穷小的范围内发生的，而且变化也会发生在这些范围内。换句话说，变化，作为一种思维方式，是递归的。我们以某种方式定义在一个长度为e的区间上的变化，我们会在它所包含的任何一个子区间上以及任何一个包含它的区间上以相同的方式定义变化……甚至在我们认为变化是发生在极小的片段上时，我们还是希望学生能想象出在这些小片段里面变化也会发生。（Thompson, 2011，第47页）

我们并不知晓，学生们的光滑连续变化概念的发展与他们的时间概念的发展之间是何种关系，是否有某种模型存在。不过，从几个有关协变推理的研究和几个关于学生如何建构起时间概念（作为测量所得的区段）的研究中，我们就有了一个可能的模型的启示。

对于时间在量化的协变中的作用，汤普森（1994a）及汤普森和汤普森（1994）描述了学生们如何将速度概念理解为一段运行距离中所包含的速度–长度（在单位时间里运行的距离）的数量。这其中就包含了学生们对于测量所得的时间的理解。当经过的时间嵌入其运行距离的图象中时，他们不会想到运行的距离和运行的时间是协变的。开始时，在学生们考虑运行距离的时候，测量到的时间对他们而言不是一个量。相反，测量到的时间是由包含在运行距离中的速度–长度的个数所决定的一个数。之后，学生才从他们以速度–长度为单位测量运行距离的活动中抽象出测量到的时间这个概念，至此，在他们的理解中，距离和时间才成为协变。我们应该注意到，按照卡斯特路–噶尔苏现在的说法，这些学生所抽象出来的测量到的时间是以"段状连续"方式变化的。洛巴托等（2012）的研究揭示了类似的现象。他们描述了八年级学生在构建他们称为

二次协变（指匀加速运动的物体的运行时间和运行距离之间的协变）的过程中所形成的一些关键的中间概念。他们揭示的第一个关键的中间概念是学生将运动构建为测量到的离开参照点的运行距离。第二个关键的中间概念是学生能够将运行时间作为一个量从物体的运动中分离出来，即从运行距离中抽象出运行时间。埃利斯和其同事们（Ellis, Özgür, Kulow, Williams, & Amidon, 2015）研究了 3 名八年级学生对仙人掌随时间作指数增长的理解。埃利斯等（2015）发现学生最初认为仙人掌的高度是成倍或者三倍增长，这里的成倍或者三倍增长的次数取决于时间间隔的数量，而不管这些时间间隔的长度是否相等。学生对于时间流逝的意象是植根于他们对高度增长模式的迭代意象之中的。学生们最终关注到时间间隔里的时间单位的数量，由此他们开始考察仙人掌高度的增长与所测量的时间长度之间的关系。基恩（2007）也指出，在用微分方程建立动态情境模型时，学生们有必要将时间抽象成一个量。同时，基恩还应用了虚拟运动这个概念作为一种帮助学生们完成上述抽象过程的机制。

总体而言，学生对变化的最初意象（从我们的视角，而不是学生的视角）是一个量的变化，其中包含了一个嵌入其中的另一个量的隐性的意象。上述三项研究所描述的概念性的转变，都是将隐性量的意象从显性量的意象中剥离出来。当学生的认识达到这个层次的时候，他们有关距离（以及高度、面积、体积等）的概念就是崭新的，因为这里的时间不再是隐性的，而且他们有了一个等同于概念性时间的量（想象的被测量的时长）。皮亚杰（2001）关于反省抽象的概念对这种剥离作了非常好的解释，学生不仅将想象的迭代行为与迭代结果区分开来，他们还将想象的迭代行为区分为两个行为：一个行为是不断增加距离（以及高度、面积和体积），另一个行为是增加时间。我们认为同样的操作，即将一个量变化的意象从另一个量变化的意象中分离出来，是建构密集型变量的根本（Johnson, 2015; Kaput, 1985; Kaput & Pattison-Gordon, 1987; Nunes, Desli, & Bell, 2003）。

关于对学生的时间概念的研究，我们将对人怎样经历时间的研究（如 Brown, 1990; Levin, 1977; Levin, Wilkening, & Dembo, 1984）与人怎样理解被测量的时间的研究区分开

来。对于测量得到的时间，我们发现范葛拉士费德（1984, 1996）对皮亚杰（1970）关于学生如何把时间建构成一个数量作了非常清晰的解释。范葛拉士费德将时间概念描述成两条连续的事件流的调和，它们当中至少有一个在体验对象看来是有节奏地发生的。凯米和其同事们（Kamii & Russell, 2010; Long & Kamii, 2001）设计了一些活动来研究从哪个年级开始学生们能迭代使用可重复的时间段对一个事件进行计时，以及他们能否在不同的活动中对时间保持同样的判断。关于时间段的迭代，凯米和其同事们考察了儿童们是否会选择重复某个事件（比如用一个小的管子给烧瓶排水）来观察另外两个事件（如播放两首歌）中哪个持续更久。关于时间判断的守恒性，他们考察了儿童们完成一个活动的速度（如快速或慢速地数弹珠）是否会干扰他们对另外一个活动（如水从圆柱容器中排出）所需时间的判断。他们发现直到六年级，学生们才能足够熟练地处理所有任务，可以说他们已经将时间概念化为一个量（即一个可测量的持续时间）。在另外一项研究中，凯米和罗素（2012）运用斯泰费关于层级单位的理论（Steffe & Olive, 2010; Steffe, von Glasersfeld, Richards, & Cobb, 1983）研究了126 名二到五年级的学生量化所经历的时间的能力。凯米和罗素给学生描述了许多事件，包括以时和分给出的起始时间和终止时间，然后问学生这些事件持续了多久。这些问题从简单（如计算整小时数）到困难（如从6：40到9：15的时间长度）都有。虽然在所有问题上，随着年级的提升，学生的成功率都会有上升，但是只有整小时数的问题对学生来说是简单的。甚至到五年级，只有60%的学生能正确回答涉及半小时的问题，只有31%的五年级学生能正确回答6：40到9：15的问题。凯米和罗素觉得学生的主要困难在于将时和分作为单位的层次结构进行协调。

我们之所以偏离主题来讨论学生的时间概念的研究，是想指出学生的连续变化观念可能会受到他们将时间理解为一个量的能力的影响，也会受到他们对数的概念的影响（当他们在思考特定的时间测量时）。虽然当学生们没有考虑对变化进行量化的时候，虚拟运动能够提供光滑变化的图象，但是凯米和罗素（2012）的研究结果表明虚拟运动还不足以支持学生充分理解量化的变化。量

化一旦进入学生的判断，学生们关于数的概念将会成为影响他们对变化进行量化的一个重要因素。此外，当学生们将量的值理解为数而不是大小时，他们关于数的概念还会影响到他们对一个量取遍给定区间上所有值而变化的意象（Thompson 等，2014）。

乘法对象

　　虽然接下来的一节会聚焦于有关变化和协变推理的研究，但这里我们先分享两个研究的结果，以特别强调萨尔达尼亚和汤普森（1998）所指出的乘法对象的重要性：“我们的协变概念是指一个人在头脑中同时拥有对两个量的值（大小）的持续的意象。它需要将两个量耦合起来。因此，从某种理解上讲，一个乘法对象就是由这两个量组成的”（第299页）。萨尔达尼亚和汤普森关于乘法对象的概念源于皮亚杰将“和”作为乘法运算符的想法。皮亚杰将其描述为儿童思维中潜在的运算类型和序列。当一个人在头脑中将两个量的属性连接在一起形成一个新的概念对象（即将一个和另一个同时处理）时，我们就说她形成了一个关于这两个量的乘法对象。汤普森和萨尔达尼亚（2003）阐述了乘法对象的想法如何成为理解和量化力矩概念的基础。他们描述了一个人怎样理解“捻度”（即由力和支点到力的作用点的距离同时产生的作用）以及这个概念如何支持了对力矩的量化。

　　我们必须说明的是，“乘法对象”中对象的意义

与APOS（操作、过程、对象、图式）理论（Arnon 等，2014; Dubinsky & McDonald, 2001）或斯法德的具体化理论（Sfard,1991, 1994）中的对象并不完全相同。他们所说的对象更像是一个高度图式化的数学概念，人们可以在头脑中对其进行操作，比如作为一个对象的函数或作为一个对象的向量子空间。而我们的“乘法对象”是在讨论一种具体的认知行为，例如把三维表格中的每个单元理解成一个容器。如果一个集合中的物体具有三个量的属性，每个容器里存放的就是同时具有三个量的特定的三个数值集合的项的个数。例如，图16.5里有一个三维表格，其三个维度分别是说话者对某个事件的感知，他对该事件的描述和听众对说话者所描述事物的理解。一个将这个表格中的单元理解成一个乘法对象的人会明白，左后上方单元里的数字代表在多少场合中说话者会将这个事件理解成随机过程但将其用非随机的语言描述出来，而听众将其描述理解为对一个随机事件的描述。这个人也会将表的底层各单元数目的总和理解为听众将说话者的描述理解为一个非随机事件的情形的次数，而与说话者如何理解或描述事件无关。

　　斯托尔维和维达科维奇（2015）报告了一项针对15名修读微积分2的学生如何应答图16.6所示的任务所进行的研究。斯托尔维和维达科维奇让学生做如下的系列活动：（a）在同一坐标平面内作图以表示两个冷却器中时间和水的体积之间的关系；（b）在同一坐标平面内作图以表示在两个冷却器中时间和水的高度之间的关系；（c）在

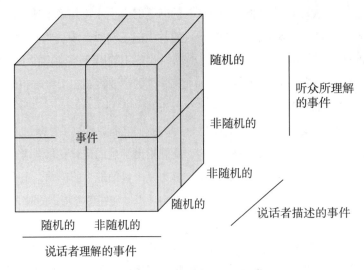

图16.5　协调一个事件的三个维度

同一坐标平面内作图以表示在两个冷却器中水的体积和高度之间的关系；（d）标示出在（c）中所作图的方向。

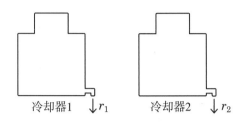

图 16.6 瓶子任务

假设冷却器 1 和 2 的容积相同。试想象它们都装满了水且分别以固定的速度 r_1 和 r_2 排空，假定 $|r_1|<|r_2|$.

学生们可以从相对于时间的恒定变化率和线性关系的角度去理解问题（a）和（b），并且能够想象每个量随着时间的推移而发生的变化。但是问题（c）和（d）要求学生对高度和体积作共变，因为高度和体积都随着时间的变化而变化。学生需要创建体积和高度的乘法对象，这样即便他们只关注其中的一个量，他们也会一直意识到另外一个量也在变化。斯托尔维和维达科维奇分享了一个叫贝利的学生的见解，这种见解使得他理解了体积和高度之间的协变："因此，是的，体积和高度，它们作为一个整体在变化"（Stalvey & Vidakovic, 2015, 第 206 页）。他们还提到另外一个叫奥利弗的学生，他的思维体现了很多学生共有的困难：

> 注意到奥利弗在上段录音中描述体积的变化时并没有描述高度的下降。相反，他认为只是体积会减少。这表明奥利弗在协调高度和体积随时间变化而减少的两个独立过程时存在困难。（Stalvey & Vidakovic, 2015, 第 207 页）

贝利已经将体积和高度建构成了一个乘法对象，而奥利弗没有。斯托尔维和维达科维奇得出两个主要的结论：（1）协变量推理和 APOS 理论中有关函数的过程概念有关（后面我们会再讨论）；（2）当学生想象体积和高度分别随时间变化时，需要将体积和高度建构为一个乘法对象，以此帮助他们理解体积与高度之间的协变关系。我们注意到斯托尔维和维达科维奇（2015）有关瓶子的任务与

卡尔森等（2002）使用的涉及瓶子的任务有重要的不同。在要求学生们从协变角度思考体积和高度之前，斯托尔维和维达科维奇首先让学生们明确地将体积和高度各自作为时间的函数来考虑。而卡尔森等人没有先要求学生们分别将体积和高度作为时间的函数，因此学生们可以通过想象在经历的时间内装满瓶子来协调体积和高度之间的协变关系。

在另一项研究中，汤普森、哈特菲尔德、约书亚、尹和拜尔利（2016）报告了教师们在使用图 16.7 上边的那个任务进行教学时所给出的数学含义（Thompson, 2015）。这项任务在某种意义上是不常见的，因为它要求教师们针对动画来作出回应。作者们向来自美国（132 名）和韩国（368 名）的中学数学教师们展示了动画。

作者们投影了一个含有两个长条的影像（长 3.05 米、宽 2.29 米），每个长条落在直角坐标系里的一个轴上（图 16.7 上半部分）。两个长条的长度同时变化，每个都有一端固定在原点。水平条没固定的一端从左到右匀速运动，而垂直条没固定的一端则作非匀速变化。整个动画放映时间为两分，展示了六次完整的变化过程。在动画刚刚开始、还剩一分和还剩半分时，都会出现画外音来读出问题中的文本内容。

每位教师有一张答题纸（图 16.7 下半部分），可以在上面画图象。答题纸的内容包括了研究者所提出的问题、画出 u 值相对于 v 值图象的要求以及对图象所显示的 u 和 v 的初始值的说明。图 16.8 展示了一个精确的图象。

研究者们根据汤普森（2015）所描述的构建和验证的规则对教师们给出的答案进行了打分。该任务的评分规则主要关注教师所画图象里的两个方面：初始点的位置和局部极值的位置（不算端点）。

初始点位置的评分规则如下：

- 水平 A2：教师对初始点的定位使得 u 坐标和 v 坐标都在精确位置的 1 厘米范围之内。

- 水平 A1：教师将初始点定位在 A2 水平以外的区域，但 u 坐标或 v 坐标当中有一个是在精确位置的 1 厘米范围以内。

- 水平 A0：初始点的定位不属于以上的任何水平。

如下图所示，u和v的值都在变化。请绘制u值关于v值变化的图象。

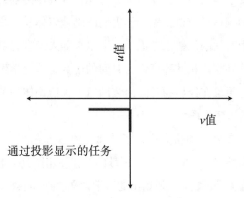

通过投影显示的任务

u和v的值都在变化。请在下图中绘制u值相对于v值的图象。下图显示了u和v的初始值。

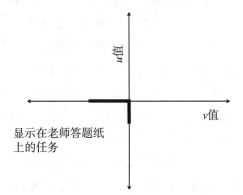

显示在老师答题纸上的任务

图16.7 用于评估教师协变推理的动画展示及教师答题纸

局部极值位置（不算端点）的评分规则如下：

● 水平B4：图象中有4个按从小到大顺序排列的局部极小值和3个按从小到大顺序排列的局部极大值。按从小到大顺序排列的极小值或极大值的意思是，例如，若u_i和u_{i+1}是两个相邻的局部极小值，那么$u_i<u_{i+1}$。

● 水平B3：图象中共有6到8个极值，其中极小值和极大值分别按从小到大的顺序排列。

● 水平B2：图象中共有4~5个或9~10个极值，其中极小值和极大值分别按从小到大的顺序排列。

● 水平B1：图象是单调递增的。

● 水平B0：图象不属于以上任何水平。

如下图所示，u和v的值都在变化。请绘制u值相对于v值的图象。

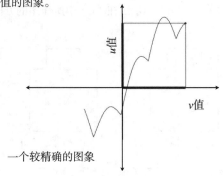

一个较精确的图象

图16.8 对应于图16.7所示的动画任务的精确图象

汤普森等（2016）对教师们所画初始点的位置和图象的形状分别进行了打分，以探究教师是否认识到他们所画图中的任何点都同时展现了两个值。答题纸上包括了两个长条的初始值，因此如果一位教师认为自己图中的点同时显示了两个值，那么对他来说就有必要用长条的初始值来画出图中的第一个点。

表16.1和表16.2分别给出了对韩国和美国教师的研究结果。汤普森等人进行该研究旨在强调：在协变过程中建构乘法对象在不同文化里有着相似的重要性。处于水平B4，B3或B2的答案里所包含的图象有精确的或半精确的形状。处于水平A0的答案对图形初始点的定位非常不准确。表16.1中的数据表明，对于韩国，只有18%的教师所画的图象初始点严重错位（水平A0）但同时有精确或半精确的形状（水平B2到B4），而67%的图象具有准确定位的初始点（水平A2）同时有精确或半精确的形状。与此类似，表16.2显示美国教师所画的图象中只有12%的图象的初始点严重错位同时有精确或半精确的形状，而52%的图象有准确定位的初始点并且有精确或半精确的形状。

汤普森等（2016）的主要兴趣在于探讨教师们在一种特定情境下使用的概念性操作，专家们通常将其视为在动态的情形中构建量的协变图象所需的基础。这种研究不仅仅是看教师们能否画出精确的图象。汤普森等人猜想，那些没有将成对的数值建构为乘法对象的教师在同时追踪两个量的值时会有困难。他们的结果证实了这一猜想。

表 16.1　初始位置和极值点个数（韩国）

确定初始位置时所展现的认知水平（韩国）	确定图象形状时所展现的认知水平（韩国）						
	IDK	B0	B1	B2	B3	B4	合计
IDK	3（100.0%）	0（0.0%）	0（0.0%）	0（0.0%）	0（0.0%）	0（0.0%）	3（100.0%）
A0	0（0.0%）	83（69.7%）	14（11.8%）	11（9.2%）	5（4.2%）	6（5.0%）	119（100.0%）
A1	0（0.0%）	39（41.9%）	12（12.9%）	16（17.2%）	10（10.8%）	16（17.2%）	93（100.0%）
A2	0（0.0%）	44（31.0%）	3（2.1%）	32（22.5%）	24（16.9%）	39（27.5%）	142（100.0%）
合计	3（0.8%）	166（46.5%）	29（8.1%）	59（16.5%）	39（10.9%）	61（17.1%）	357（100.0%）

注：单元格包含了回答者的数目和占行总数的百分比。"IDK"是"I don't know"（我不清楚）的缩写。

表 16.2　初始位置和极值点个数（美国）

确定初始位置时所展现的认知水平（美国）	确定图象的形状时所展现的认知水平（美国）						
	IDK	B0	B1	B2	B3	B4	合计
IDK	7（100.0%）	0（0.0%）	0（0.0%）	0（0.0%）	0（0.0%）	0（0.0%）	7（100.0%）
A0	0（0.0%）	56（67.5%）	17（20.5%）	4（4.8%）	6（7.2%）	0（0.0%）	83（100.0%）
A1	0（0.0%）	9（47.4%）	4（21.1%）	2（10.5%）	2（10.5%）	2（10.5%）	19（100.0%）
A2	0（0.0%）	8（34.8%）	3（13.0%）	2（8.7%）	4（17.4%）	6（26.1%）	23（100.0%）
合计	7（5.3%）	73（55.3%）	24（18.2%）	8（6.1%）	12（9.1%）	8（6.1%）	132（100.0%）

注：单元格中包含了回答者的数目和占各行总数的百分比。"IDK"是"I don't know"（我不清楚）的缩写。

汤普森等人（2016）声称，过去的研究往往过度解读了在两种情形下教师和学生们的概念性操作：当他们画出研究者认为合适的图象时，或当他们对一个从整体上反映了某种情境的图象作出解释的时候。汤普森等人将这个问题倒转过来问道：教师们是否明白，他们被要求做的是利用作图的通则和作者所提供的两个变化的量（其取值为图象上点的坐标）在笛卡儿平面上画图？

汤普森等人评论道，当他们分享关于图象初始点的定位结果时，他们经常听到"但这只是画一个点，你的任务中肯定有错误"这样的评论。他们在回应时指出，通常所认为的"画一个点"实则混淆了三种不同的认知活动。以下三种情况强调了他们之间的不同：

1. 已知一对坐标值（2，3），要求在笛卡儿坐标系中将其画出来。

2. 给定笛卡儿平面上的一个特定的点，问：它的坐标是什么？

3. 给定两个量的值，要求同时将它们的值表示出来。

前两种情况涉及已经学过的一些传统技能，如何画出一组给定数对所表示的点，或者如何在坐标系中估计一个点的坐标。第三种情况却非常不同。它没有提及坐标或坐标系的概念。人们必须确定在坐标系中定位一个点能否实现他想要做的事情——同时表示两个量的值。

像斯托尔维和维达科维奇（2015）一样，汤普森等人（2016）论证说，他们的研究结果突显了从两个量的值来建构乘法对象对于保持图象的协变意义的重要性。他们指出：表 16.1 和表 16.2 表明，很多教师没能把坐标是动画中两个量的取值的点作为乘法对象来构建。在韩国的样本中，33% 的教师对初始点的定位出现了严重偏差，而美国的样本中有 63% 的教师对初始点的定位出现了严重偏差。汤普森等（2016）的研究对象都是中学数学教师。在我们看来，这说明建构作为乘法对象的坐标对是极为重要的，而且在数学教育中，我们普遍地低估了它的难度。我们认为，很多学生之所以对图象作为协变量的记录产生理解上的困难，根本原因在于他们没有将图象上的点理解成同时表示两个测量值的乘法对象。

修正的协变推理框架

基于（1）卡斯特路–噶尔苏所区分的学生对一个量的值怎样变化的不同认识（离散的、段状连续的和光滑连续的），（2）有关学生对作为一个量的时间概念的研究和（3）理解乘法对象是发展协变推理的必要条件，我们能够以如下两种方式对前述的协变框架进行修订：

1. 将学生的变化推理与他们的协变推理区分开来进行处理；

2. 关注学生怎样调和由量的取值发生变化所产生的意象，同时考虑他们进行协变推理的方式和他们建构量的值的乘法对象的方式。

表16.3给出了一个建构变化推理的框架。它综合了卡斯特路–噶尔苏（2010，2012）对有关变化的光滑意象和段状意象所作的区分以及汤普森（2008b，2011）对连续变化的递归意象的建构。我们在本章中将其作为一个在进一步的研究中将得到使用和改进的框架呈现出来，而不是作为对变化推理的一种确定性的描述。我们揣测这些水平是发展性的，但我们将其留给未来的实证研究进行验证。协变推理在学生思维中发展的方式是一个极为重要的理论问题，需要后续的研究从不同的视角进行探讨。

我们想再次指出在我们对光滑连续变化所作的描述中的递归。我们并不是说一个用光滑连续变化思考的人自然会积极地进行无限的递归。相反，即使一个人正在进行变化推理，他也需要注意到这样一种潜在的需要：用完全一致的方式（即光滑连续的变化）去考察正在推理中的区间和其中更小的区间间隔。同时，我们也并没有说表16.3提供了一个学习进阶历程，也就是说在教学中没有必要先达到一个较低的水平才能再进到一个更高的水平。卡斯特路–噶尔苏等人（2013）指出，教师们应

表16.3 变化推理的主要水平

水平	描述
光滑连续变化	一个人认为某个量的或某个变量的（以后均用"变量的"）值是以区间的形式递增或者递减的（以后均称"变化"），而同时也意识到，在每个特定的区间里，变量的值是光滑连续变化的。这个人可能会想到变化的区间长度是相同的，但不一定。
段状连续变化	一个人认为变量值的变化是按固定大小的间隔发生的。间隔大小可能是相等的，但不一定。比如他可以想象，像放一把尺子一样，变量的值从0变到1，从1变到2，从2变到3，如此进行下去。0与1之间的值，1与2之间的值，2与3之间的值，依此类推，作为每段的一部分而一起存在——像尺子上的数一样——但是他不认为这个量也可以像取0，1，2等值一样取这些中间值。 段状连续变化不仅指一个人认为变化发生在整数量上。认为变量的值从0到0.25，从0.25到0.5，从0.5到0.75等（同时认为每段区间的数字都是一起存在的），和想象从0到1，从1到2等的增长一样，是一种段状连续变化的思考。
粗略的变化	一个人想象变量的值增加或减少，但是对于它在变化的过程中可能取的值只有一点点想法或没有想法。
离散变化	一个人认为变量可以取某些特定的值。这个人认为变量的值通过取 $a_1, a_2, ..., a_n$，从 a 变到 b，但是不认为变量在 a_i 和 a_{i+1} 之间取任何值。
无变化	一个人认为变量在某种情境下有固定的取值。它可能有一个不同的固定取值，但那不过是因为情境有了变化。
作为符号的变量	一个人将变量仅仅理解为一种与变化无关的符号。

该尽可能地在语言和行为上强调光滑变化。学生们将在他们想要的水平上进行推理。如果在某个时间点他们的协变推理达到最高水平，那么他们就自动获得了在其他水平上进行推理的能力。

表16.4展示了当前我们对于协变推理作为一个理论建构所持有的观点。它仍然强调了定量推理、乘法对象（汤普森）和对量的值的变化进行调和（康弗里、卡尔森），同时增加了个体理解量的变化的方式（卡斯特路-噶尔苏）。它也移除了变化率，使其不再是协变理论框架的一部分。对学生来说，虽然他们需要将变化率概念化以进行协变推理，但是还需要一些超出协变推理范围的概念化，比如对比率、商、累积和比例等的概念化。在本章后面讨论对教师和学生所进行的协变推理的研究时，我们会从多个角度探讨协变推理如何成为变化率概念的基础。

如同斯泰费等（1983）和卡尔森等（2002）一样，我们希望读者能以两种方式来理解表16.3和表16.4中的每个水平。研究者可以用它来描述一类行为，或者用它来刻画个体以变化或协变方式进行推理的能力。作为一类行为的描述符，处在不同熟练水平的个体可能会展现出框架中某个水平所描述的行为。例如，一个研究型的数学家，可能会对一个特定情境下的值进行粗略的协调，

因为这是在那个时刻处理那种情况时她所需要做的一切。然而，当框架中的某个水平被用来刻画一个人的变化推理和协变推理能力时，那就意味着使用者确信这个人在各种情境下都可以在该水平上进行可靠的推理，但是不能在更高的水平上进行可靠的推理。研究者们在采用这个框架的时候，应该注意使他们的使用层次清晰。

我们使用卡尔森等（2002）的瓶子问题来详细阐述每个水平的思维。处于"无协调"水平的学生会意识到，瓶子中水的高度会逐渐上升，或者更多的水被加到瓶子中，但是不会尝试协调瓶子中水的高度和加到瓶子中水的体积。处于"前协调"水平的学生意识到当往瓶中倒入一定量的水后，水的高度会上升。处于"粗略协调"水平的学生将协变描述为"高度随体积增加而增加"。处于"协调"水平的学生主要关注瓶中水的高度和倒入瓶中水的杯数，而不会考虑体积或高度的中间值。处于"段状连续协变"水平的学生会想象水的高度会伴随每次水的增加而增加，包括连续值之间体积和高度的所有值，但是不会意识到体积和高度实际上会取遍这些中间值。最后，处于"光滑连续协变"水平的学生认为水的体积和高度在每一个区间段都是同时光滑变化的，而且认识到在每个间隔内，水的量和高度都是光滑且连续地变化的。

表 16.4　协变推理的主要水平

水平	描述
光滑连续协变	认识到一个量或变量的值（以后用"变量"）的增加或减少（以后用"变化"）是与另一个变量值的变化同时发生的，而且认为两个变量是光滑且连续地变化的。
段状连续协变	认识到一个变量值的变化与另一个变量值的变化是同时发生的，并且认为两个变量是以段状连续变化的方式变化的。
量值的协调	对一个变量（x）的值和另一个变量（y）的值进行协调，以期创建一些离散的数对（x, y）。
量值的粗略协调	对一起变化的量值形成了粗略的意象，例如，"这个量增加时那个量减少。"但是没有意识到量的个别值也是一起变化的，而是认为两个量值的总体变化是松散的、非乘法性的联系。
量值的前协调	认为两个变量的值会变化，但不是同步的——一个变量先变化，之后第二个变量变化，之后又是第一个变量变化，依此类推。不会建构作为乘法对象的数对。
无协调	对变量会同时变化没有意象，仅关注其中一个变量的变化而不会对变量进行协调。

另一个关于协变推理的不同水平的例子来自卡斯特路–噶尔苏（2012）。他分享了九年级修读代数1的学生对如下题目的回答：

> 我想要存钱买一个大屏幕的电视。我决定从每月薪水中拿出55美元放入电视存款基金。发了4次薪水后我共有540美元。画一个图象来表示在（我开始为买电视存钱后的）前8个月中我每一刻存了多少钱。请注意思考在两次发薪水之间，我存了多少钱。（Castillo-Garsow，2012，第56页）

卡斯特路–噶尔苏报告了三种类型的学生答案。一种是在连续几个月份的上方画点。这最多说明了离散的协变。第二种与第一种一样，画了同样的点，但点与点之间用线段连接了起来。这最多说明了段状连续协变。我们说"最多"是因为学生可能只是简单地把点连接起来，因为他们认为这是画图时应该做的。第三种学生答案如图16.9所示。虽然该图是不连续的，但我们还是认为该学生对电视账户总额与时间的关系的概念化已经达到了光滑连续协变水平。卡斯特路–噶尔苏指出，卡罗尔（画这个图的学生）认识到，电视账户在每个时刻都有一个值。他还观察到，"卡罗尔的解法表明，尽管存款事件是离散的，但是它们所发生的时间是连续的"（Castillo-Garsow，2012，第58页）。卡罗尔考虑到了在任何两次存款中间的所有时刻（包括月尾）的账户余额。

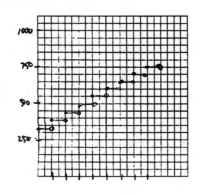

图16.9　显示了光滑连续协变的电视存款账户的图象

这里所提供的框架侧重于变化、协变和乘法对象。因此在考察量的协变含义时，必须注意学生如何思考量值的变化以及他们如何将量的值统一起来。我们也强调

变化和协变推理是复杂的认知行为，是学生、教师、研究者可以在不同熟练水平上进行且具有多种意义的活动。当读到一篇用到"变化"（vary，动词）、"变化"（variation，名词）或"协变"等词语的研究论文时，应即刻思考作者这么说的意义以及他们赋予其研究对象的是哪种认知能力。同时也要思考作者是用"变化"和"协变"描述一种思维活动还是刻画推理者的思维特点。而且，当读到描述变化或协变情境的研究时，需要思考："从谁的角度来看，情境中涉及了变化或协变？其含义是什么？""是从研究者的角度来说该情境涉及了变化和协变，还是从研究者所宣称的学生的角度？"

协变意义上的函数

我们现在从协变的视角来讨论函数概念的问题。在检视了Endnote数据库中129篇同时包含"协变"与"函数"的文献后，我们发现了很多含有"以协变方法来学习函数"和"函数的协变意义"等词语的文章，多到无法全部列举。但是我们并没有发现一篇从协变的视角来定义函数概念的文章。大多数的文章使用了"函数"与"变化"这两个字眼，却没有进行具体解释。少数文章提到欧拉所作的描述，"如果……一些量以这样的方式依赖于其他量——如果后者发生改变，前者自身也会发生改变，则称前者为后者的函数"（引自 Rüthing，1984，第72~73页）

由此我们给出一个基于协变推理的函数定义。我们这样做是希望将来的研究能够在一个共同的含义基础上进行。

> 从协变的角度来说，函数是关于同时变化的两个量的一个概念，它们的值之间存在着一种不变的关系，这些值具有这样的属性：一个量的每一个值都会唯一确定另一个量的一个值。

函数的上述含义避免了从因果关系的角度使用自变量和因变量这些固有术语。什么是独立的，什么是依赖的，将完全取决于个人对情境的理解和他们对依存

方式的想象，如果他们想象到了依存关系的话。我们说"如果他们想象到了依存关系的话"，包含了这样的情况：他们不认为一个量的值是由另外一个量的值所产生的，而是认为这两个值只是同时发生。与此同时，我们赞同皮亚杰、布莱斯格里兹、斯门明斯卡与邦（1977，第167~196页）的观点：一个人在考虑一个函数时，这个函数至少表示了一个量与另外一个量之间最起码的依存关系，即使这只是因为她先考虑一个量值，然后再考虑另外一个量值。在此我们简单地补充一点：正是通过协变，才使得这个人的思维中量与量之间的依存关系具体化为量的取值之间的不变关系。

需要注意的是，我们说函数是一个概念。函数关系存在于一个人的思维中，因此，一个被构建的函数的本质是相对于构建它的人而言的。还应注意的是，我们没有具体说明一个人理解量值变化的特定方式，也没有具体说明一个人建构协变概念的方式。当研究者或教师声称某人将数量之间的一个关系建构为函数时，他们必须描述这个人是如何构建量值的变化和协变的方式的，否则其论断就是模糊的。此外，研究人员必须描述此人所构建的定义域和值域（这个人想象的量或者变量的取值），而这些也取决于构建函数的个人。

这里也要澄清一下我们认为的"不变关系"是什么。我们的意思是，在一个构建函数关系的人的头脑中，同样的关系在原则上可以用于根据他认为的自变量的值来确定他所认为的因变量的值。这个关系可以是定性的，没有任何特定的规则，例如，"简从她出生后的每一个时刻的高度。"这个关系也可能是分段的，例如，"一棵树前两年以每年3米的速度生长，随后的5年以每年2米的速度生长"，树木的生长速度与时间之间的不变关系是，"如果……那么树的生长速度是每年3米，或者，如果……那么树的生长速度是每年2米。"整个表述就是时间与树的生长速度之间的关系。当然，将分段关系作为一个关系的想法对于学生而言是不简单的。

协变意义上的函数思想，用现代语言来说，无异于函数的参数定义。在这里，常规意义上所使用的"参数"，与一个量在一种情况下为常数但在不同情况下可以取不同值的想法是有差异的。相反地，在这里它被当作

变量使用，但它没有被与坐标系中的轴联系起来。它类似于弗赖登塔尔（1983）、德林维斯（2001，2002）和基恩（2007）等所说的"变量尺"，但在人们的想象中，它是自行滑动的，不需要人为干预，就像一个值可以变化的量一样。就量之间的关系而言，每个量都有一个存在于概念时间中的值，概念时间明确地存在于这个人的意识中。这样，量的值之间的协调就像形成数对 $[x(t), y(t)]$，其中 t 代表概念时间的值。我们对经验时间与概念时间的区分如下：经验时间是对正在流逝的时间的体验，而概念时间是测量所得的时间长度的意象。我们称"测量所得的时间长度的意象"，在于消除这样一种误解：他实际上是在对一个事件进行计时。相反地，我们说的是某人想象一个量在不同的时刻有不同的值，而且认为那些时刻是连续而有节奏地发生的。

正如基恩（2007）、斯托尔维和维达科维奇（2015）所讨论的，像上面所描述的那样，从参数的角度考虑协变，比函数的标准含义更加具有普遍性。一方面，如果有人想象被协调的量取值为 $[x(u), y(u)]$，其中 $x(u) = u$，这就是函数的标准含义，即两个量的值之间是"改变–依赖"的变化关系（Johnson, 2012a, 2012b, 2015）。然而，协变的更为普遍的含义支持了以非标准方式去考虑协变的量，比如把圆看成一个函数的图象。实际上欧拉就这么做过，他将圆的函数定义为 $[x(t), y(t)] = [\cos(t), \sin(t)]$，$0 \le t < 2\pi$。我们也可以与学生讨论这样一个有趣的问题，"我们说 $0 \le t < 2\pi$，那么我们会得到圆上所有的点吗？"

基于乘法对象的函数的协变含义能够让学生产生更加令人惊讶的见解。例如，图16.10展示了函数 $t \mapsto [\sin(4\pi t), \cos(3\pi t)]$，$0 \le t \le 1$ 图象的两个视图。图16.10左边显示的是 $(\sin(4\pi t), \cos(3\pi t))$ 在二维直角坐标系中的图象。t 的值没有在图象中显现出来。图16.10的右边显示的是 $(\sin(4\pi t), \cos(3\pi t), t)$ 在三维直角坐标系中的图象，其中 t 的值在一个数轴上被明确地表示出来。在这两种情况下，当 t 的取值从0变到1时，t 的每一个值都会生成对应的图象上唯一一个点的坐标。

当学生将函数理解为不变关系时，他们不太可能

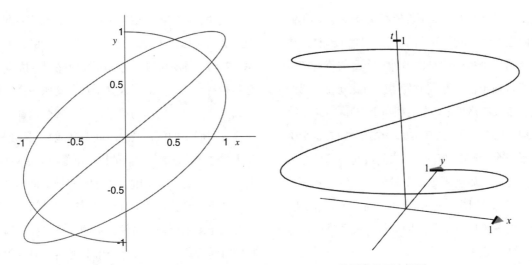

图 16.10 [x(t), y(t)] = [sin(4πt), cos(3πt)], 0 ≤ t ≤ 1 的图象的两个视图

想到将函数图象看作一个形状。使用"垂线法则"来判断一个图形是否为函数的学生会说图16.10左边显示的"不是函数的图象",或更可能说,"这个图形不是一个函数"。这个例子与穆尔和他的同事称为静态形状和自然发生的形状的思维是高度关联的(Moore, Paoletti, & Musgrave, 2013; Moore & Silverman, 2015; Moore & Thompson, 2015)。静态形状的思维是指完全通过在图象的形状和函数的属性之间建立关联来对函数的行为进行严格的推断。自然发生的形状的思维则是把图象解释为已发生协变的变量的自然轨迹。

最后,我们通过强调什么时候协变推理最能进入我们的思维来结束我们关于协变推理的讨论。与定量推理类似,协变推理是关于如何理解情境的。当一个人在制定策略以同时跟踪多个数量的值时,他的协变推理发生得最强烈。实施这样的策略,不管是毫无瑕疵的还是有问题的,都是协变推理的表现。在一个人在行为中将协变推理表现出来之前,协变推理就已经在他的思维中发生了。

关于情境中的变化与协变推理的研究

关于变化与协变推理的研究大多针对学生与教师对概念的理解而非协变推理本身。协变推理为要研究的思想提供了背景信息,但研究重点却在其他的问题上。我们将这些文献分为变量、代数、指数增长、微积分和三角学等领域。我们讨论其中的一些研究,因为它们可以阐明协变推理促进学生或教师的数学思维发展的各种方式,也就是说这些研究为我们理解人们如何对研究中所涉及的概念进行推理作出了积极的贡献。我们也会讨论其他的研究,因为它们阐明了教师和学生对某个观点的认知困难,而且我们认为协变推理的理论可以为他们的困难提供一些可能的解释。

变量与变化

弗赖登塔尔(1982)描述了在数学中为消除他所谓的变量的动觉意义(即变量是在变化的这一思想)所进行的探索:

一些惯用语,比如……点P在平面S上移动、元素x遍历集合S……见证了"变量"的运动直觉层面上的意义。的确,在过去的半个世纪中,这些惯用语被纯粹主义者所禁止……那么,只有当一个人曾经有过这种涉及动觉的想法,学会如何使用它然后消除它,他才可以停止使用这样的词语。(第7~8页)

许多关于学生对变量理解的研究证实了弗赖登塔尔的观点。学生如果在一开始没有形成变量是可以变化的想法，就不可能形成对变量的更丰富的理解。詹维尔（1996）与卡朋特（1994）较早提倡在研究和实践中应更多地注意让学生们认识到变量的值是变化的。然而，学校数学文化侧重于静态的变量。例如，怀特与米切尔莫尔（1996）报告了他们为促进一年级修读微积分的学生对导数的理解所做的努力。他们的干预失败了，他们解释说这主要是因为学生静态地理解变量，例如，把变量理解为一些可以按程序进行运算的符号或者未知量的表示符号等。学生不认为变量是表示取值可以变化的量的符号。当学生静态地看待变量时，他们无法想象包含变量的表达式可以表示可变化的数量之间的关系，这使得他们无法将符号表达式看作表示了一个量相对于另一个量的变化率。怀特与米切尔莫尔猜想，在学校教育中，变量总是静态地被呈现，学生对变量的静态观念不过是这种现象的副产品。类似地，洛佩兹-格等（2015）指出，变量的静态观念也是物理系学生使用微积分对物理现象建模时遇到的诸多困难的根源所在。

特里格罗斯和约司尼（1999）对墨西哥学生开展了一项横向研究（37名初中生、30名高中生、31名大学新生）以考察"变量概念是怎样通过学校教育发展的"（第273页）。他们使用了三种类型的问题——变量作为未知数（U型问题）、变量作为一般意义的数（G型问题）、变量作为可变化的取值（V型问题，他们也称这种类型为"函数关系"）。跨越不同年级来看，能够给出正确答案的学生平均数在不同类型的问题上呈现出不同的趋势。随着年级的升高，能够正确回答U型问题的学生数目呈现上升的趋势；在初中各年级，能正确回答G型问题的学生数目呈下降趋势，到高中各年级又呈上升趋势，而在大学阶段又有下降趋势；从初中一开始直到大学阶段，能正确回答V型问题的学生数目呈下降趋势。我们应该指出的是，不管哪种类型的问题或者趋势，平均正确率都只介于20%和40%之间。对V型问题的回答趋势最惊人。没有学习过代数的学生的平均正确率最高，而且年级每升高一年，平均正确率都会下降——即使是在已经学了解析几何或者微积分的年级。

特里格罗斯和约司尼的问题类型很好地对应了我们之前描述的汤普森所提出的关于符号的定量使用的三种

含义。作为未知数的变量反映了类似于将符号看作表示常数的认知过程，作为一般的数的变量反映了类似于将符号看作具有参数意义的认知过程，而在函数关系中的变量反映了类似于将符号看作一个可变化的量值的认知过程。约司尼和特里格罗斯（2001）报告了他们在一门代数入门课程中进行的干预实验，其重点是让学生认识到符号在不同的情境中所表示的不同意义。这个实验产生了积极的影响。干预实验的一个方面似乎是帮助学生避免思考变量的两个相反的含义，如在方程中变量是常数，但在函数中变量是变化的。我们也看到他们的干预实验强调让学生将符号用作定量推理的辅助工具，这方面两者非常一致，我们将在下面进行更加充分的说明。

代数中的定量推理和协变

穆尔与卡尔森（2012）解释了变化和协变推理在学生对动态情境进行建模过程中的重要性。他们汇报了对微积分初步课中的9个学生在解决文字题时的定量想象所进行的诊断性研究。在微积分初步教材与微积分教材中常有下面的问题：

> 用一张11英寸×13英寸的纸，在纸的每个角减去一个大小一样的正方形，然后将边折起来，就可以形成一个盒子。通过使用减去的正方形的边长，写出该盒子的体积公式。

穆尔和卡尔森指出，所有9个学生对于写出合适的公式都存在困难。他们将这些困难归结于学生对所描述的情境中做盒子所涉及的量及其之间的关系所产生的有诸多缺陷的意象以及他们对所使用的符号赋予的静态涵义。图16.11描述了一个叫特拉维斯的学生的推理。特拉维斯画了一个合适的图，其中显示了要被剪去的四个正方形，并将一个正方形的边长标为"x"，然后写出了公式 $V=13 \times 11 \cdot x$。他解释说，要剪去的正方形的长度是变化的，但没有说这个盒子的长度、宽度或者底将随着 x 的改变而改变。穆尔和卡尔森解释说，研究者所提出的试探性问题帮助学生们将盒子的高、底的宽和长等数量概

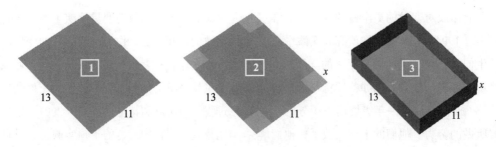

图16.11　特拉维斯关于盒子问题的思考

念化，并想象它们的值都随着剪去的图形的宽度变化而变化。学生们的困难因此都得到了解决。

　　穆尔与卡尔森的例子说明了定量推理对创建符号表达式的作用。这些表达式是描述量与量的值之间关系的数学模型。当学生们将某种情境概念化为一个定量的结构时，他们就有了机会去想象有约束条件的变化——他们所构想的量与量的值之间的关系既在约束也在支持他们想象这些值的变化的方式。

　　关于盒子的问题，穆尔与卡尔森的学生们开始意识到底的宽度会受到限制，这是因为要形成这个底，纸的长度要被减去两个正方形的边长，纸的宽度也要被减去两个正方形的边长。他们还发现，为最终构造出盒子，所有的四个正方形必须具有同样的边长。正如汤普森（2011）所指出的，一旦学生能从定量结构角度来想象一个情境，她就能将信息进一步拓展，发现如何根据该结构所隐含的算术或代数表达式来计算该结构中的量的值。例如，学生们明白了盒子的底长等于纸的长度减去所剪掉的正方形的边长（图16.12），他们用"x"来表示正方形的边长。然后学生们发现，他们可以拓展这些信息，得出底长为 $13-2x$，底宽是 $11-2x$，底部面积是 $(13-2x)(11-2x)$，这样他们就能用表达式 $x(13-2x)(11-2x)$ 来计算盒子的体积。

　　图16.12展示了构成盒子的各个量之间的有约束条件的变化图像。随着 x 值的变化（即随着每个正方形的边长变化），盒子的高度和底的宽度和长度也会相应地发生变化，这从表达式中 $V=x\overset{\text{底长}}{(13-2x)}\overset{\text{底宽}}{(11-2x)}$ 得以体现。

　　最后，学生们对盒子作为一个定量结构的概念化支持了他们对量与量的值之间协变关系的意象。学生们不仅只想象从不同大小的纸剪掉不同大小的正方形所得到

的一系列盒子。相反地，他们想象在一张纸上剪去边长变化的正方形，得到一个盒子，其形状随着剪去的正方形边长的变化而连续地变化。由于剪去的正方形的边长光滑变化，盒子的体积也会光滑地变化。

　　原则上，能根据数量及其之间的关系来想象一个情境，为学生们将协变当成有约束条件的变化而进行推理提供了基础。学生们也可能对量进行静态的推理，从而建立起某个情境的定量结构，然后想象其中一个量的值发生改变，其他数量的值将根据他们所想象的数量关系作相应的变化。它也给西蒙（1996）所谓的变换推理（或者说以"系统如何运作"的意象为基础进行的数学思考）提供了基础。

　　值得强调的是，在穆尔与卡尔森（2012）的研究中，那些构建了有效公式的学生们最初是把 x 当成参数去使用的。剪去的正方形最初有一个未知的边长，但是对于不同的盒子，这个边长可以不同。后来，那些寻找能产生最大体积的 x 的值的学生们对 x 的理解从参数转为了变量。学生们想象边长增加或缩小，也想象盒子的其他部分会相应地改变以便保持他们最初所想象的数量关系。这就是我们之前所说的，只要能将一个情境构思成一个定量结构，就能想象出量与量之间的函数关系。即使结构内量的值发生变化，量之间的关系也会保持不变。

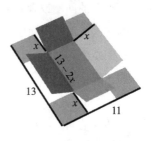

图16.12　随着 x 的值的变化，观察各个量的值如何彼此关联

指数增长和协变推理

尽管我们不能一一关注涉及协变推理的每一个概念，但此处我们将对指数增长单独进行讨论。这是因为，研究者们曾试图论证连续协变推理是对自然现象进行建模所需的思维基础。而这种理论尝试却在应对指数增长这个概念时产生了困难。如我们在早前提到的，通过解释将指数增长概念化的不同方式，康弗里的课题组提出了协变的概念。他们令人信服地指出，从课程与教学的角度来看，所有的增长都是加法性的这一观念既不符合历史的轨迹，也对概念的发展无益。但是，康弗里和史密斯并没有说清楚如何才能将光滑的指数增长概念化。在他们对指数增长所建立的几何模型中，如果要实现 $y_{i+1}=ry_i$ 增长（其中 r 是一个和自变量的相同大小的单位上的百分比增长因子），相关量的取值必须是连续不断的。

为了理解成指数增长模式的值之间发生了什么，斯特罗姆（2008）提出了局部增长因子的概念，也就是说，如果一个量在一个时间间隔内按几何级数增长了 m 倍，那么它在该间隔里的每个 n 等分区间上增长了 $m^{\frac{1}{n}}$ 倍。埃利斯、奥斯卡、库洛夫、威廉姆斯和阿米登（2012，2015）将局部增长因子的概念用作对3个八年级学生所进行的研究的设计原则。埃利斯等人主要通过使用局部增长因子来解决如何帮助学生思考指数函数自变量的两个取值之间的函数值的问题。局部增长因子的想法来自对幂和方根之间的逆运算关系的理解。如果一个指数函数在一个区间上增加了 m 倍，则在每个 n 等分区间内将增加 $m^{\frac{1}{n}}$ 倍；如果一个函数在 n 个相等的子区间中的每个子区间上都增加了 p 倍，那么它将在整个区间内增加 p^n 倍。一旦个体可以在头脑中操作这种关系，即对于所有的自然数 m 和 n，$(m^{\frac{1}{n}})^n=(m^n)^{\frac{1}{n}}=m$（$m>0$），这种互逆关系就建立起来了。然而，斯措姆和埃利斯等人发现教师（斯措姆的研究中）和学生（埃利斯等人的研究中）很难想象时间和增长之间的协变关系，即随着时间在区间内光滑地改变，在各个区间的末端发生了几何式的增长。即便研究对象已经明白了幂和根之间的互逆关系并将时间作为一个独立的量抽象出来，这种困难依旧存在。

埃利斯等（2015）对3个八年级学生的研究集中于动态的 GeoGebra 作图。学生们将一株仙人掌放在时间轴上的不同位置。当学生们把仙人掌从时间轴上的一个位置移到另一个位置时，仙人掌的高度将发生指数变化。学生们的任务主要是，当把仙人掌移到时间轴上的不同的位置或者在时间轴上向前或向后移动几个星期时，预测仙人掌的高度。我们认为，在埃利斯等人（2015）的研究中，至少有一名学生（尤迪提）可以理解当时间变化时，仙人掌的高度光滑变化的过程。当埃利斯问尤迪提它们之间的关系，而不是具体的值时，她最终勾勒出了一些光滑的、定性的图象。但是尤迪提在思考已计算出的值之间的光滑变化时遇到了困难。她已经从计算活动中概括出了计算某个特定时刻仙人掌的高度的公式 $h=ab^x$，其中 h 是仙人掌的高度，a 是仙人掌的初始高度，b 是增长因子，x 是从测量开始的星期数或者一星期的一部分。我们猜测，尤迪提仍然倾向于根据实际确定一个值时所涉及的计算活动来思考 ab^x。也就是说，她仍然有一个对 ab^x 的操作性理解的痕迹，还需要对它构建一个过程性的理解（Breidenbach, Dubinsky, Hawks, & Nichols, 1992; Dubinsky & Harel, 1992）。也就是说，尤迪提根据她可以真正用来计算特定值的一系列含义和操作来思考 ab^x。然而，她给出的解答表明，她的思维已经接近于将 ab^x 看成她操作的结果。我们猜测，如果尤迪提已经具备了对 ab^x 的过程性理解的话（即把它视为能够计算出来的值），那么在她想象时间光滑地变化时，她可能已经开始认为 ab^x 是连续地表示高度值的了。

通过考察尤迪提的个例，我们想强调对用符号所表示的函数进行的推理和协变推理之间的一般关系。尤迪提已经接近突破点这个猜测源于汤普森（1994c）和欧尔曼、卡尔森和汤普森（2008）所提出的一个猜想：为了使学生们能以协变的方式思考一个由对应法则所定义的函数，学生们必须首先建立对该法则的过程性理解。我们认为这个猜想构成了联系以下两类研究的潜在基础：（1）关于学生的定量和协变推理的研究，（2）过往关于学生对函数的对应说定义的理解所进行的研究。

微积分和三角学中的协变

　　协变推理对学生在学校各个学段概念化函数关系都很重要。不过，在本章的有限篇幅里我们无法对此给予具体的论证。我们集中讨论微积分和三角函数中的协变推理，以此来强调那些对中小学教育阶段的学习有重要意义的思维方式。我们并不是说所有的学校数学都必须为学生的微积分学习做准备。相反地，我们只是声称微积分的思想是建立在我们希望学生在学校学习的数学基础之上的。更简单地说，学习微积分需要12年的时间。

　　拉森、马洛格尔、波尔撒德和格雷厄姆（2017，本套书）解释了对微积分学习的研究历史。他们指出，早期对微积分学习的研究发现了学生理解微积分的方式中所存在着的各种各样的缺陷。其中一项研究对于本章的写作目的尤为重要：卡尔森（1998）针对学生对函数概念的理解所做的横向研究。这项研究包括了一些解题任务，用于揭示学生如何对函数定义域上的区间内两个量之间的变化进行协调。她的样本包括了刚刚完成微积分2荣誉课程的学生。基于蒙克（1992）和卡珀特（1992）的工作，她的研究里所使用的一些解题任务需要学生考虑和表示在现实情境下两个量如何一起改变（例如，随着梯子底端离开墙，描述靠墙的梯子的高度如何变化），另有一些任务要求学生解释在函数定义域里的某个区间内图象的变化率。研究发现，修完微积分2荣誉课程的学生无法画出球形瓶中水的高度随加入瓶子中水的体积变化的精确图象，而且也不能描述体积的变化对高度变化的影响（Carlson, 1998, 第123~126页）。从一个上凹或下凹的图象可以获知，他们对一个情境中的两个量如何在函数的定义域的区间内一起变化的理解也很薄弱（第117页）。以优异成绩修完微积分2荣誉课程的学生无法解释和描绘动态的情境，卡尔森通过报告这一事实而刻画了他们的这种弱点（第138~139页）。

　　学生们对水瓶问题的书面解答包括了这样几种图象：严格上凹的图象、严格下凹的图象、一条递增的直线和一个基本正确的先下凹再上凹、最后在右上方呈直线型的图象。对五名学生的事后访谈更为深刻地揭示了学生们在理解方面的误区：一个画了严格上凹图象的学生指出瓶中的水会越来越高，而那位画了递增直线图象的学生对其图象的解释是高度会一直增加。少数几个画出了正确图象的学生给出了各种不同解释。其中一个学生考虑的是瓶中水的体积发生等量变化时水的高度怎样变化。另一个学生考虑了要得到连续的等高变化所需添加的水量。还有另外一个学生则比较了水面处于瓶子的下半部分和上半部分时水的高度和体积同时改变的相对速度。

　　卡尔森（1998）的发现支持了如下观点：协变推理既是以代数方式定义函数关系的基础，也是作图表示涉及连续变化现象的动态事件的基础，这些都是微积分初始阶段常见的应用问题。恩格尔克（2007）的研究进一步证实了该项研究结果并将其拓展到微积分初始阶段的相对变化率问题。

　　关于从定量和协变推理的角度建立微积分，包括微分方程在内的微积分的思想体系可以由以协变推理为核心的两个基本问题构成：

　　　　1. 你知道了一个量在每个时刻的变化速度，然后想知道在每个时刻此量的大小。
　　　　2. 你知道了一个量在每个时刻的大小，然后想知道它在每个时刻的变化速度。(Thompson, Byerley, & Hatfield, 2013; Thompson & Dreyfus, 待出版）

　　这些基础问题蕴含了变化率、累积和函数关系等思想。那些能将它们结合在一起形成一个统一图式的思维方式就构成了微积分基本定理（Bressoud, 2011; Carlson, Persson, & Smith, 2003; Schnepp & Nemirovsky, 2001; N. Smith, 2008; Thompson, 1994a, 1994b; Thompson 等, 2013; Thompson & Silverman, 2008）。光滑连续的协变推理是上述所有思想和定理的基础。

　　恒定变化率的概念需要考虑两个同时积累的量，使得不论各自的大小，它们的增量是保持恒定比例的。学生们需要在初中就建立这样的思考方式，以便在高年级学习量与量之间的函数关系时使它具体化。一种函数具有非恒定变化率的概念实际上是由诸多更加细微的概念构成的：该函数在其自变量的一些小（无穷小）区间内有恒定的变化率，但在不同的无穷小区间内，函数有不同的恒定变化率。

变化率函数 r_f 的含义是：每个 $r_f(x_0)$ 的值都是累积函数 f 的值在 f 定义域内的某一时刻 x_0 的变化率。"某一时刻 x_0"的意思是一个包含 x_0 的足够小的区间，使得 $r_f(x_0)$ 在这个区间内的取值基本不变。这也意味着在这个区间内，累积变化可看作是线性的。

累积函数 f 的值 $f(x)$ 可以通过函数 r_f 得到还原，如果（1）已知 $f(a)$ 的值，即知道函数 f 在定义域内某个值 a 的函数值，作为累积函数的起始值；（2）当 t 的值从 a 到 x、以长度为 Δt 的小区间平滑变化时，函数值会发生细微的变化，将这些变化进行求和。当 dt 在半开区间（$0, \Delta t$] 中反复光滑变化时，累积变化片段 df 本身也会发生变化。相对于 dt，微分 df 以恒定变化率 $r_f(t_i)$ 变化，这里的 t_i 是每一个区间的左端点值。更简洁地说，即为 $df = r_f(t_i)dt$，$0 < dt \leqslant \Delta t$。简而言之，这是积分理论，它建立在由恒定变化率、累积、函数和光滑连续的协变等组成的思想体系上。

当给定累积函数 f 的每一个值时，将这个过程倒转过来，就可以推得变化率函数 r_f，这就构成了微分理论。汤普森等人（2013）以及汤普森和德莱弗斯（待出版）描述了一个完全基于这些思想而建立的微积分课程。该课程的设计核心在于定量推理、光滑连续协变以及累积和变化率之间的共生关系。正如拉森等人（2017，本套书）所讨论的，汤普森和德莱弗斯（待出版）提供的实证证据表明，将微积分的重点植根于协变推理有利于学生的学习，其作用是传统的、以极限为基础、以互不相关的方式建立导数和积分的方法所不能提供的。

要掌握这些思考微分、积分及其有机关系的方式，学生们必须能够理解变量是光滑连续地变化的，它们在很小的区间内也是变化的，而且这种变化也是光滑连续的。学生们也必须建立起函数的概念才能用上述几种方式对以符号表示的函数进行思考，因此他们对函数对应法则的理解就必须达到过程性的理解。如果学生在微积分中才第一次遇到这些思维方式，他们不太可能会学好微积分。要充分领悟微积分的意义，学生们必须能够将他们在中小学数学学习过程中所构建的理解应用到微积

分中，同时创建一个能把它们从符号角度统一起来的图式。他们必须在中小学阶段就开始建立有关光滑连续变化和协变、恒定变化率这样的概念和对函数对应法则的过程性理解。

我们需要在这里马上补充一点：如果微积分课程强调的是对程序和规则的记忆，那么这些有关变化率、函数和协变的思考方式对于学生学好微积分就不是必需的。这样的微积分课程需要一套完全不同的技能，但是它们对于帮助学生们建立起概念性的基础是没有实质性意义的，因为数学家的概念性基础（例如，极限、函数、瞬时变化率）并不是学生们所需要的概念性基础。相反，学生们的任何理解都是基于他们根据自己记住的常规套路所能解决的问题。那些在协变推理的基础上所产生出的微积分的意义，也非常符合一些科学教育工作者抱怨学生在数学学习过程中缺乏的思维方式（Czocher, Tague, & Baker, 2013; Martínez-Torregrosa, López-Gay, & Gras-Martí, 2006; Osgood, 1907; Von Korff & Sanjay Rebello, 2014）。

三角函数也在微积分的学习、特别是应用方面，起着重要的作用。然而，三角函数概念植根于学习者对自变量的理解以及对自变量连续变化的理解。如果学生们（或教师）从三角形的角度来理解三角函数并且根据 SOH-CAH-TOA（正弦是对边比斜边等，助记口诀在美国是非常常见的）来学习正弦、余弦、正切等，那么学生（或教师）就会很难理解这些思维方式。当学生们将正弦、余弦和正切作为 SOH-CAH-TOA 来学习时，对于他们而言，正弦、余弦、正切就不是函数。或者，如果学生们的确认为正弦等像一个函数，那么它们都是以三角形为自变量的函数（Bressoud, 2010; Thompson, 2008a）。三角形三角学和三角学中的三角函数的主要区别在于：三角函数将角的测度作为自变量，因此要有效地理解三角函数，学生必须对角的测量有一个恰当的理解。

直到最近，由于穆尔（2010, 2012a, 2012b, 2014）的研究，角的测量值作为三角函数的自变量才成为研究学生如何理解三角学的课题之一。穆尔明确指出，定量推理（例如，"当你测量一个角时，你究竟在测量什么？"和"$\sin(x)$ 中的 x 代表什么？"）和协变推理（例如，"哪

些量协变时会产生一个正弦函数图象？"）是学生们有效理解三角函数的核心。

穆尔首先说明，他所在的高校里的大多数数学教育专业本科生都无法回答像我们的例子中的问题——不是因为他们不知道答案，而是因为这些问题在三角形三角学中根本就没答案，而三角形三角学正是学生们所理解的三角学。穆尔随后证实，当学生们将角度的测量值理解成一个相对的弧长（将这个角当作圆心角时它所对的圆弧；用一个与圆的周长成正比的单位进行度量所得），并且能从协变的角度思考三角函数（当角度测量值变化时，它的正弦、余弦和正切值也会发生变化）时，他们就能有效地理解三角函数。穆尔所谓的"有效地理解三角函数"，意思是学生们可以回答"在'$\sin(x)$'中'x'表示什么？为什么它的图象是那样？"等问题。他们也能解释为什么角度和弧度之间的转化方法类似于英尺和米之间的转化，他们可以解释为什么在直角坐标系和极坐标系中函数的图象是相同的，他们也可以用三角函数去建立周期现象的模型。最后，他们明白，三角形三角学里的函数是定量的和协变的三角函数的特殊情况。换句话说，学生们定量地理解角度测量，协变地理解三角函数，使他们能深入地、连贯地思考三角学，而这在他们把三角学理解为关于三角形的内容时是不存在的。

我们要强调的是，即使是三角函数的教学，能够促成学生有效理解的思维方式都必须从中小学数学开始培养。当学生在低年级第一次接触到测量角度这个概念时，这个概念应该以定量的方式被引入。教师可以提这样的认知方面的问题："我们可以对角度进行哪些测量，以确定一个角是否比另一个角张得更开？我们应该如何测量？"在中学阶段，可以通过相似这个概念引入三角形三角学，这有助于学生建立这样一个观念：角度的测量值在用来测量它的张开度的不同大小的圆之间是不变的。强调角度的测量值是相应的圆心角所对的弧长，这也为学生们理解这样一个事实奠定了基础：角度（一个圆周长的三百六十分之一为1度）和半径长度是测量相对弧长的两种等价的方式（正如英尺和米是测量绝对长度的等价方式一样）。最后，聚焦于将角度测量值定义为相对弧长，为帮助学生将角度测量值理解为光滑而连续地变化提供了一种教学方法。换句话说，在小学阶段就注重为学生在将来建立起对三角函数的一致性理解作准备，可以使得他们对小学数学的理解更为清晰连贯。

基于协变视角来看关于学生和教师函数概念的研究

斯泰费及其同事（Steffe 等，1983; Steffe & Thompson, 2000）区分了两个概念："学生的数学"（students' mathematics）和"学生数学"（mathematics of students）。"学生的数学"是一个人假定的学生们所具有的数学事实，但这些是外人（如研究者）完全无法观察到的。"学生数学"是研究者们所创造的、希望能对思考"学生的数学"可能是什么提供有用方法的二级模型的汇总。我们的希望是，我们所刻画的定量推理、变化推理和协变推理能对有关"学生数学"的文献作出积极的贡献。我们也希望它们成为描述"学生的数学"的有用模型，以便于学生们在以后的学习中动态地建构函数概念。

绝大多数对学生和教师的函数概念的研究是从研究者的集合论视角和函数的对应观出发的。函数的 APOS 研究，除了少数几个例外（那些我们先前讨论过的研究，如 Keene, 2007; Stalvey & Vidakovic, 2015），都是集中于学生们如何发展出对函数定义域和值域之间对应法则的更复杂的理解。即便是那些承认变量是可以变化的研究，也常常忽视学生的变化概念而假设变化是存在于呈现给学生的情境中的（Leinhardt, Zaslavsky, & Stein, 1990）。换言之，大多关于函数的研究对学生如何将函数理解为量与量之间或值可以变化的变量之间的关系保持着一种不可知论的态度。

通过关注协变，我们希望研究成果变得丰富的一个领域是学生们对于作为具身认知表达的函数及其图象的理解（如 Monk & Nemirovsky, 1994; Nemirovsky, 1994; Nemirovsky, Tierney, & Wright, 1998）。这项研究确实非常关注研究者如何解读学生们在分析有关运动情境时的经验。蒙克和尼米冗斯基还介绍了一个他们称之为"融合"的有趣的概念，即将表征和现象结合成一个单个的概念实体。不幸的是，从我们的角度看，蒙克和尼米冗斯基的分析在很大程度上无视了学生们是怎样对他们要用图象去建模的那些现象进行概念化的。就学生们所说的而言，我们不得不说他们并没有提供超出"粗略的变化"和"量值的粗略协调"这两个水平的协变推理的证据。学生们可能有能力进行更精细的思考，但研究人员的探问更多地针对学生们的手势和对他们的总体行为的描述，而不是针对他们如何对情境中的量进行概念化的细节。因此，我们根本不知道在这些研究中学生们是怎样对量的变化进行概念化的。

正如我们所说，对于学生和教师在思考任务时可能运用的定量或协变推理的不同方式，过去对学生和教师函数概念的研究在很大程度上是持不可知论态度的。我们觉得这是由于两个因素的相互作用：（1）协变推理不是学校数学的一部分，因此很少有学生自发地使用它；（2）大多数研究者是从函数的集合论意义的角度进行操作的，所以他们觉得没有必要去关注学生的协变推理。换句话说，研究人员没有发现学生进行协变推理是因为他们并没有去寻找相关的证据。

虽然从20世纪70年代到90年代许多的研究人员声称已经认识到学生对变量是可以变化的这种理解的重要性，但是除了很少的例外情形，研究人员并没有解释他们究竟说的是什么意思。有三项研究支持了我们的观点。屈西曼（1978）是最早的关于学生对变量理解的研究之一。在该研究中，"变量"专指用来表示特定的或者"一般的"数，同时用"改变"来表示一个值替代另外一个值。然而，这是我们根据他对数学解题任务和学生回答的描述而得出的推断。当屈西曼说一个变量变化时，他并没有解释其含义。卡普拉斯（1979）对学生们在理解连续函数时出现的分歧表示了惋惜。但是他在谈到连续改变的时候，想当然地认为他的意思对读者而言是很明显的，而没有意识到对不同的人，它可能意味着不同的东西。他也没有意识到他将连续函数置于学生可能看得见，也可能看不见的情境中。雷因哈特等人（1990）在对1989年以前的有关函数的研究的详细综述中，提到了协变是理解函数关系的一种方式（另一种方式是对应），而且探讨了涉及连续变化或离散变化的情境之间的区别。然而，他们所谈到的变化在很大程度上是基于这样一种概念：

一个可以取不同的值的符号就是一个变量（Leinhardt 等，1990，第26页）。

学生们在对函数的对应法则进行有效的概念化时会面临各种挑战。虽然我们意识到理解这些挑战的重大价值，但是我们也认为，对该主题的研究如果能结合学生们如何理解量和变量的概念，它们如何改变，以及它们怎么协变，那么研究的结果就可以得到加强。

关注协变的函数课程处理

在前面的几个小节中我们已经指出，量、变化和协变的思想是从早期代数到微分方程的很多概念的历史和认知的根源。我们已经讨论并引用了相关的研究来说明发展学生定量推理、变化推理和协变推理的重要性。我们已经解释了发展这些思维方式是一个复杂的过程，需要在多年的学校教育中让学生们参与到以促进这些思维方式的发展为目的的活动和交流之中。我们粗略地检查了美国17套中学微积分初步水平的教材，包括从代数1到微积分初步的内容，结果得到与库尼盖和威尔逊（1993）的教材审评一致的结果，即所有教科书都使用了函数的对应关系的定义。我们在本章中所引用的研究进一步证明了美国课程与教学在发展学生的定量推理和协变推理的能力方面是失败的，这也就导致学生在理解基本的数学思想方面有很多的不足，如变量、函数和变化率等思想，而它们都是学生理解微积分和在科学和工程学中对动态变化的现象进行建模的关键。

相比之下，2008日本数学课程研究在其四年级课程标准中"定量关系"这个主题下提出了如下要求：

> 学生将能表示和研究两个同时变化的量之间的关系。（Japan Ministry of Education，2008，第11页）

此外，日本数学课程研究在小学阶段的每个年级都不断提到有必要让学生表示和研究值会发生变化的量和变量之间的关系。我们很好奇地看到日本的教科书是如何将日本数学课程研究所强调的变化和协变融入教材的。

在一套广泛使用的日本四年级数学教科书（Fujii & Iitaka, 2013a）中，有18页（该书总共140页）通过要求学生动态地想象情境并回答关于变化的问题，明确地让学生关注其值会发生变化或协变的量。在该套教材五年级的教科书（Fujii & Iitaka, 2013b）中，在总共136页中，有24页上有要求学生研究变化的量之间关系的内容。例如，图16.13给出了立方体体积部分的一个练习题。我们被这样一种方式所震惊：量的变化和协变是突出的，但主要是作为练习题的背景而不是问题的关注点。该练习中并没有使用"变化""协变""变量"或"函数"等字眼，但所有这些想法都被清晰地呈现了出来。这也是我们之前所提到的教师和教学设计者在希望表达某个意义的术语之前，就应开始关注能够体现其含义的例子。

有一个如右图所示的盒子，我们将其长度按2倍、3倍等倍数改变但不改变其高度和宽度。这个盒子的体积会与其长度成比例吗？

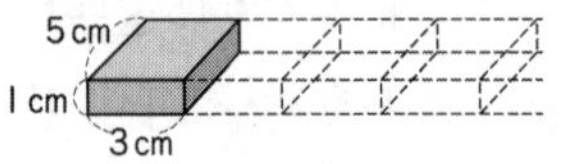

图16.13　日本小学五年级教科书上的练习

在五年级教科书的另外一页上，画了一个人正在思考果汁盒数和果汁量之间的关系。其语言让人想起了牛顿："当果汁盒的数量变成2倍、3倍、4倍等倍数的时候，我想知道果汁的量如何改变"（Fujii & Iitaka, 2013b，第A29页）。

1992年版的日本七年级的教科书在其函数导引部分展示了一张气象火箭发射的照片，详细描述了当火箭发射后，随着时间的推移，火箭离开地面的高度、已燃烧的燃料量和速度等是如何变化的。随后是如下的文字：

在我们周围，就像在火箭这样的高科技案例里一样，我们可以看到许多涉及增加和减少的量的例子。在本章中，我们将关注变化的量，让我们一起来研究这些情境吧。（Japan Ministry of Education, 1992，第96页）

该文本的下一节，"函数导引"，是以下面的段落开始的（这可能是由欧拉所写的）：

当一些量随着其他一些量的改变而变化时，所有这些量都可以表示成变量，如 x 和 y。如果我们确定了 x 的值，那么 y 的值也就被确定了。在这样的情况下，我们说 y 是 x 的函数。（Japan Ministry of Education, 1992，第99页）

日本的小学数学教科书清晰而连贯地注重让学生思考值可以变化的量以及量的值一起变化的方式。到了高中阶段，日本教科书的编者们认为学生能思考变化和协变的意象，并将此假设作为实际情况来编写教材，这已经成了日本教科书的惯例。和日本的教科书不同，很多在美国广泛使用的教科书并不强调或支持学生建构量的概念以及将函数表达式和图象看成是对两个变化着的量是怎样共同变化的一种表征。变量思想经常用表示一个单一的未知量的值来呈现。当然也有一些例外情况。在对中学教材进行审评时，蔡金法、聂必凯和莫耶（2010）曾考察和比较了两套初中数学教科书：关联数学课程（Connected Mathematics Program, CMP）和传统的Glencoe数学。他们指出，CMP教材让六年级学生用变化的量来描述关系，到了七年级，变量被正式地定义为可变化或改变的量。相反地，Glencoe数学在六年级的时候就正式地将变量定义为表示一个数的符号（或字母），并且这套教材将变量主要用于表示表达式和方程中的未知数（Cai等，2010，第174页）。

另一个令人鼓舞的例子是由卡普特的STEM教育研究与创新中心所主持的SimCalc项目。SimCalc团队研发了代数1和代数2课程，使用SimCalc Math-Worlds软件来探索运动。作者将SimCalc描述为一个动态软件，"它允许用户查看和操作传统的函数表示，如图象、表格和表达式（如 $y = mx + b$），而它们都可以与动画世界里的运动相关联"（Kaput Center, 2016）。

这些例子表明，课程研发者和软件设计者正努力尝试帮助学生对协变着的量进行概念化和表示。然而，我们自己的经验表明，培养这些思维方式的复杂性往往被低估了。因此，我们强烈建议课程研发者和软件设计者们收集相关的形成性评价数据，以便评估学生的协变推理水平和达到预期的理解程度的情况。编写以变化和协变为重点的课程是一回事，架构有效的课程学习经验、让学生在遇到要求使用这些概念的陌生的任务时能够自发地运用这些思维方式则完全是另外一回事。根据我们的经验，以及在本章的其他部分作过的阐述，要实现学生的显著的学习效果，需要多个周期的设计、研究和修订。

另一个让人乐观的原因是，数学教育研究者和数学家之间在各种旨在提高学生的数学学习的项目上的合作越来越多。在改进和评价有关变化和协变这些课程重点方面，一个例子是美国数学协会通过软件Maplesoft的数学分级工具包，提供了微积分概念准备（Calculus Concept Readiness，简写为CCR）考试（Carlson, Madison, & West, 2015）。该考试分类系统是基于对微积分学习方面的文献综述而形成的，它包括了定量推理和协变推理这两种作为学习微积分基础的主要思维方式。在该考试的25个问题中，有10个要求学生对数量进行推理并使用函数、复合函数或反函数的概念来表示两个量是如何一起变化的（Carlson, Madison, & West, 2015，第215页）。对来自4所不同的大学（3所公立大学和1所私立大学）的631个学生的考试结果分析显示，学生们在量的概念化和协变思考能力方面存在着严重的不足。这些学生的平均得分为10.37分（满分25分）。在要求他们应用公式或图形来表示或描述两个变化着的量是怎样一起变化的选择题中，只有相对较低的百分比的学生选择了正确的答案。当参与该研究的学生被要求描述函数 $f(x) = \frac{1}{(x-2)^2}$ 的行为时（即随着x的值增大，函数f的值变小；随着x的值接近于2，函数f的值增加），只有37%的学生选择了正确的答案（共五个选项）。另外1题要求学生找到用圆的周长C去表示它的面积A的公式，只有16%的学生选择了正确答案。在被要求写1个公式来表示角度和垂直距离d如何一起变化时（如图16.14），只有21%的学生选择了正确的答案。

一个物体从点P开始，在半径为47英尺的圆周上逆时针移动了k英尺到达点Q。如果d表示从点Q到水平半径的垂直距离（单位：英尺），下面哪一个可以用来表示d是k的函数？

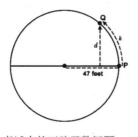

图16.14 微积分概念准备（CCR）考试中的正弦函数问题

这些结果证实了此前许多针对微积分入门阶段所进行的定性研究的结果。这些结果表明，学生们对变量、公式、图象都持有静态的意象，他们运用函数表达式和图象来表示应用情境中两个协变量之间的不变关系的能力也很有限。

我们用本章第二作者（玛丽莲·P.卡尔森）和她的同事们研发的教学材料来结束这个部分。这些材料利用了本章所描述的一些关于发展学生各种相关能力的研究结果：对量进行概念化的能力、协变推理能力以及学习作为微积分基础的微积分初步中的关键概念的能力。

卡尔森和同事们研发了代数1、代数2和微积分初步等3门课的课程与教学资源（称为Pathways）（Carlson, O'Bryan, Oehrtman, Moore, & Tallman, 2015）。微积分初步现在已经是第5版了，他们每年都会根据定性研究和定量评估得到的形成性数据对其进行修订。同样地，基于使用过程中所搜集到的形成性数据，他们也已经对代数1和代数2的教材修订了3次。

Pathways的微积分初步课程材料包括学生在课堂上的探究活动、植入了视频和动画的在线课本以及与课堂探究相配套的在线家庭作业。探究活动为引导学生对"量是怎样一起变化的"进行推理提供支持，这样使得学生们能在自己构建的意义的基础上进一步构造出表达式、公式和图象。在这里，学生可以从结构角度同时关注代数和解方程。在两个协变着的量的不变性质被以代数或图形方式表示之后，上面这个结果也就自然地发生了。

这门课程从让学生参与在其他国家被当作是初中数学的任务开始。这门课程材料以这个水平开始是因为早期项目数据让人意识到，当学生们将变量当作未知量时，他们就几乎不可能对指数的、多项式的、有理的、三角的和其他的函数类型构建起丰富的含义，他们也不能将问题情境中的数量关系概念化，对于函数表达式和图象在描述两个一起变化的量之间的不变关系方面的用处也没有任何直觉。这个项目的早期数据表明，少于25%的学生能根据两个女孩（莎拉和丽莎）从相距140英尺的两地相向而行的步行速度和时间（秒数），找到1个公式来表示她们之间的距离。莎拉以每秒4.5英尺的速度匀速行走，丽莎以每秒5.5英尺的速度匀速行走。对学生的后继访谈表明，在该情境中，他们并没有建构起数量之间如何关联的精确意象（例如，莎拉和丽莎之间原本相距140英尺，她们之间的距离按照10英尺/秒的速度减少，因此，在某一时刻，她们之间的距离就减少了10英尺/秒乘以从她们开始行走后的秒数）。有能够将$4.5t$和$5.5t$概念化为变化的距离的学生就更少了。其他学生有的写下$140 = 4.5t + 5.5t$并试图解出t的值。许多学生写了"$t =$时间"，但是他们并不认为字母t代表一个变化着的值，也不认为t代表从丽莎和莎拉开始行走后所经过的秒数。

不能从量的角度去理解情境并不仅限于学校里的学生。在最近的一次培训教师使用Pathways 材料的夏季微积分初步教师工作坊中，在与微积分初步的教师讨论莎拉和丽莎的问题时，一个叫菲利斯的教师写下$140-4.5t-5.5t$来表示莎拉和丽莎之间的距离，并解释说她现在需要解出t。当要求解释解决方案的含义时，她重新读了一遍问题，接着画出了一个图，图中有两根棍子，用一条直线把它们连接起来，并在直线下标注140英尺。菲利斯最初定义变量$t =$时间，$d =$距离。工作坊的组织者给予菲利斯很细致的辅导以帮助她概念化该情境中的量、它们是怎么关联的以及它们是怎样一起变化的。菲利斯最终写下"$t =$自莎拉和丽莎开始走向对方之后的秒数，$d =$自莎拉和丽莎开始走向对方后，她们之间的英尺数"。然后她画出从每条棍子指向中心的射线，并在一条上标出$4.5t$，在另一条上标出$5.5t$。菲利斯解释说，$4.5t$代表莎拉在t秒内行走的英尺数。她的代数表达式现在提供了一种表示数量关系以及特定的变化着的量的值怎样一起改变的机制。值得注意的是在Pathways 材料中有一个反向的练习，要求学生构建新的名词和表达式，如$4.5t$和$140-4.5t$，来表达该问题情境中特定的变化着的量。这种方式明确地要求学生注意将术语、表达式和公式等看作是对问题情境中量的值变化所作的表示，它似乎可以成为学生理解量的协变以及运用代数符号来表示这种协变的有用性之间的一个桥梁。

这位教师所遇到的情况说明，如果教师们一直使用传统的教学材料，不强调协变思维而几乎只注重求解变量的未知值的各种方法，那么对这些教师而言，要将

情境中的量概念化就不是直截了当的了。菲利斯说，她从来没有考虑过用这种方式解决文字题，而且她一直认为微积分初步是一门帮助学生完善其代数技能以便为学习微积分作准备的一门课程。教师们需要多少和什么样的支持去指导学生形成有意义的公式和函数，理解那些对微积分起到基础性作用的微积分初步里的一些关键概念，这类问题已经形成了一个需要更多研究的领域。该领域也正是本章第二作者和她的研究小组目前正在关注的一个方面（Tallman, 2015; Teuscher, Moore, & Carlson, 2015）。

在过去七年里，卡尔森和同事们使用"微积分初步概念评估"（Precalculus Concept Assessment, 简写为PCA; Carlson, Oehrtman, & Engelke, 2010）去跟踪 Pathways 微积分初步课上的学生的表现。"微积分初步概念评估"包含了25个评估学生对函数的理解以及对微积分学习的准备的多项选择题。使用Pathways微积分初步课程班级的后测"微积分初步概念评估"平均分在13.8~19.5分（总分25分）之间，而使用传统微积分初步课程材料的班级的"微积分初步概念评估"平均分则在7.9~10.2分（总分25分）之间。这一数据表明，如果将课程的焦点放在帮助学生将变量视为表示一个可以变化的量的值，将公式或者以代数方式定义的函数视为表示两个变化着的量的值是怎样协变的，不仅可以促进学生对函数的理解，也可以提升他们有效使用函数的能力。

除了使用"微积分初步概念评估"来跟踪学生的学习情况，卡尔森和同事们还定期选择了一些其他的研究问题来测试已经有使用Pathways课程历史数据的学生。在2015年秋季学期，他们用前面讨论过的两个题目（莎拉和丽莎问题和正弦函数问题）测试了一个大的公立大学的1132个修读Pathways微积分初步课程的学生。这些修读Pathways课程的学生，对于莎拉和丽莎问题，有87%的学生选择了正确答案；对于正弦函数问题，62%的学生选择了正确答案。作为对比，来自四所大学的1021名使用传统微积分初步课程的学生中，有25%的学生正确回答了莎拉和丽莎问题，21%的学生正确回答了正弦函数问题。

该Pathways研究小组继续研究了在Pathways课程环境中学生的学习以及教师对他们课程材料的实施情况。

他们用自己的研究结果对课程进行修订，意在更好地支持学生进行协变推理，并获得解决非常规题和学习微积分都需要的批判性理解。

总结性评论及未来研究方向

在本章开始，我们对变化和协变推理在函数思想发展早期的核心地位作了一个简要的历史回顾。我们的历史回顾描述了实分析的发展如何导致了函数协变思维的极速减少，这也导致了直到今天，学校教科书的重点仍然是基于集合理论的函数定义。随后我们阐述了我们所说的变化和协变推理的含义，其中包括段状和光滑协变思维的细微区别和在人的头脑中同时关联两个量的必要性（以形成一个乘法对象），并且还提供了一个由两部分组成的用于刻画变化推理和协变推理水平的理论框架。我们对协变的描述还包括其他细微而且重要的思维方式，比如想象变量不仅通过而且可以取得一个连续区间上的所有值，即便只是在考虑一个量如何在区间上变化。我们接下来报告了一些研究结果，说明发展学生想象量的值光滑而连续变化的能力对于他们在中学和大学数学取得成功是必要的，同时简要地评述了这样一个事实：以往关于函数的研究大多是从函数的对应概念出发而进行的，因此对协变推理在学生函数概念理解中的作用是不可知的。最后，我们考察了协变推理在当前美国学校数学教科书中的作用。我们发现，协变推理在标准教科书中基本上没有起到任何作用，而在三套建立在研究基础上的教科书中则起到非常重要的作用，其中一套为初中教材，另外两套为高中教材。

我们还反复强调了如下的一些主题：

- 定量和协变推理给学生们提供了对动态变化现象进行概念化和表示所需要的各种有用的方法。
- 为了让学生在后继教育中学习那些建立在定量和协变推理基础上的高等数学思想，他们必须在中小学阶段就培养起定量和协变的思维方式，而且在学校数学中奠定这些基础将会使得他们在中小学里所学习的数学更为连贯。
- 研究者们在将协变推理归因于学生时，必须关注学生们所掌握的协变推理的本质和实质内容。学生们如何想象数量或变量的变化？他们所建立的数量或变量值之间的联系的本质是什么？
- 协变发生在学生、教师和研究人员的头脑中。当一位研究者说某个情境涉及变化或协变时，他在说他自己是怎样理解这个情境的。而教师和学生怎样理解这个情境仍然是个需要研究的问题。

在前面几节中，我们指出了未来还需要进一步研究的地方，并承诺在本节将重新审视我们的呼吁。以下是需要进一步研究的领域：

1. 学生在光滑连续变化和协变推理方面的发展。
2. 学生对数轴的理解。
3. 学生如何将两个数量的值关联起来（创建它们的乘法对象）。
4. 学生从协变角度将函数概念化和基于集合理论对函数进行概念化（即定义域、值域和对应法则）之间的关联。
5. 有关协变推理的基础研究和对支持学生发展协变推理的不同课程处理方法的效果研究之间的关系。
6. 协变推理和通过对应法则对函数进行的推理之间的关系。
7. 协变推理对学生以结构化的方式对函数进行推理的潜在益处，以及由于强调协变而可能产生的障碍。
8. 没有协变推理经验却被要求使用促进协变推理发展的教学材料以支持学生学习的教师的体验。
9. 对学生学习协变推理所进行的基础研究与数学教学和课程的政策和标准的形成之间的关系。

我们觉得，上述研究主题中很多都不能相互独立地进行。我们怀疑很多学生自发地发展了光滑连续推理，所以研究它的发展就必须在旨在支持它的教学环境中进行，使用一些设计好的、旨在支持学生和教师在教学和学习过程中使用的材料。

其次，该领域迫切需要对光滑连续推理的教与学和学生乘法对象的形成的纵向研究。我们并没有任何模型可以用来说明低年级的学习怎样能有利地促进后面高层次的学习，因为在高层次上学生们已经在系统地学习这种推理了。我们认为，如果学生在低年级就已经形成了对光滑连续变化和协变推理的初步形式的理解，同时也学习定量推理和以符号化方式表示他们的推理，那么高年级现有的课程将与他们准备学习的内容无关。我们还认为教师不能直接教授学生概念化乘法对象。相反地，从一个设计者的视角，学生们将通过参与到那些需要这种推理的任务和讨论中去发展这种能力。然而，这是一个需要仔细而持续的研究去论证的实证问题。

当我们希望教师支持学生在他们已经教的不同领域中发展光滑连续推理能力时，研究这种期望对教师所施加的要求和他们的适应情况就变得很重要。光滑连续推理之所以很重要，恰恰是因为许多教师在如何支持学生方面，即在具体情境中发展学生对数学思想连贯的理解和意义上没有作好充分的准备。这是个非常重要的研究方向，也许是我们前面提到的所有方向中最重要的。

同时，将课程和教学重点转向定量推理和光滑连续推理，有可能需要在教师专业发展和本科阶段教师准备方面投入大量的经济和智力资源。为什么？因为我们在研究教师专业发展方面的经验和设计本科教师教育课程方面的经验说明，当成年人的全部数学经验都是关于数和静态的变量的话，要让他们发展这些思想和思维方式将是极端困难的。然而，这种投资是必须的，而且也需要持续很长一段时间，直到我们能招到的职前教师在其学校数学教育中已经学习了定量地、光滑而连续地推理。

我们以对标准的评论来结束本章。日本数学课程研究可以作为课程标准的范例，它给那些学生应当发展的意义和思维方式提供了一个简洁和连贯的陈述。当然，这些意义和思维方式要服务于数学推理和学习符号化的方法，但这些方法应植根于意义和思维方式。同时，日本数学课程研究有着在共享意义的文化中存在的优势，所以不需要告诉教科书编者和教师它们的意义是什么。教科书编者和教师已经明白它们的意义，因为它们的意义在文化中是共享的。

美国《州共同核心数学标准》（NGA & CCSSO, 2010）就没有日本数学课程研究那么好。变化的和协变的推理在美国文化中并不具有共享的含义，解释它们含

义的责任就落在课程标准的编写者身上。不幸的是，他们的解释并没有向读者传递出一幅我们在本章中所讨论过的关于量的变化和协变推理的强有力的实践的连贯画面。例如，美国《州共同核心数学标准》反复提到关于量的推理的必要性。确实，"抽象地和定量地推理"是美国《州共同核心数学标准》中数学实践的八大标准之一（第6页）。然而，美国《州共同核心数学标准》对量的定义是"一个带单位的数"（第58页）。因此，"抽象地和定量地推理"这种实践转化成了"抽象地推理和用带单位的数进行推理"。如果说我们的目的是要帮助学生为动态的情境建构有意义的模型，那么上述推理目标很难说是一个有力的实践。

美国《州共同核心数学标准》（NGA & CCSSO, 2010）中也反复提到函数。"函数"这个词出现在标准的21个页面中。在每种情况下，"函数"被用于：（1）命名函数的类型（线性的，二次的，指数的，有理的，多项式的）；（2）反复重申对于一个函数，给一个输入就会产生一个唯一的输出；或是（3）形成这样一种概念：一个函数是两个集合元素之间的对应关系。即便是"函数"这个词被用来表示两个量之间的关系，我们也必须要记住，在美国《州共同核心数学标准》中，量是"带有单位的数"。

在美国《州共同核心数学标准》中，也可能会找到一些在某些方面涉及变化和协变的章节。例如，在六年级的课程标准中可以发现："在一个涉及匀速运动的问题中，列出距离和时间的有序数对并绘制它们的图象，写出方程 $d=65t$ 来表示距离和时间之间的关系"（NGA & CCSSO, 2010, 第44页）。还有，在八年级的标准中有这样一段关于线性方程组和变化率的讨论：

> 学生用线性方程和线性方程组来表示、分析和解决各种各样的问题。学生意识到正比例方程（$\frac{y}{x}=m$ 或 $y=mx$）是特殊的线性方程（$y=mx+b$），理解比例常数（m）是斜率，其图象是通过原点的直线。他们明白，一条直线的斜率（m）是一个恒定的变化率，因此如果输入值或者 x 的坐标的改变量为 A，那么输出值或者 y 的坐标的改变量将为 $m \cdot A$。（第52页）

从数学家和数学教育研究者的角度来看，在这些陈述中很容易看到协变。然而，研究告诉我们，学生和教师通常无法做到这一点。例如，有充分的证据表明，学生们不明白斜率是一种变化率（如 Lobato & Thanheiser, 2002; Nagle, Moore-Russo, Viglietti, & Martin, 2013），如果要让学生或教师理解变化率指的是什么，就需要做更多，而不是简单提及这一概念。另外，毫无疑问，让学生、教师和课程编写者明白变化率涉及变化和协变是一个巨大的飞跃。对大多数美国《州共同核心数学标准》的读者而言，提及"变化率"不会传达变化和协变的意思。斯顿普（1999）研究了39名美国在职和职前高中教师的斜率概念。她发现，在其研究中大部分教师将斜率理解为一个几何比率（"垂直方向的上升/水平方向的变化"），并且很少或根本没有将它与变化率和函数联系起来。我们没有任何证据表明今天的情况有所不同。科（2007）对三位极受尊敬的高中数学教师在函数、斜率、变化率、变化和协变概念之间的联系进行了深度研究。他对每个教师就每个概念的理解所画的语义图显示，在每个教师的思维中，变化和协变在很大程度上是缺失的。同时，三位教师对函数、斜率、变化率的理解也是高度孤立的。事实上，一位教师表示，在科问她之前，她从来没有想过为什么要用除法来计算斜率。索夫纳斯（2011）等调查了24个"国家级的数学权威，特别是微积分的权威学者"对学生在第一年微积分中应该学到什么的看法。没有一个权威学者在任何情境中提到了变化或者协变。这些想法不在他们的关注范围之内。

鉴于以上障碍，我们利用本章提供的机会向我们的读者展示在推进课程和教学改革的过程中数学教育所面对的困难。我们尤其要强调的是，在给改革提供指引时，我们不能仅提及这些思想的名称或分享一些公式的例子，好像知道了这些例子就可以获得这些思想一样。我们必须走得更远。如果不这样做，我们将会对那些需要克服有意义的学习和教学过程中所固有的智力障碍的教师和学生造成伤害。

注释

1. 我们预料会有这样一种反对意见：从表面上看，将协变表达成涉及两个变量或者两个值可以变化的量，就排除了将 $y=5$ 视为函数的可能性。这个就是对于一般定义而言的无效个案的问题，就像"考虑一个正方形，其边长为0英寸"或"考虑一个角，其度量为0度"。尽管讨论学生对一般定义的无效个案的理解困难很重要，但它已超出了本章的范畴。

References

Arnon, I., Cottril, J., Dubinsky, E., Oktac, A., Fuentes, S. R., Trigueros, M., & Weller, K. (2014). *APOS theory: A framework for research and curriculum development in mathematics education.* New York, NY: Springer.

Bass, H. (2015, March). *Is the number line something to be built, or occupied?* Paper presented at the conference Mathematics Matters in Education: A Workshop in Honor of Dr. Roger Howe, College Station, TX.

Bell, A., & Janvier, C. (1981). The interpretation of graphs representing situations. *For the Learning of Mathematics,2,* 34–42.

Boyer, C. B. (1946). Proportion, equation, function: Three steps in the development of a concept. *Scripta Mathematica, 12,* 5–13.

Breidenbach, D., Dubinsky, E., Hawks, J., & Nichols, D. (1992). Development of the process conception of function. *Educational Studies in Mathematics, 23,* 247–285.

Bressoud, D. M. (2010). Historical reflections on teaching trigonometry. *Mathematics Teacher, 104,* 107–112.

Bressoud, D. M. (2011). Historical reflections on teaching the fundamental theorem of integral calculus. *American Mathematical Monthly, 118,* 99–115.

Bright, G. W., Behr, M. J., Post, T. R., & Wachsmuth, I. (1988). Identifying fractions on number lines. *Journal for Research in Mathematics Education, 19,* 215–232.

Brown, J. W. (1990). Psychology of time awareness. *Brain and Cognition, 14,* 144–164.

Cai, J., Nie, B., & Moyer, J. C. (2010). The teaching of equation solving: Approaches in standards-based and traditional curricula in the United States. *Pedagogies: An International Journal, 5,* 170–186. doi:10.1080/1554480X.2010.485724

Carlson, M. P. (1998). A cross-sectional investigation of the development of the function concept. In J. J. Kaput, A. H. Schoenfeld, & E. Dubinsky (Eds.), *Research in collegiate mathematics education, 3, CBMS issues in mathematics education* (Vol. 7, pp. 114–162). Washington, DC: Mathematical Association of America.

Carlson, M. P., Jacobs, S., Coe, E., Larsen, S., & Hsu, E. (2002). Applying covariational reasoning while modeling dynamic events: A framework and a study. *Journal for Research in Mathematics Education, 33,* 352–378.

Carlson, M. P., Madison, B., & West, R. D. (2015). A study of students' readiness to learn calculus. *International Journal of Research in Undergraduate Mathematics Education, 1,* 209–233. doi:10.1007/s40753-015-0013-y

Carlson, M. P., O'Bryan, A., Oehrtman, M., Moore, K. C., & Tallman, M. (2015). *Pathways algebra and precalculus.* Kansas City, KS: Rational Reasoning.

Carlson, M. P., Oehrtman, M. C., & Engelke, N. (2010). The Precalculus Concept Assessment (PCA) instrument: A tool for assessing students' reasoning patterns and understandings. *Cognition and Instruction, 28,* 113–145.

Carlson, M. P., Persson, J., & Smith, N. (2003). Developing and connecting calculus students' notions of rate-of-change and accumulation: The fundamental theorem of calculus. In N. Patemen (Ed.), *Proceedings of the 2003 Meeting of the International Group for the Psychology of Mathematics Education–North America* (Vol. 2, pp. 165–172). Honolulu, HI: University of Hawaii.

Castillo-Garsow, C. C. (2010). *Teaching the Verhulst model: A teaching experiment in covariational reasoning and exponential growth* (Unpublished doctoral dissertation). Arizona State University, Tempe. Retrieved from http://goo.gl/9Jq6RB

Castillo-Garsow, C. C. (2012). Continuous quantitative reasoning. In R. Mayes, R. Bonillia, L. L. Hatfield, & S. Belbase (Eds.), *Quantitative reasoning: Current state of understanding,* WISDOMe Monographs (Vol. 2, pp. 55–73). Laramie: University of Wyoming.

Castillo-Garsow, C. C., Johnson, H. L., & Moore, K. C. (2013). Chunky and smooth images of change. *For the Learning of Mathematics, 33,* 31–37.

Coe, E. (2007). *Modeling teachers' ways of thinking about rate of change* (Unpublished doctoral dissertation). Arizona State University, Tempe.

Confrey, J. (1991). The concept of exponential functions: A student's perspective. In L. P. Steffe (Ed.), *Epistemological foundations of mathematical experience* (pp. 124–159). New York, NY: Springer.

Confrey, J. (1992). Using computers to promote students' inventions on the function concept. In S. Malcom, L. Roberts, & K. Sheingold (Eds.), *This year in school science 1991* (pp. 141–174). Washington, DC: American Association for the Advancement of Science.

Confrey, J., & Smith, E. (1994). Exponential functions, rates of change, and the multiplicative unit. *Educational Studies in Mathematics, 26,* 135–164.

Confrey, J., & Smith, E. (1995). Splitting, covariation and their role in the development of exponential function. *Journal for Research in Mathematics Education, 26,* 66–86.

Cooney, T. J., & Wilson, M. R. (1993). Teachers' thinking about functions: Historical and research perspectives. In T. A. Romberg, E. Fennema, & T. P. Carpenter (Eds.), *Integrating research on the graphical representation of functions* (pp. 131–158). Hillsdale, NJ: Erlbaum.

Czocher, J. A., Tague, J., & Baker, G. (2013). Where does the calculus go? An investigation of how calculus ideas are used in later coursework. *International Journal of Mathematical Education in Science and Technology, 44,* 673–684. doi: 10.1080/0020739x.2013.780215

Drijvers, P. (2001). The concept of parameter in a computer algebra environment. In M. van den Heuvel-Panhuzen (Ed.), *Proceedings of the 25th Annual Meeting of the International Group for the Psychology of Mathematics Education* (Vol. 2, pp. 385–392). Utrecht: The Netherlands: PME.

Drijvers, P. (2002). Learning mathematics in a computer algebra environment. *ZDM—The International Journal on Mathematics Education, 34,* 221–228.

Dubinsky, E., & Harel, G. (1992). The nature of the process conception of function. In G. Harel & E. Dubinsky (Eds.), *The concept of function: Aspects of epistemology and pedagogy* (pp. 85–106). Washington, DC: Mathematical Association of America.

Dubinsky, E., & McDonald, M. A. (2001). APOS: A constructivist theory of learning in undergrad mathematics education research. *New ICME Studies Series, 7,* 275–282.

Earnest, D. (2015). From number lines to graphs in the coordinate plane: Investigating problem solving across mathematical representations. *Cognition and Instruction, 33,* 46–87. doi:10.1080/07370008.2014.994634

Ellis, A. B., Özgür, Z., Kulow, T., Williams, C. C., & Amidon, J. (2012). Quantifying exponential growth: The case of the Jactus. In R. Mayes, R. Bonillia, L. L. Hatfield, & S. Belbase (Eds.), *Quantitative reasoning: Current state of understanding,* WISDOMe Monographs (Vol. 2, pp. 93–112). Laramie: University of Wyoming.

Ellis, A. B., Özgür, Z., Kulow, T., Williams, C. C., & Amidon, J. (2015). Quantifying exponential growth: Three conceptual shifts in coordinating multiplicative and additive growth. *The Journal of Mathematical Behavior, 39,* 135–155. doi:10.1016/j.jmathb.2015.06.004

Engelke, N. (2007). *Students' understanding of related rate problems in calculus* (Unpublished doctoral dissertation). Arizona State University, Tempe.

Ernest, P. (1985). The number line as a teaching aid. *Educational Studies in Mathematics, 16,* 411–424. doi:10.1007/BF00417195

Freudenthal, H. (1982). Variables and functions. In G. v. Barneveld & H. Krabbendam (Eds.), *Proceedings of the Conference on Functions* (pp. 7–20). Enschede, The Netherlands: National Institute for Curriculum Development.

Freudenthal, H. (1983). *Didactical phenomenology of mathematical structures.* Dordrecht, The Netherlands: D. Reidel.

Fujii, T., & Iitaka, S. (Eds.). (2013a). Mathematics International, Grade 4 (English translation). Tokyo, Japan: Tokyo Shoseki.

Fujii, T., & Iitaka, S. (Eds.). (2013b). Mathematics International, Grade 5 (English translation). Tokyo, Japan: Tokyo Shoseki.

Geary, D. C., Hoard, M. K., Nugent, L., & Byrd-Craven, J.(2008).Development of number line representations in children with mathematical learning disability. *Developmental Neuropsychology, 33,* 277–299. doi:10. 1080/87565640801982361

Goldenberg, E. P., Lewis, P., & O'Keefe, J. (1992). Dynamic representation and the development of a process understanding of function. In G. Harel & E. Dubinsky (Eds.), *The concept of function: Aspects of epistemology and pedagogy* (pp. 235–260). Washington, DC: Mathematical Association of America.

Gravemeijer, K., & Doorman, M. (1999). Context problems in realistic mathematics education: A calculus course as an example. *Educational Studies in Mathematics, 39,* 111–129. doi:10.1023/a:1003749919816

Harel, G. (2013). Intellectual need. In K. Leatham (Ed.), *Vital directions for research in mathematics education* (pp. 119–151). New York, NY: Springer.

Izsák, A., Tillema, E. S., & Tunc-Pekkan, Z. (2008). Teaching and learning fraction addition on number lines. *Journal for Research in Mathematics Education, 39,* 33–62.

Janvier, C. (1981). Use of situations in mathematics education. *Educational Studies in Mathematics, 12,* 113–122.

Janvier, C. (1996). Modeling and the initiation into algebra. In N. Bernarz, C. Kieran, & L. Lee (Eds.), *Approaches to algebra: Perspectives for research and teaching,* Mathematics Education Library (Vol. 18, pp. 225–236). Dordrecht, The Netherlands: Springer Netherlands. doi:10.1007/978-94-009-1732-3_17

Japan Ministry of Education. (1992). *Japanese Grade 7 Mathematics* (H. Nagata, Trans.), UCSMP Textbook Translations, (K. Kodaira, Ed.). Chicago, IL: University of Chicago School Mathematics Project.

Japan Ministry of Education. (2008). *Japanese Mathematics Curriculum in the Course of Study* (English Translation; A. Takahashi, T. Watanabe & Y. Makoto, Trans.). Madison, WI: Global Education Resources.

Johnson, H. L. (2012a). Reasoning about quantities involved in rate of change as varying simultaneously and independently. In R. Mayes, R. Bonillia, L. L. Hatfield, & S. Belbase (Eds.), *Quantitative reasoning: Current state of understanding,* WISDOMe Monographs (Vol. 2, pp. 39–53). Laramie: University of Wyoming.

Johnson, H. L. (2012b). Reasoning about variation in the intensity of change in covarying quantities involved in rate of change. *Journal of Mathematical Behavior, 31,* 313–330.

Johnson, H. L. (2015). Together yet separate: Students' associating amounts of change in quantities involved in rate of change. *Educational Studies in Mathematics, 89,* 89–110. doi:10.1007/s10649-014-9590-y

Kamii, C., & Russell, K. A. (2010). The older of two trees: Young children's development of operational time. *Journal for Research in Mathematics Education, 41,* 6–13.

Kamii, C., & Russell, K. A. (2012). Elapsed time: Why is it so difficult to teach? *Journal for Research in Mathematics Education, 43,* 296–315.

Kaput, J. J. (1985). *The cognitive foundations of models that use intensive quantities.* Unpublished manuscript, Department of Mathematics, Southeastern Massachusetts University, Dartmouth.

Kaput, J. J. (1992). Patterns in students' formalization of quantitative patterns. In G. Harel & E. Dubinsky (Eds.), *The concept of function: Aspects of epistemology and pedagogy* (pp. 290–318). Washington, DC: Mathematical Association of America.

Kaput, J. J. (1994). Democratizing access to calculus: New routes to old roots. In A. H. Schoenfeld (Ed.), *Mathematical thinking and problem solving* (pp. 77–156). Hillsdale, NJ: Erlbaum.

Kaput, J. J., & Pattison-Gordon, L. (1987). *A concrete-to-abstract software ramp: Environments for learning multiplication, division, and intensive quantity.* Unpublished manuscript, Department of Mathematics, Southeastern Massachusetts University, Dartmouth.

Kaput Center. (2016). SimCalc MathWorlds Curriculum. Retrieved from http://www.kaputcenter.umassd.edu/products/curriculum_new/

Karplus, R. (1979). Continuous functions: Students' viewpoints. *European Journal of Science Education, 1,* 397–415. doi:10.1080/0140528790010404

Keene, K. A. (2007). A characterization of dynamic reasoning: Reasoning with time as parameter. *The Journal of Mathematical Behavior, 26,* 230–246. doi:10.1016/j.jmathb.2007.09.003

Kleiner, I. (1989). Evolution of the function concept: A brief survey. *College Mathematics Journal, 20,* 282–300.

Küchemann, D. (1978). Children's understanding of numerical variables. *Mathematics in School, 7,* 23–26. doi: 10.1007/bf00417195

Langacker, R. W. (1986). Abstract motion. In *Proceedings of the Twelfth Annual Meeting of the Berkeley Linguistics Society.* Berkeley, CA: Linguistic Society of America.

Larsen, S., Marrongelle, K., Bressoud, D., Graham, K. (2017). Understanding the concepts of calculus: Frameworks and roadmaps emerging from educational research. In J. Cai (Ed.), *Compendium for research in mathematics education* (pp. 526–550). Reston, VA: National Council of Teachers of Mathematics.

Leinhardt, G., Zaslavsky, O., & Stein, M. K. (1990). Functions, graphs, and graphing: Tasks, learning, and teaching. *Review of Educational Research, 60,* 1–64.

Levin, I. (1977). The development of time concepts in young children: Reasoning about duration. *Child Development, 48,* 435–444. doi:10.2307/1128636

Levin, I., Wilkening, F., & Dembo, Y. (1984). Development of time quantification: Integration and nonintegration of beginnings and endings in comparing durations. *Child Development, 55,* 2160–2172.

Lobato, J., Hohensee, C., Rhodehamel, B., & Diamond, J. (2012). Using student reasoning to inform the development of conceptual learning goals: The case of quadratic functions. *Mathematical Thinking and Learning, 14,* 85–119.

Lobato, J., & Thanheiser, E. (2002). Developing understanding of ratio-as-measure as a foundation for slope. In B. Litwiller (Ed.), *Making sense of fractions, ratios, and proportions,* 2002 Yearbook of the National Council of Teachers of Mathematics. Reston, VA: National Council of Teachers of Mathematics.

Long, K., & Kamii, C. (2001). The measurement of time: Children's construction of transitivity, unit iteration, and conservation of speed. *School Science and Mathematics, 101,* 125–132. doi:10.1111/j.1949-8594.2001.tb18015.x

López-Gay, R., Martínez Sáez, J., & Martínez-Torregrosa, J. (2015). Obstacles to mathematization in physics: The case of the differential. *Science & Education, 24,* 591–613. doi:10.1007/s11191-015-9757-7

Martínez-Torregrosa, J., López-Gay, R., & Gras-Martí, A. (2006). Mathematics in physics education: Scanning historical evolution of the differential to find a more appropriate model for teaching differential calculus in physics. *Science & Education, 15,* 447–462.

Matlock, T. (2001). *How real is fictive motion?* (Unpublished doctoral dissertation). University of California, Santa Cruz.

Matlock, T. (2004). Fictive motion as cognitive simulation. *Memory & Cognition, 32*, 1389–1400.

Matlock, T., Holmes, K. J., Srinivasan, M., & Ramscar, M. (2011). Even abstract motion influences the understanding of time. *Metaphor and Symbol, 26*, 260–271. doi:10.1080/10926488.2011.609065

McCrink, K., Dehaene, S., & Dehaene-Lambertz, G. (2007). Moving along the number line: Operational momentum in nonsymbolic arithmetic. *Perception & Psychophysics, 69*, 1324–1333.

McDermott, L., Rosenquist, M., & vanZee, E. (1987).Student difficulties in connecting graphs and physics: Examples from kinematics. *American Journal of Physics, 55*, 503–513.

Monk, G. S. (1992). Students' understanding of a function given by a physical model. In G. Harel & E. Dubinsky (Eds.), *The concept of function: Aspects of epistemology and pedagogy* (pp. 175–194). Washington, DC: Mathematical Association of America.

Monk, S., & Nemirovsky, R. (1994). The case of Dan: Student construction of a functional situation through visual attributes. In E. Dubinsky, A. H. Schoenfeld, & J. J. Kaput (Eds.), *Research in collegiate mathematics education,* 1, issues in mathematics education (Vol. 4, pp. 139–168). Providence, RI: American Mathematical Society.

Moore, K. C. (2010). *The role of quantitative reasoning in precalculus students learning central concepts of trigonometry* (Unpublished doctoral dissertation). Arizona State University, Tempe.

Moore, K. C. (2012a). Coherence, quantitative reasoning, and the trigonometry of students. In R. Mayes, R. Bonillia, L. L. Hatfield, & S. Belbase (Eds.), *Quantitative reasoning: Current state of understanding,* WISDOMe Monographs (Vol. 2, pp. 75–92). Laramie: University of Wyoming.

Moore, K. C. (2012b). Making sense by measuring arcs: A teaching experiment in angle measure. *Educational Studies in Mathematics, 83*, 225–245. doi:10.1007/s10649-012-9450-6

Moore, K. C. (2014). Quantitative reasoning and the sine function: The case of Zac. *Journal for Research in Mathematics Education, 45*, 102–138.

Moore, K. C., & Carlson, M. P. (2012). Students' images of problem contexts when solving applied problems. *The*

Journal of Mathematical Behavior, 31, 48–59. doi:10.1016/j.jmathb.2011.09.001

Moore, K. C., Paoletti, T., & Musgrave, S. (2013). Covariational reasoning and invariance among coordinate systems. *The Journal of Mathematical Behavior, 32*, 461–473. doi:10.1016/j.jmathb.2013.05.002

Moore, K. C., & Silverman, J. (2015). Maintaining conventions and constraining abstraction. In T. G. Bartell, K. N. Bieda, R. T. Putnam, K. Bradfield, & H. Dominguez (Eds.), *Proceedings of the 37th annual meeting of the North American Chapter of the International Group for the Psychology of Mathematics Education* (pp. 518–525). East Lansing: Michigan State University.

Moore, K. C., & Thompson, P. W. (2015). Shape thinking and students' graphing activity. In T. Fukawa-Connelly, N. E. Infante, K. Keene, & M. Zandieh (Eds.), *Proceedings of the 18th Meeting of the MAA Special Interest Group on Research in Undergraduate Mathematics Education* (pp. 782–789). Pittsburgh, PA: RUME.

Nagle, C., Moore-Russo, D., Viglietti, J., & Martin, K. (2013). Calculus students' and instructors' conceptualizations of slope: A comparison across academic levels. *International Journal of Science and Mathematics Education, 6*, 1491–1515. doi:10.1007/s10763-013-9411-2

National Governors Association Center for Best Practices & Council of Chief State School Officers. (2010). *Common Core State Standards for Mathematics.* Washington, DC: Author. Retrieved from http://www.corestandards.org

Nemirovsky, R. (1994). On ways of symbolizing: The case of Laura and the velocity sign. *Journal of Mathematical Behavior, 13*, 389–422.

Nemirovsky, R., Tierney, C., & Wright, T. (1998). Body motion and graphing. *Cognition and Instruction, 16*, 119–172.

Newton, I. (1736). The method of fluxions and infinite series; with its applications to the geometry of curve-lines (J. Colson, Trans.). London, England: Henry Woodfall. Retrieved from http://bit.ly/1qaxyIk

Nuerk, H. C., Kaufmann, L., Zoppoth, S., & Willmes, K. (2004). On the development of the mental number line: More, less, or never holistic with increasing age? *Developmental Psychology, 40*, 1199–1211. doi:10.1037/0012-1649.40.6.1199

Nunes, T., Desli, D., & Bell, D. (2003). The development of children's understanding of intensive quantities. *International Journal of Educational Research, 39,* 651–675. doi:10.1016/j.ijer.2004.10.002

Núñez, R. (2006). Do real numbers really move? Language, thought and gesture: The embodied cognitive foundations of mathematics. In R. Hersh (Ed.), *18 unconventional essays on the nature of mathematics* (pp. 160–181). New York, NY: Springer.

Oehrtman, M. C., Carlson, M. P., & Thompson, P. W. (2008). Foundational reasoning abilities that promote coherence in students' understandings of function. In M. P. Carlson & C. Rasmussen (Eds.), *Making the connection: Research and practice in undergraduate mathematics, MAA Notes* (Vol. 73, pp. 27–42). Washington, DC: Mathematical Association of America.

Osgood, W. F. (1907). The calculus in our colleges and technical schools. *Bulletin of the American Mathematical Society, 13,* 449–467.

Piaget, J. (1970). The child's conception of time. New York, NY: Basic Books.

Piaget, J. (2001). Studies in reflecting abstraction (R. L. Campbell, Trans.). New York, NY: Psychology Press.

Piaget, J., Blaise-Grize, J., Szeminska, A., & Bang, V. (1977). Epistemology and psychology of functions. Dordrecht, The Netherlands: D. Reidel.

Rüthing, D. (1984). Some definitions of the concept of function from Bernoulli, Joh. to Bourbaki, N. *Mathematical Intelligencer, 6,* 72–77.

Saldanha, L. A., & Thompson, P. W. (1998). Re-thinking co-variation from a quantitative perspective: Simultaneous continuous variation. In S. B. Berenson & W. N. Coulombe (Eds.), *Proceedings of the Annual Meeting of the Psychology of Mathematics Education–North America* (Vol. 1, pp. 298–304). Raleigh: North Carolina State University. Retrieved from http://bit.ly/1b4sjQE

Saxe, G. B., Earnest, D., Sitabkhan, Y., Haldar, L. C., Lewis, K. E., & Zheng, Y. (2010). Supporting generative thinking about the integer number line in elementary mathematics. *Cognition and Instruction, 28,* 433–474. doi:10.1080/07370008.2010.511569

Schnepp, M., & Nemirovsky, R. (2001). Constructing a founda-tion for the fundamental theorem of calculus. In A. Cuoco & F. Curcio (Eds.), *The roles of representations in school math-ematics,* 63rd yearbook of the National Council of Teachers of Mathematics. Reston, VA: National Council of Teachers of Mathematics.

Sfard, A. (1991). On the dual nature of mathematical conceptions: Reflections on processes and objects as different sides of the same coin. *Educational Studies in Mathematics, 22,* 1–36.

Sfard, A. (1994). Reification as the birth of metaphor. *For the Learning of Mathematics, 14,* 44–55.

Simon, M. A. (1996). Beyond inductive and deductive reasoning: The search for a sense of knowing. *Educational Studies in Mathematics, 30,* 197–210.

Smith, E., & Confrey, J. (1994). Multiplicative structures and the development of logarithms: What was lost by the invention of function. In G. Harel & J. Confrey (Eds.), *The development of multiplicative reasoning in the learning of mathematics* (pp. 333–360). Albany, NY: SUNY Press.

Smith, E., Dennis, D., & Confrey, J. (1992). Rethinking functions: Cartesian constructions. *Proceedings of the Second International Conference on the History and Philosophy of Science in Science Education* (Vol 2, pp. 449–466). Kingston, Canada: Mathematics, Science, Technology and Teacher Education Group.

Smith, N. (2008). *Students' emergent conceptions of the fundamental theorem of calculus* (Unpublished doctoral dissertation). Arizona State University, Tempe.

Sofronos, K. S., DeFranco, T. C., Vinsonhaler, C., Gorgievski, N., Schroeder, L., & Hamelin, C. (2011). What does it mean for a student to understand the first-year calculus? Perspectives of 24 experts. *Journal of Mathematical Behavior, 30,* 131–148.

Stalvey, H. E., & Vidakovic, D. (2015). Students' reasoning about relationships between variables in a real-world problem. *The Journal of Mathematical Behavior, 40,* 192–210. doi:10.1016/j.jmathb.2015.08.002

Steffe, L. P., & Olive, J. (2010). *Children's fraction knowledge.* New York, NY: Springer.

Steffe, L. P., & Thompson, P. W. (2000). Teaching experiment methodology: Underlying principles and essential elements. In R. Lesh & A. E. Kelly (Eds.), *Research design in mathematics and science education* (pp. 267–307). Mahwah, NJ: Erlbaum.

Steffe, L. P., von Glasersfeld, E., Richards, J., & Cobb, P. (1983). *Children's counting types: Philosophy, theory, and application*. New York, NY: Praeger Scientific.

Stein, M. K., Baxter, J. A., & Leinhardt, G. (1990). Subject-matter knowledge and elementary instruction: A case from functions and graphing. *American Educational Research Journal, 27,* 639–663. doi:10.3102/00028312027004639

Stephan, M., & Akyuz, D. (2012). A proposed instructional theory for integer addition and subtraction. *Journal for Research in Mathematics Education, 43,* 428–464.

Strom, A. (2008). *A case study of a secondary mathematics teacher's understanding of exponential function: An emerging theoretical framework* (Unpublished doctoral dissertation). Arizona State University, Tempe. Retrieved from http://bit.ly/1Aibn8c

Stump, S. (1999). Secondary mathematics teachers' knowledge of slope. *Mathematics Education Research Journal, 11,* 124–144.

Tallman, M. (2015). *An examination of the effect of a secondary teacher's image of instructional constraints on his enacted subject matter knowledge* (Unpublished doctoral dissertation). Arizona State University, Tempe. Retrieved from http:// bit.ly/1NqCLs9.

Talmy, L. (1996). Fictive motion in language and "ception." In P. Bloom, M. F. Garrett, L. Nadel, & M. A. Peterson (Eds.), *Language and space* (pp. 211–276). Cambridge, MA: MIT Press.

Teuscher, D., Moore, K. C., & Carlson, M. P. (2015). Decentering: A construct to analyze and explain teacher actions as they relate to student thinking. *Journal of Mathematics Teacher Education,* Online First. doi:10.1007/s10857-015-9304-0

Thompson, P. W. (1988). Quantitative concepts as a foundation for algebra. In M. Behr (Ed.), *Proceedings of the Annual Meeting of the North American Chapter of the International Group for the Psychology of Mathematics Education* (Vol. 1, pp. 163–170). Dekalb, IL: Northern Illinois University. Retrieved from http://bit.ly/11hLII7

Thompson, P. W. (1990). *A theoretical model of quantity-based reasoning in arithmetic and algebra.* Unpublished manuscript, Center for Research in Mathematics & Science Education, San Diego State University, San Diego, CA.

Thompson, P. W. (1993). Quantitative reasoning, complexity, and additive structures. *Educational Studies in Mathematics, 25,* 165–208.

Thompson, P. W. (1994a). The development of the concept of speed and its relationship to concepts of rate. In G. Harel & J. Confrey (Eds.), *The development of multiplicative reasoning in the learning of mathematics* (pp. 179–234). Albany, NY: SUNY Press.

Thompson, P. W. (1994b). Images of rate and operational understanding of the fundamental theorem of calculus. *Educational Studies in Mathematics, 26,* 229–274.

Thompson, P. W. (1994c). Students, functions, and the undergraduate mathematics curriculum. In E. Dubinsky, A. H. Schoenfeld, & J. J. Kaput (Eds.), *Research in collegiate mathematics education,* 1, issues in mathematics education (Vol. 4, pp. 21–44). Providence, RI: American Mathematical Society.

Thompson, P. W. (2008a). Conceptual analysis of mathematical ideas: Some spadework at the foundations of mathematics education. In O. Figueras, J. L. Cortina, S. Alatorre, T. Rojano, & A. Sépulveda (Eds.), *Proceedings of the Annual Meeting of the International Group for the Psychology of Mathematics Education* (Vol. 1, pp. 31–49). Morélia, Mexico: PME. Retrieved from http://bit.ly/1OYE9al

Thompson, P. W. (2008b, June). One approach to a coherent K–12 mathematics: Or, it takes 12 years to learn calculus. Paper presented at the Pathways to Algebra Conference, Mayenne, France. Retrieved from http://bit.ly/15IRIPo

Thompson, P. W. (2011). Quantitative reasoning and mathematical modeling. In L. L. Hatfield, S. Chamberlain, & S. Belbase (Eds.), *New perspectives and directions for collaborative research in mathematics education,* WISDOMe Monographs (Vol. 1, pp. 33–57). Laramie: University of Wyoming.

Thompson, P. W. (2015). Researching mathematical meanings for teaching. In L. D. English & D. Kirshner (Eds.), *Third handbook of international research in mathematics education* (pp. 435–461). New York, NY: Taylor & Francis.

Thompson, P. W., Byerley, C., & Hatfield, N. (2013). A conceptual approach to calculus made possible by technology. *Computers in the Schools, 30,* 124–147. doi: 10.1080/07380569.2013.768941

Thompson, P. W., Carlson, M. P., Byerley, C., & Hatfield, N. (2014). Schemes for thinking with magnitudes: A hypothesis about foundational reasoning abilities in algebra. In L. P. Steffe, L. L. Hatfield, & K. C. Moore (Eds.), *Epistemic* algebra students: Emerging models of students' algebraic knowing, WISDOMe Monographs (Vol. 4, pp. 1–24). Laramie: University of Wyoming.

Thompson, P. W., & Dreyfus, T. (in press). A coherent approach to the fundamental theorem of calculus using differentials. In R. Biehler & R. Hochsmuth (Eds.), *Proceedings of the Conference on Didactics of Mathematics in Higher Education as a Scientific Discipline*. Hannover, Germany: KHDM.

Thompson, P. W., Hatfield, N., Joshua, S., Yoon, H., & Byerley, C. (2016). *Covariational reasoning among U.S. and South Korean secondary mathematics teachers*. Manuscript submitted for publication.

Thompson, P. W., & Saldanha, L. A. (2003). Fractions and multiplicative reasoning. In J. Kilpatrick, W. G. Martin, & D. Schifter (Eds.), *Research companion to Principles and Standards for School Mathematics* (pp. 95–114). Reston, VA: National Council of Teachers of Mathematics.

Thompson, P. W., & Silverman, J. (2008). The concept of accumulation in calculus. In M. P. Carlson & C. Rasmussen (Eds.), *Making the connection: Research and teaching in undergraduate mathematics,* MAA Notes (Vol. 73, pp. 43–52). Washington, DC: Mathematical Association of America.

Thompson, P. W., & Thompson, A. G. (1992, April). *Images of rate*. Paper presented at the Annual Meeting of the American Educational Research Association, San Francisco, CA. Retrieved from http://bit.ly/17oJe30

Thompson, P. W., & Thompson, A. G. (1994). Talking about rates conceptually, Part I: A teacher's struggle. *Journal for Research in Mathematics Education, 25,* 279–303.

Torbeyns, J., Schneider, M., Xin, Z., & Siegler, R. S. (2014). Bridging the gap: Fraction understanding is central to mathematics achievement in students from three different continents. *Learning and Instruction, 37,* 5–13. doi:10.1016/j.learninstruc.2014.03.002

Trigueros, M., & Ursini, S. (1999). Does the understanding of variable evolve through schooling? In O. Zaslavsky (Ed.), *Proceedings of the International Group for the Psychology of Education* (Vol. 4, pp. 273–280). Haifa, Israel: PME.

Ursini, S., & Trigueros, M. (2001). A model for the uses of variable in elementary algebra. In E. Pehkonen (Ed.), *Proceedings of the 21st Annual Meeting of the International Group for the Psychology of Mathematics Education* (Vol. 4, pp. 254–261). Lahti, Finland: PME.

von Glasersfeld, E. (1984). Thoughts about space, time, and the concept of identity. In A. Pedretti (Ed.), *Of of: A book conference* (pp. 21–36). Zürich, Switzerland: Princelet Editions.

von Glasersfeld, E. (1996, September). *The conceptual construction of time*. Paper presented at the Conference on Mind and Time, Neuchatel, Switzerland. Retrieved from http://www.oikos.org/Vonglasoct1.htm

Von Korff, J., & Sanjay Rebello, N. (2014). Distinguishing between "change" and "amount" infinitesimals in first-semester calculus-based physics. *American Journal of Physics, 82,* 695–705. doi:10.1119/1.4875175

White, P., & Mitchelmore, M. (1996). Conceptual knowledge in introductory calculus. *Journal for Research in Mathematics Education, 27,* 79–95.

Young, J. W., Denton, W. W., & Mitchell, U. G. (1911). *Lectures on fundamental concepts of algebra and geometry*. New York, NY: Macmillan. Retrieved from http://bit.ly/1pvwXT2

17 几何学习与几何教学

娜塔莉·辛克莱
加拿大西蒙弗雷泽大学
米歇尔·西里洛
美国特拉华大学
迈克尔·德维利尔斯
南非夸祖鲁-纳塔尔大学
译者：綦春霞
北京师范大学教育学部

本章旨在对几何教学和几何学习的研究进行整体梳理，主要梳理自2005年以来的研究，以及克莱门茨、巴蒂斯塔（1992）和巴蒂斯塔（2007）没有涉及的研究（如变换和对称）。许多国家对算术和代数的重视程度远高于几何。然而，作为一个重要的数学研究主题，几何在数学概念中的意义和模型价值越来越受到研究者的关注，因此，人们对其重要性的认识逐渐增强。数学家迈克尔·阿提亚（2001）认为：

> 空间直觉或空间感知能力是极其强大的工具，这就是几何是数学主要分支的原因——不仅对于几何特征明显的事物，对几何特征不明显的事物亦如此。正是因为可以运用直觉，几何特征不明显的事物也能被转化为几何形式。（第658页）

关注数学学习中空间推理地位与作用的研究越来越多（本章后续部分将进一步讨论），这有助于提高人们对课程中几何部分的重视程度，并引入不同于经典欧氏几何的几何新领域。的确，正如克雷恩和鲁本斯坦（2009）在《在世界变革中理解几何》中阐释的那样，随着计算机可视化及建模的发展，几何应用范围愈加广泛，并保持增长趋势。动态数字图像的出现不仅使数学学科焕发生机，甚至彻底改变了当前学校教学的方式。在过去的十年中，小学阶段使用数字工具进行几何学习的现象与日俱增。

本章主要包含五部分。第一部分概览过去十年出现的理论观点，这些理论观点决定了几何领域的研究方向。由于研究者试图对几何思维的语言和空间观念之间复杂的相互作用作出解释，该部分还将讨论现今出现的诸多研究方法。第二部分概览学校数学教学中具体的几何主题，包括平面几何、立体几何、非欧几何和几何问题解决等内容。最为研究人员瞩目的平面几何学习中，多数研究关注的是学生对平面图形的识别，也有研究关注学生对角、对称性和变换的理解。考虑到证明在几何中的重要性，第三部分将阐述与几何证明过程相关的各个方面的研究，包括猜想、推理和证明。第四部分梳理的是几何教师与几何教学相关问题的研究。最后以对几何教学与几何学习未来研究方向的讨论作为结尾。

理论研究及方法的变革

关于几何学习，在巴蒂斯塔（2007）作出综述之后，研究人员在用于构建、回答研究问题的理论层面上以及与几何的教与学密切相关的新方法使用方面都有了一些发展。

几何学习理论

本部分首先讨论植根于数学教育的理论，然后考虑那些最初产生于认知科学和心理学的理论。

源自数学教育研究的理论。在源自数学教育研究的理论中，范·希尔的几何思维水平理论（van Hiele，1959/1985）居显著地位，北美地区的研究者对该理论的应用比世界上其他地区更为普遍。范·希尔几何思维水平模型的优点之一是易在研究者之外传播，例如，该理论出现在大量为实践者出版的刊物中，在《儿童数学教学》杂志的多篇论文（如Howse & Howse，2015）中，还出现在由华生、琼斯和普拉特（2013）编写的以英国为背景的书籍中。与此同时，关于范·希尔几何思维水平理论也存在一些争论，主要体现在对其多个构成要素的批判，包括质疑这些思维水平的连续性、线性及离散性。对于学生思维本来是处于不同水平但却被认定为只处在"某一个水平"的假设，出现了更进一步的批判（见Fuys，Geddes，& Tischler，1988）。自巴蒂斯塔（2007）的综述以来，使用传统的范·希尔几何思维水平方法的研究数量已呈减少趋势[1]，大概归于以下因素：（1）正如巴蒂斯塔提到的那样，思维水平存在波动、重叠以及下降情况，故不易操作；（2）该方法就本质而言是描述性和诊断性的，较少关注几何理解如何发展的问题；（3）未充分考虑在几何的教与学中符号学和认识论方面的问题；（4）水平划分有一般化的特征描述，但没有给出课堂中可能用到的具体任务以及工具。

过去十年间，斯法德的语义分析理论（Sfard，2008）作为一种新出现的理论，已应用到几何教与学的研究之中。虽然该理论与范·希尔几何思维水平联系密切，但它试图解决上文提到的第一个和第三个缺陷。该理论根据交流的形式将思维概念化，而思维水平则表现为话语水平，沟通方式体现了在几何思维的来源和本质问题上的参与主义立场，这与范·希尔思想中认为思维控制概念或图式等心理结构这一习得主义立场形成对照（Sinclair & Moss，2012）。几何思维作为一种沟通形式的观点意味着思维是和参与活动的专家互动而产生的结果，这与皮亚杰认为儿童从一个水平过渡至另一个水平的发展转变

"自然"的观点不相符（这种观点认为，儿童从一个水平自然过渡至另一个水平的假设似乎为范·希尔的研究奠定了基础，尽管他们坚称教师在水平转变过程中发挥了主导作用）。

根据斯法德（2008）的研究，王和恩策尔（2014）将范·希尔几何思维层次模型转化为交流术语，其中每个后续的数学话语水平都是前一个话语水平的元话语。也就是说，每个水平都是对已经熟练的数学话语的反思的结果。该方法与弗赖登塔尔（1973）[2]递进定义的水平有相似之处，其中较低水平的活动成为后续水平活动的分析对象，可参见高力克（2005）对几何案例的分析。对斯法德而言，特定层次的典型几何对象可被视为"采样"较低层次几何对象的一个结果，即为此类对象的整个类指定一个统一的名称。为了了解这些话语层次到底是什么以及它们与范·希尔几何思维层次的区别，我们将范·希尔层次1（采用美国通用的1~5等级）与几何话语的第1级进行比较。范·希尔的层次1为视觉层次，其中"学生根据几何图形的外观识别和操作它们，他们高度依赖于日常原型，以视觉形态来识别图形"（Battista，2007，第847页）。几何话语的第1级则是初级论述对象的话语，儿童看到一个三边图形并称其为"三角形"，因为他们能够明白这个图形是已被他们命名为"三角形"的一个图形的旋转变换的结果。在该话语层面，"三角形"就是标识单个实际物体的专有名称，因此，一个对象不能有两个不同的专有名称（它不能同时是等腰三角形和等边三角形）。话语的方法关注儿童如何使用与视觉理解相关的语言[3]，而不仅仅关注儿童可能具备的推断视觉完形。

上文提到范·希尔几何思维层次的缺陷之一是没有充分说明工具在几何知识发展中所起的作用。考虑到实物工具（如圆规）和如今越来越多的虚拟工具（如拖动工具）在学校几何教学中的重要作用，对调解概念的理论关注日益增多，大部分基于维果茨基（1978）的创新思想。这种新的符号调解理论（TSM；Bartolini Bussi & Mariotti，2008）在过去十年中出现，用于描述教师如何利用特定工具推进教与学的过程，以及如何处理由特定工具产生、内化于学习过程中的符号。教师应首先建立或

选择任务，使数学教具成为符号调解的工具，帮助学生转换使用教具时所产生的符号，进而表达数学教具与数学知识之间的关系。符号调解理论与工具取向关系密切（参见Artigue，2002），21世纪初以来，后者在欧洲被广泛使用，它重点关注学生将数学教具转换为问题解决工具的过程——这个过程称为工具起源。然而，符号调解理论在将符号学理论引入教学从而聚焦学习过程及发展中的课堂语言方面独树一帜。

马里奥蒂（2009）描述了"符号潜力"这一概念，指可能出现在下列两者中的双重关系：（1）数学教具和通过使用教具完成任务时产生的个人意义之间；（2）数学教具和通过使用教具唤醒的数学意义之间。根据动态几何环境（DGES）[4]及其在支持证明的教与学中可能发挥的作用，马里奥蒂（2012）看到了动态几何环境符号资源存在的潜力：

> 所使用的工具及其功能与定理相关的数学意义间为双重关系：数学意义产生于使用虚拟绘图工具通过拖拽与尝试解决作图问题，而这又建立起与欧氏几何体系内的几何作图理论意义的联系。（第172页）

马里奥蒂还认为："使用任何单一工具都要调解公理或已被认可的定理的应用的意义"，且软件菜单中那些作图、变换、测量等系列化的操作指令也"调解了理论的意义"（第173页）。

符号调解理论还关注了教师在课堂数学话语发生过程中的作用。马里奥蒂（2009）描述了这样的教育循环：一开始，学生被要求在活动中使用教具解决一个问题，随后被要求创造个体符号继续开展活动，在最后的集体活动环节中，教师把学生个人意义的演变协调汇聚起来，循环结束。上述循环的第一环节意在促进数学教具作为符号潜力的展示及一般符号的共建。采用符号调解理论的研究调查了教师如何促进与数学教具使用相关的个人符号的产生，以及数学教具如何把这些个人符号转换成在一个班级或数学家群体中达成共识的符号。

杜瓦尔（2005）也开发了一种符号学方法，这种方法与语言交流的方法有相似之处，重点关注几何话语。然而，杜瓦尔未采纳斯法德的激进参与主义观点。相对于符号调解理论侧重于工具使用，杜瓦尔的方法更着眼于语言和视觉之间的相互作用。杜瓦尔强调"观看方式"，认为几何话语的可视化至关重要，该取向与斯法德基于语言的观点相左。考虑到使用英语的读者尚未接触过杜瓦尔的著作，本章会较详尽地描述其理论，包括从20世纪90年代中期他的早期著作到2005年的最新进展。

范·希尔几何思维层次模型的前两个层次，即几何学习初期，关注了视觉的作用，而杜瓦尔（1998）的符号学方法将可视化作为几何思维的基本组成部分。他认为，几何连接了两个表征体：图形的可视化和用于说明推导性质的语言，即看与说。可视化在杜瓦尔的方法中起关键作用，尤其对于几何图形和图解。这与研究中越来越关注问题解决和证明中的图解是一致的。对杜瓦尔而言，图解不仅用于阐释几何定理，而且还是重要的直观手段。他区分了对几何图形的四种理解：（1）知觉的（图形的识别），（2）顺序的（图形的构造），（3）论述的（基于性质的图形识别），（4）可操作的（图形处理，如变换和重新组合）。必须引发知觉理解以及至少一种其他类型的理解，图解才能发挥其几何作用。单纯的知觉理解不能使一个图起到几何图形的作用，因为几何图形并非是直接可用的图像表征。

杜瓦尔（2005）在之后的著作中称，大部分学校的几何课程鼓励原型性思维，他将这种思维比作植物学家的"观看方式"，在这种方式中，认识图形均基于视觉性质，图形变成了一个图像表征[5]。杜瓦尔把北美课程中典型的基于测量的方法（根据范·希尔几何思维层次，这种方法也没能为证明提供合适的概念子结构，参见de Villiers，2010）比作木匠观看物体的方式，并称用植物学家和木匠的方法来处理几何都不能在几何的视觉和论述之间产生协同作用，而需通过使用杜瓦尔称之为"构造者"看的方式参与任务才能达到目的。这一说法支持了维度分解的关键过程，该过程包括从多边形面的二维视图到多边形边（线段或直线）的一维视图的转换，当然，"维度"在此表示其几何状态（一条线为一维，正方形为二维，立方体为三维），而非其被感知的方式。通常，从看到说，维度要降低；从说到看，维度要升高。事实上，可视化的认知功能会特别地体现于把低维度的图形单元融合成高维度的图形整体。然而，言语表达经常包括向低维度过渡的情况，与可视化的认知功能相悖。维度分解涉及两方面：（1）把基本图形看作是由线和点构造而成的，（2）了解从线的网络中可以出现很多二维图形。亦即，几何学习可以始于探索由线组成的不同构型。

由于对几何图形性质的关注涉及维度分解（"观察"矩形的性质涉及关注其边和角），杜瓦尔（2005）认为，学校几何通常采取从实物到平面图形再到线的教学顺序是错误的，因为假设学生能够"看到"确定二维图形性质的一维对象，那么就忽视了维度分解所涉及的认知挑战。这种认知挑战在范·希尔几何思维层次模型中有所体现，例如，"观察"平行四边形的一维性质在其模型中属于第2层次。

为支持维度分解，杜瓦尔（2005）建议将作图作为切入点：不止尺规作图，还利用木匠的角尺、折纸、尺子和模板作图。该方法明显不同于范·希尔几何思维层次，尺规作图位于范·希尔几何思维第3层次，进而在性质范畴发展逻辑推理能力（例如，作一个对角线互相平分的四边形就得到一个对边平行的四边形）。在图形构造的过程中，维度分解通过几何工具完成（在构造正方形，也就是二维对象时，用直尺分解其为线段，用圆规分解其为角）。例如，矩形构建的过程不仅仅是简单的图形可视化，而且也是对其一维性质的断定。图形不再是稳定的对象，而是可随时间推移而变化，能够被分解和重新构造的。这种非图形可视化是几何思维的特征，并且与非数学领域的可视化方式差异极大[6]。这是一种最终可以实现几何中的所有论述过程（性质阐释、定义、定理、推论）的观察方式。

根据杜瓦尔的理论，佩兰-格洛里安、马特和勒克莱尔（2013）提出，工具（如尺子和模板）应该在小学和中学的几何衔接中发挥关键作用，也就是实现维度的分解。他们用一系列"还原"任务（或引用Brousseau（1997）提出的术语——"教学情境"）的例子证明了这一观点，其中基于工具的作图用于从幼儿园到初中（6~15岁）对反射对称的探索。例如，要求儿童使用工具

来填充部分被擦除的对称树的轮廓，但这由另一颗完整的树放大和旋转后得到，作图过程使儿童关注树中重要的一维对象。该任务的进行涉及新工具的使用。

杜瓦尔（2005）还进一步思考了几何证明中可视化和语言之间特殊而复杂的相互作用。他对几何证明中看和说的两种方式进行了比较：（1）推理服从于可视化，比如许多的"无字证明"，可视化发生于二维图形或三维图形转化到另一个图形的过程，并用语言解释其相等性；（2）可视化服从于推理，如维度分解过程的语言表达可由图形阐释。除需要维度分解外，第二种方式中的证明还需对代换的话语机制有一定了解。该机制对论证与证明进行了区分，前者通过一个接一个地积累命题来进行，而后者则用一个命题代替另一命题，故演绎步骤的结论成为下一步骤的前提，学生理解数学证明的核心在于理解替代过程中需求的变化。

最后我们要讨论的出现在几何这一特定背景下的理论是几何工作空间，它借鉴了库兹尼亚克（2006）三个几何范式的想法。几何Ⅰ或称之为自然几何，它源自古希腊，其验证来源于可感知的世界，推理发生在具体对象的工作空间。几何Ⅱ或称之为自然公理化几何，它基于公理，但这些公理基于自然世界，几何Ⅱ是要为世界建模，其工作空间包括绘图工具之类的数学教具。最后，几何Ⅲ，即形式公理化几何，它是由定义和性质组成的理论符号系统。每个范式对什么是"图形"的解释都是不同的，从简单的一幅图画，到由其定义决定的一幅图（如费施拜因的图形概念），再到抽象概念的具体化。以上三种范式凸显了学校改革面临的挑战：例如，针对几何Ⅲ的任务却常常让学生通过作图、测量而不是通过性质的演绎推理来解决问题。

上述四种新的理论方法（斯法德、巴尔托利尼·布西和马里奥蒂、杜瓦尔和库兹尼亚克）分别呈现了几何学习的不同方式。斯法德的理论将思维作为沟通方式，呼吁认识论的转变，但为解释学生的几何交流提供了几种工具，尤其是语言交流。巴尔托利尼·布西和马里奥蒂的符号调解理论大力推进了人们对数学教具在调解几何意义中所起作用的关注，还为课堂活动设计提供了理论框架。杜瓦尔引起我们对沟通中言语形式和视觉形式

相互作用的关注，并为学习顺序的设计提供了一些完全不同于范·希尔提出的方法但可能是行之有效的选择。最后，库兹尼亚克为解释学校数学中涉及的不同类型的几何提供了一个视角，这有助于我们深刻理解学生和教师在几何活动中遇到的困难。

基于认知科学和心理学的理论。具身认知理论的发展对近来几何教与学的研究影响较深。在宏观层面，该领域研究者强调了感觉运动活动在数学推理中的作用（Núñez, Edwards, & Matos, 1999）。因几何情境自身的视觉化特点，这并不意外，但是研究者称还有更多与几何推理相关的感官存在，尤其是动觉（如在手中转动立方体或在屏幕上拖动点，见 Moreno-Armella, Hegedus, & Kaput, 2008）。事实上，手和眼睛在几何推理中起关键作用，不仅体现于低年级的图形操作（见 Roth, 2011）和证明活动中的作图中，也体现在用手势和图解交流几何思维中。事实上，研究者越来越关注几何推理中的手势和图解，特别是，它们如何引起思维与交流的多种模式，这对于教师和学生均如此（de Freitas & Sinclair, 2012; Maschietto & Bartolini Bussi, 2009; Thom & McGarvey, 2015）。一些研究者使用具身认知来保证课堂任务中更多地应用感觉运动活动（参见 Lehrer, Kobiela, & Weinberg, 2013），甚至有研究者认为需要此类任务来取代以语言为主导的学校几何教学方法（见 Brown & Heywood, 2011）。

数学推理中感官的重要性日益得到认可，该现象也引起研究者关注，尤其是在心理学领域更加关注空间推理与数学间的关系。过去二十年的广泛研究不断显示出空间能力与在数学、科学上的良好表现之间有强相关性。近来，心理学研究文献收集的证据显示，空间能力测量表现良好的人在数学测量中也表现良好（Farmer 等，2013），且更可能进入 STEM（科学、技术、工程和数学）学科的学习，并取得成功（Mix & Cheng, 2012; Newcombe, 2010; Wai, Lubinski, & Benbow, 2009）。某些人因忽视空间技能而影响数学学业进步，故数学表现和空间推理之间的相关性尤其重要（Clements & Sarama, 2011）。

认知心理学家的近期研究表明，空间任务可从两个主要维度进行分类：内在-外在差异以及静态-动态差异（Chatterjee, 2008; Newcombe & Shipley, 2012; Uttal 等，2012）。内在的任务关注对象性质，如大小和方向（相对给定或常规位置作了多少倾斜或转动），以及构成部分之间如何相互关联。外在的任务检视对象之间或对象与外部对象之间的关系（如对象是否与一条直线平行）。那些关注组成部分之间关系的任务是静态的，而涉及折叠、弯曲、旋转、缩放、横截面，或比较二维和三维视图的任务是动态的。研究表明，许多科学家和数学家擅长内在动态的任务，这需要在心理上转换对象，包括折纸、心理旋转、想象横截面、在二维绘图上发现三维的相等关系，以及将对象拼接成更复杂的结构（Newcombe & Shipley, 2012; Uttal 等，2012）。心理旋转与几何成绩显著相关（Kyttälä & Lehto, 2008）。

数学教育文献同样考虑了视觉的、空间的和动态的思维形式的重要性，一些文献涉及了空间推理（Davis & the Spatial Reasoning Study Group, 2015）、视觉空间推理（Owens, 2015）和视觉推理（Rivera, 2011），此处仅为部分列举。欧文斯（2015）认为，视觉空间推理涉及"图像或图像序列中的一部分之间的关系、位置和移动"（第9页）。

未来研究的挑战之一是寻求将认知科学和心理学背景的研究与数学教育背景的研究相结合的路径，尤其是因为两者对几何任务或情境及研究方法的关注点和兴趣点不同。戴维斯及其同事（Davis & the Spatial Reasoning Study Group, 2015）进行了有意义的尝试，他们同时利用了这两方面的理论制订实现数学课程"空间化"的策略，其中就包括了几何的例子。

研究方法

研究者对方法的选择很大程度上取决于其研究问题的种类及其采用的理论。新问题、新理论和如今研究者可以使用的新研究工具（如摄像机、数据分析软件、眼球追踪设备和可录入所写内容并可同步音频录音的智能笔）需要超越传统的只以定量和定性区别的研究方法。

几位研究者考察了学生对给定几何任务的反应，目的通常是要识别能描绘不同思维层次特征的困难或反应模式。该过程可通过测量学生对给定任务的反应或通过临床访谈完成，后者通常为研究者研究学生的思维过程提供更多深刻见解。近期关于假定学习轨迹（见Clements, Wilson, & Sarama, 2004）的研究就广泛使用了临床访谈。虽然这些研究可使研究者非常细致地了解学生学习新概念的方式，但并不能解决不同课堂环境中出现的不同社会、文化、物质和情绪变化问题。

采用具身认知或唯物主义理论的研究者试图分析超出语言范围的几何活动，因此观察诸如幼儿与立方体互动的肢体动作（Roth, 2011）、动态几何软件中点击和拖动的肢体动作（Boylan, 2010），或儿童在探索和表达相交线和平行线想法时做的手势（Sinclair, de Freitas, & Ferrara, 2013）。有一些研究焦点在于教师而非学生，如舍伊恩（2012）的研究就是一例，她录下了在五年级数学课上，一位教师用9天时间教1个单元时是如何使用手势来帮助学生投入到几何任务之中的。

类似的方法也运用于对教师的研究中，研究人员通过观察教师的课堂行为或进行问卷调查来考察教师目前的规范行为或理念。赫布斯特及其同事提出一种更具创意的新方法（见Herbst & Miyakawa, 2008），他们研究了教师对可能不同于他们预期的一些特定课堂情况的反应，进而给指导当前教师行为的假设和标准提供了深入的见解。

研究中运用的干预种类越来越多，干预的持续时间亦不同。越来越多的研究采用课堂干预方法（见A.J. Stylianides & Stylianides, 2013），研究者和教师协同推进课程实施，随后研究学生如何回应这些课程、教师在该过程中的特殊作用以及工具和任务的使用。大多数采用符号调解理论的研究都使用了该方法。虽然此类研究关注了课堂生态中复杂的社会、文化、物质和情绪因素，并为教师提供了更多可用资源（可先阅读了解，再应用到课程中），但仍在推广方面面临挑战。

关于学习的研究

本节我们将重点介绍意在描述学生几何思维和学习的研究。一些研究人员旨在描述学生对于几何任务的常规反应，而另一些研究人员则研究不同类型的干预措施有何效果。虽然可以根据研究的不同类型（如设计研究或发展研究）来组织这一节的内容，但我们在此选择根据研究中的具体主题来组织内容，希望这样的结构对未来的研究人员更有帮助。

二维图形的几何研究

我们从讨论学生如何学习二维图形的这两部分开始。这项研究似乎或多或少地源自范·希尔几何思维层次，因为它检测学生如何从识别图形（可以认为是1~5层次中的层次1）到比较图形（涉及两个或更多图形的性质，通常与层次2相关）。由于这些操作是大多数小学几何研究的主要关注点，我们把它们放在同一小节内来考虑。分类和定义图形的过程主要涉及范·希尔的层次3，举例来说，不同类型的四边形之间的包含性或排他性关系即为"分类"，清晰地描述图形成立的必要条件和充分条件即为"定义"。由于分类和定义是高度相关的（梯形的定义将取决于分类系统是包含性的还是排他性的），我们将在同一节中考察关于这些几何操作的研究。

识别和比较二维图形。 该领域先前的研究已经利用了原型理论（Rosch, 1973）。像"三角形"这一图形类别，它是由具有不同重要性的不同元素组成的，比如等边三角形可能比又细又长的三角形更适合当原型，因为根据罗施的理论，原型三角形是"三角形"类别中最核心的一类，说到三角形时，原型三角形往往是人们首先想到的。研究人员已经发现，儿童在很大程度上依赖于通过将物品与视觉原型进行比较，来识别图形并进行分类，即使他们可以陈述这些图形的定义（Fischbein & Nachlieli, 1998），但有时还是会强调它们突出的属性（Clements, Swaminathan, Hannibal, & Sarama, 1999）。最近萨米尔、提罗施和利文森（2008）引用了比尔斯等（2006）的研究内容，在原型理论视角下的研究强调了反例在概念形成中的重要性。萨米尔等人写道："反例可以用于理清概念的界限"（第127页）。这些研究人员观察了孩子们对于直观和非直观反例的反应（见图17.1）。与以前的研究一致，他们发现，在65个5岁和6岁的儿童中，超过90%的儿童正确并快速地确认了直观的（原型）三角形例子，而不到一半的孩子能正确识别非直观的三角形（颠倒的图形或者或多或少不是等边的三角形，如那种细长的三角形）。只有3个孩子（5%）将圆角"三角形"（这是一个非直观的反例）识别为非三角形。作者的结论是，学生应该接触到各种各样的例子和反例，而不仅仅只接触直观的例子。

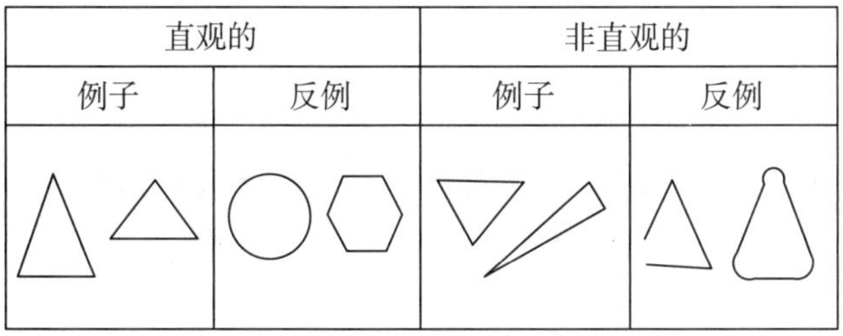

直观的		非直观的	
例子	反例	例子	反例
△ △	○ ⬡	▽ ／	△ ⬭

图17.1 直观三角形和非直观三角形的例子以及三角形的反例

以年龄较大的儿童（四年级）为对象，沃尔科特、莫尔和卡斯特博格（2009）分析了国家教育进展评估中开放题的数据，学生被要求比较并排显示在网格纸上的矩形和平行四边形（两者位于同一水平基线上，且高度和底边长度相同），要求学生尽可能地列出两者的相同点和不同点。依照国家教育进展评估的评分标准，在900名学生中，仅11%的学生给出了令人满意的回答。在对数据进行定性分析时，作者发现大多数儿童将图形的"边数"作为比较的主要标准。他们还发现，约一半的回答用了一个或两个图形的某种变形。这也许是由于，或至少部分地是由于，平行四边形通常在矩形之后引入，有时被描述为"倾斜的矩形"。一个有趣的研究问题是，先介绍平行四边形的一般概念，再介绍特定类型的平行四边形（菱形、矩形和正方形），这种教学顺序对学生认识各种四边形间关系的影响。

考虑到图形学习中的变形策略有很大发展空间，辛克莱和莫斯（2012）设计了一个教学实验。该实验考察在配备动态几何软件程序几何画板（以下简称画板）的课堂环境中，幼儿园儿童认识三角形的情况。在这项研究中，使用斯法德（2008）的方法，儿童从几何话语的第1级提升到第2级时相对较快，有些甚至能上升到第3级。事实上，一些孩子开始用定义的方式描述屏幕上的三角形，他们阐述道："每个三角形可以有不同的形状，但它只有三个角"（第36页）。这项研究对于考虑杜瓦尔的理论贡献是非常有趣的，因为学生们发展了具有变换意义的看图形的方式，同时还作了维度的分解。使用线段工具和拖动顶点的方法（顶点较大而且是彩色的）有可能有助于学生去关注三角形的一维分量。

接着，考尔（2015）研究了一、二年级的孩子对三角形类型的思考，同样是在全班用画板强化教学实验。考尔结合了符号调解理论和斯法德的交流方法，利用类似巴蒂斯塔（2008）基于画板的图形构建课程中的任务，来分析孩子们的反应。在这个课程里面，孩子们可以拖动和比较事先画好的等边、等腰和不等边三角形，还可以用它们去填充给定的图案。孩子们能够使用拖动工具来完善自己对这些三角形类型的非正式的包含性描述。重要的是，这项工作与杜瓦尔的研究内容相关，孩子们已经探索了角、线以及对称性，这可能有利于他们进行维度分解。

分类和定义二维图形。在二维图形的研究中，定义可以是包含性或排他性的。欧几里得用了后者，例如，他的《原本》第1册的定义22指出，菱形是"等边的但不是直角的"，这意味着正方形不能被称为菱形。一个包含性的定义会说明菱形是"等边的"。越来越多的研究者认为在几何中，包含性（或分层）定义更具有优势（Usiskin, Griffin, Witonsky, & Willmore, 2008），部分原因是它们是分层的（菱形比正方形更一般），这意味着对于菱形成立的命题对于正方形也将成立。然而，大多数研究表明，学生和教师不倾向于采用这种方式。藤田和琼斯（2007）发现，参与他们研究的大多数英国学生和教师能够正确地绘制和表示正方形和矩形等图形，但是往往无法描述正确的具有分层特性的四边形定义。他们认为，四边形的原型图像似乎对学生选择几何定义有很大的影响，这往往导致有偏颇或者冗长的定义（参见de Villiers, Govender, & Patterson, 2009）。在一项后续研究中，藤田（2011）发现，即使学生们知道正确而又正式的定义，但是超过一半的（高于平均水平的）学习者，倾向于通过将四边形与原型图像进行比较来识别四边形，这导致他们难以理解四边形之间的包含关系。换句话说，他们的选择受到限制性视觉和心理表征的影响，例如，平行四边形必须是"倾斜的"。

同样，在对南非和尼日利亚十至十二年级学生的一个比较研究中，阿泰比和舍费尔（2008）发现，他们几乎不知道四边形类中的包含关系。研究还显示，学生在识别和定义四边形时经常使用不精确的术语，并把必要条件误以为是充分条件。

冈崎（2009）认为类比是一个很有用的策略，我们可以用类比方法来挑战和促进学生使用排他性定义。例如，如果学生接受正方形是特殊类型的矩形，那么他们就可以将类比推理应用于其他关系，如矩形和平行四边形的关系。冈崎和藤田（2007）以及藤田（2011）都认为，如果想成功地理解包含性定义，最富有成效的方法可能是确定其发展路径，例如，正方形/菱形，矩形/平行四边形，最后是正方形/矩形。

已经有一些研究探讨了使用动态工具来支持开发更具相关性、包容性的四边形视图的潜力。加尔和卢（2008）向韩国九年级成绩不好的学生引入平行四边形，过程中对用板条和铰链制成的平行四边形进行动态和连续的图形变化，这样做似乎帮助学生把平行四边形的示例空间扩大为一个动态图形，它可以变成矩形、正方形或者菱形。通过这种方式建立了图形的类包含关系后，对学生来说，之后的分层定义会更自然地产生。

通过在互动式白板环境中使用动态几何多媒体软件，I.K.C. 梁（2008）发现，仅仅在三节课之后，9岁的学生可以解释为什么一个正方形既是菱形（包含性）也是平行四边形（传递性）。教师对几个菱形进行了拖动，使得它们变成了不同的菱形静态图像，同时，他们还向学生展示，它们可以从一个阶段连续地变化到另一个阶段。据作者介绍，软件提供的"动画点播"功能提升了类包含的教与学效果。

然而，正如埃雷兹和耶鲁沙尔玛（2006）指出的，为了使动态几何软件能够有效地开发分层定义的概念基础，学生需要将拖动图形视为保持图形关键性质的操作。也就是说，他们必须将"拖动"理解为可以用于生成一系列图形的动作，这些图形的性质是在构建时就决定的，这涉及一个重要的话语转换（Sinclair & Yurita, 2008）。辛克莱和尤瑞塔研究了10名五年级学生（11~12岁）如何解

释已建构图形的动态行为，并提取四边形的关键性质及其层次关系的过程。虽然大多数学生似乎都通过这一过程有所收获，但有一个学生似乎不明白，为什么拖动图形可以保留图形的关键性质，并且他惊讶地意识到，他不能通过拖动已给的正方形来创建一个一般的矩形。

萨恩斯-卢德罗和亚塔纳索普洛（2007）以及德维利耶等人（2009）还发现，首先让职前或在职教师动态地探索他们不太熟悉的四边形性质，如等腰梯形，然后产生不同的正确定义，这个过程提供了非常丰富的教学活动。它不仅使教师洞悉学生理解定义一般性质的过程，而且还为明确讨论必要条件和充分条件提供了机会。

考比拉和莱勒（2015）分析了六年级学生在16个课堂教学片断中的相互交流，这些片段可用于描述定义教学各环节的活动，他们观察、识别和描述了以下一些对定义教学有用的方面：（1）提出定义，（2）构建或评估正例或反例，（3）描述图形性质或相互关系，（4）构造定义性的解释或论证，（5）修改定义，（6）建立和论证系统内的关系，（7）提问与定义有关的问题，（8）讨论判断定义的充分性或可接受性的标准。

总的来说，数学教育研究界还没有深度探索或引入过一个更现代的方法来定义（和分类）四边形，例如，通过使用对称和变换的观点来定义（参见de Villiers, 2011; Hollebrands, 2007; Usiskin 等，2008），而不是像传统上那样主要关注图形的边和角等性质。采用这些方法的途径及效果还值得进一步研究。

角的学习。在研究文献中，关于角的概念呈现多面性，并且难以准确下定义——这不仅是对于学生，对历史上的数学家也是一样。正如辛克莱、皮姆和斯科林（2012）所写的，目前教科书中对于"三角形中有多少个角"这个问题有许多不同的答案——都不是三个！亨德森和泰米娜（2005）列出角的以下不同概念：角作为一个几何图形，是两条射线和其公共端点组成的（静态的）；角是运动形成的；角是旋转形成的（即动态的）；角是可以测量的；角是一个转动量。然而，他们还提醒，"没有一个正式的定义可以包含我们对角的所有认知经验"（第38页）。

大部分关于角的概念发展研究集中于三年级或更

高年级的学生。先前的研究指出，幼儿难以理解用旋转来定义角的概念，以及如何将静态角与转动联系起来（Mitchelmore, 1998）；他们倾向于认为角的大小与其臂长有关，或者一条臂必须是水平的，并且旋转方向总是逆时针的（Mitchelmore, 1998）；他们还倾向于使用直角作为角的原型，这会使得他们难以想象出比直角大或小的角。

贝特洛和萨林（1998）建议，几何概念的教学活动应该在感知层面上进行，这个感知是与学习者主体相关的空间，在此空间中主体可以直接进行观察和操作。德维奇和穆尼尔（2013）在贝特洛和萨林的研究基础上，描述了一系列在操场上开展的活动，在这些活动中，角被介绍为由两个方向描绘的一个空间，以此帮助学生理解边的长度与角的大小无关。在比较分析中，他们发现两个实验组在后续测试任务中都取得了更好的成绩。在这些任务中，他们被要求绘制角的例子，然后再绘制比先前第一个更大和更小的角。此外，实验组中的学生在边长和原型直角的特征方面出现较少的错误。最后，由于实验组引入了动态的角，故在两个组之间出现了一个细微但显著的差异。

布朗宁和加尔撒-克林（2009）在与职前教师以及六年级学生一起进行研究工作时，发现结合使用编程语言Logo并关注测量角度的课程，会有助于提升学生在描述角和绘图方面的能力。虽然学生的描述常常涉及角的静态概念，他们对"最大角"问题的回答更多地表现出角为转动的概念。使用符号调解理论让我们可以了解是否应该以及如何使用Logo语言，在Logo语言中，用角去描述海龟的转动方向（海龟有位置与指向两个重要参数，按程序中的Logo指令或用户的操作命令在屏幕上执行一定的动作），这可能已经作为研究参与者符号调解的工具了。

考尔（2013）也在基于计算机的环境中进行研究，结果表明，当使用动态几何画板，促进角为转动的概念形成时，幼儿园（以及一、二年级）的儿童可以成功地基于转动量来比较角，从而克服边的长度影响。这个发现来自教学实验，其中儿童首先通过转动半圈、整圈和四分之一圈形成基准角，并且使用这些角来描述和预测一个物体可以成功地到达给定位置所需的转动量。作者认为，儿童对角度的思考部分是通过他们必须协调刻度盘的转动量与物体的转动量（哪怕刻度盘和实物的始边不是朝着同一方向）才得以发展的。

康普顿（2015）也使用了动态几何环境，但更多地是关注测量角度。她在两个四年级班级中进行了教学实验，并在研究前后对参与研究的60名儿童中的8名进行了临床访谈。她使用范·希尔几何思维层次来指导7节课的活动设计，学生在动态几何环境Sketch Explore触摸屏上使用动态量角器来测量他们拍摄的现实世界静物照里的角度，她对学生的测量方式进行了分析。

另外，旨在了解儿童对角的概念的具体化，史密斯、金和霍伊特（2014）研究了20个三、四年级学生在运动控制学习环境中基于身体的角的活动。前后测的比较显示，这些活动增强了学生估计和绘制角度的能力，而两个案例研究显著表明了学生的手臂运动和屏幕上角的视觉表示之间的联系。

变换和对称的学习。之前的综述（Battista, 2007; Clements & Battista, 1992）并没有专门关注变换和对称。然而，由于人们越来越认识到它们的重要性（Sinclair等，2012; Wu, 2005），以及学生在这个主题上遇到的困难（Seago等，2013），因此我们也对这方面的研究进行了概述。[7]

对称性是空间关系的一个领域，在几何课正式引入它之前儿童就已经有了很多非正式的知识（Bryant, 2008）。例如，有证据表明，儿童在学龄前的非正式游戏中能自发地构造对称的图形（Seo & Ginsburg, 2004）。舒乐（2001）发现，轴对称的使用在每个年龄段都有显著增加。伯恩斯坦和斯泰尔斯-戴维斯（1984）发现，4岁的儿童只注意到垂直的对称，5岁的儿童会注意到垂直的和水平的对称，而6岁的儿童会注意到垂直、水平和倾斜的对称。（当然，这些不同对称轴的名称用于在原型位置呈现的静态图形，由于它们促进原型思维的发展，所以在教学情境中可能无效。）然而，他们的研究只专注于对称性的视觉识别，而不是图形中各种几何元素之间的关系，例如对称轴。此外，考虑到学生在执行心理旋转方面的困难，旋转对称在儿童的直觉知识中不太普遍（见

Bruce & Hawes, 2015）。

早期的研究发现，编程语言 Logo 可以帮助学生学习变换和对称性，特别是在初中和高中层次（Edwards & Zazkis, 1993; Hoyles & Healy, 1997）。将12至13岁儿童放在两个不同的微观世界中，一个是基于 Logo 的微观世界，一个是基于动态几何环境 Cabri 的微观世界，希利（2003）发现，学生将焦点转移到了图形之间，但是每个微观世界对于实现这种转变提供了不同的可能性：Logo支持一种更动态的功能形式，即将元素映射到域的过程，而动态几何环境支持一种更静态的功能形式，即作为两个集合之间的关系。

霍利布兰兹（2003）发现，通过一个为期7星期的使用画板的教学单元，高中学生对变换功能有了更深的认识，7星期的教学涉及了用画板作图以及黑箱微观世界活动。她的后续研究（2007）尤其侧重拖动和测量技术对学生的学习策略以及对变换的后续解释的影响。她发现，学生专注于数学关系和性质时，该工具更有利于他们，这使得他们能够预测拖动和测量后会发生什么，从而对屏幕反馈作出积极反应。在动态几何环境下，如何帮助学生处理图形性质和关系的问题与杜瓦尔（2005）的维度分解概念是密切相关的。

早期的研究（例如，Glass, 2001）显示，小学生和高中生认为变换主要是运动，而不是映射。虽然映射对于几何中的更高级主题（例如，当考虑变换群时）可能是重要的，但是似乎基于运动的概念是更富有成效的。也就是说，我们还需要开展更多的研究。例如，为什么学生对变换形成了一个比较强的基于运动的概念？在更高级的几何课程中激发学生理解基于映射方法的重要性如何？如何以最佳的方式支持学生实现从基于运动的方法向基于映射的方法的转变？

吴和辛克莱（2015b）研究发现，使用基于画板的黑箱微观世界可以促进更年幼的儿童（7~8岁）了解物体及其对称图形之间的对应关系。这些儿童第一次能够用非正式的语言阐述对称图形在运动中的性质（当一个物体沿着对称轴方向运动时，其对称物也沿着相同的方向运动；当一个物体沿着偏离对称轴的方向运动时，其对称物也会沿着偏离对称轴的方向运动），他们能够描述物体

关于竖直直线、水平直线以及斜线的对称运动，还可以将正方形和它的对称图形正确地放置在与对称轴距离相等的地方。此外，这些儿童不仅可以识别不对称的图形，而且知道物体与其对称图形上的对应点到对称轴的距离相等，但不能明确地表示出对称点之间的连线与对称轴一定垂直这一事实。

最后，在8~10岁的儿童中，埃伯利（2014）进行了一项关于镶嵌制作与评估的研究。在与6名学生访谈的基础上，埃伯利认为，学生的审美反应在激励他们探索和引导他们创建镶嵌的过程中发挥了重要的作用。该文罕见地把学习的情感维度和认知维度进行了结合。更多这种类型的研究不仅可以阐明美学在几何学习中的重要作用，而且还可以为几何在课程中的重要性提供一个强有力的论据，因为几何是一个可以让美学较容易参与其中的领域。

小学课程创新研究。一些新的研究报告了小学新课程实施的结果。例如，关于积木课程的研究工作，克莱门茨和萨拉玛（2009）写道，“如果孩子的教育环境包括四个特征：不同的正例与反例、关于图形及其属性的讨论、更多种类的图形类别和广泛的几何任务，那么孩子们可以学习到更丰富的图形概念”（第133页）。加文、卡萨、艾德森和弗蒙德（2013）将上述所有特征嵌入一个几何单元设计中，该单元针对 K–2 儿童对二维和三维图形性质的理解，这是他们涉及几何和测量的 M^2 课程项目的一部分。研究人员没有给学生提供三角形的名称及原型图片，而是让他们比较各组图形并推断出它们的共同特征。学生还研究了三角形的对称性和组成三角形的几何元素，以及二维和三维图形之间的联系。除了任务的设计，研究人员在教师与学生在单元学习过程中的交流上投入了极大的关注。在对二年级12个实验组课堂（$n = 193$）和12个比较组课堂（$n = 192$）的评估中发现，实验组在开放问题的回答上得分明显较高，他们推断这些学生对几何有着更深的理解。但是，基于标准的评估发现，实验组与对照组在85%的涉及数字概念的问题上表现相近，这支持了研究人员的观点。也就是说，一个为期12星期的几何和测量实验单元不会影响学生的整体表现。

三维图形研究

在世界各地的许多课程中，幼儿园阶段的儿童就被认为能够识别和命名各种三维图形。这与弗赖登塔尔（1973）的论点是一致的，即几何学习应该从孩子的"生活空间"开始。我们注意到，虽然一些研究人员论证了早期经验对学习三维图形的重要性，但杜瓦尔（2005）的理论坚持认为，从三维开始学习未必会有认知优势。几何教育目标有着这样有趣且矛盾的假设，虽然这些假设显而易见，但又可能无法用实证研究去证实。不过，巴尔托利尼·布西（2007）的研究可能提供了一个调和这两种论点的方法。基于在一、二年级进行的几次教学实验，她展示了首先要求儿童用一些玩具建立一个"场景"，然后让他们描述该场景，最后让他们绘制出来，这一过程是如何帮助儿童建立空间方位（带有局部图像的全局图像）的。同样是基于课堂的研究，萨克和范·尼克可（2009）使用 Geocadabra 作为三维动态几何界面，利用立方体木块和 Soma 块，开发出一种空间操作的能力模型。最初，儿童可以通过将具体的三维物体进行精确的变换来提高他们的空间操作能力，进而发展到用传统的图形和符号来表征变换。

萨法提和佩特金（2013）的一项研究发现，对于二年级学生而言，虽然他们能够正确识别在"特定"位置的立体图形，但他们发现，学生很难在其他位置识别同样的立体图形。这种情况的出现，是因为学生是根据立体图形的具体属性，而不是根据对立体图形的一般认知进行识别的。同样，安布罗斯和肯尼汗（2009）对 8 岁和 9 岁的儿童进行了一个构造和描述多面体的教学实验。实验前测与后测的分析表明，儿童在几何推理上有进步，他们开始识别、列举和关注多面体组成部分之间的关系。一系列正例和反例使得学生习惯于去关注（物体的）各个组成要素。不断完善更精确和正式的定义对教师建立课堂讨论规范是一个重大的挑战。

我们在这里回顾坦圭和格雷尼尔（2010）对两组师范生开展的教学实验，是因为在这项实验中这些师范生被定位为学习者。在坦圭和格雷尼尔的实验中，这些师范生要完成以下任务：（1）定义和描述正多面体，（2）用给定的材料做出它们，（3）证明所建立的列表已是完整的了。在第一阶段，他们发现师范生在定义多面体和定义二面角概念方面存在困难。对于大多数师范生来说，证明阶段不是最关键的，而寻找图形规律和推导关于面、棱、顶点数目的公式比其他任何形式的推理和判断更为重要。

在最近几年中，三维动态几何环境中的拖动模式已经成为一种独特的教具，它有助于提升师生进行实验的潜能，促进数学猜想的诞生。除了对此类环境下的任务设计进行分析和建模外，A. 梁（2011）还简述了通过虚拟操作探索立体对称性的 Cabri-3D 活动的设计。琼斯、麦克龙和史蒂文森（2010）与麦克龙（2011）分析了在设计三维动态几何环境过程中的一些困难，并呼吁在此环境下，应该有更多关注学生对"拖动"的理解以及将其概念化的研究。

卡牟（2012）使用工艺技术、计算机技术和纸笔技术，对设计和实现使用多种表现方法来探索三维物体进行了研究。使用定性和定量研究方法，他发现在两星期的实验期间，学生们取得了实质性的进步，已经学会了三维图形中的重要概念。

马马娜、米卡尔和彭尼西（2009）使用类比的方法，探讨了四边形和四面体之间某些有趣的数学性质，如形心、中线、垂直平分线和外心。这种类比随后被马马娜等（2009）、马马娜、米卡尔和彭尼西（2012）采用，他们使用 Cabri-3D 开发了一系列学习活动，向高中生介绍四面体的各种几何性质。

在高中和大学层面的课堂环境中，借助软件的帮助，通过实验探究，将二维结论推广到三维还有很多的可能性。例如，在三维空间中，伐里农定理不仅推广到非平面四边形，而且推广到非平面 $2n$ 边形（de Villiers, 2007; Lord, 2008）。对三维图形的探索和接触可以使学习者参与到数学实验、猜想、驳斥、概括及证明的重要过程中。对比二维和三维空间中类似的概念和结论可能是一个有价值的研究领域，尤其是在研究它可以在多大程度上帮助学生扩大和深化对二维空间的理解上。

非欧几何和其他几何

历史上，非欧几何的发现和创立有助于改变数学家（和哲学家）对公理本质的理解。莱纳特（2003）认为有很多理由支持开展球面几何教学，其中一些依据也适用于其他非欧几何的教学。和大多数传统方法不同的是，他主张采用"比较"的方式进行几何教学，也就是说，在教学时不把平面几何与其他几何分开，而是齐头并进。

朱尼厄斯（2008）对修习数学专业高等现代几何课程学生的研究表明，在球面上的非欧几何中学习"直线"概念要经历一个复杂的认知过程。由于学生们会质疑新理论与他们所知道的欧氏几何有类似的假设，因此可以利用一个矛盾解决框架来检验学生对新理论的学习程度。这个案例研究揭示了如何通过类比、想象和运动的运用，使得学生对概念的理解从外在上升到内在，把欧氏几何中的直线概念迁移到非欧几何中。

利用球形画架，古伦和卡拉塔斯（2009）探讨了一组数学师范生在动态球形几何环境中的反应。他们描述了这些师范生如何利用软件构思新的猜想，如与球面三角形的边和角有关的猜想，还有如何利用动态球面几何软件帮助推导，即对实验观察进行演绎说明。在后续的论文中，古伦和巴基（2010）提出了一套类似范·希尔模式的球形几何思维层次框架，并通过58名师范生对它进行了测试。经格特曼量表分析表明，他们的层次分布是有序的，类似于欧氏几何的范·希尔几何思维层次分布。

在过去十年中，并没有关于出租车几何（一种非欧几何）或分形几何教与学的研究发表。然而，受到皮亚杰关于空间本质表征思想的启发，格林斯坦（2014）进行了一项案例研究，让一个7岁的小女孩进入一个崭新的名为Configure的拓扑计算机微观世界。作者确定了一种新的几何推理形式，称之为"定性几何"，这可能与学校中几何的教与学有关。

几何中问题解决的研究

舍恩菲尔德（2007）指出，20世纪90年代末和21世纪初期，关于问题解决的研究明显地减少了，然而，最近的研究方向都集中在过程上，所以常常与问题解决有关。例如，莱勒等人（2013）研究了六年级学生（年龄在11岁和12岁之间）在学习欧氏几何的46个课时中的数学探究过程。在这一过程中，教师通过征求学生问题来支持探究，引导学生养成数学思维习惯，例如归纳、建立关系和在变化中寻找不变量，以维持学生对问题的探究。对比早期和后期的教学，学生的问题反映出他们对寻求一般规律和探索学科规律下的数学关系及思维方式越来越有兴趣，针对寻求不变量方面的问题则没有那么多。但一旦提出这些问题，学生往往倾向于通过归纳建立数学对象之间的关系，如三角形的内角和、正方形的边和对角线之间的关系等。

克里斯托、穆苏里德斯、皮塔利斯和皮塔-潘塔兹（2005）发现，动态几何环境促成了学生问题解决过程的发生，并给学生提供了额外机会去提出和解决他们自己的问题。像其他的一些研究者（如Mariotti, 2012; Olivero & Robutti, 2007）一样，他们使用了相对"开放"的问题，例如，"平行四边形内角的角平分线所形成的图形是什么？"一些对问题解决过程中数字技术作用的研究则得出了更复杂的结果。古列维奇、格鲁夫和巴拉巴士（2005）发现，在高中生和大学生的问题解决中，在处理常规问题上是否使用动态几何环境，两者的效果相差无几；但在解决非常规问题上，两者的差异显著。拉维（2007）要求两组大学生（师范生）解决一个几何问题：把一只乌龟移到圆圈外，并进行对照比较，其中一组可以运行一个动态乌龟的几何程序。对这个给定问题，软件的动态视觉模式似乎分散了学生的注意力，使得他们偏离了正确的求解方案，那些能够使用软件的学生，其成功率低于那些没有使用软件的学生。

康纳、莫斯和格鲁夫（2007）研究了学生是否能有效利用动态几何环境来探究三个几何命题的正确性问题。针对6名中学职前教师的访谈表明，他们的论证基于原型构建的类别，在正确解析数学命题上有困难，尤其是"对所有"这样的量词，干扰了动态几何环境在证明数学命题时的有效使用。在如何使用软件探究命题正确性方面可能需要明确的教学。

豪格（2010）在德国的一所普通学校，就问题解决能力的发展和在动态几何环境下的探究进行了为期六个月的调查。他发现干预组的"学习计划"比对照组更加"综合和全面"，可能是学生在动态几何环境中能更有效地利用时间，使得他们有更多时间进行反思。

近年来，探索和利用"一题多解"任务成了一个有趣而又颇具成效的趋势，即要求学生完成丰富的几何任务，鼓励他们寻找多种求解（证明）方法。例如，利瓦乌-万博格和莱金（2012）曾对来自14个班级的303名高中生进行了一个纵向的比较研究，发现比起传统的学习环境，"一题多解"任务为潜在的具有创造力的学生提供了更多机会来展示他们创造性的成果。

布河（2010）分析了问题解决者对一些非标准几何问题的求解过程，他发现：（1）实验探索有助于理解，（2）成熟的理解可支持进一步探索，（3）预设的解释可以指导探索，（4）解释为下一步的探索提供了新的目标。韦尔斯（2007，2010）对高中几何提出了若干有趣的非传统的拓展，他认为可以在高中或教师教育层面上采用动态探索以模拟证明。而拉萨和威尔海米（2013）则讨论和分析了涉及三角形中线、角和角平分线的更多实例。

证明与求证

本节着重于几何的证明与求证。虽然与其他证明有相似之处，但几何证明具有一些值得讨论的显著特征。一个是几何证明通常会涉及视觉与语言表达的相互作用，这通常发生在作图或识图中（Duval, 2005; Laborde, 2004）；另一个是动态几何环境的出现对学生的证明活动产生了巨大影响，这催生了大量关于应用动态几何环境进行猜想与推理的效果的实证研究。

当前的研究者（例如，Mariotti, 2006; Sinclair & Robutti, 2013）强调了证明过程的重要性，它包括两个阶段：猜想的形成和证明的构造。第一阶段是探究情境、形成猜想、寻找其中的组成要素（如性质）；第二阶段是把之前找到的要素按照逻辑顺序规则排列。把重点转向证明过程尤其与动态几何环境的使用相关，这意味着第一阶段的过程与其在纸笔环境中的过程截然不同，这反过来也影响到第二阶段的发展。

在证明过程中的猜想、图解以及手势

在文献中，图解（纸上带标记的图）和图形（图解要表示的数学对象）是有差别的。例如，拉博德（2004）对图解的空间图形性质与其理论上的性质进行了区分。前者是取决于那些图形中特定情况的性质，例如图形的方向、边的特定长度和角度值，这些是几何初学者必须会辨识和解释的信息；后者是由该图形的定义所确定的性质。然而，把图解视为实际的符号，把图形视为抽象的表征，这种二分的观点并不被所有研究者接受。历史学家、哲学家吉勒斯·夏特雷（2000）认为，图解不应该被看作是一种解释说明或表达，它是构成数学思想实验的物质基础，经常出现在数学家的手势中（见 de Freitas & Sinclair, 2012）。

在此背景下，近年来有关手势和图形在几何学习中的作用的数学教育研究具有特殊的意义。我们这里聚焦于对证明过程的研究。赫布斯特（2004）认为，学生在学习几何时需要"合理的猜想"，他列举出与图解互动的四种不同类型：（1）依据图解物理特征的"实证"；（2）依据图形理论性质的"表达"；（3）尤其对高中几何课堂而言，前两者融合的"描述"；（4）直接作用于图解上的"生成"，例如创建对象或将现有对象沿着给定路径移动。陈和赫布斯特（2013）比较了在一节完整的课上，学生在学习中的互动情况，其中给定的图解包含了证明所需的所有标示（顶点和角），而干预课上给的图则没有这样的标示。在第一种情况下，学生仅仅使用指点手势，使用现在时语言陈述事实，语气肯定、毫不含糊。相比之下，干预课上的学生做了很多手势，例如，作延长线、寻找隐藏的交点和角，给现有的图增添了不少新的几何元素——这些导致了与图解互动的生成模式。这些手势引起了学生对假设对象及其性质的讨论。作者得出结论，"在学生进行合理猜想中，手势起着重要的作用"（第303页），因为做手势产生了假设的对象，学生可以作出猜想并证明猜想。

这些研究结果回应了辛克莱等（2013）的成果，他们用投影仪播放动态图，测试了一年级儿童对相交线的推理能力。动态图中有两条线，可以通过画板屏幕进行拖动。虽然没看见交点，但孩子们为了说明两条线何时相交，做了两种不同的手势与图解进行生成模式的互动：一种是用手指或整条胳膊来表示直线从屏幕延伸出来的部分，来创建假想的交点；另一种是用食指和拇指来标记两条直线之间的距离。这些又与陈和赫布斯特（2013）的研究结果类似，即手势与比较形式化的语言相结合。

这两项研究表明，给学生提供不完整或动态的图可能有助于与促进几何猜想的图解建立生成式互动，这与夏特雷（2000）在手势与图解相互作用的重要性上的观点一致。夏特雷认为，手势不仅可以产生新的图解来支持创造性的推理，而且图解本身也可以促成新的手势，也同样有助于激发新的思维方式。

通过拖动和测量与动态图进行互动

利用动态几何环境测试猜想过程的研究主要集中在如何利用工具构建证明过程，尤其是在猜想阶段。在对使用动态几何环境进行证明的文献综述中，辛克莱和罗布蒂（2013）关注了拖动和测量工具的使用对学生猜想的认识论及认知上的影响。阿扎列罗、奥利维罗、葆拉和罗布蒂（2002）第一次就不同的拖动模式进行了讨论，他们描述了在探索阶段这些拖动模式是如何发展的，以及它们是如何发展为猜想命题的基本组成部分（前提、结论及它们之间的条件联系）的。动态几何环境中与证明相关的主要拖动形式是拖动测试，它可以用于验证一个结构或猜想的有效性。最近，根据对职前数学教师的观察，哈特曼（2010）为三维动态几何环境确定了五种不同的拖动模式：（1）自由，（2）有界，（3）间接，（4）自由度，（5）功能测试。

巴坎格里尼-弗兰克和马里奥蒂（2010）对"拖动模式"和"拖动计划"进行了区分。"拖动模式"是指"在外部可以观察到的一种特定拖动方式"，而"拖动计划"是指"在特定拖动方式下问题解决者的内部心理结构"（第229页）。这一区分因其理论方法而重要，因为拖动计划不仅描述了操作方式，还有思维方式。

奥利维罗和罗布蒂（2007）研究了测量工具在猜想

和证明中的使用，并基于对高中生证明过程的分析，提出了两类不同的拖动模式。当测量被用作启发的工具时为第一类，例如"移动测量"，学生在测量图形几何元素的同时，他们可能使用移动拖动来确定几何元素间的数量关系、不变量和一致性，这类模式起源于空间图形领域，但学生如果可以将知觉转化为猜想，就能将其用于理论领域。另一类的测量模式类似于"检验测量"，学生使用测量的方法来检测猜想的正确与否。[8]

在奥利维罗和罗布蒂的教学实验中，他们记录了三个学生在证明过程中使用测量工具的例子。他们认为，由于动态几何环境中的测量具有二元性，学生可以根据采用"数学的"还是"科学的"框架来决定是以"精确的"还是"近似的"方式来读取测量值。[9]这可能会产生冲突，例如，学生把一个应该以"近似"模式读取的测量值以"精确"模式读出。作者强调，从空间图形领域到理论领域的转变有助于证明的建立，但有时会适得其反，这就取决于如何理解测量了。

帕帕佐普洛斯和达格迪雷利斯（2008）也表明，在涉及几何图形中的非常规问题时，使用Cabri软件的六年级学生在验证他们的解法时会进行检验测量（他们称为"外形和自动测量检验"）。这些学生还采用了多样的检验策略，其数量是没有使用动态几何环境的五年级学生的三倍。然而，在大多数情况下，这些策略是"纯粹视觉性的"，作者认为这与这些学生处在范·希尔几何思维层次的低层次水平上有关，但也可能与他们对屏幕上几何图形的解释说明有关。

再回到拖动工具上，一些研究者认为，拖动工具能使学生看到不变性，然后可以形成他们的猜想（见Battista, 2008; A. Leung, 2008）。与测量工具一样，研究表明，拖动工具的使用效果很大程度上取决于学生如何解释拖动的过程和结果。例如，巴蒂斯塔（2008）专注于研究学习者如何感受和思考拖动的对象，并对比了两个存在细微不同的观点。一个观点是将拖动对象看成一系列不同的范例，每个范例都代表着这个图形；另一个则着重于可拖动对象的连续变换，将其看作是一个能研究和描述其行为的实体。

我们还不能够确定的是：学习者是否自然地将可拖

动的图形看作一系列实例或是一个连续变化的对象，以及这样的认识是否与他们以前在普通课堂中接触静态几何的讨论有关。无论是哪一种，都有证据表明，在课堂讨论中，通过使学生注意到动态图上的视觉不变性，可以帮助学生从纯粹的空间图形领域过渡到更加理论的领域（Battista, 2008; Laborde, Kynigos, Hollebrands, & Sträßer, 2006）。巴蒂斯塔（2007）的"变换-凸显"假说指出，人们能注意到物体移动时什么是不变的，但这一假设尚未被任何一篇数学教育文献所证实。然而，巴蒂斯塔猜想，如果利用 Shape Maker 的变换工具（类似于动态拖动构造出的四边形）来研究图形，那么"与传统教学中仅仅比较图形示例相比，（用软件去研究图形）可以在学生心理上更加凸显性质的本质"（第152页）。

由于几何证明涉及的不单单是具体的图形，还有理论对象，所以拖动在管理图形/概念这双重任务中发挥的作用是非常有意思的。洛佩斯-莱翁和梁（2006）提出了"实验-理论差距问题"（第667页），来描述拖动中的实时物理环境与形式化的静态欧氏几何世界之间的区别。虽说现实环境便于生成猜想，但学生如何才能过渡到后面这个世界呢？A. 梁（2008）的案例研究表明，不变性的识别不仅能生成猜想，还能促成建立所谓的"动态几何环境证明"（第146页），这种证明涉及建立一个满足不变性域的结构。通过对自己几何活动的案例研究，A. 梁分析了他把感知信息转化为条件关系的能力，尽管这对学生来说可能很难。

然而，在巴坎格里尼-弗兰克和马里奥蒂（2010）的研究中，他们测试了一个生成猜想的模型，这与A. 梁的案例研究有些相似之处。这个模型强调了保持拖动模式在生成猜想活动中的作用。他们描述了这样一组意大利高中生，他们在之前的一堂课上已经学习了不同的拖动模式，现在要求尝试回答一系列对给定图形性质提出猜想的开放性问题。作者描述道，模型在不同阶段之间的移动是通过工具性参数实现的，即参数是通过动态几何环境中的操作，而不是通过语言实现的。这一研究的主要贡献之一是，当明确地教给学生不同的拖动模式，尤其是"维持拖动模式"后，学生在生成猜想时能够成功地运用拖动模式。而且，现在已经实施了若干引入拖动

的教学实验了（Baccaglini-Frank, Mariotti, & Antonini, 2009; Gousseau-Coutat, 2006）。

动态几何环境不仅提供拖动和测量工具，它们还有各种尚未被广泛研究的其他工具和功能，例如追踪、轨迹、扩大、宏或脚本。除了说明拖动工具是如何有助于几何思维层次间的转化外，考利克（2005）认为宏和轨迹功能都有助于向更高层次进行转化，因为它们分别将对象的踪迹和构造转化为对轨迹和宏（或脚本）的分析。拉萨可（2009）研究了追踪工具，汇报了他的本科生们所构造的动态优化模型是如何不足以帮助他们进行几何证明的。然而，当学生们按要求创建一个描述这个模型图的轨迹，而且必须在一个最优化问题中区分自变量和因变量时，尽管有更多的代数证明，他们更可能成功地写出另一种证明方式。我们缺少针对追踪/轨迹功能的研究的部分原因也许是在北美课程中缺少对轨迹的定义（见 Sinclair, 2008）。然而，随着人们对计算机编程的愈发重视，未来十年，可能会有更多关注脚本的研究，因为它提供了一种看得见的研究创建程序的方式。例如，学生可以使用画圆和直线这些基本工具来构建一个正方形，然后写一个能在任何时候运行的脚本，当学生想要在直角三角形的每条边上都构建一个正方形时，他就可以运行这个脚本。

A. 梁和李（2013）描述了一个新的基于动态几何环境的平台，当学生按要求在预先确定的拖动任务中将点拖动到一个符合某个确定条件的地方时，平台就会记录学生的反应，并发现学生反应中的共性。这个平台的目标之一是为研究人员提供更多的定量数据，以分析学生是如何感知他们所见的与在学校所学习的理论性质之间的关系的。

大多数关注在证明过程中使用动态几何环境的研究都使用了创新程度很高的开放性问题，它们的设计并不容易，而且教师也较少使用它们。这在韦尔斯（2007，2010）的论文中有所反映，在高中，仅在提出猜想和探索"非传统定理"时才使用动态几何环境。同样，阿卜杜勒法塔赫（2011）设计了涉及现实生活情境、能在动态几何环境中对其进行建模和研究的"基于故事"的问题。最后，林、杨、李、塔巴赤和斯德里亚尼德斯（2012）

对于那些不仅有助于猜想，还有助于过渡到证明的任务，提供了一个设计和评估任务的框架。

注意到研究文献（Balacheff, 2008）中愈加明显的差异，马里奥蒂（2012）强调了区分论证与证明的重要性，论证的主要功能是解释说明，而证明是要将命题置于公认的原则（公理、定义和已证的定理）和演绎法则体系之中。在几何中，这一体系通常指欧氏几何。演绎法则，既涉及哪些演绎方法是可接受的，又涉及哪些是不能接受的，它并不总是很明确。作者认为，拖动不仅支持并促进了猜想过程，还在猜想的数学意义和条件命题在几何背景下的意义之间起到中介作用。拖动模式被认为是为解决开放问题而设计的教具。在使用拖动过程中所产生的意义有可能与表示前提与结论之间逻辑依赖关系的条件命题的数学意义是相关的。换句话说，这种依赖关系表达了前提与结论之间的条件联系。然而，需要强调的是，如果学生意识到几何有证明的需要，即满足确定性、解释性、系统性或交流的需要，那么他们会发现拖动功能也许仅仅具备了联系证明和论证的可能性。这可能是一个认知与情感维度上的问题，目前的理论还不能解决它。

在证明过程中使用动态几何环境所带来的挑战

教师和学生都意识到，动态几何环境在证明过程中发挥的作用还依赖于证明的潜在目标。有些人认为使用动态几何环境会使证明受到约束，因为学生可能会认为事实摆在眼前，没有必要再证明它（Frant & de Costra，2000）。然而，许多研究表明，在探索中使用动态几何环境的经验不一定妨碍演绎证明的发展（Christou等，2005；Mariotti, 2006; Oner, 2008, 2009）。此外，正如德韦利耶（2010）指出的，演绎证明不单与验证有关，还经常用于解释事物为何是真的（还有系统化、发现等）。

G.J. 斯德里亚尼德斯和斯德里亚尼德斯（2005）认为，若利用测量工具构造了动态几何环境，其拖动测试并不等同于欧几里得尺规作图的验证标准，作者提出了一个"相容性标准"，即当且仅当动态几何环境的构造遵守尺规作图的约束（因此，不存在基于测量的构造）时，

拖动测试才会被认为有效。正如作者所承认的，该标准可能仅在用动态几何环境模拟纸笔方式下的欧氏几何环境时才可行，在欧氏作图不可能的情况下，这种严格的标准是不可行的（如在莫利定理中，其涉及内角三等分作图）。

也有人认为动态几何环境提供了新的几何环境，会产生不同于欧氏几何评价正确性的标准，这是基于视觉的支持，例如，哥登堡和科科（1998）就认为动态几何可能有自己的一套公理和方法论。同样，洛佩斯-莱翁和梁（2006）认为动态几何环境"不仅改变了游戏规则，而且改变了游戏本身"（第667页），相信尽管大多数研究人员认为基于动态几何环境的几何要比形式化的欧氏几何层次低（就像信号物对信号而言），但这两种形式的几何也可能被看成是平行的。在这种观点下，他们认为，很多学生在解决几何问题时采用"拖动至合适"的策略（如阿基米德非严格意义的三等分角作图）是合乎基于动态几何环境的几何逻辑的。基于动态几何环境的几何可以有不同的工具（不只有直尺和圆规，还有能操作拖动的指针工具）和假定（例如，"一个点可以沿一条线连续不断地移动，同时保持线内每段的比例"[第675页]）。但通过把拖动工具变成几何的概念工具，"拖动到合适"这种作图的合法性就非常有可能成立。

事实上，连续拖动的存在可以说改变了几何的话语体系。例如，采用斯法德话语论述方法，辛克莱和于利塔（2008）展示了在动态几何环境中交流方式是如何发生根本性变化的。例如，一个点不是固定的，是可移动的；平行四边形不再是由语言定义的对象，而是一类连续可变图形；还可以通过连续变换（例如，将一个矩形变换为一个正方形）来识别图形之间的关系。类似地，凸四边形通过连续变换，变成了凹四边形，甚至变成了交叉四边形（见图17.2），这挑战了四边形的传统定义——通过鼓励学生们反思甚至改变定义（"内"角定义）以及定理（例如，任意四边形的内角和为360°），可以给他们创造一种新的拉卡托斯式经验。与斯德里亚尼德斯和斯德里亚尼德斯一样，辛克莱和于利塔（2008）指出，研究人员、教师和学生常常忽视这些差异性，这可能导致对运用动态几何环境的目标和期望不够明晰。

图17.2　一个四边形的一个顶点被拖动（并留下痕迹），使得四边形从凸四边形到凹四边形再到交叉四边形

尽管动态几何环境是在几何证明的教与学过程中被研究得最多的数字技术，但还有其他的软件。例如，AgentGeom是一个可以在学生和软件程序间实现话语互动的人工辅导系统（Cobo, Fortney, Puertas, & Richard, 2007）。还有Geometry Expressions，它与动态几何环境的不同之处在于：（1）它基于约束条件而不是基于构造，（2）它使用符号，而不是数字（Todd, Lyublinskaya, & Ryzhik, 2010）。（其他有关技术和几何的讨论，请参见本套书Roschelle, Noss, Blikstein, & Jackiw, 2017一章。）

并不是所有关于证明的研究都涉及数字技术的应用，其他研究往往关注证明的教学，这将在下一小节中讨论。杨克（2010）与杨克和沃巴什（2013）的工作是另一个例外，他们认为应该给中学生机会去参与到数学理论中关于公理的建立与使用的方法论问题中来。作者描述了一个关于八年级学生参与解决太阳路径建模这一历史问题的教学干预。研究者想了解学生在多大程度上会意识到这些命题的真实性与他们开始时提出的假设相关。他们记录的结果不一，虽然至少三分之一的学生声称不同的假设会导致不同的结论，但是其他人似乎受到一系列与特定情境有关的因素的影响。

几何教师

关于教师的几何思想的研究有很多，一些着重于研究教师自身在几何理解上或在教学中存在的缺陷，而另一些则侧重于研究教师在几何课堂中的教学实践，以及教师与学生和工具之间的互动。我们先从研究教师关于几何的知识和信念开始，然后转到研究几何教学，包括那些考察当前教学实践的研究。接着，我们会讨论关于

应用不同方法去改进教师几何教学的研究，最后是教师对几何证明的看法。

有关教师几何知识和信念的研究

现有研究表明，许多国家的教师对几何教学并没有做好充分的准备（Jones, 2000; van der Sandt, 2007）。事实上，在英国，几何是职前教师感觉学得最少的领域（Jones, Mooney, & Harries, 2002）。巴兰特斯和布兰科（2006）发现，西班牙的小学职前教师只记得几何是最困难的科目之一，并预计几何教学也会很难。报告还指出，这些师范生认为几何并没有数字那么重要。

萨拉玛和克莱门茨（2009）报告指出，大多数师范生的思维处于范·希尔几何思维层次1，藤田和琼斯（2006）则认为英国教师的思维最多也就处于层次2。范·皮藤（2008）发现，尽管经过4个月的几何教学指导，南非某个机构里的许多中学职前数学教师的思维仍未达到范·希尔层次3。于娜尔、雅库博夫斯基和科里（2009）指出，空间推理分数低的师范生（由范·希尔几何思维层次来测量）在提高他们的几何知识上存在一定困难，从而说明了在师范几何课程中要强调空间推理的重要性。这种情况不足为奇，因为数学院系开设的几何课程数量很少，而其中部分原因是极少有数学家在研究几何学（Whiteley, 1999）。

最近有几项关于几何课程中特定领域教师知识的研究。例如，波特努瓦、格伦德迈耶和格拉哈姆（2006）针对19名初高中职前教师的研究表明，这些职前教师认为变换主要是那些可以被用于几何对象的操作（例如，平移、翻折和旋转），而不是映射。塔奇、吉梅内斯和罗

斯驰（2011）在科索沃和西班牙的师范生中也得到了相似的结果。艾达和克图鲁斯（2010）研究了126名大三的小学职前教师，发现尽管他们明白几何平移和旋转的代数表示，"但他们似乎不理解其中的几何意义"（第901页）。在126名师范生中，只有16％的人能够解释平移的几何意义，只有10％的人正确解释了旋转的意义。这可能只是表明，他们不知道在这些问题中的"几何"一词该如何使用。

雅尼克（2011）试图通过基于任务的访谈，使用戴斯萨（1993）的"现象本源"（p-prims）理论来试图解释难以理解变换的可能原因。他发现参与者在识别、描述、实施和表征平移时都有困难；此外，大多数人都不记得曾经在中小学学习过平移，所以都依赖于物理学中的经验，即平移是图形在平面上进行的物理运动。他认为平移多个图形的动态几何环境活动，能让学习者有机会看到平移后的图形既保留了它们内部的相对距离和角度，也保留了图形在平面上所有点之间的相对距离和角度。

有关几何教学知识的研究

一些研究人员提供了分析教师几何教学知识质量的框架和方法。伊南和多甘-泰穆尔（2010）使用了一种现象学方法，对土耳其的8名幼儿园教师进行了研究，以发现在决定几何教学内容和教法的过程中教师会遇到什么样的挑战。钦纳潘和罗森（2005）使用概念图（围绕正方形、三角形和直角等概念）作为测量教师几何知识的深度和关联度的一种方法。斯蒂尔（2013）为了测量中学教师在几何教学中的数学知识，提出了一套含6个评估任务的体系，这些任务遵循3个设计原则：（1）任务扎根于教学背景；（2）考察普通和特定的内容知识；（3）捕捉那些在答案对错之外的细微差异。教师数据用于说明这些任务的区分程度，它们可以用来反映教师知识的重要方面。

索恩和辛克莱（2010）采用了一个评估任务，假设一个学生在以一条对角线为对称轴绘制对称图形时出现了差错，要求职前教师找出错误，并向学生作出解释。这些职前教师能够发现学生在对称概念上的错误，但到了如何向学生指出错误的时候，尽管他们选择了多种方法，作者认为这些方法都未能帮助这个学生认识到所犯错误违背了对称性质的几何本质（例如，到对称轴的距离相等）。

多年以来，技术应用的研究日益强调教师的关键地位（Hoyles & Noss, 2003）。自那时起，许多研究人员就专注于研究教师的教学实践，其中大部分研究都符合符号调解理论一般方法论，认可教师在将用工具的行为转化为数学思想中起的关键作用（参见几何学习理论一节中对符号调解理论的讨论）。在记录"典型的现行教学实践"的尝试中，鲁斯文、轩尼诗和狄亚妮（2005）分析了多个在英国中学数学课堂中使用动态几何环境的案例。他们发现，教师使用动态几何环境的主要目的是通过拖动图形来凸显几何性质，通常用于检验多个例子或特殊情况。然而，教师很少利用拖动来分析动态变化。作者惊讶地发现，"普遍强调利用数值测量作为中介去学习几何性质，但几乎没有直接的几何分析来解释数值模式以及将几何性质理论化"（第155页）。最后，作者指出，教师倾向于控制学生的探索，以避免超出课程的范围。

辛克莱和于利塔（2008）也关注了在中学使用动态几何环境的情况，他们采用了斯法德式方法研究了在引入预先构造的动态四边形后，课堂上的讨论会发生什么样的变化。他们发现，讨论四边形的方式以及用于识别和比较四边形的流程都有所改变：静态几何课堂的特点是通过解释说明图中的可见信息来实现"读取"图形的流程（一个以讨论为教学方式的流程），动态几何环境的引入促进了基于变换的流程，即基于是否能变换成其他图形来识别当前图形的流程。然后出现了基于测量的流程，接着是"性质改变"流程，它是通过某种方法使图形的性质发生变化，进而识别图形。作者认为，尽管静态和动态环境之间的课堂讨论有显著的差异，但是（动态环境中）教师和学生似乎能成功地交流，而更重要的是，学生能解答此前在以讨论为主要教学方式的流程中无法回答的问题。作者还提出了依赖不同数学内容问题的新的教学流程，教师和学生可能对其中的某些内容并不熟悉。

教师的几何教学改进研究

克莱门茨和萨拉玛（2011）呼吁在专业发展（PD）中对几何推理和空间推理给予更多的关注。根据他们的专业发展倡议，他们认为专业发展应该遵循课程。他们援引了此前的一个旨在增加教师的几何知识、了解更多关于学生几何认知知识的干预项目（每天3小时，每周4天，持续4周），课程完结后，中学教师在数学知识上有显著的积极变化，他们的范·希尔层次有显著提高（之前有79%的教师处于前三个层次，参加专业发展后，75%的教师处于较高的两个层次），教学实践也有改进（Swafford, Jones, & Thorton, 1997）。这也是克莱门茨和萨拉玛进行专业发展设计的前提，通过"搭建积木"课程的应用，学生在几何项目上有了显著提高。

一些研究记录了专为提高教师几何教学知识的策略。与凯维和贝伦森（2005）一样，内森、查尔莫斯和叶（2012）也研究了课程计划。盖尔（2011）报告了一个针对特定学习困难的一年期课程。萨米尔（2007）使32位职前教师注意到自己错误地应用了"等边—等角"的思想（一个凭直觉得出的规则，各边相等的多边形各角也相等），这提高了他们对于直觉在几何解决问题过程中的作用的认识，并帮助他们去仔细检查自己的回答。拉维和斯里基（2010）邀请职前教师参与到动态几何环境的"如果不是这样……那么……"的几何探索中，从职前教师那里收集到的学习档案数据表明，职前教师相信参与这个探究活动提高了他们的数学知识和元数学知识。米尔萨普斯（2013）展现了如何应用 Shape Maker 课程来提高小学职前教师对特殊四边形的层级分类的认识。

教师对几何证明的认识

在克努特（2002）的倡导下，术语"认识"的用法既包括学科知识也包括信念。尽管本章综述的文章的作者指的是其中的一个，但是"这种分离在理论上更加明显"（P.Grossman, *The Making of a Teacher: Teacher Knowledge and Teacher Education*，引自 Knuth, 2002，第380页）。然而，无论如何，有证据表明，教师对数学的信念和知识都会影响学生的学习机会（Campbell等，2014; Philipp, 2007）。例如，林、杨、罗、萨米尔、提罗什和斯德里亚尼德斯（2012）指出教师在证明方面的教学能力包含以下三个重要组成部分：（1）关于证明内容和证明方法的知识；（2）关于证明本质和证明教法的理念；（3）关于激励、指导和评估学生论证和证明的实践。在这里，我们讨论教师对证明特别是对几何证明的理解，因为美国高中几何课程历来是引导学生进行证明实践的关键领域（Ellis, Bieda, & Knuth, 2012; Herbst, 2002b）。

为了更好地了解数学专业的学生在不同内容领域对有效的证明和证伪的认识情况，罗和克努特（2013）调查了16名数学专业学生的能力（其中8名是中等教育专业的学生），让他们确定一个数学论证是否是有效证明。能够正确判断论证有效的学生的百分比在代数中（72%）比在几何中（59%）高得多，尽管这些几何论证都是基于高中课程内容的。

在他们面向高中几何教学的数学知识（MKT-G）研究中，埃布斯特和柯斯克（2014）专注于普通内容知识、特定的内容知识、内容与教学的知识和内容与学生的知识。结果表明，高中几何教学的数学知识可以从几何教学经验中学习，几何教学经验对高中几何教学的数学知识的影响比总体上教多少年书和在大学中修过多少门数学或几何课程更加重要。换句话说，是否拥有几何教学经验最能预测教师的高中几何教学的数学知识得分。埃布斯特和柯斯克推测，相比于学习几何内容，传统教学情境所要求的工作经验更能影响教师的数学教学知识。

长期以来，人们普遍认为几何证明的教学是一项苦差事（Herbst, 2002a; Knuth, 2002）。在最近的一项研究中，克罗斯（2009）给出了一位女教师琼斯的案例，琼斯根据她所教授的主题设计不同的活动和教学方式，特别是她以不同方式组织代数和几何课程，代数课更多的是以教师为中心，而几何课更关注小组工作。琼斯女士声称，代数教学并不困难，因为你有算法可以遵循。相比之下，几何教学涉及"如何证明一件事"和"教学生如何以逻辑系统的方式思考事情"，她认为这是"非常困难的"（第333页）。

同样，在西里洛（2011）的案例研究中，一位有着深厚的数学背景和教育方向硕士学位的几何新教师声称，"你不能教一个人如何研习证明"（第6页），他以夏尔巴人隐喻来描述他在指导学生进行证明过程中的指导作用。蔡和西里洛（2014）报告了他们观察的两位教师都使用了游泳池隐喻来描述学习几何证明的过程。这两位教师之前从未见过面，他们在不同的时间点告诉学生，学习几何证明就像被扔进或自己跳进游泳池的深水区。尽管两位教师都有很强的数学背景，也有教学经验，他们都说明没有任何策略可以支持他们引入几何证明。上述案例表明，这些教师既认识到"几何教学"的困难，也认识到教科书上的知识内容和指导不足以提供足够的教学策略来引入证明这一事实。

韦斯、赫布斯特和陈（2009）在研究经验丰富的高中几何教师对"真实数学"和备受批评的两列证明形式（左列书写证明，右列说明推理过程或原理）的看法时，记录并分析了一个26名教师被分为5个小组一起观看教学片段的视频。在教学片段中，教师允许一位学生在未立即进行论证的情况下假设一个命题是对的。研究人员发现，他们组中的教师关于在课堂中使用两列证明的做法显示出看似矛盾的两个观点。教师们认为，两列证明形式对参与证明的学生而言，既是约束，也是资源。对于一些人来说，两列证明形式可以防止学生写出一个没有理由支持的陈述，而对于另外一些人来说，这种形式允许学生提出无理由的推断，并从那里继续进行证明。在一篇相关的文章中，纳乔列里、赫布斯特和冈萨雷斯（2009）认为，通过让教师观看违反规则的教学片段，就像上文那样，研究人员可以了解一般教学规范的合理性。在这一片段的其他讨论中，韦斯等人（2009）也发现了关于真实数学活动本质的相互矛盾观念的证据。教师以四种不同的方式讨论"真实数学"及其与证明活动的关系：（1）数学扎根于现实世界情境；（2）对数学作为一门智力学科的忠诚；（3）数学在多大程度上反映了数学家的实践工作；（4）重视将学习数学的学生视为新手数学家这一前提。

通过对研究组记录的另一项分析，韦斯和赫布斯特（2015）还发现，他们的参与者（仍然是高中在职几何教师）对围绕问题解决的证明组织活动赋予了更高的价值，而不是让学生负责理论建构。时间限制、学生智力限制和课程本身，都被认为可能成为教师拒绝将理论建构作为课堂中心活动的理由。

在对法国教师的研究中，库兹尼亚克和劳舍尔（2011）发现，除了共同的数学背景让教师们有一定的相似性外，中学教师因为对几何教学的理念不同，他们处理学生回答的方式也不同。如上面几何学习理论部分所述，被认为可接受的验证类型不同，造成几何 I 和几何 II 的教学空间也会不同。库兹尼亚克和劳舍尔研究的一个目标是，观察不同水平的教师对学生可能因范式变化而遇到的困难注意到了什么。作者发现，对于同样的问题，教师对于不同年级的学生寄予期望的程度是不同的。

总之，我们已经看到，教师发现几何证明的教学是学校数学课程的一个具有挑战性的内容。因此，提升几何证明教学的一个重要步骤是强调教师对证明的认识，并找到支持教师进行证明教学的策略。

高中几何的教学情境

一个多世纪以来，美国和其他一些国家早已认定欧氏几何课程为中学课程之一，主要因为它为学生提供了一个环境，在这个环境中，学生可以接触并学习数学推理的艺术（Herbst, 2002b; Herbst & Brach, 2006; Martin, Soucy McCrone, Wallace Bower, & Dindyal, 2005）。因此，人们认为，关于高中几何中的什么是"研习证明"的研究应该很早就有了。然而，除了一些个例外（例如，Lampert, 1993; Schoenfeld, 1988），迄今为止这样的研究文献还是相当有限。赫布斯特和同事的大部分工作都集中在课堂互动上，这些互动为学生在高中几何课上进行推理提供了机会。

借鉴戈夫曼（1997）的工作，赫布斯特（2006）在考虑可能发生在几何课上的不同类型的推理时，提出了教学情境的概念，其含义是

将课堂行为分成工作单元，任何一种习惯的方法都要求掌握所涉及的知识（相反地，以知识为教

学目标,任何一种习惯方法都被安排为课堂工作)。
(第316页)

通过借鉴布鲁索(1997)的"教学合同"和布尔迪厄(1998)的"可行原因"概念,赫布斯特和同事们(见 Herbst, 2006; Herbst & Brach, 2006; Herbst 等, 2009; Nachlieli 等, 2009; Weiss 等, 2009)构建了他们关于教学情境的工作框架。根据布鲁索(1997)的观点,教师与学生之间存在互惠义务的关系,其中任何一方都有管理知识获取的责任,并且对对方负有履行自己义务的责任。在这样的想法下,他们研究了使用特定方法进行几何教学的实践合理性,以及在获得几何知识(在很多情况下,这有助于写出书面证明)的过程中,教师和学生是如何通过协商达成一致的。

高中几何教学情境的例子包括定义新的想法、构造图形和进行证明。就后者而言,赫布斯特等(2009)描述了学生在高中各种几何课程中参与证明的例子。通过这项工作,他们发现了一个用于在几何课堂中管理"研习证明"活动的系统规范。作者认为,与填充两列证明形式相关的全部活动都被规范管理,这个规范描述了师生间如何分工,时间如何管理,以及事件的顺序及持续时长。赫布斯特等人认为,尽管在研习证明的过程中,观察到的事件表面上不同,但在这些事件之间存在着深刻的相似之处。例如,赫布斯特等人(2009)列出了25条规范,其中前三条如下:

> 建立证明,包括(1)写一系列步骤(每个步骤由"命题"和"理由"组成),其中(2)第一个命题是对一个几何图形的一个或多个"给定"性质的断言,(3)其他每个命题都需使用图形记号来表述关于特定图形的一个事实……(第 254~255页)

这个在规范系统下研习证明的教学情境模型,对希望了解在几何课堂中创造出不同证明方法所产生的作用的那些人是有帮助的(Herbst等, 2009)。赫布斯特等人是在赫布斯特和布拉赫(2006)研究的基础上,考察了美国高中学生对几何课程中证明教学的看法。

在文献中,第二个值得注意的教学情境是"定理的组装"(Herbst & Miyakawa, 2008; Herbst, Nachieli, & Chazan, 2011)。这些研究探讨了如何通过以动画中的卡通人物为代表的课堂情境引出数学教学的实践合理性。特别地,这些案例支持理论所推导出的假设,也就是几何教师认可那些被教师自己认可或批准的命题,这些命题在之后可以被当作定理使用。

除了一个例外,本节中描述的大多数研究只涉及一个或几个教师。正如哈雷尔和索德(2007)在他们对证明研究的回顾中指出的,仍然需要更多的工作来扩展关于是否、哪种和如何去进行教学干预可以帮助学生提高构造证明的能力的研究。

结论

在巴蒂斯塔(2007)的综述中,他建议需要有更多从社会文化方面关注几何教与学的研究,而不仅仅从认知方面。在过去十年中,通过语言、手势和图解去进行讨论和交流的研究越来越受到关注——当然这体现了更社会化的文化视角。此外,关于课堂文化的研究正在为几何的教与学是如何被不同课堂中的特定教学和参与方式所影响的提供了深刻见解。巴蒂斯塔还呼吁应该有更多从情感方面对几何的教与学展开的研究。然而,当代的学术研究已经在某种程度上将关注焦点转移到了学生的认同感,而不是学生的情绪状态和信念上,正如亚伦和赫布斯特(2012)关注了学生在几何教学中的认同感。我们期望在几何教师的研究中也能看到类似的转变。

此外,巴蒂斯塔呼吁应该有更多的研究关注前景良好的计算机环境。虽然在过去十年中,这一领域的研究持续增长,人们已经更加重视一些适当任务的开发,以及教师在课堂上成功地实施数字技术的作用。无论是在学习特定概念还是在证明过程方面,人们似乎在动态几何环境可以支持几何思维的发展上有一定共识。此外,动态几何有可能挑战排他性定义(如梯形等概念),并自然地将传统几何的边界扩展到诸如"退化""交叉四边形"等传统几何之外的概念(对相应定义进行的关键修订有后续影响),以及更高阶多边形和各种三维、二维几何之间的类比。然而，要让这种研究影响教学实践，研究者必须解决教师如何有效使用动态几何环境的问题。

最后，巴蒂斯塔（2007）提出了几个关于学生学习证明的问题："为什么学生在几何证明方面存在这么多的困难？……证明的哪些部分是困难的？为什么？……学生的证明技巧如何能得到最好的发展？"（第887~888页）。虽然一些研究人员（例如，Cirillo, 2014; Herbst, 2006; Kim & Ju, 2012; Reiss, Heinze, Renkl & Grob, 2008）最近试图通过设计教学实验或观察课堂情况来解决证明的教与学中所涉及的困难，并试图寻找几何证明教学成功的方法，但是这些研究往往只关注一个或几个教师样本，或者说没有提供大规模有效性的证据，因此我们还需要更多关于学生几何证明技巧发展的研究以及他们对证明本质的理解和信念的研究。

本章讨论了一些新的研究领域，由于篇幅、内容所限，还有一些没有详尽阐述的领域（如关于几何证明的课程和教学实验）。尤其在小学层面，人们越来越关注课程内容的排序，而不是专注于某一具体专题，我们预计这方面的研究以后可能会继续扩展到高年级。此外，教材分析已成为最近的一个趋势。例如，迪梅尔和赫布斯特（2015）分析了来自22种高中几何教材中的2300个图解，他们发现，从20世纪开始，几何教材对于读图的要求增加了。其他关于美国中学教材的研究也证实了证明在几何课程中是被单独拿出来区别对待的（例如，Otten, Gilbertson, Males & Clark, 2014; Otten, Males & Gilbertson, 2014; Thompson, 2014）。

当我们梳理文献时，也会惊讶于一些明显的研究空白，在这里提出四个。第一，除了几篇论文外（例如，Aaron & Herbst, 2015; Kobiela & Lehrer, 2015），针对学生推翻猜想或证明猜想错误的能力以及甄别和纠正有问题的几何定义上的研究不是很多。第二，如上所述，关于那些高层次的几何问题解决，通常属于国际数学奥林匹克层次的挑战性问题的研究极少。具体来说，在几何领域中，基本没有关于对波利亚强大的"回顾"策略的研究，它可以帮助人们提供新的见解，得出有效的概括，从而认识证明的发现功能（de Villiers, 2012）。第三，似乎很少有研究关注学生对高度理想化的几何模型假设的

理解。例如，要为四个城镇建造一个游乐园，我们需要假设四个城镇都在一个平面上，城镇的大小一致且道路可以修得完全笔直，那么学生在多大程度上可以意识到这些隐藏的假设？第四，尽管几何作图在几何中（特别是采用Duval（2005）的方法）起到核心作用，但很少有研究关注几何作图。随着越来越多的强大的工具可用于参与这项活动（即使在低年级中），我们期望能看到更多关于这一领域的研究工作。以下三种方式可能用于几何作图教学：（1）先用手工作图，再用动态几何环境补充；（2）在手动分析完成任务之前，一些可用的软件工具可以充当黑箱，用于解决某些有趣的现实世界问题；（3）可以同时引入和开发作图及其动态对应部分。

我们现在简述一些我们认为是富有成效的研究领域。一个研究是在多种动态技术的帮助下，在不同的情境中，不对角、边和面积等进行测量，而使用诸如平移、反射、旋转和剪拼等变换思想，完成对学生几何概念及定理的引入和发展。吴和辛克莱（2015a）就是这样的一个研究，他们发现，在学生解决与多边形相关的一些问题时，使用剪拼法对学生从几何角度进行有关面积的推理十分有效。

另一个富有成效的研究领域是关于发展学生自行构建概念定义的能力。例如，学生需要探索当一个概念的给定定义通过排除、归纳、特殊化、替换或添加性质加以改变时会发生什么变化，从而构建新的概念。A. 梁（2008）通过对四边形的性质进行限制或放宽两种方式，区分了学生在这两种方式下的定义建构过程，德·韦利耶（2004）还给了许多构建定义活动的例子，研究生与在职教师在这些活动中取得了一定的成功。

为了帮助课程开发人员，另一个富有成效的研究领域是关于学生如何直观或意外地发现、体验一系列几何结果，与此同时，对这些结果而言，他们在认知或智力上的需求是什么（或如何开发他们的智力）。同时，关于学生对不同证明的反应（Movshovitz-Hadar, 1988）是如何满足学生认知和智力需求的研究也很有价值。无论是在激发学生的需求方面，还是在发展或培养他们的反应方面（见Sinclair, 2002），这些都涉及了美学。

最后，在研究几何教与学的理论和方法方面，还有

许多有价值的研究需要开展。在理论方面，随着研究人员开发新的理论，以及将现有的理论与来自神经科学、认知科学、心理学和语言学的构建相结合，人们越来越少地依赖范·希尔的理论了。然而，滞后也是一种方法，我们在开发方法时看到了未来更有价值的研究，它们能更充分地解释语言和视觉之间的相互作用，能够更有效地解释难以转录和量化的视觉数据。

注释

1. 当然，也有例外。例如，谷闻和巴基（2010）提出了球面几何的理解层次，他们认为这是分层次的，并且是基于学生对测试项目的反应。

2. 这可能不奇怪，因为弗赖登塔尔是迪娜·范·希尔-格多夫和皮埃尔·M.范·希尔的博士生导师。

3. 有趣的是，这与范·希尔（1973）的结论一致，他强调说，几何思维层次不仅仅是关于概念获取的，也是关于描述视觉现象的技术语言的发展和演变的。

4. 第一个动态几何软件程序是1989年的Cabri-Géomètre和1991年的几何画板（Geometer's Sketchpad）（关于这些程序的历史参见Laborde & Laborde, 2008，以及Goldenberg, Scher, & Feurzeig, 2008）。后来研究人员大量地开发动态几何环境，其中的几何元素也被纳入具有更广泛范围的程序中。关于动态几何环境的其他讨论可

以在罗谢尔、诺斯、布利克斯坦和加基夫（2017，本套书）写的关于为学习数学开发的技术一章中找到。

5. 这种类型的"观看方式"是视觉原型理论的研究重点，在对正例和反例进行识别和分类时，理想的例子是比较图形的基础。例如，一条底边水平放置的等边三角形通常是"三角形"的原型图像。在该观点下，研究人员试图了解引入图形的正式性质并一起讨论性质会对形成分类策略以及对学习者的原型图像产生怎样的影响。

6. 因此，它与视觉原型理论不同，后者更普遍地基于概念的形成过程。杜瓦尔认为，如果学生还不知道构成这些图形的一维元素之间的关系，那么试图通过引入语言描述或定义来提高学生对图形的识别能力将注定会失败。

7. 几何课程中的变换的历史概述可以在辛克莱（2008）中找到。

8. 法斯特伦和沃尔特（2009）在这一类别中给出了一个稍微不同于模式的例子，它可以被称为"生成性的"，因为它会促成新的猜想。在正方形中构建了八边形（通过连接中点与顶点）后，他们决定求八边形的面积与正方形面积的比率，这个"精密"的比值 $\left(\frac{1}{6}\right)$ 会促成一个猜想，然后产生出一系列的几何探索。

9. 参见杨克（2010），他区分了"数学的"和"科学的"框架。

References

Aaron, W., & Herbst, P. (2012). Instructional identities of geometry students. *The Journal of Mathematical Behavior, 31,* 382–400.

Aaron, W., & Herbst, P. (2015). Teachers' perceptions of students' mathematical work while making conjectures: An examination of teacher discussions of an animated geometry classroom scenario. *International Journal of STEM Education, 2*(10). doi:10.1186/s40594-015-0021-0

Abdelfatah, H. (2011). A story-based dynamic geometry approach to improve attitudes toward geometry and geometric proof. *ZDM—The International Journal on Mathematics Education, 43*(3), 441–450.

Ada, T., & Kurtuluş, A. (2010). Students' misconceptions and errors in transformation geometry. *International Journal of Mathematical Education in Science and Technology, 41*(7), 901–909.

Ambrose, R., & Kenehan, G. (2009). Children's evolving understanding of polyhedra in the classroom.

Mathematical Thinking and Learning, 11(3), 158–176. doi:10.1080/10986060903016484

Artigue, M. (2002). Learning mathematics in a CAS environment: The genesis of a reflection about instrumentation and the dialectics between technical and conceptual work. *International Journal of Computers for Mathematical Learning, 7,* 245–274.

Arzarello, F., Olivero, F., Paola, D., & Robutti, O. (2002). A cognitive analysis of dragging practises in Cabri environments. *ZDM—The International Journal on Mathematics Education, 34*(3), 66–72.

Atebe, H. U., & Schäfer, M. (2008). "As soon as the four sides are all equal, then the angles must be 90°." Children's misconceptions in geometry. *African Journal of Research in Science, Mathematics & Technology Education, 12*(2), 47–66.

Atiyah, M. (2001). Mathematics in the 20th century. *American Mathematical Monthly, 108*(7), 654–666.

Baccaglini-Frank, A., & Mariotti, M. A. (2010). Generating conjectures in dynamic geometry: The maintaining dragging model. *International Journal of Computers for Mathematical Learning, 15*(3), 225–253.

Baccaglini-Frank, A., Mariotti, M. A., & Antonini, S. (2009). Different perceptions of invariants and generality of proof in dynamic geometry. In M. Tzekaki & H. Sakonidis (Eds.), *Proceedings of the 33rd conference of the IGPME* (Vol. 2, pp. 89–96). Thessaloniki, Greece: PME.

Balacheff, N. (2008) The role of the researcher's epistemology in mathematics education: An essay on the case of proof. *ZDM—The International Journal on Mathematics Education, 40*(3), 501–512.

Barrantes, M., & Blanco, L. J. (2006). A study of prospective primary teachers' conceptions of teaching and learning school geometry. *Journal of Mathematics Teacher Education, 9*(5), 411–436.

Bartolini Bussi, M. G. (2007). Semiotic mediation: Fragments from a classroom experiment on the coordination of spatial perspectives. *ZDM—The International Journal on Mathematics Education, 39*(1–2), 63–71. doi:10.1007/s11858-006-0007-y

Bartolini Bussi, M. G., & Mariotti, M. A. (2008). Semiotic mediation in the mathematics classroom: Artifacts and signs after a Vygotskian perspective. In L. English, M. Bartolini Bussi, G. Jones, R. Lesh, & D. Tirosh (Eds.), *Handbook of international research in mathematics education* (2nd revised ed., pp. 746–783). Mahwah, NJ: Lawrence Erlbaum.

Battista, M. T. (2007). The development of geometric and spatial thinking. In F. K. Lester Jr. (Ed.), *Second handbook of research on mathematics teaching and learning* (pp. 843–908). Charlotte, NC: Information Age; Reston, VA: National Council of Teachers of Mathematics.

Battista, M. T. (2008). Development of Shape Maker geometry microworld. In G. W. Blume & M. K. Heid (Eds.), *Research on technology and the teaching and learning of mathematics: Cases and perspectives* (Vol. 2, pp. 131–156). Charlotte, NC: Information Age.

Berthelot, R., & Salin, M. H. (1998). The role of pupil's spatial knowledge in the elementary teaching of geometry. In C. Mammana & V. Villani (Eds.), *Perspectives on the teaching of geometry for the 21st century* (pp. 71–78). Dordrecht, The Netherlands: Kluwer Academic.

Bills, L., Dreyfus, T., Mason, J., Tsamir, P., Watson, A., & Zaslavsky, O. (2006). Exemplification in mathematics education. In J. Novotna, H. Moraova, M. Kratka, & N. Stehlikova (Eds.), *Proceedings of the 30th PME International Conference* (Vol. 1, pp. 126–154). Prague, Czech Republic: PME.

Bornstein, M. H., & Stiles-Davis, J. (1984). Discrimination and memory for symmetry in young children. *Developmental Psychology, 20*(4), 637–649.

Bourdieu, P. (1998). *Practical reason.* Stanford, CA: Stanford University Press.

Boylan, M. (2010). "It's getting me thinking and I'm an old cynic": Exploring the dynamics of teacher change. *Journal of Mathematics Teacher Education, 13*(5), 383–395.

Brousseau, G. (1997). *Theory of didactical situations in mathematics: Didactiques des mathématiques, 1970–1990* (N. Balacheff, M. Cooper, R. Sutherland, & V. M. Warfield, Trans.). Dordrecht, The Netherlands: Kluwer Academic.

Brown, T., & Heywood, D. (2011). Geometry, subjectivity and the seduction of language: The regulation of spatial perception. *Educational Studies in Mathematics, 77*(2–3), 351–367.

Browning, C., & Garza-Kling, G. (2009). Conceptions of angle: Implications for middle school and beyond. In T. Craine & R. Rubenstein (Eds.), *Understanding geometry for a changing world* (pp. 127–140). Reston, VA: National Council of Teachers of Mathematics.

Bruce, C., & Hawes, Z. (2015). The role of 2D and 3D mental rotation in mathematics for young children: What is it? Why does it matter? And what can we do about it? *ZDM— The International Journal on Mathematics Education, 47,* 331–343.

Bryant, P. (2008). Paper 5: Understanding space and its representation in mathematics. In T. Nunez, P. Bryant, & A. Watson (Eds.), *Key understanding in mathematics learning: A report to the Nuffield Foundation.* Retrieved from http://www.nuffieldfoundation.org/sites/default/files/P5.pdf

Cai, J., & Cirillo, M. (2014). What do we know about reasoning and proving? Opportunities and missed opportunities from curriculum analyses. *International Journal of Educational Research, 64,* 132–140.

Camou, B. J. (2012). High school students' learning of 3D geometry using iMAT (integrating multitype-representations, approximations and technology) engineering (Doctoral dissertation). University of Georgia. Retrieved from https://getd.libs.uga.edu/pdfs/camou_bernardo_j_201205_phd.pdf

Campbell, P. F., Nishio, M., Smith, T. M., Clark, L. M., Conant, D. L., Rust, A. H., . . . Choi, Y. (2014). The relationship between teachers' mathematical content and pedagogical knowledge, teachers' perceptions, and student achievement. *Journal for Research in Mathematics Education, 45*(4), 419–459.

Cavey, L. O., & Berenson, S. B. (2005). Learning to teach high school mathematics: Patterns of growth in understanding right triangle trigonometry during lesson plan study. *The Journal of Mathematical Behavior, 24*(2), 171–190.

Châtelet, G. (2000). *Figuring space: Philosophy, mathematics, and physics* (R. Shore & M. Zagha, Trans). Dordrecht, The Netherlands: Kluwer. (Original work published 1993)

Chatterjee, A. (2008). The neural organization of spatial thought and language. *Seminars in Speech and Language, 29*(3), 226–238. doi:10.1055/s-0028-1082886

Chen, C., & Herbst, P. (2013). The interplay among gestures, discourse, and diagrams in students' geometrical reasoning. *Educational Studies in Mathematics, 83*(2), 285–307.

Chinnappan, M., & Lawson, M. J. (2005). A framework for analysis of teachers' geometric content knowledge and geometric knowledge for teaching. *Journal of Mathematics Teacher Education, 8*(3), 197–221.

Christou, C., Mousoulides, N., Pittalis, M., & Pitta-Pantazi, D. (2005). Problem solving and problem posing in a dynamic geometry environment. *The Montana Mathematics Enthusiast, 2*(2), 125–143.

Cirillo, M. (2011). "I'm like the Sherpa guide": On learning to teach proof in school mathematics. In B. Ubuz (Ed.), *35th Conference of the International Group for the Psychology of Mathematics Education Proceedings* (Vol. 2, pp. 241–248). Ankara, Turkey: PME.

Cirillo, M. (2014). Supporting the introduction to formal proof. In C. Nicol, P. Liljedahl, S. Oesterle, & D. Allan (Eds.), *Proceedings of the Joint Meeting of Psychology of PME 38 and PME-NA 36* (Vol. 2, pp. 321–328). Vancouver, Canada: PME.

Clements, D. H., & Battista, M. T. (1992). Geometry and spatial reasoning. In D. A. Grouws (Ed.), *Handbook of research on mathematics teaching and learning* (pp. 420–464). New York, NY: Macmillan.

Clements, D. H., & Sarama, J. (2009). *Learning and teaching early math: The learning trajectories approach.* New York, NY: Routledge.

Clements, D. H., & Sarama, J. (2011). Early childhood teacher education: The case of geometry. *Journal of Mathematics Teacher Education, 14,* 133–148.

Clements, D. H., Swaminathan, S., Hannibal, M., & Sarama, J. (1999). Young children's concepts of shape. *Journal for Research in Mathematics Education, 30*(2), 192–212.

Clements, D. H., Wilson, D. C., & Sarama, J. (2004). Young children's composition of geometric figures: A learning trajectory. *Mathematical Thinking and Learning, 6*(2), 163–184.

Cobo, P., Fortuny, J. M., Puertas, E., & Richard, P. (2007). AgentGeom: A multiagent system for pedagogical support in geometric proof problems. *International Journal of Computers for Learning, 12*(1), 57–79.

Connor, J., Moss, L., & Grover, B. (2007). Student evaluation of mathematical statements using dynamic geometry software. *International Journal of Mathematical Education in Science and Technology, 38*(1), 55–63. doi:10.1080/00207390600967380

Craine, T. V., & Rubenstein, R. (Eds.). (2009). *Understanding geometry for a changing world.* Seventy-first yearbook of the National Council of Teachers of Mathematics. Reston, VA:

National Council of Teachers of Mathematics.

Crompton, H. (2015). Understanding angle and angle measure: A design-based research study using context aware ubiquitous learning. *International Journal of Technology in Mathematics Education, 22*(1), 19–30.

Cross, D. I. (2009). Alignment, cohesion, and change: Examining mathematics teachers' belief structures and their influence of instructional practices. *Journal of Mathematics Teacher Education, 12*(5), 325–346.

Davis, B., & The Spatial Reasoning Study Group. (2015). *Spatial reasoning in the early years: Principles, assertions, and speculations.* New York, NY: Routledge.

de Freitas, E., & Sinclair, N. (2012). Diagram, gesture, agency: Theorizing embodiment in the mathematics classroom. *Educational Studies in Mathematics, 80*(1), 133–152.

Devichi, C., & Munier, V. (2013). About the concept of angle in elementary school: Misconceptions and teaching sequences. *The Journal of Mathematical Behavior, 32*(1), 1–19.

de Villiers, M. (2004). Using dynamic geometry to expand mathematics teachers' understanding of proof. *The International Journal of Mathematical Education in Science and Technology, 35*(5), 703–724.

de Villiers, M. (2007). A hexagon result and its generalization via proof. *The Montana Mathematics Enthusiast, 4*(2), 188–192.

de Villiers, M. (2010). Experimentation and proof in mathematics. In G. Hanna & H. Jahnke (Eds.), *Explanation and proof in mathematics* (pp. 205–221). Basel, Switzerland: Springer Books.

de Villiers, M. (2011). Simply symmetric. *Mathematics Teaching, 222,* 34–36.

de Villiers, M. (2012). An illustration of the explanatory and discovery functions of proof. *Pythagoras, 33*(3). doi:10.4102/pythagoras.v33i3.193

de Villiers, M., Govender, R., & Patterson, N. (2009). Defining in geometry. In T. Craine & R. Rubinstein (Eds.), *Understanding geometry for a changing world* (pp. 189–203). Seventy-first Yearbook of the National Council of Teachers of Mathematics. Reston, VA: National Council of Teachers of Mathematics.

Dimmel, J., & Herbst, P. (2015). The semiotic structure of geometry diagrams: How textbook diagrams convey meaning. *Journal for Research in Mathematics Education, 46*(2), 147–195.

diSessa, A. A. (1993). Toward an epistemology of physics. *Cognition and Instruction, 10*(2–3), 105–225.

Duval, R. (1998). Geometry from a cognitive point of view. In C. Mammana & V. Villani (Eds.), *Perspectives on the teaching of geometry for the 21st century* (pp. 37–51). Dordrecht, The Netherlands: Kluwer Academic.

Duval, R. (2005). Les conditions cognitives de l'apprentissage de la géométrie: Développement de la visualisation, différenciation des raisonnements et coordination de leurs fonctionnements. *Annales de Didactique et Sciences cognitives, 10,* 5–53.

Eberle, S. (2014). The role of children's mathematical aesthetics: The case of tesselations. *The Journal of Mathematical Behavior, 35*(1), 129–143.

Edwards, L., & Zazkis, R. (1993). Transformation geometry: Naive ideas and formal embodiments. *Journal of Computers in Mathematics and Science Teaching, 12*(2), 121–145.

Ellis, A. B., Bieda, K. N., & Knuth, E. (2012). *Developing essential understanding of proof and proving for teaching mathematics in grades 9–12.* Reston, VA: National Council of Teachers of Mathematics.

Erez, M., & Yerushalmy, M. (2006). "If you can turn a rectangle into a square, you can turn a square into a rectangle": Young students' experience the dragging tool. *International Journal of Computers for Mathematical Learning, 11*(3), 271–299.

Fallstrom, S., & Walter, M. I. (2009). Using Geometer's Sketchpad to explore, conjecture and enjoy. *International Journal of Computers for Mathematics Learning, 14*(2), 183–194.

Farmer, G., Verdine, B., Lucca, K., Davies, T., Dempsey, R., Newcombe, N., . . . Golinkoff, R. (2013, April). *Putting the pieces together: Spatial skills at age 3 predict to spatial and math performance at age 5.* Poster presented at The Society for Research in Child Development Biennial Meeting, Seattle, WA.

Fischbein, E., & Nachlieli, T. (1998). Concepts and figures in geometrical reasoning. *International Journal of Science Education, 20*(10), 1193–1211.

Frant, J. B., & de Costra, R. M. (2000, July). *Proofs in geometry: Different concepts build upon very different cognitive mechanisms.* Paper presented at ICME 9, TSG12: Proof and Proving in Mathematics Education, Tokyo, Japan.

Freudenthal, H. (1973). *Mathematics as an educational task.* Dordrecht, The Netherlands: Reidel.

Fujita, T. (2011). Learners' level of understanding of the inclusion relations of quadrilaterals and prototype phenomenon. *The Journal of Mathematical Behavior. 31*(1), 60–72. doi:10.1016/j.jmathb.2011.08.003

Fujita, T., & Jones, K. (2006). Primary trainee teachers' knowledge of parallelograms. *Proceedings of the British Society for Research into Learning Mathematics, 26*(2), 25–30.

Fujita, T., & Jones, K. (2007). Learners' understanding of the definitions and hierarchical classification of quadrilaterals: Towards a theoretical framing. *Research in Mathematics Education, 9*(1&2), 3–20.

Fuys, D., Geddes, D., & Tischler, R. (1988). The van Hiele model of thinking in geometry among adolescents. *Journal for Research in Mathematics Education* monograph series (Vol. 3). Reston, VA: National Council of Teachers of Mathematics.

Gal, H. (2011). From another perspective: Training teachers to cope with problematic learning situations in geometry. *Educational Studies in Mathematics, 78*(2), 183–203.

Gal, H., & Lew, H.-C. (2008, July). *Is a rectangle a parallelogram? Towards a bypass of van Hiele level 3 decision making.* Paper presented at Topic Study Group 18, ICME 11, Monterrey, Mexico. Retrieved from http://tsg.icme11.org/document/get/691

Gavin, M. K., Casa, M. T., Adelson, J. L., & Firmender, J. M. (2013). The impact of challenging geometry and measurement units on the achievement of grade 2 students. *Journal for Research in Mathematics Education, 44*(3), 478–509.

Gawlick, T. (2005). Connecting arguments to actions: Dynamic geometry as means for the attainment of higher van Hiele levels. *ZDM—The International Journal on Mathematics Education, 37*(5), 361–370.

Glass, B. J. (2001). *Students' reification of geometric transformations in the presence of multiple dynamically linked representations* (Unpublished doctoral dissertation). The University of Iowa, Iowa City.

Goffman, E. (1997). The neglected situation. In C. Lemert & A. Branaman (Eds.), *The Goffman reader.* Oxford, United Kingdom: Blackwell. (Original work published 1964)

Goldenberg, E. P., & Cuoco, A. A. (1998). What is dynamic geometry? In R. Lehrer & D. Chazan (Eds.), *Designing learning environments for developing understanding of geometry and space.* Mahwah, NJ: Lawrence Erlbaum.

Goldenberg, E., Scher, D., & Feurzeig, N. (2008). What lies behind dynamic interactive geometry software? In G. Blume & M. Heid (Eds.), *Research on technology in the learning and teaching of mathematics: Cases and perspectives* (Vol. 2, pp. 53–87). Greenwich, CT: Information Age.

Gousseau-Coutat, S. (2006). Intégration de la géométrie dinamique dans l'enseignement de la géométrie pour favoriser la liaison école primaire collège: Une ingégnierie didactique au collége sur la notion de propriété (Unpublished doctoral dissertation). Ecole doctorale des Mathématiques, Sciences et Technologies de l'Information, Université Joseph Fourier, Grenoble, France.

Greenstein, S. (2014). Masking sense of qualitative geometry: The case of Amanda. *The Journal of Mathematical Behavior, 36,* 73–94.

Gurevich, I., Gorev, D., & Barabash, M. (2005). The computer as an aid in the development of geometrical proficiency: A differential approach. *International Journal of Mathematical Education in Science and Technology, 36*(2&3), 287–302. doi:10.1080/00207390412331317022

Guven, B., & Baki, A. (2010). Characterizing student mathematics teachers' levels of understanding in spherical geometry. *International Journal of Mathematical Education in Science and Technology, 41*(8), 991–1013. doi:10.1080/0020739X.2010.500692

Guven, B., & Karatas, I. (2009). Students discovering spherical geometry using dynamic geometry software. *International Journal of Mathematical Education in Science and Technology, 40*(3), 331–340. doi:10.1080/00207390802641650

Harel, G., & Sowder, L. (2007). Toward a comprehensive perspective on proof. In F. K. Lester Jr. (Ed.), *Second handbook of research on mathematics teaching and learning* (pp. 805–842). Charlotte, NC: Information Age; Reston, VA: National Council of Teachers of Mathematics.

Hatterman, M. (2010). A first application of new theoretical terms on observed dragging modalities in 3D dynamic geometry environments. In M. M. F. Pinto & T. F. Kawasaki (Eds.), *Proceedings of the 34th Conference of the International Group for the Psychology of Mathematics Education* (Vol. 3, pp. 57–64). Recife, Brazil: PME.

Haug, R. (2010). Problem solving through heuristic strategies in a dynamic geometry environment (DGE). In M. M. F. Pinto & T. F. Kawasaki (Eds.), *Proceedings of the 34th Conference of the International Group for the Psychology of Mathematics Education,* (Vol. 3, pp. 65–72), Recife, Brazil: PME.

Healy, L. (2003). Using the transformation tools of Cabri-Géomètre as a resource in the proving process. In J.-B. Lagrange et al. (Eds.), *Actes du Colloque européen: Intégration des Technologies dans l'Enseignement des Mathématiques.* Reims, France: IUFM Champagne Ardenne.

Henderson, D. W., & Taimina, D. (2005). *Experiencing geometry. Euclidean and non-Euclidean with history* (3rd ed.). Upper Saddle River, NJ: Prentice Hall.

Herbst, P. G. (2002a). Engaging students in proving: A double bind on the teacher. *Journal for Research in Mathematics Education, 33*(3), 176–203.

Herbst, P. G. (2002b). Establishing a custom of proving in American school geometry: Evolution of the two-column proof in the early twentieth century. *Educational Studies in Mathematics, 49*(3), 283–312.

Herbst, P. (2004). Interactions with diagrams and the making of reasoned conjectures in geometry. *ZDM—The International Journal on Mathematics Education, 36*(5), 129–139.

Herbst, P. G. (2006). Teaching geometry with problems: Negotiating instructional situations and mathematical tasks. *Journal for Research in Mathematics Education, 37*(4), 313–347.

Herbst, P. G., & Brach, C. (2006). Proving and doing proofs in high school geometry classes: What is it that is going on for students? *Cognition and Instruction, 24*(1), 73–122.

Herbst, P. G., Chen, C., Weiss, M., Gonzalez, G., Nachieli, T., Hamlin, M., & Brach, C. (2009). "Doing proofs" in geometry classrooms. In D. A. Stylianou, M. L. Blanton, & E. J. Knuth (Eds.), *The teaching and learning of proof across the grades* (pp. 250–268). New York, NY: Routledge.

Herbst, P. G., & Kosko, K. (2014). Mathematical knowledge for teaching and specificity to high school geometry instruction. In J. Lo, K. Leatham, & L. Van Zoest (Eds.), *Research trends in mathematics teacher education* (pp. 23–46). New York, NY: Springer.

Herbst, P. G., & Miyakawa, T. (2008). When, how, and why prove theorems? A methodology for studying the perspective of geometry teachers. *ZDM—The International Journal on Mathematics Education, 40*(3), 469–486.

Herbst, P. G., Nachieli, T., & Chazan, D. (2011). Studying the practical rationality of mathematics teaching: What goes into "installing" a theorem in geometry? *Cognition and Instruction, 29*(2), 1–38.

Hollebrands, K. F. (2003). High school students' understandings of geometric transformations in the context of a technological environment. *The Journal of Mathematical Behavior, 22*(1), 55–72.

Hollebrands, K. F. (2007). The role of a dynamic software program for geometry in the strategies high school mathematics students employ. *Journal for Research in Mathematics Education, 38*(2), 164–192.

Howse, T. D., & Howse, M. E. (2015). Linking the van Hiele theory to instruction. *Teaching Children Mathematics, 21*(5), 305–313.

Hoyles, C., & Healy, L. (1997). Unfolding meanings for reflective symmetry. *Technology, Knowledge and Learning, 2*(1), 27–59.

Hoyles, C., & Noss, R. (2003). What can digital technologies take from and bring to research in mathematics education? In A. J. Bishop, K. Clements, C. Keitel, J. Kilpatrick, & F. Leung (Eds.), *Second international handbook of mathematics education* (Part 1, pp. 323–349). Dordrecht, The Netherlands: Kluwer Academic.

Inan, H. Z., & Dogan-Temur, O. (2010). Understanding kindergarten teachers' perspectives of teaching basic geometric shapes: A phenomenographic research. *ZDM—The International Journal on Mathematics Education, 42*(5), 457–468.

Jahnke, N. H. (2010). The conjoint origin of proof and theoretical physics. In G. Hanna et al. (Eds.), *Explanation and proof in mathematics: Philosophical and educational perspectives* (pp. 17–32). New York, NY: Springer.

Jahnke, N. H., & Wambach, R. (2013). Understanding what a proof is: A classroom-based approach. *ZDM—The International Journal on Mathematics Education, 45*(3), 469–482.

Jones, K. (2000). Providing a foundation for deductive reasoning: Students' interpretations when using dynamic geometry software and their evolving mathematical explanations. *Educational Studies in Mathematics, 44*(1–3), 55–85.

Jones, K., Mackrell, K., & Stevenson, I. (2010). Designing digital technologies and learning activities for different geometries. In C. Hoyles & J. B. Lagrange (Eds.), *Math-*

ematics education and technology: Rethinking the terrain: The 17th ICMI Study (pp. 47–60). New York, NY: Springer. doi:10.1007/978-1-4419-0146-0_4

Jones, K., Mooney, C., & Harries, T. (2002). Trainee primary teachers' knowledge of geometry for teaching, *Proceedings of the British Society for Research into Learning Mathematics, 22*(1&2), 95–100.

Junius, P. (2008). A case example of insect gymnastics: How is non-Euclidean geometry learned? *International Journal of Mathematical Education in Science and Technology, 39*(8), 987–1002. doi:10.1080/00207390802136529

Kaur, H. (2013). Children's dynamic thinking in angle comparison tasks. In A. M. Lindmeier & A. Heinze (Eds.), *Proceedings of the 37th Conference of the International Group for the Psychology of Mathematics Education* (Vol. 3, pp. 145–152). Kiel, Germany: PME.

Kaur, H. (2015). Two aspects of young children's thinking about different types of dynamic triangles: Prototypicality and inclusion. *ZDM—The International Journal on Mathematics Education, 47*(3), 407–420.

Kim, D., & Ju, M.-K. (2012). A changing trajectory of proof learning in the geometry inquiry classroom. *ZDM—The International Journal on Mathematics Education, 44*(2), 149–160.

Knuth, E. (2002). Secondary school mathematics teachers' conceptions of proof. *Journal of Mathematics Teacher Education, 33*(5), 379–405.

Ko, Y.-Y., & Knuth, E. (2013). Validating proofs and counter-examples across content domains: Practices of importance for mathematics majors. *The Journal of Mathematical Behavior, 32*(1), 20–35.

Kobiela, M., & Lehrer, R. (2015). The codevelopment of mathematical concepts and the practice of defining. *Journal for Research in Mathematics Education, 46*(4), 423–454.

Kuzniak, A. (2006). Paradigmes et espaces de travail géométriques. *Canadian Journal of Science, Mathematics and Technology Education, 6*(2), 167–187.

Kuzniak, A., & Rauscher, J.-C. (2011). How do teachers' approaches to geometric work relate to geometry students' learning difficulties? *Educational Studies in Mathematics, 77*(1), 129–147.

Kyttälä, M., & Lehto, J. (2008). Some factors underlying mathematical performance: The role of visuospatial working memory and non-verbal intelligence. *European Journal of Psychology of Education, 22*(1), 77–94.

Laborde, C. (2004). The hidden role of diagrams in pupils' construction of meaning in geometry. In J. Kilpatrick, C. Hoyles, & O. Skovsmose (Eds.), *Meaning in mathematics education* (pp. 1–21). Dordrecht, The Netherlands: Kluwer Academic.

Laborde, C., Kynigos, C., Hollebrands, K., & Sträßer, R. (2006). Teaching and learning geometry with technology. In A. Gutiérrez & P. Boero (Eds.), *Handbook of research on the psychology of mathematics education: Past, present and future* (pp. 275–304). Rotterdam, The Netherlands: Sense.

Laborde, C., & Laborde, J.-M. (2008). The development of a dynamical geometry environment Cabri-Géomètre. In G. Blume & M. Heid (Eds.), *Research on technology in the learning and teaching of mathematics: Cases and perspectives.* (Vol. 2, pp. 31–52). Greenwich, CT: Information Age.

Lampert, M. (1993). Teachers' thinking about students' thinking about geometry: The effects of new teaching tools. In J. L. Schwartz, M. Yerushalmy, & B. Wilson (Eds.), *The Geometric Supposer: What is it a case of?* (pp. 143–177). Hillsdale, NJ: Lawrence Erlbaum.

Lasa, A., & Wilhelmi, M. R. (2013). Use of GeoGebra in explorative, illustrative and demonstrative moments. *Revista do Instituto GeoGebra de São Paulo, 2*(1), 52–64.

Lassak, M. (2009). Using dynamic graphs to reveal student reasoning. *International Journal of Mathematical Education in Science and Technology, 40*(5), 690–696.

Lavy, I. (2007). A case study of dynamic visualization and problem solving. *International Journal of Mathematical Education in Science and Technology, 38*(8), 1075–1092. doi:10.1080/00207390601129196

Lavy, I., & Shriki, A. (2010). Engaging in problem posing activities in a dynamic geometry setting and the development of prospective teachers' mathematical knowledge. *The Journal of Mathematical Behavior, 29*(1), 11–24.

Lehrer, R., Kobiela, M., & Weinberg, P. J. (2013). Cultivating inquiry about space in a middle school mathematics classroom. *ZDM—The International Journal on Mathematics Education, 45*(3), 365–376. doi:10.1007/s11858-012-0479-x

Lénárt, I. (2003). *Non-Euclidean adventures on the Lénárt sphere.* Emeryville, CA: Key Curriculum Press.

Leung, A. (2008). Dragging in a dynamic geometry environment through the lens of variation. *International Journal of Computers for Mathematical Learning, 13*(2), 135–157.

Leung, A. (2011). An epistemic model of task design in dynamic geometry environment. *ZDM—The International Journal on Mathematics Education, 43*(3), 325–336. doi:10.1007/s11858-011-0329-2

Leung, A., & Lee, A. M. S. (2013). Students' geometrical perception on a task-based dynamic geometry platform. *Educational Studies in Mathematics, 82*(3), 361–377.

Leung, I. K. C. (2008). Teaching and learning of inclusive and transitive properties among quadrilaterals by deductive reasoning with the aid of SmartBoard. *ZDM—The International Journal on Mathematics Education, 40*(6), 1007–1021. doi:10.1007/s11858-008-0159-z

Levav-Waynberg, A., & Leikin, R. (2012). The role of multiple solution tasks in developing knowledge and creativity in geometry. *Journal of Mathematical Behavior, 31*(1), 73–90. doi:10.1016/j.jmathb.2011.11.001

Lin, F., Yang, K.-L., Lee, K., Tabach, M., & Stylianides, G. (2012). Principles of task design for conjecturing and proving. In G. Hanna & M. de Villiers (Eds.), *Proof and proving in mathematics education* (pp. 305–324). New York, NY: Springer. doi:10.1007/978-94-007-2129-6_5

Lin, F.-L., Yang, K.-L., Lo, J.-J., Tsamir, P., Tirosh, D., & Stylianides, G. J. (2012). Teachers' professional learning of teaching proof and proving. In G. Hanna & M. de Villiers (Eds.), *Proof and proving in mathematics education* (pp. 327–346). New York, NY: Springer.

Lopez-Real, F., & Leung, A. (2006). Dragging as a conceptual tool in dynamic geometry environments. *International Journal of Mathematical Education in Science and Technology, 37*(6), 665–679.

Lord, N. (2008). Maths bite: Averaging polygons. *The Mathematical Gazette, 92*(523), 134.

Mackrell, K. (2011). Design decisions in interactive geometry software. *ZDM—The International Journal on Mathematics Education, 43*(3), 373–387. doi:10.1007/s11858-011-0327-4

Mammana, M. F., Micale, B., & Pennisi, M. (2009). Quadrilaterals and tetrahedra. *International Journal of Mathematical Education in Science and Technology, 40*(6), 817–828. doi:10.1080/00207390902912860

Mammana, M. F., Micale, B., & Pennisi, M. (2012). Analogy and dynamic geometry system used to introduce three-dimensional geometry. *International Journal of Mathematical Education in Science and Technology, 43*(6), 818–830. doi:10.1080/0020739X.2012.662286

Mariotti, M. A. (2006). Proof and proving in mathematics education. In A. Guttiérrez & P. Boero (Eds.), *Handbook of research on the psychology of mathematics education: Past, present and future* (pp. 173–204). Rotterdam, The Netherlands: Sense Publishing.

Mariotti, M. A. (2009). Artifacts and signs after a Vygotskian perspective: The role of the teacher. *ZDM—The International Journal on Mathematics Education, 41*(4), 427–440.

Mariotti, M. A. (2012). Proof and proving in the classroom: Dynamic geometry systems as tools of semiotic mediation. *Research in Mathematics Education, 14*(2), 163–185. doi:10.1080/14794802.2012.694282

Martin, T. S., Soucy McCrone, S. M., Wallace Bower, M. L., & Dindyal, J. (2005). The interplay of teacher and student actions in the teaching and learning of geometric proof. *Educational Studies in Mathematics, 60*(1), 95–124.

Maschietto, M., & Bartolini Bussi, M. (2009). Working with artefacts: Gestures, drawings and speech in the construction of the mathematical meaning of the visual pyramid. *Educational Studies in Mathematics, 70*(2), 143–157.

Millsaps, G. (2013). Challenging preservice elementary teachers' images of rectangles. *Mathematics Teacher Educator, 2*(1), 27–41.

Mitchelmore, M. C. (1998). Young students' concepts of turning and angle. *Cognition and Instruction, 16*(3), 265–284.

Mix, K. S., & Cheng, Y.-L. (2012). The relation between space and math: Developmental and educational implications. In J. B. Benson (Ed.), *Advances in child development and behavior* (Vol. 42, pp. 197–243). San Diego, CA: Academic Press.

Moreno-Armella, L., Hegedus, S., & Kaput, J. (2008). From static to dynamic mathematics: Historical and representational perspectives. *Educational Studies in Mathematics, 68*(2), 99–111.

Movshovitz-Hadar, N. (1988). Stimulating presentations of theorems followed by responsive proofs. *For the Learning of Mathematics, 8*(2), 12–19.

Nachlieli, T., Herbst, P., & Gonzalez, G. (2009). Seeing a colleague encourage a student to make an assumption while proving: What teachers put in play when casting an episode of instruction. *Journal for Research in Mathematics Education, 40*(4), 427–459.

Nason, R., Chalmers, C., & Yeh, A. (2012). Facilitating growth in prospective teachers' knowledge: Teaching geometry in primary schools. *Journal of Mathematics Teacher Education, 15*(3), 227–249.

Newcombe, N. (2010). Picture this: Increasing math and science learning by improving spatial thinking. *American Educator, 34*(2), 29–43.

Newcombe, N., & Shipley, T. F. (2012). Thinking about spatial thinking: New typology, new assessments. In J. S. Gero (Ed.), *Studying visual and spatial reasoning for design creativity*(pp. 179–192). New York, NY: Springer.

Ng, O., & Sinclair, N. (2015a). "Area without numbers": Using Touchscreen dynamic geometry to reason about shape. *Canadian Journal of Science, Mathematics and Technology Education, 15*(1), 84–101.

Ng, O., & Sinclair, N. (2015b). Young children reasoning about symmetry in a dynamic geometry environment. *ZDM—The International Journal on Mathematics Education, 47*(3), 421–434.

Núñez, R., Edwards, L., & Matos, J. F. (1999). Embodied cognition as grounding for situationedness and context in mathematics education. *Educational Studies in Mathematics, 39*(1–3), 45–65.

Nunokawa, K. (2010). Proof, mathematical problem solving, and explanation in mathematics teaching. In G. Hanna, H. Jahnke, & H. N. Pulte (Eds.), *Explanation and proof in mathematics* (pp. 223–236). New York, NY: Springer.

Okazaki, M. (2009). Process and means of reinterpreting tacit properties in understanding the inclusion relations between quadrilaterals. In M. Tzekaki, M. Kaldrimidou, & C. Sakonidis (Eds.), *Proceedings of the 33rd Conference of the International Group for the Psychology of Mathematics Education* (Vol. 4, pp. 249–256). Thessaloniki, Greece: Aristotle University of Thessaloniki and University of Macedonia.

Okazaki, M., & Fujita, T. (2007). Prototype phenomena and common cognitive paths in the understanding of the inclusion relations between quadrilaterals in Japan and Scotland. In J. H. Woo, H. C. Lew, K. S. Park, & D. Y. Seo (Eds.), *Proceedings of the 31st Conference of the International Group for the Psychology of Mathematics Education* (Vol. 4, pp.

41–48). Seoul, South Korea: PME.

Olivero, F., & Robutti, O. (2007). Measuring in dynamic geometry environments as a tool for conjecturing and proving. *International Journal of Computers for Mathematics Learning, 12*(2), 135–156.

Oner, D. (2008). A comparative analysis of high school geometry curricula: What do technology-intensive, Standards-based, and traditional curricula have to offer in terms of mathematical proof and reasoning? *Journal of Computers in Mathematics and Science Teaching, 27*(4), 467–497.

Oner, D. (2009). The role of dynamic geometry software in high school curricula: An analysis of proof tasks. *The International Journal for Technology in Mathematical Education, 16*(3), 109–121.

Otten, S., Gilbertson, N. J., Males, L. M., & Clark, D. L. (2014). The mathematical nature of reasoning-and-proving opportunities in geometry textbooks. *Mathematical Thinking and Learning, 16*(1), 51–79.

Otten, S., Males, L. M., & Gilbertson, N. J. (2014). The introduction of proof in secondary geometry textbooks. *International Journal of Educational Research, 64,* 107–118.

Owens, K. (2015). *Visuospatial reasoning: An ecological perspective for space, geometry and measurement education.* New York, NY: Springer.

Papadopoulos, I., & Dagdilelis, V. (2008). Students' use of technological tools for verification purposes in geometry problem solving. *The Journal of Mathematical Behavior, 27*(4), 311–325.

Perrin-Glorian, M.-J., Mathé, A.-C., & Leclercq, R. (2013). Comment peut-on penser la continuité de l'enseignement de la géométrie de 6 a 15 ans? *Repères-IREM, 90,* 5–41.

Philipp, R. A. (2007). Mathematics teachers' beliefs and affect. In F. K. Lester Jr. (Ed.), *Second handbook of research on mathematics teaching and learning* (pp. 257–315). Charlotte, NC: Information Age; Reston, VA: National Council of Teachers of Mathematics.

Portnoy, N., Grundmeier, T., & Graham, K. J. (2006). Students' understanding of mathematical objects in the context of transformational geometry: Implications for constructing and understanding proofs. *The Journal of Mathematical Behavior, 25*(3), 196–207.

Reiss, K., Heinze, A., Renkl, A., & Grob, C. (2008). Reasoning and proof in geometry: Effects of a learning environment based on heuristic worked-out examples. *ZDM—The International Journal on Mathematics Education, 40,* 455–467.

Rivera, F. (2011). *Toward a visually oriented school mathematics curriculum: Research, theory, practice, and issues.* New York, NY: Springer.

Rosch, E. (1973). On the internal structure of perceptual and semantic categories. In T. E. Moore (Ed.), *Cognitive development and the acquisition of language.* New York, NY: Academic Press.

Roschelle, J., Noss, R, Blikstein, P., & Jackiw, N. (2017). Technology for learning mathematics. In J. Cai (Ed.), *Compendium for research in mathematics education* (pp. 853–876). Reston, VA: National Council of Teachers of Mathematics.

Roth, W.-M. (2011). *Geometry as objective science in elementary classrooms: Mathematics in the flesh.* New York, NY: Routledge.

Ruthven K., Hennessy S., & Deaney R. (2005). Incorporating dynamic geometry systems into secondary mathematics education: Didactical perspectives and practices of teachers. In D. Wright (Ed.), *Moving on with dynamic geometry* (pp. 138–158). Derby, United Kingdom: The Association of Teachers of Mathematics.

Sack, J., & van Niekerk, R. (2009). Developing the spatial operational capacity of young children using wooden cubes and dynamic simulation software. In T. V. Craine & R. Rubinstein (Eds.), *Understanding geometry for a changing world* (pp. 141–154). Reston, VA: National Council of Teachers of Mathematics.

Sáenz-Ludlow, A., & Athanasopoulou, A. (2007). Investigating properties of isosceles trapezoids with the GSP: The case of a pre-service teacher. In D. Pugalee, A. Rogerson, & A. Schinck (Eds.), *Proceedings of the 9th International Conference: Mathematics Education in a Global Community* (pp. 577–582). Chapel Hill, NC: The Mathematics Education Into the 21st Century Project.

Sarama, J., & Clements, D. H. (2009). *Early childhood mathematics education research: Learning trajectories for young children.* New York, NY: Routledge.

Sarfaty, Y., & Patkin, D. (2013). The ability of second graders to identify solids in different positions and to justify their answer. *Pythagoras, 34*(1), 1–10, doi:10.4102/pythagoras. v34i1.212

Schoenfeld, A. H. (1988). When good teaching leads to bad results: The disasters of "well-taught" mathematics courses. *Educational Psychologist, 23*(2), 145–166.

Schoenfeld, A. H. (2007). Problem solving in the United States, 1970–2008: Research and theory, practice and politics. *ZDM—The International Journal on Mathematics Education, 39*(5–6), 537–551. doi:10.1007/s11858-007-0038-z

Schuler, J. (2001). Symmetry and young children. *Montessori Life, 13*(2), 42–48.

Seago, N., Jacobs, J., Driscoll, M., Nikula, J., Matassa, M., & Callahan, P. (2013). Developing teachers' knowledge of a transformations-based approach to geometric similarity. *Mathematics Teacher Educator, 2*(1), 74–85.

Seo, K.-H., & Ginsburg, H. (2004) What is developmentally appropriate in early childhood mathematics education? In D. H. Clements, J. Sarama, & A.-M. Dibias (Eds.), *Engaging young children in mathematics: Standards for early childhood mathematics education* (pp. 91–104). Mahwah, NJ: Lawrence Erlbaum.

Sfard, A. (2008). *Thinking as communicating: Human development, the growth of discourses, and mathematizing.* Cambridge, England: Cambridge University Press.

Shein, P. P. (2012). Seeing with two eyes: A teacher's use of gestures in questioning and revoicing to engage English language learners in the repair of mathematical errors. *Journal for Research in Mathematics Education, 43*(2), 182–222.

Sinclair, N. (2002). The kissing triangles: The aesthetics of mathematical discovery. *International Journal of Computers for Mathematics Learning, 7*(1), 45–63.

Sinclair, N. (2008). *The history of the geometry curriculum in the United States.* Charlotte, NC: Information Age.

Sinclair, N., de Freitas, E. & Ferrara, F. (2013). Virtual encounters: The murky and furtive world of mathematical inventiveness. *ZDM—The International Journal on Mathematics Education, 45*(2), 239–252.

Sinclair, N., & Moss, J. (2012). The more it changes, the more it becomes the same: The development of the routine of shape identification in dynamic geometry environments. *International Journal of Educational Research, 51–52,* 28–44.

Sinclair, N., Pimm, D., & Skelin, M. (2012). *Developing essential understanding of geometry for teaching mathematics in grades 9–12.* Reston, VA: National Council of Teachers of Mathematics.

Sinclair, N., & Robutti O. (2013). Technology and the role of proof: The case of dynamic geometry. In A. J. Bishop, M. A. Clements, C. Keitel, & F. Leung (Eds.), *Third international handbook of mathematics education* (pp. 571–596). Dordrecht, The Netherlands: Kluwer.

Sinclair, N., & Yurita, V. (2008). To be or to become: How dynamic geometry changes discourse. *Research in Mathematics Education, 10*(2), 135–150.

Smith, C. P., King, B., & Hoyte, J. (2014). Learning angles through movement: Critical actions for developing understanding in an embodied activity. *The Journal of Mathematical Behavior, 36,* 95–108.

Son, J., & Sinclair, N. (2010). How preservice teachers interpret and respond to student geometry errors. *School Science and Mathematics, 100*(1), 31–46.

Steele, M. D. (2013). Exploring the mathematical knowledge for teaching geometry and measurement through the design and use of rich assessment tasks. *Journal of Mathematics Teacher Education, 16*(4), 245–268.

Stylianides, A. J., & Stylianides, G. J. (2013). Seeking research grounded solutions to problems of practice: classroom-based interventions in mathematics education. *ZDM—The International Journal on Mathematics Education, 45*(3), 333–342.

Stylianides, G. J., & Stylianides, A. J. (2005). Validation of solutions of construction problems in dynamic geometry environments. *International Journal of Computers for Mathematical Learning, 10*(1), 31–47.

Swafford, J. O., Jones, G. A., & Thorton, C. A. (1997). Increased knowledge in geometry and instructional practice. *Journal for Research in Mathematics Education, 28*(4), 467–483.

Tanguay, D., & Grenier, D. (2010). Experimentation and proof in a solid geometry teaching situation. *For the Learning of Mathematics, 30*(3), 36–42.

Thaqi, X., Giménez, J., & Rosich, N. (2011). Geometrical transformations as viewed by prospective teachers. In M. Pytlak, T. Rowland, & E. Swoboda (Eds.), *Proceedings of the Seventh Congress of the European Society for Research in Mathematics Education* (pp. 577–587). Rzeszów, Poland: University of Rzeszów/ESRME. Retrieved from https://www.cerme7.univ.rzeszow.pl/WG/4/WG4_Xhevdet.pdf

Thom, J., & McGarvey, L. (2015). Articulation of spatial and geometrical knowledge in problem solving with technology at primary school. *ZDM—The International Journal on Mathematics Education, 47*(3), 435–449.

Thompson, D. R. (2014). Reasoning-and-proving in the written curriculum: Lessons and implications for teachers, curriculum designers, and researchers. *International Journal of Educational Research, 64,* 141–148.

Todd, P., Lyublinskaya, I., & Ryzhik, V. (2010). Symbolic geometry software and proofs. *International Journal of Computers for Mathematics Learning, 15*(2), 151–159.

Tsamir, P. (2007). When intuition beats logic: Prospective teachers' awareness of their *same sides-same angles* solutions. *Educational Studies in Mathematics, 65*(3), 255–279.

Tsamir, P., Tirosh, D., & Levenson, E. (2008). Intuitive non-examples: The case of triangles. *Educational Studies in Mathematics, 69*(2), 81–95.

Unal, H., Jakubowski, E., & Corey, D. (2009). Differences in learning geometry among high and low spatial ability pre-service mathematics teachers. *International Journal of Mathematical Education in Science and Technology, 40*(8), 997–1012.

Usiskin, Z., Griffin, J., Witonsky, D., & Willmore, E. (2008). *The classification of quadrilaterals: A study of definition.* Charlotte, NC: Information Age.

Uttal, D. H., Meadow, N. G., Tipton, E., Hand, L. L., Alden, A. R., Warren, C., & Newcombe, N. (2012). The malleability of spatial skills: A meta-analysis of training studies. *Psychological Bulletin.* doi:10.1037/a0028446

van der Sandt, S. (2007). Research framework on mathematics teacher behaviour: Koehler and Grouws' framework revis-ited. *Eurasia Journal of Mathematics, Science & Technology Education, 3*(4), 343–350.

van Hiele, P. M. (1973). *Begrip en Inzicht.* Purmerend, The Netherlands: Muusses.

van Hiele, P. M. (1985). The child's thought and geometry. In D. Fuys, D. Geddes, & R. Tischler (Eds.), *English translation of selected writings of Dina van Hiele-Geldof and Pierre M. van Hiele* (pp. 243–252). Brooklyn, NY: Brooklyn College, School of Education. (Original work published 1959)

van Putten, S. (2008). *Levels of thought in geometry of pre-service mathematics educators according to the van Hiele model* (Unpublished master's thesis). University of Pretoria, South Africa. Retrieved from http://upetd.up.ac.za/thesis/available/etd-05202008-130804/unrestricted/dissertation.pdf

Vygotsky, L. S. (1978). *Mind in society: The development of higher psychological processes.* Cambridge, MA: Harvard University Press.

Wai, J., Lubinski, D., & Benbow, C. P. (2009). Spatial ability for STEM domains: Aligning over 50 years of cumulative psychological knowledge solidifies its importance. *Journal of Educational Psychology, 101*(4), 817–835.

Walcott, C., Mohr, D., & Kastberg, S. E. (2009). Making sense of shape: An analysis of children's written responses. *The Journal of Mathematical Behavior, 28*(1), 30–40.

Wang, S., & Kinzel, M. (2014). How do they know it is a parallelogram? Analysing geometric discourse at van Hiele Level 3. *Research in Mathematics Education, 16*(3), 288–305.

Wares, A. (2007). Using dynamic geometry to stimulate students to provide proofs. *International Journal of Mathematical Education in Science and Technology, 38*(5), 599–608. doi:10.1080/00207390701228286

Wares, A. (2010). Using dynamic geometry to explore non-traditional theorems. *International Journal of Mathematical Education in Science and Technology, 41*(3), 351–358.

doi:10.1080/00207390903477459

Watson, A., Jones, K., & Pratt, D. (2013). *Key ideas in teaching mathematics: Research-based guidance for ages 9–19.* Oxford, United Kingdom: Oxford University Press.

Weiss, M., & Herbst, P. G. (2015). The role of theory building in the teaching of secondary geometry. *Educational Studies in Mathematics, 89*(2), 205–229.

Weiss, M., Herbst, P. G., & Chen, C. (2009). Teachers' perspectives on "authentic mathematics" and the two-column proof form. *Educational Studies in Mathematics, 70*(3), 275–293.

Whiteley, W. (1999). The decline and rise of geometry in 20th century North America. In J. G. McLoughlin (Ed.), *Canadian Mathematics Study Group Conference Proceedings.* St. Johns, Newfoundland: Memorial University of Newfoundland/CMESG.

Wu, H. (2005, April). *Key mathematical ideas in grades 5–8.* Paper presented at the National Council of Teachers of Mathematics Annual Meeting, Anaheim, CA. Retrieved from http://ed.sc.edu/ite/dickey/anaheim/NCTM2005Wu.pdf

Yanik, H. B. (2011). Prospective middle school mathematics teachers' preconceptions of geometric translations. *Educational Studies in Mathematics, 78*(2), 231–260.

18

概率与统计的教与学：一种整合的观点

辛西娅·W.兰格罗
美国伊利诺伊州立大学
凯蒂·马卡
澳大利亚昆士兰大学
佩尔·尼尔森
瑞典厄勒布鲁大学
J.迈克尔·肖内西
美国波特兰州立大学
译者：李俊
　　　华东师范大学数学科学学院

在过去的十年中，全世界关于统计教育的研究以近乎指数的速度在增长，这一增长表现在同行评审的学术期刊所发表的概率统计教育研究论文数的增加，这里面有些是较新的杂志，比如2002年创刊的《统计教育研究杂志》，现在已被公认为是全球统计教育研究的主导刊物。《统计教育的技术创新》创刊于2007年，旨在提升人们对利用新技术不断改进概率统计教与学方式的兴趣。《统计与教育》创刊于2010年，它提供了一个交流各级概率统计教育中有关教与学文章的论坛。《统计教育杂志》早在1993年就有了，早期它主要发表大学和中小学有新意的统计课程与教学途径的报告，但近年来，《统计教育杂志》发表了不少研究性论文，在来自实践者的教学建议报告与概率统计教与学研究论文之间达成了平衡。

在《数学教育研究学报》《数学教育研究》和《数学思维与学习》等数学教育杂志中发表的概率统计研究论文数也有明显增长，而且，在诸如《统计教学》《数学教师》和《中学数学教学》等教师刊物上也发表了不少联系统计教育理论与实践的文章。在我们撰写本章内容的同时，第一本《国际统计教育研究手册》（Ben-Zvi, Garfield, & Makar, 2016）也即将出炉。统计教育研究的国际团队已经对统计教育研究进行了综述，如基于数据的推理、关于机会的推理、统计教育中的建模、推断以及统计教育的实践。

美国统计协会以及国际统计学会等组织一直支持统计教育的发展，尤其是国际统计教育协会的成立使得统计教育大会和圆桌会议走向世界各地，每四年一届的统计教学国际会议成为盛事，许多国家（如澳大利亚、哥伦比亚、哥斯达黎加、法国、墨西哥和美国）都有类似于统计教学国际会议的全国性会议。像"统计推理国际合作研究""思维和素养"这种专业性的统计教育研究团体也已经就变异性、分布、推断、机会和建模的教与学组织过工作会议。在国际性的数学教育会议如数学教育心理学国际会议、欧洲数学教育研究会议和国际数学教育大会（ICME）上也都有概率和统计工作组，类似地，世界上许多国家和地区（如拉丁美洲、北美和欧洲）的数学教育会议中也都有概率和统计工作组的活动。另外，像出自美国统计协会的《统计教育评价与教学指导意见报告》（Franklin等，2007）以及出自全美数学教师理事会的《推理与释义》丛书（如 Shaughnessy, Chance, & Kranendonk, 2009），都增进了人们研究学生如何学习概率统计并用其进行推理的兴趣。

本章我们拓展了《数学教与学研究手册（第二版）》（Lester, 2007）中对概率统计研究所作的综述。在概率和统计两章综述的最后，琼斯、兰格罗和穆尼（2007）以及肖内西（2007）都对未来的研究提出了一系列建议，如需要研究教师的概率统计知识并发展教学理论，继续研究学生对分布及其形态（形状、中心、变异性）的推理，增加对大学生概率统计的认知研究，深化概率统计教与学中利用新技术所产生影响的研究。这些研究建议中有一部分已经开始做了，我们会在本章予以讨论，例如，关于学生对变异性和分布（包括抽样分布）的推理已经取得了丰富的研究成果（参见 Garfield & Ben-Zvi，2005）。在过去的十年中，对教师知识的研究增长得也很快，我们综述了对教师的概率统计内容知识和教学内容知识所做的研究，这一工作主要源于国际数学教育委员会与国际统计教育协会的联合研究项目（ICMI-IASE 项目；Batanero, Burrill, & Reading, 2011）。关于大学生认知的研究也有涉及，但限于篇幅，本章不具体展开，如大学生对统计的态度、信念和焦虑（如 Groth, 2010; Hall & Vance, 2010; Williams, 2013），大学生对概率概念的理解（如 Biehler & Pratt, 2012; Chernoff & Sriraman, 2014）、对统计学的理解（如 Dupuis 等, 2012; Tintle, Topliff, Vanderstoep, Holmes, & Swanson, 2012）。最后，将技术用于概率统计教学的研究在文献中正越来越突出（如 Biehler, Ben-Zvi, Bakker, & Makar, 2013），本章将会予以介绍，不过持续追踪研究学生在丰富的技术环境下学习概率统计对他们概念性理解发展的影响的研究还很少。

我们采取了融合的方式来综述概率与统计的文献，这样有助于我们再次强调这两个领域之间互相依存的关系。对学生统计推断说理过程持续不断的研究（尤其是非形式化的推断的教与学的研究；如 Arnold, Pfannkuch, Wild, Regan, & Budgett, 2011; Zieffler, Garfield, delMas, & Reading, 2008）给我们提供了把对概率概念的研究与对统计思维的研究结合起来的机会。

在琼斯等人（2007）和肖内西（2007）综述的基础上，我们回顾了概率统计教与学最近的研究，特别是那些新兴的成长中的研究。我们综述的很多研究是关于中小学概率统计教与学的，但是也包括了一些在大学生中开展的研究，尤其是在便于讨论的情形下。我们主要关注已发表的期刊论文，不打算对会议论文集中的论文进行综述，但是，我们还是从会议论文集、专著的章节中

引用了一些观点以进一步支持本文中的看法。在本章最后的回顾与前瞻中，我们认真思考了一些尚在起步和发展中的研究领域。

概率与统计整合的观点

2003 年，奇克和华生报告说，"虽然大多数早期的概率统计教育研究都是关于概率的，但是与统计教育相比，现在这个领域的研究人员少多了"（Chick & Watson, 2003，第 203 页）。造成该现象的一个原因是探索性数据分析（EDA）的兴起，它使得数据分析与概率之间的联系弱化了。研究人员（如 Konold & Kazak, 2008）承认把数据分析"从概率的束缚中解放出来"（Biehler, 1994，第 20 页）的做法有可能会产生新问题，但是，探索性数据分析在打破不懂含义机械套用统计步骤这一统计教学大难题上的价值已经获得广泛认可（如 Ben-Zvi, 2000; Biehler 等, 2013; Wassong, Frischemeier, Fischer, Hochmuth, & Bender, 2014），探索性数据分析为学生走出对数据进行描述性分析的狭小天地（Ben-Zvi, Gil, & Apel, 2007），在清楚的问题背景下学习分布和变异性，进行更广泛的基于数据的统计调查研究提供了机会，探索性数据分析不仅被认为是学习推断统计学的一个起点（Stanja & Steinbring, 2014），它也为学生开始非形式化地（不太强调严格的统计知识技能）尝试统计推断创造了条件。

非形式化的统计推断在研究文献中已经获得了越来越多的关注（如 Pratt & Ainley, 2008），有些研究人员认为，即便是对儿童，非形式化的统计探究既要求也有助于建立概率与统计之间的联系（Fielding-Wells & Makar, 2015; Konold & Kazak, 2008）。的确，像 TinkerPlots 2（Konold & Miller, 2011）这样的当今新技术，通过在线小程序或软件包的模拟试验（Biehler 等, 2013; Konold & Kazak, 2008; J.Watson & Chance, 2012）在概率与统计之间建立起了重要的联系。因此，在奇克和华生（2003）文章发表十余年后的今天，我们认为对统计探究的重视，尤其是对非形式化的统计推断的聚焦（Zieffler & Fry, 2015），为我们在探索数据的情形下提供了把概率

与统计概念结合起来学习的机会。当前的研究也反映出这两个领域的融合。例如，通过研究数据考察机会的概念（如 Fielding-Wells & Makar, 2015; Konold & Kazak, 2008），通过数据抽样考察实验概率与理论概率之间的关系（English & Watson, 2016; Ireland & Watson, 2008; Konold 等, 2011; Nilsson, 2009）。最近十年，发表的大量关于变异性、分布和非形式化推断方面的研究成果也许是最好的证据。令人注目的是，在此期间，SERJ 发表了诸如"关于变异性推理的研究"（Ben-Zvi & Garfield, 2004）、"关于变异的推理"（Garfield & Ben-Zvi, 2005）、"关于分布的推理"（Pfannkuch & Reading, 2006a）以及"非形式化推断推理"（Pratt & Ainley, 2008）等专刊和专题研讨。《数学思维与学习》（Makar & Ben-Zvi, 2011）和《数学教育研究》（Ben-Zvi, Bakker, & Makar, 2015）等主流数学教育杂志也发表过非形式化统计推断的特刊。

伴随着整合的概率与统计观点，这一领域已经普遍开始重视巴克和德里（2011）文章中谈到的问题，即统计教学过于注重一个概念的教学而缺乏连贯性，并呼吁需要采用更为整体化的教学法。研究人员们指出，教育领域尤其是概率统计的教育存在以下三大难题：

1. 避免产生**惰性知识**（学生已经学会了复制但是还不会有效运用的知识；Bereiter & Scardamalia, 1985; Whitehead, 1929）的问题。
2. 避免许多教科书都采用的**逐个概念讲解的办法**，从学生角度展现知识**连贯性**的问题。
3. 为了从学生角度展现知识的连贯性而采用新的办法安排知识**顺序**的问题。（Bakker & Derry, 2011, 第6~7页）

巴克和德里用推断主义的哲学观点来解释统计传统教学法之所以会产生上述难题的原因，将布兰顿的推断主义理论（Brandom, 2000）应用于统计教育（我们认为这也同样适用于概率教育）。他们提出，为了改进课程的连贯性，可以考虑推断关系优先于参照关系，以达到统计整体教学的目标。推断关系关注如何通过推理网加强

概念之间的联系，按巴克（2014）的话说，推理网就是"在一个特殊情境下为达到某种目的所使用的所有互相关联的推理、前提与结论、推断、暗示、行动的动机以及实用工具的组合"（第153页）。然而，参照关系只是简单地引用其他概念却不一定需要解释它们之间的关系，重视参照关系的教学经常存在于分割的而不是一体的概率统计概念的教学之中。

我们在本章的这一节将综述有关变异性、分布、统计推断和建模的研究，它们都体现出概率与统计固有的内在联系。我们在组织文献综述时采用了整合的观点，以强调推断观点在概率和统计教学中的价值。

变异性与分布

肖内西（2007）报告了针对在分布、抽样和比较数据集这些统计背景下进行推理以及对概率实验结果进行推理中涉及的变异性开展的研究，在其关于变异性文献综述（约1996—2005年）的最后，他总结了关于变异性的如下几个方面：（1）变异性从具体的值来看，包括极端值和异常值；（2）变异性表现在随时间变化而发生的变化；（3）变异性表现在它是一个区间段，所有可能取值的一个范围；（4）变异性是一个样本可能取值的范围；（5）变异性是距离某一定点的距离或差异；（6）变异性是残差之和；（7）协方差或相关体现着变异性；（8）分布体现着变异性（第984~985页）。在肖内西写完这一章后，关注变异性与分布概念的研究者们将变异性与分布之间相辅相成的关系更加外显化了，正如范库仕和雷丁（2006b）所言："变异是统计思维的核心，但是对变异的推理需要图形的支持……如统计图或频数分布图"（第4页）。

变异性概念与分布概念。上述关于变异性的八个概念在文献中依然有着重要地位，尤其是从分布的角度来看。例如，有的研究人员（如 Friel, O'Connor, & Mamer, 2006; Konold, Higgins, Russell, & Khalil, 2015; Makar, 2014; Russell, 2006）已经发现小学生比较容易关注一些特定的值，如他们会用众数来描述数据的取值集中在哪部分或在比较两个数据集时直观地考虑比较两个分布的中间

值。J.华生（2009）阐述了学生从承认到最终可以将期望的各个方面（即一个频数分布的中间值或均值）以及变异得以共存这一认识逐步提高的过程。她研究的是三、五、七、九年级的学生（年龄为8~14岁），她发现，面对问题情境，五年级和七年级的大部分学生开始知道变异的存在，他们会提到肖内西说过的那些变异性概念中的某几个。类似地，莱勒、金姆和肖伯乐（2007）也发现，为了形成一个度量差异性的量，五、六年级使用TinkerPlots计算机软件（Konold & Miller, 2005）参与数据建模的学生们，

> 像一些对中学之后学习变异性所做的研究所建议的那样，他们会在同一个概念领域多次往返……例如，学生们常常被一种变异性感觉所引导，变异性是指一个指示物（常常是样本均值或样本中位数）与个案取值之间的关系。（Lehrer, Kim, & Schauble, 2007，第215页）

还是这个研究，莱勒和金姆（2009）更加具体地指出，学生发明的许多解答"与统计学中协调数据中心和离散程度所使用的方法如出一辙，如四分位距、基于离差的度量（如平均绝对离差以及标准差）"（第130页）。另外，戴尔玛斯和刘（2005）研究了在设计好的计算机环境下学习的大学生对标准差的理解有着怎样的发展变化。他们发现："总的来说，学生们从一开始不考虑均值的变异，对标准差仅有简单的、一维的认识，发展到得出以均值为中心，把频数影响（疏密程度）和与均值的离差协调起来的多个概念模型"（第55页）。最后，坎拿大（2006）在一个对未来小学教师开展的研究中发现，通过动手操作和计算机模拟活动中对数据进行的研究，这些师范生更多地用到了比例推理，也在概率情境中决定哪个可能性更大时愿意认同变异了。上述这些研究展示了变异的多面性以及不同年龄的学生在他们研究数据集时会表现出的不同深度的理解。

认知发展框架。就学生对分布和变异性思考的复杂程度而言，研究人员考察了概念的发展过程以及有助于概念发展的那些教学经验的特征。这里，我们回顾研究人员所提出的用来刻画学生对这些概念理解发展的四个框架，参见图18.1。它们是：（1）对变异性进行推理的几个阶段（Ben-Zvi, 2004），（2）对变异和分布进行推理的几个层次（Reading & Reid, 2006; Reid & Reading, 2008），（3）学习期望和变异的发展进程假设（J.Watson, Callingham, & Kelly, 2007），（4）学生对变异进行推理的概念格（Noll & Shaughnessy, 2012）。下面我们简单地作一解释。

本-兹维（2004）曾经对两个13岁的学生在先进技术环境下通过探索性数据分析做过一个个案研究，以追踪他们对变异性进行推理的发展情况。在比较两个样本容量一样大的样本数据集的活动中，两个学生非常投入，该活动旨在"支持初学者对变异性的推理从初级简单水平发展到比较复杂的类似专业的水平"（Ben-Zvi, 2004，第45页）。这两位相当能干的学生通过了七个学习阶段，一开始他们不知道需要聚焦于数据中相关的部分或者要注意数据集的整体形态，在教师的提问帮助下，他们开始考虑数据的变异性，应该说，在完成这个数据分析任务过程中学生与教师的相互交流非常重要，学生们从非形式化地描述变异性到形成一个关于变异性的统计假设，到使用频数表在组间进行比较，到比较时引入刻画数据中心和离散程度的指标，到考虑极端值，到最后在分布图上说明组内与组间的变异性。本-兹维（2004）指出，学生"在比较和说明不同数据集的变异情况取得进步的同时，他们从宏观上将分布的形状、中心和离散程度这些常用指标视为一体的能力也有一定的长进"（第57页）。

在综述了大量早期文献中的研究成果之后，J.华生、科林翰姆和凯利（2007）使用Rasch分析法获得了学生理解期望与变异性之间关系的一个认知发展进程假设。他们考察这些概念之间关系的初衷是因为长期以来在中小学课程中一直通过"事件的概率或数据集的均值"来强调期望（J. Watson等，2007，第84页），而变异性（很有可能发生在期望的模式中）也因其在统计理解中的基础性作用而在课程中举足轻重。他们提出三至九年级学生（年龄为8~14岁）的认知发展进程可以视学生对变异性与期望逐渐增加的关注程度分为六个水平，

对变异性进行推理的阶段（Ben-Zvi, 2004）	学习期望和变异的发展进程假设（J.Watson, Callingham, & Kelly, 2007）	对变异进行推理的层次（Reid & Reading, 2008）		对分布进行推理的层次（Reading & Reid, 2006）		学生对变异进行推理的概念格（Noll & Shaughnessy, 2012）	
1 聚集于无关的局部的信息	水平1 没有或几乎没有觉察期望或变异	无考虑	在问题情境中或与其他概念有联系时没有恰当地考虑变异性	第一循环		其他	不清楚、不相关、奇怪的推理
				P1	没有提及分布的重要概念（中心/位置、离散程度、密度、偏度、极端值）		
2 用原始数据非形式化地描述变异性	水平2 对期望或变异有初步或一点点觉察			U1	只提及分布的一个重要概念，典型的中心/位置或离散程度	加法思维	推理基于绝对量、频数
3 形成关于变异性的统计假设	水平3 认识到了两者（期望是"多"，变异是"什么都可能发生"），但尚未认识到两者之间的联系	很少考虑	认可某一类变异，如常常是组内的变异；可能会不恰当地使用术语	M1	提及多个与分布相关的重要概念，但未将其联系起来	提到中心	推理基于众数或众数的均值
4 使用频数表进行组间比较时解释变异性				R1	将分布的重要概念联系起来；把分布看成一体	提到形状	注意到分布的形状（如光滑、波动、钟形曲线、间隙、偏斜、集中）
				第二循环			
				P2	把分布看成一体但尚不习惯于推断推理		
5 使用中心和离散程度这些指标进行组间比较	水平4 在问题情境中能够认同两者（期望是中心，变异是随机），开始建立两者之间的联系	发展中的考虑	提及组内和组间的变异，但没有把它们联系起来；使用变异来支持推断	U2	给出一个推断命题（常常用于比较分布的情形）	提到变异	提及极差、四分位差、离散程度、标准差
6 非形式化地刻画变异性时考虑极端值	水平5 在单个问题情境中能够在期望（比例，分布）和变异（分布，出乎意料的变化）之间建立起联系			M2	给出多个推断命题	比例思维及多样的中心	明确提及总体比例会在抽取的样本中反映出来，使用平均数/平均数均值和中位数/中位数均值
7 在分布图上分辨出组间和组内的变异性	水平6 在作比较的情境中能够在期望（比例，分布）和变异（分布，出乎意料的变化）之间建立起联系	成熟考虑	联系组内和组间的变异来支持推断	R2	在推断命题之间建立联系，显示出对分布概念有很好的理解	分布思维	至少能清晰地辨别分布的两方面的含义：中心点、形状或变异

图18.1　描述学生思考变异性和分布的认知发展特点的框架

"期望是与比例、概率、均值、有原因的或观察到的差异以及随机分布形影不离的，变异性则包含一些从另一个角度考虑的相同概念：不确定性、变化、意料之中的或意料之外的变化以及随机行为"（J.Watson等，2007，第112页）。

在一系列研究项目（如Reading, 2004; Reading & Shaughnessy, 2004）以及与修读统计入门课程的大学生一起工作的基础上，雷丁和里德（2006; Reid & Reading, 2008）提出了对分布与变异进行推理的层级模型。他们关于分布概念的层级模型遵循的是"可观察学习结果的结构"（SOLO）分类法（Biggs & Collis, 1982），它包含两个发展循环。第一个循环反映的是学生对与分布相关的重要概念如中心、离散程度、密度、偏度、极端值的理解，它以学生提及这些概念的方式来构造不同的理解水平：前结构水平（P1，未提及）、单一结构水平（U1，提及一个概念）、多元结构水平（M1，提及多个概念）、关联水平（R1，把若干概念联系起来）。第二个循环揭示的是使用这些概念来描述或者比较分布以进行推断推理的发展过程。出现分布概念是第一个循环的结束，也是第二个循环的开始，即觉察到了分布概念，但尚不习惯于推断推理（P2）。接下来的水平是：就某一分布给出一个推断命题（U2）、给出多个推断命题（M2）以及在推断命题之间建立联系（R2）。关于变异的层级模型（Reid & Reading, 2008），是根据学生在比较分布时考虑变异的总体强度（弱、发展中、强）来建构的。描述组内变异的概念有极端值、异常值、极差、偏度、离散程度以及对称性。在描述组间变异时，学生们会提及中心指标之间的差异。与分布的框架类似，对变异理解水平的划分也是基于类型（组内还是组间）以及考虑变异时体现出的特点（即聚焦于单一概念还是多个概念，是孤立的还是互相联系的）进行的。

诺尔和肖内西（2012）提出了一个概念格模型来刻画学生对数据分布的认识以及他们在抽样分布情境下对变异性进行推理的认知发展进程。基于对六至十二年级学生（11~17岁）的一个教学干预实验，他们提出"学生对抽样分布进行推理的进程可以概括为从加法思维到比例思维，最后到分布思维这样几个阶段"（Noll & Shaughnessy, 2012，第513页）。加法思维的推理主要是基于频数，是以聚焦单一指标为特征的：提到中心（如众数或数据最集中的一段）、提到分布的形状或者提到变异性的一些指标如极差或离散程度。比例思维的推理则要使用百分比和相对频率，虽然学生可能更加关注抽样结果的中心而不是那些变异性的范围。"分布思维的推理需要学生基于抽样分布作预测或者估计总体比率时具备把期望的抽样分布的多个指标（如中心、形状、变异性）结合起来的能力"（Noll & Shaughnessy, 2012，第547页）。

虽然上述理论框架均未获得超出这些个别研究之外更多研究的证实，但是当我们把它们放在一起的时候，依然能够获得一些重要的启示。所有这些理论框架均显示，较高的思维水平均伴随着综合使用概念以及能够处理和协调所考察的数据的多个方面。例如，J. 华生等人（2007）描述的学生关于期望与变异的思维进程中，在最为复杂的水平，在比较数据集时，期望与变异两者是紧密结合的。类似地，诺尔和肖内西（2012）报告指出对抽样分布的推理要达到分布思维水平，学生需要能够综合中心、形状和变异性等概念。在雷丁和里德（2006; Reid & Reading, 2008）层级模型的最高水平，对分布的推断也要求同时考虑组内和组间的变异。

这些框架研究都揭示了教学在促进学生思维发展中的重要性。不过，在教学环境下开展研究的研究人员（Ben-Zvi,2004; Noll & Shaughnessy, 2012）则对教学提出了具体的建议。本-兹维（2004）描绘了学生在参与教学活动过程中对变异的思考是如何深化的。他把学生的进步归功于教师的作用（不告诉学生做什么或如何思考，但帮助他们采纳统计观念），他的结论是，教学应该包含"适当的教师引导，同伴合作与互动，更为重要的是在现实问题情境中积累循序渐进的经验"（Ben-Zvi, 2004，第60页）。虽然诺尔和肖内西（2012）报告说，在他们的研究中有部分学生在教学之后还是停留在不太复杂的思维水平（加法思维而不是比例思维）上，但是他们发现参加教学干预实验的学生与那些没有参加的学生相比，在使用分布的多个概念（如中心、形状、变异性）方面有明显差异。他们强调组织学生参与明确的活动非常必要，他们还建议：

> 教学应该考虑学生思维的进程，从对出现最多的值取均值到指出数据集中在某些区间，再到使用中位数和平均数来改进估计。一旦学生能够指出数据集中的那些区间，教学就应帮助学生的思维走向如何用比例思维来协调处理这些数据集中的区间，或者如何用说明极差的思想来协调处理好这些数据集中的区间……以帮助他们发展用分布思维进行推理的能力。(Noll & Shaughnessy，2012，第549页)

虽然雷丁和里德（2006; Reid & Reading, 2008）的框架不是在教学环境下提出的，但是两位研究人员注意到即便是大学阶段，教师也应该给不太考虑变异的学生提供机会以发展他们的变异概念，用这些概念来对分布进行推理并进而进行统计推断。

最后，这些框架本身都可以用来指导教学。例如，诺尔和肖内西（2012）就称他们的概念格是"分析、解释和说明学生推理的一个工具"（第548页），并建议运用它来安排教学活动的顺序。类似地，J.华生等人（2007）也解释说学生对评价问题和课堂上安排的活动的反应是可以与水平描述匹配的，水平描述可以为后继教学指明方向。四个框架中的每一个都具有上述作用，也是对巴克和德里（2011）提到的三个挑战的直接回应，即避免产生惰性知识、避免孤立无联系的教学方式以及安排好教学内容的顺序以促进学生认识的连贯性。其实，变异性和分布概念均已经成为贯穿和连接概率与统计的主线——我们可以从数据的分布开始，发展到生成经验性的抽样分布，最后从抽样分布上升到理论的概率分布，从而形成一个教与学的轨迹。

统计推断

统计学习常常分为两部分：描述统计学和推断统计学。在描述统计学中，我们用数据的中心、离差、分布形状等特征来描述数据，描述统计学中的分析意在从已有和已知的数据中获得结论。推断统计学则不同，它是要超越已有的数据作出预测、估计或基于部分数据得出可能的结论。"统计推断是超越已有的数据对更广泛的对象下结论，承认变异无处不在，所下结论不是确定无疑的"（Moore, 2007, 第xxviii页）。这恰恰是统计的魅力所在——大多数情况下不可能获得完整的数据。统计推断对进行经验性研究特别重要，假设检验和置信区间是评价假设的主要方法（Castro Sotos, Vanhoof, Van den Noortgate, & Onghena, 2007）。

研究人员历来认为学生很难掌握推断统计学，齐富勒、加菲尔德、德尔马斯和雷丁（2008）指出，统计推断的逻辑、对不确定的容忍以及洞察问题结构的必要性都给学生学习造成了困难。"关于推断的种种想法似乎特别容易被误解……因为它们要求学生理解并把许多像抽样分布和显著性水平等抽象概念联系起来"（Castro Sotos等，2007，第99页）。在他们就统计推断错误认知的文献（1990—2006）进行系统梳理时，卡斯特罗索托斯、范胡弗、范·德·诺伽特和昂恒纳（2007）报告说，大学生的困难主要在于忽视样本大小的作用（如相信小样本或者误用中心极限定理），混淆抽样分布与样本及总体，分不清理论分布与经验分布，在决策时不会解释显著性水平和p值的含义。另外，他们对假设检验这种先承认某个条件再使用间接法逻辑以及恰当地使用置信区间方面也颇感困难。虽然已经有了这些发现，在许多国家，为了支持学生对统计推断的概念性理解，模拟活动用得越来越多了（Biehler等，2013; Pfannkuch等，2011; Rossman, 2008），但是大多数大学课程并没有改变统计推断的教学方法。

教推断性统计的一种新方法。 虽然正态分布一直是统计课程的核心内容，但G.科布（2007）提出应该把教学重点转移到统计推断上，这有助于从不同途径去教统计推断而不是非得先教正态分布。哈拉丁、巴塔尼罗和罗斯曼（2011）指出，统计推断有三个组成部分：推理、概念与计算，其中计算最容易，却在统计入门课中最受重视。要纠正这种不合理的安排主要就是应在宣传学习统计的重要性时强调推理和概念（G.Cobb,2007;

Harradine, Batanero, & Rossman, 2011）。科学技术的发展为推断成为统计学习的核心创造了新的机会（Biehler 等，2013; Pfannkuch 等，2011），这是因为"对随机化加以尝试的模拟试验，提供了向学生介绍统计推断逻辑的一种非形式化的有效方法"（Rossman, 2008，第17页）。模拟试验是很直观的（Chance, Ben-Zvi, Garfield, & Medina, 2007），学生可以无须计算检验统计量或是无须借助正态分布就可以估计可能性，这使得他们可以在经历漫长而艰苦地学习抽样分布、概率以及假设检验的间接法逻辑之前对推断的推理获得一些非正式的体验。

然而，如果只是用模拟试验代替计算是不够的（Harradine 等，2011），而且模拟试验也不是解决理解统计推断这一难题的灵丹妙药，范库仕等人（2011）提醒说："对今天学习统计入门的大多数学生来说，理论途径辅以模拟试验抽样分布还是行不通"（第904页），所以，虽然模拟试验可以用来支持抽样分布等统计推断基本概念的学习，但是已经有越来越多的证据显示，如果没有其他措施，那么它们依然无法解决学生的学习困难。

将统计推断与更广泛的统计概念联系起来。统计推断是统计学的一个"核心思想"(Burrill & Biehler, 2011)，它也需要借助于其他核心思想（如数据、变异性、分布、随机性、抽样）。因为统计推断是基于样本对总体或过程作判断的，所以对正在学习如何由数据得到推断的学生来说，理解样本特征、抽样过程、抽样的变异性以及随机样本很重要，这些概念对学生（Lavigne & Lajoie, 2007）以及教师（Pfannkuch & Ben-Zvi, 2011）来说都是困难的。

通过把统计推断与更广泛的概念和技能结合起来以促进向统计推断的转变，人们已经在尝试一些策略。例如，为了提高学生对抽样变异性的认识，强化样本与总体之间的联系，哈拉丁等人（2011）指出，学生从一开始就要养成从总体的角度看样本的习惯，这样他们才会开始理解某一个样本只是可以从总体中抽取的许许多多可能的样本中的一个而已，他们建议在仔细考察一个样本之前先要求学生作出预测以帮助他们形成这一习惯。学生们也可以在模拟概率分布的基础上作出经验性的估计，而不是仅仅从理论上进行估计（Pratt & Ainley, 2014）。怀尔德和他的同事们（Pfannkuch 等，2011; Wild, Pfannkuch, Regan, & Horton, 2011）开发了动态直观化软件来支持大学生在随机情境下作出统计推断决策。他们的重点在于建立直观途径、对抽样变异性培养较强的直觉。上述这些努力都是为了在推断与其基础概念之间重新建立有意义的联系，并形成通往统计推断的新的教学途径。

非形式化的统计推断

巴克和德里（2011）建议，与其把统计推断分割成一些基础知识和技能（如将均值与抽样概念割裂开来教），倒不如通过非形式化的统计推断把统计这个领域整合贯通起来。非形式化的统计推断思想在过去的十年中日益受到重视，部分原因是大学生及其教师在统计推断方面一直存在困难（Biehler 等，2013; Castro Sotos 等，2007; Harradine 等，2011）。但是这个名称的使用比较混乱，因此，研究人员已经在着手规范和明确非形式化统计推断的含义了（如Pratt & Ainley, 2008）。下面我们给出这个术语的四种常见表述。

罗斯曼（2008）认为"推断要求超越已有数据，比如把观察到的结果推广到一个更大的群体（即总体），或是对变量之间的关系提出一个更深刻的结论"（第5页）。加菲尔德和本-兹维（2008）把非形式化的推断描述为在数据显示的规律、表征、指标和统计模型的基础上对"一些更大范围的事物"得出非正式的结论或预测等认知活动，既承认其优势也承认其缺陷。齐富勒等人（2008）把非形式化的推断定义为"学生基于观察的样本，使用他们非形式化的统计知识去论证和支持对未知总体进行的推断"（第44页）。他们的非形式化的推断论证框架含有三个组成成分：（1）基于样本对总体给出判断、论点或预测，但不使用形式化的统计方法；（2）整合已有知识；（3）明确陈述有依据的观点（第52页）。马卡和鲁宾（2009）则把非形式化的统计推断的主要特点概括为：（1）超越已有数据延伸出的论点或一般结论；（2）用数据作为证据来支持论点；

（3）明确陈述具有不确定性的观点。这些宽泛的特征也许有利于让年龄更小的学生经历非形式化的统计推断，因为它不直接要求以概率和统计那些常见概念为学习的预备条件。

我们常常能将给学生安排的统计任务从一个描述性统计任务改编为一个更像推断的任务。表18.1就给出了几个短小的描述性统计及其相应的推断性统计任务的例子，这样的改编一般要求熟悉收集数据的情境，这样可以知道样本是否对总体具有代表性。虽然这些任务对更有经验的学生来说可以采用形式化的途径去解决，但是因为我们要求学生依已有数据得出超越数据的论点并明确陈述具有不确定性的观点（Makar & Rubin, 2009），所以它们也可以用非形式化的统计推断去解决。

表18.1　假设提供了数据，可将描述性的问题改编成更像推断性的问题

描述性的版本	添加推断
我们班级的学生名字最常见的长度是多少？	添加：你预测在我们社区里人名最常见的长度是多少？
在我们班喜欢意大利辣香肠披萨的学生占多大比例？	添加：你估计隔壁班级喜欢意大利辣香肠披萨的学生会占多大比例？
喷水头定时器如果其精度在4分钟的10%偏差之内则认为其精准，根据下列数据计算有多少喷水头定时器是精准的。	添加：你估计同样来自这一厂家的喷水头定时器的精准率是多少？
在图上画出这个纸青蛙10次跳跃长度的数据。	添加：（一般来说）一个纸青蛙能跳多远？
求出二十辆2013款小汽车以80 km/h的速度行驶的平均耗油量。	添加：你对2014款小汽车以同样时速行驶的平均耗油量怎么估计？【考虑到可能的技术革新，学生可能选择更低的耗油量。】

非形式化统计推断的核心是"统计推断的推理过程不依赖于概率分布和公式"（Harradine等，2011，第243页），因此，研究人员已经提出了不少支持学生学习使用非形式化的统计推断的重要策略。所有这些策略都关注非形式化的统计推断的推理部分（非形式化的推断推理）。特别地，文献中有以下三个最主要的策略：（1）通过非形式化和直观的途径引入形式化的推断性统计；（2）重视有丰富情境的问题；（3）从更低的年级开始。这些策略中的大多数都是可行的或者在动态统计分析工具和概率模拟试验的帮助下可以变得更强大（Biehler等，2013; Konold & Kazak, 2008; Pratt, Davies & O'Connor, 2011; Stohl Lee, Angotti, & Tarr, 2010）。

统计推断的概念性引入。为了帮助学生实现向形式化的统计推断过渡，人们采用非形式化的统计推断作为大学统计学的一种偏重概念性的导入，例如，加菲尔德、勒、齐富勒和本-兹维（2015）提供了大学生在学习形式化的假设检验之前使用非形式化的统计推断的例证。他们的工作意在吸引学生投入到情境丰富的问题中，把他们的日常经验与统计推理结合起来的新颖的CATALST课程，为G.科布（2007）和其他研究人员呼吁在大学统计入门中先关注推断的逻辑赋予了生命（Garfield, delMas, & Zieffler, 2012）。其实，非形式化统计推断的好处不只是易于向形式化的统计推断过渡，统计推断位于统计与概率的交汇地带（Biehler & Pratt, 2012; Pratt & Ainley, 2014），而且技术在经验分布和理论分布之间建立起了紧密的直观联系，使得这一内容在学生学习正态分布或二项分布之前更易于为学生理解（Stanja & Steinbring, 2014; Stohl Lee等，2010）。因为学生在不确定情形下通常是基于样本来预测，所以很多非形式化的统计推断都依赖于对随机性本质和（非正式的）概率计算的理解（如Konold等，2011; Nilsson, 2014）。

正态分布和推断都要求理解描述性统计和概率理论，然而相关研究却成功显示如果先采取非形式化途径，那么推断可以与形式化的描述性统计和概率同时（甚至更早）进行，而不是按部就班地跟随在这些内容之后（Bakker & Derry, 2011; Ben-Zvi等，2015; Makar, 2014）。于是，将非形式化的推断与较形式化的统计概念一起或更早引入的一个重要影响是学生们可以较早接触强大的统计思想，更多关注推理与概念，有机会处理较大且复杂的数据集合。

重视情境丰富的问题。研究人员强调非形式化的推断推理需要综合统计知识、问题情境知识和在探究为主的学习环境中长期培养起来的规范和习惯（Makar, Bakker, & Ben-Zvi, 2011）。因此，第二个收获颇丰的促进学生学习非形式化统计推断的研究领域关注的是情境丰富的问题（例如，可参见《数学思维与学习》关于情境在非形式化推断推理中的作用那个双特刊；Makar & Ben-Zvi, 2011）。情境在统计中非常重要（Gattuso & Ottaviani, 2011; Langrall, Nisbet, Mooney, & Jansem, 2011），当学生在作出非形式化的统计推断时，推断的关键常常就在于情境，即产生数据的那个机制的形式。恩格尔（2014）描述了如何给学生布置使用转变点进行检测的任务，从而基于齐富勒等人（2008）的框架来发展或评估他们非形式化的推断推理能力。这些任务要求学生根据样本决定环境是否在统计意义上发生了变化。例如，他们可能用样本来探测出生婴儿畸形比例上升是否意味着环境的变化（如新药的使用或接触有毒的化学品）以引起公众的注意，或者调查过去几年中盗窃案件数量以检测每年数据的变化究竟意味着犯罪率上升或仅仅是随机的波动。在这些下判断的过程中，情境知识对于理解变异性、解释不寻常的数据都很重要。

当然，不是所有的情境环境都是一样的。科诺尔德和哈拉丁（2014）通过比较两个问题情境揭示了情境是如何对理解信号（推断）和噪声（变异性）这些基本思想的难易程度产生影响的。第一个情境是班级里的学生们反复测量同一个物体，记录下所有的测量值，用这些数据来推断（通过点估计或区间估计）这个物体的"真实"长度。一方面，学生们都明白他们是在对他们已经测量过的那个具体物体作推断，但另一方面，多次测量的必要性并不明显，学生们觉得（仔细地）测量物体一次更在理，于是要认识到多次测量的必要性就很困难。第二个情境是工厂抽出多个样本对某种产品质量进行控制，在这个情境下，多次测量的必要性就很清楚（因为工厂的特点就是生产若干份同一物体），而且生产过程的产出是具体的实物而不是数值，并且这些实物可以反复测量，我们可以把每个实物的测量数据明确地结合起来。虽然真实的情境可以吸引学生激发统计思维，但是改变教与学任务的情境也可能是一个挑战（Borovcnik, 2014; Dierdorp, Bakker, Eijkelhof, & van Maanen,

2011）。

范库仕（2011）解释说非形式化的推断推理不只是分析数据后得到的结论，她认为它是"学生和教师在对统计调查以及统计理论开展互动学习时的一个推理过程"（第30页）。在她与中学生及其老师的合作中，范库仕强调学习非形式化的推断推理是融故事、图、理论和规则为一体的，如果这些东西不是每一样都恰当地参与进来，那么学生就可能很难在他们所知道的数据情境与他们正在学习的统计之间建立重要的联系。她指出数据背景以及经历情境学习对增进学生理解如何作出非形式化的统计推断都很重要。虽然数据背景常常"诱导"学生投入到要调查的统计问题之中，但是她和其他研究人员都强调在学生们需要抽象地思考统计概念和理论时，情境同样也会转移学生的注意。

更早开始。最后，将推断置于统计的中心还有一个重大好处就是学生可以尽早非形式化地接触推断推理，了解统计推断是不必等到高中和大学的。

初中和高中的非形式化统计推断。过去，对非形式化的统计推断的描绘基本上集中于高年级学生，常常还包含了一些超出中小学生能力的比较难的专题。马卡和鲁宾（2009）把非形式化的统计推断描述为是由数据为主的证据支持的与不确定性有关的一个概括（断言），它是为儿童以及没有基本统计知识背景（因此也不知道专业术语）的人准备的。

一些研究人员已经开始探索如何在大学之前（主要是在初中阶段，11~15岁的学生）教授与学习非形式化的统计推断，这类研究中有不少都提到非形式化的统计推断为学生学习描述性统计、作图和数据分析提供了极好的背景。比如，范库仕（2011）调查了十年级的一个班（约15岁的学生），他们在学习抽样变异性之前、之中和之后都融入了非形式化的统计推断。吉尔和本-兹维（2011）让六年级学生（12岁）先参与探索性数据分析以发展他们解释数据背景的能力，然后从他们的样本数据对他们获取样本的那个总体作出非形式化的统计推断。费泽林（2012）通过让五、六年级学生（10~12岁）解释相关性来参与非形式化的统计推断。这些研究均因为融入了非形式化的统计推断，拓展了学生的统计知识和技能，发展了学生的统计推理能力，提高了学习的积极性。

拉维尼和拉乔伊（2007）让初中学生参与问卷调查进行统计探究，学生们基于他们的样本数据对获取样本的那个总体作出非形式化的统计推断。因为这一研究包含了统计调查循环过程（Wild & Pfannkuch, 1999）的所有方面，所以他们对这种统计探究可能给中学生带来哪些挑战得到了不少发现。例如，他们发现参与他们研究的学生对随机抽样思想感到困难，常常局限于他们的个人知识以及他们自己对公平性和代表性的看法（例如，样本中应该有相同数量的男女生才公平），而难以从他们的样本出发作出推断。

在小学开展的非形式化统计推断。 有很少量的对非形式化统计推断的研究是在小孩子中进行的（如 English, 2012; Fielding-Wells & Makar, 2015; Makar, 2016; Paparistodemou & Meletiou-Mavrotheris, 2008）。在对三年级孩子（8岁）进行的一项研究中，帕帕里斯图德姆和麦乐提欧–马洛特里斯（2008）使用 TinkerPlots 软件把学生们吸引到统计调查循环过程之中（Wild & Pfannkuch, 1999），让他们提出问题、收集并分析数据，超越数据得出结论。他们以这样的方式把怀尔德和范库仕（1999）的工作延伸到了得出结论之外，即用数据作出非形式化的统计推断，说出他们具有不确定性的预测。像在拉维尼和拉乔伊（2007）的研究中一样，孩子们常常依赖于他们自己的知识而不是用数据得出一般结论。然而，正如马卡（2014）在她的研究中发现的，孩子们用自己的知识也常常能得出重要的见解。在她的研究中，三年级学生（7~8岁）积极参与到发现三年级学生典型身高的统计调查之中，虽然这些孩子还没有学过平均数、中位数、众数等，但是他们在班级里收集身高数据然后根据数据的集中程度（Konold 等, 2002）对隔壁班级、附近学校以及澳大利亚这样更大的范围内给出一个估计值或是一个估计区间。因为这是一个多元文化的班级，他们的个人经验引导他们讨论了是否在不同国家会有不同的典型身高。当然，他们推测如果要在更大范围内作出估计就需要在其他国家收集数据。这种对样本代表性以及样本与总体之间关系的看法是日后在他们学习中需要加以形式化的重要的初步认识。

虽然文献中教小孩子非形式化的统计推断成果令人鼓舞，但是因为孩子们还没有学过形式化的统计工具或者说专业表征，所以也有不少挑战。例如，他们在对数据作出预测时，常常依赖于自己的见闻而不是数据（Makar, 2016）。英格利希（2012）与一年级小朋友（6岁）合作，根据一些小的样本去作预测，她的工作显示在不确定性条件下进行预测时，建立学生的期望观念并接受变异性还是有可能的。虽然孩子们的预测常常是将他们自己的想法与数据结合起来，不过英格利希还是认为这样的实践是一个良好的开端："超越问题情境发挥想象力的思考机会，加上对数据的考量，这应该成为非形式化推断起始阶段的组成部分"（English, 2012，第28页）。

课程中的非形式化统计推断。 要提前引入非形式化的统计推断就必须将其作为一个重点内容更广泛地融入学校课程中去。有些国家已经开始承认非形式化的统计推断为培养中小学生的统计推理能力提供了机会，不过，有时课程描述还是含糊的或者出现在数学之外的其他课程领域（Bintz 等, 2012; J.Watson & Neal, 2012）。例如，新西兰的数学与统计课程（Ministry of Education, 2007）要求学生从低年级就开始作预测，然后逐步引导学生到高中结束时走向形式化的统计推断。澳大利亚课程（Australian Curriculum, Assessment and Reporting Authority[ACARA], 2014）把推断明确地写入英语、科学和地理课程的专题之中并强调推断是一种一般能力。在数学中，它泛泛地指出学生要能够"分析数据并得出推断"（ACARA, 2014，"数学、结构、统计和概率"，第一段），在它对数学推理的宏观描述中也强调了推断概念，不过，直到十二年级（17~18岁）引入假设检验时才明确提到推断。虽然美国没有全国性的课程，全美数学教师理事会（2000）和美国统计协会（Franklin 等, 2007）都推崇非形式化的统计推断，希望所有年级的学生能"基于数据形成并评价推断和预测"（NCTM, 2000，第48页），运用"基本的统计工具去分析数据、作出非形式化的推断来回答所提出的问题"（Franklin 等, 2007，第23页），在高年级能"以基于样本推断总体的眼光"解释结论（Franklin 等, 2007，第58页）。

除非明确地把非形式化的统计推断写入主流课程和评价文件之中，否则，即使世界上的研究人员在他们研究统计学中所有专题的统计推理时都强调非形式化的统计推断，它也不太可能被广泛采纳。推断已经被认为是避免把概率与统计学习割裂开来，通向整体而连贯的课程的一条有效途径（Bakker & Derry, 2011）。这是一个亟待推动向前发展的领域。

概率与统计中的建模

虽然人们研究概率与统计中的建模实践已经有许多年了，但是这一兴趣最近被再次激发，尤其是与模拟试验相结合。G.科布（2007）倡导将推断置于统计学习的中心（随机化、重复和拒绝）的做法在很大程度上取决于创设和实施数据模拟模型的机会（J.Watson & Chance, 2012）。重新燃起对统计建模兴趣的另一个原因是非形式化统计推断的出现已经为打通概率和统计创造了许多新的机会，尤其是非形式化推断推理中的建模为概率带来了崭新的视角。在过去的十年中，探索性数据分析与技术工具的兴起（Biehler等, 2013）招来反对意见，被认为这样削弱了古典概率（Prodromou, 2014）。近来还有一些工作将建模与形式化的统计推理联系起来。例如，皮特斯（2011）提出通过建模来推理应该成为大学生和专业人员（包括中学教师）对变异性进行推理的一个必备能力。

数学建模与统计建模。 数学建模与统计建模在激励学生把问题情境与较抽象的模型联系起来方面起着相同的作用，有一些研究人员已经在他们的学术工作中同时关注这两种类型的数据建模（如English, 2010; Gravemeijer, 2007; Konold & Lehrer, 2008; Stohl Lee等, 2010）。由于研究人员探索如何通过建模深化概率统计学习中的整体理解，有很多数学建模研究中的成果值得统计教育工作者学习（如Lesh, Galbraith, Haines, & Hurford, 2013; Stillman, Kaiser, Blum, & Brown, 2013）。虽然中小学研究的大多数学模型都以函数为主，但它们却通常不把分析或解释与模型的误差当回事。然而，因为变异性是统计中的核心概念，所以统计模型更容易与统计工具和统计概念结合，将考虑和解释变异性作为模型的组成部分。在统计模型中，变异性被认为是建模中一个复杂而核心的部分。例如，皮特斯（2011）提出的深刻理解变异性

推理的理论框架中建模部分就包括了变异性的四个方面：（1）在作出推断时就预期模型有变异性；（2）在情境中解释模型有变异的原因；（3）通过分析离差评价经验数据与模型的相合性；（4）认识到样本容量对抽样分布的作用。所有这四个有关变异性的建模视角都聚焦于从模型作出推断。

我们承认这些不同研究团体之间彼此存在差异，因为他们的研究基于不同的文献，但是在数学建模与统计建模之间的研究目的、困难、理论、实践和研究策略方面它们也存在共同点和相似之处。例如，数学建模的好几个目的就与吸引学生开展统计建模不谋而合（Stillman等, 2013）：解决特殊问题（通过调查获得对某个特殊情境或情形的见解），通过参与可以迁移到许多其他问题情境的建模实践学习通用的建模素养（能力与情感），激发学生学习、应用和欣赏数学（与统计）的热情。

所有这些目标都与统计建模有关，统计教育工作者若能在他们的统计建模研究中把这些目标清晰化，那么无疑是有益的，这将有助于研究者之间探讨在学生求学的漫长时间内如何恰当平衡学生的经验。另外，数学教育工作者和统计教育工作者都对问题情境和知识内容的融合以及建模循环理论的应用感兴趣，所以双方都可以通过共享研究成果而受益。

通过建模途径教概率与统计。 统计建模是指下列这些实践中的任何一项：从数据得到一个分布（经验模型或是描述性的模型），从一个经验模型出发建立一个理论（概率）模型的过程，从一个理论模型中抽样的实践（模拟试验），这几种情形中任何一个统计建模都意在培养学生的推理能力。许多研究者已经看到中小学各个年级的统计教学中融合建模的好处，英格利希（2012）对小孩子（6岁）的研究表明，对有意义的现象进行数据建模为引发儿童初步的统计推理提供了机会。在她的研究中，建模中的核心部分——产生并选择属性、整理与表征数据、注意到变异和作出预测，这些都通过孩子们熟悉和理解的儿童读物以及日常生活情境，自然地用来发展他们的统计推理能力。孩子们在全班讨论数据表征时互相点评，最后获得问题情境下更加恰当的属性。在一个类似的学习环境中，小孩子（7岁）也从数据或

游戏情境下的样本空间中得到了经验模型和理论模型（Fielding-Wells & Makar, 2015）。格里尔、沃斯恰弗和幕克胡帕德雅（2007）提出，让孩子们从事统计建模有助于他们在经历运用统计深刻认识这个世界的过程中获得成就感。

建模工具常常被视为理解分布的一个途径，科诺尔德和哈拉丁（2014）的研究让初中生（12~14岁）参与生产过程的建模活动，以帮助他们分辨数据分布中的信号与噪音。他们指出大多数引入分布的教学情境都是收集诸如人的身高或者100米跑的时间这样的数据，这些情境既含有测量成分，又含有自然的变异性，没有清晰的可观察的目标，给学生关注数据代表的含义带来困难。若我们以反复测量作为背景，如工厂生产过程或反复测量某一静物（如教室宽度或臂距），则分布中代表的意义就比较容易理解，究竟它是信号（可观察的长度）还是噪音（过程变异或测量的变异性）。在科诺尔德和哈拉丁的研究中，学生们使用 TinkerPlots 为他们自己反复生产一特定长度的橡皮泥"香肠"建立模型，他们能够自然地评论并说明他们模型的局限性，这对更高年级的学生来说都是相当困难的（Stillman & Galbraith, 2011）。

建模已经成为帮助高年级学生（高中和大学）克服形式化统计推断障碍的一种途径。例如，在由加菲尔德、德尔马斯和齐富勒（2012）建立的统计入门创新课程中，大学生把建模和模拟试验作为课程的核心来学习统计。研究人员使用 TinkerPlots 进行随机化以及反复抽样以发展学生的统计思维，该课程也提供了让学生通过调查解决一些有趣问题的机会（例如，"iPod 的随机选歌功能真的随机吗？"），研究人员在课程中收集的数据表明，与参与较传统教学途径的学生相比，建模活动更重视发展学生对统计的积极态度，也增进了学生对统计思想的理解。现在多个大学在教授这一课程，它为探索大学统计入门课程改革提供了一个样板。德尔道普、巴克、伊日克胡弗和范梅南（2011）则在高中阶段开展了研究，他们强调了设计真实的任务对支持学生进行统计建模非常重要，尤其是在解决支持学生在问题情境与使用统计概念和工具解决这一问题的统计世界之间转化的难题方面。

在复杂数据集情况下的建模。今天，大数据、数据科学以及数据爆炸已经不再是新现象（Doctorow, 2008），但是它们代表了越来越容易被学生访问的复杂的数据集（Finzer, 2013）。统计建模的传统做法继续关注从一个简单随机样本到一个相对静态总体的推断，但是，新的观点却是普通民众每天都可以接触到庞大的、流动的、动态的数据，我们越来越需要实时处理这些信息，从同步的用户电话流量模型到实时的社交媒体上的趋势模型，这些大数据形式常常不能很好地满足传统建模过程具有"代表性"样本的要求，这样的数据对统计要教什么内容提出了新挑战。"虽然在数据爆炸中的统计思维应该重视推理和处理数据的能力，但是这一能力不应该与用统计模型推理的能力分割开来"（Gould & Çetinkaya-Rundel, 2014, 第389页），需要厘清把哪些统计模型包括进来并做更进一步的研究。

使用与统计思想结合的更广义的建模定义正成为一个新的研究领域。它为建模领域带来将统计与人们现在和未来生活着的世界相结合的机会。具体来说，让我们考虑建模的如下定义："建模是一个过程，包含建立起支持假设检验、推测、推断以及许多其他重要的认知技能的认知设计"（Spector, Lockee, Smaldino, & Herring, 2013, 第300页）。像谷歌、直观辞典还有苹果公司的 iTunes 收音机（Turnbull 等，2014）这些工具都建起了动态的或直观的模型，通过分析用户实时更新的数据（诸如网络爬虫或用户定义属性）以寻找互联网帖子、词语以及音乐类别之间的关系。学生们现在接触到的统计数据形式更广泛，他们可能会觉得传统的统计建模途径距离他们对数据的经验太远了。

> 今天的学生，也许在历史上也是第一次，并不是最早在统计课上接触到数据概念。对于数据，当代学生具备了直接的一手的经验，尽管这类数据常常在统计课程中被忽略。（Gould, 2010, 第299页）

有了这些新的数据形式，为了从数据获得推断，应该教给学生什么样的统计建模技能呢？正如科诺尔德（2010）所言，有时答案就来自学生他们自己。例如，DataFest（Gould, 2014）是每年为大学生举办的为期2天的竞赛活动，学生们要分析一个很大的数据集（Gould & Çetinkaya-Rundel, 2014），在2011年的首届 DataFest 上（由美国加州大学洛杉矶分校和杜克大学举办），学生团队拿到的是洛杉矶警察署提供的6年来逮捕的数百万人的数据，每个案件又包括了说明细节的成百上千个变量，常常定位到具体地理位置。洛杉矶警察署案件战略分析部门要求学生们使用这些数据（清理过一部分信息）对警察署如何改善公共安全提出建议。在2天的时间内，学生们要设计并执行具有创意的方法以深入了解问题、呈现他们的分析，而且仅用两张幻灯片向评委简洁地报告他们的结果。学生们创造性地利用了额外的数据资源，如帮派活动数据和地域数据，此时，传统工具已难以在解释时派上用场。例如，虽然可以容易地算出置信区间，但是在使用整个数据集的情况下，它们的有用性和意义让人质疑。DataFest 给我们展现了一个例子，学生是如何利用统计知识、独创性以及探究去弄清楚他们原先也不知道如何分析的数据的。他们处理大数据的方式方法对数学和统计教育工作者寻找推进这一领域向前发展的途径具有潜在意义。

当许多大数据源产生的是更像总体数据而不是样本数据的时候，统计建模实践也具有了新的含义（如 Gould & Çetinkaya-Rundel, 2014; Hoerl, Snee, & De Veaux, 2014）。像 DataFest 这样的经验会对思考统计教育如何帮助学生应对数据爆炸提供了重要而深刻的见解。在数据爆炸的背景下，确定可能性的思想也同样受到挑战。考虑到我们对动态技术会了解得越来越多，也会向数学建模研究团体取经，统计与概率建模的未来不会是静态的。正如古尔德和卡汀卡亚-伦德尔（2014）所指出的：

> 统计教育工作者必须认真思考开发一种可以教学生在探索性数据分析和统计建模中运用计算思维的课程。虽然研究人员已经探讨了统计思维在从总体中抽取样本的情形中的作用，但是面对要教学生

处理复杂而丰富的且极易获得的数据这一挑战，我们还有很多工作要做。（第389页）

概率与统计作为独立的研究领域

虽然概率与统计的互补性支持我们前面提到的焦点整合的观点，但是承认概率与统计是不同的研究领域也很重要，在它们各自的领域都有一些概念和技能在数学课程中要得到特别关注，从而需要重点研究。例如，按此综述的行文顺序，研究人员已经调查了学生对以下知识的理解：对中心的度量（包括中位数概念: Mayén, Díaz, & Batanero, 2009；关于典型性的学习轨迹: Leavy & Middleton, 2011；以及对均值的看法: J. M. Watson, 2007; Zazkis, 2013）、图的表征（Aberg-Bengtsson, 2006）、样本空间（Chernoff, 2009; Chernoff & Zazkis, 2011; Nunes, Bryant, Evans, Gottardis, & Terlektsi, 2014）、复合事件的概率（Rubel, 2007）、独立性和条件概率（D'Amelio, 2009; Diaz & Batanero, 2009）以及组合（Godino, Batanero, & Roa, 2005; Lockwood, 2011, 2013）。对这些特殊内容研究的成果丰富了我们对学生学习概率统计概念认知发展的已有知识，是继莱斯特（2007）对这一研究领域综述之后的新贡献。

不过，对概率的新近研究没有像对统计那样获得丰硕成果。即便考虑到在《ZDM：数学教育国际期刊》上有过一个概率专辑（Biehler & Pratt, 2012），但是我们搜索2005年以来的相关文献发现，特别关注概率的研究文献要少于关注统计的。切尔诺夫和斯里拉曼（2014）在最近的一个评述中也认为概率还没有被看作是数学教育研究中的一个重要领域，他们对比了概率与统计，指出统计作为一个研究领域的地位是因为有"专注统计教育的会议和研究期刊"的支持，有其"影响数学教育其他研究领域"的特质（Chernoff & Sriraman, 2014，第724页）。正是由于后一条将会推动概率成为一个研究领域，他们呼吁概率研究不仅要从其他领域汲取养分，也要为那些领域服务，形成双通道。在某些新近的概率研究文献中这种互利互惠已经有了迹象。

过去十年在概率研究中已经出现了不同于莱斯特

（2007）报告过的一些新方向。例如，研究人员已经将诸如符号学这样的理论工具引入了概率研究，而且，他们还开始了在风险情境下对主观概率的研究。

符号学作为一种理论工具

戈迪诺、巴塔尼罗和罗亚（2005）用符号学解释了大学生学习概率概念的困难，拓展了他们之前对组合推理的研究。他们通过分析言语的、图形的和抽象的表征构成的语言交互来揭示学生与教师在赋予问题情境意义和解法时存在的冲突，进而根据这些冲突来描述学生的错误或错误认知。戈迪诺等人的工作特别强调了组合问题的认知复杂性，"通过分析符号冲突以及语义元素的误用这些在组合教学中很少考虑的角度来解释任务的复杂性"（第7页）。类似地，麦耶、迪亚斯和巴塔尼罗（2009）也考察了中学生理解中位数概念的符号冲突问题。

亚伯拉罕森（2012，2014）也从符号学角度以及相应的组合推理方面研究了低年级学生（9~11岁）基于知觉的推理，它是学生理解复合事件的认识来源。作为一个持续多年的设计研究项目的一部分，亚伯拉罕森自创了一个新颖的复合事件随机发生器以考察它对支持学生基于知觉的推理可能起到的作用（如建立学生的直觉或用符号表征之前的观念和推断），而不是考察它单纯地作为一种试验工具收集试验数据的作用。在这个通过个别访谈展开的干预研究中，学生们使用一个四眼装球勺（随机发生器），思考从盆里（装有相同数量的蓝色小球与绿色小球）舀出小球，小球样本在勺上会有怎样的构图。仅仅凭借他们对装球勺和盆中小球的直观检查，学生们在划分为四个一样大小的正方形卡片上涂色（代表勺子），以显示舀小球试验的样本空间。一开始，多数学生只画出5种卡片，每种事件（4蓝、1绿3蓝、2绿2蓝、3绿1蓝、4绿）1张卡片，认为不必考虑每个事件中的不同构图。在研究人员的启发下，学生们构造出了完整的样本空间，但是他们并不确信所有16种结果都有用。接着，研究人员引导他们将卡片排成塔状组合以强调每个事件含有不同的结果（很像分布的直方图）。建完塔后，学生们意识到完整事件空间的相关性，"承认

这5个离散的集合可以解释他们自己对5个合并事件相应可能性的看法"（Abrahamson, 2012，第875页）。亚伯拉罕森总结这一研究时说："通过使用为此项目设计定制的事件空间，把符号表征之前的概率观念具体化，研究表明学生们能够作出恰当的数学分析"（第878页）。当然，他不是说试验和频率途径不重要，而是说

> 对随机发生器的朴素的知觉判断是与试验活动不同的，因为知觉判断直接引发了对所讨论性质的前符号观念，而试验结果分布则间接地引发了这些观念，这一在直接与间接观念上的区别可能会让……知觉判断在为概率设计选择入门基础活动时显示出优于试验的特别之处。（Abrahamson, 2014，第255页）

还是使用这些数据（尤其是对11岁学生的访谈），亚伯拉罕森、古铁雷斯和班多弗（2012）开始了对隐喻在支持学生学习中的作用的研究。他们发现，"隐喻作为一种符号学手段，将个体自身对该学科表征和程序的认识进行客观化和交流，它的多模式实例化直接改变了对话者对设计的这个学具的关注与互动"（第55页）。

主观概率：风险与决策

由于人们减少了对古典概率的关注（如理论分布、可能性的数学计算），频率方法更为流行（如模拟活动、可能性的经验式估计），对主观推断的研究也开始兴起，包括贝叶斯方法和对风险的考虑（Borovcnik & Kapadia, 2014）。贝叶斯方法将推断看作决策中的一部分，融合了其结果的实用性（不仅仅是可能性），它们可以处理那些不可重复情境下的概率评估，德夫林（2014）称其是"判断与数学的巧妙融合"（第xi页）。虽然几十年前林德利（1975）就预言21世纪是贝叶斯的，但是琼斯等（2007）指出概率的主观定义其实是被忽略的。好在有几个最新研究显示人们对认识概率统计教育中的主观判断又重新有了兴趣。例如，哈萨克（2015）在初中生中使用贝叶斯式的方法，研究他们在作非形式化统计推断

时如何处理不确定性。在她的研究中，学生们能对含有随机事件的游戏的公平性作出初步的假设，他们每个人的信心会随游戏经验的积累而变化，并能从玩游戏、进行模拟试验收集到的数据中获得新的信息。

与风险有关的问题要求人们不仅要考虑某一事件的概率（可能性），还要考虑他们的决策会产生的影响。普拉特、安利等人（2011）研究了教师如何应对一种基于风险的困境。他们指出，因为教师们建立了类似于探索性数据分析的模型，所以他们非常依赖情境，并努力协调决策的可能性与决策后果。斯皮格尔霍尔特和伽热（2014）强调，普通市民在诸如权衡信息对其健康作重大个人决策时也需要这种协调能力，他们提出了可以化解风险情境与可能性之间矛盾的几种方法，如改变我们表征信息的方法、强调概率的频率途径而不是用概率值来表征可能性。然而，乔汉（2014）提醒说让学习者与普通市民衡量随机事件的主观概率有可能产生较强的社会文化和伦理道德的后果，如对那些有宿命论信仰的个体与文化。

前面援引的研究显示了概率研究的新方向，它们可能意味着概率新时代的开始，就像切尔诺夫和斯里拉曼（2014）指出的，"采用统一的途径对古典概率、频率概率和主观概率开展教学与学习，界定主观概率，重燃对启发式教学法的激情，回归这一研究领域心理学的源头，认识风险"（第xvii页，也参见Chernoff, 2008）。

支持学生学习概率与统计

本节我们把重心移到三个跨界研究领域：（1）技术，（2）任务设计，（3）外部表征的作用。作为教学工具，技术、任务和表征对数学教与学的方方面面都很重要，研究人员也特别地研究了它们可以如何支持学生学习概率统计。

技术

数十年来，在中学阶段之后的统计教育中使用技术工具已经成为常规的做法。拉文和拉文（2011）在对过去四十年间发表的研究进行的一个元分析研究报告中说，使用计算机辅助教学（如个别辅导、解决计算问题以及进行模拟试验）对中学阶段之后接受统计教育的学生的成绩有中等水平的影响。不过这个元分析研究报告中有一个要点需要提一下，那就是在过去的四十年中，这些被列入考察范围的研究，其技术的影响水平均值一直在增长。这个发现大概并不令人感到奇怪。正如拉文和拉文（2011）所说："学生与教师的技术能力都更强了，他们更加习惯于技术，计算机和软件在不断更新，各种可用于计算、模拟试验和个别辅导的小程序层出不穷"（第268页）。

在各个年级开展的统计推理研究都有所增加，这主要得益于动态技术以及模拟试验工具（Biehler等，2013）。例如，比赫勒尔、本-兹维、巴克和马卡（2013）提到技术工具可以通过以下方式支持统计学习：（1）学生可以通过养成探索性的工作方式去练习图形和数值的数据分析；（2）学生们可以为随机试验建立模型并用计算机模拟试验去研究它们；（3）学生们可以参与到"统计研究"中去，也就是说，他们参与到构造、分析以及比较统计方法中去；（4）学生们可以使用、修改和创造一个内置在软件中的微世界以探索统计概念。因此，技术工具不仅帮助学生进行复杂的计算并表征他们的推理，而且可以形成他们的自我观念和身份认同，尤其是在可以直接使用数据的情况下（Lesh, Caylor, & Gupta, 2007; Philip, Schuler-Brown, & Way, 2013）。也许已经是时候认真想想乐士、凯勒和古普塔（2007）对技术的定位了，问一问在新技术可以使统计推断达到相同信度但过程却简便而直观的情况下，当前的统计方法是否已经显得太陈旧了。

比赫勒尔等（2013）细致分析了像Fathom（Finzer, 2007）和TinkerPlots2这类用于学习统计的动态技术的用途和局限。在这两个软件中，用户均可以很容易地拖出然后放置变量来观察（Fathom）或设计（TinkerPlots2）图形表征，通过图形之间凸显的关系检查多个变量之间潜在的关系，通过设计模拟试验估计可能性。这样做的好处是学习者能够由直观的证据迅速地提出、检查或推广预测。例如，在Fathom软件中，用户可以拖拉两个变量到一张叠加点图上观察它们的相关性，接着用模拟试验来估计观察到的均值之间差异发生的可能性。在TinkerPlots中，抽样的动态特点为学生提供了反思随机变量变异的机会，以及"探索统计措施的稳定性的影响并对大数定律找点感觉"的机会（Biehler 等，2013，第 680 页）。而且，使用滑块功能，学生们可以轻易地产生分布图形，从而支持他们对经验分布和理论（概率）分布之间双向关系的认识（Stohl & Tarr, 2002）。

虽然说如果这些概念性的"捷径"被孤立地使用，我们还不知道是否可能会产生一些我们不希望要的习惯或认知缺陷（Olive & Makar, 2010; Rubin, 2007），但是适度使用动态技术功能能够为学生提供自然而助力的学习环境，这一点是越来越清楚了（如 Konold, 2010）。正如菲利普、舒乐-布朗和韦（2013）指出的："学生应该把他们自己看作是能够使用数据来解决他们感兴趣的问题的人……这些学习目的与学习内容的过程是不可分割的，它们不仅激发学习的积极性，而且在形成、细化和打造学习"（第 114 页）。

这里我们举两个例子来说明动态技术工具是如何吸引学生把有目的的数据与学习结合起来的。数据游戏这一项目（Finzer & Konold, 2009）意在利用学生喜欢游戏的天性，帮助他们形成习惯于使用数据的头脑——搜寻、沉浸于、表征数据；使用和发明对策；寻求并讲述数据背后的故事（Finzer, 2013, 2014）。埃里克森（2013）对这个项目的许多游戏作过一个概述，其中就提到过奥德赛船这个游戏，学生们要通过把"老鼠"送到水中以确定海底宝藏的位置。游戏入门级水平过后，为了成功预测，学生们必须依赖于他们产生的数据来处理因为老鼠在水中游泳而带来的变异。埃里克森强调，游戏中的计分必须反映出游戏的设计目的，即要求学生基于数据得出预测且一贯地保持高精度才能成功，游戏中产生的变异增加了刺激性与趣味性。

布尔莫（2011）的虚拟岛游戏可以让学生设计试验并产生岛上模拟居民人物的数据，生成的岛上居民基于医学研究具有遗传基因特征，还有生命轮回（生与死），可以根据学生的兴趣进行很多现实问题的研究。例如，学生们可以根据他们的统计设计，通过调查岛上居民的睡眠习惯，然后给予药物或安慰剂以研究某种药物的副作用。岛上的居民会依据遗传的不确定性（如医学研究所示）对每种治疗作出反应，学生收集数据后的第二天

会再次调查同样的被试者（Bulmer & Haladyn, 2011）。这些调查数据不是自动或随机产生的，因为这样会回避现实世界中收集数据的困难。为了帮助学生理解与较大样本量相关的时间和成本，他们必须向岛上居民一个一个地收集数据。

任务设计

在最近的数学教育研究领域中，任务设计已经成为被关注的一个焦点（如 A. Watson & Ohtani, 2015），在统计教育中，研究人员也对促进学生有意义地（而不是人为地）运用概率与统计概念的任务给予了越来越多的重视。普拉特和安利（2014）认为学生必须看到统计概念的用途才会去完成任务，而且，这个任务必须使学生专注于运用概率与统计的概念和工具"来彻底解决问题"（第 169 页）。他们用汽车引擎来类比和解释任务实用性的想法。他们认为，虽然理解引擎是如何工作的或者知道是什么杠杆的推动发动了引擎使得汽车跑起来很重要，也有趣，但是这不是他们所说的实用性。他们强调，实用性在意的是"引擎对开动汽车有多重要，从而显而易见地对每个人的日常生活和职业生涯有多大的价值"（第 170 页）。学校数学在帮助学生理解概率与统计的实用性方面常常做得不够，"学校统计中的问题往往结构良好，计划、数据的收集、分析和结论都很流畅，毫无问题"（Makar & Fielding-Wells, 2011，第 348 页），这不能帮助学生认识概率统计在他们日常生活中的重要性。相反，统计探究则要求学生解决结构不良的问题，即需要反复讨论来帮助学生建立有意义联系的那种问题。

马登（2011）描述了激发学生的热情从而制造认知"诱饵"的三种任务类型，"从统计角度激发热情的任务"是那些在统计内容的认知方面引人入胜而有趣的任务，"从技术角度激发热情的任务"能够通过施展科技威力获得深刻见解来吸引学生，最后，"从情境角度激发热情的任务"则具有学生感兴趣的情境，常常还包含着他们想弄明白的熟悉的情形。虽然马登这个激发热情的任务构想是在她与教师们的一起合作中形成的，但是这种任务划分对任何年龄段的学习者都有用。例如，前面讲技术

背景时提到过的奥德赛船和虚拟岛问题，它们不仅可以从技术角度激发热情，而且也具备了从统计和情境角度激发兴趣的特点。下面，我们再展示其他几个在调查研究过程中有助于学生看到概念的意义与实用性的可以激发热情的任务。

样本变大的任务。增加样本容量是一种以抽样为基础的教学策略（Bakker & Gravemeijer, 2004），为了发展学生的概率语言，本-兹维、阿利多、马克和巴克（2012）将不断变大的样本与给出预测的任务结合起来。增大样本容量的做法是以某种形式的系统性变异为基础的，其教学原理是把来自同一总体但容量越来越大的样本展现给学生。在本-兹维等人（2012）的研究中，那个样本变大的任务要求学生给出从他们班抽出的一些学生（$n=8$）的特征，并基于这个样本，推断这一说法是否对全班（$n=27$）成立。然后，要求学生们以全班为样本，推断它是否对全年级（$n=81$）成立，等等。通过逐步变大的样本，学生们不得不认真地反思"样本增大，相应的总体也增大，那么样本在怎样的程度上可以提供总体的信息"（A. Watson, Jones, & Pratt, 2013，第143页）。样本变大的任务有一个重要特点，即它们为学生提供了"看见越来越有力地支持（或反对）某个具体假设或陈述的证据"的机会（Ben-Zvi, Aridor, Makar, & Bakker, 2012，第923页）。在本-兹维等人（2012）的研究中，一开始学生们在完全明确的（确定性的）陈述与完全不确定的（相对的）陈述之间摇摆不定。当他们考虑"为什么"的问题并在逐渐增加样本容量的构架下作出预测时，他们的表征开始改变了。从定性的观察转变到使用更加细致入微、更复杂的语言，偏向确定性的或偏向相对的陈述数量都在减少，他们更喜欢说"……的机会非常小"以及"看上去……"。这两种表征是学生概率语言的两个维度的典型例子，他们的语言不仅提到了可能性（"……的机会非常小"），而且提到了他们对于自己的推断有多大的信心（"看上去……"）。在样本变大的任务中强调预测被认为是刺激学生说出和练习概率语言这两个维度的一个关键因素。

反复抽样任务。所有通向统计推断的概念性途径都绕不开对抽样变异的本质与表现的一些基本理解，至关重要的是要理解随机过程，为什么样本可以或者不可以代表总体，较大程度或者较小程度代表总体的原因，理解这种代表性的差异又如何为统计探究提供了信息（Wild等，2011）。通过反复抽样比较样本的情境为教师提供了一定的机会去激励或支持学生理解样本容量、随机变异、对称性以及如何解释数据离差等概念（Pfannkuch, Regan, Wild, & Horton, 2010）。

反复抽样活动并不简单（Wild等，2011），它需要同时考虑总体、当前的样本以及样本集合（Saldanha & Thompson, 2003; A. Watson等, 2013）。怀尔德、范库什、里根和荷顿（2011）认为这一难题可以用直观比较来化解，即让学生在推断推理过程中眼睛始终不离开图。怀尔德等人用了一个隐喻来说明："通过数据看世界就像通过波纹玻璃窗看外面"（第255页）。在他们的研究中，"统计玻璃窗"上的波纹就好比是每次取样后样本箱线图或者柱状图的叠加（即留下的足迹）这样的直观表征，在计算机动画里播放许多样本留下的足迹时，其效果是图形一直在颤动（图18.2），一个样本就相当于是动画中的一帧。教学情境重要的特点是其动画是基于频率的，而且很容易改变重复抽样的样本容量，这些特点有助于使学生体会随机失真是如何产生的，何时随机失真可能变异较大，何时随机失真可能变异较小。用这一方法，动画可以告诉我们在反复抽样过程中发生的历史故事，而学生可以借助这些历史讲述总体的故事。

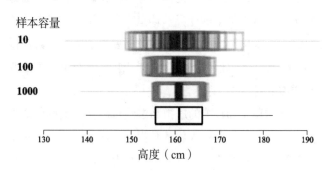

图18.2　多个样本的足迹

不同于上述在统计情境下的研究，尼尔森（2007）调查了学生在反复抽样情形下对概率和随机变异的理解。在统计中，反复抽样关心的是在相同分布或相同总体中产生的重复的样本。但在尼尔森的反复抽样任务中，两队之间玩掷骰子游戏，潜在的概率分布在前后样本中是不一样的。四对骰子的编号方式如下：

黄色骰子——每个骰子各面的数字是（111 222）。

红色骰子——一个骰子标着（222 444），另一个骰子标着（333 555）。

蓝色骰子——每个骰子各面的数字是（111 122）。

白色骰子——结合红色与蓝色的标法，一个骰子标着（222 244），另一个标着（333 355）。

每个队按要求在一个写有1~12的游戏板上放上一些筹码，如果游戏一方或双方至少在两个骰子掷得的数之和上有一个筹码，那么不管是哪一方掷的骰子，都可以取走一个筹码，率先取走游戏板上所有筹码的一方为赢者。要求学生们通过玩四次游戏完成反复抽样并在每场游戏结束时对下一回合的游戏提出制胜策略。不过，除了每场游戏时出现随机变异，学生们还在不同回合使用不同的骰子（如上所述，使用黄色、红色、蓝色或白色的骰子）。

这一研究的结论告诉我们，游戏设计可以帮助游戏者从等可能地（Lecoutre, 1992）均匀地安排筹码转变为不均匀地安排筹码，促成这一转变一方面归因于骰子设计，另一方面也因为游戏反馈产生了认知冲突（J.M.Watson, 2007），它们激励学生更加认真地注意骰子的构成。因为注意到了骰子的构成，学生们设计出了可以在第三或第四回合使用的安排筹码的模型。该模型显示，在还没有正式开始概率教育之前，学生就能够理解一个事件在样本空间里出现得越多，那么它在一系列的试验结果中也会出现得更频繁。在一个后续研究中，尼尔森（2009）进一步挑战了学生对样本空间与试验结果的频数之间的双向关系的认识。

用目的性与实用性（Pratt & Ainley, 2014）这两条原则可以解释如何以及为何尼尔森（2007）的游戏活动能够促进学生的学习。显然，游戏的竞争性引发了学生的参与，找出制胜策略是学生的目的。在游戏中，学生们能明显感受到如何采取不同的策略和预案能胜出一筹，他们也开始认识到概率概念和方法的实用性，他们通过在情境中有意识地运用这些概念和方法来了解如何以及为何它们是有用的（Pratt, 2005）。为此，骰子的设计对

激发学生的讨论就变得尤其重要。总之，值得注意的是通过使用骰子这一直观媒介（Sfard, 2008），具体实在的随机发生器有助于学生开展讨论，而且，打破常规的骰子也诱发了学生细致而有条理的讨论。这一设计还为学生从游戏中获得反馈作了铺垫，在学生预测的与他们观察到的频数之间能够感受到的区别引起了认知冲突（J.M.Watson, 2007），它促使学生去寻找新的策略并在游戏的工作原理方面挖得更深。至于反复抽样，这一研究告诉我们如何去设计有系统化变异的情境，以鼓励学生用数据作为证据，并激励他们去反思为何有利于某个事件发生的基本结果数会控制该事件出现在样本中的频率。

外在表征的作用

在回顾与综述了一系列有关变异性推理的研究报告之后，范库仕（2005）指出外在表征是思维的工具，并探讨了它与学生和教师如何解释统计规律以及与统计规律的偏离之间的关系问题。这一研究建议要用多种模型或多种图形来激励学生提供多种方式来观察和清晰表征模式，不过，范库仕认为现有研究还缺少基于外在表征支持教学设计的具体方案。她评论说，在实施和使用外在表征促进学生联系以及沟通各种外在表征进行推理的能力方面的研究还很少。在范库仕的综述之后，已经出现了一些对这个问题的探索。

莱姆、昂恒纳、沃斯恰弗和范多尔恩（2013）强调表征形式对学生进行与分布有关的推理很重要。遵循认知水平适切性原则，莱姆等人研究了在数据分布情境下如何在任务与不同的表征形式之间达到匹配。他们比较了学生在点阵图、直方图、箱线图等涉及均值、中位数、方差和偏斜度等不同任务中的表现。他们的研究对象是比利时教育科学专业一年级的大学生（$n=167$；158名女生、9名男生）。数据表明，对与分布有关的推理而言，表征的作用与任务有关。例如，在比较均值的任务中，若任务是用直方图表征的，成功率就显著下降。研究人员解释说这主要是因为学生在比较两个分布时混淆了均值与众数，或者说看见较高的柱状就以为有较大的均值

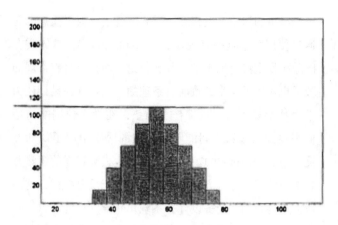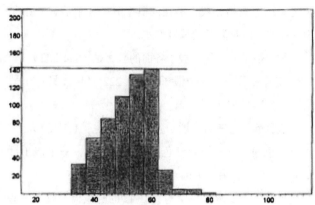

图18.3　一位学生在回答右边直方图的平均数大于左边直方图的平均数时的解释

（图18.3）。

当任务是用点阵图和直方图呈现的非对称分布时，学生们在比较中位数的任务上成功率也较低。若是对称分布，则没有发现明显差异，四种表征形式的正确率都高。在比较方差的任务上，没有看到表征对准确性的明显影响，唯一不同的是在用箱线图给出非对称分布时，学生的表现较差。这可能是因为学生在读箱线图时把它看成了用中位数分割开的两个区域，它们含有不同数目的观察值：箱子中大一点的面积被误以为是比小一点的那个含有更多的观察值。这些发现与其他关于学生初学箱线图的研究得到的结论（如Bakker, Biehler, & Konold, 2004）是一致的。在课堂教学干预的那些研究中，为了帮助学生解释箱线图，教师们可以先让学生使用混合图（把箱线图叠加到点阵图上），或在使用箱线图之前先接触帽子图，或先手工画箱线图并使用学生自己收集的数据（如Konold, 2007; J.M.Watson, 2008; Wild等，2011）。

在两项面向大学生的研究中，考特和扎娜（2007; Zahner & Corter, 2010）调查了学生在概率和组合任务中是如何自发地使用外在表征的。在2007年的研究中，他们发现学生们在他们的解题策略中展示出七种外在表征。按照使用频繁度的降序排列，它们是（1）重组已给信息；（2）图；（3）自创的图示；（4）树；（5）罗列结果；（6）列联表；（7）维恩图。这两个研究的发现表明在外在表征和问题类型之间有关联，而且表征的选择也与较高的成功率有关。例如，他们发现，解决组合问题成功率最高的策略是重组已给信息、罗列结果和画树状图。

J.华生和考林汉姆（2014）发现初中与高中学生如何解释以及如何从外在表征中读取信息不仅仅取决于表征的类型。为了理解外在表征与学生在任务上的表现之间的联系，她们指出需要仔细分析问题陈述的结构与细节。J.华生和考林汉姆在她们的结论中提醒我们要注意那些细节，如二维列联表中的数据是如何影响学生解释并从表中读取信息的可能性的：如何表征任务会影响到学生在解答任务中使用什么策略。

教师的概率统计知识

现在有一种流行的观点，即有效教学需要具备特别的与学科相关的知识（Hill, Sleep, Lewis, & Ball, 2007; Rowland & Ruthven, 2011），这一观点在概率与统计领域尤为突出。算术、代数和几何等数学领域遵循一种可逆的、确定性的逻辑，在这种逻辑中，从明确的已知条件出发，我们可以演绎和预测出准确的结果或解答。然而，在概率与统计情形下，我们处理的是不确定的、不可逆的结构（Contreras, Batanero, Díaz, & Fernandes, 2011），因为随机现象或过程有与生俱来的随机变异性，我们不能准确预测随机过程的结果。于是，人们认为概率与统计特别难教，而且教师常常表现出与他们的学生具有一样的错误认知（Batanero等，2011）。

在本章的这一节中，我们会对当今面向教学的统计知识模型方面已有的研究作一综述，在这一回顾之后我们对在职教师和师范生面向教学的统计知识的实证研究再作一综述。我们提醒读者《学校数学中的统计教学：对教学与教师教育的挑战》（Batanero等，2011）一书是了解这一主题的补充读物。

面向教学的统计与概率知识模型

沿袭舒尔曼（Shulman, 1987）的工作，鲍尔和她的同事们（Hill, Ball, & Schilling, 2008）提出了面向教学的数学知识（MKT）框架，它包含两大类（每类又含三个成分）：学科知识（普通内容知识、特定内容知识、横向连接的内容知识）以及教学内容知识（PCK；内容与课程知识、内容与学生知识、内容与教学知识）。这一框架以及它的组成成分已经被研究者们采用或者改编，以刻画统计与概率教学所需要的知识。关于学科知识，有两个成分与下面的讨论特别相关：普通内容知识以及特定内容知识。一般来说，普通内容知识是"像许多其他专业或职业中用到的数学知识一样，在教学工作中也要用到的数学知识"（Hill等，2008，第377页），而特定内容知识是指专门面向数学教学的内容知识，"包括如何准确表征数学思想、对一般法则和程序提供数学的解释以及检查和理解非同一般的解答问题的方法"（Hill等，2008，第377页）。

伯吉斯（2011）把面向教学的数学知识框架的成分（普通内容知识、特定内容知识、内容与学生知识、内容与教学知识）与怀尔德和范库仕（1999）在实证调查中的统计思考模型的成分"即超越数字、变异、用模型推理、统计知识与情境知识的融合这四种基本的思考类型以及调查循环过程和质疑循环过程中的一般思考"结合起来（Burgess, 2011，第264~265页），于是产生了一个二维框架以分析面向教学（尤其是以统计调查为主的教学）的统计知识。伯吉斯运用这个框架分析了统计教学中的两个真实情境，该研究的目的是用这个框架去检查与描绘在以统计调查为主的教学中，为创造一定的学习条件，两位教师使用的或需要使用的知识。分析显示这一框架有助于描绘在进行统计调查教学时教师可能需要的知识，在这个框架指导下看教师知识，伯吉斯得以弄清为什么一名教师的学生虽然比另一名教师教的学生年龄小却能在统计调查方面取得更大的进步，给出的陈述也更加合理，还以探究得来的数据作为支持。这一研究也显示了这一二维框架可以怎样为有志于将教师统计知识的不同方面联系起来的研究者提供一个视角。

格罗斯（2013）研究了我们如何能够把教师的统计学科知识概念化。因为统计是一个独立的学科，面向教学的统计知识（SKT）也不完全等同于面向教学的数学知识（MKT; Groth, 2007），所以格罗斯没有拘泥于面向教学的数学知识框架（Hill等，2008），而是把与面向教学的数学知识的上述关系、建构重点发展理解力的知识（KDU; Simon, 2006）以及解构的观点（Silverman & Thompson, 2008）三者结合起来，格罗斯提出了一个面向教学的统计知识框架，它考虑了教师学科知识和教学内容知识在性质上的差异以及教师学科知识和教学内容知识的关键发展阶段（图18.4）。西蒙（2006）认为建构重点发展理解力的知识是识别一个人在学习一门学科时其认知的关键节点以及发生重大转变的一种方式方法。格罗斯使用重点发展理解力的知识作为识别与概率和统计相关的主题知识的认知关键节点。例如，认识到理论概率可以被用来预测长期行为，是普通内容知识中重点发展理解力的知识的一个例子，然而能"找到对常规表征可作的非常规改变"（Groth, 2013，第134页）则反映的是特定内容知识中的重点发展理解力的知识，能够分辨结构上的相似性是横向连接的内容知识中重要的重点发展理解力的知识。当然，教师的学科知识只有转化成为教学实践知识才能起作用（Silverman & Thompson, 2008）。

格罗斯（2013）使用解构作为发展统计教学内容知识三个成分的理论基础，在这一理论基础上，他引入了对教学有用的想法来描述教师统计教学内容知识的发展。所谓一个普通的对教学有用的关于内容与学生的知识是指教师具有了能使学生理解某一概念的多种方法。例如，要发展对均值与中位数的教学有用的想法（内容与教学的知识），一个不可或缺的要点就是要"避免死抱一个确定的规则来选择是用均值还是中位数"（Groth, 2013，第138页）。

为了把能干、教学效果好的教师的知识发展理论化，加菲尔德和本-兹维（2008）从另一个角度也提出了一个

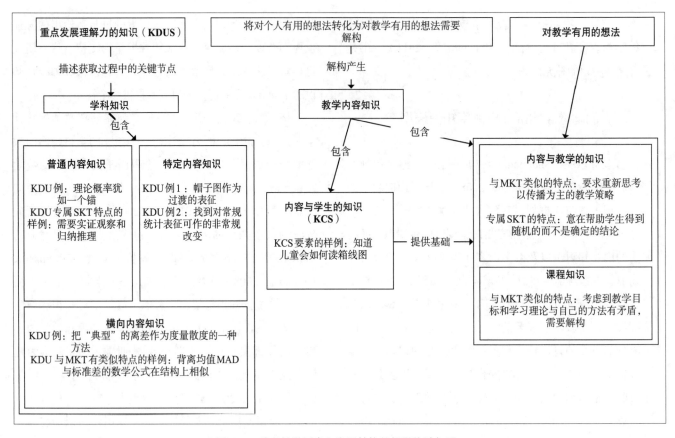

图18.4 关于教学要素和发展结构的假设统计知识

框架（它是对 P. Cobb & McClain, 2004首先提出的五项原则的推广）。结合他们自己对教师教育和教师专业发展的经验，他们提出了六项教学设计原则，即教师要

1. 关注发展核心的统计思想而不是展示一堆工具和程序。
2. 使用真实而有趣的数据集来吸引学生提出和检验假设。
3. 用课堂活动来支持学生推理的发展。
4. 整合使用合适的技术工具，让学生检验他们的假设、探索与分析数据、发展他们的统计推理。
5. 促进课堂对话，包含统计论证和关注重要统计思想的持续交流。
6. 通过评价了解学生知道什么，掌控他们统计学习的进程，同时评价教学计划和取得的进步。
（Garfield & Ben-Zvi, 2008, 第48页）

最前面的两条原则关注并有助于具体学科知识对概率

与统计教学的意义。借助这些原则，加菲尔德和本-兹维（2008）强调了教师的学科知识不仅仅是能够定义概念和进行计算，更为重要的是教师能够传递数据探究中蕴含的随机变化、概率以及统计的基本思想（Shaughnessy, 2007）。第3，4，5项原则涉及教师教学内容知识的不同方面，通过对这些原则的强调，加菲尔德和本-兹维指出了教师创设丰富多彩的小组讨论和全班讨论的能力的重要性，在这些讨论中，学生们一起工作，并把他们的推理建立在统计论据的基础之上。为此，教师应该知道如何使用新技术并把它们整合到概率与统计的教学中去。加菲尔德和本-兹维所增加的最后一条原则强调的是，教师需要了解多种评价方法以获得对指导学生学习有用的形成性评价信息（Garfield & Ben-Zvi. 2008）。与最前面的两条原则联系起来，他们强调评价不要止步于考查专门的技能，教师必须学习在探究式教学（即学生有机会表达和发展其以过程为导向的统计能力的教学）中，如何收集信息并评价学生对知识的理解和技能的掌握。

至此，面向教学的统计知识模型为我们描绘了教师要进行有一定数学要求的教学所需具备的能力与知识的图景。但是，研究仅限于提供为了在概率与统计教学中营造丰富的课堂实践，教师应该知道的知识以及需要掌握的策略。通过开发新的能够给出具体可操作指标的模型，教师教育会更好地服务于发展面向教学的统计知识的理想学习轨迹，并通过设计教学策略与材料来支持这种学习（Godino, Ortiz, Roa, & Wilhelmi, 2011）。

教师的概率与统计知识

教师自己对学科内容的理解与其学生学习之间的关系是研究教师知识的主要论据（Groth & Bergner, 2005）。伯吉斯（2011）、加菲尔德和本-兹维（2008）以及格罗斯（2013）已经提出了统计教学所需的多种知识结构，在本节中，我们通过剖析实证研究，更加深入地探讨教师的学科知识和教学内容知识。

学科知识。刘和汤普森（2007）组织开展过一个为期8天的教师培训班，以形成一个描述教师对概率理解的理论框架。参与的教师们已经学过统计与概率课程，当时有的正在教，有的已经教过，也有的正准备教高中统计。分析表明，不管是同一教师对不同任务，还是不同教师之间，教师们对概率的概念及其理解参差不齐。数据分析显示存在三组概念：培训班刚开始的时候，大多数教师对概率持非随机的看法，他们的概念从本质上说是主观的，忽略样本容量、随机变异和分布的作用。受到培训班学习的影响，教师们虽然未必形成了彻底的随机的概率概念，但是有了情境化的概率概念，"他们对概率的解释会随着植入了概率的情境或背景的特殊性而变化"（Liu & Thompson, 2007，第150页），概率被认为是重复试验的一个表征，但是做这些试验要保持的条件还不在他们的概念里。具有随机的概率概念的表征是能够把情境和情境中的概念区分开来，能够对一个情境给出多种解释。它

包括：（1）构想一个潜在的可重复过程；（2）明白这个过程的条件以及执行这个过程会产生许多可变的结果；（3）想象重复这个过程产生的结

果所形成的一个分布。（Liu & Thompson, 2007，第156页）

与刘和汤普森（2007）的工作相仿，史密斯和加马森（2013）调查了35位数学专业的职前教师对随机过程和概率具有的概念，并考察了他们经历一段学习之后的概念变化。这段教学是围绕经典的双人游戏"石头-布-剪刀"（RPS）展开的。开始时，要求这些教师回答他们是否认为石头-布-剪刀的结果是随机产生的，在他们思考了这个问题也玩了这个游戏15次后，要求以小组为单位分享他们对游戏的看法，然后全班讨论。在开始的时候，大概有一半的教师认为结果（完全）是随机的，还有一半认为不是。许多人认为既然结果是不确定的，所以肯定是随机产生的。也有一些人认为是因为游戏双方都有相同数目的选择，所以结果是随机产生的。还有一些人列出了9个可能的组合并认为游戏是随机的，因为利于双方的结果数是相等的。

这些教师求助于排列组合的做法确认了施托尔·李（2005）的发现，即教师倾向于把概率分解为一系列的步骤，也印证了刘和汤普森（2007）的发现，即有些教师不考虑产生结果的有关条件，马上去计算比率。教学干预从课本对随机性的定义开始："从一个数集或物体集合中随机取出一个数或一样物体，是指其被抽中的机会是与这个集合中任何其他的数或物体被抽中的机会是相等的"（Sowder, Sowder, & Nickerson, 2010，第628页）。史密斯和加马森（2013）原以为这个课本定义会引导教师关注产生结果的过程，从而认识到按照课本定义像石头-布-剪刀这样的情境并不是随机的。然而，事实却不是如此；倒是讨论这一定义再加上将石头-布-剪刀游戏与其他典型的随机发生器进行比较，才让几位教师加深了他们对随机性的理解，并得出石头-布-剪刀不是随机的结论。值得注意的是这一定义引出了许多困惑。例如，有的教师把这个随机选取的定义用在转盘上，结果得出不均分的转盘不是随机发生器的结论。史密斯和加马森认为，这一研究的发现提出了其他随机性或随机过程的定义是否要使用或者是否也已经引发了类似的混淆的问题。

在一个对数学职前教师的调查研究中，汉尼根、吉尔和利维（2013）强调了统计思考与数学思考之间的区别，指出有很强的数学背景并不意味着迁移过去就有很强的统计思考力。汉尼根等人用统计结果综合评价（CAOS; delMas, Garfield, Ooms, & Chance, 2007）进行标准化测试后发现，数学很强也很自信的学生在测试中并没有比来自其他学科（大多数是非定量学科）的学生表现得更好。这些师范生在数据产生、抽样和从一个回归模型作出推断这些与随机性有关的题目上表现不好。这一研究也表明，对师范生来说"正确地分辨出哪一个图形表征最恰当地表示了一个分布的所有特性"有多么困难（Hannigan, Gill, & Leavy, 2013，第446页），这个发现与雅各布和荷顿（2010）关于参加他们研究的小学教师在解释图形表征时有困难的结论是一致的。

中心趋势是统计的重要思想之一，为了帮助儿童发展对它的概念性理解，教师需要对均值、中位数和众数具有丰富、灵活、概念性的理解。在规划如何分析师范生对中心各方面的理解时，利维和欧'洛克林（2006）以及格罗斯和博格纳（2006）都对概念性理解和程序性理解作出了区分。利维和欧'洛克林（2006）研究了263名将来要成为全科小学教师的师范生，只有四分之一的学生显示出对均值达到了概念性理解，他们在不同情境中能够不同程度地把均值当作数据分布的一个类似于重心、有数学含义的平衡点，他们理解均值是一组数据集的代表，但其余学生仅表现出基于计算的对均值的程序性理解。

格罗斯和博格纳（2006）调查了46名职前小学教师的均值、中位数和众数的知识，并以SOLO分类法的四个推理水平（单一结构水平、多元结构水平、关联水平和高级抽象水平）予以考察。他们的结论表明，对这些基本统计概念达到深入理解绝不是一件容易的事，需要认真发展那些复杂的概念性以及程序性的想法。46个回答中有1个不适合使用SOLO分类法模型，其余45个中，有8个回答因为仅仅用到定义以及据此找出每个指标，所以都属于单一结构水平。有21个被评为多元结构水平，因为他们不仅包括了复述定义，还指出了衡量中心的指标，为分析一组数据提供了一些信息，虽然他们表述得还不

是很清晰。13名教师的回答显示了他们基本认可均值、中位数和众数都可以用来衡量数据的中心，或者在某种程度上说都具有典型性，这些回答被认为处于关联水平。三名教师的回答达到了高级抽象水平，因为他们表现出知道中心的某个指标如何以及何时可能比其他的更加有用。

大多数针对教师学科知识的研究都关注一般的内容知识而不是特定内容知识。特定内容知识的研究数量少的一个原因可能是研究者对特定内容知识的本质和意义，它如何有助于我们了解教师的统计知识，以及它对提高概率与统计教学质量的影响和作用等了解不多。然而，在过去的十年中，这一方向已经有了一些新的研究尝试。凯西（2010）调查了教师的学科知识与统计相关教学的关系，凯西将自己的研究建立在真实的教学实践基础上，她将统计教师的特定内容知识看作是知其所以然和知其然这两个方面的交集。例如，使用相关系数的专业人员应该知道"数据都在一条水平线上的话，则相关系数为零"（第64页），但是，他们不需要知道为什么这么规定以及它如何与其他数学或者统计概念和程序之间发生联系。尼尔森和林斯特龙（2013）以及孔特雷拉斯、巴塔尼罗、迪亚兹和费尔南德斯（2011）则关注了对概率的特定内容知识。在这两项研究中，他们都要求教师解决一些传统的概率估计问题以了解教师的一般内容知识；通过教师对他们在解决概率估计问题中用到的内容知识的描述得分，来测量教师的特定内容知识。在这两项研究中，教师在普通内容知识上的表现都好于特定内容知识上的表现。经常是教师能够解决概率任务但不是很清晰地运用着概率理论中的相关概念和原理，而且他们对解释自己正在做的事、正在使用的概率术语、辨别和表征概率问题涉及的内容都感到困难。鉴于这样的情况，教师可能对理解概率课程以及在备课时对不同任务所针对的不同内容的评估也会感到困难。

教学内容知识。 除了内容知识，教师也需要教学内容知识（Hill等，2008），它包括学生对概率与统计的理解以及面向这一内容的教学的策略知识。J.华生、考林汉姆和多恩（2008）调查了42名教师预估学生的统计内容知识并使用学生的回答去设计教学干预的能力。他们要

求教师们设想一下学生会怎样回应那些取自媒体的真实问题，并说明他们又会如何在课堂上处理这些回应。J.华生等人通过分析，最后把教师的回答分为三组：低水平组（n=14），中等水平组（n=19）以及高水平组（n=9）。属于低水平组的教师在要求预估学生回应的题并说明他们将如何在课堂上处理这些回应方面仅取得了部分成功。处于中等水平组的教师能够同时提到正确的和不正确的回应，指出其中的错误并针对题目给出一些建议，但是他们只能就如何在教学中利用学生的回应提出单一的笼统的建议。在高水平组的教师也能够同时提到正确的和不正确的回应，但还表现出他们在题目的推理环节关注统计内容的可能性相对较高。不过，独立于回答水平，结果表明，教师预估学生可能的回答比较容易，而如何利用学生的回应来设计干预活动以提高学生的认识则较为困难。

切尔诺夫和扎基斯（2011）也给出了教师难以对学生的统计思考给出令人满意的教学回应的进一步证据。共计30名师范生参加了一个问题解决课程，研究者要求师范生思考针对下面这位学生的回答他们会如何开展教学，这名学生认为以下问题的答案是$\frac{1}{4}$：在一个有3个孩子的家庭中，有2个男孩、1个女孩的概率是多少？他们发现对这一回答有三种回应：教学的、数学的以及教学与数学相结合的。有6个回应属于教学的，它们没有联系这一任务的特性，几乎可以用在任何教学场合。有11个回应采取的是数学方法，没有谈及学生或学生的数学知识，这些教师是要让学生知道错了，而且认为最好的策略就是向学生演示正确的解答。只有两名教师的回应符合切尔诺夫和扎基斯描述的令人满意的方法，即"数学与教学相结合，不把常规数学答案$\frac{3}{8}$强加给学生，而是以$\frac{1}{4}$为出发点，接纳学生的出发点，不说它是错误的"（第24页）。在其余的11个回应中，教师对学生的推理有一定的考虑，但不能对提高学生的理解提出合理建议。例如，他们没提到$\frac{1}{4}$可能是学生误以为样本空间由四个不考虑顺序的结果BBB、BBG、BGG、GGG组成而导致的。

通过对教师面向概率与统计教学的知识的回顾，我们发现在过去的十年间我们已经采取了许多重要的措施。像人们对一个新兴研究领域的期望一样，已有的研究主要集中在识别相关的结构和描述教师的知识方面。随着这一领域的发展，研究人员还需要思考教师知识、教学实践和学生学习之间的联系。

回顾与前瞻

在我们思考什么即将来临时，我们对本章谈及的研究作一些反思并对未来需要进行的一些研究作一展望。

统计与概率之间的联系

回顾。数学教育工作者以及认知与发展心理学家在将近五十年前开始了对统计与概率教与学的研究，他们探索着人类对概率与统计的朴素概念以及各种干预对那些概念的影响。早期的许多研究都集中在调查学生对概率概念的认识上（Shaughnessy, 1992），在1992年肖内西的综述之后的十年，人们对研究学生的统计概念产生了如此浓厚的兴趣以至于在莱斯特（2007）的研究综述中不得不把概率与统计分成独立的两个综述（如Shaughnessy, 2007; Jones, Langrall, & Mooney, 2007）。统计教育研究的大力发展受到了许多因素的刺激，如独立于概率的探索性数据分析的出现，以及在专业组织和研究团体支持下对统计教育越来越浓的兴趣。统计教育成了独立于数学教育甚至独立于统计的一个专门的学科领域，同时，概率研究与统计研究之间也存在着明显的脱节（Chernoff & Sriraman, 2014; Chick & Watson, 2003）。

展望。最近的研究已经开始重新燃起人们对概率研究的兴趣，并需要考虑概率在统计的教与学中所起的作用。对学生的推断推理以及他们关于变异性和抽样分布的概念的研究已经提升了随机化和概率建模在学生统计教育征途上的重要性。本章讨论的非形式化统计推断概念为研究人员以及实践者提供了重新思考整合概率与统计的教与学，不让它们过度割裂的机会。事实上，最近关于建模的工作有助于学生在对数据和机会进行推理的同时建立起联系，这也让我们看到无论学生还是教师都有望在概率与统计之间建立更强的联系（如 Kazak & Pratt, 2015; Konold & Kazak, 2008）。

一旦我们要超越手中的数据，那么概率就起作用了。例如，由样本对更大的总体作出预测，或是估计可能性、条件概率以及基于列联表中的样本数据估计总体的风险等。未来统计教育的教学与研究一定会同时包括概率的频率定义和主观定义，因为概率的反复试验模型和贝叶斯模型是在不确定情况下作出判断和决定的基本工具。要研究统计教育中采用模拟试验和反复随机化方法带来的益处，不能离开对概率概念的教学与研究，它们形成了概率主观模型的基础。我们需要进一步研究学生在学习诸如条件概率、独立事件、复合事件以及互斥事件的概率等概念时恰当的学习轨迹。现在，推断已经成为统计教育研究的一个重要焦点，但我们必须同时研究如何提高学生对概率在推断中的作用的认识。

推断的教与学

回顾。我们的研究综述表明，关于学生对变异性、分布和推断的推理方面的研究已经有了极大的发展，对学生非形式化推断的研究兴趣尤其大。从非形式化的推断着手这一见解对教学明显有吸引力，其构想也为推断重新成为所有统计内容的核心作出了很大贡献。但是，非形式化这个词可能会有一点误导，也存在着把它与形式化的推断对立起来的危险。虽然一些研究人员已经提出了可以定义或描述非形式化推断的含义的不同方面，但是这些定义需要具有共性（Garfield & Ben-Zvi, 2008; Makar & Rubin, 2009; Rossman, 2008; Zieffler 等, 2008）。非形式化推断在以下方面有着很强的一致性：（1）超越已有数据提出论点或预测；（2）用数据作为证据来支持给出的任何论点；（3）承认在任何论点或预测中存在不确定性。正是这第三方面，即承认不确定性，为未来对推断的研究敞开了大门。

展望。研究人员需要对各种非形式化统计推断的途径在概念层面上进行认真分析，然后构建和检验假设性的学习轨迹来指导非形式化推断及一般推断的教学。我们需要设计研究来继续探索学生的推断概念的发展过程，

从单个的研究发展为一系列的有多重目的的更加连贯的研究。例如，从探索性数据分析观点出发，学生仅凭分布形状、中心和离散程度这些特征或根据列联表数据估计可能性就可以开始对数据分布提出看法了。但是，教师有时希望学生在模拟试验、反复随机化的过程或是计算机辅助的随机抽样过程的基础上才提出论点。一旦引入模拟试验、反复抽样或是列联表，教学就在一定程度上离不开概率建模了，不是通过频率的途径就是通过条件概率。未来的研究非常需要用于分析和表示从完全不用概率到需要越来越复杂的概率模型进行推断的教与学这一过程中学生认知发展的框架。当前缺乏的是对学生的推断概念认知发展轨迹的细致研究，从时下所谓的非形式化推断一直到传统上被称为统计决策的概念。为此，需要进行长期的研究以追踪学生在一定时间跨度上推断概念的发展情况。

发展的与概念的框架

回顾。聚焦那些关注学生对变异和分布的思考和推理的研究让我们看到了那些用来描述或表示学生对变异和抽样分布的思考的发展框架（Ben-Zvi, 2004; Noll & Shaughnessy, 2012; Reading & Reid, 2006; Reid & Reading, 2008; J. Watson 等, 2007）。这些研究都是在某个年龄段学生中进行的，而且常常是研究者可以获得的便利样本。

展望。我们需要检验和证实这些被提出来的关于学生对变异和分布推理的概念性或发展性的框架，这些有待检验的框架对变异和分布的概念发展的基础牢固吗？设计一些试验，用更多的学生以及来自不同年龄段的学生来检验这些框架，会有助于为教学、课程改革提供信息，也可以稳固或改进这些框架。

现存的关于变异和分布的框架向我们提出了一个问题，即寻求其他统计与概率概念和过程相关的类似框架的意义与必要。玛卡洛斯和拉塞尔（1995）以及 J.M.华生和莫里茨（2000），当然还有别的研究者，都对分布中心的认知轨迹进行过研究，前面也已经说明了为何需要建立关于推断的概念性的或认知发展的框架。从对数据集提出看法，到在模拟试验和抽样分布基础上

提出论点，再到在假设的概率分布基础上提出论点，推断的发展途径究竟是怎样的？概率在推断的每个阶段都起着怎样的作用？

面向教学的概率与统计知识

回顾。肖内西（2007）的建议之一就是对教师的统计知识和面向统计教学的教学知识要做深入研究，本章对教师知识的讨论确认了自该建议提出以后，有关教师的概率与统计知识的研究有所增加，其中许多研究致力于弄清楚哪些概率与统计的概念是教师必须知道的。不过，像诺尔（2011）所进行的研究一样，既对研究生的抽样概念提出深刻见解，也指出他们教授统计入门课程中抽样部分所需要的统计知识，这样把教师的内容知识与教学知识结合起来的研究数量还很少，教师面向概率与统计教学的内容知识以及教学知识依然是未来研究的一个重要领域。

展望。还需要对学校各年级直到高等教育中概率与统计教学所需要的教学内容知识做进一步的研究。在聚集了学生的真实课堂上，面向教学的统计知识是什么？到目前为止，在真实课堂上观察教师的实践，研究他们的概率与统计知识的文章还非常少，关于诸如推断、变异和分布等概念的设计研究可以与以分析课堂为主的研究结合起来进行，从而对有效教授这些概念所需的内容知识和教学内容知识进行分析。

什么是优秀的概率与统计教学实践也需要研究。在识别哪些社会数学的规范可以促进学生的交流并投入到他们自己的学习中去这一方面，数学教育研究已经取得了长足的进步。现在，数学教育研究者又在为形成促进数学推理、明白道理、数学交流的课堂文化而开展专业发展的研究（参见 NCTM，2014，《行动原则》中的参考文献以及建议）。这样深入地对理论与实践之间的联系进行研究是当前概率与统计教育研究中所缺失的（如 Shaughnessy，2014）。为了促进学生对概率与统计的学习，课堂上需要哪些相应的社会的概率的规范或社会的统计的规范？什么样的概率与统计教学常规最能促进学生的学习？什么样的概率与统计的思考习惯可以更好地

增强学生的推理能力和判断力？什么样的概率与统计的互动习惯可以提高学生在课堂上的话语质量？概率与统计教育研究人员需要开展更多的课堂研究，更加关注教师与学生一起参与的概率与统计教育过程。

未来研究要面向的其他领域

未来需要研究概率与统计教学中使用新技术的功效与收益。虽然计算机辅助教学的元分析已经显示它对学生的学习有中等程度的效果，但是总的来说，关于概率与统计概念的外在表征对认知、概念和社会文化产生的影响的研究，特别是对科技表征的研究，都尚未在概率统计教育研究中占有一席之地。

统计与概率的研究很少有从符号学视角或基于符号学理论开展的，除了其他对象外，符号学可能对研究概率与统计教科书、研究教科书中使用的语言以及教科书如何协调统计与概率内容并将其概念化有帮助。

需要研究如何为统计教育构建一个更加重视应用性和用途（Pratt & Ainley，2014）、更加连贯的课程途径，还需要基于国家和国际上的建议，如 GAISE 报告（Franklin等，2007）所提出的观点，对中小学统计课程开展理论研究和实际开发。

最后，有越来越多的问题是数学教育工作者和统计教育工作者共同感兴趣和关心的[1]。概念性的框架，教师开展数学和统计教学需要的知识与知识类型，课堂环境，教师的那些有助于学生在课堂上发言、推理、明白道理的好的做法，所有这些研究都是这两个学科领域共同感兴趣的，数学教育工作者和统计教育工作者需要更多地携手合作，积极融入对方的理论研究和开发项目，使这两个领域处在同一个可以互相支持的发展平台上。

注释

1. 我们把概率研究看作是数学教育工作者与统计教育工作者共同的研究领域。

References

Aberg-Bengtsson, L. (2006). "Then you can take half . . . almost"— Elementary students learning bar graphs and pie charts in a computer-based context. *Journal of Mathematical Behavior, 25*(2), 116–135. doi:10.1016/j.jmathb.2006.02.007

Abrahamson, D. (2012). Seeing chance: Perceptual reasoning as an epistemic resource for grounding compound event spaces. *ZDM—The International Journal on Mathematics Education, 44*(7), 869–881. doi:10.1007/s11858-012-0454-6

Abrahamson, D. (2014). Rethinking probability education: Perceptual judgment as epistemic resource. In E. J. Chernoff & B. Sriraman (Eds.), *Probabilistic thinking: Presenting plural perspectives* (pp. 239–260). Dordrecht, the Netherlands: Springer.

Abrahamson, D., Gutiérrez, J. F., & Baddorf, A. K. (2012). Try to see it my way: The discursive function of idiosyncratic mathematical metaphor. *Mathematical Thinking and Learning, 14*(1), 55–80. doi:10.1080/10986065.2012.625076

Arnold, P., Pfannkuch, M., Wild, C. J., Regan, M., & Budgett, S. (2011). Enhancing students' inferential reasoning: From hands-on to "movies." *Journal of Statistics Education, 19*(2), 1–32. Retrieved from http://www.amstat.org/publications/jse/v19n2/pfannkuch.pdf

Australian Curriculum, Assessment and Reporting Authority. (2014). *The Australian curriculum: Mathematics.* Retrieved from http://www.australiancurriculum.edu.au

Bakker, A. (2014). Implications of technology on what students need to know about statistics. In T. Wassong, D. Frischemeier, P. R. Fischer, R. Hochmuth, & P. Bender (Eds.), *Mit Werkzeugen Mathematik und Stochastik lernen–Using tools for learning mathematics and statistics* (pp. 143–152). Wiesbaden, Germany: Springer Fachmedien Wiesbaden.

Bakker, A., Biehler, R., & Konold, C. (2004). Should young students learn about box plots? In G. Burrill & M. Camden (Eds.), *Curricular development in statistics education: International Association for Statistical Education Roundable* (pp. 163–173). Voorburg, The Netherlands: IASE.

Bakker, A., & Derry, J. (2011). Lessons from inferentialism for statistics education. *Mathematical Thinking and Learning, 13*(1–2), 5–26. doi:10.1080/10986065.2011.538293

Bakker, A., & Gravemeijer, K. P. (2004). Learning to reason about distribution. In D. Ben-Zvi & J. Garfield (Eds.), *The challenge of developing statistical literacy, reasoning and thinking* (pp. 147–168). Dordrecht, The Netherlands: Kluwer.

Batanero, C., Burrill, G., & Reading, C. (Eds.). (2011). *Teaching statistics in school mathematics—Challenges for teaching and teacher education: A joint ICMI/IASE study.* Dordrecht, The Netherlands: Springer.

Ben-Zvi, D. (2000). Toward understanding the role of technological tools in statistical learning. *Mathematical Thinking and Learning, 2*(1–2), 127–155. doi:10.1207/S15327833MTL0202_6

Ben-Zvi, D. (2004). Reasoning about variability in comparing distributions. *Statistics Education Research Journal, 3*(2), 42–63.

Ben-Zvi, D., Aridor, K., Makar, K., & Bakker, A. (2012). Students' emergent articulations of uncertainty while making informal statistical inferences. *ZDM—The International Journal on Mathematics Education, 44*(7), 913–925. doi:10.1007/s11858-012-0420-3

Ben-Zvi, D., Bakker, A., & Makar, K. (Eds.). (2015). Statistical reasoning: Learning to reason from samples [Special issue]. *Educational Studies in Mathematics, 88*(3).

Ben-Zvi, D., & Garfield, J. (Eds.). (2004). Research on reasoning about variability [Special issue]. *Statistics Education Research Journal, 3*(2).

Ben-Zvi, D., Garfield, J., & Makar, K. (Eds.). (2016). *International handbook of research in statistics education.* Manuscript in preparation.

Ben-Zvi, D., Gil, E., & Apel, N. (2007, August). *What is hidden beyond the data? Helping young students to reason and argue about some wider universe.* Paper presented at the Fifth International Research Forum on Statistical Reasoning, Thinking, and Literacy (SRTL-5), University of Warwick, United Kingdom.

Biehler, R. (1994, July). *Probabilistic thinking, statistical reasoning, and the search for causes—Do we need a probabilistic revolution after we have taught data analysis.* Paper presented at the Fourth International Conference on Teaching Statistics (ICOTS-4), Marrakech, Morocco. Retrieved from http:// lama.uni-paderborn.de/fileadmin/Mathematik/People/ biehler/Homepage/pubs/BiehlerIcots19941.pdf

Biehler, R., Ben-Zvi, D., Bakker, A., & Makar, K. (2013). Technology for enhancing statistical reasoning at the school level. In K. Clements, A. Bishop, C. Keitel, J. Kilpatrick, & F. Leung (Eds.), *Third international handbook of mathematics education* (pp. 643–690). New York, NY: Springer.

Biehler, R., & Pratt, D. (Eds.). (2012). Probability in reasoning about data and risk [Special issue]. *ZDM—The International Journal on Mathematics Education, 44*(7).

Biggs, J. B., & Collis, K. F. (1982). *Evaluating the quality of learning: The SOLO taxonomy.* New York, NY: Academic.

Bintz, W., Moran, P., Berndt, R., Ritz, E., Skilton, J., & Bircher, L. (2012). Using literature to teach inference across the curriculum. *Voices From the Middle, 20*(1),16–24.

Borovcnik, M. (2014). Modelling and experiments—An interactive approach towards probability and statistics. In T. Wassong, D. Frischemeier, P. R. Fischer, R. Hochmuth, & P. Bender (Eds.), *Mit Werkzeugen Mathematik und Stochastik lernen–Using tools for learning mathematics and statistics* (pp. 267–282). Wiesbaden, Germany: Springer Fachmedien Wiesbaden.

Borovcnik, M., & Kapadia, R. (2014). A historical and philosophical perspective on probability. In E. J. Chernoff & B. Sriraman (Eds.), *Probabilistic thinking: Presenting plural perspectives* (pp. 7–34). New York, NY: Springer.

Brandom, R. B. (2000). *Articulating reasons: An introduction to inferentialism.* Cambridge, MA: Harvard University Press.

Bulmer, M. (2011). *Island* [Educational website]. Retrieved from http://island.maths.uq.edu.au/access.php?/index.php

Bulmer, M., & Haladyn, J. K. (2011). Life on an island: A simulated population to support student projects in statistics. *Technology Innovations in Statistics Education, 5*(1), 1–20. Retrieved from https://escholarship.org/uc/item/2q0740hv

Burgess, T. (2011). Teacher knowledge of and for statistical investigations. In C. Batanero, G. Burrill, & C. Reading (Eds.), *Teaching statistics in school mathematics— Challenges for teaching and teacher education: A joint ICMI/ IASE study* (pp. 259–270). Dordrecht, The Netherlands: Springer.

Burrill, G., & Biehler, R. (2011). Fundamental statistical ideas in the school curriculum and in training teachers. In C. Batanero, G. Burrill, & C. Reading (Eds.), *Teaching statistics in school mathematics—Challenges for teaching and teacher education: A joint ICMI/IASE study* (pp. 57–69). Dordrecht, The Netherlands: Springer.

Canada, D. (2006). Elementary pre-service teachers' conceptions of variation in a probability context. *Statistics Education Research Journal, 5*(1), 36–63.

Casey, S. A. (2010). Subject matter knowledge for teaching statistical association. *Statistics Education Research Journal, 9*(2), 50–68.

Castro Sotos, A. E., Vanhoof, S., Van den Noortgate, W., & Onghena, P. (2007). Students' misconceptions of statistical inference: A review of the empirical evidence from research on statistics education. *Educational Research Review, 2*(2), 98–113. doi:10.1016/j.edurev.2007.04.001

Chance, B., Ben-Zvi, D., Garfield, J., & Medina, E. (2007). The role of technology in improving student learning of statistics. *Technology Innovations in Statistics Education, 1*(1). Retrieved from http://escholarship.org/uc/item/8sd2t4rr

Chauhan, B. (2014). *Development of a mathematics curriculum: A culturally responsive approach* (Unpublished doctoral dissertation). The University of Delhi, India.

Chernoff, E. J. (2008). The state of probability measurement in mathematics education: A first approximation. *Philosophy of Mathematics Education Journal, 23.* Retrieved from http:// people.exeter.ac.uk/PErnest/pome23/index.htm

Chernoff, E. J. (2009). Sample space partitions: An investigative lens. *Journal of Mathematical Behavior, 28*(1), 19–29. doi:10.1016/j.jmathb.2009.03.002

Chernoff, E., & Sriraman, B. (2014). Introduction. In E. Chernoff & B. Sriraman (Eds.), *Probabilistic thinking: Presenting plural perspectives* (pp. xv–xvii). New York, NY: Springer.

Chernoff, E. J., & Zazkis, R. (2011). From personal to conventional probabilities: From sample set to sample space. *Educational Studies in Mathematics, 77*(1), 15–33. doi:10.1007/s10649010-9288-8

Chick, H. L., & Watson, J. M. (2003). Stochastics education: Growth, goals, and gaps in a maturing discipline. *Mathematics Education Research Journal, 15*(3), 203–206. doi:10.1007/BF03217379

Cobb, G. W. (2007). The introductory statistics course: A

Ptolemaic curriculum? *Technology Innovations in Statistics Education, 1*(1). Retrieved from http://escholarship.org/uc/item/6hb3k0nz

Cobb, P., & McClain, K. (2004). Principles of instructional design for supporting the development of students' statistical reasoning. In D. Ben-Zvi & J. Garfield (Eds.), *The challenge of developing statistical literacy, reasoning and thinking* (pp. 375–395). Dordrecht, The Netherlands: Springer.

Contreras, J. M., Batanero, C., Díaz, C., & Fernandes, J. A. (2011, February). *Prospective teachers' common and specialized knowledge in a probability task.* Paper presented at the Seventh Congress of the European Society for Research in Mathematics Education (CERME-7), Rzeszów, Poland. Retrieved from http://www.cerme7.univ.rzeszow.pl/WG/5/CERME_Contreras-Batanero.pdf

Corter, J. E., & Zahner, D. C. (2007). Use of external visual representations in probability problem solving. *Statistics Education Research Journal, 6*(1), 22–50.

D'Amelio, A. (2009). Undergraduate student difficulties with independent and mutually exclusive events concepts. *The Montana Mathematics Enthusiast, 6*(1&2), 47–56.

delMas, R., Garfield, J., Ooms, A., & Chance, B. (2007). Assessing students' conceptual understanding after a first course in statistics. *Statistics Education Research Journal, 6*(2), 28–58.

delMas, R., & Liu, Y. (2005). Exploring students' conceptions of the standard deviation. *Statistics Education Research Journal, 4*(1), 55–87.

Devlin, K. (2014). The most common misconception about probability? In E. Chernoff & B. Sriraman (Eds.), *Probabilistic thinking: Presenting plural perspectives* (pp. ix–xiii). New York, NY: Springer.

Diaz, C., & Batanero, C. (2009). University students' knowledge and biases in conditional probability reasoning. *International Electronic Journal of Mathematics Education, 4*(3). Retrieved from http://www.mathedujournal.com/dosyalar/IJEM_v4n3_1.pdf

Dierdorp, A., Bakker, A., Eijkelhof, H., & van Maanen, J. (2011). Authentic practices as contexts for learning to draw inferences beyond correlated data. *Mathematical Thinking and Learning, 13*(1–2), 132–151.

Doctorow, C. (2008). Big data: Welcome to the petacentre.

Nature, 455(7209), 16–21. doi:10.1038/455016a

Dupuis, D., Medhanie, A., Harwell, M., Lebeau, B., Monson, D., & Post, T. (2012). A multi-institutional study of the relationship between high school mathematics achievement and performance in introductory college statistics. *Statistics Education Research Journal, 11*(1), 4–20.

Engel, J. (2014). Change point detection tasks to explore students' informal inferential reasoning. In T. Wassong, D. Frischemeier, P. R. Fischer, R. Hochmuth, & P. Bender (Eds.), *Mit werkzeugen Mathematik und Stochastik lernen–Using tools for learning mathematics and statistics* (pp. 113–126). Wiesbaden, Germany: Springer Fachmedien Wiesbaden. doi:10.1007/978-3-658–03104-6_9

English, L. D. (2010). Young children's early modelling with data. *Mathematics Education Research Journal, 22*(2), 24–47. doi:10.1007/BF03217564

English, L. D. (2012). Data modeling with first-grade students. *Educational Studies in Mathematics, 81*(1), 15–30. doi:10.1007/s10649-011-9377-3

English, L. D., & Watson, J. M. (2016). Development of probabilistic understanding in fourth grade. *Journal for Research in Mathematics Education, 47*(1), 28–62.

Erickson, T. (2013). Designing games for understanding in a data analysis environment. *Technology Innovations in Statistics Education, 7*(2). Retrieved from http://escholarship.org/uc/item/31t469kg

Fielding-Wells, J., & Makar, K. (2015). Inferring to a model: Using inquiry-based argumentation to challenge young children's expectations of equally likely outcomes. In A. Zieffler & E. Fry (Eds.), *Reasoning about uncertainty: Learning and teaching informal inferential reasoning* (pp. 1–28). Minneapolis, MN: Catalyst Press.

Finzer, W. (2007). Fathom dynamic data software [Computer software]. Emeryville, CA: Key Curriculum Press.

Finzer, W. (2013). The data science education dilemma. *Technology Innovations in Statistics Education, 7*(2). Retrieved from http://escholarship.org/uc/item/7gv0q9dc

Finzer, W. (2014). Games, data, and habits of mind. In T. Wassong, D. Frischemeier, P. R. Fischer, R. Hochmuth, & P. Bender (Eds.), *Mit Werkzeugen Mathematik und Stochastik lernen–Using tools for learning mathematics and statistics* (pp. 71–84). Wiesbaden, Germany: Springer Fachmedien Wiesbaden.

Finzer, W., & Konold, C. (2009). Data games: Tools and materials for learning data modelling [Computer games]. Retrieved from http://play.codap.concord.org

Fitzallen, N. E. (2012). *Reasoning about covariation with TinkerPlots* (Unpublished doctoral dissertation). University of Tasmania, Australia.

Franklin, C., Kader, G., Mewborn, D., Moreno, J., Peck, R., Perry, M., & Scheaffer, R. (2007). *Guidelines for assessment and instruction in statistics education (GAISE) report: A pre-K–12 curriculum framework.* Alexandria, VA: American Statistical Association.

Friel, S. N., O'Connor, W., & Mamer, J. D. (2006). More than "meanmedianmode" and a bar graph: What's needed to have a statistical conversation. In G. Burrill & P. C. Elliott (Eds.), *Thinking and reasoning with data and chance: Sixty-eighth NCTM yearbook* (pp. 117–137). Reston. VA: National Council of Teachers of Mathematics.

Garfield J., & Ben-Zvi, D. (Eds.). (2005). Reasoning about variation [Special section]. *Statistics Education Research Journal, 4*(1).

Garfield, J. B., & Ben-Zvi, D. (with Chance, B., Medina, E., Roseth, C., & Zieffler, A.). (2008). *Developing students' statistical reasoning: Connecting research and teaching practice.* Dordrecht, The Netherlands: Springer.

Garfield, J., delMas, R., & Zieffler, A. (2012). Developing statistical modelers and thinkers in an introductory, tertiary-level statistics course. *ZDM—The International Journal on Mathematics Education, 44*(7), 883–898. doi:10.1007/s11858-012-0447-5

Garfield, J., Le, L., Zieffler, A., & Ben-Zvi, D. (2015). Developing students' reasoning about samples and sampling variability as a path to expert statistical thinking. *Educational Studies in Mathematics, 88*(3), 327–342. doi:10.1007/s10649-014-9541-7

Gattuso, L., & Ottaviani, L. G., (2011). Complementing mathematical thinking and statistical thinking in school mathematics. In C. Batanero, G. Burrill, & C. Reading (Eds.), *Teaching statistics in school mathematics—Challenges for teaching and teacher education: A joint ICMI/IASE study* (pp. 121–132). Dordrecht, The Netherlands: Springer.

Gil, E., & Ben-Zvi, D. (2011). Explanations and context in the emergence of students' informal inferential reasoning. *Mathematical Thinking and Learning, 13*(1–2), 87–108. doi:

10.1080/10986065.2011.538295

Godino, J. D., Batanero, C., & Roa, R. (2005). An onto-semiotic analysis of combinatorial problems and the solving process by university students. *Educational Studies in Mathematics, 60*(1), 3–36. doi:10.1007/s10649-005-5893-3

Godino, J. D., Ortiz, J. J., Roa, R., & Wilhelmi, M. R. (2011). Models for statistical pedagogical knowledge. In C. Batanero, G. Burrill, & C. Reading (Eds.), *Teaching statistics in school mathematics—Challenges for teaching and teacher education: A joint ICMI/IASE study* (pp. 271–282). Dordrecht, The Netherlands: Springer.

Gould, R. (2010). Statistics and the modern student. *International Statistical Review, 78*(2), 297–315. doi:10.1111/j.1751-5823.2010.00117.x

Gould, R. (2014). DataFest: Celebrating data in the data deluge. In K. Makar, B. de Sousa, & R. Gould (Eds.), *Sustainability in statistics education. Proceedings of the Ninth International Conference on Teaching Statistics.* Retrieved from http://iase-web.org/icots/9/proceedings/pdfs/ICOTS9_4F2_GOULD.pdf

Gould, R., & Çetinkaya-Rundel, M. (2014). Teaching statistical thinking in the data deluge. In T. Wassong, D. Frischemeier, P. R. Fischer, R. Hochmuth, & P. Bender (Eds.), *Mit Werkzeugen Mathematik und Stochastik lernen–Using tools for learning mathematics and statistics* (pp. 377–391). Wiesbaden, Germany: Springer Fachmedien Wiesbaden.

Gravemeijer, K. (2007). Emergent modelling as a precursor to mathematical modelling. In W. Blum, P. L. Galbraith, H.-W. Henn, & M. Niss (Eds.), *Modelling and applications in mathematics education: The 14th ICMI Study* (pp. 137–144). New York, NY: Springer.

Greer, B., Verschaffel, L., & Mukhopadhyay, S. (2007). Modeling for life: Mathematics and children's experience. In W. Blum, P. L. Galbraith, H.-W. Henn, & M. Niss (Eds.), *Modeling and applications in mathematics education: The 14th ICMI Study* (pp. 89–98). New York, NY: Springer.

Groth, R. E. (2007). Toward a conceptualization of statistical knowledge for teaching. *Journal for Research in Mathematics Education, 38*(5), 427–437. doi:10.2307/30034960

Groth, R. E. (2010). Interactions among knowledge, beliefs, and goals in framing a qualitative study in statistics education. *Journal of Statistics Education, 18*(1). Retrieved from http://www.amstat.org/publications/jse/v18n1/groth.pdf

Groth, R. E. (2013). Characterizing key developmental understandings and pedagogically powerful ideas within a statistical knowledge for teaching framework. *Mathematical Thinking and Learning, 15*(2), 121–145. doi:10.1080/10986065. 2013.770718

Groth, R., & Bergner, J. (2005). Pre-service elementary school teachers' metaphors for the concept of statistical sample. *Statistics Education Research Journal, 4*(2), 27–42.

Groth, R., & Bergner J. (2006). Preservice elementary teachers'conceptual and procedural knowledge of mean, median and mode. *Mathematical Thinking and Learning, 8*(1), 37–63. doi:10.1207/s15327833mt10801_3

Hall, S., & Vance, E. (2010). Improving self-efficacy in statistics: Role of self-explanation and feedback. *Journal of Statistics Education, 18*(3), 1–22. Retrieved from http://www.amstat.org/publications/jse/v18n3/hall.pdf

Hannigan, A., Gill, O., & Leavy, A. M. (2013). An investigation of prospective secondary mathematics teachers' conceptual knowledge of and attitudes towards statistics. *Journal of Mathematics Teacher Education, 16*(6), 427–449. doi:10.1007/s10857-013-9246-3

Harradine, A., Batanero, C., & Rossman, A. (2011). Students and teachers' knowledge of sampling and inference. In C. Batanero, G. Burrill, & C. Reading (Eds.), *Teaching statistics in school mathematics—Challenges for teaching and teacher education: A joint ICMI/IASE study* (pp. 235–246). Dordrecht, The Netherlands: Springer.

Hill, H. C., Ball, D. L., & Schilling, S. G. (2008). Unpacking pedagogical content knowledge: Conceptualizing and measuring teachers' topic-specific knowledge of students. *Journal for Research in Mathematics Education, 39*(4), 372–400.

Hill, H., Sleep, L., Lewis, J., & Ball, D. (2007). Assessing teachers' mathematical knowledge: What knowledge matters and what evidence counts. In F. K. Lester Jr. (Ed.), *Second handbook of research on mathematics teaching and learning* (pp. 111–156). Charlotte, NC: Information Age; Reston, VA: National Council of Teachers of Mathematics.

Hoerl, R. W., Snee, R. D., & De Veaux, R. D. (2014). Applying statistical thinking to "Big Data" problems. *Wiley Interdisciplinary Reviews: Computational Statistics, 6*(4), 222–232. doi:10.1002/wics.1306

Ireland, S., & Watson, J. (2008, July). *Concrete to abstract in a grade 5/6 class.* Paper presented in Topic Study Group

13: Research and development in the teaching and learning of probability. Eleventh International Congress on Mathematics Education, Monterrey, Mexico. Retrieved from http://iase-web.org/documents/papers/icme11/ICME11_TSG13_09P_ireland_watson.pdf

Jacobbe, T., & Horton, R. M. (2010). Elementary school teachers' comprehension of data displays. *Statistics Education Research Journal, 9*(1), 27–45.

Jones, G. A., Langrall, C. W., & Mooney, E. S. (2007). Research in probability: Responding to classroom realities. In F. K. Lester Jr. (Ed.), *Second handbook of research on mathematics teaching and learning* (Vol. 2, pp. 909–956). Charlotte, NC: Information Age; Reston, VA: National Council of Teachers of Mathematics.

Kazak, S. (2015). "How confident are you?" Supporting young students' reasoning about uncertainty in chance games through students' talk and computer simulations. In A. Zieffler & E. Fry (Eds.), *Reasoning about uncertainty: Learning and teaching informal inferential reasoning* (pp. 29–55). Minneapolis, MN: Catalyst Press.

Kazak, S., & Pratt, D. (2015). *Pre-service mathematics teachers' informal statistical inference when building probability models for a chance game.* Paper presented at the Ninth International Research Forum on Statistical Reasoning, Thinking, and Literacy (SRTL-9), University of Paderborn, Germany.

Konold, C. (2007). Designing a data analysis tool for learners. In P. Shah (Ed.), *Thinking with data* (pp. 267–291). Mahwah, NJ: Lawrence Erlbaum.

Konold, C. (2010, July). *The virtues of building on sand.* Keynote presentation at the Eighth International Conference on Teaching Statistics, Ljubljana, Slovenia. Retrieved from http://videolectures.net/icots2010_konold_tvbs/

Konold, C., & Harradine, A. (2014). Contexts for highlighting signal and noise. In T. Wassong, D. Frischemeier, P. R. Fischer, R. Hochmuth, & P. Bender (Eds.), *Mit Werkzeugen Mathematik und Stochastik lernen—Using tools for learning mathematics and statistics* (pp. 237–289). Wiesbaden, Germany: Springer Fachmedien Wiesbaden.

Konold, C., Higgins, T., Russell, S. J., & Khalil, K. (2015). Data seen through different lenses. *Educational Studies in Mathematics, 88*(3), 305–325. doi:10.1007/s10649-013-9529-8

Konold, C., & Kazak, S. (2008). Reconnecting data and

chance. *Technology Innovations in Statistics Education, 2*(1), 1–37. Retrieved from http://www.escholarship.org/uc/item/38p7c94v

Konold, C., & Lehrer, R. (2008). Technology and mathematics education: An essay in honor of Jim Kaput. In L. D. English (Ed.), *Handbook of international research in mathematics education* (pp. 49–71). New York, NY: Routledge.

Konold, C., Madden, S., Pollatsek, A., Pfannkuch, M., Wild, C., Ziedins, I., . . . Kazak, S. (2011). Conceptual challenges in coordinating theoretical and data-centered estimates of probability. *Mathematical Thinking and Learning, 13*(1–2), 68–86. doi:10.1080/10986065.2011.538299

Konold, C., & Miller, C. D. (2005). TinkerPlots: Dynamic data exploration [Computer software]. Emeryville, CA: Key Curriculum Press.

Konold, C., & Miller, C. D. (2011). TinkerPlots v.2.0: Dynamic data exploration [Computer software]. Emeryville, CA: Key Curriculum Press.

Konold, C., Robinson, A., Khalil, K., Pollatsek, A., Well, A. D., & Wing, R. (2002). Students' use of modal clumps to summarize data. In B. Phillips (Ed.), *Developing a statistically literate society. Proceedings of the Sixth International Conference on Teaching Statistics* (ICOTS-6). Voorburg, The Netherlands: IASE & ISI. Retrieved from http://iase-web.org/documents/papers/icots6/8b2_kono.pdf

Langrall, C., Nisbet, S., Mooney, E., & Jansem, S. (2011). The role of context expertise when comparing data. *Mathematical Thinking and Learning, 13*(1–2), 47–67. doi:10.1080/10986065.2011.538620

Larwin, K., & Larwin, D. (2011). A meta-analysis examining the impact of computer-assisted instruction on postsecondary statistics education: 40 years of research. *Journal of Research on Technology in Education, 43*(3), 253–278.

Lavigne, N. C., & Lajoie, S. P. (2007). Statistical reasoning of middle school children engaged in survey inquiry. *Contemporary Educational Psychology, 32*(4), 630–666. doi:10.1016/j.cedpsych.2006.09.001

Leavy, A., & Middleton, J. (2011). Elementary and middle grade students' constructions of typicality. *Journal of Mathematical Behavior, 30*(3), 235–254. doi:10.1016/j.jmathb.2011.03.001

Leavy A., & O'Loughlin, N. (2006). Preservice teachers' understanding of the mean: Moving beyond the arithmetic average. *Journal of Mathematics Teacher Education, 9*(1),

53–90. doi:10.1007/s10857-006-9003-y

Lecoutre, M. (1992). Cognitive models and problem spaces in "purely random" situations. *Educational Studies in Mathematics, 23*(6), 557–568. doi:10.1007/BF00540060

Lehrer, R., & Kim, M.-J. (2009). Structuring variability by negotiating its measure. *Mathematics Education Research Journal, 21*(2), 116–133. doi:10.1007/BF03217548

Lehrer, R., Kim, M.-J., & Schauble, L. (2007). Supporting the development of conceptions of statistics by engaging students in measuring and modeling variability. *International Journal of Computers for Mathematical Learning, 12*(3), 195–216. doi:10.1007/s10758-007-9122-2

Lem, S., Onghena, P., Verschaffel, L., & Van Dooren, W. (2013). External representations for data distributions: In search of cognitive fit. *Statistics Education Research Journal, 12*(1), 4–19.

Lesh, R., Caylor, E., & Gupta, S. (2007). Data modeling and the infrastructural nature of conceptual tools. *International Journal of Computers for Mathematical Learning, 12*(3), 231–254. doi:10.1007/s10758-007-9124-0

Lesh, R., Galbraith, P., Haines, C., & Hurford, A. (2013). *Modeling students' mathematical modeling competencies.* Dordrecht, The Netherlands: Springer.

Lester, F. K., Jr. (Ed.). (2007). *Second handbook of research on mathematics teaching and learning* (Vols. 1–2). Charlotte, NC: Information Age; Reston, VA: National Council of Teachers of Mathematics.

Lindley, D. V. (1975). The future of statistics: A Bayesian 21st century. *Advances in Applied Probability, 7* (Supplement: Proceedings of the Conference on Directions for Mathematical Statistics), 106–115. doi:10.2307/1426315

Liu, Y., & Thompson, P. (2007). Teachers' understandings of probability. *Cognition & Instruction, 25*(2/3), 113–160. doi:10.1080/07370000701301117

Lockwood, E. (2011). Student connections among counting problems: An exploration using actor-oriented transfer. *Educational Studies in Mathematics, 78*(3), 307–322. doi:10.1007/s10649-011-9320-7

Lockwood, E. (2013). A model of students' combinatorial thinking. *Journal of Mathematical Behavior, 32*(2), 251–265. doi:10.1016/j.jmathb.2013.02.008

Madden, S. R. (2011). Statistically, technologically, and contextually provocative tasks: Supporting teachers' informal inferential reasoning. *Mathematical Thinking and Learning,*

13(1–2), 109–131. doi:10.1080/10986065.2011.539078

Makar, K. (2013). Predict! Teaching statistics using informal statistical inference. *Australian Mathematics Teacher, 69*(4), 34–40.

Makar, K. (2014). Young children's explorations of average through informal inferential reasoning. *Educational Studies in Mathematics, 86*(1), 61–78. doi:10.1007/s10649-013-9526-y

Makar, K. (2016). Developing young children's emergent inferential practices in statistics. *Mathematical Thinking and Learning, 18*(1), 1–24. doi:10.1080/10986065.2016.1107820

Makar, K., Bakker, A., & Ben-Zvi, D. (2011). The reasoning behind informal statistical inference. *Mathematical Thinking and Learning, 13*(1–2), 152–173. doi:10.1080/10986065.2011.538301

Makar, K., & Ben-Zvi, D. (Eds.). (2011). The role of context in developing reasoning about informal statistical inference. *Mathematical Thinking and Learning* [Special issue], *13*(1–2). doi:10.1080/10986065.2011.538291

Makar, K., & Fielding-Wells, J. (2011). Teaching teachers to teach statistical investigations. In C. Batanero, G., Burrill, & C. Reading (Eds.), *Teaching statistics in school mathematics— Challenges for teaching and teacher education: A joint ICMI/ IASE study* (pp. 347–358). Dordrecht, The Netherlands: Springer.

Makar, K., & Rubin, A. (2009). A framework for thinking about informal statistical inference. *Statistics Education Research Journal, 8*(1), 82–105.

Mayén, S., Díaz, C., & Batanero, C. (2009). Students' semiotic conflicts in the concept of median. *Statistics Education Research Journal, 8*(2), 74–93.

Ministry of Education. (2007). *The New Zealand curriculum: Mathematics and statistics.* Wellington, New Zealand: Author.

Mokros J., & Russell, S. J. (1995). Children's concepts of average and representativeness. *Journal for Research in Mathematics Education, 26*(1), 20–39.

Moore, D. S. (2007). *The basic practice of statistics* (4th ed.). New York, NY: Freeman.

National Council of Teachers of Mathematics. (2000). *Principles and standards for school mathematics.* Reston, VA: Author. National Council of Teachers of Mathematics. (2014). *Principles to actions.* Reston, VA: Author.

Nilsson, P. (2007). Different ways in which students handle chance encounters in the explorative setting of a dice game. *Educational Studies in Mathematics, 66,* 293–315. doi:10.1007/s10649-006-9062-0

Nilsson, P. (2009). Conceptual variation and coordination in probability reasoning. *Journal of Mathematical Behavior, 28*(4), 247–261. doi:10.1016/j.jmathb.2009.10.003

Nilsson, P. (2014). Experimentation in probability teaching and learning. In E. J. Chernoff & B. Sriraman (Eds.), *Probabilistic thinking: Presenting plural perspectives* (pp. 509–532). Dordrecht: The Netherlands: Springer.

Nilsson, P., & Lindström, T. (2013). Profiling Swedish teachers' knowledge base in probability. *Nordisk Matematikkdidaktikk, 18*(4), 51–72.

Noll, J. (2011). Graduate teaching assistants' statistical content knowledge of sampling. *Statistics Education Research Journal, 10*(2), 48–74.

Noll, J., & Shaughnessy, M. (2012). Aspects of students' reasoning about variation in empirical sampling distributions. *Journal for Research in Mathematics Education, 43*(5), 509–556.

Nunes, T., Bryant, P., Evans, D., Gottardis, L., & Terlektsi, M.-E. (2014). The cognitive demands of understanding sample space. *ZDM—The International Journal on Mathematics Education, 46*(3), 437–448. doi:10.1007/s11858-014-0581-3

Olive, J., & Makar, K. (2010). Mathematical knowledge and practices resulting from access to digital technologies. In C. Hoyles & J.-B. Lagrange (Eds.), *Mathematics education and technology—Rethinking the terrain* (pp. 133–177). New York, NY: Springer.

Paparistodemou, E., & Meletiou-Mavrotheris, M. (2008). Developing young students' informal inference skills in data analysis. *Statistics Education Research Journal, 7*(2), 83–106.

Peters, S. (2011). Robust understanding of statistical variation. *Statistics Education Research Journal, 10*(1), 52–88.

Pfannkuch, M. (2005). Thinking tools and variation. *Statistics Education Research Journal, 4*(1), 83–91.

Pfannkuch, M. (2011). The role of context in developing informal statistical inferential reasoning: A case study. *Mathematical Thinking and Learning, 13*(1–2), 27–46. doi:10.1080/10986065.2011.538302

Pfannkuch, M., & Ben-Zvi, D. (2011) Developing teachers'

statistical thinking. In C. Batanero, G. Burrill, & C. Reading (Eds.), *Teaching statistics in school mathematics— Challenges for teaching and teacher education: A joint ICMI/ IASE study* (pp. 323–333). Dordrecht, The Netherlands: Springer.

Pfannkuch, M., & Reading, C. (Eds.). (2006a). Reasoning about distribution [Special issue]. *Statistics Education Research Journal, 5*(2).

Pfannkuch, M., & Reading, C. (2006b). Reasoning about distribution: A complex process. *Statistics Education Research Journal, 5*(2), 4–9.

Pfannkuch, M., Regan, M., Wild, C., Budgett, S., Forbes, S., Harraway, J., & Parsonage, R. (2011). Inference and the introductory statistics course. *International Journal of Mathematical Education in Science and Technology, 42*(7), 903–913. doi:10.1080/0020739X.2011.604732

Pfannkuch, M., Regan, M., Wild, C., & Horton, N. J. (2010). Telling data stories: Essential dialogues for comparative reasoning. *Journal of Statistics Education, 18(*1), 1–38. Retrieved from http://www.amstat.org/publications/jse/ v18n1/pfannkuch.pdf

Philip, T. M., Schuler-Brown, S., & Way, W. (2013). A framework for learning about big data with mobile technologies for democratic participation: Possibilities, limitations, and unanticipated obstacles. *Technology, Knowledge and Learning, 18*(3), 103–120. doi:10.1007/s10758-013-9202-4

Pratt, D. (2005). How do teachers foster students' understanding of probability? In G. A. Jones (Ed.), *Exploring probability in school challenges for teaching and learning* (pp. 171–190). New York, NY: Springer.

Pratt, D., & Ainley, J. (Eds.). (2008). Informal inferential reasoning [Special issue]. *Statistics Education Research Journal, 7*(2).

Pratt, D., & Ainley, J. (2014). Chance re-encounters: "Computers in probability education" revisited. In T. Wassong, D. Frischemeier, P. R. Fischer, R. Hochmuth, & P. Bender (Eds.), *Mit Werkzeugen Mathematik und Stochastik lernen– Using tools for learning mathematics and statistics*(pp. 165–177). Wiesbaden, Germany: Springer Fachmedien Wiesbaden.

Pratt, D., Ainley, J., Kent, P., Levinson, R., Yogui, C., & Kapadia, R. (2011). Role of context in risk-based reasoning. *Mathematical Thinking and Learning, 13*(4), 322–345. doi:

10.1080/10986065.2011.608346

Pratt, D., Davies, N., & Connor, D. (2011). The role of technology in teaching and learning statistics. In C. Batanero, G. Burrill, & C. Reading (Eds.), *Teaching statistics in school mathematics— Challenges for teaching and teacher education: A joint ICMI/IASE study* (pp. 97–107). Dordrecht, The Netherlands: Springer.

Prodromou, T. (2014). Developing a modelling approach to probability using computer-based simulations. In E. J. Chernoff & B. Sriraman (Eds.), *Probabilistic thinking: Presenting plural perspectives* (pp. 417–439). New York, NY: Springer.

Reading, C. (2004). Student description of variation while working with weather data. *Statistics Education Research Journal, 3*(2), 84–105.

Reading, C., & Reid, J. (2006). An emerging hierarchy of reasoning about distribution: From a variation perspective. *Statistics Education Research Journal, 5*(2), 46–68.

Reading, C., & Shaughnessy, M. (2004). Reasoning about variation. In D. Ben-Zvi & J. Garfield (Eds.), *The challenge of developing statistical literacy, reasoning and thinking*(pp. 201–226). Dordrecht, The Netherlands: Kluwer.

Reid, J., & Reading, C. (2008). Measuring the development of students' consideration of variation. *Statistics Education Research Journal, 7*(1), 40–59.

Rossman, A. (2008). Reasoning about informal statistical inference: One statistician's view. *Statistics Education Research Journal, 7*(2), 5–19.

Rowland, T., & Ruthven, K. (2011). Mathematical knowledge in teaching. In T. Rowland & K. Ruthven (Eds.), *Mathematical knowledge in teaching* (pp. 1–5). London, England: Springer.

Rubel, L. H. (2007). Middle school and high school students' probabilistic reasoning on coin tasks. *Journal for Research in Mathematics Education, 38*(5), 531–556.

Rubin, A. (2007). Much has changed; little has changed: Revisiting the role of technology in statistics education 1992–2007. *Technology Innovations in Statistics Education, 1*(1). Retrieved from http://www.escholarship.org/uc/ item/833239sw

Russell, S. J. (2006). What does it mean the "5 has a lot"? From the world to data and back. In G. Burrill & P. C. Elliott (Eds.), *Thinking and reasoning with data and chance: Sixty-eighth NCTM yearbook* (pp. 17–30). Reston. VA: National Council of Teachers of Mathematics.

Saldanha, L., & Thompson, P. (2003). Conceptions of sample and their relationships to statistical inference. *Educational Studies in Mathematics, 51,* 257–270.

Sfard, A. (2008). *Thinking as communication.* Cambridge, United Kingdom: Cambridge University Press.

Shaughnessy, J. M. (1992). Research on probability and statistics: Reflections and directions. In D. Grouws (Ed.), *Handbook of research on mathematics teaching and learning* (pp. 465–494). New York, NY: Macmillan.

Shaughnessy, J. M. (2007). Research on statistics learning and reasoning. In F. K. Lester Jr. (Ed.), *Second handbook of research on mathematics teaching and learning* (Vol. 2, pp. 957–1009). Charlotte, NC: Information Age; Reston, VA: National Council of Teachers of Mathematics.

Shaughnessy, J. M. (2014). Teachers as key stakeholders in research in statistics education. In K. Makar, B. de Sousa, & R. Gould (Eds.), *Sustainability in statistics education. Proceedings of the Ninth International Conference on Teaching Statistics.* Voorburg, The Netherlands: ISI. Retrieved from http://iase-web.org/icots/9/proceedings/pdfs/ICOTS9_2G4_SHAUGHNESSY.pdf

Shaughnessy, J. M., Chance, B, & Kranendonk, H. (2009). *Focus on high school mathematics reasoning and sense making: Statistics and probability.* Reston, VA: National Council of Teachers of Mathematics.

Shulman, L. S. (1987). Knowledge and teaching: Foundations of the new reform. *Harvard Educational Review, 57*(1), 1–23.

Silverman, J., & Thompson, P. W. (2008). Toward a framework for the development of mathematical knowledge for teaching. *Journal of Mathematics Teacher Education, 11*(6), 499–511. doi:10.1007/s10857-008-9089-5

Simon, M. (2006). Key developmental understandings in mathematics: A direction for investigating and establishing learning goals. *Mathematical Thinking and Learning, 8*(4), 359–371. doi:10.1207/s15327833mt10804_1

Smith, T., & Hjalmarson, M. (2013). Eliciting and developing teachers' conceptions of random processes in a probability and statistics course. *Mathematical Thinking and Learning, 15*(1), 58–82. doi:10.1080/10986065.2013.738378

Sowder, J., Sowder, L., & Nickerson, S. (2010). *Reconceptualizing mathematics for elementary school teachers.* New York, NY: W. H. Freeman.

Spector, J. M., Lockee, B. B., Smaldino, S., & Herring, M.

(Eds.). (2013). *Learning, problem solving, and mind tools: Essays in honor of David H. Jonassen.* New York, NY: Routledge.

Spiegelhalter, D., & Gage, J. (2014). What can education learn from real-world communication of risk and uncertainty? In K. Makar, B. de Sousa, & R. Gould (Eds.), *Proceedings of the Ninth International Conference on Teaching Statistics.* Voorburg, The Netherlands: IASE & ISI. Retrieved from http://iase-web.org/icots/9/proceedings/pdfs/ICOTS9_PL2_SPIEGELHALTER.pdf

Stanja, J., & Steinbring, H. (2014). The epistemological character of visual semiotic means used in elementary stochastics learning. In T. Wassong, D. Frischemeier, P. R. Fischer, R. Hochmuth, & P. Bender (Eds.), *Mit Werkzeugen Mathematik und Stochastik lernen–Using tools for learning mathematics and statistics* (pp. 223–235). Wiesbaden, Germany: Springer Fachmedien Wiesbaden.

Stillman, G., & Galbraith, P. (2011). Evolution of applications and modelling in a senior secondary curriculum. In G. Kaiser, W. Blum, R. B. Ferri, & G. Stillman (Eds.), *Trends in teaching and learning of mathematical modelling* (pp. 689–699). Dordrecht, The Netherlands: Springer.

Stillman, G. A., Kaiser, G., Blum, W., & Brown, J. P. (Eds.). (2013). *Teaching mathematical modelling: Connecting to research and practice.* Dordrecht, The Netherlands: Springer.

Stohl, H., & Tarr, J. E. (2002). Developing notions of inference using probability simulation tools. *Journal of Mathematical Behavior, 21*(3), 319–337. doi:10.1016/S0732-3123(02)00132-3

Stohl Lee, H. (2005). Facilitating students' problem solving in a technological context: Prospective teachers' learning trajectory. *Journal of Mathematics Teacher Education, 8*(3), 223–254. doi:10.1007/s10857-005-2618-6

Stohl Lee, H., Angotti, R. L., & Tarr, J. E. (2010). Making comparisons between observed data and expected outcomes: Students' informal hypothesis testing with probability simulation tools. *Statistics Education Research Journal, 9*(1), 68–96.

Tintle, N., Topliff, K., Vanderstoep, J., Holmes, V., & Swanson, T. (2012). Retention of statistical concepts in a preliminary randomization-based introductory statistics curriculum. *Statistics Education Research Journal, 11*(1), 21–40.

Turnbull, D. R., Zupnick, J. A., Stensland, K. B., Horwitz, A. R.,

Wolf, A. J., Spirgel, A. E., . . . Joachims, T. (2014). Using personalized radio to enhance local music discovery. In CHI'14 *Extended Abstracts on Human Factors in Computing Systems* (pp. 2023–2028). New York, NY: Association for Computing Machinery.

Wassong, T. Frischemeier, D., Fischer, P. R., Hochmuth, R., & Bender, P. (Eds.). (2014). *Mit Werkzeugen Mathematik und Stochastik lernen–Using tools for learning mathematics and statistics.* Wiesbaden, Germany: Springer Fachmedien Wiesbaden.

Watson, A., Jones, K., & Pratt, D. (2013). *Key ideas in teaching mathematics: Research-based guidance for ages 9–19.* Oxford, United Kingdom: Oxford University Press.

Watson, A., & Ohtani, M. (Eds.). (2015). *Task design in mathematics education: An ICMI Study 22.* Cham, Switzerland: Springer.

Watson, J. M. (2007). The role of cognitive conflict in developing students' understanding of average. *Educational Studies in Mathematics, 65*(1), 21–47. doi:10.1007/s10649-006-9043-3

Watson, J. M. (2008). Exploring beginning inference with novice grade 7 students. *Statistics Education Research Journal, 7*(2), 59–82.

Watson, J. M. (2009). The influence of variation and expectation on the developing awareness of distribution. *Statistics Education Research Journal, 8*(1), 32–61.

Watson, J., & Callingham, R. (2014). Two-way tables: Issues at the heart of statistics and probability for students and teachers. *Mathematical Thinking and Learning, 16,* 254–284. doi:10.1080/10986065.2014.953019

Watson, J., Callingham, R., & Donne, J. (2008). Establishing PCK for teaching statistics. In C. Batanero, G. Burrill, C. Reading, & A. Rossman (Eds.), *Joint ICME/IASE Study: Teaching Statistics in School Mathematics. Challenges for Teaching and Teacher Education.* (Proceedings of the ICMI Study 18 and the 2008 IASE Round Table Conference, Monterrey, Mexico, July, 2008). Retrieved from http://www.ugr.es/~icmi/iase_study/

Watson, J. M., Callingham, R. A., & Kelly, B. A. (2007). Students' appreciation of expectation and variation as a foundation for statistical understanding. *Mathematical Thinking and Learning, 9*(2), 83–130. doi:10.1080/10986060709336812

Watson, J., & Chance, B. (2012). Building intuitions about statistical inference based on resampling. *Australian Senior Mathematics Journal, 26*(1), 6–18.

Watson, J. M., & Moritz, J. B. (2000). The longitudinal development of understanding of average. *Mathematical Thinking and Learning, 2*(1), 11–50. doi:10.1207/S15327833MTL0202_2

Watson, J., & Neal, D. (2012). Preparing students for decision-making in the 21st century—Statistics and probability in the Australian Curriculum: Mathematics. In B. Atweh, M. Goos, R. Jorgensen, & D. Siemon (Eds.), *Engaging the Australian National Curriculum: Mathematics-Perspectives from the field* (pp. 89–115). Online Publication: Mathematics Education Research Group of Australasia. Retrieved from http://www.merga.net.au/node/223

Wild, C. J., & Pfannkuch, M. (1999). Statistical thinking in empirical enquiry. *International Statistical Review, 67*(3), 223–248. doi:10.1111/j.1751-5823.1999.tb00442.x

Wild, C. J., Pfannkuch, M., Regan, M., & Horton, N. J. (2011). Towards more accessible conceptions of statistical inference. *Journal of the Royal Statistical Society: Series A, 174*(2), 247–295. doi:10.1111/j.1467-985X.2010.00678.x

Williams, A. (2013). Worry, intolerance of uncertainty, and statistics anxiety. *Statistics Education Research Journal, 12*(1), 48–59.

Zahner, D., & Corter, J. (2010). The process of probability problem solving: Use of external visual representations. *Mathematical Thinking and Learning, 12*(2), 177–204. doi:10.1080/10986061003654240

Zazkis, D. (2013). On students' conceptions of arithmetic average: The case of inference from a fixed total. *International Journal of Mathematical Education in Science and Technology, 44*(2), 204–213. doi:10.1080/0020739X.2012.703338

Zieffler, A., Garfield, J., delMas, R., & Reading, C. (2008). A framework to support research on informal inferential reasoning. *Statistics Education Research Journal, 7*(2), 40–58. Retrieved from http://www.stat.auckland.ac.nz/~iase/serj/SERJ7%282%29_Zieffler.pdf

Zieffler, A., & Fry, E. (Eds.). (2015). *Reasoning about uncertainty: Learning and teaching informal inferential reasoning.* Minneapolis, MN: Catalyst Press.

19

微积分概念的理解：教育研究中出现的理论框架与路线图[*]

肖恩·拉森
美国波特兰州立大学
卡伦·马伦盖利
美国波特兰州立大学
戴维·布雷斯苏德
美国麦卡利斯特学院
卡伦·格雷厄姆
美国新罕布什尔大学
译者：陈雪梅
　　河北师范大学教师教育学院

微积分是世界各地科学与工程领域中大多数学科的基础。它是任何动力系统建模的核心，并且经常被用来表示一个学生是否准备好学习高等数学、科学和工程课程，即使这些课程没有明确地建立在微积分基础上（Bressoud, 1992）。同时，微积分又是许多学生学业进步的障碍。在美国，报名参加高等微积分1（通常由微积分学组成）的学生中有28%的人得到D或F，或者中途退出课程（Bressoud, Carlson, Mesa, & Rasmussen, 2013）。只有半数的学生获得B或者更高的成绩，这被作为一个人可以继续学习后续课程的信号。尽管这些学生成绩优良，但是仍有很多学生被劝说不要继续学习后续课程（Bressoud 等, 2013）。在美国，从微积分更早进入中学课程的运动和大幅降低（学生）失败率的压力中产生了微积分学习的新挑战（Bressoud, 2015）。面对挑战，研究界需要深入理解学生如何学懂这门学科，找到教学障碍之处以及提高学生成功率的策略与方法。

为了保证这一章的连贯性，并且为我们所讨论的工作提供适度的详细关注，我们专注于那些侧重学生如何理解微积分内容的研究。然而，我们必须首先承认，在与微积分有关的其他问题上，已经进行了各种重要的教育研究。例如，近期由美国数学联合会开展的一项国家研究（Bressoud, Mesa, & Rasmussen, 2015），就是通过测量保持力与态度的变化，确定有利于学生在微积分课程上取得成功的一项研究。其他一些研究是有关美国高等教育微积分项目快速增长的议题（Keng & Dodd, 2008; Morgan & Klaric, 2007）。托纳、波塔里与扎卡赖亚兹（2014）回顾了欧洲中学教育中微积分课程的演变。还有一些研究是关于学生学习微积分所需的准备（Carlson, Madison, & West, 2015）。最后，有一些针对教授微积分课程的教师的研究，包括教师对于教学方法的认识（Sofronas 等, 2015）、教学实践与涵盖的课程内容之间的关系（Johnson, Ellis, & Rasmussen, 2015），以及研究生的专业发展（Deshler, Hauk, & Speer, 2015）三个方面的调查研究。

舍恩菲尔德（2000）曾指出数学教育研究有两个目的。第一个是纯粹的研究目的，"理解数学思维、教学与学习的本质"。第二个是应用的目的，"应用这样的理解来改善数学教学"（第641页）。根据这两个目的来组织这一章有两个原因：首先，这种组织方式可以允许我们明

---

* 作者要感谢伊琳·格洛韦尔和德纳·基林为编写本章所作的贡献。

确地关注应用研究。这样做是至关重要的，因为微积分是科学、技术、工程、数学（STEM）教育的核心部分。其次，这种组织方式可以在微积分的教与学领域中的纯研究与应用研究之间进行比较。我们认为，虽然在微积分教与学领域仍需要更多的基础研究，但是基础研究远比应用性研究深入。

在微积分教与学领域中开展纯研究的一个明确的优势是研究的推进方式，因为研究明确建立在早期研究的基础上。这尤其适用于致力于阐述学习和理解一些具体的微积分概念的意义的研究。具有这种目的的研究已经建立了一些理论模型，这些理论模型又被后续的研究挑战，并得到改进。描述学生理解的研究已经在细节与特殊性方面得到发展。我们在本章的纯研究部分强调了文献的这些方面：微积分教与学领域中纯研究的讨论将关注学生如何理解极限、微分与积分概念。这种关注反映出这类研究在文献中既占主导地位，又服务于应用的研究，使我们可以从这些研究的细节描述中收集到一些见解。

回顾了微积分教与学的纯研究之后，我们转向与改善微积分教与学有关的研究，即舍恩菲尔德（2000）所指的应用研究。教育研究与改进工作相结合有三种重要的途径。第一，改革创新应该以纯研究的发现为依据。第二，研究那些参与改革的学生与教师，可以提供许多重要的发现：有关实施改革措施的挑战与负担，干预措施对学生学习可能产生的影响的详细记录，以及为了实现这些影响所需的条件。第三，可以进行效能与有效性的研究，通过与其他教学方法的比较，评估干预措施实现目标的程度。在回顾为了改善微积分教与学所付出努力的研究时，我们应该明确地关注这些研究在多大程度上以一种或多种方式伴随着这些努力。

最后我们回顾了过去二十年中微积分教与学领域的研究进展，并且为未来的研究确定了重要的方向。该领域仍然需要更多的纯研究。一些主题一直以来都普遍缺乏研究（如连续、数列与级数、多元微积分）。例如，有关极限的认知已经进行了广泛深入的研究，其他主题的研究当然可以仿效进行。另外，目前虽然缺少有关微积

分教学的基础研究，但极度缺乏的还是应用研究。为使研究能够继续致力于改善微积分的教与学，我们提出了具体的建议。

关于理解微积分核心思想的研究

在转向回顾与学生对微积分核心思想的理解有关的文献之前，我们注意到这类研究一致指出了一些对于学生理解微积分的核心概念至关重要的认知根源，包括函数（特别是协变推理与变化率）、定量推理。在文献的回顾中，为使读者更全面地了解这些主题，我们试图以一种适当的方式突出这些观点，并鼓励读者查阅汤普森与卡尔森（2017，即本套书第16章）的研究，以彻底了解这些主题。

我们关注极限、微分与积分概念，部分原因是大多数关于学生对于微积分理解的研究都涉及这些概念中的一个或多个。然而，已经有一些研究是针对微积分学习第一年里经常出现的其他一些概念。与连续概念有关的研究文献极其不足，但这却是托尔与文纳（1981）介绍概念意象与概念定义的那篇重要论文中的焦点之一。努涅斯、爱德华兹与马托斯（1999）提出了一个从具象化的认知视角研究连续概念的案例。拉吕与因方特（2015）在一个经典的优化问题的情境下检验了学生的问题解决。特里格罗斯与马丁内斯-普兰埃尔（2010）基于活动、过程、对象、图式（即APOS）理论与杜瓦尔（2006）提出的符号表征理论，调查了学生对于二元函数的理解。针对这些主题以及其他主题的持续研究之所以重要，是因为这些工作可以帮助那些以全面支持学生微积分的成功为目标的应用研究。最后，我们指出，这里提到的论文仅是有关微积分部分主题的一个样本，而不是一个完整的研究列表。

极限、导数与积分是微积分的三个核心概念。如前所述，涉及微积分的大量的教育研究都与这些概念有关。索弗罗纳斯等（2011）调查了美国24位微积分专家，这项调查验证了这些概念的核心作用。他们进行调查是为了形成一个理论框架，用于描述学生在完成第一年的大学微积分学习后所预期的知识与技能。调查确定了

五个基础概念与技能：导数、积分、极限、数列与级数、逼近。70%或以上的专家同意，一名学生完成第一年的大学微积分课程时应该掌握导数、积分、极限三个概念。托纳及其合作者（2014）调查了法国、德国、英国、比利时、意大利、希腊与塞浦路斯的大学数学教授有关微积分课程、教学方法、技术的应用三个话题。与索弗罗纳斯等人的研究结果一样，在每个调查的国家中，极限、导数、积分三个概念都是微积分课程的核心内容。此外，托纳及其合作者还报告了中学与大学课程在处理这些概念时的一个明显区别。这项调查结果显示，欧洲中学阶段的微积分课程一般不包括证明与定义。相反，欧洲大学阶段的微积分课程通常涉及证明与定义。

20世纪80年代和90年代关于微积分学习的早期研究主要集中在识别学生的错误概念以及能使学生克服错误概念的干预措施上。可见，与学生的思维和学习相关的理论发展影响了数学教育研究，更具体地说，是影响了微积分学习的研究。尤其是建构主义的出现影响了数学教育研究，并促使研究成果转向试图刻画学生理解的过程，而不是仅仅强调学生的理解与专家的理解之间的差别（参见 Rasmussen, Marrongelle, & Borba, 2014）。

杜宾斯基及其同事采用皮亚杰的观点提出了描述学生学习的活动、过程、对象、图式（APOS）的理论（如 Asiala 等，1996）。如拉斯马森等（2014）指出的，大约在同一时期，斯法德（1991）正在发展从操作的视角向结构的视角转变的观点（在历史发展与学生学习之间进行比较），格雷与托尔（1994）正在表述"认知"这一相关概念。戴斯萨 (1988)也正在充实他的现象本源（p-prims）理论，这种理论对物理教育研究影响深远（Rasmussen 等，2014）。这些理论工具支持研究者构建更细致的与学生理解极限（Cottrill 等，1996）、导数（Zandieh, 2000）、积分（Sealey, 2014）有关的模型。然后这些模型支持更细致地探索学生如何理解这些概念（如 Swinyard & Larsen, 2012），以及设计基于研究的教学干预措施（参见 Thompson,Byerley, & Hatfield, 2013）。

在接下来的三部分中，我们讨论与学生学习与理解极限、微分、积分有关的文献。每部分的结构将反映研究文献中较为主要的趋势：从关注误解转向以更细致入微的方式刻画学生学习概念的方式，包括各个认知模型的发展与细致化。然而，由于文献中出现的重要研究的数量所反映的这三个主题的研究成熟度的差异，这些部分在长度上会有不同。

极限

极限通常被认为是对微积分的主要内容（包括导数、积分、数列与级数）进行概念理解的基础（Sofronas 等，2011; Williams, 1991）。尚不清楚的是，极限概念（特别是它的形式化定义）在多大程度上应被视为第一年微积分教与学的基础。在这里，我们不专注于这场争论而是讨论关于极限概念的教与学，我们已经知道了什么。尽管极限概念在美国大学第一年的课程中的位置还不确定，但它在研究文献中得到了很好的体现。事实上，极限研究是大学本科阶段数学教育研究中最强的领域之一，同时它还作为一个优秀的模型，示范一项研究如何能高效地建立在它自身之上。

大多数关于极限的早期研究（如 Davis & Vinner, 1986; Sierpińska, 1987）关注的是学生理解极限概念时的障碍：学生实际的误解以及对于这些误解的理论解释。学生不是犹如一块白板去逐步理解极限概念。科尔尼（1981, 1983, 1991）谈到"自发概念"：当学生试图理解一个数学建构时，他所利用的来自个人经验的想法、直觉、意象与知识。因此，日常意义上的术语，例如"逼近"，用通俗的话来说意味着逐渐接近而没有到达，或者"极限"以边界的意义融入托尔与文纳（1981）所指的学生关于极限的概念意象。

20世纪90年代的研究发生了重要的微妙改变。这时期的研究开始减少对学生与专家之间概念理解的差别的关注，而更多地关注学生对概念本质的细致理解。确切地说，研究者致力于更详尽地考察学生如何思考极限，以及他们的思维方式的稳定性与弹性如何。研究者还开始调查学生的非形式化概念对于形式化概念的学习有多大帮助。

在威廉斯（1991）的论文中，他开始探索学生对于极限概念理解的弹性。他以研究文献中描述的极限概念为基础，从学生的六种关于极限概念的潜在特征（包括三种动态特征）开始，询问了10名学生哪种极限概念特征能更好地描述他们所理解的极限概念。大多数学生选择的是"极限描述的是当*x*向某一点运动时，函数是如何变化的"，或者"极限是指函数靠近但从未达到的一个数或者一个点"。因此，威廉斯能够证实，学生展示一个过程性的、动态的极限观点是很常见的。并且他在一些案例中发现，去除这些观念是困难的。然而他还发现，学生对极限的动态思考方式存在很大差异。不同的变形包括：从两侧压缩至一个极限值，寻找近似值以及协调输入与输出变量的变化率的想法。

西莱克（2000）研究了学生信念的来源与他们对极限概念的理解之间的关系。虽然对于理解学生如何思考极限，即威廉斯（1991）研究的问题，这项研究并没有提供额外的细节，但是它进一步深入了解了学生对极限概念理解的弹性。西莱克开发了一种工具来确定学生是否具有信念的内部来源（即他们把微积分看作合理的和他们能自己弄明白的某个事物），或者外部来源（即他们认为微积分是一套需要记忆的程序和事实）。西莱克发现具有外部来源信念的学生对极限有更多的误解，认为极限是界限或是不能达到的。反之，具有内部来源信念的学生更可能提出静态的定义，提供不连贯定义的可能性比较小。她提出，具有外部来源信念的学生不太容易受反例与数学论证的影响，因此，他们的错误概念比那些具有内部来源信念的学生更有弹性。

奥赫特曼（2009）直接把他的研究建立在威廉斯（1991）的基础上，使他能够"系统地刻画学生对于极限概念的隐喻"（第398页）。奥赫特曼跟踪了120名学生超过一年时长的单变量微积分序列课程，全年观察他们的课堂，收集学生课前与课后的调查、测验和作业写作的信息。他还对其中的20名学生进行了临床访谈。他发现了学生用来解决较难的极限题目时的8个不同隐喻。由于其中的3个隐喻不经常使用，他把这3个隐喻划分为弱类型，把经常使用的5个隐喻划分为强类型。然后他观察了这些隐喻在推理中是如何促进对极限的解释的。奥赫特

曼发现学生在不同的情境下利用不同的隐喻，如果一个隐喻不能解决问题，许多学生会转变到另一个似乎更有用的隐喻。然而，他的确发现，总体而言，一些隐喻比其他隐喻更有用。

有趣的是，奥赫特曼（2009）发现极限作为运动的隐喻非常弱。这在最初是意想不到的，因为学生们总是说"逼近一个极限"，之前的研究文献中已经强调了极限概念的动态解释是一种常见的学生误解。然而，当奥赫特曼探索学生对"逼近"想法的运用时，他发现学生是在思考"依次选择不同的点"而不是思考"正在运动的对象"。虽然一些学生的确用连续的运动来解释一个二元函数连续性的含义，但奥赫特曼提出学生使用动态语言可能是为了增加视觉效果或戏剧效果（第405页）。

虽然研究发现把极限作为运动的隐喻是弱的，但奥赫特曼（2009）指出学生为了理解涉及极限的难题总是依赖于几个强的隐喻，而动态的意象在一些强隐喻中的确有重要作用。奥赫特曼标记了5个他记录的强隐喻"团"：（1）坍缩，（2）近似，（3）邻近，（4）无穷大，（5）物理的限制。研究发现，坍缩与近似两种隐喻在学生的推理中应用最广泛。

"坍缩"隐喻团包含由汤普森（1994a）在微积分基本定理的背景下观察到的思维类型。假设情境是水正在一个圆锥体中积聚，学生似乎在想象一个极限过程，当你逐渐减小实际的增量厚度时，就得到一个面积（第263页）。类似地，学生可以想到当宽度趋向于零时，黎曼和中的矩形成为了直线段，或者他们可以想象一族割线突然变成了切线。奥赫特曼发现虽然在大多数案例中"坍缩"的隐喻在技术上是不正确的，但是学生的运用是相当富有成效的，使用这样的隐喻能够创造新的见解。

近似隐喻是奥赫特曼（2009）发现的最常见的隐喻。虽然奥赫特曼在学生的推理中观察到了显著的特性，而且在某些方面学生的推理通常与极限的形式化定义不一致，但是这些近似隐喻在其他重要方面往往与定义的结构是一致的。例如，在泰勒级数的推理中，学生把和看作要估计的值，把部分和看作近似值，把两者之间的差看作误差。请思考下面来自奥赫特曼（2009）研究中的

一位参与者的引述：

> sin x 的幂级数是否永远持续下去，取决于你希望估计值与 sin x 的值接近的程度。余项是为了显示幂级数在某一点上与某函数的值偏离的程度。sin x 的幂级数或多项式是其值的一个近似，想要估计值多么接近就可以多么接近。（第415页）

正如斯温亚德与拉森（2012）所讨论的，这个短语"要多接近就能多接近"唤起任意接近的概念，而且这是由极限的形式化定义中的 ε 引起的。奥赫特曼认为近似值的观点可以作为试金石，用于形成极限以及微积分中其他基础概念的教学的一种连贯方法。在本章的第二部分我们讨论他在这方面的后续工作，在这一章中，我们将重点讨论微积分教与学方面的应用研究。

学生对极限概念理解的理论框架。 值得注意的是，奥赫特曼（2009）的研究是以威廉斯（1991）的工作为基础，通过超越学生理解的缺陷模型，直接回应（并挑战）一些关于极限的早期研究。极限研究建立在自身之上的另一重要途径是建立描述学生如何学习和理解极限概念的理论框架。

APOS理论已为极限概念开发了理论框架（Asiala等，1996）。这个理论假设学生首先建构心理过程（内化的活动）和对象（封装的过程），然后（当适用时）在图式中协调这些过程来学习。早期的极限文献涉及的观点与APOS理论大体一致。确切地说，托尔与文纳（1981）观察到学生感知的极限是一个过程。如威廉斯（1991）所说，"极限往往被看作是对函数执行的过程，在连续地接近给定值的一系列点上计算函数的一种理想化的形式"（第230页）。这些发现为两项研究（Cottrill等，1996；Swinyard & Larsen，2012）提供了早期的基础，这两项研究为极限概念建立了精心表述的认知模型，包括极限的非形式化概念与形式化概念两个方面。

科特里尔等（1996）对极限概念进行了"起源分解"（APOS学派的研究人员使用的术语，指的是特定领域的认知模型，是他们工作的中心），它包括在建构极限概念复杂的非形式化理解过程中涉及的以经验为

主的支持性步骤。科特里尔等人还提出了在理解极限的形式化概念时所涉及的其他步骤。斯温亚德与拉森（2012）为模型的形式化方面提供了经验支持的改进。这里，我们简要描述这两项研究，并阐述由此产生的理论框架。

科特里尔等（1996）依靠一种与利用APOS理论的许多工作相一致的研究方法。作者首先开发了一个初步的"起源分解"，然后，讲授了一门旨在帮助学生发展必要的心理建构的课程。这一教学方法很大程度上依赖于计算机活动，包括编程。简要地说，为了支持学生开发过程和对象，该方法是通过让学生设计程序来实例化这些过程，并以目标概念作为对象进行操作（例如，一名学生可以编写程序来实现一个特定的函数，然后将该程序作为另一个程序的参数，允许学生通过一系列输入值来生成这些值的列表以及相关的函数值的列表）。最后，对参加教学干预的学生进行访谈，并收集他们的考试应答。以APOS理论为指导的数据分析，被用来支持（如果需要）起源分解的修改。由此产生的起源分解包括七个步骤，前四个人们可能称之为对极限的非形式化理解：

1. 求函数 f 在一个点 x 处的函数值，这个点 x 被认为是接近，甚至等于 a。
2. 求函数 f 在几个点 x 处的函数值，每一个相继的点都比前一个点更接近 a。
3. 建构一个协调的图式，如下。
   a. 步骤2的内化：建构 x 逼近 a 的过程。
   b. 建构 y 逼近 L 的过程。
   c. 经由 f 来协调上面两步，将函数 f 应用到 x 接近 a 的过程中，获得 f(x) 接近 L 的过程。
4. 通过讨论如函数列的极限来执行上述极限概念的操作活动。这样，步骤3的图式被封装成为一个对象（第177~178页）。

科特里尔等人能发现这个起源分解前四个步骤的实证证据。我们认为，这部分模型可以被有效地细化。因为极限是一个数，学生实际上是把极限作为一个伪对象来思考（Zandieh，2000）。因此，一个真实的对象概念可

能不会由学生讨论函数列的极限的能力来表示。同时，能够这样做显然是重要的。为了构建学生非形式化理解的强大认知模型，或许合理的下一步是采用像赞迪埃（2000）所使用的导数方法，在该方法中，假定概念的发展不是从过程到对象的线性发展方式。

科特里尔等（1996）提出的起源分解模型的后三步还没有得到实证验证，因为没有学生表现出对极限概念的形式化理解。他们假设，关于极限的形式化定义的连贯推理需要将一个人对于极限的非形式化理解形式化。这样做无异于通过把步骤3c中描述的协调的动态过程（当 x 接近 a 时，$f(x)$ 接近 L）重构为一个用公式表示的逻辑结构（若 $0 < |x-a| < \delta$，那么 $|f(x) - L| < \varepsilon$），来形式化上述前三个步骤。然而，斯温亚德与拉森（2012）已经提出，极限形式化定义背后的过程与科特里尔等人提出的起源分解的前三步所描述的过程不同。他们假设在起源分解中指出的协调过程刻画的是如何找到极限的一个极限值。而由形式化定义所捕获的过程是证明某一个数值是函数在某一点处的极限的过程。

斯温亚德与拉森（2012）力求细化由科特里尔等（1996）提出的框架，通过重新思考与极限的形式化定义有关的方面，并采取不同的方法，对学生关于形式化定义的理解进行了实证调查。斯温亚德（2011）让两队学生重建形式化定义，选择这些学生作为研究对象是因为这些学生表现出的对极限概念的理解与科特里尔等人所提模型的前三个阶段相一致，但还没有接触到形式化定义。这些学生先举出极限的例子与非极限的例子，然后反复构想定义，使它包括那些极限例子，并排除非极限的例子。

斯温亚德与拉森（2012）从斯温亚德（2011）的研究中获得见解，提出对于学生理解形式化定义有必要的两个关键的发展。第一个关键是从"x 优先"视角向"y 优先"视角的转变。求一个函数在某一点处的极限的过程涉及"x 优先"视角，即想象 x 值越来越接近一点，取这点作为极限点，然后确定 y 值（输出值）正逼近的值（如果存在一个）。然而，$\varepsilon - \delta$ 的定义建立了验证一个数是某一函数在某一点处的极限的标准，描述的是一个"y 优先"的过程。为了验证一个数是某个函数的极限，首先要考虑 y 值（输出值）上的一个误差限 ε，然后确定是否存在 x 值上的一个误差限，它足以保证所有的 y 值都在极限的 ε 误差限内。斯温亚德（2011）通过首先让学生思考无穷大的极限（采用"y 优先"视角更自然的一种情境），能够支持学生完成向"y 优先"视角的转变。在之后的一篇论文（Oehrtman, Swinyard, & Martin, 2014）中，建议应给予学生更多机会练习反向问题，不仅是发现函数的反函数，而且，例如给定一个误差容限，寻找一个近似积分的梯形，这个积分值将落在这个误差的允许范围内。

斯温亚德与拉森（2012）提出的对于学生理解极限的形式化定义有必要的第二个关键是发展"任意接近的视角，以实现无限接近一个点的含义"（第476页）。对于参加研究的学生而言，这种视角有助于封装这样一个无限的过程，即逐步选择极限值附近的较小界限，然后在自变量附近找到界限，以保证输出值在这个极限给定的界限范围内。换句话说，学生需要自己发现短语"任意接近"和"充分接近"的作用，以及理解对于因变量的每一个界限，在输入变量上有一个界限，保证因变量上的界限可以满足。奥赫特曼等（2014）在数列收敛的情境下进行了类似的研究，他们的数据表明，如果学生已经习惯于用带有误差界限的近似值来思考，那么第二步可能会更快地完成。

根据他们的研究结论以及数学分析中极限的形式化定义，斯温亚德与拉森修订了由科特里尔等（1996）提出的模型。他们提出用下面的三步代替原模型中的后三步（与形式化定义有关的），以确认极限的发现与极限的验证两个过程之间的差别：

1. 构建一个心理过程，在这个过程中学生通过以下步骤验证一个给定的值是否是极限：（a）选择一个沿 y 轴接近极限值 L 的度量，（b）确定点 a（在点 a 处取得极限）的周围是否存在一个区间，在该区间内除了在点 a 的函数值之外，每一个函数值都足够接近 L，（c）重复上述过程，以得到越来越小的接近度。

2. 将极限的存在与永久地（理论上）持续进行此过

程的能力相关联，永远都可以找到一个关于点 a 的适当区间，或者等同地观察到，不存在这样的点，在该点找不到这样一个区间。

3. 凭借任意接近的观念封装这个过程。这要认识到，可以确定，上述验证过程通过证明它对接近的任意一个量度有效来证明它适用于任意程度的接近度。

总结以及对进一步研究的建议。 极限研究文献的优势之处在于它逐步建立在自身之上。关于学生如何思考极限，这种研究已经产生了一些重要的观点。早期关于极限的研究很大程度上是通过学生理解的缺陷模型来解决这个问题，这使得研究人员想知道学生的那些与形式化定义不一致的概念是对概念的形式化理解的障碍，还是认知发展的必要阶段。后来的研究以这些出发点为基础，通过更加细致地描述学生概念化极限的不同方式，并仔细研究学生的非形式化概念的弹性甚至实用性。类似地，早期的观察发现，学生把极限看作一个动态的过程而不是静态的对象导致精细模型的发展，这些模型阐明从形式化以及非形式化两方面理解极限所需的心理建构。总体来看，学生对极限概念理解的纯研究为改善这个基本概念教学的应用研究提供了非常强大的基础。

导数

与极限研究文献类似，早期有关导数理解和学习的研究侧重于学生理解导数的障碍，包括现实中学生的误解和对这些误解的理论解释两个方面（例如，Ferrini-Mundy & Graham, 1994; Orton, 1983a）。早期的研究表明，学生对比、极限和函数的基本理解，以及在导函数多种表征之间的灵活转换能力不如应用公式计算导数的能力发展得好 (Ferrini-Mundy & Graham, 1994)。特别是，无论是隐性的还是显性的，变化率的观念（在函数概念中更普遍）在许多有关学生对导数理解的文献中已经作为认知根源（Habre & Abboud, 2006; Orton,1983a; Schneider, 1992; White & Mitchelmore, 1996），定量推理

的研究已经贯穿于许多旨在了解学生关于导数的思考（如Nemirovsky & Rubin, 1992）的早期文献中。比和斜率是我们讨论导数的另外两个认知根源，对于理解导数非常重要。由于导数的形式化定义依赖于极限，上述关于极限的文献也涉及学生对导数理解的研究。

导数的图形表征在研究文献中得到了广泛的关注，包括侧重于导数的可视化的各种不同的研究（Aspinwall, Shaw, & Presmeg, 1997; Haciomeroglu, Aspinwall, & Presmeg, 2010），以及导数的图形表征与解析表征之间的联系（Asiala, Cottrill, Dubinsky, & Schwingendorf, 1997）。多种表征之间的联系一直是文献研究的焦点（如 Zandieh, 2000），特别是学生如何连接导数的图形表征与代数表征。最后，托尔与文纳（1981）提出的概念意象的观念渗透在对导数的学习和理解的研究中。

确定并研究学生在导数领域的困难与障碍。 确定学生对导数与变化率理解困难的最早研究之一是奥顿（1983b）的研讨论文。他的研究最早一批表明学生通常能进行对函数求导的程序，但当探察对于导数认知根源的理解——平均变化率与瞬时变化率、作为极限的导数、定量推理——特别是当使用图形表征时，学生处理任务有困难。奥顿通过临床访谈对110名学生提出的各种求导任务进行了错误分析，不仅揭示了代数错误，还揭示了学生对变化率和极限的思维误解。根据奥顿的研究，变化率的基本概念是比，对此，他认为大多数学生在学习初等代数中的图形部分应该遇到过这个概念。当发展对导数的理解时，学生必须激活对斜率的理解，斜率是依赖于"比"的一个概念。此外，为了导函数的概念化，奥顿认为学生们必须协调切线在不同点处的斜率的共变，从而得出比、斜率与共变的认知根源。奥顿的研究结果表明，比的概念对于大量学生来说可能是不简单的，这促使研究者和实践者仔细考虑小学和中学数学领域中的概念在微积分概念（例如导数）学习中的作用。

20世纪90年代的许多研究普遍证实了奥顿（1983a）的发现（Aspinwall 等, 1997; Ferrini-Mundy & Graham, 1994）。其中一个特别的研究方向是关注学生对导数的可视化，有时利用托尔与文纳（1981）提出的概念意象和概念定义的想法，而且大部分是基于心理可视化的研

究（Aspinwall 等，1997; Haciomeroglu 等，2010; Janvier,
1987）。这些研究阐明了当学生们试图协调函数及其导数
的多种表现形式，特别是函数的图形表示时，会遇到的
潜在困难领域。在20世纪90年代和21世纪初，由于手
持图形计算器和绘图软件的便捷发展，研究文献集中在
学生对导数图形表征的理解就很自然。然而，在大部分
根植于可视化的研究中，导数的各个认知根源（函数的
变化率与定量推理）之间的联系是隐性的。

理解学生的观念。 尼米罗弗斯凯与鲁宾（1992）公
布了一项研究，在方法论上转向精细分析，并且与导数
的各个认知根源建立了更深层次、明确的联系。研究人
员对6名高中生进行了两次时长75分的访谈，报告了对
一名学生的微观分析，描述这名学生如何从预测一个函
数及其导数之间的相似之处转移到从函数图象构造导数图
象的更分析化的方法。尼米罗弗斯凯与鲁宾提出的分析方
法采取了与以前在这方面的研究显著不同的方法。也就是
说，研究人员试图从学生的角度理解和证明学生的思维。
例如，在评论学生构造与函数图象的特征匹配的导数图象
时（如函数增加导数也增加），作者猜测学生关注的是函
数图象与导数图象的特征匹配（该例是两个增函数），而
不是图形特征之间的关系。作者认为，这些结果可能并不
表明学生不能区分函数及其导数，而是反映了学生对函数
及其导数图象具有共同特征的期望。学生试图匹配图象之
间的特征还可以用定量推理来解释。以前的研究指出，学
生常常不把斜率看作一个图中的量，更不用说把同一数
量想象为另一个图中的一个高度（Nemirovsky & Rubin,
1992）。相反，他们根据粗略设想出的图象特征（例如
"上升"）进行推理。此外，协调其多种表现形式并在不同
的实例下完成是一项艰巨的任务（Monk, 1992; Thompson,
1994b）。

一般地，这类精细研究的一个重要贡献是，它产生
的猜想可以通过后续研究来调查，特别是尼米罗弗斯凯
与鲁宾的研究。也就是说，它不仅指出学生不知道的内
容，而且猜测学生为什么会不知道，或者为了隔离学生
所知道的知识而提出一些关于如何重建学生思维的问题。
在尼米罗弗斯凯与鲁宾的研究中的一个猜想是，采取类
似方法从函数图象预测导数图象的学生关注的是函数图

象或者导数图象，但不是两者之间的关系。其他的猜测
可能与定量推理的认知根源有关，例如，当学生能够定
量地考虑斜率时，怎样才能协调多种表现形式？

阿西娅拉等（1997）在APOS的框架下调查了学生对
导数的理解。作者提出了导数两种表征的一个起源分解，
图形的与解析的，以及这两种表征的协调。最初的起源
分解根据对学生的访谈进行了改进。这项研究是在大学
微积分课程改革的背景下进行的，即微积分、概念、计
算机、合作学习，或称C⁴L。我们所说的"改革大学微积
分课程"，是指一门旨在回应20世纪90年代对美国微积
分课程和教学的批评而设计的课程。导数的起源分解在
图形表征与解析表征中分别涉及三个步骤，第四步是协
调两种表征：

1a. 图象的活动：连接一条曲线上的两点形成一条
弦，它是过这两点的割线的一部分，同时计算这
条割线的斜率。

1b. 解析的活动：通过计算一点上的差商
（difference quotient）来计算平均变化率。

2a. 图象的：把1a活动内化为一个过程：图象上的两
个点越来越近。

2b. 解析的：把1b活动内化为一个过程：时间间
隔的差变得越来越小，即时间间隔的长度越来
越趋近于"零"。

3a. 图象的：把2a过程封装，作为这条割线的极限位
置产生了切线，同时还在函数图象的一点处产生
切线的斜率。

3b. 解析的：把2b过程封装，以产生一个变量相对
于另一个变量的瞬时变化率。

4. 将2a与2b的过程内化，作为该点上差商的极限，
生成函数在该点处的导数定义（第426页）。

阿西娅拉及其同事能够找到起源分解步骤的实证证
据。该研究既证实了之前文献中的发现（Ferrini-Mundy &
Graham, 1991; Orton, 1983a），又强调了对函数的强大
而灵活的理解的重要性。例如，在没有函数解析式的情
况下处理一个函数的图象，是学生解决图形导数问题的

关键。

贝克、库利与特里格罗斯（2000）利用APOS框架，在C⁴L教学环境下提出进一步的研究，即研究学生对导数图象表征的理解。在访谈的环境中，让学生在给定的一系列条件下画出一个连续函数的图象，条件包括：函数的一阶与二阶导数，函数值趋向于无穷。学生绘出的图形涉及瓣叶形（cusps）、垂直切线，以及从该函数的二阶导数汲取的协调信息。这些研究者猜测，为了解决这个问题，学生们需要整合图象的区间与函数图象的性质（例如，在区间[-2, 5]上的导数是正的），这些要求学生在函数的图象与它的一阶、二阶导数图象之间进行协调的任务对学生来说是困难的，至少有两个原因。第一，这种协调的根源在于定量推理，因此，为了解决这种问题学生们必须激活强大的定量推理技能。第二，研究表明（如Thompson, 1994b），协调图象的行为对于学生来说是困难的。

贝克等（2000）在APOS框架内提出一个图式，明确指出区间上图形信息的协调（例如，$x=-2$ 与 $x=5$ 之间），以及根据一阶、二阶导数的有关信息构建函数图象的过程。除了在图形中对瓣叶形以及垂直切线的解释存在挑战外，研究结果还表明学生们关于二阶导数"缺乏概念"（第576页）。也就是说，一般地，学生们不能协调在一个区间上一阶导数与二阶导数的有关信息，当他们解决问题时，会忽略有关二阶导数的信息，或者解决问题时所依据的是记忆中的二阶导数的信息。作者猜测，学生们关于二阶导数缺乏概念的原因是不能把一阶导数作为一个函数来思考。

库利、特里格罗斯、与贝克（2007）在这些结果的基础上，阐述了一种面向微积分的图象图式的起源分解。该模型描述了沿两个维度的发展，一个专注于协调多个属性分析的能力，另一个专注于考虑多个区间属性的能力。特别地，最高级的阶段被描述为能够考虑任意区间上所有的分析条件（如凹性），并协调区间构成的集合以分析整个定义域上的函数。为了探讨学生是否可以在这两个维度上协调图式，研究者挑选了微积分成绩优秀的学生参与这项研究。库利等人报告说，28名参与者中有6人能够在这个模型的最高级水平处理问题，从而表明主题化是可能的

（尽管他们的概念是不稳定的，因为给定的条件发生了变化，他们无法成功地推理出图象将如何改变）。

像阿西娅拉等（1997）的研究一样，贝克等（2000）和库利等（2007）也是根据APOS框架进行研究。研究发现，对于学生来说，把导数作为一个过程而不是一个函数或者对象来思考问题是更自然的，当学生试图解决微积分中各种图象问题时，学生把导数作为对象来思考的困难就表现出来了。

虽然以APOS理论为基础的研究都遵循以下观点：学生的进步必须通过不同层次的理解水平，从活动到过程到对象，并最终达到图式，但赞迪埃（2000）改进了APOS理论的思想，脱离APOS理论关于学生的理解遵循单一轨迹的观念，建立了一个更灵活的框架来描述学生对导数的理解。赞迪埃把她的框架建立在函数、极限和比的认知根源上，通过她提出的"过程-对象对"，将这些认知根源联系起来。每个认知根源（比、极限和函数）可以被认为是一个过程和一个对象，该框架允许学生不一定将每个认知根源都概念化为过程与对象，并且学生的进步可以不通过第一层次的概念化获得，例如，函数首先作为一个过程，然后作为一个对象。这个框架允许学生可以在不把函数作为一个过程概念化的条件下把一个函数作为一个对象概念化——这明显背离了以前研究中的APOS框架。赞迪埃的弹性框架是研究文献中的一个重要转折，明确地将学生的理解与导数的认知根源联系起来，并在分析和描述学生思维时赋予可塑性。多元表征被刻画为这个框架内的背景，"过程-对象对"贯穿各种表征。她的框架是学生概念意象的重要组织者，并且已经以各种方式进行了发展（如 Habre & Abboud, 2006; Zandieh & Knapp, 2006）。

最近的研究开始从社会文化的视角研究学生对导数的理解，并且开始关注教对学的影响（Bingolbali & Monaghan, 2008; Kendal & Stacey, 2003）。例如，宾戈尔巴利与莫纳汉（2008）提供了证据，证明了数学和机械工程专业学生的概念意象根据他们的微积分课程和专业的重点而具有不同的焦点。因此，作者认为，学生认知的研究必须关注社会背景，如课堂教学实践、院系或机

构文化。认知和社会文化理论之间的相互作用为我们理解学生对导数的思考以及他们思考的原因增加了一个重要的维度。对学生思维的认知和社会文化解释的结合，应该有助于以有意义的方式进行教学干预。

总结以及对进一步研究的建议。有关学生对导数理解的研究，以面向他们思维的小而详细的研究为特征，旨在探索学生们进行导数计算、考虑图象表征，并在导数的多种表示之间建立联系的能力。文献已经确定，学生能够进行特定的导数计算，但对导数概念的理解是薄弱的。学生对导数概念理解的薄弱性可以追溯到函数、变化率、比、斜率与定量推理的认知根源。研究人员已经开发出关于学生思考导数的重要路线图，包括基于APOS的程序与概念发展理论以及赞迪埃（2000）的模型，提供了一个有理论基础的灵活框架，已经指导并应继续指导对学生理解导数的研究。最近的研究已经从社会文化的视角考察了学生的学习，包括检查课程重点（例如，突出从切线或者变化率引出导数的途径）与课堂以及院系背景之间的联系。以认知为基础的研究与社会文化理论的重要结合为导数研究提供了更多的理论思考与新方向。在导数研究领域中探讨多个理论视角的相互影响将进一步整合文献，并且为现有的学生理解的路线图增加细节与凝聚力。

如拉斯马森等（2014）所描述的，除了建立学生如何学习的理论，最近的研究还缩小了重点，例如，研究学生对链式法则的理解（Kabael, 2010）；引入心理学的观点，如手势研究（Yoon, Thomas, & Dreyfus, 2011a, 2011b）；利用与精神分析有关的研究（如 Baldino & Cabral, 1994）；跨越学科界限在物理学中的研究（如 Christensen & Thompson, 2012; Marrongelle, 2004）。这些都是我们在理解学生如何学习具体的微积分课题方面取得的重要进展，我们应该进行更多的综合工作，以使该领域在微积分的学习、教学和理解等方面有一幅完整的图画。

关于学生对导数理解的研究已经取得重要成果，但导致的问题是：假设知道了学生对导数的理解，那么哪些干预措施能成功地帮助学生在导数的多种表征之间建立强大的联系？如何发展学生对导数的更深层次的概念

和程序的理解，从而转向涉及极限与无穷的更形式化的导数观点的理解？课程与教学如何利用导数的认知根源为学生提供更多机会来发展导数的概念？在本章的后面，我们将进一步了解如何开发和测试这样的干预措施。

积分与微积分基本定理

索弗罗纳斯等（2011）指出积分是一个基本的数学概念，对于学生理解以及应用微积分解决各种问题来说非常关键，它具有三个重要的子概念：（1）积分作为净变化或累积的总变化；（2）积分作为面积；（3）积分的技术。我们用这个框架来总结学生对积分与微积分基本定理的理解的研究，因为它代表了这两类研究的重点是如何随着时间的推移而发展起来的，历史上是从技术入手，当前正在转向研究曲线下的面积和累积变化的基本概念。

最早关于学生对积分法理解的困难和误解的研究，出现在奥顿（1983b）的一篇开创性论文中。在这项研究中，他给英国大学预科水平和大学水平的学生提出一组问题，共38道题目，其中的18个问题与积分法有关。他给这些问题评分，并对学生进行了访谈。这18项任务涉及积分法的各个方面（例如，和的积分是积分的和）及其在各种类型问题中的应用（例如，确定旋转体的体积）。奥顿把学生在解决积分法问题中出现的错误分为三种类型：（1）结构的，（2）随意的，（3）执行的。结构错误是由于学生未能理解问题中的关系或者未能掌握问题解法的基本原理而产生的。"随意"一词用来描述一个类别，在这个类别中出现的错误是学生的随意行为和没有考虑给定的约束条件的结果。最后，执行错误是指尽管所涉及的原理可能已经被理解了，但在进行某个操作时未能成功。奥顿总结说，通常很多学生都知道该怎么做，但是在访谈中面对研究者的提问时，他们真的不知道自己为什么要这样做。他明确地说，有一组核心项目涉及将积分理解为总和的极限，这对于他的样本中最优秀的学生而言都是一个挑战。

最近的几个研究（例如，Mahir, 2009; Rasslan & Tall, 2002）支持这样一种观点，即大多数已经完成微积

分课程（或一系列课程）的学生对于积分法持有非常程序化的观点，并且无法解释它意味着什么或如何在情境中解释它。拉斯兰与托尔（2002）对41名英国高年级学生进行了一项调查，旨在揭示这些学生在完成涉及积分法的问题时的概念意象。研究者要求学生给出在闭区间 $[a, b]$ 上的定积分的定义（第91页），他们发现大多数学生 $\left(\frac{26}{41}\right)$ 没有给出答案。他们对学生反应的其他分类如下：

- 图象与 x 轴之间的面积 $\left(\frac{4}{41}\right)$；
- 一种用不定积分语言写的计算程序 $\left(\frac{3}{41}\right)$；
- 学生替换定积分中的特定公式 $\left(\frac{3}{41}\right)$；
- 基于伪概念思维模式的答案或者错误的答案 $\left(\frac{5}{41}\right)$。

根据这些结果，拉斯兰与托尔得出结论，学生们不能有意义地写出关于定积分的定义，并且难以在更广泛的背景下解释计算面积与定积分的问题。

在过去十年内，调查学生对积分法理解的研究已经超越了考察学生对特定技术的理解或验证学生对程序性理解的倾向，转向探索关于积分的基本概念构建的问题：黎曼和与净变化或累积变化（索弗罗纳斯等人的框架的另外两个方面）。我们专注于两项具体的工作：一个与黎曼和有关，另一个是关于累积的更一般的概念，作为该领域当前工作的样例以及它们是如何建立在之前的与积分法的技术、学生对定积分的理解有关的工作基础上的。

西利（2014）假设，即使函数有一个封闭形式的定积分，深刻理解黎曼和概念使学生在要求超越直接计算的问题中会应用定积分，并且理解黎曼和的结构非常重要。西利把黎曼和分解成四层，并分别对应于黎曼积分计算中有关的操作：（1）乘积，（2）求和，（3）极限，（4）函数。她提出，根据皮亚杰的反省抽象概念，"为了能够反省抽象与理解该结构，学生需要以一定的方式对定积分的成分进行反映并受其基础结构的调节"（第232页）。在一个针对微积分近似概念的教学实验背景下，当学生们在解决那些不是致力于求曲线下的面积的问题时，西利探讨了他们面临的障碍。强调曲线下的面积以

外的背景是出于一项先前的研究发现（Sealey, 2006），该发现表明，学生即使不能够将涉及一条曲线下的面积问题与黎曼和的结构联系起来，也可以熟练地处理这些问题。其他研究人员同样表示，仅关注曲线下的面积问题具有局限性（例如，Jones, 2013; Thompson & Silverman, 2008）。

西利（2014）发现最让学生头疼的是乘积层次。在每种情境下，学生在确定适当的积的结构时都会出错。她在距离情境下详细阐述了这一点。

> 例如，将距离理解为速度与时间的乘积需要以一种特定的方式来协调速度与时间这两个量。此外，它要求人们在特定的情境中理解"时间"和"速度"的准确含义。具体地说，"时间"并不是指速度计算的时刻，而是指一次计算所经过的时间。类似地，"速度"是指在给定时间间隔上的恒定速度（第238页）。

西利（2014）没有发现学生在极限层次上纠结挣扎。她承认，从不要求学生找到极限（积分）的精确值，但她报告说："他们很适应极限观点，能发现超出估算与低于估算两种情形，能根据它们的误差计算界限，能够确定如何在整个活动中获得更好的近似值"（第244页）。学生在黎曼积分方面的成功很可能部分归因于在教学实验中对近似的强调。我们在本章的应用研究部分也更为详细地讨论这种教学方法。

琼斯（2013）从一个不同的视角调查了学生对积分法的理解。他发现学生掌握了大量有效的认知资源，当处理积分概念时他们可以利用这些资源。他认为，学生可能经历的困难并不是因为他们存在错误概念，而是因为在一个给定的情形下没有激活最有效的认知资源。就积分法来说，琼斯用符号形式描述了学生激活的各种认知资源。大体上，这些认知资源能够被概念化为学生在整体情境中理解符号的方式。琼斯观察到的最常见的三类有效的符号形式是：（1）累加；（2）周长和面积；（3）函数匹配。函数匹配的符号形式的重点是确定被积函数为一些原函数的导数。周长和面积的符号形式

涉及把各种符号看作一个区域的周长，并将积分视为面积。琼斯发现，虽然周长和面积以及函数匹配的形式有时是有效的，但累加形式是他观察到的最有效的符号形式，这种最强大形式中的认知资源在很大程度上与西利（2014）框架中捕获的黎曼积分概念一致。累加的符号形式也是与累积概念最为密切相关的形式，我们正在把注意力转向它。

汤普森与西尔弗曼（2008）讨论了累积概念及其对学生理解微积分，特别是积分的重要性。他们指出，累积概念是直接的，因为大多数人都理解"当我们得到更多的数量时，它就会累积"（第43页）。然而，学习微积分的学生却觉得它很难，因为他们并不总是能够在诸如完成工作等的各种情境中"把累积的许多小块概念化"（第43页）。鉴于西利（2014）发现学生最难以理解积分概念的乘积层次，因此他就不会对学生认为将累积的小块概念化具有挑战性感到吃惊，因为这些小块是以黎曼和中的乘积形式表征的。进一步地，汤普森与西尔弗曼假设，为了理解一般的累积函数，学生需要一个函数的过程概念，比如 f，并理解 x 和函数输出 $f(x)$ 之间的协变关系（Carlson, Jacobs, Coe, Larsen, & Hsu, 2002）。然后学生必须把这些概念与累积（以及它的量化表示）协调起来，注意这三个量的值是如何同时变化的。汤普森与西尔弗曼还警告说，那些表现出伪分析（Vinner, 1997）行为的学生并不理解累积的概念，他们只不过是想象一个区域的具体意象："在移动它的垂直边缘时用颜料来填充它"（Thompson and Silverman, 2008，第46页）。值得注意的是，琼斯（2013）记录了一个累加符号表示的有问题的版本，该形式与伪分析意象基本一致，它明显不同于一些更强大的版本，因为学生从没有考虑用一个"代表性的矩形"来描述他的思维。

耶鲁沙尔米与斯威丹（2012）以及斯威丹与耶鲁沙尔米（2015）进行了两项研究，探讨学生在一种动态的多元表征的计算机环境下对累积概念理解的发展。在2012年的研究中，耶鲁沙尔米与斯威丹侧重于累积函数的下限值，观察到一个重要的阶段是学生将下限值概念化为"相对零点"。这种观点使学生能够解释为什么当下限改变时，累积函数会垂直移动。在2015年的研究中，斯威丹与耶鲁沙尔米发现这种计算机环境支持学生将累积看作矩形的和。然而，他们发现学生不能理解累积函数的值小于积分的下限。

累积函数是微积分基本定理（简称FTC）的核心部分，被称为"微积分发展中的智力特征之一"（Thompson, 1994a，第142页）。索弗罗纳斯等（2011）针对学生理解第一年的微积分课程的意义，访谈了24名微积分专家，这项研究的结果支持了微积分基本定理的重要性。多数专家把微积分基本定理确定为微积分系列命题的重要的连接点以及统一主题。

汤普森（1994a）报告了一项关于学生对微积分基本定理的理解的早期研究。他借鉴关于牛顿思想发展的一个讨论，提出了微积分基本定理的一个概念化分析。然后，汤普森简要讨论了与一名七年级女生进行的一项教学实验，展示了可以用来支持学生学习微积分的早期图象形式。最后，汤普森报告了对一组数学专业与数学教育专业的本科生、研究生进行的课堂教学实验。教学分四个阶段：第一阶段的目标是让学生重构他们的函数意象，使得它们是基于协变的意象；第二阶段是注意平均变化率；第三阶段的目标是让学生把黎曼和概念化为"描述一个量相对于另一个量的变化的近似累积"函数（第242页）；教学实验的第四阶段是把所有这些发展合在一起促进学生建构微积分基本定理。这项研究的目标是发现学生的观念和方向的哪些方面可以支持或限制这种建构。

汤普森（1994a）发现学生的函数概念没有关注协变，这限制了他们分析微积分基本定理中所涉及的函数行为的能力。没有充分发展的平均变化率的图式同样阻碍着学生分析微积分基本定理中函数行为的能力。此外，学生的黎曼和概念不足以让他们对变化率进行解释。汤普森还发现，学生把累积量视为一个单独的对象（如总面积），而不是通过增加"块"而累积的数量，这些"块"是乘法量。他的最后两点发现在西利（2014）的研究中得到呼应。汤普森指出，为了具有微积分基本定理的操作性理解，学生们努力协调微积分基本定理中各种移动的部分，一名学生需要"在心理上形成增量与累积增量，从乘法角度比较一个增量与它的一个组成部分，并同时保持这些心理动作之间的相互联系"（第270页）。

汤普森（1994a）观察得出，"速率成熟意象的一个标志是增量必然隐含着累积，累积必然隐含着增量"（第233页）。从这个角度来看，微积分基本定理是第一年微积分课程的核心思想，微积分课程应侧重于累积与变化率之间的关系。在本章的应用研究部分，我们将讨论汤普森为开发以微积分基本定理为重点的微积分课程所做的努力。

总结以及对进一步研究的建议。 这一小节中关于纯研究部分探讨的三个概念中，积分概念与微积分基本定理在文献中最不突出。这类研究正在开始建立细致的模型，用来刻画学生对积分与微积分基本定理的理解。之后需要更多的工作来继续完善和提供这些模型的实证支持。从需要协调的事情的数量方面看，积分概念与微积分基本定理是复杂的，新兴的认知模型反映了这种复杂性。进一步的实证和理论研究工作可以通过帮助该领域协调学生在运用积分和微积分基本定理解决问题的工作中涉及的众多心理过程、对象和意象来作出贡献。现有的研究也提出了关于形式化理论（如黎曼和与极限）的某些方面以及传统教学方法（例如，强调面积与定积分）在支持和限制学生学习积分与微积分基本定理过程中的影响。虽然这些问题表面上属于应用研究（例如，什么课程方式行之有效？），但是它们依赖于有关这些概念认知根源的深层纯（理论）研究的解答（例如，将以面积为重点的黎曼和的观点概括为更一般的观点有多困难？）。

大量有关学生对积分理解的研究是在数学系微积分课程的背景下进行的。一些证据显示，学生在更多应用的情境下也很难理解积分。梅雷迪思与马伦盖勒（2008）在微积分物理综合课程上对一组学生进行研究，他们发现"对物理学的误解妨碍了学生们看到进行积分的必要性"，"理解物理情境是必要的，但并不能充分保证学生正确地解决问题"（第573页）。由于在应用领域（如工程）中微积分有着重要的作用，所以需要更多的研究来了解学生在应用背景下如何利用积分进行思考与工作。

最后，大多数关于积分与微积分基本定理的研究已经涉及对少量学生参与者的思维的仔细分析。旨在更广泛地记录学生的微积分概念的研究将有助于激励和促进旨在改善这些重要主题的教学的应用研究。

关于改善微积分核心思想学习的研究

数学教育中的应用研究关注教与学的改善。应该注意的是，改进教与学的努力可以从几乎脱离教育研究到深入研究包括概念、设计、传播和评价的所有发展阶段。作为教育研究者，我们当然相信一项教学改革的发展研究越深入细致，由此产生的创新越可能是高品质与高影响力的。然而，我们在这里想提出另一个观点：努力改善教学工作的研究部分的一个关键作用是积累系统的文献资料，使得这样的努力可能为未来的工作提供信息。本质上，我们的论点是，一项教学改进工作应建立在其他教学改进工作产生的知识基础上，并且这些知识应该从作为改进过程中的构思、设计、传播和评价的一部分的研究报告中产生。

一个失去的机会和一个说明性的例子

美国20世纪90年代的微积分改革运动提供了一个资金雄厚的大规模行动的例子，回顾过去，如果研究在这项努力中的作用更加一致、深入与全面，结果可能受益更多。美国微积分改革运动指的是数量众多的项目，其中许多是从20世纪80年代末至90年代中期由美国科学基金会资助的作为对尼尔的1986年的报告（National Science Board, Task Committee on Undergraduate Science and Engineering Education, 1986）和美国数学学会1986年举办的讨论微积分课程和教学的会议的回应（Douglas, 1986）。在美国微积分改革运动的支持下开发的一些课程样例，包括休斯及其同事共同开发的微积分教科书（2012，也被称为哈佛财团的微积分教材）以及微积分、概念、计算机、合作学习或称 C^4L 的资源（参阅 Schwingendorf, McCabe, & Kuhn, 2000）。虽然文献中包含了一些比较研究，用来评估微积分改革运动中一部分内容的创新（Ganter & Jiroutek, 2000; Hurley, Koehn, & Ganter, 1999; Schwingendorf 等, 2000），但是关于研究在何种程度上（以及如何）深入到创新中，以及教师与学生是如何参与改革的，在所报告的研究中提供的信息很少。因此，我们得到了一些相当普遍的结论，即来自改革运动的一些创新至少促进了概念的理解，而又不妨碍学生执行标准程序的能力（参阅 Hurley 等，1999）。不幸的是这些研究结果虽然令人鼓舞，但对于研究人员了解以下内容几乎没有什么帮助：微积分改革项目在哪些方面以及用什么方式支持了学生？在教师面临不同的负担和挑战为特色的不同的学术环境中，实现这些益处需要哪些条件？当我们谈论当前对所谓微积分"翻转"课堂的兴趣激增时，我们将在本章结尾处回到这个主题。我们认为，这一系列活动代表着另一种提高微积分教与学的机会，由于未能充分参与构思、设计以及调查那些充分利用了其启示的实例，关于微积分的教与学的研究正处于危险中。

与微积分革新工作有关的一个很有前景的例子是 SimCalc 项目，它卓有成效地始终坚持研究与发展的整合。SimCalc 是一种基于技术的干预措施，旨在使得比例、变化率、线性等概念成为数学中变化和变量概念的基石，可供具有不同人口统计学特征的中学生使用，目的是使他们对关键概念有更强有力的理解（Roschelle & Hegedus，2013）。SimCalc 干预措施的开发与完善经历了一个设计研究过程（Roschelle, Kaput, & Stroup, 2000），并遵循课程创新的三条原则：（1）学科内容的重新审视，在这种情况下，数学中变化与变量的命名是从幼儿园至大学的数学的一个关键分支；（2）学生对关键认知概念的理解研究；（3）技术干预。

SimCalc 的干预措施借鉴了关于学生对微积分中几个概念的认知根源的理解研究。特别是，由尼米罗弗斯凯领导的关于学生如何理解分段线性函数的意义（Monk & Nemirovsky, 1994; Nemirovsky, 1994, 1996）的研究，尼米罗弗斯凯及其同事（Nemirovsky & Noble, 1997; Nemirovsky, Tierney, & Wright, 1998）调查了微积分概念的具象化，这些研究成果为 SimCalc 的发展奠定了基础。SimCalc 的干预旨在使学生能够在技术丰富和充满活力的环境中，应用运动的情境来探索概念，如位置、速度和加速度之间的关系；可变速率、累积与近似值之间的联系。

教师专业发展与课程实施同步进行。该项目对得克萨斯州 150 多名七、八年级教师进行了大规模的随机对照试验，目的是确定 Simcalc 课程对教师专业发展的影响（Roschelle 等，2010）。结果显示，Simcalc 项目在支持学生学习变化与变分法等数学内容方面是有效的，并且适合不同环境下的各种教师。

Simcalc 项目凝聚了数十年的努力。通过几位研究者的坚持，该项目从关于学生学习的小型研究发展到以研究为基础的创新性干预的开发与测试阶段，再到干预力度的加大以及最终进行的检验其有效性的大型随机对照试验。

提高本科生微积分学习水平的研究性工作

在其他领域的本科数学教育中，也有一些持续的、创新的研究实例，包括微分方程（Rasmussen, 2007）与抽象代数（Larsen, Johnson, & Weber, 2013）。对于这些创新的有效性，比任何证据更重要的是这些报告显示的文件线索。每个项目都产生了多个研究报告，阐明了研究在创新的构思与设计方面的作用以及在扩大规模与评估创新方面所做的努力。这些信息不仅具有支持未来成功传播创新成果的潜力，而且提供了其他人可以在未来的设计工作中改进的研究与发展的模型。虽然微积分教学领域的研究文献尚没有发现与持续的密集型研究创新工作类似的模型，但是一些值得注意的应用研究可以为这样的工作提供基础。接下来的两个小节将致力于描述这种类型的工作，这些工作是在特定领域内的两个不同水平上进行的研究。

首先，我们描述一对侧重于支持学生对数列收敛定义理解的发展的研究。由于有限范围的干预可以给予研究者对学生如何参与干预的情况进行非常详细的调查的机会，故我们认为这个层面的工作非常重要。这些集中的努力可以产生潜在有效的教学方法和关于它们如何工作以及为什么这样工作的重要见解。其次，我们描述一对致力于产生连贯的且以研究为基础的完整微积分课程的研究。这些研究就范围而言更加雄心勃勃，在创作既符合复杂性和范围又符合期刊页数限制的手稿上提出一些重大的挑战。然而，这些研究之所以重要是因为它们可以有显著的影响，因为它们可以促使一套课程教材的产生，当院系希望改善他们的微积分课程时可以考虑使用。

改进具体概念教学的努力

如米德尔顿、戈拉德、泰勒与班南-里特兰德（2008）所说，

> 随机对照试验是昂贵的，不仅是在财力方面，更重要的是在对研究对象和研究人员的要求方面。因此，在人们相信干预是有效的之前进行全面的试验，这在道德上是可疑的。（第30页）

改善微积分教学的努力应该从有理论基础的小型设计开始，并把研究结果建立在纯研究的基础上。这些研究为产生可能有效的创新提供了一种实用的手段，对学习者的潜在效益性提供了初步证据，以及对于成功实施所面临的挑战进行了洞察。此外，这样的研究可以产生深入分析学生如何参与教学创新的报告，留下一份表述清楚的关于设计的执行单。

小规模研究文章的发表量一直相对较少。研究人员一直致力于开发任务序列或教学策略来支持学生学习具体的微积分概念（如Sealey & Engelke, 2012; Thompson, 1994a）。这里，我们考虑一对专注于数列收敛主题的研究。总之，我们认为这些研究提供了重要的观点，可以（并应当）为更大范围的微积分课程设计提供参考。设计一个微积分课程，既包括对这个主题的形式化处理，也涉及一个非形式化的处理，以支持那些学习高级微积分的学生。

科里与加罗法洛（2011）用计算机软件设计了一种教学方法，它实质上提供了"ε-带"工具的一个动态版，罗厄（2010）曾在一份关注数列收敛概念的访谈研究报告中对此进行讨论。用户能够使用这个工具绘制一个数列，然后输入一个值代表极限，并显示为一条水平线。随后，访谈者展示了一个水平的"ε-带"（通过点击"显示 ε"—— 一个可以使用滑块调整宽度的按钮）。虽然访谈者控制"ε-带"的宽度，但是学生可以控制表示 N

值的一条垂直线。这些学生被要求确定是否存在一个 N，使得 N 后面的其他所有的项都落在"ε-带"内。科里与学生一起工作，让学生一边操作草图（除其他事项外），一边利用提供的定义解释为什么一个数列收敛或不收敛。

科里与加罗法洛（2011）采用一种研究设计，使他们能够密切观察到那些参与教学干预的学生。例如，他们观察到一名叫安妮的学生，利用计算机环境测试不同的猜想。当遇到振荡不收敛数列时，她最初猜想她可以使用任何大于0的 N。但实际上当她将 N 移动到0，然后再移到其他值时，她意识到这些 N 都不满足。最后，她调整 ε 的值，使其包含这个数列的所有值。并观察出，"只要 ε 大于1，你可以使 N 大于0，但除此之外，你不可能（这样做）"（第80页）。在此之后，安妮可以用定义来解释为什么这个数列不收敛，"因为对于每个 ε，总有一些 N 不在这条带内"（第80页）。

在此实例中（及其他实例），科里与加罗法洛（2011）能够探索这个工具是否以及如何支持学生发展关于数列、极限与收敛的定义的更复杂的理解。1个月和15个月后，科里与加罗法洛对三名参与实验的学生进行了访谈，他们得到的证据表明，他们观察到的一些知识持续存在。特别是，学生对于一个数列是否取得极限的问题保留了更细致入微的观点，记住了他们学到的形式化定义的一些知识。

奥赫特曼等（2014）在支持学生发展极限的非形式化理解与数列收敛的形式化定义之间的联系时，采取了一种不同的方法。奥赫特曼及其同事让一对学生以他们的非形式化观点为基础对形式化定义进行再创造，而不是让学生尝试根据他们的非形式化观点了解已经存在的定义。首先，他们要求这两名学生画出收敛数列与非收敛数列的图象。这些数列包括科里与加罗法洛（2011）使用过的所有类型的数列。罗厄（2010）的研究证明了从这个过程开始的重要性，他发现学生持有三种不同的极限概念，并且在每种情况下都能正确地推理出这些概念与两个提出的定义之间的关系。奥赫特曼及其同事在报告中说，学生们可以通过一个由正例与反例引导的细化过程创建一个有效的定义。

像科里与加罗法洛（2011）一样，奥赫特曼及其同

事（2014）能够密切观察学生的数学活动，为他们的成功作出合理的解释。具体来说，在他们的正例与反例的情境下，学生们能够评价他们提出的每一个定义。当他们认识到问题的时候（例如，这个定义允许一个反例或者排除一个正例），就可以改进定义来解决这些问题。当研究者观察到学生的定义中包含疑难性问题时，他们往往能够进行干预，让学生意识到这些问题，将疑难性问题转化为一般性问题，以便为进一步完善定义提供信息。奥赫特曼及其同事（2014）还在6个月后进行了访谈，发现虽然学生不能回忆起他们的定义，但他们能够以更快的过程进行复制，再次依赖于相同的解决方案解决主要研究中处理过的同一系列问题。

虽然这里讨论的两个研究不同，其中科里与加罗法洛（2011）让学生理解给定的定义，奥赫特曼等（2014）让学生再创造定义，但它们在某些重要的方面是相似的。首先，这两项研究都建立在学生对极限概念理解的纯研究之上。科里与加罗法洛挑选了正例与反例，专门面对已知的朴素概念（例如，极限就是你接近但从未达到的东西）。其次，每个研究在一定程度上依赖于既定的教学设计原则。借鉴斯温亚德和拉森（2012）的理论，奥赫特曼及其同事明确地注意到两个问题（需要转移到一个范围优先的视角，以及需要发展使用通用量词来"压缩"无限过程的想法），并利用它们作为教学设计的框架以及数据分析的一个视角。

两项研究合在一起，为希望支持学生完善极限的非形式化理解，并在此基础上发展与学生的概念意象有联系的形式化定义的理解的教师提供了有益的见解。因为这种小规模的干预研究使得仔细分析学生的数学活动变得可行，所以它们既为教学改进提供了思路，也解释了这些改进方法如何支持学生的学习。这是特别重要的，正是这些解释，将对未来的研究人员和设计人员在其他情境中使用这些想法提供有益的借鉴，并且开发更强大的教学材料，使各种各样的教师都可以成功地使用。最后，这种类型的工作可以为更全面的教学设计工作提供基础。在下面的部分中，我们将讨论为开发一个完整的以研究为基础的微积分课程所要付出的努力。

开发以研究为基础的微积分课程所需的努力

当然，在设计创新的微积分课程内容方面已经付出了大量的努力。最著名的是20世纪90年代微积分课程改革运动中开发的素材。如上所述，已经有一些研究关注这些素材的影响。然而，研究文献中鲜有对于产生这些素材的设计过程的描述，也没有记录基础研究对这些材料的支持程度。基础研究可以而且应该在构思与设计教学创新的整个过程中发挥作用。借鉴现有的研究文献或采用基于设计（Middleton等，2008; Cobb, Jackson & Dunlap, 2017，本套书）的研究方法进行开发，开发者可以创造出更可能实施的革新，并带来一组关于是否以及如何支持学生学习的可实验的猜想。这不仅使这样的创新更有可能真正地帮助学生，而且能够支持制定有效的措施来评估其影响。

在本节中，为了制定一套连贯的且以研究为基础的应对第一年微积分课程学习的方法，我们强调两项不同的工作。第一个要讨论的是迈克·奥赫特曼的工作，这些工作以发展学生自发的近似概念为目标来加强微积分教学。接着讨论帕特·汤普森如何努力创建以累积函数与变化率概念为基础的微积分课程（Thompson, 1994a; Thompson等，2013）。

聚焦近似的微积分课程。如上文所述，奥赫特曼（2009）对学生在推理与极限有关的挑战性问题时自发使用的隐喻进行了深入的分析。奥赫特曼指出，学生非常普遍和有效地利用了近似的隐喻，并且这些隐喻往往与形式化的极限定义大体一致。他认为，近似的隐喻代表了一种非正式的推理，由于它的结构特征，可以有效地将其用于连贯地教授微积分概念。

奥赫特曼（2008）描述了一种教授微积分的方法，该方法支持学生在学习微积分的基本概念时在各种情境下应用近似的图式，并逐步减少脚手架。教学任务是让学生回答在每个情境中的五个关键问题：

1. 你正在逼近什么？
2. 近似值是多少？

3. 误差是什么？

4. 误差大小的界限是什么？

5. 如何使误差小于任何预定的界限？

例如，考虑如何求一个对象所行进的总距离的任务，将它的速度作为时间的函数。在这种情况下，被逼近的是总距离。近似值可以是黎曼和。误差将是近似值和实际总距离之间的差值。然后，可以使用一对近似值（一个高估和一个低估）确定误差大小的界限。最后，（如果满足一定的条件）可以细化总时间的分区，得到一个误差范围内的近似。

奥赫特曼（2008）的研究结果表明，这些任务在支持学生系统化他们关于近似的想法方面是有效的，事实上，有些学生能够使用近似的语言理解形式化（例如，$\varepsilon - \delta$）的定义。西利（2014）提供了一些间接证据支持奥赫特曼的主张。西利在奥赫特曼开发课程内容时进行的一系列教学实验的背景下，探索了学生对于黎曼积分的理解。虽然西利的首要研究目标是产生一个描述学生对黎曼和与定积分理解的框架，但是她观察到对于利用黎曼和（以及使近似值尽可能地接近实际值的思想）逐步得到一个更好的近似值的推理过程，参与研究的学生表现得出奇精通。从这个意义上说，她的研究的参与者所展现出的对于积分法的非形式化理解，似乎有助于在更高级的课程中向形式化理解的过渡。

奥赫特曼（2008）的研究是一个由纯研究驱动的优秀的应用研究的例子。奥赫特曼直接把教学方法建立在他关于学生对极限情境推理的自发性隐喻的研究之上。那项研究表明他确定的微积分教学的方法是可行的（因为学生自发地有成效地展现出涉及近似的推理），并与核心的微积分概念的形式化描述结构一致。然后，他能够采用一种依托课堂教学实验的迭代过程来开发教学方法。如果未来发表的研究能对学生如何与教学活动进行互动进行仔细的分析，这将是有益的。研究表明，奥赫特曼的方法有可能对于那些继续学习实分析的学生特别有用（Oehrtman 等，2014）。更多关于这种潜力的研究将是非常有价值的。

聚焦累积的微积分课程。像奥赫特曼（2008）一样，

汤普森与西尔弗曼（2008）主张用一套连贯的方法进行微积分教学。虽然奥赫特曼致力于开发一门利用近似作为一个组织结构的课程，汤普森与西尔弗曼则呼吁一条强调累积与微积分基本定理的途径。具体来说，他们呼吁聚焦于累积函数，并将其与传统的积分方法进行对比，该方法强调一个数的计算，该数表示一个区间上由函数图象所围成的面积。这种区别是重要的，因为它涉及"学生唤起的解决这种问题的潜在意象以及这些意象的含义"（第51页）。累积函数的意象包含"从由两个量的度量产生的许多小块中创建的一个量的积累。这两个量中一个量是另一个量在区间$[a, b]$上的函数。通过求$f(c)\Delta x$（$c \in [i\Delta x, (i+1)\Delta x]$）的和产生"（第51页）。曲线下面积的情形只是这个更一般情况的特例。

然而，汤普森与西尔弗曼（2008）的观点并不是将积分这一内容教得更一般或更抽象。这个观点是以计算一个图形围成的区域的面积为重点，不要求（因此不鼓励）发展对于黎曼和的理解以及之后的微积分基本定理的理解。注意到，在上一段中所描述的意象与西利（2014）刻画的学生对黎曼积分理解的框架非常一致。当重点是面积时，至少有两种方式阻碍了学生对黎曼积分理解的建构。第一种方式是，学生可以依托几何的意象，对一些问题情境进行伪分析推理（Vinner, 1997）。例如，他们可以想象，这个区域好像是被涂画得满了一样，而不是通过微小面积的累积。第二种方式是，如果学生愿意接受一块区域可以代表面积以外的一个数量，那么他们就能从这种情况下形成概念。

汤普森等（2013）报告了一门微积分课程的开发工作，这门课程的目标是帮助学生"建立累积与变化率概念之间的自反关系，符号化这种关系，然后延伸到更广泛的范围"（第125页）。这种方法让学生每日从事与微积分基本定理有关的推理。累积与变化率之间自反关系的创造是在两个阶段上进行。在第一阶段中，学生从变化率函数发展累积函数。在第二阶段中，他们从累积函数发展变化率函数。

汤普森等（2013）认为技术使这种方法变为可能，因为这项技术可以把累积函数视为"第一类函数"（第

139页），允许学生像他们能接受的函数那样进行操作（可以绘制它们，输入一个值，接收输出，变换它们等）。汤普森及其同事使用名为图形计算器（GC）的软件，这款软件把开放形式的函数（例如，使用∑符号的近似累积函数或使用积分符号的累积函数）视为合法的函数。利用图形计算器的可见功能，汤普森及其同事详细介绍了从变化率函数产生累积函数以及从累积函数产生变化率函数所涉及的步骤，然后描述那些旨在利用这些经验把微积分基本定理的主要思想阐述清楚的任务。

就像奥赫特曼（2008）一样，汤普森及其同事（2013）用一个强大的例子说明纯研究如何影响教学设计工作。基于汤普森（1994a）的研究见解，并受到揭示了微积分基本定理比预期更难理解的研究发现的启发，汤普森及其同事通过支持学生发展关于累积与变化率的自反性理解，正在开发一种使微积分基本定理居于微积分教学核心的方法。汤普森及其同事（2013）的工作也作为一个研究论文的优秀示例，对于以研究为基础的教学改革进行了仔细描述，并提供了详尽的理论基础。最近的一篇会议论文（Thompson & Dreyfus，待出版）报道了一项比较研究（包括248名参加传统课程的学生和149名参加改革课程的学生）的正面效果，结果表明汤普森和同事的方法有可能对学生的学习产生积极的影响。正如奥赫特曼（2008）的工作，该领域将从其他已发表的详细介绍学生参与教学方法改革的研究中受益。

值得注意的是，奥赫特曼（2008）与汤普森等（2013）所描述的教学方法都可能要求教师从一个不同的视角重新审视微积分概念。我们还应进行另外一些研究（纯的和应用的），探索在实施这些教学方法时如何培训与支持教师。这两种教学方法似乎很有前途，两者都是经过仔细考虑的，重要的是，开发者已经详细阐述了每种方法的基本原理。每一项改革似乎都有很好的发展空间，但是需要付出额外的努力才能使其中一项或两项改革扩大规模。

主动学习与"翻转"的微积分课堂。 弗里曼等（2014）对225项研究进行了元分析，并强调主动学习（由弗里曼等人实施，包括除讲授外的任何涉及学生参与的教学方法）已被确认优于传统的课堂教学。然而，拉森、格洛弗与梅尔休伊什（2015）注意到，美国数学协会（MAA）进行的一项全国性研究表明，讲授仍然是微积分教学的主导模式。此外，关于索纳特、萨德勒、萨德勒与布雷斯苏德（2015）所谓的优质教学的影响，来自美国数学协会的研究结果喜忧参半。"优质"的教学这一概念来自索纳特等人对美国数学协会的全国调查所作的因素分析，其中包括旨在提高学生参与度的教学实践（例如，小组工作，全班讨论，让学生解释他们的思维）。索纳特等人发现优质教学对学生的态度有较小的负面影响，而拉斯姆森和埃利斯（2013）发现优质教学与降低学生退出微积分课程的比率有关。

拉森等（2015）介绍了两个机构投入大量的精力让学生参与主动学习的实例。其中一个机构已经实施了二十年的哈佛财团微积分课程教材改革（Hughes-Hallett等，2012）。教师广泛使用小组教学，定期让学生进行写作作业，要求解释他们的数学推理。另一个机构在技术创新方面历史悠久，并且正在进行一个项目，将微积分1课程部分的一半内容实施翻转教学，以促进学生在课堂上的参与度。翻转课堂是指让学生在课外时间观看讲座，使上课的时间用于以小组或全班为单位解决问题。翻转一半课程的目的是收集比较数据，以衡量翻转部分的成败。拉森等人观察到，在每个案例中，教师都认真注意建立信任，并收集本地的数据来衡量学生的成功，这些都对提高学生的参与度有极大的帮助。

虽然由拉森等（2015）提出的这两个案例研究，指出了在院系层面支持创新的一些重要相关因素，但几乎没有研究去记录如何参与"主动学习"，微积分翻转课程尤其如此。在谷歌学术上搜索关键词"翻转微积分"（2016年1月6日），证实有大量的兴趣和活动与翻转微积分有关，但几乎没有研究出现在最有影响力的研究期刊上。许多关于翻转微积分课程的研究是出现在会议论文集中的。到目前为止，在同行评议的期刊上发表的论文为这项研究提供了一些证据，证明翻转微积分课程可以对学生的学习产生积极的影响（McGivney-Burelle & Xue，2013; Wasserman, Quint, Norris, & Carr, 2015）。

迄今为止，关于翻转课堂的研究一直是小规模的比较研究与翻转的微积分教学的案例研究。虽然需要有更多对翻转微积分的研究，以使它们出现在顶级期刊上，但是我们认为，这类研究需要更深入地探索如何充分利用课外时间的启示。具体来说，有必要进行研究，以探索利用学生（及其指导教师）的额外时间，促进深入从事数学活动的任务和教学方法。此外，有必要对课堂外提供的讲解（通常是视频）与课堂上的数学工作之间的关系进行研究。例如，这些视频作为教师应用的边界对象（Star & Griesemer, 1989）是否可以有效地在学生的数学与数学家群体的数学之间起到中介的作用？如果是，做到这一点的有效方法是什么？

总之，虽然翻转教学的思想似乎有一些表面的效度，因为它释放了可以用于更主动参与的课堂时间，但对如何利用这种明显的机会还需要进行大量的研究。产生可以合理地预期优于传统方法的翻转模型，并确切地表述以何种方式达到这种预期，这些工作是必要的。如果没有这样做，比较研究就尚未成熟。并且不足为奇的是，到目前为止，这些研究的结果并没有给人留下深刻印象。

结论与未来的研究方向

回顾舍恩菲尔德（2000）的观察，数学教育研究既有纯粹的研究目的（理解思维、教学和学习的本质），又包括应用的研究目的（使用这种理解来改进数学教学）。我们的文献回顾表明，有关学生微积分的思维和学习的纯研究发展良好。研究结果已经越来越详细地阐明学生思考以及学习极限、导数与积分概念的方式。采取的表达方式既有实证支持的对于普通学生概念特征的描述，也包括精心设计的学习和理解微积分的关键概念的模型。虽然仍然可以按照这种思路去做更多的工作，但是我们对学生通常怎样理解这些概念，他们在学习中有哪些困难，以及当学生发展出很强的富有成效的理解时，过程中的关键的里程碑式的概念是什么等，都具有了深刻的理解。

正如我们在引言中提到的，我们专注于有关学生对微积分理解的研究，而不是，如微积分教学的研究。在某种程度上，这是为了确保篇章的连贯性，但是我们选择这个重点也反映了一个事实，即许多微积分领域的研究报告是侧重学生对微积分概念的理解。虽然这样的工作占据研究文献的主导地位是明智的，但是有一些领域的研究没有得到充分表达。在纯研究的保护下，我们注意到需要更多的侧重于教学的研究。斯皮尔、史密斯与霍瓦特（2010）报告称，（当时）"对大学教师实际课堂教学实践的研究几乎不存在"（第99页）。事实上，涉及微积分领域的教学实践，他们只报告了一项研究（Speer, 2008）。虽然在更高级的本科课程的教学研究方面出现了激增（如Johnson & Larsen, 2012, Lew, Fukawa-Connelly, Mejia-Ramos, & Weber, 2016），但这种说法不适用于对微积分课堂教学实践的研究。鉴于微积分对许多学生的重要性，以及这门课程是由各种各样的教师（数学家、研究生、兼职教师、中学教师）教授的，在微积分教学领域进行更多的研究就是至关重要的。我们注意到，翻转微积分课堂的日益流行也对这些情境下的教学实践提出一些适时的研究问题。例如，什么样的研究能为指导教师在翻转课堂的课堂教学提供信息？如何在课下最恰当地引导学生？更广泛地说，有必要进行更多的研究，以产生关于在微积分课堂上正发生的事情的知识（如Güçler, 2013, 以分析微积分课堂上围绕极限的讨论为主题的研究）。

除了呼吁更多的纯研究深入到学生与教师在微积分课堂上做什么，我们还号召在微积分领域能有更多的应用研究。我们的回顾显示，一些有前景的早期工作可在此基础上建立。在一些小规模的干预研究中（例如，我们所描述的这些侧重于数列收敛定义的研究：Cory & Garofalo, 2011; Oehrtman 等，2014），为了支持学生学习特定的概念，研究人员通常与少量的学生一起工作。这个领域需要更多的项目来推进干预研究，特别是效能感与有效性的研究。我们所描述的两个正在进行的项目，一个基于近似思想（Oehrtman, 2008），另一个侧重于累积和变化率之间的关系（Thompson 等，2013），它们都面临着开发连贯的、完整的课程的更大挑战。我们的希望就是，未来的工作将在这些项目的基础上，继续开发可共享的教学材料以及成功实施和评估影响所需的各种支持。

最后，我们希望研究界加大有关公平和社会公正的努力。SimCalc项目正是基于这样的观念，即变化和改变的思想（微积分的基本思想）可以而且应该对所有的学生开放。该项目特别注意与不同背景的学生合作。在大学阶段，明显地很少有研究解决关于选学微积分以及完成微积分学习的学生的多样性问题，以及与文化有关的教学法是否影响以及如何影响学生的微积分学习成绩的问题。特雷斯曼（1985, 1992）主要研究与开发的"工作坊模式"是一个众所周知的专门为提高少数学生群体在微积分上的成功而设计出的微积分教学模式，那些学生利用课上或者额外的课，参与这门课程小组的问题解决，以发展他们在大学微积分课程中的归属感。特雷斯

曼的研究显示，参与工作坊可以提高学生的微积分学习与记忆（Fullilove & Treisman, 1990）。因为大学微积分是STEM教育的重要组成部分，并且仍旧常常成为学生在这些领域取得学业进步的障碍，所以它代表了专注于公平和社会公正的研究工作的一个重要背景。

总之，与微积分相关的教育研究文献具有相当强的优势（例如，仔细阐述和完善的模型描述了对关键概念的理解），同时也具有明显的弱点（例如，对教学实践与干预的研究并不充足）。展望未来，有许多优秀的研究可以作为一个领域来建设，并且未来还有许多工作要做。

References

Asiala, M., Brown, A., DeVries, D. J., Dubinsky, E., Mathews, D., & Thomas, K. (1996). A framework for research and curriculum development in undergraduate mathematics education. In E. Dubinsky, A. H. Schoenfeld, & J. J. Kaput (Eds.), *Research in collegiate mathematics education II. Issues in mathematics education* (Vol. 6, pp. 1–32). Providence, RI: American Mathematical Society.

Asiala, M., Cottrill, J., Dubinsky, E., & Schwingendorf, K. E. (1997). Networking theoretical frames: The development of students' graphical understanding of the derivative. *The Journal of Mathematical Behavior, 16*(4), 399–431.

Aspinwall, L., Shaw, K. L., & Presmeg, N. C. (1997). Uncontrollable mental imagery: Graphical connections between a function and its derivative. *Educational Studies in Mathematics, 33*(3), 301–317.

Baker, B., Cooley, L., & Trigueros, M. (2000). A calculus graphing schema. *Journal for Research in Mathematics Education, 31*(5), 557–578.

Baldino, R. R., & Cabral, T. C. B. (1994). "A Pulsão em um caso de dificuldade especial em cálculo." *Educação e Sociedade 49*, 485–499.

Bingolbali, E., & Monaghan, J. (2008). Concept image revisited. *Educational Studies in Mathematics, 68*(1), 19–35.

Bressoud, D. (1992). Why do we teach calculus? *The American Mathematical Monthly, 99*(7), 615–617.

Bressoud, D. (2015). Calculus at crisis I: The pressures. *MAA Launchings.* Retrieved January 9, 2016, from http://launchings.blogspot.com/2015/05/calculus-at-crisis-i-pressures.html

Bressoud, D., Carlson, M. P., Mesa, V., & Rasmussen, C. (2013). The calculus student: Insights from the Mathematical Association of America national study. *International Journal of Mathematical Education in Science and Technology, 44*(5), 685–698.

Bressoud, D., Mesa, V., & Rasmussen, C. (Eds.). (2015). *Insights and recommendations from the MAA National Study of College Calculus. MAA Notes.* Washington, DC: Mathematical Association of America.

Carlson, M., Jacobs, S., Coe, E., Larsen, S., & Hsu, E. (2002). Applying covariational reasoning while modeling dynamic events: A framework and a study. *Journal for Research in Mathematics Education, 33*(5), 352–378.

Carlson, M. P., Madison, B., & West, R. D. (2015). A study of students' readiness to learn calculus. *International Journal of Research in Undergraduate Mathematics Education, 1*(2), 209–233.

Christensen, W. M., & Thompson, J. R. (2012). Investigating graphical representations of slope and derivative without a physics context. *Physical Review Special Topics–Physics Education Research, 8*(2). doi:10.1103/

PhysRevSTPER.8.023101

Cobb, P., Jackson, K., & Dunlap, C. (2017). Conducting design studies to investigate and support mathematics students' and teachers' learning. In J. Cai (Ed.), *Compendium for research in mathematics education* (pp. 208–233). Reston, VA: National Council of Teachers of Mathematics.

Cooley, L., Trigueros, M., & Baker, B. (2007). Schema thematization: A framework and an example. *Journal for Research in Mathematics Education, 38*(4), 370–392.

Cornu, B. (1981). Apprentissage de la notion de limite: Modèles spontanés et modèles propres. In *Actes du Cinquième Colloque du Group Internationale PME* (pp. 322–326). Grenoble, France: PME

Cornu, B. (1983). *Apprentissage de la notion de limite: Conceptions et obstacles [Apprenticeship of the limit notion: Conceptions and obstacles]* (Unpublished doctoral dissertation). Grenoble, France.

Cornu, B. (1991). Limits. In D. Tall (Ed.), *Advanced mathematical thinking* (pp. 153–166). Dordrecht, The Netherlands: Kluwer.

Cory, B. L., & Garofalo, J. (2011). Using dynamic sketches to enhance preservice secondary mathematics teachers' understanding of limits of sequences. *Journal for Research in Mathematics Education, 42*(1), 65–97.

Cottrill, J., Dubinsky, E., Nichols, D., Schwingendorf, K., Thomas, K., & Vidakovic, D. (1996). Understanding the limit concept: Beginning with a coordinated process scheme. *The Journal of Mathematical Behavior, 15*(2), 167–192.

Davis, R. B., & Vinner, S. (1986). The notion of limit: Some seemingly unavoidable misconception stages. *Journal of Mathematical Behavior, 5,* 281–303.

Deshler, J. M., Hauk, S., & Speer, N. (2015). Professional development in teaching for mathematics graduate students. *Notices of the AMS, 62*(6), 638–643.

diSessa, A. A. (1988). Knowledge in pieces. In G. Forman & P. Pufall (Eds.), *Constructivism in the computer age* (pp. 49–70). Hillsdale, NJ: Lawrence Erlbaum Associates.

Douglas, R. (Ed.). (1986). *Toward a lean and lively calculus: Report of the conference/workshop to develop curriculum and teaching methods for calculus at the college level.* MAA Notes, Number 6. Washington, DC: Mathematical Association of America.

Duval, R. (2006). A cognitive analysis of problems of comprehension in a learning of mathematics. *Educational Studies in Mathematics, 61*(1–2), 103–131.

Ferrini-Mundy, J., & Graham, K. (1991). An overview of the calculus curriculum reform effort: Issues for learning, teaching, and curriculum development. *American Mathematical Monthly, 98*(7), 627–635.

Ferrini-Mundy, J., & Graham, K. (1994). Research in calculus learning: Understanding of limits, derivatives, and integrals. In J. J. Kaput & E. Dubinsky (eds.), *Research Issues in Undergraduate Mathematics Learning, MAA Notes* (Vol. 33, 31–45). Washington, DC: Mathematical Association of America.

Freeman, S., Eddy, S., McDonough, M., Smith, M. K., Okoroafor, N., Jordt, H., & Wenderoth, M. P. (2014). Active learning increases student performance in science, engineering, and mathematics. *Proceedings of the National Academy of Sciences, 111*(23), 8410–8415.

Fullilove, R. E., & Treisman, P. U. (1990). Mathematics achievement among African American undergraduates at the University of California, Berkeley: An evaluation of the mathematics workshop program. *Journal of Negro Education, 59*(3), 463–478.

Ganter, S. L., & Jiroutek, M. R. (2000). The need for evaluation in the calculus reform movement: A comparison of two calculus teaching methods. In E. Dubinsky, A. Schoenfeld, & J. Kaput (Eds.), *Research in collegiate mathematics education IV* (pp. 42–62). Providence, RI: American Mathematical Society.

Gray, E., & Tall, D. (1994). Duality, ambiguity, and flexibility: A "proceptual" view of simple arithmetic. *Journal for Research in Mathematics Education, 25*(2), 116–140.

Güçler, B. (2013). Examining the discourse on the limit concept in a beginning-level calculus classroom. *Educational Studies in Mathematics, 82*(3), 439–453.

Habre, S., & Abboud, M. (2006). Students' conceptual understanding of a function and its derivative in an experimental calculus course. *The Journal of Mathematical Behavior, 25*(1), 57–72.

Haciomeroglu, E. S., Aspinwall, L., & Presmeg, N. C. (2010). Contrasting cases of calculus students' understanding of derivative graphs. *Mathematical Thinking and Learning,12*(2), 152–176.

Hughes-Hallett, D., McCallum, W. G., Gleason, A. M., Flath,

D. E., Lock, P., Gordon, S. P., . . . Tucker, T. W. (2012). *Calculus.* New York, NY: Wiley.

Hurley, J. F., Koehn, U., & Ganter, S. L. (1999). Effects of calculus reform: Local and national. *American Mathematical Monthly, 106*(9), 800–811.

Janvier, C. (Ed.). (1987). *Problems of representation in the teaching and learning of mathematics.* Hillsdale, NJ: Lawrence Erlbaum Associates.

Johnson, E., Ellis, J., & Rasmussen, C. (2015). It's about time: The relationships between coverage and instructional practices in college calculus. *International Journal of Mathematical Education in Science and Technology.* Advance online publication. doi:10.1080/0020739X.2015.1091516

Johnson, E., & Larsen, S. (2012). Teacher listening: The role of knowledge of content and students. *Journal of Mathematical Behavior, 31*(1) 117–129.

Jones, S. R. (2013). Understanding the integral: Students' symbolic forms. *The Journal of Mathematical Behavior, 32*(2), 122–141.

Kabael, T. (2010). Cognitive development of applying the chain rule through three worlds of mathematics. *Australian Senior Mathematics Journal, 24*(2), 14–28.

Kendal, M., & Stacey, K. (2003). Tracing learning of three representations with the differentiation competency framework. *Mathematics Education Research Journal, 15*(1), 22–41.

Keng, L., & Dodd, B. G. (2008). *A comparison of college performances of AP and non-AP student groups in 10 subject areas.* Princeton, NJ: The College Board.

Larsen, S., Glover, E., & Melhuish, K. (2015). Beyond good teaching: The benefits and challenges of implementing ambitious teaching. In D. Bressoud, V. Mesa, & C. Rasmussen (Eds.), *Insights and recommendations from the MAA National Study of College Calculus* (pp. 93–105). Washington, DC: Mathematical Association of America.

Larsen, S., Johnson, E., & Weber, K. (Eds.). (2013). The Teaching Abstract Algebra for Understanding Project: Designing and scaling up a curriculum innovation. [Special issue]. *Journal of Mathematical Behavior, 32*(4), 691–790.

LaRue, R., & Infante, N. E. (2015). Optimization in first semester calculus: A look at a classic problem. *International Journal of Mathematical Education in Science and Technology, 46*(7), 1021–1031.

Lew, K., Fukawa-Connelly, T., Mejia-Ramos, J. P., & Weber, K. (2016). Lectures in advanced mathematics: Why students might not understand what the professor is trying to convey. *Journal for Research in Mathematics Education, 47*(2), 162–198.

Mahir, N. (2009). Conceptual and procedural performance of undergraduate students in integration. *International Journal of Mathematical Education in Science and Technology, 40*(2), 201–211.

Marrongelle, K. (2004). Context, examples, and language: Students uses of physics to reason about calculus. *School Science and Mathematics, 10*(6), 258–272.

McGivney-Burelle, J., & Xue, F. (2013). Flipping calculus. *Primus, 23*(5), 477–486.

Meredith, D. C., & Marrongelle, K. A. (2008). How students use mathematical resources in an electrostatics context. *American Journal of Physics, 76*(6), 570–578.

Middleton, J., Gorard, S., Taylor, C., & Bannan-Ritland, B. (2008). The "compleat" design experiment: From soup to nuts. In A. E. Kelly, J. Y. Baek, & R. A. Lesh (Eds.), *Handbook of design research methods in education: Innovations in science, technology, engineering, and mathematics learning and teaching* (pp. 21–46). New York, NY: Routledge.

Monk, G. S. (1992). Students' understanding of a function given by a physical model. In G. Harel & E. Dubinsky (Eds.), *The concept of function: Aspects of epistemology and pedagogy* (pp. 175–194). Washington, DC: Mathematical Association of America.

Monk, S., & Nemirovsky, R. (1994). The case of Dan: Student construction of a functional situation through visual attributes. *Research in Collegiate Mathematics Education, 4,* 139–168.

Morgan, R., & Klaric, J. (2007). *AP students in college: An analysis of five-year academic careers.* New York, NY: College Board.

National Science Board, Task Committee on Undergraduate Science and Engineering Education. (1986). *Undergraduate science, mathematics, and engineering education (NSB 86–100).* Washington, DC: National Science Foundation.

Nemirovsky, R. (1994). On ways of symbolizing: The case of Laura and the velocity sign. *The Journal of Mathematical Behavior, 13,* 389–422.

Nemirovsky, R. (1996). Mathematical narratives. In N. Bednarz, C. Kieran, & L. Lee (Eds.), *Approaches to algebra: Perspectives for research and teaching* (pp. 197–223). Dordrecht, The Netherlands: Kluwer Academic.

Nemirovsky, R., & Noble, T. (1997). Mathematical visualization and the place where we live. *Educational Studies in Mathematics, 33,* 99–137.

Nemirovsky, R., & Rubin, A. (1992). *Students' tendency to assume resemblances between a function and its derivative.* Cambridge, MA: TERC.

Nemirovsky, R., Tierney, C., & Wright, T. (1998). Body motion and graphing. *Cognition and Instruction, 16*(2), 119–172.

Núñez, R. E., Edwards, L. D., & Matos, J. F. (1999). Embodied cognition as grounding for situatedness and context in mathematics education. *Educational Studies in Mathematics, 39*(1/3), 45–65.

Oehrtman, M. (2008). Layers of abstraction: Theory and design for the instruction of limit concepts. In M. Carlson & C. Rasmussen (Eds.), *Making the connection: Research and practice in undergraduate mathematics, MAA Notes,* (Vol. 73, pp. 65–80). Washington, DC: Mathematical Association of America.

Oehrtman, M. (2009). Collapsing dimensions, physical limitation, and other student metaphors for limit concepts. *Journal for Research in Mathematics Education, 40*(4), 396–426.

Oehrtman, M., Swinyard, C., & Martin, J. (2014). Problems and solutions in students' reinvention of a definition for sequence convergence. *The Journal of Mathematical Behavior, 33,* 131–148.

Orton, A. (1983a). Students' understanding of differentiation. *Educational Studies in Mathematics, 14*(3), 235–250.

Orton, A. (1983b). Students' understanding of integration. *Educational Studies in Mathematics, 14*(1), 1–18.

Rasmussen, C. (Ed.). (2007). An inquiry oriented approach to differential equations [Special issue]. *Journal of Mathematical Behavior, 26*(3), 189–194.

Rasmussen, C., & Ellis, J. (2013). Who is switching out of calculus and why? In A. M. Lindmeier & A. Heinze (Eds.), *Proceedings of the 37th Conference of the International Group for the Psychology of Mathematics Education* (Vol. 4, pp. 73–80). Kiel, Germany: PME.

Rasmussen, C., Marrongelle, K., & Borba, M. (2014). Research on calculus: What do we know and where do we need to go? *ZDM—The International Journal on Mathematics Education 46*(4), 507–515. doi: 10.1007/s11858-014-0615-x

Rasslan, S., & Tall, D. (2002). Definitions and images for the definite integral concept. In A. Cockburn & E. Nardi (Eds.), *Proceedings of the 26th conference of the International Group for the Psychology of Mathematics Education* (Vol. 4, pp. 89–96). Norwich, United Kingdom: PME

Roh, K. H. (2010). An empirical study of students' understanding of a logical structure in the definition of limit via the ε-strip activity. *Educational Studies in Mathematics, 73*(3), 263–279.

Roschelle, J., & Hegedus, S. (Eds.). (2013). *The SimCalc Vision and contributions: Democratizing access to important mathematics.* Dordrecht, The Netherlands: Springer.

Roschelle, J., Kaput, J. & Stroup, W. (2000). SimCalc: Accelerating student engagement with the mathematics of change. In M. J. Jacobsen & R. B. Kozma (Eds.), *Learning the sciences of the 21st century: Research, design, and implementing advanced technology learning environments* (pp. 47–75). Hillsdale, NJ: Lawrence Erlbaum.

Roschelle, J., Shechtman, N., Tatar, D., Hegedus, S., Hopkins, B., Empson, S., . . . Gallagher, L. P. (2010). Integration of technology, curriculum, and professional development for advancing middle school mathematics: Three large-scale studies. *American Educational Research Journal, 47*(4), 833–878.

Schneider, M. (1992). A propos de l'apprentissage du taux de variation instantane [On the learning of instantaneous rate of change]. *Educational Studies in Mathematics, 23,* 317–350.

Schoenfeld, A. H. (2000). Purposes and methods of research in mathematics education. *Notices of the AMS, 47*(6), 641–649.

Schwingendorf, K. E., McCabe, G. P., & Kuhn, J. (2000). A longitudinal study of the C^4L calculus reform program: Comparisons of C^4L and traditional students. *CBMS Issues in Mathematics Education, 8,* 63–76.

Sealey, V. (2006). Definite integrals, Riemann sums, and area under a curve: What is necessary and sufficient. In S. Alatorre, J. L. Cortina, M. Sáiz, & A. Méndez (Eds.), *Proceedings of the 28th annual meeting of the North American Chapter of the International Group for the Psychology of Mathematics Education* (Vol. 2, pp. 46). Mérida, México: Universidad Pedagógica Nacional.

Sealey, V. (2014). A framework for characterizing student understanding of Riemann sums and definite integrals. *The Journal of Mathematical Behavior, 33,* 230–245.

Sealey, V., & Engelke, N. (2012). The great gorilla jump: An introduction to Riemann sums and definite integrals. *Math AMATYC Educator, 3*(3), 18–22.

Sfard, A. (1991). On the dual nature of mathematical conceptions: Reflections on processes and objects as different sides of the same coin. *Educational Studies in Mathematics, 22,* 1–36.

Sierpińska, A. (1987). Humanities students and epistemological obstacles related to limits. *Educational Studies in Mathematics, 18*(4), 371–397.

Sofronas, K. S., DeFranco, T. C., Swaminathan, H., Gorgievski, N., Vinsonhaler, C., Wiseman, B., & Escolas, S. (2015). A study of calculus instructors' perceptions of approximation as a unifying thread of the first-year calculus. *International Journal of Research in Undergraduate Mathematics Education, 1*(3), 386–412.

Sofronas, K. S., DeFranco, T. C., Vinsonhaler, C., Gorgievski, N., Schroeder, L., & Hamelin, C. (2011). What does it mean for a student to understand the first-year calculus? Perspectives of 24 experts. *The Journal of Mathematical Behavior, 30*(2), 131–148.

Sonnert, G., Sadler, P. M., Sadler, S. M., & Bressoud, D. M. (2015). The impact of instructor pedagogy on college calculus students' attitude toward mathematics. *International Journal of Mathematical Education in Science and Technology, 46*(3), 370–387.

Speer, N. M. (2008). Connecting beliefs and practices: A fine-grained analysis of a college mathematics teacher's collections of beliefs and their relationship to his instructional practices. *Cognition and Instruction, 26*(2), 218–267.

Speer, N. M., Smith, J. P., & Horvath, A. (2010). Collegiate mathematics teaching: An unexamined practice. *The Journal of Mathematical Behavior, 29*(2), 99–114.

Star, S. L., & Griesemer, J. R. (1989) Institutional ecology, "translations" and boundary objects: Amateurs and professionals in Berkeley's Museum of Vertebrate Zoology, 1907–39. *Social Studies of Science, 19,* 387–420.

Swidan, O., & Yerushalmy, M. (2015). Conceptual structure of the accumulation function in an interactive and multiple-linked representation environment. *International Journal of Research in Undergraduate Mathematics Education,* 1–29. doi:10.1007/s40753-015-0020-z

Swinyard, C. (2011). Reinventing the formal definition of limit: The case of Amy and Mike. *The Journal of Mathematical Behavior, 30*(2), 93–114.

Swinyard, C., & Larsen, S. (2012). Coming to understand the formal definition of limit: Insights gained from engaging students in reinvention. *Journal for Research in Mathematics Education, 43*(4), 465–493.

Szydlik, J. E. (2000). Mathematical beliefs and conceptual understanding of the limit of a function. *Journal for Research in Mathematics Education, 31*(3), 258–276.

Tall, D., & Vinner, S. (1981). Concept image and concept definition in mathematics with particular reference to limits and continuity. *Educational Studies in Mathematics, 12*(2), 151–169.

Thompson, P. W. (1994a). Images of rate and operational understanding of the fundamental theorem of calculus. *Educational Studies in Mathematics, 26,* 229–274.

Thompson, P. W. (1994b). Students, functions, and the undergraduate curriculum. In E. Dubinsky, A. H. Schoenfeld, & J. J. Kaput (Eds.), *Research in collegiate mathematics education, 1* (Issues in Mathematics Education Vol. 4, pp. 21–44). Providence, RI: American Mathematical Society.

Thompson, P. W., Byerley, C., & Hatfield, N. (2013). A conceptual approach to calculus made possible by technology. *Computers in the Schools, 30*(1–2), 124–147.

Thompson, P. W., & Carlson, M. P. (2017). Variation, covariation, and functions: Foundational ways of thinking mathematically. In J. Cai (Ed.), *Compendium for research in mathematics education* (pp. 421–456). Reston, VA: National Council of Teachers of Mathematics.

Thompson, P. W., & Dreyfus, T. (in press). A coherent approach to the fundamental theorem of calculus using differentials. In R. Biehler & R. Hochmuth (Eds.), *Proceedings of the Conference on Didactics of Mathematics in Higher Education as a Scientific Discipline.* Hannover, Germany: KHDM.

Thompson, P. W., & Silverman, J. (2008). The concept of accumulation in calculus. In M. Carlson & C. Rasmussen (Eds.), *Making the connection: Research and practice in undergraduate mathematics, MAA Notes* (Vol. 73, 43–52). Washington, DC: Mathematical Association of America.

Törner, G., Potari, D., & Zachariades, T. (2014). Calculus in European classrooms: Curriculum and teaching in different educational and cultural contexts. *ZDM—The International Journal on Mathematics Education, 46*(4), 549–560.

Treisman, U. (1985). A model academic support system. In R. B. Landis (Ed.), *Handbook on improving the retention and graduation of minorities in engineering* (pp. 55–66). New York, NY: National Action Council for Minorities in Engineering.

Treisman, U. (1992). Studying students studying calculus: A look at the lives of minority mathematics students in college. *College Mathematics Journal, 23*(5), 362–372.

Trigueros, M., & Martínez-Planell, R. (2010). Geometrical representations in the learning of two-variable functions. *Educational Studies in Mathematics, 73*(1), 3–19.

Vinner, S. (1997). The pseudo-conceptual and the pseudo-analytical thought processes in mathematics learning. *Educational Studies in Mathematics, 34*(2), 97–129.

Wasserman, N. H., Quint, C., Norris, S. A., & Carr, T. (2015). Exploring flipped classroom instruction in Calculus III. *International Journal of Science and Mathematics Education,* 1–24. doi:10.1007/s10763-015-9704-8

White, P., & Mitchelmore, M. (1996). Conceptual knowledge in introductory calculus. *Journal for Research in Mathematics Education, 27*(1), 79–95.

Williams, S. R. (1991). Models of limit held by college calculus students. *Journal for Research in Mathematics Education, 22*(3), 219–236.

Yerushalmy, M., & Swidan, O. (2012). Signifying the accumulation graph in a dynamic and multi-representation environment. *Educational Studies in Mathematics, 80*(3), 287–306.

Yoon, C., Thomas, M. J., & Dreyfus, T. (2011a). Gestures and insight in advanced mathematical thinking. *International Journal of Mathematical Education in Science and Technology, 42*(7), 891–901.

Yoon, C., Thomas, M. J., & Dreyfus, T. (2011b). Grounded blends and mathematical gesture spaces: Developing mathematical understandings via gestures. *Educational Studies in Mathematics, 78*(3), 371–393.

Zandieh, M. (2000). A theoretical framework for analyzing student understanding of the concept of derivative. *Research in Collegiate Mathematics Education IV* (8), 103–127.

Zandieh, M. J., & Knapp, J. (2006). Exploring the role of metonymy in mathematical understanding and reasoning: The concept of derivative as an example. *The Journal of Mathematical Behavior, 25*(1), 1–17.

大学数学微积分后继课程教育研究[*]

克里斯·拉斯马森
美国圣地亚哥州立大学
梅根·瓦洛
美国弗吉尼亚理工大学
译者：陈算荣
　　　扬州大学数学科学学院

本章我们关注大学数学微积分后继课程教育研究的新探索，这个领域在过去十年间已经取得了相当可观的进步。这里所说的"微积分后继课程"是指美国等国家大学本科一年级微分和积分学课程之后的课程。在北美、欧洲和南半球，一年一次或一年两次的以大学数学教育为主题的会议数量呈上升态势，并且很多期刊出版的相关文章也有所增长，甚至出现了以大学数学教育研究为专刊的新杂志，这些都表明大学数学微积分后继课程教育研究取得了明显的进展。阿蒂格、巴塔内罗和肯特（2007）撰写的"高等教育层面的数学思维和学习"一文，是自1990年以来高等数学教育研究领域的很好的综述，这里不再重复这已经完成的综述研究，转而聚焦于2005年后的新研究，以便为大学数学微积分后继课程教育研究的现状提供一个总体概貌，并对这个领域的后续发展作出展望。

本章对2005年以来的相关研究进行了比较全面的文献综述，几乎覆盖了这一期间所有使用英语语言的数学教育研究的核心刊物，也包括科学教育和高等教育研究的期刊。大学数学微积分后继课程教育研究范围很广，包括诸如线性代数、分析、组合论和拓扑等的教与学。在对这个领域进行全面综述后，本章选择关注于那些有最多新研究的内容，这些内容涉及线性代数、微分方程、分析和抽象代数。因为篇幅的限制，所以不得不作出取舍，对有较大局限性的研究内容就没有进行文献综述了，如多变量微积分（如 Dorko & E. Weber, 2013; Jones & Dorko, 2015; Martinez-Planell & Trigueros, 2012）、组合论（如 Godino, Batanero, & Roa, 2005; Lockwood, 2011, 2013）、复数（如 Karakok, Soto-Johnson, & Dyben, 2014; Nemirovsky, Rasmussen, Sweeney, & Wawro, 2011）、离散数学（如 Hawthorne & Rasmussen, 2015）和非欧几何（如 Hollebrands, Conner, & Smith, 2010）。关于证明和统计，这里也没有进行文献综述，而是安排在其他章节里。

尽管研究者们所关注的内容只是在一些相对限定的范围内，但仍有200多篇实证研究论文值得进行回顾综述。重点深入分析什么样的论文，取决于本研究的偏好，即确信这些文献是落入"巴斯德象限"（Stokes, 1997）的。与那些仅聚焦于应用或理论构建的工作相比较，落入巴斯德象限的文献是指"力求扩大对前沿研究的理解，且从应用上也能获得灵感的基础研究"（第74页）。可以确信，本研究选择的重点内容反映了国际上改善本科生STEM教育的迫切需求（Pampaka, Williams, Hutcheson, Davis, & Wake, 2012; President's Council of Advisors on Science and Technology [PCAST], 2012; van Langen & Dekkers, 2005）。因此，我们认为关于这方面的发展不仅

* 作者衷心感谢纳尼·阿帕卡瑞恩、乔治·库斯特、海莉·米尔本和大卫·普莱克斯科对本文的帮助。

需要理论上的进步，同时也要为实践中的重大问题作出贡献。

本章内容安排如下：前四节聚焦于那些调查学生学习线性代数、微分方程、分析和抽象代数的研究。这四节指出了这些不同研究的作者所采取的不同的理论观点和方法，由于篇幅的限制，只提供了这些理论的简要细节。对能引起读者兴趣的某个具体的理论观点，将在适当的时候进行更为详细的概述。当然，理论视角的异质性有时会为跨研究的比较带来挑战，最后一节会回到这个讨论点，对这些观点进行整合和协调。

之后我们聚焦于一个相对较新的大学数学微积分后继课程教育研究领域——教学。有关微积分后继课程的教学内容，包括讲授式教学、探究式教学和专业发展。最后一节将更多的指向对未来的展望，探讨大学数学微积分后继课程教育研究发展的三个领域：（1）数学实践，（2）微积分后继课程与其他STEM课程的关联性，（3）有望推动大学数学微积分后继课程教育研究发展的方法和理论。

线性代数

在阿蒂格等（2007）的高等教育一章中，关于学生对线性代数理解的研究凸显了由多里耶（2000）主编的《关于线性代数的教学》一书。这些以前的著作，较多地采取历史认识论立场，可以总结为三个主要的主题：（1）学生的描述和推理模式分类（如Hillel, 2000; Sierpinska, 2000），（2）几何推理能够（或应该）运用于线性代数教学的各种方式的讨论（如Harel, 1999），（3）"形式化的对象"及随之带来的学生在学习线性代数时的困难（如 Dorier, Robert, Robinet, & Rogalski, 2000）。当前的研究始于并拓展了这项工作，它的影响在许多地方可见一斑。例如，多甘-邓拉普（2010）应用了塞拉平斯克（2000）推理的三个模式描述学生对线性无关和线性相关的理解。此外，研究者最近开展的工作在地域上和理论上也呈现出多样性。本章的概述工作主要集中于学生如何通过个人访谈获得的数据，达到对某个具体概念的理解。这些分析在实用性上很重要，因为他们为教师深入洞察学生

的思维和推理方式提供了方便。同时这些分析在理论上也是相互关联的，因为它们为研究者提供了很好的框架和工具来描述学生对于某个具体概念的不同思维方式。

这里的研究综述了超过35篇与线性代数教与学有关的高质量论文，其中24篇重点关注学生的思维。我们从这些原始素材中提炼总结出学生在线性代数思维方面的研究现状，并对未来的研究提出建设性的建议。首先从最近的研究中总结出不同的框架和方法工具，然后回顾这方面研究最多的两个主题：（1）线性无关和线性相关，（2）特征向量和特征值。篇幅的限制不允许我们对那些研究较少的领域进行分析。例如，学生对几何的理解（Gueudet-Chartier, 2006），对线性变换（Schafer, 2013）、向量空间和子空间的理解等方面（Parraguez & Oktac, 2010; Wawro, Sweeney, & Rabin, 2011）。

框架和方法工具

有几篇文章介绍了用于分析学生在学习线性代数时的思维框架和方法工具。例如，斯图尔特和托马斯（2009）创造了一个框架，这个框架是结合活动、过程、对象、图式（APOS）理论（见Arnon等，2014，关于APOS理论的概述）和托尔（2004）的"数学的三个世界"理论而构建形成的。依据托尔（2013）的研究，数学思维是通过文化具象化、操作符号化和公理形式化的"世界"来发展的，学生在学校学习的过程中会多次遇到相同的思想，通常是在具象化和符号化的世界里，然后才会形式化。针对这个现象，斯图尔特和托马斯的框架沿着两个方向描述了学生的理解特征：首先是对一个概念的操作、过程或对象的理解；其次就是对思维的具象化、符号化及形式化"世界"的理解。研究者们首先对线性代数中的基本概念进行了起源分解，即向量和数乘、线性组合和线性生成、线性无关和相关、基底和子空间以及特征向量和特征值。接着分解的不同方面在三个世界中被解释和分类，目的是解释"学生是怎样有可能通过操作、思考、认知等过程来形成发生在每个具象化的、符号化的、形式化的数学思维'世界'中的对象的"（第952页）。例如，他们认为，一个视向量为具象化的对象

的学生会将向量看作一个在头脑中"拿起"和"移动"的有向线段，而一个视向量为形式化的对象的学生则会把向量当作一个n元数组来使用，它是向量空间$\mathbf{R}^n$的一个元素。斯图尔特和托马斯展示了框架的使用，即对学生可能存在的一些困难进行分类。例如，较常见的困难就是从一个概念的理解联想到另一个概念的理解（过程-形式之间的相互作用）。在他们的研究中，学生可能会在符号化世界中表现出操作或过程观。托尔（2004）的框架假定，一个给定概念的形式化思维的发展以具象化的世界为基础；正因为如此，斯图尔特和托马斯（2009）认为学生缺乏具象观是他们"被困在符号化世界中，不能进入数学思维的形式化世界"的原因之一（第960页）。

拉森和赞迪埃（2013）提供了矩阵方程$Ax=b$的三个重要解释的框架，在每个解释中突出向量x的作用。线性组合的解释强调b是矩阵A的列的线性组合，x是矩阵A的列的一组权重。方程组的解释是强调把x看作一组满足相应方程组的值，变换的解释是视x为输入的向量，通过与矩阵A相乘将其变换成输出的向量b。根据伯格（2009）的研究，在线性代数中有一些概念上不同构的问题情境是相互兼容的：线性组合、笛卡儿行和线性变换。然而，伯格研究了在这些背景中从问题表征到解决程序学生所遇到的困难。拉森和赞迪埃的框架详细介绍了三种几何和符号的方法，从而使学生较好地理解了矩阵方程$Ax=b$。这个框架可以提供一个分析的视角，通过学生融合与协调观点的各种方式来理解学生的思维。与归因于能力不足不同，这个框架的力量在于其潜在的"帮助教师、研究者和课程设计者更好地理解支持学生在各种解释之间灵活移动的能力，从而有力地利用线性代数的分析工具"（Larson & Zandieh, 2013, 第16~17页）。

塞林斯基、拉斯马森、瓦洛和赞迪埃（2014）以及拉普、尼曼和贝里（2010）通过详细的方法来追踪学生在线性代数各种概念之间的联系方法，补充了学生理解的特征描述。拉普等（2010）则运用学生自己创造的概念图谱对邻接矩阵进行分析，刻画了学生对概念之间联系的丰富。塞林斯基等（2014）运用邻接矩阵刻画了学生对概念内以及概念之间关联的结构。这个方法便于检查和比较各种学生联系的内容和结构，如捕捉学生推理

的稠密、稀疏或中心状况的邻接矩阵。通过观察邻接矩阵的数学特征，可以获得学生可能的概念联系链，了解他们是否能够灵活地进行概念内及概念之间的联系。基于这项工作，瓦洛（2014）强调了邻接矩阵分析通过不同的测量方法对了解课堂学习共同体随时间发生的变化的优势，如整个学期线性代数思想的中心、密度和连续性。经验证，这种方法对个体和集体两个层面的分析都是有用的；同样地，在两个分析单元上使用相同的分析方法可以对数学推理进行定向的比较和协调。例如，课堂学习共同体对概念和概念之间的某种联系的认识是显著的，但这个群体中的某些个体未必有这样的认识。

线性无关和线性相关

在主要关注学生对线性无关和线性相关理解的研究中，研究人员主要使用的理论框架是APOS理论（参考 Aydin, 2014; Bogomolny, 2007; Ertekin, Solak, & Yazici, 2010; Stewart & Thomas, 2010; Trigueros & Possani, 2013）。例如，艾登（2014）和博戈玛尼（2007）基于学生构造的3×3的行或列线性相关的矩阵，提出了一个线性无关的起源分解。尽管分解之间存在差异，但有些方面是相通的。例如，以关注单个条目和矩阵运算为代表的一个操作概念（如行化简）与以关注行或列的线性组合为代表的一个对象概念是相通的。这项工作提供了学生思维的例子，并为刻画学生理解线性无关和线性相关的其他研究打下基础。

斯图尔特和托马斯（2009, 2010）使用之前提到的APOS理论和托尔的数学的三个世界的整合来刻画学生对基底的理解。依据他们提供的线性无关（一组向量构成的集合满足条件：集合中的每一个向量都无法表示成这个集合中其他向量的线性组合）的起源分解和线性生成（由两个或两个以上的向量线性组合产生的集合，如平面），线性组合概念在将这两个观点与基的对象观联系起来的过程中起着不可或缺的作用。研究者们发现学生试图依赖矩阵的符号化运算（如行化简）去推理线性无关，这和艾登和博戈玛尼的工作是一致的。为了使学生的理解超越以操作和过程为导向的符号矩阵视角，斯图尔特和

托马斯（2010）建议在教学中为学生提供"在最后到达思维的形式化世界之前，探索概念的具象方面，并在符号化世界中操作它们"的机会（第186页）。这样的教学可能会帮助学生发展数学的复杂性，因为它使他们能够"自信地在这些世界之间移动，并扩展他们对它们的熟悉程度"（第186页）。

受到塞拉平斯克（2000）思维模式的启发，多甘-邓拉普（2010）详细地刻画了学生对线性无关和线性相关的描述。他对学生两项书面作业的反馈进行了比较，其中第一项作业要求他们判断一组向量线性无关，第二项作业要求他们完成在线动态绘图模块。在学生对后一项作业的反馈中，多甘-邓拉普发现了17种不同类型的学生思维。例如，线性无关是"一个向量从一个平面中出来了"，线性相关是"这些向量能追溯到最初的向量"或者"这个向量集合包含零向量"。这与塞林斯基等（2014）和瓦罗（2014）在个人访谈和班级课堂讨论中所发现的推理类型是一致的。多甘-邓拉普进一步将学生思维的类型标记为几何模式或代数/算术模式（Sierpinska, 2000），并发现17个类型中有11个可以标注为几何模式，并且在多个问题的回答中出现了与几何模式相一致的回答。换句话说，几何的思维模式通常比较常见，且常用于计算和抽象类型的问题之中。多甘-邓拉普得出在线动态模块有助于学生几何思维的发展和多种思维模式的整合，指出"在表示代数和算术方法时，几何表征似乎有助于学习者开始考虑一个概念的不同表征方面，并最终将它们灵活地联系起来，形成一个有着丰富联系的概念理解"（第2158页）。

特征向量和特征值

相对而言，明确聚焦于学生对特征向量和特征值的理解的文章数量较少。不过，托马斯和斯图尔特（2011）发现，学生倾向于主要在符号世界中思考特征向量和特征值，并且注意到学生对以矩阵为导向的代数步骤的运用比较有信心。两位研究者发现，"绝大多数的学生没有特征向量和特征值的几何的、具象化的世界观，所以不能对图形和特征向量之间的关系进行推理，从而无法理解几何观念中方向的不变性"（第294页）。此外他们发现，学生对

在方程$Ax=\lambda x$中所获得的两个不同的数学过程的整合感到困惑，并指出，需要概述这两个过程产生等价的数学对象才能深刻理解方程。他们猜测，这种复杂性可能有碍于学生从方程$Ax=\lambda x$到方程$(A-\lambda I)x=0$的转化，而后一个方程是求解矩阵A的特征向量和特征值所必需的。

这些研究者们的工作致力于刻画学生如何深入灵活地理解和识别上述方法，并用它们来对各种知识点加以联系。与上面描述的努力方向相一致，瓦罗（2015）也描述了一个学生如何推导线性方程$Ax=0$和方程$Ax=b$的解的过程，从而在线性代数等价命题的表述中找到二者的联系。当被要求将"0不是矩阵A的特征值"和"A的零空间只含有零向量"联系起来时，学生解释了前者的否定是怎样隐含着对后者的否定的。瓦罗运用图尔敏（1969）提供的方案分析了学生说理的内容和结构，从而证明学生主要是依赖于对方程$Ax=0$的解的推理来支持二者的联系的。大量文献表明学生会在对解的推理中面临困难，这说明他们在学习数学时可能会遇到复杂的推理及细致入微的理解。

在概述的文献中，戈尔·塔巴赫和辛克莱（Gol Tabaghi, 2014; Gol Tabaghi & Sinclair, 2013; Sinclair & Gol Tabaghi, 2010）的研究成果突出，他们以具身认知论作为框架研究人们如何理解特征向量和特征值。辛克莱和戈尔·塔巴赫（2010）报告了数学家对特征向量的描述，发现隐喻性语言和手势用得非常普遍（Radford, Arzarello, Edwards, & Sabena, 2017，本套书第26章），他们将向量作为空间中的对象映射到它们的数乘。戈尔·塔巴赫和辛克莱（2013）结合具身认知论结构（Radford, 2009; Seitz, 2000）和工具起源论（Verillon & Rabardel, 1995），调查了学生对特征向量和特征值在视觉和动觉上的理解。他们在一个动态几何示意图中，给学生提供不同的2×2方阵和任意的一个向量x，要求学生拖动x以找到矩阵A对应的特征向量和特征值。戈尔·塔巴赫和辛克莱运用塞拉平斯克（2000）提供的逻辑推理模式分析得出，学生的画图及他们与访谈者的互动促进了学生灵活运用综合-几何及分析-算术推理能力的发展。此外，他们通过假定动态-综合的几何模式的存在，拓展了塞拉平斯克的推理范畴模式。他们声明这个模式能使人"在大脑里重

构物体对象，对它们施加运动并在空间中确定它们的位置"，也能"预见线性代数中结构化思维的发展，这是因为它们具有共同的特征"（第162页）。此外，这种双重分析给学生学习数学提供了一个丰富而又细致入微的解释。一方面，戈尔·塔巴赫和辛克莱使用了工具起源论，即把一个工具转化成一个数学工具的程序，来刻画学生如何发展与动态视图交互作用的机制。另一方面，具身认知论的解释提供了"洞察工具（拖动）影响学生有关特征向量动态变化图像的交流方式（口头表达和手势）"的视角（第163页）。

微分方程

在概述的文献中，自2004年以来在顶级期刊上发表的与微分方程有关的实证研究论文不到24篇。考虑到微分方程是本科课程的中心，以及本科课程正从"食谱"式课程转向强调建模和定性的、图形的和数值分析方法的课程，如此之少，有些令人惊讶。本节内容围绕下面三个方面展开：一阶微分方程的解、微分方程组的解和分岔概念。从方法上来讲，我们回顾的文献倾向于在自然情境下使用个人访谈或以课堂为基础的干预。理论视域从概述学生困难和进步的以认知为导向的过程-对象框架，扩展到具身认知解释论，即说明手势在学生数学学习中的作用，再扩展到考察学生思想的互动建构的社会文化视角。

尽管这些研究存在方法和理论上的差异，但它们阐明了对学生学习困难的早期研究是怎样引领课程创新，以及如何致力于实现学生的连贯学习的。和线性代数的研究情况类似，微分方程的研究最终为解释学生的推理和开展教学计划提供了有用的框架。出乎意料的是，数学建模及技术在建模过程中发挥的作用的研究却有所缺失，这是一个有待进一步研究的领域。

一阶微分方程的解

随着求解和分析微分方程的多种方法的出现，大量研究记录了学生所遇到的认知挑战。例如，研究表明学生在数量和数量变化率两个知识点之间表现出相当大的

困惑（Rowland & Jovanoski, 2004），即使在课堂评价中强调图形和定性分析，他们仍然更倾向于先考虑代数方法而不是图示法（Arslan, 2010; Artigue, 1992; Camacho-Machín, Perdomo-Díaz, & Santos-Trigo, 2012; Habre, 2000）。贯穿分析、图形和数值情境的一个重要概念是解，早期的研究已经指出了学生在面对这个概念时的各种挑战（Habre, 2000; Rasmussen, 2001）。

在关于微分方程解的概念的分析中，瑞查德弗里（2008）考虑了概念本身的结构和这个结构如何用于分析学生的逻辑推理。特别是，瑞查德弗里认为微分方程解的定义包含了微分方程的背景（与代数方程求解背景相当），数学实体（在这种情况下是一个函数），指定所需属性的过程（在这种情况下，函数必须满足这个微分方程），以及带有隐式或隐式过程的对象，该过程会生成实体（例如，变量分离）。为了研究背景-实体-过程-对象这个结构如何刻画学生对解的理解，瑞查德弗里对六位选修了微分方程基础入门课程的学生进行了临床访谈，不同于更现代的方法，该课程在很大程度上依赖于分析技术。研究结果包括，学生将微分方程看作是微分之后的结果，而且他们优先考虑未阐明的求解过程，却并不关心建构这一微分方程的过程。

一个有待解决的问题是，这种推理模式在多大程度上反映了超越特定课堂环境的规范和实践的更普遍的学生困难。例如，在瑞查德弗里的研究中，学生们在一个强调分析技术的微分方程课堂中学习，这可以帮助解释为什么学生们展示了他们所做的解决方案的特定概念。接下来的几段我们将转向那些刻画学生在自然状态下学习的研究，这些研究意在揭示将学习与学习环境相关联的过程，其中一种是启发学生理解的学习环境，另一种是限制学生理解的学习环境。

例如，马利特和麦丘（2009）调查了一个以探究为导向的学习环境，对提高学生理解一阶和二阶线性微分方程的解的可能性。与瑞查德弗里（2008）研究中的学生相比较，这些学生最初并没有得到寻找封闭形式解的大量的分析技术的指导，相反，他们被要求首先考虑什么样的函数可以用来求解一些给定的微分方程。先让学生在家里完成这项任务，然后让学生参与班级的互动讨

论。马利特和麦丘发现，确实有一部分学生（但不是所有）掌握了解的概念，这和瑞查德弗里（2008）报告的结果截然不同，他的报告指出，学生不大可能参与到求微分方程解的过程中。尽管因果论断超出了两者中任何一个研究的范畴，但这个领域迫切需要精心设计的研究，以梳理不同教学方法所产生的影响。本章关于教学的部分回顾了这方面的一些工作。

除了致力于学习环境这个内容的研究，最近关于微分方程学习的研究也利用了具身认知论这些前沿理论，例如，基恩、拉斯马森、斯蒂芬（2012）和威特曼、弗勒德和布莱克（2013）的论文。这些研究说明了手势是思考的一种形式，而不仅仅是某种内在心理表征的外在表达（Hutchins & Palen, 1997; Nemirovsky & Ferrara, 2009）。从这一观点来看，手势和语言是紧密结合的，并随着互动和时间而分布。此外，"手势和身体动作并不是宣告抽象思维即将到来的短暂现象，而是抽象思维的真正组成部分"（Radford, 2009, 第123页）。

在他们的部分，基恩等（2012）考察了与一阶自治微分方程组平衡解相关的学生和教师手势逐渐复杂和明朗的过程。通过对以探究为导向的微分方程课堂教学实录的分析，这些研究者描绘了四种不同类型的手势如何形成一串意义链（Walkerdine, 1988），其中每一个新的手势都表示之前的符号集合。这四种手势的顺序反映了学生理解平衡解时一般的时间进展，以及概念复杂性的进展。这项工作提供了新的视角，去深入考察学生怎样理解平衡解的过程和在这个过程中教师手势的作用。

另一个研究焦点是学生获得正确解析解的过程，比如分离变量。学生们实施这个技术的实际过程是什么？它只是简单的减法、除法吗？威特曼等（2013）的分析认为不是这样的。相反，他们发现，学生在他们的数学作业中会把数学术语看作是一个实实在在的物理对象，这一点是很典型的。在对一个实施该技术的小的物理学习团队进行分析时，他们发现隐喻和身体动作之间的相互影响是研习数学的重要组成元素。直至最近，对学生的认知分析要么忽略手势，要么视手势为某些内部认知结构的外在表征。基恩等（2012）和威特曼等（2013）

的工作挑战了这个前提。他们认为，在不将手势本身作为认知的一部分的情形下，如何理解复杂时刻发生的事情是不全面的。

微分方程组的解

一些研究者考察了学生对微分方程组的解以及求解方法的理解。例如，达纳-皮卡德和基德隆（2008）考察了两名学生在计算机代数系统（CAS）环境中的认知过程。考察发现，图形和符号表征在他们的意义建构中的顺序明显不同。垂圭罗（2004）围绕线性微分方程组的直线解的问题，对38位学生进行了临床访谈。运用APOS认知理论，垂圭罗将困难分为三大类，发现很少有学生对图形解和分析解之间的相互作用表现出很强的理解。这些发现导致垂圭罗呼吁应有更多的基于特定活动的设计研究，以使学生在活动中去找寻概念和表征之间的联系。下面我们分析两个在这个方面作出贡献的课堂教学研究。

在一个课堂教学研究中，拉斯马森和布卢姆菲尔德（2007）运用现实数学教育（Gravemeijer, 1999）的涌现模型概念分析了学生在创造和使用直线解时的成功经历。而垂圭罗（2004）的研究表明，学生对这一概念的理解有相当大的困难。这个模型构想推理出学生们在进行真实的数学活动时，如何从经验上的真实情境出发，重新创造形式化的数学。特别地，这些研究者发现，如果给予适当的机会和一个以探究为导向的学习环境，那么学生就能创造一个新的求分析解的方法，来整合图形和分析表征。学生得到的方法不同于标准方法，他们是先找到直线解的斜率，然后找到解函数对应的指数（即特征值）。学生得出的方法后来为学生成功预测和理解相平面内所有的解提供了基础。

在另一个突出概念资源的课堂教学研究中，学生成功地用概念资源来理解相平面和表征之间的联系，基恩（2007）提出了动态推理的观点，将其作为一种方法来构建学生如何发展的框架，并将时间作为一个动态参数与其他量相协调，以理解问题、解决问题。动态推理的特征与一个把隐喻和手势作为认知组成部分的具身认知论观点产生共鸣（Radford等, 2017, 本套书第26章）。

分岔概念

除了相平面分析外，更现代的微分方程方法还包括分岔概念的发展。分岔指的是微分方程中参数的变化导致平衡解的数量和类型也发生变化。然而，我们对分岔的学习和教学相关研究的回顾，只发现了两组论文。在第一组论文中，基德隆和德赖弗斯（Dreyfus & Kidron, 2006; Kidron & Dreyfus, 2010a, 2010b）考察了基德隆为期两周的学习，其间她自己在家仅仅依赖教材和网络进行学习。基德隆和德赖弗斯使用了情境抽象化的理论观点和相应的方法论（见 Dreyfus, Hershkowitz, & Schwarz, 2015 关于情境抽象的综述），追踪了基德隆学习的由逻辑方程 $f(x) = x + rx(1-x)$ 所定义的系统，当参数 r 从 $r=1$ 增加到 $r=2$ 及以上时，发生的周期加倍的过程。对基德隆保留的大量笔记进行分析后，研究者确定了四个主要的结构作为她需要说理和洞察的核心。利用工具起源理论（Trouche, 2005），研究者还确定了计算代数系统中的代数、数值和图形化帮助和形成分岔图的动态视图的具体方式。

由拉斯马森、赞迪埃和瓦洛（2009）以及斯蒂芬和拉斯马森（2002）组成的第二组论文，包括了在微分方程导论课中针对分岔图的出现进行的两种不同的设计研究。基于强调学习是一种社会实践的理论观点（Cobb & Yackel, 1996; Wenger, 1998），这些研究阐明了指导学生重新探究一个分岔图的过程。在基德隆和德赖弗斯的工作中，分岔图基本上就是基德隆寻求知识的起点，但是这些课堂研究表明分岔图可以是学生数学活动的最后结果。与基德隆和德赖弗斯确定的结构类似，学生数学操作的核心是数值、图形和代数这三者之间的相互作用，这些相互作用促进了 dy/dt 关于 y 以及相应的 y 关于 t 的解的图形随 k 变化的动态视图。教师在这个再创造的过程中的作用也得到了分析，我们会在以探究为导向的教学一节中回顾这些研究结论。

分析

在本节概述的三十多篇关于分析的论文中，从认知论角度开展的研究是最常见的。例如，APOS 理论经常被采用，甚至与其他理论相补充，比如斯法德的具象化模式（Danenhower, 2006），哈赞的简化抽象观（Mamolo & Zazkis, 2008），以及巴拉蔡夫的观念、认识和概念理论（Martínez-Planell, Gonzalez, DiCristina, & Acevedo, 2012）。

我们也发现一些研究者在分析中利用了教学的人类学理论（ATD）。和更认知的观点相比较，教学的人类学理论考虑了更广泛的因素。例如，通过考虑围绕某一个数学概念（由任务、技巧、技术和理论组成）的人类行为，这个概念可以描述由人类行为提供的和约束的理解机会（见 Bosch & Gascón, 2014 中关于教学的人类学理论的全面综述）。例如，塞法和戈恩扎勒兹-马丁（2011）分析了一些教材中与级数相关的任务类型，从中发现教材内容侧重算法练习和代数表达，没有要求学生提出或解释级数的视觉表征的内容，仅有少数内容含有较低比例的有情境的练习。在其他与教学的人类学理论相关的工作中，贝格（2008）考察了在四门连续的本科数学课程中给学生提供的理解实数集 **R** 完备性的机会。他观察到，与同一性质相关的任务和技巧在数学强度上随序列的展开而增加，同时失败率也随之增加。作者得出结论，完备性的地位随课程的不同而发生了隐性的变化，这也许是学生从微积分过渡到分析过程中，在学习这个性质时所经历的困难的一部分。

乔布和施奈德（2014）进一步阐述了这一概念，他们主张在经典的实用主义和现代的演绎行为学之间存在着无法消除的距离，在微积分和分析的行为层次之间的模糊区分在试图平稳过渡的过程中，强化了经验实证主义的态度。这种态度在微积分和分析学的学习中是一种认知论上的障碍，在这段时间内建立的信念可能会贯穿学生的数学学习生涯。

接下来我们综述与学生对分析中具体概念的理解相关的研究结果。在这些研究中，几乎每一篇论文都以数列或级数的极限或收敛作为研究起点。聚焦于这个研究点的理由包括以下事实：（1）这些主题在分析课程中出现得很早，为后面的概念奠定了基础。（2）这些主题在分析课程之前就出现在微积分课程中。

数列和级数的极限与收敛

虽然较早以前的研究聚焦于刻画学生在数列和级数的极限与收敛学习中的诸多困难，但最近的研究更多地考察用新的方法达到促进学生理解的目的。例如，罗厄创设了一系列称为 ε-链活动的任务序列，既作为研究工具也作为教学干预（Roh, 2008, 2010a, 2010b）。在为期一个学期的设计实验中，科布、康弗里、迪塞萨、莱热和萧伯乐（2003）以及罗厄（2010a）发现这个 ε-链活动提升了学生认识自己的困难、反思自己想法的本质以及解决问题的能力，通常发展出与 ε-N 定义相一致的收敛概念。此外，罗厄发现，当学生在解答与收敛有关的问题时，会在整个课程中不断反思学习活动。

在另一项探讨运用 ε-链活动促进学生理解数列极限的创新方法的研究中，科里和加罗法洛（2011）报告了三位参与了个性化教学实验的职前中学数学教师对数列极限的理解。这项研究通过创建和使用动态图来揭示学生通常持有的对极限概念的错误认识，例如，极限是不能达到的，极限作为边界，以及没有认识到在形式化定义中"对一切的 $\varepsilon > 0$"或者"对每个 $n > N$"的必要性（如 Williams, 1991）。这三位参与者都扩展、重组和完善了他们最初的极限概念和形式化极限定义。特别重要的是，三位职前教师在最后访谈中都改进了他们自己对数列极限的定义及描述，这是在他们参与的个性化教学实验结束整整15个月后发生的。作者们把他们的教学序列明显的有效性归功于对 ε 的重视，画板的交互性，尤其是其缩放功能，以及形式化定义中的每个要素都能够在图形内被学生操作，使他们看到每一个陈述的必要性。

另一种方法是在学生生成的隐喻和概念表象基础上促进学生使用定义和关于定义进行推理。例如，道金斯（2012）的研究表明，学生能够重新给出数列收敛的定义，并指出在这一过程中一个特定的隐喻所扮演的建设性角色。马丁（2013）考察了学生和专家所持的关于泰勒级数收敛的数学结构的概念意象之间的差异。通过运用斯法德的操作结构二重性观点去分析概念意象，马丁

发现专家很大程度上依赖于部分和以及余数的意象，而学生则依赖于一些专家从未使用过的逐项意象（聚焦于泰勒级数的项）。此外，专家能够总结各种表现形式并整合它们，而学生则倾向于选择一种单一的表现形式，并在任何情境下都参照这种表现形式。

无限

为了探究和提升学生对无限的理解，一些研究者曾使用了诸如网球问题的矛盾任务，这个任务通常是跟踪记录球从容器中移走及添加的过程（例如，Dubinsky, Weller, McDonald, & Brown, 2005a, 2005b; Ely, 2011; Mamolo & Zazkis, 2008; Radu & Weber, 2011）。例如，马莫罗和扎兹齐斯（2008）给36位学生介绍了网球悖论，这些学生包括数学教育方向的研究生和人文科学专业的本科生。埃莉（2011）给数学背景参差不齐的人介绍了两个版本的网球悖论，这些人有些是只修了大学代数课程的本科生，有些是数学专业的学生，有些是数学教授。在这两项研究中，参与者主要分为两组。一组人似乎将有限过程的特征推广或投射到无限过程上，他们认为，由于在有限时间内，容器中的球的数量在增长，最终的球的数量必须是无限的。另一组人似乎认为这个极限是无法达到的，并认为这个过程永远不会完成。持极限无法达到观点的较为普遍的是非数学专业的学生，以及一些提出了无穷解同时也提出了规范零解的数学专业的学生。两项研究产生了相同的结论：学习者凭直觉将有限的性质投射到无限的过程中。这个结论与杜宾斯基等（2005a, 2005b）的研究是一致的，他们使用APOS理论假设的潜无限概念对应于过程层面上理解的无限，这里步骤（行动层面）已经被内化成无限的过程。另一方面，实无限可以被看作是对象层面的理解，来自对那个过程的封装。当封装发生时，关于无限过程的悖论就能得到解决。

但是学生理解的对象–过程描述提供了什么教学启示呢？学生思维的火花怎样帮助教师在学生的非形式化和直觉思维基础上去生成形式化的或更传统的数学？拉杜和韦伯（2011）提出，正是因为教师们倾向于选择并不具有或

欠缺对数学的理解的学生来开展教学，所以他们无法为学生的思维生成提供更多的教学指导。相反，拉杜和韦伯（2011）研究了当学生参与一系列任务时推理的演化，并发现学生在推理上的进步可以用来解释认知方面的变化以及建立在直觉思维基础上的变化。相较于只辨析学生的错误概念或归因于缺乏某个概念的那些研究来说，埃莉（2010）为研究学生的非形式化或直觉思维的有用性提供了进一步的证据。

抽象代数

有十多篇聚焦于抽象代数教与学的高质量文章需要我们进行文献综述。这些文章大多数聚焦于群论，有少数聚焦于环论，没有超出环论这个最基本概念之外的研究内容。于是，我们围绕下面几个方面组织这节内容：群、同构和子群；交换律、结合律；以及环结构。这种研究多数出自拉森和他的同事们进行的一系列基于设计的研究。这项工作的结果是开发了一个学期的群论课程，被称为抽象代数的教学理解（Teaching Abstract Algebra for Understanding, TAAFU）。与线性代数（Wawro, Rasmussen, Zandieh, & Larson, 2013）和微分方程（Rasmussen & Kwon, 2007）的课程改革类似，抽象代数的教学理解是基于现实数学教育（Freudenthal, 1991）和新兴的启发式教育模型设计（Gravemeijer, 1999）的。除课程成果外，这项工作已经引领了关于学生对具体概念的理解和扎根于本土化教学的理论基础的实证研究。因此，这条研究路线阐明了基础或基本的需求以及迫切的实践问题，非常符合"巴斯德象限"的研究领域。

群、同构、子群

拉森（2009）描述了一系列涉及两人一组的本科学生的教学实验，在桑德拉和杰茜卡（所有的名字都用的是假名）这个组，他试图开发一系列任务让学生构建一个有关等边三角形对称性规则的最小集合，从而重新发现群公理和同构的概念。拉森（2013）使用从几次重复

的课堂教学实验中获得的数据拓展了这项工作。在这两篇文章中，拉森提供了学生参与任务的事例，并讨论了学生在这一过程中生成的数学知识。关于群公理，拉森指出了一些学生的非形式化策略，这些策略似乎预见了群论的形式化概念。例如，学生为了用代数方法表示三角形的物理操作开发了一套符号系统和微积分。拉森注意到学生通常不注意逆法则和结合律法则，尽管这些概念出现的方式可能并不反映正式的群公理："逆公理没有必要出现（通过对称组合的代数运算），因为它是不需要计算的（尽管具体的逆对通常被抵消了）"（Larsen, 2009, 第136页）。拉森（2013）描述了学生为了证明凯莱表中每一行和每一列的任何元素都只能出现一次，他们是如何推导出逆公理的。

关于学生对同构的理解，拉森（2009）描述了他通过让学生确定用四个元素可以构建多少个群，引导学生重新发现同构概念的方法。学生在初始任务中遇到的困难指引拉森改进和修改了任务顺序。这项研究比较重要的成果是通过调查学生对"同一性"概念的困惑，了解了学生的思维方式。例如，桑德拉和杰茜卡的工作阐明了用于表示群元素和元素本身的记号之间的细微差别。判断两个群是否一样，不仅涉及符号使用的差异，可能还需要查看一个群的元素是否能通过"重命名"与另一个群的元素对应，而且还需要判定群元素之间的关系诸如互逆性与恒等性等是否具有相似性。拉森发现，"学生能够考察一个（失败或成功的）重命名，并能够在特定情况下明确说明遵守操作的必要性……学生可以隐性地运用这个性质来构建有效的重命名"（第136页）。然后，学生能够"显性地运用运算封闭性来构建一个重命名"，从而形成一个形式化的同构概念（第136页）。

研究者德·博克、德普雷、范·多尔、罗伦斯和弗斯科艾菲尔（2011）也研究了学生对同构的理解，考察了运用实例化来引入更一般概念的方法的有效性。研究者进行了一项实验，由130名本科学生参加，他们在抽象域（A）或具体域（C）中学习了三阶元素的同构，并被要求在转换域（A或C）中完成四种不同组合的任务：AC, CA, AA和CC，这里第一个字母是指令域而第二个字母是转换域。参与者在目标域中测试之前，先在指令域

中测试其理解力。研究者们进行了协方差分析和塔克-克雷默分析，并对参与者的书面反馈进行了定性分析。研究者发现，"在抽象域操作的学生学会了如何将组合法则正式地运用到任意的符号上，但关于他们也获得了群的抽象数学概念，这一点缺乏证据的支持"（第123页）。此外，德•博克等（2011）认为，一些在具体域工作的学生能够制定出不依赖于给定背景的规则，并宣称这些学生"清楚地学到了一个不同的数学主题，即关于模3的加法"（第123页）。

最后，关于子群的概念，拉森和赞迪埃（2008）为描述学生在抽象代数课程中的证明活动，探究了一个框架的实用性，该框架改编自拉卡托斯的《证明和反驳》（1976）。拉森和赞迪埃考虑了一个由教师和3个学生参加的课堂讨论的情境，分析学生参与的不同类型的数学活动，学生们在这些活动中努力开发所需条件的最小列表，从而保障一个群的子集是一个子群。研究者从拉卡托斯（1976）的研究中改编了三项活动——反例-阻止（monster-barring）、例外-阻止（exception-barring）和证明分析，以此来刻画学生数学活动的聚焦点和成果。研究者提供的记录是学生们参与了反例-阻止和例外-阻止活动；然而在这个情境中学生们没有参与证明分析。最初，学生们猜想闭包是一个子集成为一个子群的唯一必要条件，对此教师给出了一个反例。学生们尝试改变他们提出的数学关系并反驳这个反例不能作为一个群和子群的例子，但他们没有反思他们自己对于关系的证明。因此，研究者们探讨了一个学生的"隐藏的引理"，即所考虑的群是有限的。研究者发现这个框架对描述学生的证明活动是有用的，并把它作为一个与现实数学教育一致的潜在的教学设计策略。例如，拉森和洛克伍德（2013）运用这个框架，探究了学生在生成群 D_8 的一个商群时所经历的困难。

交换律和结合律

拉森（2010）开发的有关抽象代数教学理解的课程提供了对学生理解交换律和结合律的洞察。尤其是拉森刻画了他从学生学习交换律和结合律的困难中获得的经验，并解释了这样的困难是如何产生的。拉森这篇文章的数据是来自他本人在2009年文章里描述的同一个教学实验。拉森认为他的结论支持了扎斯拉维斯基和皮莱德（1996）的解释，"教师的大部分困难可以追溯到顺序的问题……事实上这两个性质都与顺序有关，而在学校数学中往往没有对它们仔细区分"（Larsen, 2010，第42页）。拉森针对学生学习交换律和结合律的困难又提供了两种解释，引用"倾向于根据运算顺序来考虑二元运算的算式……以及用于描述这些相关运算性质的非正式语言还不够精确"（第42页）。

蒂克纳（2012）也阐述了本科生学习交换律和结合律的问题，以及对逆的理解问题。在为期一学期的抽象代数课程开始和结束阶段，蒂克纳对一名教师和五名职前教师进行了半结构化访谈，并收集了现场笔记和课程文件，用扎根分析法分析了收集的材料。该作者的研究使用了个体到实践再到个体的单元分析，在一个群体中考虑个体。她认为莱尔蔓（2000）用类似于变焦透镜的方式描述这个单元，"通过放大和缩小实践的共同体去捕捉个体和互动以及生成的整体文化"（Ticknor, 2012，第310页）。蒂克纳发现职前教师对结合律、交换律和逆的理解非常符合大学这个环境，对于这点她主要归因于这个事实"教师和学生的目标和期望中并没有包含与代数教学相关的教育学知识"（第320页）。作者指出了高中和大学课堂的区别，作者解释道，参与者把他们的高中经历描述为"主要聚焦于成功的符号操作"，并把它和"强调数系的逻辑和结构以及运算"的大学抽象代数课程进行了对比（第321页）。

环论

我们只找到了两篇关于学生理解环论中的概念的文章。库克（2014）运用了启发式的现实数学教育设计去引导再发现，目的是创设一个教学流程，在这个过程中学生去重新发现环、整环和域的定义。这篇文章着重探讨了在重新发现的过程中，单位元和零因子的概念是如何产生的。库克改编了格拉维梅耶（1999）的四个层次的活动——情境的、参照的、一般的和正式的——并包括第五个层次——预备的，来描述学生对各种有限环的运算表的初始构建。库克（2014）对学习过离散数学课程的两位学生进行了长达六节课的教学实验（Steffe & Thompson, 2000），发现这两位学生能够从不同环和域的元素的乘法表中归纳出零因子和单位元的概念。例如，他们注意到一些方程有唯一解，而方程"$9x=6$"（这里9，x和6都是Z_{12}中的元素）有多个解（2，6和10）。有了这个认识，参与者能够把零因子规则推广至其他结构中，例如$M_2(Q)$，一个由有理数组成的$2×2$矩阵集合。库克刻画了参与者怎样将这两个结构视为相似的结构，列举出它们包含的零因子，最终形成了环、整环、域的形式化定义。

辛普森和斯特林科娃（2006）运用理解结构的框架探究了一个学生刻画和讨论交换环Z_{99}（用等价于加法的非标准算子定义，模99）所用方法的变化。作者们把理解结构定义为"把注意力从对象及运算的熟悉度和特殊性转向运算引发的对象之间的内部关系"（第352页）。数据的收集持续了三年半的时间，包括一系列半结构式的访谈、一个大学四年级学生毕业论文的多篇草稿和这个学生的自主导向调查，辛普森和斯特林科娃刻画了两个事例，其中学生莫莉在理解Z_{99}的过程中能够作"小尺度"的转变：开发一个逆运算以及理解零因子的结构。从教学上来讲，作者们赞同从例子到定义的过渡，在这个过程中学生最初"注意到特殊性，这些特殊性将会以重要的一般性而出现"（第349页），这有助于从结构的理解走向抽象的思考。然而，尽管莫莉修习了几门高层次的数学课程，而且这些课程对群、环和域理论有深入研究的要求，但辛普森和斯特林科娃申明没有证据表明莫莉视Z_{99}为这些结构中任何一种结构的范例，因而没有将更广泛、更一般的结论运用到环的这个特殊例子中。作者为此得出结论，即莫莉仍然需要"作至少一次进一步的注意力转移：把例子的结构和正式的一般的数学相关联"（第368页）。

特定内容的研究概述及下一步的计划

我们对学生学习线性代数、微分方程、分析和抽象代数的研究进行了回顾，这些研究非常详细地阐述了一个或几个学生是如何思考和推理关键概念的。当把这些研究看作一个整体时，我们就会提出各种问题。研究中获得的各种结果在其他课堂、大学或文化中有多普遍？那些对学生困难的不全面的解释是怎样影响教学和课程设计的？新兴的数字技术如何为促进学生的洞察力和概念发展提供机会？尽管已有数十年的关于学生数学推理的理论研究，但我们依然质疑，这项研究在多大程度上影响了大多数微积分后继课程的教学。

少数基于设计的研究带来了课程的革新，这些革新有望提高学生理解的强度和连贯性，但是如果要让更大范围的学生取得这些方面的进步，我们需要采取什么措施？什么样的个人和机构的约束和扶持有助于传播基于研究的革新？为了阐明这些问题，我们需要在课堂及分科层面开展更多基于设计的可重复的课堂研究。当这样的研究专注于实践中的迫切性问题时，它们有最大的潜能去揭示教与学过程的基本理论。这恰恰就是落入巴斯德象限的研究工作。

我们也看到，有必要进行新的研究，致力于考察一些概念的长时间的学习轨迹，这些概念不仅关键而且超越某一特定的学科或课程。例如，据我们所知，没有研究考察学生在学习完一些大学课程后，对于函数、变化率或迭代的理解是如何发展与变化的。当然，这些研究也非常有利于不同学生群体（如未来的教师、工程师）选择自己所需要的数学知识或运用这些研究所涉及的数学概念的学习轨迹。

教学

在阿蒂格等（2007）关于中学之后的数学思维和学习的章节中，几乎没有任何关于高等数学教学的文献综述。这不是一个疏忽的问题，而是反映了这个领域的状况。也就是说，目前还根本就没有一个实质性的研究机构进行文献回顾（Speer, Smith, & Horvath, 2010）。最近十年间形势完全不同，在微积分后继课程这一领域考察教师的实践、知识、信念甚至专业成长的实证研究有可观的增加。在对2005年以来的文献进行综述时，我们找到了将近40篇文章是考察教学和教学实践方面的。

从学生学的研究到教师教的研究，这是研究演化的一般进程，除此之外，以学院数学家为代表的专业群体提出了这种研究的必要性。例如，斯蒂恩（2011）在《项目万花筒第20周年征文集》一书中，写下如下的话语：

> 大学数学家的专业会议在20世纪80年代中期明显致力于数学的研究和运用，而今天数学和数学教育的研究几乎是对等的融合。对于一个只注重数学研究的团体来说，旗帜鲜明地强调教与学是文化传统方面的一个重大变化。（第5页）

从关注学的研究转向关注怎样教数学，部分原因来自对更强的教师准备、大学教学的责任制和评价制以及学生的成功（特别是和科学、技术、工程、数学（STEM）有关的成功）的压力和担忧。这种转变也归功于一种认识，认识到一个多样化的学生群体的需求，认识到对待这种需求应该和对待客户的需求一样（PCAST, 2012; Steen, 2011）。

这节关于微积分后继课程教学的研究大体上分为以下几个部分：考察讲授式教学的研究；考察探究式教学的研究；考察专业发展的研究。

考察讲授式教学的研究

我们这里说的讲授式教学是指在教学中"主要的交流方向是从讲课者至学生。这并不排除来自学生的反馈或者短暂的课堂活动，但在整个授课过程中这些因素是次要的"（Pritchard, 2010, 第610页）。总之，我们挑选出了超过12篇考察传统教学实践的研究文章。从方法上看，这些研究中的大部分是对多个教师，或一个教师的观察研究，或者是作者对自己教学实践的反思（例如，Barton, 2011; Hannah, Stewart, & Thomas, 2013）。理论框架包括创造性的运用类型研究、各种话语方法和符号学分析法。

因为讲授依然是本科课程教学中占主导地位的教学实践形式（Blair, Kirkman, & Maxwell, 2013），所以对这种教学形式进行更细致的经验描述是非常有用的。例如，

K. 韦伯（2004）仔细地详述了一个实分析教师的定义—定理—证明这样的教学程序；伯格斯滕（2007）从对一个数学家的个案研究中发现了高质量讲授教学的十个方面。此外，对典型的讲授式教学的考察可以作为研究的基准线，从研究中考察实践的变化，以及相应的专业发展努力在教师改变教学时支持他们的方式（Artigue, 2001; Nardi, 2007）。

近期许多有关讲授式教学研究的一个显性或隐性的主题是，构建专家研习数学的思维和方式模型。的确，由于经验丰富的数学家的经验和对数学领域和数学文化的熟悉，他们能够很好地构建如何研习数学的模型（Byers, 2007; Pritchard, 2010; Sfard, 2014）。例如，在一项考察大学数学讲授式教学风格的国际研究中，阿特梅瓦和福克斯（2011）对课堂里的板书和谈话进行了全面的描述。这些研究者利用修辞学流派（Bawarshi & Reiff, 2010）和实践共同体（Wenger, 1998）的理论观点，分析了语音和视频录制的课堂、观察笔记、半结构式访谈和50个具有不同语言、文化和教育背景的参与者的手写记录。令人吃惊的是，在所有不同的背景下，来自澳大利亚、加拿大、以色列、西班牙、瑞士、英国和美国的被观察的数学教师都进行着类似的实践。阿特梅瓦和福克斯（2011）把收集到的这些课堂实践统称为"注入式教学"。注入式教学的实践包括用言语表达写在黑板上的所有东西，对写下的东西进行注解，用指示手势强调关键问题和关系，参考笔记、问题集和教材章节，以及运用设问进行符号转换或反思或验证理解等。对参与教师的访谈显示，他们的教学实践是有价值的，因为他们模拟了研习数学的过程。阿特梅瓦和福克斯还发现了不同文化历史教育背景的差异，包括在课堂上使用笔记的可接受性、产生错误的价值以及提问或回答问题时学生的舒适程度。

运用斯法德（2008）的交流与认知之融合方法（见Herbel-Eisenmann, Meaney, Bishop, & Heyd-Metzuyanim, 2017, 本套书），维曼（2014）分析了瑞士七所不同大学数学教师的授课内容。总体结论支持阿特梅瓦和福克斯（2011）对注入式教学的实践描述，并且在更深层次上探究了七位授课教师在为学习者构建研习数学的模型的方式

上的差异性。例如，维曼详述了授课教师在概念建构程序方面的差异，这里的建构程序是指在话语中的重复模式（Sfard, 2008）。构造和运用定义是一种常见的数学实践（Zandieh & Rasmussen, 2010），但定义在课堂中构造方式的差异为学习者提供了不同的视角，让他们认识这种实践的实施方式。规定是定义的一种构建方式，它通过定义引入一个新的概念。尽管这似乎是一种标准实践，但维曼（2014）发现其他定义构建的程序更为普遍，其中之一就是"共性化"。在这个程序中，先呈现一些例子，然后通过考察这些例子的共同特性产生定义。

像阿特梅瓦和福克斯（2011）和维曼（2014）这样的研究在某种程度上是非常有用的，因为它们确立了重要的讲授程序，提供了对这种实践的深度描述。更深入的研究是对一个教师的授课实践所进行的细致考察。例如，伍德、乔伊丝、佩托奇和罗德（2007）分析了一个授课教师所构建的思考棣莫弗定理的方法，这些方法运用了一些包括口头语言、书面语言、数学符号和可视化图像等在内的表征方式。他们借鉴了杜瓦尔（2001）的符号学观点，认为这种讲授为学生提供了流畅地在各种表征之间进行转换的机会。然而伍德等（2007）提醒这样的模型对那些第一语言不是授课语言的学习者来说可能不那么有用，有不同文化背景的学生对讲授内容和他们在课堂中的角色可能有不同的理解（参阅 Viirman, 2014; Yoon, Kensington-Miller, Sneddon, & Bartholomew, 2011）。

布川-康奈利（2012）在另一份报告中仔细研究了一位抽象代数教授的授课内容，强调了证明书写的各个方面以及教师所建立的思维模式。布川-康奈利在借鉴阿尔科克（2010）及塞尔登和塞尔登（2009）研究成果的基础上发现，授课教师经常把证明的层次结构模式化、形式修辞技能模式化以及对不同思维进行模式化，包括利用正式的定义和已知的结果，以直观的想法实例化正式概念，这些模式化有助于确保结论的正确性。另一方面，研究者从未观察到教师进行证明时有讨论的习惯或者她为什么选择某个特别的证明方法。在互动模式方面，布川-康奈利发现这个教师主要使用漏斗式的问题来引导学生获得期望的回答。这样的提问模式限制了学生对数学

活动的参与。

在同一节课的后续分析中，布川-康奈利（2014）运用了图尔敏的论证模式（Toulmin, 1969）去分析这位教师为学生提供的演示证明的机会。分析结果表明，在超过四分之三的证明中，这位教师没有解释她的数据是如何导出结论的，但偶尔会明确地阐述支持结论的论据。在模型验证演示方面，教师的这种不一致性可能会让学生不能够确定证明过程中涉及的细节及其类型，而这些都应该包含在教师的证明过程中。此外，当考虑所信服的证明和所解释的证明之间的差异时（Hersh, 1993），省略支持结论的论据产生出这样的问题：她的证明在多大程度上解释了为什么这些过程是正确的。伯格韦斯特和利塞纳（2012）在一个实分析课堂中强调了类似的缺点，在这节课中，教师在对一特殊级数收敛性的证明中只提供了很少的依据，从而限制了学生看到数学推理更具创造性方面的机会。此外，即使在大多数人看来是一个非常优秀的课堂中，卢、布川-康奈利、梅佳-拉莫斯和韦伯（2016）发现学生并没有掌握教师授课中主要的思想和推理方法。一个主要的原因在于教师口头传授了大多数教学重点，而学生关注的焦点却在教师的板书上。

总的来说，对讲授式教学的研究提供了一个细致入微的视角来分析它的优点和缺陷，特别是在教学模式的构建方面。尽管把专家的思维和研习数学的方法模式化是学徒制的一种形式，但它为学生提供的真正从事研习数学的机会很有限。正如弗赖登塔尔（1991）所指出的，数学首先是一种人类活动，因此在课堂中要把更真实的学徒机会给予学生，使他们更积极地融入研习数学的过程中。接下来我们将转向替代这种教学的另一种形式。

刻画探究式教学及其对学生成功的影响

探究式教学是指教学中让学生花费相当大比重的课堂时间积极参与到研习数学以及和同伴合作的活动中，而教师的角色是倾听学生的想法，回应学生的思考，在适当的时候利用学生的思考去推进数学的学习进程

（Rasmussen & Kwon, 2007）。也就是说，探究式教学建立在三个基础上：（1）学生对数学的深入参与，（2）同伴之间的合作，（3）教师对学生思维的兴趣和运用。虽然这样的课堂也许包括小组活动，但这种方式也能运用到大班教学中，例如，教师使用个性化的反馈机制。重要的是教师和学生活动的本质，而不是运用分小组活动或者其他的策略让学习者积极参与的表面特征。而且，我们认为探究式教学是允许花一些时间进行讲授的，但不能以讲授为主导（Marrongelle & Rasmussen, 2008）。

文献研究的一个共识是探究式教学比讲授式教学更有利于学生的成功。这样的发现来自对单个微积分后继课程的小规模研究，如微分方程（Kwon, Rasmussen, & Allen, 2005）和抽象代数（Larsen, Johnson, & Bartlo, 2013），以及来自几十个甚至上百个个案研究的元分析。在最近的元分析中，弗里曼等（2014）对225项研究进行了调查，在比较了一系列本科STEM课程中的学生成绩后发现，以讲授为主的课程中学生失败的可能性是以探究为导向的课程中学生的1.5倍。

还有一些研究考察了探究式教学对学生在后续课程中成功的影响。这样的研究很重要，因为它面临一个经常被提到的问题，即当课堂时间消耗在学生的积极参与上时，课堂教学能覆盖到的知识量是否受影响（Hayward, Kogan, & Laursen, 2016; Johnson, Caughman, Fredericks, & Gibson, 2013; Yoshinobu & Jones, 2012）。例如，科根和劳尔森（2014）对两所研究型大学中选修微积分后继课程的学生的学习进行了调查，发现有些学生接受了探究式教学，有些学生接受了非探究式教学，他们分析比较了学生的修课模式和分数。研究者发现，探究式课堂的体验导致统计意义上的显著差异，有利于成绩较低的学生，而在以探究为导向的部分，女性学习者有更积极的情感反应。此外，除了回应令人担忧的内容覆盖问题，这些研究结果还表明，以探究为导向的体验可以减少STEM专业学生不容忽视的流失率（PCAST, 2012），并缩小性别间的差距。事实上，劳尔森、哈斯、科根和韦斯顿（2014）发现探究式课堂的经历给女性学习者带来相当大的收获，从而引发了人们对讲授式教学的公平问题的严重担忧。特别地，劳尔森等（2014）报告如下：

在以非探究式学习为主的课程中，报告显示女性的掌握情况差于男性，但是在以探究式学习为主的课程中，这种差异消失了。这种差异这么容易被消除表明造成差异的原因不是女性学习者的缺陷，而说明以非探究式学习为基础的学习方式对女性学习造成了选择性的伤害。也就是说，探究式学习方法不是"改进"了女性，而是"改进"了一门不公平的课程。（第415页）

总之，研究表明，探究式教学对一般的学习者和某种特定群体的学习者是有明显益处的。关于学生的成就，尽管比较研究提供的关于学生成绩的研究结果是有争议的，但它们并不是旨在阐明构成探究式教与学的基础过程。接下来我们考察那些开始强调基础研究所需的大学数学微积分后继课程教育的研究。

调查探究式教学的研究

迄今为止，大多数深入调查探究式教学的实证研究都是在微分方程和抽象代数课程中进行的。之所以如此，是因为在这些内容领域中研究团队已经开发了探究式的教学材料并研究了不同数学家对这些材料的理解。这些研究大致可以分为两类：一类是对促进数学进步的富有成效的教学方法的研究，另一类是聚焦于教师在尝试实施探究式教学时所面临的困难的研究。

其中一项调查微分方程教学实践有效性的研究，聚焦于促进学生重新发现分岔图的师生互动模式。这对学生而言是一项重要的知识技能，因此值得关注教师为实现这一目标所做的努力。结合课堂数学实践的理论结构（Cobb & Yackel, 1996）和媒介（Wenger, 1998），拉斯马森、赞迪埃和瓦洛（2009）辨识了三种广泛的"媒介措施"，它们能够促进分岔图的出现和再发现。这些媒介措施在不同的小组、班级整体和更广泛的数学共同体的规范和实践之间构建了联系。

在其他考察有助于学生在构造、解释和运用相位图上取得显著进步的师生互动式教学的研究工作中，夸恩等（2008）详细描述了教师应答手段的以下四个作用（O'Connor & Michaels, 1993）：（1）作为衔接，（2）作为讨论发起点，（3）主导性，（4）作为社会化的一种方式。在对同一微分方程课堂的相关分析中，拉斯马森、马伦格里和夸恩（2009）构建了一个协调学生论证的框架（依照Toulmin, 1969进行分析的）和教师的语言引导系统，从而控制学生论证的进度。这项工作提供了协调师生活动的首要的几个步骤。遵循类似的研究路线，约翰逊（2013）识别了两位抽象代数教师参与回应他们学生的数学活动的各种方式。约翰逊特别详述了教师在解释、分析和评价学生的想法，以及把这些想法和传统的数学联系起来时需要做的数学工作，所有这一切都是基于学生的数学进步来考虑的。

那些努力利用学生的想法去推进数学学习进程的教师们，有必要在学生的所有发现和教师的所有讲述之间建立一个连续的统一体（Marrongelle & Rasmussen, 2008）。在学生探究知识和研习数学的过程中，教师需要知道何时及如何插入信息，规范学生不规范的方法等（各种形式的讲述），这需要数学专业知识、教育学知识和学科教学知识的融合。在对两位数学家实施的微分方程课程探究式教学的个案研究中，拉斯马森和马伦格里（2006）识别了两种不同的教师举措，这些举措能够在"学生发现"和"教师告诉"之间获得一种平衡。这两位教师的举措与现实数学教育（Gravemeijer, 1999）中的两种启发式教学设计策略相对应，是被称为教学内容工具的更广泛范畴的示例，它是指"在推进数学课堂时，教师能够有意识地使用诸如图形、图表、方程或者言语陈述等工具，以达到关联学生思维的目的"（第389页）。这样的工具反映了学科教学法内容知识的生成（Shulman, 1986），为研究者追踪教学内容知识的生成提供了途径，也为其他教师提供了实施探究式教学的具体策略。

总之，这些研究有助于当代人将学习视为一个社会的、自然的过程，它反映了更广泛的数学共同体的准则和实践，以及地方社区课堂新近呈现出的特殊发展。它们还提供了对教师如何利用学生的想法（只要他们具有恰当的教学内容知识）和表现来建立更为形式化和传统的数学的见解。像这样的研究非常符合巴斯德象限的研究领域，即解决基本或根本需求以及实践中的迫切问题。接下来的研究转向在实施探究式教学时教师经常面临的困难。

其中一项是由瓦格纳、施佩尔和罗萨（2007）完成的研究，他们深入研究了合著者罗萨在微分方程课程中首次实施的探究式教学。他们发现，把握节奏和理解学生的推理是罗萨面临的最大挑战和最困难的工作，尤其是在整个班级的讨论交流中。他们运用这个案例作为一个研究契机，以考察实施探究式教学所需要的知识。在对另一个运用相同的探究教学材料的教师的相关分析中，施佩尔和瓦格纳（2009）考察了该教师的学科教学知识和专业内容知识，这些知识与他旨在帮助班级获得数学进步的支架式努力相关。通过研究数学成效较低的课堂整体讨论，施佩尔和瓦格纳推测低成效的课堂讨论很大程度上是由教师个人能力的局限性造成的，教师个人能力的局限性阻碍了学生的逻辑推理能力、推理潜能以及与逻辑推理相关的能力的激发。为了进一步推进这一系列研究，研究者呼吁进行额外的调查，重点是完善教学知识和教学必备的数学知识的框架，以便在本科数学教学中发挥作用。

遵循这个需要，在一位抽象代数教师力求处理学生的困惑时，约翰逊和拉森（2012）剖析了她的学科教学知识。更具体地说，约翰逊和拉森阐明了这位教师受到内容和关于学生的知识的约束的方式（Ball, Thames, & Phelps, 2008）。例如，约翰逊和拉森认为，学生如何考虑组合对称算子，这位教师在这方面的知识很有限，之前的研究已经详细阐述了这一点（参考Brown, DeVries, Dubinsky, & Thomas, 1997; Larsen, 2010）。

我们从这些研究中获得的其中一个结论是，迫切需要大学数学微积分后继课程教育研究团体更好地开展工作使数学家去参与研究结果。要么通过专业发展，要么以一种对数学家而言更容易理解和更有用的方式对研究结论加以整理。尽管强调内容知识本身无可厚非，但迄今为止的文献均强调教学法知识的必要作用。然而，微积分后继课程教师面临的认知挑战和障碍不仅是认知本质上的，而且是制度层面上的。例如，通过对所有在路易斯安那州担任本科数学和科学教学的教师的一项调查，沃奇克、拉姆齐和查（2007）发现了教师很少使用以学习者为中心的教学策略的一些原因。在制度层面上，教师报告称这样去做的动机很小，因为在人事决策中教学无关紧要。此外，调查结果表明传统的教学评价，像学生打分评价和公开的评论，依然主导大多数本科科学课堂和数学课堂。这些研究者推测，如果非传统的评价经常发生，教师可能更愿意投入到创新教学方法的实验中。最后，在个人层面，他们发现教职员工通常很少接受教育学知识的培训。然而，当他们参加了教育学知识的培训后，他们才更加有可能认识到教学是他们产生职业认同的重要部分，并且更有可能去寻找教学创新的资源。然而众所周知，仅仅有教学的创新资源是不够的（参考 Flick, Morrell, Wainwright, & Schepige, 2009; Henderson, Beach, & Finkelstein, 2011）。

总之，有关探究式教学的研究强调探索不同领域的研究的需要，数学家可以在这些领域内进一步提炼和发展他们的教学技能和学科教学知识。接下来，我们对近年来完成的各种致力于教师专业发展的文献进行综述，这些文献已经开始解决这种需求。

调查教师专业发展的研究

在大学数学微积分后继课程教育研究领域，我们对教师专业发展的综述揭示了教师专业发展的两个新近出现的领域：（1）数学家和数学教育研究者之间的精诚合作；（2）资源的创造和使用以及伴随这些资源而来的专业发展机会。下面的小节将提供这些努力的一个简要概述，并以协同努力作为概述的开始。

涉及数学家和数学教育研究者之间协同努力的研究是一个连续统一体，一端是以访谈、观察为主要形式的实践研究，但研究的一个重要组成部分是让参与者对教与学进行反思。在连续统一体的另一端，数学家和数学教育研究者是合作者。纳迪、贾沃斯基和赫格杜斯（2005）的研究是访谈和观察类型的一个典型例证。这些研究者对牛津大学的6位助教（注：这里的助教有数学博士学位，和学生每周见一次，用30~60分的时长讨论课程材料和问题集）进行了总共45次半结构式访谈。这些研究者确定了他们所认为的助教自身实践中的重要事

件，然后运用这些事件的描述去同助教交流学生的困难、克服这些困难的策略和他们教学的自我反思。除了从非劣势的角度揭示有用的"专业技巧性知识"（Nardi等，2005）外，参与访谈的助教对运用反思来提高教学意识的方式持明显的积极态度。

连续统一体的另一端以新西兰的一个教师团队为例。自2009年以来，奥克兰大学数学系的数学家和数学教育研究者一直在共同探索与分析讲授中所作出的决定和采取的行动（Paterson, Thomas, & Taylor, 2011）。该专业发展团队，被称作DATUM（本科数学教学的讨论和分析），通常包含大约六名教职员工，他们定期开会并重新研究由授课教师选择的视频片段。这个DATUM团队使用了舍恩菲尔德的情境教学和资源、方向、目标（ROGs）在决策中作用的框架（Schoenfeld, 2008, 2011），二者既可以作为授课教师在与团队见面前反思的框架，又可作为一种分析工具。这种协同努力产出了多篇论文，这些论文在很大程度上聚焦于从理论上解释为什么作出某些教学决定（参考 Hannah, Stewart, & Thomas, 2011, 2013; Paterson 等, 2011; Thomas & Yoon, 2011）。佩特森等（2011）指出了这项工作的重要意义：

> 建立一个论坛来探讨讲课情境中涉及的决策，通常会使教师们意识到那些没有明确表达的决策会在方向与结果两个维度上影响教学。意识到任何内在压力和需要解决的需求，是反思我们作为高校教师的角色的重要部分。鼓励这样的参与能够产生有效的渐进式专业成长。（第993页）

我们认为这种方式对"专业成长"有特殊的价值，并不是说专业发展的努力方向是旨在处理教师可能缺乏的对某些特定知识的理解。

这种协同合作除了能提供专业发展的机会之外，我们也强调在数学家和数学教育研究者之间的合作努力有可能会改善被许多人呼吁的亟待改善的两个群体之间的关系，因为这种关系通常很紧张（Artigue, 2001）。确实，从长远来说，这样一种改善的工作关系将更有希望改善大学数学教育。正如贾沃斯基、特雷费特–托马斯和巴齐

（2009）所表达的，这种合作"开启了在数学文化中进行的教学对话"（第255~256页）。如本节前面所述，数学专业协会正在进行这种对话（Steen, 2011）。大学数学教育研究团体需要成为这些对话中充满活力的一部分，研究界有责任提高其在更广泛的数学团体中的参与度和知名度。

聚焦于微积分后继课程教师专业发展的另一研究机会是，各种各样资源（教材、补充材料、技术、工作坊等）的使用。我们有意识地针对微积分后继数学课程说"机会"，因为我们的文献综述仅仅分析了大学本科代数和微积分领域的教学研究（例如，Gueudet, Buteau, Mesa, & Misfeldt, 2014; Mesa & Griffiths, 2012; Swan, Pead, Doorman, & Mooldijk, 2013）。此外，随着教师们在微积分后继课程中运用探究式教学的兴趣增加，以及考虑到大多数大学教师很少有任何形式的教育学培训的事实，我们推测教师对教育资源的需求也将上升。这样一些资源可能包括什么呢？由拉森和其同事开发的抽象代数探究式教学法（Larsen, Johnson, & Weber, 2013）提供了一个例子。如洛克伍德、约翰逊和拉森（2013）所述，已经开发了一种在线资源，以支持教师实施探究式课程。除了一门完整的课程外，网站还包括丰富的示例、学生探究的视频以及实施建议。这些要素阐明了教师常常缺乏的教育学知识的构成部分（如Speer & Wagner, 2009）。

一组可获得的类似的教学资源是线性代数（Wawro, Rasmussen, Zandieh, Sweeney, & Larson, 2012）和微分方程（Rasmussen & Kwon, 2007）的探究式教学。此外，以探究为导向的数学教学：建立支持项目以便从这三门课程的教学中研究本科教师在寻求将其教育学与探究式教学相结合时所需的支持（Johnson, Keene, & Andrews-Larson, 2015）。在亨德森等（2011）关于大学STEM教育的有效和无效变化策略的指导下，这个以探究为导向的数学教学支持项目以教师需要改编教学材料以适应当地情况为前提，教师们将从为期一个学期甚至更长的持久性支持中获益，这些持久性支持以夏季工作坊和在线教师工作团队等形式开展。正在开展的研究是在调查教师们对这些资源的使用情况和这些资源促进教学进步的方式（Andrews-Larson, Peterson, & Keller, 2016）。

在其他调查专业发展工作坊对大学教师影响的研究

工作中，海沃德和他的同事（Hayward等, 2016; Hayward & Laursen, 2014）发现，58%的参加为期3星期的夏季工作坊的教师报告了实施探究式教学的策略。他们也确认了一些支持参与者理解探究式教学方法的工作坊的特征，包括探究式教学的广义定义，其中包括一系列相关实践，代表不同机构背景下的观点和经验，解决共同关心的问题（覆盖范围、学生的抵抗、有用的教学技能）并提供持续的后续支持。其他的专业发展机会由专业协会提供，但这些机会的影响没有得到系统研究。当然这代表着大学数学微积分后继课程教育研究的一个成长领域。

教学总结及后续措施

最后，我们回顾微积分后继课程数学教学的文献，以反思公平问题。阿特梅瓦和福克斯（2011）和伍德等（2007）的关于讲授式教学的研究指出，讲授法对于不同文化和语言背景的学生来说具有不同的局限性。然而，这些发现不是主要的研究问题的结果，而是收集到的见解。换一个角度讲，用什么方式讲授可以使英语为非母语的学生群体更好地接受？这个问题显得特别有趣，主要是由于电子课程、在线课程和混合课程（Engelbrecht & Harding，2005）的使用与日俱增，这就使得学生以自己的节奏复习课程成为可能。随着美国在文化和语言上越来越多样化，迫切需要进行严谨的研究，以探索讲授式教学（包括面对面和在线这两种）对英语为非母语的学习者们的局限性和可行性。同样地，我们呼吁在探究式教学中也进行这些研究。劳尔森等（2014）的研究明确地表明了探究式教学对女性的促进作用，但对英语为非母语的学生群体和作为第一代移民子女的大学生的情况又如何呢？对这些群体的学生来说，探究式教学的局限和好处是什么？为了创造和支撑探究式的课堂教学，并使不断多元化的学生群体在学习微积分后继课程时受益，教师需要什么样的知识、性格、信念和教学技能？另一个问题涉及给英语为非母语的学生群体的任务的本质。在中学阶段，研究者调查了给英语为非母语的学生群体的任务和教学的特征（Boaler & Staples, 2008; Moschkovich, 2007b; Zahner, 2012）。用什么方式将这些发现运用到微积分后继课程中，以及如何解释两者之间的差异？随着大学数学微积分后继课程教育研究领域的成熟，我们期望在这个最重要的领域开展更多的研究工作。

展望未来

本章的结尾分为三个部分，这三个部分在本质上更具前瞻性，并描绘了大学数学微积分后继课程教育研究的三个增长领域。第一部分也就是第一个增长的领域，聚焦于什么是数学实践以及考察学生真实参与数学学科实践的研究机会。第二部分聚焦于微积分后继数学课程和其他STEM课程之间的联系。我们视这个领域为一个特别有前景的领域。最后一部分介绍了推动大学数学微积分后继课程教育研究领域向前发展的理论和方法策略。

数学实践

当我们考虑在微积分后继课程层面推广更多以学生为中心，探究为导向的教学时，学生逐渐地将研习数学作为常规课程的一部分。研究者们怎样描述这些学生参与的真实活动？其中一个方式就是建立实践框架。莫斯科维奇（2007a）使用术语"专业的数学话语"去描述"在社会上、文化上和历史上已经成为标准规范的实践"（第25页）；而且，她还将此与科布和杨科（1996）运用的"实践"进行了直接对比，对方的实践是在一个本地化的特定的数学课堂中捕捉到的活动。拉斯马森、瓦洛和赞迪埃（2015）指出这两种实践的差异分别为学科实践和课堂数学实践。依照数学的学科实践（Rasmussen等，2015），这种差异提供给研究者们回答关于课堂整体性数学进步问题的能力。广义地说，我们所说的"学科实践"，是指数学家从事专业活动的方式，例如，下定义，符号化和算法化（Rasmussen, Zandieh, King, & Teppo, 2005）。

拉斯马森等（2005）运用这些传统的或文化的实践作为描述学生真实数学活动的参照标准。然而，从数学作为一个学科的角度来说，符号化、下定义和算法化并

不完全适合学习者。相反，学习者适合参与到不同形式的彼此互相关联的符号化、下定义或算法化活动中。作者提供了每一种实践的例子，阐明学生的数学知识是通过数学化的渐进行为建立起来的。这种活动的发展并未优先得益于数学文化，而是随着学习者参与到问题解决和真正的论证中才出现的。有少量的论文使用并拓展了这个框架，例如，在微分方程课堂中对欧拉方法的创建进行算法化（Marrongelle, 2007），在非欧几何课程中定义球面上的三角形（Zandieh & Rasmussen, 2010），在线性代数课程中对线性无关性和线性生成性的理论化（Rasmussen等，2015），以及在实变分析课程中学生的参与和概念化定义（Dawkins, 2014）。

这个观点和比扎、贾沃斯基和亨明（2014）所运用的"数学实践"的术语是相容的，他们采用实践共同体（Lave & Wenger, 1991）进行学习定位。比扎等人的工作是通过把数学探究与实践整合起来的方式进行理论化，从而突破了实践文献研究共同体的界限，这里作者指的实践共同体就是探究式实践共同体。此外，比扎等聚焦的实践包括在一个大学环境中进行数学的教与学的实践，并强调"在大学层面的数学实践不同于那些在中学和小学层面由教师与学生一同参与的实践，其原因与教学内容相关"（第161页）。的确，我们在这一点上和比扎等持有相同的观点。例如，回顾一下《州共同核心数学标准》（National Governors Association Center for Best Practices & Council of Chief State School Officers, 2010）中列出的八个数学实践标准，例如，"理解问题并坚持解决问题"（第9页）和"构建可行的论证和评价别人的推理"（第9页）等。尽管这里和特定的学科数学实践有重复（毫无疑问，例如，"构建可行的论证"是证明实践的一个方面），但小学或中学层面的数学实践对比大学或专业层面的数学实践，两者之间有多大程度的重复呢？这是一个开放性的问题。如何考察这种重复？用什么样的方式说明这种重复能促进从中学数学到大学数学的过渡？

我们通过分析微积分后继课程层面数学实践的发展来结束这个简短的部分，有两个成熟的领域需要进一步考虑。第一，数学学科的特定实践，特别是后微积分层面，以什么方式开展才能够与诸如物理、生物和化学等

科学领域的具体实践相匹配？对实践的关注产生了第二个领域，即需要以课堂为基础的方法论和协调各种观点的理论框架，例如实践分析和认知分析。剩下的两个部分与这些考虑相吻合，分别聚焦于大学数学微积分后继课程教育研究和其他STEM领域的联系和理论上的需求。

与其他本科STEM教育研究的联系

最后一个子部分涉及大学数学和其他以学科为基础的教育研究的交叉研究，如化学、物理、生物和工程。这对大学数学微积分后继课程教育研究来说是一个相对较新的领域，相对来说它出现得有点晚。考虑到美国大学中基于STEM内容的教与学的研究，国家研究委员会（2012）的报告推测，跨学科研究"有助于提高学生跨学科学习经验的连贯性……有助于学生理解如何把知识从一个情境迁移到另一个情境中"（第202页）。

因为数学在学生的本科科学、技术和工程课程中发挥着很大作用，所以我们视跨学科研究为一个特别有成效的研究领域。然而，对文献的回顾显示，关于本科学生在科学及工程课程中运用和理解数学的研究相对较少。在筛选出的符合这种特质的文章中，大部分文章中涉及的数学没有包括微积分后继课程的内容。实证研究的范围包括学生在化学课中的pH值情境中使用与理解对数概念（Park & Choi, 2013），学生对数学和科学跨学科入门课程的印象（Matthews, Adams, & Goos, 2009），学生在物理或工程课程中对数学建模的应用（Carrejo & Marshall, 2007; Gainsburg, 2006, 2013; Soon, Lioe, & McInnes, 2011），以及以学科为目标的数学课程在学生从大学到专业工作的转变中的作用（Wood & Solomonides, 2008）。

当我们将注意力从本章回顾的主要期刊，扩展到包括那些以学科为基础的教育研究（DBER）期刊或会议出版物时，我们发现在本科层面上，关于学生在科学和工程课程的数学推理的研究呈现增长的态势。例如，在物理教育研究传统中，少数研究已经探讨了物理专业的学生学习微积分概念时的困难（参考 Bing & Redish, 2009; Christensen & Thompson, 2012; Rebello, Cui, Bennett, Zollman, & Ozimek, 2007）。甚至还有一些很少的研究

已经调查了在物理情境下，学生对诸如微分方程或线性代数等微积分后继数学内容的思考（例如，Pepper, Chasteen, Pollock, & Perkins, 2012; Sayre & Wittmann, 2008; Wilcox & Pollock, 2015）。因此，有关学生在科学和工程中对微积分后继数学内容的运用和理解的进一步研究已经成为巨大的需求。在一项关于学生在高等物理学中使用数学研究结果的综述中，卡瓦列罗、威尔科克斯、道蒂和波洛克（2015）把研究主要分成两类：（1）刻画学生面临的由具体的数学概念和工具带来的挑战，（2）利用理论框架去分析学生在物理情境中对数学的即时运用。根据这篇综述，卡瓦列罗等认为在这个研究领域中，有三个方面亟须深入研究：（1）学生如何在各种高等物理课程中使用数学；（2）学生学物理的困难如何与物理学中随时出现的数学推理相关；（3）什么样的教学策略能够帮助学生促进他们对数学的运用，从而加深他们对物理专题和概念的理解。

如果将我们的关注点扩充到包括诸如生物教育和化学教育等以学科为基础的教育研究领域，我们总能看到研究目标和实践意义之间相互关联的共性。我们都致力于更好地理解学习与教学过程中的复杂现象从而提高本科的STEM教育。例如，近期的以学科为基础的教育研究传统中的研究旨在发展关于学生如何学习的理论（参考Wittmann, 2006），描述学生理解某个特定内容的方法（参考Becker & Towns, 2012; Luxford & Bretz, 2013），并评价以改革为导向的教学实践的有效性和推广性（参考Gess-Newsome, Southerland, Johnston, & Woodbury, 2003; Henderson等, 2011）。的确，谈到STEM内的专业协会，美国数学协会前任主席戴维·布雷斯德阐述道，"我们之间有许多东西可以互相学习。除了分享信息，能够提供可比的愿景陈述和可比的计划，以实施能增加它们集体影响力的实践"（2014）。正如对K-12和大学的数学教育研究经常被过度划分（Shaughnessy, 2011）一样，我们需要开展更多"跨越信息孤岛的谈话"，以便更好地运用彼此的研究和结论。

这种观点也被分享在其他STEM教育研究团体中。在关于推进以学科为基础的教育研究关键问题的评述中，塔兰克尔（2014）表达了跨越内容领域合作的重要性，

他指出"当前在不同的子领域之间的互动和交互作用的缺失，遏制了每一个人研究的深度和潜在的影响力"（第810页）。这样的工作不仅能让我们互相学习和适应对方的方法体系和概念框架，也能让我们了解彼此关于学生对特定现象的推理方面的结果。关于前者，塔兰克尔推断"以学科为基础的教育研究的学者们将受益于承认他们有许多共同的关键性问题，并能更有效地利用现有的概念框架和方法体系来回答他们提出的研究问题"（第811页）。至于后一观点，学生对于跨学科概念如力、导数、函数和特征向量等的理解，对于许多教育研究分支学科都很重要。许多的数学和科学实践像论证、下定义和建立模型等，它们在数学和科学实践共同体中发挥着核心作用。跨内容学科的合作研究将有助于在本科STEM教育中为我们的学生提供最佳服务。我们以塔兰克尔（2014）所提出的有关挑战的观点来结束这一部分：

在许多的情形下，这些类型的[跨学科]概念和实践在各种各样的STEM学科中被以不同方式解释、表征、谈论和应用。学生只能以自己的方式去接受不同的概念表述……我们非常需要能提供深刻见解的研究，这些见解会告诉我们怎样促进和支持概念的整合。这种研究只能从以学科为基础的教育研究专家们的积极合作中得到结果。从这种类型的研究得出的结论能刺激和带动关于大学课程和评价改革的探讨……[和]能够在大学层面打开一扇关于怎样构建强大的跨学科项目的必要对话的大门。（第811~812页）

理论与方法展望

在最后一节里，我们回顾我们所看到的最有发展前景的理论与方法，这些理论与方法有望推动该领域在未来十年的发展。无疑，在过去的十年中，这个领域在基于设计的研究（Cobb, Jackson, & Dunlap, 2017, 本套书）及被称作教学工程的相关方法（例如，Artigue, 2013; Kelly, Lesh & Baek, 2008; Lesh & Sriraman, 2010）中取得了相当大的进步。这种方法对考察现场（in situ）教学有特别的用处。此外，正如线性代数、微分方程、分析和抽象代数章节所强调的，从"巴斯德象限"和加强理论与实践之间联系的角度来看，利用基于设计方式的课堂研究正在作出最大的贡献。确实，基于设计的研究方法为揭示学生的学习、教学行为和教师学习的基本过程提供了丰富的机会，同时也提出了有希望满足师生需求的可共享的教学改革和教学方法。我们认为，这些需求超出了课堂的范围，它们包括学生的文化背景、满足对象的学科和教学特征。

在教学现场进行的基于设计的教与学的研究，很有可能揭示学生参与数学实践的关键过程，这些过程既与特定的数学思想紧密相连，又能反映数学学科的实践。正如早前强调的，以探究为导向的教学的增加正带来更多的机会，同样也带来了更大的需求，即需要更好地理解教育背景、对话、教学材料和技术工具促使学生参与学科实践并融入学科实践的方式。

在过去十多年中大学微积分后继课程教育研究的性质也反映了数学教育研究总体上的一个更大的转变，即从只关注个体认知发展的分析转向对反映意义、推理和思维是社会的和具象化的观点的分析（Cobb, 2000,2007; Lerman, 2000; Schoenfeld, 2014）。在我们看来，促使大学数学微积分后继课程教育研究持续发展的最有前景的观点是，这些研究能对教与学的复杂过程产生互补的影响。例如，建立在教学情境理论（Artigue, Haspekian, & Corblin-Lenfant, 2014）和新兴视角（Cobb & Yackel, 1996）中的观点是，学习既是一种顺应的过程也是一种同化的过程。这种互补性和多样性的观点在由纳迪和其同事主编的《数学教育研究》特刊（Nardi, Biza, González-Martín, Gueudet, & Winsløw, 2014）的论文中也有所体现。

然而，并非所有将不同理论观点联系起来的努力都是一样的。为了说明这一点，普雷迪格尔、比科内尔-阿斯巴斯和阿札列罗（2008）对理论网络化的不同方式以及这些努力所能带来的好处进行了全面分析。例如，他们提出一系列不同的网络策略，从简单地理解不同方法到比较和对照、组合和协调及综合和统一不同的视角。他们认为，将不同理论的方法联系起来：（a）可以增强解释、描述或说明的能力；（b）有可能减少理论的数量，有时，这些理论似乎会分裂这个领域；（c）能促进关于理论的论述。我们暂时乐观地认为，未来十年的大学数学微积分后继课程教育研究将在这些方面取得进展。的确，由纳迪、赖夫、斯塔德勒和维曼（2014），塔巴克、赫斯考维兹、拉斯马森和德赖弗斯（2014）以及拉斯马森等（2015）的工作已经在组合和协调不同视角上取得了进步。由比克纳-阿什巴赫和普雷迪格（2014）

最近编辑的一本书《作为数学教育研究实践的理论网络化》开启了一场对话，探讨了对不同理论的网络化可能构成数学教育研究实践的方式。我们将这些机会视为大学微积分后继课程教育研究的一个激动人心的时刻，因为理论和实践能够紧密结合起来，实质上数学专业协会正努力在本科数学教育研究与其他学科教育研究之间建立紧密的联系。

References

Alcock, L. (2010). Mathematicians' perspectives on the teaching and learning of proof. *Research in Collegiate Mathematics Education, VII,* 63–91.

Andrews-Larson, C., Peterson, V., & Keller, R. (2016, February). *Eliciting mathematicians' pedagogical reasoning.* Paper presented at the 19th Conference on Research in Undergraduate Mathematics Education, Pittsburgh, PA.

Arnon, I., Cottrill, J., Dubinsky, E., Oktaç, A., Roa-Fuentes, S., Trigueros, M., & Weller, K. (2014). *APOS theory: A framework for research and curriculum development in mathematics education.* New York, NY: Springer.

Arslan, S. (2010). Do students really understand what an ordinary differential equation is? *International Journal of Mathematical Education in Science and Technology, 41*(7), 873–888.

Artemeva, N., & Fox, J. (2011). The writing's on the board: The global and the local in teaching undergraduate mathematics through chalk talk. *Written Communication, 28*(4), 345–379. doi:10.1177/0741088311419630

Artigue, M. (1992). Cognitive difficulties and teaching practices. In G. Harel & E. Dubinsky (Eds.), *The concept of function: Aspects of epistemology and pedagogy* (pp. 109–132). Washington, DC: The Mathematical Association of America.

Artigue, M. (2001). What can we learn from educational research at university level? In D. A. Holton (Ed.), *The teaching and learning of mathematics at university level: An ICMI study* (pp. 207–220). Dordrecht, The Netherlands: Kluwer.

Artigue, M. (2013). Didactic engineering in mathematics education. In S. Lerman (Ed.), *Encyclopedia of mathematics education* (pp. 159–162). Berlin, Germany: Springer.

Artigue, M., Batanero, C., & Kent, P. (2007). Mathematics thinking and learning at post-secondary level. In F. K. Lester Jr. (Ed.), *Second handbook of research on mathematics teaching and learning* (pp. 1011–1050). Charlotte, NC: Information Age; Reston, VA: National Council of Teachers of Mathematics.

Artigue, M., Haspekian, M., & Corblin-Lenfant, A. (2014). Introduction to the theory of didactical situations (TDS). In A. Bikner-Ahsbahs & S. Prediger (Eds.), *Networking of theories as a research practice in mathematics education* (pp. 47–65). Heidelberg, Germany: Springer.

Aydin, S. (2014). Using example generation to explore students' understanding of the concepts of linear dependence/independence in linear algebra. *International Journal of Mathematical Education in Science and Technology, 45*(6), 813–826.

Ball, D. L., Thames, M. H., & Phelps, G. (2008). Content knowledge for teaching: What makes it special? *Journal of Teacher Education, 59*(5), 389–407.

Barton, B. (2011). Growing understanding of undergraduate mathematics: A good frame produces better tomatoes. *International Journal of Mathematical Education in Science and Technology, 42*(7), 963–973.

Bawarshi, A., & Reiff, M. J. (2010). Genre: An introduction to history, theory, research, and pedagogy. West Lafayette, IN: Parlor Press and WAC Clearinghouse. Retrieved from http://wac.colostate.edu/books/bawarshi_reiff/genre.pdf

Becker, N., & Towns, M. (2012). Students' understanding of

mathematical expressions in physical chemistry contexts: An analysis using Sherin's symbolic forms. *Chemistry Education Research and Practice, 13*(3), 209–220.

Bergé, A. (2008). The completeness property of the set of real numbers in the transition from calculus to analysis. *Educational Studies in Mathematics, 67,* 217–235.

Bergqvist, T., & Lithner, J. (2012). Mathematical reasoning in teachers' presentations. *The Journal of Mathematical Behavior, 31*(2), 252–269.

Bergsten, C. (2007). Investigating quality of undergraduate mathematics lectures. *Mathematics Education Research Journal, 19*(3), 48–72.

Bikner-Ahsbahs, A., & Prediger, S. (Eds.). (2014). *Networking of theories as a research practice in mathematics education.* Heidelberg, Germany: Springer.

Bing, T. J., & Redish, E. F. (2009). Analyzing problem solving using math in physics: Epistemological framing via warrants. *Physical Review Special Topics-Physics Education Research, 5*(2), 020108.

Biza, I., Jaworski, B., & Hemmi, K. (2014). Communities in university mathematics. *Research in Mathematics Education, 16*(2), 161–176.

Blair, R. M., Kirkman, E. E., & Maxwell, J. W. (2013). *Statistical abstract of undergraduate programs in the mathematical sciences in the United States: Fall 2010 CBMS survey.* Providence, RI: American Mathematical Society.

Boaler, J., & Staples, M. (2008). Creating mathematical futures through an equitable teaching approach: The case of Railside School. *The Teachers College Record, 110,* 608–645.

Bogomolny, M. (2007). Raising students' understanding: Linear algebra. In J. H. Woo, H. C. Lew, K. S. Park, & D. Y. Seo (Eds.), *Proceedings of the 31st Conference of the International Group for the Psychology of Mathematics Education, Vol. 2* (pp. 65–72). Seoul, South Korea: PME.

Bosch, M., & Gascón, J. (2014). Introduction to the anthropological theory of the didactic (ATD). In A. Bikner-Ahsbahs & S. Prediger (Eds.), *Networking of theories as a research practice in mathematics education* (pp. 67–83). New York, NY: Springer.

Bressoud, D. (2014, March 1). Collective action by STEM disciplinary societies [Blog post]. Retrieved from http://launchings.blogspot.com/2014/03/collective-action-by-stem-disciplinary.html

Brown, A., DeVries, D., Dubinsky, E., & Thomas, K. (1997). Learning binary operations, groups, and subgroups. *Journal of Mathematical Behavior, 16*(3), 187–239.

Burger, L. (2009). Meta representational knowledge, transfer, and multiple embodiments in linear algebra. In D. W. Stinson & S. Lemons-Smith (Eds.), *Proceedings of the 31st Annual Meeting of the North American Chapter of the International Group for the Psychology of Mathematics Education* (pp. 50–57). Atlanta, GA: Georgia State University.

Byers, W. (2007). *How mathematicians think: Using ambiguity, contradiction, and paradox to create mathematics.* Princeton, NJ: Princeton University Press.

Caballero, M. D., Wilcox, B. R., Doughty, L., & Pollock, S. J. (2015). Unpacking students' use of mathematics in upper-division physics: Where do we go from here? *European Journal of Physics, 36*(6), 065004.

Camacho-Machín, M., Perdomo-Díaz, J., & Santos-Trigo, M. (2012). An exploration of students' conceptual knowledge built in a first ordinary differential equations course (Part I). *The Teaching of Mathematics, XV*(1), 1–20.

Carrejo, D., & Marshall, J. (2007). What is mathematical modeling? Exploring prospective teachers' use of experiments to connect mathematics to the study of motion. *Mathematics Education Research Journal, 19*(1), 45–76.

Christensen, W. M., & Thompson, J. R. (2012). Investigating graphical representations of slope and derivative without a physics context. *Physical Review Special Topics-Physics Education Research, 8*(2), 023101.

Cobb, P. (2000). Conducting classroom teaching experiments in collaboration with teachers. In A. Kelly & R. Lesh (Eds.), *Handbook of research design in mathematics and science education* (pp. 307–334). Mahwah, NJ: Lawrence Erlbaum Associates.

Cobb, P. (2007). Putting philosophy to work: Coping with multiple theoretical perspectives. In F. K. Lester Jr. (Ed.), *Second handbook of research on mathematics teaching and learning* (pp. 3–38). Charlotte, NC: Information Age; Reston, VA: National Council of Teachers of Mathematics.

Cobb, P., Confrey, J., diSessa, A., Lehrer, R., & Schauble, L. (2003). Design experiments in educational research. *Educational Researcher, 32,* 9–13.

Cobb, P., Jackson, K., & Dunlap, C. (2017). Conducting design studies to investigate and support mathematics students' and teachers' learning. In J. Cai (Ed.), *Compendium for research in mathematics education* (pp. 208–233). Reston, VA: National Council of Teachers of Mathematics.

Cobb, P., & Yackel, E. (1996). Constructivist, emergent, and sociocultural perspectives in the context of developmental research. *Educational Psychologist, 31*(3/4), 175–190.

Cook, J. P. (2014). The emergence of algebraic structure: Students come to understand units and zero-divisors. *International Journal of Mathematical Education in Science and Technology, 45*(3), 349–359.

Cory, B. L., & Garofalo, J. (2011). Using dynamic sketches to enhance preservice secondary mathematics teachers' understanding of limits of sequences. *Journal for Research in Mathematics Education, 42*(1), 65–96.

Dana-Picard, T., & Kidron, I. (2008). Exploring the phase space of a system of differential equations: Different mathematical registers. *International Journal of Science and Mathematics Education, 6,* 695–717.

Danenhower, P. (2006). Introductory complex analysis at two British Columbia universities: The first week—complex numbers. *CBMS Issues in Mathematics Education, 13,* 139–169.

Dawkins, P. C. (2012). Metaphor as a possible pathway to more formal understanding of the definition of sequence convergence. *Journal of Mathematical Behavior, 31,* 331–343.

Dawkins, P. C. (2014). How students interpret and enact inquiry-oriented defining practices in undergraduate real analysis. *Journal of Mathematical Behavior, 33,* 88–105.

de Bock, D., Deprez, J., Van Dooren, W., Roelens, M., & Verschaffel, L. (2011). Abstract or concrete examples in learning mathematics? A replication and elaboration of Kaminski, Sloutsky, and Heckler's study. *Journal for Research in Mathematics Education, 42*(2), 109–126.

Dogan-Dunlap, H. (2010). Linear algebra students' modes of reasoning: Geometric representations. *Linear Algebra and Its Applications, 432*(8), 2141–2159.

Dorier, J.-L. (Ed.). (2000). *On the teaching of linear algebra.* Dordrecht, The Netherlands: Kluwer Academic.

Dorier, J.-L., Robert, A., Robinet, J., & Rogalski, M. (2000). The obstacle of formalism in linear algebra. In J.-L. Dorier (Ed.), *On the teaching of linear algebra* (pp. 85–124). Dordrecht, The Netherlands: Kluwer Academic Publisher.

Dorko, A., & Weber, E. (2013). Generalising calculus ideas from two dimensions to three: How multivariable calculus students think about domain and range. *Research in Mathematics Education, 16*(3), 269–287.

Dreyfus, T., Hershkowitz, R., & Schwarz, B. (2015). The nested epistemic actions model for abstraction in context: Theory as methodological tool and methodological tool as theory. In A. Bikner-Ahsbahs et al. (Eds.), *Approaches to qualitative research in mathematics education, advances in mathematics education* (pp. 185–217). Dordrecht, The Netherlands: Springer.

Dreyfus, T., & Kidron I. (2006). Interacting parallel constructions: A solitary learner and the bifurcation diagram. *Recherches en didactique des mathématiques, 26*(3), 295–336.

Dubinsky, E., Weller, K., McDonald, M. A., & Brown, A. (2005a). Some historical issues and paradoxes regarding the concept of infinity: An APOS-based analysis: Part 1. *Educational Studies in Mathematics, 55*(3), 335–359.

Dubinsky, E., Weller, K., McDonald, M. A., & Brown, A. (2005b). Some historical issues and paradoxes regarding the concept of infinity: An APOS-based analysis: Part 2. *Educational Studies in Mathematics, 60*(2), 253–266.

Duval, R. (2001). The cognitive analysis of problems of comprehension in the learning of mathematics. *Psychology of Mathematics Education, 25.* Retrieved from www.math.uncc.edu/_sae/dg3/duval.pdf

Ely, R. (2010). Nonstandard student conceptions about infinitesimals. *Journal for Research in Mathematics Education, 41*(2), 117–146.

Ely, R. (2011). Envisioning the infinite by projecting finite properties. *Journal of Mathematical Behavior, 30,* 1–18.

Engelbrecht, J., & Harding, A. (2005). Teaching undergraduate mathematics on the web. Part 1: Technologies and taxonomy. *Educational Studies in Mathematics, 58*(2), 235–252.

Ertekin, E., Solak, S., & Yazici, E. (2010). The effects of formalism on teacher trainees' algebraic and geometric interpretation of the notions of linear dependency/independency. *International Journal of Mathematical Education in Science and Technology, 41*(8), 1015–1035.

Flick, L., Morrell, P., Wainwright, C., & Schepige, A. (2009). A cross discipline study of reformed teaching by university science and mathematics faculty. *School Science and Mathematics, 109*(4), 197–211.

Freeman, S., Eddy, S. L., McDonough, M., Smith, M. K., Okoroafor, N., Jordt, H., & Wenderoth, M. P. (2014). Active learning increases student performance in science, engineering, and mathematics. *Proceedings of the National Academy of Sciences, 111*(23), 8410–8415.

Freudenthal, H. (1991). *Revisiting mathematics education.* Dordrecht, The Netherlands: Kluwer Academic.

Fukawa-Connelly, T. (2012). A case study of one instructor's lecture-based teaching of proof in abstract algebra: Making sense of her pedagogical moves. *Educational Studies in Mathematics, 81*(3), 325–345.

Fukawa-Connelly, T. (2014). Using Toulmin analysis to analyse an instructor's proof presentation in abstract algebra. *International Journal of Mathematical Education in Science and Technology, 45*(1), 75–88.

Gainsburg, J. (2006). The mathematical modeling of structural engineers. *Mathematical Thinking and Learning, 8*(1), 3–36.

Gainsburg, J. (2013). Learning to model in engineering. *Mathematical Thinking and Learning, 15*(4), 259–290.

Gess-Newsome, J., Southerland, S. A., Johnston, A., & Woodbury, S. (2003). Educational reform, personal practical theories, and dissatisfaction: The anatomy of change in college science teaching. *American Educational Research Journal, 40*(3), 731–767.

Godino, J. D., Batanero, C., & Roa, R. (2005). An onto-semiotic analysis of combinatorial problems and the solving processes by university students. *Educational Studies in Mathematics, 60*(1), 3–36.

Gol Tabaghi, S. (2014). How dragging changes students' awareness: Developing meanings for eigenvector and eigenvalue. *Canadian Journal of Science, Mathematics and Technology Education, 14*(3), 223–237.

Gol Tabaghi, S., & Sinclair, N. (2013). Using dynamic geometry software to explore eigenvectors: The emergence of dynamic-synthetic-geometric thinking. *Technology, Knowledge and Learning, 18*(3), 149–164.

Gravemeijer, K. (1999). How emergent models may foster the constitution of formal mathematics. *Mathematical Thinking and Learning, 1*(2), 155–177.

Gueudet-Chartier, G. (2006). Using geometry to teach and learn linear algebra. *Research in Cognition and Mathematics Education, 13,* 171–195.

Gueudet, G., Buteau, C., Mesa, V., & Misfeldt, M. (2014). Instru-mental and documentational approaches: From technology use to documentation systems in university mathematics education. *Research in Mathematics Education, 16*(2), 139–155.

Habre, S. (2000). Exploring students' strategies to solve ordinary differential equations in a reformed setting. *Journal of Mathematical Behavior, 18*(4), 455–472.

Hannah, J., Stewart, S., & Thomas, M. O. J. (2011). Analysing lecturer practice: The role of orientations and goals. *International Journal of Mathematical Education in Science and Technology, 42*(7), 975–984.

Hannah, J., Stewart, S., & Thomas, M. O. J. (2013). Emphasizing language and visualization in teaching linear algebra. *International Journal of Mathematical Education in Science and Technology, 44*(4), 475–489.

Harel, G. (1999). Students' understanding of proofs: A historical analysis and implications for the teaching of geometry and linear algebra. *Linear Algebra and Its Applications, 302,* 601–613.

Hawthorne, C., & Rasmussen, C. (2015). A framework for characterizing students' thinking about logical statements and truth tables. *International Journal of Mathematical Education in Science and Technology, 46*(3), 337–353.

Hayward, C., Kogan, M., & Laursen, S. (2016). Facilitating instructor adoption of inquiry-based learning in college mathematics. *International Journal for Research in Undergraduate Mathematics Education, 2*(1), 59–82.

Hayward, C., & Laursen, S. (2014). *Collaborative research: Research, dissemination, and faculty development of inquiry-based learning (IBL) methods in the teaching and learning of mathematics; Cumulative evaluation report: 2010–2013* [Report to the National Science Foundation]. Ethnography & Evaluation Research, University of Colorado Boulder. Retrieved from http://www.colorado.edu/eer/research/profdev.html

Henderson, C., Beach, A., & Finkelstein, N. (2011). Facilitating change in undergraduate STEM instructional practices: An analytic review of the literature. *Journal of Research in Science Teaching, 48*(8), 952–984.

Herbel-Eisenmann, B., Meaney, T., Bishop, J., & Heyd-Metzuyanim, E. (2017). Highlighting heritages and building tasks: A critical analysis of mathematics classroom discourse literature. In J. Cai (Ed.), *Compendium for research in mathematics education* (pp. 722–765). Reston, VA: National Council of Teachers of Mathematics.

Hersh, R. (1993). Proving is convincing and explaining. *Educational Studies in Mathematics, 24*(4), 389–399.

Hillel, J. (2000). Modes of description and the problem of representation in linear algebra. In J.-L. Dorier (Ed.), *On the teaching of linear algebra* (pp. 191–207). Dordrecht, The Netherlands: Kluwer Academic.

Hollebrands, K. F., Conner, A., & Smith, R. C. (2010). The nature of arguments provided by college geometry students with access to technology while solving problems. *Journal for Research in Mathematics Education, 41*(4), 324–350.

Hutchins, E., & Palen, L. (1997). Constructing meaning from space, gesture, and speech. In L. B. Resnick, R. Säljö, C. Pontecorvo, & B. Burge (Eds.), *Discourse, tools, and reasoning: Situated cognition and technologically supported environments* (pp. 23–40). Heidelberg, Germany: Springer Verlag.

Jaworski, B., Treffert-Thomas, S., & Bartsch, T. (2009). Characterising the teaching of university mathematics: A case of linear algebra. In M., Tzekaki, M. Kaldrimidou, & H. Sakonidis (Eds.), *Proceedings of the 33rd Conference of the International Group for the Psychology of Mathematics Education* (Vol. 1, pp. 249–256). Thessaloniki, Greece: PME.

Job, P., & Schneider, M. (2014). Empirical positivism, an epistemological obstacle in the learning of calculus. *ZDM— The International Journal on Mathematics Education, 46*(4), 635–646.

Johnson, E. (2013). Teachers' mathematical activity in inquiry-oriented instruction. *The Journal of Mathematical Behavior, 32*(4), 761–775.

Johnson, E., Caughman, J., Fredericks, J., & Gibson, L. (2013). Implementing inquiry-oriented curriculum: From the mathematicians' perspective. *The Journal of Mathematical Behavior, 32*(4), 743–760.

Johnson, E., Keene, K., & Andrews-Larson, C. (2015, April 10). Inquiry-oriented instruction: What it is and how we are trying to help [Blog post]. Retrieved from http://blogs.ams.org/matheducation/2015/04/10/inquiry-oriented-instruction-what-it-is-and-how-we-are-trying-to-help/#sthash.9NITR60t.rAq797eY.dpuf

Johnson, E., & Larsen, S. P. (2012). Teacher listening: The role of knowledge of content and students. *The Journal of Math-*

ematical Behavior, 31(1), 117–129.

Jones, S. R., & Dorko, A. (2015). Students' understandings of multivariate integrals and how they may be generalized from single integral conceptions. *The Journal of Mathematical Behavior, 40,* 154–170.

Karakok, G., Soto-Johnson, H., & Dyben, S. A. (2014). Secondary teachers' conception of various forms of complex numbers. *Journal of Mathematics Teacher Education, 18*(4), 1–25.

Keene, K. A. (2007). A characterization of dynamic reasoning: Reasoning with time as parameter. *The Journal of Mathematical Behavior, 26*(3), 230–246.

Keene, K. A., Rasmussen, C., & Stephan, M. (2012). Gestures and a chain of signification: The case of equilibrium solutions. *Mathematics Education Research Journal, 24*(3), 347–369.

Kelly, A. E., Lesh, R. A., & Baek, J. Y. (Eds.). (2008). *Handbook of design research methods in education: Innovations in science, technology, engineering, and mathematics learning and teaching.* New York, NY: Routledge.

Kidron, I., & Dreyfus, T. (2010a). Interacting parallel constructions of knowledge in a CAS context. *International Journal of Computers for Mathematical Learning, 15*(2), 129–149.

Kidron, I., & Dreyfus, T. (2010b). Justification enlightenment and combining constructions of knowledge. *Educational Studies in Mathematics, 74*(1), 75–93.

Kogan, M., & Laursen, S. L. (2014). Assessing long-term effects of inquiry-based learning: A case study from college mathematics. *Innovative Higher Education, 39*(3), 183–199.

Kwon, O. N., Ju, M. K., Rasmussen, C., Marrongelle, K., Park, J. H., Cho, K. Y., & Park, J. S. (2008). Utilization of revoicing based on learners' thinking in an inquiry-oriented differential equations class. *The SNU Journal of Education Research, 17,* 111–134.

Kwon, O. N., Rasmussen, C., & Allen, K. (2005). Students' retention of knowledge and skills in differential equations. *School Science and Mathematics, 105*(5), 227–239.

Lakatos, I. (1976). *Proofs and refutations: The logic of mathematical discovery.* Cambridge, United Kingdom: Cambridge University Press.

Lapp, D., Nynam, M. A., & Berry, J. (2010). Student connections of linear algebra concepts: An analysis of concept maps. *International Journal of Mathematical Education in*

Science and Technology, 41(1), 1–18.

Larsen, S. (2009). Reinventing the concepts of groups and isomorphisms: The case of Jessica and Sandra. *Journal of Mathematical Behavior, 28*(2), 119–137.

Larsen, S. (2010). Struggling to disentangle the associative and commutative properties. *For the Learning of Mathematics, 30*(1), 37–42.

Larsen, S. (2013). A local instructional theory for the guided reinvention of the group and isomorphism concepts. *The Journal of Mathematical Behavior, 32*(4), 712–725.

Larsen, S., Johnson, E., & Bartlo, J. (2013). Designing and scaling up an innovation in abstract algebra. *The Journal of Mathematical Behavior, 32*(4), 693–711.

Larsen, S., Johnson, E., & Weber, K. (Eds.). (2013). The teaching abstract algebra for understanding project: Designing and scaling up a curriculum innovation [Special issue]. *Journal of Mathematical Behavior, 32*(4).

Larsen, S., & Lockwood, E. (2013). A local instructional theory for the guided reinvention of the quotient group concept. *The Journal of Mathematical Behavior, 32*(4), 726–742.

Larsen, S., & Zandieh, M. (2008). Proofs and refutations in the undergraduate mathematics classroom. *Educational Studies in Mathematics, 67*(3), 205–216.

Larson, C., & Zandieh, M. (2013). Three interpretations of the matrix equation $Ax = b$. *For the Learning of Mathematics, 33*(2), 11–17.

Laursen, S. L., Hassi, M. L., Kogan, M., & Weston, T. J. (2014). Benefits for women and men of inquiry-based learning in college mathematics: A multi-institution study. *Journal for Research in Mathematics Education, 45*(4), 406–418.

Lave, J., & Wenger, E. (1991). *Situated learning: Legitimate peripheral participation.* Cambridge, United Kingdom: Cambridge University Press.

Lerman, S. (2000). The social turn in mathematics education research. In J. Boaler (Ed.), *Multiple perspectives on mathematics teaching and learning* (pp. 19–44). Westport, CT: Ablex.

Lesh, R., & Sriraman, B. (2010). Re-conceptualizing mathematics education as a design science. In B. Sriraman & L. English (Eds.), *Theories of mathematics education: Seeking new frontiers* (pp. 123–146). Heidelberg, Germany: Springer Verlag.

Lew, K., Fukawa-Connelly, T., Meíja-Ramos, P., & Weber, K.

(2016). Lectures in advanced mathematics: Why students might not understand what the mathematics professor is trying to convey. *Journal for Research in Mathematics Education, 47*(2), 162–198.

Lockwood, E. (2011). Student connections among counting problems: An exploration using actor-oriented transfer. *Educational Studies in Mathematics, 78*(3), 307–322.

Lockwood, E. (2013). A model of students' combinatorial thinking. *Journal of Mathematical Behavior, 32*(2), 251–265.

Lockwood, E., Johnson, E., & Larsen, S. (2013). Developing instructor support materials for an inquiry-oriented curriculum. *Journal of Mathematical Behavior, 32*(4), 776–790.

Luxford, C. J., & Bretz, S. L. (2013). Moving beyond definitions: What student generated models reveal about their understanding of covalent bonding and ionic bonding. *Chemistry Education Research and Practice, 14,* 214–222.

Mallet, D. G., & McCue, S. W. (2009). Constructive development of the solutions of linear equations in introductory ordinary differential equations. *International Journal of Mathematical Education in Science and Technology, 40*(5), 587–595.

Mamolo, A., & Zazkis, R. (2008). Paradoxes as a window to infinity. *Research in Mathematics Education, 10*(2), 167–182.

Marrongelle, K. (2007). The function of graphs and gestures in algorithmatization. *The Journal of Mathematical Behavior, 26*(3), 211–229.

Marrongelle, K., & Rasmussen, C. (2008). Meeting new teaching challenges: Teaching strategies that mediate between all lecture and all student discovery. In M. Carlson & C. Rasmussen (Eds.), *Making the connection: Research and teaching in undergraduate mathematics education* (pp. 167–178). Washington, DC: Mathematical Association of America.

Martin, J. (2013). Differences between experts' and students' conceptual images of the structure of Taylor series convergence. *Educational Studies in Mathematics, 82*(2), 267–283.

Martínez-Planell, R., Gonzalez, A. C., DiCristina, G., & Acevedo, V. (2012). Students' conception of infinite series. *Educational Studies in Mathematics, 81*(2), 235–249.

Martinez-Planell, R., & Trigueros, M. (2012). Students' understanding of the general notion of a function of two variables. *Educational Studies in Mathematics, 81*(3), 365–384.

Matthews, K. E., Adams, P., & Goos, M. (2009). Putting it into perspective: Mathematics in the undergraduate science curriculum. *International Journal of Mathematics Education in Science and Technology, 40*(7), 891–902.

Mesa, V., & Griffiths, B. (2012). Textbook mediation of teaching: An example from tertiary mathematics instructors. *Educational Studies in Mathematics, 79,* 85–107.

Moschkovich, J. (2007a). Examining mathematical discourse practices. *For the Learning of Mathematics, 27*(1), 24–30. Moschkovich, J. N. (2007b). Using two languages when learning mathematics. *Educational Studies in Mathematics, 64*(2),121–44.

Nardi, E. (2007). *Amongst mathematicians: Teaching and learning mathematics at university level.* New York, NY: Springer.

Nardi, E., Biza, I., González-Martín, A. S., Gueudet, G., & Winsløw, C. (Eds.). (2014). Institutional, sociocultural and discursive approaches to research in university mathematics education [Special issue]. *Research in Mathematics Education, 16*(2).

Nardi, E., Jaworski, B., & Hegedus, S. (2005). A spectrum of pedagogical awareness for undergraduate mathematics: From "tricks" to "techniques." *Journal for Research in Mathematics Education, 36*(4), 284–316.

Nardi, E., Ryve, A., Stadler, E., & Viirman, O. (2014). Commognitive analyses of the learning and teaching of mathematics at university level: The case of discursive shifts in the study of calculus. *Research in Mathematics Education, 16*(2), 182–198.

National Governors Association Center for Best Practices & Council of Chief State School Officers. (2010). *Common Core State Standards for Mathematics.* Washington, DC: National Governors Association Center for Best Practices and the Council of Chief State School Officers. Retrieved from http://www.corestandards.org/wp-content/uploads/Math_Standards.pdf

National Research Council. (2012). *Discipline-based education research: Understanding and improving learning in undergraduate science and engineering.* (S. R. Singer, N. R. Nielsen, & H. A. Schweingruber, Eds.). Committee on the Status, Contributions, and Future Direction of Discipline Based Education Research. Board on Science Education, Division of Behavioral and Social Sciences and Education. Washington, DC: The National Academies Press.

Nemirovsky, R., & Ferrara, F. (2009). Mathematical imagination and embodied cognition. *Educational Studies in Mathematics, 70*(2), 159–174.

Nemirovsky, R., Rasmussen, C., Sweeney, G., & Wawro, M. (2011). When the classroom floor becomes the complex plane: Addition and multiplication as ways of bodily navigation. *Journal of the Learning Sciences, 21,* 287–323.

O'Connor, M. C., & Michaels, S. (1993). Aligning academic task and participation status through revoicing: Analysis of a classroom discourse strategy. *Anthropology & Education Quarterly, 24*(4), 318–335.

Pampaka, M., Williams, J., Hutcheson, G. D., Davis, P., & Wake, G. (2012). The association between mathematics pedagogy and learners' dispositions for university study. *British Educational Research Journal, 38*(3), 473–496.

Park, E., & Choi, K. (2013). Analysis of student understanding of science concepts including mathematical representations: pH values and the relative difference of pH values. *International Journal of Science and Mathematics Education, 11,* 683–706.

Parraguez, M., & Oktaç, A. (2010). Construction of the vector space concept from the viewpoint of APOS theory. *Linear Algebra and Its Applications, 432*(8), 2112–2124.

Paterson, J., Thomas, M. O. J., & Taylor, S. (2011). Decisions, decisions, decisions: What determines the path taken in lectures? *International Journal of Mathematical Education in Science and Technology, 42*(7), 985–996.

Pepper, R. E., Chasteen, S. V., Pollock, S. J., & Perkins, K. K. (2012). Observations on student difficulties with mathematics in upper-division electricity and magnetism. *Physical Review Special Topics-Physics Education Research, 8,* 010111.

Prediger, S., Bikner-Ahsbahs, A., & Arzarello, F. (2008). Networking strategies and methods for connecting theoretical approaches: First steps towards a conceptual framework. *ZDM—The International Journal on Mathematics Education, 40*(2), 165–178.

President's Council of Advisors on Science and Technology. (2012). *Engage to excel.* Washington, DC: The White House. Retrieved from https://www.whitehouse.gov/sites/default/files/microsites/ostp/pcast-engage-to-excel-final_2-25-12.pdf

Pritchard, D. (2010). Where learning starts? A framework for thinking about lectures in university mathematics. *International Journal of Mathematical Education in Science and Technology, 41*(5), 609–623.

Radford, L. (2009). Why do gestures matter? Sensuous cognition and the palpability of mathematical meanings. *Educational Studies in Mathematics, 70*(2), 111–126.

Radford, L., Arzarello, F., Edwards, E., & Sabena, C. (2017). The multimodal material mind: Embodiment in mathematics education. In J. Cai (Ed.), *Compendium for research in mathematics education* (pp. 700–721). Reston, VA: National Council of Teachers of Mathematics.

Radu, I., & Weber, K. (2011). Refinements in mathematics undergraduate students' reasoning on completed infinite iterative processes. *Educational Studies in Mathematics, 78,* 165–180.

Rasmussen, C. (2001). New directions in differential equations: A framework for interpreting students' understandings and difficulties. *Journal of Mathematical Behavior, 20,* 55–87.

Rasmussen, C., & Blumenfeld, H. (2007). Reinventing solutions to systems of linear differential equations: A case of emergent models involving analytic expressions. *The Journal of Mathematical Behavior, 26*(3), 195–210.

Rasmussen, C., & Kwon, O. (2007). An inquiry oriented approach to undergraduate mathematics. *Journal of Mathematical Behavior, 26,* 189–194.

Rasmussen, C., & Marrongelle, K. A. (2006). Pedagogical content tools: Integrating student reasoning and mathematics in instruction. *Journal for Research in Mathematics Education 37*(5), 388–420.

Rasmussen, C., Marrongelle, K., & Kwon, O. N. (2009, April). *A framework for interpreting inquiry oriented teaching.* Paper presented at the Annual Meeting of the American Educational Research Association, San Diego, CA.

Rasmussen, C., Wawro, M., & Zandieh, M. (2015). Examining individual and collective level mathematical progress. *Educational Studies in Mathematics, 88*(2), 259–281.

Rasmussen, C., Zandieh, M., King, K., & Teppo, A. (2005). Advancing mathematical activity: A view of advanced mathematical thinking. *Mathematical Thinking and Learning, 7,* 51–73.

Rasmussen, C., Zandieh, M., & Wawro, M. (2009). How do you know which way the arrows go? The emergence and brokering of a classroom mathematics practice. In W.-M. Roth (Ed.), *Mathematical representations at the interface of the body and culture* (pp. 171–218). Charlotte, NC: Information Age.

Raychaudhuri, D. (2008). Dynamics of a definition: A framework to analyze student construction of the concept of solution to a differential equation. *International Journal of Mathematical Education in Science and Technology, 39*(2), 161–177.

Rebello, N. S., Cui, L., Bennett, A. G., Zollman, D. A., & Ozimek D. J. (2007). Transfer of learning in problem solving in the context of mathematics and physics. In D. Jonassen (Ed.), *Learning to solve complex scientific problems* (p. 1–36). New York, NY: Lawrence Erlbaum.

Roh, K. H. (2008). Students' images and their understanding of definitions of the limit of a sequence. *Educational Studies in Mathematics, 69*(3), 217–233.

Roh, K. H. (2010a). College students' reflective activity in advanced mathematics. In P. Brosnan, D. B. Erchick, & L. Flevares (Eds.), *Proceedings of the 32nd annual meeting of the North American Chapter of the International Group for the Psychology of Mathematics Education* (Vol. VI, pp. 80–88). Columbus, OH: The Ohio State University.

Roh, K. H. (2010b). How to help students conceptualize the rigorous definition of the limit of a sequence. *PRIMUS, 20*(6), 473–487.

Rowland, D. R., & Jovanoski, Z. (2004). Student interpretations of the terms in first-order ordinary differential equations in modelling contexts. *International Journal of Mathematical Education in Science and Technology, 35*(4), 503–516.

Sayre, E. C., & Wittmann, M. C. (2008). Plasticity of intermediate mechanics students' coordinate system choice. *Physical Review Special Topics-Physics Education Research, 4*(2), 020105.

Schäfer, I. (2013). Recognizing different aspects as a key to understanding: A case study on linear maps at university level. In A. M. Lindmeier & A. Heinze (Eds.). *Proceedings of the 37th Conference of the International Group for the Psychology of Mathematics Education* (Vol. 4, pp. 153–160). Kiel, Germany: PME.

Schoenfeld, A. H. (2008). On modeling teachers' in-the-moment decision-making. In A. H. Schoenfeld (Ed.), A study of teaching: Multiple lenses, multiple views. *Journal for Research in Mathematics Education* monograph series (Vol. 14, pp. 45–96). Reston, VA: National Council of Teachers of Mathematics.

Schoenfeld, A. H. (2011). *How we think. A theory of goal-oriented decision making and its educational applications.*

New York, NY: Routledge.

Schoenfeld, A. H. (2014). Reflections on learning and cognition. *ZDM—The International Journal on Mathematics Education, 46*(3), 1–7.

Seffah, R., & González-Martín, A. S. (2011). The concept of series in undergraduate textbooks: Tasks and representations. In B. Ubuz (Ed.), *Proceedings of the 35th Conference of the International Group for the Psychology of Mathematics Education* (Vol. 4, pp. 137–144). Ankara, Turkey: PME.

Seitz, J. A. (2000). The bodily basis of thought. *New Ideas in Psychology: An International Journal of Innovative Theory in Psychology, 18*(1), 23–40.

Selden, A., & Selden, J. (2009). Teaching proving by coordinating aspects of proofs with students' abilities. In D. Stylianou, M. Blanton, & E. Knuth (Eds.), *Teaching and learning proof across the grades: A K–16 perspective* (pp. 339–354). New York, NY: Routledge.

Selinski, N., Rasmussen, C., Wawro, M., & Zandieh, M. (2014). A method for using adjacency matrices to analyze the connections students make between concepts: The case of linear algebra. *Journal for Research in Mathematics Education, 45*(5), 550–583.

Sfard, A. (2008). *Thinking as communication.* Cambridge, United Kingdom: Cambridge University Press.

Sfard, A. (2014). University mathematics as a discourse—Why, how, and what for? *Research in Mathematics Education, 16*(2), 199–203.

Shaughnessy, J. M. (2011, February). *Conducting research across the K–12 to college threshold: Reasons why and some examples.* Plenary address delivered at the Fourteenth Annual Conference on Research in Undergraduate Mathematics Education, Portland, OR.

Shulman, L. S. (1986). Those that understand: Knowledge growth in teaching. *Educational Researcher, 15*(1), 4–14.

Sierpinska, A. (2000). On some aspects of students' thinking in linear algebra. In J.-L. Dorier (Ed.), *On the teaching of linear algebra* (pp. 209–246). Dordrecht, The Netherlands: Kluwer Academic.

Simpson, S., & Stehlíková, N. (2006). Apprehending mathematical structure: A case study of coming to understand a commutative ring. *Educational Studies in Mathematics, 61*(3), 347–371.

Sinclair, N., & Gol Tabaghi, S. (2010). Drawing space: Math-ematicians' kinetic conceptions of eigenvectors. *Educational Studies in Mathematics, 74,* 223–240.

Soon, W., Lioe, L. T., & McInnes, B. (2011). Understanding the difficulties faced by engineering undergraduate in learning mathematical modelling. *International Journal of Mathematics Education in Science and Technology, 42*(8), 1023–1039.

Speer, N. M., Smith, J. P., III, & Horvath, A. (2010). Collegiate mathematics teaching: An unexamined practice. *The Journal of Mathematical Behavior, 29*(2), 99–114.

Speer, N. M., & Wagner, J. F. (2009). Knowledge needed by a teacher to provide analytic scaffolding during undergraduate mathematics classroom discussions. *Journal for Research in Mathematics Education, 40*(5), 530–562.

Steen, L. (2011). Challenges and transitions: Undergraduate mathematics 1990–2010. *Project Kaleidoscope 20th Anniversary Essay Collection* (pp. 1–6). Retrieved from http://www.aacu.org/pkal/documents/MAA.pdf

Steffe, L. P., & Thompson, P. W. (2000). Teaching experiment methodology: Underlying principles and essential elements. In A. E. Kelly & R. A. Lesh (Eds.), *Handbook of research design in mathematics and science education* (pp. 267–306). Mahwah, NJ: Lawrence Erlbaum Associates.

Stephan, M., & Rasmussen, C. (2002). Classroom mathematical practices in differential equations. *The Journal of Mathematical Behavior, 21*(4), 459–490.

Stewart, S., & Thomas, M. O. J. (2009). A framework for mathematical thinking: The case of linear algebra. *International Journal of Mathematical Education in Science and Technology, 40*(7), 951–961.

Stewart, S., & Thomas, M. O. J. (2010). Student learning of basis, span and linear independence in linear algebra. *International Journal of Mathematical Education in Science and Technology, 41*(2), 173–188.

Stokes, D. E. (1997). *Pasteur's quadrant: Basic science and technological innovation.* New York, NY: Brookings Institution Press.

Swan, M., Pead, D., Doorman, M., & Mooldijk, A. (2013). Designing and using professional development resources for inquiry-based learning. *ZDM—The International Journal on Mathematics Education, 45,* 945–957.

Tabach, M., Hershkowitz, R., Rasmussen, C., & Dreyfus, T. (2014). Knowledge shifts in the classroom—A case study. *Journal of Mathematical Behavior, 33,* 192–208.

Talanquer, V. (2014). DBER and STEM education reform: Are we up to the challenge? *Journal of Research in Science Teaching, 51*(6), 809–819.

Tall, D. (2004). Building theories: The three worlds of mathematics. *For the Learning of Mathematics, 24*(1), 29–32.

Tall, D. (2013). *How humans learn to think mathematically: Exploring the three worlds of mathematics.* New York, NY: Cambridge University Press.

Thomas, M., & Stewart, S. (2011). Eigenvalues and eigenvectors: Embodied, symbolic and formal thinking. *Mathematics Education Research Journal, 23,* 275–296.

Thomas, M. O. J., & Yoon, C. (2011). Resolving conflict between competing goals in mathematics teaching decisions. In B. Ubuz (Ed.), *Proceedings of the 35th Conference of the International Group for the Psychology of Mathematics Education* (Vol. 4, pp. 241–248), Ankara, Turkey: PME.

Ticknor, C. S. (2012). Situated learning in an abstract algebra classroom. *Educational Studies in Mathematics, 81*(3), 307–323.

Toulmin S. (1969). *The uses of arguments.* Cambridge, England: Cambridge University Press.

Trigueros, M. (2004). Understanding the meaning and representation of straight line solutions of systems of differential equations. In D. E. McDougall & J. A. Ross (Eds.), *Proceedings of the 26th annual meeting of the North American Chapter of the International Group for the Psychology of Mathematics Education* (pp. 127–134). Toronto, Canada: University of Toronto.

Trigueros, M., & Possani, E. (2013). Using an economics model for teaching linear algebra. *Linear Algebra and Its Applications, 438*(4), 1779–1792.

Trouche, L. (2005). An instrumental approach to mathematics learning in symbolic calculator environments. In D. Guin, K. Ruthven & L. Trouche (Eds.), *The didactical challenge of symbolic calculators: Turning a computational device into a mathematical instrument* (pp. 137–162). New York, NY: Springer.

van Langen, A., & Dekkers, H. (2005). Cross-national differences in participating in tertiary science, technology, engineering, and mathematics education. *Comparative Education, 41*(3), 329–335.

Verillon, P., & Rabardel, P. (1995). Cognition and artifacts: A contribution to the study of thought in relation to instrumented activity. *European Journal of Psychology of Education, 9*(3), 77–101.

Viirman, O. (2014). The functions of function discourse—University mathematics teaching from a commognitive standpoint. *International Journal of Mathematical Education in Science and Technology, 45*(4), 512–527.

Wagner, J., Speer, N. M., & Rossa, B. (2007). Beyond mathematical content knowledge: A mathematician's knowledge needed for teaching an inquiry-oriented differential equations course. *Journal of Mathematical Behavior, 26,* 247–266.

Walczyk, J. J., Ramsey, L. L., & Zha, P. (2007). Obstacles to instructional innovation according to college science and mathematics faculty. *Journal of Research in Science Teaching, 44*(1), 85–106.

Walkerdine, V. (1988). *The mastery of reason: Cognitive development and the production of rationality.* London, United Kingdom: Routledge.

Wawro, M. (2014). Student reasoning about the invertible matrix theorem in linear algebra. *ZDM—The International Journal on Mathematics Education, 46*(3), 1–18.

Wawro, M. (2015). Reasoning about solutions in linear algebra: The case of Abraham and the invertible matrix theorem. *International Journal of Research in Undergraduate Mathematics Education, 1*(3), 315–338.

Wawro, M., Rasmussen, C., Zandieh, M., & Larson, C. (2013). Design research within undergraduate mathematics education: An example from introductory linear algebra. In T. Plomp & N. Nieveen (Eds.), *Educational design research—Part B: Illustrative cases* (pp. 905–925). Enschede, The Netherlands: SLO.

Wawro, M., Rasmussen, C., Zandieh, M., Sweeney, G., & Larson, C. (2012). An inquiry-oriented approach to span and linear independence: The case of the magic carpet ride sequence. *PRIMUS, 22*(8), 577–599.

Wawro, M., Sweeney, G., & Rabin, J. (2011). Subspace in linear algebra: Investigating students' concept images and interactions with the formal definition. *Educational Studies in Mathematics, 78,* 1–19.

Weber, K. (2004). Traditional instruction in advanced mathematics courses: A case study of one professor's lectures and proofs in an introductory real analysis course. *The Journal of Mathematical Behavior, 23*(2), 115–133.

Wenger, E. (1998). *Communities of practice.* New York, NY:

Cambridge University Press.

Wilcox, B. R., & Pollock, S. J. (2015). Upper-division student difficulties with separation of variables. *Physical Review Special Topics-Physics Education Research, 11*(2), 020131.

Williams, S. R. (1991). Models of limit held by college calculus students. *Journal for Research in Mathematics Education, 22*, 219–236.

Wittmann, M. C. (2006). Using resource graphs to represent conceptual change. *Physical Review Special Topics-Physics Education Research, 2*(2), 020105.

Wittmann, M. C., Flood, V. J., & Black, K. E. (2013). Algebraic manipulation as motion within a landscape. *Educational Studies in Mathematics, 82*(2), 169–181.

Wood, L. N., Joyce, S., Petocz, P., & Rodd, M. (2007). Learning in lectures: Multiple representations. *International Journal of Mathematical Education in Science and Technology, 38*(7), 907–915.

Wood, L. N., & Solomonides, I. (2008). Different disciplines, different transitions. *Mathematics Education Research Journal, 20*(2), 117–134.

Yoon, C., Kensington-Miller, B., Sneddon, J., & Bartholomew, H. (2011). It's not the done thing: Social norms governing students' passive behaviour in undergraduate mathematics lectures. *International Journal of Mathematical Education in Science and Technology, 42*(8), 1107–1122.

Yoshinobu, S., & Jones, M. G. (2012). The coverage issue. *PRIMUS, 22*(4), 303–316.

Zahner, W. (2012). ELLs and group work: It can be done well. *Mathematics Teaching in the Middle School 18*(3), 156–164.

Zandieh, M., & Rasmussen, C. (2010). Defining as a mathematical activity: A framework for characterizing progress from informal to more formal ways of reasoning. *The Journal of Mathematical Behavior, 29*(2), 57–75.

Zaslavsky, O., & Peled, I. (1996). Inhibiting factors in generating examples by mathematics teachers and student teachers: The case of binary operation. *Journal for Research in Mathematics Education, 27*, 61–78.